위험물 기능장
필기

///////// 한권으로 끝내기 /////////

시대에듀

합격도 취업도 한 번에 성공!
시대에듀에서 여러분을 응원합니다.

편·저·자·약·력

이덕수

[경력]
現 (주)유신방재
前 거산방재
　　대성방재
　　국민소방
　　보국이엔씨
　　소방설비기사 20년 강의
　　위험물기능장, 산업기사 10년 강의
　　산업안전협회(화공분야) 8년 강의
　　소방시설관리사 5년 강의
　　화학공장(현장, 품질관리) 16년 근무
　　위험물안전관리 대행기관 5년 근무

[자격사항]
위험물기능장 취득
소방시설관리사 취득
소방설비기사(기계, 전기) 취득
화공기사 취득
산업안전기사 외 다수 취득

끝까지 책임진다! 시대에듀!
QR코드를 통해 도서 출간 이후 발견된 오류나 개정법령, 변경된 시험 정보, 최신기출문제, 도서 업데이트 자료 등이 있는지 확인해 보세요! **시대에듀 합격 스마트 앱**을 통해서도 알려 드리고 있으니 구글 플레이나 앱 스토어에서 다운받아 사용하세요.
또한, 파본 도서인 경우에는 구입하신 곳에서 교환해 드립니다.

편집진행 윤진영 · 김지은 | **표지디자인** 권은경 · 길전홍선 | **본문디자인** 정경일 · 이현진

PREFACE 머리말

현대 산업사회의 발전은 물질적인 풍요와 안락한 삶을 추구하게 합니다. 그러나 사회의 급속한 성장에 따른 변화들은 현실에서 위험물 안전관리에 대한 필요성을 절실히 느끼게 합니다. 산업의 발전과 더불어 위험물은 그 종류가 다양해지고 범위도 확산 추세에 있어, 위험물을 안전하게 취급·관리하는 위험물기능장의 수요는 꾸준히 증가할 전망입니다.

위험물기능장 자격증을 취득하면, 소방점검의 최상위 자격증인 소방시설관리사의 자격이 주어지는 것은 물론 소방시설관리사 실기시험의 2과목 중 소방시설의 설계 및 시공의 1과목이 면제되므로 소방시설관리사의 자격 취득에 월등히 유리한 조건이 주어집니다.

이에 저자는 석유화학공장, 위험물을 기초 원료로 하는 화학공장, 위험물 인·허가, 위험물안전관리 대행 업무 등 오랜 실무 경험과 강의 경력을 바탕으로 한국산업인력공단의 출제기준에 맞춰 이 도서를 출간하게 되었습니다.

본 도서의 특징

- 저자의 오랜 현장 경험과 학원 강의 경력을 바탕으로 핵심만 집약하였습니다.
- 과년도 기출복원문제를 최다 수록하였으며, 각 문제마다 해설을 충실히 설명하였습니다.
- 이론과 과년도 기출복원문제는 현행 위험물안전관리법에 맞게 수정하였습니다.
- 실제 시험에 출제된 중요한 내용은 "고딕체"로 강조하여 핵심내용을 쉽게 파악할 수 있습니다.

앞으로도 도서의 부족한 점은 꾸준히 개정·보완하여 좋은 수험서가 되도록 노력하겠습니다.
「2026 시대에듀 위험물기능장 필기 한권으로 끝내기」 도서가 수험생 여러분들에게 합격의 날개가 될 수 있기를 진심으로 기원합니다.

편저자 올림

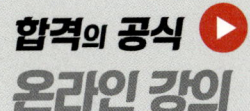 

보다 깊이 있는 학습을 원하는 수험생들을 위한 시대에듀의 동영상 강의가 준비되어 있습니다.
www.sdedu.co.kr ➔ 회원가입(로그인) ➔ 강의 살펴보기

시험안내

수행직무

위험물 관리 및 점검에 관한 최상급 숙련기능을 가지고 산업현장에서 작업관리, 위험물 취급기능자의 지도 및 감독, 현장훈련, 경영층과 생산계층을 유기적으로 결합시켜 주는 현장의 중간관리 등의 업무를 수행한다.

진로 및 전망

- 위험물(제1류~제6류)의 제조·저장·취급전문업체에 종사하거나 도료제조, 고무제조, 금속제련, 유기합성물제조, 염료제조, 화장품제조, 인쇄잉크제조업체 및 지정수량 이상의 위험물 취급업체에 종사할 수 있다. 일부는 소방직 공무원이나 위험물 관리와 관련된 직업능력개발훈련교사로 진출하기도 한다.
- 산업의 발전과 더불어 위험물은 그 종류가 다양해지고 범위도 확산 추세에 있으며, 특히 소방법상 1급 방화관리 대상물의 방화관리자로 선임하도록 되어 있다. 또한 소방법으로 정한 위험물 제1류~제6류에 속하는 위험물 제조·저장·운반시설업자 역시 위험물 안전관리자로 자격증 취득자를 선임하도록 되어 있어 위험물을 안전하게 취급·관리하는 전문가의 수요는 꾸준할 전망이다.

시험일정

구 분	필기원서접수 (인터넷)	필기시험	필기합격 (예정자)발표	실기시험 원서접수	실기시험	최종 합격자 발표일
제79회	1월 초순	1월 하순	2월 초순	2월 초순	3월 중순	4월 중순
제80회	6월 초순	6월 하순	7월 중순	7월 하순	8월 하순	9월 하순

※ 상기 시험일정은 시행처의 사정에 따라 변경될 수 있으니, 자세한 사항은 반드시 www.q-net.or.kr에서 확인하시기 바랍니다.

취득방법

- 시행처 : 한국산업인력공단
- 시험과목
    - 필기 : 화재이론, 위험물의 제조소 등의 위험물 안전관리 및 공업경영에 관한 사항
    - 실기 : 위험물취급 실무
- 검정방법
    - 필기 : 4지 택일형, 객관식 60문항(1시간)
    - 실기 : 필답형(2시간)
- 합격기준
    - 필기·실기 : 100점을 만점으로 하여 60점 이상

INFORMATION

합격의 공식 Formula of pass   시대에듀 www.sdedu.co.kr

출제기준(필기)

직무 분야	화 학	중직무 분야	위험물	자격 종목	위험물기능장

- 직무내용 : 위험물의 저장·취급 및 운반과 이에 따른 안전관리와 제조소 등의 설계·시공·점검을 수행하고, 현장 위험물 안전관리에 종사하는 자 등을 지도·감독하며, 화재 등의 재난이 발생한 경우 응급조치 등의 총괄 업무를 수행한다.

필기 검정방법	객관식	문제수	60	시험시간	1시간

필기 과목명	주요항목	세부항목	세세항목
화재이론, 위험물의 제조소 등의 위험물 안전관리 및 공업경영에 관한 사항	화재이론 및 유체역학	화학의 이해	• 물질의 상태 • 물질의 성질과 화학 반응 • 화학의 기초 법칙 • 무기화합물의 특성 • 유기화합물의 특성 • 화학반응식을 이용한 계산
		유체역학의 이해	• 유체의 기초이론 • 배관 이송설비 • 펌프 이송설비 • 유체의 계측
	위험물의 성질 및 취급	위험물의 연소 특성	• 위험물의 연소이론 • 위험물의 연소형태 • 위험물의 연소과정 • 위험물의 연소생성물 • 위험물의 화재 및 폭발에 관한 현상 • 위험물의 인화점, 발화점, 가스분석 등의 측정법 • 위험물의 열분해 계산
		위험물의 유별 성질 및 취급	• 제1류 위험물의 성질, 저장 및 취급 • 제2류 위험물의 성질, 저장 및 취급 • 제3류 위험물의 성질, 저장 및 취급 • 제4류 위험물의 성질, 저장 및 취급 • 제5류 위험물의 성질, 저장 및 취급 • 제6류 위험물의 성질, 저장 및 취급
		소화원리 및 소화약제	• 화재종류 및 소화이론 • 소화약제의 종류, 특성과 저장 관리

시험안내

필기 과목명	주요항목	세부항목	세세항목
화재이론, 위험물의 제조소 등의 위험물 안전관리 및 공업경영에 관한 사항	시설기준	제조소 등의 위치·구조 및 설비기준	• 제조소의 위치·구조 및 설비기준 • 옥내저장소의 위치·구조 및 설비기준 • 옥외탱크저장소의 위치·구조 및 설비기준 • 옥내탱크저장소의 위치·구조 및 설비기준 • 지하탱크저장소의 위치·구조 및 설비기준 • 간이탱크저장소의 위치·구조 및 설비기준 • 이동탱크저장소의 위치·구조 및 설비기준 • 옥외저장소의 위치·구조 및 설비기준 • 암반탱크저장소의 위치·구조 및 설비기준 • 주유취급소의 위치·구조 및 설비기준 • 판매취급소의 위치·구조 및 설비기준 • 이송취급소의 위치·구조 및 설비기준 • 일반취급소의 위치·구조 및 설비기준
		제조소 등의 소화설비, 경보·피난 및 설비기준	• 제조소 등의 소화난이도 등급 및 그에 따른 소화설비 • 위험물의 성질에 따른 소화설비의 적응성 • 소요단위 및 능력단위 산정법 • 옥내소화전설비의 설치기준 • 옥외소화전설비의 설치기준 • 스프링클러설비의 설치기준 • 물분무소화설비의 설치기준 • 포소화설비의 설치기준 • 불활성가스소화설비의 설치기준 • 할로젠화합물소화설비의 설치기준 • 분말소화설비의 설치기준 • 수동식소화기의 설치기준 • 경보설비의 설치기준 • 피난설비의 설치기준
	위험물 안전관리	사고대응	• 소화설비의 작동원리 및 작동방법 • 위험물 누출 등 사고 시 대응조치
		예방규정	• 안전관리자의 책무 • 예방규정 관련 사항 • 제조소 등의 점검방법
		제조소 등의 저장·취급기준	• 제조소의 저장·취급기준 • 옥내저장소의 저장·취급기준 • 옥외탱크저장소의 저장·취급기준 • 옥내탱크저장소의 저장·취급기준

필기 과목명	주요항목	세부항목	세세항목	
화재이론, 위험물의 제조소 등의 위험물 안전관리 및 공업경영에 관한 사항	위험물 안전관리	제조소 등의 저장 · 취급기준	• 지하탱크저장소의 저장 · 취급기준 • 간이탱크저장소의 저장 · 취급기준 • 이동탱크저장소의 저장 · 취급기준 • 옥외저장소의 저장 · 취급기준 • 암반탱크저장소의 저장 · 취급기준 • 주유취급소의 저장 · 취급기준 • 판매취급소의 저장 · 취급기준 • 이송취급소의 저장 · 취급기준 • 일반취급소의 저장 · 취급기준 • 공통기준 • 유별 저장 · 취급기준	
		위험물의 운송 및 운반기준	• 위험물의 운송기준 • 국제기준에 관한 사항	• 위험물의 운반기준
		위험물사고 예방	• 위험물 화재 시 인체 및 환경에 미치는 영향 • 위험물 취급 부주의에 대한 예방대책 • 화재 예방대책 • 위험성 평가기법 • 위험물 누출 등 사고 시 안전대책 • 위험물 안전관리자의 업무 등의 실무사항	
	위험물 안전관리법 행정사항	제조소 등 설치 및 후속절차	• 제조소 등 허가 • 탱크안전성능검사 • 제조소 등 용도폐지	• 제조소 등 완공검사 • 제조소 등 지위승계
		행정처분	• 제조소 등 사용정지, 허가취소	• 과징금처분
		정기점검 및 정기검사	• 정기점검	• 정기검사
		행정감독	• 출입 · 검사 • 벌금 및 과태료	• 각종 행정명령
	공업경영	품질관리	• 통계적 방법의 기초 • 관리도	• 샘플링 검사
		생산관리	• 생산계획	• 생산통계
		작업관리	• 작업방법연구	• 작업시간연구
		기타 공업경영에 관한 사항	기타 공업경영에 관한 사항	

표 준 주 기 율 표
Periodic Table of the Elements

1	2											13	14	15	16	17	18
1 H 수소 hydrogen 1.008 [1.0078, 1.0082]																	2 He 헬륨 helium 4.0026
3 Li 리튬 lithium 6.94 [6.938, 6.997]	4 Be 베릴륨 beryllium 9.0122											5 B 붕소 boron 10.81 [10.806, 10.821]	6 C 탄소 carbon 12.011 [12.009, 12.012]	7 N 질소 nitrogen 14.007 [14.006, 14.008]	8 O 산소 oxygen 15.999 [15.999, 16.000]	9 F 플루오린 fluorine 18.998	10 Ne 네온 neon 20.180
11 Na 소듐 sodium 22.990	12 Mg 마그네슘 magnesium 24.305 [24.304, 24.307]	3	4	5	6	7	8	9	10	11	12	13 Al 알루미늄 aluminium 26.982	14 Si 규소 silicon 28.085 [28.084, 28.086]	15 P 인 phosphorus 30.974	16 S 황 sulfur 32.06 [32.059, 32.076]	17 Cl 염소 chlorine 35.45 [35.446, 35.457]	18 Ar 아르곤 argon 39.95 [39.792, 39.963]
19 K 포타슘 potassium 39.098	20 Ca 칼슘 calcium 40.078(4)	21 Sc 스칸듐 scandium 44.956	22 Ti 타이타늄 titanium 47.867	23 V 바나듐 vanadium 50.942	24 Cr 크로뮴 chromium 51.996	25 Mn 망가니즈 manganese 54.938	26 Fe 철 iron 55.845(2)	27 Co 코발트 cobalt 58.933	28 Ni 니켈 nickel 58.693	29 Cu 구리 copper 63.546(3)	30 Zn 아연 zinc 65.38(2)	31 Ga 갈륨 gallium 69.723	32 Ge 저마늄 germanium 72.630(8)	33 As 비소 arsenic 74.922	34 Se 셀레늄 selenium 78.971(8)	35 Br 브로민 bromine 79.904 [79.901, 79.907]	36 Kr 크립톤 krypton 83.798(2)
37 Rb 루비듐 rubidium 85.468	38 Sr 스트론튬 strontium 87.62	39 Y 이트륨 yttrium 88.906	40 Zr 지르코늄 zirconium 91.224(2)	41 Nb 나이오븀 niobium 92.906	42 Mo 몰리브데넘 molybdenum 95.95	43 Tc 테크네튬 technetium	44 Ru 루테늄 ruthenium 101.07(2)	45 Rh 로듐 rhodium 102.91	46 Pd 팔라듐 palladium 106.42	47 Ag 은 silver 107.87	48 Cd 카드뮴 cadmium 112.41	49 In 인듐 indium 114.82	50 Sn 주석 tin 118.71	51 Sb 안티모니 antimony 121.76	52 Te 텔루륨 tellurium 127.60(3)	53 I 아이오딘 iodine 126.90	54 Xe 제논 xenon 131.29
55 Cs 세슘 caesium 132.91	56 Ba 바륨 barium 137.33	57-71 란타넘족 lanthanoids	72 Hf 하프늄 hafnium 178.49(2)	73 Ta 탄탈럼 tantalum 180.95	74 W 텅스텐 tungsten 183.84	75 Re 레늄 rhenium 186.21	76 Os 오스뮴 osmium 190.23(3)	77 Ir 이리듐 iridium 192.22	78 Pt 백금 platinum 195.08	79 Au 금 gold 196.97	80 Hg 수은 mercury 200.59	81 Tl 탈륨 thallium 204.38 [204.38, 204.39]	82 Pb 납 lead 207.2	83 Bi 비스무트 bismuth 208.98	84 Po 폴로늄 polonium	85 At 아스타틴 astatine	86 Rn 라돈 radon
87 Fr 프랑슘 francium	88 Ra 라듐 radium	89-103 악티늄족 actinoids	104 Rf 러더포듐 rutherfordium	105 Db 두브늄 dubnium	106 Sg 시보귬 seaborgium	107 Bh 보륨 bohrium	108 Hs 하슘 hassium	109 Mt 마이트너튬 meitnerium	110 Ds 다름슈타튬 darmstadtium	111 Rg 뢴트게늄 roentgenium	112 Cn 코페르니슘 copernicium	113 Nh 니호늄 nihonium	114 Fl 플레로븀 flerovium	115 Mc 모스코븀 moscovium	116 Lv 리버모륨 livermorium	117 Ts 테네신 tennessine	118 Og 오가네손 oganesson

57 La 란타넘 lanthanum 138.91	58 Ce 세륨 cerium 140.12	59 Pr 프라세오디뮴 praseodymium 140.91	60 Nd 네오디뮴 neodymium 144.24	61 Pm 프로메튬 promethium	62 Sm 사마륨 samarium 150.36(2)	63 Eu 유로퓸 europium 151.96	64 Gd 가돌리늄 gadolinium 157.25(3)	65 Tb 터븀 terbium 158.93	66 Dy 디스프로슘 dysprosium 162.50	67 Ho 홀뮴 holmium 164.93	68 Er 어븀 erbium 167.26	69 Tm 툴륨 thulium 168.93	70 Yb 이터븀 ytterbium 173.05	71 Lu 루테튬 lutetium 174.97
89 Ac 악티늄 actinium	90 Th 토륨 thorium 232.04	91 Pa 프로트악티늄 protactinium 231.04	92 U 우라늄 uranium 238.03	93 Np 넵투늄 neptunium	94 Pu 플루토늄 plutonium	95 Am 아메리슘 americium	96 Cm 퀴륨 curium	97 Bk 버클륨 berkelium	98 Cf 캘리포늄 californium	99 Es 아인슈타이늄 einsteinium	100 Fm 페르뮴 fermium	101 Md 멘델레븀 mendelevium	102 No 노벨륨 nobelium	103 Lr 로렌슘 lawrencium

표기법:
원자 번호
원소명(국문)
원소명(영문)
기호
일반 원자량
표준 원자량

참조) 표준 원자량은 2011년 IUPAC에서 결정한 새로운 형식을 따른 것으로 [ ] 안에 표시된 숫자는 2 종류 이상의 안정한 동위원소가 존재하는 경우에 각 시료에서 발견되는 자연 존재비의 분포를 고려한 표준 원자량의 범위를 나타낸 것임. 자세한 내용은 *https://iupac.org/what-we-do/periodic-table-of-elements/* 을 참조하기 바람.

© 대한화학회, 2018

PART 01 일반화학 및 유체역학

CHAPTER 01 일반화학

제1절 물질의 상태
    1. 물질과 물체   1-3
    2. 물질의 분류   1-3
    3. 물질의 상태   1-4
    4. 물질의 성질 및 변화   1-5

제2절 물질의 성질과 화학반응
    1. 원 자   1-7
    2. 분 자   1-10
    3. 원소의 주기율표   1-12
    4. 화학결합   1-14

제3절 화학의 기초법칙
    1. 보일-샤를의 법칙   1-16
    2. 분자량 측정법   1-17
    3. 돌턴의 분압법칙   1-18
    4. 패러데이 전해의 법칙   1-18

제4절 산, 염기, 염 및 수소이온지수
    1. 산, 염기, 염   1-19
    2. 수소이온지수(pH)   1-21
    3. 중화반응   1-22

제5절 용액, 용해도 및 용액의 농도
    1. 용 액   1-23
    2. 용액의 농도   1-24

제6절 산화, 환원
    1. 산화와 환원   1-26
    2. 산화제와 환원제   1-27

CONTENTS

제7절   화학반응과 화학평형
    1. 화학반응속도   1-28
    2. 화학평형   1-29

제8절   무기화합물
    1. 일반적인 특성   1-31
    2. 금속화합물의 종류   1-32
    3. 비금속화합물의 종류   1-33

제9절   유기화합물
    1. 유기화합물   1-37
    2. 유기화합물의 분류 및 명명   1-37
    3. 메테인계 탄화수소   1-39
    4. 에틸렌계 탄화수소   1-40
    5. 아세틸렌계 탄화수소   1-40
    6. 지방족 탄화수소의 유도체   1-41
    7. 방향족 탄화수소   1-43
    8. 벤젠의 유도체   1-44
    9. 방향족 탄화수소의 유도체   1-45
    10. 고분자화합물   1-46

실전예상문제   1-48

CHAPTER 02   유체역학

제1절   유체의 기초이론
    1. 유체의 단위와 차원   1-89
    2. 유체의 연속방정식   1-90
    3. 토리첼리의 식   1-91
    4. 이상기체 상태방정식   1-91
    5. 유체의 압력   1-91

제2절   배관 이송설비
    1. 유체의 관 마찰손실   1-92
    2. 레이놀즈수   1-92
    3. 유체흐름의 종류   1-92
    4. 유체의 측정   1-93
    5. 관 마찰손실   1-94

제3절 펌프 이송설비
    1. 펌프의 종류   1-95
    2. 펌프의 성능   1-97
    3. 송수 펌프의 동력계산   1-97
    4. 펌프의 상사법칙   1-97
    5. 비교 회전도   1-98
    6. 펌프에서 발생하는 현상   1-98

실전예상문제   1-100

PART 02 위험물의 성질 및 취급

CHAPTER 01 위험물의 연소 특성

제1절 위험물의 연소 이론
    1. 연 소   2-3

제2절 위험물의 연소 형태 및 연소과정
    1. 연소의 형태   2-5
    2. 연소에 따른 제반사항   2-6

제3절 위험물의 연소생성물
    1. 일산화탄소   2-10
    2. 이산화탄소   2-10
    3. 주요 연소생성물의 영향   2-11

제4절 위험물의 폭발에 관한 사항
    1. 폭발의 개요   2-12
    2. 폭발의 분류   2-12
    3. 폭발범위   2-13
    4. 위험도   2-14

CONTENTS

제5절 위험물의 인화점, 발화점, 가스분석 등의 측정법
    1. 인화점   2-15
    2. 발화점   2-17
    3. 가스분석   2-19

제6절 유류(가스)탱크 및 건축물에서 발생하는 현상
    1. 유류탱크에서 발생하는 현상   2-23
    2. 액화가스탱크에서 발생하는 현상   2-23
    3. 일반건축물에서 발생하는 현상   2-23

실전예상문제   2-25

CHAPTER 02 | 위험물의 유별 성질 및 취급

제1절 제1류 위험물
    1. 제1류 위험물의 특성   2-47
    2. 각 위험물의 물성 및 특성   2-49

제2절 제2류 위험물
    1. 제2류 위험물의 특성   2-61
    2. 각 위험물의 물성 및 특성   2-62

제3절 제3류 위험물
    1. 제3류 위험물의 특성   2-69
    2. 각 위험물의 물성 및 특성   2-70

제4절 제4류 위험물
    1. 제4류 위험물의 특성   2-79
    2. 각 위험물의 물성 및 특성   2-81

제5절 제5류 위험물
    1. 제5류 위험물의 특성   2-99
    2. 각 위험물의 물성 및 특성   2-100

제6절 제6류 위험물
    1. 제6류 위험물의 특성   2-108
    2. 각 위험물의 물성 및 특성   2-109

실전예상문제   2-111

CHAPTER 03 위험물의 화재 및 소화방법

제1절 위험물의 화재
    1. 화재의 정의와 발생현황   2-249
    2. 화재의 종류   2-249
    3. 화재의 피해 및 소실 정도   2-250

제2절 소화이론   2-251

제3절 소화기(약제)의 종류 및 특성
    1. 소화기의 분류   2-252
    2. 물소화약제   2-252
    3. 물소화기   2-253
    4. 포소화약제   2-254
    5. 이산화탄소소화약제   2-256
    6. 할로젠화합물소화약제   2-257
    7. 할로젠화합물 및 불활성기체소화약제   2-261
    8. 분말소화약제   2-265

제4절 위험물의 방폭설비에 관한 사항
    1. 방폭구조   2-267
    2. 최대안전틈새범위(안전간극)   2-267

실전예상문제   2-268

CONTENTS

CHAPTER 04 위험물 사고예방

제1절 위험물화재 시 인체 및 환경에 미치는 영향
1. 연 기 — 2-298
2. 일산화탄소(CO) — 2-299
3. 이산화탄소(CO_2) — 2-299
4. 황화수소(H_2S) — 2-300
5. 이산화황(SO_2) — 2-300
6. 암모니아(NH_3) — 2-300
7. 사이안화수소(HCN) — 2-300
8. 염화수소(HCl) — 2-301
9. 이산화질소(NO_2) — 2-301
10. 아크로레인(CH_2CHCHO) — 2-301
11. 포스겐($COCl_2$) — 2-301

제2절 화재예방대책
1. 화재예방의 4가지 원칙 — 2-302
2. 화재예방대책의 5단계 — 2-302

제3절 사고분석 기법
1. 공정 위험성 평가방법 — 2-304
2. 시스템의 안전 분석 — 2-304
3. 결함수 분석법 — 2-306

제4절 위험물 누출 시 안전대책
1. 누출 시 대응 요령 — 2-308
2. 위험물의 누출 시 — 2-308
3. 위험물의 누출 및 화재발생 시 — 2-309

실전예상문제 — 2-310

PART 03 시설기준

CHAPTER 01 제조소 등의 위치 · 구조 및 설비기준

제1절 제조소의 위치 · 구조 및 설비의 기준

1. 제조소의 안전거리 ··· 3-3
2. 제조소의 보유공지 ··· 3-4
3. 제조소의 표지 및 게시판 ··· 3-4
4. 건축물의 구조 ·· 3-4
5. 채광 · 조명 및 환기설비 ·· 3-5
6. 제조소에 설치해야 하는 설비 및 장치 ··· 3-7
7. 옥외설비의 바닥(옥외에서 액체 위험물을 취급하는 경우) ··················· 3-7
8. 정전기 제거설비 ·· 3-7
9. 위험물 취급탱크(지정수량 1/5 미만은 제외) ·· 3-8
10. 피뢰설비 ·· 3-9
11. 위험물제조소의 배관 ··· 3-9
12. 정 의 ··· 3-9
13. 고인화점위험물제조소의 특례 ·· 3-10
14. 하이드록실아민 등을 취급하는 제조소의 특례 ··································· 3-10
15. 알킬알루미늄, 아세트알데하이드 등을 취급하는 제조소의 특례 ········ 3-11
16. 방화상 유효한 담의 높이 ··· 3-11

제2절 옥내저장소의 위치 · 구조 및 설비의 기준

1. 옥내저장소의 안전거리 ··· 3-13
2. 옥내저장소의 안전거리 제외 대상 ··· 3-13
3. 옥내저장소의 보유공지 ··· 3-13
4. 옥내저장소의 표지 및 게시판 ·· 3-13
5. 옥내저장소의 저장창고 ··· 3-13
6. 다층 건물의 옥내저장소의 기준 ··· 3-15
7. 소규모 옥내저장소의 특례 ·· 3-15
8. 고인화점위험물의 단층 건물 옥내저장소의 특례 ·································· 3-16
9. 위험물의 성질에 따른 옥내저장소의 특례 ··· 3-16
10. 수출입 하역장소의 옥내저장소의 보유공지 ··· 3-17

제3절 옥외탱크저장소의 위치·구조 및 설비의 기준

1. 옥외탱크저장소의 안전거리 ... 3-18
2. 옥외탱크저장소의 보유공지 ... 3-18
3. 옥외탱크저장소의 표지 및 게시판 ... 3-19
4. 특정옥외탱크저장소 등 ... 3-19
5. 옥외탱크저장소의 외부구조 및 설비 ... 3-19
6. 특정옥외저장탱크의 구조 ... 3-22
7. 옥외탱크저장소의 방유제(이황화탄소는 제외) ... 3-23
8. 고인화점위험물의 옥외탱크저장소의 특례 ... 3-25
9. 위험물 성질에 따른 옥외탱크저장소의 특례 ... 3-25

제4절 옥내탱크저장소의 위치·구조 및 설비의 기준

1. 옥내탱크저장소의 구조(단층 건축물에 설치하는 경우) ... 3-26
2. 옥내탱크저장소의 표지 및 게시판 ... 3-28
3. 옥내탱크저장소의 탱크전용실을 단층 건축물 외에 설치하는 경우 ... 3-28

제5절 지하탱크저장소의 위치·구조 및 설비의 기준

1. 지하탱크저장소의 기준 ... 3-30
2. 지하탱크저장소의 표지 및 게시판 ... 3-31

제6절 간이탱크저장소의 위치·구조 및 설비의 기준

1. 설치기준 ... 3-32
2. 표지 및 게시판 ... 3-32

제7절 이동탱크저장소의 위치·구조 및 설비의 기준

1. 이동탱크저장소의 상치장소 ... 3-33
2. 이동저장탱크의 구조 ... 3-33
3. 배출밸브, 폐쇄장치, 결합금속구 등 ... 3-34
4. 위험물 운송·운반 시의 위험성 경고표지에 관한 기준 ... 3-35
5. 이동탱크저장소의 펌프설비 ... 3-36
6. 이동탱크저장소의 접지도선 ... 3-36
7. 컨테이너식 이동탱크저장소의 특례 ... 3-37
8. 주유탱크차의 특례 ... 3-37
9. 알킬알루미늄 등을 저장 또는 취급하는 이동탱크저장소 ... 3-38

CONTENTS

제8절 옥외저장소의 위치ㆍ구조 및 설비의 기준
1. 옥외저장소의 안전거리 ... 3-39
2. 옥외저장소의 보유공지 ... 3-39
3. 옥외저장소의 표지 및 게시판 ... 3-39
4. 옥외저장소의 기준 ... 3-40
5. 인화성 고체, 제1석유류, 알코올류의 옥외저장소의 특례 ... 3-40
6. 옥외저장소에 저장할 수 있는 위험물 ... 3-40

제9절 주유취급소의 위치ㆍ구조 및 설비의 기준
1. 주유취급소의 주유공지 ... 3-41
2. 주유취급소의 표지 및 게시판 ... 3-41
3. 주유취급소의 저장 또는 취급 가능한 탱크 ... 3-41
4. 고정주유설비 등 ... 3-42
5. 주유취급소에 설치할 수 있는 건축물 ... 3-42
6. 주유취급소의 건축물의 구조 ... 3-42
7. 담 또는 벽 ... 3-43
8. 캐노피의 설치기준 ... 3-44
9. 펌프실 등의 구조 ... 3-44
10. 고속국도 주유취급소의 특례 ... 3-44
11. 셀프용 주유취급소의 특례 ... 3-45

제10절 판매취급소의 위치ㆍ구조 및 설비의 기준
1. 제1종 판매취급소(지정수량의 20배 이하)의 기준 ... 3-46
2. 제2종 판매취급소(지정수량의 40배 이하)의 기준 ... 3-46

제11절 이송취급소의 위치ㆍ구조 및 설비의 기준
1. 설치장소 ... 3-47
2. 배관설치의 기준 ... 3-47
3. 기타 설비 등 ... 3-48

제12절 일반취급소의 위치ㆍ구조 및 설비의 기준
1. 일반취급소의 위치, 구조 및 설비기준 ... 3-50
2. 일반취급소의 특례 ... 3-50

실전예상문제 ... 3-52

CONTENTS

CHAPTER 02 제조소 등의 소화설비, 경보설비기준

제1절 소화설비의 종류, 구조 및 유지관리
1. 소화설비의 종류 · · · · · 3-85
2. 소화기구 · · · · · 3-87
3. 옥내소화전설비 · · · · · 3-88
4. 옥외소화전설비 · · · · · 3-90
5. 스프링클러설비 · · · · · 3-91
6. 물분무소화설비 · · · · · 3-94
7. 포소화설비 · · · · · 3-95
8. 불활성가스소화설비 · · · · · 3-101
9. 할로젠화합물소화설비 · · · · · 3-106
10. 분말소화설비 · · · · · 3-109

제2절 제조소 등의 소화설비의 설치기준
1. 소화설비 · · · · · 3-112
2. 전기설비 및 소요단위 · · · · · 3-117

제3절 경보설비, 피난설비의 설치기준
1. 경보설비 · · · · · 3-118
2. 피난설비 · · · · · 3-120

실전예상문제 · · · · · 3-121

PART 04 안전관리법령

CHAPTER 01 안전관리

제1절 위험물안전관리자의 업무 등의 실무사항
1. 위험물안전관리자의 책무 · · · · · 4-3
2. 예방규정을 정해야 하는 제조소 등 · · · · · 4-3
3. 예방규정 작성 내용 · · · · · 4-4
4. 정기점검 및 정기검사 · · · · · 4-4
5. 위험물탱크 시험자가 갖추어야 할 인력 및 장비 · · · · · 4-6

CONTENTS

시대에듀에서 만든 도서는 책, 그 이상의 감동입니다.

CHAPTER 02 제조소 등의 저장·취급기준

제1절 위험물제조소 등의 저장에 관한 기준
1. 저장·취급의 공통 기준 — 4-7
2. 유별 저장 및 취급의 공통 기준 — 4-7
3. 저장의 기준 — 4-8
4. 취급의 기준 — 4-10

CHAPTER 03 위험물의 운반 및 운송기준

제1절 위험물의 운반에 관한 기준
1. 운반용기의 재질 — 4-12
2. 운반방법 — 4-12
3. 적재방법 — 4-13
4. 운반 시 위험물의 혼재 가능 기준 — 4-15
5. 위험물의 위험등급 — 4-15
6. 위험물운송책임자의 감독 및 운송 시 준수사항 — 4-16

제2절 위험물의 분류 및 표지에 관한 기준
1. 산화성 고체 — 4-17
2. 인화성 고체 — 4-17
3. 자연발화성 액체 — 4-18
4. 자연발화성 고체 — 4-18
5. 물반응성 물질 및 혼합물 — 4-18
6. 인화성 액체 — 4-19
7. 자기발열성 물질 및 혼합물 — 4-19
8. 자기반응성 물질 및 혼합물 — 4-20
9. 폭발성 물질 — 4-21
10. 유기과산화물 — 4-22
11. 산화성 액체 — 4-23
12. 금속부식성 물질 — 4-23
13. 산화성 가스 — 4-24
14. 인화성 가스 — 4-24
15. 에어로졸 — 4-24
16. 고압가스 — 4-25

CONTENTS

CHAPTER 04 위험물안전관리법 규제의 구도

제1절 위험물

1. 위험물 정의	4-26
2. 제조소 등	4-26
3. 위험물안전관리법 적용 제외	4-27
4. 위험물시설의 설치 및 변경 등	4-27
5. 위험물의 취급	4-28
6. 제조소 등의 완공검사 신청시기	4-28
7. 위험물안전관리자	4-29
8. 위험물 안전관리대행기관	4-30
9. 탱크안전성능검사의 대상이 되는 탱크	4-31
10. 자체소방대	4-31
11. 화학소방자동차에 갖추어야 하는 소화능력 및 설비의 기준	4-32
12. 제조소 등에 선임해야 하는 안전관리자의 자격	4-32
13. 위험물안전취급자격자의 자격	4-33
14. 운송책임자의 감독・지원을 받아 운송해야 하는 위험물	4-33
15. 안전교육대상자	4-33
16. 권한의 위임 및 업무의 위탁	4-34
17. 강습교육 및 안전교육	4-35
18. 행정처분 및 벌칙	4-35
19. 과태료 부과기준	4-37
20. 탱크의 용량	4-39

실전예상문제 4-41

PART 05 공업경영

CHAPTER 01 품질관리

제1절 통계적 방법의 기초

1. 품질관리의 기초	5-3
2. 자료의 분석	5-3
3. 통계적 품질관리	5-5
4. 확률분포	5-7

제2절 샘플링검사
    1. 제품 품질검사 방법   5-9
    2. 샘플링검사의 목적   5-9
    3. 샘플링검사의 분류   5-9
    4. 샘플링의 개념   5-11
    5. 품질코스트   5-12

제3절 관리도
    1. 관리도   5-13
    2. 관리도의 분류   5-13

CHAPTER 02   생산관리

제1절 생산계획
    1. 생산관리   5-16
    2. 공정관리   5-17
    3. 수요예측   5-17

제2절 생산통계
    1. 자재관리 및 구매관리   5-20
    2. 생산보전   5-20

CHAPTER 03   작업관리

제1절 작업방법 연구
    1. 작업관리의 개요   5-22
    2. 작업방법의 연구   5-23

제2절 작업시간 연구
    1. 작업방법의 기법   5-25
    2. 표준시간   5-25

실전예상문제   5-27

CONTENTS

PART 06 과년도 + 최근 기출복원문제

2012년	51회 과년도 기출문제	6-3
	52회 과년도 기출문제	6-22
2013년	53회 과년도 기출문제	6-43
	54회 과년도 기출문제	6-65
2014년	55회 과년도 기출문제	6-89
	56회 과년도 기출문제	6-113
2015년	57회 과년도 기출문제	6-137
	58회 과년도 기출문제	6-163
2016년	59회 과년도 기출문제	6-189
	60회 과년도 기출문제	6-211
2017년	61회 과년도 기출문제	6-234
	62회 과년도 기출문제	6-260
2018년	63회 과년도 기출문제	6-285
	64회 과년도 기출복원문제	6-308
2019년	65회 과년도 기출복원문제	6-334
	66회 과년도 기출복원문제	6-357
2020년	67회 과년도 기출복원문제	6-383
	68회 과년도 기출복원문제	6-403
2021년	69회 과년도 기출복원문제	6-426
	70회 과년도 기출복원문제	6-448
2022년	71회 과년도 기출복원문제	6-466
	72회 과년도 기출복원문제	6-488
2023년	73회 과년도 기출복원문제	6-508
	74회 과년도 기출복원문제	6-526
2024년	75회 과년도 기출복원문제	6-544
	76회 과년도 기출복원문제	6-569
2025년	77회 최근 기출복원문제	6-590
	78회 최근 기출복원문제	6-614

PART 01

일반화학 및 유체역학

CHAPTER 01　일반화학
CHAPTER 02　유체화학

합격의 공식 **시대에듀**

www.sdedu.co.kr

CHAPTER 01 일반화학

제1절 물질의 상태

1 물질과 물체

(1) 물 질
공간을 채우고 질량을 가지고 있는 것으로서 철, 목재 등이 있다.

(2) 물 체
질량이 있는 공간적으로 크기와 형태를 가지고 있는 것으로서 물질로 만들어진 것을 말한다.

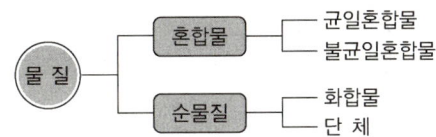

2 물질의 분류

(1) 순물질
일정한 조성을 가지며 독특한 성질을 가지는 물질로서 조성이 다르며 모양, 맛, 냄새 등에 의해서 서로 구별된다.
① **단체** : 1가지 원소로 되어 있는 물질 및 동소체
② **화합물** : 2가지 이상의 원소로 되어 있는 물질

- 단체 : 황(S), 구리(Cu), 철(Fe), 나트륨(Na), 알루미늄(Al), 흑연(C)
- 화합물 : 물(H_2O), 이산화탄소(CO_2), 소금(NaCl)

(2) 혼합물
2가지 이상의 순물질이 혼합되어 있는 것으로 비점과 빙점이 일정하지 않다.

혼합물 : 설탕물(설탕+물), 소금물(소금+물), 공기(산소+질소), 우유

(3) 물질의 확인

① 순물질의 확인
  ㉠ 고체 : 녹는점(Melting Point) 측정
  ㉡ 액체 : 끓는점(Boiling Point) 측정

> **Plus One** 순물질 확인 방법
> • 고체 : 녹는점(융점)
> • 액체 : 끓는점(비점)

② 물질의 분리 및 정제
  ㉠ 고체와 액체 : 여과(Filter), 증류
  ㉡ 액체와 액체 : 증류, 분액깔대기 이용
  ㉢ 고체와 고체 : 재결정(용해도 차이로 분리), 추출법
  ㉣ 기체와 기체 : 액화분리법, 흡수법

> • 여과 : 깔대기와 거름종이를 이용하여 액체 속의 고체물질을 분리하는 방법(흙탕물에서 흙과 물의 분리)
> • 증류 : 2가지 이상의 혼합물을 비점 차이에 의하여 물질을 분리시키는 방법
> • **추출** : 혼합물 속에 **액체의 용해도**를 이용하여 미량의 **불순물을 제거**하는 방법(식초에서 아세트산을 분리할 때 에터 사용)
> • 증발 : 혼합물을 가열하여 용매를 날려 보내고 비휘발성 물질을 얻어내는 방법
> • 재결정 : 질산칼륨 수용액 속에 소량의 염화나트륨의 불순물을 제거하는 방법

3 물질의 상태

(1) 물질의 3상태

① 고체 : 모양과 부피가 있으며 분자 간의 인력이 강한 것

> 융점(녹는점) : 고체가 온도에 의하여 액체로 변할 때의 온도

② 액체 : 모양은 변하나 부피가 일정한 것
  ㉠ 비점(끓는점) : 액체를 가열하여 증기가 될 때의 온도, 즉 대기압과 증기압이 같아지는 온도
  ㉡ 응고점 : 액체의 온도를 낮추어 고체가 될 때의 온도
  ㉢ 노점(Dew Point) : 어떤 상태의 증기압이 포화증기압이 되는 온도

③ 기체 : 모양과 부피가 일정하지 않은 것

> **Plus One** 보일-샤를의 법칙
> • 적용 : 온도가 높고 압력이 낮을 때(고온, 저압)
> • 적용 기체 : 산소, 질소, 수소, 헬륨, 일산화탄소, 아르곤 등

(2) 물질의 상태변화

① 고 체
  ㉠ 융해 : 고체가 액체로 되는 현상
  ㉡ 승화 : 고체가 기체로 되는 현상(드라이아이스, 나프탈렌, 아이오딘)
② 액 체
  액화 : 기체가 액체로 되는 현상
③ 기 체
  ㉠ 기화 : 액체가 기체로 되는 현상
  ㉡ 승화 : 기체가 고체로 되는 현상(탄산가스)

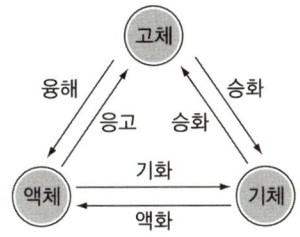

[물질의 상태변화]

Plus One 상태변화에 따른 열
- 잠열 : 온도는 변하지 않고 상태만 변화하는 것(열량 $Q = \gamma \cdot m$)
  물의 증발잠열 : 539[cal/g], 얼음의 융해잠열 : 80[cal/g]
- 현열 : 상태는 변하지 않고 온도만 변화하는 것
  열량 $Q = mc\Delta t$ (m : 무게, c : 비열, Δt : 온도차)
- 비열 : 어떤 물질 1[g]을 1[℃] 올리는 데 필요한 열량(물의 비열 : 1[cal/g·℃])

4 물질의 성질 및 변화

(1) 물질의 성질 중요
① 물리적 성질 : 물질의 조성이나 특성을 변화시키지 않고 측정할 수 있는 성질
  예 색, 융점, 비점, 밀도, 경도, 결정형, 전기전도성 등
② 화학적 성질 : 화학반응을 통하여 그 물질을 나타내는 성질
  예 화합, 분해, 치환, 복분해

(2) 물질의 변화
① 물리적 변화 : 물질의 성분은 변하지 않고 상태와 부피가 변하는 것
  ㉠ 설탕이 물에 녹아 설탕물이 되는 현상
  ㉡ 철이 녹아 쇳물이 되는 현상
  ㉢ 소금이 물에 녹아 소금물이 되는 현상
  ㉣ 얼음이 녹아 물이 되는 현상

② **화학적 변화** : 화학반응에 의하여 물질의 성분이 변하는 것
  ㉠ 화합 : 2가지 이상의 물질이 결합하여 하나의 새로운 물질이 되는 현상
    A + B → AB
    예) $C + O_2 → CO_2$ $2H_2 + O_2 → 2H_2O$
  ㉡ 분해 : 하나의 물질이 둘 이상의 물질로 되는 현상
    AB → A + B
    예) $2H_2O → 2H_2 + O_2$ $NH_4H_2PO_4 → NH_3 + HPO_3 + H_2O$
  ㉢ 치환 : 화합물의 하나의 원소가 다른 원소와 교체되는 현상
    A + BC → AC + B
    예) $Mg + H_2SO_4 → MgSO_4 + H_2$ $Zn + H_2SO_4 → ZnSO_4 + H_2$
  ㉣ **복분해** : 2가지 이상의 성분이 서로 교체되는 현상
    AB + CD → AD + BC
    예) $AgNO_3 + NaCl → AgCl + NaNO_3$ $NaOH + HCl → NaCl + H_2O$

제2절 물질의 성질과 화학반응

1 원 자

(1) 원자의 구조

① **원 자**

물질을 구성하는 더 이상 나눌 수 없는 가장 작은 입자로서 크기는 10^{-13}[cm]이고 원자는 **원자핵**과 **전자**로 이루어져 있다.

> • 원자 : 화학결합을 할 수 있는 원소의 기본 단위
> • 전자 : 음(-)으로 하전된 입자

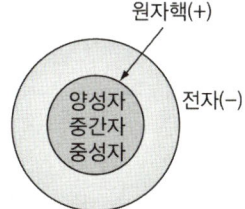

> 원자핵을 구성하는 물질 : 양성자, 중성자, 중간자

② **원자량**

탄소(C)의 질량을 12(12C)로 정하고 이것을 기준으로 하여 다른 원자의 질량값

③ **양성자(양자)**

원자핵 속에 들어 있는 양(+)전기를 띤 입자로서 양성자의 질량은 1.67×10^{-24}[g]이다.

④ **중성자**

양성자의 질량보다 약간 큰 질량을 가지고 있는 전기적으로 중성인 입자

> • 헬륨($_2He^4$)의 핵 : 2개의 양성자와 2개의 중성자가 있다.
> • 수소($_1H^1$)의 핵 : 중성자는 없고 양성자 1개만 있다.

⑤ **원자번호와 질량수**

㉠ 원자번호 : 한 원소의 각 원자핵 속에 있는 양성자의 수

㉡ 질량수 : 한 원소의 각 원자핵 속에 있는 양성자와 중성자를 합한 수

> • 원자번호 = 양성자수 = 양자수 = 전자수(중성원자에서)
> • 질량수 = 양성자수(원자번호) + 중성자수
> 예 $_{80}Hg^{199}$
>   - 원자번호 : 80
>   - 질량수 : 199
>   - 중성자수 = 질량수 - 양성자수 = 199 - 80 = 119

⑥ **방사선의 붕괴**

㉠ α붕괴

• 본체는 **헬륨**의 **원자핵**이다.

- 방사선 원소에 따라 속도는 다르다.
- 감광작용, 전리작용이 가장 강하다.
- 원소가 α붕괴하면 **원자번호 2감소, 질량수 4감소**한다.

> - α붕괴
> $^{9}_{4}Be + ^{4}_{2}He \rightarrow (^{12}_{6}C) + ^{1}_{0}n$
>   ※ $_{88}Ra^{226}$이 α붕괴하면 $_{86}Rn^{222}$가 된다.
> - 기본적인 입자의 기호
>   양성자 $^{1}_{1}H$, 중성자 $^{1}_{0}n$, 전자 $^{0}_{-1}e$, 양전자 $^{0}_{+1}e$

ⓒ β붕괴

원소가 β붕괴하면 **원자번호 1증가**, 질량수는 변화가 없다.

> - β선의 본질 : 전자($^{0}_{-1}e$)
> - $^{237}_{93}Np$(넵투늄)원소가 β선을 1회 방출하면 $^{237}_{94}Pu$(피우토늄)가 된다.

ⓒ γ붕괴

핵의 내부에너지만 감소한다.

> - 중수소($^{2}_{1}D$)의 원자핵 구조 : 양성자 1, 중성자 1
> - 방사선의 파장이 가장 짧고 투과력과 방출속도가 가장 크다.
> - 감마선은 질량이 없고 전하를 띠지 않음

⑦ **동위원소와 동중원소**

㉠ 동위원소 : 원자번호는 같고 질량수가 다른 원자
㉡ 동중원소 : 질량수는 같고 원자번호가 다른 원자

> - 동위원소 : 수소[$_{1}H^{1}$(경수소), $_{1}D^{2}$(중수소), $_{1}T^{3}$(3중수소)], 탄소($_{6}C^{12}$, $_{6}C^{13}$), 우라늄($_{92}U^{235}$, $_{92}U^{238}$)
> - 동중원소 : 탄소와 질소($_{6}C^{14}$, $_{7}N^{14}$)

⑧ **동소체**

같은 원소로 되어 있으나 성질과 모양이 다른 단체(질소는 동소체가 없다)

원 소	동소체	연소생성물
탄소(C)	다이아몬드, 흑연	이산화탄소(CO_2)
황(S)	사방황, 단사황, 고무상황	이산화황(SO_2)
인(P)	적린(붉은인), 황린(흰인)	오산화인(P_2O_5)
산소(O)	산소, 오존	-

> 동소체의 구별 : 연소생성물의 확인

⑨ **당 량**

㉠ 당량 : 산소 8(산소 1/2 원자량)이나 수소 1(수소 1 원자량)과 결합 또는 치환하는 원소의 양
㉡ g당량 : 당량에 g을 붙인 것

- 당량 = $\dfrac{원자량}{원자가}$, 원자량 = 당량 × 원자가

- 산·알칼리 당량 = $\dfrac{산·알칼리의 분자량}{H(OH)의 수}$

- 산화제(환원제)의 당량 = $\dfrac{산화제(환원제)의 분자량}{산화수의 변화}$

- 산소 16[g]일 때 g당량 = $\dfrac{16[g]}{8}$ = 2g당량

- **산소 1g당량 = 8[g] = $\dfrac{1}{4}$ [mol] = 5.6[L]**

- 수소 1g당량 = 1[g] = $\dfrac{1}{2}$ [mol] = 11.2[L]

- 황산의 1g당량 = $\dfrac{98}{2}$ = 49[g]

(2) 전자껍질 및 전자배열

① 가전자

전자껍질에서 제일 바깥에 있는 전자

> 최외각 전자껍질의 전자수 = 원자가전자 = 가전자 = 족수

② 궤도함수(오비탈, 부전자 껍질)

실제 핵의 전자분포를 확률로서 표시한 것

오비탈 명칭	s	p	d	f
전자수	2	6	10	14
궤도함수도표	s^2	p^6	d^{10}	f^{14}
	↑↓	↑↓ ↑↓ ↑↓	↑↓ ↑↓ ↑↓ ↑↓ ↑↓	↑↓ ↑↓ ↑↓ ↑↓ ↑↓ ↑↓ ↑↓

- 부대전자 : s, p, d, f 등의 오비탈에 전자가 들어갈 때 쌍을 이루지 않고 혼자 있는 전자수
- $2p$오비탈에 4개의 전자가 있다는 것은 전자배치는 $1s^2 2s^2 2p^4$이므로
  ↑↓ ↑↓ ↑↓ ↑ ↑ 여기서 최외각 전자수 : 6, 부대전자수 : 2개

③ 전자껍질

원자핵을 이루고 있는 에너지 준위가 다른 전자층으로서 에너지 준위가 낮은 전자껍질로부터 전자가 채워진다.

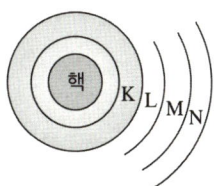

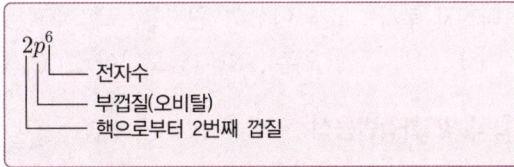

항목 \ 전자껍질	K $n=1$	L $n=2$	M $n=3$	N $n=4$
오비탈의 종류	s	s, p	s, p, d	s, p, d, f
오비탈 수(n^2)	1	4	9	16
최대수용전자수($2n^2$)	2	8	18	32

④ 에너지 준위

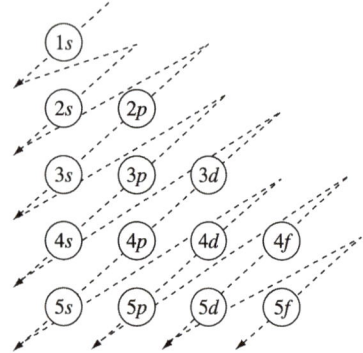

- 에너지 준위의 순서
  $1s < 2s < 2p < 3s < 3p < 4s < 3d < 4p < 5s$
- Ar(원자번호 18)의 전자배치
  $1s^2 2s^2 2p^6 3s^2 3p^6$

2 분 자

(1) 분 자

① 분자 : 2개 이상의 원자가 모여서 화학적으로 결합하여 만들어진 입자로서 물질의 특성을 갖는 가장 작은 입자이다.

> 같은 온도, 같은 압력, 같은 부피에서는 같은 분자수가 존재한다.

② 분자량 : 분자를 구성하는 각 원소의 원자량의 합

> $CO_2 = 12 + (16 \times 2) = 44$, $H_2O = (1 \times 2) + 16 = 18$

(2) 분자의 분류

① 단원자 분자 : 1개의 원자를 포함하고 있는 분자(0족 원소)
  예 He(헬륨), Ne(네온), Ar(아르곤), Kr(크립톤), Xe(제논), Rn(라돈)
② 이원자 분자 : 2개의 원자를 포함하고 있는 분자
  예 N_2(질소), O_2(산소), H_2(수소), 7A족 원소(F_2, Cl_2, Br_2, I_2)
③ 다원자 분자 : 3개 이상의 원자를 포함하고 있는 분자
  예 H_2O(물), O_3(오존), NH_3(암모니아), CO_2(탄산가스)

(3) 화학식 및 화학반응식

① 분자식

단체 또는 화합물의 실제의 조성을 표시하는 식으로 한 물질의 가장 작은 단위에 있는 각 원소의 원자들의 개수를 정확히 나타내는 식이다.

> 에틸알코올 : C_2H_6O, 포도당 : $C_6H_{12}O_6$

② 실험식
물질을 이루는 원소의 종류와 수를 가장 간단한 비율로 표시한 식(NaCl)

③ 시성식
분자를 이루고 있는 원자단(관능기)을 나타내며 그 분자의 특성을 밝힌 화학식

> 에틸알코올 : C_2H_5OH, 다이에틸에터 : $C_2H_5OC_2H_5$

④ 구조식
화합물의 분자 내에서의 원자의 결합상태를 나타내는 식

> 에틸알코올 :
> $$H-\overset{\overset{H}{|}}{\underset{\underset{H}{|}}{C}}-\overset{\overset{H}{|}}{\underset{\underset{H}{|}}{C}}-OH$$, 이산화탄소 : $O=C=O$

⑤ 화학반응식
  ㉠ 정의 : 화학식을 써서 화학반응의 관계를 간단히 표시한 것

  $$\underset{반응물}{Mg + 2H_2O} \rightarrow \underset{생성물}{Mg(OH)_2 + H_2}$$

  ㉡ 계수 맞추기
  유기물은 주로 C, H, O로 구성되어 있으므로 반응물의 원소수의 합과 생성물의 원소수의 총합은 같아야 한다.

  > $$\underset{반응물}{CaC_2 + 2H_2O} \rightarrow \underset{생성물}{Ca(OH)_2 + C_2H_2 \uparrow}$$
  > • 반응물의 계수 Ca=1, C=2, H=$2H_2$=4, O=2
  > • 생성물의 계수 Ca=1, C=2, H=H_2+H_2=4, O=2
  > • 계수 = 몰수

⑥ 중요한 원자단(라디칼)

라디칼	이온식	원자가	라디칼	이온식	원자가
수산기	OH^-	−1	황산기	SO_4^{-2}	−2
질산기	NO_3^-	−1	탄산기	CO_3^{-2}	−2
사이안기	CN^-	−1	아황산기	SO_3^{-2}	−2
과망가니즈산기	MnO_4^-	−1	크로뮴산기	CrO_4^{-2}	−2
염소산기	ClO_3^-	−1	다이크로뮴산기	$Cr_2O_7^{-2}$	−2
아세트산기	CH_3COO^-	−1	인산기	PO_4^{-3}	−3
암모늄기	NH_4^+	+1	사이안화철(Ⅲ)기	$Fe(CN)_6^{-3}$	−3

3 원소의 주기율표

(1) 주기율

주기\족	1 1A	2 2A	3 3B	4 4B	5 5B	6 6B	7 7B	8, 9, 10 8B			11 1B	12 2B	13 3A	14 4A	15 5A	16 6A	17 7A	18 8A
분류	알칼리금속	알칼리토금속	희토류	티탄족	토산금속	크로뮴족	망가니즈족	철 족(3개) 백금족(6개)			구리족	아연족	알루미늄족	탄소족	질소족	산소족	할로젠족	불활성기체
1	1 H																	2 He
2	3 Li	4 Be											5 B	6 C	7 N	8 O	9 F	10 Ne
3	11 Na	12 Mg											13 Al	14 Si	15 P	16 S	17 Cl	18 Ar
4	19 K	20 Ca	21 Sc	22 Ti	23 V	24 Cr	25 Mn	26 Fe	27 Co	28 Ni	29 Cu	30 Zn	31 Ga	32 Ge	33 As	34 Se	35 Br	36 Kr
5	37 Rb	38 Sr	39 Y	40 Zr	41 Nb	42 Mo	43 Tc	44 Ru	45 Rh	46 Pd	47 Ag	48 Cd	49 In	50 Sn	51 Sb	52 Te	53 I	54 Xe
6	55 Cs	56 Ba	57 La	72 Hf	73 Ta	74 W	75 Re	76 Os	77 Ir	78 Pt	79 Au	80 Hg	81 Tl	82 Pb	83 Bi	84 Po	85 At	86 Rn
7	87 Fr	88 Ra	89 Ac	104 Rf	105 Db	106 Sg	107 Bh	108 Hs	109 Mt		란타넘족, 악티늄족 : 생략							

① 표 설명
  ㉠ ▨ : 금속원소
  ㉡ ☐ : 비금속원소
  ㉢ 양쪽성 원소 : Al, Zn, Sn, Pb, As, Sb

② 각 족의 화학적 성질
  ㉠ **1A족 원소** : **알칼리금속**으로서 **이온화에너지**가 **낮으며** 1가 양이온이다.
  ㉡ 2A족 원소 : 알칼리토금속으로 알칼리금속보다 반응성이 약간 작다. 금속성은 아래로 내려갈수록 증가한다.
  ㉢ 3A족 원소 : 붕소는 준금속이고 나머지 원소는 금속이다.
  ㉣ 4A족 원소 : 탄소는 비금속이고 규소와 게르마늄은 준금속이다. 이들은 이온결합을 형성하지 않는다.
  ㉤ 5A족 원소 : 질소와 인은 비금속, 비소와 안티몬은 준금속, 비스무트는 금속이다.
  ㉥ 6A족 원소 : 산소, 황, 셀렌은 비금속이고, 텔루르, 폴로늄은 준금속이다.
  ㉦ 7A족 원소 : 할로젠 원소로서 반응성이 크다.
  ㉧ **8A족 원소** : 반응성이 거의 없는 **비금속**으로 단원자 화학종으로 존재한다. 8A족의 **이온화에너지**는 모든 원소 중 **가장 크다**.

③ 원소의 성질

항목 \ 구분	같은 주기에서 원자번호가 증가할수록 (왼쪽에서 오른쪽으로)	같은 족에서 원자번호가 증가할수록 (위쪽에서 아래쪽으로)
이온화에너지	증가한다	감소한다
전기음성도	**증가한다**	감소한다
이온반지름	작아진다	커진다
원자반지름	작아진다	커진다
비금속성	증가한다	감소한다

(2) 이온화 경향 및 이온화에너지

① 이온화 경향
  ㉠ 정의 : 원자 또는 분자가 이온이 되려고 하는 경향으로 쉽게 이온화되는 것을 이온화 경향이 크며 산화되기 쉽다고 말한다.
  ㉡ 금속의 이온화 경향

  K Ca Na Mg Al Zn Fe Ni Sn Pb H Cu Hg Ag Pt Au
  크다 ←   → 작다

  ㉢ 이온화 경향이 큰 금속은 산(염산, 황산, 초산)과 반응하여 수소(H_2)를 발생한다.

  $$2K + 2CH_3COOH \rightarrow 2CH_3COOK + H_2 \uparrow$$

② 이온화에너지
  ㉠ 정의 : 바닥 상태에 있는 기체 상태 원자로부터 전자를 제거하는 데 필요한 최소에너지
  ㉡ 이온화에너지는 0족으로 갈수록, 원자번호와 전기음성도가 클수록, 비금속일수록 증가한다.
  ㉢ 이온화에너지가 가장 큰 것은 0족 원소(불활성원소), 가장 작은 것은 1족 원소(알칼리금속)이다.
  ㉣ 최외각 전자와 원자핵 간의 거리가 가까울수록 이온화에너지는 크다.

(3) 전기음성도

① 정의 : 화학결합에서 어떤 원자가 전자를 끌어당기는 힘
② 전기음성도의 경향(괄호 안의 숫자는 전기음성도의 값이다)

  F(4.0) > O(3.5) > **Cl(3.2)** > **N(3.0)** > Br(3.0) > I(2.7) > P(2.2)

③ 전기음성도가 클수록 원자번호는 감소하고 산화성이 커진다.
④ 이온화에너지가 낮은 원자들은 전기음성도가 낮다.

4 화학결합

(1) 이온결합

양이온(금속)과 음이온(비금속) 사이의 정전력에 의한 결합(NaCl, KCl, CaO, MgO)

> **Plus One** 이온결합의 특성
> - 이온결합 화합물에는 분자의 형태가 존재하지 않는다.
> - 비점(끓는점)과 융점(녹는점)이 높다.
> - 결정상태는 전기전도성이 없으나 수용액이나 용융상태에서는 전기전도성이 크다.
> - 물과 같이 극성 용매에 잘 녹는다.
> - 용융상태에서는 전해질이다.
> - 단단하며 부스러지기 쉽다.
> - 고체상태에서는 부도체이고 수용액상태에서는 도체이다.
> ※ **전해질** : 수용액상태에서 전류가 흐르는 물질(NaCl, 황산구리, 산, 염기)

(2) 공유결합

① 비금속과 비금속의 결합으로 두 원자가 같은 수의 전자를 제공하여 전자쌍을 이루어 서로 공유함으로써 이루어진 결합(HCl, NH_3, HF, H_2S, CH_3COOH, CH_3COCH_3, Cl_2, O_2, CO_2)

② 비공유전자쌍

분자의 바깥껍질 전자 속에서 같은 궤도로 들어가 전자쌍을 이루면서, 두 원자 간 결합에 관여하지 않는 전자쌍이다.

종류	메테인	암모늄이온	암모니아	물	수산화이온	이산화탄소
비공유전자쌍	없다.	없다.	1개	2개	3개	4개
구조	H-C-H (H 위아래)	H-N-H (H 위아래)	H-N-H (H 위, 비공유쌍)	H-O-H	O-H	O=C=O

> **Plus One** 공유결합의 특성
> - 비점(끓는점)과 융점(녹는점)이 낮다.
> - 벤젠, 사염화탄소에 잘 녹는다.
> - 휘발성이다.
> - 전기의 부도체이다.

(3) 배위결합

비공유 전자쌍을 일방적으로 제공하여 이루어진 공유결합의 결합

> 한 분자 내에 이온결합과 배위결합을 하는 것 : 염화암모늄(NH_4Cl)

(4) 금속결합

금속 원자는 자유전자로서 방출하여 양이온이 되고 자유전자를 공유하여 결합하는 화학결합

> **Plus One** 금속결합의 특성
> - 비점과 융점이 높다.
> - 전기전도성이다.
> - 금속광택이 있고 방향성이 없다.

(5) 수소결합

전기음성도가 큰 F, N, O와 작은 수소원자가 결합하여 원자단(HF, H_2O)을 포함하는 결합

> **Plus One** 수소결합의 특성
> - 전기음성도의 차이가 클수록 수소결합이 강해진다.
> - 물분자들 사이에 수소결합을 하면 비점이 높고 증발열이 커진다.
> - 수소결합을 하는 물질은 무색, 투명하다.
> - 수소결합하는 물질 : H_2O, HF, HCN, NH_3, CH_3OH, CH_3COOH

제3절 화학의 기초법칙

1 보일-샤를의 법칙

(1) 보일의 법칙

기체의 부피는 온도가 일정할 때 절대압력에 반비례한다.

$$T = 일정, \quad PV = k(P : 압력, \ V : 부피)$$

(2) 샤를의 법칙

압력이 일정할 때 기체가 차지하는 부피는 절대온도에 비례한다.

$$\frac{V_1}{T_1} = \frac{V_2}{T_2} \qquad V_2 = V_1 \times \frac{T_2}{T_1}$$

(3) 보일-샤를의 법칙

기체가 차지하는 **부피**는 **압력에 반비례**하고 **절대온도에 비례**한다.

$$\frac{P_1 V_1}{T_1} = \frac{P_2 V_2}{T_2} \qquad V_2 = V_1 \times \frac{P_1}{P_2} \times \frac{T_2}{T_1}$$

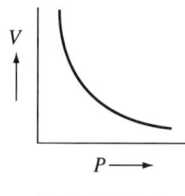
[보일의 법칙]

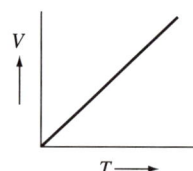
[샤를의 법칙]

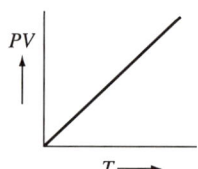
[보일-샤를의 법칙]

2 분자량 측정법

(1) 공기의 평균분자량

- 공기의 조성
  - 산소(O_2) : 21[%]
  - 질소(N_2) : 78[%]
  - 아르곤(Ar) 등 : 1[%]
- 공기의 평균분자량 = $(32 \times 0.21) + (28 \times 0.78) + (40 \times 0.01) = 28.96 ≒ 29$
- 증기비중 = $\dfrac{분자량}{29}$

(2) 기체의 밀도

① 표준상태(0[℃], 1[atm])일 때 M(분자량) $= \rho[g/L] \times 22.4[L]$

② 표준상태가 아닐 때

$$PV = nRT = \dfrac{W}{M}RT \qquad PM = \dfrac{W}{V}RT = \rho RT \qquad M(분자량) = \dfrac{\rho RT}{P}$$

여기서, P : 압력[atm] V : 부피[L]
 n : mol수 M : 분자량[g/g-mol]
 ρ : 밀도[g/L] W : 무게[g]
 R : 기체상수(0.08205[L·atm/g-mol·K])
 T : 절대온도(273+[℃]=[K])

(3) 기체의 비중

$$M_B = M_A \times \dfrac{W_B}{W_A}$$

여기서, M_B : B기체의 분자량 M_A : A기체의 분자량
 W_B : B기체의 무게 W_A : A기체의 무게

(4) 삼투압

$$PV = nRT = \dfrac{W}{M}RT \qquad M = \dfrac{WRT}{PV}$$

여기서, P : 삼투압

(5) 그레이엄의 확산속도법칙

확산속도는 **분자량**의 **제곱근**에 **반비례**, **밀도**의 **제곱근**에 **반비례**한다.

$$\frac{U_B}{U_A} = \sqrt{\frac{M_A}{M_B}} = \sqrt{\frac{d_A}{d_B}}, \quad U_B = U_A \times \sqrt{\frac{M_A}{M_B}}$$

여기서, U_B : B기체의 확산속도 U_A : A기체의 확산속도
M_B : B기체의 분자량 M_A : A기체의 분자량
d_B : B기체의 밀도 d_A : A기체의 밀도

3 돌턴의 분압법칙

혼합기체의 전압은 각 성분의 분압의 합과 같다.

$$P = P_A + P_B + P_C$$

여기서, P : 전압
P_A, P_B, P_C : A, B, C 각 성분의 분압

- 몰[%] = 압력[%] = 부피[%]
- 부분압력 = 전체압력 × 몰분율
- 몰분율 = $\dfrac{성분기체의\ 몰수}{전체\ 기체의\ 몰수}$

4 패러데이 전해의 법칙

(1) 제1법칙

전해에 의해 생기는 물질의 질량은 전기량에 비례한다.

(2) 제2법칙

같은 전기량에 의하여 분해될 때 생성되는 물질의 질량은 그 화학당량에 비례한다.

- 1[F](패럿) : 각 물질 1g당량을 얻는 데 필요한 전기량
  96,500[coulomb] = 1g당량
- 전기량[coulomb] = 전류의 세기[Ampere] × 시간[s]
- 1개의 전하량 $e = \dfrac{96,500}{6.0238 \times 10^{23}} = 1.6021 \times 10^{-19}$ [coulomb]

제4절 산, 염기, 염 및 수소이온지수

1 산, 염기, 염

(1) 산

① 산의 정의
  ㉠ 아레니우스 : 물에 녹아 수소이온[H^+]을 내는 물질
  ㉡ 루이스 : 비공유 전자쌍을 받을 수 있는 물질
  ㉢ 브뢴스테드 : 양성자[H^+]를 줄 수 있는 물질

$$HCl \rightarrow H^+ + Cl^-$$

② 산의 성질
  ㉠ 수용액은 신맛이 난다(초산).
  ㉡ 전기분해하면 (-)극에서 수소를 발생한다.
  ㉢ 리트머스종이의 변색(청색 → 적색)
  ㉣ 염기와 반응하면 염과 물이 생성된다.

$$HCl + NaOH \rightarrow NaCl + H_2O$$
$$(산) \quad (염기) \quad (염) \quad (물)$$

  ㉤ 지시약 : Methyl Orange(M.O), Methyl Red(M.R)

③ 산의 분류

산의 분류 구 분	해당 산의 종류
1염기산(1가의 산)	HCl, HNO_3, CH_3COOH, C_6H_5OH, $HClO_3$
2염기산(2가의 산)	H_2SO_4, H_2S, H_2CO_3, $H_2C_2O_4$
3염기산(3가의 산)	H_3PO_4, H_3BO_3

(2) 염 기

① 염기의 정의
  ㉠ 아레니우스 : 물에 녹아 수산화이온[OH^-]을 내는 물질
  ㉡ 루이스 : 비공유 전자쌍을 줄 수 있는 물질(CO_2)
  ㉢ 브뢴스테드 : 양성자[H^+]를 받아들일 수 있는 물질

- $NaOH \rightarrow Na^+ + OH^-$
- $Ca(OH)_2 \rightarrow Ca^{++} + 2OH^-$

② 염기의 성질
　㉠ 수용액은 쓴맛을 가지고 미끈미끈하다.
　㉡ 전기분해하면 (＋)극에서 산소를 발생한다.
　㉢ 리트머스종이의 변색(적색 → 청색)
　㉣ 지시약 : Phenol Phthalein(P.P)
③ 염기의 분류

염기의 분류	구 분	해당 염기의 종류
1산염기(1가의 염기)		NaOH, KOH, NH₄OH
2산염기(2가의 염기)		Ca(OH)₂, Cu(OH)₂, Ba(OH)₂
3산염기(3가의 염기)		Al(OH)₃, Fe(OH)₃

(3) 염

① 염의 정의

산과 염기가 반응하여 염과 물이 되는 중화반응에서 염이 생기는데 수소원자가 양이온(NH_4^+)으로 치환한 화합물

$$HCl + NaOH \rightarrow NaCl + H_2O$$
　(산)　(염기)　(염)　(물)

② 염의 종류
　㉠ 산성염 : 중탄산칼륨($KHCO_3$), 중탄산나트륨($NaHCO_3$) 등 산의 수소원자가 일부 치환된 염
　㉡ 염기성염 : 하이드록시염화마그네슘[$Mg(OH)Cl$]과 같이 수산기가 일부 치환된 염
　㉢ 중성염 : 소금($NaCl$)과 같이 수소원자나 수산기가 포함된 염

(4) 산화물

① 산화물의 정의

물에 녹아 산 또는 염기가 될 수 있는 산소의 화합물

② 산화물의 종류
　㉠ 산성 산화물 : 비금속 산화물로서 물에 녹아 산이 되는 물질
　㉡ 염기성 산화물 : 금속 산화물로서 물에 녹아 염기가 되는 물질
　㉢ 양쪽성 산화물 : 양쪽성 원소의 산화물로서 산이나 염기와 반응하여 염과 물을 생성하는 물질

Plus One 산화물의 종류
- 산성 산화물 : CO_2, **SO_2**, SO_3, NO_2, SiO_2, **P_2O_5**
- 염기성 산화물 : **CaO**, CuO, BaO, MgO, **Na_2O**, K_2O, **Fe_2O_3**
- 양쪽성 산화물 : **ZnO**, **Al_2O_3**, SnO, PbO, Sb_2O_3

2 수소이온지수(pH)

(1) 수소이온농도
① 수소이온농도 : 수용액 1[L] 속에 존재하는 H^+의 몰수[H^+]
② 수산화이온농도 : 수용액 1[L] 속에 존재하는 OH^-의 몰수[OH^-]
③ pH
    ⊙ 수소이온지수(pH) : 수소이온농도의 역수를 상용대수로 나타낸 값

$$pH = -\log[H^+] = \log\frac{1}{[H^+]}$$

$$\therefore pH + pOH = 14$$

    ⓒ pH와 색상과의 관계

액성	산성							중성	알칼리성					
pH	0	1	2	3	4	5	6	7	8	9	10	11	12	13	14
[H^+]	10^0	10^{-1}	10^{-2}	10^{-3}	10^{-4}	10^{-5}	10^{-6}	10^{-7}	10^{-8}	10^{-9}	10^{-10}	10^{-11}	10^{-12}	10^{-13}	10^{-14}
[OH^-]	10^{-14}	10^{-13}	10^{-12}	10^{-11}	10^{-10}	10^{-9}	10^{-8}	10^{-7}	10^{-6}	10^{-5}	10^{-4}	10^{-3}	10^{-2}	10^{-1}	10^0

(2) 물의 이온화
① 물의 전리

$H_2O = [H^+] + [OH^-]$

$[H^+] = [OH^-] = 10^{-7}$[mol/L]

Plus One 이온의 성질
- 중성 : $[H^+] = [OH^-]$
- 산성 : $[H^+] > [OH^-]$
- 염기성 : $[H^+] < [OH^-]$

② 물의 이온화 상수

물의 전리에서 전리상수를 구하면

$H_2O = [H^+] + [OH^-]$

$$K = \frac{[H^+][OH^-]}{[H_2O]}$$

물의 이온적상수 $K_w = [H^+] \cdot [OH^-] = K[H_2O]$
$= 10^{-7} \times 10^{-7} = 10^{-14}$[mol/L]

3 중화반응

(1) 중화반응

① 정의

산과 염기가 반응하여 염과 물을 생성하는 반응

$$HCl + NaOH \rightarrow NaCl + H_2O$$
$$(산) \quad (염기) \quad (염) \quad (물)$$

② 중화적정 **중요**

㉠ 산과 염기의 중화

산과 염기를 완전 중화하려면 산과 염기의 g당량수가 같아야 한다.

- 규정농도$(N) = \dfrac{g당량수}{용액1[L]} \times$ 용액의 부피(V)

- g당량수 $= N \times V$

$$NV = N'V'$$

여기서, N : 노르말농도 $\qquad V$: 부피

㉡ 혼합용액의 중화

$$NV + N'V' = N''V''$$

(2) 지시약

산과 염기의 중화 적정 시 종말점(End Point)을 알아내기 위하여 용액의 액성을 나타내는 시약

지시약	변색		변색 pH
	산성색	염기성색	
티몰블루(Thymol Blue)	적색	노란색	1.2~1.8
메틸오렌지(M.O)	적색	오렌지색	3.1~4.4
메틸레드(M.R)	적색	노란색	4.8~6.0
브로모티몰블루	노란색	청색	6.0~7.6
페놀레드	노란색	적색	6.4~8.0
페놀프탈레인(P.P)	**무색**	**적색**	**8.0~9.6**

※ 산성 용액에서 색깔을 나타내는 지시약 : M.O, M.R, 티몰블루

제5절 용액, 용해도 및 용액의 농도

1 용 액

(1) 용 액

① 용액의 정의

액체상태에서 다른 물질이 용해되어 균일하게 혼합되어 있는 액체

> **설탕 + 물 = 설탕물**
> - 용질 : 용매에 녹는 물질(설탕)
> - 용매 : 녹이는 물질(물)
> - 용액 : 설탕물(물이 용매이면 수용액이라 한다)

② 용액의 분류

㉠ 불포화용액 : 일정한 온도에서 일정량의 용매에 **용질이 더 녹을 수 있는 용액**

㉡ 포화용액 : 일정한 온도에서 일정량의 용매에 **최대한 용질이 녹아 있는 용액**

㉢ 과포화용액 : 일정한 온도에서 용질이 **용해도 이상**으로 녹아 있는 용액

> **(예) 20[℃]의 물 100[g]에 소금 36[g]이 용해한다고 하면**
> - 불포화용액 : 소금 36[g] 이하를 녹인 용액
> - 포화용액 : 소금 36[g]을 녹인 용액
> - 과포화용액 : 소금 36[g] 이상이 녹아 있는 상태

(2) 용해도

① 용해도의 정의

일정한 온도에서 용매 100[g]에 녹을 수 있는 용질의 [g]수

$$용해도 = \frac{용질의\ [g]수}{용매의\ [g]수} \times 100$$

② 용해도 곡선

용액의 온도변화에 따른 용해도 관계를 나타낸 것

$$과포화용액 \underset{냉각}{\overset{가열}{\rightleftarrows}} 포화용액 \underset{냉각}{\overset{가열}{\rightleftarrows}} 불포화용액$$

(3) 용해도 상태

① 고체의 용해도

고체의 용해도는 압력에 영향을 받지 않고 **온도상승**에 따라 **증가**한다.

> - NaCl의 용해도는 온도상승에 따라 미세하게 증가한다.
> - $Ca(OH)_2$는 용해할 때 발열반응을 하므로 온도상승에 따라 감소한다.

② 액체의 용해도

⊙ **액체의 용해도**는 **온도와 압력**에는 **무관**하다.

ⓒ 극성 물질은 극성 용매에 잘 녹고 비극성 물질은 비극성 용매에 잘 녹는다.

> • 극성 용매 : 물(H_2O), 아세톤(CH_3COCH_3), 에틸알코올(C_2H_5OH)
>   (극성 물질 : HCl, NH_3, HF, H_2S)
> • 비극성 용매 : 벤젠(C_6H_6), 사염화탄소(CCl_4), 다이에틸에터($C_2H_5OC_2H_5$)
>   (비극성 물질 : CH_4, H_2, O_2, CO_2, N_2)

③ 기체의 용해도

기체의 용해도는 온도가 상승하면 감소하고, 압력이 상승하면 증가한다.

> • 헨리의 법칙 : 용해도가 적은 물질, 묽은 농도에만 성립한다.
> • 용해량 $W = kP$ (k : 헨리의 상수, P : 압력)
>   ∴ 기체의 용해도는 압력에 비례한다.
> • 헨리의 법칙에 적용되는 기체(용해도가 적은 물질) : H_2(수소), O_2(산소), N_2(질소), CO_2(이산화탄소)
> • 헨리의 법칙에 적용되지 않는 기체(용해도가 큰 물질) : 플루오린화수소(HF), 암모니아(NH_3), 염산(HCl), 황화수소(H_2S), 일산화탄소(CO), 메테인(CH_4), 아세틸렌(C_2H_2), 에틸렌(C_2H_4)

2 용액의 농도

(1) 백분율

① 중량백분율([wt%] 농도)

용액 100[g] 중 녹아 있는 용질의 [g]수

$$[\text{wt\%}] = \frac{\text{용질의 중량}}{\text{용액의 중량}} \times 100[\%]$$

② 용적백분율([vol%] 농도)

용액 1[L] 중 녹아 있는 용질의 부피 [L]수

$$[\text{vol\%}] = \frac{\text{용질의 부피}}{\text{용액의 부피}} \times 100[\%]$$

③ ppm

용액 1[L] 중에 녹아 있는 용질의 [mg]수

$$[\text{ppm}] = [\text{mg/L}] = [\text{g/m}^3] = [\text{mg/kg}] = \frac{\text{용질의 질량[mg]}}{\text{용액의 부피[L]}}$$

(2) 농 도 〔중요〕

① 몰농도(M) : 용액 1[L] 속에 녹아 있는 용질의 몰수
② 규정농도(N) : 용액 1[L] 속에 녹아 있는 용질의 g당량수
③ 몰랄농도(m) : **용매 1,000[g]** 속에 녹아 있는 **용질의 몰수**

- 몰농도(M) = $\dfrac{\text{용질의 무게[g]}}{\text{용질의 분자량[g]}} \times \dfrac{1,000}{\text{용액의 부피[mL]}}$
- 규정농도(N) = $\dfrac{\text{용질의 무게[g]}}{\text{용질의 g당량}} \times \dfrac{1,000}{\text{용액의 부피[mL]}}$
- 몰랄농도(m) = $\dfrac{\text{용질의 몰수}}{\text{용매의 질량[g]}} \times 1,000[\text{g}]$
- 당량수 = 규정농도 × 부피[L]
- 농도환산방법
  - [%]농도 → 몰농도로 환산, $M = \dfrac{10ds}{\text{분자량}}$ (d : 비중, s : %농도)
  - [%]농도 → 규정농도로 환산, $N = \dfrac{10ds}{\text{당량}}$ (d : 비중, s : %농도)
  - 규정농도 = 몰농도 × 산도(염기도)

※ 두 용액(A, B)을 혼합하여 C를 제조할 때

```
A         C-B=ⓐ
   C
B         A-C=ⓑ
```

∴ A용액 ⓐ[g]과 B용액 ⓑ[g]을 혼합하면 C용액을 제조할 수 있다.

(예) 96[%] 황산을 물로 희석하여 50[%]의 황산을 제조하려면 물과 96[%] 황산의 혼합비율은?
(풀이)

```
96        50-0=50[g]
    50
 0        96-50=46[g]
```

∴ 96[%] 황산 50[g]에 물 46[g]을 혼합하면 50[%] 황산 96[g]이 된다.

④ 몰분율 : 용액의 단위 몰 속에 들어 있는 용질의 몰수

제6절 산화, 환원

1 산화와 환원

(1) 산화와 환원

관계 \ 구분	산 화	환 원
산 소	산소와 결합할 때 $S + O_2 \rightarrow SO_2$	산소를 잃을 때 $MgO + H_2 \rightarrow Mg + H_2O$
수 소	수소를 잃을 때 $H_2S + Br_2 \rightarrow 2HBr + S$	수소와 결합할 때 $H_2S + Br_2 \rightarrow 2HBr + S$
전 자	전자를 잃을 때 $Mg^{+2} + Zn^0 \rightarrow Mg^0 + Zn^{+2}$	전자를 얻을 때 $Mg^{+2} + Zn^0 \rightarrow Mg^0 + Zn^{+2}$
산화수	산화수 증가할 때(H : 0 → +1) $CuO + H_2 \rightarrow Cu + H_2O$	산화수 감소할 때(Cu : +2 → 0) $CuO + H_2 \rightarrow Cu + H_2O$

Plus One 산화, 환원의 예

- $PbO_2 + H_2O_2 \rightarrow PbO + O_2 + H_2O$ (산화: 수소잃음 / 환원: 산소잃음)
- $CuSO_4 + Zn \rightarrow ZnSO_4 + Cu$ (산화 / 환원)
- $Cu^{+2} + Zn^0 \rightarrow Cu^0 + Zn^{+2}$ (산화(산화수 증가) / 환원(산화수 감소))

(2) 산화수 〈중요〉

① 단체의 산화수는 0이다.

> 단체의 산화수 : H_2^0, Fe^0, Mg^0, O_2^0, O_3^0, N_2^0

② 중성화합물을 구성하는 각 원자의 산화수의 합은 0이다.

• $KMnO_4$	$(+1) + x + (-2) \times 4 = 0$	$x(Mn) = +7$
• H_3PO_4	$(+1) \times 3 + x + (-2) \times 4 = 0$	$x(P) = +5$
• $K_2\underline{Cr_2}O_7$	$(+1) \times 2 + 2x + (-2) \times 7 = 0$	$x(Cr) = +6$
• $K_3[\underline{Fe}(CN)_6]$	$(+1) \times 3 + x + (-1) \times 6 = 0$	$x(Fe) = +3$
• $H_2\underline{S}O_4$	$(+1) \times 2 + x + (-2) \times 4 = 0$	$x(S) = +6$
• $H\underline{Cl}O_4$	$(+1) + x + (-2) \times 4 = 0$	$x(Cl) = +7$
• $\underline{Cr}(OH)_3$	$x + (-1) \times 3 = 0$	$x(Cr) = +3$

③ 이온의 산화수는 그 이온의 가수와 같다.
  ㉠ MnO_4^- $x + (-2) \times 4 = -1$ ∴ $x = +7$
  ㉡ $(Cr_2O_7)^{-2}$ $2x + (-2) \times 7 = -2$ ∴ $x = +6$

④ **산소화합물**에서 산소의 산화수는 **-2**이다.

> CO_2, H_2O

⑤ **과산화물**에서 산소의 산화수는 **-1**이다.

> H_2O_2, BaO_2, MgO_2

⑥ 금속과 화합되어 있는 수소화합물의 수소의 산화수는 -1이다.

> NaH, CaH_2, MgH_2

2 산화제와 환원제

(1) 산화제
자신은 환원되고 다른 물질을 산화시키는 물질

산화제의 조건	해당 물질
산소를 내기 쉬운 물질	H_2O_2, $KClO_3$, $NaClO_3$
수소와 결합하기 쉬운 물질	O_2, Cl_2, Br_2
전자를 얻기 쉬운 물질	MnO_4^-, $(Cr_2O_7)^{-2}$
발생기산소를 내기 쉬운 물질	O_2, O_3, Cl_2, MnO_2, HNO_3, H_2SO_4, $KMnO_4$, $K_2Cr_2O_7$

> 산화제 : H_2O_2, HNO_3, $KMnO_4$, $K_2Cr_2O_7$

(2) 환원제
자신은 산화되고 다른 물질을 환원시키는 물질

환원제의 조건	해당 물질
수소를 내기 쉬운 물질	H_2S
산소와 결합하기 쉬운 물질	SO_2, H_2O_2
전자를 잃기 쉬운 물질	H_2SO_3
발생기수소를 내기 쉬운 물질	H_2, CO, H_2S, $C_2H_2O_4$

> 환원제 : SO_2, H_2O_2

제7절 화학반응과 화학평형

1 화학반응속도

(1) 정의

시간에 따른 반응물 또는 생성물의 농도변화(반응속도 = 농도변화량/반응시간)

(2) 반응속도의 영향인자

① 농도 : 분자들의 농도가 크면 클수록 단위시간당 충돌횟수가 커지기 때문에 반응속도가 증가한다.
② 온도 : 아레니우스의 반응속도론에 의하면 온도가 10[℃] 상승하면 반응속도는 약 2배 정도 증가한다.
③ 촉매 : 촉매는 그 자체는 소모되지 않고 화학반응속도를 증가시키는 물질이다.

> **Plus One** 화학반응속도의 영향인자
> - 농도
> - 온도
> - 압력
> - 촉매

(3) 반응속도의 예

① A + 2B → 3C + 4D의 식에서 A와 B의 농도를 각각 2배로 하면
반응속도 $V = [A][B]^2 = 2 \times 2^2 = 8$배
② 2A + 3B → C + 2D의 식에서 B의 농도를 2배로 하면
반응속도 $V = [A]^2[B]^3 = 1^2 \times 2^3 = 8$배

(4) 반응열의 종류

① 생성열 : 어떤 물질 1[mol]의 성분원소의 결합으로 생성될 때 따르는 열량

$$H_2(g) + \frac{1}{2}O_2(g) \rightarrow H_2O(l) + 68.3[kcal] \qquad \Delta H = -68.3[kcal]$$

여기서, g : gas l : liquid

② 연소열 : 어떤 물질 1[mol]이 완전 연소할 때 발생하는 열량

$$C(s) + O_2(g) \rightarrow CO_2(g) + 94.2[kcal] \qquad \Delta H = -94.2[cal]$$

③ 분해열 : 어떤 물질 1[mol]을 성분원소로 분해할 때 발생하는 열량

$$H_2O(l) \rightarrow H_2(g) + \frac{1}{2}O_2(g) - 68.3[kcal] \qquad \Delta H = +68.3[kcal]$$

④ 용해열 : 어떤 물질 1[mol]이 용매에 용해할 때 발생하는 열량

$$HCl + 물 \rightarrow HCl(aq) + 17.3[kcal] \qquad \Delta H = -17.3[kcal]$$

여기서, aq : Aqueous(수용액)

⑤ 중화열 : 산과 염기 1g당량이 중화할 때 발생하는 열량

$$HCl(aq) + NaOH(aq) \rightarrow NaCl(aq) + H_2O + 13.7[kcal] \qquad \Delta H = -13.7[kcal]$$

Plus One 열량 표시
- 방정식에 붙여 쓰는 경우 (+) : 발열반응, (−) : 흡열반응
- **방정식에 띄어 쓰는 경우 $\Delta H = -$: 발열반응, $\Delta H = +$: 흡열반응**

(5) 반응 차수

① 1차 반응

반응속도가 반응물의 농도에 1차 제곱으로 따르는 반응이다.

$$A \rightarrow 생성물 \qquad 속도 \ V = k[A]$$

② 2차 반응

반응속도가 한 반응물의 농도의 2차 제곱에 의존하거나 각각이 1차인 두 반응물에 의존하는 반응이다.

- $A \rightarrow 생성물$ 속도 $V = k[A]^2$
- $A + B \rightarrow 생성물$ 속도 $V = k[A][B]$

2 화학평형

(1) 정 의

정반응과 역반응의 속도가 같고 반응물과 생성물의 농도가 시간에 따라 더 이상 변화가 없을 때의 반응으로 정반응속도와 역반응속도가 같아진다.

$$A + B \underset{역반응}{\overset{정반응}{\rightleftarrows}} C$$

- 가역반응 : 정반응과 역반응이 모두 일어나는 반응
- 비가역반응 : 정반응만 일어나는 반응

(2) 평형상수

평형상수(K)는 생성물질의 속도의 곱을 반응물질의 속도의 곱으로 나눈 값으로서 반응물과 생성물의 농도와 관련이 있다.

① $CO + 2H_2 \rightarrow CH_3OH$, $K = \dfrac{[CH_3OH]}{[CO][H_2]^2}$

② $N_2 + 3H_2 \rightarrow 2NH_3$, $K = \dfrac{[NH_3]^2}{[N_2][H_2]^3}$

(3) 평형이동의 법칙(Le Chatelier's Principle)

평형상태에서 외부의 조건(온도, 압력, 농도)을 변화시키면 이 변화를 방해하는 방향으로 평형이 이동한다.

$$N_2 + 3H_2 \rightleftharpoons 2NH_3$$

① **온 도**
  ㉠ **상승 시** : 온도가 내려가는 방향(**흡열반응쪽**, 역방향)
  ㉡ **강하 시** : 온도가 올라가는 방향(**발열반응쪽**, 정방향)

② **압 력**
  ㉠ 상승 시 : 분자수가 감소하는 방향(몰수가 감소하는 방향, 정방향)
  ㉡ 강하 시 : 분자수가 증가하는 방향(몰수가 증가하는 방향, 역방향)

> 반응물의 몰수의 합과 생성물의 몰수의 합이 같으면 압력에는 영향을 받지 않는다.

③ **농 도**
  ㉠ 증가 시 : 정방향($\rightarrow$)
  ㉡ 감소 시 : 역방향($\leftarrow$)

④ **기 타**
  ㉠ NH_3 제거 시 : 정방향($\rightarrow$)
  ㉡ H_2, N_2 첨가 시 : 정방향($\rightarrow$)

(4) 헤스의 법칙(Hess's Law)

화학반응에서 반응 전과 반응 후의 상태가 결정되면 반응경로와 관계없이 반응열의 총량은 일정하다.

제8절 무기화합물

1 일반적인 특성

(1) 금속과 비금속의 구분

족\주기	1 1A	2 2A	3 3B	4 4B	5 5B	6 6B	7 7B	8, 9, 10 8B			11 1B	12 2B	13 3A	14 4A	15 5A	16 6A	17 7A	18 8A
분류	알칼리금속	알칼리토금속	희토류	티탄족	토산금속	크로뮴족	망가니즈족	철 족(3개) 백금족(6개)			구리족	아연족	알루미늄족	탄소족	질소족	산소족	할로젠족	불활성기체
1	1 H																	2 He
2	3 Li	4 Be											5 B	6 C	7 N	8 O	9 F	10 Ne
3	11 Na	12 Mg											13 Al	14 Si	15 P	16 S	17 Cl	18 Ar
4	19 K	20 Ca	21 Sc	22 Ti	23 V	24 Cr	25 Mn	26 Fe	27 Co	28 Ni	29 Cu	30 Zn	31 Ga	32 Ge	33 As	34 Se	35 Br	36 Kr
5	37 Rb	38 Sr	39 Y	40 Zr	41 Nb	42 Mo	43 Tc	44 Ru	45 Rh	46 Pd	47 Ag	48 Cd	49 In	50 Sn	51 Sb	52 Te	53 I	54 Xe
6	55 Cs	56 Ba	57 La	72 Hf	73 Ta	74 W	75 Re	76 Os	77 Ir	78 Pt	79 Au	80 Hg	81 Tl	82 Pb	83 Bi	84 Po	85 At	86 Rn
7	87 Fr	88 Ra	89 Ac	104 Rf	105 Db	106 Sg	107 Bh	108 Hs	109 Mt		란타넘족, 악티늄족 : 생략							

※ 표에서 ▨ : 금속원소, ☐ : 비금속원소

(2) 금속원소의 일반적 성질

① 상온에서 **고체**이고 **비중은 1보다 크다**.
② **이온화에너지**와 **전기음성도**가 **작고** 원자 반지름은 크다.
③ 수소와 반응하여 화합물을 만들기 어렵다.
④ **염기성 산화물**이며 산에 녹는 것이 많다.
⑤ 열전도성과 전기전도성이 있다.

> 아말감 : 수은과의 다른 금속(철, 백금, 망가니즈, 코발트, 니켈을 제외한)과의 합금

(3) 금속원소와 비금속원소의 비교

금속 원소	비금속 원소
상온에서 고체이고 비중은 1보다 크다.	상온에서 고체 또는 기체이다(브로민은 액체이다).
이온화에너지와 **전기음성도**가 **작다**.	**이온화에너지**와 **전기음성도**가 **크다**.
원자 반지름은 크다.	비중은 1보다 작다.
수소와 반응하여 화합물을 만들기 어렵다.	수소와는 반응하기가 쉽다.
염기성 산화물이며 산에 녹는 것이 많다.	산성 산화물을 만들며 산과는 반응하기 힘들다.
열전전도성과 전기전도성이 있다.	열전도성과 전기전도성이 없다.

(4) 금속의 불꽃반응

원 소	리튬(Li)	나트륨(Na)	칼륨(K)	칼슘(Ca)	스트론튬(Sr)	구리(Cu)	바륨(Ba)
불꽃색상	적 색	노란색	보라색	황적색	심적색	청록색	황록색

2 금속화합물의 종류

(1) 알칼리금속(1족)과 그 화합물

① 알칼리금속의 특성
  ㉠ 은백색의 경금속으로 융점이 낮다.
  ㉡ **가전자수는 1개이다(원자가전자 : +1가)**.
  ㉢ 이온화에너지가 작고 전자를 쉽게 잃는다.
  ㉣ 원자번호가 증가함에 따라 융점과 비점은 낮고 원자반지름은 증가한다.
  ㉤ 물과 반응하여 수소가스가 발생하고 수산화물이 된다.
  ㉥ 산화되면 비활성 기체(0족 원소)와 같은 전자배치를 갖는다.

> • 알칼리금속 : Li(리튬), **Na(나트륨), K(칼륨)**, Rb(루비듐), Cs(세슘), Fr(프란슘)
> • 노란색의 불꽃반응을 하고 수용액에 $AgNO_3$용액을 가하면 흰색침전이 생기는 물질 : **염화나트륨(NaCl)**
> $NaCl + AgNO_3 \rightarrow AgCl\downarrow$(백색침전) $+ NaNO_3$
> • 반응성의 순서는 Cs > Rb > K > Na > Li이다.

② 알칼리금속의 화합물
  ㉠ **수산화나트륨**(NaOH) : 백색의 고체로서 조해성이 강하며 수용액은 강알칼리성이다. 제법으로는 가성화법과 전해법이 있다.
    • 가성화법 : 소다회용액을 석회수를 가하여 생성되는 탄산칼슘을 제거하고 농축하여 가성소다를 제조하는 방법

    $$Na_2CO_3 + Ca(OH)_2 \rightarrow 2NaOH + CaCO_3$$

    • 전해법 : 소금물을 직접 전기분해하여 제조하는 방법으로 다량의 염소가 부산물로 생성된다. 소금물의 전기분해는 수은법과 격막법이 있는데 격막법을 주로 많이 사용한다.

    $$2NaCl + 2H_2O \rightarrow 2NaOH + H_2 + Cl_2$$
    $$\quad\quad\quad\quad\quad\quad\quad\quad\quad\quad (-극)\;\;(+극)$$

  ㉡ **탄산나트륨**(Na_2CO_3) : 중탄산암모늄에 소금의 포화용액을 가하면 중탄산나트륨이 생성된다. 이것을 가열분해하면 탄산나트륨이 생성된다.
    • $NH_4HCO_3 + NaCl \rightarrow NaHCO_3 + NH_4Cl$
    • $2NaHCO_3 \rightarrow Na_2CO_3 + CO_2 + H_2O$

(2) 알칼리토금속(2족)과 그 화합물

① 알칼리토금속의 특성
  ㉠ 은회백색의 경금속이다.
  ㉡ **가전자수는 2개**이다.
  ㉢ 물에 녹지 않는 것이 많다.
  ㉣ Ca(칼슘), Sr(스트론튬), Ba(바륨), Ra(라듐)은 물에 녹아 수소를 발생한다.

> 알칼리토금속 : Be(베릴륨), Mg(마그네슘), Ca(칼슘), Sr(스트론튬), Ba(바륨), Ra(라듐)

② 알칼리토금속의 화합물
  ㉠ 칼슘화합물
   • 산화칼슘 : 탄산칼슘($CaCO_3$)을 900[℃]로 가열하면 이산화탄소와 산화칼슘이 생성된다.

  > $CaCO_3 \rightarrow CO_2 + CaO$

   • 수산화칼슘 : 산화칼슘(CaO)에 물을 가하면 수산화칼슘이 생성되면서 발열한다.

  > $CaO + H_2O \rightarrow Ca(OH)_2 + 발열$

  ㉡ 염화마그네슘
   $MgCl_2 \cdot 6H_2O$로서 간수라고도 하며 조해성이 있고 단백질을 응고시킨다.

(3) 알루미늄(3족)과 그 화합물

① 알루미늄의 특성
  ㉠ 은백색의 경금속으로 양쪽성 원소이다.
  ㉡ 연성, 전성이 크다.
  ㉢ 산과 알칼리와 반응하여 수소가스를 발생한다.
  ㉣ 공기 중에서 산화알루미늄(Al_2O_3)의 피막을 형성하여 내부를 보호한다.

② 알루미늄의 화합물
  ㉠ 산화알루미늄(Al_2O_3)
  ㉡ 황산알루미늄[$Al_2(SO_4)_3$]
   • 황산반토로서 고분자 응집제로 사용한다.
   • 화학포소화약제(내통제)로 사용한다.

3 비금속화합물의 종류

(1) 불활성 기체(8족)

① 이온화 경향이 가장 작은 족이다.
② 실온에서 무색의 기체이며 단원자 분자이다.
③ 최외각전자는 S_2P_6로 **8개**이고 반응성은 대단히 작다.

④ 저압에서 방전되면 색을 나타낸다.
⑤ 화합물을 만들지 못한다.

(2) 수소(1족)

① 무색, 무취의 가장 가벼운 기체이다.
② 공기 중에서 점화원에 의하여 폭발적으로 연소(수소폭명기)한다.

$$2H_2 + O_2 \rightarrow 2H_2O$$

③ 가열 또는 일광에 의하여 염소폭명기를 형성한다.

$$H_2 + Cl_2 \rightarrow 2HCl$$

④ 제 법
  ㉠ 물의 전기분해
  $$2H_2O \rightarrow \underset{(-극)}{2H_2} + \underset{(+극)}{O_2}$$
  ㉡ 수성가스법 : 코크스에 수증기를 작용시키는 방법
  $$C + H_2O \rightarrow CO + H_2 \uparrow$$

$$CO + H_2 : 수성가스(Water\ Gas)$$

  ㉢ 양쪽성 원소에 산과 알칼리를 작용시키면 수소가스를 얻는다.
  $$Zn + 2HCl \rightarrow ZnCl_2 + H_2 \uparrow$$

양쪽성 원소 : Zn, Al, Sn, Pb

(3) 할로젠원소(7족)

① 특 성
  ㉠ 최외각 전자수가 7개(S_2, P_5)이고 전자 1개를 받아 이원자분자가 된다.
  ㉡ 원자번호가 증가함에 따라 비점과 융점이 증가하고, 금속과 반응성은 작아진다.
  ㉢ 크 기
  - 산의 세기 : HI > HBr > HCl > HF
  - **산화력의 순서** : $F_2 > Cl_2 > Br_2 > I_2$
  - **반응성의 크기** : F > Cl > Br > I
  - 용해도의 크기 : F > Cl > Br

종 류	상태(25[℃])	녹는점	끓는점	색 상	물과 반응	수소화합물
F_2	기 체	-217.9[℃]	-188[℃]	담황색	산소발생	HF, 약산성
Cl_2	기 체	-100.9[℃]	-34.1[℃]	황록색	느리게 반응 표백 및 살균작용	HCl, 강산성
Br_2	액 체	-7.9[℃]	58.8[℃]	적갈색	매우 느리게 반응, 표백작용	HBr, 강산성
I_2	고 체	113.6[℃]	184.4[℃]	흑자색	거의 반응하지 않음	HI, 강산성

② 할로젠의 화합물
　㉠ 플루오린화수소(HF)
　　• 자극성이 있는 무색의 기체로서 물에 잘 녹는다.
　　• 수용액은 약산이고 불산이라 한다.
　㉡ 염화수소(HCl)
　　• 자극성이 있는 무색의 기체로서 물에 잘 녹는다.
　　• 수용액은 강한 산성을 나타낸다.
　　• 암모니아와 반응하면 흰 연기를 발생한다.

> $NH_3 + HCl \rightarrow NH_4Cl$

(4) 산소족 원소(6족)
① 산소의 특성
　㉠ 무색, 무취로서 공기 중에 약 21[%] 포함되어 있다.
　㉡ 액체 공기를 분별 증류하면 산소는 −183[℃]에서 얻는다.
　㉢ 맛과 냄새가 없는 조연성 가스이다.
② 산소원소의 화합물
　㉠ 오존(O_3)
　　• 마늘냄새를 가진 담청색의 기체로서 산소와 동소체이다.
　　• 소독제, 산화제, 표백제 등으로 이용한다.
　㉡ 이산화황(SO_2)
　　• 무색 자극성의 기체로서 물에 잘 녹는다.
　　• 수용액에서는 발생기 산소를 내어 강한 환원작용을 한다.
　㉢ **과산화수소**(H_2O_2)
　　• 무색의 액체로서 물에 잘 녹는다.
　　• **환원제**로도 사용한다.
　　• **살균제, 표백제, 산화작용**을 한다.

> 과산화수소는 자신이 분해하여 발생기 산소를 발생시켜 강한 산화작용을 한다. 이는 **아이오딘화칼륨 녹말** 종이를 보라색으로 변화시키는 것으로 확인되며, 이 과산화수소는 **과산화바륨** 등에 황산을 작용시켜 얻는다.

(5) 질소족 원소(5족)
① 특 성
　㉠ 무색, 무취의 기체로서 공기 중에 약 78[%]가 존재한다.
　㉡ 불연성 가스이며 상온에서 화합력이 약하다.
　㉢ 액체 공기를 분별 증류하면 질소는 −195[℃]에서 얻는다.

② 질소원소의 화합물
　㉠ 암모니아(NH_3)
　　• 무색의 자극성이 있는 기체로서 수용액은 암모니아수(약 알칼리성)이다.
　　• 물에 잘 녹고 액화하기 쉽다.
　　• 제 법

> • 하버-보슈법　　$N_2 + 3H_2 \rightarrow 2NH_3$
> • 석회질소법　　$CaCN_2 + 3H_2O \rightarrow 2NH_3 + CaCO_3$

　㉡ 질산(HNO_3)
　　• 무색의 발연성 액체이며 수용액은 강산성이다.
　　• 빛에 의해 분해되므로 갈색병에 보관해야 한다.
　　• 분해 시 발생기 산소를 발생한다.
　　• 철(Fe), 니켈(Ni), 크로뮴(Cr), 알루미늄(Al)은 묽은 질산에 녹고, 왕수는 백금과 금을 녹인다.

> 왕수 : 질산(1) + 염산(3)

제9절 유기화합물

1 유기화합물

(1) 정 의
유기화합물은 주로 탄소와 수소분자로 이루어지며 그 외에 질소, 산소, 황 등 기타 원소들이 포함되어 있는 것이다.

> 일산화탄소(CO), 이산화탄소(CO_2), 탄산염 : 무기화합물

(2) 특 성
① C, H, O가 주성분이며 그 외 N, P, S 등으로 구성되어 있다.
② 물에는 녹기 어려우며(일부 녹음) 알코올, 벤젠, 아세톤, 에터 등 유기용제에는 잘 녹는다.
③ 융점은 300[℃] 이하로 낮고, 비점이 낮다.
④ 완전 연소하면 이산화탄소(CO_2)와 물(H_2O)을 생성한다.
⑤ 대부분 비전해질이고 공유결합을 하고 있다(초산, 의산, 옥살산은 전해질).
⑥ 분자성 물질이므로, 이온성 물질에 비해 반응속도가 느리다.
⑦ C-C 사이의 공유결합이 가능하므로, 이성질체가 존재한다.

[유기화합물과 무기화합물의 특성 비교]

구 분 항 목	유기화합물	무기화합물
성 분	C, H, O의 3원소로 이루어진 것이 대부분이며 그 밖에 N, S 등을 포함한 것이 있다.	성분 원소의 종류는 극히 많다(100종류 이상).
결합방법	공유결합	이온결합
내열성	안정하지 않다.	안정한 것이 많다.
용해성	물에 녹지 않고 유기용제에는 잘 녹는다.	물에 녹는 것이 많고 유기용제에 녹지 않는 것이 많다.
연소성	연소하기 쉽고 연소되면 이산화탄소 등을 생성한다.	연소되기 어려운 것이 많다.
전해성	비전해질의 화합물이 많다.	물에 녹아 전리하는 것이 많다.

2 유기화합물의 분류 및 명명

(1) 탄화수소의 분류
① 지방족 탄화수소
   벤젠고리가 없는 탄소와 수소의 두 원소로 이루어진 탄화수소
② 방향족 탄화수소
   벤젠고리가 1개 이상이 존재하는 탄화수소

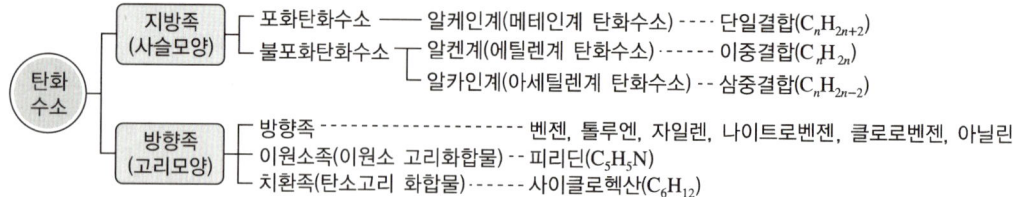

(2) 유기화합물의 명명법
① 수에 관한 접두어

1개 : mono, 2개 : di, 3개 : tri, 4개 : tetra, 5개 : penta

② 지방족(사슬모양) 화합물의 명명

구분 C의 수	포화 탄화수소		불포화 탄화수소			
	알케인계(C_nH_{2n+2}), -ane		알켄계(C_nH_{2n}), -ene		알카인계(C_nH_{2n-2}), -yne	
1	CH_4	methane	–	–	–	–
2	C_2H_6	ethane	C_2H_4	ethene	C_2H_2	ethyne
3	C_3H_8	propane	C_3H_6	propene	C_3H_4	propyne
4	C_4H_{10}	butane	C_4H_8	butene	C_4H_6	butyne
5	C_5H_{12}	pentane	C_5H_{10}	pentene	C_5H_8	pentyne

③ 작용기에 의한 분류 **중요**

작용기	명칭	작용기	명칭	작용기	명칭
CH_3-	메틸기	$-CO$	케톤기 (카보닐기)	$-COO-$	에스터기
C_2H_5-	에틸기	$-OH$	하이드록실기	$-COOH$	카복실기
C_3H_7-	프로필기	$-O-$	에터기	$-NO_2$	나이트로기
C_4H_9-	부틸기	$-CHO$	알데하이드기	$-NH_2$	아미노기
$C_5H_{11}-$	아밀기	C_6H_5-	페닐기	$-N=N-$	아조기

(3) 이성질체 **중요**

분자식은 **같으나** 원자배열 및 입체구조가 달라 **화학적, 물리적 성질이 다른 물질**

① 구조이성질체

분자식은 같으나 분자구조가 다른 화합물

㉠ 위치에 따른 분류
- 자일렌의 경우

[ortho-xylene]   [meta-xylene]   [para-xylene]

- 뷰텐의 경우

$\overset{1}{CH_2}=\overset{2}{CH}-\overset{3}{CH_2}-\overset{4}{CH_3}$ $\overset{1}{CH_3}-\overset{2}{CH}=\overset{3}{CH}-\overset{4}{CH_3}$
　　[1-butene]　　　　　[2-butene]

> 이성질체가 존재하는 물질 : 자일렌, 다이클로로벤젠, 크레졸

⓵ 위치에 따른 분류(펜테인의 경우)

$CH_3-CH_2-CH_2-CH_2-CH_3$ $CH_3-CH-CH_2-CH_3$ $CH_3-\overset{\underset{|}{CH_3}}{\underset{\underset{|}{CH_3}}{C}}-CH_3$
　　　　　　　　　　　　　　　　　　$|$
　　　　　　　　　　　　　　　　　CH_3

[n-pentane]　　　　　　[iso-pentane]　　　　　　[neo-pentane]

> 펜테인의 구조이성질체 수 : 3개

② **기하이성질체**

원자들의 결합형태와 개수, 순서는 같으나 원자들의 공간위치가 다른 것으로 시스(Cis)형과 트랜스(Trans)형이 있다. 알켄에서 주로 일어난다.

　　　$\underset{H}{\overset{Cl}{}}C=C\underset{H}{\overset{Cl}{}}$　　　　　　　　$\underset{H}{\overset{Cl}{}}C=C\underset{Cl}{\overset{H}{}}$

[cis-1,2-다이클로로에틸렌]　　　　[trans-1,2-다이클로로에틸렌]

> $\underset{㊂}{\overset{㉮}{}}C=C\underset{㊃}{\overset{㊁}{}}$
>
> • 시스(cis)형 : ㉮ = ㊁, ㊂ = ㊃
> • 트랜스(trans)형 : ㉮ = ㊃, ㊂ = ㊁

3 메테인계 탄화수소(알케인계, C_nH_{2n+2}, 파라핀계, -ane)

(1) 성 질

① 단일공유결합을 하며 모든 원자는 σ**결합**으로 되어 있다.
② 탄소원자는 sp^3**결합**을 갖는다.
③ 탄소수가 증가하면 이성질체수도 증가한다.
④ 단일결합(C-C, 결합길이 : 1.54[Å])이며, 치환반응을 한다.
⑤ 탄소수 증가에 따라 녹는점이나 끓는점이 높아진다.
⑥ 탄소수의 어미에 -ane를 붙인다.
⑦ 포화탄화수소의 구분

C의 수	$C_1 \sim C_4$	$C_5 \sim C_{16}$	C_{17} 이상
상 태	기 체	액 체	고 체

⑧ 대표적인 물질로는 메테인(CH_4), 에테인(C_2H_6), 프로페인(C_3H_8)이 있다.

[메테인]　　　[에테인]　　　[프로페인]

> • σ결합 : 결합력이 강하여 결합이 끊어지지 않는 결합
> • π결합 : 결합력이 약하여 결합이 끊어지기 쉬운 결합

(2) 메테인과 염소의 치환반응

메테인(CH_4)의 수소원자를 염소로 치환한 화합물

① 1개 염소로 치환 : CH_3Cl(염화메테인 – 냉동제)
② 2개 염소로 치환 : CH_2Cl_2(염화메틸렌 – 용제)
③ 3개 염소로 치환 : $CHCl_3$(클로로폼 – 용제)
④ 4개 염소로 치환 : CCl_4(사염화탄소 – 소화약제)

> 메테인의 수소원자와 염소가 치환할 수 있는 수 : 4개

4 에틸렌계 탄화수소(알켄계, C_nH_{2n}, 올레핀계, –ene)

① 이중결합을 하며 σ결합 하나와 π결합 하나로 이루어져 있다.
② 탄소원자는 sp^2결합을 갖는다.
③ 대표적인 물질은 에틸렌(C_2H_4)이다.
④ 탄소수의 어미에 –ene(또는 –ylene)를 붙여 읽는다.
⑤ 분자 내에 이중결합(C = C, 결합길이 : 1.34[Å])이 있으므로, 알케인보다 반응성이 커서 첨가반응이나 중합반응을 잘 일으킨다.

> 첨가반응 : 한 분자가 다른 분자에 첨가되어 하나의 새로운 생성물을 형성하는 반응

5 아세틸렌계 탄화수소(알카인계, C_nH_{2n-2}, –yne)

① 삼중결합을 하며 σ결합 하나와 π결합 2개로 이루어져 있다.
② 탄소원자는 sp결합을 갖는다.
③ 대표적인 물질로는 아세틸렌(C_2H_2)이다.
④ 탄소수의 어미에 –yne를 붙인다.
⑤ 탄소원자 사이에 삼중결합(C≡C, 결합길이 : 1.20[Å]) 1개를 가진 탄화수소로서, 불포화성이 크므로 반응성이 크고 첨가반응, 중합반응을 잘 일으킨다.

Plus One 탄소–탄소 사이의 길이

결합 차이에 의한 탄소–탄소 사이의 길이 : 단일결합 > 이중결합 > 삼중결합

$CH_3 - CH_3$	$CH_2 = CH_2$	$H - C \equiv C - H$
1.54[Å]	1.34[Å]	1.20[Å]

6 지방족 탄화수소의 유도체

(1) 알코올류(R-OH)

탄화수소에서 하나 이상의 H원자를 -OH기로 치환한 화합물

① 물에 잘 녹으며 비전해질이다.
② 알코올은 -OH의 수에 따라 1가, 2가, 3가 알코올로 분류하고 알킬기(R)의 수에 따라 1차(급), 2차(급), 3차(급) 알코올로 분류한다.

$$
\begin{array}{ccc}
CH_3OH & \begin{array}{c}CH_2-OH\\|\\CH_2-OH\end{array} & \begin{array}{c}CH_2-OH\\|\\CH-OH\\|\\CH_2-OH\end{array}\\
\text{메틸알코올} & \text{에틸렌글라이콜} & \text{글리세린}\\
\text{[1가 알코올]} & \text{[2가 알코올]} & \text{[3가 알코올]}
\end{array}
$$

③ 에탄올에 진한 황산을 180[℃]에서 작용시키면 에틸렌이 생성된다.
  $C_2H_5OH \rightarrow C_2H_4 + H_2O$

④ 산과 반응하면 에스터와 물을 만든다.
  $R-COOH + R'-OH \rightarrow R-COO-R' + H_2O$

⑤ 알코올의 산화

$$
\begin{aligned}
&\bullet \text{1차 알코올} \xrightarrow{\text{산화}} \text{알데하이드} \xrightarrow{\text{산화}} \text{카복실산}\\
&\quad CH_3OH \rightarrow HCHO \rightarrow HCOOH \text{ (의산)}\\
&\quad C_2H_5OH \rightarrow CH_3CHO \rightarrow CH_3COOH \text{ (초산)}\\
&\bullet \text{2차 알코올} \xrightarrow{\text{산화}} \text{케톤}\\
&\quad 2(CH_3-\underset{\underset{OH}{|}}{CH}-CH_3) + O_2 \rightarrow 2(CH_3-CO-CH_3) + 2H_2O\\
&\quad\qquad\qquad\qquad\qquad\qquad\qquad \text{(아세톤)}
\end{aligned}
$$

⑥ 변성알코올 : 메탄올이나 다른 독성물질이 섞인 에탄올

(2) 에터류(R-O-R')

① 2개의 알킬기(R)에 하나의 산소원자가 결합된 상태
② 물에는 녹지 않고 유기용제로 사용한다.
③ 휘발성이 강하고 비점이 낮다.
④ 인화성과 마취성이 있다.
⑤ 알코올과 탈수 축합반응하여 생성한다.

$$
\begin{aligned}
R-OH + R'-OH &\rightarrow R-O-R' + H_2O\\
CH_3OH + C_2H_5OH &\rightarrow CH_3OC_2H_5 + H_2O
\end{aligned}
$$

(3) 케톤류(R-CO-R′)
① 2개의 알킬기와 하나의 카보닐(케톤)기가 결합된 상태
② 2차(급) 알코올을 산화하여 얻는다.

$$\begin{matrix} R \\ R' \end{matrix}\!\!>\!CHOH \xrightarrow{산화} R-CO-R' + H_2O$$

③ 환원성이 없어 은거울 반응이나 펠링 반응은 하지 않는다.

(4) 에스터류(R-COO-R′)
① 산과 알코올이 반응하여 물이 빠지고 생성된 물질

$$R-COOH + R'-OH \underset{가수분해}{\overset{에스터화}{\rightleftarrows}} R-COO-R' + H_2O$$

> $CH_3COOH + C_2H_5OH \rightarrow CH_3COOC_2H_5 + H_2O$

② 저급 에스터는 향기가 나는 무색 액체이며, 고급인 것은 고체이다.
③ 물에 난용성이나 묽은 황산이나 NaOH 용액을 넣고 가열하면 가수분해가 일어난다.
④ 알칼리(KOH, NaOH)에 의해 비누화된다.

$C_{17}H_{35}COOC_2H_5 + NaOH \rightarrow C_{17}H_{35}COONa + C_2H_5OH$
　　스테아르산에틸　　　　　　　　스테아르산나트륨

(5) 카복실산류(R-COOH)
① 탄화수소의 하나 이상의 수소원자를 카복실기(-COOH)로 치환하여 얻어지는 것
② 물에 녹아 약산성을 나타낸다.
③ 수소결합을 하며 비점이 높다.
④ 알데하이드를 산화하면 카복실산이 된다.
⑤ 알코올과 반응하면 에스터가 생성된다.

> $CH_3COOH + C_2H_5OH \rightarrow CH_3COOC_2H_5 + H_2O$

⑥ 알칼리금속과 반응하여 수소가스를 발생한다.

> $2CH_3COOH + 2Na \rightarrow 2CH_3COONa + H_2\uparrow$

⑦ 카복실산의 종류는 다음과 같다.
　㉠ 의산(개미산) : HCOOH
　㉡ 초산(식초) : CH_3COOH
　㉢ 젖산(신우유) : $CH_3CHOHCOOH$
　㉣ 옥살산(대합, 시금치) : HOOC-COOH

> • 아미노산에 포함하는 원자단 : -COOH, -NH₂
> • 개미산 : 에탄올과 반응하여 에스터를 형성, 펠링 용액과 반응시켰더니 붉은 침전이 발생, 진한 황산과 함께 가열하여 일산화탄소를 발생

(6) 알데하이드류(R-CHO)

① 알킬기에 하나의 알데하이드기가 결합된 상태
② 1차 알코올을 산화하면 알데하이드가 생성되고 계속 산화하면 카복실산이 된다.
  R-OH → R-CHO → R-COOH
③ 강한 환원성을 가지며 은거울 반응과 펠링 반응을 한다.

> **Plus One** 아세트알데하이드(CH_3CHO) : 은거울 반응, 아이오도폼 반응, 펠링 반응
>
> • **은거울 반응** : 알데하이드(아세트알데하이드, CH_3CHO)는 환원성이 있어서 암모니아성 질산은 용액을 가하면 쉽게 산화되어 카복실산이 되며 은이온을 은으로 환원시킴
>
> $$CH_3CHO + 2Ag(NH_3)_2OH \rightarrow CH_3COOH + 2Ag + 4NH_3 + H_2O$$
> (아세트알데하이드기) (암모니아성 질산은 용액)
>
> • **아이오도폼 반응** : 분자 중에 $CH_3CH(OH)-$나 CH_3CO-(아세틸기)를 가진 물질은 I_2와 KOH나 NaOH를 넣고 60~80[℃]로 가열하면, 황색의 아이오도폼(CHI_3) 침전이 생김(C_2H_5OH, CH_3CHO, CH_3COCH_3 등)
>
> • 아세톤 : $CH_3COCH_3 + 3I_2 + 4NaOH \rightarrow CH_3COONa + 3NaI + CHI_3\downarrow + 3H_2O$
> • 아세트알데하이드 : $CH_3CHO + 3I_2 + 4NaOH \rightarrow HCOONa + 3NaI + CHI_3\downarrow + 3H_2O$
> • 에틸알코올 : $C_2H_5OH + 4I_2 + 6NaOH \rightarrow HCOONa + 5NaI + CHI_3\downarrow + 5H_2O$
>
> • **펠링 반응** : 알데하이드를 펠링용액(황산구리(Ⅱ) 수용액, 수산화나트륨 수용액)에 넣고 가열하면 Cu_2O의 붉은색 침전이 생성됨
>
> $$CH_3CHO + 2Cu^{2+} + H_2O + NaOH \rightarrow CH_3COONa + 4H^+ + Cu_2O\downarrow \text{(붉은색)}$$

7 방향족 탄화수소 중요

(1) 방향족 탄화수소

방향족 탄화수소란 벤젠고리를 가진 것으로 석탄을 건류하여 생기는 콜타르를 분별 증류하여 얻은 화합물로서 BTX(Benzene, Toluene, Xylene)가 대표적이다.

(2) 벤젠(C_6H_6)

① 구조식

② 무색, 특유의 냄새를 가진 휘발성 액체이다.
③ 물보다 가볍고 물에 녹지 않고 비극성 공유결합물질이다.
④ 벤젠에 불을 붙이면 그을음이 많은 불꽃을 내며 탄다.

$$2C_6H_6 + 15O_2 \rightarrow 12CO_2 + 6H_2O$$

⑤ 반응성이 적고 부가반응은 하지 않으며 치환반응을 잘하고 첨가반응도 한다.
⑥ 모든 원자의 중심이 동일 평면상(평면정육각형)에 있다.
⑦ 한 탄소원자가 다른 두 탄소원자와 형성하는 결합각은 120[°]이고 결합거리는 1.40[Å](단일결합과 이중결합의 중간)이다.
⑧ 6개의 탄소-탄소결합 중 3개는 단일결합이고 나머지 3개는 이중결합이다.

> **Plus One** 치환반응
> - 나이트로화 : 벤젠을 진한 질산과 반응하여 나이트로벤젠을 생성하는 반응
>
> $\bigcirc + HNO_3 \xrightarrow{H_2SO_4} \bigcirc\text{-}NO_2 + H_2O$
>   나이트로벤젠
>
> - 할로젠화 : 벤젠과 염소와 반응하여 클로로벤젠을 생성하는 반응
>
> $\bigcirc + Cl_2 \xrightarrow{Fe} \bigcirc\text{-}Cl + HCl$
>   클로로벤젠
>
> - 술폰화 : 벤젠과 황산을 반응하여 벤젠술폰산을 생성하는 반응
>
> $\bigcirc + H_2SO_4 \xrightarrow{\text{가 열}} \bigcirc\text{-}SO_3H + H_2O$
>   벤젠술폰산

8 벤젠의 유도체

> **Plus One** 벤젠 유도체
>
>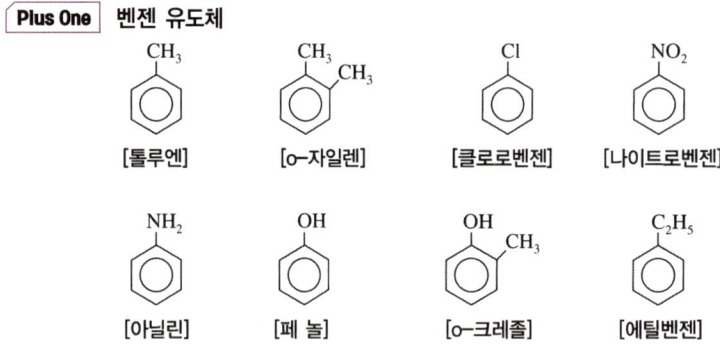
>
> [톨루엔] [o-자일렌] [클로로벤젠] [나이트로벤젠]
> [아닐린] [페 놀] [o-크레졸] [에틸벤젠]

(1) 톨루엔

① 방향성을 가진 무색의 액체이다.
② 벤젠에 $AlCl_3$ 촉매하에 염화메테인을 반응시켜 톨루엔을 얻는다.

$$\bigcirc + CH_3Cl \xrightarrow{AlCl_3} \bigcirc\text{-}CH_3 + HCl$$

> 프리델-크래프츠반응(Friedel-Crafts Reaction) : 벤젠에 $AlCl_3$(염화알루미늄) 촉매하에서 할로젠화알킬을 반응시키면 알킬벤젠(톨루엔)을 얻는 반응

③ 진한 질산과 진한 황산으로 나이트로화시키면 TNT(Tri Nitro Toluene)의 폭약이 된다.

④ 톨루엔과 산화제를 작용시키면 산화되어 벤즈알데하이드가 되고 산화되어 벤조산(안식향산)이 된다.

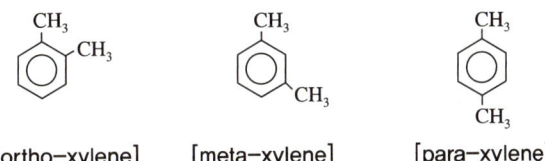

⑤ 톨루엔과 염소를 반응시키면 클로로톨루엔(ortho, meta, para)이 된다.

(2) 자일렌

① 자일렌에는 ortho-자일렌, meta-자일렌, para-자일렌의 3가지 이성질체가 있다.

[ortho-xylene]   [meta-xylene]   [para-xylene]

② 자일렌이 산화하면 프탈산이 된다.

9 방향족 탄화수소의 유도체

(1) 페놀(석탄산)

① 성 질
  ㉠ 특유의 냄새를 가진 무색의 결정으로 물에 조금 녹아 약산성이다.
  ㉡ 수소결합을 한다.
  ㉢ 진한 질산과 진한 황산으로 나이트로화시키면 피크르산(Tri Nitro Phenol)이 된다.

> 페놀성 수산기 : FeCl₃ 용액과 특유한 정색반응을 한다.

② 제 법
  ㉠ 알칼리 용융법

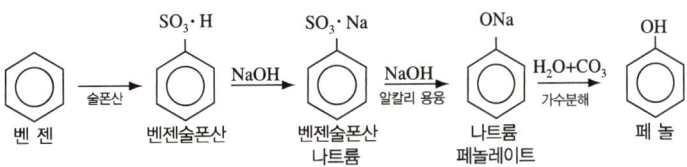

ⓒ 큐멘법

$$\text{C}_6\text{H}_6 + \text{CH}_3\text{CH}=\text{CH}_2 \xrightarrow[100[℃]]{\text{AlCl}_3, 4\sim6\text{기압}} \text{큐멘} \xrightarrow{} \text{큐멘 하이드로퍼옥사이드} \xrightarrow[45\sim75[℃]]{\text{H}_2\text{SO}_4} \text{페놀} + \text{CH}_3\text{COCH}_3 \text{아세톤}$$

(프로필렌)

(2) 나이트로벤젠
① 나이트로벤젠은 노란색 액체로 아닐린 원료에 쓰인다.
② 벤젠에 혼산(진한 HNO_3과 진한 H_2SO_4)을 작용시켜 얻는다(진한 황산 : 촉매와 탈수제 역할).

(3) 아닐린
① 나이트로벤젠($C_6H_5NO_2$)을 수소로서 환원하여 제조한다.

$$C_6H_5NO_2 + 3H_2 \longrightarrow C_6H_5NH_2 + 2H_2O$$

② 물에 녹지 않으나 HCl 수용액에 잘 녹는다.
③ 빙초산과 가열하면 아세트아닐리드(판상결정)가 된다.
④ 표백분에 의해 보라색으로 변한다.
⑤ 물감의 원료로 많이 쓰인다.

10 고분자화합물

(1) 탄수화물
① 정 의
  탄소(C), 수소(H), 산소(O)로 구성되어 있으며 일반식이 $C_m(H_2O)_n$의 식을 가진다.
② 종 류

구 분 항 목	단당류	이당류	다당류
정 의	물에 용해, 가수분해되지 않는 탄수화물	물에 용해, 가수분해하는 탄수화물	물에 불용, 가수분해하는 탄수화물
분자식	$C_6H_{12}O_6$ $C_6(H_2O)_6$	$C_{12}H_{22}O_{11}$ $C_{12}(H_2O)_{11}$	$(C_6H_{10}O_5)_n$ $[C_6(H_2O)_5]_n$
종 류	포도당, 과당, 갈락토스	설탕, 맥아당, 젖당	녹말(전분), 셀룰로스

(2) 단백질
① 물에는 녹지 않으나 산·알칼리 등에 의하여 가수분해되어 아미노산이 된다.
② 펩타이드결합으로 된 고분자 물질이 가수분해하여 아미노산을 생성한다.
③ 정색반응을 한다.

- 펩타이드결합 : 단백질 중에 펩타이드결합 $\left(\begin{smallmatrix}-C-N-\\ \| & | \\ O & H\end{smallmatrix}\right)$을 말하며 나일론, 단백질, 양모, 아미드가 펩타이드결합 결합을 가지고 있다.
- 단백질 검출법 : 뷰렛반응, 잔토프로테인반응, 닌하이드린반응
- 잔토프로테인 반응 : 단백질에 **진한 질산**을 가하면 노란색으로 변하고 알칼리를 작용시키면 오렌지색으로 변하는 반응으로 단백질 검출에 사용한다.

(3) 아미노산

① 카복실기($-COOH$)의 산성과 아미노기($-NH_2$)의 염기를 가진 양쪽성 물질이다.
② 물에는 잘 녹으나 에터, 벤젠 등 유기용제에는 잘 녹지 않는다.
③ 밀도나 녹는점이 비교적 높다.
④ 수용액은 중성이고 알라닌, 글라이신 등이 있다.

(4) 유지와 비누

① 유 지
  ㉠ 고급지방산과 글리세린의 에스터 화합물로서 지방 또는 기름을 말한다.
  ㉡ 물, 알코올에 녹지 않고 벤젠, 사염화탄소, 에터 등 유기용제에는 잘 녹는다.
  ㉢ 염기에 의해 비누화되어 비누와 글리세린이 된다.

Plus One 비누화

$$(C_{15}H_{31}COO)_3C_3H_5 + 3NaOH \rightarrow 3C_{15}H_{31}COONa + C_3H_5(OH)_3$$
　　　유지　　　　　　　　염　　　　　비누　　　　　글리세린

② 비 누
  ㉠ 고급지방산의 알칼리 금속염을 말한다.
  ㉡ 물에는 잘 녹으며 수용액은 알칼리성이다.

- 비누화값 : 유지 1[g]을 비누화하는 데 필요한 KOH의 [mg]수
- 아이오딘값 : 유지 100[g]에 부가되는 아이오딘의 [g]수

실전예상문제

001
용해도의 차이를 이용하여 고체 혼합물을 분리하는 방법은?
① 분별증류 ② 재결정
③ 흡 착 ④ 투 석

해설
재결정은 용해도의 차이를 이용하여 고체 혼합물을 분리하는 방법으로 제품의 함량(순도)을 올리기 위한 방법이다.

정답 ②

002
혼합물의 분리방법 중 액체의 용해도를 이용하여 미량의 불순물을 제거하는 방법은?
① 증 류 ② 증 발
③ 재결정 ④ 추 출

해설
추출 : 액체의 **용해도**를 이용하여 **미량의 불순물**을 제거하는 방법으로 순도를 올리는 방법

정답 ④

003
오늘날 원자량 결정의 기준이 되는 원소는?
① $_1H$ ② $_{12}C$
③ $_{14}H$ ④ $_{16}O$

해설
원자량 결정의 기준이 되는 원소 : $_{12}C$

정답 ②

004
다음과 같은 화학변화를 무엇이라 하는가?

$$AgNO_3 + HCl \rightarrow AgCl + HNO_3$$

① 화 합 ② 분 해
③ 치 환 ④ 복분해

해설
복분해 : 2가지 이상의 성분이 서로 교체되는 현상
$AB + CD \rightarrow AD + BC$

정답 ④

005
다음 중 원자핵을 구성하는 물질이 아닌 것은?
① 전 자
② 양성자
③ 중간자
④ 중성자

해설
원자핵을 구성하는 물질 : 양성자, 중성자, 중간자

정답 ①

006
원자를 구성하는 입자 중 음전하(-)를 띠고 있는 것은 무엇인가?
① 중성자
② 양전자
③ 전 자
④ 양성자

해설
원자는 (+)전기를 띤 원자핵(양성자, 중간자, 중성자)과 주위를 돌고 있는 (-)전기를 띤 전자로 구성되어 있다.

정답 ③

007
원자의 구성입자 중 질량이 가장 가벼운 것은?
① 양성자(p)
② 중성자(n)
③ 중간자(m)
④ 전자(e)

해설
원자는 원자핵(+, 양성자, 중성자, 중간자)과 전자(-)로 이루어져 있으며 **전자가 가장 가볍다.**

정답 ④

008
F^- 이온의 전자수, 양성자수, 중성자수는 각각 얼마인가?(단, F의 원자량은 19이다)
① 9, 9, 10
② 9, 9, 19
③ 10, 9, 10
④ 10, 10, 10

해설
플루오린의 원자량 19, 원자번호 : 9이므로
• 전자수 : F^-는 외부로부터 전자 1개를 받아들여 10개가 된다.
• 양성자수 = 원자번호 = 9
• 중성자수 = 질량수 - 원자번호 = 19 - 9 = 10

정답 ③

009
주기율표에서 0족의 최외각 궤도의 전자수는 몇 개인가?

① 1개
② 4개
③ 6개
④ 8개

해설
0족의 **최외각 궤도의 전자수** : 8개(**족수**와 같다)

정답 ④

010
원자번호가 19이며, 원자량이 39인 칼륨(K)원자의 원자핵 속에 들어 있는 중성자와 양성자수는 얼마인가?

① 중성자 19개, 양성자 19개
② 중성자 19개, 양성자 20개
③ 중성자 20개, 양성자 20개
④ 중성자 20개, 양성자 19개

해설
- 중성자수 = 질량수 − 원자번호 = 39 − 19 = 20
- 양성자수 = 원자번호 = 19

정답 ④

011
중수소($^2_1$D)의 원자핵 구조를 옳게 설명한 것은?

① 양성자 2, 중성자 2
② 양성자 1, 중성자 2
③ 양성자 2, 중성자 1
④ 양성자 1, 중성자 1

해설
- 질량수 = 2, 양성자수(원자번호) = 1
- 질량수 = 양성자수(원자번호) + 중성자수
- 중성자수 = 질량수 − 원자번호 = 2 − 1 = 1

정답 ④

012
파울리의 배타원리(Pauli Exclusion Principle)에 대한 설명으로 옳은 것은?

① 1개의 원자 중에는 4개의 양자수가 똑같은 전자 2개를 가질 수 없다.
② 1개의 전자 중에는 4개의 중성자수가 똑같은 양자 2개를 가질 수 없다.
③ 양자수를 나열하면 각각의 주준위에 속하는 최소 전자수를 계산할 수 있다.
④ 자기양자수를 나열하면 각각의 주준위에 속하는 최대 전자수를 계산할 수 있다.

해설
파울리의 배타원리 : 다수의 전자(電子)를 포함하는 계(系)에서 2개 이상의 전자가 같은 양자상태(量子狀態)를 가질 수 없다는 법칙

정답 ①

013
산소 64[g] 속에는 몇 개의 산소 분자가 들어 있는가?

① 3×10^{23}
② 6×10^{23}
③ 9×10^{23}
④ 12×10^{23}

해설
산소 1[g-mol](32[g]) 속에는 6.0238×10^{23}개의 분자가 들어 있으므로 64[g]에는 $2 \times 6.0238 \times 10^{23} = 12 \times 10^{23}$이 들어 있다.

정답 ④

014
3.65[kg]의 염화수소 중에는 HCl 분자가 몇 개 있는가?

① 6.02×10^{23}
② 6.02×10^{24}
③ 6.02×10^{25}
④ 6.02×10^{26}

해설
염산 1[g-mol](36.5[g])이 가지고 있는 분자는 6.0238×10^{23}이므로
$\frac{3,650[g]}{36.5} = 100$[g-mol]
$100 \times 6.0238 \times 10^{23} = 6.02 \times 10^{25}$

정답 ③

015
표준상태에서 산소 기체의 부피가 가장 적은 것은?

① 1[mol]
② 16[g]
③ 22.4[L]
④ 6.02×10^{23}개 분자

해설
산소 1[mol](32[g])이 차지하는 부피는 22.4[L]이고 이 속에 들어 있는 분자수는 6.02×10^{23}개이다.

정답 ②

016
$_{88}Ra^{226}$이 α붕괴할 때 생기는 원소는 무엇인가?

① $_{86}Rn^{222}$
② $_{90}Rn^{232}$
③ $_{90}Rn^{226}$
④ $_{91}Rn^{231}$

해설
α붕괴하면 원자번호 2감소 질량수 4감소하므로 $_{88}Ra^{226}$ (α붕괴) → $_{86}Rn^{222}$

정답 ①

017
방사선 원소에서 방사하는 방사선의 파장이 가장 짧고 투과력과 방출 속도가 가장 큰 것은 어느 것인가?

① α선
② β선
③ γ선
④ δ선

해설
γ선 : 투과력이 가장 크다.

정답 ③

018

다음 중 핵 화학반응에서 괄호 안에 들어갈 수 있는 것은?

$$^{9}_{4}Be + ^{4}_{2}He \rightarrow (\quad) + ^{1}_{0}n$$

① $^{10}_{4}Be$ ② $^{11}_{5}B$
③ $^{12}_{6}C$ ④ $^{13}_{7}N$

해설
$^{9}_{4}Be + ^{4}_{2}He \rightarrow ^{12}_{6}C + ^{1}_{0}n$

정답 ③

019

표준상태에서 어떤 기체 xO_2의 밀도는 산소기체의 2배이다. 산소의 원자량이 16이라 가정할 때, 기체 xO_2의 성분원소인 x의 원자량은?

① 16 ② 24
③ 32 ④ 48

해설
xO_2의 분자량 = 32 × 2배 = 64
x의 원자량 = 64 − 32 = 32

정답 ③

020

다음 물질 중 동소체가 없는 것은?

① N ② C
③ S ④ P

해설
동소체 : 같은 원소로 되어 있으나 성질과 모양이 다른 단체

- 동소체의 종류
  - 탄소(C) : 흑연, 숯, 다이아몬드
  - 산소(O) : 산소(O_2), 오존(O_3)
  - 황(S) : 사방황, 단사황, 고무상황
  - 인(P) : 황린(P_4), 적린(P)
- 동소체 확인 : 연소생성물로 확인
  - 황린의 연소 : $P_4 + 5O_2 \rightarrow 2P_2O_5$
  - 적린의 연소 : $4P + 5O_2 \rightarrow 2P_2O_5$

정답 ①

021

사방황, 단사황 등이 동소체임을 알아보기 위한 실험으로 가장 좋은 방법은?

① 밀도를 비교한다.
② 용해도를 비교한다.
③ 연소생성물을 비교한다.
④ 전기전도도를 비교한다.

해설
연소생성물을 비교하여 동소체임을 구분한다.

정답 ③

022

다음 기체 중에서 최외각 전자가 2개 또는 8개로서 불활성인 것은?

① F_2와 Br_2
② N_2와 Cl_2
③ I_2와 H_2
④ He과 Xe

해설
최외각 전자 8개, 불활성 기체 : **He**, Ne, Ar, Kr, **Xe**, Rn

정답 ④

023

수소원자에서 K, L, M, N 껍질의 에너지로만 구성되었다면 전자가 전이할 때 나타나는 스펙트럼의 종류는 몇 종류나 되겠는가?

① 6종류
② 5종류
③ 4종류
④ 3종류

해설
전자껍질

전자껍질 항목	K	L	M	N
	$n=1$	$n=2$	$n=3$	$n=4$
오비탈의 종류	s	s, p	s, p, d	s, p, d, f
오비탈 수(n^2)	1	4	9	16
최대수용전자수 ($2n^2$)	2	8	18	32

※ 전자가 전이할 때 나타나는 스펙트럼의 종류는 주 전자껍질의 수에 따라 이루어진다.

정답 ③

024

다음 중 sp^3 혼성궤도함수가 아닌 것은?

① CH_4
② BF_3
③ NH_3
④ H_2O

해설
혼성궤도함수
- sp 혼성궤도(오비탈 구조 : 선형) : BeF_2, CO_2
- sp^2 **혼성궤도**(오비탈 구조 : 정삼각형) : **BF_3**, SO_3
- sp^3 혼성궤도(오비탈 구조 : 사면체) : CH_4, NH_3, H_2O

정답 ②

025

원자번호가 14(Si)인 원소의 전자 배치가 올바른 것은?

① $1s^2 2s^2 2p^6 3s^2 3p^2$
② $1s^2 2s^2 2p^6 3s^1 3p^2$
③ $1s^2 2s^2 2p^5 3s^1 3p^2$
④ $1s^2 2s^2 2p^6 3s^2$

해설
14(Si) : $1s^2 2s^2 2p^6 3s^2 3p^2$

정답 ①

026

$1s^2 2s^2 2p^3$의 전자배열을 갖는 원자의 최외각 전자수는 몇 개인가?

① 2개
② 3개
③ 4개
④ 5개

해설
최외각 전자수는 족수와 같다. 원자번호 7번($1s^2 2s^2 2p^3$)은 **질소**인데 5족이다.

정답 ④

027
다음과 같은 전자배열을 가진 원자는?

$$1s^2 2s^2 2p^6 3s^1$$

① K ② F
③ Ne ④ Na

해설
전자배열
- K(원자번호 19) : $1s^2 2s^2 2p^6 3s^2 3p^6 4s^1$
- F(원자번호 9) : $1s^2 2s^2 2p^5$
- Ne(원자번호 10) : $1s^2 2s^2 2p^6$
- Na(원자번호 11) : $1s^2 2s^2 2p^6 3s^1$

정답 ④

028
실험실에서 진한 질산과 증류수로 묽은 질산을 만들고자 한다. 다음 중 희석하는 방법으로 가장 좋은 것은?

① 비커에 먼저 진한 질산을 넣고 거기에 조금씩 물을 넣는다.
② 비커에 먼저 진한 질산을 넣고 물로 식히면서 거기에 물을 넣는다.
③ 비커에 물을 넣은 다음 진한 질산을 넣고 나중에 저어 준다.
④ 비커에 물을 넣은 다음 저어 주면서 진한 질산을 조금씩 넣는다.

해설
비커에 물을 넣은 다음 저어 주면서 진한 질산을 조금씩 넣어야 발열을 방지할 수 있다.

정답 ④

029
수소와 산소가 화합하여 물이 생성될 때 수소와 산소의 무게비는 항상 1 : 8이라는 사실로부터 다음의 어느 법칙을 설명할 수 있는가?

① 일정성분비의 법칙
② 질량불변의 법칙
③ 배수비례의 법칙
④ 기체반응의 법칙

해설
일정성분비의 법칙(프루스트) : 순수한 화합물에 있어서 성분원소의 중량비는 항상 일정하다.

$$2H_2 + O_2 \rightarrow 2H_2O$$
$$4[g] \quad 32[g] \quad 36[g]$$
∴ H와 O 사이의 4 : 32 = 1 : 8의 중량비가 성립한다.

정답 ①

030
어떤 기체의 확산속도가 SO_2의 2배일 때 이 기체의 분자량을 추정하면 얼마인가?

① 16 ② 21
③ 28 ④ 32

해설
그레이엄의 확산속도법칙(Graham's Law) : 확산속도는 분자량의 제곱근에 반비례한다.

$$\frac{U_B}{U_A} = \sqrt{\frac{M_A}{M_B}}$$

여기서, U_B : SO_2의 확산속도
U_A : 어떤 기체의 확산속도
M_B : SO_2의 분자량
M_A : 어떤 기체의 분자량

$$\therefore M_A = M_B \times \left(\frac{U_B}{U_A}\right)^2 = 64 \times \left(\frac{1}{2}\right)^2 = 16$$

정답 ①

031

메테인의 확산속도는 18[m/s]이고 같은 조건에서 기체 A의 확산속도는 12[m/s]이다. 기체 A의 분자량은 얼마인가?

① 16
② 32
③ 36
④ 72

해설

그레이엄의 확산속도법칙

$$\frac{U_B}{U_A} = \sqrt{\frac{M_A}{M_B}}$$

$$\therefore M_A = M_B \times \left(\frac{U_B}{U_A}\right)^2 = 16 \times \left(\frac{18}{12}\right)^2 = 36$$

> 메테인(CH_4)의 분자량 : 16

정답 ③

032

같은 조건하에서 다음 기체들을 동시에 확산시킬 때 확산속도가 가장 빠른 것은?

① CO_2
② CH_4
③ NO_2
④ SO_2

해설

확산속도는 분자량의 제곱근에 반비례하므로 **분자량이 적을수록 빠르다.**

정답 ②

033

표준상태에서 어떤 기체의 밀도가 3[g/L]라면, 이 기체의 분자량은?

① 11.2
② 22.4
③ 44.8
④ 67.2

해설

표준상태에서 어떤 기체 1[g-mol]이 차지하는 부피는 22.4[L]이다.

밀도 $\rho = \frac{W}{V}$이므로

W(무게 = 분자량) = $\rho \times V$ = 3[g/L] × 22.4[L] = 67.2[g]

정답 ④

034

어떤 액체연료의 질량조성이 C : 80[%], H : 20[%]일 때 C/H의 mol비는?

① 0.22
② 0.33
③ 0.44
④ 0.55

해설

C/H의 mol비 = $\frac{80/12}{20/1}$ = 0.33

> 원자량 C = 12, H = 1

정답 ②

035

톨루엔과 자일렌의 혼합물에서 톨루엔의 분압이 전압의 60[%]이면 이 혼합물의 평균분자량은?

① 82.2
② 97.6
③ 120.5
④ 166.1

해설

톨루엔($C_6H_5CH_3$)과 자일렌[$C_6H_4(CH_3)_2$]의 분자량은 각각 92와 106이므로

평균분자량 = (92 × 0.6) + (106 × 0.4) = 97.6

정답 ②

036

어떤 화합물을 분석한 결과 질량비가 탄소 54.55[%], 수소 9.10[%], 산소 35.35[%]이고, 이 화합물 1[g]은 표준상태에서 0.17[L]라면 이 화합물의 분자식은?

① $C_2H_4O_2$
② $C_4H_8O_4$
③ C_4H_8O
④ $C_6H_{12}O_3$

해설

원자량 C : 12, O : 16, H : 1이므로
C : H : O = $\frac{54.55}{12}$: $\frac{9.10}{1}$: $\frac{35.35}{16}$ = 4.54 : 9.10 : 2.20
= 2 : 4 : 1이다.
∴ 분자식 C : H : O = 2 : 4 : 1 = $C_6H_{12}O_3$

정답 ④

037

0.1[M] HCl 10[mL]를 중화시키는 데 필요한 0.05[M] NaOH 수용액의 부피는 얼마인가?

① 10[mL]
② 20[mL]
③ 30[mL]
④ 40[mL]

해설

$NV = N'V'$
0.1N × 10[mL] = 0.05N × V'
∴ V' = 20[mL]

> HCl, NaOH는 1[M] = 1[N]이고
> H_2SO_4는 1[M] = 2[N]이다.

정답 ②

038

산소 16[g]과 수소 4[g]이 반응할 때 몇 [g]의 물을 얻을 수 있는가?

① 9[g]
② 16[g]
③ 18[g]
④ 36[g]

해설

반응식
$2H_2 + O_2 \rightarrow 2H_2O$
4[g] 32[g]   36[g]
반응식에서 수소 : 산소의 비율은 2 : 1이므로 산소 16[g]과 수소 4[g]을 반응시키면 수소 2[g]만 반응하고 나머지는 미반응물(2[g])로 남기 때문에 생성된 물은 2[g] + 16[g] = 18[g]이 얻어진다.

정답 ③

039

수소 2.24[L]가 염소와 완전히 반응했다면 표준상태에서 생성한 염화수소의 부피는 몇 [L]가 되는가?

① 2.24
② 4.48
③ 6.72
④ 11.2

해설

$H_2 + Cl_2 \rightarrow 2HCl$
22.4[L]   2×22.4[L]
2.24[L] x
∴ x = 4.48[L]

정답 ②

040

프로페인가스 3[L]를 완전 연소시키려면 공기가 약 몇 [L]가 필요한가?(단, 공기 중 산소는 20[%]이다)

① 15 ② 25
③ 50 ④ 75

해설
프로페인의 연소반응식
$$C_3H_8 + 5O_2 \rightarrow 3CO_2 + 4H_2O$$
1[L] 5[L]
3[L] x

$\therefore x = \dfrac{3[L] \times 5[L]}{1[L]} = 15[L]$ ⇒ 이론산소의 부피

※ 필요한 공기량을 구하면 15[L] ÷ 0.2 = 75[L]

정답 ④

041

메탄올 2[mol]이 표준상태에서 완전 연소하기 위해 필요한 공기량은 약 몇 [L]인가?

① 122 ② 244
③ 320 ④ 410

해설
메탄올의 연소반응식
$$2CH_3OH + 3O_2 \rightarrow 2CO_2 + 4H_2O$$
2[mol]   3 × 22.4[L]

이 문제에서 메탄올 2[mol]이 연소할 때 산소의 부피는 67.2[L]가 필요하다.
∴ 공기의 양 = 67.2 ÷ 0.21 = 320[L]

정답 ③

042

$CH_4 + 2O_2 \rightarrow CO_2 + 2H_2O$인 메테인의 연소반응에서 메테인 1[L]에 대해 필요한 공기 요구량은 몇 [L]인가?(단, 0[℃], 1[atm]이고 공기 중의 산소는 21[%]로 계산한다)

① 2.4 ② 9.5
③ 15.3 ④ 21.2

해설
메테인의 연소반응식
$$CH_4 + 2O_2 \rightarrow CO_2 + 2H_2O$$
1[mol] 2[mol]

∴ 메테인과 산소의 비율이 1 : 2이므로 메테인 1[L]와 산소 2[L]가 반응한다. 그러므로 공기의 양 2[L] ÷ 0.21 = 9.52[L]

정답 ②

043

뷰테인 100[g]을 완전 연소시키는 데 필요한 이론산소량은 약 몇 [g]인가?

① 358
② 717
③ 1,707
④ 3,415

해설
뷰테인의 연소반응식
$$C_4H_{10} + 6.5O_2 \rightarrow 4CO_2 + 5H_2O$$
58[g]   6.5 × 32[g]
100[g] x

$\therefore x = \dfrac{100[g] \times 6.5 \times 32[g]}{58[g]} = 358.62[g]$

정답 ①

044

프로페인 – 공기의 혼합기체를 완전 연소시키기 위한 프로페인의 이론혼합비는 약 몇 [vol%]인가?(단, 공기 중 산소는 21[vol%]이다)

① 9.48 ② 5.65
③ 4.03 ④ 3.12

해설

- 완전 연소식 $C_3H_8 + 5O_2 \rightarrow 3CO_2 + 4H_2O$
  $22.4[m^3] \quad 5 \times 22.4[m^3]$

- 이론혼합비 = $\dfrac{\text{프로페인의 부피}}{\text{혼합기체의 부피}} \times 100[\%]$

  $= \dfrac{22.4}{22.4 + \left(\dfrac{5 \times 22.4}{0.21}\right)} \times 100[\%] = 4.03[\%]$

정답 ③

045

압력이 일정할 때 기체의 부피는 온도에 비례하여 변화한다. 가장 관련이 깊은 것은?

① 뉴턴의 제3법칙
② 보일의 법칙
③ 샤를의 법칙
④ 보일–샤를의 법칙

해설

- **보일의 법칙** : 온도가 일정할 때 기체의 부피는 절대 압력에 반비례한다.
- **샤를의 법칙** : 압력이 일정할 때 일정량의 기체가 차지하는 부피는 온도가 1[℃] 증가함에 따라 그 기체의 0[℃]때의 부피의 1/273씩 증가한다. 즉, **압력이 일정할 때** 기체가 차지하는 **부피**는 **절대온도에 비례**한다.

  $$\dfrac{V}{T} = k$$

- 보일–샤를의 법칙 : 기체가 차지하는 부피는 압력에 반비례하며, 절대온도에 비례한다.

  $$V_2 = V_1 \times \dfrac{P_1}{P_2} \times \dfrac{T_2}{T_1}$$

정답 ③

046

온도 27[℃], 압력 735[mmHg]의 상태에서 어떤 기체 2[L]는 온도 30[℃], 압력 760[mmHg]에서는 몇 [L]가 되는가?

① 1[L] ② 8[L]
③ 2[L] ④ 3[L]

해설

$$V_2 = V_1 \times \dfrac{P_1}{P_2} \times \dfrac{T_2}{T_1}$$
$$= 2[L] \times \dfrac{735[mmHg]}{760[mmHg]} \times \dfrac{(30+273)[K]}{(27+273)[K]} = 1.95[L]$$

정답 ③

047

다음 설명 중 옳은 것은?

① Cu_2O는 산화 제2구리이다.
② 산소의 1g당량은 8[g]이다.
③ 어떤 물질의 화학적 성질을 나타내려면 화학식을 구조식으로 나타내는 것이 가장 좋다.
④ 일정한 압력에서 일정량의 기체 부피가 절대온도에 비례하는 것을 보일의 법칙이라 한다.

해설

- 산화제일구리 : Cu_2O
- 산소의 1g당량은 8[g]이다.
- 시성식 : 분자를 이루고 있는 원자단(관능기)을 나타내며 그 분자의 특성을 밝힌 화학식
- 보일의 법칙 : 기체의 부피는 온도가 일정할 때 절대압력에 반비례한다.

  $$T = \text{일정}, \quad PV = k(P : \text{압력} \quad V : \text{부피})$$

- 샤를의 법칙 : 압력이 일정할 때 기체가 차지하는 부피는 절대온도에 비례한다.

  $$\dfrac{V_1}{T_1} = \dfrac{V_2}{T_2}$$

정답 ②

048
다음 중 전기음성도가 가장 작은 것은?

① Br ② F
③ H ④ S

해설
전기음성도의 경향

F(4.0) > O(3.5) > Cl(3.2) > N(3.0) > Br(3.0) > I(2.7) > S(2.6) > P(2.2) > H(2.2)

정답 ③

049
다음 원소들 중 전기음성도 값이 가장 큰 것은?

① C ② N
③ O ④ F

해설
플루오린(F)은 전기음성도가 가장 크다.

정답 ④

050
원소주기율표 상의 같은 주기에서 원자번호가 증가함에 따라 일반적으로 증가하는 것이 아닌 것은?

① 원자가전자수 ② 비금속성
③ 원자반지름 ④ 이온화에너지

해설
원소의 성질

구 분 항 목	같은 주기에서 원자번호가 증가할수록 (왼쪽에서 오른쪽으로)	같은 족에서 원자번호가 증가할수록 (위쪽에서 아래쪽으로)
이온화에너지	증가함	감소함
전기음성도	증가함	감소함
이온반지름	작아짐	커 짐
원자반지름	**작아짐**	커 짐
비금속성	증가함	감소함

정답 ③

051
다음 금속원소 중 이온화에너지가 가장 큰 원소는?

① 리 튬 ② 나트륨
③ 칼 륨 ④ 루비듐

해설
이온화에너지
- 정의 : 바닥상태에 있는 기체상태 원자로부터 전자를 제거하는 데 필요한 최소 에너지
- 이온화에너지는 0족으로 갈수록, **전기음성도가 클수록, 비금속일수록 증가한다.**
- 이온화에너지가 가장 큰 것은 0족 원소(불활성 원소), 가장 작은 것은 1족 원소(알칼리금속)이다.
- 최외각 전자와 원자핵 간의 거리가 가까울수록 이온화에너지는 크다.
- 이온화에너지는 주기율표의 오른쪽으로 갈수록, 커지고, **아래로 갈수록 작아진다.**

[1족(알칼리금속)의 이온화에너지의 값]
리튬 : 520   나트륨 : 496   칼륨 : 419
루비듐 : 403   세슘 : 376

정답 ①

052
다음 중 이온화 경향이 가장 큰 것은?

① Ca ② Mg
③ Ni ④ Cu

해설
이온화 경향의 순서

K > Ca > Na > Mg > Al > Zn > Fe > Ni > Sn > Pb > Cu > Hg > Ag > Pt > Au

정답 ①

053
다음 결합 종류 중 결합력의 세기가 가장 작은 것은?

① 공유결합　　② 이온결합
③ 금속결합　　④ 수소결합

해설
수소결합의 특성
- 결합력의 세기가 가장 작으며 전기음성도의 차이가 클수록 수소결합이 강해진다.
- 물분자들 사이에 수소결합을 하면 비점이 높고 증발열이 커진다.
- 수소결합을 하는 물질은 무색, 투명하다.
- 수소결합하는 물질 : H_2O, HF, HCN, NH_3, CH_3OH, CH_3COOH

정답 ④

054
다음 중 분자 간의 수소결합을 하지 않는 것은?

① HF　　② NH_3
③ CH_3F　　④ H_2O

해설
수소결합 : 전기음성도가 큰 F, O, N 원자들과 공유결합을 한 H(수소)원자와 이웃분자의 F, O, N 원자와의 결합으로 플루오린화수소(HF), 암모니아(NH_3), 물(H_2O) 등이 있다.

정답 ③

055
다음은 이온결합성 물질의 성질을 설명한 것이다. 틀린 것은?

㉠ mp와 bp가 낮다.
㉡ 용융상태에서는 전해질이다.
㉢ 극성 용매에 잘 녹는다.
㉣ 결정상태에서 분자성

① ㉠, ㉡　　② ㉡, ㉣
③ ㉠, ㉣　　④ ㉠, ㉡, ㉣

해설
이온결합의 특성
- 이온결합화합물에는 분자의 형태가 존재하지 않는다.
- 비점(끓는점)과 융점(녹는점)이 높다.
- 결정상태는 전기전도성이 없으나 수용액이나 용융상태에서는 전기전도성이 크다.
- 극성 용매에 잘 녹는다.
- 용융상태에서는 전해질이다.

정답 ③

056
다음은 이온결합 물질의 성질에 관한 설명이다. 틀린 것은?

① 녹는점이 비교적 높다.
② 단단하여 부스러지기 쉽다.
③ 고체와 액체상태에서 모두 도체이다.
④ 물과 같은 극성용매에 용해되기 쉽다.

해설
이온결합은 고체는 부도체이고 수용액은 도체이다.

정답 ③

057
한 분자 내에 배위결합과 이온결합을 동시에 가지고 있는 것은?

① NH_4Cl ② K_2CO_3
③ $CHCl_3$ ④ $NHCl_3$

해설
NH_4Cl : 한 분자 내에 배위결합과 이온결합을 동시에 가지고 있다.

정답 ①

058
다음 물질 중 이온결합을 하고 있는 것은 무엇인가?

① SiO_2 ② 흑 연
③ 다이아몬드   ④ $CuSO_4$

해설
이온결합 : 금속과 비금속 간의 결합(NaCl, KCl, CaO, MgO, $CuSO_4$)

정답 ④

059
다음 중 공유결합을 형성하는 조건에 관한 설명으로 옳은 것은?

① 양이온이 클 때
② 음이온이 작을 때
③ 어느 이온이라도 큰 전하를 가질 때
④ 어느 이온의 전하와는 상관없다.

해설
어느 이온이라도 큰 전하를 가질 때 공유결합을 형성한다.

정답 ③

060
극성 공유결합으로 이루어진 분자가 아닌 것은?

① HF   ② CH_3COOH
③ NH_3 ④ CH_4

해설
공유결합 : 비금속과 비금속의 결합으로 두 원자가 같은 수의 전자를 제공하여 전자쌍을 이루어 서로 공유함으로써 이루어진 결합(HCl, NH_3, HF, H_2S, CH_3COOH, CH_3COCH_3, Cl_2, O_2, CO_2)

메테인(CH_4)은 정사면체 구조로 된 무극성 공유결합을 한다.

정답 ④

061
H_2S에서 S의 비공유전자쌍은 몇 개인가?

① 1   ② 2
③ 3   ④ 4

해설
비공유전자쌍은 결합에 관여하지 않는 전자쌍으로 황화수소(H_2S)는 물과 같이 2개이다.

정답 ②

062

다음 물질 중 비공유전자쌍을 가장 많이 가지고 있는 것은?

① CH_4
② NH_3
③ H_2O
④ CO_2

해설

이산화탄소(CO_2)는 비공유전자쌍(고립전자쌍)을 가장 많이 가지고 있다.

- CH_4

$$H-\underset{H}{\overset{H}{C}}-H$$

없다

- NH_3

$$H-\underset{H}{\overset{H}{N}}\colon$$

1개

- H_2O

$$H-\ddot{\underset{..}{O}}-H$$

2개

- CO_2

$$\ddot{\underset{..}{O}}=C=\ddot{\underset{..}{O}}$$

4개

정답 ④

063

다음 화합물 중 수용액이 산성을 나타내는 것은 어느 것인가?

① H_2O
② NH_3
③ NO_2
④ CH_4

해설

이산화질소(NO_2)는 물에 녹아 산성이 된다.

정답 ③

064

산(Acid)의 성질을 잘못 설명한 것은?

① 수용액 속에서 [H^+]로 되는 H를 가진 화합물이다.
② 신맛이 있고 푸른색 리트머스 종이를 붉게 변화시킨다.
③ 금속과 반응하여 수소를 발생하는 것이 많다.
④ 쓴맛이 있고 붉은색 리트머스 종이를 푸르게 변화시킨다.

해설

산의 성질
- 수용액은 신맛이 난다(초산).
- 전기분해하면 (−)극에서 수소를 발생한다.
- 리트머스 종이의 변색(청색 → 적색)
- 염기와 반응하면 염과 물이 생성된다.
- pH가 7보다 작다.

정답 ④

065

하이드록시기(−OH)를 갖는 물질 중 액성이 산성인 것은?

① $NaOH$
② CH_3OH
③ C_6H_5OH
④ NH_4OH

해설

페놀(C_6H_5OH)은 특유의 냄새를 가진 무색의 결정으로 물에 조금 녹아 **약산성**이다.

정답 ③

066

금속 원소와 산(Acid)의 반응에 대한 설명이 아닌 것은?

① 신맛을 갖는다.
② 리트머스 시험지를 붉게 변색시킨다.
③ 금속과 반응하여 산소를 발생한다.
④ 생성물질은 산성산화물이다.

해설
금속이 산과 반응할 때 수소보다 반응성이 크면 수소가스가 발생한다.

정답 ③

067

다음 설명 중 염기가 될 수 없는 조건은?

① H^+를 받아들일 수 있다.
② OH^-을 내어 놓을 수 있다.
③ 비공유전자쌍을 가지고 있다.
④ 물에 녹아 H_3O^+을 내어 놓을 수 있다.

해설
염기의 정의
• 아레니우스 : 물에 녹아 수산화이온[OH^-]을 내는 물질
• 루이스 : 비공유전자쌍을 줄 수 있는 물질(CO_2)
• 브뢴스테드 : 양성자[H^+]를 받아들일 수 있는 물질

정답 ④

068

금속산화물과 비금속산화물이 결합하여 생성되는 화합물은 무엇인가?

① 염 기   ② 산
③ 산화물   ④ 염

해설
염 : 금속산화물과 비금속산화물이 결합하여 생성되는 화합물

정답 ④

069

다음 중 염의 설명으로 올바른 것은?

① 산이 물에 녹을 때 생기는 물질
② 소금과 같이 짠 물질
③ 물에 잘 녹는 물질
④ 금속과 산의 음이온이 결합된 물질

해설
염 : 금속과 산의 음이온이 결합된 물질

정답 ④

070

다음 산화물 중 산성 산화물은?

① Na_2O
② MgO
③ Al_2O_3
④ P_2O_5

해설

산화물의 종류
- 산성 산화물 : CO_2, SO_2, P_2O_5, SiO_2 등
- 염기성 산화물 : CaO, MgO, Na_2O, K_2O, CuO 등
- 양쪽성 산화물 : ZnO, Al_2O_3, SnO, PbO 등

정답 ④

071

수소이온농도(pH)가 10.3일 때 염기의 농도는?

① 1×10^{-4}
② 2×10^{-4}
③ 3×10^{-4}
④ 4×10^{-4}

해설

$pH = -\log[H^+]$
$pH + pOH = 14$
$pOH = 14 - pH = 14 - 10.3 = 3.7$
$pOH = -\log[OH^-]$
$[OH^-] = 10^{-pOH} = 10^{-3.7}$
∴ $[OH^-] = 1.99 \times 10^{-4} ≒ 2 \times 10^{-4}$

정답 ②

072

pH가 2인 용액은 pH가 4인 용액의 수소이온농도와 비교하여 몇 배의 용액이 되는가?

① 100배
② 10배
③ 5배
④ 2배

해설

$pH = -\log[H^+]$이므로
- $pH = 2 \rightarrow [H^+] = 0.01$
- $pH = 4 \rightarrow [H^+] = 0.0001$

∴ 0.01과 0.0001은 100배의 차이다.

정답 ①

073

0.2[N] HCl 500[mL]에 물을 가해 2[L]로 하였을 때 pH는?(단, log5 = 0.7)

① 1.3
② 2.3
③ 3.0
④ 4.3

해설

$NV = N'V'$에서 $0.2[N] \times 0.5[L] = N' \times 2[L]$
$N' = 0.05[N]$
∴ $pH = -\log(5 \times 10^{-2}) = 2 - \log 5 = 2 - 0.7 = 1.3$

정답 ①

074

0.1[M] HCl 10[mL]를 중화시키는 데 필요한 0.05[M] NaOH 수용액의 부피는 얼마인가?

① 10[mL] ② 20[mL]
③ 30[mL] ④ 40[mL]

해설

중화적정 $NV = N'V'$에서 $0.1[N] \times 10[mL] = 0.05[N] \times V'$
∴ $V' = 20[mL]$

[참 고]
0.1[M] HCl = 0.1[N] HCl이고
0.05[M] NaOH = 0.05[N] NaOH이다.
1[M] H_2SO_4 = 2[N] H_2SO_4이다.

정답 ②

075

전리도가 0.01인 0.01[N] HCl용액의 pH는?(단, log5 = 0.7)

① 2 ② 3
③ 4 ④ 7

해설

$[H^+] = 0.01 \times 0.01 = 0.0001 = 1 \times 10^{-4}$
$pH = -\log[H^+] = -\log[1 \times 10^{-4}]$
   $= 4 - \log 1 = 4 - 0 = 4$

정답 ③

076

다음 지시약 중 산성 용액에서 색깔을 나타내지 않는 것은?

① 메틸오렌지 ② 페놀프탈레인
③ 페놀레드   ④ 티몰블루

해설

지시약 : 산과 염기의 중화 적정 시 종말점(End Point)을 알아내기 위하여 용액의 액성을 나타내는 시약

지시약	변 색		변색 pH
	산성색	염기성색	
티몰블루(Thymol Blue)	적 색	노란색	1.2~1.8
메틸오렌지(M.O)	적 색	오렌지색	3.1~4.4
메틸레드(M.R)	적 색	노란색	4.8~6.0
브로모티몰블루	노란색	청 색	6.0~7.6
페놀레드	노란색	적 색	6.4~8.0
페놀프탈레인(P.P)	무 색	적 색	**8.0~9.6**

정답 ②

077

포화용액 200[g]에 어떤 물질 40[g]이 녹아 있다면 이 물질의 용해도는 얼마인가?

① 20 ② 25
③ 40 ④ 50

해설

$$용해도 = \frac{용질}{용매} \times 100$$
$$= \frac{40}{200-40} \times 100$$
$$= 25$$

정답 ②

078

용액의 농도 단위 [N]은 무엇을 의미하는가?

① 용액 1[L] 속의 용질의 분자수
② 용액 1[L] 속의 용질의 g식량수
③ 용액 1,000[g]에 대한 용질의 몰수
④ 용액 1[L] 속의 용질의 g당량수

해설
N농도 : 용액 1[L] 속의 용질의 g당량 수

정답 ④

079

1[N] NaOH 용액 10[L]를 만드는 데 필요한 NaOH의 질량은 얼마인가?

① 10[g] ② 40[g]
③ 80[g] ④ 400[g]

해설
수산화나트륨 제조

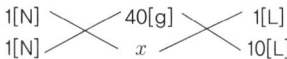

∴ $x = 400[g]$

> **[1N NaOH의 제조]**
> 용량이 1[L]인 Volmetric Flask에 물을 적당량 넣고 수산화나트륨(NaOH) 40[g]을 정확히 달아 Flask에 넣고 물을 넣어 전체량을 1[L]로 눈금을 맞춘다[이때 역가(Factor)가 1이면 1[N] NaOH이고 역가(Factor)가 1.005이면 1.005[N] NaOH이다].

정답 ④

080

용매 1[kg]에 녹아 있는 용질의 몰수로 정의되는 용액의 농도는?

① 몰랄농도 ② 몰농도
③ 퍼센트농도 ④ 노르말농도

해설
몰랄농도 : 용매 1[kg]에 녹아 있는 용질의 몰수

정답 ①

081

35.0[wt%] HCl 용액이 있다. 이 용액의 밀도가 1.1427[kg/L]라면 이 용액의 HCl의 몰농도[mol/L]는 약 얼마인가?

① 11 ② 14
③ 18 ④ 22

해설
%농도 → 몰농도로 환산

$$몰농도[M] = \frac{10ds}{분자량} [d : 비중, \ s : 농도\%]$$

∴ 몰농도$[M] = \dfrac{10 \times 1.1427[kg/L] \times 35}{36.5[kg/mol]} = 10.96[mol/L]$

정답 ①

082

비중이 1.84이고, 무게농도가 96[wt%]인 진한 황산의 노르말농도는 약 몇 [N]인가?(단, 황의 원자량은 32이다)

① 1.8
② 3.6
③ 18
④ 36

해설

%농도 → 규정농도로 환산 $N = \dfrac{10ds}{당량}$

(d : 비중, s : %농도)

∴ $N = \dfrac{10 \times 1.84 \times 96}{49} = 36.0[N]$

황산의 1g당량 $= \dfrac{98}{2} = 49$

정답 ④

083

10[wt%]의 H_2SO_4 수용액으로 1[M] 용액 200[mL]를 만들려고 할 때 다음 중 가장 적합한 방법은?(단, S의 원자량은 32이다)

① 원용액 98[g]에 물을 가하여 200[mL]로 한다.
② 원용액 98[g]에 200[mL]의 물을 가한다.
③ 원용액 196[g]에 물을 가하여 200[mL]로 한다.
④ 원용액 196[g]에 200[mL]의 물을 가한다.

해설

1[M] 황산(H_2SO_4)이란 물 1,000[mL] 안에 황산이 98[g] 녹아있는 것을 말한다.

1[M]   98[g]   1,000[mL]
1[M] x 200[mL]

$x = \dfrac{98[g] \times 200[mL]}{1,000[mL]} = 19.6[g]$(원액의 양)

10[%] 황산을 사용하므로 19.6[g] ÷ 0.1 = 196[g]
∴ 10[%] 황산 196[g]을 물에 넣어 전체를 200[mL]로 한다.

정답 ③

084

0.2[M] H_2SO_4 50[mL]와 0.2[M] NaOH 50[mL]를 섞은 용액의 농도는 얼마인가?

① 1.0[M]
② 0.2[M]
③ 0.3[M]
④ 0.4[M]

해설

혼합액의 농도

$\dfrac{(0.2[M] \times 50[mL]) + (0.2[M] \times 50[mL])}{50[mL] + 50[mL]} = 0.2[M]$

정답 ②

085

0.01[M] HCl 용액의 [OH^-] 농도는 얼마인가?

① 10^{-2} g이온/[L]
② 10^{-7} g이온/[L]
③ 10^{-12} g이온/[L]
④ 10^{-13} g이온/[L]

해설

[H^+][OH^-] = 10^{-14}

[OH^-] = $\dfrac{10^{-14}}{10^{-2}} = 10^{-12}$ g이온/[L]

정답 ③

086
콜로이드용액의 성질에 대한 설명으로 옳지 않은 것은?

① 틴들현상은 콜로이드용액에 빛을 통과시켜 빛의 방향과 수직으로 보면 빛의 진로가 보이는 것이다.
② 브라운 운동은 콜로이드 입자가 분산매의 분자와의 충돌 때문에 일어나는 계속적인 불규칙 운동이다.
③ 흡착은 콜로이드 입자가 전기를 띠고 있으므로 전해질을 가하면 전해질과 반대의 전기를 띠는 입자가 모여 엉기는 현상이다.
④ 전기영동은 콜로이드용액 중에 존재하는 양이온이나 음이온을 선택적으로 흡착하는 성질이 있다.

해설
흡착 : 접촉하고 있는 기체나 용액의 분자를 표면에 달라붙게 하는 모든 고체 물질의 성질

정답 ③

087
다음 물질 중 비전해질에 해당되는 것은?

① HCl
② HNO_3
③ C_2H_5OH
④ CH_3COOH

해설
전해질과 비전해질
• 전해질 : 수용액 상태에서 전류가 통하는 물질(전리가 되는 물질)
  예 소금(NaCl), 염산(HCl), 초산(CH_3COOH), 의산, 수산화암모늄
• 비전해질 : 수용액 상태에서 전류가 통하지 않는 물질
  예 메틸알코올, 에틸알코올(C_2H_5OH), 설탕, 포도당, 글리세린 등

정답 ③

088
염소(Cl)의 산화수가 +3인 물질은?

① $HClO_4$
② $HClO_3$
③ $HClO_2$
④ HClO

해설
산화수
• $HClO_4$ $(+1) + x + (-2) \times 4 = 0$ $x(Cl) = +7$
• $HClO_3$ $(+1) + x + (-2) \times 3 = 0$ $x(Cl) = +5$
• $HClO_2$ $(+1) + x + (-2) \times 2 = 0$ $x(Cl) = +3$
• HClO $(+1) + x + (-2) = 0$ $x(Cl) = +1$

정답 ③

089
다음 중 산화에 대한 설명 중 틀린 것은?

① 산소와 결합하는 것
② 원자의 산화수가 증가하는 것
③ 원자가 전자를 잃는 것
④ 수소와 결합하는 것

해설
산화와 환원의 비교

구분 항목	산 화	환 원
산 소	산소와 결합할 때 $S + O_2 \longrightarrow SO_2$	산소를 잃을 때 $MgO + H_2 \longrightarrow Mg + H_2O$
수 소	수소를 잃을 때 $H_2S + Br_2 \longrightarrow 2HBr + S$	수소와 결합할 때 $H_2S + Br_2 \longrightarrow 2HBr + S$
전 자	전자를 잃을 때 $Mg^{+2} + Zn^0 \longrightarrow Mg^0 + Zn^{+2}$	전자를 얻을 때 $Mg^{+2} + Zn^0 \longrightarrow Mg^0 + Zn^{+2}$
산화수	산화수 증가할 때 $(H : 0 \to +1)$ $CuO + H_2 \longrightarrow Cu + H_2O$	산화수 감소할 때 $(Cu : +2 \to 0)$ $CuO + H_2 \longrightarrow Cu + H_2O$

정답 ④

090

다이크로뮴산 이온($Cr_2O_7^{-2}$)의 Cr의 산화수는 얼마인가?

① +3   ② +6
③ +7   ④ +12

해설
이온의 산화수는 그 이온의 가수와 같다.
∴ $\underline{Cr_2O_7^{-2}}$
$2x + (-2) \times 7 = -2$
$x(Cr) = +6$

정답 ②

091

다음 화합물 중 크로뮴(Cr)의 산화수가 +3인 것은 무엇인가?

① $Cr(OH)_3$ ② CrO_3^{-2}
③ Cr_2O_7 ④ CrO_4^{-2}

해설
크로뮴의 산화수
- $\underline{Cr(OH)_3}$의 산화수 → $x + (-1) \times 3 = 0$
  ∴ $x = +3$
- $\underline{CrO_3^{-2}}$의 산화수 → $x + (-2) \times 3 = -2$
  ∴ $x = +4$
- $\underline{Cr_2O_7}$의 산화수 → $2x + (-2) \times 7 = 0$
  ∴ $x = +7$
- $\underline{CrO_4^{-2}}$의 산화수 → $x + (-2) \times 4 = -2$
  ∴ $x = +6$

- 중성 화합물을 구성하는 각 원자의 산화수의 합은 0이다.
- 이온의 산화수는 그 이온의 가수와 같다.

정답 ①

092

H_2SO_4에서 S의 산화수는 얼마인가?

① 1   ② 2
③ 4   ④ 6

해설
황산(H_2SO_4)의 S의 산화수
$(+1) \times 2 + x + (-2) \times 4 = 0$
∴ $x(S) = +6$

정답 ④

093

강산화제인 과망가니즈산칼륨($KMnO_4$)에서 망가니즈(Mn)의 산화수는?

① +5   ② -5
③ +7   ④ -7

해설
$KMnO_4$에서 망가니즈(Mn)의 산화수
K : +1, O : -2이고, 화합물에 포함되어 있는 원자의 산화수의 합은 0이므로
$1 + x(Mn) + (-2 \times 4) = 0$
∴ $x = +7$

정답 ③

094

다음 중 산소의 산화수가 가장 큰 것은?

① O_2
② $KClO_4$
③ H_2SO_4
④ H_2O_2

해설

산화수
- 산소(O_2) : 0
- 과염소산칼륨($KClO_4$) = -2
- 황산(H_2SO_4) : -2
- 과산화수소(H_2O_2) : 과산화물은 -1
※ 산소화합물에서 산소의 산화수는 -2이다.

정답 ①

095

다음의 할로젠 원소 중에서 산화제로 사용할 때 산화력이 가장 큰 원소는?

① F_2
② Cl_2
③ Br_2
④ I_2

해설

산화력의 크기 : $F_2 > Cl_2 > Br_2 > I_2$

정답 ①

096

다음 중 산화제가 아닌 것은?

① H_2O_2
② $KClO_3$
③ $KMnO_4$
④ H_2SO_3

해설

산화제 : H_2O_2, $KClO_3$, HNO_3, $KMnO_4$, $K_2Cr_2O_7$

정답 ④

097

다음 중 환원제로 작용할 수 없는 물질은 무엇인가?

① 수소원자를 내기 쉬운 물질
② 산소와 화합하기 쉬운 물질
③ 전자를 잃기 쉬운 물질
④ 발생기 산소를 내는 물질

해설

환원제 : 자신은 산화되고 다른 물질을 환원시키는 물질, 발생기 수소를 내는 물질

정답 ④

098

화학반응에서 반응 전과 반응 후의 상태가 결정되면 반응경로와 관계없이 반응열의 총량은 일정하다는 법칙은?

① 헤스의 법칙
② 보일-샤를의 법칙
③ 헨리의 법칙
④ 르샤틀리에의 법칙

해설
헤스의 법칙 : 화학반응에서 반응 전과 반응 후의 상태가 결정되면 반응경로와 관계없이 반응열의 총량은 일정하다는 법칙

정답 ①

099

25[℃]에서 다음과 같은 반응이 일어날 때 평형상태에서 NO_2의 부분압력은 0.15[atm]이다. 혼합물 중 N_2O_4의 부분압력은 약 몇 [atm]인가?(단, 압력평형상수 K_p는 7.13이다)

$$2NO_2(O) \rightleftarrows N_2O_4(O)$$

① 0.08
② 0.16
③ 0.32
④ 0.64

해설
평형상수 $K_p = \dfrac{\text{생성물의 농도곱}}{\text{반응물의 농도곱}} = \dfrac{[N_2O_4]}{[NO_2]^2}$

$7.13 = \dfrac{x}{(0.15)^2}$

∴ $x = 0.16$[atm]

정답 ②

100

다음과 같은 반응에서 A와 B의 농도를 각각 2배로 해주면 반응속도는 몇 배가 되겠는가?

$$A + 2B \rightarrow 3C + D$$

① 2배
② 4배
③ 6배
④ 8배

해설
A + 2B → 3C + D의 식에서 A와 B의 농도를 각각 2배로 하면
반응속도 $V = [A][B]^2 = 2 \times 2^2 = 8$배

정답 ④

101

다음 중 화학반응의 속도에 영향을 미치지 않는 것은?

① 부촉매를 사용하는 경우
② 반응계의 온도변화
③ 일정한 농도하에서의 부피의 변화
④ 반응물질의 농도의 변화

해설
화학반응속도의 영향 인자
• 농도 : 반응속도는 물질의 농도의 곱에 비례한다.
• 온도 : 온도 10[℃] 상승하면 아레니우스식에 의하여 반응속도는 약 2배 정도 빨라진다.
• 촉매 : 정촉매는 반응속도를 빠르게 하고 부촉매는 반응속도를 느리게 한다.

정답 ③

102

반응속도와 온도와의 정량적인 관계는 누구에 의해 실험적으로 확립되었는가?

① 아레니우스 ② 르샤틀리에
③ 반트호프 ④ 패러데이

해설
아레니우스의 화학반응속도론은 반응속도와 온도와의 정량적인 관계를 설명한 것이다.

정답 ①

103

다음 중 알칼리금속 원소의 성질에 해당되는 것은?

① 매우 안정하여 물과 반응하지 않는다.
② 물과 반응하여 산소를 발생시킨다.
③ 산화되면 비활성 기체와 같은 전자배치이다.
④ 반응성의 크기는 K < Na < Li 순서이다.

해설
- 알칼리금속이 산화되면 전자를 잃어 비활성 기체(0족 원소)와 같은 전자배치가 된다.
- 이온화에너지가 작을수록 양이온이 되려는 경향이 강하므로 반응성이 크다.

종류	K	Na	Li
이온화에너지 (kJ/mol)	419	495	520

정답 ③

104

노란색의 불꽃반응을 나타내며, 수용액에 AgNO₃ 용액을 넣었더니 흰색침전이 생겼다. 이 물질은 무엇인가?

① NaCl ② $BaCl_2$
③ $CuSO_4$ ④ K_2SO_4

해설
노란색의 불꽃반응은 나트륨(Na)이고, 수용액에 AgNO₃용액을 넣었더니 흰색침전이 생기는 것은 염소(Cl)이므로 이물질은 염화나트륨(NaCl)이다.

$$NaCl + AgNO_3 \rightarrow AgCl\downarrow + NaNO_3$$
염화은(흰색침전)

정답 ①

105

금속의 명칭과 불꽃반응색이 옳게 연결된 것은?

① Li - 노란색
② K - 보라색
③ Na - 진한 빨강색
④ Cu - 주황색

해설
불꽃반응색

원소	리튬 (Li)	나트륨 (Na)	칼륨 (K)	칼슘 (Ca)	스트론튬 (Sr)	구리 (Cu)	바륨 (Ba)
불꽃 색상	적색	노란색	보라색	황적색	심적색	청록색	황록색

정답 ②

106
칼륨(K)이 불꽃반응을 할 때 나타내는 색깔은?

① 진한 빨강 ② 보라색
③ 노란색 ④ 연파랑

해설
칼륨(K) 불꽃색상 : 보라색

정답 ②

107
수은(Hg)과 혼합하여 아말감을 만들지 못하는 것은?

① 아연(Zn) ② 은(Ag)
③ 구리(Cu) ④ 철(Fe)

해설
아말감 : 철(Fe), 백금(Pt), 망가니즈(Mn), 코발트(Co), 니켈(Ni)을 제외한 수은과의 다른 금속과의 합금

정답 ④

108
다음 반응 중 수소를 발생하지 않는 반응은?

① 철과 묽은 황산
② 소금물의 전기분해
③ 은과 묽은 황산
④ 알루미늄과 수산화나트륨

해설
철과 황산, 소금물의 전기분해, Al과 강알칼리(수산화나트륨)와 반응하면 수소가스를 발생한다.

> 이온화 경향이 적은 금속은 수소를 발생하지 못한다.

정답 ③

109
다음 중 알칼리금속 원소만으로 된 것은?

① Al와 Be ② Na과 Mg
③ Sr과 Ca ④ Li과 K

해설
알칼리금속 : K(칼륨), Na(나트륨), Li(리튬), Rb(루비듐), Cs(세슘)

정답 ④

110
다음 금속원소 중 비점이 가장 높은 것은?

① 리튬 ② 나트륨
③ 칼륨 ④ 루비듐

해설
비 점

종 류	리튬	나트륨	칼륨	루비듐
비 점	1,336[℃]	880[℃]	774[℃]	688[℃]

정답 ①

111
산소족 원소가 아닌 것은?

① S   ② Se
③ Te ④ Bi

해설
산소족 원소(6족 원소) : O, S, Se, Te, Po

비스무트(Bi) : 제5족 원소

정답 ④

112
다음 중 평면구조를 갖는 물질은?

① BCl_3 ② H_3O^+
③ NH_3 ④ PH_3

해설
BCl_3(삼염소화붕소)는 평면구조이며 결합각은 120°이다.

정답 ①

113
다음 중 분자의 입체모양이 정사면체를 이루는 것은?

① H_2O ② CH_4
③ SF_4 ④ NH_2

해설
메테인의 분자의 입체모양 : 정사면체

정답 ②

114
비활성 기체의 설명으로 적당하지 않은 것은?

① 저압에서 방전되면 색을 나타낸다.
② 화합물을 잘 만든다.
③ 대부분 최외각전자는 8개이다.
④ 단원자 분자이다.

해설
불활성 기체(8족)
- 이온화에너지가 가장 큰 족이다.
- 실온에서 무색의 기체이며 단원자 분자이다.
- 최외각전자는 s^2p^6로 8개이고 반응성은 대단히 작다.
- 저압에서 방전되면 색을 나타낸다.

정답 ②

115

염화나트륨 중에 조해성이 있는 것으로 무엇이 혼합되어 있는가?

① $NaHCO_3$
② Na_2CO_3
③ $MgCl_2$
④ $NH_4H_2PO_4$

해설
염화나트륨(소금)에는 조해성이 있는 염화마그네슘(간수, $MgCl_2$)이 혼합되어 있으므로 축축한 상태가 된다.

정답 ③

116

수산화나트륨의 제법으로 적합하지 않은 것은?

① 수은법
② 솔베이법
③ 격막법
④ 가성화법

해설
수산화나트륨의 제법
• 수은법
• 격막법
• 가성화법

솔베이법 : 탄산나트륨의 제법

정답 ②

117

다음 중 진한 질산과 부동태를 만들지 못하는 금속은?

① 알루미늄
② 철
③ 니켈
④ 구리

해설
진한 질산에 한 번 담근 쇠등이 반응하지 않고 아무런 변화 없이 산에 녹지 않는 현상

부동태를 만드는 금속 : 알루미늄(Al), 철(Fe), 니켈(Ni), 코발트(Co), 크로뮴(Cr)

정답 ④

118

다음 중 수성가스가 발생하는 반응은?

① $C + H_2O$
② $CO + H_2O$
③ $CO_2 + C$
④ $2CO + O_2$

해설
수성가스는 $CO + H_2$를 발생하는 가스를 말한다.

$$C + H_2O \rightarrow CO + H_2$$

정답 ①

119
다음 기체 중 상방치환으로 모으는 기체는 무엇인가?

① CO_2
② NO_2
③ O_2
④ NH_3

해설

포집방법의 종류
- **상방치환** : 공기보다 **가벼운 기체**를 포집하는 방법
  예) 수소(H_2), 메테인(CH_4), 암모니아(NH_3)
- **하방치환** : 공기보다 무거운 기체를 포집하는 방법
  예) 이산화탄소(CO_2), 이산화황(SO_2), 이산화질소(NO_2), 염산(HCl), 염소(Cl_2), 황화수소(H_2S)
- **수상치환** : 물에 녹지 않는 기체를 포집하는 방법
  예) 수소(H_2), 메테인(CH_4), 산소(O_2), 질소(N_2), 일산화탄소(CO), 아세틸렌(C_2H_2)

정답 ④

120
다음 유기화합물의 설명 중 틀린 것은?

① 사이클로알케인은 불포화 고리 화합물이다.
② 원자 사이의 결합은 대부분 강한 공유결합이다.
③ 대부분 유기화합물은 반응성이 약하고 반응이 느리다.
④ 주로 C_2H_2O로 구성되어 있다.

해설

사이클로알케인 : 포화 고리 화합물

정답 ①

121
유기화합물 간의 반응이 무기화합물 간의 반응에 비하여 일반적으로 느린 이유는 무엇인가?

① 이온결합 화합물이기 때문이다.
② 높은 비등점을 가진 화합물이기 때문이다.
③ 공유결합 화합물이기 때문이다.
④ 큰 분자량을 가진 화합물이기 때문이다.

해설

유기화합물은 공유결합 화합물이므로 반응이 느리다.

정답 ③

122
다음 보기 중 유기화합물에 속하는 것은?

① $(NH_2)_2CO$
② K_2CrO_4
③ HNO_3
④ CO

해설

요소[$(NH_2)_2CO$] : 천연유기화합물

정답 ①

123

유기용제의 독성에 대한 설명으로 옳지 않은 것은?

① 방향족 화합물은 사슬형 화합물보다 독성이 강하다.
② 지방족 탄화수소 중 고급이 저급보다 마취성이 강하다.
③ 할로젠화 탄화수소는 그 모체 화합물보다 독성이 강하다.
④ 할로젠화 탄화수소는 주로 조혈기관(골수)을 해친다.

해설
방향족 탄화수소는 주로 조혈기관(골수)을 해친다.

정답 ④

124

아세틸렌계열 탄화수소에 해당되는 것은?

① C_5H_8
② C_6H_{12}
③ C_4H_8
④ C_3H_{12}

해설
아세틸렌계열 탄화수소 : C_nH_{2n-2}

정답 ①

125

다음 관능기(작용기) 중에서 메틸(Methyl)기는 어느 것인가?

① $-C_2H_5$
② $-COCH_3$
③ $-NH_2$
④ $-CH_3$

해설
관능기
- $-C_2H_5$: 에틸기
- $-COCH_3$: 아세틸기
- $-NH_2$: 아미노기
- $-CH_3$: 메틸기

정답 ④

126

파라핀계 탄화수소의 일반적인 연소성에 대한 설명으로 옳은 것은?(단, 탄소수가 증가할수록)

① 연소범위의 하한이 커진다.
② 연소속도가 늦어진다.
③ 발화온도가 높아진다.
④ 발열량[$kcal/m^3$]이 작아진다.

해설
탄소수가 증가할수록(분자량이 증가할수록) 연소속도가 늦어진다.

정답 ②

127
다음 [보기]와 같은 공통점을 갖지 않는 것은?

[보 기]
- 탄화수소이다.
- 치환반응보다는 첨가반응을 잘한다.
- 석유화학공업 공정으로 얻을 수 있다.

① 에 텐 ② 프로필렌
③ 뷰 텐 ④ 벤 젠

해설
벤젠은 공업적으로 널리 쓰이는 가장 간단한 방향족(芳香族) 탄화수소이며 석유화학공업 공정으로 얻을 수 있다. 첨가반응보다 치환반응을 더 잘한다.

정답 ④

128
다음 중 프로필렌의 시성식은?

① $CH_2 = CH - CH_2 - CH_3$
② $CH_2 = CH - CH_3$
③ $CH_3 - CH = CH - CH_3$
④ $CH_2 = C(CH_3)CH_3$

해설
프로필렌(C_3H_6)의 시성식 : $CH_2 = CH - CH_3$

정답 ②

129
옥테인의 분자식은 어느 것인가?

① C_6H_{14} ② C_7H_{16}
③ C_8H_{18} ④ C_9H_{20}

해설
메테인계(알케인계) 탄화수소의 일반식 : C_nH_{2n+2}

종류	메테인	에테인	프로페인	뷰테인	펜테인
분자식	CH_4	C_2H_6	C_3H_8	C_4H_{10}	C_5H_{12}
종류	헥세인	헵테인	옥테인	노네인	
분자식	C_6H_{14}	C_7H_{16}	C_8H_{18}	C_9H_{20}	

정답 ③

130
다음 각 화합물 1몰이 연소할 때 3몰의 산소를 필요로 하는 것은 어느 것인가?

① C_2H_6 ② C_2H_4
③ C_6H_6 ④ C_2H_2

해설
연소반응식
- 에테인 : $C_2H_6 + 3.5O_2 \rightarrow 2CO_2 + 3H_2O$
- 에틸렌 : $C_2H_4 + 3O_2 \rightarrow 2CO_2 + 2H_2O$
- 벤젠 : $C_6H_6 + 7.5O_2 \rightarrow 6CO_2 + 3H_2O$
- 아세틸렌 : $C_2H_2 + 2.5O_2 \rightarrow 2CO_2 + H_2O$

정답 ②

131
C_2H_5OH(에탄올)에 빨갛게 달군 구리선을 넣어 산화시킬 때 생성되는 물질은?

① CH_3OCH_3　　② CH_3CHO
③ $HCOOH$　　　④ C_3H_7OH

해설
에틸알코올을 산화하면 아세트알데하이드(CH_3CHO)가 된다.

$$C_2H_5OH \underset{환원}{\overset{산화}{\rightleftharpoons}} CH_3CHO \underset{환원}{\overset{산화}{\rightleftharpoons}} CH_3COOH$$

정답 ②

132
다음 물질들에서 이웃하는 두 탄소 간의 결합 길이가 가장 짧은 것은?

① $CH \equiv CH$　　② $CH_2 = CH_2$
③ CH_3-CH_3　　④ C_6H_6

해설
결합 차이에 의한 탄소-탄소 사이의 길이관계
단일결합 > 이중결합 > 삼중결합
즉, s 오비탈의 특성을 많이 가질수록 탄소원자의 C-H 결합 길이가 짧아진다.

　　　　CH_3-CH_3　$CH_2=CH_2$　$H-C\equiv C-H$
　　　　　1.54[Å]　　　1.34[Å]　　　　1.20[Å]

정답 ①

133
2차 알코올이 산화되어 생성되는 물질은?

① 알데하이드　　② 에 터
③ 카복실산　　　④ 케 톤

해설
알코올의 산화반응
- 1차 알코올 : R-OH → R-CHO(알데하이드)
　　　　　　　　→ R-COOH(카복실산)
- 2차 알코올 : R_2-OH → R-CO-R′(케톤)

정답 ④

134
메테인(CH_4)의 수소원자 1개가 염소와 치환될 때 생기는 물질의 수는 몇 개인가?

① 2개　　② 3개
③ 4개　　④ 5개

해설
메테인(CH_4)의 수소원자가 염소와 치환 시 생기는 물질
- 염화메테인(CH_3Cl)
- 염화메틸렌(CH_2Cl_2)
- 클로로폼($CHCl_3$)
- 사염화탄소(CCl_4)

정답 ③

135
다음 중 이성질체가 존재하지 않는 물질은?
① 자일렌 ② 다이클로로벤젠
③ 다이에틸아민 ④ 프탈산다이부틸

해설
다이에틸아민[$(C_2H_5)_2NH$]은 이성질체가 없다.

정답 ③

136
식초산과 알코올의 혼합물에 소량의 진한 황산을 가하여 가열하면 어떤 화합물이 생성되는가?
① 과 당 ② 나프탈렌
③ 에스터 ④ 알데하이드

해설
초산 + 에틸알코올 → 초산에틸 + 물

$$CH_3COOH + C_2H_5OH \rightarrow CH_3COOC_2H_5 + H_2O$$

정답 ③

137
다음 중 3가 알코올에 해당되는 것은?

① $H-\underset{\underset{H}{|}}{\overset{\overset{H}{|}}{C}}-\underset{\underset{H}{|}}{\overset{\overset{H}{|}}{C}}-\underset{\underset{H}{|}}{\overset{\overset{H}{|}}{C}}-OH$

② $\begin{array}{c} H \\ | \\ H-C-OH \\ | \\ H-C-OH \\ | \\ H \end{array}$

③ $H-\underset{\underset{H}{|}}{\overset{\overset{H}{|}}{C}}-OH$

④ $\begin{array}{c} H \\ | \\ H-C-OH \\ | \\ H-C-OH \\ | \\ H-C-OH \\ | \\ H \end{array}$

해설
①과 ③은 1가 알코올이고, ②는 2가 알코올, ④는 글리세린으로 3가 알코올이다.

정답 ④

138
나일론은 다음 어떤 결합이 들어 있는가?
① $-S-S-$
② $-O-$
③ $\begin{matrix} O \\ \| \\ -C- \end{matrix}$
④ $-\underset{\underset{O}{\|}}{C}-\underset{\underset{H}{|}}{N}-$

해설
나일론 : 펩타이드결합$\left(-\underset{\underset{O}{\|}}{C}-\underset{\underset{H}{|}}{N}- \right)$

정답 ④

139

무색 바늘 모양의 결정으로 용융점이 159[℃]이며, 카복실산이나 알코올과 각각 에스터를 만드는 것은 무엇인가?

① $C_6H_4(OH)COOH$
② $C_6H_4(OH)_2$
③ $C_6H_4(CH_3)COOH$
④ $C_6H_4(CH_3)OH$

해설
살리실산[$C_6H_4(OH)COOH$]의 융점 : 159[℃]

정답 ①

140

다음 화합물 중 동족체가 아닌 것은 무엇인가?

① C_2H_4
② C_3H_6
③ C_6H_{18}
④ $C_{10}H_{20}$

해설
알켄족(C_nH_{2n})의 물질이므로 ③은 아니다.

정답 ③

141

다음 물질 중에서 은거울 반응과 아이오도폼 반응을 모두 할 수 있는 것은?

① CH_3OH
② C_2H_5OH
③ CH_3CHO
④ CH_3ClOCH_3

해설
아세트알데하이드(CH_3CHO) : 은거울 반응, 아이오도폼 반응

정답 ③

142

다음 중 암모니아성 질산은($AgNO_3$) 용액을 반응하여 거울을 만드는 것은?

① CH_3CH_2OH
② CH_3OCH_3
③ CH_3COCH_3
④ CH_3CHO

해설
은거울 반응 : 알데하이드 검출법으로 아세트알데하이드가 해당된다.

정답 ④

143

상온에서 무색의 액체상태의 유기화합물을 에탄올과 반응시켰더니 에스터를 형성하였으며, 펠링 용액과 반응시켰더니 붉은 침전이 생겼다. 또한 진한 황산과 함께 가열하였더니 일산화탄소가 발생하였다. 이 화합물은 무엇인가?

① 에 터
② 개미산
③ 아세톤
④ 폼알데하이드

해설

개미산(HCOOH)
- 에탄올과 반응 시 에스터 생성

$$HCOOH + C_2H_5OH \rightarrow HCOOC_2H_5 + H_2O$$

- 펠링용액과 반응시켰더니 붉은 침전이 생긴다.
- 황산과 가열하여 분해하면 일산화탄소가 발생한다.

$$HCOOH \rightarrow H_2O + CO \uparrow$$

정답 ②

144

다음 중 아세틸렌(C_2H_2)을 원료로 하지 않는 것은?

① 아세트산
② 염화바이닐
③ 에탄올
④ 메탄올

해설

$C_2H_2 + 2H_2O \rightarrow C_2H_5OH$(에틸알코올)
아세틸렌을 원료로 하여 에틸알코올은 제조할 수 있으나 메탄올은 제조할 수 없다.

정답 ④

145

CO와 CO_2의 성질에 대한 설명 중 잘못된 것은?

① CO_2는 공기보다 무겁고 CO는 가볍다.
② CO_2와 CO는 석회수와 작용하여 탄산칼륨이 된다.
③ CO_2는 타지 않으나, CO는 타서 파란색의 불꽃을 낸다.
④ CO_2는 빵을 부풀게 하는 데 사용하며, CO는 금속산화물을 환원시키는 데 사용한다.

해설

$Ca(OH)_2 + CO_2 \rightarrow CaCO_3 + H_2O$

정답 ②

146

하이드로퍼옥사이드 수용액은 보관 중 서서히 분해하는 성질이 있어 시판품에는 안정제(Inhibit)를 첨가한다. 그 안정제로 가장 적합한 것은?

① H_3PO_4
② NaOH
③ C_2H_5OH
④ $NaAlO_2$

해설

하이드로퍼옥사이드 수용액의 안정제 : 인산(H_3PO_4)

정답 ①

147

아래 (㉠)과 (㉡)에 알맞은 용어는 무엇인가?

> 과산화수소는 자신이 분해하여 발생기 산소를 발생시켜 강한 산화작용을 한다. 이는 (㉠) 종이를 보라색으로 변화시키는 것으로 확인되며, 이 과산화수소는 (㉡) 등에 황산을 작용시켜 얻는다.

① ㉠ 리트머스, ㉡ 염소산칼륨
② ㉠ 아이오딘화칼륨 녹말, ㉡ 염소산칼륨
③ ㉠ 리트머스, ㉡ 과산화바륨
④ ㉠ 아이오딘화칼륨 녹말, ㉡ 과산화바륨

해설
과산화수소는 자신이 분해하여 발생기 산소를 발생시켜 강한 산화작용을 한다. 이는 (아이오딘화칼륨 녹말) 종이를 보라색으로 변화시키는 것으로 확인되며, 이 과산화수소는 (과산화바륨) 등에 황산을 작용시켜 얻는다.

정답 ④

148

단백질의 검출에 사용되는 것으로서 단백질에 진한 질산을 가하면 노란색으로 변하고 알칼리를 작용시키면 오렌지색으로 변하는 반응을 무슨 반응이라 하는가?

① 뷰렛 반응
② 닌하이드린 반응
③ 아담키바이츠 반응
④ 잔토프로테인 반응

해설
잔토프로테인 반응 : 단백질에 진한 질산을 가하면 누란색으로 변하고 알칼리를 작용시키면 오렌지색으로 변하는 반응

정답 ④

149

알코올성 수산기와 페놀성 수산기를 비교한 후 서술한 것이다. 이 중 페놀성 수산기의 특성을 나타낸 것은?

① 수용액이 중성이다.
② NaOH를 가하면 반응하지 않는다.
③ 할로겐과는 반응하지 않는다.
④ $FeCl_3$ 용액과 특유한 정색반응을 한다.

해설
페놀성 수산기는 $FeCl_3$ 용액과 특유한 정색반응을 한다.

정답 ④

150

다음 중 알코올의 산화반응에 대한 설명으로 옳은 것은?

① 1차 알코올은 쉽게 산화되지 않는다.
② 2차 알코올은 산화되어 케톤(Ketone)이 된다.
③ 3차 알코올은 산화되어 알데하이드(Aldehyde)가 된다.
④ 산화반응에서 촉매는 니켈이다.

해설
알코올의 산화

> • 1차 알코올 $\xrightarrow{산화}$ 알데하이드 $\xrightarrow{산화}$ 카복실산
> $CH_3OH \rightarrow HCHO \rightarrow HCOOH$
> $C_2H_5OH \rightarrow CH_3CHO \rightarrow CH_3COOH$
>
> • 2차 알코올 $\xrightarrow{산화}$ 케톤
> $2(CH_3-\underset{\underset{OH}{|}}{CH}-CH_3) + O_2 \rightarrow 2(CH_3-CO-CH_3) + 2H_2O$

정답 ②

151
다음 중 에스터화 반응에 해당하는 것은?

① 나이트로벤젠 → 아닐린
② 아세트산 + 에틸알코올 → 초산에틸 + 물
③ 단백질 → 아미노산
④ 페놀 + 폼알데하이드 → 베크라이트

해설
에스터화 반응

아세트산 + 에틸알코올 → 초산에틸 + 물
CH_3COOH C_2H_5OH $CH_3COOC_2H_5$ H_2O

정답 ②

152
다음 중 아세트산과 에탄올의 혼합물에 소량의 진한 황산을 가하여 가열하면 생성되는 물질은?

① 아세트산에틸
② 메탄산에틸
③ 글리세롤
④ 에틸에터

해설
아세트산 + 에틸알코올 → 아세트산에틸 + 물

$$CH_3COOH + C_2H_5OH \rightarrow CH_3COOC_2H_5 + H_2O$$

정답 ①

153
브로민을 탈색시키며, 완전 연소할 때 CO_2와 H_2O가 같은 몰수로 생성되는 탄화수소에 해당하는 것은?

① $CH_3 - C \equiv CH$
② $CH_3CH_2CH_3$
③ $CH_2 = C = CH_2$
④ $CH_3 - CH = CH_2$

해설
프로필렌(C_3H_6) : 상온에서 약한 자극성 냄새가 나는 무색의 기체로서 브로민을 탈색시킨다.

$$C_3H_6 + 4.5O_2 \rightarrow 3CO_2 + 3H_2O$$

정답 ④

154
아미노산이 꼭 포함하고 있는 원자단만을 짝지어 놓은 것은?

① $-COOH$와 $-NH_2$
② $-COOH$와 $-OH$
③ $-COOH$와 $-NO_2$
④ $-SO_3$와 $-NH_2$

해설
아미노산 : 분자 내에 카복실기($-COOH$)와 아미노기($-NH_2$)를 갖는 화합물

정답 ①

155
고급 지방산과 고급 1가 알코올로부터 만들어지는 고형 에스테르를 무엇이라고 부르는가?

① 와세린 ② 왁 스
③ 테로우 ④ 버 터

해설
왁스 : 고급 지방산과 고급 1가 알코올로부터 만들어지는 고형 에스테르

정답 ②

156
다음 벤젠에 관한 설명 중 틀린 것은?

① 화학식은 C_6H_{12}이다.
② 아세틸렌 3분자를 중합하여 얻는다.
③ 물에 녹지 않고 여러 가지 유기용제로 사용한다.
④ 콜타르를 분류 증류하여 얻은 경유 속에 포함되어 있다.

해설
벤젠의 화학식 : C_6H_6

정답 ①

157
벤젠(C_6H_6)에 직접 반응하는 라디칼은?

① $-OH$ ② $-NH_2$
③ $-SO_3H$ ④ $-COOH$

해설
술폰화 : 벤젠과 황산을 반응하여 벤젠술폰산을 생성하는 반응

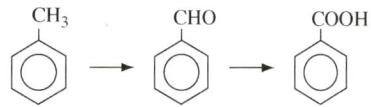

정답 ③

158
다음 중 비점이 110[℃]인 액체로서 산화하여 벤즈알데하이드를 거쳐 벤조산이 되는 위험물은?

① 벤 젠 ② 톨루엔
③ 자일렌 ④ 아세톤

해설
톨루엔(비점 : 110[℃])에 산화제를 작용시키면 산화되어 벤즈알데하이드가 되고 산화되어 벤조산(안식향산)이 된다.

정답 ②

159
벤젠핵에 메틸기 1개가 결합된 구조를 가진 무색투명한 액체로서 방향성의 독특한 냄새를 가지고 있는 물질은?

① $C_6H_5CH_3$ ② $C_6H_4(CH_3)_2$
③ CH_3COCH_3 ④ $HCOOCH_3$

해설
톨루엔 : 벤젠핵에 메틸기(CH_3) 1개가 결합된 구조

종 류	톨루엔	o-자일렌
화학식	$C_6H_5CH_3$	$C_6H_4(CH_3)_2$
구조식	(CH₃ 결합 벤젠)	(CH₃ 2개 결합 벤젠)
종 류	아세톤	의산메틸
화학식	CH_3COCH_3	$HCOOCH_3$
구조식	H-C(H)-C(=O)-C(H)-H	H-C(=O)-O-C(H)-H

정답 ①

160
벤젠(C_6H_6)의 유도체가 아닌 것은 무엇인가?

① 아닐린 ② 피크르산
③ BHC   ④ PVC

해설
PVC[Poly Vinyl Chloride, $+CH_2=CHCl+_n$]

정답 ④

161
벤젠을 공기 중에서 태우면 매연이 발생하는 이유는?

① 벤젠이 기체 연료이기 때문에
② 벤젠이 어느 정도 수분이 포함되어 있기 때문에
③ 벤젠의 조성이 수소에 비해 탄소를 많이 포함하고 있기 때문에
④ 벤젠이 공기 중 수증기와 반응하여 나이트로벤젠과 살리실산이 합성되기 때문에

해설
벤젠(C_6H_6)은 수소(H_2)에 비해 탄소를 많이 포함하고 있기 때문에 매연이 많이 발생한다.

정답 ③

162
다음 중 벤젠의 유도체가 아닌 것은?

① 페 놀
② 톨루엔
③ 아세톤
④ 자일렌

해설
벤젠의 유도체 : 벤젠고리가 있는 물질
• 페놀 :

• 톨루엔 :

• o-자일렌 :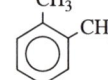

아세톤 : CH_3COCH_3(제4류 위험물, 제1석유류)

정답 ③

163
다음은 벤젠 구조에 대한 설명이다. 틀린 것은?

① 탄소-탄소 결합의 길이는 모두 같다.
② 같은 탄소수를 가진 포화탄화수소보다 8개의 수소가 부족하다.
③ 한 탄소원자가 다른 두 탄소원자와 형성하는 결합각은 120°이다.
④ 6개의 탄소-탄소 결합 중 2개는 단일결합이고 나머지 4개는 이중결합이다.

해설
6개의 탄소-탄소 결합 중 **3개**는 **단일결합**이고 나머지 **3개**는 **이중결합**이다.

정답 ④

164
다음 중 큐멘(Cumene)법으로 제조되는 것은?

① 페놀(Phenol)과 에터(Ether)
② 페놀(Phenol)과 아세톤(Acetone)
③ 자일렌(Xylene)과 에터(Ether)
④ 자일렌(Xylene)과 알데하이드(Aldehyde)

해설
벤젠과 프로필렌을 원료로 하여 큐멘법으로 페놀과 아세톤을 제조한다.

정답 ②

165
다음 보기와 같은 유기화합물의 화학반응식을 무슨 반응이라 하는가?

$(C_{15}H_{31}COO)_3C_3H_5 + 3NaOH \rightarrow$
$\quad 3C_{15}H_{31}COONa + C_3H_5(OH)_3$

① 중 화 ② 산 화
③ 발효화 ④ 비누화

해설
비누화
$(C_{15}H_{31}COO)_3C_3H_5 + 3NaOH \rightarrow 3C_{15}H_{31}COONa + C_3H_5(OH)_3$

정답 ④

166
다음 물질 중 환원성이 없는 물질은 무엇인가?

① 설 탕
② 맥아당
③ 젖 당
④ 갈락토스

해설
설탕($C_6H_{12}O_6$)은 환원성이 없다.

정답 ①

167
다음 중 단당류가 아닌 것은?

① 맥아당 ② 포도당
③ 과 당   ④ 갈락토스

해설
단당류 : 가수 분해로는 더 이상 간단한 화합물로 분해되지 않는 당류로서 **포도당, 과당, 젖당, 갈락토스** 등이 있다.

정답 ①

168
다음은 할로젠화수소의 결합에너지 크기를 비교하여 나타낸 것이다. 올바르게 표시된 것은?

① HI > HBr > HCl > HF
② HBr > HI > HF > HCl
③ HF > HCl > HBr > HI
④ HCl > HBr > HF > HI

해설
할로젠화수소의 결합에너지 크기
HF > HCl > HBr > HI

정답 ③

169
진한 황산을 묽은 황산으로 묽히는 데에는 상당한 주의를 요한다. 진한 황산을 유리막대를 통해 증류수가 들어있는 비커에 약간씩 흘려 넣어 주면서 계속 저어 주어야 한다. 그 이유를 설명한 것 중 가장 옳은 것은?

① 진한 황산은 비휘발성이기 때문이다.
② 진한 황산은 용해열이 크기 때문이다.
③ 진한 황산은 산화력이 크기 때문이다.
④ 진한 황산은 탈수작용을 하기 때문이다.

해설
진한 황산을 묽게 하려면 증류수가 들어있는 비커에 약간씩 흘려 넣어 주면서 저어 주어야 하는데 그 이유는 용해열이 크고 많은 발열을 일으키기 때문이다.

정답 ②

170
무수황산(Sulfur Trioxide)이 물과 반응하여 생성하는 물질은?

① H_2SO_4와 Cl_2
② H_2SO_4와 SO_3
③ H_2O와 SO_3
④ H_2SO_4

해설
무수황산은 물과 반응하면 황산이 된다.

$$SO_3 + H_2O \rightarrow H_2SO_4 + 발열$$

정답 ④

171
페놀을 사용하는 작업장에서 사용하는 장갑으로 적당하지 않은 재질은?

① 네오프렌
② 폴리바이닐알코올
③ 부 틸
④ 부나-N

해설
페놀을 취급하는 작업장에서 장갑의 재질은 부나-N, 네오프렌, 천연고무가 적당하다.

정답 ②

CHAPTER 02 유체역학

제1절 유체의 기초이론

1 유체의 단위와 차원

차 원	중력단위[차원]	절대단위[차원]
길이	m[L]	m[L]
시간	s[T]	s[T]
질량	$N \cdot s^2/m[FL^{-1}T^2]$	kg[M]
힘	$kg_f[F]$	$kg \cdot m/s^2[MLT^{-2}]$
밀도	$N \cdot s^2/m^4[FL^{-4}T^2]$	$kg/m^3[ML^{-3}]$
압력	$N/m^2[FL^{-2}]$	$kg/m \cdot s^2[ML^{-1}T^{-2}]$
속도	$m/s[LT^{-1}]$	$m/s[LT^{-1}]$
가속도	$m/s^2[LT^{-2}]$	$m/s^2[LT^{-2}]$

(1) 온 도

① $[℃] = \dfrac{5}{9}([°F] - 32)$ ② $[°F] = 1.8[℃] + 32$

③ $[K] = 273.16 + [℃]$ ④ $R = 460 + [°F]$

(2) 압 력 중요

압력 $P = \dfrac{F}{A}$ (F : 힘, A : 단면적)

> $1[atm] = 760[mmHg] = 10.332[mH_2O]([mAq]) = 1,013[mb] = 1.0332[kg_f/cm^2]$
> $= 1,013 \times 10^3[dyne/cm^2] = 101,325[Pa]([N/m^2]) = 101.325[kPa]([kN/m^2]) = 0.101325[MPa]([MN/m^2])$
> $= 14.7[psi]([lb_f/in^2])$

(3) 점 도

동점도 $\nu = \dfrac{\mu}{\rho}[cm^2/s]$

> • $1[P(poise)] = 1[gr/cm \cdot s] = [dyne \cdot s/cm^2] = 100[cp] = 0.1[kg/m \cdot s]$
> • $1[cp(centipoise)] = 0.01[gr/cm \cdot s] = 0.001[kg/m \cdot s]$

(4) 비중(Specific Gravity)

물 4[℃]를 기준으로 하였을 때 물체의 무게

① 비중$(S) = \dfrac{\text{물체의 무게}}{4[℃] \text{ 동체적의 물의 무게}} = \dfrac{\gamma}{\gamma_w}$

> γ_w(물의 비중량) = 1,000[kg$_f$/m^3] = 9,800[N/m^3]

② 액체의 비중량 $\gamma = S \times 1,000 [\text{kg}_f/\text{m}^3] = S \times 9,800 [\text{N}/\text{m}^3]$

(5) 밀도(Density)

단위 체적당의 질량(W/V)

> 물의 밀도 ρ = 1[gr/cm^3] = 1,000[kg/m^3](절대단위) = 1,000[N·s^2/m^4]
> = 1,000/9.8 = 102[kg$_f$·s^2/m^4](중력단위)

2 유체의 연속방정식

연속방정식은 질량보존의 법칙을 유체유동에 적용한 방정식이다.

> **Plus One** 정상류
> 임의의 한 점에서 속도, 온도, 압력, 밀도 등의 평균값이 시간에 따라 변하지 않는 흐름
> $\dfrac{\partial u}{\partial t} = \dfrac{\partial \rho}{\partial t} = \dfrac{\partial p}{\partial t} = \dfrac{\partial T}{\partial t} = 0$ (u : 속도, ρ : 밀도, p : 압력, t : 시간, T : 온도)

(1) 질량유량

$$\overline{m} = A_1 u_1 \rho_1 = A_2 u_2 \rho_2 [\text{kg/s}]$$

여기서, A : 면적[m^2] u : 유속[m/s]
ρ : 밀도[kg/m^3]

(2) 중량유량

$$G = A_1 u_1 \gamma_1 = A_2 u_2 \gamma_2 [\text{N/s}]$$

여기서, γ : 비중량[N/m^3]

(3) 체적유량(용량유량)

$$Q = A_1 u_1 = A_2 u_2 [\text{m}^3/\text{s}]$$

(4) 비압축성 유체 중요

유체의 **유속**은 **단면적**에 반비례하고 **지름의 제곱**에 반비례한다.

$$\dfrac{u_2}{u_1} = \dfrac{A_1}{A_2} = \left(\dfrac{D_1}{D_2}\right)^2, \quad u_2 = u_1 \times \left(\dfrac{D_1}{D_2}\right)^2$$

3 토리첼리의 식(Torricelli's Equation)

유체의 속도는 수두의 제곱근에 비례한다. 수정계수 C_v 사용하면 유속에 C_v를 곱하여 주면 된다.

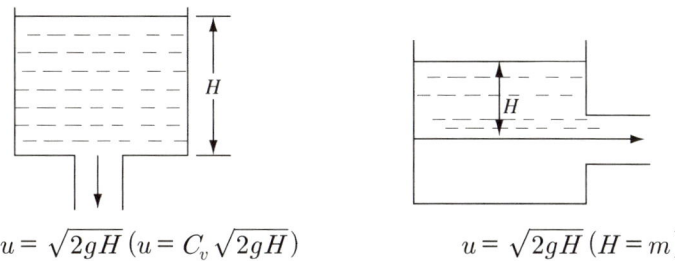

$u = \sqrt{2gH} \ (u = C_v \sqrt{2gH})$ $u = \sqrt{2gH} \ (H = m)$

4 이상기체 상태방정식 [중요]

$$PV = nRT = \frac{W}{M}RT$$

여기서, P : 압력[atm] V : 부피[L, m³]
n : mol수(무게/분자량) W : 무게[g, kg]
M : 분자량 R : 기체상수
T : 절대온도(273 + [℃])

Plus One 기체상수(R)의 값
- 0.08205[L · atm/g-mol · K]
- 1.987[cal/g-mol · K]
- 848.4[kg · m/kg-mol · K]
- 0.08205[m³ · atm/kg-mol · K]
- 0.7302[atm · ft³/lb-mol · R]
- 8.314 × 10⁷[erg/g-mol · K]

5 유체의 압력

(1) 대기압(Atmospheric Pressure)

우리가 숨 쉬고 있는 공기가 지구를 싸고 있는 압력을 대기압이라 한다. 0[℃], 1[atm]을 표준대기압이라 한다.

(2) 계기압력(Gauge Pressure)

국소대기압을 기준으로 해서 측정한 압력

(3) 절대압력(Absolute Pressure)

절대진공(완전진공)을 기준으로 해서 측정한 압력

- 절대압 = 대기압 + Gauge압
- 절대압 = 대기압 – 진공

제2절 배관 이송설비

1 유체의 관 마찰손실 [중요]

Darcy-Weisbach식 : 수평관을 정상적으로 흐를 때 적용

$$h = \frac{\Delta P}{\gamma} = \frac{f\ell u^2}{2gD}[\text{m}]$$

여기서, h : 마찰손실[m] ΔP : 압력차[N/m²]
γ : 유체의 비중량(물의 비중량 9,800[N/m³])
f : 관의 마찰계수 ℓ : 관의 길이[m]
u : 유체의 유속[m/s] D : 관의 내경[m]

2 레이놀즈수(Reynolds Number, Re) [중요]

$$Re = \frac{Du\rho}{\mu} = \frac{Du}{\nu} [\text{무차원}]$$

여기서, D : 관의 내경[cm] u(유속) $= \frac{Q}{A} = \frac{4Q}{\pi D^2}$
$\overline{m} = Au\rho$에서 $u = \frac{\overline{m}}{A\rho}$ ρ : 유체의 밀도[g/cm³]
μ : 유체의 점도[g/cm·s] ν(동점도) : 절대점도를 밀도로 나눈 값 $\left(\frac{\mu}{\rho} = [\text{cm}^2/\text{s}]\right)$

3 유체흐름의 종류

(1) 층류(Laminar Flow)

유체입자가 질서정연하게 층과 층이 미끄러지면서 흐르는 흐름으로서 레이놀즈수가 **2,100 이하**일 때 층류라 한다.

(2) 난류(Turbulent Flow)

유체 입자들이 불규칙하게 운동하면서 흐르는 흐름을 말하며 레이놀즈수가 **4,000 이상**일 때를 난류라 한다.

레이놀즈수	Re < 2,100	2,100 < Re < 4,000	Re > 4,000
유체의 흐름	층 류	전이영역(임계영역)	난 류

(3) 임계 레이놀즈수

① **상임계 레이놀즈수 : 층류에서 난류로 변할 때**의 레이놀즈수(4,000)
② **하임계 레이놀즈수** : 난류에서 층류로 변할 때의 레이놀즈수(2,100)
③ **임계유속** : Re수가 2,100일 때의 유속

$$\text{임계유속 } u = \frac{2,100\mu}{D\rho} = \frac{2,100\nu}{D}$$

4 유체의 측정

(1) 압력측정

① U자관 ManoMeter의 압력차

$$\Delta P = \frac{g}{g_c} R(\gamma_A - \gamma_B)$$

여기서, R : ManoMeter 읽음 γ_A : 유체의 비중량[N/m³]
γ_B : 물의 비중량[N/m³]

② 피에조미터(Piezo Meter)

탱크나 어떤 용기 속의 압력을 측정하기 위하여 수직으로 세운 투명관으로서 유동하고 있는 유체에서 교란되지 않는 유체의 정압을 측정하는 피에조미터와 정압관이 있다.

> 피에조미터와 정압관 : 유동하고 있는 유체의 정압 측정

③ 피토-정압관(Pitot-static Tube)

선단과 측면에 구멍이 뚫려있어 전압과 정압의 차이, 즉 동압을 측정하는 장치

(2) 유량측정

① 벤투리미터(Venturi Meter)
  ㉠ 유량측정이 정확하고 설치비가 많이 든다.
  ㉡ 압력손실이 가장 작다.
  ㉢ 정확도가 높다.

② 오리피스미터(Orifice Meter)
  ㉠ 설치하기는 쉽고, 가격이 싸다.
  ㉡ 교체가 용이하고, 고압에 적당하다.
  ㉢ 압력손실이 가장 크다.

③ 위어(Weir)

위어는 개수로의 유량측정으로 **다량의 유량**을 측정할 때 사용한다.

④ 로터미터(Rota Meter)

유체 속에 부자(Float)를 띄워서 유량을 직접 눈으로 읽을 수 있도록 되어 있고 측정범위가 넓게 분포되어 있으며 두 손실이 작고 양이 일정하다.

> 로터미터 : 유량을 직접 눈으로 읽을 수 있는 장치

(3) 유속측정

① 피토관(Pitot Tube)

피토관은 정압과 동압을 이용하여 국부속도를 측정하는 장치

$$u = \sqrt{2gH}\,[\text{m/s}]$$

② 시차액주계

　피에조미터와 피토관을 결합하여 유속을 측정하는 장치

③ 피토-정압관(Pitot-static Tube)

　선단과 측면에 구멍이 뚫려져 있어 전압과 정압의 차이, 즉 동압을 이용하여 유속을 측정하는 장치

5 관 마찰손실

배관의 마찰손실은 주손실과 부차적 손실로 구분한다.

- 주손실 : 관로마찰에 의한 손실
- 부차적 손실 : 급격한 확대, 축소, 관부속품에 의한 손실

(1) 축소관일 때

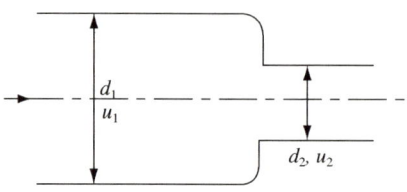

$$\text{손실수두 } H = k\frac{u_2^2}{2g}[\text{m}]$$

여기서, k : 축소 손실계수　　　　　g : 중력가속도(9.8[m/s²])

(2) 확대관일 때

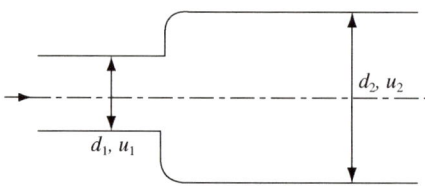

$$\text{손실수두 } H = k\frac{(u_1 - u_2)^2}{2g} = k'\frac{u_1^2}{2g}$$

여기서, k' : 확대 손실계수

제3절 펌프 이송설비

1 펌프의 종류

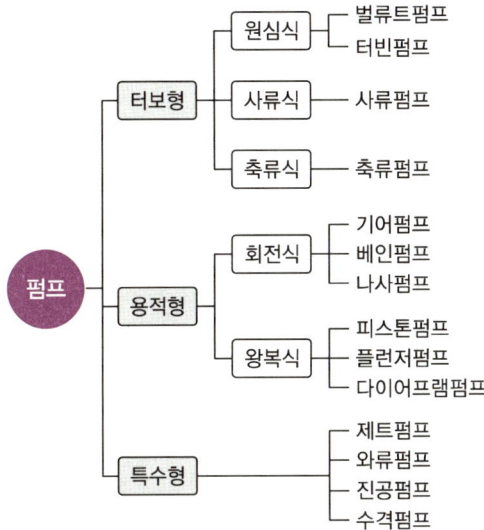

(1) 원심펌프(Centrifugal Pump)

날개의 회전차(Impeller)에 의한 원심력에 의하여 압력의 변화를 일으켜 유체를 수송하는 펌프

① 원심펌프의 분류
   ㉠ 안내깃에 의한 분류
      • 벌류트펌프(Volute Pump)
        – 회전차(Impeller) 주위에 안내깃이 없고, 바깥둘레에 바로 접하여 와류실이 있는 펌프
        – 양정이 낮고 양수량이 많은 곳에 사용한다.
      • 터빈펌프(Turbine Pump)
        – 회전차(Impeller)의 바깥둘레에 안내깃이 있는 펌프
        – 원심력에 의한 속도에너지를 안내날개(안내깃)에 의해 압력에너지로 바꾸어 주기 때문에 양정이 높은 곳, 즉 방출압력이 높은 곳에 적절하다.
   ㉡ 흡입에 의한 분류
      • 단흡입 펌프(Single Suction Pump) : 회전차의 한쪽에서만 유체를 흡입하는 펌프
      • 양흡입 펌프(Double Suction Pump) : 회전차의 양쪽에서 유체를 흡입하는 펌프
② 원심펌프의 전효율

η_p = 체적효율 × 기계효율 × 수력효율

(2) 왕복펌프

실린더에는 피스톤, 플런저 등 왕복직선운동에 의해 실린더 내를 진공으로 하여 액체를 흡입하여 소요압력을 가함으로써 액체의 정압력 에너지를 공급하여 수송하는 펌프

① **피스톤의 형상에 의한 분류**
  ㉠ 피스톤펌프(Piston Pump) : 저압의 경우에 사용
  ㉡ 플런저펌프(Plunger Pump) : 고압의 경우에 사용

② 실린더 개수에 의한 분류
  ㉠ 단식 펌프
  ㉡ 복식 펌프

(3) 축류펌프

회전차(Impeller)의 날개를 회전시킴으로써 발생하는 힘에 의하여 압력에너지를 속도에너지로 변화시켜 유체를 수송하는 펌프

① 비속도가 크다.
② 형태가 작기 때문에 값이 싸다.
③ 설치면적이 좁고 기초공사가 용이하다.
④ 구조가 간단하다.

(4) 회전펌프

회전자를 이용하여 흡입 송출밸브 없이 유체를 수송하는 펌프로서 **기어펌프, 베인펌프, 나사펌프**가 있다.

① 기어펌프(Gear Pump)
  ㉠ 구조 간단, 가격이 저렴하다.
  ㉡ 운전보수가 용이하다.
  ㉢ 왕복펌프에 비해 고속운전이 가능하다.
  ㉣ 입, 출구의 밸브를 설치할 필요가 없다.

② 베인펌프(Vane Pump)
  베인이 원심력 또는 스프링의 장력에 의하여 벽에 밀착되면서 회전하여 유체를 수송하는 펌프

> 베인펌프 : 회전속도 범위가 가장 넓고, 효율이 가장 높은 펌프

③ 나사펌프(Screw Pump)
  나사봉의 회전에 의하여 유체를 수송하는 펌프

2 펌프의 성능

펌프 2대 연결 방법		직렬 연결	병렬 연결
성 능	유량(Q)	Q	$2Q$
	양정(H)	$2H$	H

3 송수 펌프의 동력계산

(1) 전동기의 용량 중요

① 방법 Ⅰ

$$P[\text{kW}] = \frac{\gamma \times Q \times H}{\eta} \times K$$

여기서, γ : 비중량(9.8[kN/m³], 9,800[N/m³])
 Q : 유량[m³/s] H : 전양정[m]
 K : 전달계수(여유율) η : 펌프효율[%]

② 방법 Ⅱ

$$P[\text{kW}] = \frac{0.163 \times Q \times H}{\eta} \times K$$

여기서, 0.163 : 1,000 ÷ 60 ÷ 102 Q : 유량[m³/min]
 H : 전양정[m] K : 전달계수(여유율)
 η : 펌프효율[%]

(2) 내연기관의 용량

$$P[\text{HP}] = \frac{\gamma \times Q \times H}{745 \times \eta} \times K$$

여기서, γ : 물의 비중량(9,800[N/m³]) Q : 유량[m³/s]
 η : Pump 효율(만약 모터의 효율이 주어지면 나누어 준다)
 H : 전양정[m] K : 전동기 전달계수

동력의 형식	전달계수(K)의 수치
전동기	1.1
전동기 이외의 것	1.15~1.2

※ $1[\text{kW}] = \frac{102}{76}[\text{HP}] = 1.342[\text{HP}]$

4 펌프의 상사법칙 중요

(1) 유량 $Q_2 = Q_1 \times \frac{N_2}{N_1} \times \left(\frac{D_2}{D_1}\right)^3$

(2) 전양정 $H_2 = H_1 \times \left(\frac{N_2}{N_1}\right)^2 \times \left(\frac{D_2}{D_1}\right)^2$

(3) **동력** $P_2 = P_1 \times \left(\dfrac{N_2}{N_1}\right)^3 \times \left(\dfrac{D_2}{D_1}\right)^5$

여기서, N : 회전수[rpm]
D : 내경[mm]

5 비교 회전도(Specific Speed)

$$Ns = \dfrac{N \cdot Q^{1/2}}{\left(\dfrac{H}{n}\right)^{3/4}}$$

여기서, N : 회전수[rpm] Q : 유량[m³/min]
H : 양정[m] n : 단수

6 펌프에서 발생하는 현상

(1) 공동현상(Cavitation)

Pump의 흡입측 배관 내에서 발생하는 것으로 배관 내의 수온 상승으로 물이 수증기로 변화하여 물이 Pump로 흡입되지 않는 현상

① **공동현상의 발생원인** 〔중요〕
  ㉠ Pump의 **흡입측 수두가 클 때**
  ㉡ Pump의 **마찰손실이 클 때**
  ㉢ Pump의 **Impeller 속도가 클 때**
  ㉣ Pump의 **흡입관경이 작을 때**
  ㉤ Pump 설치위치가 수원보다 높을 때
  ㉥ 관 내의 유체가 고온일 때
  ㉦ Pump의 흡입압력이 유체의 증기압보다 낮을 때

  > **Plus One** 공동현상의 발생원인
  > • Pump의 흡입측 수두가 클 때   • Pump의 마찰손실이 클 때
  > • Pump의 Impeller 속도가 클 때   • Pump의 흡입관경이 작을 때

② **공동현상의 발생현상**
  ㉠ 소음과 진동 발생
  ㉡ 관정 부식
  ㉢ Impeller의 손상
  ㉣ Pump의 성능저하(토출량, 양정, 효율감소)

③ **공동현상의 방지대책**
  ㉠ Pump의 흡입측 수두, 마찰손실을 적게 한다.
  ㉡ Pump Impeller 속도를 **작게** 한다.

ⓒ Pump 흡입관경을 크게 한다.
ⓔ Pump 설치위치를 수원보다 낮게 해야 한다.
ⓜ Pump 흡입압력을 유체의 증기압보다 높게 한다.
ⓗ 양흡입 Pump를 사용해야 한다.
ⓢ 양흡입 Pump로 부족 시 펌프를 2대로 나눈다.

(2) 수격현상(Water Hammering)
유체가 유동하고 있을 때 정전 혹은 밸브를 차단할 경우 유체가 감속되어 운동에너지가 압력에너지로 변하여 유체 내의 고압이 발생하고 유속이 급변화하면서 압력 변화를 가져와 관로의 벽면을 타격하는 현상

① **수격현상의 발생원인**
  ㉠ Pump의 운전 중에 정전에 의해서
  ㉡ Pump의 정상 운전일 때의 액체의 압력변동이 생길 때

② **수격현상의 방지대책**
  ㉠ 관로의 **관경**을 **크게** 하고 **유속**을 **낮게** 해야 한다.
  ㉡ 압력강하의 경우 Fly Wheel을 설치해야 한다.
  ㉢ 조압수조(Surge Tank) 또는 수격방지기(Water Hammering Cushion)를 설치해야 한다.
  ㉣ Pump 송출구 가까이 송출밸브를 설치하여 압력상승 시 압력을 제어해야 한다.

> **Plus One** 수격현상의 방지대책
> 관경을 크게 하고 유속을 낮게 할 것

(3) 맥동현상(Surging)
Pump의 입구와 출구에 부착된 진공계와 압력계의 침이 흔들리고 동시에 토출유량이 변화를 가져오는 현상

① **맥동현상의 발생원인**
  ㉠ Pump의 양정곡선($Q-H$) 산(山) 모양의 곡선으로 상승부에서 운전하는 경우
  ㉡ 유량조절밸브가 배관 중 수조의 위치 후방에 있을 때
  ㉢ 배관 중에 수조가 있을 때
  ㉣ 배관 중에 기체상태의 부분이 있을 때
  ㉤ 운전 중인 Pump를 정지할 때

② **맥동현상의 방지대책**
  ㉠ Pump 내의 양수량을 증가시키거나 Impeller의 회전수를 변화시킨다.
  ㉡ 관로 내의 잔류공기 제거하고 관로의 단면적 유속·저장을 조절한다.

001
다음 중 비압축성 유체에 관하여 바르게 말한 것은?
① 유체 내의 모든 곳에서 압력이 일정하다.
② 유체의 속도나 압력의 변화에 관계없이 밀도가 일정하다.
③ 모든 실제 유체를 말한다.
④ 액체만을 말한다.

해설
물과 같이 비압축성 유체는 속도나 압력에 관계없이 밀도가 일정하다.

정답 ②

002
이상기체에 대한 설명으로 틀린 것은?
① 아보가드로의 법칙을 만족하는 기체
② 기체 입자는 완전 탄성체이다.
③ 내부에너지는 체적에 무관하며 온도에 의해 변화한다.
④ 기체의 인력 및 기체 자신의 부피를 고려한 기체이다.

해설
이상기체
- 점성이 없는 비압축성 유체
- 아보가드로의 법칙을 만족하는 기체
- 분자 상호 간의 인력과 기체 자신의 부피를 무시한다.
- 내부에너지는 체적에 무관하며 온도에 의해 변화한다.

정답 ④

003
표준대기압 1[atm]의 표시방법 중 틀린 것은?
① $1.0332[kg_f/cm^2]$
② $10.332[mAq]$
③ $760[mmHg]$
④ $0.98[bar]$

해설
표준대기압

$1[atm] = 760[mmHg] = 10.332[H_2O]([mAq]) = 1,013[mb]$
$= 1.0332[kg_f/cm^2] = 1,013 \times 10^3[dyne/cm^2]$
$= 101.325[Pa]([N/m^2]) = 101.325[kPa]([kN/m^2])$
$= 0.101325[MPa]([MN/m^2]) = 14.7[psi]([lb_f/in^2])$

정답 ④

004
소방 펌프차가 화재현장에 출동하여 그곳에 설치되어 있는 정호에 물을 흡입하였다. 이때 진공계가 45[cmHg]를 표시하였다면 수면에서 펌프까지의 높이는 몇 [m]인가?
① 6.12
② 0.61
③ 5.42
④ 0.54

해설
단위환산으로서 [cmHg] → [mH₂O]로 환산
$45[cmHg] \div 76[cmHg] \times 10.332[m] = 6.117[m]$

정답 ①

005

다음 중 물의 점도(25[℃])를 나타낸 수치로 맞는 것은?

① 1[gr/cm·s]
② 1[poise]
③ 0.1[kg/m·s]
④ 1[cp]

해설
물의 점도(25[℃])
1[cp] = 0.01[gr/cm·s](CGS단위)
     = 0.001[kg/m·s](MKS단위)

정답 ④

006

유체의 비중량 γ, 밀도 ρ 및 중력가속도 g와의 관계는?

① $\gamma = \dfrac{\rho}{g}$
② $\gamma = \rho g$
③ $\gamma = \dfrac{g}{\rho}$
④ $\gamma = \dfrac{\rho}{g^2}$

해설
비중량 $\gamma = \rho g$ (g : 중력가속도, ρ : 밀도)

정답 ②

007

체적이 4.2[m³]인 유체의 무게가 3,402[kg]이면 비중과 비체적은 얼마인가?

① 8.1, 1.2×10^{-2}
② 0.81, 1.2×10^{-3}
③ 8.1, 810
④ 8.1, 0.81

해설
비중 $= \dfrac{W}{V} = \dfrac{3,402}{4.2} = 810[\text{kg/m}^3] = 0.81[\text{g/cm}^3] = 0.81$

비체적(V_s) $= \dfrac{1}{\rho} = \dfrac{4.2}{3,402} = 1.23 \times 10^{-3}[\text{m}^3/\text{kg}]$

【참 고】
비중은 단위가 없고 밀도는 단위가 [g/cm³]이다. 문제에서 유체로 물이 주어지면 물의 비중은 1이므로 밀도는 CGS의 단위인 1[g/cm³]를 대입해서 풀면 된다. 비체적은 밀도의 역수이다.

정답 ②

008

다음 중 밀도를 나타내는 단위는?

① [N/m]
② [kg$_f$/cm²]
③ [kg/m³]
④ [m/s²]

해설
① 표면장력 : N/m
② 압력 : kg$_f$/cm²
④ 가속도 : m/s²

정답 ③

009

표준상태에서 60[m³]의 용적을 가진 이산화탄소 가스를 액화하여 얻을 수 있는 액화 탄산가스의 무게 [kg]는 얼마인가?

① 110
② 117.8
③ 127
④ 130

해설
표준상태(0[℃], 1[atm])에서
기체(가스) 1[g-mol]이 차지하는 부피 : 22.4[L]
기체(가스) 1[kg-mol]이 차지하는 부피 : 22.4[m³]

∴ 액화 탄산가스 무게 $\dfrac{60[\text{m}^3]}{22.4[\text{m}^3]} \times 44[\text{kg}] = 117.8[\text{kg}]$

이산화탄소(CO_2) 분자량 : 44

정답 ②

010
어떤 용기에 CO_2가 88[g]이 들어있다. 이 CO_2를 표준상태로 했을 때 CO_2가 차지하는 부피[L]는?

① 22.4[L] ② 44.8[L]
③ 11.2[L] ④ 100[L]

해설
CO_2의 분자량 : 44
- 몰[mol] = $\dfrac{W}{M} = \dfrac{88[g]}{44[g/g-mol]} = 2[g-mol]$
- 부피 = $2 \times 22.4[L] = 44.8[L]$

정답 ②

011
연속방정식(Continuity Equation)의 설명에 대한 이론적 근거가 되는 것은?

① 에너지보존의 법칙
② 질량보존의 법칙
③ 뉴턴의 운동 제2법칙
④ 관성의 법칙

해설
연속의 방정식 : 질량보존의 법칙

정답 ②

012
안지름이 100[mm]인 파이프를 통하여 5[m/s]의 속도로 흐르는 물의 유량은 몇 [m^3/min]인가?

① 23.55[m^3/min] ② 2.355[m^3/min]
③ 0.517[m^3/min] ④ 5.17[m^3/min]

해설
$Q = uA = 5[m/s] \times 60[s/min] \times \dfrac{\pi}{4}(0.1[m])^2$
$= 2.355[m^3/min]$

정답 ②

013
원형관 속에서 유속 3[m/s]로 1일 동안 20,000[m^3]의 물을 흐르게 하는 데 필요한 관의 내경은 약 몇 [mm]인가?

① 414 ② 313
③ 212 ④ 194

해설
유량 $Q = uA = u \times \dfrac{\pi}{4}D^2 = u \times 0.785 D^2$

$\dfrac{20,000[m^3]}{24 \times 3,600[s]} = 3[m/s] \times 0.785 D^2$

$\therefore D = 0.3135[m] = 313.5[mm]$

정답 ②

014
소방수조에 물을 채워 직경 4[cm]의 파이프를 통해 8[m/s]의 유속으로 흘려 직경 2[cm]의 노즐을 통해 소화할 때 노즐 끝에서의 유속은 얼마인가?

① 16[m/s] ② 24[m/s]
③ 32[m/s] ④ 64[m/s]

해설
$\dfrac{u_2}{u_1} = \left(\dfrac{D_1}{D_2}\right)^2$ 에서

$u_2 = u_1 \times \left(\dfrac{D_1}{D_2}\right)^2 = 8[m/s] \times \left(\dfrac{4}{2}\right)^2 = 32[m/s]$

정답 ③

015

안지름 25[cm]의 관에 비중이 0.998의 물이 5[m/s]의 유속으로 흐른다. 하류에서 파이프의 내경이 10[cm]로 축소되었다면 이 부분에서의 유속은 얼마인가?

① 25.0[m/s] ② 12.5[m/s]
③ 3.125[m/s] ④ 31.25[m/s]

해설

$$\frac{u_2}{u_1} = \left(\frac{D_1}{D_2}\right)^2$$

$$u_2 = u_1 \times \left(\frac{D_1}{D_2}\right)^2 = 5[\text{m/s}] \times \left(\frac{25[\text{cm}]}{10[\text{cm}]}\right)^2$$
$$= 31.25[\text{m/s}]$$

정답 ④

016

내경 100[mm]의 수평배관 내로 물이 5[m/s]의 속도로 흐르고 있다. 배관 내에 작용하는 압력은 2.5[kgf/cm²]이다. 이 배관 내의 전수두[mH₂O]는 얼마인가?

① 24.27 ② 25.27
③ 26.27 ④ 27.27

해설

베르누이 방정식에서

- 속도수두 $= \dfrac{u^2}{2g} = \dfrac{5^2}{2 \times 9.8} = 1.27[\text{m}]$

- 압력수두 $= \dfrac{p}{r} = \dfrac{2.5 \times 10^4 [\text{kg}_f/\text{m}^2]}{1{,}000 [\text{kg}_f/\text{m}^3]} = 25[\text{m}]$

∴ 전수두 = 속도수두 + 압력수두 = 1.27 + 25 = 26.27[m]

정답 ③

017

수압기는 다음 어느 정리를 응용한 것인가?

① 토리첼리의 정리
② 베르누이의 정리
③ 아르키메데스의 정리
④ 파스칼의 정리

해설

수압기 : 파스칼의 원리 이용

정답 ④

018

1[atm], 0[℃]에서의 공기밀도를 알고 있다. 자동차 타이어 속에 들어 있는 공기의 밀도를 알고자 하면 이 공기에 대한 어떤 물리량을 측정해야 하는가?

① 부피와 압력   ② 부피와 온도
③ 압력과 온도   ④ 질량과 압력

해설

$$PV = \frac{W}{M}RT \qquad PM = \frac{W}{V}RT \left(\rho = \frac{W}{V}\right)$$

$$\rho = \frac{PM}{RT} (P : 압력, \ T : 온도)$$

정답 ③

019

다음 그림과 같이 물탱크 밑부분으로 물이 흐르고 있다. 이 구멍으로 유출되는 물의 유속[m/s]은 얼마인가?

① 5.0
② 8.8
③ 14.0
④ 15.2

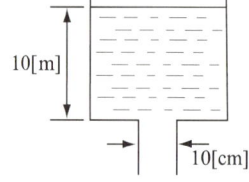

해설

유속 $u = \sqrt{2gH} = \sqrt{2 \times 9.8[m/s^2] \times 10[m]} = 14[m/s]$

정답 ③

020

1기압, 100[℃]에서 1[kg]의 이황화탄소가 모두 증기가 된다면 부피는 약 몇 [L]가 되겠는가?

① 201
② 403
③ 603
④ 804

해설

이상기체 상태방정식

$$PV = nRT = \frac{W}{M}RT \qquad V = \frac{WRT}{PM}$$

여기서, P : 압력[atm] V : 부피[L]
n : mol수 W : 무게[g]
M : 분자량(이황화탄소, CS_2의 분자량 : 76[g/g-mol])
R : 기체상수(0.08205[L·atm/g-mol·K])s
T : 절대온도(273 + [℃])

$\therefore V = \frac{WRT}{PM} = \frac{1,000[g] \times 0.08205 \times (273+100)[K]}{1[atm] \times 76[g/g-mol]}$
$= 402.7[L]$

정답 ②

021

27[℃], 2[atm]에서 20[g]의 CO_2기체가 차지하는 부피는 약 몇 [L]인가?

① 5.59
② 2.80
③ 1.40
④ 0.50

해설

이상기체 상태방정식을 이용하여 부피를 구하면

$$PV = nRT = \frac{W}{M}RT \qquad V = \frac{WRT}{PM}$$

여기서, P : 압력[atm] V : 부피[L]
n : mol수 M : 분자량(CO_2 : 44)
W : 무게[g]
T : 절대온도(273 + [℃])
R : 기체상수(0.08205[L·atm/g-mol·K])

$V = \frac{WRT}{PM} = \frac{20[g] \times 0.08205 \times (273+27)[K]}{2[atm] \times 44[g/g-mol]}$
$= 5.59[L]$

정답 ①

022

70[℃], 130[mmHg]에서 1[L]의 부피를 차지하며 질량이 대략 0.17[g]인 기체는?(단, 이 기체는 이상기체와 같이 행동한다)

① 수 소
② 헬 륨
③ 질 소
④ 산 소

해설

이상기체 상태방정식을 이용하여 분자량을 구하면

$$PV = nRT = \frac{W}{M}RT \qquad PM = \frac{W}{V}RT$$
$$M(분자량) = \frac{WRT}{PV}$$

여기서, P : 압력[atm] V : 부피[L]
n : mol수 M : 분자량
W : 무게[g] T : 절대온도(273 + [℃])
R : 기체상수(0.08205[L·atm/g-mol·K])

분자량을 구하면

$M = \frac{WRT}{PV}$
$= \frac{0.17[g] \times 0.08205 \times (273+70)[K]}{(130/760 \times 1[atm]) \times 1[L]} = 27.97[g/g-mol]$

가스의 분자량을 보면
수소(H_2) = 2, 헬륨(He) = 4, **질소(N_2) = 28**, 산소(O_2) = 32이므로 이 문제의 정답은 분자량이 28인 질소가 맞다.

정답 ③

023

0[℃], 1기압에서 어떤 기체의 밀도가 1.617[g/L]이다. 1기압에서 이 기체 1[L]가 1[g]이 되는 온도는 약 몇 [℃]인가?

① 44
② 68
③ 168
④ 441

해설

이상기체 상태방정식

$$PV = nRT = \frac{W}{M}RT \qquad PM = \frac{W}{V}RT$$
$$T = \frac{PVM}{WR}$$

여기서, P : 압력[atm] V : 부피[L]
n : mol수 M : 분자량
W : 무게[g]
T : 절대온도(273+[℃])
R : 기체상수(0.08205[L·atm/g-mol·K])

$M = \dfrac{\rho RT}{P} = \dfrac{1.617 \times 0.08205 \times 273[K]}{1[atm]} = 36.2[g/g-mol]$

$\therefore T = \dfrac{PVM}{WR} = \dfrac{1[atm] \times 1[L] \times 36.2[g/g-mol]}{1[g] \times 0.08205} = 441[K]$

⇒ 441 − 273 = 168[℃]

정답 ③

024

1기압 28[℃]에서 어떤 기체 10[L]의 질량이 40[g]이었다. 이 기체의 분자량은 약 얼마인가?

① 25
② 49
③ 98
④ 196

해설

이상기체 상태방정식

$M = \dfrac{WRT}{PV} = \dfrac{40[g] \times 0.08205 \times (273+28)[K]}{1[atm] \times 10[L]}$
$= 98.8[g/g-mol]$

정답 ③

025

황화수소 가스의 밀도[g/L]는 27[℃] 2기압에서 약 얼마인가?

① 2.11
② 2.42
③ 2.76
④ 2.98

해설

이상기체 상태방정식

$$PV = nRT = \frac{W}{M}RT \qquad PM = \frac{W}{V}RT = \rho RT$$

$\rho(\text{밀도}) = \dfrac{PM}{RT}$ (H_2S의 분자량 : 34)

밀도를 구하면

$\rho(\text{밀도}) = \dfrac{PM}{RT}$
$= \dfrac{2[atm] \times 34[g/g-mol]}{0.08205[L \cdot atm/g-mol \cdot K] \times (273+27)[K]}$
$= 2.76[g/L]$

정답 ③

026

완전진공을 기준으로 한 압력은?

① 공업기압
② 표준대기압
③ 국소대기압
④ 절대압

해설

- **절대압** : 절대진공(**완전진공**) 기준으로 해서 측정한 압력
- **계기압력** : **국소대기압**을 기준으로 해서 측정한 압력

정답 ④

027

이상기체에서 정압비열을 C_P, 정적비열을 C_V, 기체상수를 R이라고 할 때 이들 관계를 옳게 나타낸 식은?

① $C_P + C_V = R$ ② $C_V - C_P = R$
③ $C_P - C_V = R$ ④ $C_P + C_V = -R$

해설
정압, 정적비열의 관계식 : $C_P - C_V = R$

정답 ③

028

낙구식 점도계는 어떤 법칙을 원리로 한 점도계인가?

① 스토크스법칙
② 하겐-푸아죄유법칙
③ 뉴턴의 점성법칙
④ 오일러법칙

해설
점도계
- 맥마이클(Macmichael) 점도계 : 뉴턴의 점성법칙
- **Ostwald 점도계**, 세이볼트 점도계 : **하겐-푸아죄유의 법칙**
- **낙구식 점도계** : **스토크스법칙**

정답 ①

029

원형 직관 속을 흐르는 유체의 손실수두에 관한 사항으로 옳은 것은?

① 관의 길이에 반비례한다.
② 중력가속도에 비례한다.
③ 관의 직경에 비례한다.
④ 유속의 제곱에 비례한다.

해설
달시-바이스바흐(Darcy-Weisbach) 식

$$\text{손실수두 } H = \frac{\Delta P}{\gamma} = \frac{f\ell u^2}{2gD}$$

여기서, f : 관의 마찰계수 ℓ : 관의 길이
u : 유체의 유속 g : 중력가속도
D : 관의 내경

∴ **손실수두**는 마찰계수, 관의 길이, **유속의 제곱**에 **비례**하고, 직경에 반비례한다.

정답 ④

030

안지름이 305[mm], 길이가 500[m]인 주철관을 통하여 유속 2.5[m/s]로 흐를 때 압력수두손실은 몇 [m]인가?(단, 관마찰계수 f는 0.03이다)

① 5.47 ② 13.6
③ 15.7 ④ 30

해설
Darcy-Weisbach 식

$$H = \frac{f\ell u^2}{2gD} = \frac{0.03 \times 500 \times (2.5)^2}{2 \times 9.8 \times 0.305} = 15.68 [m]$$

정답 ③

031

내경 40[mm]인 관 속의 유속 10[cm/s]이고 동점도가 0.01[cm²/s]인 유체가 흐를 때 레이놀즈수는 얼마인가?

① 1,000
② 2,000
③ 3,000
④ 4,000

해설
레이놀즈수

$$Re = \frac{Du}{\nu}$$

여기서, D : 내경[cm] u : 유속[cm/s]
    ν : 동점도[cm²/s]

$\therefore Re = \dfrac{Du}{\nu} = \dfrac{4[\text{cm}] \times 10[\text{cm/s}]}{0.01[\text{cm}^2/\text{s}]} = 4,000$ (난류)

정답 ④

032

레이놀즈수에 대한 설명으로 타당한 것은?

① 등속류와 비등속류를 구별해 주는 척도가 된다.
② 정상류와 비정상류를 구별하는 기준이 된다.
③ 층류와 난류를 구별하는 척도가 된다.
④ 이상유체와 실제유체의 차이를 구별해 주는 기준이 된다.

해설
레이놀즈수는 층류와 난류를 구분하는 척도로서

레이놀즈수	Re < 2,100	2,100 < Re < 4,000	Re > 4,000
유체의 흐름	층 류	전이영역(임계영역)	난 류

정답 ③

033

다음 상임계 레이놀즈수를 옳게 설명한 것은?

① 난류에서 층류로 변할 때의 임계속도
② 층류에서 난류로 변할 때의 임계속도
③ 난류에서 층류로 변할 때의 레이놀즈수
④ 층류에서 난류로 변할 때의 레이놀즈수

해설
레이놀즈수
- **상임계 레이놀즈수 : 층류에서 난류로 변할 때의 레이놀즈수**
 (Re 수 : 4,000)
- 하임계 레이놀즈수 : 난류에서 층류로 변할 때의 레이놀즈수
 (Re 수 : 2,100)

정답 ④

034

유체가 어떤 힘으로 관 내를 흐르고 있는가?

① 중력과 관성력
② 중력과 점성력
③ 점성력과 관성력
④ 관성력과 부력

해설
레이놀즈수(관성력과 점성력)에 의하여 유체가 흐른다.

정답 ③

035
스케줄 No.를 바르게 나타낸 것은?

① Schedule NO. = $\dfrac{\text{재료의 허용응력}}{\text{내부작업 압력}} \times 1,000$

② Schedule NO. = $\dfrac{\text{내부작업 압력}}{\text{재료의 허용응력}} \times 1,000$

③ Schedule NO. = $\dfrac{\text{재료의 허용응력}}{\text{내부작업 압력}} \times 100$

④ Schedule NO. = $\dfrac{\text{내부작업 압력}}{\text{재료의 허용응력}} \times 100$

해설

Schedule NO. = $\dfrac{\text{내부작업 압력}[kg_f/cm^2]}{\text{재료의 허용응력}[kg_f/cm^2]} \times 1,000$

정답 ②

036
관경이 서로 다를 때 사용하는 관부속품은?
① Elbow ② Socket
③ Union ④ Reducer

해설

관경이 다를 때 관부속품
- 리듀서(Reducer)
- 부싱(Bushing)

정답 ④

037
다음은 2개의 관을 연결할 때 사용하지 않는 것은?
① Flange ② Nipple
③ Socket ④ Reducer

해설

Reducer와 Bushing은 관의 직경을 바꿀 때 사용

정답 ④

038
유체를 한 방향으로만 흐르게 되어 있는 밸브가 아닌 것은?
① 스모렌스키밸브 ② 웨이퍼밸브
③ Angle밸브   ④ 스윙밸브

해설

체크밸브의 종류
- 스모렌스키 체크밸브 : 소화설비의 주배관 상에 설치
- 웨이퍼 체크밸브 : Pump 토출구로부터 10[m] 거리에 사용
- 스윙 체크밸브 : 호수조와 같이 적은 배관에 사용

정답 ③

039
다음 배관의 마찰손실을 나타낸 것 중 주손실에 해당되는 것은 어느 것인가?
① 급격한 확대손실
② 급격한 축소손실
③ 관부속품에 의한 손실
④ 관로에 의한 마찰손실

해설

마찰손실의 종류
- 주손실 : 관로에 의한 마찰손실
- 부차적 손실 : 급격한 확대, 축소 및 관부속품에 의한 손실

정답 ④

040
유체의 유입방향과 유출방향이 같으나 유체가 밸브 내에서 직각 방향으로 꺾이고 밸브의 개폐가 용이하여 유량조절이 쉬운 밸브는?
① 글로브밸브   ② 게이트밸브
③ 체크밸브   ④ 버터플라이밸브

해설

글로브밸브 : 유체의 유입방향과 유출방향이 같으나 유체가 밸브 내에서 직각 방향으로 꺾이고 밸브의 개폐가 용이하여 유량조절이 쉬운 밸브

정답 ①

041
벤투리작용을 이용하는 유량계는 어떤 원리를 이용한 것인가?

① 베르누이 정리
② 파스칼의 원리
③ 토리첼리의 원리
④ 아르키메데스의 원리

해설
벤투리 미터 : 베르누이 정리를 이용한 유량측정장치

정답 ①

042
다음 중 유량을 측정하는 계측기구가 아닌 것은?

① 오리피스미터   ② 마노미터
③ 로터미터   ④ 벤투리미터

해설
마노미터 : 압력측정장치

정답 ②

043
배관에 설치되어 있는 유량 측정장치 중 유량을 부자에 의해서 직접 눈으로 읽을 수 있는 장치는 어느 것인가?

① Orifice   ② VenturiMeter
③ Nozzle   ④ RotaMeter

해설
RotaMeter : 유량을 부자에 의해서 직접 눈으로 읽을 수 있는 장치

정답 ④

044
다음 중 소화수 펌프 특성에 가장 적합하며 소화수 펌프로 가장 많이 사용되는 것은?

① 원심펌프   ② 수격펌프
③ 분사펌프   ④ 왕복펌프

해설
소화용수펌프는 원심력을 이용한 원심펌프를 주로 사용한다.

정답 ①

045
다음 중 왕복식 펌프에 속하는 것은?

① 플런저펌프(Plunger Pump)
② 기어펌프(Gear Pump)
③ 벌류트펌프(Volute Pump)
④ 에어 리프트(Air Lift)

해설
펌프의 종류
- **왕복식 펌프** : 피스톤펌프, 플런저펌프, 다이어프램펌프
- **원심펌프** : 벌류트펌프, 터빈펌프

정답 ①

046

다음 펌프 중 안내깃에 의해서 분류되는 펌프는 어느 것인가?

① 벌류트펌프 ② 피스톤펌프
③ 플런저펌프 ④ 다이어프램펌프

해설
원심펌프의 안내깃에 의한 분류
- 벌류트펌프
- 터빈펌프

정답 ①

047

유독성 기체(가스)를 수송하는 데 적합한 Pump는 어느 것인가?

① Nash펌프 ② Fan
③ 원심펌프 ④ 왕복펌프

해설
내시펌프 : 유독성 기체를 수송하는 펌프

정답 ①

048

성능이 같은 두 대의 펌프(토출량 $Q=[\text{L/min}]$)를 직렬 연결했을 때 전체 토출량은?

① Q ② $2Q$
③ $3Q$ ④ $4Q$

해설
펌프의 성능

펌프 2대 연결 방법		직렬 연결	병렬 연결
성 능	유량(Q)	Q	$2Q$
	양정(H)	$2H$	H

정답 ①

049

펌프에서 전양정이란 어느 것인가?

① 흡입수면에서 펌프의 중심까지의 수직거리
② 펌프의 중심에서 최상층의 송출수면까지의 수직거리
③ 실양정과 관부속품의 마찰손실수두, 직관의 마찰손실수두의 합
④ 실양정과 흡입양정의 합

해설
양 정
- 흡입양정 : 흡입수면에서 펌프의 중심까지의 수직거리
- 토출양정 : 펌프의 중심에서 최상층의 송출수면까지의 수직거리
- 전양정 = 실양정 + 관부속품의 마찰손실수두 + 직관의 마찰손실수두

정답 ③

050

운전하고 있는 펌프의 압력계는 출구에서 3.5[kg$_f$/cm²]이고 흡입구에서는 −0.2[kg$_f$/cm²]이다. 펌프의 전양정은?

① 37[m] ② 35[m]
③ 33[m] ④ 31[m]

해설
펌프의 전양정 = 0.2 + 3.5 = 3.7[kg$_f$/cm²]
$$= \frac{3.7[\text{kg}_f/\text{cm}^2]}{1.0332[\text{kg}_f/\text{cm}^2]} \times 10.332[\text{m}]$$
$$= 37[\text{m}]$$

정답 ①

051

Pump의 전동기 용량 계산식 $P=\dfrac{\gamma QH}{\eta}$ 에서 γ은 무엇인가?

① 유 량
② 효 율
③ 비중량
④ 손 실

해설
전동기 용량

$$P=\dfrac{\gamma QH}{\eta}$$

여기서, γ : 물의 비중량[N/m³]
Q : 유량[m³/s]
H : 전양정[m]
η : 펌프의 효율[%]

정답 ③

052

단면적이 0.3[m²]인 원관 속을 유속 2.8[m/s], 압력 0.4[kg_f/cm²]의 물이 흐르고 있다. 수동력은 몇 [PS]인가?

① 45
② 0.84
③ 56
④ 4,200

해설
수동력

$$P[\text{PS}] = \dfrac{\gamma QH}{735}$$

여기서, γ : 물의 비중량(9,800[N/m³])
Q : 유량($Q=uA=2.8[\text{m/s}]\times 0.3[\text{m}^2]$
    $= 0.84[\text{m}^3/\text{s}]$)
H : 전양정($0.4[\text{kg}_f/\text{cm}^2] = 4[\text{m}]$)

$\therefore P = \dfrac{9,800[\text{N/m}^3]\times 0.84[\text{m}^3/\text{s}]\times 4[\text{m}]}{735} = 44.8[\text{PS}]$

※ $1[\text{PS}] = 75[\text{kg}_f\cdot\text{m/s}] = 75\times 9.8[\text{N}\cdot\text{m/s}]$
    $= 735[\text{J/s}] = 735[\text{W}]$
$1[\text{HP}] = 76[\text{kg}_f\cdot\text{m/s}]$
    $= 76\times 9.8[\text{N}\cdot\text{m/s}]$
    $= 745[\text{J/s}]$
    $= 745[\text{W}]$

정답 ①

053

펌프로서 지하 5[m]에 있는 물을 지상 50[m]의 물탱크까지 1분간에 1.8[m³]를 올리려면 몇 마력[PS]이 필요한가?(단, 펌프의 효율 $\eta = 0.6$, 관로의 전손실수두(全損失水頭)를 10[m], 동력전달계수를 1.1이라 한다)

① 47.7
② 53.3
③ 63.3
④ 73.3

해설

$P[\text{PS}] = \dfrac{\gamma \times Q \times H}{735 \times \eta} \times K$

(전양정 $H = 5+50+10 = 65[\text{m}]$)

$= \dfrac{9,800[\text{N/m}^3]\times(1.8[\text{m}^3]/60[\text{s}])\times 65[\text{m}]}{735\times 0.6}\times 1.1$

$= 47.7[\text{PS}]$

정답 ①

054

캐비테이션(Cavitation)의 발생원인과 관계없는 것은?

① 펌프의 설치위치가 물탱크보다 높을 때
② 펌프의 흡입수두가 클 때
③ 펌프의 임펠러 속도가 클 때
④ 관 내의 물의 정압이 그때의 증기압보다 클 때

해설
공동현상(Cavitation)의 발생원인
- Pump 흡입측 수두가 클 때
- Pump 마찰손실이 클 때
- Pump 임펠러 속도가 클 때
- Pump 흡입관경이 작을 때
- Pump 설치위치가 수원(물탱크)보다 높을 때
- **물의 정압**(Pump의 흡입압력)이 유체의 증기압보다 낮을 때

공동현상의 발생원인과 방지대책 : 꼭 암기

정답 ④

055

관입구의 압력이 0.5[MPa]이고 내경 100[mm], 유량은 400[L/min], 관의 길이 40[m]되는 곳까지 물을 송수하려고 한다. 이때 관출구(관 끝)의 압력은 얼마인가?(단, 관의 조도는 100이고, $\Delta P_m = 6.053 \times 10^4 \times \dfrac{Q^{1.85}}{C^{1.85} \times d^{4.87}}$)

① 0.404
② 0.505
③ 0.494
④ 0.596

해설

배관 1[m]당 압력 손실

$\Delta P_m = 6.053 \times 10^4 \times \dfrac{400^{1.85}}{100^{1.85} \times 100^{4.87}}$
$= 1.43 \times 10^{-4} [\text{MPa/m}]$

배관 40[m]에 대한 압력 손실
$1.43 \times 10^{-4} [\text{MPa/m}] \times 40[\text{m}] = 0.00572[\text{MPa}]$
∴ 관출구의 압력 $= 0.5[\text{MPa}] - 0.00572[\text{MPa}]$
$= 0.494[\text{MPa}]$

정답 ③

056

소화펌프의 흡입고가 클 때 발생될 수 있는 현상 중 옳은 것은?

① 서징(Surging)현상
② 공동현상(Cavitation)
③ 수격현상(Water Hammering)
④ 채터링현상

해설

흡입측 수두가 클 때 공동현상이 발생한다.

정답 ②

057

공동현상(Cavitation)의 예방 대책이 아닌 것은?

① 펌프의 설치위치를 수원보다 낮게 한다.
② 펌프의 임펠러속도를 가속한다.
③ 펌프의 흡입측을 가압한다.
④ 펌프의 흡입측 관경을 크게 한다.

해설

공동현상의 방지 대책
- Pump의 흡입측 수두, 마찰손실을 적게 한다.
- **Pump Impeller 속도를 적게** 한다.
- Pump 흡입관경을 크게 한다.
- Pump 설치위치를 수원보다 낮게 해야 한다.
- 양흡입 Pump를 사용해야 한다.

정답 ②

058

관의 서징(Surging)의 발생 조건으로 적당치 않은 것은?

① 유량조절밸브가 배관 중 수조의 위치 후방에 있을 때
② 배관 중에 수조가 있을 때
③ 배관 중에 기체상태의 부분이 있을 때
④ 펌프의 입상곡선이 우향강하(右向降下)구배일 때

해설

맥동현상의 발생원인
- Pump의 양정곡선($Q-H$) 산(山) 모양의 곡선으로 상승부에서 운전하는 경우
- 유량조절밸브가 배관 중 수조의 위치 후방에 있을 때
- 배관 중에 수조가 있을 때
- 배관 중에 기체상태의 부분이 있을 때
- 운전 중인 Pump를 정지할 때

정답 ④

059

수격현상에 대한 설명이다. 알맞은 것은?

① 흐르는 물에 갑자기 정지시킬 때 수압이 급격히 변화하는 현상을 말한다.
② 물의 온도는 낮을 때 생긴다.
③ 물의 유속이 늦을 때 일어난다.
④ 물이 연속적으로 흐를 때 물의 온도가 상승하면 일어난다.

해설
수격현상 : 흐르는 물을 갑자기 정지시킬 때 수압이 급격히 변화하는 현상

정답 ①

060

물의 압력파에 의한 수격현상을 방지하기 위한 방법 중 맞지 않는 것은?

① 관로의 관경을 크게 한다.
② 관로의 관경을 축소한다.
③ 관로 내의 유속을 낮게 한다.
④ Surge Tank를 설치하여 적정압력을 유지한다.

해설
수격현상(Water Hammering)의 방지대책
- **관경을 크게** 하고 **유속을 낮게** 한다.
- 압력강하의 경우 Fly Wheel을 설치한다.
- Surge Tank(조압수조)를 설치하여 적정압력을 유지해야 한다.
- Pump 송출구 가까이 송출밸브를 설치하여 압력 상승 시 압력을 제어해야 한다.

정답 ②

061

배관 내에 흐르는 물이 수격현상(Water Hammer)을 일으키는 수가 있는데 이를 방지하기 위한 조치와 관계없는 것은?

① 관 내 유속을 적게 한다.
② 펌프에 Fly Wheel을 부착한다.
③ 에어챔버를 설치한다.
④ 흡수양정을 작게 한다.

해설
흡수양정을 작게 하면 **수격현상**이 발생한다.

정답 ④

062

물분무소화에 사용된 20[℃]의 물 2[g]이 완전히 기화되어 100[℃]의 수증기가 되었다면 흡수된 열량과 수증기 발생량은 약 얼마인가?(단, 1기압을 기준으로 한다)

① 1,240[cal], 2,400[mL]
② 1,240[cal], 3,400[mL]
③ 2,480[cal], 6,800[mL]
④ 2,480[cal], 10,200[mL]

해설
열량과 수증기발생량을 계산하면
- 열량 $Q = mC\Delta t + \gamma \cdot m$
  $= 2[g] \times 1[cal/g \cdot ℃] \times (100-20)[℃]$
  $+ 539[cal/g] \times 2[g]$
  $= 1,238[cal]$
- 수증기발생량 $PV = nRT$
  $V = \dfrac{nRT}{P} = \dfrac{2/18 \times 0.08205 \times (273+100)}{1[atm]}$
  $= 3.4[L] = 3,400[mL]$

정답 ②

교육은 우리 자신의 무지를 점차 발견해 가는 과정이다.

- 윌 듀란트 -

위험물의 성질 및 취급

CHAPTER 01 위험물의 연소 특성
CHAPTER 02 위험물의 유별 성질 및 취급
CHAPTER 03 위험물의 화재 및 소화방법
CHAPTER 04 위험물 사고예방

합격의 공식 **시대에듀**
www.sdedu.co.kr

CHAPTER 01 위험물의 연소 특성

제1절 위험물의 연소 이론

1 연 소

(1) 연소의 정의
가연물이 공기 중에서 산소와 반응하여 열과 빛을 동반하는 급격한 산화현상

> 철이 서서히 산화하는 현상 : 부식

(2) 연소의 색과 온도

색 상	담암적색	암적색	적 색	휘적색	황적색	백적색	휘백색
온도[℃]	520	700	**850**	950	1,100	1,300	**1,500 이상**

(3) 연소물질의 온도

연소물질	온 도
목재화재	1,200~1,300[℃]
촛불, 연강용해	1,400[℃]
아세틸렌 불꽃	3,300~4,000[℃]
전기용접불꽃	3,000[℃]
물의 비점	100[℃]

(4) 연소의 3요소 중요

① **가연물**

목재, 종이, 석탄, 플라스틱 등과 같이 산소와 반응하여 발열반응하는 물질

㉠ 가연물의 조건
- **열전도율**이 **작을 것**
- 발열량이 클 것
- 표면적이 넓을 것
- 산소와 친화력이 좋을 것
- **활성화에너지**가 **작을 것**

> 열전도율이 크면 열이 한 곳에 모이지 않기 때문에 가연물의 조건이 아니다.

① 가연물이 될 수 없는 물질
- 산소와 더 이상 반응하지 않는 물질(산화완결반응) : CO_2, H_2O, Al_2O_3 등
- **질소** 또는 질소산화물 : 산소와 반응은 하나 **흡열반응**을 하기 때문

$$N_2 + \frac{1}{2}O_2 \rightarrow N_2O - Q[kcal]$$

- **18족(0족) 원소**(불활성 기체) : 헬륨(He), 네온(Ne), 아르곤(Ar), 크립톤(Kr), 제논(Xe), 라돈(Rn)

> 사염화탄소는 가연물이 아니고 소화약제이다(현재는 생산 중지).

② 산소공급원

산소, 공기, 제1류 위험물, 제5류 위험물, 제6류 위험물 〔중요〕
㉠ 제1류 위험물 : 산화성 고체
㉡ 제6류 위험물 : 산화성 액체
㉢ 제5류 위험물 : 자기반응성 물질(가연물 + 산소)

③ 점화원

전기불꽃, 정전기불꽃, 충격마찰의 불꽃, 단열압축, 나화 및 고온표면 등

- **연소의 3요소 : 가연물, 산소공급원, 점화원**
- **연소의 4요소 : 가연물, 산소공급원, 점화원, 순조로운 연쇄반응**
- 정전기의 방지대책 : 접지, 상대습도 70[%] 이상 유지, 공기이온화
- 정전기의 발화과정 : 전하의 발생 → 전하의 축적 → 방전 → 발화
- 전기불꽃에 의한 에너지 $E = \frac{1}{2}CV^2 = \frac{1}{2}QV$

 여기서, E : 에너지(Joule) C : 정전용량(Farad)
     V : 방전전압(Volt) Q : 전기량(Coulomb)

제2절 위험물의 연소 형태 및 연소과정

1 연소의 형태

(1) 고체의 연소 중요
① **표면연소** : **목탄, 코크스, 숯, 금속분** 등이 열분해에 의하여 가연성 가스를 발생하지 않고 그 물질 자체가 연소하는 현상
② **분해연소** : **석탄, 종이, 목재, 플라스틱** 등의 연소 시 열분해에 의해 발생된 가스와 공기가 혼합하여 연소하는 현상
③ **증발연소** : **황, 나프탈렌, 왁스, 파라핀** 등과 같이 고체를 가열하면 열분해는 일어나지 않고 고체가 액체로 되어 일정온도가 되면 액체가 기체로 변화하여 기체가 연소하는 현상
④ **자기연소**(내부연소) : **제5류 위험물**인 나이트로셀룰로스, 질화면 등 그 물질이 가연물과 산소를 동시에 가지고 있는 가연물이 연소하는 현상

- 촛불의 연소 : 증발연소
- 금속분 : 표면연소
- 나이트로셀룰로스의 연소 : 내부연소

(2) 액체의 연소
① **증발연소** : **아세톤, 휘발유, 등유, 경유**와 같이 액체를 가열하면 증기가 되어 증기가 연소하는 현상으로 알코올, 휘발유 등 **제4류 위험물**이 있다. 중요
② **액적연소** : 벙커C유와 같이 가열하여 점도를 낮추어 버너 등을 사용하여 액체의 입자를 안개상으로 분출하여 연소하는 현상

(3) 기체의 연소
① **확산연소** : 수소, 아세틸렌, 프로페인, 뷰테인 등 화염의 안정범위가 넓고 조작이 용이하며 역화의 위험이 없는 연소현상으로 불꽃은 있으나 불티가 없는 연소 중요
② **폭발연소** : 밀폐된 용기에 공기와 혼합가스가 있을 때 점화되면 연소속도가 증가하여 폭발적으로 연소하는 현상
③ **예혼합연소** : 가연성 기체와 공기 중의 산소를 미리 혼합하여 연소하는 현상

2 연소에 따른 제반사항

(1) 비열(Specific Heat)

① 1[g]의 물체를 1[℃] 올리는 데 필요한 열량[cal]
② 1[lb]의 물체를 1[℉] 올리는 데 필요한 열량[BTU]

> **Plus One** 물을 소화약제로 사용하는 이유
> - 비열과 증발잠열이 크기 때문
> - 냉각효과가 뛰어나기 때문
> - 구하기 쉽고 가격이 저렴하기 때문

(2) 잠열(Latent Heat) 중요

어떤 물질이 온도는 변하지 않고 상태만 변화할 때 발생하는 열($Q = \gamma \cdot m$)

① 증발잠열 : 액체가 기체로 될 때 출입하는 열(물의 **증발잠열 : 539[cal/g]**)
② 융해잠열 : 고체가 액체로 될 때 출입하는 열(물의 융해잠열 : 80[cal/g])

> **참고**
>
> 현열 : 어떤 물질이 상태는 변화하지 않고 온도만 변화할 때 발생하는 열($Q = mc\varDelta t$)
>
> **문제 1.** 0[℃]의 물 1[g]이 100[℃]의 수증기로 되는 데 필요한 열량 : 639[cal]
>
> **해설** $Q = mc\varDelta t + \gamma \cdot m$
> $= 1[g] \times 1[cal/g \cdot ℃] \times (100-0)[℃] + 539[cal/g] \times 1[g] = 639[cal]$
>
> **문제 2.** 0[℃]의 얼음 1[g]이 100[℃]의 수증기로 되는 데 필요한 열량 : 719[cal]
>
> **해설** $Q = \gamma_1 \cdot m + mc\varDelta t + \gamma_2 \cdot m$
> $= (80[cal/g] \times 1[g]) + [1[g] \times 1[cal/g \cdot ℃] \times (100-0)[℃]] + (539[cal/g] \times 1[g]) = 719[cal]$

(3) 인화점(Flash Point) 중요

휘발성 물질에 불꽃(점화원)을 접하여 발화될 수 있는 최저의 온도

> 인화점 : 가연성 증기를 발생할 수 있는 최저의 온도

(4) 발화점(Ignition Point)

가연성 물질에 점화원을 접하지 않고도 불이 일어나는 최저의 온도

① **자연발화의 형태** 중요
  ㉠ **산화열**에 의한 발화 : **석탄, 건성유,** 고무분말
  ㉡ **분해열**에 의한 발화 : 셀룰로이드, 나이트로셀룰로스
  ㉢ **미생물**에 의한 발화 : 퇴비, 먼지
  ㉣ **흡착열**에 의한 발화 : 목탄, 활성탄

> 온도의 크기 : 발화점 > 연소점 > 인화점

② **자연발화의 조건** 중요
  ㉠ 주위의 온도가 높을 것
  ㉡ **열전도율이 작을 것**
  ㉢ 발열량이 클 것
  ㉣ 표면적이 넓을 것
  ㉤ 열의 축적이 클 때
③ **자연발화 방지법** 중요
  ㉠ **습도를 낮게 할 것**
  ㉡ 주위의 온도를 낮출 것
  ㉢ 통풍을 잘 시킬 것
  ㉣ 불활성 가스를 주입하여 공기와 접촉을 피할 것
④ **발화점이 낮아지는 이유**
  ㉠ 분자구조가 복잡할 때
  ㉡ 산소와 친화력이 좋을 때
  ㉢ 열전도율이 작을 때
  ㉣ 증기압이 낮을 때
⑤ **발화점에 영향을 주는 요인**
  ㉠ 가연성 가스와 공기의 혼합비
  ㉡ 발화가 생기는 공간의 형태와 크기
  ㉢ 가열속도와 지연시간
  ㉣ 용기의 재질과 촉매의 효과
  ㉤ 점화원의 종류와 에너지의 가열방법
⑥ **발화지체시간**
  혼합물의 온도가 상승하여 화재가 발생할 때까지의 경과시간

> **Plus One** 발화지체시간이 짧아지는 요인
> - 온도가 높은 경우
> - 압력이 높은 경우
> - 가연성 가스와 공기의 혼합비가 완전산화에 가까운 경우

(5) 비점(끓는점, Boiling Point)
액체가 비등하면서 증발이 일어나는 온도로서 압력이 낮으면 비점이 낮다.

(6) 융점(녹는점, Melting Point)
융점이 낮은 경우 액체로 변하기가 쉽고 연소구역의 확산에 용이하기 때문에 위험성이 크다.

> 비점이나 융점이 낮으면 위험하다.

(7) 연소점(Fire Point)

어떤 물질이 공기 중에서 열을 받아 지속적인 연소를 일으킬 수 있는 온도로서 인화점보다 10[℃] 높다.

(8) 최소착화에너지

① 정 의

가연성 가스 및 공기가 혼합하여 착화원으로 착화 시에 발화하기 위하여 필요한 최저에너지

② 최소착화에너지에 영향을 주는 요인
  ㉠ 온 도
  ㉡ 압 력
  ㉢ 농도(조성)
  ㉣ 혼입물

③ 최소착화에너지가 커지는 현상
  ㉠ 압력이나 온도가 낮을 때
  ㉡ 질소, 이산화탄소 등 불연성 가스를 투입할 때
  ㉢ 산소의 농도가 감소할 때

> 최소착화에너지가 아세틸렌, 수소, 이황화탄소는 0.019[mJ]로서 낮으므로 위험하다.

(9) 증기비중 중요

$$증기비중 = \frac{분자량}{29}$$

① 공기의 조성 : 산소(O_2) 21[%], 질소(N_2) 78[%], 아르곤(Ar) 등 1[%]
② 공기의 평균분자량 = (32 × 0.21) + (28 × 0.78) + (40 × 0.01) = 28.96 ≒ 29

(10) 증기-공기밀도(Vapor-air Density)

$$증기 - 공기밀도 = \frac{P_2 d}{P_1} + \frac{P_1 - P_2}{P_1}$$

여기서, P_1 : 대기압 P_2 : 주변온도에서의 증기압
       d : 증기밀도

(11) 열에너지(열원)

① 화학열
  ㉠ 연소열 : 어떤 물질이 완전히 산화되는 과정에서 발생하는 열
  ㉡ 분해열 : 어떤 화합물이 분해할 때 발생하는 열
  ㉢ 용해열 : 어떤 물질이 액체에 용해될 때 발생하는 열

② 자연발화 : 어떤 물질이 외부열의 공급 없이 온도가 상승하여 발화점 이상에서 연소하는 현상

> 기름걸레를 빨래 줄에 걸어 놓으면 자연발화가 되지 않는다(산화열의 미축적으로).

② **전기열**
  ③ 저항열 : 도체에 전류가 흐르면 전기저항 때문에 전기에너지의 일부가 열로 변할 때 발생하는 열
  ⓒ 유전열 : 누설전류에 의해 절연물질이 가열하여 절연이 파괴되어 발생하는 열
  ⓒ 유도열 : 도체 주위에 변화하는 자장이 존재하면 전위차를 발생하고 이 전위차로 전류의 흐름이 일어나 도체의 저항 때문에 열이 발생하는 것
  ② 정전기열 : 정전기가 방전할 때 발생하는 열

  Plus One 정전기
  - 방전시간은 짧다.
  - 많은 열을 발생하지 않으므로 종이와 같은 가연물을 점화시키지 못한다.
  - 가연성 증기나 기체 또는 가연성 분진은 발화시킬 수 있다.

  ⑩ 아크열 : 아크의 온도는 매우 높기 때문에 가연성이나 인화성 물질을 점화시킬 수 있다.

③ **기계열**
  ③ 마찰열 : 두 물체를 마주대고 마찰시킬 때 발생하는 열
  ⓒ 압축열 : 기체를 압축할 때 발생하는 열
  ⓒ 마찰스파크 : 금속과 고체물체가 충돌할 때 발생하는 열

(12) 열의 전달

① **전도(Conduction)** : 하나의 물체가 다른 물체와 직접 접촉하여 전달되는 현상. 화재 시 화염과 격리된 인접 가연물에 불이 옮겨 붙는 것 중요
② **대류(Convection)** : 화로에 의해서 방안이 더워지는 현상은 대류현상에 의한 것이다.
③ **복사(Radiation)** : 양지바른 곳에 햇볕을 쬐면 따뜻함을 느끼는 현상

Plus One 슈테판-볼츠만(Stefan-Boltzmann)법칙
복사열은 절대온도차의 4제곱에 비례하고 열전달면적에 비례한다.
$$Q = aAF(T_1^4 - T_2^4)[kcal/h]$$
$$Q_1 : Q_2 = (T_1 + 273)^4 : (T_2 + 273)^4$$

제3절 위험물의 연소생성물

1 일산화탄소(CO)

(1) 유기물이 **불완전 연소** 시에 일산화탄소가 발생한다.

(2) 인체에 미치는 영향

농 도	인체의 영향
600~700[ppm]	1시간 노출로 영향을 인지
2,000[ppm](0.2[%])	1시간 노출로 생명이 위험
4,000[ppm](0.4[%])	1시간 이내에 치사

2 이산화탄소(CO_2)

(1) 이산화탄소는 공기 중에 0.03[%]가 존재하므로 자체는 독성이 없으나 밀폐된 공간에서 이산화탄소가 존재하면 산소의 농도가 감소하여 질식의 우려가 있다.

(2) 유기물이 **완전 연소** 시에 이산화탄소(CO_2)와 물(H_2O)이 발생한다.

> **Plus One** 완전 연소반응식
> - 메틸알코올 $2CH_3OH + 3O_2 \rightarrow 2CO_2 + 4H_2O$
> - 벤 젠 $2C_6H_6 + 15O_2 \rightarrow 12CO_2 + 6H_2O$
> - 에틸렌글라이콜 $2C_2H_6O_2 + 5O_2 \rightarrow 4CO_2 + 6H_2O$

(3) 인체에 미치는 영향

농 도	인체에 미치는 영향
0.1[%]	공중위생상의 상한선
2[%]	불쾌감 감지
3[%]	호흡수 증가
4[%]	두부에 압박감 감지
6[%]	두통, 현기증, 호흡곤란
10[%]	시력장애, 1분 이내에 의식불명하여 방치 시 사망
20[%]	중추신경이 마비되어 사망

3 주요 연소생성물의 영향

연소 가스	현 상
$COCl_2$(포스겐)	매우 독성이 강한 가스로서 연소 시에는 거의 발생하지 않으나 사염화탄소 약제사용 시 발생
CH_2CHCHO(아크로레인)	석유제품이나 유지류가 연소할 때 생성
SO_2(아황산가스)	**황**을 함유하는 유기화합물이 **완전 연소** 시에 발생
H_2S(황화수소)	**황**을 함유하는 유기화합물이 **불완전 연소** 시에 발생, 달걀 썩는 냄새가 나는 가스
CO_2(이산화탄소)	연소가스 중 가장 많은 양을 차지, **완전 연소** 시 생성
CO(일산화탄소)	**불완전 연소** 시에 다량 발생, 혈액 중의 헤모글로빈(Hb)과 결합하여 혈액 중의 산소운반 저해하여 사망
HCl(염화수소)	PVC와 같이 염소가 함유된 물질의 연소 시 생성

제4절 위험물의 폭발에 관한 사항

1 폭발의 개요

(1) 폭발(Explosion)

밀폐된 용기에서 갑자기 압력상승으로 인하여 외부로 순간적인 많은 압력을 방출하는 것으로 폭발속도는 0.1~10[m/s]이다.

(2) 폭굉(Detonation)

① 정의 : **발열반응**으로서 연소의 전파속도가 **음속보다 빠른 현상**으로 속도는 1,000~3,500[m/s]이다.

② 폭굉유도거리(DID) : 최초의 완만한 연소가 격렬한 폭굉으로 발전할 때까지의 거리

> **Plus One** 폭굉유도거리가 짧아지는 요인 [중요]
> - 압력이 높을수록
> - 관경이 작을수록
> - 관 속에 장애물이 있는 경우
> - 점화원의 에너지가 강할수록
> - 정상연소속도가 큰 혼합물일수록

(3) 폭연(Deflagration)

발열반응으로서 연소의 전파속도가 **음속보다 느린 현상**

2 폭발의 분류

(1) 물리적인 폭발

① 화산의 폭발
② 은하수 충돌에 의한 폭발
③ 진공용기의 파손에 의한 폭발
④ 과열액체의 비등에 의한 증기폭발
⑤ 고압용기의 과압과 과충전

(2) 화학적인 폭발 [중요]

① **산화폭발** : 가스가 공기 중에 누설 또는 인화성 액체탱크에 공기가 유입되어 탱크 내에 점화원이 유입되어 폭발하는 현상

② **분해폭발** : **아세틸렌, 산화에틸렌, 하이드라진**과 같이 분해하면서 폭발하는 현상

> 아세틸렌 희석제 : 질소, 일산화탄소, 메테인

③ **중합폭발** : **사이안화수소**와 같이 단량체가 일정 온도와 압력으로 반응이 진행되어 분자량이 큰 중합체가 되어 폭발하는 현상

> **Plus One** 폭발의 종류
> - 착화파괴형 폭발 : 용기 내의 위험물에 불이 붙어 압력 상승에 의한 파열로서 불활성가스 치환, 혼합가스의 조성관리, 발화원관리를 철저히 하여 예방한다.
> - 누설착화형 폭발 : 용기에서 흘러나온 위험물에 불이 붙어 일어나는 폭발로서 유출을 방지한다.
> - 자연발화형 폭발 : 반응열의 축적에 의한 자연 발화 폭발
> - 반응폭주형 폭발 : 반응 개시 후 반응열에 의한 반응 폭주로 인한 폭발
> - 평형파탄형 폭발 : 액체가 들어 있는 고압 용기 등이 파손되어 고압 액체가 증발함으로써 일어나는 폭발
> - 열이동형 증기 폭발 : 끓는점이 낮은 액체가 높은 온도를 내는 물질과 닿아 생긴 증발로 인한 폭발

(3) 가스폭발 중요

가연성 가스가 산소와 반응하여 점화원에 의해 폭발하는 현상으로 메테인, 에테인, 프로페인, 뷰테인, 수소, 아세틸렌 폭발이 있다.

(4) 분진폭발 중요

가연성 고체가 미세한 분말상태로 공기 중에 부유한 상태로 점화원이 존재하면 폭발하는 현상으로 **밀가루, 금속분, 플라스틱분, 마그네슘분** 폭발이 있다.

3 폭발범위

(1) 폭발범위(연소범위) 중요

가연성 물질이 기체상태에서 공기와 혼합하여 일정농도 범위 내에서 연소가 일어나는 범위
① 하한값(하한계) : 연소가 계속되는 최저의 용량비
② 상한값(상한계) : 연소가 계속되는 최대의 용량비

> **Plus One** 폭발범위와 화재의 위험성
> - **하한계가 낮을수록 위험**
> - 상한계가 높을수록 위험
> - **연소범위가 넓을수록 위험**
> - 온도(압력)가 상승할수록 위험(압력이 상승하면 하한계는 불변, 상한계는 증가. 단, 일산화탄소는 압력상승 시 연소범위가 감소)

(2) 혼합가스의 폭발한계 중요

$$L_m = \frac{100}{\frac{V_1}{L_1} + \frac{V_2}{L_2} + \frac{V_3}{L_3} + \cdots}$$

여기서, L_m : 혼합가스의 폭발한계(하한값, 상한값의 [vol%])
$V_1, V_2, V_3, \cdots$: 가연성 가스의 용량[vol%]
$L_1, L_2, L_3, \cdots$: 가연성 가스의 하한값 또는 상한값[vol%]

(3) 공기 중의 폭발범위(연소범위)

종 류	하한계[%]	상한계[%]
에터	1.7	48.0
이황화탄소(CS_2)	1.0	50
산화프로필렌(CH_3CHCH_2O)	2.8	37
벤젠(C_6H_6)	1.4	8.0
톨루엔($C_6H_5CH_3$)	1.27	7.0
아세톤(CH_3COCH_3)	2.5	12.8
산화에틸렌(C_2H_4O)	3.0	80.0
헥세인(C_6H_{14})	1.1	7.5
아세틸렌(C_2H_2)	2.5	81.0
수소(H_2)	4.0	75.0
일산화탄소(CO)	12.5	74.0
암모니아(NH_3)	15.0	28.0
메테인(CH_4)	5.0	15.0
에테인(C_2H_6)	3.0	12.4
프로페인(C_3H_8)	2.1	9.5
뷰테인(C_4H_{10})	1.8	8.4

4 위험도(Degree of Hazards) 중요

$$위험도 \quad H = \frac{U-L}{L}$$

여기서, U : 폭발상한계 L : 폭발하한계

[예제] (1) 이황화탄소의 위험도 $H = \dfrac{50-1.0}{1.0} = 49.0$

(2) 아세틸렌의 위험도 $H = \dfrac{81-2.5}{2.5} = 31.4$

(3) 수소의 위험도 $H = \dfrac{75-4.0}{4.0} = 17.75$

※ 위험도 : 이황화탄소 > 아세틸렌 > 수소

제5절 위험물의 인화점, 발화점, 가스분석 등의 측정법

1 인화점

(1) 고체의 인화 위험성 시험방법(세부기준 제9조)

① 시험장치는 페인트, 바니시, 석유 및 관련 제품 – 인화점 시험방법 – 신속평형법(KS M ISO 3679)에 의한 인화점측정기 또는 이에 준하는 것으로 할 것
② 시험장소는 기압 1기압의 무풍의 장소로 할 것
③ 신속평형법의 시료컵을 설정온도(시험물품이 인화하는지의 여부를 확인하는 온도를 말한다)까지 가열 또는 냉각하여 시험물품(설정온도가 상온보다 낮은 온도인 경우에는 설정온도까지 냉각시킨 것) 2[g]을 시료컵에 넣고 뚜껑 및 개폐기를 닫을 것
④ 시료컵의 온도를 5분간 설정온도로 유지할 것
⑤ 시험불꽃을 점화하고 화염의 크기를 직경 4[mm]가 되도록 조정할 것
⑥ 5분 경과 후 개폐기를 작동하여 시험불꽃을 시료컵에 2.5초간 노출시키고 닫을 것. 이 경우 시험불꽃을 급격히 상하로 움직이지 않아야 한다.
⑦ ⑥의 방법에 의하여 인화한 경우에는 인화하지 않게 될 때까지 설정온도를 낮추고, 인화하지 않는 경우에는 인화할 때까지 높여 ③ 내지 ⑥의 조작을 반복하여 인화점을 측정할 것

(2) 인화성 액체의 인화점 시험방법(세부기준 제13조)

① 측정결과가 0[℃] 미만인 경우에는 해당 측정결과를 인화점으로 할 것
② 측정결과가 0[℃] 이상 80[℃] 이하인 경우에는 동점도 측정을 하여 동점도가 10[mm^2/s] 미만인 경우에는 해당 측정결과를 인화점으로 하고, 동점도가 10[mm^2/s] 이상인 경우에는 신속평형법 인화점측정기에 의한 인화점 측정시험(제15조)의 규정에 따른 방법으로 다시 측정할 것
③ 측정결과가 80[℃]를 초과하는 경우에는 클리블랜드 개방컵 인화측정기에 의한 인화점 측정시험(제16조)의 규정에 따른 방법으로 다시 측정할 것

(3) 인화점 측정시험(세부기준 제14조~제16조)

① **태그밀폐식 인화점측정기에 의한 인화점 측정시험**(세부기준 제14조)
  ㉠ 시험장소는 기압 1[atm], 무풍의 장소로 할 것
  ㉡ 원유 및 석유제품 인화점 시험방법 – 태그밀폐식 시험방법(KS M 2010)에 의한 인화점측정기의 시료컵에 시험물품 50[cm^3]를 넣고 시험물품의 표면의 기포를 제거한 후 뚜껑을 덮을 것
  ㉢ 시험불꽃을 점화하고 화염의 크기를 직경이 4[mm]가 되도록 조정할 것

ⓡ 시험물품의 온도가 60초간 1[℃]의 비율로 상승하도록 수조를 가열하고 시험물품의 온도가 설정온도보다 5[℃] 낮은 온도에 도달하면 개폐기를 작동하여 시험불꽃을 시료컵에 1초간 노출시키고 닫을 것. 이 경우 시험불꽃을 급격히 상하로 움직이지 않아야 한다.

ⓜ ⓡ의 방법에 의하여 인화하지 않는 경우에는 시험물품의 온도가 0.5[℃] 상승할 때마다 개폐기를 작동하여 시험불꽃을 시료컵에 1초간 노출시키고 닫는 조작을 인화할 때까지 반복할 것

ⓑ ⓜ의 방법에 의하여 인화한 온도가 **60[℃] 미만의 온도**이고 **설정온도와의 차가 2[℃]를 초과하지 않는 경우**에는 해당 온도를 **인화점**으로 할 것

ⓢ ⓡ의 방법에 의하여 인화한 경우 및 ⓜ의 방법에 의하여 인화한 온도와 설정온도와의 차가 2[℃]를 초과하는 경우에는 ⓛ 내지 ⓜ에 의한 방법으로 반복하여 실시할 것

ⓞ ⓜ의 방법 및 ⓢ의 방법에 의하여 인화한 온도가 60[℃] 이상의 온도인 경우에는 ⓩ 내지 ㉣의 순서에 의하여 실시할 것

ⓩ ⓛ 및 ⓒ과 같은 순서로 실시할 것

ⓧ 시험물품의 온도가 60초간 3[℃]의 비율로 상승하도록 수조를 가열하고 시험물품의 온도가 설정온도보다 5[℃] 낮은 온도에 도달하면 개폐기를 작동하여 시험불꽃을 시료컵에 1초간 노출시키고 닫을 것. 이 경우 시험불꽃을 급격히 상하로 움직이지 않아야 한다.

ⓚ ⓧ의 방법에 의하여 인화하지 않는 경우에는 시험물품의 온도가 1[℃] 상승마다 개폐기를 작동하여 시험불꽃을 시료컵에 1초간 노출시키고 닫는 조작을 인화할 때까지 반복할 것

ⓣ ⓚ의 방법에 의하여 인화한 온도와 설정온도와의 차가 2[℃]를 초과하지 않는 경우에는 해당 온도를 인화점으로 할 것

㉣ ⓧ의 방법에 의하여 인화한 경우 및 ⓚ의 방법에 의하여 인화한 온도와 설정온도와의 차가 2[℃]를 초과하는 경우에는 ⓩ 내지 ⓚ과 같은 순서로 반복하여 실시할 것

② **신속평형법 인화점측정기에 의한 인화점 측정시험**(세부기준 제15조)

   ㉠ 시험장소는 기압 1[atm], 무풍의 장소로 할 것

   ㉡ 신속평형법 인화점측정기의 시료컵을 설정온도까지 가열 또는 냉각하여 시험물품(설정온도가 상온보다 낮은 온도인 경우에는 설정온도까지 냉각한 것) 2[mL]를 시료컵에 넣고 즉시 뚜껑 및 개폐기를 닫을 것

   ㉢ 시료컵의 온도를 **1분간** 설정온도로 유지할 것

   ㉣ 시험불꽃을 점화하고 화염의 크기를 직경 **4[mm]**가 되도록 조정할 것

   ㉤ **1분** 경과 후 개폐기를 작동하여 시험불꽃을 시료컵에 **2.5초간** 노출시키고 닫을 것. 이 경우 시험불꽃을 급격히 상하로 움직이지 않아야 한다.

   ㉥ ㉤의 방법에 의하여 인화한 경우에는 인화하지 않을 때까지 설정온도를 낮추고, 인화하지 않는 경우에는 인화할 때까지 설정온도를 높여 ㉡ 내지 ㉤의 조작을 반복하여 인화점을 측정할 것

③ **클리블랜드 개방컵 인화점측정기**에 의한 인화점 측정시험(세부기준 제16조)
  ㉠ 시험장소는 기압 1[atm], 무풍의 장소로 할 것
  ㉡ 인화점 및 연소점 시험방법 – 클리블랜드 개방컵 시험방법(KS M ISO 2592)에 의한 인화점측정기의 시료컵의 표선(標線)까지 시험물품을 채우고 시험물품의 표면의 기포를 제거할 것
  ㉢ 시험불꽃을 점화하고 화염의 크기를 직경 4[mm]가 되도록 조정할 것
  ㉣ 시험물품의 온도가 60초간 14[℃]의 비율로 상승하도록 가열하고 설정온도보다 55[℃] 낮은 온도에 달하면 가열을 조절하여 설정온도보다 28[℃] 낮은 온도에서 60초간 5.5[℃]의 비율로 온도가 상승하도록 할 것
  ㉤ 시험물품의 온도가 설정온도보다 28[℃] 낮은 온도에 달하면 시험불꽃을 시료컵의 중심을 횡단하여 일직선으로 1초간 통과시킬 것. 이 경우 시험불꽃의 중심을 시료컵 위쪽 가장자리의 상방 2[mm] 이하에서 수평으로 움직여야 한다.
  ㉥ ㉤의 방법에 의하여 인화하지 않는 경우에는 시험물품의 온도가 2[℃] 상승할 때마다 시험불꽃을 시료컵의 중심을 횡단하여 일직선으로 1초간 통과시키는 조작을 인화할 때까지 반복할 것
  ㉦ ㉥의 방법에 의하여 인화한 온도와 설정온도와의 차가 4[℃]를 초과하지 않는 경우에는 해당 온도를 인화점으로 할 것
  ㉧ ㉤의 방법에 의하여 인화한 경우 및 ㉥의 방법에 의하여 인화한 온도와 설정온도와의 차가 4[℃]를 초과하는 경우에는 ㉡ 내지 ㉥과 같은 순서로 반복하여 실시할 것

2 발화점

(1) 착화의 위험성 시험방법 및 판정기준(세부기준 제8조)

① 시험장소는 온도 20[℃], 습도 50[%], 기압 1[atm], 무풍의 장소로 할 것
② 두께 10[mm] 이상의 무기질의 단열판 위에 시험물품(건조용 실리카겔을 넣은 데시케이터 속에 온도 20[℃]로 24시간 이상 보존되어 있는 것) 3[cm^3] 정도를 둘 것. 이 경우 시험물품이 분말상 또는 입자상이면 무기질의 단열판 위에 반구상(半球狀)으로 둔다.
③ 액화석유가스의 불꽃(선단이 봉상(棒狀)인 착화기구의 확산염으로서 화염의 길이가 해당 착화기구의 구멍을 위로 향한 상태로 70[mm]가 되도록 조절한 것)을 시험물품에 10초간 접촉(화염과 시험물품의 접촉면적은 2[cm^2]로 하고 접촉각도는 30°로 한다)시킬 것
④ ② 및 ③의 조작을 10회 이상 반복하여 화염을 시험물품에 접촉할 때부터 시험물품이 착화할 때까지의 시간을 측정하고, 시험물품이 1회 이상 연소(불꽃 없이 연소하는 상태를 포함한다)를 계속하는지 여부를 관찰할 것

> 위의 방법에 의한 시험결과 불꽃을 시험물품에 접촉하고 있는 동안에 시험물품이 모두 연소하는 경우, 불꽃을 격리시킨 후 10초 이내에 연소물품의 모두가 연소한 경우 또는 불꽃을 격리시킨 후 10초 이상 계속하여 시험물품이 연소한 경우에는 **가연성 고체**에 해당하는 것으로 한다.

(2) 자연발화성의 시험방법 및 판정기준(세부기준 제11조)

① 고체의 공기 중 발화의 위험성의 시험방법 및 판정기준

㉠ 시험장소는 **온도 20[℃], 습도 50[%], 기압 1[atm], 무풍의 장소**로 할 것

㉡ 시험물품(300[μm]의 체를 통과하는 분말) 1[cm^3]를 직경 70[mm]인 화학분석용 자기 위에 설치한 직경 90[mm]인 여과지의 중앙에 두고 10분 이내에 자연발화하는지 여부를 관찰할 것. 이 경우 자연발화하지 않는 경우에는 같은 조작을 5회 이상 반복하여 1회 이상 자연발화하는지 여부를 관찰한다.

㉢ 분말인 시험물품이 ㉡의 방법에 의하여 자연발화하지 않는 경우에는 시험물품 2[cm^3]를 무기질의 단열판 위에 1[m]의 높이에서 낙하시켜 낙하 중 또는 낙하 후 10분 이내에 자연발화 여부를 관찰할 것. 이 경우 자연발화하지 않는 경우에는 같은 조작을 **5회 이상 반복**하여 **1회 이상 자연발화**하는지 **여부**를 관찰한다.

㉣ ㉠ 내지 ㉢의 방법에 의한 시험결과 자연발화하는 경우에는 자연발화성 물질에 해당하는 것으로 할 것

② 액체의 공기 중 발화의 위험성의 시험방법 및 판정기준

㉠ 시험장소는 온도 20[℃], 습도 50[%], 기압 1[atm], 무풍의 장소로 할 것

㉡ 시험물품 0.5[cm^3]를 직경 70[mm]인 자기에 20[mm]의 높이에서 전량을 30초간 균일한 속도로 주사기 또는 피펫을 써서 떨어뜨리고 10분 이내에 자연발화하는지 여부를 관찰할 것. 이 경우 자연발화하지 않는 경우에는 같은 조작을 5회 이상 반복하여 1회 이상 자연발화하는지 여부를 관찰한다.

㉢ ㉡의 방법에 의하여 자연발화하지 않는 경우에는 시험물품 0.5[cm^3]를 직경 70[mm]인 자기 위에 설치한 직경 90[mm]인 여과지에 20[mm]의 높이에서 전량을 30초간 균일한 속도로 주사기 또는 피펫을 써서 떨어뜨리고 10분 이내 자연발화하는지 또는 여과지를 태우는지 여부(여과지가 갈색으로 변하면 태운 것으로 본다)를 관찰할 것. 이 경우 자연발화하지 않는 경우 또는 여과지를 태우지 않는 경우에는 같은 조작을 5회 이상 반복하여 1회 이상 자연발화하는지 또는 여과지를 태우는지 여부를 관찰한다.

㉣ ㉠ 내지 ㉢의 방법에 의한 시험결과 자연발화하는 경우 또는 여과지를 태우는 경우에는 자연발화성 물질에 해당하는 것으로 할 것

(3) 금수성의 시험방법 및 판정기준(세부기준 제12조)

① 물과 접촉하여 발화하거나 가연성 가스를 발생할 위험성의 시험방법

㉠ 시험장소는 온도 20[℃], 습도 50[%], 기압 1[atm], 무풍의 장소로 할 것

㉡ 용량 500[cm^3]의 비커 바닥에 여과지 침하방지대를 설치하고 그 위에 직경 70[mm]의 여과지를 놓은 후 여과지가 뜨도록 침하방지대의 상면까지 20[℃]의 순수한 물을 넣고 시험물품 50[mm^3]을 여과지의 중앙에 둔(액체 시험물품에 있어서는 여과지의 중앙에 주사한다) 상태에서 발생하는 가스가 자연발화하는지 여부를 관찰할 것. 이 경우 자연발화하지 않는 경우에는 같은 방법으로 5회 이상 반복하여 1회 이상 자연발화하는지 여부를 관찰한다.

ⓒ ⓛ의 방법에 의하여 발생하는 가스가 자연발화하지 않는 경우에는 해당 가스에 화염을 가까이하여 착화하는지 여부를 관찰할 것

② ⓛ의 방법에 의하여 발생하는 가스가 자연발화하지 않거나 가스의 발생이 인지되지 않는 경우 또는 ⓒ의 방법에 의하여 착화되지 않는 경우에는 시험물품 2[g]을 용량 100[cm^3]의 원형 바닥의 플라스크에 넣고 이것을 40[℃]의 수조에 넣어 40[℃]의 순수한 물 50[cm^3]를 신속히 가한 후 직경 12[mm]의 구형의 교반자 및 자기교반기를 써서 플라스크 내를 교반하면서 가스 발생량을 1시간마다 5회 측정할 것

ⓜ 1시간마다 측정한 시험물품 1[kg]당의 가스 발생량의 최대치를 가스 발생량으로 할 것

ⓗ 발생하는 가스에 가연성 가스가 혼합되어 있는지 여부를 검지관, 가스크로마토그래프 등에 의하여 분석할 것

> 위의 방법에 의한 시험결과 자연발화하는 경우, 착화하는 경우 또는 가연성 성분을 함유한 **가스의 발생량이 200[L] 이상인 경우**에는 **금수성 물질**에 해당하는 것으로 한다.

3 가스분석

(1) 시험지법

가스 시험지와 가스 접촉 시 변색상태로 가스의 누출 유무를 검지하는 방법

[시료가스에 따른 시험지와 변색범위]

검지가스	시험지	변 색
산성 가스	적색 리트머스지	적 색
염기성 가스	적색 리트머스지	청 색
사이안화수소(HCN)	초산벤젠지(질산구리벤젠지)	청 색
아세틸렌(C_2H_2)	염화제일구리착염지	적 색
일산화탄소(CO)	염화파라듐지	흑 색
염소(Cl_2)	KI 전분지(아이오딘화칼륨 시험지)	청 색
포스겐($COCl_2$)	하리슨 시험지	오렌지색
황화수소(H_2S)	연당지(초산납 시험지)	흑 색

(2) 검지관법

① 검지관 사용 시 양쪽 끝을 잘라서 검지기를 이용하여 검지관에 시료가스를 흡입하면 시료가스는 검지기와 화학반응을 일으켜 검지관의 입구로부터 변색되어 나타나는 검지관의 변색 눈금에 따라 가스의 농도를 측정하는 방법

② 특 징
  ㉠ 조작과 보수가 간단하고 가볍다.
  ㉡ 측정시간이 짧고 직독식이다.
  ㉢ 유효기간이 길다.
  ㉣ 진공방식으로 오일을 사용하므로 내구성이 좋다.

(3) 가스분석법

① 시료가스 채취 시 주의사항
- ㉠ 배관은 수평 또는 수직으로 설치할 것
- ㉡ 가스성분과 반응하는 배관을 사용하지 말 것
- ㉢ 시료채취는 유속변동이 적은 안정한 곳을 택할 것
- ㉣ 시료가스의 시간 지연을 짧게 할 것

② **흡수분석법**

시료가스를 흡수액에 흡수시켜 흡수된 양으로 가스의 성분을 분석하는 방법

㉠ **오르자트(Orsat)법**
- 원리 : 시료가스를 흡수액에 흡수시켜 용량을 감소시켜 이산화탄소(CO_2), 산소(O_2), 일산화탄소(CO)의 가스농도를 분석하는 방법
- 특 징
  - 정도(精度)와 선택성이 좋다.
  - 흡수순서가 바뀌면 오차가 발생할 수도 있다.
- 흡수액

가 스	흡수액	성분[vol%]
CO_2	30[%] KOH용액	$[\%] = \dfrac{30[\%]\ KOH\ 용액의\ 흡수량}{시료\ 채취량} \times 100$
O_2	알칼리성 피로카롤용액	$[\%] = \dfrac{알칼리성\ 피로카롤용액의\ 흡수량}{시료\ 채취량} \times 100$
CO	암모니아성 염화제일구리용액	$[\%] = \dfrac{암모니아성\ 염화제일구리용액의\ 흡수량}{시료\ 채취량} \times 100$
질 소	-	$[\%] = 100 - (CO_2[\%] + O_2[\%] + CO[\%])$

- 가스흡수순서

> 이산화탄소(CO_2) → 산소(O_2) → 일산화탄소(CO)

㉡ 헴펠(Hempel)법
- 원리 : 시료가스를 흡수액에 흡수시켜 탄산가스(CO_2), 중탄화수소(C_mH_n), 산소(O_2), 일산화탄소(CO)의 순서로 가스가 흡수되어 가스의 농도를 분석하는 방법
- 흡수액

가스성분	흡수액
이산화탄소(CO_2)	약 30[%] KOH 용액(KOH 30[g] / 물 100[mL])
중탄화수소(C_mH_n)	무수황산 약 25[%]를 포함한 발연황산
산소(O_2)	알칼리성 피로카롤용액(KOH 60[g] / 물 100[mL] + 피로카롤 12[g] / 물 100[mL])
일산화탄소(CO)	암모니아성 염화제일구리용액(NH_4Cl 33[g] + CuCl 27[g] / 물 100[mL] + 암모니아수)

- 가스흡수순서

> 이산화탄소(CO_2) → 중탄화수소(C_mH_n) → 산소(O_2) → 일산화탄소(CO)

ⓒ 게겔(Gockel)법
 - 원리 : 이산화탄소, 아세틸렌, 노말 뷰테인, 에틸렌, 산소, 일산화탄소 등 저급 탄화수소의 분석에 사용된다.
 - 흡수액

가스성분	흡수액
이산화탄소	30[%] KOH 용액
아세틸렌	아이오딘화수은칼륨용액
프로필렌, 노말 뷰테인	87[%] 황산
에틸렌	브로민화수소(HBr)
산 소	알칼리성 피로카롤용액
일산화탄소(CO)	암모니아성 염화제일구리용액

(4) 기기분석법
① 가스크로마토그래피법(Gas Chromatograph, GC)
 ㉠ 원리 : 시료를 주사기로 시료주입부에 주입하여 기화된 성분들이 분리관(칼럼) 내에 들어있는 이동상인 운반가스(Carrier Gas)에 의하여 분배과정에 의해 각 성분별로 분리하는 분석방법으로 유기화합물에 대한 정성(定性) 및 정량(定量)분석에 이용된다.
 ㉡ 구성장치

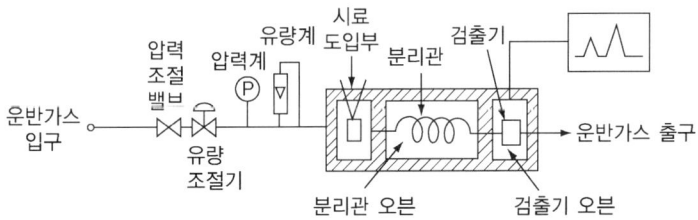

장치의 구성 : 시료주입부 → 분리관 → 검출기 → 기록장치

 - 운반가스(Carrier Gas) : 주입된 시료를 운반하는 가스
   - 운반가스는 불활성이고 고순도, 가격이 저렴하고 구입이 용이해야 한다.
   - 운반가스는 시료의 성분에는 거의 영향이 없어야 한다.
   - 운반가스의 선택은 검출기의 종류에 따라 달라진다.

운반가스 : 헬륨(He), 질소(N_2), 아르곤(Ar), 수소(H_2)

 - 시료주입부 : 시료의 적당량을 주사기로 주입하여 기화시키는 장치
   - 시료주입량은 적게 한다.
   - 시료의 기화온도 이상으로 주입온도를 결정한다.
 - 분리관(Column)
   - 충전칼럼(Packed Column) : 길이는 0.5~5[m], 내경은 1/8[inch] 또는 1/4[inch]의 유리관이나 스테인레스 칼럼이 있다.

- 모세관 칼럼(Capillary Column) : 길이는 10~50[m], 내경은 0.3~0.5[mm]의 내벽에 매우 얇은 막으로 코팅된 칼럼으로 분리능력은 크고 분석시간이 많이 걸린다.
• 검출기(Detector) : 칼럼에서 분리되어 나온 각각 성분을 검출하여 그 유량에 대응하는 응답을 나타내는 장치로서 온도는 분리관의 온도보다 20~30[℃] 정도 높게 설정한다.

종 류	특 징	운반가스	분석대상
불꽃이온화검출기 (FID)	• 무기가스나 물에 대해 응답하지 않는다. • 가장 널리 사용하는 검출기이다. • 시료는 검출되는 동안 파괴된다. • 가장 예민하고 넓은 농도범위에 걸쳐 직선적 감응을 나타낸다.	헬륨(He), 질소(N_2)	탄화수소계 유기화합물
열전도도검출기 (TCD)	• 시료는 검출되는 동안 파괴되지 않는다. • 감도안정에 시간이 걸리고 다른 검출기보다 나쁘다.	헬륨(He), 수소(H_2)	헬륨, 수소 이외의 가스
전자포획검출기 (ECD)	• 친화성이 큰 분자시료의 검출에 사용된다. • 할로젠화합물, 나이트로기, 과산화물과 같이 전기음성도가 큰 것은 감도가 예민하다. • 시료는 검출되는 동안 파괴되지 않는다. • 알코올 및 탄화수소에는 감도가 작용하지 않는다.	헬륨(He), 질소(N_2)	할로젠화합물, 나이트로화합물
불꽃광도검출기 (FPD)	• 황이나 인화합물에 선택성이 높은 검출기이다. • 탄화수소(C, H)는 감응하지 않는다. • 잔류농약, 대기오염물의 황화합물 측정에 감도가 좋다.	헬륨(He), 질소(N_2)	황, 인 함유 화합물

제6절 유류(가스)탱크 및 건축물에서 발생하는 현상

1 유류탱크에서 발생하는 현상

(1) 보일오버(Boil Over)
① 중질유탱크에서 장시간 조용히 연소하다가 탱크의 잔존기름이 갑자기 분출(Over Flow)하는 현상
② 연소유면으로부터 100[℃] 이상의 열파가 탱크저부에 고여 있는 물을 비등하게 하면서 연소유를 탱크 밖으로 비산하며 연소하는 현상

(2) 슬롭오버(Slop Over)
중질유탱크 등의 화재 시 열유층에 소화하기 위하여 물이나 포말을 주입하면 수분의 급격한 증발에 의하여 유면이 거품을 일으키거나 열유의 교란에 의하여 열유층 밑의 냉유가 급격히 팽창하여 유면을 밀어 올리는 위험한 현상

> 슬롭오버의 정의가 위험물기능장 시험에 종종 출제된다.

(3) 프로스오버(Froth Over)
물이 뜨거운 기름 표면 아래서 끓을 때 화재를 수반하지 않고 용기에서 넘쳐흐르는 현상

2 액화가스탱크에서 발생하는 현상

(1) 블레비(Boiling Liquid Expanding Vapor Explosion, BLEVE)
액화가스 저장탱크의 누설로 부유 또는 확산된 액화가스가 착화원과 접촉하여 액화가스가 공기 중으로 확산, 폭발하는 현상

3 일반건축물에서 발생하는 현상

(1) 백드래프트(Back Draft)
① 정 의
화재발생 시 건축물에 다량의 가연성 가스가 축적되어 있다가 출입문을 개방하였을 때 많은 신선한 공기가 유입되어 폭발적인 연소로 화염이 외부로 분출되는 현상을 말한다.
② 발생조건
㉠ 화재실의 온도가 600[℃] 이상일 때
㉡ 화재실이 충분히 가열되었을 때
㉢ 화재실의 이산화탄소의 농도가 12.5~74.2[%]일 때

(2) 롤오버(Roll Over)

화재발생 시 천장부근에 축적된 가연성 가스가 연소범위에 도달하면 천장 전체의 연소가 시작하여 불덩어리가 천장을 굴러다니는 것처럼 뿜어져 나오는 현상

(3) 플래시오버(Flash Over, FO)

① 플래시오버(Flash Over)의 정의

가연성 가스를 동반하는 연기와 유독가스가 방출하여 실내의 급격한 온도상승으로 실내 전체가 확산되어 연소하는 현상

② **플래시오버에 미치는 영향**
   ㉠ 개구부의 크기(개구율)
   ㉡ 내장재료
   ㉢ 화원의 크기
   ㉣ 가연물의 종류
   ㉤ 실내의 표면적
   ㉥ 건축물의 형태

③ 플래시오버의 지연대책
   ㉠ 두꺼운 내장재 사용
   ㉡ 열전도율이 큰 내장재 사용
   ㉢ 실내에 가연물 분산 적재
   ㉣ 개구부 많이 설치

④ 플래시오버 발생시간의 영향
   ㉠ 가연재료가 **난연재료**보다 **빨리 발생**
   ㉡ 열전도율이 작은 내장재가 빨리 발생
   ㉢ 내장재의 두께가 얇은 것이 빨리 발생
   ㉣ 벽보다 천장재가 크게 영향을 받는다.

Plus One 플래시오버(Flash Over)
- 발생시기 : **성장기**에서 **최성기**로 넘어가는 분기점
- 최성기시간 : 내화구조는 60분 후(950[℃]), 목조건물은 10분 후(1,100[℃]) 최성기에 도달

CHAPTER 01 실전예상문제

001
다음 중 연소와 관계되는 반응은?
① 산화반응 ② 환원반응
③ 치환반응 ④ 중화반응

해설
연소 : 가연물이 공기 중에서 산소와 반응하여 열과 빛을 동반하는 급격한 **산화반응**

정답 ①

002
연소가 잘 이루어지는 조건 중 옳지 않은 것은?
① 가연물의 발열량이 클 것
② 가연물의 열전도율이 클 것
③ 가연물의 표면적이 클 것
④ 가연성 가스가 많이 발생하는 것

해설
열전도율이 크면 열이 축적되지 않으므로 연소가 잘 일어나지 않는다.

정답 ②

003
다음 중 연소되기 어려운 물질은?
① 산소와 접촉 표면적이 넓은 물질
② 발열량이 큰 물질
③ 열전도율이 큰 물질
④ 건조한 물질

해설
가연물의 구비조건
• **열전도율이 작을 것**
• 발열량이 클 것
• 표면적이 넓을 것
• 산소와 친화력이 좋을 것
• 활성화에너지가 작을 것

정답 ③

004
연소할 때 고온체가 발하는 색깔로 온도를 측정할 수 있다. 다음 중 높은 온도의 순서대로 바르게 나열된 것은?
① 적색 < 황적색 < 암적색 < 휘적색 < 백적색
② 적색 < 황적색 < 휘적색 < 백적색 < 휘백색
③ 적색 < 휘적색 < 황적색 < 휘백색 < 백적색
④ 암적색 < 적색 < 휘적색 < 황적색 < 백적색

해설
연소 시 불꽃의 온도

색상	담암적색	암적색	적색	휘적색	황적색	백적색	휘백색
온도 [℃]	520	700	850	950	1,100	1,300	1,500 이상

정답 ④

005
다음 중 연소 시 온도와 색깔이 맞지 않는 것은 어느 것인가?

① 암적색 – 700[℃]
② 적색 – 850[℃]
③ 휘백색 – 1,100[℃]
④ 백적색 – 1,300[℃]

해설
문제 4번 참조

정답 ③

006
다음 기체 중 화학적 성질이 다른 것은?

① 질소　　② 플루오린
③ 아르곤　　④ 이산화탄소

해설
불연성 가스 : 질소, 아르곤, 이산화탄소

> 플루오린(F) : 할로젠화합물

정답 ②

007
연소의 3요소가 아닌 것은?

① 가연물　　② 산소공급원
③ 점화원　　④ 순조로운 연쇄반응

해설
연소의 3요소 : 가연물, 산소공급원, 점화원

> 연소의 4요소 : 가연물, 산소공급원, 점화원, 순조로운 연쇄반응

정답 ④

008
이산화탄소가 불연성인 이유는?

① 산화반응을 일으켜 열발생이 적기 때문
② 산소와의 반응이 천천히 진행되기 때문
③ 산소와 전혀 반응하지 않기 때문
④ 착화해도 곧 불이 꺼지므로

해설
이산화탄소(CO_2)는 산화완결반응이므로 산소와 더 이상 화합하지 않기 때문에 불연성이다.

정답 ③

009
다음 중 점화원이 될 수 없는 것은?

① 산화열　　② 마찰에 의한 불꽃
③ 정전기접지　　④ 전기불꽃

해설
점화원 : 전기불꽃, 정전기불꽃, 산화열, 충격·마찰에 의한 불꽃

> 기화열, 액화열 : 점화원이 아니다.

정답 ③

010
산소공급원이 될 수 없는 것은?

① 공 기　　　② 염소산칼륨
③ 산화칼륨　　④ 질산칼륨

해설
산소공급원 : 공기, 제1류 위험물(염소산칼륨, 질산칼륨), 제6류 위험물

정답 ③

011
다음 중 가연물의 구비조건으로 볼 수 없는 것은?

① 열전도율이 클 것
② 연소열량이 클 것
③ 화학적 활성이 강할 것
④ 활성화에너지가 작을 것

해설
가연물의 구비조건
- 열전도율이 작을 것
- 연소열량이 클 것
- 화학적 활성이 강할 것
- 활성화에너지가 작을 것

정답 ①

012
다음 중 가연물이 될 수 있는 것은?

① Ar　　　② SiO_2
③ N_2　　　④ Rb

해설
루비듐(Rb)은 **가연물**이다.

정답 ④

013
가연물에 대한 설명으로 옳지 않은 것은?

① 산소와의 친화력이 클수록 가연물이 되기 쉽다.
② 산소가 구성 원소로 되어 있는 유기물은 가연물이 될 수 있다.
③ 활성화에너지가 적을수록 가연물이 되기 쉽다.
④ 산화반응이지만 발열반응인 것은 가연물이 될 수 없다.

해설
가연물 : **산화반응**을 하고 **발열반응**을 하는 물질

정답 ④

014
위험물을 취급하는 장소에서 정전기를 유효하게 제거할 수 있는 방법이 아닌 것은?

① 접지에 의한 방법
② 상대습도를 70[%] 이상으로 하는 방법
③ 피뢰침을 설치하는 방법
④ 공기를 이온화하는 방법

해설
정전기 제거방법
- 접지에 의한 방법
- 상대습도를 70[%] 이상으로 하는 방법
- 공기를 이온화하는 방법

정답 ③

015
점화원인 중 화학적인 현상에 의해 발생하는 것은 무엇인가?
① 누 전 ② 정전기
③ 분 해 ④ 마 찰

해설
화학적인 현상 : 분해열, 연소열, 융해열

정답 ③

016
피뢰설비 설치 기준에서 피뢰침 1개 설치 시 돌침의 보호각은?
① 30° ② 45°
③ 60° ④ 75°

해설
피뢰침 설치 시 돌침의 보호각
• 피뢰침 1개 설치 : 45°
• 피뢰침 2개 설치 : 내각 60°, 외각 : 45°

정답 ②

017
파라핀의 연소형태는 어느 것인가?
① 표면연소
② 분해연소
③ 자기연소
④ 증발연소

해설
증발연소 : 파라핀, 황, 나프탈렌, 왁스

정답 ④

018
화재예방 시 자연발화를 방지하기 위한 일반적인 방법으로 틀린 것은?
① 통풍을 막는다.
② 저장실의 온도를 낮춘다.
③ 습도가 높은 장소를 피한다.
④ 열의 축적을 막는다.

해설
통풍을 잘 시켜야 자연발화를 방지할 수 있다.

정답 ①

019
인화성 액체 위험물의 성질과 화재위험에 직접적으로 관계가 있는 것은?
① 수용성과 인화성
② 비중과 인화성
③ 비중과 착화온도
④ 비중과 화재 확대성

해설
인화성 액체(제4류 위험물)의 화재위험 : 비중과 화재 확대성

정답 ④

020

불꽃은 있으나 불티가 없는 연소를 무엇이라고 하는가?

① 혼합연소 ② 표면연소
③ 자기연소 ④ 확산연소

해설
확산연소 : 불꽃은 있으나 불티가 없는 연소

정답 ④

021

다음 중 고체물질의 연소형태가 아닌 것은?

① 확산연소 ② 분해연소
③ 표면연소 ④ 증발연소

해설
고체의 연소형태
- **표면연소** : 목탄, 코크스, 숯, 금속분 등이 열분해에 의하여 가연성 가스를 발생하지 않고 그 물질 자체가 연소하는 현상
- **분해연소** : 석탄, 종이, 목재, 플라스틱 등의 연소 시 열분해에 의해 발생된 가스와 공기가 혼합하여 연소하는 현상
- **증발연소** : 황, 나프탈렌, 왁스, 파라핀 등과 같이 고체를 가열하면 열분해는 일어나지 않고 고체가 액체로 되어 일정온도가 되면 액체가 기체로 변화하여 기체가 연소하는 현상
- **자기연소**(내부연소) : 제5류 위험물인 나이트로셀룰로스, 질화면 등 그 물질이 가연물과 산소를 동시에 가지고 있는 가연물이 연소하는 현상

정답 ①

022

고체연료(무연탄, 목탄, 코크스)가 처음에는 화염을 내면서 연소하다가 점차 화염이 없어지고 공기접촉으로 계속되는 연소는?

① 확산연소 ② 증발연소
③ 분해연소 ④ 표면연소

해설
표면연소 : **무연탄, 목탄, 코크스**가 처음에는 화염을 내면서 연소하다가 점차 화염이 없어지고 공기접촉으로 계속되는 연소

정답 ④

023

다음 중 표면연소에 의하여 연소되는 물질은?

① 밀 랍
② 알루미늄분
③ 황
④ 아세틸렌

해설
연소형태

종 류	밀 랍	알루미늄분	황	아세틸렌
연소 구분	증발연소	표면연소	증발연소	불꽃연소

정답 ②

024

건축물 화재의 진행과정을 나열한 것 중 올바른 것은?

① 화원 → 최성기 → 성장기 → 감쇠기
② 화원 → 감쇠기 → 성장기 → 최성기
③ 화원 → 성장기 → 최성기 → 감쇠기
④ 화원 → 감쇠기 → 최성기 → 성장기

해설
화재 진행과정
화원 → 성장기 → 최성기 → 감쇠기

정답 ③

025

무염착화에 설명 중 맞는 것은?

① 가연물이 연소하여 재로 덮인 숯불 모양으로 불꽃 없이 착화하는 것
② 가연물에 산소를 공급하여 화재가 성장기에 이르는 과정
③ 가연물이 바람을 주어 불꽃이 발생되면서 착화하는 현상
④ 가연물에 질소를 공급하여 화재의 성장기에 이르는 과정

해설
무염착화 : 가연물이 연소하여 재로 덮인 숯불 모양으로 불꽃 없이 착화하는 것

정답 ①

026

일반 건축물의 화재 시 최성기에서 연소낙하까지의 시간은?

① 5~10분   ② 5~15분
③ 6~19분   ④ 13~24분

해설
풍속에 따른 연소시간

풍속[m/s]	발화 → 최성기	최성기 → 연소낙하	발화 → 연소낙하
0~3	5~15분	6~19분	13~24분

정답 ③

027

일반가연물의 비화연소(飛火燃燒) 현상은 풍향의 어느 쪽으로 발전하는가?

① 풍상(風上)
② 풍하(風下)
③ 풍상 및 풍하
④ 화점을 중심으로 하는 원주방향

해설
비화는 화재의 발생장소에서 불꽃이 날아가 먼 지역까지 발화하는 현상으로서 화점으로부터 풍하방향이 약 30°의 범위 내로 분포한다.

정답 ②

028

내화건축물의 화재에서 공기의 유동이 원활하면 연소는 급속히 진행되어 개구부에 진한 매연과 화염이 분출하고 실내는 순간적으로 화염이 충만하는 시기는?

① 초 기
② 성장기
③ 최성기
④ 중 기

해설
성장기 : 연소가 급격히 진행되어 실내에 진한 매연과 화염이 충만한 시기

정답 ②

029

출화 가옥의 기둥, 벽 등은 발화부를 향하여 도괴되는 경향이 있으므로 이곳을 출화부로 추정하는 것을 무엇이라 하는가?

① 접염비교법
② 탄화심도비교법
③ 도괴방향법
④ 연소비교법

해설
도괴방향법 : 출화 가옥의 기둥, 벽 등은 발화부를 향하여 도괴하는 경향이 있는 출화부로 추정하는 것

정답 ③

030

착화온도 600[℃]의 의미를 가장 잘 표현한 것은?

① 600[℃]로 가열하면 점화원이 있으면 불탄다.
② 600[℃]로 가열하면 비로소 인화된다.
③ 600[℃] 이하에서는 점화원이 있어도 인화되지 않는다.
④ 600[℃]로 가열하면 공기 중에서 스스로 불타기 시작한다.

해설
착화온도 600[℃]란 600[℃]로 가열하면 공기 중에서 스스로 불타기 시작한다는 의미이다.

정답 ④

031

금속이 덩어리 상태일 때보다 가루 상태일 때 연소위험성이 증가하는 이유로 볼 수 없는 것은?

① 표면적의 증가
② 겉보기 체적의 증가
③ 비열의 증가
④ 대전성의 증가

해설
가루 상태일 때 연소의 위험성
• 표면적의 증가
• 겉보기 체적의 증가
• 대전성의 증가

정답 ③

032
자연발화의 형태가 아닌 것은?

① 환원열에 의한 발열
② 분해열에 의한 발열
③ 산화열에 의한 발열
④ 흡착열에 의한 발열

해설
자연발화의 형태
- **산화열에 의한 발화** : 석탄, 건성유, 고무분말
- **분해열에 의한 발화** : 셀룰로이드, 나이트로셀룰로스
- **미생물에 의한 발화** : 퇴비, 먼지
- **흡착열에 의한 발화** : 목탄, 활성탄

정답 ①

033
자연발화(自然發火)의 조건으로 부적합한 것은?

① 발열량이 클 때
② 열전도율이 작을 때
③ 저장소 등 주위의 온도가 높을 때
④ 열의 축적이 작을 때

해설
자연발화의 조건
- 주위의 온도가 높을 것
- 열전도율이 작을 것
- 발열량이 클 것
- 표면적이 넓을 것
- 열의 축적이 클 것

정답 ④

034
위험물의 자연발화를 방지하기 위한 방법으로 틀린 것은?

① 통풍이 잘 되게 한다.
② 습도를 높게 한다.
③ 저장실의 온도를 낮춘다.
④ 열이 축적되지 않도록 한다.

해설
자연발화 방지법
- **습도를 낮게 할 것**
- 주위의 온도를 낮출 것
- 통풍을 잘 시킬 것
- 불활성 가스를 주입하여 공기와 접촉을 피할 것

정답 ②

035
자연발화를 일으키는 인자로서 거리가 먼 것은?

① 열의 축적
② 표면연소
③ 퇴적방법
④ 발열량

해설
자연발화를 일으키는 인자
- 열의 축적
- 퇴적방법
- 발열량
- 공기의 유동

정답 ②

036

다음 물질 중 증기비중이 가장 큰 것은?

① 이황화탄소 ② 사이안화수소
③ 에탄올 ④ 벤젠

해설
증기비중

종류	이황화탄소	사이안화수소	에탄올	벤젠
화학식	CS_2	HCN	C_2H_5OH	C_6H_6
증기비중	2.62	0.93	1.59	2.69

- 이황화탄소의 분자량 76, 증기비중 $= \dfrac{분자량}{29} = \dfrac{76}{29} = 2.62$

- 사이안화수소의 분자량 27, 증기비중 $= \dfrac{27}{29} = 0.93$

- 에탄올의 분자량 46, 증기비중 $= \dfrac{46}{29} = 1.59$

- 벤젠의 분자량 78, 증기비중 $= \dfrac{78}{29} = 2.69$

정답 ④

037

40[%]의 산소 60[%]의 질소로 구성되어 있는 기체 혼합물의 평균분자량은 몇 [g/mol]인가?

① 20.1 ② 22.2
③ 26.4 ④ 29.6

해설
평균분자량 $= (32 \times 0.4) + (28 \times 0.6) = 29.6$

정답 ④

038

공기의 성분이 다음 [표]와 같을 때 공기의 평균 분자량을 구하면 얼마인가?

성분	분자량	부피함량[%]
질소	28	78
산소	32	21
아르곤	40	1

① 28.84 ② 28.96
③ 29.12 ④ 29.44

해설
공기의 평균분자량 $= (28 \times 0.78) + (32 \times 0.21) + (40 \times 0.01)$
$= 28.96$

정답 ②

039

공기의 평균분자량을 29라 할 때 에탄올 증기의 비중은?

① 1.59 ② 1.2
③ 15.9 ④ 2.3

해설
증기비중 $= \dfrac{분자량}{29} = \dfrac{46}{29} = 1.586$

에탄올(C_2H_5OH)의 분자량 : 46

정답 ①

040

가연성 혼합기체에 전기적 스파크로 점화 시 착화하기 위하여 필요한 최소한의 에너지를 최소착화에너지라 하는데 최소착화에너지를 구하는 식을 옳게 나타낸 것은?(단, C : 콘덴서의 용량, V : 전압, T : 전도율, F : 점화상수이다)

① FVT^2
② FCV^2
③ $\frac{1}{2}CV^2$
④ CV

해설
최소착화에너지 $E = \frac{1}{2}CV^2$

정답 ③

041

정전기의 방전에너지는 $E = \frac{1}{2}CV^2$로 표시한다. 이때 C의 단위는?

① 줄(Joule)
② 다인(Dyne)
③ 패럿(Farad)
④ 볼트(Volt)

해설
정전기 방전에너지

$$E = \frac{1}{2}CV^2 = \frac{1}{2}QV[J]$$

여기서, V : 대전전위[V]
C : 도체의 정전용량[Farad]
Q : 대전전하량[C]

정답 ③

042

위험물 취급 시 정전기가 발생시킬 수 있는 일반적인 재해는?

① 감전 사고
② 강한 화학반응
③ 가열로 인한 화재
④ 점화원으로 불꽃방전을 일으켜 화재

해설
점화원으로 불꽃방전을 일으키는 것은 정전기가 발생하는 재해로 볼 수 있다.

정답 ④

043

위험물의 자연발화를 예방하기 위한 방법으로 적당하지 않은 것은?

① 유기금속화합물은 적절한 용제 또는 불활성의 가스를 봉입한다.
② 발화가 잘 되지 않도록 가급적 습도가 높은 곳에 저장한다.
③ 활성이 강한 황린은 물속에 저장한다.
④ 금속분은 황산, 질산, 클로로술폰산 등의 강산류와의 접촉을 방지한다.

해설
습도가 높은 곳을 피하여 저장해야 자연발화를 방지한다.

정답 ②

044
다음 중 조연성 물질이 아닌 것은?

① 산소(O_2)　　② 공 기
③ 수소(H_2)　　④ 염소(Cl_2)

해설
수소 : 압축성 가스로서 **가연성 가스**

> 조연성 가스 : 자신은 연소하지 않고 연소를 도와주는 가스(산소, 공기, 염소, 플루오린, 오존)

정답 ③

045
다음 중 지연성(조연성) 가스는?

① 이산화탄소
② 아세트알데하이드
③ 이산화질소
④ 산화프로필렌

해설
가스의 종류
- **지연성 가스** : 자신은 연소하지 않고 연소를 도와주는 가스 (산소, 공기, 염소, **이산화질소**)
- 불연성 가스 : 연소하지 않는 가스(이산화탄소, 질소)
- 위험물 : 인화성, 발화성 등의 성질을 가지는 것으로서 대통령령이 정하는 물품(아세트알데하이드, 산화프로필렌 등 제1류 위험물~제6류 위험물)

정답 ③

046
다음 중 비독성 가스는?

① F_2　　② C_2H_4O
③ N_2O　　④ CH_3Cl

해설
독성 가스 : 허용농도가 200[ppm] 이하인 가스

종 류	플루오린 (F_2)	산화에틸렌 (C_2H_4O)	염화메테인 (CH_3Cl)
허용농도	0.1[ppm]	50[ppm]	100[ppm]

정답 ③

047
가연물을 가열할 때 가연성 증기를 발생하는 최저온도는?

① 발화점　　② 폭발점
③ 인화점　　④ 연수점

해설
인화점 : 가연물을 가열할 때 가연성 증기를 발생하는 최저온도

정답 ③

048
같은 의미의 것을 조합해 놓은 것은?

① 화합과 혼합
② 농축과 액화
③ 산화와 환원
④ 연소한계와 폭발범위

해설
연소한계 = 연소범위 = 폭발한계 = 폭발범위

정답 ④

049
석유류가 연소할 때 불쾌한 냄새를 내며 취급 장치를 부식시키는 불순물은?

① 수소화합물 ② 산소화합물
③ 질소화합물 ④ 황화합물

해설
황화합물 : 연소할 때 **불쾌한 냄새**를 내며 장치를 부식시킨다.

> 황화수소(H_2S) : 계란 썩는 냄새

정답 ④

050
이산화탄소소화약제 사용 시 소화약제에 의한 피해도 발생할 수 있는데 공기 중에서 기화하여 기상의 이산화탄소로 되었을 때 인체에 대한 허용농도는?

① 100[ppm] ② 3,000[ppm]
③ 5,000[ppm] ④ 10,000[ppm]

해설
이산화탄소의 허용농도 : 5,000[ppm](0.5[%])

정답 ③

051
다음 물질 중 혼합물인 것은?

① 염화수소 ② 암모니아
③ 공 기 ④ 이산화탄소

해설
공기는 **혼합물**이고, 염화수소(HCl), 암모니아(NH_3), 이산화탄소(CO_2)는 화합물이다.

> 공기의 조성 : 산소 21[%], 질소 78[%], 아르곤, 이산화탄소 등 1[%]

정답 ③

052
다음 동소체와 연소생성물의 연결이 잘못된 것은?

① 다이아몬드, 흑연 – 일산화탄소
② 사방황, 단사황 – 이산화황
③ 흰인, 붉은인 – 오산화인
④ 산소, 오존 – 없음

해설
동소체 : 같은 원소로 되어 있으나 성질과 모양이 다른 단체(질소는 동소체가 없다)

원 소	동소체	연소생성물
탄소(C)	다이아몬드, 흑연	이산화탄소(CO_2)
황(S)	사방황, 단사황, 고무상황	이산화황(SO_2)
인(P)	적린(붉은인), 황린(흰인)	오산화인(P_2O_5)
산소(O)	산소, 오존	–

> 동소체의 구별 : 연소생성물의 확인

정답 ①

053
다음 중 폭발에 대한 내용을 바르게 설명한 것은?

① 가연성 기체 또는 액체의 열의 발생속도가 열의 일산속도를 상회하는 현상
② 가연성 기체 또는 액체의 열의 일산속도가 열의 발생속도를 상회하는 현상
③ 가연성 기체 또는 액체의 열의 발생속도가 열의 연소속도를 상회하는 현상
④ 가연성 기체 또는 액체의 열의 연소속도가 열의 발생속도를 상회하는 현상

해설
폭발 : 가연성 기체 또는 액체의 열의 **발생속도**가 열의 **일산속도**를 상회하는 현상

정답 ①

054
폭굉현상에 대한 설명으로 틀린 것은?
① 폭굉 범위는 1,000~3,500[m/s]이다.
② 하이드라진, 아세틸렌 등은 고압하에서 폭굉현상을 일으킨다.
③ 순수한 물질에 있어서도 그 분해열이 정압일 때는 폭굉을 일으킨다.
④ 폭굉파의 속도가 3,000[m/s]일 때 충돌압력은 0.7~0.8[MPa] 정도이다.

해설
폭굉파의 속도 : 1,000~3,500[m/s]

정답 ④

055
다음 그림에서 C_1과 C_2 사이를 무엇이라 하는가?

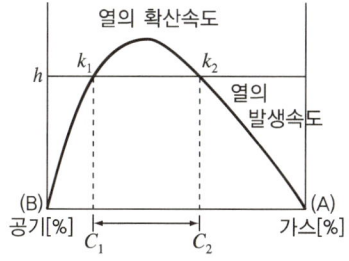

① 폭발범위 ② 발열량
③ 흡열량   ④ 안전범위

해설
C_1~C_2 : 폭발범위

정답 ①

056
분진폭발을 방지하기 위한 방법은?
① 햇빛을 막아야 한다.
② 위험물의 분말과 공기와의 접촉을 막아야 한다.
③ 습한 공기를 피해야 한다.
④ 저온을 피해야 한다.

해설
분진폭발은 가연물이 공기 중에 분포되어 있다가 점화원이 있으면 폭발하므로 공기와의 접촉을 막아야 한다.

정답 ②

057
분진폭발에 대한 설명으로 옳지 않은 것은?
① 밀폐공간 내 분진운이 부유할 때 폭발위험성이 있다.
② 충격, 마찰도 착화에너지가 될 수 있다.
③ 2차, 3차 폭발의 발생우려가 없으므로 1차 폭발 소화에 주력해야 한다.
④ 산소의 농도가 증가하면 대형화될 수 있다.

해설
분진폭발은 폭발하면 위험하고 2차, 3차 폭발의 발생우려가 있다.

정답 ③

058
다음 중 분진폭발을 일으키지 않는 것은?
① 생석회 ② 마그네슘
③ 티 탄 ④ 알루미늄

해설
분진폭발을 일으키는 물질
- 마그네슘
- 알루미늄
- 적 린
- 티 탄
- 황

분진폭발을 하지 않는 물질 : 생석회, 석회석, 시멘트분

정답 ①

059
다음 중 분진폭발의 위험이 없는 것은?
① 금속분 ② 밀가루
③ 플라스틱분 ④ 염소산칼륨의 가루

해설
분진폭발의 위험이 있는 것 : 금속분(알루미늄분, 아연분), 철분, 밀가루, 플라스틱분, 황

정답 ④

060
분진폭발의 상한값은 대체로 어느 정도인가?
① 25[mg/L] ② 45[mg/L]
③ 80[mg/L] ④ 100[mg/L]

해설
분진폭발의 범위 : 25~80[mg/L]

정답 ③

061
다음 중 분진폭발의 위험성이 가장 적은 것은 어느 것인가?
① 황 분 ② 알루미늄분
③ 석탄분 ④ 석회분

해설
분진폭발 : 황, 알루미늄, 석탄, 밀가루, 마그네슘 등

정답 ④

062
다음 공기 중에서 연소범위가 가장 넓은 것은?
① 수 소 ② 뷰테인
③ 다이에틸에터 ④ 아세틸렌

해설
연소범위

종류	수 소	뷰테인	다이에틸에터	아세틸렌
연소범위	4.0~75[%]	1.8~8.4[%]	1.7~48.0[%]	2.5~81.0[%]

정답 ④

063

폭발범위에 대한 설명으로 옳은 것은?

① 압력이 높을수록 폭발범위는 좁아진다.
② 산소와 혼합할 경우에는 폭발범위는 좁아진다.
③ 온도가 높을수록 폭발범위는 넓어진다.
④ 폭발범위 상한과 하한의 차가 적을수록 위험하다.

해설

폭발범위와 화재의 위험성
- 하한계가 낮을수록 위험하다.
- 상한계가 높을수록 위험하다.
- 연소범위가 넓을수록 위험하다.
- **온도(압력)가 상승할수록 위험**(하한계는 불변, 상한계는 증가)**하다**(단, 일산화탄소는 압력상승 시 연소범위가 감소).

정답 ③

064

중질유탱크 등의 화재 시 물이나 포말을 주입하면 수분의 급격한 증발에 의하여 유면이 거품을 일으키거나 열류의 교란에 의하여 열류층 밑의 냉유가 급격히 팽창하여 유면을 밀어 올리는 위험한 현상은?

① Boil-Over현상
② Slop-Over현상
③ Water Hammer현상
④ Priming현상

해설

Slop-Over현상에 대한 설명이다.

정답 ②

065

자연발화성 물질을 측정하기 위하여 시험장소의 조건으로 맞는 것은?

① 온도 25[℃], 습도 20[%], 기압 1[atm], 풍속 1[m/s]의 장소로 한다.
② 온도 25[℃], 습도 50[%], 기압 1[atm], 무풍의 장소로 한다.
③ 온도 20[℃], 습도 20[%], 기압 1[atm], 풍속 1[m/s]의 장소로 한다.
④ 온도 20[℃], 습도 50[%], 기압 1[atm], 무풍의 장소로 한다.

해설

자연발화성 물질의 시험장소 : 온도 20[℃], 습도 50[%], 기압 1[atm], 무풍의 장소로 한다(세부기준 제11조).

정답 ④

066

위험물안전관리에 관한 세부기준의 산화성 시험방법 중 분립상 물품의 산화성으로 인한 위험성의 정도를 판단하기 위한 연소시험에서 표준물질의 연소시험에 대한 설명으로 옳은 것은?

① 표준물질과 목분을 중량비 1 : 1로 섞어 혼합물 30[g]을 만든다.
② 표준물질과 목분을 중량비 2 : 1로 섞어 혼합물 30[g]을 만든다.
③ 표준물질과 목분을 중량비 2 : 1로 섞어 혼합물 60[g]을 만든다.
④ 표준물질과 목분을 중량비 1 : 1로 섞어 혼합물 60[g]을 만든다.

해설

산화성 시험방법의 연소시험에서 표준물질과 목분을 중량비 1 : 1로 섞어 혼합물 30[g]을 만든다.

정답 ①

067
플래시오버(Flash Over)란?

① 건물화재에서 가연물이 착화하여 연소하기 시작하는 단계이다.
② 건물화재에서 발생한 가연가스가 일시에 인화하여 화염이 충만하는 단계이다.
③ 건물화재에서 화재가 쇠퇴기에 이른 단계이다.
④ 건물화재에서 가연물의 연소가 끝난 단계이다.

해설
Flash Over는 가연성 가스를 동반하는 연기와 유독가스가 방출하여 실내의 급격한 온도상승으로 실내 전체가 순간적으로 연기가 충만하는 현상으로 이때의 온도가 800~900[℃]이다.

정답 ②

068
다음 중 Flash Over를 바르게 나타낸 것은?

① 에너지가 느리게 집적되는 현상
② 가연성 가스가 방출되는 현상
③ 가연성 가스가 분해되는 현상
④ 폭발적인 착화현상

해설
Flash Over : 폭발적인 착화현상

정답 ④

069
플래시오버에 대한 설명을 나타내고 있는 것은?

① 목조건물로서 연소온도는 100[℃]이다.
② 무염착화와 동시에 일어난다.
③ 순발적인 연소확대현상이다.
④ 느리게 연소되어 점차적으로 온도가 올라간다.

해설
플래시오버 : 순발적인 연소확대현상

정답 ③

070
Flash Over에 영향을 미치지 않는 것은?

① 개구율   ② 내장재료
③ 화원의 크기   ④ 방화구획

해설
플래시오버에 미치는 영향
- 개구부의 크기(개구율)
- 내장재료
- 화원의 크기
- 가연물의 종류
- 실내의 표면적
- 건축물의 형태

정답 ④

071

플래시오버(Flash Over) 발생시간과 내장재의 관계에 대한 설명 중 틀린 것은?

① 벽보다 천장재가 크게 영향을 받는다.
② 난연재료는 가연재료보다 빨리 발생한다.
③ 열전도율이 작은 내장재가 빨리 발생한다.
④ 내장재의 두께가 얇은 쪽이 빨리 발생한다.

해설
불의 영향을 바로 받는 천장, 가연재료, 열전도율이 작을수록, 내장재의 두께가 얇을수록 연소는 빨리 일어나 Flash Over에 빨리 도달한다.

정답 ②

072

건물화재 시 플래시오버의 발생시간과 관계없는 것은?

① 내장재료　　② 개구율
③ 화원의 크기　④ 건물높이

해설
건물화재 시 Flash Over 발생시간은 내장재료, 화원의 크기, 개구율 등과 관계가 있으나 건물높이와는 관계가 없다.

정답 ④

073

플래시오버의 지연대책으로 틀린 것은?

① 두께가 얇은 내장재료를 사용한다.
② 열전도율이 큰 내장재료를 사용한다.
③ 주요구조부를 내화구조로 하고 개구부를 많게 설치한다.
④ 실내가연물은 소량씩 분산 저장한다.

해설
Flash Over의 **지연대책**으로 두께가 두꺼운 내장재료를 사용한다.

정답 ①

074

내화건축물의 화재 시 플래시오버현상은 어느 과정에서 주로 발생하는가?

① 화재의 초기　　② 화재의 성장기
③ 화재의 최성기　④ 화재의 종기

해설
플래시오버(Flash Over)는 **성장기**에서 최성기로 넘어가는 단계에서 발생하고 이때 온도는 800~900[℃]이다.

정답 ②

075

Back Draft에 관한 설명 중 옳지 않은 것은?

① 가연성 가스의 발생량이 많고, 산소의 공급이 일정하지 않은 경우에 발생한다.
② 내화건물의 화재 초기에 작은 실에서 많이 발생한다.
③ 화염이 숨 쉬는 것처럼 분출이 반복되는 현상이다.
④ 공기의 공급이 원활한 경우에는 발생하지 않는다.

해설

Back Draft

- 정의 : 밀폐된 공간에서 화재발생 시 산소부족으로 불꽃을 내지 못하고 가연성 가스만 축적되어 있는 상태에서 갑자기 문을 개방하면 신선한 공기 유입으로 폭발적인 연소가 시작되는 현상
- 발생원인
  - 적절한 배기가 되지 않을 때
  - 공기의 공급이 원활하지 않을 때
  - 가스 발생량이 많을 때

정답 ②

076

122.5[g]의 염소산칼륨($KClO_3$)을 가열하여 740[mmHg] 30[℃]에서 발생하는 산소(O_2)는 몇 [L]인가?

① 18.42
② 28.42
③ 38.30
④ 48.42

해설

염소산칼륨의 분해반응식

$2KClO_3 \rightarrow 2KCl + 3O_2$
$2 \times 122.5[g]$ — $3 \times 32[g]$
$122.5[g]$ — x

$\therefore x = 48[g]$

$V = \dfrac{WRT}{PM} = \dfrac{48 \times 0.08205 \times 303}{\left(\dfrac{740}{760}\right) \times 1[atm] \times 32} = 38.30[L]$

정답 ③

077

질산칼륨 202[g]이 분해하여 생성되는 산소는 STP에서 몇 [L]인가?

① 11.2[L]
② 22.4[L]
③ 44.8[L]
④ 99.6[L]

해설

질산칼륨의 분해반응식

$2KNO_3 \rightarrow 2KNO_2 + O_2$
$2 \times 101[g]$ — $22.4[L]$
$202[g]$ — x

$\therefore x = 22.4[L]$

※ 표준상태(0[℃], 1[atm])에서 기체 1[g-mol]이 차지하는 부피 : 22.4[L]

정답 ②

078

질산암모늄 80[g]이 완전히 폭발하면 약 몇 [L]의 기체를 생성하는가?(단, 1기압, 300[℃]를 기준으로 한다)

① 70.5
② 112.2
③ 78.4
④ 67.2

해설

질산암모늄의 분해반응식

$2NH_4NO_3 \rightarrow 4H_2O + 2N_2 + O_2 \uparrow$

- 질소의 부피
  $2NH_4NO_3 \rightarrow 4H_2O + 2N_2 + O_2 \uparrow$
  $2 \times 80[g]$ — $2 \times 22.4[L]$
  $80[g]$ — x

  $\therefore x = \dfrac{80[g] \times 2 \times 22.4[L]}{2 \times 80[g]} = 22.4[L]$

- 산소의 부피
  $2NH_4NO_3 \rightarrow 4H_2O + 2N_2 + O_2 \uparrow$
  $2 \times 80[g]$ — $22.4[L]$
  $80[g]$ — x

  $\therefore x = \dfrac{80[g] \times 22.4[L]}{2 \times 80[g]} = 11.2[L]$

- 두 가스의 부피를 합하여 온도를 보정하면
  $V_2 = V_1 \times \dfrac{T_2}{T_1}$
  $= (22.4 + 11.2)[L] \times \dfrac{273 + 300[K]}{273[K]} = 70.52[L]$

정답 ①

079

물(H_2O) 10[mol]이 생성될 때 반응한 NH_4NO_3은 몇 [mol]이 필요한가?

① 1[mol] ② 2[mol]
③ 3[mol] ④ 5[mol]

해설
질산암모늄의 분해반응식
$2NH_4NO_3 \rightarrow 2N_2 + O_2 + 4H_2O$
2[mol] ——————— 4[mol]
 x ——————— 10[mol]

$\therefore x = \dfrac{2[mol] \times 10[mol]}{4[mol]} = 5[mol]$

정답 ④

080

탄화칼슘(카바이드) 64[g]이 물과 반응할 때 발생하는 기체는 표준상태에서 몇 [L]인가?(단, CaC_2 분자량 64)

① 11.2[L] ② 18.2[L]
③ 22.4[L] ④ 44.8[L]

해설
탄화칼슘과 물의 반응식
$CaC_2 + 2H_2O \rightarrow Ca(OH)_2 + C_2H_2$
64[g] ——————— 22.4[L]
64[g] ——————— x

$\therefore x = 22.4[L]$

※ 표준상태(0[℃], 1기압)에서 기체 1[g/g-mol]이 차지하는 부피 : 22.4[L]

정답 ③

081

아세틸렌가스가 완전 연소할 때 아세틸렌 26[kg]을 연소시키는 데 필요한 산소의 양[m^3]은 얼마인가?

① 26 ② 28
③ 56 ④ 72

해설
아세틸렌가스의 완전 연소반응식
$2C_2H_2 + 5O_2 \rightarrow 4CO_2 + 2H_2O$
2×26[kg] ——— 5×22.4[m^3]
26[kg] ——————— x

$\therefore x = 56[m^3]$

정답 ③

082

CaC_2 128[g]이 물과 반응하여 생성되는 아세틸렌가스를 완전 연소시키는 데 필요한 산소는 0[℃], 1[atm]에서 몇 [L]인가?(단, CaC_2 분자량은 64)

① 28[L] ② 56[L]
③ 84[L] ④ 112[L]

해설
탄화칼슘과 물의 반응
• $CaC_2 + 2H_2O \rightarrow Ca(OH)_2 + C_2H_2$
   64[g] ——————— 26[g]
  128[g] ——————— x

$\therefore x = 52[g]$

• $2C_2H_2 + 5O_2 \rightarrow 4CO_2 + 2H_2O$
  2×26[g] ——— 5×22.4[L]
  52[g] ——————— x

$\therefore x = 112[L]$

정답 ④

083

100[kg]의 이황화탄소(CS_2)가 물과 반응 시 발생하는 유독가스인 황화수소 발생량은 압력 800[mmHg] 30[℃]에서 몇 [m³]인가?

① 42.3 ② 52.3
③ 62.3 ④ 72.3

해설

$CS_2 + 2H_2O \rightarrow 2H_2S + CO_2$
76[kg] ╲╱ 2×34[kg]
100[kg] ╱╲ x

∴ $x = 89.47$[kg]

$PV = \dfrac{W}{M}RT$ 에서 온도와 압력을 보정하면

$V = \dfrac{WRT}{PM} = \dfrac{89.47 \times 0.08205 \times 303}{\left(\dfrac{800}{760}\right) \times 1[\text{atm}] \times 34[\text{kg/kg-mol}]} = 62.15[\text{m}^3]$

※ 0.08205[m³·atm/kg-mol·K]

정답 ③

084

다음의 연소반응식에서 트라이에틸알루미늄 114[kg]이 산소와 반응하여 연소할 때 약 몇 [kcal]의 열을 방출하겠는가?

$2(C_2H_5)_3Al + 21O_2 \rightarrow$ $12CO_2 + Al_2O_3 + 15H_2O + 1,470[\text{kcal}]$

① 375 ② 735
③ 1,470 ④ 2,205

해설

연소반응식
$2(C_2H_5)_3Al + 21O_2 \rightarrow 12CO_2 + Al_2O_3 + 15H_2O + 1,470$[kcal]
2×114[kg] ─────── 1,470[kcal]
114[kg] ─────── x

∴ $x = \dfrac{114 \times 1,470}{2 \times 114} = 735$[kcal]

정답 ②

085

표준상태에서 TEA 1몰[mol]이 연소되며 발생되는 가스는 몇 [L]가 되는가?

① 114.4[L] ② 124.4[L]
③ 134.4[L] ④ 144.4[L]

해설

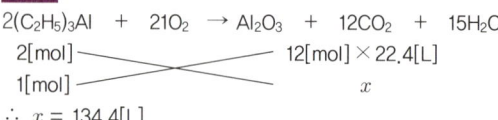

2[mol] ─────── 12[mol]×22.4[L]
1[mol] ─────── x

∴ $x = 134.4$[L]

정답 ③

086

트라이에틸알루미늄 19[kg]이 물과 반응하였을 때 생성되는 가연성 가스는 표준상태에서 몇 [m³]인가? (단, 알루미늄의 원자량은 27이다)

① 11.2 ② 22.4
③ 33.6 ④ 44.8

해설

트라이에틸알루미늄과 물의 반응식
$(C_2H_5)_3Al + 3H_2O \rightarrow Al(OH)_3 + 3C_2H_6 \uparrow$
114[kg] ─────── 3×22.4[m³]
19[kg] ─────── x

∴ $x = \dfrac{19[\text{kg}] \times 3 \times 22.4[\text{m}^3]}{114[\text{kg}]} = 11.2[\text{m}^3]$

정답 ①

087

카바이드 3[mol]과 물 6[mol]이 완전히 반응하면 몇 [L]의 아세틸렌이 발생하는가?

① 22.4[L]   ② 44.8[L]
③ 67.2[L]   ④ 84.6[L]

해설
카바이드와 물의 반응식
$$CaC_2 + 2H_2O \rightarrow Ca(OH)_2 + C_2H_2$$
1[mol] ─────────────── 22.4[L]
3[mol] ─────────────── x

$$\therefore x = \frac{3[\text{mol}] \times 22.4[\text{L}]}{1[\text{mol}]} = 67.2[\text{L}]$$

정답 ③

088

금속칼륨 10[g]을 물에 녹였을 때 이론적으로 발생하는 기체는 약 몇 [g]인가?

① 0.12[g]   ② 0.26[g]
③ 0.32[g]   ④ 0.52[g]

해설
칼륨과 물의 반응식
$$2K + 2H_2O \rightarrow 2KOH + H_2 \uparrow$$
2×39[g] ─────────── 2[g]
10[g] ─────────── x

$$\therefore x = \frac{10[\text{g}] \times 2[\text{g}]}{2 \times 39[\text{g}]} = 0.256[\text{g}]$$

정답 ②

089

에틸알코올 230[g]이 완전 연소할 때 표준상태에서 필요한 산소[L] 및 이론공기량[L]은 얼마인가?

① 336[L], 1,600[L]
② 236[L], 1,200[L]
③ 236[L], 1,600[L]
④ 336[L], 1,200[L]

해설
에틸알코올의 연소반응식
$$C_2H_5OH + 3O_2 \rightarrow 2CO_2 + 3H_2O$$
46[g] ─────────── 3×22.4[L]
230[g] ─────────── x

- 이론산소량 $x = \dfrac{230[\text{g}] \times 3 \times 22.4[\text{L}]}{46[\text{g}]} = 336[\text{L}]$

- 이론공기량 $= \dfrac{336[\text{L}]}{0.21} = 1,600[\text{L}]$

정답 ①

090

분말소화약제로 사용하는 탄산수소나트륨 126[g]이 완전히 분해되었을 때 생성되는 이산화탄소의 체적은 표준상태에서 몇 [L]인가?(단, 원자량 Na : 23, H : 1, C : 12, O : 16이다)

① 12.8[L]   ② 15.8[L]
③ 16.8[L]   ④ 17.8[L]

해설
$$2NaHCO_3 \rightarrow Na_2CO_3 + CO_2 + H_2O$$
2×84[g] ─────────── 22.4[L]
126[g] ─────────── x

$$\therefore x = \frac{126[\text{g}] \times 22.4[\text{L}]}{2 \times 84[\text{g}]} = 16.8[\text{L}]$$

정답 ③

091

산·알칼리소화기에서 44.8[m³]의 CO_2를 얻으려면 $NaHCO_3$와 H_2SO_4 각각 몇 [kg]씩 필요한가?(단, 표준상태이다)

① 0.168[kg], 0.98[kg]
② 84[kg], 49[kg]
③ 84[kg], 98[kg]
④ 168[kg], 98[kg]

해설

산·알칼리소화기의 반응식
- 중탄산나트륨의 양을 구하면

$$H_2SO_4 + 2NaHCO_3 \rightarrow Na_2SO_4 + 2H_2O + 2CO_2\uparrow$$

$$\begin{array}{cc} 2\times 84[kg] & 2\times 22.4[m^3] \\ x & 44.8[m^3] \end{array}$$

$$\therefore x = \frac{2\times 84[kg] \times 44.8[m^3]}{2\times 22.4[m^3]} = 168[kg]$$

- 황산의 양을 구하면

$$H_2SO_4 + 2NaHCO_3 \rightarrow Na_2SO_4 + 2H_2O + 2CO_2\uparrow$$

$$\begin{array}{cc} 98[kg] & 2\times 22.4[m^3] \\ x & 44.8[m^3] \end{array}$$

$$\therefore x = \frac{98[kg] \times 44.8[m^3]}{2\times 22.4[m^3]} = 98[kg]$$

정답 ④

092

$NH_4H_2PO_4$ 115[kg]이 완전 열분해하여 메타인산, 암모니아와 수증기로 되었을 때 메타인산은 몇 [kg]이 생성되는가?(단, P의 원자량은 31이다)

① 36
② 40
③ 80
④ 115

해설

제3종 분말 열분해반응식

$$NH_4H_2PO_4 \rightarrow HPO_3 + NH_3 + H_2O$$

$$\begin{array}{cc} 115[kg] & 80[kg] \\ 115[kg] & x \end{array}$$

$$\therefore x = \frac{115[kg]\times 80[kg]}{115[kg]} = 80[kg]$$

※ 반응할 때 분자량만큼 반응하므로, 제일인산암모늄 115[kg]이 분해하면 메타인산(HPO_3)은 80[kg]이 생성된다.

정답 ③

위험물 유별 성질 및 취급

※ 위험물의 물성은 "국가위험물통합정보시스템(https://hazmat.nfa.go.kr/)"의 자료를 근거로 작성하였습니다.

제1절 제1류 위험물

1 제1류 위험물의 특성

(1) 종 류 중요

유 별	성 질	품 명		위험등급	지정수량
제1류	산화성 고체	아염소산염류, 염소산염류, 과염소산염류, 무기과산화물		I	50[kg]
		브로민산염류, 질산염류, 아이오딘산염류		II	300[kg]
		과망가니즈산염류, 다이크로뮴산염류		III	1,000[kg]
		그 밖에 행정안전부령이 정하는 것	① 과아이오딘산염류	II	300[kg]
			② 과아이오딘산		300[kg]
			③ 크로뮴, 납 또는 아이오딘의 산화물		300[kg]
			④ 아질산염류		300[kg]
			⑤ 염소화아이소사이아누르산		300[kg]
			⑥ 퍼옥소이황산염류		300[kg]
			⑦ 퍼옥소붕산염류		300[kg]
			⑧ 차아염소산염류	I	50[kg]

(2) 정 의

산화성 고체 : 고체[액체(1기압 및 20[℃]에서 액상인 것 또는 20[℃] 초과 40[℃] 이하에서 액상인 것) 또는 기체(1기압 및 20[℃]에서 기상인 것) 외의 것]로서 **산화력의 잠재적인 위험성 또는 충격에 대한 민감성을 판단**하기 위하여 **소방청장**이 정하여 고시하는 시험에서 고시로 정하는 성질과 상태를 나타내는 것

(3) 제1류 위험물의 일반적인 성질

① 모두 **무기화합물**로서 대부분 **무색** 결정 또는 **백색 분말**의 **산화성 고체**이다.
② **강산화성 물질**이며 **불연성 고체**이다.
③ 가열, 충격, 마찰, 타격으로 분해하여 **산소**를 **방출**하여 가연물의 연소를 도와준다.
④ **비중**은 1보다 크며 물에 녹는 것도 있고 **질산염류**와 같이 **조해성**이 있는 것도 있다.
⑤ 가열하여 용융된 진한 용액은 가연성 물질과 접촉 시 혼촉발화의 위험이 있다.

(4) 제1류 위험물의 위험성

① 가열 또는 제6류 위험물과 혼합하면 산화성이 증대된다.
② NH_4NO_3, NH_4ClO_3은 가연물과 접촉·혼합으로 분해폭발한다.
③ 무기과산화물은 물과 반응하여 산소를 방출하고 심하게 발열한다.
④ 유기물과 혼합하면 폭발의 위험이 있다.

(5) 제1류 위험물의 저장 및 취급방법

① 가열, 마찰, 충격 등을 피한다.
② **환원제인 제2류 위험물과의 접촉을 피한다.**
③ **조해성 물질**은 방습하고 수분과의 접촉을 피한다.
④ **무기과산화물은 공기나 물과의 접촉**을 피한다.
⑤ 분해를 촉진하는 물질과의 접촉을 피한다.
⑥ 무기과산화물은 분말약제를 사용하여 질식소화한다.
⑦ 용기를 옮길 때에는 **밀봉용기**를 사용한다.

(6) 소화방법

① 제1류 위험물 : 냉각소화
② 알칼리금속의 과산화물 : 마른모래, 탄산수소염류분말약제, 팽창질석, 팽창진주암

> **Plus One** 제1류 위험물의 반응식
>
> - 염소산칼륨의 열분해반응식 $2KClO_3 \rightarrow 2KCl + 3O_2 \uparrow$
> - 염소산나트륨과 산의 반응식 $2NaClO_3 + 2HCl \rightarrow 2NaCl + 2ClO_2 + H_2O_2$
> - 과산화칼륨의 반응식
>   - 물과 반응 $2K_2O_2 + 2H_2O \rightarrow 4KOH + O_2 \uparrow$
>   - 가열분해반응 $2K_2O_2 \rightarrow 2K_2O + O_2 \uparrow$
>   - 탄산가스와 반응 $2K_2O_2 + 2CO_2 \rightarrow 2K_2CO_3 + O_2 \uparrow$
>   - 초산과 반응 $K_2O_2 + 2CH_3COOH \rightarrow 2CH_3COOK + H_2O_2$
>   - 염산과 반응 $K_2O_2 + 2HCl \rightarrow 2KCl + H_2O_2$
>   - 황산과 반응 $K_2O_2 + H_2SO_4 \rightarrow K_2SO_4 + H_2O_2$
>
> ※ **과산화나트륨은 과산화칼륨과 동일함**
>
> - 과산화마그네슘과 반응식
>   - 가열분해반응 $2MgO_2 \rightarrow 2MgO + O_2 \uparrow$
>   - 산과 반응 $MgO_2 + 2HCl \rightarrow MgCl_2 + H_2O_2$
>
> ※ **과산화칼슘, 과산화바륨은 동일함**
>
> - 질산칼륨의 열분해반응식(400[℃]) $2KNO_3 \rightarrow 2KNO_2 + O_2 \uparrow$
> - 질산나트륨의 열분해반응(380[℃]) $2NaNO_3 \rightarrow 2NaNO_2 + O_2 \uparrow$
> - 질산암모늄의 열분해반응 $2NH_4NO_3 \rightarrow 2N_2 + 4H_2O + O_2 \uparrow$
> - 과망가니즈산칼륨의 반응
>   - 분해반응(240[℃]) $2KMnO_4 \rightarrow K_2MnO_4 + MnO_2 + O_2 \uparrow$
>   - 묽은 황산과 반응 $4KMnO_4 + 6H_2SO_4 \rightarrow 2K_2SO_4 + 4MnSO_4 + 6H_2O + 5O_2 \uparrow$
>   - 염산과 반응 $2KMnO_4 + 16HCl \rightarrow 2KCl + 2MnCl_2 + 8H_2O + 5Cl_2 \uparrow$

2 각 위험물의 물성 및 특성

(1) 아염소산염류

- 정의 : 아염소산($HClO_2$)의 수소이온에 금속 또는 양이온(M)을 치환한 형태의 염
- 특 성
  - 고체이고 은(Ag), 납(Pb), 수은(Hg)을 제외하고는 물에 녹는다.
  - 가열, 마찰, 충격에 의하여 폭발한다.
  - 강산, 황, 유기물, 이황화탄소, 황화합물과 접촉 또는 혼합하면 발화하거나 폭발한다.
  - 중금속염은 폭발성이 있어 기폭제로 사용한다.

① **아염소산칼륨**

  ㉠ 물 성

화학식	지정수량	분자량	분해 온도
$KClO_2$	50[kg]	106.5	160[℃]

② **아염소산나트륨**

  ㉠ 물 성

화학식	지정수량	분자량	분해 온도
$NaClO_2$	50[kg]	90.5	수분이 포함될 경우 120~130[℃] (무수물 : 350[℃])

  ㉡ 무색 결정성 분말이다.
  ㉢ 비교적 안정하나 시판품은 140[℃] 이상의 온도에서 발열반응을 일으킨다.
  ㉣ 단독으로 폭발이 가능하고 분해 온도 이상에서는 산소를 발생한다.
  ㉤ **산과 반응**하면 **이산화염소**(ClO_2)의 유독가스가 발생한다.

  $$3NaClO_2 + 2HCl \rightarrow 3NaCl + 2ClO_2 + H_2O_2$$

  ㉥ 황, 유기물, 이황화탄소, 금속분 등 환원성 물질과 접촉 또는 혼합에 의하여 발화 또는 폭발한다.
  ㉦ 수용액은 강한 산성이다.

(2) 염소산염류

- 정의 : 염소산($HClO_3$)의 수소이온이 금속 또는 양이온을 치환한 형태의 염
- 특 성
  - 대부분 물에 녹으며 상온에서 안정하나 열에 의해 분해하여 산소를 발생한다.
  - 장시간 일광에 방치하면 분해하여 아염소산염류($MClO_2$)가 된다.
  - 수용액은 강한 산화력이 있으며 산화성 물질과 혼합하면 폭발을 일으킨다.

① **염소산칼륨**
  ㉠ 물 성

화학식	지정수량	분자량	비 중	융 점	분해 온도
$KClO_3$	50[kg]	122.5	2.32	368[℃]	400[℃]

  ㉡ 무색의 **단사정계 판상결정** 또는 **백색 분말**로서 상온에서 안정한 물질이다.
  ㉢ 가열, 충격, 마찰 등에 의해 폭발한다.
  ㉣ **산과 반응**하면 **이산화염소**(ClO_2)의 유독가스를 발생한다. 중요

$$2KClO_3 + 2HCl \rightarrow 2KCl + 2ClO_2 + H_2O_2$$

  ㉤ **냉수, 알코올**에 녹지 않고, 온수나 글리세린에는 녹는다.
  ㉥ 일광에 장시간 방치하면 분해하여 $KClO_2$를 만든다.
  ㉦ 이산화망가니즈(MnO_2)와 접촉하면 분해가 촉진되어 산소를 방출한다.
  ㉧ 아이오딘, 알코올과 접촉하면 심하게 반응한다.
  ㉨ **목탄과 혼합**하면 **발화, 폭발**의 위험이 있다.

  Plus One 염소산칼륨의 분해반응식
  $$2KClO_3 \xrightarrow{MnO_2(촉매)} 2KCl + 3O_2 \uparrow$$

② **염소산나트륨**
  ㉠ 물 성

화학식	지정수량	분자량	비 중	융 점	분해 온도
$NaClO_3$	50[kg]	106.5	2.49	248[℃]	300[℃]

  ㉡ 무색, 무취의 결정 또는 분말이다.
  ㉢ **물, 알코올, 에터**에 녹는다.
  ㉣ 조해성이 강하므로 수분과의 접촉을 피한다.
  ㉤ **산과 반응**하면 **이산화염소**(ClO_2)의 유독가스를 발생한다. 중요

  • $2NaClO_3 + 2HCl \rightarrow 2NaCl + 2ClO_2 + H_2O_2$
  • $2NaClO_3 + H_2SO_4 \rightarrow Na_2SO_4 + 2ClO_2 + H_2O_2$

  ㉥ 300[℃]에서 가열분해한다.
  ㉦ 분해를 촉진하는 약품류와의 접촉을 피한다.
  ㉧ 조해성이 있으므로 용기는 **밀폐, 밀봉**하여 저장한다.
  ㉨ 철제용기는 부식되므로 저장용기로는 부적합하다.
  ㉩ 제초제, 폭약의 원료로 사용한다.

  Plus One 염소산나트륨의 분해반응식
  $$2NaClO_3 \rightarrow 2NaCl + 3O_2 \uparrow$$

③ 염소산암모늄

㉠ 물 성

화학식	지정수량	분자량	분해 온도
NH$_4$ClO$_3$	50[kg]	101.5	100[℃]

㉡ 수용액은 산성으로서 금속을 부식시킨다.

㉢ **조해성**이 있고 폭발성이 있다.

> **Plus One** 염소산암모늄의 분해반응식
> $2NH_4ClO_3 \rightarrow N_2 + Cl_2 + O_2 + 4H_2O$

(3) 과염소산염류

- 정의 : 과염소산(HClO$_4$)의 수소이온이 금속 또는 양이온을 치환한 형태의 염
- 특 성
  - 무색, 무취의 결정성 분말이다.
  - 대부분 물에 녹으며 유기용매에 녹는 것도 있다.
  - 수용액은 화학적으로 안정하며 불용성염 외에는 조해성이 있다.
  - 마찰, 충격에 불안정하다.

① 과염소산칼륨

㉠ 물 성

화학식	지정수량	분자량	비 중	융 점	분해 온도
KClO$_4$	50[kg]	138.5	2.52	400[℃]	400[℃]

㉡ 무색, 무취의 사방정계 결정이다.

㉢ **물, 알코올, 에터에 녹지 않는다.**

㉣ 탄소, 황, 유기물과 혼합하였을 때 가열, 마찰, 충격에 의하여 폭발한다.

㉤ 염산과 반응하면 이산화염소(ClO$_2$)의 유독가스가 발생한다.

- $3KClO_4 + 4HCl \rightarrow 3KCl + 4ClO_2 + 2H_2O_2$

> **Plus One** 과염소산칼륨의 분해반응식
> $KClO_4 \rightarrow KCl + 2O_2 \uparrow$

② 과염소산나트륨

㉠ 물 성

화학식	지정수량	분자량	비 중	융 점	분해 온도
NaClO$_4$	50[kg]	122.5	2.02	482[℃]	400[℃]

㉡ 무색 또는 백색의 결정으로서 조해성이 있다.

㉢ **물, 아세톤, 알코올에 녹고**, 에터에는 녹지 않는다.

㉣ 염산과 반응하면 이산화염소(ClO$_2$)의 유독가스가 발생한다.

$3NaClO_4 + 4HCl \rightarrow 3NaCl + 4ClO_2 + 2H_2O_2 \uparrow$

③ 과염소산암모늄

㉠ 물 성

화학식	지정수량	분자량	비 중	분해 온도
NH_4ClO_4	50[kg]	117.5	2.0	130[℃]

㉡ 무색의 수용성 결정이다.

㉢ 충격에 비교적 안정하다.

㉣ **물, 에탄올, 아세톤**에 녹고 **에터에는 녹지 않는다.**

㉤ 폭약이나 성냥원료로 쓰인다.

㉥ 분해반응식

$$NH_4ClO_4 \rightarrow NH_4Cl + 2O_2\uparrow$$

④ 과염소산마그네슘

㉠ 분자식은 $Mg(ClO_4)_2 \cdot 6H_2O$이다.

㉡ 백색의 결정 덩어리로서 조해성이 강하다.

㉢ 물, 에탄올에 녹는다.

㉣ 유기물, 금속분, 강산류와의 혼촉을 피해야 한다.

㉤ 분석시약, 가스건조제, 불꽃류 제조에 사용된다.

(4) 무기과산화물

Plus One 과산화물의 분류
- 무기과산화물(제1류 위험물)
  - 알칼리금속의 과산화물(과산화칼륨, 과산화나트륨)
  - 알칼리금속 외(알칼리토금속)의 과산화물(과산화칼슘, 과산화바륨, 과산화마그네슘)
- 유기과산화물(제5류 위험물)
  ※ 알칼리금속의 과산화물 : M_2O_2, 알칼리 외의 금속의 과산화물 : MO_2

- 정의 : 과산화수소(H_2O_2)의 수소이온이 금속으로 치환한 형태의 화합물
- 특 성
  - 분자 내의 -O-O-는 결합력이 약하여 불안정하다.

    $$M-O-O-M \rightarrow M-O-M + [O]$$
    불안정 　　　　　 안정 　　　 강산화성

  - 이때 분리된 발생기 산소는 반응성이 강하고 산소보다 산화력이 더 강하다.
  - 물과 반응식

    알칼리금속의 과산화물　　$2M_2O_2 + 2H_2O \rightarrow 4MOH + O_2\uparrow +$ 발열
    알칼리토금속의 과산화물　$2MO_2 + 2H_2O \rightarrow 2M(OH)_2 + O_2\uparrow +$ 발열
  - 무기과산화물이 산과 반응하면 과산화수소(H_2O_2)를 발생한다.

① **과산화칼륨** 중요
  ㉠ 물 성

화학식	지정수량	분자량	비 중	융 점	분해 온도
K_2O_2	50[kg]	110	2.9	490[℃]	490[℃]

  ㉡ 무색 또는 오렌지색의 결정이다.
  ㉢ **에틸알코올**에 녹는다.
  ㉣ 피부 접촉 시 피부를 부식시키고 **탄산가스**를 흡수하면 **탄산염**이 된다.
  ㉤ 다량일 경우 폭발의 위험이 있고 소량의 물과 접촉 시 발화의 위험이 있다.
  ㉥ 소화방법 : 마른모래, 암분, 탄산수소염류분말약제, **팽창질석, 팽창진주암**

  > **Plus One** 과산화칼륨의 반응식
  > - 분해반응식 $2K_2O_2 \rightarrow 2K_2O + O_2 \uparrow$
  > - 물과 반응 $2K_2O_2 + 2H_2O \rightarrow 4KOH + O_2 \uparrow + 발열$
  > - 탄산가스와 반응 $2K_2O_2 + 2CO_2 \rightarrow 2K_2CO_3 + O_2 \uparrow$
  > - 초산과 반응 $K_2O_2 + 2CH_3COOH \rightarrow 2CH_3COOK + H_2O_2$
  >   (초산칼륨)   (과산화수소)
  > - 염산과 반응 $K_2O_2 + 2HCl \rightarrow 2KCl + H_2O_2$
  > - 황산과 반응 $K_2O_2 + H_2SO_4 \rightarrow K_2SO_4 + H_2O_2$

② **과산화나트륨** 중요
  ㉠ 물 성

화학식	지정수량	분자량	비 중	융 점	분해 온도
Na_2O_2	50[kg]	78	2.8	460[℃]	460[℃]

  ㉡ 순수한 것은 **백색**이지만 보통은 **황백색**의 **분말**이다.
  ㉢ **에틸알코올에 녹지 않는다.**
  ㉣ 백색 분말로서 **흡습성**이 있다.
  ㉤ 목탄, 가연물과 접촉하면 발화되기 쉽다.
  ㉥ **산과 반응**하면 **과산화수소**를 생성한다.

  > $Na_2O_2 + 2HCl \rightarrow 2NaCl + H_2O_2$

  ㉦ 물과 반응하면 산소가스를 발생하고 많은 열을 발생한다.

  > $2Na_2O_2 + 2H_2O \rightarrow 4NaOH + O_2 \uparrow + 발열$

  ㉧ 유기물질, 황분, 알루미늄분 등의 혼입을 막고 수분이 들어가지 않게 밀전 및 밀봉해야 한다.
  ㉨ 소화방법 : **마른모래**, 탄산수소염류분말약제, **팽창질석, 팽창진주암**
  ㉩ 기타 과산화칼륨에 준한다.

> **Plus One** 과산화나트륨의 반응식
> - 분해반응식 $2Na_2O_2 \rightarrow 2Na_2O + O_2 \uparrow$
> - 물과 반응 $2Na_2O_2 + 2H_2O \rightarrow 4NaOH + O_2 +$ 발열
> - 탄산가스와 반응 $2Na_2O_2 + 2CO_2 \rightarrow 2Na_2CO_3 + O_2 \uparrow$
> - 초산과 반응 $Na_2O_2 + 2CH_3COOH \rightarrow 2CH_3COONa + H_2O_2$
> - 염산과 반응 $Na_2O_2 + 2HCl \rightarrow 2NaCl + H_2O_2$
> - 알코올과 반응 $Na_2O_2 + 2CH_3OH \rightarrow 2CH_3ONa + H_2O_2$

③ 과산화칼슘

㉠ 물 성

화학식	지정수량	분자량	비 중	분해 온도
CaO_2	50[kg]	72	1.7	275[℃]

㉡ 백색 분말이다.

㉢ 물, 알코올, 에터에는 녹지 않는다.

㉣ 수분과 접촉으로 산소를 발생한다.

㉤ 기타 과산화칼륨에 준한다.

> **Plus One** 과산화칼슘의 반응식
> - 분해 반응식 $2CaO_2 \rightarrow 2CaO + O_2 \uparrow$
> - 물과 반응 $2CaO_2 + 2H_2O \rightarrow 2Ca(OH)_2 + O_2 \uparrow +$ 발열
> - 산과 반응 $CaO_2 + 2HCl \rightarrow CaCl_2 + H_2O_2$

④ 과산화바륨

㉠ 물 성

화학식	지정수량	분자량	비 중	융 점	분해 온도
BaO_2	50[kg]	169	4.95	450[℃]	840[℃]

㉡ 백색 분말이다.

㉢ 냉수에 약간 녹고, 묽은 산에는 녹는다.

㉣ 수분과 접촉으로 산소를 발생한다.

㉤ 유기물, 산과의 접촉을 피해야 한다.

㉥ 금속용기에 밀폐, 밀봉하여 둔다.

㉦ 과산화물이 되기 쉽고 **분해 온도(840[℃])가 무기과산화물 중 가장 높다.**

> **Plus One** 과산화바륨의 반응식
> - 분해반응식 $2BaO_2 \rightarrow 2BaO + O_2 \uparrow$
> - 물과 반응 $2BaO_2 + 2H_2O \rightarrow 2Ba(OH)_2 + O_2 \uparrow +$ 발열
> - 산과 반응 $BaO_2 + 2HCl \rightarrow BaCl_2 + H_2O_2$
> $BaO_2 + H_2SO_4 \rightarrow BaSO_4 + H_2O_2$

⑤ 과산화마그네슘
  ㉠ 물 성

화학식	지정수량	분자량
MgO_2	50[kg]	56.3

  ㉡ 백색분말로서 **물**에는 **녹지 않는다**.
  ㉢ 시판품은 15~20[%]의 MgO_2를 함유한다.
  ㉣ 습기나 물에 의하여 활성 산소를 방출한다.
  ㉤ 분해촉진제와 접촉을 피한다.
  ㉥ 유기물의 혼입, 가열, 마찰, 충격을 피해야 한다.
  ㉦ **산화제와 혼합**하여 가열하면 **폭발 위험**이 있다.

  Plus One 과산화마그네슘의 반응식
  - 분해반응식 $2MgO_2 \rightarrow 2MgO + O_2\uparrow$
  - **물과 반응** $2MgO_2 + 2H_2O \rightarrow 2Mg(OH)_2 + O_2\uparrow + 발열$
  - 산과 반응 $MgO_2 + 2HCl \rightarrow MgCl_2 + H_2O_2$

(5) 브로민산염류

- 정의 : 브로민산($HBrO_3$)의 수소이온이 금속 또는 양이온으로 치환된 화합물
- 특 성
  - 대부분 **무색**, **백색**의 결정이고 물에 녹는 것이 많다.
  - 가열분해하면 산소를 방출한다.
  - 브로민산칼륨은 가연물과 혼합하면 위험하다.

- 종 류

물질명	지정수량	화학식	색 상	분자량	분해 온도
브로민산칼륨	300[kg]	$KBrO_3$	백 색	167	370[℃]
브로민산나트륨	300[kg]	$NaBrO_3$	무 색	151	381[℃]
브로민산바륨	300[kg]	$Ba(BrO_3)_2$	무 색	411	–

(6) 질산염류

- 정의 : 질산(HNO_3)의 수소이온이 금속 또는 양이온으로 치환한 화합물
- 특 성
  - 대부분 무색, 백색의 결정 및 분말로 물에 녹고 **조해성**이 있는 것이 많다.
  - 물과 결합하면 수화염이 되기 쉬우나 열분해로 산소를 방출한다.
  - 강력한 산화제로서 $MClO_3$나 $MClO_4$보다 가열, 마찰에 대하여 안정하다.
  - 금속, 금속탄산염, 금속산화물 또는 수산화물에 질산을 반응시켜 만든다.

HNO_3 : 제6류 위험물

① 질산칼륨(초석)
   ㉠ 물 성

화학식	지정수량	분자량	비 중	융 점	분해 온도
KNO_3	300[kg]	101	2.1	339[℃]	400[℃]

   ㉡ 차가운 느낌의 자극이 있고 짠맛이 나는 무색의 결정 또는 **백색 결정**이다.
   ㉢ **물, 글리세린에 잘 녹으나, 알코올**에는 **녹지 않는다.**
   ㉣ 강산화제이며 가연물과 접촉하면 위험하다.
   ㉤ **황과 숯가루와 혼합하여 흑색 화약을 제조**한다.
   ㉥ 티오황산나트륨과 함께 가열하면 폭발한다.
   ㉦ 소화방법 : 주수소화

   > **Plus One** 질산칼륨의 분해반응식
   > $2KNO_3 \rightarrow 2KNO_2 + O_2\uparrow$

② 질산나트륨(칠레초석)
   ㉠ 물 성

화학식	지정수량	분자량	비 중	융 점	분해 온도
$NaNO_3$	300[kg]	85	2.27	308[℃]	380[℃]

   ㉡ 무색, 무취의 결정이다.
   ㉢ **조해성**이 있는 **강산화제**이다.
   ㉣ **물, 글리세린에 잘 녹고, 무수알코올**에는 녹지 않는다.
   ㉤ **가연물, 유기물**과 혼합하여 가열하면 **폭발**한다.

   > **Plus One** 질산나트륨의 분해반응식
   > $2NaNO_3 \rightarrow 2NaNO_2 + O_2\uparrow$

③ 질산암모늄
   ㉠ 물 성

화학식	지정수량	분자량	비 중	융 점	분해 온도
NH_4NO_3	300[kg]	80	1.73	165[℃]	220[℃]

   ㉡ **무색, 무취의 결정**이다.
   ㉢ **조해성 및 흡수성**이 강하다.
   ㉣ **물, 알코올**에 **녹는다**(물에 용해 시 **흡열반응**).
   ㉤ 급격한 가열 또는 충격으로 분해 폭발한다.
   ㉥ **조해성**이 있어 수분과 접촉을 피할 것
   ㉦ **유기물**과 **혼합**하여 가열하면 **폭발**한다.

> **Plus One** 질산암모늄의 분해반응식
> - 가열 시 $NH_4NO_3 \rightarrow N_2O + 2H_2O$
> - 폭발, 분해반응식 $2NH_4NO_3 \rightarrow 4H_2O + 2N_2 + O_2 \uparrow$

④ 질산은

   ㉠ 물 성

화학식	지정수량	비 중	융 점	분해 온도
$AgNO_3$	300[kg]	4.35	212[℃]	445[℃]

   ㉡ 무색, 무취이고 투명한 결정이다.

   ㉢ 물, 아세톤, 알코올, 글리세린에는 잘 녹는다.

   ㉣ 햇빛에 의해 변질되므로 갈색병에 보관해야 한다.

> **Plus One** 질산은의 분해반응식
> $2AgNO_3 \rightarrow 2Ag + 2NO_2 + O_2$

⑤ 기타 질산염류

물질명	화학식	지정수량	분자량	분해 온도
질산니켈	$Ni(NO_3)_2$	300[kg]	290	105[℃]
질산구리	$Cu(NO_3)_2$	300[kg]	242	170[℃]
질산코발트	$Co(NO_3)_2$	300[kg]	291	100[℃]

(7) 아이오딘산염류

> - 정의 : 아이오딘(HIO_3)산의 수소이온이 금속 또는 양이온으로 치환된 형태의 화합물
> - 특 성
>   - 대부분 결정성 고체이다.
>   - 알칼리금속염은 물에 잘 녹으나 중금속염은 잘 녹지 않는다.
>   - 산화력이 강하여 유기물과 혼합하여 가열하면 폭발한다.

① 아이오딘산칼륨

   ㉠ 물 성

물질명	화학식	지정수량	분자량	분해 온도
아이오딘산칼륨	KIO_3	300[kg]	214	560[℃]

   ㉡ 광택이 나는 무색의 결정성 분말이다.

   ㉢ 염소산칼륨보다는 위험성이 적다.

   ㉣ 융점 이상으로 가열하면 산소를 방출하며 가연물과 혼합하면 폭발위험이 있다.

② 아이오딘산나트륨

   ㉠ 화학식은 $NaIO_3$이다.

   ㉡ 백색의 결정 또는 분말이다.

   ㉢ 물에 녹고 알코올에는 녹지 않는다.

   ㉣ 의약이나 분석시약으로 사용한다.

(8) 과망가니즈산염류

- 정의 : 과망가니즈산($HMnO_4$)의 수소이온이 금속 또는 양이온으로 치환된 형태의 화합물
- 특 성
  - 흑자색의 결정이며 물에 잘 녹는다.
  - 강알칼리와 반응하면 산소를 방출한다.
  - 고농도의 과산화수소와 접촉하면 폭발한다.
  - 염산과 반응하면 염소가스를 발생한다.
  - 황화인과 접촉하면 자연발화의 위험이 있다.
  - 알코올, 에터, 강산, 유기물, **글리세린** 등과 접촉하면 **발화의 위험**이 있어 격리하여 보관한다.

① **과망가니즈산칼륨** 중요

㉠ 물 성

화학식	지정수량	분자량	비 중	분해 온도
$KMnO_4$	1,000[kg]	158	2.7	200~250[℃]

㉡ **흑자색**의 **주상결정**으로 **산화력**과 **살균력**이 강하다.
㉢ 물, 알코올에 녹으면 진한 **보라색**을 나타낸다.
㉣ 진한 황산과 접촉하면 폭발적으로 반응한다.
㉤ 강알칼리와 접촉시키면 산소를 방출한다.
㉥ 알코올, 에터, 글리세린 등 유기물과의 접촉을 피한다.
㉦ 목탄, 황 등의 환원성 물질과 접촉 시 충격에 의해 폭발의 위험성이 있다.
㉧ **살균소독제, 산화제**로 이용된다.

> **Plus One** 과망가니즈산칼륨의 반응식
> - 분해반응식 $2KMnO_4 \rightarrow K_2MnO_4 + MnO_2 + O_2 \uparrow$
>   (과망가니즈산칼륨) (망가니즈산칼륨) (이산화망가니즈)
> - 묽은 황산과 반응식 $4KMnO_4 + 6H_2SO_4 \rightarrow 2K_2SO_4 + 4MnSO_4 + 6H_2O + 5O_2 \uparrow$
> - 진한 황산과 반응식 $2KMnO_4 + H_2SO_4 \rightarrow K_2SO_4 + 2HMnO_4$
> - 염산과 반응식 $2KMnO_4 + 16HCl \rightarrow 2KCl + 2MnCl_2 + 8H_2O + 5Cl_2 \uparrow$

② **과망가니즈산나트륨**

㉠ 물 성

화학식	지정수량	분자량	분해 온도
$NaMnO_4$	1,000[kg]	142	170[℃]

㉡ 적자색의 결정으로 물에 잘 녹는다.
㉢ 조해성이 강하므로 수분에 주의해야 한다.

③ **과망가니즈산암모늄**(NH_4MnO_4)
④ **과망가니즈산바륨**[$(Ba(MnO_4)_2)$]
⑤ **과망가니즈산칼슘**[$(Ca(MnO_4)_2)$]
⑥ **과망가니즈산아연**[$(Zn(MnO_4)_2)$]

(9) 다이크로뮴산염류

- 정의 : 다이크로뮴산($H_2Cr_2O_7$)의 수소가 금속 또는 양이온으로 치환된 화합물
- 특 성
  - 대부분 황적색의 결정이며 거의 다 물에 녹는다.
  - 가열에 의해 분해하여 산소를 방출한다.
  - 아닐린, 피리딘과 장기간 방치 또는 가열하면 폭발한다.
  - 가연물과 혼합하면 가열에 의해 폭발한다.

① 다이크로뮴산칼륨
  ㉠ 물 성

화학식	지정수량	분자량	비 중	융 점	분해 온도
$K_2Cr_2O_7$	1,000[kg]	294	2.69	398[℃]	500[℃]

  ㉡ 등적색의 판상결정이다.
  ㉢ **물에 녹고, 알코올에는 녹지 않는다.**
  ㉣ 가열에 의해 삼산화이크로뮴(Cr_2O_3)과 크로뮴산칼륨(K_2CrO_4)으로 분해된다.

$$4K_2Cr_2O_7 \rightarrow 2Cr_2O_3 + 4K_2CrO_4 + 3O_2$$

② 다이크로뮴산나트륨
  ㉠ 물 성

화학식	지정수량	분자량	비 중	융 점	분해 온도
$Na_2Cr_2O_7$	1,000[kg]	262	2.52	356[℃]	400[℃]

  ㉡ **등적색의 결정**이다.
  ㉢ 유기물과 혼합되어 있을 때 가열, 마찰에 의해 발화 또는 폭발한다.

③ 다이크로뮴산암모늄
  ㉠ 물 성

화학식	지정수량	분자량	비 중	분해 온도
$(NH_4)_2Cr_2O_7$	1,000[kg]	252	2.15	180[℃]

  ㉡ 적색 또는 등적색(오렌지색)의 단사정계 침상결정이다.
  ㉢ **180[℃]**에서 가열하면 분해하여 **질소가스**를 발생한다.

$$(NH_4)_2Cr_2O_7 \rightarrow Cr_2O_3 + N_2 + 4H_2O$$

  ㉣ 에틸렌, 수산화나트륨, 하이드라진과는 혼촉, 발화한다.

(10) 과아이오딘산염류

① 과아이오딘산칼륨(KIO_4)
  ㉠ 물에 녹기 어려운 정방정계의 결정이다.
  ㉡ 융점이 582[℃]로서 300[℃] 이상에서 분해하여 산소를 잃는다.

② 과아이오딘산나트륨(NaIO$_4$)
　㉠ 정방정계의 결정이다.
　㉡ 물에 대한 용해도는 14.4이고 175[℃]에서 분해하여 산소를 잃는다.

(11) 과아이오딘산(HIO$_4$)
① 무색의 결정 또는 분말이다.
② 물과 알코올에 녹고 에터에는 약간 녹는다.
③ 110[℃]에서 승화하고 138[℃]에서 분해하여 산소를 잃는다.

(12) 크로뮴, 납, 아이오딘의 산화물
① **무수크로뮴산(삼산화크로뮴)**
　㉠ 물 성

화학식	지정수량	분자량	융 점	분해 온도
CrO$_3$	300[kg]	100	196[℃]	250[℃]

　㉡ **암적색**의 **침상 결정**으로 **조해성**이 있다.
　㉢ 물, 알코올, 에터, 황산에 잘 녹는다.
　㉣ 크로뮴산화성의 크기 : CrO < Cr$_2$O$_3$ < CrO$_3$
　㉤ 황, 목탄분, 적린, 금속분, 강력한 산화제, 유기물, 인, 목탄분, 피크르산, 가연물과 혼합하면 폭발의 위험이 있다.
　㉥ 제4류 위험물과 접촉 시 발화한다.
　㉦ 물과 접촉 시 격렬하게 발열한다.
　㉧ 유기물과 환원제와는 격렬히 반응하며 강한 환원제와는 폭발한다.
　㉨ 소화방법 : 소량일 때에는 다량의 물로 냉각소화
　㉩ 삼산화크로뮴을 융점 이상으로 가열(250[℃])하면 삼산화제2크로뮴(Cr$_2$O$_3$)과 산소(O$_2$)를 발생한다.

> **Plus One** 삼산화크로뮴의 분해반응식
> 　　4CrO$_3$ → 2Cr$_2$O$_3$ + 3O$_2$↑

② **이산화납(PbO$_2$)**
　㉠ 흑갈색의 결정분말이다.
　㉡ 염산과 반응하면 조연성 가스인 산소와 염소가스를 발생한다.

③ **사산화삼납(Pb$_3$O$_4$)**
　㉠ 적색 분말이다.
　㉡ 습기와 반응하여 오존을 생성한다.
　㉢ 가수분해하여 황산암모늄과 과산화수소를 생성한다.

제2절 제2류 위험물

1 제2류 위험물의 특성

(1) 종 류 중요

유 별	성 질	품 명	위험등급	지정수량
제2류	가연성 고체	황화인, 적린, 황	Ⅱ	100[kg]
		철분, 금속분, 마그네슘	Ⅲ	500[kg]
		그 밖에 행정안전부령이 정하는 것	Ⅱ, Ⅲ	100[kg] 또는 500[kg]
		인화성 고체	Ⅲ	1,000[kg]

(2) 정 의

① **가연성 고체** : 고체로서 화염에 의한 발화의 위험성 또는 인화의 위험성을 판단하기 위하여 고시로 정하는 시험에서 고시로 정하는 성질과 상태를 나타내는 것
② **황** : 순도가 **60[wt%] 이상**인 것을 말하며 순도측정을 하는 경우 불순물은 활석 등 불연성 물질과 수분으로 한정한다.
③ **철분** : 철의 분말로서 **53[μm]**의 표준체를 통과하는 것이 50[wt%] 미만은 제외한다.
④ **금속분** : 알칼리금속・알칼리토금속・철 및 마그네슘 외의 금속의 분말(구리분・니켈분 및 150[μm]의 체를 통과하는 것이 50[wt%] 미만인 것은 제외)

> **Plus One** 마그네슘에 해당하지 않는 것
> • 2[mm]의 체를 통과하지 않는 덩어리 상태의 것
> • 직경 2[mm] 이상의 막대 모양의 것

⑤ **인화성 고체** : **고형알코올** 그 밖에 1기압에서 **인화점**이 **40[℃] 미만**인 고체

(3) 제2류 위험물의 일반적인 성질

① **가연성 고체**로서 비교적 낮은 온도에서 착화하기 쉬운 **가연성, 속연성 물질**이다.
② 비중은 1보다 크고 물에 녹지 않고 산소를 함유하지 않기 때문에 강력한 **환원성 물질**이다.
③ 산소와 결합이 용이하여 산화되기 쉽고 **연소속도**가 **빠르다**.
④ 연소 시 연소열이 크고 연소온도가 높다.

(4) 제2류 위험물의 위험성

① 착화온도가 낮아 저온에서 발화가 용이하다.
② 연소속도가 빠르고 연소 시 다량의 빛과 열을 발생한다.
③ 수분과 접촉하면 자연발화하고 금속분은 산, 할로젠원소, 황화수소와 접촉하면 발열・발화한다.
④ 산화제(제1류, 제6류)와 혼합한 것은 가열・충격・마찰에 의해 발화 폭발위험이 있다.

(5) 제2류 위험물의 저장 및 취급방법

① 화기를 피하고 불티, 불꽃, 고온체와의 **접촉을 피한다.**
② **산화제**(제1류와 제6류 위험물)와의 혼합 또는 접촉을 피한다.
③ 철분, 마그네슘, 금속분은 물, 습기, 산과의 접촉을 피하여 저장한다.
④ 통풍이 잘 되는 냉암소에 보관, 저장한다.
⑤ **황**은 물에 의한 **냉각소화**가 적당하다.

> **Plus One** 제2류 위험물의 반응식
>
> - 삼황화인의 연소반응식 $P_4S_3 + 8O_2 \rightarrow 2P_2O_5 + 3SO_2 \uparrow$
> - 오황화인과 물의 반응식 $P_2S_5 + 8H_2O \rightarrow 5H_2S + 2H_3PO_4$
> - 오황화인의 연소반응식 $2P_2S_5 + 15O_2 \rightarrow 2P_2O_5 + 10SO_2$
> - 적린의 연소반응식 $4P + 5O_2 \rightarrow 2P_2O_5$
> - 마그네슘의 반응식
>   – 연소반응식 $2Mg + O_2 \rightarrow 2MgO$
>   – 온수와 반응식 $Mg + 2H_2O \rightarrow Mg(OH)_2 + H_2 \uparrow$
> - 알루미늄이 물과 반응 $2Al + 6H_2O \rightarrow 2Al(OH)_3 + 3H_2 \uparrow$
> - 알루미늄이 산과 반응 $2Al + 6HCl \rightarrow 2AlCl_3 + 3H_2 \uparrow$

2 각 위험물의 물성 및 특성

(1) 황화인

- 종류

항목＼종류	삼황화인	오황화인	칠황화인
성 상	황색 결정	담황색 결정	담황색 결정
화학식	P_4S_3	P_2S_5	P_4S_7
지정수량	100[kg]	100[kg]	100[kg]
비 점	407[℃]	514[℃]	523[℃]
비 중	2.03	2.09	2.03
융 점	172.5[℃]	290[℃]	310[℃]
착화점	약 100[℃]	142[℃]	-

- 위험성
  - 가연성 고체로 열에 의해 연소하기 쉽고 경우에 따라 폭발한다.
  - 무기과산화물, 과망가니즈산염류, 금속분, 유기물과 혼합하면 가열, 마찰, 충격에 의하여 발화 또는 폭발한다.
  - 물과 접촉 시 가수분해하거나 습한 공기 중에서 분해하여 황화수소(H_2S)를 발생한다.
  - 알코올, 알칼리, 유기산, 강산, 아민류와 접촉하면 심하게 반응한다.
- 저장 및 취급
  - 가연성 고체로 열에 의해 연소하기 쉽고 경우에 따라 폭발한다.
  - 화기, 충격과 마찰을 피해야 한다.
  - 산화제, 알칼리, **알코올**, 과산화물, 강산, **금속분과 접촉을 피한다.**
  - 분말, 이산화탄소, 마른모래, 건조소금 등으로 질식소화한다.

> 착화점이 낮은 순서 : 황린(34[℃]), 삼황화인(100[℃]), 적린(260[℃])

① 삼황화인 중요
  ㉠ 황색의 결정 또는 분말로서 **조해성이 없다**.
  ㉡ **이황화탄소**(CS_2), 알칼리, 질산에 **녹고**, 물, 염소, **염산, 황산에는 녹지 않는다**.
  ㉢ 삼황화인은 공기 중 **약 100[℃]에서 발화**하고 마찰에 의해서도 쉽게 연소한다.
  ㉣ **삼황화인**은 **자연발화성**이므로 가열, 습기 방지 및 산화제와의 접촉을 피한다.
  ㉤ 저장 시 금속분과 멀리해야 한다.
  ㉥ 용도는 성냥, 유기합성 등에 쓰인다.

  Plus One 삼황화인의 연소반응식
  $$P_4S_3 + 8O_2 \rightarrow 2P_2O_5 + 3SO_2\uparrow$$

② 오황화인
  ㉠ 담황색의 결정체이다.
  ㉡ **조해성과 흡습성**이 있다.
  ㉢ 알코올, 이황화탄소에 녹는다.
  ㉣ 물 또는 알칼리에 분해하여 **황화수소**와 **인산**이 되고 발생한 황화수소는 산소와 반응하여 아황산가스와 물을 생성한다.

  - $P_2S_5 + 8H_2O \rightarrow 5H_2S + 2H_3PO_4$
  - $2H_2S + 3O_2 \rightarrow 2SO_2 + 2H_2O$

  ㉤ 오황화인은 산소와 반응하여 오산화인과 아황산가스를 발생한다.

  $$2P_2S_5 + 15O_2 \rightarrow 2P_2O_5 + 10SO_2$$

  ㉥ 물에 의한 냉각소화는 부적합하며(H_2S 발생), 분말, CO_2, 건조사 등으로 질식소화한다.
  ㉦ 용도로는 **섬광제, 윤활유 첨가제, 의약품** 등에 쓰인다.

③ 칠황화인
  ㉠ 담황색 결정으로 **조해성**이 있다.
  ㉡ CS_2에 약간 녹으며 수분을 흡수하거나 냉수에서는 서서히 분해된다.
  ㉢ 더운물에서는 급격히 분해하여 황화수소와 인산을 발생한다.
  ㉣ 칠황화인은 연소하면 오산화인과 아황산가스를 발생한다.

  $$P_4S_7 + 12O_2 \rightarrow 2P_2O_5 + 7SO_2$$

(2) **적린(붉은인)** 중요

① 물 성

화학식	지정수량	원자량	비중	착화점	융점
P	100[kg]	31	2.2	260[℃]	600[℃]

② **황린**의 **동소체**로 **암적색의 분말**이다.

③ 물, 알코올, 에터, CS₂, 암모니아에 **녹지 않는다**.
④ **강알칼리**와 반응하여 유독성의 **포스핀가스**를 발생한다.
⑤ **이황화탄소**(CS_2), **황**(S), **암모니아**(NH_3)와 **접촉하면 발화**한다.
⑥ 과산화나트륨(Na_2O_2), 아염소산나트륨($NaClO_2$) 같은 강산화제와 혼합되어 있는 것은 저온에서 발화하거나 충격, 마찰에 의해 발화한다.
⑦ 적린과 염소산칼륨의 반응

$$6P + 5KClO_3 \rightarrow 5KCl + 3P_2O_5$$

⑧ **질산칼륨**(KNO_3), **질산나트륨**($NaNO_3$)과 혼촉하면 **발화위험**이 있다.
⑨ 공기 중에 방치하면 자연발화는 않지만 260[℃] 이상 가열하면 **발화**하고 400[℃] 이상에서 **승화**한다.
⑩ 제1류 위험물, 산화제와 혼합되지 않도록 하고 폭발성·가연성 물질과 격리하여 저장한다.
⑪ 다량의 물로 냉각소화하며 소량의 경우 모래나 CO_2도 효과가 있다.

Plus One 적린의 연소반응식

$$4P + 5O_2 \rightarrow 2P_2O_5 \text{ (오산화인)}$$

적린과 황린의 비교
- 적린은 황린에 비하여 안정하다.
- 적린과 황린은 모두 물에 녹지 않는다.
- 연소할 때 황린과 적린은 모두 P_2O_5의 흰 연기를 발생한다.
- 비중과 녹는점(융점)은 적린이 크다.

명 칭	융점(녹는점)	비 중
황린(P_4)	44[℃]	1.82
적린(P)	600[℃]	2.2

(3) 황

① 황의 동소체

항 목 \ 종 류	단사황	사방황	고무상황
지정수량	100[kg]	100[kg]	100[kg]
결정형	바늘모양의 결정	팔면체	무정형
비 중	1.95	2.07	–
융 점	119[℃]	113[℃]	–
착화점	–	232[℃]	360[℃]
용해도(물)	불 용	불 용	불 용

② 황의 특성
  ㉠ **황색**의 **결정** 또는 **미황색**의 **분말**이다.
  ㉡ 물이나 산에는 녹지 않으나 알코올에 조금 녹고 **고무상황**을 **제외**하고는 CS_2에 **잘 녹는다**.

ⓒ 공기 중에서 연소하면 푸른빛을 내며 **이산화황**(SO_2)을 발생한다.

- $S + O_2 \rightarrow SO_2$
- $SO_2 + H_2O \rightarrow H_2SO_3$

ⓓ 상온에서 아염소산나트륨($NaClO_2$)과 혼합하면 발화위험이 높다.
ⓔ 분말상태로 밀폐 공간에서 공기 중 부유 시에는 **분진폭발**을 일으킨다.
ⓕ 황은 고온에서 다음 물질과 반응으로 격렬히 발열한다.

- $H_2 + S \rightarrow H_2S\uparrow + 발열$
- $Fe + S \rightarrow FeS + 발열$
- $C + 2S \rightarrow CS_2 + 발열$

ⓖ **탄화수소, 강산화제, 유기과산화물, 목탄분** 등과의 **혼합을 피한다.**
ⓗ 소규모 화재 시 건조된 모래로 질식소화하며, 주수 시는 다량의 물로 분무주수한다.

황화합물 : 석유류의 불쾌한 냄새를 가지며 장치를 부식시킨다.

ⓘ 고무상황은 이황화탄소(CS_2)에 녹지 않고, 350[℃]로 가열하여 용해한 것을 찬물에 넣으면 생성된다.

(4) 철분(Fe)

① 물 성 중요

화학식	지정수량	융점(녹는점)	비점(끓는점)	비 중
Fe	500[kg]	1,530[℃]	2,750[℃]	7.0

② 은백색의 광택금속분말이다.
③ 산(염산)과 반응하여 **수소가스**를 **발생**한다.

$$Fe + 2HCl \rightarrow FeCl_2 + H_2\uparrow$$

④ 물과 반응하면 가연성 가스인 **수소가스**를 **발생**한다.

$$2Fe + 6H_2O \rightarrow 2Fe(OH)_3 + 3H_2\uparrow$$

⑤ 공기 중에서 서서히 산화하여 삼산화제2철(Fe_2O_3)이 되어 백색의 광택이 황갈색으로 변한다.
⑥ 주수소화는 절대금물이며 건조된 모래, 건조분말로 질식소화한다.

(5) 금속분

① **금속분의 특성**
  ㉠ 종류 : **Al분말, Zn분말, Ti분말, Co분말**
  ㉡ 금속분은 염소가스 중에서 자연발화, 폭발적인 발화를 일으킨다.
  ㉢ 물, 황산, 염산 등과 반응하여 수소를 발생한다.
  ㉣ 산화성이 강한 물질과 접촉하면 반응하여 염이 되고 고온이 되면 발화한다.

ⓜ 산화성 물질과 혼합한 것은 가열, 충격, 마찰에 의해 폭발한다.
　　ⓑ 은(Ag), 백금(Pt), 납(Pb) 등은 상온에서 **과산화수소**(H_2O_2)와 **접촉**하면 **폭발위험**이 있다.
　　ⓢ 질산암모늄(NH_4NO_3)과 접촉에 의해 연소 또는 폭발위험이 있다.
　　ⓞ 정전기, 충격 등의 점화원에 의해 **분진폭발**을 일으킨다.
　　ⓩ 황화인·아이오딘과 접촉 시 진한 황산·유기과산화물·염소산염류 등 제1류 위험물과 혼합 시 점화원 등에 의해 발화한다.
　　ⓒ 무기과산화물과 혼합하고 있을 때 소량의 수분에 의해 자연발화한다.
　　ⓚ **냉각소화는 부적합**하고 **마른모래, 탄산수소염류** 등으로 **질식소화**가 유효하다.

② **알루미늄분** 중요
　　㉠ 물 성

화학식	지정수량	원자량	비 중	비 점	융 점
Al	500[kg]	27	2.7	2,327[℃]	660[℃]

　　㉡ **은백색**의 **경금속**이다.
　　㉢ **수분, 할로젠원소**와 접촉하면 **자연발화**의 위험이 있다.
　　㉣ 산화제와 혼합하면 가열, 마찰, 충격에 의하여 발화한다.
　　㉤ **산, 알칼리, 물과** 반응하면 **수소**(H_2)가스를 발생한다.

　　　　・ $2Al + 6HCl \rightarrow 2AlCl_3 + 3H_2$
　　　　・ $2Al + 6H_2O \rightarrow 2Al(OH)_3 + 3H_2$
　　　　・ $2Al + 2KOH + 2H_2O \rightarrow 2KAlO_2$(알루미늄산칼륨) $+ 3H_2$

　　㉥ 알루미늄의 테르밋 반응

　　　　$2Al + Fe_2O_3 \rightarrow Al_2O_3 + 2Fe$

③ **아연분**
　　㉠ 물 성

화학식	지정수량	원자량	비 중	비 점	융 점
Zn	500[kg]	65.4	7.0	907[℃]	420[℃]

　　㉡ **은백색**의 **분말**이다.
　　㉢ 공기 중에서 표면에 산화피막을 형성한다.
　　㉣ 유리병에 넣어 건조한 곳에 저장한다.
　　㉤ 아연과 물, 산과 반응
　　　　・ 물과 반응 : $Zn + 2H_2O \rightarrow Zn(OH)_2 + H_2$
　　　　・ 염산과 반응 : $Zn + 2HCl \rightarrow ZnCl_2 + H_2$
　　　　・ 황산과 반응 : $Zn + H_2SO_4 \rightarrow ZnSO_4 + H_2$
　　　　・ 초산과 반응 : $Zn + 2CH_3COOH \rightarrow (CH_3COO)_2Zn + H_2$

④ **타이타늄분**

㉠ 물 성

화학식	지정수량	원자량	비 중	비 점
Ti	500[kg]	47.9	4.5	3,387[℃]

㉡ 은백색의 단단한 금속이다.
㉢ 산과 반응하면 수소가스를 발생한다.
㉣ 질산과 반응하면 이산화타이타늄(TiO_2)을 발생한다.
㉤ 610[℃] 이상 가열하면 산소와 결합하여 TiO_2을 발생한다.

(6) 마그네슘 [중요]

① 물 성

화학식	지정수량	원자량	비 중	융 점	비 점
Mg	500[kg]	24.3	1.74	651[℃]	1,100[℃]

② **은백색의 광택**이 있는 **금속**이다.
③ 공기 중 부식성은 적으나 알칼리에 안정하다.
④ **물이나 산과 반응**하면 **수소가스**를 발생한다.

$$Mg + 2H_2O \rightarrow Mg(OH)_2 + H_2 \uparrow$$
$$Mg + 2HCl \rightarrow MgCl_2 + H_2$$

⑤ 가열하면 연소하기 쉽고 순간적으로 맹렬하게 폭발한다.

$$2Mg + O_2 \rightarrow 2MgO + Q[kcal]$$

⑥ 고온에서 질소와 반응하면 질화마그네슘(Mg_3N_2)을 생성한다.

$$3Mg + N_2 \rightarrow Mg_3N_2$$

⑦ Mg분이 공기 중에 부유하면 화기에 의해 **분진폭발**의 **위험**이 있다.
⑧ 할로젠원소 및 강산화제와 혼합하고 있는 것은 약간의 가열, 충격 등에 의해 발화, 폭발한다.
⑨ 소화방법 : 마른모래, 탄산수소염류 등으로 질식소화
⑩ 물, 건조분말, CO_2, 포, 할로젠화합물소화약제는 효과가 없으므로 사용을 금한다.

> **Plus One** 마그네슘 소화 시 소화약제의 적응성
> • 건조사에 의한 질식소화는 소화 적응성이 있다.
> • 물을 주수하면 폭발의 위험이 있으므로 소화 적응성이 없다.
> • 이산화탄소와 반응 : $Mg + CO_2 \rightarrow MgO + CO$(일산화탄소의 발생으로 적응성이 없다)
> • **할로젠화합물**은 **포스젠을 생성**하므로 소화 적응성이 없다.

(7) 인화성 고체
① 정 의 : **고형알코올** 그 밖에 1기압에서 인화점이 **40[℃] 미만**인 고체
② 종 류
  ㉠ **고형알코올**
  합성수지에 메탄올을 혼합 침투시켜 한천상(寒天狀)으로 만든 것
  - 30[℃] 미만에서 가연성의 증기를 발생하기 쉽고 매우 인화되기 쉽다.
  - 가열 또는 화염에 의해 화재위험성이 매우 높다.
  - 화기에 주의하고 서늘하고 건조한 곳에 저장한다.
  - 강산화제와의 접촉을 방지한다.
  - 소화방법은 알코올용포, 포말, CO_2, 건조분말이 적합하다.

  ㉡ **제삼부틸알코올**
  - 물 성

화학식	지정수량	분자량	인화점	융 점	비 점
$(CH_3)_3COH$	1,000[kg]	74	11[℃]	25.6[℃]	83[℃]

  - 무색의 고체로서 물보다 가볍고 물에 잘 녹는다.
  - 상온에서 가연성의 증기발생이 용이하고 증기는 공기보다 무거워서 낮은 곳에 체류한다.
  - 밀폐공간에서는 인화·폭발의 위험이 크다.
  - 연소열량이 커서 소화가 곤란하다.

제3절 제3류 위험물

1 제3류 위험물의 특성

(1) 종류 중요

유별	성질	품명	위험등급	지정수량
제3류	자연발화성 물질 및 금수성 물질	칼륨, 나트륨, 알킬알루미늄, 알킬리튬	I	10[kg]
		황린	I	20[kg]
		알칼리금속(칼륨 및 나트륨을 제외한다) 및 알칼리토금속, 유기금속화합물(알킬알루미늄 및 알킬리튬을 제외한다)	II	50[kg]
		금속의 수소화물, 금속의 인화물, 칼슘 또는 알루미늄의 탄화물	III	300[kg]
		그 밖에 행정안전부령이 정하는 것 (염소화규소화합물)	III	10[kg], 20[kg], 50[kg], 300[kg]

(2) 정의

자연발화성 물질 및 금수성 물질 : 고체 또는 액체로서 공기 중에서 발화의 위험성이 있거나 물과 접촉하여 발화하거나 가연성 가스를 발생하는 위험성이 있는 것

(3) 제3류 위험물의 일반적인 성질

① 대부분 **무기화합물**이며 **고체** 또는 **액체**이다.
② **칼륨**(K), **나트륨**(Na), **알킬알루미늄, 알킬리튬**은 **물보다 가볍고** 나머지는 물보다 무겁다.
③ **칼륨, 나트륨, 황린, 알킬알루미늄, 탄화알루미늄**은 **연소**한다.

(4) 제3류 위험물의 위험성

① 황린을 제외한 **금수성 물질**은 물과 반응하여 **가연성 가스**(수소, 아세틸렌, 포스핀)를 발생하고 발열한다.
② 자연발화성 물질은 물 또는 공기와 접촉하면 폭발적으로 연소하여 가연성 가스를 발생한다.
③ 가열, 강산화성 물질 또는 강산류와 접촉에 의해 위험성이 증가한다.

(5) 제3류 위험물의 저장 및 취급방법

① 저장용기는 공기와의 접촉을 방지하고 수분과의 접촉을 피한다.
② K, Na 및 알칼리금속은 산소가 함유되지 않은 **석유류(등유, 경유)**에 **저장**한다.
③ 자연발화성 물질의 경우는 불티, 불꽃 또는 고온체와 접근을 방지한다.
④ **황린**은 **주수소화**가 가능하나 나머지는 물에 의한 냉각소화는 절대 불가능하다.
⑤ 소화약제 : 마른모래, 탄산수소염류분말, 팽창질석, 팽창진주암

> **Plus One** 제3류 위험물의 반응식
> - 나트륨의 반응식
>   - 연소반응식 $4Na + O_2 \rightarrow 2Na_2O$
>   - 물과 반응 $2Na + 2H_2O \rightarrow 2NaOH + H_2 \uparrow$
>   - 알코올과 반응 $2Na + 2C_2H_5OH \rightarrow 2C_2H_5ONa + H_2 \uparrow$
>   - 사염화탄소와 반응 $4Na + CCl_4 \rightarrow 4NaCl + C$
>   - 이산화탄소와 반응 $4Na + 3CO_2 \rightarrow 2Na_2CO_3 + C$
>   - 초산과 반응 $2Na + 2CH_3COOH \rightarrow 2CH_3COONa + H_2 \uparrow$
> - 트라이에틸알루미늄의 반응식
>   - 공기 중 $2(C_2H_5)_3Al + 21O_2 \rightarrow Al_2O_3 + 12CO_2 + 15H_2O$
>   - 물과 접촉 $(C_2H_5)_3Al + 3H_2O \rightarrow Al(OH)_3 + 3C_2H_6 \uparrow$
> - 황린의 연소식 $P_4 + 5O_2 \rightarrow 2P_2O_5$
> - 리튬과 물의 반응 $2Li + 2H_2O \rightarrow 2LiOH + H_2 \uparrow$
> - 칼슘과 물의 반응 $Ca + 2H_2O \rightarrow Ca(OH)_2 + H_2 \uparrow$
> - 인화석회(인화칼슘)와 물의 반응 $Ca_3P_2 + 6H_2O \rightarrow 2PH_3 + 3Ca(OH)_2$
> - 수소화칼륨과 물의 반응 $KH + H_2O \rightarrow KOH + H_2 \uparrow$
> - 카바이드와 물의 반응 $CaC_2 + 2H_2O \rightarrow Ca(OH)_2 + C_2H_2 \uparrow$
>
> > 아세틸렌의 연소반응식 $2C_2H_2 + 5O_2 \rightarrow 4CO_2 + 2H_2O$
>
> - 물과 반응식
>   - 탄화알루미늄 $Al_4C_3 + 12H_2O \rightarrow 4Al(OH)_3 + 3CH_4 \uparrow$
>   - **탄화망가니즈** $Mn_3C + 6H_2O \rightarrow 3Mn(OH)_2 + CH_4 + H_2 \uparrow$
>   - 탄화베릴륨 $Be_2C + 4H_2O \rightarrow 2Be(OH)_2 + CH_4 \uparrow$

2 각 위험물의 물성 및 특성

(1) 칼 륨 [중요]

① 물 성

화학식	지정수량	원자량	비 점	융 점	비 중	불꽃색상
K	10[kg]	39	774[℃]	63.7[℃]	0.86	보라색

② **은백색**의 광택이 있는 **무른 경금속**으로 **보라색 불꽃**을 내면서 연소한다.
③ 할로젠화합물 및 산소, 수증기 등과 접촉하면 발화위험이 있다.
④ 습기 존재하에서 CO와 접촉하면 폭발한다.
⑤ **등유, 경유, 유동파라핀** 등의 **보호액**을 넣은 내통에 밀봉 저장한다.

> 칼륨을 석유 속에 보관하는 이유 : 수분과 접촉을 차단하여 공기 산화를 방지하려고

⑥ **마른모래, 탄산수소염류분말**로 피복하여 **질식소화**한다.
⑦ 피부에 접촉하면 화상을 입는다.
⑧ 이온화 경향이 큰 금속이다.

> **Plus One** 칼륨의 반응식
> - 연소반응 $4K + O_2 \rightarrow 2K_2O$(회백색)
> - 물과 반응 $2K + 2H_2O \rightarrow 2KOH + H_2\uparrow$
> - 이산화탄소와 반응 $4K + 3CO_2 \rightarrow 2K_2CO_3 + C$(폭발)
> - 사염화탄소와 반응 $4K + CCl_4 \rightarrow 4KCl + C$(폭발)
> - 알코올과 반응 $2K + 2C_2H_5OH \rightarrow 2C_2H_5OK + H_2\uparrow$
>   (칼륨에틸레이트)
> - 초산과 반응 $2K + 2CH_3COOH \rightarrow 2CH_3COOK + H_2\uparrow$
>   (초산칼륨)
> - 액체 암모니아와 반응 $2K + 2NH_3 \rightarrow 2KNH_2 + H_2\uparrow$
>   (칼륨아미드)

저장방법

종 류	저장방법
황린, 이황화탄소	물속에 저장
칼륨, 나트륨	등유, 경유, 유동파라핀 속에 저장
나이트로셀룰로스	물 또는 알코올에 습면시켜 저장

(2) 나트륨 중요

① 물 성

화학식	지정수량	원자량	비 점	융 점	비 중	불꽃색상
Na	10[kg]	23	880[℃]	97.7[℃]	0.97	노란색

② 은백색의 광택이 있는 **무른 경금속**으로 **노란색 불꽃**을 내면서 연소한다.
③ 비중(0.97), 융점(97.7[℃])이 낮다.
④ 보호액(등유, 경유, 유동파라핀)을 넣은 내통에 밀봉 저장한다.
⑤ 아이오딘산(HIO_3)과 접촉 시 폭발하며 수은(Hg)과 격렬하게 반응하고 경우에 따라 폭발한다.
⑥ **알코올**이나 **산과 반응**하면 **수소가스**를 발생한다.
⑦ 소화방법 : 마른모래, 건조된 소금, 탄산수소염류분말

> **Plus One** 나트륨의 반응식
> - 연소반응 $4Na + O_2 \rightarrow 2Na_2O$(회백색)
> - 물과 반응 $2Na + 2H_2O \rightarrow 2NaOH + H_2\uparrow$
> - 이산화탄소와 반응 $4Na + 3CO_2 \rightarrow 2Na_2CO_3 + C$(연소폭발)
> - 사염화탄소와 반응 $4Na + CCl_4 \rightarrow 4NaCl + C$(폭발)
> - 염소와 반응 $2Na + Cl_2 \rightarrow 2NaCl$
> - 알코올과 반응 $2Na + 2C_2H_5OH \rightarrow 2C_2H_5ONa + H_2\uparrow$
>   (나트륨에틸레이트)
> - 초산과 반응 $2Na + 2CH_3COOH \rightarrow 2CH_3COONa + H_2\uparrow$
>   (초산나트륨)
> - 액체 암모니아와 반응 $2Na + 2NH_3 \rightarrow 2NaNH_2 + H_2\uparrow$
>   (나트륨아미드)

(3) 알킬알루미늄

① 특 성

  ㉠ 알킬기(R = C_nH_{2n+1})와 알루미늄의 화합물로서 유기금속 화합물이다.

  ㉡ 알킬기의 탄소 1개에서 4개까지의 화합물은 공기와 접촉하면 자연발화를 일으킨다.

  ㉢ 알킬기의 탄소수가 5개까지는 점화원에 의해 불이 붙고 탄소수가 6개 이상인 것은 공기 중에서 서서히 산화하여 흰 연기가 난다.

  ㉣ 저장 용기의 상부는 불연성 가스로 봉입해야 한다.

  ㉤ 피부에 접촉하면 심한 화상을 입는다.

  ㉥ 소화방법 : 팽창질석, 팽창진주암, 건조된 모래

② 트라이메틸알루미늄 **중요**

  ㉠ 물 성

화학식	지정수량	분자량	비 점	융 점	증기비중	비 중
$(CH_3)_3Al$	10[kg]	72	125[℃]	15[℃]	2.5	0.752

  ㉡ 무색의 가연성 액체이다.

  ㉢ 공기 중에 노출하면 자연발화하므로 위험하다.

  ㉣ 물과 접촉하면 심하게 반응하고 메테인을 발생하여 폭발한다.

  ㉤ 산, 알코올, 아민, 할로젠화합물과 접촉하면 맹렬히 반응한다.

  Plus One 트라이메틸알루미늄의 반응식
  - 공기와 반응 $2(CH_3)_3Al + 12O_2 \rightarrow Al_2O_3 + 9H_2O + 6CO_2\uparrow$
  - 물과 반응 $(CH_3)_3Al + 3H_2O \rightarrow Al(OH)_3 + 3CH_4\uparrow$ (메테인)
  - 염산과 반응 $(CH_3)_3Al + 3HCl \rightarrow AlCl_3 + 3CH_4\uparrow$
  - 메틸알코올과 반응 $(CH_3)_3Al + 3CH_3OH \rightarrow (CH_3O)_3Al + 3CH_4\uparrow$ (알루미늄 메틸레이트)

③ 트라이에틸알루미늄 **중요**

  ㉠ 물 성

화학식	지정수량	분자량	비 점	융 점	비 중
$(C_2H_5)_3Al$	10[kg]	114	128[℃]	-50[℃]	0.835

  ㉡ 무색, 투명한 액체이다.

  ㉢ 공기 중에 노출하면 자연발화하므로 위험하다.

  ㉣ 물과 접촉하면 심하게 반응하고 에테인을 발생하여 폭발한다.

  ㉤ 산, 알코올, 아민, 할로젠화합물과 접촉하면 맹렬히 반응한다.

  Plus One 트라이에틸알루미늄의 반응식
  - 공기와 반응 $2(C_2H_5)_3Al + 21O_2 \rightarrow Al_2O_3 + 15H_2O + 12CO_2\uparrow$
  - 물과 반응 $(C_2H_5)_3Al + 3H_2O \rightarrow Al(OH)_3 + 3C_2H_6\uparrow$ (에테인)
  - 염산과 반응 $(C_2H_5)_3Al + 3HCl \rightarrow AlCl_3 + 3C_2H_6\uparrow$
  - 에틸알코올과 반응 $(C_2H_5)_3Al + 3C_2H_5OH \rightarrow (C_2H_5O)_3Al + 3C_2H_6\uparrow$ (알루미늄 에틸레이트)

④ 트라이아이소부틸알루미늄
　㉠ 물 성

화학식	지정수량	비 점	융 점	비 중
$(C_4H_9)_3Al$	10[kg]	86[℃]	4[℃]	0.788

　㉡ 무색, 투명한 가연성 액체이다.
　㉢ 공기 중에 노출하면 자연발화하므로 위험하다.
　㉣ 공기 또는 물과 격렬하게 반응하여 강산, 알코올과 반응한다.

(4) 알킬리튬

① **알킬리튬**은 **알킬기**와 **리튬금속의 화합물**로 유기금속 화합물이다.
② **자연발화성 물질** 및 **금수성 물질**이다.
③ 물과 만나면 심하게 발열하고 가연성 가스인 메테인, 에테인, 뷰테인을 발생한다.

$$CH_3Li + H_2O \rightarrow LiOH + CH_4 \uparrow$$

④ 종류 : 메틸리튬(CH_3Li), 에틸리튬(C_2H_5Li), 부틸리튬(C_4H_9Li)

(5) 황 린 중요

① 물 성

화학식	지정수량	발화점	비 점	융 점	비 중
P_4	20[kg]	34[℃]	280[℃]	44[℃]	1.82

② **백색** 또는 **담황색**의 **자연발화성 고체**이다.
③ 물과 반응하지 않기 때문에 **pH = 9**(약알칼리) 정도의 **물속에 저장**하며 보호액이 증발되지 않도록 한다.

　　황린은 포스핀(PH_3)의 생성을 방지하기 위하여 pH9인 물속에 저장한다.

④ **벤젠, 알코올**에 **약간 녹고** 이황화탄소(CS_2), 삼염화인, 염화황에는 잘 녹는다.
⑤ 증기는 공기보다 무겁고 **자극적**이며 **맹독성인 물질**이다.
⑥ 황, 산소, 할로젠화합물과 격렬하게 반응한다.
⑦ **발화점**이 **매우 낮고** 산소와 결합 시 산화열이 크며 공기 중에 방치하면 액화되면서 **자연발화**를 일으킨다.

　　황린은 발화점(착화점)이 낮기 때문에 자연발화를 일으킨다.

⑧ 공기를 차단하고 **황린**을 **260[℃]로 가열**하면 **적린이 생성**된다.
⑨ 산화제, 화기의 접근, 고온체와 접촉을 피하고 직사광선을 차단한다.
⑩ 공기 중에 노출되지 않도록 하고 유기과산화물, 산화제, 가연물과 격리한다.
⑪ 강산화성 물질과 수산화나트륨(NaOH)과 혼촉 시 발화의 위험이 있다.
⑫ **초기소화**에는 **물, 포, CO_2, 건조분말 소화약제**가 유효하다.

> **Plus One** 황린 반응식
> - 공기 중에서 연소 시 오산화인의 흰 연기를 발생한다(260℃로 가열).
> $P_4 + 5O_2 \rightarrow 2P_2O_5 + 2 \times 370.8[kcal]$
> - 강알칼리용액과 반응하면 유독성의 포스핀가스(PH_3)를 발생한다.
> $P_4 + 3KOH + 3H_2O \rightarrow PH_3 \uparrow + 3KH_2PO_2$(차아인산칼륨)

(6) 알칼리금속(K, Na 제외)류 및 알칼리토금속

① 알칼리금속[리튬(Li), 루비듐(Rb), 세슘(Cs), 프란슘(Fr)]
  ㉠ 무른 금속으로 융점과 밀도가 낮다.
  ㉡ 할로젠화합물과는 격렬히 반응하여 발열한다.
  ㉢ 물과의 반응은 위험하고 산소와 친화력이 강하고 가온하면 발화하며 CO_2 중에서도 연소가 계속된다.

② 알칼리토금속[베릴륨(Be), 칼슘(Ca), 스트론튬(Sr), 바륨(Ba), 라듐(Ra)]
  ㉠ 무른 금속이며 알칼리금속보다 융점이 훨씬 높고 활성이 약하다.
  ㉡ 물, 산소, 황, 할로젠화합물과 쉽게 반응하지만 격렬하지는 않다.
  ㉢ 금속 산화물은 물과 반응하여 수산화물을 형성하고 열을 발생한다.
  ㉣ Ca, Ba, Sr은 물과 반응하여 수소를 발생한다.
  ㉤ 산과 반응하여 수소를 발생하고 장시간 공기 중의 습기와 반응으로 자연발화를 일으킨다.

③ 종 류
  ㉠ 리 튬
  - 물 성

화학식	지정수량	비 점	융 점	비 중	불꽃색상
Li	50[kg]	1,336[℃]	180[℃]	0.543	적색

  - 은백색의 무른 경금속으로 고체원소 중 가장 가볍다.
  - 리튬은 다른 알칼리금속과 달리 질소와 직접 화합하여 **적색의 질화리튬**(Li_3N)을 생성한다.
  - **물이나 산과 반응**하면 **수소**(H_2)**가스**를 발생한다.
  - 2차 전지의 원료로 사용한다.

> **Plus One** 리튬과 물, 산과의 반응식
> $2Li + 2H_2O \rightarrow 2LiOH + H_2 \uparrow$
> $2Li + 2HCl \rightarrow 2LiCl + H_2 \uparrow$

  ㉡ 루비듐
  - 물 성

화학식	지정수량	비 점	융 점	비 중
Rb	50[kg]	688[℃]	38[℃]	1.53

  - 은백색의 금속으로 융점이 매우 낮다.
  - 물, 묽은산, 알코올과 반응하여 수소를 발생한다.
  - 고온에서는 할로젠화합물과 반응한다.

ⓒ 칼 슘
- 물 성

화학식	지정수량	비 점	융 점	비 중	불꽃색상
Ca	50[kg]	1,420[℃]	845[℃]	1.55	황적색

- 은백색의 무른 경금속이다.
- **물이나 산과 반응**하면 **수소(H_2)가스**를 발생한다.

> **Plus One** 칼슘의 반응식
> $Ca + 2H_2O \rightarrow Ca(OH)_2 + H_2 \uparrow$
> $Ca + 2HCl \rightarrow CaCl_2 + H_2 \uparrow$

(7) 유기금속화합물
① 저급 유기금속화합물은 반응성이 풍부하다.
② 공기 중에서 자연발화를 하므로 위험하다.
③ 종 류
  ㉠ 다이메틸아연 : [$Zn(CH_3)_2$]
  ㉡ 다이에틸아연 : [$Zn(C_2H_5)_2$]
  ㉢ 나트륨아미드 : [$NaNH_2$]

(8) 금속의 수소화물
① **수소화칼륨**
  ㉠ 회백색의 결정분말이다.
  ㉡ **물과 반응**하면 **수산화칼륨**(KOH)과 **수소(H_2)가스**를 발생한다.
  ㉢ 고온에서 **암모니아(NH_3)와 반응**하면 **칼륨아미드**(KNH_2)와 **수소**가 생성된다.

> **Plus One** 수소화칼륨의 반응식
> • 물과 반응 $KH + H_2O \rightarrow KOH + H_2 \uparrow$
> • 암모니아와 반응 $KH + NH_3 \rightarrow KNH_2 + H_2 \uparrow$
>   (칼륨아미드)

② **펜타보레인**
  ㉠ 물 성

화학식	지정수량	인화점	액체비중	비 점	연소범위
B_5H_9	300[kg]	30[℃]	0.6	60[℃]	0.42~98[%]

  ㉡ 자극성 냄새가 나고 물에 녹지 않는다.
  ㉢ **자연발화**의 위험성이 있는 **가연성 무색 액체**이다.
  ㉣ 발화점이 낮기 때문에 공기에 노출되면 자연발화의 위험이 있다.
  ㉤ 연소 시 유독성 가스와 자극성의 연소가스를 발생할 수 있다.
  ㉥ 화재 시 적절한 소화약제는 없으나 누출을 차단시키지 못하면 자연진화하도록 둔다.

③ 기 타
  ㉠ 종 류

종 류	지정수량	형 태	화학식	분자량	융 점
수소화나트륨	300[kg]	은백색의 결정	NaH	24	−50[℃]
수소화리튬	300[kg]	투명한 고체	LiH	7.9	680[℃]
수소화칼슘	300[kg]	무색 결정	CaH_2	42	600[℃]
수소화 알루미늄리튬	300[kg]	회백색 분말	$LiAlH_4$	37.9	125[℃]

  ㉡ 물과 반응식

  Plus One 물과 반응식
  - 수소화나트륨 $NaH + H_2O \rightarrow NaOH + H_2 \uparrow$
  - 수소화리튬 $LiH + H_2O \rightarrow LiOH + H_2 \uparrow$
  - 수소화칼슘 $CaH_2 + 2H_2O \rightarrow Ca(OH)_2 + 2H_2 \uparrow$
  - 수소화알루미늄리튬 $LiAlH_4 + 4H_2O \rightarrow LiOH + Al(OH)_3 + 4H_2$
  - 수소화알루미늄리튬의 열분해 $LiAlH_4 \rightarrow Li + Al + 2H_2$

(9) 금속의 인화물

① **인화칼슘(인화석회)** 중요

  ㉠ 물 성

화학식	지정수량	분자량	융 점	비 중
Ca_3P_2	300[kg]	182	1,600[℃]	2.51

  ㉡ **적갈색의 괴상 고체**이다.
  ㉢ **알코올, 에터에는 녹지 않는다.**
  ㉣ 건조한 공기 중에서 안정하나 300[℃] 이상에서는 산화한다.
  ㉤ 가스 취급 시 독성이 심하므로 방독마스크를 착용해야 한다.
  ㉥ **물이나 산과 반응**하여 **포스핀**(인화수소, PH_3)의 **유독성 가스**를 발생한다.

  Plus One 인화칼슘의 반응식
  $Ca_3P_2 + 6H_2O \rightarrow 3Ca(OH)_2 + 2PH_3 \uparrow$
  $Ca_3P_2 + 6HCl \rightarrow 3CaCl_2 + 2PH_3 \uparrow$

② **인화알루미늄(AlP)**
  ㉠ 분자량 : 58
  ㉡ 융점 : 2,550[℃]

  $AlP + 3H_2O \rightarrow Al(OH)_3 + PH_3 \uparrow$

③ **인화아연(Zn_3P_2)**
  ㉠ 분자량 : 258
  ㉡ 융점 : 420[℃]

  $Zn_3P_2 + 6H_2O \rightarrow 3Zn(OH)_2 + 2PH_3 \uparrow$

(10) 칼슘 또는 알루미늄의 탄화물

① **탄화칼슘**(CaC_2, 카바이드) 중요

㉠ 물 성

화학식	지정수량	분자량	융 점	비 중
CaC_2	300[kg]	64	2,370[℃]	2.21

㉡ 순수한 것은 무색, 투명하나 보통은 회백색의 덩어리 상태이다.

㉢ 에터에 녹지 않고 물과 알코올에는 분해된다.

㉣ 공기 중에서 안정하지만 350[℃] 이상에서는 산화된다.

㉤ **물과 반응**하면 **아세틸렌(C_2H_2)가스**를 발생한다.

Plus One 아세틸렌의 특성

$$CaC_2 + 2H_2O \rightarrow Ca(OH)_2 + C_2H_2\uparrow + 27.8[kcal]$$
(소석회, 수산화칼슘) (아세틸렌)

- 연소범위는 2.5~81[%]이다.
- 동, 은 및 수은과 접촉하면 폭발성 금속 아세틸레이트를 생성하므로 위험하다.
  $C_2H_2 + 2Cu \rightarrow Cu_2C_2$(동아세틸레이트) $+ H_2$
- 아세틸렌은 흡열화합물로서 압축하면 분해폭발한다.
- 탄소 간 삼중결합이 있다(CH ≡ CH).
- 아세틸렌의 연소반응식
  $2C_2H_2 + 5O_2 \rightarrow 4CO_2 + 2H_2O$

㉥ 습기가 없는 밀폐용기에 저장하고 용기에는 질소가스 등 불연성 가스를 봉입시킬 것

㉦ 시판품은 불순물(S, P, N)을 포함하므로 유독한 가스를 발생시켜 악취가 난다.

Plus One 탄화칼슘의 반응식

- 약 700[℃] 이상에서 반응 $CaC_2 + N_2 \rightarrow CaCN_2 + C + 74.6[kcal]$
  (석회질소) (탄소)
- 아세틸렌가스와 금속과 반응 $C_2H_2 + 2Ag \rightarrow Ag_2C_2 + H_2\uparrow$
  (은아세틸레이트 : 폭발물질)

② **탄화알루미늄**(Al_4C_3)

㉠ 황색(순수한 것은 백색)의 단단한 결정 또는 분말이고, 가연성 물질이다.

㉡ 비중은 2.36이고 1,400[℃] 이상 가열 시 분해한다.

㉢ 밀폐용기에 저장해야 하며 용기 등에는 질소가스 등 불연성 가스를 봉입시키고 빗물침투 우려가 없는 안전한 장소에 저장해야 한다.

Plus One 탄화알루미늄과 물의 반응식

$Al_4C_3 + 12H_2O \rightarrow 4Al(OH)_3 + 3CH_4\uparrow + 360[kcal]$
(수산화알루미늄)   (메테인)

금속탄화물과 물의 반응식
- 물과 반응 시 **아세틸렌**(C_2H_2)가스를 발생하는 물질 : Li_2C_2, Na_2C_2, K_2C_2, MgC_2, **CaC_2**
  - $Li_2C_2 + 2H_2O \rightarrow 2LiOH + C_2H_2\uparrow$
  - $Na_2C_2 + 2H_2O \rightarrow 2NaOH + C_2H_2\uparrow$
  - $K_2C_2 + 2H_2O \rightarrow 2KOH + C_2H_2\uparrow$
  - $MgC_2 + 2H_2O \rightarrow Mg(OH)_2 + C_2H_2\uparrow$
  - $CaC_2 + 2H_2O \rightarrow Ca(OH)_2 + C_2H_2\uparrow$
- 물과 반응 시 **메테인 가스**를 발생하는 물질 : Be_2C, **Al_4C_3**
  - $Be_2C + 4H_2O \rightarrow 2Be(OH)_2 + CH_4\uparrow$
  - $Al_4C_3 + 12H_2O \rightarrow 4Al(OH)_3 + 3CH_4\uparrow$
- 물과 반응 시 **메테인과 수소가스**를 발생하는 물질 : Mn_3C
  $Mn_3C + 6H_2O \rightarrow 3Mn(OH)_2 + CH_4\uparrow + H_2\uparrow$

(11) 염소화 규소화합물

① **트라이클로로실레인**

㉠ 물 성

화학식	지정수량	인화점	액체비중	증기비중	비 점	융 점
$HSiCl_3$	300[kg]	-28[℃]	1.34	4.67	31.8[℃]	-127[℃]

㉡ 차아염소산, 냄새가 나는 휘발성, 발연성, 자극성, **가연성의 무색 액체**이다.

㉢ **벤젠, 에터, 클로로폼, 사염화탄소에 녹는다.**

㉣ 물보다 무거우며 물과 접촉 시 분해하며 공기 중 쉽게 증발한다.

㉤ 점화원에 의해 일시에 번지며 심한 백색연기를 발생한다.

㉥ 알코올, 유기화합물, 과산화물, 아민, 강산화제와 심하게 반응하며 경우에 따라 혼촉발화하는 것도 있다.

㉦ 물과 심하게 반응하여 부식성, 자극성의 염산을 생성하며 공기 중 수분과 반응하여 맹독성의 염화수소 가스를 발생한다.

㉧ 산화성 물질과 접촉하면 폭발적으로 반응하며, 아세톤, 알코올과 반응한다.

㉨ 물, 알코올, 강산화제, 유기화합물, 아민과 철저히 격리한다.

㉩ 6[%] 중팽창포를 제외하고 건조분말, CO_2 및 할로젠소화약제는 효과가 없으므로 사용하지 않도록 한다.

㉪ 밀폐 소구역에서는 분말, CO_2가 유효하다.

제4절 제4류 위험물

1 제4류 위험물의 특성

(1) 종 류 **중요**

유 별	성 질	품 명		위험등급	지정수량
제4류	인화성 액체	특수인화물		I	50[L]
		제1석유류	비수용성 액체	II	200[L]
			수용성 액체	II	400[L]
		알코올류		II	400[L]
		제2석유류	비수용성 액체	III	1,000[L]
			수용성 액체	III	2,000[L]
		제3석유류	비수용성 액체	III	2,000[L]
			수용성 액체	III	4,000[L]
		제4석유류		III	6,000[L]
		동식물유류		III	10,000[L]

(2) 분 류

① 특수인화물 **중요**

㉠ 1기압에서 **발화점**이 100[℃] 이하인 것

㉡ **인화점**이 **영하 20**[℃] **이하**이고 **비점**이 **40**[℃] **이하**인 것

> 특수인화물 : 이황화탄소, 다이에틸에터, 아세트알데하이드, 산화프로필렌, 아이소프렌, 아이소펜테인

② **제1석유류** : 1기압에서 **인화점**이 **21**[℃] **미만**인 것 **중요**

> • 제1석유류 : **아세톤**, 휘발유, 벤젠, **톨루엔**, 메틸에틸케톤(MEK), 피리딘, 초산메틸, 초산에틸, 의산에틸, 콜로디온, 사이안화수소, 아세토나이트릴, 아크릴로나이트릴, 에틸벤젠, 사이클로헥세인 등
> • **수용성 : 아세톤, 피리딘, 사이안화수소, 아세토나이트릴, 의산메틸**
> ※ 수용성 액체를 판단하기 위한 시험(세부기준 제13조)
> - 온도 20[℃], 1기압의 실내에서 50[mL] 메스실린더에 증류수 25[mL]를 넣은 후 시험물품 25[mL]를 넣을 것
> - 메스실린더의 혼합물을 1분에 90회 비율로 5분간 혼합할 것
> - 혼합한 상태로 5분간 유지할 것
> - 층분리가 되는 경우 비수용성, 그렇지 않은 경우 수용성으로 판단할 것. 다만, 증류수와 시험물품이 균일하게 혼합되어 혼탁하게 분포하는 경우에도 수용성으로 판단한다.

③ 알코올류

㉠ 1분자를 구성하는 **탄소원자의 수가 1개부터 3개까지**인 포화 1가 알코올(**변성알코올** 포함)로서 농도가 60[wt%] 이상

ⓒ **알코올류의 제외** 중요
- C_1~C_3까지의 포화 1가 알코올의 함유량이 **60[wt%] 미만**인 수용액
- 가연성 액체량이 60[wt%] 미만이고 인화점 및 연소점이 에틸알코올 60[wt%] 수용액의 인화점 및 연소점을 초과하는 것
- ※ 알코올류 : 메틸알코올, 에틸알코올, 프로필알코올, 변성알코올

④ **제2석유류** 중요
  ㉠ 1기압에서 **인화점**이 **21[℃] 이상 70[℃] 미만**인 것
  ㉡ **제외** : 도료류 그 밖의 물품에 있어서 가연성 액체량이 40[wt%] 이하이면서 인화점이 40[℃] 이상인 동시에 연소점이 60[℃] 이상인 것은 제외

- 제2석유류 : 등유, 경유, 초산, 의산, 테레핀유, 클로로벤젠, 스타이렌, 메틸셀로솔브, 에틸셀로솔브, o-자일렌, m-자일렌, p-자일렌, 아크릴산, 장뇌유, 하이드라진 등
- **수용성 : 초산, 의산, 아크릴산, 메틸셀로솔브, 에틸셀로솔브, 하이드라진**

⑤ **제3석유류** 중요
  ㉠ 1기압에서 **인화점**이 **70[℃] 이상 200[℃] 미만**인 것
  ㉡ **제외** : 도료류 그 밖의 물품은 가연성 액체량이 40[wt%] 이하인 것은 제외

- 제3석유류 : 중유, 크레오소트유, 나이트로벤젠, 아닐린, 메타크레졸, 글리세린, 에틸렌글라이콜, 담금질유, 페닐하이드라진, 에탄올아민, 사에틸납, 염화벤조일 등
- 수용성 : 글리세린, 에틸렌글라이콜, 에탄올아민

⑥ **제4석유류**
  ㉠ 1기압에서 **인화점**이 **200[℃] 이상 250[℃] 미만**의 것
  ㉡ **제외** : 도료류 그 밖의 물품은 가연성 액체량이 40[wt%] 이하인 것은 제외

제4석유류 : **기어유, 실린더유**, 가소제, 절삭유, 방청류, 윤활유 등

⑦ **동식물유류** : 동물의 지육 등 또는 식물의 종자나 과육으로부터 추출한 것으로서 1기압에서 **인화점**이 **250[℃] 미만**인 것

동식물유류 : 건성유, 반건성유, 불건성유

(3) 제4류 위험물의 일반적인 성질

① 대단히 **인화하기 쉽다.**
② **물보다 가볍고 물에 녹지 않는 것이 많다.**
③ 증기비중은 **공기보다 무겁기 때문**에 낮은 곳에 체류하여 연소, 폭발의 위험이 있다.
④ 연소범위의 하한이 낮기 때문에 공기 중 소량 누설되어도 연소한다.

> **Plus One** 유기용제의 공통 특성
> - 방향족 화합물, 고리모양의 화합물은 선상화합물보다 취성이 강하다.
> - 지방족 탄화수소의 경우 저급일수록 마취작용이 약해진다.
> - 할로젠화 탄화수소는 그 모체 화합물보다 취성이 더욱 강해 인체에 큰 해를 미친다.
> - 방향족 탄화수소는 주로 조혈기관(골수)을 해친다.

(4) 제4류 위험물의 위험성

① 인화위험이 높아 화기의 접근을 피해야 한다.
② 증기는 공기와 약간만 혼합되어도 연소한다.
③ 발화점과 연소범위의 하한이 낮다.
④ 전기부도체이므로 정전기 발생에 주의한다.

(5) 제4류 위험물의 저장 및 취급방법

① 누출방지를 위하여 밀폐용기에 사용해야 한다.
② 점화원을 제거한다.
③ **소화방법** : 포말, 이산화탄소, 할로젠화합물, 분말소화약제로 **질식소화**한다.
④ **수용성 위험물**은 **알코올용포소화약제**를 사용한다.

> **Plus One** 제4류 위험물의 반응식
> - 이황화탄소의 반응식
>   - 연소반응식 $CS_2 + 3O_2 \rightarrow CO_2 + 2SO_2 \uparrow$
>   - 물과 반응 $CS_2 + 2H_2O \rightarrow CO_2 + 2H_2S \uparrow$
> - 메틸알코올 연소반응식 $2CH_3OH + 3O_2 \rightarrow 2CO_2 + 4H_2O$
> - 에틸알코올 연소반응식 $C_2H_5OH + 3O_2 \rightarrow 2CO_2 + 3H_2O$
> - 벤젠의 연소반응식 $2C_6H_6 + 15O_2 \rightarrow 12CO_2 + 6H_2O$
> - 톨루엔의 연소반응식 $C_6H_5CH_3 + 9O_2 \rightarrow 7CO_2 + 4H_2O$
> - 에틸렌글라이콜의 연소반응식 $2C_2H_6O_2 + 5O_2 \rightarrow 4CO_2 + 6H_2O$
> - 글리세린의 연소반응식 $2C_3H_8O_3 + 7O_2 \rightarrow 6CO_2 + 8H_2O$

2 각 위험물의 물성 및 특성

(1) 특수인화물

① **다이에틸에터**(Diethyl Ether, 에터)

㉠ 물 성

화학식	지정수량	분자량	비 중	비 점	인화점	착화점	증기비중	연소범위
$C_2H_5OC_2H_5$	50[L]	74.12	0.7	34[℃]	−40[℃]	180[℃]	2.55	1.7~48[%]

㉡ 휘발성이 강한 무색, 투명한 특유의 향이 있는 액체이다.
㉢ **물에 약간 녹고**, 알코올에 잘 녹으며 발생된 증기는 **마취성**이 있다.
㉣ 공기와 장기간 접촉하면 **과산화물**이 생성되므로 **갈색병**에 저장해야 한다.
㉤ 에터는 **전기불량도체**이므로 정전기발생에 주의한다.

ⓑ 동·식물성 섬유로 여과할 경우 정전기가 발생하기 쉽다.
ⓢ **이산화탄소, 할로젠화합물, 포말**에 의한 **질식소화**를 한다.
ⓞ 용기의 **공간용적**을 **2[%] 이상**으로 해야 한다.

> - 에터의 일반식 : R-O-R'(R : 알킬기)
> - 에터의 구조식 :
> $$\begin{array}{ccccc} H & H & & H & H \\ | & | & & | & | \\ H-C-C-O-C-C-H \\ | & | & & | & | \\ H & H & & H & H \end{array}$$
> - 과산화물 생성 방지 : 40[mesh]의 구리망을 넣어 준다.
> - 과산화물 검출시약 : 10[%] 아이오딘화칼륨(KI)용액(검출 시 황색)
> - 과산화물 제거시약 : 황산제일철 또는 환원철
> - 제법 : 에탄올에 진한 황산을 넣고 130~140[℃]에서 반응시키면 축합반응에 의하여 생성된다.

② **이황화탄소**(Carbon Disulfide)
  ㉠ 물 성

화학식	지정수량	분자량	비 중	비 점	인화점	착화점	연소범위
CS_2	50[L]	76	1.26	46[℃]	-30[℃]	90[℃]	1.0~50[%]

  ㉡ 순수한 것은 **무색, 투명한 액체**이며 일광에 쪼이면 황색으로 변한다.
  ㉢ 제4류 위험물 중 **착화점**이 낮고 증기는 유독하다.
  ㉣ 물에 **녹지 않고**, 알코올, 에터, 벤젠 등의 **유기용매에 잘 녹는다.**
  ㉤ **불쾌한 냄새**가 난다.
  ㉥ **가연성 증기 발생을 억제**하기 위하여 **물속에 저장**한다.
  ㉦ 연소 시 아황산가스를 발생하며 **파란 불꽃**을 나타낸다.
  ㉧ 황, 황린, 생고무, 수지 등을 잘 녹인다.
  ㉨ 물 또는 이산화탄소, 할로젠화합물, 포말, 분말소화약제 등에 의한 질식소화한다.

> **Plus One** 이황화탄소의 반응식
> - 연소반응식 $CS_2 + 3O_2 \rightarrow CO_2 + 2SO_2$
> - 물과 반응(150[℃]) $CS_2 + 2H_2O \rightarrow CO_2 + 2H_2S$

③ **아세트알데하이드**(Acetaldehyde)
  ㉠ 물 성

화학식	지정수량	분자량	비 중	비 점	인화점	착화점	연소범위
CH_3CHO	50[L]	44	0.78	21[℃]	-40[℃]	175[℃]	4.0~60[%]

  ㉡ 무색, 투명한 액체이며 **자극성 냄새**가 난다.
  ㉢ 공기와 접촉하면 가압에 의해 폭발성의 **과산화물**을 생성한다.
  ㉣ **에틸알코올**을 **산화**하면 **아세트알데하이드**가 된다.
  ㉤ 암모니아와 반응하면 알데하이드암모니아를 생성한다.
  ㉥ **펠링 반응, 은거울 반응**을 한다.
  ㉦ **구리**(Cu), **마그네슘**(Mg), **은**(Ag), **수은**(Hg)과 반응하면 **아세틸레이트**를 생성한다.

◎ 저장용기 내부에는 **불연성 가스** 또는 **수증기 봉입장치**를 해야 한다.
ⓩ 산 또는 강산화제와의 접촉을 피한다.
ⓧ 소화약제는 **알코올용포**, 이산화탄소, 분말소화가 효과가 있다.

> • 아세트알데하이드의 구조식
>
> $$H-\underset{H}{\overset{H}{C}}-C\underset{O}{\overset{H}{\diagup}}$$
>
> • 연소반응식 $2CH_3CHO + 5O_2 \rightarrow 4CO_2 + 4H_2O$

④ **산화프로필렌(Propylene Oxide)**
  ㉠ 물 성

화학식	지정수량	분자량	비 중	비 점	인화점	착화점	연소범위
CH_3CHCH_2O	50[L]	58	0.82	35[℃]	-37[℃]	449[℃]	2.8~37[%]

  ㉡ 무색, 투명한 **자극성 액체**이다.
  ㉢ **구리**(Cu), **마그네슘**(Mg), **은**(Ag), **수은**(Hg)과 반응하면 **아세틸레이트**를 생성한다.
  ㉣ 저장용기 내부에는 **불연성 가스** 또는 **수증기 봉입장치**를 해야 한다.
  ㉤ 소화약제는 **알코올용포**, 이산화탄소, 분말소화가 효과가 있다.

> **Plus One** 산화프로필렌의 구조식
>
> $$H-\underset{H}{\overset{H}{C}}-\underset{O}{\overset{H}{C}}-\overset{H}{\underset{}{C}}-H$$

⑤ **아이소프로필아민**
  ㉠ 물 성

화학식	지정수량	분자량	인화점	착화점	비 중	증기비중	연소범위
$(CH_3)_2CHNH_2$	50[L]	59.0	-28[℃]	402[℃]	0.69	2.03	2.3~10[%]

  ㉡ 강한 **암모니아 냄새**가 나는 무색, 투명한 인화성 액체로서 물에 녹는다.
  ㉢ 증기누출, 액체누출 방지를 위하여 완전 밀봉한다.
  ㉣ 증기는 공기보다 무겁고 공기와 혼합되면 점화원에 의하여 인화, 폭발위험이 있다.
  ㉤ 강산류, 강산화제, 케톤류와의 접촉을 방지한다.
  ㉥ 화기엄금, 가열금지, 직사광선차단, 환기가 좋은 장소에 저장한다.

⑥ **기 타**
  ㉠ 아이소프렌(Isoprene)

화학식	지정수량	분자량	비 중	인화점	착화점	연소범위
$CH_2=C(CH_3)CH=CH_2$	50[L]	68	0.7	-54[℃]	220[℃]	2~9[%]

  ㉡ 바이닐에터(Vinyl Ether)

화학식	지정수량	분자량	비 중	인화점	착화점	연소범위
$(CH_2=CH)_2O$	50[L]	70	0.8	-30[℃]	360[℃]	1.7~27[%]

ⓒ 황산다이메틸(Dimethyl Sulfide)

화학식	지정수량	분자량	비중	인화점	착화점	연소범위
$(CH_3)_2S$	50[L]	62	0.85	-38[℃]	206[℃]	2.2~19.7[%]

ⓔ 아이소펜테인

화학식	지정수량	분자량	비중	인화점	발화점	연소범위
$CH_3CH_2CH(CH_3)_2$	50[L]	72	0.62	-51[℃]	420[℃]	1.4~7.6[%]

Plus One 인화점

종 류	다이에틸에터	아세트알데하이드	이황화탄소
인화점	-40[℃]	-40[℃]	-30[℃]

(2) 제1석유류

① **아세톤**(Acetone, Dimethyl Ketone)

㉠ 물 성

화학식	지정수량	분자량	비중	비점	인화점	착화점	연소범위
$(CH_3)_2CO$	400[L]	58	0.79	56[℃]	-18.5[℃]	465[℃]	2.5~12.8[%]

㉡ **무색, 투명**한 **자극성 휘발성 액체**이다.
㉢ 물에 잘 녹으므로 **수용성**이다.
㉣ 피부에 닿으면 **탈지작용**을 한다.
㉤ 공기와 장기간 접촉하면 과산화물이 생성되므로 **갈색병**에 저장해야 한다.
㉥ 분무상의 주수, **알코올용포**, 이산화탄소소화약제로 질식소화한다.

Plus One 아세톤
- 아이오도폼 반응을 하는 물질로 끓는점이 낮고 인화점이 낮아 위험성이 있어 화기를 멀리해야 하고 용기는 갈색병을 사용하여 냉암소에 보관해야 하는 물질
- 아세톤의 구조식

$$\begin{array}{c} \text{H} \text{O} \text{H} \\ | \| | \\ \text{H-C-C-C-H} \\ | | \\ \text{H} \text{H} \end{array}$$

② **피리딘**(Pyridine) 중요

㉠ 물 성

화학식	지정수량	비중	비점	융점	인화점	착화점	연소범위
C_5H_5N	400[L]	0.99	115.4[℃]	-41.7[℃]	16[℃]	482[℃]	1.8~12.4[%]

㉡ 순수한 것은 무색의 액체로 강한 **악취**와 **독성**이 있다.
㉢ **약알칼리성**을 나타내며 수용액 상태에서도 인화의 위험이 있다.
㉣ 산, 알칼리에 안정하고, **물, 알코올, 에터에 잘 녹는다**(수용성).
㉤ 질산과 같이 가열해도 분해하지 않는다.
㉥ 공기 중에서 **최대 허용농도 : 5[ppm]**

Plus One 피리딘의 구조식

③ 사이안화수소
  ㉠ 물 성

화학식	지정수량	인화점	착화점	증기비중	액체비중	비 점	연소범위
HCN	400[L]	−17[℃]	538[℃]	0.932	0.69	26[℃]	5.6~40[%]

  ㉡ 복숭아 냄새가 나는 무색 또는 푸른색을 띠는 액체이다.
  ㉢ 제1석유류로서 물, 알코올에 잘 녹는다.
  ㉣ 제4류 위험물 중 증기가 유일하게 **공기보다 가볍다**(증기비중 : 0.932).
  ㉤ 독성이 강한 물질로서 액체 또는 증기와의 접촉을 피한다.
  ㉥ 연소반응식 : $4HCN + 5O_2 \rightarrow 2N_2 + 4CO_2 + 2H_2O$
  ㉦ 화재 시 알코올용포에 의한 질식소화를 한다.

④ 아세토나이트릴(Acetonitrile)
  ㉠ 물 성

화학식	지정수량	분자량	비 점	인화점	증기비중	연소범위
CH_3CN	400[L]	41	82[℃]	20[℃]	1.41	3.0~17[%]

  ㉡ 에터 냄새의 무색, 투명한 액체이다.
  ㉢ 물이나 알코올에는 잘 녹는다.

⑤ 휘발유(Gasoline)
  ㉠ 물 성

화학식	지정수량	비 중	증기비중	유출온도	인화점	착화점	연소범위
C_5H_{12}~C_9H_{20}	200[L]	0.7~0.8	3~4	32~220[℃]	−43[℃]	280~456[℃]	1.2~7.6[%]

  ㉡ 무색, 투명한 휘발성이 강한 인화성 액체이다.
  ㉢ 탄소와 수소의 **지방족 탄화수소**이다.
  ㉣ **정전기**에 의한 인화의 폭발우려가 있다.
  ㉤ 가솔린 제법 : 직류법, 접촉개질법, 열분해법
  ㉥ 이산화탄소, 할로젠화합물, 분말, 포말(대량일 때)이 효과가 있다.

⑥ 벤젠(Benzene, 벤졸) 중요
  ㉠ 물 성

화학식	지정수량	비 중	비 점	융점(녹는점)	인화점	착화점	연소범위
C_6H_6	200[L]	0.95	79[℃]	7[℃]	−11[℃]	498[℃]	1.4~8.0[%]

  ㉡ 무색, 투명한 **방향성**을 갖는 **액체**이며, 증기는 독성이 있다.
  ㉢ **물에 녹지 않고**, 알코올, 아세톤, 에터에는 녹는다.

㉣ 비전도성이므로 **정전기의 화재발생** 위험이 있다.
㉤ 포말, 분말, 이산화탄소, 할로젠화합물이 효과가 있다.

Plus One 벤젠의 구조식

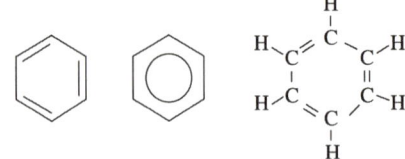

독성 : 벤젠 > 톨루엔 > 자일렌

⑦ **톨루엔**(Toluene, 메틸벤젠)
㉠ 물 성

화학식	지정수량	비 중	비 점	인화점	착화점	연소범위
C₆H₅CH₃	200[L]	0.86	110[℃]	4[℃]	480[℃]	1.27~7.0[%]

㉡ **무색, 투명한 독성**이 있는 **액체**이다.
㉢ 증기는 **마취성**이 있고 인화점이 낮다.
㉣ **물에 녹지 않고**, 아세톤, 알코올 등 유기용제에는 잘 녹는다.
㉤ **고무, 수지를 잘 녹인다.**
㉥ 벤젠보다 독성은 약하다.
㉦ **TNT의 원료**로 사용하고, **산화**하면 **안식향산**(벤조산)이 된다.
㉧ 벤젠(C₆H₆)은 융점이 7.0[℃]이므로 겨울철에는 응고되고 톨루엔(C₆H₅CH₃)은 융점이 -93[℃]이므로 응고되지 않는다.

Plus One 톨루엔의 구조식

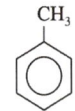

BTX : Benzene, Toluene, Xylene

벤젠과 톨루엔의 비교

항 목	벤 젠	톨루엔
독 성	크다.	작다.
인화점	-11[℃]	4[℃]
비 점	79[℃]	110[℃]
융 점	7.0[℃]	-
착화점	498[℃]	480[℃]
비 중	0.95	0.86

⑧ **메틸에틸케톤**(Methyl Ethyl Keton, MEK) 중요
㉠ 물 성

화학식	지정수량	비 중	비 점	융 점	인화점	연소범위
CH₃COC₂H₅	200[L]	0.8	80[℃]	-80[℃]	**-7[℃]**	1.8~10[%]

㉡ 휘발성이 강한 무색의 액체이다.
  ㉢ 물에 대한 **용해도**는 **26.8**이다.
  ㉣ **물, 알코올**, 에터, 벤젠 등 유기용제에 **잘 녹고**, 수지, 유지를 잘 녹인다.
  ㉤ **탈지작용**을 하므로 피부에 닿지 않도록 주의한다.
  ㉥ 분무주수가 가능하고 **알코올용포**로 질식소화를 한다.

  Plus One | MEK의 구조식

  $R-CO-R'$　　　$H-\overset{H}{\underset{H}{C}}-\overset{O}{\underset{}{C}}-\overset{H}{\underset{H}{C}}-\overset{H}{\underset{}{C}}-H$
  케톤의 일반식

⑨ **노말-헥세인**(n-Hexane)
  ㉠ 물 성

화학식	지정수량	비 중	비 점	융 점	인화점	연소범위
$CH_3(CH_2)_4CH_3$	200[L]	0.65	69[℃]	-95[℃]	-20[℃]	1.1~7.5[%]

  ㉡ 무색, 투명한 액체이다.
  ㉢ 물에 녹지 않고 알코올, 에터, 클로로폼, 아세톤 등 유기용제에는 잘 녹는다.

⑩ **콜로디온**(Collodion, $C_{12}H_{16}O_6(NO_3)_4$-$C_{13}H_{17}(NO_3)_3$)
  ㉠ **질화도**가 낮은 **질화면**(나이트로셀룰로스)에 부피비로 **에탄올 3**과 **에터 1**의 혼합용액으로 녹여 교질상태로 만든 것이다.
  ㉡ 무색, 투명한 끈기 있는 액체이며 **인화점**은 18[℃]이다.
  ㉢ 콜로디온의 성분 중 에틸알코올, 에터 등은 상온에서 인화의 위험이 크다.
  ㉣ 알코올 포, 이산화탄소, 분무주수 등으로 소화한다.

⑪ **초산에스터류**
  ㉠ **초산메틸**(Methyl Acetate, 아세트산메틸)
    • 물 성

화학식	지정수량	비 중	비 점	인화점	연소범위
CH_3COOCH_3	200[L]	0.93	58[℃]	-10[℃]	3.1~16[%]

    • 초산에스터류 중 **물에 가장 잘 녹는다**(용해도 : 24.5).
    • **무색, 투명한 휘발성 액체**로서 **마취성**과 향긋한 냄새가 난다.
    • 물, 알코올, 에터 등에 잘 섞인다.
    • **초산과 메틸알코올**의 **축합물**로서 가수분해하면 초산과 메틸알코올로 된다.

    $$CH_3COOCH_3 + H_2O \rightarrow \underset{(초산)}{CH_3COOH} + \underset{(메틸알코올)}{CH_3OH}$$

    • 피부에 접촉하면 **탈지작용**을 한다.
    • 물에 잘 녹으므로 **알코올용포**를 사용한다.

> • 초산메틸의 구조식
>
> ```
>     H O H
>     | ‖ |
>   H-C-C-O-C-H
>     |   |
>     H   H
> ```
>
> • 분자량이 증가할수록 나타나는 현상 **중요**
>   - 인화점, 증기비중, 비점, 점도가 **커진다**.
>   - 착화점, 수용성, 휘발성, 연소범위, 비중이 **감소한다**.
>   - 이성질체가 많아진다.

ⓒ **초산에틸**(Ethyl Acetate, 아세트산에틸)

- 물 성

화학식	지정수량	비 중	비 점	인화점	착화점	연소범위
$CH_3COOC_2H_5$	200[L]	0.9	77.5[℃]	-3[℃]	429[℃]	2.2~11.5[%]

- **딸기 냄새**가 나는 **무색, 투명한 액체**이다.
- 알코올, 에터, 아세톤에 녹고 물에는 약간 녹는다(용해도 : 6.4).
- 휘발성, 인화성이 강하다.
- 유지, 수지, 셀룰로스 유도체 등을 잘 녹인다.

ⓒ **정초산 프로필**(n-Propyl Acetate)

- 물 성

화학식	지정수량	비 중	비 점	인화점	착화점	연소범위
$CH_3COOC_3H_7$	200[L]	0.88	101.7[℃]	14[℃]	450[℃]	2.0~8.0[%]

- 무색의 배의 냄새가 나는 액체이다.
- 알코올, 에터, 아세톤에 녹고 물에는 약간 녹는다(용해도 : 2.3).
- 유지, 수지, 셀룰로스 유도체 등을 잘 녹인다.

ⓒ **정초산 부틸**(n-Butyl Acetate) — **제2석유류**

- 물 성

화학식	지정수량	비 중	비 점	인화점	연소범위
$CH_3COOC_4H_9$	1,000[L]	0.88	127.1[℃]	23[℃]	1.2~7.6[%]

- 무색의 배의 냄새가 나는 액체이다.
- 알코올, 에터, 아세톤에 녹고 물에는 거의 녹지 않는다(용해도 : 0.70).
- 유지, 수지, 셀룰로스 유도체 등을 잘 녹인다.

⑫ **의산에스터류**

ⓒ **의산메틸**(개미산메틸, 폼산메틸)

- 물 성

화학식	지정수량	비 중	비 점	인화점	착화점	연소범위
$HCOOCH_3$	400[L]	0.97	32[℃]	-19[℃]	449[℃]	5.0~23[%]

- 럼주와 같은 향기를 가진 **무색, 투명한 액체**이다.
- 증기는 **마취성**이 있으나 **독성은 없다**.

- 에터, 벤젠, 에스터에 녹고 물에는 잘 녹는다(용해도 : 23.3).
- **의산**과 **메틸알코올의 축합물**로서 가수분해하면 의산과 메틸알코올이 된다.

$$HCOOCH_3 + H_2O \rightarrow \underset{(메틸알코올)}{CH_3OH} + \underset{(의산)}{HCOOH}$$

ⓛ **의산에틸**(개미산에틸, 폼산에틸)
- 물 성

화학식	지정수량	비 중	비 점	인화점	착화점	연소범위
$HCOOC_2H_5$	200[L]	0.92	54[℃]	−19[℃]	440[℃]	2.7~16.5[%]

- 복숭아향의 냄새를 가진 무색, 투명한 액체이다.
- 에터, 벤젠, 에스터에 녹고 물에는 일부 녹는다(용해도 : 13.6).
- 가수분해하면 의산과 에틸알코올이 된다.

$$HCOOC_2H_5 + H_2O \rightarrow \underset{(에틸알코올)}{C_2H_5OH} + \underset{(의산)}{HCOOH}$$

ⓒ **의산프로필**
- 물 성

화학식	지정수량	비 중	비 점	인화점	착화점
$HCOOC_3H_7$	200[L]	0.9	81.1[℃]	−3[℃]	454[℃]

- 무색, 투명한 특유의 냄새가 나는 액체이다.
- 물에는 녹지 않고 기타 의산메틸의 기준에 준한다.

Plus One 의산에스터류의 구조식

[의산메틸]   [의산에틸]   [의산프로필]

⑬ **아크릴로나이트릴**
㉠ 물 성

화학식	지정수량	분자량	비 점	인화점	착화점	증기비중	연소범위
$CH_2 = CHCN$	200[L]	53	78[℃]	−5[℃]	481[℃]	1.83	3.0~17[%]

㉡ 특유의 냄새가 나는 무색의 액체이다.
㉢ 일정량 이상을 공기와 혼합하면 폭발하고 독성이 강하며 중합(重合)하기 쉽다. 합성 섬유나 합성 고무의 원료이며 용제(溶劑)나 살충제 따위에도 쓴다.
㉣ 유기용제에 잘 녹는다.

(3) 알코올류

① **메틸알코올**(Methyl Alcohol, Methanol, 목정) 중요

㉠ 물 성

화학식	지정수량	비 중	증기비중	비 점	인화점	착화점	연소범위
CH_3OH	400[L]	0.79	1.1	64.7[℃]	11[℃]	464[℃]	6.0~36[%]

㉡ **무색, 투명한 휘발성**이 강한 액체이다.
㉢ 알코올류 중에서 **수용성**이 **가장 크다**(수용성).
㉣ 인화점 이상이 되면 밀폐된 상태에서도 폭발한다.
㉤ **메틸알코올**은 **독성**이 있으나, 에틸알코올은 독성이 없다.
㉥ 알칼리금속(Na)과 반응하면 수소를 발생한다.
㉦ **산화**하면 메틸알코올 → 폼알데하이드(HCHO) → **폼산**(개미산, HCOOH)이 된다.
㉧ 8~20[g]을 먹으면 눈이 멀고 30~50[g]을 먹으면 생명을 잃는다.
㉨ 화재 시에는 **알코올용포**를 사용한다.

> **Plus One** 메틸알코올의 반응식
> - 연소반응식 $2CH_3OH + 3O_2 → 2CO_2 + 4H_2O$
> - 알칼리금속과 반응 $2Na + 2CH_3OH → 2CH_3ONa + H_2↑$
> - 산화, 환원반응식
>   - 메틸알코올
> $CH_3OH \underset{환원}{\overset{산화}{\rightleftarrows}} HCHO \underset{환원}{\overset{산화}{\rightleftarrows}} HCOOH$
>   - 에틸알코올
> $C_2H_5OH \underset{환원}{\overset{산화}{\rightleftarrows}} CH_3CHO \underset{환원}{\overset{산화}{\rightleftarrows}} CH_3COOH$

② **에틸알코올**(Ethyl Alcohol, Ethanol, 주정) 중요

㉠ 물 성

화학식	지정수량	비 중	증기비중	비 점	인화점	착화점	연소범위
C_2H_5OH	400[L]	0.79	1.59	80[℃]	13[℃]	423[℃]	3.1~27.7[%]

㉡ 무색, 투명하고 특유의 향을 지닌 휘발성이 강한 액체이다.
㉢ 물에 잘 녹으므로 **수용성**이다.
㉣ 에틸알코올은 벤젠(C_6H_6)보다 탄소(C)의 함량이 적기 때문에 그을음이 적게 난다.
㉤ 산화하면 에틸알코올 → 아세트알데하이드(CH_3CHO) → 초산(아세트산)이 된다.
㉥ **에틸알코올**은 **아이오도폼 반응**을 한다.

> **Plus One** 아이오도폼 반응
> 수산화나트륨과 아이오딘을 가하여 아이오도폼의 황색 침전이 생성되는 반응
> $C_2H_5OH + 6NaOH + 4I_2 → CHI_3 + 5NaI + HCOONa + 5H_2O$
> (아이오도폼 : 황색침전)

③ 아이소프로필알코올(Iso Propyl Alcohol, IPA)
　㉠ 물 성

화학식	지정수량	비 중	증기비중	비 점	인화점	연소범위
C_3H_7OH	400[L]	0.78	2.07	83	12[℃]	2.0~12[%]

　㉡ 물과는 임의의 비율로 섞이며 아세톤, 에터 등 유기용제에 잘 녹는다.
　㉢ 산화하면 아세톤이 되고, 탈수하면 프로필렌이 된다.

Plus One 부틸알코올(부탄올) : 제2석유류, 비수용성, 지정수량 1,000[L]

화학식	비 중	비 점	인화점	착화점
$CH_3(CH_2)_3OH$	0.81	117[℃]	35[℃]	343[℃]

(4) 제2석유류

① **초산**(Acetic Acid, 아세트산) 중요
　㉠ 물 성

화학식	지정수량	비 중	증기비중	인화점	착화점	응고점	연소범위
CH_3COOH	2,000[L]	1.05	2.07	**40[℃]**	485[℃]	**16.2[℃]**	6.0~17[%]

　㉡ **자극성 냄새와 신맛이 나는 무색, 투명한 액체**이다.
　㉢ 물, 알코올, 에터에 잘 녹으며 물보다 무겁다(수용성).
　㉣ 피부와 접촉하면 **수포상의 화상**을 입는다.
　㉤ **식초 : 3~5[%]의 수용액**
　㉥ 저장용기 : **내산성 용기**
　㉦ 소화방법 : **알코올용포**, 이산화탄소, 할로젠화합물, 분말

② **의산**(Formic Acid, 개미산, 폼산) 중요
　㉠ 물 성

화학식	지정수량	비 중	증기비중	인화점	착화점	연소범위
HCOOH	2,000[L]	1.2	1.59	55[℃]	540[℃]	18~51[%]

　㉡ 물에 잘 녹고 물보다 무겁다(**수용성**).
　㉢ 초산보다 산성이 강하며 신맛이 있다.
　㉣ 피부와 접촉하면 수포상의 화상을 입는다.
　㉤ 저장용기 : **내산성 용기**
　㉥ 소화방법 : 알코올용포, 이산화탄소, 할로젠화합물, 분말
　㉦ 연소 시 **푸른 불꽃**을 내고, **위험등급**은 Ⅲ이다.

Plus One 의 산
　• NaOH과 반응할 수 있다.
　• 은거울 반응을 한다.
　• CH_3OH와 에스터화 반응을 한다.

③ 아크릴산

  ㉠ 물 성

화학식	지정수량	비 중	비 점	인화점	착화점	응고점	연소범위
CH₂CHCOOH	2,000[L]	1.1	139[℃]	46[℃]	438[℃]	12[℃]	2.4~8.0[%]

  ㉡ 자극적인 냄새가 나는 무색의 부식성, 인화성 액체이다.
  ㉢ 무색의 초산과 비슷한 액체로 겨울에는 응고된다(응고점 12[℃]).
  ㉣ 물, 알코올, 벤젠, 클로로폼, 아세톤, 에터에 잘 녹는다.

④ 하이드라진 중요

  ㉠ 물 성

화학식	지정수량	비 점	융 점	인화점	연소범위
N₂H₄	2,000[L]	113[℃]	2[℃]	38[℃]	4.7~100[%]

  ㉡ 무색의 맹독성 가연성 액체이다.
  ㉢ **물이나 알코올에 잘 녹고 에터에는 녹지 않는다.**
  ㉣ 유리를 침식하고 코르크나 고무를 분해하므로 사용하지 말아야 한다.
  ㉤ 약알칼리성으로 공기 중에서 **약 180[℃]에서 열분해하여 암모니아, 질소, 수소**로 분해된다.

  $$2N_2H_4 \rightarrow 2NH_3 + N_2 + H_2$$

  ㉥ **발암성 물질**로서 피부, 호흡기에 심하게 침해하므로 유독하다.

⑤ 메틸셀로솔브(Methyl Cellosolve)

  ㉠ 물 성

화학식	지정수량	비 중	비 점	인화점	착화점
CH₃OCH₂CH₂OH	2,000[L]	0.937	124[℃]	43[℃]	288[℃]

  ㉡ 무색의 상쾌한 냄새가 나는 약간의 휘발성을 지닌 액체이다.
  ㉢ **물, 에터, 벤젠, 사염화탄소, 아세톤, 글리세린에 녹는다.**
  ㉣ 저장용기는 철분의 혼입을 피하기 위하여 **스테인리스를 용기**로 사용한다.

  Plus One 메틸셀로솔브의 구조식

  $$H-\underset{\underset{H}{|}}{\overset{\overset{H}{|}}{C}}-O-\underset{\underset{H}{|}}{\overset{\overset{H}{|}}{C}}-\underset{\underset{H}{|}}{\overset{\overset{H}{|}}{C}}-OH$$

⑥ 에틸셀로솔브(Ethyl Cellosolve)

  ㉠ 물 성

화학식	지정수량	비 중	비 점	인화점	착화점
C₂H₅OCH₂CH₂OH	2,000[L]	0.93	135[℃]	40[℃]	238[℃]

  ㉡ 무색의 상쾌한 냄새가 나는 액체이다.
  ㉢ **가수분해**하면 **에틸알코올과 에틸렌글라이콜**을 생성한다.

> **Plus One** 에틸셀로솔브의 구조식
>
> $$H-\underset{H}{\overset{H}{C}}-\underset{H}{\overset{H}{C}}-O-\underset{H}{\overset{H}{C}}-\underset{H}{\overset{H}{C}}-OH$$

⑦ **등유(Kerosine)**

㉠ 물 성

화학식	지정수량	비 중	증기비중	유출온도	인화점	착화점	연소범위
$C_9 \sim C_{18}$	1,000[L]	0.78~0.8	4~5	156~300[℃]	39[℃] 이상	210[℃] 이상	0.7~5.0[%]

㉡ 무색 또는 담황색의 약한 취기가 있는 액체이다.
㉢ **물에 녹지 않고**, 석유계 용제에는 잘 녹는다.
㉣ 원유 증류 시 휘발유와 경유 사이에서 유출되는 **포화·불포화 탄화수소혼합물**이다.
㉤ 정전기 불꽃으로 인화의 위험이 있다.
㉥ 소화방법으로는 **포말, 이산화탄소, 할로젠화합물, 분말소화약제**가 적합하다.

⑧ **경유(디젤유)**

㉠ 물 성

화학식	지정수량	비 중	증기비중	유출온도	인화점	착화점	연소범위
$C_{15} \sim C_{20}$	1,000[L]	0.82~0.84	4~5	150~375[℃]	41[℃] 이상	257[℃]	0.6~7.5[%]

㉡ 탄소수가 15개에서 20개까지의 포화·불포화 탄화수소혼합물이다.
㉢ 물에 녹지 않고, 석유계 용제에는 잘 녹는다.
㉣ 품질은 **세탄값**으로 정한다.
㉤ 소화방법으로는 **포말, 이산화탄소, 할로젠화합물, 분말소화약제**가 적합하다.

⑨ **자일렌(Xylene, 키실렌, 크실렌)** 중요

㉠ 물 성

구 분	분 류	지정수량	구조식	비 중	인화점	착화점
ortho-자일렌	제2석유류	1,000[L]	(벤젠고리에 ortho 위치 CH_3, CH_3)	0.88	32[℃]	106.2[℃]
meta-자일렌	제2석유류	1,000[L]	(벤젠고리에 meta 위치 CH_3, CH_3)	0.86	25[℃]	-
para-자일렌	제2석유류	1,000[L]	(벤젠고리에 para 위치 CH_3, CH_3)	0.86	25[℃]	-

㉡ **물에 녹지 않고** 알코올, 에터, 벤젠 등 유기용제에는 잘 녹는다.
㉢ 무색, 투명한 액체로서 톨루엔과 비슷하다.

② BTX(Benzene, Toluene, Xylene) 중에서 **독성이 가장 약하다.**
⑩ 자일렌의 이성질체로는 o-xylene, m-xylene, p-xylene가 있다.

> 이성질체 : 화학식은 같으나 구조식이 다른 것

⑩ 테레핀유(송정유)
  ㉠ 물 성

화학식	지정수량	비 중	비 점	인화점	착화점	연소범위
$C_{10}H_{16}$	1,000[L]	0.86	155[℃]	35[℃]	253[℃]	0.8~6.0[%]

  ㉡ **피넨($C_{10}H_{16}$)이** 80~90[%] 함유된 소나무과 식물에 함유된 기름으로 **송정유**라고도 한다.
  ㉢ 무색 또는 **엷은 담황색의 액체**이다.
  ㉣ **물에 녹지 않고** 알코올, 에터, 벤젠, 클로로폼에는 녹는다.
  ㉤ 헝겊 또는 종이에 스며들어 **자연발화**한다.

⑪ 클로로벤젠(Chlorobenzene)
  ㉠ 물 성

화학식	지정수량	비 중	비 점	인화점	착화점
C_6H_5Cl	1,000[L]	1.1	132[℃]	27[℃]	638[℃]

  ㉡ 마취성이 조금 있는 석유와 비슷한 냄새가 나는 무색 액체이다.
  ㉢ **물에 녹지 않고** 알코올, 에터 등 유기용제에는 녹는다.
  ㉣ **연소**하면 **염화수소가스**를 발생한다.

  > $C_6H_5Cl + 7O_2 \rightarrow 6CO_2 + 2H_2O + HCl$

  ㉤ 고온에서 진한 황산과 반응하여 p-클로로술폰산을 만든다.

⑫ 스타이렌(Styrene)
  ㉠ 물 성

화학식	지정수량	비 중	비 점	인화점	착화점
$C_6H_5CH=CH_2$	1,000[L]	0.9	146[℃]	32[℃]	490[℃]

  ㉡ 독특한 냄새의 **무색 액체**이다.
  ㉢ **물에 녹지 않고** 알코올, 에터, 이황화탄소에는 녹는다.
  ㉣ 빛, 가열, 과산화물과 중합반응하여 무색의 고상물이 된다.

(5) 제3석유류

① 에틸렌글라이콜(Ethylene Glycol) 중요
  ㉠ 물 성

화학식	지정수량	비 중	비 점	인화점	착화점
CH_2OHCH_2OH	4,000[L]	1.11	198[℃]	120[℃]	398[℃]

  ㉡ 무색의 끈기 있는 흡습성의 액체이다.

ⓒ 사염화탄소, 에터, 벤젠, 이황화탄소, 클로로폼에 녹지 않고, 물, 알코올, 글리세린, 아세톤, 초산, 피리딘에는 잘 녹는다(**수용성**).
ⓓ **2가 알코올**로서 **독성**이 **있으며 단맛**이 난다.
ⓔ 무기산 및 유기산과 반응하여 에스터를 생성한다.

> **Plus One** 에틸렌글라이콜의 구조식
>
> $$\begin{array}{l} CH_2-OH \\ | \\ CH_2-OH \end{array} \qquad HO-\overset{H}{\underset{H}{C}}-\overset{H}{\underset{H}{C}}-OH$$

② 글리세린(Glycerine) 중요
  ㉠ 물 성

화학식	지정수량	비 중	비 점	인화점	착화점
$C_3H_5(OH)_3$	4,000[L]	1.26	182[℃]	160[℃]	370[℃]

  ㉡ 무색, 무취의 점성 액체로서 **흡수성**이 있다.
  ㉢ 물, 알코올에는 잘 녹지만(**수용성**) 벤젠, 에터, 클로로폼에는 잘 녹지 않는다.
  ㉣ **3가 알코올**로서 **독성**이 **없으며 단맛**이 난다.
  ㉤ 윤활제, 화장품, 폭약의 원료로 사용한다.
  ㉥ 소화방법으로는 알코올용포, 분말, 이산화탄소, 사염화탄소가 효과적이다.

> **Plus One** 글리세린의 구조식
>
> $$\begin{array}{l} CH_2-OH \\ | \\ CH\;-OH \\ | \\ CH_2-OH \end{array} \qquad H-\overset{H}{\underset{OH}{C}}-\overset{H}{\underset{OH}{C}}-\overset{H}{\underset{OH}{C}}-H$$

③ 중 유
  ㉠ 직류중유
    • 물 성

비 중	지정수량	인화점	착화점
0.85~0.93	2,000[L]	60~150[℃]	254~405[℃]

    • 300~350[℃] 이상의 중유의 잔류물과 경유의 혼합물이다.
    • 비중과 점도가 낮다.
    • 분무성이 좋고 착화가 잘된다.
  ㉡ 분해중유
    • 물 성

비 중	지정수량	인화점	착화점
0.95~0.97	2,000[L]	70~150[℃]	380[℃]

    • 중유 또는 경유를 열분해하여 가솔린의 제조 잔유와 분해경유의 혼합물이다.
    • 비중과 점도가 높다.
    • 분무성이 나쁘다.

④ 크레오소트유(타르유)
　㉠ 물 성

비 중	지정수량	비 점	인화점	착화점
1.02~1.05	2,000[L]	194~400[℃]	73.9[℃]	336[℃]

　㉡ 일반적으로 타르유, 액체피치유라고도 한다.
　㉢ **황록색** 또는 **암갈색**의 **기름 모양**의 **액체**이며 **증기**는 **유독**하다.
　㉣ **주성분**은 **나프탈렌, 안트라센**이다.
　㉤ 물에 녹지 않고 알코올, 에터, 벤젠, 톨루엔에는 잘 녹는다.
　㉥ 물보다 무겁고 독성이 있다.
　㉦ **타르산**이 함유되어 용기를 부식시키므로 **내산성 용기**를 사용해야 한다.
　㉧ 소화방법은 중유에 준한다.

⑤ 아닐린(Aniline)
　㉠ 물 성

화학식	지정수량	비 중	융 점	비 점	인화점
C₆H₅NH₂	2,000[L]	1.02	-6[℃]	184[℃]	70[℃]

　㉡ **황색** 또는 **담황색**의 **기름성의 액체**이다.
　㉢ 물에 약간 녹고, **알코올, 아세톤, 벤젠**에는 **잘 녹는다**.
　㉣ 물보다 무겁고 독성이 강하다.
　㉤ 알칼리금속과 반응하여 수소가스를 발생한다.

⑥ 나이트로벤젠(Nitrobenzene)
　㉠ 물 성

화학식	지정수량	비 중	비 점	인화점	착화점
C₆H₅NO₂	2,000[L]	1.2	211	88[℃]	482[℃]

　㉡ 암갈색 또는 갈색의 특이한 냄새가 나는 액체이다.
　㉢ 물에 녹지 않고 알코올, 벤젠, 에터에는 잘 녹는다.
　㉣ **나이트로화제 : 황산과 질산**

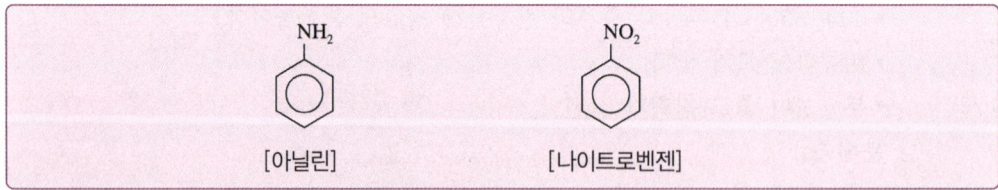

[아닐린]　　　　　　　[나이트로벤젠]

⑦ 메타크레졸(m-Cresol)
　㉠ 물 성

화학식	지정수량	비 중	비 점	인화점	착화점	융 점
C₆H₄CH₃OH	2,000[L]	1.03	203[℃]	86[℃]	559[℃]	8.0[℃]

ⓒ 무색 또는 황색의 **페놀의 냄새**가 나는 **액체**이다.
ⓓ **물에 녹지 않고**, 알코올, 에터, 클로로폼에는 녹는다.
ⓔ 크레졸은 ortho-Cresol, meta-Cresol, para-Cresol의 **3가지 이성질체**가 있다.

Plus One 크레졸의 이성질체

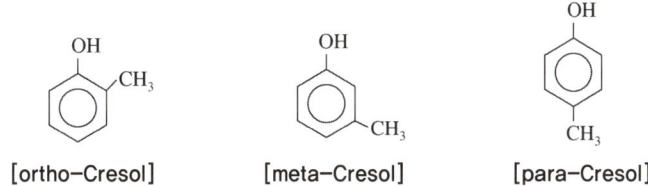

[ortho-Cresol]   [meta-Cresol]   [para-Cresol]

⑧ 페닐하이드라진(Phenyl Hydrazine)
  ㉠ 물 성

화학식	지정수량	비 중	비 점	인화점	착화점	융 점
$C_6H_5NHNH_2$	2,000[L]	1.09	53[℃]	89[℃]	174[℃]	19.4[℃]

  ㉡ **무색**의 **판모양 결정** 또는 **액체**로서 독특한 냄새가 난다.
  ㉢ 물에 녹지 않고 알코올, 에터, 벤젠, 아세톤, 클로로폼에는 녹는다.
  ㉣ 알데하이드, 케톤, 당류의 분리, 확인을 위한 시약으로 사용되는 물질이다.

⑨ 염화벤조일(Benzoyl Chloride)
  ㉠ 물 성

화학식	지정수량	비 중	비 점	인화점	착화점	융 점
C_6H_5COCl	2,000[L]	1.21	74[℃]	72[℃]	197.2[℃]	-1[℃]

  ㉡ 자극성 냄새가 나는 **무색의 액체**이다.
  ㉢ 물에 분해되고 에터에는 녹는다.
  ㉣ 산화성 물질과의 혼합 시 폭발할 우려가 있다.

(6) 제4석유류

① 위험성
  ㉠ 실온에서 인화위험은 없으나 가열하면 연소위험이 증가한다.
  ㉡ 일단 연소하면 액온이 상승하여 연소가 확대된다.
② 저장·취급
  ㉠ 화기를 엄금하고 발생된 증기의 누설을 방지하고 환기를 잘 시킨다.
  ㉡ 가연성 물질, 강산화성 물질과 격리한다.
③ 소화방법
  ㉠ 초기 화재 시 분말, 할로젠화합물, 이산화탄소가 적합하다.
  ㉡ 대형 화재 시 포소화약제에 의한 질식소화를 한다.

④ 종 류
  ㉠ **윤활유 : 기어유, 실린더유,** 터빈유, 모빌유, 엔진오일, 컴프레셔오일 등
  ㉡ **가소제유**(플라스틱의 강도, 유연성, 가소성, 연화온도 등을 자유롭게 조절하기 위하여 첨가하는 비휘발성유) : DOP, DNP, DINP, DBS, DOS, TCP, TOP 등

(7) 동식물유류

① 위험성
  ㉠ 상온에서 인화위험은 없으나 가열하면 연소위험이 증가한다.
  ㉡ 발생 증기는 공기보다 무겁고 연소범위 하한이 낮아 인화위험이 높다.
  ㉢ **아마인유**는 건성유이므로 **자연발화 위험**이 있다.
  ㉣ 화재 시 액온이 높아 소화가 곤란하다.

② 저장·취급
  ㉠ 화기에 주의해야 하며 발생 증기는 인화되지 않도록 한다.
  ㉡ 건성유의 경우 자연발화 위험이 있으므로 다공성 가연물과 접촉을 피한다.

③ 소화방법
  ㉠ 초기화재 시 분말, 할로젠화합물, 이산화탄소가 유효하고 분무주수도 가능하다.
  ㉡ 대형화재 시 포에 의한 질식소화를 한다.

④ 종 류

종 류	아이오딘값	반응성	불포화도	종 류
건성유	130 이상	크다.	크다.	해바라기유, 동유, 아마인유, 정어리기름, 들기름
반건성유	100~130	중 간	중 간	채종유, 목화씨기름(면실유), 참기름, 콩기름
불건성유	100 이하	적다.	적다.	야자유, 올리브유, 피마자유, 동백유, 낙화생기름

  ㉠ 건성유 : 아이오딘값이 130 이상
  ㉡ 반건성유 : 아이오딘값이 100~130
  ㉢ 불건성유 : 아이오딘값이 100 이하

> 아이오딘값 : 유지 100[g]에 부가되는 아이오딘의 [g]수

제5절 제5류 위험물

1 제5류 위험물의 특성

(1) 종 류 중요

	품 명		해당하는 위험물		위험등급	지정수량
자기반응성 물질	유기과산화물	제2종	과산화벤조일, 과산화메틸에틸케톤, 과산화초산		II	100[kg]
	질산에스터류	제1종	나이트로셀룰로스, 나이트로글리세린, 나이트로글라이콜		I	10[kg]
		제2종	셀룰로이드		II	100[kg]
	하이드록실아민	제2종	-		II	100[kg]
	하이드록실아민염류	제2종	황산하이드록실아민, 염산하이드록실아민		II	100[kg]
	나이트로화합물	제1종	트라이나이트로톨루엔, 트라이나이트로페놀, 테트릴		I	10[kg]
	나이트로소화합물	제1종	-		I	10[kg]
		제2종	-		II	100[kg]
	아조화합물	제2종	아조비스아이소부티로나이트릴		II	100[kg]
	다이아조화합물	제2종	-		-	종 판단 필요
	하이드라진 유도체	제2종	염산하이드라진, 황산디하이드라진, 메틸하이드라진		II	100[kg]
	그밖에 행정안전부령이 정하는 것		금속의 아자이드화합물(제1종)	아자이드화나트륨	I	10[kg]
			질산구아니딘		-	자료없음

※ 지정수량은 제1종 : 10[kg], 제2종 : 100[kg]

(2) 정 의

자기반응성 물질 : 고체 또는 액체로서 폭발의 위험성 또는 가열분해의 격렬함을 판단하기 위하여 고시로 정하는 시험에서 고시로 정하는 성질과 상태를 나타내는 것을 말하며 위험성 유무와 등급에 따라 제1종 또는 제2종으로 분류한다.

(3) 제5류 위험물의 일반적인 성질

① 외부로부터 산소공급 없이 가열, 충격 등에 의해 연소 폭발을 일으킬 수 있는 **자기반응성 물질**이다.
② 하이드라진 유도체를 제외하고는 **유기화합물**이다.
③ 유기과산화물을 제외하고는 질소를 함유한 **유기질소화합물**이다.
④ 모두 가연성의 액체 또는 고체물질이고 연소할 때는 다량의 가스를 발생한다.
⑤ 시간의 경과에 따라 자연발화의 위험성이 있다.

(4) 제5류 위험물의 위험성

① 외부의 산소공급이 없어도 **자기연소**하므로 연소속도가 빠르고 폭발적이다.
② 아조화합물, 다이아조화합물, 하이드라진 유도체는 고농도인 경우 충격에 민감하며 연소 시 순간적인 폭발로 이어진다.
③ 나이트로화합물은 화기, 가열, 충격, 마찰에 민감하여 폭발위험이 있다.
④ 강산화제, 강산류와 혼합한 것은 발화를 촉진시키고 위험성도 증가한다.

(5) 제5류 위험물의 저장 및 취급방법

① 화염, 불꽃 등 점화원의 엄금, 가열, 충격, 마찰, 타격 등을 피한다.
② 강산화제, 강산류, 기타 물질이 혼입되지 않도록 한다.
③ 소분하여 저장하고 용기의 파손 및 위험물의 누출을 방지한다.

> **Plus One** 제5류 위험물의 반응식
> - 나이트로글리세린의 분해반응식
> $4C_3H_5(ONO_2)_3 \rightarrow 12CO_2 + 10H_2O + 6N_2 + O_2\uparrow$
> - TNT의 분해반응식
> $2C_6H_2CH_3(NO_2)_3 \rightarrow 2C + 3N_2 + 5H_2 + 12CO$
> - 피크르산의 분해반응식
> $2C_6H_2OH(NO_2)_3 \rightarrow 2C + 3N_2 + 3H_2 + 6CO + 4CO_2$

2 각 위험물의 물성 및 특성

(1) 유기과산화물(Organic Peroxide) 중요

> - 정의 : -O-O-기의 구조를 가진 산화물
> - 특 성
>   - 불안정하며 자기반응성 물질이기 때문에 무기과산화물류보다 더 위험하다.
>   - 산소원자 사이의 결합이 약하기 때문에 가열, 충격, 마찰에 의해 분해된다.
>   - 분해된 산소에 의해 강한 산화작용을 일으켜 폭발을 일으키기 쉽다.

① **과산화벤조일**(Benzoyl Peroxide, 벤조일퍼옥사이드, BPO)
  ㉠ 물 성

화학식	지정수량	비 중	녹는점(융점)	착화점
$(C_6H_5CO)_2O_2$	100[kg]	1.33	105[℃]	80[℃]

  ㉡ **무색, 무취**의 **백색 결정**으로 **강산화성 물질**이다.
  ㉢ 물에 녹지 않고, 알코올에는 약간 녹는다.
  ㉣ **프탈산다이메틸**(DMP), **프탈산다이부틸**(DBP)의 **희석제**를 사용한다.
  ㉤ 발화되면 연소속도가 빠르고 건조상태에서는 위험하다.
  ㉥ 소화방법은 소량일 때에는 탄산가스, 분말, 건조된 모래로 **대량**일 때에는 **물**이 효과적이다.

> **Plus One** 과산화벤조일의 구조식
> ◯-C-O-O-C-◯
>   ‖   ‖
>   O   O

② **과산화메틸에틸케톤**(Methyl Ethyl Keton Peroxide, MEKPO)
  ㉠ 물 성

화학식	지정수량	융 점	착화점
$C_8H_{16}O_4$	100[kg]	20[℃]	555.5[℃]

  ㉡ **무색**, **특이한 냄새**가 나는 **기름 모양**의 액체이다.

ⓒ 물에 약간 녹고, 알코올, 에터, 케톤에는 녹는다.
ⓔ 빛, 열, 알칼리금속에 의하여 분해된다.

Plus One 과산화메틸에틸케톤의 구조식

$$\begin{array}{c} CH_3 \quad O-O \quad CH_3 \\ \diagdown\diagup\diagdown\diagup \\ CC \\ \diagup\diagdown\diagup\diagdown \\ C_2H_5 \quad O-O \quad C_2H_5 \end{array}$$

③ 과산화초산(Peracetic Acid)
  ㉠ 물 성

화학식	지정수량	인화점	착화점	비 중	융 점	비 점
CH_3COOOH	100[kg]	56[℃]	200[℃]	1.13	-0.2[℃]	105[℃]

  ㉡ 아세트산 냄새가 나는 무색의 가연성 액체이다.
  ㉢ 충격, 마찰, 타격에 민감하다.

④ 아세틸퍼옥사이드(Acetyl Peroxide)
  ㉠ 물 성

화학식	지정수량	인화점	융 점
$(CH_3CO)_2O_2$	100[kg]	45[℃]	30[℃]

  ㉡ 구조식

  $$CH_3-\overset{\overset{O}{\|}}{C}-O-O-\overset{\overset{O}{\|}}{C}-CH_3$$

  ㉢ 충격, 마찰에 의하여 분해하고 가열하면 폭발한다.
  ㉣ 희석제인 DMF를 75[%] 첨가시켜서 0~5[℃] 이하의 저온에서 저장한다.
  ㉤ 화재 시 다량의 물로 냉각소화한다.

⑤ 호박산퍼옥사이드(Succinicacid Peroxide)
  ㉠ 제5류 위험물의 유기과산화물로서 가연성 고체이다.
  ㉡ 화학식은 $(CH_2COOH)_2O_2$이다.
  ㉢ 상온에서 분해하여 산소를 방출한다.
  ㉣ 100[℃] 이상 가열하면 흰 연기를 발생한다.

(2) 질산에스터류 중요

- 정의 : 질산(HNO_3)의 수소(H)원자를 알킬기(C_nH_{2n+1})로 치환된 화합물이다.
  $$R-OH + HNO_3 \rightarrow \underset{(질산에스터)}{R-ONO_2} + H_2O$$
- 특 성
  - 분자 내부에 산소를 함유하고 있어 불안정하며 분해가 용이하다.
  - 가열, 마찰, 충격으로 폭발이 쉬우며 폭약의 원료로 많이 사용된다.

① **나이트로셀룰로스**(Nitro Cellulose, NC)
  ㉠ 물 성

화학식	지정수량	비 점	융 점
$[C_6H_7O_2(ONO_2)_3]_n$	10[kg]	83[℃]	165[℃]

  ㉡ 무색 또는 백색의 고체이다.
  ㉢ **셀룰로스**에 진한 황산과 진한 질산의 **혼산**으로 **반응시켜 제조한 것**이다.
  ㉣ 저장 중에 **물** 또는 **알코올**로 **습윤**시켜 저장한다(통상적으로 아이소프로필알코올 30[%] 습윤시킴).
  ㉤ 가열, 마찰, 충격에 의하여 격렬히 연소, 폭발한다.
  ㉥ 130[℃]에서는 **서서히 분해**하여 180[℃]에서 불꽃을 내면서 **급격히 연소**한다.
  ㉦ **질화도가 클수록 폭발성이 크다.**
  ㉧ 열분해하여 자연발화한다.
  ㉨ 용도로는 면약, 락카, 콜로디온의 제조로 쓰인다.

  > • **질화도** : 나이트로셀룰로스 속에 함유된 **질소의 함유량**
  >   - **강면약** : 질화도 N > 12.76[%]
  >   - **약면약** : 질화도 N < 10.18~12.76[%]
  > • NC의 분해반응식
  > $2C_{24}H_{29}O_9(ONO_2)_{11} \rightarrow 24CO_2\uparrow + 24CO\uparrow + 12H_2O + 17H_2\uparrow + 11N_2\uparrow$

② **나이트로글리세린**(Nitro Glycerine, NG)
  ㉠ 물 성

화학식	지정수량	융 점	비 점	비 중
$C_3H_5(ONO_2)_3$	10[kg]	2.8[℃]	218[℃]	1.6

  ㉡ **무색, 투명한 기름성의 액체(공업용 : 담황색)**이다.
  ㉢ 알코올, 에터, 벤젠, 아세톤 등 유기용제에는 녹는다.
  ㉣ 상온에서 액체이고 겨울에는 동결한다.
  ㉤ 혀를 찌르는 듯한 단맛이 있다.
  ㉥ 일부가 동결한 것은 액상의 것보다 충격에 민감하다.
  ㉦ 가열, 마찰, 충격에 민감하다(**폭발을 방지**하기 위하여 **다공성 물질에 흡수**시킨다).

  > 다공성 물질 : 규조토, 톱밥, 소맥분, 전분

  ㉧ 규조토에 흡수시켜 다이너마이트를 제조할 때 사용한다.

  Plus One NG의 분해반응식
  $4C_3H_5(ONO_2)_3 \rightarrow 12CO_2\uparrow + 10H_2O + 6N_2\uparrow + O_2\uparrow$

③ 셀룰로이드
- ㉠ 질산셀룰로스와 장뇌의 균일한 콜로이드 분산액으로부터 개발한 최초의 합성 플라스틱 물질이다.
- ㉡ 무색 또는 황색의 반투명 고체이나 열이나 햇빛에 의해 황색으로 변색된다.
- ㉢ 물에 녹지 않고 아세톤, 알코올, 초산에스터류에 잘 녹는다.
- ㉣ 연소 시 유독가스를 발생한다.
- ㉤ 습도와 온도가 높을 경우 자연발화의 위험이 있다.

④ 질산메틸
- ㉠ 물 성

화학식	지정수량	비 점	증기비중
CH_3ONO_2	10[kg]	66[℃]	2.66

- ㉡ 메틸알코올과 질산을 반응하여 질산메틸을 제조한다.

$$CH_3OH + HNO_3 \rightarrow CH_3ONO_2 + H_2O$$

- ㉢ **무색, 투명한 액체**로서 **단맛**이 있으며 **방향성**을 갖는다.
- ㉣ 물에 녹지 않으며 **알코올, 에터**에는 **잘 녹는다**.
- ㉤ 폭발성은 거의 없으나 인화의 위험성은 있다.

⑤ 질산에틸
- ㉠ 물 성

화학식	지정수량	비 점	증기비중
$C_2H_5ONO_2$	10[kg]	88[℃]	3.14

- ㉡ **에틸알코올**과 **질산**을 반응하여 **질산에틸**을 제조한다.

$$C_2H_5OH + HNO_3 \rightarrow C_2H_5ONO_2 + H_2O$$

- ㉢ **무색, 투명한 액체**로서 **방향성**을 갖는다.
- ㉣ 물에 녹지 않고 알코올에는 잘 녹는다.

⑥ **나이트로글라이콜**(Nitro Glycol)
- ㉠ 물 성

화학식	지정수량	비 중	비 점	녹는점
$C_2H_4(ONO_2)_2$	10[kg]	1.5	114[℃]	-22[℃]

- ㉡ 순수한 것은 무색이나 공업용은 담황색 또는 분홍색의 액체이다.
- ㉢ 알코올, 아세톤, 벤젠에는 잘 녹는다.
- ㉣ 산의 존재하에 분해가 촉진되며 폭발할 수 있다.

⑦ 펜트리트(Pentrit)

㉠ 물 성

화학식	지정수량	착화점	융 점	비 중
$C(CH_2NO_3)_4$	10[kg]	215[℃]	141.3[℃]	1.74

㉡ 백색 또는 분말의 결정이다.

㉢ 물, 알코올, 에터에 녹지 않고 나이트로글리세린에는 녹는다.

㉣ 충격에 예민하고 마찰에 둔감하며 화염으로 점화가 어렵다.

(3) 나이트로화합물

- 정의 : 유기화합물의 수소원자를 나이트로기($-NO_2$)로 치환된 화합물
- 특 성
  - 나이트로기가 많을수록 연소하기 쉽고 폭발력도 커진다.
  - 공기 중 자연발화 위험은 없으나, 가열·충격·마찰에 위험하다.
  - 연소 시 CO, N_2O 등 유독가스를 다량 발생하므로 주의해야 한다.

① **트라이나이트로톨루엔**(Tri Nitro Toluene, TNT) 중요

㉠ 물 성

화학식	지정수량	분자량	비 점	융 점	비 중
$C_6H_2CH_3(NO_2)_3$	10[kg]	227	240[℃]	80.1[℃]	1.0

㉡ **담황색**의 **결정**으로 강력한 **폭약**이다.

㉢ **충격**에는 **민감하지 않으나** 급격한 **타격**에 의하여 **폭발**한다.

㉣ **물에 녹지 않고**, 알코올에는 가열하면 녹고, 아세톤, 벤젠, 에터에는 잘 녹는다.

㉤ 일광에 의해 갈색으로 변하고 가열, 타격에 의하여 폭발한다.

㉥ **충격 감도**는 피크르산보다 약하다.

㉦ TNT가 **분해**할 때 **질소, 일산화탄소, 수소가스**가 발생한다.

- TNT의 구조식 및 제법

$$C_6H_5CH_3 + 3HNO_3 \xrightarrow[\text{나이트로화}]{C-H_2SO_4} C_6H_2CH_3(NO_2)_3 + 3H_2O$$

- TNT의 분해반응식

$$2C_6H_2CH_3(NO_2)_3 \rightarrow 2C + 3N_2\uparrow + 5H_2\uparrow + 12CO\uparrow$$

② **트라이나이트로페놀**(Tri Nitro Phenol, 피크르산) 중요

㉠ 물 성

화학식	지정수량	융 점	착화점	비 중
$C_6H_2OH(NO_2)_3$	10[kg]	121[℃]	300[℃]	1.8

㉡ 광택 있는 **황색**의 **침상결정**이다.

㉢ 나이트로화합물류 중 분자구조 내에 하이드록시기($-OH$)를 갖는 위험물이다.

ⓔ **쓴맛**과 **독성**이 있고 알코올, 에터, 벤젠, 더운물에는 잘 녹는다.
ⓜ 단독으로 가열, 마찰 충격에 안정하고 **연소 시 검은 연기를 내지만 폭발**은 하지 않는다.
ⓗ 금속염과 혼합은 폭발이 심하며 가솔린, 알코올, 아이오딘, 황과 혼합하면 마찰, 충격에 의하여 심하게 폭발한다.
ⓢ **황색염료**와 **폭약**으로 사용한다.

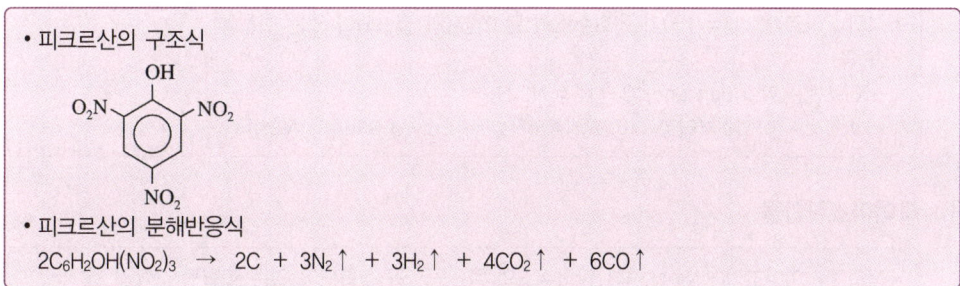

- 피크르산의 구조식
- 피크르산의 분해반응식
  $2C_6H_2OH(NO_2)_3 \rightarrow 2C + 3N_2\uparrow + 3H_2\uparrow + 4CO_2\uparrow + 6CO\uparrow$

③ 테트릴(Tetryl)
㉠ 물 성

화학식	지정수량	융 점	비 중
$C_6H_2(NO_2)_4NCH_3$	10[kg]	130~132[℃]	1.0

㉡ 담황색의 결정형 고체이다.
㉢ 물에 녹지 않고 아세톤, 벤젠에는 녹고 차가운 알코올은 조금 녹는다.
㉣ 피크르산이나 TNT보다 더 민감하고 폭발력이 높다.
㉤ 화기의 접근을 피하고 마찰, 충격을 주어서는 안 된다.
㉥ 물, 분말, 포말소화약제가 적합하다.

(4) 나이트로소화합물

- 정의 : 나이트로소기(-NO)를 가진 화합물
- 특 성
  - 산소를 함유하고 있는 자기연소성, 폭발성 물질이다.
  - 대부분 불안정하며 연소속도가 빠르다.
  - 가열, 마찰, 충격에 의해 폭발의 위험이 있다.

① 파라 다이나이트로소 벤젠[Para Di Nitroso Benzene, $C_6H_4(NO)_2$]
㉠ 황갈색의 분말이다.
㉡ 가열, 마찰, 충격에 의하여 폭발하나 폭발력은 강하지 않다.
㉢ 고무 가황제의 촉매로 사용한다.

② 다이나이트로소 레조르신[Di Nitroso Resorcinol, $C_6H_2(OH)_2(NO)_2$]
㉠ 회흑색의 광택 있는 결정으로 폭발성이 있다.
㉡ 162~163[℃]에서 분해하여 포말린, 암모니아, 질소 등을 생성한다.

③ 다이나이트로소 펜타메틸렌테드라민[DPT, $C_5H_{10}N_4(NO)_2$]
   ㉠ 광택 있는 크림색의 분말이다.
   ㉡ 가열 또는 산을 가하면 200~205[℃]에서 분해하여 폭발한다.

(5) 아조화합물

- 정의 : 아조기($-N=N-$)가 탄화수소의 탄소원자와 결합되어 있는 화합물
- 종 류
  - 아조벤젠(Azo Benzene, $C_6H_5N=NC_6H_5$)
  - 아조비스 아이소부티로 나이트릴(Azobis Iso Butyro Nitrile ; AIBN)

(6) 다이아조화합물

- 정의 : 다이아조기($-N\equiv N-$)가 탄화수소의 탄소원자와 결합되어 있는 화합물
- 특 성
  - 고농도의 것은 매우 예민하여 가열, 충격, 마찰에 의한 폭발위험이 높다.
  - 분진이 체류하는 곳에서는 대형 분진폭발 위험이 있으며 다른 물질과 합성 반응 시 폭발위험이 따른다.
  - 저장 시 안정제로는 황산알루미늄을 사용한다.

① 다이아조 다이나이트로 페놀(Diazo Di Nitro Phenol, DDNP) [$C_6H_2ON_2(NO_2)_2$]
② 다이아조 아세토나이트릴(Diazo Acetonitrile) [C_2HN_3]

(7) 하이드라진유도체

① **염산 하이드라진**(Hydrazine Hydrochloride, $N_2H_4 \cdot HCl$)
   ㉠ 백색 결정성 분말로서 흡습성이 강하다.
   ㉡ 물에 녹고, 알코올에는 녹지 않는다.
   ㉢ 질산은($AgNO_3$)용액을 가하면 백색침전($AgCl$)이 생긴다.
② **황산 하이드라진**(di-Hydrazine Sulfate, $N_2H_4 \cdot H_2SO_4$)
   ㉠ 백색 또는 무색 결정성 분말이다.
   ㉡ 물에 녹고, 알코올에는 녹지 않는다.
③ **메틸 하이드라진**(Methyl Hydrazine, CH_3NHNH_2)
   ㉠ 암모니아 냄새가 나는 액체이다.
   ㉡ 물에 녹고 상온에서 인화의 위험이 없다.
   ㉢ 착화점은 비교적 낮고 연소범위는 넓다.
④ 기 타
   ㉠ 다이메틸하이드라진[$(CH_3)_2NNH_2$] : 무색의 액체
   ㉡ 하이드라진에탄올[$HOCH_2CH_2NHNH_2$] : 황색의 액체

(8) 하이드록실아민

① 물 성

화학식	지정수량	분자량	비 점	비 중
NH_2OH	100[kg]	33	116[℃]	1.12

② 무색의 사방정계 결정으로 조해성이 있다.
③ 물, 메탄올에 녹고 온수에서는 서서히 분해한다.

(9) 하이드록실아민염류

① 황산하이드록실아민
  ㉠ 화학식은 $(NH_2OH)_2 \cdot H_2SO_4$이다.
  ㉡ 흰색의 모래와 같은 결정이다.
  ㉢ 물에 녹고 알코올에는 약간 녹는다.
  ㉣ 170[℃]로 가열하면 폭발하여 분해한다.

(10) 금속의 아자이드화합물

① **아자이드화나트륨(NaN_3)**
  ㉠ 무색의 육방정계의 결정이다.
  ㉡ 물에 녹고 산과 접촉하면 아자이드화수소(HN_3)가 생성된다.
  ㉢ 300[℃]로 가열하면 분해하여 나트륨과 질소를 발생한다.

② **아자이드화납[질화납, $Pb(N_3)_2$]**
  ㉠ 무색의 단사정계의 결정이다.
  ㉡ 폭발성이 크므로 기폭제로 사용한다.

③ **아자이드화은(AgN_3)**
  ㉠ 무색의 사방정계의 결정이다.
  ㉡ 170[℃]에서 분해가 시작되어 300[℃]에서 폭발한다.

(11) 질산구아니딘

① 화학식은 $C(NH_2)_3NO_3$이다.
② 백색의 결정성 분말로서 250[℃]에서 분해한다.
③ 가연물과 접촉하면 발화할 수 있고 가열하면 폭발한다.
④ 로켓추진제, 폭발물 제조에 사용된다.

제6절 제6류 위험물

1 제6류 위험물의 특성

(1) 종 류 중요

유 별	성 질	품 명	위험등급	지정수량
제6류	산화성 액체	과염소산($HClO_4$), 과산화수소(H_2O_2), 질산(HNO_3), 할로젠간화합물(BrF_3, IF_5 등)	I	300[kg]

(2) 정 의

① 산화성 액체 : 액체로서 산화력의 잠재적인 위험성을 판단하기 위하여 고시로 정하는 시험에서 고시로 정하는 성질과 상태를 나타내는 것
② 과산화수소 : 농도가 **36[wt%] 이상**인 것 중요
③ 질산 : 비중이 **1.49 이상**인 것(제6류 위험물) 중요

(3) 제6류 위험물의 일반적인 성질

① 산화성 액체이며 무기화합물로 이루어져 형성된다.
② 무색, 투명하며 **비중은 1보다 크고**, 표준상태에서는 모두가 **액체**이다.
③ **과산화수소를 제외**하고 **강산성 물질**이며 물에 녹기 쉽다.
④ **불연성 물질**이며 가연물, 유기물 등과의 혼합으로 발화한다.
⑤ 증기는 유독하며 피부와 접촉 시 점막을 부식시킨다.

(4) 제6류 위험물의 위험성

① 자신은 **불연성 물질**이지만 산화성이 커 다른 물질의 연소를 돕는다.
② 강환원제, 일반 가연물과 혼합한 것은 접촉발화하거나 가열 등에 의해 위험한 상태로 된다.
③ 과산화수소를 제외하고 물과 접촉하면 심하게 발열한다.

(5) 제6류 위험물의 저장 및 취급방법

① 염, 물과의 접촉을 피한다.
② 직사광선 차단, 강환원제, 유기물질, 가연성 위험물과 접촉을 피한다.
③ 저장용기는 **내산성 용기**를 사용해야 한다.
④ 소화방법은 **주수소화**가 적합하다.

2 각 위험물의 물성 및 특성

(1) 과염소산(Perchloric Acid)

① 물 성

화학식	지정수량	비 점	융 점	비 중
$HClO_4$	300[kg]	39[℃]	-112[℃]	1.76

② 무색, 무취의 유동하기 쉬운 액체로 **흡습성**이 강하며 **휘발성**이 있다.
③ 가열하면 폭발하고 산성이 강한 편이다.
④ 물과 반응하면 심하게 발열하며 반응으로 생성된 혼합물도 강한 산화력을 가진다.
⑤ **불연성 물질**이지만 **자극성, 산화성**이 매우 크다.
⑥ 대단히 불안정한 강산으로 순수한 것은 분해가 용이하고 폭발력을 가진다.
⑦ **밀폐용기**에 넣어 저장하고 저온에서 통풍이 잘 되는 곳에 저장한다.
⑧ 강산화제, 환원제, 알코올류, 사이안화합물, 알칼리와의 접촉을 방지한다.
⑨ 다량의 물로 분무주수하거나 분말소화약제를 사용한다.

> • 과염소산의 가열분해반응식
>
> $$HClO_4 \xrightarrow{\Delta} HCl + 2O_2$$
>
> • 과염소산 6종의 고체수화물
> - $HClO_4 \cdot H_2O$
> - $HClO_4 \cdot 2H_2O$
> - $HClO_4 \cdot 2.5H_2O$
> - $HClO_4 \cdot 3H_2O$(2종류)
> - $HClO_4 \cdot 3.5H_2O$
>
> 산의 강도 : $HClO_4$(과염소산) > $HClO_3$(염소산) > $HClO_2$(아염소산) > $HClO$(차아염소산)

(2) 과산화수소(Hydrogen Peroxide) 중요

① 물 성

화학식	지정수량	농도	비 점	융 점	비 중
H_2O_2	300[kg]	36[wt%] 이상	152[℃]	-17[℃]	1.463(100[%])

② **점성이 있는 무색 액체**(다량일 경우 : 청색)이다.
③ 투명하며 물보다 무겁고 수용액 상태는 비교적 안정하다.
④ **물, 알코올, 에터에 녹고, 벤젠에는 녹지 않는다.**
⑤ 유기물 등의 가연물에 접촉하면 연소를 촉진시키고 혼합물에 따라 발화한다.
⑥ 농도 **60[wt%] 이상**은 충격, 마찰에 의해서도 단독으로 **분해폭발 위험**이 있다.
⑦ 나이트로글리세린, **하이드라진**과 **혼촉**하면 분해하여 **발화, 폭발**한다.

$$2H_2O_2 + N_2H_4 \rightarrow N_2 + 4H_2O$$

⑧ **저장용기**는 밀봉하지 말고 **구멍이 있는 마개**를 사용해야 한다.
⑨ 소량 누출 시 물로 희석하고 다량 누출 시 흐름을 차단하여 물로 씻는다.

- 과산화수소의 안정제 : 인산(H_3PO_4), 요산($C_5H_4N_4O_3$)
- 옥시풀 : 과산화수소 3[%] 용액의 소독약
- 과산화수소의 분해반응식 : $2H_2O_2 \rightarrow 2H_2O + O_2$
- 분해 시 정촉매 : MnO_2, KI
- 과산화수소의 저장용기 : 착색 유리병
- **구멍 뚫린 마개를 사용하는 이유** : 상온에서 서서히 분해하여 산소를 발생하여 폭발의 위험이 있어 통기를 위하여

(3) 질 산 중요

① 물 성

화학식	지정수량	비 점	융 점	비 중
HNO_3	300[kg]	122[℃]	−42[℃]	1.49

② **흡습성**이 강하여 습한 공기 중에서 발열하는 무색의 무거운 액체이다.
③ **자극성, 부식성**이 강하며 휘발성이고 햇빛에 의해 일부 분해한다.
④ 진한 질산을 가열하면 **적갈색**의 **갈색증기(NO_2)**가 발생한다.
⑤ 목탄분, 천, 실, 솜 등에 스며들어 방치하면 자연발화한다.
⑥ 강산화제, K, Na, NH_4OH, $NaClO_3$와 접촉 시 폭발위험이 있다.
⑦ 진한 질산은 Co, Fe, Ni, Cr, Al을 부동태화한다.

> 부동태화 : 금속 표면에 산화 피막을 입혀 내식성을 높이는 현상

⑧ **질산**은 단백질과 **잔토프로테인 반응**을 하여 노란색으로 변한다.

Plus One 잔토프로테인 반응
단백질 검출반응의 하나로서 아미노산 또는 단백질에 진한 질산을 가하여 가열하면 황색이 되고, 냉각하여 염기성으로 되게 하면 등황색을 띤다.

⑨ **물과 반응**하면 **발열**한다.
⑩ 화재 시 다량의 물로 소화한다.

- 질산에 부식되지 않는 것 : 백금(Pt)
- 질산의 분해반응식 : $4HNO_3 \rightarrow 2H_2O + 4NO_2\uparrow + O_2\uparrow$
- 발연질산 : 진한 질산에 이산화질소를 녹인 것
- 왕수 : 질산 1부피 + 염산 3부피로 혼합한 것

실전예상문제

제1절 제1류 위험물

001
위험물안전관리법상 제1류 위험물의 특징이 아닌 것은?
① 외부 충격 등에 의해 가연성의 산소를 대량 발생한다.
② 가열에 의해 산소를 방출한다.
③ 다른 가연물의 연소를 돕는다.
④ 가연물과 혼재하면 화재 시 위험하다.

해설
제1류 위험물은 충격에 의하여 **조연성 가스**인 **산소**를 발생한다.

정답 ①

002
다음 위험물 중 제1류 위험물에 속하지 않는 것은?
① NH_4ClO_3
② BaO_2
③ CH_3ONO_2
④ $NaNO_3$

해설
위험물의 구분

종 류	NH_4ClO_3	BaO_2	CH_3ONO_2	$NaNO_3$
품 명	염소산암모늄	과산화바륨	질산메틸	질산나트륨
구 분	제1류 위험물	제1류 위험물	제5류 위험물	제1류 위험물

정답 ③

003
제1류 위험물의 취급 방법으로서 잘못된 사항은?
① 환기가 잘되는 찬 곳에 저장한다.
② 가열, 충격, 마찰 등의 요인을 피한다.
③ 가연물과 접촉은 피해야 하나 습기는 관계없다.
④ 화재위험이 있는 장소에서 떨어진 곳에 저장한다.

해설
제1류 위험물 : 조해성이므로 습기에 주의해야 한다.

정답 ③

004
산화성 고체 위험물의 위험성에 해당하지 않는 것은?
① 불연성 물질로 산소를 방출하고 산화력이 강하다.
② 단독으로 분해 폭발하는 물질도 있지만 가열, 충격, 이물질 등과의 접촉으로 분해를 하여 가연물과 접촉, 혼합에 의하여 폭발할 위험성이 있다.
③ 유독성 및 부식성 등 손상의 위험성이 있는 물질도 있다.
④ 착화온도가 높아서 연소확대의 위험이 크다.

해설
산화성 고체(제1류 위험물)는 불연성 물질이다.

정답 ④

005

제1류 위험물에 대한 일반적인 화재예방 방법이 아닌 것은?

① 반응성이 크므로 가열, 마찰, 충격 등에 주의한다.
② 불연성이므로 화기접촉은 관계없다.
③ 가연물의 접촉, 혼합 등을 피한다.
④ 질식소화는 효과가 없다.

해설
제1류 위험물은 산화성 고체로서, 가열·마찰에 의하여 산소를 발생하므로 화기접촉을 피해야 한다.

정답 ②

006

산화성 고체 위험물의 특징과 성질이 맞게 짝 지어진 것은?

① 산화력 - 불연성
② 환원력 - 불연성
③ 산화력 - 가연성
④ 환원력 - 가연성

해설
제1류 위험물은 산화성 고체로서 산화력을 가지며 불연성이다.

정답 ①

007

다음 중 산화성 고체 위험물이 아닌 것은?

① $KBrO_3$
② $(NH_4)_2Cr_2O_7$
③ $HClO_4$
④ $NaClO_2$

해설
위험물의 분류(제1류 위험물 : 산화성 고체)

종 류	명 칭	품 명
$KBrO_3$	브로민산칼륨	제1류 위험물 브로민산염류
$(NH_4)_2Cr_2O_7$	다이크로뮴산암모늄	제1류 위험물 다이크로뮴산염류
$HClO_4$	과염소산	**제6류 위험물**
$NaClO_2$	아염소산나트륨	제1류 위험물 아염소산염류

정답 ③

008

제1류 고체 위험물로만 구성된 것은?

① $KClO_3$, $HClO_4$, Na_2O, KCl
② $KClO_3$, $KClO_4$, NH_4ClO_4, $NaClO_4$
③ $KClO_3$, $HClO_4$, K_2O, Na_2O_2
④ $KClO_3$, $HClO_4$, K_2O_2, Na_2O

해설
위험물의 분류

종 류	품 명	명 칭
$KClO_3$	제1류 염소산염류	염소산칼륨
$HClO_4$	제6류	과염소산
$KClO_4$	제1류 과염소산염류	과염소산칼륨
NH_4ClO_4	제1류 과염소산염류	과염소산암모늄
$NaClO_4$	제1류 과염소산염류	과염소산나트륨
Na_2O_2	제1류 무기과산화물	과산화나트륨
K_2O_2	제1류 무기과산화물	과산화칼륨

정답 ②

009

다음 물질 중 산화성 고체 위험물이 아닌 것은?

① P_4S_3
② Na_2O_2
③ $KClO_3$
④ NH_4ClO_4

해설
위험물의 분류

종 류	명 칭	품 명
P_4S_3	삼황화인	제2류 위험물 황화인
Na_2O_2	과산화나트륨	제1류 위험물 무기과산화물
$KClO_3$	염소산칼륨	제1류 위험물 염소산염류
NH_4ClO_4	과염소산암모늄	제1류 위험물 과염소산염류

정답 ①

010

다음 위험물 중 지정수량이 50[kg]인 것은?

① $NaClO_3$ ② NH_4NO_3
③ $NaBrO_3$ ④ $(NH_4)_2Cr_2O_7$

해설
제1류 위험물의 지정수량

종 류	명 칭	품 명	지정수량
$NaClO_3$	염소산나트륨	염소산염류	50[kg]
NH_4NO_3	질산암모늄	질산염류	300[kg]
$NaBrO_3$	브로민산나트륨	브로민산염류	300[kg]
$(NH_4)_2Cr_2O_7$	다이크로뮴산 암모늄	다이크로뮴산 염류	1,000[kg]

정답 ①

011

제1류 위험물 중에서 다음 중 지정수량이 1,000[kg]인 것은?

① 아염소산염류
② 과망가니즈산염류
③ 질산염류
④ 아이오딘산염류

해설
제1류 위험물의 종류 및 지정수량

유별	성질	품 명	위험등급	지정수량
제1류	산화성 고체	아염소산염류, 염소산염류, 과염소산염류, 무기과산화물	I	50[kg]
		브로민산염류, 질산염류, 아이오딘산염류	II	300[kg]
		과망가니즈산염류, 다이크로뮴산염류	III	**1,000[kg]**
		그 밖에 행정안전부령이 정하는 것 ① 과아이오딘산염류 ② 과아이오딘산 ③ 크로뮴, 납 또는 아이오딘의 산화물 ④ 아질산염류 ⑤ 염소화아이소사이아누르산 ⑥ 퍼옥소이황산염류 ⑦ 퍼옥소붕산염류	II	300[kg] 300[kg] 300[kg] 300[kg] 300[kg] 300[kg] 300[kg]
		⑧ 차아염소산염류	I	50[kg]

정답 ②

012

다음 위험물 중 지정수량이 나머지 셋과 다른 것은?

① 아이오딘산염류 ② 무기과산화물
③ 알칼리토금속   ④ 염소산염류

해설
지정수량

종 류	지정수량
아이오딘산염류	300[kg]
무기과산화물	50[kg]
알칼리토금속	50[kg]
염소산염류	50[kg]

정답 ①

013

다음 위험물 중에서 지정수량이 나머지 셋과 다른 것은?

① $KBrO_3$ ② KNO_3
③ KIO_3 ④ $KClO_3$

해설
지정수량

종 류	품 명	명 칭	지정수량
$KBrO_3$	제1류 위험물 브로민산염류	브로민산칼륨	300[kg]
KNO_3	제1류 위험물 질산염류	질산칼륨	300[kg]
KIO_3	제1류 위험물 아이오딘산염류	아이오딘산칼륨	300[kg]
$KClO_3$	제1류 위험물 염소산염류	염소산칼륨	50[kg]

정답 ④

014

다음 위험물의 지정수량이 옳게 연결된 것은?

① $Ba(ClO_4)_2$ - 50[kg]
② $NaBrO_3$ - 100[kg]
③ $Sr(NO_3)_2$ - 200[kg]
④ $KMnO_4$ - 500[kg]

해설
제1류 위험물의 지정수량

종 류	품 명	지정수량
$Ba(ClO_4)_2$	과염소산바륨(과염소산염류)	50[kg]
$NaBrO_3$	브로민산나트륨(브로민산염류)	300[kg]
$Sr(NO_3)_2$	질산스트론튬(질산염류)	300[kg]
$KMnO_4$	과망가니즈산칼륨(과망가니즈산염류)	1,000[kg]

정답 ①

015

위험물의 적응 소화방법으로 맞지 않는 것은?

① 산화성 고체 - 질식소화
② 가연성 고체 - 냉각소화
③ 인화성 액체 - 질식소화
④ 자기반응성 물질 - 냉각소화

해설
산화성 고체(제1류 위험물) : 냉각소화

정답 ①

016

염소산염, 과망가니즈산염, 질산염의 화재 시 소화수단으로 적합한 것은 어느 것인가?

① 밀폐소화 ② 제거소화
③ 질식소화 ④ 냉각소화

해설
제1류 위험물(염소산염류, 과망가니즈산염류, 질산염류)의 소화 : 냉각소화

정답 ④

017

제1류 위험물 중 알칼리금속의 과산화물에 가장 효과가 큰 소화약제는?

① 건조사 ② 강화액소화기
③ 물 ④ CO_2

해설
알칼리금속의 과산화물 소화약제 : 탄산수소염류, 건조사

정답 ①

018

다음 중 유기용제 취급 시 주의해야 할 사항이 아닌 것은?

① 마취성 ② 인화성
③ 휘발성 ④ 조해성

해설
제1류 위험물은 조해성이 있으므로 취급 시 주의를 요한다.

유기용제 : 제4류 위험물

정답 ④

019

제1류 위험물 중 무기과산화물 450[kg], 질산염류 150[kg], 다이크로뮴산염류 3,000[kg]을 저장하려고 한다. 지정수량의 몇 배인가?

① 4배 ② 8배
③ 11.5배 ④ 12.5배

해설
지정수량

종 류	무기과산화물	질산염류	다이크로뮴산염류
지정수량	50[kg]	300[kg]	1,000[kg]

$$지정수량의\ 배수 = \frac{저장수량}{지정수량} = \frac{450}{50} + \frac{150}{300} + \frac{3,000}{1,000}$$
$$= 12.5배$$

정답 ④

020

위험물 저장소에서 아래와 같이 위험물을 저장하고 있는 경우 지정수량의 몇 배가 보관되어 있는 것인가?

- 염소산염류 : 200[kg]
- 무기과산화물 : 50[kg]
- 다이크로뮴산염류 : 1,500[kg]

① 3.5배 ② 4.5배
③ 5.5배 ④ 6.5배

해설
$$지정수량의\ 배수 = \frac{저장수량}{지정수량} = \frac{200}{50} + \frac{50}{50} + \frac{1,500}{1,000}$$
$$= 6.5배$$

정답 ④

021

혼합위험을 가져오는 위험물의 혼합형태가 나머지 셋과 다른 것은?

① $KClO_3$ + P
② CrO_3 + CH_3OH
③ $KMnO_4$ + HNO_3
④ 발연HNO_3 + C_5H_5N

해설
제1류 위험물($KMnO_4$)과 제6류 위험물(HNO_3)은 혼재가 가능하다.

정답 ③

022

다음은 산화성 고체와 가연성 물질이 혼합하고 있을 때 연소에 미치는 현상을 나열한 것이다. 옳은 것은?

① 산화성 고체의 연소범위가 확대된다.
② 착화온도(발화점)가 높아진다.
③ 최소점화에너지가 감소한다.
④ 연소 확대 위험이 작아진다.

해설
산화성 고체(제1류)와 가연성 물질(제2류)이 혼합하면 최소 점화에너지가 감소하여 위험하다.

정답 ③

023

다음은 각 위험물의 저장 및 취급 때의 주의사항을 설명한 것이다. 틀린 것은?

① K_2O_2 : 물속에 저장한다.
② H_2O_2 : 햇빛의 직사를 막고 찬 곳에 저장한다.
③ M_2O_2 : 습기의 존재하에서 산소를 발생하므로 특히 방습에 주의를 해야 한다.
④ $NaNO_3$: 조해성이 크고 흡습성이 강하므로 습도에 주의해야 한다.

해설
과산화칼륨(K_2O_2)은 물과 반응하면 조연성 가스인 산소를 발생한다.

정답 ①

024

제1류 위험물 중 가열 시 분해 온도가 가장 낮은 물질은 무엇인가?

① $KClO_3$
② Na_2O_2
③ NH_4ClO_4
④ KNO_3

해설
분해 온도

종류	분해 온도[℃]
염소산칼륨($KClO_3$)	400
과산화나트륨(Na_2O_2)	460
과염소산암모늄(NH_4ClO_4)	130
질산칼륨(KNO_3)	400

정답 ③

025

아염소산나트륨의 위험성으로 옳지 않은 것은?

① 단독으로 폭발 가능하고 분해 온도 이상에서는 산소를 발생한다.
② 비교적 안정하나 시판품은 140[℃] 이상의 온도에서 발열반응을 일으킨다.
③ 유기물, 금속분 등 환원성 물질과 접촉하면 즉시 폭발한다.
④ 수용액 중에서 강력한 환원력이 있다.

해설

아염소산나트륨($NaClO_2$)의 수용액은 **강한 산성**이다.

정답 ④

026

다음은 제1류 위험물인 염소산염에 대한 설명이다. 옳지 않은 것은?

① 일광(햇빛)에 장기간 방치하였을 때는 분해하여 아염소산염이 생성된다.
② 녹는점 이상의 높은 온도가 되면 분해되어 조연성 기체인 수소가 발생한다.
③ NH_4ClO_3는 물보다 무거운 무색의 결정이며, 조해성이 있다.
④ 염소산염을 가열, 충격 및 산을 첨가시키면 폭발 위험성이 나타난다.

해설

염소산염은 분해되면 **조연성 가스**인 **산소**를 발생한다.

정답 ②

027

수분을 함유한 $NaClO_2$의 분해 온도는?

① 약 50[℃]
② 약 70[℃]
③ 약 100[℃]
④ 약 120[℃]

해설

아염소산나트륨($NaClO_2$)의 분해 온도
- 수분 함유 : 120~130[℃]
- 무수물(수분이 없으면) : 350[℃]

정답 ④

028

산과 접촉하였을 때 이산화염소 가스를 발생하는 제1류 위험물은?

① 아이오딘산염류
② 다이크로뮴산염류
③ 아염소산염류
④ 브로민산염류

해설

아염소산염류(아염소산나트륨)는 산과 반응하면 이산화염소(ClO_2)의 유독가스를 발생한다.

$$3NaClO_2 + 2HCl \rightarrow 3NaCl + 2ClO_2 + H_2O_2$$

정답 ③

029

다음 염소산염류의 성질이 아닌 것은?

① 무색 결정이다.
② 산소를 많이 함유하고 있다.
③ 환원력이 강하다.
④ 강산과 혼합하면 폭발의 위험성이 있다.

해설
염소산염류의 성질
- 무색 결정으로 대부분 물에 녹으며 상온에서 안정하나 열에 의해 분해하여 산소를 발생한다.
- 장시간 일광에 방치하면 분해하여 아염소산염류($MClO_2$)가 된다.
- 수용액은 강한 **산화력**이 있으며 산화성 물질과 혼합하면 폭발을 일으킨다.
- 강산과 혼합하면 폭발의 위험성이 있다.

정답 ③

030

제1류 위험물인 염소산나트륨의 위험성에 대한 설명으로 옳지 않은 것은?

① 산과 반응하여 이산화염소를 발생시킨다.
② 가연물과 혼합되어 있으면 약간의 자극에도 폭발할 수 있다.
③ 조해성이 좋으며 철제용기를 잘 부식시킨다.
④ CO_2 등의 질식소화가 효과적이며 물과의 접촉 시 단독 폭발할 수 있다.

해설
제1류 위험물인 염소산나트륨($NaClO_3$)은 **냉각소화**가 효과적이다.

정답 ④

031

염소산염류는 분해되어 산소를 발생하는 성질이 있다. 융점과 분해 온도와의 관계 중 옳은 것은?

① 융점 이상의 온도에서 분해되어 산소를 발생한다.
② 융점 이하의 온도에서 분해되어 산소를 발생한다.
③ 융점이나 분해 온도와 무관하게 산소를 발생한다.
④ 융점이나 분해 온도가 동일하여 산소를 발생한다.

해설
염소산염류의 특성
- 대부분 물에 녹으며 상온에서 안정하나 융점 이상의 온도에서 분해되어 산소를 발생한다.
- 장시간 일광에 방치하면 분해하여 아염소산염류($MClO_2$)가 된다.
- 수용액은 강한 산화력이 있으며 산화성 물질과 혼합하면 폭발을 일으킨다.

정답 ①

032

염소산칼륨과 염소산나트륨의 성질에 대한 설명 중 옳지 않은 것은?

① 융점 이상으로 가열하면 산소를 방출한다.
② 무색이나 백색의 분말로 물에 녹지 않는다.
③ 황, 목탄, 유기물 등과의 혼합은 연소의 우려가 있다.
④ 산과 반응하거나 중금속의 혼합은 폭발의 위험이 있다.

해설
염소산염류의 비교

구 분	염소산칼륨	염소산나트륨
색 상	백색 분말	무색 주상결정
용해성	물에 약간 녹음	물에 녹음

정답 ②

033

다음 염소산칼륨의 성질 중 옳은 것은?

① 광택이 있는 적색의 결정이다.
② 비중은 약 3.2이며 녹는점은 약 250[℃]이다.
③ 가열분해하면 염화나트륨과 산소를 발생한다.
④ 알코올에 난용이고 온수, 글리세린에 잘 녹는다.

해설

염소산칼륨
• 물 성

화학식	비 중	녹는점	분해 온도
$KClO_3$	2.32	368[℃]	400[℃]

• 무색의 단사정계 판상결정 또는 백색 분말로서 상온에서 안정한 물질이다.
• 산과 반응하면 이산화염소(ClO_2)의 유독가스를 발생한다.

$$2KClO_3 + 2HCl \rightarrow 2KCl + 2ClO_2 + H_2O_2$$

• 냉수, **알코올**에 녹지 않고, **온수**나 **글리세린**에는 **녹는다**.
• 염소산칼륨의 분해반응식(400[℃])

$$2KClO_3 \rightarrow 2KCl + 3O_2 \uparrow$$

정답 ④

034

염소산칼륨의 성상을 옳게 나타낸 것은?

① 무색의 입방정계 결정
② 갈색의 정방정계 결정
③ 갈색의 사방정계 결정
④ 무색의 단사정계 결정

해설

염소산칼륨은 무색의 **단사정계** 판상결정 또는 백색 분말

정답 ④

035

염소산칼륨($KClO_3$)의 일반적 성질에 관한 설명 중 옳은 것은?

① 비중은 3.34이다.
② 알코올에는 잘 용해된다.
③ 글리세린에 잘 용해된다.
④ 온수에 잘 용해되지 않는다.

해설

염소산칼륨($KClO_3$)의 특성
• 비중 : 2.34
• **냉수** 또는 **알코올**에 **녹지 않고 글리세린**이나 **온수**에는 **잘 녹는다**.

정답 ③

036

$KClO_3$를 가열할 때 나타나는 현상과 관계가 없는 것은?

① 화학적 분해를 한다.
② 산소가스가 발생된다.
③ 염소가스가 발생한다.
④ 염화칼륨이 생성된다.

해설

염소산칼륨의 분해반응식(400[℃])

$$2KClO_3 \rightarrow 2KCl + 3O_2$$

정답 ③

037
과염소산칼륨의 위험성 설명 중 잘못된 것은?
① 상온에서 비교적 안정성이 높다.
② 진한 황산과 반응하여 폭발한다.
③ 수산화나트륨 용액과의 혼합은 극히 위험하다.
④ 황, 마그네슘, 알루미늄 등과의 혼합은 극히 위험하다.

해설
과염소산칼륨과 수산화나트륨(NaOH)과는 안정하다.

정답 ③

038
염소산칼륨과 혼합했을 때 발화, 폭발의 위험이 있는 물질은?
① 금   ② 유 리
③ 석 면   ④ 목 탄

해설
염소산칼륨($KClO_3$)은 **목탄, 적린**과 혼합하였을 때 발화, 폭발의 위험이 있다.

정답 ④

039
실험실에서 산소를 얻고자 할 때 $KClO_3$에 MnO_2을 가하고 가열하여 얻는다. 그 이유로서 가장 적당한 것은?
① O_2를 많이 얻기 위함이다.
② $KClO_3$를 완전분해하기 위함이다.
③ 저온에서 반응속도를 증가시키기 때문이다.
④ MnO_2을 가하지 않으면 O_2를 얻을 수 없기 때문이다.

해설
$KClO_3$에 저온에서 반응속도를 증가시키기 위하여 MnO_2을 가하고 가열하여 산소를 얻는다.

정답 ③

040
산화성 고체 위험물로 조해성과 부식성이 있으며 산과 반응하여 폭발성의 유독한 이산화염소를 발생시키는 위험물로 제초제, 폭약의 원료로 사용하는 물질은?
① Na_2O_2 ② $KClO_4$
③ $NaClO_3$ ④ $RbClO_4$

해설
염소산나트륨($NaClO_3$)
• 물 성

화학식	분자량	융 점	비 중	분해 온도
$NaClO_3$	106.5	248[℃]	2.49	300[℃]

• 무색, 무취의 결정 또는 분말이다.
• 물, 알코올, 에터에는 녹는다.
• 부식성과 조해성이 강하므로 수분과의 접촉을 피한다.
• 산과 반응하면 이산화염소(ClO_2)의 유독가스를 발생한다.

정답 ③

041
다음 물질 중 분자량이 약 106.5, 융점이 248[℃], 비중이 약 2.50이며 약 300[℃]에서 산소를 발생하는 것은?
① $KClO_3$ ② $NaClO_3$
③ $KClO_4$ ④ $NaClO_4$

해설
염소산나트륨의 물성

화학식	분자량	융 점	비 중	분해 온도
$NaClO_3$	106.5	248[℃]	2.49	300[℃]

정답 ②

042

염소산나트륨과 무엇이 반응하면 유독성 가스를 발생시키는가?

① 이황화탄소
② 사염화탄소
③ 진한 황산용액
④ 수산화나트륨

해설
염소산나트륨은 산과 반응하면 이산화염소(ClO_2)의 유독성 가스를 발생한다.
$2NaClO_3 + 2HCl \rightarrow 2NaCl + 2ClO_2 + H_2O_2$
$2NaClO_3 + H_2SO_4 \rightarrow Na_2SO_4 + 2ClO_2 + H_2O_2$

정답 ③

043

염소산나트륨에 대한 설명으로 옳은 것은?

① 물, 알코올에 잘 녹지 않는다.
② 철제용기에 보관해야 한다.
③ 산과 반응하여 유독성의 ClO_2를 발생한다.
④ 비중은 약 0.7로 물보다 가볍다.

해설
문제 42번 참조

정답 ③

044

다음 위험물 중 산과 접촉하였을 때 이산화염소가스를 발생하지 않는 것은?

① Na_2O_2
② $NaClO_3$
③ $KClO_4$
④ $NaClO_4$

해설
① Na_2O_2 : $Na_2O_2 + 2HCl \rightarrow 2NaCl + H_2O_2$
② $NaClO_3$: $2NaClO_3 + 2HCl \rightarrow 2NaCl + 2ClO_2 + H_2O_2$
③ $KClO_4$: $3KClO_4 + 4HCl \rightarrow 3KCl + 4ClO_2 + 2H_2O_2$
④ $NaClO_4$: $3NaClO_4 + 4HCl \rightarrow 3NaCl + 4ClO_2 + 2H_2O_2$

정답 ①

045

염소산나트륨의 저장방법으로 옳은 것은?

① 조해성이 있기 때문에 바람이 잘 통하는 장소에 둔다.
② 풍해성이 있어서 밀봉, 밀폐하여 둔다.
③ 튼튼한 철제용기 속에 밀봉하고 냉암소에 둔다.
④ 산화성 물질이 들어가지 않도록 주의하여 누출이 되지 않도록 한다.

해설
염소산나트륨($NaClO_3$)은 제1류 위험물로서 **조해성**이 있어 바람이 잘 통하는 곳에 저장한다.

> 조해성 : 제1류 위험물인 고체가 대기 중의 수분을 흡수하여 액체가 되는 현상

정답 ①

046

염소산나트륨($NaClO_3$)의 성상에 관한 설명으로 올바른 것은?

① 황색의 결정이다.
② 비중은 1.0이다.
③ 환원력이 강한 물질이다.
④ 물, 알코올에 잘 녹으며 조해성이 강하다.

해설
염소산나트륨($NaClO_3$)
- 무색, 무취의 주상결정
- 산화성 고체
- 비중 : 2.49
- 물, 에터, 알코올에 잘 녹으며 조해성이 강하다.

정답 ④

047

과염소산염류 중 분해 온도가 가장 낮은 것은?

① $KClO_4$
② $NaClO_4$
③ NH_4ClO_4
④ $Mg(ClO_4)_2$

해설
분해 온도

종 류	분해 온도[℃]
과염소산칼륨($KClO_4$)	400[℃]
과염소산나트륨($NaClO_4$)	400[℃]
과염소산암모늄(NH_4ClO_4)	130[℃]
과염소산마그네슘[$Mg(ClO_4)_2$]	400[℃]

정답 ③

048

제1류 위험물인 염소산나트륨($NaClO_3$)의 저장 및 취급 시 주의사항 중 옳지 않은 것은?

① 조해성이므로 용기의 밀폐, 밀봉에 주의한다.
② 공기와의 접촉을 피하기 위하여 물속에 저장한다.
③ 분해를 촉진하는 약품류와의 접촉을 피한다.
④ 가열, 충격, 마찰 등을 피한다.

해설
염소산나트륨($NaClO_3$)은 조해성이 크므로 물속에 저장하면 안 되고 용기는 밀폐, 밀봉하여 저장한다.

정답 ②

049

과염소산염류는 어떤 소화방법으로 해야 하는가?

① 제거소화
② 질식소화
③ 피복소화
④ 주수소화

해설
과염소산염류 : 주수소화(제1류 위험물)

정답 ④

050

다음 중 무색, 무취의 사방정계 결정으로 융점이 약 400[℃]이고 물에 녹기 어려운 위험물은?

① $NaClO_3$
② $KClO_3$
③ $NaClO_4$
④ $KClO_4$

해설
과염소산칼륨($KClO_4$) : 무색, 무취의 사방정계 결정으로 융점이 약 400[℃]이고 물에 녹기 어려운 위험물

정답 ④

051

상온, 상압에서 과염소산칼륨이 다음 물질과 혼합되어 있을 때 습기 및 일광에 의하여 발화하는 물질이 아닌 것은?

① 황   ② 인
③ 목탄   ④ 석면

해설
과염소산칼륨은 황, 인, 목탄, 유기물과 혼합하였을 때 가열, 마찰, 충격에 의하여 폭발한다.

정답 ④

052

무색 또는 백색의 결정으로 308[℃]에서 사방정계에서 입방정계로 전이하는 물질은?

① $NaClO_4$ ② $NaClO_3$
③ $KClO_3$ ④ $KClO_4$

해설
과염소산나트륨($NaClO_4$)은 무색 또는 백색의 결정으로 308[℃]에서 사방정계에서 입방정계로 전이하는 물질

정답 ①

053

다음 중 물과 접촉해도 위험하지 않은 물질은?

① 과산화나트륨   ② 과염소산나트륨
③ 마그네슘   ④ 알킬알루미늄

해설
물과 접촉
- 과산화나트륨 :
  $2Na_2O_2 + 2H_2O \rightarrow 4NaOH + O_2\uparrow + 발열$
- 과염소산나트륨 : 물에 녹는다.
- 마그네슘 : $Mg + 2H_2O \rightarrow Mg(OH)_2 + H_2\uparrow$
- 알킬알루미늄
  – 트라이에틸알루미늄 :
  $(C_2H_5)_3Al + 3H_2O \rightarrow Al(OH)_3 + 3C_2H_6\uparrow$
  – 트라이메틸알루미늄 :
  $(CH_3)_3Al + 3H_2O \rightarrow Al(OH)_3 + 3CH_4\uparrow$

정답 ②

054

과염소산암모늄(NH_4ClO_4)에 대한 설명 중 틀린 것은?

① 폭약이나 성냥 원료로 쓰인다.
② 130[℃] 정도에서 분해되어 염소가스를 방출한다.
③ 비중에 2.0이고 분해 온도가 130[℃] 정도이다.
④ 상온에서 비교적 안정하다.

해설
과염소산암모늄(NH_4ClO_4)은 130[℃] 정도에서 분해되어 **산소**를 **방출**한다.

정답 ②

055

다음 중 녹는점이 가장 높은 것은?

① Na_2O_2 ② $KClO_4$
③ $NaClO$ ④ $NaClO_3$

해설
녹는점(Melting Point)

종류	Na_2O_2	$KClO_4$	$NaClO$	$NaClO_3$
녹는점	460[℃]	400[℃]	분해됨	248[℃]

정답 ①

056
과염소산암모늄의 일반적인 성질에 맞지 않는 것은 어느 것인가?

① 무색 결정 또는 백색 분말
② 130[℃]에서 분해하기 시작함
③ 300[℃]에서 급격히 분해함
④ 물에 용해되지 않음

해설
과염소산암모늄은 물, 에탄올, 아세톤에 잘 녹는다.

정답 ④

057
다음에서 설명하는 위험물은?

> 분석시약, 가스건조제, 불꽃류 제조에 쓰이며 백색의 결정 덩어리로서 조해성이 강하여 방수, 방습에 주의해야 하며 물, 에탄올에 녹으며 금속분, 가연물과 혼합하면 위험성이 있고 분말의 흡입은 위험하다.

① 염소산칼륨　　② 과염소산마그네슘
③ 과산화나트륨　④ 과산화수소

해설
과염소산마그네슘[$Mg(ClO_4)_2 \cdot 6H_2O$]
- 백색의 결정 덩어리로서 조해성이 강하다.
- 물, 에탄올에 녹는다.
- 유기물, 금속분, 강산류와의 혼촉을 피해야 한다.
- 분석시약, 가스건조제, 불꽃류 제조에 사용된다.

정답 ②

058
알칼리금속은 화재예방상 주로 어떤 기(원자단)를 가지고 있는 물질들과 접촉을 금해야 하는가?

① -H　　　② -O
③ -COO-　④ $-NO_2$

해설
알칼리금속은 수소(H), 수산기(OH)와 접촉하면 수소가스를 발생하므로 금해야 한다.

정답 ①

059
물과 만나면 알칼리성 물질과 산소가 생성되어 발열하는 물질은?

① 과산화칼륨
② 과산화수소
③ 과염소산나트륨
④ 과망가니즈산칼륨

해설
과산화칼륨과 물의 반응

$$2K_2O_2 + 2H_2O \rightarrow 4KOH + O_2\uparrow + 발열$$

정답 ①

060
과산화칼륨의 저장 및 취급 시 주의사항에 관한 설명이다. 틀린 것은?

① 가열, 충격, 마찰을 피하고 용기의 파손을 주의해야 한다.
② 흡습성이 크므로 저장용기는 투명한 유리병에 저장해야 한다.
③ 분진을 흡입하는 것을 피하고 눈을 보호하는 안경을 착용한다.
④ 공기 중 수분의 침입을 막기 위해 용기는 밀봉, 밀전하여 보관한다.

해설
용기는 밀전, 밀봉하되 유리병에 저장하지 않는다.

정답 ②

061
다음 중 과산화칼륨 2[mol]과 물 2[mol]을 반응시킬 때 일어나는 화학반응에 관한 설명 중 옳은 것은?

① 흡열반응을 한다.
② 산성 물질이 생성된다.
③ 산소(g)를 발생시킨다.
④ 불연성 가스가 발생한다.

해설
과산화칼륨은 물과 반응하면 산소가스를 발생한다.
$$2K_2O_2 + 2H_2O \rightarrow 4KOH + O_2$$

정답 ③

062
다음 위험물 취급 중 보안경을 써야 하는 것은?

① $KClO_3$
② K_2O_2
③ $NaNO_3$
④ NH_4Cl

해설
과산화칼륨(K_2O_2)은 물과 접촉하면 열을 발생하므로 보안경을 착용해야 한다.

정답 ②

063
다음 중 주수소화가 적당하지 않은 것은?

① $NaNO_3$
② $AgNO_3$
③ K_2O_2
④ $(C_6H_5CO)_2O_2$

해설
과산화칼륨(K_2O_2)은 물(H_2O)과 반응하여 산소를 발생한다.
$$2K_2O_2 + 2H_2O \rightarrow 4KOH + O_2\uparrow$$

정답 ③

064
알칼리금속의 과산화물 화재 시 적당하지 않은 소화제는?

① 건조사
② 물
③ 암 분
④ 소다회

해설
알칼리금속의 과산화물(K_2O_2, Na_2O_2)은 물과 접촉 시 산소를 발생하므로 주수소화는 적합하지 않다.

Plus One 알칼리금속의 반응식
- $2K_2O_2 + 2H_2O \rightarrow 4KOH + O_2$
- $2Na_2O_2 + 2H_2O \rightarrow 4NaOH + O_2$

정답 ②

065
다음 Na_2O_2의 설명 중 옳지 않은 것은?

① 흡습성이 강하고 조해성이 있다.
② 황산과 반응하여 과산화수소가 발생한다.
③ 금, 니켈을 제외한 다른 금속을 침식하여 산화물로 만든다.
④ 순수한 것은 백색이나, 일반적으로는 엷은 녹색을 띤 분말이다.

해설
과산화나트륨(Na_2O_2) : 백색 또는 황백색의 결정

정답 ④

066

과산화칼륨(K_2O_2), 과산화나트륨(Na_2O_2)의 공통되는 성질로서 옳은 것은?

① 백색 침상결정이다.
② 가열하면 수소를 발생한다.
③ 공기 중의 CO_2를 흡수하면 탄산염이 된다.
④ 물에는 난용이나 알코올에는 쉽게 녹는다.

해설
과산화칼륨과 과산화나트륨의 비교

종류 구분	과산화칼륨	과산화나트륨
성상	무색 또는 오렌지색의 결정	백색 또는 황백색의 분말
물과 접촉	산소 발생	산소 발생
CO_2 흡수	탄산염(K_2CO_3)이 생성	탄산염(Na_2CO_3)이 생성
용해성	에틸알코올에 녹음	에틸알코올에 녹지 않음

정답 ③

067

Na_2O_2와 혼합해도 발화되지 않고 폭발로 인한 화재 위험이 없는 물질은?

① $C_2H_5OC_2H_5$ ② CH_3COOH
③ CaC_2 ④ C_2H_5OH

해설
과산화나트륨(Na_2O_2)은 에틸알코올(C_2H_5OH)에 녹지 않으므로 위험하지 않다.

정답 ④

068

과산화나트륨(Na_2O_2)의 저장법으로 가장 옳은 것은?

① 유기물질, 황분, 알루미늄분 등의 혼입을 막고 수분이 들어가지 않게 밀전 및 밀봉해야 한다.
② 유기물질, 황분, 알루미늄분 등의 혼입을 막고 수분에 관계없이 저장해도 좋다.
③ 유기물질, 황분, 알루미늄분 등의 혼입과 관계없이 수분만 들어가지 않게 밀전 및 밀봉해야 한다.
④ 유기물질과 혼합하여 저장해도 좋다.

해설
과산화나트륨(Na_2O_2)은 유기물질, 황분, 알루미늄분 등의 혼입을 막고 수분이 들어가지 않게 밀전 및 밀봉해야 한다.

정답 ①

069

물과 반응하여 극렬히 발열하는 위험 물질은?

① 염소산나트륨 ② 과산화나트륨
③ 과산화수소 ④ 질산암모늄

해설
과산화나트륨(Na_2O_2)은 물과 반응하면 산소가스를 발생하고 많은 열을 발생한다.

$$2Na_2O_2 + 2H_2O \rightarrow 4NaOH + O_2\uparrow + 발열$$

정답 ②

070

과산화나트륨과 묽은 산이 반응하여 생성되는 것은?

① NaOH
② H$_2$O
③ Na$_2$O
④ H$_2$O$_2$

해설

과산화나트륨의 반응식

- 산과 반응하면 과산화수소(H$_2$O$_2$)를 생성한다.

$$Na_2O_2 + 2HCl \rightarrow 2NaCl + H_2O_2$$

- 물과 반응하면 산소가스를 발생하고 많은 열을 발생한다.

$$2Na_2O_2 + 2H_2O \rightarrow 4NaOH + O_2\uparrow + 발열$$

정답 ④

071

과산화나트륨의 화재 시 가장 적당한 소화제는?

① 포소화제
② 마른모래
③ 소화분말
④ 물

해설

과산화나트륨(Na$_2$O$_2$)의 소화제 : 마른모래, 탄산수소염류분말

정답 ②

072

산화성 고체 위험물인 과산화나트륨의 위험성에 대한 설명 중 틀린 것은?

① 열분해에 의해 산소를 방출한다.
② 물과의 반응성 때문에 물의 접촉을 피해야 한다.
③ 에터와 혼합하여 혼촉발화의 위험이 있다.
④ 인화점이 낮은 가연성 물질이므로 화기의 접근을 금해야 한다.

해설

과산화나트륨은 연소되지 않고 물의 접촉에 주의하면 된다.

정답 ④

073

다음 중 알칼리토금속의 과산화물로서 비중이 약 4.95, 융점이 약 450[℃]인 것으로 비교적 안정한 물질은?

① BaO$_2$
② CaO$_2$
③ MgO$_2$
④ BeO$_2$

해설

과산화바륨(BaO$_2$)의 물성

분자식	분자량	비중	융점	분해 온도
BaO$_2$	169	4.95	450[℃]	840[℃]

정답 ①

074

과산화바륨이 분해할 때의 반응식으로 옳은 것은?

① 2BaO$_2$ → 2BaO + O$_2$
② 2BaO$_2$ → Ba$_2$O + O$_3$
③ 2BaO$_2$ → 2Ba + 2O$_2$
④ 2BaO$_2$ → Ba$_2$O$_3$ + O

해설

과산화바륨의 분해반응식

$$2BaO_2 \rightarrow 2BaO + O_2$$

정답 ①

075
과산화마그네슘의 저장 및 취급 시 주의사항이 아닌 것은?

① 습기의 접촉이 없도록 밀봉한다.
② 유기물질의 혼입, 가열, 충격, 마찰을 피한다.
③ 산과 접촉은 무방하나 용기파손에 의한 누출이 없도록 주의한다.
④ 시판품은 15~20[%]의 MgO_2을 함유한다.

해설
과산화마그네슘은 산과 접촉 시 과산화수소(H_2O_2)를 발생한다.

$$MgO_2 + 2HCl \rightarrow MgCl_2 + H_2O_2$$

정답 ③

076
다음 중 브로민산칼륨과 아이오딘산아연의 공통 성질은?

① 물에 잘 녹는다.
② 분해 온도가 500[℃] 이상이다.
③ 가연물과 혼합 가열하면 폭발한다.
④ 알코올에 잘 녹는다.

해설
브로민산칼륨과 아이오딘산아연은 가연물과 혼합 가열하면 폭발한다.

정답 ③

077
브로민산염류들은 대부분 어떤 색을 띠는가?

① 백색 또는 무색 ② 황 색
③ 푸른색   ④ 붉은색

해설
브로민산염류의 특성
- 대부분 **무색, 백색의 결정**이고 물에 녹는 것이 많다.
- 가열분해하면 산소를 방출한다.
- 브로민산칼륨은 가연물과 혼합하면 위험하다.

정답 ①

078
제1류 위험물인 브로민산염류의 지정수량은?

① 50[kg]   ② 300[kg]
③ 1,000[kg] ④ 100[kg]

해설
브로민산염류, 질산염류, 아이오딘산염류의 지정수량 : 300[kg]

정답 ②

079
다음 질산염류의 성질로서 옳은 것은?

① 일반적으로 흡습성이며 가열하면 산소와 아질산염이 되며 알코올에 용해하지 않는다.
② 일반적으로 물에 잘 녹고 가열하면 산소를 발생하며 질산염의 특유의 냄새가 난다.
③ 일반적으로 물에 잘 녹고 가열하면 폭발하며 무수알코올에도 잘 녹는다.
④ 일반적으로 물에 잘 안 녹으며 가열하면 폭발하며 질산염의 특유의 냄새가 난다.

해설
질산염류는 **흡습성**이며 가열하면 산소와 아질산염이 되며 알코올에 녹지 않는다.

질산칼륨 : 조해성

정답 ①

080

다음 질산염류에서 칠레초석이라고 하는 것은?

① 질산암모늄
② 질산나트륨
③ 질산칼륨
④ 질산마그네슘

해설

질산나트륨의 특성
• 물 성

분자식	분자량	비 중	융 점	분해 온도
NaNO₃	85	2.27	308[℃]	380[℃]

• 무색, 무취의 결정으로 **칠레초석**이라고도 한다.
• 조해성이 있는 강산화제이다.
• 물, 글리세린에 잘 녹고, 무수알코올에는 녹지 않는다.
• 가연물, 유기물과 혼합하여 가열하면 폭발한다.

정답 ②

081

제1류 위험물 중 일명 초석이라고도 하며 차가운 느낌의 자극이 있고 짠맛이 나는 무색 또는 백색 결정의 질산염류는?

① KNO₃   ② NaNO₃
③ NH₄NO₃   ④ KMnO₄

해설

• 질산칼륨(KNO₃) : 초석
• 질산나트륨(NaNO₃) : 칠레초석

정답 ①

082

KNO₃의 일반적 성질을 표현한 것이다. 틀린 것은?

① 무색 또는 백색 결정분말이다.
② 차가운 자극성의 짠맛이 있고 산화성이 있다.
③ 물이나 알코올에 잘 녹는다.
④ 단독으로는 분해하지 않지만 가열하면 산소와 아질산칼륨을 생성한다.

해설

질산칼륨(KNO₃) : 물이나 글리세린에 잘 녹고 알코올에는 잘 녹지 않는다.

정답 ③

083

질산칼륨(KNO₃)의 저장 및 취급 시 주의사항에 있어서 옳지 못한 것은?

① 공기와의 접촉을 피하기 위하여 석유류 속에 보관한다.
② 용기는 밀전하고 위험물의 누출을 막는다.
③ 가열, 충격, 마찰 등을 피한다.
④ 환기가 좋은 냉암소에 저장한다.

해설

질산칼륨은 환기가 좋은 냉암소에 저장한다.

칼륨, 나트륨 : 석유 중에 저장

정답 ①

084
다음 중 질산암모늄의 성상이 올바른 것은?

① 상온에서 황색의 액체이다.
② 상온에서 폭발성의 액체이다.
③ 물을 흡수하면 흡열반응을 한다.
④ 녹색, 무취의 결정으로 알코올에 녹는다.

해설
질산암모늄(NH_4NO_3)의 특성
- 무색, 무취의 결정
- 조해성·흡수성이 강하다.
- 물·알코올에 녹는다(**물에 용해 시 흡열반응**).
- 분해반응식 : $2NH_4NO_3 \rightarrow 2N_2\uparrow + 4H_2O + O_2\uparrow$

정답 ③

085
질산암모늄의 분해·폭발 시 생성되는 것이 아닌 것은?

① 질소
② 산소
③ 이산화질소
④ 물

해설
질산암모늄의 분해·폭발식

$$2NH_4NO_3 \rightarrow 2N_2 + 4H_2O + O_2\uparrow$$

정답 ③

086
위험물안전관리법상 위험물은 품명마다 지정수량을 나타내고 있는데 다음 중 지정수량이 50[kg]이 아닌 위험물은?

① 염소산염류
② 질산염류
③ 무기과산화물
④ 과염소산염류

해설
질산염류의 지정수량 : **300[kg]**

정답 ②

087
제1류 위험물 중 취급할 때 특히 습기에 주의해야 하는 것은?

① 염소산염류
② 과염소산칼륨
③ 과망가니즈산염류
④ 질산염류

해설
질산염류는 **조해성**이므로 습기에 주의해야 한다.

정답 ④

088
다음 중 사진감광제, 사진제판, 보온병 제조 등에서 사용되는 위험물은?

① 질산칼륨(KNO_3)
② 질산나트륨($NaNO_3$)
③ 질산은($AgNO_3$)
④ 염소산칼륨($KClO_3$)

해설
질산은($AgNO_3$)의 용도 : 사진감광제, 사진제판, 보온병 제조, 흑색 감공제

정답 ③

089
흑색 감광제로 사용하는 질산염은?

① AgNO₃
② Fe(NO₃)₃
③ NaNO₃
④ KNO₃

해설
질산은(AgNO₃) : 흑색 감광제로 사용하는 질산염

정답 ①

090
다음 위험물 중에서 지정수량이 다른 것은?

① KNO₃
② KClO₃
③ KClO₄
④ MgO₂

해설
지정수량

종류	품명	지정수량
질산칼륨(KNO₃)	질산염류	300[kg]
염소산칼륨(KClO₃)	염소산염류	50[kg]
과염소산칼륨(KClO₄)	과염소산염류	50[kg]
과산화마그네슘(MgO₂)	무기과산화물	50[kg]

정답 ①

091
다음 위험물 중 질산염류에 속하지 않는 것은 어느 것인가?

① 질산칼륨
② 질산에틸
③ 질산암모늄
④ 질산나트륨

해설
질산에틸 : 제5류 위험물의 질산에스터류

정답 ②

092
질산암모늄의 성질로 맞는 것은?

① 조건에 따라 단독으로 폭발할 수도 있다.
② 무색, 무취의 액체이다.
③ 조해성이 있다.
④ 물에 녹을 때는 발열반응을 나타낸다.

해설
질산암모늄(NH₄NO₃)의 성질로는 조해성이 있다.

> 조해성 : 어떤 물질이 대기 중에서 수분을 흡수하여 현재의 상태보다 묽어지는 현상(장시간 두면 물과 같이 액체가 된다)

정답 ③

093

다음 중 강산화제로 작용하는 것은?

① $KMnO_4$ ② H_2
③ CO ④ H_2S

해설
강산화제(제1류 위험물) : 과망가니즈산칼륨($KMnO_4$)

정답 ①

094

과망가니즈산칼륨에 대한 설명으로 옳지 않은 것은?

① 알코올 등 유기물과의 접촉을 피한다.
② 수용액은 강한 환원력과 살균력이 있다.
③ 흑자색의 주상결정이다.
④ 일광을 차단하여 저장한다.

해설
과망가니즈산칼륨($KMnO_4$)의 특성
- 흑자색의 주상결정으로 **산화력**과 **살균력**이 강하다.
- 물, 알코올에 잘 녹으며, 진한 보라색을 나타낸다.
- 알코올, 에터, 글리세린 등 유기물과 접촉을 피한다.

정답 ②

095

과망가니즈산칼륨이 240[℃]의 분해 온도에서 분해하였을 때 생길 수 없는 물질은?

① O_2 ② MnO_2
③ K_2O ④ K_2MnO_4

해설
과망가니즈산칼륨의 240[℃]에서 분해식

$$2KMnO_4 \rightarrow K_2MnO_4 + MnO_2 + O_2$$
(과망가니즈산칼륨) (망가니즈산칼륨) (이산화망가니즈) (산소)

정답 ③

096

다음 위험물은 산화성 고체 위험물로서 대부분 무색 또는 백색 결정으로 되어 있다. 이 중 무색 또는 백색이 아닌 물질은?

① $KClO_3$ ② BaO_2
③ $KMnO_4$ ④ $KClO_4$

해설
$KMnO_4$(과망가니즈산칼륨) : 흑자색의 주상결정

정답 ③

097

어떤 물질에 과망가니즈산칼륨을 묻혀 알코올램프의 심지에 접하면 점화한다. 이 물질은 어느 것인가?

① 진한 황산 ② 과산화나트륨
③ 알코올 ④ 금속나트륨

해설
과망가니즈산칼륨에 황산(강산화제)을 첨가하면 점화한다.

정답 ①

098
과망가니즈산칼륨에 의해 쉽게 산화되는 유기 화합물은?

① C_2H_5OH
② CH_3COOH
③ CH_3CHO
④ $CH_3CH_2CH_3$

해설
아세트알데하이드(CH_3CHO)는 과망가니즈산칼륨에 의해 쉽게 산화된다.

정답 ③

099
다음 중 지정수량이 다른 것은?

① 금속의 인화물
② 질산염류
③ 과염소산
④ 과망가니즈산염류

해설
지정수량

종류	유별	지정수량
금속의 인화물	제3류 위험물	300[kg]
질산염류	제1류 위험물	300[kg]
과염소산	제6류 위험물	300[kg]
과망가니즈산염류	제1류 위험물	1,000[kg]

정답 ④

100
다음 제1류 위험물이 아닌 것은?

① Al_4C_3
② $KMnO_4$
③ $NaNO_3$
④ NH_4NO_3

해설
위험물의 분류

종류	명칭	유별
Al_4C_3	탄화알루미늄	제3류 위험물 알루미늄의 탄화물
$KMnO_4$	과망가니즈산칼륨	제1류 위험물 과망가니즈산염류
$NaNO_3$	질산나트륨	제1류 위험물 질산염류
NH_4NO_3	질산암모늄	제1류 위험물 질산염류

정답 ①

101
등적색의 결정으로 비중이 2.69이며, 알코올에는 녹지 않고 분해 온도 500[℃]로서 가열에 의해 삼산화크로뮴과 크로뮴산칼륨으로 분해되는 위험물은?

① 다이크로뮴산칼륨
② 다이크로뮴산암모늄
③ 다이크로뮴산아연
④ 다이크로뮴산칼슘

해설
다이크로뮴산칼륨의 성질
• 물 성

분자식	분자량	비 중	융 점	분해 온도
$K_2Cr_2O_7$	294	2.69	398[℃]	500[℃]

• 등적색의 판상결정이다.
• 물에는 녹고, 알코올에는 녹지 않는다.
• 가열에 의해 삼산화이크로뮴(2개소)과 크로뮴산칼륨으로 분해된다.

정답 ①

102

산화성 고체 위험물에 속하는 것으로 휘발이 쉽고, 가열하면 액체로 되지 않고 자주색의 자극성 냄새가 나는 증기를 발생하는 물질은?(단, 고체가 직접 증기로 되는 것)

① 인(Phosphorus)
② 탄화칼슘(Calcium Carbide)
③ 산화프로필렌(Propylene Oxide)
④ 아이오딘(Iodine)

해설
승화(고체가 기체로 되는 현상)하는 물질 : 아이오딘, 장뇌, 나프탈렌

정답 ④

103

위험물인 무수크로뮴산의 성상에 관한 설명 중 맞는 것은?

① 물, 황산에 잘 녹는다.
② 가열하면 CO_2가 발생한다.
③ 유기물과 접촉해도 반응하지 않는다.
④ 오래 저장해두면 자연발화되는 경우는 없다.

해설
무수크로뮴산(CrO_3)
- 물, 알코올, 에터, 황산에 잘 녹는다.
- 가열분해식 : $4CrO_3 \rightarrow 2Cr_2O_3 + 3O_2\uparrow$
- 황, 목탄분, 적린, 금속분, 유기물, 인, 목탄분, 피크르산, 가연물과 혼합하면 폭발의 위험이 있다.

정답 ①

104

오렌지색 단사정계 결정이며 180[℃]에서 질소가스를 발생하는 것은?

① 다이크로뮴산 칼륨
② 다이크로뮴산나트륨
③ 다이크로뮴산암모늄
④ 다이크로뮴산아연

해설
다이크로뮴산암모늄은 오렌지색 단사정계 결정이며 180[℃]에서 질소가스를 발생한다.

정답 ③

105

삼산화황(Sulfur Trioxide)의 성질에 대한 설명으로 가장 옳은 것은?

① 물과 심하게 반응하여 황산용액을 만든다.
② α, β형인 두 가지 종류가 있다.
③ 가열하면 물과 황으로 분리된다.
④ 물과 반응할 때는 흡열반응을 한다.

해설
삼산화황은 물과 반응하면 황산을 만든다.

$$SO_3 + H_2O \rightarrow H_2SO_4 + 발열$$

정답 ①

106
삼산화크로뮴(무수크로뮴산)의 저장 및 취급 방법에서 틀린 것은?

① 가열하면 분해하여 산소와 산화크로뮴이 생성된다.
② 물과 작용하면 부식성이 강한 산이 된다.
③ 환원제가 같이 있으면 반응을 일으킨다.
④ 알코올에는 안정하나 에터와는 발열 내지 발화한다.

해설
삼산화크로뮴(CrO_3)은 물, 알코올, 에터에 잘 녹는다.

정답 ④

107
삼산화크로뮴(Chromium Trioxide)을 융점 이상으로 가열(250[℃])하였을 때 분해생성물은?

① CrO_2와 O_2
② Cr_2O_3와 O_2
③ Cr와 O_2
④ Cr_2O_5와 O_2

해설
삼산화크로뮴의 분해반응식

$$4CrO_3 \xrightarrow{\triangle} 2Cr_2O_3 + 3O_2\uparrow$$

정답 ②

제2절 제2류 위험물

001
가연성 고체 위험물의 공통적인 성질이 아닌 것은?

① 낮은 온도에서 발화하기 쉬운 가연성 물질이다.
② 연소속도가 빠른 고체이다.
③ 물에 잘 녹는다.
④ 비중은 1보다 크다.

해설
제2류 위험물의 성질
- 가연성 고체로서 비교적 낮은 온도에서 착화하기 쉬운 가연성, 속연성 물질이다.
- 비중은 1보다 크고 **물에 녹지 않으며** 산소를 함유하지 않기 때문에 강력한 환원성 물질이다.
- 산소와 결합이 용이하여 산화되기 쉽고 연소속도가 빠르다.
- 연소 시 연소열이 크고 연소온도가 높다.

정답 ③

002
다음 제2류 위험물 성질에 관한 설명 중 틀린 것은?

① 가열이나 산화제를 멀리한다.
② 금속분은 산이나 물과는 반응하지 않는다.
③ 연소 시 유독한 가스에 주의해야 한다.
④ 금속분의 화재 시에는 건조사의 피복소화가 좋다.

해설
금속분은 산이나 물과 반응하면 가연성 가스인 **수소**를 발생한다.

정답 ②

003

황, 금속분 등을 저장할 때 가장 주의해야 할 사항은 무엇인가?

① 가연성 물질과 함께 보관하거나 접촉을 피해야 한다.
② 빛이 닿지 않는 어두운 곳에 보관해야 한다.
③ 통풍이 잘되는 양지 바른 장소에 보관해야 한다.
④ 화기의 접근이나 과열을 피해야 한다.

해설
황(제2류 위험물), 금속분(제3류 위험물) 등은 가연성 고체로서 화기의 접근을 피해야 한다.

정답 ④

004

제2류 위험물의 일반적 성질을 옳게 설명한 것은?

① 비교적 낮은 온도에서 착화되기 쉬운 가연성 물질이며 대단히 연소속도가 빠른 고체이다.
② 비교적 낮은 온도에서 착화되기 쉬운 가연성 물질이며 대단히 연소속도가 빠른 액체이다.
③ 비교적 높은 온도에서 착화되는 가연성 물질이며 연소속도가 비교적 느린 고체이다.
④ 비교적 높은 온도에서 착화되는 가연성 물질이며 연소속도가 빠른 액체이다.

해설
제2류 위험물의 성질
- 가연성 고체로서 비교적 낮은 온도에서 착화하기 쉬운 가연성, 속연성 물질이다.
- 비중은 1보다 크고 물에 녹지 않으며 산소를 함유하지 않기 때문에 강력한 환원성 물질이다.
- 산소와 결합이 용이하여 산화되기 쉽고 연소속도가 빠르다.
- 연소 시 연소열이 크고 연소온도가 높다.

정답 ①

005

제2류 위험물의 취급 시 주의사항과 소화방법을 기술한 것이다. 틀린 것은?

① 가열이나 산화제와의 접촉을 피한다.
② 금속분은 물속에 저장한다.
③ 연소 시에 발생하는 유독가스에 주의해야 한다.
④ 마그네슘, 금속분의 화재 시에는 마른모래의 피복소화가 높다.

해설
금속분(아연, 알루미늄)은 **물과 반응**하면 **수소(H_2)가스**를 발생하므로 위험하다.

정답 ②

006

제2류 위험물과 제4류 위험물의 공통적인 성질로 맞는 것은?

① 모두 물에 의해 소화가 가능하다.
② 모두 산소원소를 포함하고 있다.
③ 모두 물보다 가볍다.
④ 모두 가연성 물질이다.

해설
제2류 위험물과 제4류 위험물의 공통적인 성질
- 제2류는 냉각소화, 제4류 위험물은 질식소화가 가능하다.
- 제1류와 제6류 위험물은 산소원소를 포함하고 있다.
- 제4류 위험물(액체)은 물보다 가벼운 것이 많다.
- **제2류**와 **제4류 위험물**은 모두 **가연성 물질**이다.

정답 ④

007

다음 중 제2류, 제5류 위험물의 공통점에 해당하는 것은 어느 것인가?

① 산화력이 강하다.
② 산소 함유물질이다.
③ 가연성 물질이다.
④ 유기물이다.

해설

제2류와 **제5류 위험물**은 **가연물**이고 제1류, 제3류(일부 가연성), 제6류는 불연성이다.

정답 ③

008

제2류 위험물(금속분, 철분, 마그네슘은 제외한다)의 저장 및 취급방법으로 옳지 않은 것은?

① 산화제와의 접촉을 피할 것
② 타격 및 충격을 피할 것
③ 점화원 또는 가열을 피할 것
④ 물 또는 습기와의 접촉을 피할 것

해설

제3류 위험물 : 물과 습기와의 접촉금지

정답 ④

009

제2류 위험물인 금속분, 철분, 마그네슘 화재 시 조치방법은?

① 금속분은 대량 주수에 의해 냉각소화를 할 것
② 과산화물은 분무성 물에 의한 질식소화를 할 것
③ 가연성 액체는 인화점 이하로 냉각소화를 할 것
④ 마른모래에 의한 피복소화를 할 것

해설

금속분, 철분, 마그네슘(금수성 물질) : 마른모래에 의한 피복소화

정답 ④

010

다음 중 제2류 위험물의 화재예방 대책으로 옳은 것은?

① 통풍이 안 되는 냉암소에 보관한다.
② 가연성 물질이므로 적당한 습기를 유지하여 건조하지 않게 한다.
③ 위험물제조소 등에는 적색바탕에 흑색문자로 "화기주의" 표시를 해야 한다.
④ 제1류 위험물 및 제6류 위험물과 같은 산화제와의 혼합, 혼촉을 방지한다.

해설

제2류 위험물과 산화제(제1류, 제6류)는 혼합하면 위험하다.

정답 ④

011

다음 위험물 지정수량이 제일 적은 것은?

① 황
② 황 린
③ 황화인
④ 적 린

해설
지정수량

종 류	황	황 린	황화인	적 린
지정수량	100[kg]	20[kg]	100[kg]	100[kg]

정답 ②

012

황이 연소하여 발생하는 가스는?

① 이황화질소
② 일산화탄소
③ 이황화탄소
④ 이산화황

해설
황이 연소하면 이산화황(SO_2)을 발생한다.

$$S + O_2 \rightarrow SO_2$$

정답 ④

013

다음 위험물 중 지정수량이 다른 것은?

① KNO_3
② P_4S_3
③ CrO_3
④ CaC_2

해설
지정수량

종 류	KNO_3	P_4S_3	CrO_3	CaC_2
유 별	질산칼륨	삼황화인	삼산화크로뮴	탄화칼슘
지정수량	300[kg]	100[kg]	300[kg]	300[kg]

정답 ②

014

황화인은 보통 3종류의 화합물을 갖고 있다. 다음 중 그 종류에 속하지 않는 것은?

① PS
② P_4S_3
③ P_2S_5
④ P_4S_7

해설
황화인 3종류 : 삼황화인(P_4S_3), 오황화인(P_2S_5), 칠황화인(P_4S_7)

정답 ①

015

황화인 중에서 비중이 약 2.03, 융점이 약 173[℃]이며 황색 결정이고 물, 황산 등에는 녹지 않으며 질산에 녹는 것은?

① P_2S_5
② P_2S_3
③ P_4S_3
④ P_4S_7

해설
황화인
• 종 류

항 목 \ 종 류	삼황화인	오황화인	칠황화인
성 상	황색 결정	담황색 결정	담황색 결정
화학식	P_4S_3	P_2S_5	P_4S_7
비 점	407[℃]	514[℃]	523[℃]
비 중	2.03	2.09	2.03
융 점	172.5[℃]	290[℃]	310[℃]
착화점	약 100[℃]	142[℃]	—

• 황색의 결정 또는 분말이다.
• 삼황화인은 이황화탄소(CS_2), 알칼리, 질산에 녹고, 물, 염소, 염산, 황산에는 녹지 않는다.

정답 ③

016
황화인의 저장 시 멀리해야 하는 것은?

① 물
② 금속분
③ 염산
④ 황산

해설
황화인은 **금속분**, 과산화물과 접촉 시 **자연발화**한다.

정답 ②

017
황화인에 관한 설명 중 옳지 않은 것은?

① 충격, 마찰에 의해 착화한다.
② 공기 중에서 자연발화하는 일이 있다.
③ 냉수와 작용하여 가연성 가스를 발생한다.
④ 황록색의 결정이다.

해설
황화인 : 삼황화인(황색 결정), **오황화인(담황색** 결정), **칠황화인(담황색** 결정)

정답 ④

018
다음 중 틀린 것은?

① 황화인은 황과 황린의 혼합물이다.
② 황은 단체이다.
③ 황린과 적린은 인의 동소체이다.
④ 적린은 인의 단체이다.

해설
황화인(P_4S_3, P_2S_5, P_4S_7) = 황 + 인의 화합물

정답 ①

019
다음 물질에 대한 설명 중 틀린 것은?

① 적린은 인의 단체이다.
② 황린은 인의 단체이다.
③ 사방황은 황의 단체이다.
④ 황화인은 인의 단체이다.

해설
황화인은 삼황화인, 오황화인, 칠황화인의 3종류가 있으며 **인과 황의 화합물**이다.

정답 ④

020
다음 위험물 중 발화점이 약 100[℃]이고, 이황화탄소, 질산에 녹지만 물, 염소, 염산, 황산에는 용해되지 않는 물질은?

① 적린
② 오황화인
③ 황린
④ 삼황화인

해설
삼황화인 : **발화점**이 **약 100[℃]**이며, **이황화탄소**, **질산**에 녹고 물, 염소, 염산, 황산에는 녹지 않는다.

정답 ④

021
삼황화인(P_4S_3)은 다음 중 어느 물질에 녹는가?

① 물
② 염산
③ 질산
④ 황산

해설
삼황화인은 이황화탄소, 알칼리, **질산에 녹는다.**

정답 ③

022
다음 중 삼황화인의 주 연소생성물은?

① 오산화인과 이산화황
② 오산화인과 이산화탄소
③ 이산화황과 포스핀
④ 이산화황과 포스겐

해설
삼황화인의 연소반응식

$$P_4S_3 + 8O_2 \rightarrow 2P_2O_5 + 3SO_2 \uparrow$$
$$\text{(오산화인)} \quad \text{(이산화황)}$$

정답 ①

023
삼황화인(P_4S_3)의 성질에 대한 설명으로 가장 옳은 것은?

① 물 또는 알칼리와 반응 시 분해되어 황화수소(H_2S)를 발생한다.
② 차가운 물, 염산, 황산에는 녹지 않는다.
③ 차가운 물 또는 알칼리와 반응 시 분해되어 인산(H_3PO_4)이 생성된다.
④ 물 또는 알칼리와 반응 시 분해되어 이산화황(SO_2)을 발생한다.

해설
삼황화인
- 황색의 결정 또는 분말이다.
- 이황화탄소(CS_2), 알칼리, 질산에 녹고, **물, 염소, 염산, 황산에는 녹지 않는다.**
- 삼황화인은 공기 중 약 100[℃]에서 발화하고 마찰에 의해서도 쉽게 연소하며 자연발화할 가능성도 있다.
- 삼황화인은 자연발화성이므로 가열, 습기 방지 및 산화제의 접촉을 피한다.
- 저장 시 금속분과 멀리해야 한다.

오황화인(P_2S_5)은 물 또는 알칼리에 분해하여 황화수소와 인산이 된다.
$$P_2S_5 + 8H_2O \rightarrow 5H_2S + 2H_3PO_4$$

정답 ②

024
다음 중 오황화인의 성질에 대한 설명으로 옳은 것은?

① 청색의 결정으로 특이한 냄새가 있다.
② 알코올에는 잘 녹고 이황화탄소에는 잘 녹지 않는다.
③ 수분을 흡수하면 분해한다.
④ 비점은 약 325[℃]이다.

해설
오황화인
- 담황색의 결정체이고 비점은 514[℃]이다.
- 조해성과 흡습성이 있다.
- 알코올, 이황화탄소에 녹는다.
- 물 또는 알칼리에 분해하여 황화수소와 인산이 된다.

$$P_2S_5 + 8H_2O \rightarrow 5H_2S + 2H_3PO_4$$

- 물에 의한 냉각소화는 부적합하며(H_2S 발생), 분말, CO_2, 건조사 등으로 질식소화한다.

정답 ③

025
황화인에 대한 설명이다. 틀린 설명은?

① 황화인의 동소체로는 P_4S_3, P_2S_5, P_4S_7이 있다.
② 황화인의 지정수량은 100[kg]이다.
③ 삼황화인은 과산화물, 금속분과 혼합하면 자연발화할 수 있다.
④ 오황화인은 물 또는 알칼리에 분해하여 이황화탄소와 황산이 된다.

해설
오황화인은 물 또는 알칼리에 **분해**하여 **황화수소**와 **인산**이 된다.

$$P_2S_5 + 8H_2O \rightarrow 5H_2S + 2H_3PO_4$$

정답 ④

026

다음 중 오황화인이 물과 작용하여 발생하는 유독성 기체는?

① 아황산가스　② 포스겐
③ 황화수소　④ 인화수소

해설
오황화인과 물의 반응식

$$P_2S_5 + 8H_2O \rightarrow 5H_2S + 2H_3PO_4$$

정답 ③

027

다음 위험물 중 연소 시 오산화인(P_2O_5)이 발생하지 않는 위험물은?

① 황린(P_4)　② 삼황화인(P_4S_3)
③ 적린(P)　④ 산화납(PbO)

해설
연소반응식
- 황린 : $P_4 + 5O_2 \rightarrow 2P_2O_5$
- 삼황화인 : $P_4S_3 + 8O_2 \rightarrow 2P_2O_5 + 3SO_2\uparrow$
- 적린 : $4P + 5O_2 \rightarrow 2P_2O_5$

정답 ④

028

황화인에 의한 화재가 발생 시 진화 물질로 사용하지 않는 것은?

① 물　② 건조소금분말
③ 마른모래　④ 이산화탄소

해설
오황화인과 칠황화인은 물과 반응하면 황화수소(H_2S)와 인산(H_3PO_4)이 발생한다.

정답 ①

029

칠황화인(P_4S_7)에 관한 설명 중 틀린 것은?

① 담황색의 결정이다.
② 이황화탄소에 약간 녹는다.
③ 냉수와 작용해서 불연성 가스를 발생시킨다.
④ 조해성이 있고, 수분을 흡수하면 분해한다.

해설
칠황화인
- **담황색 결정**으로 **조해성**이 있다.
- CS_2에 약간 녹으며 수분을 흡수하거나 냉수에서는 서서히 분해된다.
- 더운 물에서는 급격히 분해하여 황화수소와 인산을 발생한다.

정답 ③

030

적린에 대한 설명 중 틀린 것은?

① 연소하면 유독성인 흰색 연기가 나온다.
② 염소산칼륨과 혼합하면 쉽게 발화하여 P_2O_5와 KOH가 생성된다.
③ 적린 1[mol]의 완전 연소 시 1.25[mol]의 산소가 필요하다.
④ 비중은 약 2.2, 승화온도는 약 400[℃]이다.

해설

적린(붉은인)
• 물 성

분자식	분자량	비 중	착화점	융 점
P	31	2.2	260[℃]	600[℃]

• 황린의 동소체로 암적색의 분말이다.
• 물, 알코올, 에터, CS_2, 암모니아에 녹지 않는다.
• 강알칼리와 반응하여 유독성의 포스핀가스를 발생한다.
• 염소산칼륨과 반응

$$6P + 5KClO_3 \rightarrow 5KCl + 3P_2O_5$$

• 연소하면 유독성인 흰색 연기가 나온다.

$$4P + 5O_2 \rightarrow 2P_2O_5 \text{ (오산화인)}$$

• 과산화나트륨(Na_2O_2), 아염소산나트륨($NaClO_2$)과 같은 강산화제와 혼합되어 있는 것은 저온에서 발화하거나 충격, 마찰에 의해 발화한다.
• 공기 중에 방치하면 자연발화는 않지만 260[℃] 이상 가열하면 발화하고 400[℃] 이상에서 승화한다.

정답 ②

031

적린에 대한 설명으로 틀린 것은?

① 연소하면 유독성이 심한 백색 연기의 오산화인을 발생한다.
② 물, 에터 등에 녹지 않는다.
③ 염소산염류와 혼합하면 약간의 가열, 충격, 마찰에 의해 폭발한다.
④ 발화점이 낮아 공기 중에서 자연발화하므로 물속에 저장한다.

해설

적린은 공기 중에 방치하면 자연발화는 않지만 260[℃] 이상 가열하면 발화하고 **건조하고 서늘한 냉암소에 저장**한다.

정답 ④

032

다음 중 암적색의 분말인 비금속 물질로 비중이 약 2.2, 발화점이 약 260[℃]로 물에 녹지 않는 위험물은?

① 적 린　　　　② 황 린
③ 삼황화인　　④ 황

해설

적린(붉은인)의 물성

분자식	분자량	비 중	착화점	융 점
P	31	2.2	260[℃]	600[℃]

정답 ①

033
공기를 차단하고 황린을 가열하면 적린이 만들어지는데 이때 필요한 최소 온도는 약 몇 [℃] 정도인가?

① 60
② 120
③ 260
④ 400

해설
적린의 착화점 : 260[℃]

정답 ③

034
적린의 성상에 대하여 틀린 것은?

① 물이나 알코올에 녹지 않는다.
② 착화온도는 약 260[℃]이다.
③ 연소할 때 인화수소가스가 발생한다.
④ 산화제와 섞여 있으면 착화하기 쉽다.

해설
• 적린(P)이 연소할 때 오산화인(P_2O_5)이 발생한다.

$$4P + 5O_2 \rightarrow 2P_2O_5 \text{(오산화인)}$$

• 인화석회가 물과 반응하면 인화수소가스를 발생한다.

$$Ca_3P_2 + 6H_2O \rightarrow 2PH_3 + 3Ca(OH)_2$$
(인화석회) (물) (인화수소) (수산화칼슘)

정답 ③

035
다음 중에서 적린과 황린의 공통적인 사항은 어느 것인가?

① 연소할 때는 오산화인(P_2O_5)의 흰 연기를 낸다.
② 어두운 곳에서 인광을 낸다.
③ 독성이 있어 피부에 닿는 것은 위험하다.
④ 자연발화성이 있다.

해설
연소반응식
• 적린 : $4P + 5O_2 \rightarrow 2P_2O_5$ (오산화인)
• 황린 : $P_4 + 5O_2 \rightarrow 2P_2O_5$

정답 ①

036
흰린과 붉은린의 공통되는 성질은?

① 동위원소이다.
② 착화온도가 같다.
③ 맹독성이다.
④ 동소체이다.

해설
동소체 : 같은 원소로 되어 있으나 결합구조가 다른 것(흰린과 붉은린)

정답 ④

037
다음 황린과 적린의 공통되는 성질은?

① 맹독성이다.
② 주수소화는 위험하다.
③ 융점은 100[℃] 이하이다.
④ 같은 원소로 된 물질이다.

해설
황린(P_4)과 적린(P)은 동소체이다.

동소체 : 같은 원소로 되어 있으나 성질과 모양이 다른 단체

정답 ④

038

각 물질 저장방법 설명 중 잘못된 것은?

① 황은 정전기 축적이 없도록 저장한다.
② 적린은 인화성 물질로부터 멀리 저장한다.
③ 황린은 물속에 저장한다.
④ 마그네슘은 건조하면 공기 중에 부유하여 분진 폭발하므로 물속에 저장한다.

해설
마그네슘(Mg)은 **물과 반응**하면 **수소**(H_2)**가스**를 발생하므로 위험하다.

$$Mg + 2H_2O \rightarrow Mg(OH)_2 + H_2$$

정답 ④

039

다음 물질 중에서 분쇄 도중 마찰에 의하여 폭발할 염려가 있는 물질은 어느 것인가?

① 탄산칼슘
② 탄산마그네슘
③ 황
④ 산화타이타늄

해설
황(S)은 가열, 마찰에 의하여 폭발의 우려가 있다.

정답 ③

040

다음 중 황 분말과 혼합했을 때 폭발의 위험이 있는 것은?

① 소화제
② 산화제
③ 가연물
④ 환원제

해설
황(제2류 위험물)과 산화제(제1류 위험물)를 혼합하면 폭발의 위험이 있다.

정답 ②

041

황의 성질에 대한 설명으로 옳은 것은?

① 상온에서 가연성 액체물질이다.
② 전기도체로서 연소할 때 황색불꽃을 보인다.
③ 고온에서 용융된 황은 수소와 반응하여 황화수소가 발생한다.
④ 물이나 산에 잘 녹으며, 환원성 물질과 혼합하면 폭발의 위험이 있다.

해설
황 + 수소 → 황화수소 + 발열

$$S + H_2 \rightarrow H_2S + 발열$$

정답 ③

042

다음은 황의 성질에 관한 설명이다. 옳은 것은?(단, 고무상황 제외)

① 물에 잘 녹는다.
② 이황화탄소(CS_2)에 녹는다.
③ 완전 연소 시 무색의 유독한 CO 가스가 발생한다.
④ 전기의 도체이므로 마찰에 의하여 정전기가 발생된다.

해설
황은 물에 안 녹고 고무상황을 제외하고는 이황화탄소(CS_2)에 녹는다.

정답 ②

043
황에 대한 설명으로 옳지 않은 것은?
① 순도가 50[wt%] 이하인 것은 제외한다.
② 사방황의 색상은 황색이다.
③ 단사황의 비중은 1.95이다.
④ 고무상황의 결정형은 무정형이다.

해설
황(S)은 순도가 **60[wt%] 이상**이면 **제2류 위험물**로 본다.

정답 ①

044
황의 성질로서 옳은 것은?
① 전기의 양도체이다.
② 태우면 유독한 기체를 발생한다.
③ 습기가 없으면 타지 않는다.
④ 보통 물에 잘 녹는다.

해설
황은 연소 시 아황산가스(SO_2)를 발생한다.

$$S + O_2 \rightarrow SO_2$$

정답 ②

045
다음은 황에 관한 설명이다. 옳지 않은 것은?
① 황은 5종류의 동소체가 존재한다.
② 황은 연소하면 모두 이산화황으로 된다.
③ 황의 동소체는 오래 방치하면 사방황으로 된다.
④ 황은 물에는 녹지 않으나 알코올에는 약간 녹는다.

해설
황의 동소체 : 3종류(사방황, 단사황, 고무상황)

정답 ①

046
다음 중 사방황과 단사황의 전이온도(Transition Temperature)가 옳은 것은?
① 95.5[℃]
② 112.8[℃]
③ 119.1[℃]
④ 444.6[℃]

해설
사방황과 단사황의 전이온도 : 95.5[℃]

정답 ①

047
황의 동소체 중 이황화탄소에 녹지 않고 350[℃]로 가열하여 용해한 것을 찬물에 넣으면 생성되는 것은?
① 고무상황
② 단사황
③ 노란색 유동성 황
④ 사방황

해설
고무상황은 이황화탄소에 녹지 않는다.

정답 ①

048
황이 산화제의 혼합에 의해 폭발, 화재가 발생했을 때 가장 적당한 소화방법은?

① 포의 방사에 의한 소화
② 분말소화제에 의한 소화
③ 다량의 물에 의한 소화
④ 할로젠화합물의 방사에 의한 소화

해설
황(제2류 위험물)의 화재 : 다량의 물에 의한 소화

정답 ③

049
황(S)의 저장 및 취급 시의 주의사항으로 옳지 않은 것은?

① 정전기의 축적을 방지한다.
② 환원제로부터 격리시켜 저장한다.
③ 저장 시 목탄가루와 혼합하면 안전하다.
④ 금속과는 반응하지 않으므로 금속제통에 보관한다.

해설
황(S)은 탄화수소, 강산화제, 유기과산화물, 목탄분 등과의 혼합을 피한다.

정답 ③

050
고온에서 용융된 황과 반응하여 H_2S가 생성되는 것은?

① 수 소
② 아 연
③ 황
④ 염 소

해설
수소(H_2)는 고온에서 용융된 황과 반응하여 H_2S가 생성된다.

$$H_2 + S \rightarrow H_2S\uparrow$$

정답 ①

051
다음 중 은백색의 광택성 물질로서 비중이 약 1.74인 위험물은?

① Cu
② Fe
③ Al
④ Mg

해설
마그네슘(Mg)은 은백색의 광택이 있는 금속으로 비중이 1.74이다.

정답 ④

052
마그네슘분에 관한 설명 중 옳은 것은?

① 가벼운 금속분으로 비중은 물보다 약간 작다.
② 금속이므로 연소하지 않는다.
③ 산 및 알칼리와 반응하여 산소를 발생한다.
④ 분진폭발의 위험이 있다.

해설
분진폭발 : 마그네슘분, 아연분, 알루미늄분

정답 ④

053
은백색의 광택성 분말로서 공기 중의 습기나 수분에 의해 자연발화성인 물질은?

① Cu ② Fe
③ Sn ④ Mg

해설
마그네슘(Mg)은 은백색의 광택이 있는 금속으로 공기 중의 습기나 수분에 의해 폭발의 위험이 있다.

정답 ④

054
마그네슘의 성질에 대한 설명 중 틀린 것은?

① 물보다 무거운 금속이다.
② 은백색의 광택이 난다.
③ 온수와 반응 시 산화마그네슘과 산소를 발생한다.
④ 융점은 약 651[℃]이다.

해설
마그네슘이 물과 반응하면 수소가스를 발생한다.

$$Mg + 2H_2O \rightarrow Mg(OH)_2 + H_2 \uparrow$$

정답 ③

055
위험물안전관리법에서 마그네슘은 몇 [mm]의 체를 통과하지 않는 덩어리 상태의 것을 위험물에서 제외하고 있는가?

① 1 ② 2
③ 3 ④ 4

해설
마그네슘 제외
- 2[mm]의 체를 통과하지 않는 덩어리 상태의 것
- 직경 2[mm] 이상의 막대 모양의 것

정답 ②

056
마그네슘을 소화할 때 사용하는 소화약제의 적응성에 대한 설명으로 잘못된 것은?

① 건조사에 의한 질식소화는 오히려 폭발적인 반응을 일으키므로 소화 적응성이 없다.
② 물을 주수하면 폭발의 위험이 있으므로 소화 적응성이 없다.
③ 이산화탄소는 연소반응을 일으키며 일산화탄소를 발생하므로 소화 적응성이 없다.
④ 할로젠화합물은 포스젠을 생성하므로 소화 적응성이 없다.

해설
마그네슘의 소화약제 : 마른모래(건조사)

정답 ①

057

은백색의 광택이 있는 금속으로 비중이 약 7.0, 융점은 약 1,530[℃]이고 열이나 전기의 양도체이며 염산에 반응하여 수소를 발생하는 것은?

① 알루미늄 ② 철
③ 아 연   ④ 마그네슘

해설

철 분
• 물 성

화학식	비 중	융 점	비 점
Fe	7.0	1,530[℃]	2,750[℃]

• 은백색의 광택금속분말이다.
• 산소와 친화력이 강하여 발화할 때도 있고 산에 녹아 수소가스를 발생한다.

$$Fe + 2HCl \rightarrow FeCl_2 + H_2$$

정답 ②

058

위험물로서 철분에 대한 정의가 옳은 것은?

① 철의 분말로서 40[μm]의 표준체를 통과하는 것이 50[wt%] 이상인 것
② 철의 분말로서 53[μm]의 표준체를 통과하는 것이 50[wt%] 이상인 것
③ 철의 분말로서 60[μm]의 표준체를 통과하는 것이 50[wt%] 이상인 것
④ 철의 분말로서 150[μm]의 표준체를 통과하는 것이 50[wt%] 이상인 것

해설

철분 : 철의 분말로서 53[μm]의 표준체를 통과하는 것(50 [wt%] 미만인 것은 제외)

정답 ②

059

철분과 황린의 지정수량을 합한 값은?

① 1,050[kg] ② 520[kg]
③ 220[kg]   ④ 70[kg]

해설

지정수량
• 철분 : 500[kg]
• 황린 : 20[kg]

정답 ②

060

금속분에 대한 설명 중 틀린 것은?

① Al은 할로젠원소와 반응하여 발화의 위험이 있다.
② Al은 수산화나트륨 수용액과 반응 시 NaAl(OH)$_2$와 H$_2$가 생성된다.
③ Zn은 KOH 수용액에서 녹는다.
④ Zn은 염산과 반응 시 ZnCl$_2$와 H$_2$가 생성된다.

해설

알루미늄은 산이나 알칼리와 접촉하면 수소를 발생한다.

• $2Al + 6HCl \rightarrow 2AlCl_3 + 3H_2$
• $2Al + 2NaOH + 2H_2O \rightarrow 2NaAlO_2 + 3H_2$

정답 ②

061

알루미늄분의 성질에 대한 설명이다. 거리가 먼 것은?

① 습기가 존재하면 자연발화의 위험성이 있다.
② 화학적 활성이 크다.
③ 눈의 점막, 피부 상처에 유해하다.
④ 환원제에 의해 착화 폭발한다.

해설

알루미늄(제2류 위험물)은 산화제(제1류 위험물)와 혼합하면 가열, 마찰, 충격에 의하여 발화한다.

정답 ④

062

알루미늄분이 수산화나트륨 수용액과 접촉했을 때 발생하는 것은?

① Na_2O_2
② $Na_2Al(OH)_2$
③ H_2
④ Al_2O_3

해설

알루미늄분이 산, 알칼리, 물과 반응하면 수소가스를 발생한다.

- $2Al + 6HCl \rightarrow 2AlCl_3 + 3H_2$
- $2Al + 2NaOH + 2H_2O \rightarrow 2NaAlO_2 + 3H_2$
- $2Al + 6H_2O \rightarrow 2Al(OH)_3 + 3H_2$

정답 ③

제3절 제3류 위험물

001

위험물의 유별 특성에 있어서 틀린 것은?

① 제6류 위험물은 강산화제이며 다른 것의 연소를 돕고 일반적으로 물과 접촉하면 발열한다.
② 제1류 위험물은 일반적으로 불연성이지만 강산화제이다.
③ 제3류 위험물은 모두 물과 작용하여 발열하고 수소가스를 발생한다.
④ 제5류 위험물은 일반적으로 가연성 물질이고 자기연소를 일으키기 쉽다.

해설

제3류 위험물(황린은 제외)은 물과 작용하여 발열하고 가연성 가스(**수소, 아세틸렌, 메테인, 포스핀**)를 발생한다.

정답 ③

002

염소화규소화합물은 제 몇 류 위험물에 해당되는가?

① 제1류 ② 제2류
③ 제3류 ④ 제5류

해설

제3류 위험물

성 질	품 명	위험등급	지정수량
자연발화성 물질 및 금수성 물질	칼륨, 나트륨, 알킬알루미늄, 알킬리튬	I	10[kg]
	황 린	I	20[kg]
	알칼리금속(칼륨 및 나트륨을 제외한다) 및 알칼리토금속 유기금속화합물(알킬알루미늄 및 알킬리튬을 제외한다)	II	50[kg]
	금속의 수소화물, 금속의 인화물, 칼슘 또는 알루미늄의 탄화물	III	300[kg]
	그 밖에 행정안전부령이 정하는 것(**염소화규소화합물**)	III	10[kg], 20[kg], 50[kg], **300[kg]**

정답 ③

003

다음 중 자연발화성 및 금수성 물질에 해당되지 않는 것은?

① 철 분　　　　② 황 린
③ 금속수소화합물류　④ 알칼리토금속류

해설
철분 : 제2류 위험물(가연성 고체)

정답 ①

004

제3류 위험물의 일반적인 성질로서 옳은 것은?

① 모두 불연성 액체이다.
② 물과 반응하여 수산화물을 생성한다.
③ 승화되기 쉽다.
④ 물과 접촉 시에는 모두 수소를 발생한다.

해설
물과 반응식
- 나트륨　　$2Na + 2H_2O \rightarrow 2NaOH + H_2 \uparrow$
- 칼륨　　　$2K + 2H_2O \rightarrow 2KOH + H_2 \uparrow$
- 인화석회　$Ca_3P_2 + 6H_2O \rightarrow 3Ca(OH)_2 + 2PH_3 \uparrow$
- 카바이드(탄화칼슘)
  $CaC_2 + 2H_2O \rightarrow Ca(OH)_2 + C_2H_2 \uparrow$
- 탄화망가니즈
  $Mn_3C + 6H_2O \rightarrow 3Mn(OH)_2 + CH_4 + H_2 \uparrow$

정답 ②

005

제3류 위험물의 일반 성질로서 다음 가운데 잘못된 것은?

① 금속칼슘은 적회색의 금속으로 전성과 연성이 없다.
② 금속나트륨은 은백색의 경금속으로 비중은 물보다 작다.
③ 금속칼륨은 은백색의 경금속으로서 비중은 물보다 작다.
④ 인화석회는 적갈색의 괴상이며 물과 반응하여 인화수소를 낸다.

해설
금속칼슘(Ca) : 은백색의 경금속

정답 ①

006

제3류 위험물의 저장 및 취급 시 주의사항으로 적합하지 않은 것은?

① 공기 중에서 수분과 반응하여 수소를 발생한다.
② 소화방법은 건조사 및 금속화재용 분말소화약제이다.
③ 다량보다는 소분하여 저장하고 물과의 접촉을 피한다.
④ 나트륨을 오래 저장할 용기에 질소가스를 충전하여 저장한다.

해설
나트륨의 보호액 : 등유, 경유, 유동파라핀

정답 ④

007

제3류 위험물 중 보호액 속에 저장하는 것으로 가장 옳은 것은?

① 화기를 피하기 위하여
② 공기와의 접촉을 피하기 위하여
③ 산소발생을 피하기 위하여
④ 승화를 막기 위하여

해설
칼륨과 나트륨은 공기와의 접촉을 피하기 위하여 보호액(등유, 경유) 속에 저장한다.

정답 ②

008

다음은 제3류 위험물 저장 및 취급 시 주의사항이다. 적합하지 않은 것은?

① 모든 품목은 수분과 반응하여 수소를 발생한다.
② K, Na 및 알칼리금속은 산소가 포함되지 않은 석유류에 저장한다.
③ 유별이 다른 위험물과는 동일한 위험물저장소에 함께 저장해서는 안 된다.
④ 소화방법은 건조사, 팽창질석, 건조석회를 상황에 따라 조심스럽게 사용하여 질식소화한다.

해설
제3류 위험물이 물과 반응 시
- **칼륨과 나트륨** : 수소가스 발생
- **탄화칼슘(카바이드)** : 아세틸렌 가스 발생
- **인화석회** : 포스핀가스 발생
- **탄화망가니즈** : 메테인과 수소가스 발생

정답 ①

009

제3류 위험물 중의 K(칼륨)의 저장 및 취급 시 주의사항으로 부적당한 것은?

① 통풍이 잘되고 건조한 암냉소에 밀봉하여 저장한다.
② 저장 중 PH_3가스 발생 유무를 조사한다.
③ 보호액 속에 저장한다.
④ 용기의 파손 부식에 주의하고 피부에 닿지 않도록 한다.

해설
칼륨의 저장 및 취급 시 주의사항
- 통풍이 잘되고 건조한 암냉소에 밀봉하여 저장한다.
- 보호액(석유) 속에 저장한다.
- 용기의 파손 부식에 주의하고 피부에 닿지 않도록 한다.

정답 ②

010

제3류 위험물 화재의 진압대책으로 옳지 않은 것은?

① 대부분의 물에 의한 냉각소화는 불가능하다.
② K, Na 등은 특별한 소화수단이 없으므로 연소 확대 방지에 주력한다.
③ 알킬알루미늄은 물과 반응하여 산소를 발생하므로 주수소화는 좋지 않다.
④ 인화칼슘은 물과 반응하여 포스핀가스가 발생하므로 마른모래로 피복소화한다.

해설
알킬알루미늄과 물의 반응

$$(C_2H_5)_3Al + 3H_2O \rightarrow Al(OH)_3 + 3C_2H_6 \uparrow$$

정답 ③

011

제3류 위험물의 화재 시 조치방법으로 올바른 것은?

① 황린을 포함한 모든 물질은 절대 주수를 엄금하여 냉각소화는 불가능하다.
② 포, CO_2, 할로젠화합물소화약제가 적합하다.
③ 건조분말, 마른모래, 팽창질석, 건조석회를 사용하여 질식소화한다.
④ K, Na은 격렬히 연소하기 때문에 초기단계에 물에 의한 냉각소화를 실시해야 한다.

해설
제3류 위험물 : 주수금지, 질식소화(건조분말, 마른모래, 팽창질석, 건조석회)

정답 ③

012

알칼리금속의 과산화물, 철분, 금속분, 마그네슘, 금수성 물품에 공통적으로 적응성이 있는 소화제는?

① 인산염류
② 이산화탄소
③ 할로젠화합물
④ 탄산수소염류

해설
금수성 물질에 적합한 소화약제 : 탄산수소염류, 팽창질석, 팽창진주암, 마른모래

정답 ④

013

운반 시 제3류 위험물과 함께 저장 가능한 위험물은?

① 제1류 위험물
② 제2류 위험물
③ 제5류 위험물
④ 제4류 위험물

해설
운반 시 혼재가능 위험물
- 제1류와 제6류 위험물
- 제2류, 제4류, 제5류 위험물
- 제3류와 제4류 위험물

정답 ④

014

자연발화성 위험물 중 물과 반응할 때 반응열이 가장 큰 것은?

① 석 회
② 탄화칼슘
③ 칼 륨
④ 나트륨

해설
물과 반응 시 반응열

종 류	석 회	탄화칼슘	칼 륨	나트륨
반응열[kcal/mol]	18.42	27.8	46.4	44.1

정답 ③

015
다음 제3류 위험물 중 물과 반응할 때 반응열이 가장 큰 것은?

① 리튬
② 탄화칼슘
③ 금속나트륨
④ 금속칼슘

해설
반응열

종류	리튬	탄화칼슘	금속나트륨	금속칼슘
반응열[kcal/mol]	52.7	27.8	44.1	102

정답 ④

016
자연발화성 약품은 화재예방상 몇 [g] 이상을 실험실에서 취급하지 않도록 하는가?

① 5[g]
② 10[g]
③ 15[g]
④ 100[g]

해설
자연발화성 약품은 화재예방상 5[g] 이상을 실험실에서 취급해서는 안 된다.

정답 ①

017
알킬리튬 30[kg], 유기금속화합물 100[kg], 금속수소화물 600[kg]을 한 장소에 취급한다면 지정수량의 몇 배에 해당되는가?

① 3배
② 5배
③ 7배
④ 9배

해설

$$\text{지정수량의 배수} = \frac{\text{저장수량}}{\text{지정수량}} = \frac{30}{10} + \frac{100}{50} + \frac{600}{300}$$
$$= 7배$$

[지정수량]
- 알킬리튬 : 10[kg]
- 유기금속화합물 : 50[kg]
- 금속수소화물 : 300[kg]

정답 ③

018
다음 중 지정수량이 제일 적은 물질은?

① 칼륨
② 적린
③ 황린
④ 질산염류

해설
위험물의 지정수량

종류	칼륨	적린	황린	질산염류
지정수량	10[kg]	100[kg]	20[kg]	300[kg]

정답 ①

019
칼륨 100[kg]과 알킬리튬 100[kg]을 취급할 때 지정수량[kg]의 합은?

① 10[kg]
② 20[kg]
③ 50[kg]
④ 200[kg]

해설
제3류 위험물인 칼륨, 알킬리튬은 지정수량이 각각 10[kg]이므로 합계는 20[kg]이다.

정답 ②

020

칼륨(K)에 대한 설명으로 옳지 않은 것은?

① 제3류 위험물이다.
② 지정수량은 10[kg]이다.
③ 피부에 닿으면 화상을 입는다.
④ 알코올과는 반응하지 않는다.

해설

칼륨(제3류 위험물)
- 물 성

분자식	지정수량	원자량	비 점	융 점	비 중	불꽃색상
K	10[kg]	39	774[℃]	63.7[℃]	0.86	보라색

- 은백색의 광택이 있는 무른 경금속으로 보라색 불꽃을 내면서 연소한다.
- 할로젠화합물 및 산소, 수증기 등과 접촉하면 발화위험이 있다.
- 석유, 경유, 유동파라핀 등의 보호액을 넣은 내통에 밀봉 저장한다.

> 칼륨을 석유 속에 보관하는 이유 : 수분과 접촉을 차단하여 공기 산화를 방지하려고

- 마른모래, 탄산수소염류분말로 피복하여 질식소화한다.
- 칼륨의 반응식

> - 연소반응
> $4K + O_2 \rightarrow 2K_2O$(회백색)
> - 물과 반응
> $2K + 2H_2O \rightarrow 2KOH + H_2\uparrow + 92.8[kcal]$
> - 이산화탄소와 반응
> $4K + 3CO_2 \rightarrow 2K_2CO_3 + C$(연소폭발)
> - 사염화탄소와 반응
> $4K + CCl_4 \rightarrow 4KCl + C$(폭발)
> - 알코올과 반응
> $2K + 2C_2H_5OH \rightarrow 2C_2H_5OK + H_2\uparrow$
>   (칼륨에틸레이트)

정답 ④

021

금속칼륨의 성질을 바르게 설명한 것은?

① 금속 가운데 가장 무겁다.
② 극히 산화하기 어려운 금속이다.
③ 화학적으로 극히 활발한 금속이다.
④ 금속 가운데 가장 경도가 센 금속이다.

해설

칼륨(K)은 화학적으로 활발한 금속이다.

정답 ③

022

다음은 금속칼륨의 취급 시 주의사항이다. 틀린 것은?

① 석유에 보관한다.
② 피부에 닿지 않도록 한다.
③ 소분하여 보관한다.
④ 화재 시에는 강화액소화제를 사용한다.

해설

칼륨은 물을 주성분으로 하는 약제를 사용하면 수소(H_2)를 발생하므로 위험하다.

> $2K + 2H_2O \rightarrow 2KOH + H_2$

※ (참고) 이전에는 금속칼륨이라고 하였으나 위험물안전관리법 시행령이 개정되면서 명칭이 변경되었다.

> 금속칼륨 → 칼륨, 금속나트륨 → 나트륨으로 개정됨(시행령 별표 1)

정답 ④

023

물에 넣어도 폭발성 기체를 발생시키지 않는 것은?

① K ② Na
③ Ca ④ Ca_3P_2

해설

물과 반응식
- $2K + 2H_2O \rightarrow 2KOH + H_2 \uparrow$
- $2Na + 2H_2O \rightarrow 2NaOH + H_2 \uparrow$
- $Ca + 2H_2O \rightarrow Ca(OH)_2 + H_2 \uparrow$
- $Ca_3P_2 + 6H_2O \rightarrow 3Ca(OH)_2 + 2PH_3 \uparrow$

수소(H_2) : 폭발성 기체

정답 ④

024

금속칼륨 표면이 회백색으로 변한다. 이 표면물질의 화학식은?

① KOH ② KCl
③ K_2O ④ KNO_3

해설

칼륨(K)은 산소와 반응하면 산화칼륨(K_2O)의 표면에 피막을 형성한다.

정답 ③

025

다음 위험물 중 석유 속에 보관하는 것은?

① 황 린 ② 칼 륨
③ 탄화칼슘 ④ 마그네슘분말

해설

- 칼륨, 나트륨 : 등유, 경유, 유동파라핀 속에 저장
- 황린, 이황화탄소 : 물속에 저장
- 나이트로셀룰로스 : 물 또는 알코올로 습윤시켜 저장
- 그 밖의 위험물 : 건조하고 서늘한 장소에 저장

정답 ②

026

다음 물질이 서로 혼합하고 있어도 폭발 또는 발화의 위험성이 없는 것은?

① 금속칼륨과 경유
② 질산나트륨과 황
③ 과망가니즈산칼륨과 적린
④ 이황화탄소와 과산화나트륨

해설

칼륨의 보호액 : 등유, 경유, 유동파라핀

정답 ①

027

자연발화성 물질인 칼륨이 알코올과 반응하면 생성되는 물질은?

① CH_3COOK ② CH_2CHK
③ C_2H_5OK ④ CH_3CHK

해설

칼륨이 알코올과 반응하면 칼륨에틸레이트(C_2H_5OK)와 수소를 발생한다.

$2K + 2C_2H_5OH \rightarrow 2C_2H_5OK + H_2$

정답 ③

028

나트륨은 보호액 속에 저장한다. 그 이유는?

① 탈수를 막기 위하여
② 화기를 피하기 위하여
③ 습기와의 접촉을 막기 위하여
④ 산소발생을 막기 위하여

해설

나트륨은 보호액인 석유 중에 저장하여 습기와의 접촉을 막아야 한다.

정답 ③

029

나트륨의 성질에 대한 설명으로 옳은 것은?

① 불꽃반응은 파란색을 띤다.
② 물과 반응하여 발열하고 가연성 폭발가스를 만든다.
③ 은백색의 중금속이다.
④ 물보다 무겁다.

해설

나트륨
• 물 성

분자식	원자량	비 점	융 점	비 중	불꽃색상
Na	23	880[℃]	97.7[℃]	0.97	노란색

• **은백색**의 광택이 있는 **무른 경금속**으로 **노란색 불꽃**을 내면서 연소한다.
• **비중(0.97)**, 융점(97.7[℃])이 낮다.
• 보호액(석유, 경유, 유동파라핀)을 넣은 내통에 밀봉 저장한다.

> 나트륨을 석유 속에 보관 중 수분이 혼입되면 화재발생요인이 된다.

• 아이오딘산(HIO_3)과 접촉 시 폭발하며 수은(Hg)과 격렬하게 반응하고 경우에 따라 폭발한다.
• 알코올이나 산과 반응하면 수소가스를 발생한다.

> – 알코올과 반응
> $2Na + 2C_2H_5OH \rightarrow 2C_2H_5ONa + H_2\uparrow$
>   (나트륨에틸레이트)
> – 초산과 반응
> $2Na + 2CH_3COOH \rightarrow 2CH_3COONa + H_2\uparrow$

• **물과 반응**하면 **수소가스**를 발생한다.

> $2Na + 2H_2O \rightarrow 2NaOH + H_2\uparrow + 92.8[kcal]$

정답 ②

030

금속칼륨(K)과 금속나트륨(Na)의 공통적 특징이 아닌 것은?

① 은백색의 광택이 나는 무른 금속이다.
② 녹는점 이상으로 가열하면 고유의 색깔을 띠며 산화한다.
③ 액체 암모니아에 녹아서 청색을 띤다.
④ 물과 심하게 반응하여 수소를 발생한다.

해설

칼륨(K)과 나트륨(Na)의 공통적 특징
• 은백색의 광택이 있는 무른 경금속으로 칼륨은 보라색, 나트륨은 노란색 불꽃을 내면서 연소한다.
• 물과 심하게 반응하여 수소를 발생한다.

> – $2K + 2H_2O \rightarrow 2KOH + H_2\uparrow + 92.8[kcal]$
> – $2Na + 2H_2O \rightarrow 2NaOH + H_2\uparrow + 92.8[kcal]$

정답 ③

031

금속칼륨이나 금속나트륨의 취급상 주의사항이 아닌 것은?

① 보호액 속에 노출되지 않게 저장할 것
② 수분, 습기 등과의 접촉을 피할 것
③ 용기의 파손에 주의할 것
④ 손으로 꺼낼 때는 손을 잘 씻은 다음 취급할 것

해설

칼륨, 나트륨은 피부에 접촉하면 화상을 입는다.

정답 ④

032

금수성 물질인 금속나트륨, 금속칼륨의 취급 시 잘못으로 화재가 발생할 경우 소화방법은?

① 마른모래를 덮어 소화한다.
② 물을 사용하여 소화한다.
③ CCl_4 소화기를 사용한다.
④ CO_2 소화기를 사용한다.

해설
나트륨, 칼륨의 소화약제 : 마른모래

정답 ①

033

금속칼륨과 금속나트륨에 대한 설명 중 잘못된 것은?

① 비중, 녹는점, 끓는점 모두 금속나트륨이 금속칼륨보다 크다.
② 물과 반응할 때 이온화 경향이 큰 나트륨보다 급격히 반응한다.
③ 두 물질 모두 청색의 광택이 있는 경금속으로 비중은 물보다 크다.
④ 두 물질 모두 공기 중의 수분과 반응하여 수소(g)를 발생하며 자연발화를 일으키기 쉬우므로 석유 속에 저장한다.

해설
칼륨과 나트륨의 비중은 물보다 작다.

정답 ③

034

은백색의 광택이 물질로 물과 반응하여 수소 가스를 발생시키는 것은 어느 것인가?

① CaC_2 ② P
③ Na_2O_2 ④ Na

해설
나트륨과 물이 반응하면 수소가스를 발생하므로 폭발의 우려가 있다.

$$2Na + 2H_2O \rightarrow 2NaOH + H_2\uparrow$$

정답 ④

035

은백색의 연하고 광택나는 금속으로 알코올과 접촉했을 때 생성하는 물질은?

① C_2H_5ONa ② CO_2
③ Na_2O_2 ④ Al_2O_3

해설
나트륨(Na)은 은백색의 광택이 있는 무른 경금속으로 알코올과 반응하면 나트륨에틸레이트를 생성한다.

$$2Na + 2C_2H_5OH \rightarrow 2C_2H_5ONa + H_2\uparrow$$
(나트륨에틸레이트)

정답 ①

036
다음 중 은백색의 금속으로 가장 가볍고, 물과 반응 시 수소가스를 발생시키는 것은?
① Al
② K
③ Li
④ Si

해설
리튬
• 물 성

분자식	비 점	융 점	비 중	불꽃색상
Li	1,336[℃]	180[℃]	0.543	적 색

• 은백색의 무른 경금속으로 고체원소 중 가장 가볍다.
• 물과 반응하면 수소(H_2)가스를 발생한다.

정답 ③

037
금속리튬은 고온에서 질소와 반응하여 어떤 색의 질화리튬을 만드는가?
① 회흑색
② 적갈색
③ 청록색
④ 은백색

해설
리튬은 다른 알칼리금속과 달리 질소와 직접 화합하여 적갈색의 질화리튬(Li_3N)을 생성한다.

정답 ②

038
다음 물질이 물과 반응하였을 때 생성되는 물질이 연소되지 않는 것은?
① 탄화칼슘
② 생석회
③ 나트륨
④ 탄화알루미늄

해설
생석회와 물의 반응식

$$CaO + H_2O \rightarrow Ca(OH)_2 + 발열$$

※ 물과 반응 시 탄화칼슘은 아세틸렌, 나트륨은 수소, 탄화알루미늄은 메테인을 생성하며, 생성가스는 가연성 가스이다.

정답 ②

039
제3류 위험물을 취급할 때 물과 접촉하여 발생되는 가스로서 틀린 것은?
① 금속나트륨 – 수소
② 탄산칼슘 – 아르곤
③ 금속칼륨 – 수소
④ 인화석회 – 인화수소

해설
물과 반응식
• $2Na + 2H_2O \rightarrow 2NaOH + H_2\uparrow$
• $CaCO_3 + 2H_2O \rightarrow Ca(OH)_2 + H_2CO_3$
• $2K + 2H_2O \rightarrow 2KOH + H_2\uparrow$
• $Ca_3P_2 + 6H_2O \rightarrow 3Ca(OH)_2 + 2PH_3\uparrow$

정답 ②

040

$(C_2H_5)_3Al$의 소화방법으로 적당한 소화약제는?

① 물
② CO_2
③ 팽창질석
④ CCl_4

해설
트라이에틸알루미늄$[(C_2H_5)_3Al]$의 소화약제 : 팽창질석, 팽창진주암

정답 ③

041

다음 중 두 물질이 혼합해도 위험하지 않은 것은?

① 적린과 염소산칼륨
② 황린과 물
③ 나트륨과 알코올
④ 아세틸렌과 은

해설
황린과 **이황화탄소**는 **물속에 저장**한다.

정답 ②

042

알킬알루미늄(Alkyl Aluminum)을 취급할 때 용기를 완전히 밀봉하고 물과 접촉을 피해야 하는 이유로 가장 옳은 것은?

① C_2H_6가 발생
② H_2가 발생
③ C_2H_2가 발생
④ CO_2가 발생

해설
알킬알루미늄의 반응식

- 공기와 반응
  $2(C_2H_5)_3Al + 21O_2 \rightarrow Al_2O_3 + 15H_2O + 12CO_2\uparrow$
- 물과 반응
  $(C_2H_5)_3Al + 3H_2O \rightarrow Al(OH)_3 + 3C_2H_6\uparrow$
  $(CH_3)_3Al + 3H_2O \rightarrow Al(OH)_3 + 3CH_4\uparrow$

정답 ①

043

트라이에틸알루미늄은 물과 폭발적으로 반응한다. 이때 주로 발생하는 기체는?

① 산 소
② 수 소
③ 에테인
④ 염 소

해설
문제 42번 참조

정답 ③

044
알킬알루미늄이 공기 중에서 자연발화할 수 있는 탄소수의 범위는?

① $C_1 \sim C_4$
② $C_1 \sim C_6$
③ $C_1 \sim C_8$
④ $C_1 \sim C_{10}$

해설
알킬알루미늄의 자연발화 : $C_1 \sim C_4$

정답 ①

045
알킬알루미늄의 위험성으로 틀린 것은?

① $C_1 \sim C_4$까지는 공기와 접촉하면 자연발화한다.
② 물과 반응은 천천히 진행한다.
③ 벤젠, 헥세인으로 희석시킨다.
④ 피부에 닿으면 심한 화상이 일어난다.

해설
알킬알루미늄의 특성
- 알킬기($R = C_n H_{2n+1}$)와 알루미늄의 화합물로서 유기금속화합물이다.
- 알킬기의 탄소 1개에서 4개까지의 화합물은 공기와 접촉하면 자연발화를 일으킨다.
- 저급의 것은 반응성이 풍부하여 공기 중에서 자연발화한다.
- 알킬기의 탄소수가 5개까지는 점화원에 의해 불이 붙고 탄소수가 6개 이상인 것은 공기 중에서 서서히 산화하여 흰 연기가 난다.
- 물과 만나면 심하게 발열반응을 한다.

정답 ②

046
황린의 성상으로 잘못된 것은?

① 이황화탄소(CS_2)나 알코올에 녹는다.
② 담황색의 액체로 계란 썩은 냄새가 난다.
③ 독성이 있는 물질이며 공기 중에서 인광을 낸다.
④ 물속에 저장할 때는 약알칼리성으로 하는 것이 좋다.

해설
황린 : 백색 또는 담황색의 고체

> 황화수소(H_2S) : 계란 썩는 냄새

정답 ②

047
담황색의 고체로서 물속에 보관해야 하며 치사량 0.02~0.05[g]이면 사망하는 제3류 위험물은?

① 황 린
② 석 면
③ 황
④ 마그네슘

해설
황린 : 제3류 위험물로서 물속에 저장

정답 ①

048
다음 가연성 고체 위험물로 상온에서 증기를 발생하고 벤젠, 에터, 테레핀유 등에 녹는 물질은 어느 것인가?

① P_4S_7
② P_4
③ P_2S_5
④ Mg

해설
황린(P_4)은 제3류 위험물로 가연성 고체이며 벤젠, 에터 등에 잘 녹는다.

정답 ②

049
흰린(황린)을 잘 녹이는 액체는?

① 물
② 삼염화인
③ 벤 젠
④ 알코올

해설
삼염화인(PCl_3)은 흰린을 녹인다.

정답 ②

050
황린의 저장 및 취급에 있어서 주의사항으로 옳지 않은 것은?

① 물과의 접촉은 피한다.
② 독성이 강하므로 취급에 주의한다.
③ 산화제와의 접촉은 피한다.
④ 발화점이 낮으므로 화기의 접근을 피한다.

해설
황린은 물속에 저장한다.

정답 ①

051
다음 황린의 화재설명에 대하여 맞지 않는 것은?

① 황린이 발화하면 검은 악취가 있는 연기를 발생한다.
② 황린은 공기 중에서 산화하고 산화열이 축적되어 자연발화한다.
③ 황린 자체와 증기는 모두 인체에 유독하다.
④ 황린의 저장은 수중에 한다.

해설
황린이 연소하면 오산화인(P_2O_5)의 흰 연기를 발생한다.

정답 ①

052
다음 중 착화온도가 가장 낮은 것은?

① 황 린   ② 적 린
③ 황   ④ 삼황화인

해설
황린의 착화온도 : 34[℃]

정답 ①

053
황린이 자연발화하기 쉬운 이유는 어느 것인가?

① 비등점이 낮고 증기의 비중이 작기 때문
② 녹는점이 낮고 상온에서 액체로 되어 있기 때문
③ 산소와 결합력이 강하고 착화온도가 낮기 때문
④ 인화점이 낮고 가연성 물질이기 때문

해설
황린은 산소와 결합력이 강하고 착화온도(34[℃])가 낮기 때문에 자연발화하기 쉽다.

정답 ③

054
황린 보호액의 pH값의 한계는?

① 6   ② 7
③ 8   ④ 9

해설
황린 보호액의 pH : 9(약알칼리성)

정답 ④

055
다음은 어떤 위험물에 대한 설명인가?

- 어두운 곳에서 인광을 내는 백색 또는 담황색의 고체이다.
- 연소할 때 오산화인의 흰 연기를 발생한다.
- 물속에 저장한다.
- 지정수량은 20[kg]이다.

① N_2 ② P_4S_3
③ P_4 ④ CS_2

해설
황린(P_4) : 지정수량 20[kg], 물속에 저장, 연소 시 오산화인 발생

정답 ③

056
황린이 연소될 때 생기는 흰 연기는?

① 인화수소   ② 오산화인
③ 인 산   ④ 탄산가스

해설
황린은 공기 중에서 연소 시 오산화인(P_2O_5)의 흰 연기를 발생한다.

$$P_4 + 5O_2 \rightarrow 2P_2O_5$$

정답 ②

057
황린과 적린에 대한 설명 중 틀린 것은?

① 적린은 황린에 비하여 안정하다.
② 비중은 황린이 크며, 녹는점은 적린이 낮다.
③ 적린과 황린은 모두 물에 녹지 않는다.
④ 연소할 때 황린과 적린은 모두 P_2O_5의 흰 연기를 발생한다.

해설
황린과 적린의 비교

명 칭	융점(녹는점)	비 중
황린(P_4)	44[℃]	1.82
적린(P)	600[℃]	2.2

정답 ②

058
독성이 강하여 아주 적은 양으로도 중독을 일으키고 피부에 닿으면 화상을 입을 수 있는 위험물은?

① 황화인   ② 황
③ 황 린   ④ 적 린

해설
황린(P_4)은 독성이 강하여 아주 적은 양으로도 중독을 일으키고 피부에 닿으면 화상을 입을 수 있는 위험물로서 물속에 저장한다.

정답 ③

059

다음 위험물에 화기를 직접 접근시켜도 위험이 없는 것은?

① Mg분
② CS_2
③ P_4S_3
④ CaO

해설
생석회(CaO)는 화기와는 관계가 없고 물기와 접촉하면 발열한다.

정답 ④

060

다음과 같은 위험물을 취급할 때 반응생성물 중 인화의 위험이 가장 적은 것은?

① $CaO + H_2O \rightarrow Ca(OH)_2$
② $CaC_2 + 2H_2O \rightarrow Ca(OH)_2 + C_2H_2$
③ $2Na + 2H_2O \rightarrow 2NaOH + H_2$
④ $Ca_3P_2 + 6H_2O \rightarrow 2PH_3 + 3Ca(OH)_2$

해설
생석회(CaO)와 물이 반응하면 소석회가 생성되고 많은 열만 발생하며 가스는 발생하지 않는다.

정답 ①

061

다음 물질 중 물과 반응하여 가연성 기체를 발생하지 않는 것은?

① 금속칼륨
② 인화칼슘
③ 탄산칼슘
④ 산화칼슘

해설
산화칼슘과 물의 반응식

$$CaO + H_2O \rightarrow Ca(OH)_2 + 발열$$

정답 ④

062

다음 중 물과 반응하여 가연성 가스를 발생시키지 않는 것은?

① 인화석회
② 탄화칼슘
③ 금속나트륨
④ 질산에틸

해설
질산에틸은 제5류 위험물(질산에스터류)이다.

물과 반응식

- 인화석회
  $Ca_3P_2 + 6H_2O \rightarrow 2PH_3 + 3Ca(OH)_2$
  (인화석회) (물) (포스핀) (소석회)
- 탄화칼슘(카바이드)
  $CaC_2 + 2H_2O \rightarrow Ca(OH)_2 + C_2H_2$
  (카바이드) (물) (소석회) (아세틸렌)
- 나트륨
  $2Na + 2H_2O \rightarrow 2NaOH + H_2$
  (나트륨) (물) (수산화나트륨) (수소)
- 칼륨
  $2K + 2H_2O \rightarrow 2KOH + H_2$
  (칼륨) (물) (수산화칼륨) (수소)

정답 ④

063
포스핀이라는 별명을 가진 가스의 명칭은?
① 탄화수소 ② 인화수소
③ 황화수소 ④ 질화수소

해설
포스핀(PH_3) : 인화수소

정답 ②

064
다음 위험물의 저장액(보호액)으로서 잘못된 것은?
① 황린-물
② 인화석회-물
③ 금속나트륨-등유
④ 나이트로셀룰로스-함수알코올

해설
인화석회와 물의 반응식

$$Ca_3P_2 + 6H_2O \rightarrow 3Ca(OH)_2 + 2PH_3\uparrow$$

정답 ②

065
수소화칼륨에 대한 설명으로 옳은 것은?
① 회갈색의 등축정계 결정이다.
② 약 150[℃]에서 열분해된다.
③ 물과 반응하여 수소를 발생한다.
④ 물과의 반응은 흡열반응이다.

해설
수소화칼륨
- 회백색의 결정분말이다.
- **물과 반응**하면 수산화칼륨(KOH)과 **수소(H_2)가스를 발생**한다.
- 고온에서 암모니아(NH_3)와 반응하면 칼륨아미드(KNH_2)와 수소가 생성된다.

- 물과 반응 $KH + H_2O \rightarrow KOH + H_2\uparrow$
- 암모니아와 반응 $KH + NH_3 \rightarrow KNH_2 + H_2\uparrow$
  (칼륨아미드)

정답 ③

066
수소화칼륨이 암모니아와 고온에서 반응시키면 어떤 물질이 되는가?
① KNH_2 ② KH_2
③ KOH ④ K_2H

해설
수소화칼륨과 암모니아의 반응

$$KH + NH_3 \rightarrow KNH_2 + H_2\uparrow$$

정답 ①

067
은백색의 결정으로 비중이 1.36이고 물과 반응하여 수소가스를 발생시키는 물질은?
① 수소화리튬 ② 수소화나트륨
③ 탄화칼슘   ④ 탄화알루미늄

해설
금속의 수소화물

종류	형태	분자식	분자량	비중
수소화나트륨	은백색의 결정	NaH	24	1.36
수소화리튬	투명한 고체	LiH	7.9	0.82
수소화칼슘	무색 결정	CaH_2	42	1.9
수소화알루미늄리튬	회백색 분말	$LiAlH_4$	37.9	0.95

[물과 반응식]
- 수소화나트륨 $NaH + H_2O \rightarrow NaOH + H_2\uparrow$
- 수소화리튬 $LiH + H_2O \rightarrow LiOH + H_2\uparrow$
- 수소화칼슘 $CaH_2 + 2H_2O \rightarrow Ca(OH)_2 + 2H_2\uparrow$

정답 ②

068
수소화나트륨이 물과 반응하여 생성되는 물질은?

① Na_2O_2와 H_2
② Na_2O와 H_2O
③ NaOH와 H_2
④ NaOH와 H_2O

해설
수소화나트륨(NaH)은 물과 반응하면 수산화나트륨(NaOH)과 수소(H_2)가스를 발생한다.

$$NaH + H_2O \rightarrow NaOH + H_2 + 발열반응$$

정답 ③

069
제3류 위험물인 수소화리튬에 대한 설명으로 가장 거리가 먼 것은?

① 물과 반응하여 가연성 가스를 발생한다.
② 물보다 가볍다.
③ 대량의 저장용기 중에는 아르곤을 봉입한다.
④ 주수소화가 금지되어 있고 이산화탄소소화기가 적응성이 있다.

해설
수소화리튬
- 물과 반응하면 가연성 가스인 수소를 발생한다.

$$LiH + H_2O \rightarrow LiOH + H_2 \uparrow$$

- 비중이 0.82로 물보다 가볍다.
- 대량의 저장용기 중에는 질소, 아르곤 등 불연성 가스를 봉입한다.
- 주수소화는 금지되어 있고 마른모래, 탄산수소염류분말약제나 팽창질석으로 소화한다.

정답 ④

070
카바이드의 위험성으로 옳지 않은 것은?

① 물과 반응 시 생성가스의 폭발범위가 2.5~81[%]로 넓어 폭발하기 쉽다.
② 아세틸렌을 0.2[MPa] 이상 가압하면 중합폭발을 일으킨다.
③ 시판품은 불순물(S, P, N)을 포함하여 유독한 가스를 발생시켜 악취가 난다.
④ 구리와 반응하여 폭발성의 아세틸렌화구리(Cu_2C_2)를 만든다.

해설
탄화칼슘
- 카바이드라고 하며, 분자식 CaC_2, 융점은 2,370[℃]이다.
- 순수한 것은 무색, 투명하나 보통은 회백색의 덩어리 상태이다.
- 공기 중에서 안정하지만 350[℃] 이상에서는 산화된다.
- 습기가 없는 밀폐용기에 저장하고 용기에는 질소가스 등 불연성 가스를 봉입시켜야 한다.
- 시판품은 불순물(S, P, N)을 포함하여 유독한 가스를 발생시켜 악취가 난다.
- 아세틸렌은 흡열화합물로서 압축하면 분해폭발한다.

- 물과 반응
  $$CaC_2 + 2H_2O \rightarrow Ca(OH)_2 + C_2H_2 \uparrow + 27.8[kcal]$$
  (소석회, 수산화칼슘) (아세틸렌)
- 약 700[℃] 이상에서 반응
  $$CaC_2 + N_2 \rightarrow CaCN_2 + C + 74.6[kcal]$$
  (석회질소) (탄소)
- 아세틸렌가스와 금속과 반응
  $$C_2H_2 + 2Cu \rightarrow Cu_2C_2 + H_2 \uparrow$$
  (동아세틸레이트)

정답 ②

071

다음 제3류 위험물 중 물과 작용하여 메테인 가스를 발생시키는 것은?

① 수소화나트륨
② 탄화알루미늄
③ 수소화칼륨
④ 칼슘실리콘

해설
물과 반응식
- 수소화나트륨 $NaH + H_2O \rightarrow NaOH + H_2\uparrow$
- 탄화알루미늄 $Al_4C_3 + 12H_2O \rightarrow 4Al(OH)_3 + 3CH_4\uparrow$
- 수소화칼륨 $KH + H_2O \rightarrow KOH + H_2\uparrow$

정답 ②

072

카바이드의 소화방법으로 적당하지 않은 것은?

① 아세틸렌가스가 발생하여 연소하고 있는 경우는 주위 가연물을 제거한다.
② 다량의 건조사나 분말로서 소화한다.
③ 포소화약제를 사용한다.
④ 발생된 아세틸렌가스가 대류에 의한 2차 폭발이 없도록 충분히 고려하여 소화를 실시한다.

해설
포소화약제는 포 원액과 물이 혼합되어 있는 약제로서 카바이드와 반응하면 아세틸렌가스가 발생하므로 위험하다.

정답 ③

073

탄화칼슘(카바이드)의 저장방법을 옳게 나타낸 것은?

① 석유 속에 저장한다.
② 에틸알코올 속에 저장한다.
③ 질소가스 등 불활성 가스로 봉입한다.
④ 톱밥 속에 저장한다.

해설
탄화칼슘(카바이드, CaC_2)은 질소가스 등 불활성 가스로 봉입하여 통풍이 잘되는 건조하고 서늘한 장소에 저장한다.

정답 ③

074

탄화칼슘과 질소가 약 700[℃]에서 반응하여 생성되는 물질은?

① C_2H_2
② $CaCN_2$
③ C_2H_4O
④ CaH_2

해설
탄화칼슘의 반응식
- 물과 반응
  $CaC_2 + 2H_2O \rightarrow Ca(OH)_2 + C_2H_2\uparrow + 27.8[kcal]$
  (소석회, 수산화칼슘)(아세틸렌)
- 약 700[℃] 이상에서 반응
  $CaC_2 + N_2 \rightarrow CaCN_2 + C + 74.6[kcal]$
  (석회질소) (탄소)
- 아세틸렌가스와 금속과 반응
  $C_2H_2 + 2Ag \rightarrow Ag_2C_2 + H_2\uparrow$
  (은아세틸레이트 : 폭발물질)

정답 ②

075

다음 중 카바이드에서 아세틸렌가스 제조반응식으로 옳은 것은?

① $CaC_2 + 2H_2O \rightarrow Ca(OH)_2 + C_2H_2\uparrow$
② $CaC_2 + H_2O \rightarrow CaO + C_2H_2\uparrow$
③ $2CaC_2 + 6H_2O \rightarrow 3Ca(OH)_2 + 2C_2H_2\uparrow$
④ $CaC_2 + 3H_2O \rightarrow CaCO_3 + 2CH_3\uparrow$

해설
아세틸렌가스 제조

$CaC_2 + 2H_2O \rightarrow Ca(OH)_2 + C_2H_2\uparrow$

정답 ①

076

카바이드와 생석회의 공통사항에 대한 설명으로 틀린 것은?

① 물과 반응하여 가연성 가스를 발생시킨다.
② 물과 반응하여 발열한다.
③ 칼슘의 화합물이다.
④ 불연성 고체이다.

해설
카바이드(CaC_2)는 아세틸렌(C_2H_2)인 가연성 가스를 발생하고, **생석회**(CaO)는 **발열**하고 가연성 가스는 발생하지 않는다.

- $CaC_2 + 2H_2O \rightarrow Ca(OH)_2 + C_2H_2$
- $CaO + H_2O \rightarrow Ca(OH)_2 + 발열$

정답 ①

077

연소범위가 약 2.5~81[vol%]이고 은, 구리 등과 반응을 일으켜 폭발성 물질인 금속 아세틸라이드를 생성하는 것은?

① 에테인
② 메테인
③ 아세틸렌
④ 톨루엔

해설
아세틸렌 : 연소범위가 약 2.5~81[vol%]이고 은(Ag), 금(Au), 수은(Hg), 구리(Cu) 등과 반응을 일으켜 폭발성 물질인 금속 아세틸라이드를 생성한다.

정답 ③

078

탄화칼슘 60,000[kg]를 소요단위로 산정하면?

① 10단위
② 20단위
③ 30단위
④ 40단위

해설
소요단위 = 저장수량 / (지정수량×10배)
= 60,000 / (300×10배)
= 20단위

정답 ②

079

인화석회에 의한 화재 시 가장 알맞은 것은?

① 건조사로 덮어 소화한다.
② 봉상의 물로 소화한다.
③ 안개상의 물로 소화한다.
④ 산·알칼리로 소화한다.

해설
소화방법

소화약제	적응 위험물	소화효과	적응 소화설비
건조사	인화석회, 카바이드 등 제3류 위험물	질식	-
봉상의 물	종이, 목재 등 일반화재	냉각	옥내소화전설비 옥외소화전설비 스프링클러설비
안개상의 물	일반화재, 유류화재	질식, 냉각, 희석, 유화	물분무소화설비

정답 ①

080

인화석회의 일반 성상에 맞지 않는 것은?

① 적갈색의 고체이다.
② 비중은 1보다 크다.
③ 융점은 1,600[℃]이다.
④ 황색 액체이다.

해설
인화석회의 성상
- **적갈색의 고체**
- 비중 : 2.51, 융점 : 1,600[℃]
- **물과 반응**하면 **포스핀**(PH_3)가스를 발생한다.

$Ca_3P_2 + 6H_2O \rightarrow 2PH_3 + 3Ca(OH)_2$

정답 ④

081

인화칼슘(인화석회)의 보관 관리상 위험성에 대한 설명 중 옳은 것은?

① 에터에 녹지 않으므로 인화칼슘과 혼합하여 저장해도 발화의 위험이 없다.
② 물과 반응해서 수소가스를 발생한다.
③ 물과 반응해서 독성이 강한 포스핀을 발생한다.
④ 물과 반응해서 가연성 아세틸렌가스를 발생한다.

해설
인화석회는 물과 반응하여 포스핀(PH_3)가스를 발생한다.

Ca_3P_2 + $6H_2O$ → $2PH_3$ + $3Ca(OH)_2$
(인화석회) (물)   (포스핀)   (소석회)

정답 ③

082

인화석회(Ca_3P_2) 취급 시 가장 주의해야 할 사항은?

① 화기의 접근
② 습기 및 수분
③ 일 광
④ 충격 및 마찰

해설
인화석회는 물과 만나면 **포스핀**(PH_3)가스가 발생한다.

정답 ②

083

인화석회와 물이 반응할 때의 반응식으로 맞는 것은?

① Ca_3P_2 + $3H_2O$ → $2PH_3$ + $3Ca(OH)_2$ + Q[kcal]
② Ca_3P_2 + $6H_2O$ → $2PH_3$ + $3Ca(OH)_2$ + Q[kcal]
③ Ca_3P_2 + $4H_2O$ → $2PH_3$ + $3Ca(OH)_2$ + Q[kcal]
④ Ca_3P_2 + $5H_2O$ → $2PH_3$ + $3Ca(OH)_2$ + Q[kcal]

해설
인화석회가 물과 반응하면 포스핀(PH_3)의 유독성(가연성) 가스를 발생한다.

정답 ②

084

아래에 표시한 성질과 물질의 조건으로 옳은 것은?

A : 공기와 상온에서 반응한다.
B : 물과 작용하여 가연성 가스를 발생한다.
C : 물과 작용하면 소석회를 만든다.
D : 비중이 1 이상이다.

① K - A, B, C
② Ca_3P_2 - B, C, D
③ Na - A, C, D
④ CaC_2 - A, B, D

해설
인화석회(Ca_3P_2)의 특성
• 물과 작용하여 소석회와 가연성 가스(PH_3)를 발생한다.
  Ca_3P_2 + $6H_2O$ → $3Ca(OH)_2$ + $2PH_3$
                    (소석회)   (포스핀)
• 비중은 2.51이다.

정답 ②

085
Ca₃P₂의 지정수량은 얼마인가?

① 50[kg]   ② 100[kg]
③ 300[kg] ④ 500[kg]

해설
제3류 위험물의 금속의 인화물(인화칼슘, Ca_3P_2)의 지정수량 : 300[kg]

정답 ③

086
인화칼슘에 대한 설명 중 틀린 것은?

① 적갈색의 고체이다.
② 산과 반응하여 인화수소를 발생한다.
③ pH가 7인 중성 물속에 보관해야 한다.
④ 화재발생 시 마른모래가 적응성이 있다.

해설
인화칼슘의 성질
• 물 성

분자식	분자량	융 점	비 중
Ca_3P_2	182	1,600[℃]	2.51

• 적갈색의 괴상 고체로서 인화석회라고도 한다.
• 알코올, 에테르에는 녹지 않는다.
• 건조한 공기 중에서 안정하나 300[℃] 이상에서는 산화한다.
• 가스 취급 시 독성이 심하므로 방독마스크를 착용해야 한다.
• 물이나 약산과 반응하여 포스핀(PH_3)의 유독성 가스를 발생한다.

$$- Ca_3P_2 + 6H_2O \rightarrow 3Ca(OH)_2 + 2PH_3 \uparrow$$
$$- Ca_3P_2 + 6HCl \rightarrow 3CaCl_2 + 2PH_3 \uparrow$$

정답 ③

087
인화칼슘의 일반적인 성질 중 옳은 것은?

① 물과 반응하여 독성의 가스가 발생한다.
② 비중이 물보다 작다.
③ 융점은 약 600[℃] 정도이다.
④ 회흑색의 정육면체 고체상 결정이다.

해설
문제 86번 참조

정답 ①

088
인화석회(Ca_3P_2)의 성질에 대한 설명으로 틀린 것은?

① 적갈색의 고체이다.
② 비중이 약 2.51이고, 약 1,600[℃]에서 녹는다.
③ 산과 반응하여 주로 포스핀 가스를 발생한다.
④ 물과 반응하여 주로 아세틸렌가스를 발생한다.

해설
인화석회는 **물**이나 약산과 반응하여 **포스핀(PH_3)**의 유독성 가스를 발생한다.

정답 ④

089
다음 제3류 위험물 중 살충제로 사용되며 순수한 물질일 때 암회색의 결정으로서 이황화탄소에 녹는 물질은?

① 인화아연   ② 수소화나트륨
③ 금속칼륨   ④ 금속나트륨

해설
인화아연(Zn_3P_2) : 살충제, 암회색의 결정으로서 **이황화탄소에 녹는 물질**

정답 ①

090
다음 금속탄화물이 물과 접촉했을 때 메테인 가스가 발생하는 것은?

① Li_2C_2　　② Mn_3C
③ K_2C_2　　④ MgC_2

해설
물과 반응식
- $Li_2C_2 + 2H_2O \rightarrow 2LiOH + C_2H_2\uparrow$
- $Mn_3C + 6H_2O \rightarrow 3Mn(OH)_2 + CH_4\uparrow + H_2\uparrow$
- $K_2C_2 + 2H_2O \rightarrow 2KOH + C_2H_2\uparrow$
- $MgC_2 + 2H_2O \rightarrow Mg(OH)_2 + C_2H_2\uparrow$

- 물과 반응 시 아세틸렌(C_2H_2) 가스를 발생하는 물질 : Li_2C_2, Na_2C_2, K_2C_2, MgC_2, CaC_2
- 물과 반응 시 메테인 가스를 발생하는 물질 : Be_2C, Al_4C_3
- 물과 반응 시 메테인과 수소가스를 발생하는 물질 : Mn_3C

정답 ②

091
탄화망가니즈에 물을 가할 때 생성되지 않는 것은?

① 수산화망가니즈　　② 수 소
③ 메테인　　④ 산 소

해설
탄화망가니즈와 물의 반응식

$Mn_3C + 6H_2O \rightarrow 3Mn(OH)_2 + CH_4\uparrow + H_2\uparrow$
　　　　　　　　(수산화망가니즈) (메테인) (수소)

정답 ④

제4절 제4류 위험물

001
제4류 위험물은 모두 몇 종류의 품명인가?(단, 수용성 및 비수용성의 구분은 고려하지 않는다)

① 10품명　　② 8품명
③ 9품명　　④ 7품명

해설
제4류 위험물의 품명
- 특수인화물
- 제2석유류
- 제4석유류
- 동식물유류
- 제1석유류
- 제3석유류
- 알코올류

정답 ④

002
다음 제4류 위험물의 일반적인 성질에 대한 설명으로 가장 거리가 먼 것은?

① 물에 녹지 않는 것이 많다.
② 액체비중은 물보다 가벼운 것이 많다.
③ 인화의 위험이 높은 것이 많다.
④ 증기비중은 공기보다 가벼운 것이 많다.

해설
제4류 위험물은 증기비중이 공기보다 거의 다 무겁다.

정답 ④

003
인화성 액체 위험물의 특징으로 맞는 것은?
① 착화온도가 낮다.
② 증기의 비중은 1보다 작으며 높은 곳에 체류한다.
③ 전기전도체이다.
④ 비중이 물보다 크다.

해설
제4류 위험물(인화성 액체)의 특성
- 대단히 인화하기 쉽고, 착화온도가 낮다.
- 물보다 가볍고 물에 녹지 않는다.
- 증기비중은 공기보다 무겁기 때문에 낮은 곳에 체류하여 연소, 폭발의 위험이 있다.
- 연소범위의 하한이 낮기 때문에 공기 중 소량 누설되어도 연소한다.
- 전기부도체이므로 정전기발생에 주의한다.

정답 ①

004
제4류 위험물에 대하여 다음 설명 중 옳은 것은?
① 착화온도 이상의 온도로 가열시키면 연소된다.
② 불이나 불꽃이 있으면 인화점 이하에서도 연소한다.
③ 상온 이하에서는 가연성 증기를 발생하는 것이 없다.
④ 불이나 불꽃이 없으면 착화온도 이상의 온도라도 타지 않는다.

해설
제4류 위험물은 인화 온도 이상의 온도로 가열시키면 연소된다.

정답 ①

005
제4류 위험물의 일반적인 취급상의 주의사항으로 옳은 것은?
① 화기가 없어도 정전기가 축적되어 있으며 불꽃방전에 의해서 착화되는 수가 있으므로 정전기가 축적되지 않도록 한다.
② 증기의 배출은 지표로 향하게 할 것
③ 위험물이 유출되었을 때 액면이 확대되지 않게 흙 등으로 조치한 후 자연증발시킬 것
④ 물에 녹지 않는 위험물을 폐기할 경우 물을 섞어 하수구에 버릴 것

해설
제4류 위험물은 정전기발생에 주의해야 한다.

정답 ①

006
위험물 취급 시 주의사항으로 옳지 않은 것은?
① 사이안화칼륨은 취급 시 흡입하지 않도록 주의한다.
② 모든 위험물 취급 시 환풍이나 통풍을 시켜서는 안 된다.
③ 산을 취급할 때에는 물에 닿지 않도록 한다.
④ 위험물이 있는 작업장 내에서는 흡연을 삼간다.

해설
위험물의 증기는 환기를 시켜야 화재를 예방할 수 있다.

정답 ②

007

제4류 위험물 취급 시 주의사항 중 틀린 것은 어느 것인가?

① 인화위험은 액체보다 증기에 있다.
② 증기는 공기보다 무거우므로 높은 곳으로 배출하는 것이 좋다.
③ 아세톤 수용액은 유체마찰에 의한 정전기발생의 위험이 있다.
④ 밀폐된 용기에 가득 찬 것보다 공간이 남아 있는 것이 폭발의 위험이 크다.

해설
위험물은 저장 시 공간용적(5~10[%])을 두고 용기에 담아야 한다.

정답 ④

008

제4류 위험물의 석유류 분류는 다음 어느 성질에 따라 구분하는가?

① 비등점　② 증기압
③ 착화점　④ 인화점

해설
제4류 위험물의 제1석유류~제4석유류 분류 : 인화점

- 제4류 위험물을 분류하는 척도 : 인화점
- 인화점 : 가연성 증기를 발생할 수 있는 최저온도

정답 ④

009

제4류 위험물 중 석유류의 분류가 옳은 것은?

① 제1석유류 : 아세톤, 가솔린, 이황화탄소
② 제2석유류 : 등유, 경유, 장뇌유
③ 제3석유류 : 중유, 송근유, 크레오소트유
④ 제4석유류 : 윤활유, 가소제, 글리세린

해설
- 이황화탄소 : 특수인화물
- 글리세린 : 제3석유류

정답 ②

010

제4류 위험물에 속하지 않는 것은?

① 자일렌　② 질산에틸
③ 개미산에틸　④ 변성알코올

해설
질산에틸 : 제5류 위험물의 질산에스터류

정답 ②

011

제4류 위험물에 속하지 않는 것은?

① 아세트알데하이드　② 과산화수소
③ 이황화탄소　④ 에터

해설
과산화수소 : 제6류 위험물

정답 ②

012
다음 화학식의 이름이 잘못된 것은?

① CH_3COCH_3 - 아세톤
② CH_3COOH - 아세트알데하이드
③ $C_2H_5OC_2H_5$ - 다이에틸에터
④ C_2H_5OH - 에틸알코올

해설
- CH_3COOH : 초산
- CH_3CHO : 아세트알데하이드

정답 ②

013
인화성 액체 위험물 소화제로 적당하지 않은 것은?

① 이산화탄소 ② 사염화탄소
③ 분말소화   ④ 물

해설
인화성 액체(제4류 위험물)는 주수소화는 금물이다.

인화성 액체(제4류 위험물) 주수소화 금지 이유 : 연소(화재)면 확대 때문에

정답 ④

014
다음 중 증기의 밀도가 가장 큰 것은?

① CH_3OH ② C_2H_5OH
③ CH_3COCH_3 ④ $CH_3COOC_5H_{11}$

해설
증기밀도 = 분자량[g]/22.4[L]
∴ 분자량이 큰 것이 증기밀도가 크다.

정답 ④

015
다음 중에서 제4류 위험물의 물에 대한 성질과 화재위험성과 직접 관계가 있는 것은?

① 수용성과 인화성
② 비중과 인화성
③ 비중과 착화온도
④ 비중과 화재 확대성

해설
제4류 위험물의 **주수소화 금지 이유** : **비중**과 **화재 확대성**(4류 위험물은 물보다 가볍고 물과 섞이지 않는다)

정답 ④

016
다음 위험물 중 화재발생 시 적당한 소화제로서 틀린 것은?

① CH_3COCH_3 - 물
② $(C_2H_5)_3Al$ - 건조사
③ $C_6H_5CH_3$ - 포 또는 CO_2
④ 테레핀유 - 봉상주수

해설
테레핀유 : 분말, CO_2, 할로젠화합물

정답 ④

017

특수인화물에 대한 설명으로 옳은 것은?

① 다이에틸에터, 이황화탄소, 아세트알데하이드는 이에 해당한다.
② 1기압에서 비점이 100[℃] 이하인 것이다.
③ 인화점이 영하 20[℃] 이하로서 발화점이 40[℃] 이하인 것이다.
④ 1기압에서 비점이 100[℃] 이상인 것이다.

해설
특수인화물의 분류
- 1기압에서 발화점이 100[℃] 이하인 것
- 인화점이 영하 20[℃] 이하이고 비점이 40[℃] 이하인 것

> 종류 : 이황화탄소, 다이에틸에터, 아세트알데하이드, 산화프로필렌, 아이소프렌, 아이소펜테인, 아이소프로필아민

정답 ①

018

다음 위험물 취급 중 정전기의 발생위험이 가장 큰 물질은 어느 것인가?

① 가솔린
② 아세톤
③ 메탄올
④ 과산화수소

해설
인화점이 낮을수록 정전기 발생위험이 크다.

정답 ①

019

다음 중 유동하기 쉽고 휘발성인 위험물로 특수인화물에 속하는 것은?

① $C_2H_5OC_2H_5$
② CH_3COCH_3
③ C_6H_6
④ $C_6H_4(CH_3)_2$

해설
위험물의 분류

종 류	$C_2H_5OC_2H_5$	CH_3COCH_3	C_6H_6	$C_6H_4(CH_3)_2$
품 명	특수인화물	제1석유류	제1석유류	제2석유류
명 칭	에터	아세톤	벤젠	자일렌

정답 ①

020

다음 특수인화물이 아닌 것은?

① 에터
② 아세트알데하이드
③ 이황화탄소
④ 콜로디온

해설
콜로디온 : 제4류 위험물 제1석유류

정답 ④

021

다음 중 위험물의 지정수량이 잘못 연결된 것은?

① 철분 - 500[kg]
② $(CH_3)_2CHNH_2$ - 200[L]
③ $CH_2 = CHCOOH$ - 2,000[L]
④ Mg - 500[kg]

해설
아이소프로필아민[$(CH_3)_2CHNH_2$]으로 제4류 위험물의 특수인화물(지정수량 50[L])이다.

정답 ②

022

다음 특수인화물 중 수용성이 아닌 것은?

① 다이바이닐에터
② 메틸에틸에터
③ 산화프로필렌
④ 아이소프로필아민

해설
제4류 위험물의 특수인화물에는 수용성, 비수용성의 구분이 없으므로 일반적으로 물에 잘 녹는 수용성을 말한다(다이바이닐에터는 비수용성이다).

정답 ①

023

특수인화물에 속하지 않는 것은?

① 이황화탄소
② 아세트알데하이드
③ 에 터
④ 아세톤

해설
아세톤 : 제4류 위험물 제1석유류

정답 ④

024

인화점이 낮은 것에서 높은 순서로 올바르게 나열된 것은?

① 다이에틸에터 → 산화프로필렌 → 이황화탄소 → 아세톤
② 아세톤 → 다이에틸에터 → 이황화탄소 → 산화프로필렌
③ 이황화탄소 → 아세톤 → 다이에틸에터 → 산화프로필렌
④ 산화프로필렌 → 아세톤 → 이황화탄소 → 다이에틸에터

해설
인화점

종 류	다이에틸에터	산화프로필렌	이황화탄소	아세톤
인화점	-40[℃]	-37[℃]	-30[℃]	-18.5[℃]

정답 ①

025

인화점이 낮은 물질부터 높은 순서로 배열된 것은?

① $C_2H_5OC_2H_5$ - CH_3COCH_3 - $C_6H_5CH_3$ - C_6H_6
② CH_3COCH_3 - $C_6H_5CH_3$ - $C_2H_5OC_2H_5$ - C_6H_6
③ $C_2H_5OC_2H_5$ - CH_3COCH_3 - C_6H_6 - $C_6H_5CH_3$
④ $C_6H_5CH_3$ - CH_3COCH_3 - C_6H_6 - $C_2H_5OC_2H_5$

해설
인화점

종 류	$C_2H_5OC_2H_5$	CH_3COCH_3	C_6H_6	$C_6H_5CH_3$
명 칭	다이에틸에터	아세톤	벤 젠	톨루엔
인화점	-40[℃]	-18.5[℃]	-11[℃]	4[℃]

정답 ③

026
에터가 공기와 오랫동안 접촉하든지 햇빛에 쪼이게 될 때 생성되는 것은?

① 에스터(Ester) ② 케톤(Ketone)
③ 불 변 ④ 과산화물

해설
에터
- 에터는 공기와 장기간 접촉하면 과산화물이 생성되므로 갈색병에 저장해야 한다.
- 과산화물 검출
  - 검출시약 : 10[%] 아이오딘화칼륨(KI)용액
  - 검색반응의 색 : 황색

정답 ④

027
에터 속의 과산화물 존재 여부를 확인하는 데 사용하는 용액은?

① 황산제일철 30[%] 수용액
② 환원철 5[g]
③ 나트륨 10[%] 수용액
④ 아이오딘화칼륨 10[%] 수용액

해설
에터 속의 과산화물 존재 여부
- 과산화물 검출시약 : 10[%] 아이오딘화칼륨(KI) 용액(검출 시 황색)
- 과산화물 제거시약 : 황산제일철 또는 환원철
- 과산화물 생성 방지 : 40[mesh]의 구리망을 넣어 준다.

정답 ④

028
에탄올에 진한 황산을 넣고 온도 130~140[℃]에서 반응시키면 축합반응에 의하여 생성되는 제4류 위험물은?

① 메틸알코올
② 아세트알데하이드
③ 다이에틸에터
④ 다이메틸에터

해설
다이에틸에터($C_2H_5OC_2H_5$)는 에탄올에 진한 황산을 넣고 온도 130~140[℃]에서 반응시키면 축합반응에 의하여 생성되는 물질이다.

정답 ③

029
에터의 성질을 설명한 것 중에서 틀린 것은?

① 알코올에는 잘 녹지 않으나 물에는 잘 녹는다.
② 제4류 위험물 중 가장 인화하기 쉬운 분류에 속한다.
③ 비전도성이며 정전기를 발생하기 쉽다.
④ 소화제로는 탄산가스가 적당하다.

해설
에터는 알코올에는 잘 녹고 물에는 약간 녹는다.

정답 ①

030

다음 조건에 맞는 위험물은 어느 것인가?

> 증기의 비중은 2.55 정도이며, 전기불량도체로서 알코올에 약간 녹는 물질

① 이황화탄소 ② 에틸알코올
③ 다이에틸에터 ④ 콜로디온

해설
다이에틸에터 : 증기의 비중은 2.55(74/29) 정도이며, 전기불량도체로서 알코올에 약간 녹는 물질

정답 ③

031

에터 A, 아세톤 B, 피리딘 C, 톨루엔 D라고 할 때 다음 중 인화점이 낮은 것부터 순서대로 되어 있는 것은?

① A-B-D-C ② A-C-B-D
③ B-C-D-A ④ D-C-B-A

해설
인화점

종류	에터	아세톤	피리딘	톨루엔
인화점	-40[℃]	-18.5[℃]	16[℃]	4[℃]

정답 ①

032

에터, 가솔린, 벤젠의 공통적인 성질에서 옳지 않은 것은?

① 인화점이 0[℃]보다 낮다.
② 증기는 공기보다 무겁다.
③ 착화온도는 100[℃] 이하이다.
④ 연소범위 하한은 2[%] 이하이다.

해설
위험물의 성질

종류	에터	가솔린	벤젠
인화점	-40[℃]	-43[℃]	-11[℃]
증기비중	2.55	3~4	2.69
착화점	180[℃]	280~456[℃]	498[℃]
연소범위	1.7~48[%]	1.2~7.6[%]	1.4~8.0[%]

정답 ③

033

에터를 저장, 취급할 때의 주의사항으로 틀린 것은?

① 장시간 공기와 접촉하고 있으며 과산화물이 생성되어 폭발 위험이 있다.
② 연소범위는 가솔린보다 좁지만 인화점과 착화온도가 낮으므로 주의를 요한다.
③ 건조한 에터는 비전도성이므로 정전기 발생에 주의를 요한다.
④ 소화제로서 CO_2가 적당하다.

해설
연소범위
• 에터 : 1.7~48[%]
• 가솔린 : 1.2~7.6[%]

정답 ②

034

다음 설명은 Ether의 성상 및 보관방법에 대한 설명이다. 틀린 것은?

① 휘발성이 큰 액체로서 마취작용이 있다.
② 무색의 액체로 인화점이 상온보다 높다.
③ 보관할 때는 적갈색 병에 넣고 냉암소에 보관한다.
④ 햇빛에 노출하거나 장시간 공기와 접촉하면 과산화물이 생성될 수 있다.

해설
에터의 인화점 : −40[℃]

정답 ②

035

다음 중 증기가 공기와의 혼합(연소범위 내)하는 경우 점화원에 의해 연소하는 위험물은?

① 과산화수소
② 에 터
③ 나트륨
④ 산 소

해설
에터는 인화성 액체로서 증기와 공기가 혼합하여 연소범위 내에서 점화원이 존재하면 연소한다.

정답 ②

036

위험물저장소에 특수인화물 200[L], 제1석유류(비수용성) 400[L], 제2석유류(비수용성) 2,000[L]를 저장할 경우 지정수량은 몇 배인가?

① 9배
② 8배
③ 7배
④ 6배

해설

지정수량의 배수 = $\dfrac{\text{저장수량}}{\text{지정수량}}$

$= \dfrac{200[L]}{50[L]} + \dfrac{400[L]}{200[L]} + \dfrac{2,000[L]}{1,000[L]} = 8$배

[지정수량]

종류	특수인화물	제1석유류 (비수용성)	제2석유류 (비수용성)
지정수량	50[L]	200[L]	1,000[L]

정답 ②

037

다이에틸에터의 성상 중 틀린 것은?

① 인화성이 강하다.
② 착화온도가 가솔린보다 낮다.
③ 연소범위가 가솔린보다 넓다.
④ 증기밀도가 가솔린보다 크다.

해설
증기비중은 다이에틸에터는 2.55, 가솔린은 약 3~4이다.

정답 ④

038

특수인화물 중 1기압에서 발화점이 90[℃]이고, 인화점이 -30[℃]인 것은?

① 이황화탄소 ② 산화프로필렌
③ 다이에틸에터 ④ 아세트알데하이드

해설
이황화탄소

분자식	분자량	비중	비점	인화점	착화점	연소범위
CS_2	76	1.26	46[℃]	-30[℃]	90[℃]	1.0~50[%]

정답 ①

039

CS_2는 화재예방상 액면 위에 물을 채워두는 경우가 많다. 그 이유로 맞는 것은?

① 산소와의 접촉을 피하기 위하여
② 가연성 증기의 발생을 방지하기 위하여
③ 공기와 접촉하면 발화되기 때문에
④ 불순물을 물에 용해시키기 위하여

해설
이황화탄소(CS_2)는 가연성 증기의 발생을 방지하기 위하여 물속에 저장한다.

정답 ②

040

이황화탄소에 대한 설명으로 잘못된 것은?

① 순수한 것은 황색을 띠고 불쾌한 냄새가 난다.
② 증기는 유독하며 피부를 해치고 신경계통을 마비시킨다.
③ 물에는 녹지 않으나 유지, 황, 고무 등을 잘 녹인다.
④ 인화되기 쉬우며 점화되면 연한 파란 불꽃을 나타낸다.

해설
이황화탄소(CS_2)는 **순수한 것**은 **무색, 투명한 액체**이나 직사광선을 쪼이면 황색이 된다.

이황화탄소 : 물속에 저장

정답 ①

041

다음 중 비중이 가장 큰 물질은 어느 것인가?

① 이황화탄소 ② 메틸에틸케톤
③ 톨루엔 ④ 벤젠

해설
액체비중

종류	이황화탄소	메틸에틸케톤	톨루엔	벤젠
비중	1.26	0.8	0.86	0.95

정답 ①

042

순수한 것은 무색, 투명한 휘발성 액체이고 물보다 무겁고 물에 녹지 않으며 연소 시 아황산가스를 발생하는 물질은?

① 에 터 ② 이황화탄소
③ 아세트알데하이드 ④ 질산메틸

해설
이황화탄소(CS_2)는 순수한 것은 무색, 투명한 휘발성 액체이고 물보다 무겁고 물에 녹지 않으며 연소 시 **아황산가스**(SO_2)를 발생하며 파란 불꽃을 나타낸다.

정답 ②

043

고무의 용제로 사용하며 화재가 발생하였을 때 연소에 의해 유독한 기체를 발생하는 물질은?

① 이황화탄소 ② 톨루엔
③ 클로로폼 ④ 아세톤

해설
이황화탄소(CS_2) : **비중**이 1.26, 비점 46[℃], 비스코스레이온 원료, 고무용제로 사용

정답 ①

044

다음은 위험물의 성질에 관한 설명 중 옳은 것은?

① 이황화탄소, 가솔린, 벤젠 가운데 착화온도가 가장 낮은 것은 가솔린이다.
② 에터는 인화점이 낮아 인화하기 쉬우며 그 증기는 마취성이 있다.
③ 에틸알코올은 인화점이 13[℃]이지만 물이 조금이라도 섞이면 불연성 액체가 된다.
④ 석유에터의 증기는 마취성이 있으며 공기보다 무겁고 비중은 1보다 크다.

해설
위험물의 성질
- **이황화탄소**의 **착화온도**가 90[℃]로 **가장 낮다**.
- **에터**는 **인화점**이 −40[℃]로 인화되기 쉬우며 **증기**는 **마취성**이 있다.
- 에틸알코올은 인화점이 13[℃]로 물이 조금 섞이면 가연성 액체가 된다(양주는 불이 붙는다).
- 에터의 증기는 마취성이 있으며 공기보다 무겁고 비중은 1보다 작다(0.7).

정답 ②

045

다음 중 인화점이 −20[℃] 이하인 것은?

① 경 유 ② 등 유
③ 테레핀유 ④ 이황화탄소

해설
인화점

종 류	경 유	등 유	테레핀유	이황화탄소
인화점	41[℃] 이상	39[℃] 이상	35[℃]	−30[℃]

정답 ④

046

다음 중 에터의 성상에 대하여 틀린 것은?

① 휘발성이 높은 물질이다.
② 증기에는 마취성이 있다.
③ 연소범위가 가장 작다.
④ 인화점이 −40[℃], 착화온도 180[℃]이다.

해설

에터(다이에틸에터)의 성상
- 무색, 투명한 액체로서 휘발성이 높은 물질이다.
- 증기는 마취성이 있다.
- 연소범위는 1.7~48[%]로 크다.
- 인화점 −40[℃], 착화온도 180[℃], 비점 34[℃]이다.

정답 ③

047

에터가 공기와 장시간 접촉 시 생성하는 물질은?

① 수산화물   ② 과산화물
③ 질소화합물 ④ 황화합물

해설

에터가 공기와 장시간 접촉하면 **과산화물**이 **생성**된다.

정답 ②

048

다음 에터의 성질 중 옳은 것은?

① 비등점이 100[℃]이다.
② 물보다 비중이 크다.
③ 인화점이 15[℃]이다.
④ 알코올에 잘 용해되며 물에도 약간 녹는다.

해설

에터의 성질
- 비점 : 34[℃]
- 비중 : 0.7
- 인화점 : −40[℃]
- 알코올에 잘 용해되며 물에도 약간 녹는다.

정답 ④

049

다이에틸에터($C_2H_5OC_2H_5$)의 성질에 대하여 틀린 것은?

① 인화성이 강하다.
② 무색, 투명한 액체이다.
③ 알코올에 잘 녹는다.
④ 정전기가 발생되지 않는다.

해설

다이에틸에터는 인화성 액체로서 전기의 불량도체이므로 정전기가 발생한다.

정답 ④

050

에터의 취급방법 중 옳지 않은 것은?

① 직사광선에 장시간 노출해도 된다.
② 용기에 여유 공간을 두고 보관한다.
③ 용기는 갈색병을 사용하며 냉암소에 보관한다.
④ 용기가 약간 파손되어 증기가 누설되어서는 안 된다.

해설

에터는 **장기간 직사광선**을 노출하면 분해하여 **과산화물**이 **생성**된다.

정답 ①

051

다음은 제4류 위험물의 어떤 물질에 대한 설명인가?

- 여기에 과산화물이 생성되면 제5류 위험물과 같은 위험성을 갖는다.
- 이것을 동식물유류로 여과할 경우 정전기 발생의 위험이 있다.
- 이것은 갈색병에 저장한다.
- 1기압에서 인화점이 −20[℃] 이하이고 비점이 40[℃] 이하이다.

① 가솔린 ② 경유
③ 에탄올 ④ 다이에틸에터

해설
다이에틸에터 : 과산화물 생성, 정전기 발생위험, 갈색병에 저장

정답 ④

052

다음 제4류 위험물 특수인화물류 중 물에 잘 녹지 않으며 비중이 물보다 작고, 인화점이 −40[℃] 정도인 위험물은?

① 아세트알데하이드 ② 산화프로필렌
③ 다이에틸에터 ④ 나이트로벤젠

해설
다이에틸에터($C_2H_5OC_2H_5$)의 인화점 : −40[℃]

정답 ③

053

다음 물질 중 공기보다 증기비중이 낮은 것은?

① 이황화탄소(CS_2)
② 사이안화수소(HCN)
③ 아이오딘산칼륨(KIO_3)
④ 염소산암모늄(NH_4ClO_3)

해설
사이안화수소의 증기는 공기보다 가볍다(27/29 = 0.931).

정답 ②

054

아세트알데하이드(CH_3CHO)의 성질에 관한 설명이다. 틀린 것은?

① 아이오도폼 반응을 한다.
② 물, 에탄올, 에터에 녹는다.
③ 산화되면 에탄올, 환원되면 아세트산이 된다.
④ 환원성을 이용하여 은거울 반응과 펠링 반응을 한다.

해설

에탄올 $\underset{환원}{\overset{산화}{\rightleftarrows}}$ 아세트알데하이드 $\underset{환원}{\overset{산화}{\rightleftarrows}}$ 아세트산
(C_2H_5OH)　　　　　(CH_3CHO)　　　　　(CH_3COOH)

정답 ③

055

아세트알데하이드의 연소범위는?

① 5.6~18.0[%] ② 1.4~7.6[%]
③ 1.2~4.5[%] ④ 4.0~60[%]

해설
아세트알데하이드의 연소범위 : 4.0~60[%]

정답 ④

056

다음 중 지정수량을 잘못 짝지은 것은?

① Fe분 - 500[kg]
② CH₃CHO - 200[L]
③ 제4석유류 - 6,000[L]
④ 마그네슘 - 500[kg]

해설
아세트알데하이드(CH₃CHO)는 제4류 위험물의 특수인화물로서 지정수량은 **50[L]**이다.

정답 ②

057

다음 위험물 중 인화점이 가장 낮은 것은?

① 이황화탄소   ② 콜로디온
③ 에틸알코올   ④ 산화프로필렌

해설
인화점

종 류	이황화탄소	콜로디온	에틸알코올	산화프로필렌
인화점	-30[℃]	-18[℃]	13[℃]	-37[℃]

정답 ④

058

아세트알데하이드는 화재의 위험성이 크다. 다음 중 위험성이 맞지 않는 것은?

① 비점이 낮아 휘발하기 쉽다.
② 착화온도가 55[℃]로 착화하기 쉽다.
③ 인화의 위험이 크다.
④ 연소범위가 넓어서 폭발의 위험이 크다.

해설
아세트알데하이드의 물성

연소범위	인화점	착화점	비 중	비 점
4.0~60[%]	-40[℃]	175[℃]	0.78	21[℃]

정답 ②

059

다음 위험물 중 착화온도가 가장 낮은 것은?

① 가솔린   ② 이황화탄소
③ 에 터   ④ 황 린

해설
착화온도

종 류	가솔린	이황화탄소	에 터	황 린
착화온도	280~456[℃]	90[℃]	180[℃]	약 34[℃]

정답 ④

060

다음 중 CH₃CHO의 저장 및 취급 시 주의사항으로 옳지 않은 것은?

① 산 또는 강산화제와의 접촉을 피한다.
② 취급설비에 구리, 마그네슘 및 그의 합금성분으로 된 것은 사용해서는 안 된다.
③ 이동탱크 및 옥외탱크에 저장 시 불연성 가스 또는 수증기를 봉입시킨다.
④ 휘발성이 강하므로 용기의 파열을 방지하기 위해 마개에 구멍을 낸다.

해설
아세트알데하이드(CH₃CHO)는 휘발성이 강하므로 밀봉 밀전하여 건조하고 서늘한 장소에 보관한다.

정답 ④

061

다음 위험물 중 물에 잘 녹는 것은?

① CH₃CHO
② C₂H₅OCH₅
③ P₄
④ C₂H₅ONO₂

해설
아세트알데하이드(CH₃CHO)는 물에 잘 녹는다.

정답 ①

062

다음 위험물 중 물보다 가볍고 인화점이 0[℃] 이하인 물질은?

① 이황화탄소
② 아세트알데하이드
③ 나이트로벤젠
④ 경 유

해설
아세트알데하이드 : 물보다 가볍고(비중 0.78), 인화점이 −40[℃]이다.

정답 ②

063

다음 제4류 위험물 중 연소범위가 가장 넓은 것은?

① 아세트알데하이드
② 산화프로필렌
③ 이황화탄소
④ 아세톤

해설
연소범위

종 류	아세트알데하이드	산화프로필렌	이황화탄소	아세톤
연소범위	4.0~60[%]	2.8~37[%]	1.0~50[%]	2.5~12.8[%]

정답 ①

064

암모니아성 질산은용액이 들어 있는 유리그릇에 은거울을 만들려면 다음 중 어느 것을 가해야 하는가?

① CH_3CHOH
② $CH_3CH_2CH_2OH$
③ $CHCOCH_3$
④ CH_3CHO

해설
은거울 반응 : 아세트알데하이드(CH_3CHO)

정답 ④

065

산화프로필렌의 성질로서 가장 옳은 것은?

① 산, 알칼리 또는 구리(Cu), 마그네슘(Mg)의 촉매에서 중합반응을 한다.
② 물속에서 분해하여 에테인(C_2H_6)을 발생한다.
③ 폭발범위가 4~57[%]이다.
④ 물에 녹기 힘들며 흡열반응을 한다.

해설
산화프로필렌
- 물 성

화학식	분자량	비 중	비 점	인화점	발화점	연소범위
CH_3CHCH_2O	58	0.82	35[℃]	-37[℃]	449[℃]	2.8~37[%]

- 물에 잘 녹는 **무색**, 투명한 **자극성 액체**이다.
- 구리(Cu), 마그네슘(Mg), 은(Ag), 수은(Hg)과 반응하면 아세틸레이트를 생성한다.
- 산이나 알칼리와는 중합반응을 한다.
- 저장용기 내부에는 불연성 가스 또는 수증기 봉입장치를 해야 한다.
- 증기는 공기보다 2배 무겁다.
- 발화점은 449[℃]로서 상온보다 아주 높다.
- 소화약제는 알코올용포, 이산화탄소, 분말약제가 효과가 있다.

정답 ①

066

산화프로필렌에 대한 설명 중 틀린 것은?

① 증기는 공기보다 무겁다.
② 연소범위가 가솔린보다 넓다.
③ 발화점이 상온 이하로 매우 위험하다.
④ 물에 녹는다.

해설
문제 65번 참조

정답 ③

067

산화프로필렌의 설비에 취급을 피하는 금속 또는 그 합금에 해당하는 것은?

① 니켈(Ni)
② 나트륨(Na)
③ 수은(Hg)
④ 코발트(Co)

해설
산화프로필렌은 **수은**(Hg), **구리**(Cu), **은**(Ag), **마그네슘**(Mg) 또는 그 합금은 피해야 한다.

정답 ③

068
구리, 은, 마그네슘과 아세틸레이트를 만들고 연소 범위가 2.8~37[%]인 물질은?

① 아세트알데하이드
② 알킬알루미늄
③ 산화프로필렌
④ 콜로디온

해설
산화프로필렌의 연소범위 : 2.8~37[%]

정답 ③

069
아이소프로필아민의 저장, 취급에 대한 설명으로 옳지 않은 것은?

① 증기누출, 액체누출 방지를 위하여 완전 밀봉한다.
② 증기는 공기보다 가볍고 공기와 혼합되면 점화원에 의하여 인화, 폭발위험이 있다.
③ 강산류, 강산화제, 케톤류와의 접촉을 방지한다.
④ 화기엄금, 가열금지, 직사광선차단, 환기가 좋은 장소에 저장한다.

해설
아이소프로필아민의 성질

화학식	분자량	인화점	착화점	증기비중	연소범위
$(CH_3)_2CHNH_2$	59.0	-28[℃]	402[℃]	2.03	2.3~10[%]

※ 아이소프로필아민의 증기는 공기보다 무겁다.

정답 ②

070
제4류 위험물 중 착화온도가 가장 낮은 것은?

① 에 터
② 이황화탄소
③ 아세톤
④ 아세트알데하이드

해설
착화온도

종 류	에 터	이황화탄소	아세톤	아세트알데하이드
착화온도[℃]	180	90	465	175

정답 ②

071
인화점이 가장 낮은 것은?

① 아이소펜테인
② 아세톤
③ 다이에틸에터
④ 이황화탄소

해설
인화점

종 류	아이소펜테인	아세톤	다이에틸에터	이황화탄소
인화점[℃]	-51	-18.5	-40	-30

정답 ①

072

제1석유류의 소화에 있어서 틀린 사항은?

① 인화점이 낮으므로 냉각소화가 적당하다.
② 질식소화가 적당하다.
③ 분말소화도 효과가 있다.
④ 산·알칼리소화기의 사용은 적당하지 않다.

해설
제1석유류는 인화점이 낮고 소화방법은 질식소화가 적당하다.

정답 ①

073

제1석유류란 아세톤 및 휘발유 그 밖에 1기압에서 인화점이 얼마 미만인 것을 말하는가?

① 10[℃] ② 15[℃]
③ 21[℃] ④ 27[℃]

해설
제1석유류 : 1기압에서 인화점이 21[℃] 미만인 것(아세톤, 휘발유, 벤젠, 톨루엔 등)

정답 ③

074

제4류 위험물의 발생증기와 비교하여 사이안화수소(HCN)가 갖는 대표적인 특징은?

① 물에 녹기 어렵다.
② 물보다 무겁다.
③ 증기는 공기보다 가볍다.
④ 인화성이 높다.

해설
사이안화수소(HCN)는 제4류 위험물 제1석유류로서 증기는 공기보다 가볍다(27/29 = 0.93).

정답 ③

075

화학적 질식 위험물질로 인체 내에 산화효소를 침범하여 가장 치명적인 물질은?

① 에테인 ② 폼알데하이드
③ 사이안화수소 ④ 염화바이닐

해설
사이안화수소(HCN)는 제4류 위험물로서 독성이 심하여 인체에는 치명적이다.

정답 ③

076

다음 중 인화성 액체로서 인화점이 21[℃] 미만에 속하지 않는 물질은?

① $C_6H_5CH_3$　　　② C_6H_6
③ C_4H_9OH　　　④ CH_3COCH_3

해설
인화점

종 류	$C_6H_5CH_3$	C_6H_6	C_4H_9OH	CH_3COCH_3
품 명	톨루엔	벤젠	부탄올	아세톤
인화점	4[℃]	−11[℃]	35[℃]	−18.5[℃]

정답 ③

077

제4류 위험물 중 제1석유류에 속하지 않는 것은?

① C_6H_6　　　② CH_3COOH
③ CH_3COCH_3　　　④ $C_6H_5CH_3$

해설
위험물의 분류

종 류	C_6H_6	CH_3COOH	CH_3COCH_3	$C_6H_5CH_3$
품 명	제1석유류	제2석유류	제1석유류	제1석유류
명 칭	벤젠	초산(아세트산)	아세톤	톨루엔

정답 ②

078

다음 물질 중 비중이 제일 가벼운 것은 어느 것인가?

① 이황화탄소　　　② 빙초산
③ 글리세린　　　④ 가솔린

해설
비 중

종 류	이황화탄소	빙초산	글리세린	가솔린
비 중	1.26	1.05	1.26	0.7~0.8

정답 ④

079

제4류 위험물 제1석유류인 휘발유의 지정수량은?

① 200[L]　　　② 500[L]
③ 1,000[L]　　　④ 2,000[L]

해설
휘발유(제1석유류, 비수용성)의 지정수량 : 200[L]

정답 ①

080
다음 중 액체 상호 간에 용해도가 가장 좋은 것은?
① 물과 아닐린
② 물과 벤젠
③ 알코올과 벤젠
④ 물과 이황화탄소

해설
물과 아닐린, 벤젠, 이황화탄소는 섞이지 않는다.

정답 ③

081
인화점이 20[℃] 이하이며, 수용성인 것은 몇 개인가?

| 아세톤, 아닐린, 아세트알데하이드, 빙초산, 나이트로벤젠 |

① 1개
② 2개
③ 3개
④ 4개

해설
인화점 20[℃] 이하이고 수용성 위험물 : **아세톤**, 아세트알데하이드

정답 ②

082
제1석유류에 속하지 않는 것은?
① 아세톤
② 벤젠
③ 톨루엔
④ m-자일렌

해설
m-자일렌 : 제4류 위험물 제2석유류

정답 ④

083
다음 물질 중 인화점의 온도가 상온과 비슷한 것은?
① 톨루엔
② 피리딘
③ 가솔린
④ 아세톤

해설
피리딘의 인화점은 16[℃]로 상온과 비슷하다.

정답 ②

084
다음 중 인화점이 낮은 순서대로 열거된 것은?
① 휘발유 - 자일렌 - 아세톤 - 벤젠
② 휘발유 - 아세톤 - 톨루엔 - 벤젠
③ 휘발유 - 자일렌 - 벤젠 - 아세톤
④ 휘발유 - 아세톤 - 벤젠 - 톨루엔

해설
인화점

종류	휘발유	아세톤	벤젠	톨루엔
인화점[℃]	-43	-18.5	-11	4

정답 ④

085

제1석유류(수용성)가 400[L], 제2석유류(비수용성)가 2,000[L] 저장 시 저장량의 합계는 지정수량의 몇 배인가?

① 3
② 4
③ 5
④ 6

해설

지정수량의 배수 = $\dfrac{저장수량}{지정수량}$ = $\dfrac{400[L]}{400[L]} + \dfrac{2,000[L]}{1,000[L]}$ = 3배

정답 ①

086

아세톤의 성질에 대한 설명으로 옳지 않은 것은?

① 보관 중에 청색으로 변한다.
② 아이오도폼 반응을 일으킨다.
③ 아세틸렌 저장에 이용된다.
④ 유기물을 잘 녹인다.

해설

아세톤
- 무색, 투명한 자극성 휘발성 액체이다.
- 물에 잘 녹으므로 수용성이고 유기물을 잘 녹인다.
- 피부에 닿으면 탈지작용을 한다.
- 공기와 장기간 접촉하면 과산화물이 생성되므로 갈색병에 저장해야 한다.
- 아이오도폼 반응을 일으킨다.

정답 ①

087

CH_3COCH_3의 성질로 잘못된 것은?

① 무색 액체로 냄새가 난다.
② 물에 잘 녹고 유기물을 잘 녹인다.
③ 아이오도폼 반응을 한다.
④ 비점이 높아 휘발성이 약하다.

해설

아세톤(CH_3COCH_3)의 성질
- 무색, 투명한 자극성 **휘발성이 강한 액체**이다.
- 물에 잘 녹으므로 수용성이다.
- 피부에 닿으면 탈지작용을 한다.
- 공기와 장기간 접촉하면 과산화물이 생성되므로 갈색병에 저장해야 한다.
- **아이오도폼 반응**을 한다.

정답 ④

088

다음 위험물 중 물보다 가볍고 인화점이 0[℃] 이하인 것은 어느 것인가?

① 아세톤
② 경 유
③ 나이트로벤젠
④ 아세트산

해설

위험물의 비교

종 류	아세톤	경 유	나이트로벤젠	아세트산
품 명	제1석유류	제2석유류	제3석유류	제2석유류
비 중	0.79	0.82~0.84	1.2	1.05
인화점	-18.5[℃]	41[℃] 이상	88[℃]	40[℃]

정답 ①

089

아이오도폼 반응을 하는 물질로 연소범위가 약 2.5~12.8[%]이며 끓는점과 인화점이 낮아 화기를 멀리해야 하고 냉암소에 보관하는 물질은?

① CH_3COCH_3
② CH_3CHO
③ C_6H_6
④ $C_6H_5NO_2$

해설

아세톤(CH_3COCH_3)은 아이오도폼 반응을 하고 연소범위는 2.5~12.8[%]이다.

정답 ①

090

다음 소화 시 주의해야 하는 소포성 액체는?

① 가솔린
② $C_6H_4(CH_3)_2$
③ CH_3COCH_3
④ 크레오소트유

해설

소포성 액체 : 수용성[아세톤(CH_3COCH_3)]

정답 ③

091

다음 중 인화점이 가장 낮은 것은?

① $CH_3CH_2CH_2OH$
② C_5H_5N
③ CH_3COCH_3
④ CH_3COOCH_3

해설

인화점

종류	프로필알코올 ($CH_3CH_2CH_2OH$)	피리딘 (C_5H_5N)	아세톤 (CH_3COCH_3)	초산메틸 (CH_3COOCH_3)
인화점	12[℃]	16[℃]	−18.5[℃]	−10[℃]

정답 ③

092

물에 녹지 않는 인화성 액체는?

① 헥세인
② 메틸알코올
③ 아세톤
④ 아세트알데하이드

해설

헥세인은 물에 녹지 않는다.

정답 ①

093

아세톤의 증기밀도 1[atm], 0[℃]에서 얼마인가?(단, C : 12, O : 16, H : 1)

① 0.89[g/L]
② 1.47[g/L]
③ 2.59[g/L]
④ 3.34[g/L]

해설
증기밀도 = 58[g]/22.4[L] = 2.59[g/L]
※ 아세톤(CH_3COCH_3)의 분자량 : 58

정답 ③

094

휘발유에 대한 설명 중 틀린 것은?

① 연소범위는 약 1.2~7.6[%]이다.
② 제1석유류로 지정수량이 200[L]이다.
③ 전도성이므로 정전기에 의한 발화의 위험이 있다.
④ 착화점이 약 280~456[℃]이다.

해설
휘발유는 전기부도체이다.

정답 ③

095

탄화수소 C_5H_{12}~C_9H_{20}까지의 포화·불포화 탄화수소의 혼합물인 휘발성 액체 위험물의 인화점 범위는?

① -5[℃]
② -43[℃]
③ -70[℃]
④ -15[℃]

해설
휘발유

화학식	증기비중	유출온도[℃]	인화점[℃]	착화점[℃]
C_5H_{12}~C_9H_{20}	3~4	32~220	-43	280~456

정답 ②

096

휘발유의 위험성 중 잘못 설명하고 있는 것은?

① 증기는 정전기 스파크에 의해서 인화된다.
② 휘발유의 연소범위는 아세트알데하이드보다 넓다.
③ 비전도성으로 정전기의 발생, 축적이 용이하다.
④ 강산화제, 강산류와의 혼촉발화의 위험이 있다.

해설
연소범위

종류	휘발유	아세트알데하이드
연소범위	1.2~7.6[%]	4.0~60[%]

정답 ②

097

융점보다 인화점이 낮아 응고된 상태에서도 인화의 위험이 있는 물질은?

① 테레핀유
② 벤 젠
③ 경 유
④ 퓨젤유

해설
벤젠은 **융점 7.0[℃], 인화점 −11[℃]**이므로 응고된 상태에서도 인화의 위험이 있다.

정답 ②

098

벤젠의 성질에 대한 설명 중 틀린 것은?

① 증기는 유독하다.
② 정전기는 발생하기 쉽다.
③ CS_2보다 인화점이 낮다.
④ 독특한 냄새가 있는 무색의 액체이다.

해설
인화점
- 벤젠 : −11[℃]
- 이황화탄소 : −30[℃]

정답 ③

099

벤젠의 저장 및 취급 시 주의사항 중 틀린 것은?

① 피부에 닿지 않도록 주의한다.
② 정전기에 주의한다.
③ 용기에 저장 시 가득 채워 저장한다.
④ 통풍이 잘되는 암냉소에 저장한다.

해설
위험물 용기 저장 시 공간용적을 두고 채운다.

> 공간용적 : 5~10[%]
> 100[L]의 용기에 위험물을 저장 시 공간용적 5[%](5[L])를 둔 95[L]까지만 저장한다.

정답 ③

100

벤젠(C_6H_6)의 일반성질에서 틀린 것은?

① 휘발성이 강한 액체이다.
② 인화점은 가솔린보다 낮다.
③ 물에 녹지 않는다.
④ 메탄올, 아세톤에 잘 녹는다.

해설
인화점
- 벤젠 : −11[℃]
- 가솔린 : −43[℃]

정답 ②

101
다음 물질 중 증기비중이 가장 큰 것은?

① 이황화탄소 ② 사이안화수소
③ 에탄올   ④ 벤젠

해설
증기비중

종류	이황화탄소	사이안화수소	에탄올	벤젠
화학식	CS_2	HCN	C_2H_5OH	C_6H_6
증기비중	2.62	0.93	1.59	2.69

- 이황화탄소의 분자량 76

$$증기비중 = \frac{분자량}{29} = \frac{76}{29} = 2.62$$

- 사이안화수소의 분자량 27,   증기비중 = 27/29 = 0.93
- 에탄올의 분자량 46,   증기비중 = 46/29 = 1.59
- 벤젠의 분자량 78,   증기비중 = 78/29 = 2.69

정답 ④

102
다음 위험물질 중 물보다 가벼운 것은?

① 에터, 이황화탄소
② 벤젠, 폼산
③ 아세트산, 가솔린
④ 퓨젤유, 에탄올

해설
퓨젤유는 아밀알코올(비중 : 0.8)이 60~70[%]가 함유되므로 물보다 가볍다.

종류	액체비중
에터	0.7
이황화탄소	1.26
벤젠	0.95
폼산(의산)	1.2
아세트산(초산)	1.05
가솔린(휘발유)	0.7~0.8
에탄올	0.79

정답 ④

103
다음 위험물 중 인화점이 가장 낮은 것은?

① MEK   ② 톨루엔
③ 벤젠   ④ 의산에틸

해설
인화점

종류	MEK	톨루엔	벤젠	의산에틸
인화점	−7[℃]	4[℃]	−11[℃]	−19[℃]

정답 ④

104
다음 중 제1석유류에 속하는 것은?

① 산화프로필렌(CH_3CHOCH_2)
② 아세톤(CH_3COCH_3)
③ 아세트알데하이드(CH_3CHO)
④ 이황화탄소(CS_2)

해설
제4류 위험물의 분류

종류	산화프로필렌	아세톤	아세트알데하이드	이황화탄소
구분	특수인화물	제1석유류	특수인화물	특수인화물

정답 ②

105

C₆H₆와 C₆H₅CH₃의 공통적인 특징을 설명한 것으로 틀린 것은?

① 무색의 투명한 액체로서 향긋한 냄새가 난다.
② 물에는 잘 녹지 않으나 유기용제에는 잘 녹는다.
③ 증기는 마취성과 독성이 있다.
④ 겨울에는 대기 중의 찬 곳에서 고체가 되는 경우가 있다.

해설
벤젠(C_6H_6)은 융점이 7.0[℃]이므로 겨울철에는 응고되고 톨루엔($C_6H_5CH_3$)은 응고되지 않는다.

정답 ④

106

다음 물질 중 벤젠의 유도체가 아닌 것은?

① 나일론-6,6
② TNT
③ DDT
④ 아닐린

해설
벤젠(C_6H_6)의 유도체 : TNT, DDT, 아닐린, 톨루엔, 자일렌 등

정답 ①

107

톨루엔($C_6H_5CH_3$)의 일반적 성질에 대하여 다음 중 틀린 것은?

① 증기비중은 공기보다 가볍다.
② 인화점이 낮고 물에는 녹지 않는다.
③ 휘발성이 있는 무색, 투명한 액체이다.
④ 증기는 독성이 있지만 벤젠에 비해 약한 편이다.

해설
증기비중은 공기보다 무겁다(증기비중 = $\frac{92}{29}$ = 3.17).

정답 ①

108

톨루엔의 성질을 벤젠과 비교한 것 중 틀린 것은?

① 독성은 벤젠보다 크다.
② 인화점은 벤젠보다 높다.
③ 비점은 벤젠보다 높다.
④ 융점은 벤젠보다 낮다.

해설
벤젠과 톨루엔의 비교

종류 항목	벤 젠	톨루엔
독 성	크 다	작 다
인화점	-11[℃]	4[℃]
비 점	79[℃]	110[℃]
융 점	7.0[℃]	-93[℃]
착화점	498[℃]	480[℃]
비 중	0.95	0.86

정답 ①

109

인화점이 상온 이하인 것은?

① 톨루엔
② 테레핀유
③ 에틸렌글라이콜
④ 아닐린

해설
인화점

종 류	톨루엔	테레핀유	에틸렌글라이콜	아닐린
인화점	4[℃]	35[℃]	120[℃]	70[℃]

정답 ①

110

다음 화합물 중 인화점이 가장 낮은 것은?

① 초산메틸
② 초산에틸
③ 초산부틸
④ 초산아밀

해설
인화점

종 류	초산메틸	초산에틸	초산부틸	초산아밀
인화점[℃]	-10	-3	23	23

정답 ①

111

메틸에틸케톤에 관한 설명 중 옳은 것은?

① 융점이 -80[℃]이며 에터에 잘 녹는다.
② 장뇌 냄새가 나며 물에 잘 녹지 않는다.
③ 연소범위가 가솔린보다 좁으므로 인화폭발의 가능성이 적다.
④ 비점이 경유와 비슷하므로 제2석유류에 속하는 물질이다.

해설
메틸에틸케톤 : 에터에 잘 녹고, 물에 대한 용해도는 26.8이며, 융점은 -80[℃]이다.

정답 ①

112

메틸에틸케톤의 취급상 옳은 것은?

① 인화점이 25[℃]이므로 여름에만 주의하면 된다.
② 증기는 공기보다 가벼우므로 주의해야 한다.
③ 탈지작용이 있으므로 직접 피부에 닿지 않도록 한다.
④ 물보다 무거우므로 주의를 요한다.

해설
메틸에틸케톤(MEK)의 성질
• 인화점 : -7[℃]
• 증기는 공기보다 무겁고 액체는 물보다 가볍다.
• **탈지작용**을 한다.

정답 ③

113
다음 위험물 중 무색의 끈기 있는 액체로 인화점이 −18[℃]인 위험물은?

① 아이소프렌
② 펜타보레인
③ 콜로디온
④ 아세트알데하이드

해설
인화점

종 류	아이소프렌	펜타보레인	콜로디온	아세트알데하이드
인화점	−54[℃]	30[℃]	−18[℃]	−40[℃]

[펜타보레인(Pentaborane)]

화학식	성 상	인화점	연소범위
B_5H_9	자극성 냄새와 자연발화의 위험이 있는 무색 액체	30[℃]	0.42~98[%]

정답 ③

114
콜로디온에 대한 설명 중 옳은 것은?

① 콜로디온은 질화도가 낮은 질화면을 에터 3, 에탄올 1의 혼합용제에 녹인 것이다.
② 무색 불투명한 점도가 작은 액체이다.
③ 이 용액을 바르면 용매는 서서히 증발하여 나중에는 투명한 질화면 막이 생긴다.
④ 인화점은 0[℃] 정도이다.

해설
콜로디온의 성질
• 무색, 투명한 점도가 작은 액체
• 질화도가 낮은 **질화면**을 **에터 1, 에탄올 3**의 혼합용제에 녹인 것
• 이 용액을 바르면 용매는 서서히 증발하여 나중에는 투명한 질화면 막이 생긴다.
• **인화점 : −18[℃]**

정답 ③

115
질화도가 낮은 나이트로셀룰로스를 에터와 알코올(Alcohol)의 혼합액에 녹인 것을 무엇이라 하는가?

① 콜로디온
② 콜로이드
③ 콜라민
④ 쿠말린

해설
콜로디온 : 질화도가 낮은 나이트로셀룰로스를 에터 1과 알코올 3의 혼합액에 녹인 것

정답 ①

116
다음 중 물보다 가벼운 것으로만 짝지어진 것은?

① 트라이에틸 알루미늄 − 아세트아닐라이드
② 초산 − 아크릴산
③ 피리딘 − 가솔린
④ 글리세린 − 경유

해설
비 중
• 피리딘 : 0.99
• 가솔린 : 0.7~0.8

정답 ③

117
피리딘의 일반 성질에 관한 설명이다. 잘못된 것은?

① 산, 알칼리에 안정하다.
② 인화점이 0[℃] 이하, 발화점은 100[℃] 이하이다.
③ 순수한 것은 무색의 액체로 센 악취와 독성이 있다.
④ 독성이 있고 급속중독일 경우는 마취, 두통, 식욕감퇴의 증상이 나타난다.

해설
피리딘
• 인화점 : 16[℃]
• 발화점 : 482[℃]

정답 ②

118
초산에스터류의 분자량이 증가할수록 달라지는 성질 중 옳지 않은 것은?

① 인화점이 높아진다.
② 이성질체가 줄어든다.
③ 수용성이 감소된다.
④ 증기비중이 커진다.

해설
초산에스터류(의산에스터류)가 분자량이 증가하면
• 인화점이 **높아진다.**
• 이성질체가 **많아진다.**
• 수용성이 **감소된다.**
• 증기비중이 **커진다.**
• 비등점이 **높아진다.**
• 발화점이 **낮아진다.**
• 연소열이 증가한다.

정답 ②

119
다음 물질 중 에스터류에 속하지 않는 것은?

① 초산에틸   ② 초산아밀
③ 낙산메틸   ④ 초산나트륨

해설
초산나트륨(CH_3COONa) : 염

정답 ④

120
초산에틸에 대한 설명 중 틀린 것은?

① 휘발성이 강하다.
② 인화성이 강하다.
③ 피부에 닿으면 탈진작용을 한다.
④ 공업용 에탄올을 함유하므로 독성이 없다.

해설
초산에틸($CH_3COOC_2H_5$) : 탈지작용

정답 ③

121
다음 위험물의 공통된 특징은?

> 초산메틸, 메틸에틸케톤, 피리딘,
> 프로필알코올, 의산에틸

① 수용성 ② 지용성
③ 금수성 ④ 불용성

해설
초산메틸, 메틸에틸케톤, 피리딘, 프로필알코올, 의산에틸은 물에 잘 녹는 수용성이다.

> 이 문제는 일반적인 수용성을 말하는 것이지 지정수량 산정 시 전부 수용성은 아니다.

정답 ①

122
개미산메틸에 대한 설명으로 옳지 못한 것은?

① 럼주의 향기를 가진 무색 액체이다.
② 증기는 마취성은 없으나 독성이 강하다.
③ 가수분해되면 CH_3OH와 $HCOOH$를 만든다.
④ 물, 에스터, 에터에 비교적 잘 녹는다.

해설
개미산메틸(의산메틸) : 증기는 **마취성**이 있다.

정답 ②

123
제4류 위험물 중 품명이 나머지 셋과 다른 것은?

① 나이트로벤젠 ② 에틸렌글라이콜
③ 아닐린 ④ 폼산에틸

해설
제4류 위험물의 품명

품 목	나이트로벤젠	에틸렌글라이콜	아닐린	폼산에틸 (의산에틸)
품 명	제3석유류 (비수용성)	제3석유류 (수용성)	제3석유류 (비수용성)	제1석유류 (비수용성)
지정 수량	2,000[L]	4,000[L]	2,000[L]	200[L]

정답 ④

124
다음 중 위험물안전관리법상 알코올류가 위험물이 되기 위하여 갖추어야 할 조건이 아닌 것은?

① 한 분자 내에 탄소 원자수가 1개부터 3개까지일 것
② 포화 1가 알코올일 것
③ 수용액일 경우 위험물안전관리법에서 정의한 알코올 함량이 60[wt%] 이상일 것
④ 2가 이상의 알코올일 것

해설
알코올류 : 1분자를 구성하는 탄소원자의 수가 1개부터 3개까지인 포화 1가 알코올(변성알코올 포함)

> [알코올류의 제외]
> • $C_1 \sim C_3$까지의 포화 1가 알코올의 함유량이 60[wt%] 미만인 수용액
> • 가연성 액체량이 60[wt%] 미만이고 인화점 및 연소점이 에틸알코올 60[wt%] 수용액의 인화점 및 연소점을 초과하는 것
> ※ 알코올류 : 메틸알코올, 에틸알코올, 프로필알코올, 변성알코올

정답 ④

125

제4류 위험물 중 알코올에 대한 설명이다. 옳지 않은 것은?

① 수용성이 가장 큰 알코올은 부틸알코올이다.
② 분자량이 증가함에 따라 수용성은 감소한다.
③ 분자량이 커질수록 이성질체도 많아진다.
④ 변성알코올도 알코올류에 포함된다.

해설
메틸알코올이 **수용성**이 가장 크다.

- 분자량이 증가할수록 수용성은 감소한다.
- 부틸알코올은 제4류 위험물의 제2석유류이다.

정답 ①

126

다음 중 2가 알코올인 것은?

① 메탄올
② 에탄올
③ 에틸렌글라이콜
④ 글리세린

해설
알코올

종 류	화학식	구 분
메탄올	CH_3OH	1가 알코올
에탄올	C_2H_5OH	1가 알코올
에틸렌글라이콜	CH_2OHCH_2OH	2가 알코올
글리세린	$CH_2OHCHOHCH_2OH$	3가 알코올

정답 ③

127

다음 중 위험물 중 알코올류에 속하는 것은?

① 에틸알코올
② 부탄올
③ 퓨젤유
④ 크레오소트유

해설
알코올류 : 1분자 내의 탄소 원자수가 3개 이하인 포화 1가 알코올

알코올류 : 메틸알코올, 에틸알코올, 프로필알코올, 변성알코올

정답 ①

128

다음 알코올 중 위험물안전관리법상 알코올류에 속하는 것은?

① 변성알코올
② 퓨젤유
③ 활성아밀알코올
④ 제삼부틸알코올

해설
알코올 : 1분자 내의 탄소원자수가 3개 이하인 포화 1가 알코올로서 **변성알코올을 포함**한다.

정답 ①

129
알코올용포소화약제로 소화하기에 적합한 위험물은?

① 휘발유
② 톨루엔
③ 석 유
④ 메탄올

해설
알코올용포소화약제는 메탄올, 에탄올, 초산, 아세톤 등 **수용성 액체**에 적합하다.

정답 ④

130
에탄올에 진한 황산을 작용시키면 생성되는 것은?

$$CH_3CH_2OH \rightarrow (\quad) + H_2O$$

① CH_3OH
② CH_4
③ C_2H_6
④ C_2H_4

해설
$CH_3CH_2OH \rightarrow C_2H_4 + H_2O$

정답 ④

131
알코올류에서 독성이 있는 것은?

① 메틸알코올
② 에틸알코올
③ 아밀알코올
④ 부틸알코올

해설
메틸알코올은 흡입 시 눈이 멀어지거나 사망한다.

정답 ①

132
메틸알코올을 취급할 때의 위험성으로 틀린 것은?

① 겨울에는 폭발성의 혼합 가스가 생기지 않는다.
② 연소범위는 에틸알코올보다 좁다.
③ 독성이 있다.
④ 증기는 공기보다 약간 무겁다.

해설
연소범위
- 메틸알코올 : 6.0~36[%]
- 에틸알코올 : 3.1~27.7[%]

정답 ②

133
메탄올의 성질에 맞지 않는 것은?
① 무색, 투명한 무취의 액체이고 휘발성이 있다.
② 먹으면 눈이 멀거나 생명을 잃는다.
③ 물에는 무제한 녹는다.
④ 비중이 물보다 작다.

해설

메탄올(CH_3OH, 목정)의 성질
- 무색, **투명한 취기**가 있는 **액체**로서 휘발성이 있다.
- 비중이 물보다 작고 물에는 잘 녹는다.
- 먹으면 눈이 멀거나 생명을 잃는다.

정답 ①

134
비중이 0.79인 에틸알코올의 지정수량 400[L]는 몇 [kg]인가?
① 200[kg]   ② 100[kg]
③ 158[kg]   ④ 316[kg]

해설

무게(W) = 부피[L] × 밀도[kg/L]
= 400 × 0.79
= 316[kg]

> 밀도 = 0.79[g/cm^3] = 0.79[kg/L]

정답 ④

135
다음은 알코올의 저장·취급에 관련한 사항을 설명한 것이다. 옳지 않은 것은?
① 상온에서 저급 알코올은 액체이고, 고급 알코올은 고체가 된다.
② 저급 알코올일수록 물에 잘 녹으며, 고급 알코올일수록 잘 녹지 않는다.
③ 알칼리금속과 반응하면 산소를 발생한다.
④ 알코올은 이온화하지 않는다.

해설

알코올과 알칼리금속과 반응하면 메틸레이트와 과산화수소를 발생한다.

> $Na_2O_2 + 2CH_3OH \rightarrow 2CH_3ONa + H_2O_2$

정답 ③

136
다음 알코올류 중 지정수량이 400[L]에 해당되지 않는 위험물은?
① 메탄올   ② 에탄올
③ 프로판올 ④ 부탄올

해설

알코올류 : 1분자를 구성하는 탄소원자의 수가 1개부터 3개까지의 포화 1가 알코올(변성알코올 포함)로서 농도가 60[wt%] 이상인 것

종류 항목	메탄올	에탄올	프로판올	부탄올
화학식	CH_3OH	C_2H_5OH	C_3H_7OH	C_4H_9OH
품명	알코올류	알코올류	알코올류	제2석유류 (비수용성)
지정수량	400[L]	400[L]	400[L]	1,000[L]

정답 ④

137
에틸알코올의 아이오도폼 반응 시 색깔은?
① 적 색
② 청 색
③ 노란색
④ 검정색

해설
에틸알코올의 아이오도폼 반응 : 에틸알코올에 NaOH와 I_2의 혼합용액을 넣어 노란색 침전물(아이오도폼)이 생성되는 반응

$C_2H_5OH + 6NaOH + 4I_2 \rightarrow$
  $CHI_3 \downarrow + 5NaI + HCOONa + 5H_2O$
(아이오도폼 : 황색 침전)

정답 ③

139
알코올 발효 시에 에틸알코올과 같이 생기는 부산물에 해당하는 것은?
① 피리딘
② 퓨젤유
③ 변성알코올
④ 에스터

해설
알코올 발효 시 부산물 : 퓨젤유

정답 ②

138
다음 에탄올 또는 주정이라고 하는 물질의 화학식은?
① $C_5H_{11}OH$
② CH_3COOH
③ CH_3OH
④ C_2H_5OH

해설
에탄올 : C_2H_5OH

- 메탄올(CH_3OH) : 목정
- 에탄올(C_2H_5OH) : 주정
※ 주정뱅이 : 술(에탄올)에 취해 정신없이 행동하는 사람

정답 ④

140
다음 알코올류 중 인화점이 가장 낮은 것은?
① 메틸알코올
② 에틸알코올
③ 아이소프로필알코올
④ 변성알코올

해설
분자량이 커질수록 인화점이 높다.
인화점의 크기 : 메틸알코올 < 에틸알코올 < 프로필알코올 < 부틸알코올 < 아밀알코올

정답 ①

141
물과 서로 분리 가능하여 물속에서 쉽게 구별할 수 있는 알코올은?

① n-부틸알코올 ② n-프로필알코올
③ 에틸알코올 ④ 메틸알코올

해설
분자량이 증가할수록 용해도가 떨어지므로 n-부틸알코올은 물과 혼합할 때 분리가 가능하다.

정답 ①

142
알코올류에서 탄소수가 증가할수록 변화되는 현상으로 옳은 것은?

① 인화점이 낮아진다.
② 연소범위가 넓어진다.
③ 수용성이 감소된다.
④ 액체비중이 작아진다.

해설
분자량이 증가할수록 나타나는 현상
- 인화점, 증기비중, 비점, 점도가 커진다.
- 착화점, **수용성**, 휘발성, 연소범위, 비중이 **감소한다**.
- 이성질체가 많아진다.

정답 ③

143
법령상 알코올류의 분자량이 증가에 따른 성질 변화에 대한 설명으로 옳지 않은 것은?

① 증기비중의 값이 커진다.
② 이성질체 수가 증가한다.
③ 연소범위가 좁아진다.
④ 비점이 낮아진다.

해설
문제 142번 참조

정답 ④

144
다음 중 에탄올과 이성질체의 관계가 있는 것은?

① CH_3OCH_3
② CH_3CHO
③ CH_3COOH
④ CH_3OH

해설
에탄올(C_2H_5OH)과 다이메틸에터(CH_3OCH_3)는 이성질체이다.

정답 ①

145
알코올류 40,000[L]의 소화설비의 설치 시 소요단위는 얼마인가?

① 5단위
② 10단위
③ 15단위
④ 20단위

해설
소요단위 = 저장수량[L]/(400[L] × 10배)
= 40,000/(400 × 10배)
= 10단위

정답 ②

146
다음 중 제2석유류에 속하지 않는 것은?

① 경 유
② 개미산
③ 테레핀유
④ 톨루엔

해설
제4류 위험물의 분류

종 류	경 유	개미산	테레핀유	톨루엔
품 명	제2석유류 (비수용성)	제2석유류 (수용성)	제2석유류 (비수용성)	제1석유류 (비수용성)
지정수량	1,000[L]	2,000[L]	1,000[L]	200[L]

정답 ④

147
지정수량이 1,000[L]인 제2석유류의 인화점으로 옳은 것은?

① 21~70[℃] 미만
② 21[℃] 미만
③ 70~200[℃] 미만
④ 200[℃] 이상

해설
제4류 위험물(인화점) 분류

종 류	인화점	해당 물질
특수 인화물	-20[℃] 이하	다이에틸에터, 이황화탄소, 아세트알데하이드, 산화프로필렌, 아이소프렌 등
제1 석유류	21[℃] 미만	아세톤, 휘발유, 벤젠, 톨루엔, 메틸에틸케톤, 사이안화수소, 초산메틸, 피리딘, 콜로디온 등
제2 석유류	21[℃] 이상 70[℃] 미만	등유, 경유, 초산, 테레핀유, 에틸셀로솔브, 자일렌, 의산, 스타이렌, 장뇌유 등
제3 석유류	70[℃] 이상 200[℃] 미만	중유(벙커C유), 크레오소트유, 글리세린, 에틸렌글라이콜(EG), 아닐린, 나이트로벤젠 등
제4 석유류	200[℃] 이상 250[℃] 미만	기어유, 실린더유, 가소제, 담금질유, 윤활유, 절삭유, 전기절연류 등

정답 ①

148
제4류 위험물 중 제2석유류에 해당하는 물질은?

① 초 산
② 아닐린
③ 톨루엔
④ 실린더유

해설
제4류 위험물의 분류

종 류	초 산	아닐린	톨루엔	실린더유
품 명	제2석유류 (수용성)	제3석유류 (비수용성)	제1석유류 (비수용성)	제4석유류

정답 ①

149
다음 중 제2석유류가 아닌 것은?

① 아크릴산 ② 등 유
③ 경 유 ④ 벤 젠

해설
벤젠 : 제4류 위험물의 제1석유류

정답 ④

150
등유의 성질로 맞지 않는 것은?

① 여러 가지 탄화수소의 혼합물이다.
② 석유류분 중 가솔린보다 높은 비점 범위를 갖는다.
③ 가솔린보다 휘발하기 쉬운 탄화수소이다.
④ 물에는 녹지 않는다.

해설
등유는 가솔린보다 휘발하기 어려운 포화·불포화탄화수소의 혼합물이다.

정답 ③

151
제4류 위험물 제2석유류(비수용성) 40,000[L]에 대한 소화설비의 소요단위는?

① 10 ② 8
③ 6 ④ 4

해설
위험물은 **지정수량의 10배**를 소요단위 **1단위**로 한다.
∴ 제2석유류(비수용성)의 지정수량은 1,000[L]이므로
40,000[L] ÷ (1,000 × 10) = 4배

정답 ④

152
1기압에서 액체로서 인화점이 21[℃] 이상 70[℃] 미만인 위험물은?

① 제1석유류 – 아세톤, 휘발유
② 제2석유류 – 등유, 경유
③ 제3석유류 – 중유, 크레오소트유
④ 제4석유류 – 기어유, 실린더유

해설
제2석유류 : 인화점이 21[℃] 이상 70[℃] 미만으로서 등유, 경유, 자일렌, 테레핀유가 있다.

정답 ②

153
경유의 성질을 잘못 설명한 것은?

① 비중이 1 이하이다.
② 물에 녹기 어렵다.
③ 인화점은 등유보다 낮다.
④ 보통 시판되는 것은 담갈색의 액체이다.

해설
인화점

종 류	경 유	등 유
인화점	41[℃] 이상	39[℃] 이상

정답 ③

154

다음 위험물 중 제4류 위험물 제2석유류에 속하며 독성이 강한 것은?

① CH_3COOH　② C_6H_6
③ $C_6H_5CH=CH_2$　④ $C_6H_5NH_2$

해설
위험물의 구분

종류	CH_3COOH (초산)	C_6H_6 (벤젠)	$C_6H_5CH=CH_2$ (스타이렌)	$C_6H_5NH_2$ (아닐린)
품명	제2석유류	제1석유류	제2석유류	제3석유류
독성	–	강하다	강하다	강하다

정답 ③

155

제2석유류에 해당되지 않는 것은?

① 의 산　② 나이트로벤젠
③ 초 산　④ m-자일렌

해설
나이트로벤젠 : 제3석유류

정답 ②

156

다음과 같은 성질을 가지는 물질은?

- NaOH와 반응할 수 있다.
- 은거울 반응을 할 수 있다.
- CH_3OH와 에스터화 반응을 한다.

① CH_3COOH　② $HCOOH$
③ CH_3CHO　④ CH_3COCH_3

해설
의산($HCOOH$)의 성질
- NaOH와 반응할 수 있다.
- 은거울 반응을 한다.
- CH_3OH와 에스터화 반응을 한다.

정답 ②

157

경유의 화재발생 시, 주수소화가 부적당한 이유로서 가장 옳은 것은?

① 경유가 연소할 때 물과 반응하여 수소가스를 발생하여 연소를 돕기 때문에
② 주수소화하면 경유의 연소열 때문에 분해하여 산소를 발생하여 연소를 돕기 때문에
③ 경유는 물과 반응하여 유독가스를 발생하므로
④ 경유는 물보다 가볍고 또 물에 녹지 않기 때문에 화재가 널리 확대되므로

해설
경유(인화성 액체) 화재 시 주수소화하면 물에 녹지 않기 때문에 화재면이 확대되어 위험하다.

정답 ④

158

자극성 냄새를 가지며 피부에 닿으면 물집이 생기고 비교적 강한 산으로 환원성이 있는 제2석유류는?

① 개미산　② 스타이렌
③ 아세톤　④ 에탄올

해설
개미산(의산, HCOOH) : 자극성 냄새를 가지며 피부에 닿으면 물집이 생기는 강한 산성으로 제2석유류

정답 ①

159
HCOOH의 증기비중을 계산하면 약 얼마인가?(단, 공기의 평균 분자량은 29이다)

① 1.59
② 2.45
③ 2.78
④ 3.54

해설
의산의 분자량은 46이므로
증기비중 = $\dfrac{\text{분자량}}{29} = \dfrac{46}{29} = 1.586$

정답 ①

160
클로로벤젠에 대한 설명 중 옳은 것은?
① 인화점이 27[℃]이므로 제2석유류에 속한다.
② 독성이 있고 은색의 액체이다.
③ 착화온도는 등유보다 낮다.
④ 물에 잘 녹는다.

해설
클로로벤젠(C_6H_5Cl)은 인화점이 27[℃]로 제2석유류이다.

정답 ①

161
다음과 같이 위험물을 저장하는 경우 지정수량의 몇 배에 해당하는가?

- 클로로벤젠 600[L]
- 동·식물유류 5,400[L]
- 제2석유류(비수용성) 1,200[L]

① 2.24배
② 2.34배
③ 3.34배
④ 3.352배

해설
지정수량의 배수 = $\dfrac{\text{저장수량}}{\text{지정수량}}$

$= \dfrac{600[L]}{1,000[L]} + \dfrac{5,400[L]}{10,000[L]} + \dfrac{1,200[L]}{1,000[L]}$

$= 2.34$배

[지정수량]
- 클로로벤젠[제2석유류(비수용성)] : 1,000[L]
- 동·식물유류 : 10,000[L]
- 제2석유류(비수용성) : 1,000[L]

정답 ②

162
다음 중 자일렌의 이성질체가 아닌 것은?
① o-자일렌
② p-자일렌
③ m-자일렌
④ q-자일렌

해설
자일렌의 이성질체 : o-자일렌, m-자일렌, p-자일렌

정답 ④

163
자일렌(Xylene)의 일반적인 성질에 대한 설명으로 옳지 않은 것은?

① 3가지 이성질체가 있다.
② 독특한 냄새를 가지며 갈색이다.
③ 유지나 수지 등을 녹인다.
④ 증기의 비중이 높아 낮은 곳에 체류하기 쉽다.

해설
자일렌은 무색, 투명한 액체이다.

정답 ②

164
다음 중 착화온도가 가장 낮은 물질은?

① 에탄올 ② 아세트산
③ 벤젠 ④ 테레핀유

해설
착화온도

종류	에탄올	아세트산	벤젠	테레핀유
착화온도	423[℃]	485[℃]	498[℃]	253[℃]

정답 ④

165
다음 중 테레핀유에 대한 설명이 잘못된 것은?

① 물에 녹지 않으나 알코올, 에터에 녹으며 유지 등을 잘 녹인다.
② 순수한 것은 황색의 액체이고, I_2와 혼합된 것은 가열해도 발화하지 않는다.
③ 화학적으로는 유지는 아니지만 건성유와 유사한 산화성이기 때문에 공기 중 산화한다.
④ 테레핀유가 묻은 엷은 천에 염소가스를 접촉시키면 폭발한다.

해설
테레핀유의 **순수한 것은 무색의 액체**이다.

정답 ②

166
하이드라진(Hydrazin)에 대한 설명으로 옳지 않은 것은?

① 무색의 맹독성 가연성 액체이다.
② Raschig법에 의하여 제조된다.
③ 주된 용도는 산화제로서의 작용이다.
④ 수소결합에 의해 강하게 결합되어 있다.

해설
하이드라진은 강력한 환원제이다.

정답 ③

167
하이드라진을 약 180[℃]까지 열분해시켰을 때 발생하는 가스가 아닌 것은?

① 이산화탄소 ② 수소
③ 질소 ④ 암모니아

해설
하이드라진은 약알칼리성으로 공기 중에서 열분해 시 약 180[℃]에서 암모니아(NH_3)와 질소(N_2), 수소(H_2)로 분해된다.

$$2N_2H_4 \rightarrow 2NH_3 + N_2 + H_2$$

정답 ①

168
제4류 위험물 중 지정수량이 4,000[L]인 것은?(단, 수용성 액체이다)

① 제1석유류 ② 제2석유류
③ 제3석유류 ④ 제4석유류

해설
제4류 위험물의 지정수량

품 명	제1석유류		제2석유류		제3석유류		제4석유류
	비수용성	수용성	비수용성	수용성	비수용성	수용성	
지정수량	200[L]	400[L]	1,000[L]	2,000[L]	2,000[L]	4,000[L]	6,000[L]

정답 ③

169
다음 위험물 중 제3석유류에 해당하지 않는 물질은?

① 나이트로톨루엔 ② 에틸렌글라이콜
③ 글리세린   ④ 테레핀유

해설
제4류 위험물의 분류

품목	나이트로톨루엔	에틸렌글라이콜	글리세린	테레핀유
품명	제3석유류 (비수용성)	제3석유류 (수용성)	제3석유류 (수용성)	제2석유류 (비수용성)
지정수량	2,000[L]	4,000[L]	4,000[L]	1,000[L]

정답 ④

170
다음 위험물 중 해당하는 품명이 나머지 셋과 다른 하나는?

① 큐 멘   ② 아닐린
③ 나이트로벤젠 ④ 염화벤조일

해설
제4류 위험물 제3석유류 : 아닐린, 나이트로벤젠, 염화벤조일

정답 ①

171
다음 중 분자식과 명칭이 잘못 연결된 것은?

① CH_2OH – 에틸렌글라이콜
② $C_6H_5NO_2$ – 나이트로벤젠
③ $C_{10}H_8$ – 나프탈렌
④ $C_3H_5(OH)_3$ – 글리세린

해설
CH_2OHCH_2OH : 에틸렌글라이콜

정답 ①

172
다음과 같은 일반적 성질을 갖는 물질은?

- 약한 방향성 및 끈적거리는 시럽상의 액체
- 발화점 : 398[℃], 인화점 : 120[℃]
- 유기산이나 무기산과 반응하여 에스터를 만듦

① 에틸렌글라이콜 ② 우드테레핀유
③ 클로로벤젠   ④ 테레핀유

해설
에틸렌글라이콜(Ethylene Glycol)의 성질
- 물 성

화학식	비중	비점	인화점	착화점
CH_2OHCH_2OH	1.11	198[℃]	120[℃]	398[℃]

- 무색의 끈기 있는 흡습성의 액체이다.
- 사염화탄소, 에터, 벤젠, 이황화탄소, 클로로폼에 녹지 않고, 물, 알코올, 글리세린, 아세톤, 초산, 피리딘에는 잘 녹는다(수용성).
- 2가 알코올로서 독성이 있으며 단맛이 난다.
- 무기산 및 유기산과 반응하여 에스터를 생성한다.

정답 ①

173
자동차의 부동액으로 많이 사용되는 에틸렌글라이콜을 가열하거나 연소할 때 주로 발생되는 가스는?

① 일산화탄소
② 인화수소
③ 포스겐가스
④ 메테인

해설
에틸렌글라이콜(CH_2OHCH_2OH)이 연소할 때 이산화탄소(완전 연소)나 일산화탄소(불완전 연소)가 발생한다.

정답 ①

174
다음 중 에틸렌글라이콜과 글리세린의 공통점이 아닌 것은?

① 독성이 있다.
② 수용성이다.
③ 무색의 액체이다.
④ 단맛이 있다.

해설
에틸렌글라이콜은 독성이 있고 글리세린은 독성이 없다.

정답 ①

175
글리세린에 대한 설명 중 옳은 것은?

① 무색, 무취의 고체이다.
② 흡습성이 있다.
③ 에터, 벤젠 등에 잘 녹는다.
④ 불연성 물질이다.

해설
글리세린의 특징
- **무색, 무취**의 **흡습성 액체**이다.
- **물에는 잘 녹으나 에터, 벤젠 등에 녹지 않는다.**
- 제4류 위험물로서 가연성 물질이다.

정답 ②

176
크레졸의 성질 중 틀린 것은?

① 3가지 이성질체를 갖는다.
② 피부와 접촉되면 화상을 입는다.
③ 비등점이 100[℃] 미만이다.
④ 비중은 물보다 크다.

해설
크레졸의 비점(비등점)은 **203[℃]**이다.

정답 ③

177
글리세린은 다음 중 어디에 속하는가?

① 1가 알코올   ② 2가 알코올
③ 3가 알코올   ④ 4가 알코올

해설
글리세린의 구조식(-OH가 3개이다)
$$\begin{array}{l} CH_2-OH \\ | \\ CH\;-OH \\ | \\ CH_2-OH \end{array}$$

정답 ③

178
다음 물질 중 작용기 OH와 CH₃를 함께 포함하고 있는 화합물은?

① p-크레졸 ② o-자일렌
③ 글리세린 ④ 피크르산

해설
위험물의 분류

항목\종류	p-크레졸	o-자일렌
품명	특수가연물	제4류 위험물 제2석유류
화학식	$C_6H_4CH_3OH$	$C_6H_4(CH_3)_2$
구조식	(OH, CH₃ 구조)	(CH₃, CH₃ 구조)

항목\종류	글리세린	피크르산
품명	제4류 위험물 제3석유류	제5류 위험물 나이트로화합물
화학식	$C_3H_5(OH)_3$	$C_6H_2OH(NO_2)_3$
구조식	CH₂-OH, CH-OH, CH₂-OH	(OH, O₂N, NO₂, NO₂ 구조)

정답 ①

179
윤활제, 화장품, 폭약의 원료로 사용되며, 무색이고 단맛이 있는 제4류 위험물로 지정수량이 4,000[L]인 것은?

① $C_4H_3[(OH)(NO_2)]_2$ ② $C_3H_5(OH)_3$
③ $C_6H_5NO_2$ ④ $C_6H_5NH_2$

해설
글리세린[$C_3H_5(OH)_3$] : 무색, 단맛이 있는 제3석유류(수용성)로 지정수량이 4,000[L]이고 윤활제, 화장품, 폭약의 원료로 사용된다.

정답 ②

180
콜타르 유분으로 나프탈렌과 안트라센 등을 함유하는 물질은?

① 중 유
② 메타크레졸
③ 클로로벤젠
④ 크레오소트유

해설
크레오소트유(타르유)
- 일반적으로 타르유, 액체피치유라고도 한다.
- 황록색 또는 암갈색의 기름 모양의 액체이며 증기는 유독하다.
- 주성분은 나프탈렌, 안트라센이다.
- 물에 녹지 않고 알코올, 에터, 벤젠, 톨루엔에는 잘 녹는다.

정답 ④

181
분자량 93.1, 비중 약 1.02, 융점 약 −6[℃]인 액체로 독성이 있고 알칼리금속과 반응하여 수소가스를 발생하는 물질은?

① 글리세린 ② 나이트로벤젠
③ 아닐린 ④ 아세토나이트릴

해설
아닐린(Aniline)의 성질
- 물성

화학식	비중	융점	비점	인화점
$C_6H_5NH_2$	1.02	−6[℃]	184[℃]	70[℃]

- 황색 또는 담황색의 기름성의 액체이다.
- 물에는 약간 녹고, 알코올, 아세톤, 벤젠에는 잘 녹는다.
- 물보다 무겁고 독성이 강하다.

정답 ③

182

다음 위험물의 화재발생 시 소화제로 옳지 않은 것은?

① K – 탄산수소염류 분말소화약제
② $C_2H_5OC_2H_5$ – CO_2
③ Na – 마른모래
④ $C_6H_5NO_2$ – H_2O

해설
나이트로벤젠($C_6H_5NO_2$) : 질식소화(탄산가스, 할로젠화합물, 분말)

정답 ④

183

기어유, 실린더유 그 밖에 1기압에서 인화점이 200[℃] 이상 250[℃] 미만인 석유류는?

① 제1석유류   ② 제4석유류
③ 제3석유류   ④ 제2석유류

해설
제4석유류 : 1기압에서 인화점이 200[℃] 이상 250[℃] 미만의 것(기어유, 실린더유, 가소제, 담금질유, 절삭유, 방청류, 윤활유)

정답 ②

184

기어유의 지정수량은 얼마인가?

① 1,000[L]   ② 2,000[L]
③ 3,000[L]   ④ 6,000[L]

해설
기어유는 제4류 위험물의 **제4석유류**로서 지정수량은 **6,000[L]**이다.

정답 ④

185

"동식물유류"란 동물의 지육 등 식물의 종자나 과육으로부터 추출한 것으로서 몇 기압과 인화점이 몇 [℃] 미만인 것을 뜻하는가?

① 1기압, 250[℃]   ② 1기압, 200[℃]
③ 2기압, 250[℃]   ④ 2기압, 200[℃]

해설
동식물유류 : 동물의 지육 등 식물의 종자나 과육으로부터 추출한 것으로서 **1기압**과 **인화점**이 **250[℃] 미만**인 것

정답 ①

186

다음 중 동·식물유류의 지정수량으로 맞는 것은?

① 200[L]   ② 2,000[L]
③ 6,000[L]   ④ 10,000[L]

해설
동·식물유류의 지정수량 : 10,000[L]

정답 ④

187

다음 위험물 중 자연발화의 위험성이 가장 큰 물질은?

① 아마인유   ② 파라핀
③ 휘발유   ④ 피리딘

해설
아마인유는 건성유(아이오딘값이 130 이상)로서 자연발화의 위험이 있다.

정답 ①

188

다음 중 건성유에 해당되지 않는 것은?

① 아마인유 ② 오동기름
③ 들기름   ④ 올리브유

해설
동식물유류
- **올리브유 : 불건성유**
- 건성유 : 들기름, 정어리기름, 오동기름, 아마인기름, 해바라기기름

정답 ④

189

다음 유지류 중 아이오딘값이 가장 큰 것은?

① 돼지기름 ② 고래기름
③ 소기름   ④ 정어리기름

해설
동식물유류의 종류

구 분	아이오딘값	반응성	불포화도	종 류
건성유	130 이상	크 다	크 다	해바라기유, **동유**, 아마인유, **정어리기름**, 들기름
반건성유	100~130	중 간	중 간	채종유, 목화씨기름(면실유), 참기름, 콩기름, 청어유, 쌀겨기름, 옥수수기름
불건성유	100 이하	적 다	적 다	야자유, 올리브유, **피마자유**, 낙화생기름

- 건성유 : 아이오딘값이 130 이상
- 반건성유 : 아이오딘값이 100~130
- 불건성유 : 아이오딘값이 100 이하

아이오딘값 : 유지 100[g]에 부가되는 아이오딘의 [g]수

정답 ④

190

다음 유지류에서 건성유에 해당하는 것은?

① 낙화생유(Peanut Oil)
② 올리브유(Olive Oil)
③ 동유(Tung Oil)
④ 피마자유(Castor Oil)

해설
문제 189번 참조

정답 ③

191

다음 유지류 중 아이오딘값이 100 이하인 불건성유는?

① 아마인유 ② 참기름
③ 피마자유 ④ 번데기유

해설
문제 189번 참조

정답 ③

192

아이오딘값의 정의를 올바르게 설명한 것은?

① 유지 100[kg]에 부가되는 아이오딘의 [g]수
② 유지 10[kg]에 부가되는 아이오딘의 [g]수
③ 유지 100[g]에 부가되는 아이오딘의 [g]수
④ 유지 10[g]에 부가되는 아이오딘의 [g]수

해설
아이오딘값 : **유지 100[g]**에 부가되는 **아이오딘의 [g]수**

정답 ③

193
동·식물유류의 일반적 성질에 관한 내용이다. 거리가 먼 것은?
① 아마인유는 건성유이므로 자연발화의 위험이 존재한다.
② 아이오딘값이 클수록 포화지방산이 많으므로 자연발화의 위험이 적다.
③ 산화제와 격리시켜 저장한다.
④ 동·식물유는 대체로 인화점이 250[℃] 미만 정도이므로 연소위험성 측면에서 제4석유류와 유사하다.

해설
아이오딘값이 클수록 자연발화의 위험이 크다.

정답 ②

194
다음 물질 중 산화열이 원인이 되어 자연발화를 일으키는 것은?
① 퇴 비　　② 건성유
③ 활성탄　　④ 나이트로셀룰로스

해설
건성유(아이오딘값이 130 이상)는 산화열의 축적에 의하여 자연발화를 일으킨다.

정답 ②

195
동·식물유류의 저장 및 취급방법으로 옳지 못한 것은?
① 액체 누설에 주의하고 화기접근을 금한다.
② 인화점 이상으로 가열하지 않도록 주의한다.
③ 건성유는 섬유류 등에 스며들지 않도록 한다.
④ 불건성유는 공기 중에서 쉽게 굳어지므로 질소를 퍼지시켜 취급한다.

해설
불건성유는 질소를 퍼지시켜 취급할 필요는 없다.

정답 ④

제5절　제5류 위험물

001
제5류 위험물에 대한 설명 중 틀린 것은?
① 다이아조화합물은 모두 산소를 함유하고 있다.
② 유기과산화물의 경우 질식소화는 효과가 없다.
③ 연소생성물 중에는 유독성 가스가 많다.
④ 대부분이 고체이고, 일부 품목은 액체이다.

해설
다이아조화합물
- 정의 : 다이아조기(−N≡N−)가 탄화수소의 탄소원자와 결합되어 있는 화합물
- 특 성
  − 고농도의 것은 매우 예민하여 가열, 충격, 마찰에 의한 폭발위험이 높다.
  − 분진이 체류하는 곳에서는 대형 분진폭발 위험이 있으며 다른 물질과 합성 반응 시 폭발위험이 따른다.
  − 저장 시 안정제로는 황산알루미늄을 사용한다.

정답 ①

002
자기반응성 물질의 가장 중요한 연소특성은 어느 것인가?
① 분해연소이다.
② 폭발적인 자기연소이다.
③ 증기는 공기보다 무겁다.
④ 연소 시 유독가스가 발생한다.

해설
자기반응성 물질(제5류 위험물)은 **자기연소성 물질**이다.

정답 ②

003

자기반응성 물질에 대한 설명으로 옳지 않은 것은?

① 가연성 물질로 그 자체가 산소함유 물질로 자기연소가 가능한 물질이다.
② 연소속도가 대단히 빨라서 폭발성이 있다.
③ 비중이 1보다 작고 가용성 액체로 되어 있다.
④ 시간의 경과에 따라 자연발화의 위험성을 갖는다.

해설
제5류 위험물
- 외부로부터 산소의 공급 없이도 가열, 충격 등에 의해 연소폭발을 일으킬 수 있는 자기반응성 물질이다.
- 연소속도가 대단히 빨라서 폭발성이 있다.
- 유기과산화물을 제외하고는 질소를 함유한 유기질소화합물이다.
- 모두 가연성의 액체 또는 고체물질이고 연소할 때는 다량의 가스를 발생한다.
- 시간의 경과에 따라 자연발화의 위험성이 있다.

정답 ③

004

제5류 위험물에 해당되지 않는 것은?

① 유기과산화물
② 질산아민류
③ 셀룰로이드
④ 아조화합물

해설
제5류 위험물 : 유기과산화물, 질산에스터류, 나이트로화합물, 나이트로소화합물, 아조화합물 등

정답 ②

005

제5류 위험물의 소화방법으로 틀린 것은?

① 질식소화 및 냉각소화
② 마른모래에 의한 피복소화
③ 전반적으로 공기차단은 효과가 없다.
④ 물에 의한 냉각소화

해설
제5류 위험물의 소화방법 : 냉각소화

정답 ①

006

질산에스터류에 대한 설명으로 옳은 것은?

① 알코올기를 함유하고 있다.
② 모두 물에 녹는다.
③ 폭약의 원료로도 사용한다.
④ 산소를 함유하는 무기화합물이다.

해설
질산에스터류의 특성
- 분자 내부에 산소를 함유하고 있어 불안정하며 분해가 용이하다.
- 가열, 마찰, 충격으로 폭발이 쉬우며 폭약의 원료로 많이 사용된다.

정답 ③

007
제5류 위험물인 나이트로화합물의 특징으로 틀린 것은?

① 충격을 가하면 위험하다.
② 연소속도가 빠르다.
③ 산소 함유물질이다.
④ 불연성 물질이지만 산소를 많이 함유한 화합물이다.

[해설]
나이트로화합물 : 가연성 물질

정답 ④

008
제5류 위험물의 화재예방상 주의사항으로서 틀린 것은?

① 화기에 주의할 것
② 소화설비는 질식효과가 있는 것이 좋다.
③ 습기, 실온, 통풍에 주의할 것
④ 자연발화성 물질도 있으니 주변에 가열이 없도록 주의할 것

[해설]
제5류 위험물은 냉각소화를 하므로 습기에는 주의를 요하지 않는다.

정답 ②

009
유기과산화물의 액체가 누출되었을 때 처리방법으로 가장 옳은 것은?

① 중화제로 흡수하고 제거한다.
② 물걸레로 즉시 깨끗이 닦는다.
③ 마른모래로 흡수하고 제거한다.
④ 팽창질석 또는 팽창진주암으로 흡수하고 제거한다.

[해설]
유기과산화물이 누출 시 팽창질석 또는 팽창진주암으로 흡수하고 제거한다.

정답 ④

010
다음 중 내부연소로 옳은 것은?

① 기름걸레의 연소
② 이황화탄소의 연소
③ 진한 황산으로 인한 톱밥의 연소
④ 나이트로셀룰로스의 연소

[해설]
내부연소(자기연소) : 제5류 위험물[나이트로셀룰로스(NC)의 연소]

정답 ④

011
다음 가연물 중 자기연소 형태를 갖는 것들로 옳게 짝지어 놓은 것은?

> ㉠ 나이트로셀룰로스 ㉡ 셀룰로스
> ㉢ 나프탈렌   ㉣ 질산에틸

① ㉠, ㉡, ㉢
② ㉠, ㉡, ㉣
③ ㉠, ㉢, ㉣
④ ㉡, ㉢, ㉣

해설
자기연소(제5류 위험물) : 나이트로셀룰로스, 셀룰로스, 질산에틸, 질산메틸

정답 ②

012
제5류 위험물의 폭발의 위험성에 관한 설명으로 옳지 않은 것은?

① 트라이나이트로톨루엔은 충격을 가하면 폭발한다.
② 피크르산은 대기 중에서 점화하면 그을음이 많은 화염을 내면서 타지만 폭발은 하지 않는다.
③ 셀룰로스는 폭발보다는 오히려 착화하기 쉽고 자연발화를 일으키기 쉽다.
④ 질산에틸은 인화와 동시에 폭발한다.

해설
질산에틸($C_2H_5ONO_2$)은 인화한 후 연소한다.

정답 ④

013
자기반응성 물질의 초기 화재 시 소화방법으로 적당한 것은?

① 다량의 주수소화
② 분말소화
③ 팽창질석
④ 할로젠화합물

해설
자기반응성 물질(제5류 위험물) : **다량의 주수소화**

정답 ①

014
제5류 위험물의 공통된 취급방법이 아닌 것은?

① 저장 시 가열, 충격, 마찰을 피한다.
② 용기의 파손 및 균열에 주의한다.
③ 포장 외부에 "자연발화 주의사항"을 표기한다.
④ 점화원 및 분해를 촉진시키는 물질로부터 멀리한다.

해설
제5류 위험물의 저장 및 취급방법
- 저장 시 가열, 충격, 마찰을 피할 것
- 용기의 파손 및 균열에 주의할 것
- **포장 외부에 "화기엄금, 충격주의"의 주의사항을 표기할 것**
- 점화원 및 분해를 촉진시키는 물질로부터 멀리할 것

정답 ③

015

제5류 위험물의 화재 시 소화효과로 적당한 것은?

① 질식효과 ② 희석효과
③ 냉각효과 ④ 부촉매효과

해설
제5류 위험물의 소화약제 : **냉각효과**

정답 ③

016

다음 위험물 품명에서 지정수량이 100[kg]이 아닌 것은?

① 질산에스터류
② 하이드록실아민
③ 아조화합물
④ 하이드라진유도체

해설
질산에스터류(제1종)의 지정수량 : 10[kg]

정답 ①

017

제5류 위험물이 소화하기 어려운 이유로 가장 알맞은 것은?

① 물과 발열반응을 일으킨다.
② 발화점이 높다.
③ 자기연소를 일으키며 연소속도가 매우 빠르다.
④ 연소할 때 연소물이 튀어 넓게 퍼진다.

해설
제5류 위험물은 자기연소성 물질로서 연소속도가 매우 빠르다.

정답 ③

018

다음 중 지정수량이 가장 큰 위험물은?

① $(HOOCCH_2CH_2CO)_2O_2$
② $Zn(C_2H_5)_2$
③ $C_6H_2CH_3(NO_2)_3$
④ CaC_2

해설
지정수량

종 류	$(HOOCCH_2CH_2CO)_2O_2$	$Zn(C_2H_5)_2$
명 칭	숙신산 퍼옥사이드 (Succinicacid Peroxide)	다이에틸아연
품 명	제5류 위험물 유기과산화물	제3류 위험물 유기금속화합물
지정수량	100[kg]	50[kg]
종 류	$C_6H_2CH_3(NO_2)_3$	CaC_2
명 칭	TNT	탄화칼슘
품 명	제5류 위험물 나이트로화합물	제3류 위험물 칼슘의 탄화물
지정수량	10[kg]	300[kg]

정답 ④

019

제5류 위험물에 속하지 않는 물질은?

① 나이트로글리세린
② 나이트로벤젠
③ 나이트로셀룰로스
④ 질산에스터

해설
나이트로벤젠 : 제4류 위험물 제3석유류

정답 ②

020

제5류 위험물의 지정수량이 다른 것은?

① 유기과산화물
② 셀룰로이드
③ 나이트로셀룰로스
④ 하이드라진유도체

해설
지정수량
• 나이트로셀룰로스 : 10[kg]
• 유기과산화물, 셀룰로이드(질산에스터류), 하이드라진유도체 : 100[kg]

정답 ③

021

다음 중 제5류 위험물이 아닌 것은?

①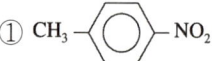
② CH_3-O-NO_2
③ $C_3H_5(ONO_2)_3$
④ $C_6H_2(NO_2)_3CH_3$

해설
위험물의 명칭
• 나이트로톨루엔(제4류)
• 질산메틸(제5류)
• 나이트로글리세린(제5류)
• TNT(제5류)

정답 ①

022

다음 위험물이 연소할 때 자기연소를 일으키지 않는 것은?

① $C_3H_5(ONO_2)_3$
② $[C_6H_7O_2(ONO_2)_3]_n$
③ CH_3ONO_2
④ $C_6H_5NO_2$

해설
위험물의 분류

종류	$C_3H_5(ONO_2)_3$	$[C_6H_7O_2(ONO_2)_3]_n$
명칭	나이트로글리세린	나이트로셀룰로스
품명	제5류 위험물 질산에스터류	제5류 위험물 질산에스터류
연소현상	자기연소	자기연소
종류	CH_3ONO_2	$C_6H_5NO_2$
명칭	질산메틸	나이트로벤젠
품명	제5류 위험물 질산에스터류	제4류 위험물 제3석유류
연소현상	자기연소	증발연소

정답 ④

023

다음 4가지 물질들은 모두 제5류 위험물이다. 이중 분자량이 가장 큰 것은?

① 질산에틸
② 나이트로글리세린
③ 피크르산
④ TNT

해설
물질의 분자량

종 류	화학식	분자량
질산에틸	$C_2H_5ONO_2$	91
나이트로글리세린	$C_3H_5(ONO_2)_3$	227
피크르산	$C_6H_2OH(NO_2)_3$	229
TNT	$C_6H_2CH_3(NO_2)_3$	227

정답 ③

024

다음 중 자기반응성 물질끼리 묶여진 것이 아닌 것은?

① 과산화벤조일, 질산메틸
② 나이트로글리세린, 셀룰로이드
③ 아세토나이트릴, 트라이나이트로톨루엔
④ 아조벤젠, 파라다이나이트로소벤젠

해설
아세토나이트릴(CH_3CN) : 제4류 제1석유류

정답 ③

025

다음 제5류 위험물질로 화재발생 시 분무상의 물로 소화할 수 있는 것은?

① $C_3H_5(ONO_2)_3$
② $[C_6H_7O_2(ONO_2)_3]_n$
③ CH_3ONO_2
④ $C_2H_4(ONO_2)_2$

해설
분무상의 주수사용 여부

종 류	화학식	분무주수 여부
나이트로글리세린	$C_3H_5(ONO_2)_3$	불가능
나이트로셀룰로스	$[C_6H_7O_2(ONO_2)_3]_n$	가 능
질산메틸	CH_3ONO_2	불가능
나이트로글라이콜	$C_2H_4(ONO_2)_2$	불가능

정답 ②

026

다음은 위험물안전관리법상 제5류 위험물들이다. 지정수량이 가장 큰 것은?

① 아조화합물
② 트라이나이트로톨루엔
③ 나이트로글리세린
④ 나이트로셀룰로스

해설
지정수량
- 아조화합물 : 100[kg]
- 트라이나이트로톨루엔, 질산에스터류(나이트로글리세린, 나이트로셀룰로스) : 10[kg]

정답 ①

027

다음 중 유기과산화물에 대한 설명으로 틀린 것은?

① 메틸에틸케톤퍼옥사이드(MEKPO)는 무색 기름상의 액체이다.
② 벤조일퍼옥사이드(BPO)는 황색의 액체로서 물에 잘 녹는다.
③ 메틸에틸케톤퍼옥사이드(MEKPO)는 함유율이 60[wt%] 이상일 때 지정유기과산화물이라 한다.
④ 벤조일퍼옥사이드(BPO)는 수성일 경우 함유율이 80[wt%] 이상일 때 지정유기과산화물이라 한다.

해설
벤조일퍼옥사이드(BPO) : 무색, 무취의 백색 결정, 물에 녹지 않음

정답 ②

028

유기과산화물인 MEKPO의 지정수량은?

① 10[kg]
② 100[kg]
③ 600[kg]
④ 1,000[kg]

해설
과산화메틸에틸케톤(MEKPO)의 지정수량 : 100[kg]

정답 ②

029

다음 위험물 중 가연물과 산소를 많이 함유하므로 보관 관리상 희석제 및 안정제를 가해야 하는 물질은?

① $(C_6H_5CO)_2O_2$
② Na_2O_2
③ $NaClO_4$
④ K_2O_2

해설
과산화벤조일[$(C_6H_5CO)_2O_2$]은 제5류 위험물로서 **희석제**(다이메틸프탈산, 다이부틸프탈산)를 가하여 보관한다.

정답 ①

030

벤조일퍼옥사이드의 저장 및 취급 시 주의사항이 아닌 것은?

① 수분이 흡수되거나 희석제의 첨가에 의하여 분해가 증가된다.
② 냉암소에 저장한다.
③ 수성의 것은 80[%] 이상, 기타의 것은 55[%] 이상 함수율만 지정과산화물이다.
④ 이물질의 혼입과 누출을 막는다.

해설
수분이 흡수되거나 희석제의 첨가에 의하여 분해를 억제할 수 있다.

정답 ①

031

유기과산화물의 저장 시 주의사항으로서 옳지 않은 것은?

① 화기나 열원으로부터 멀리한다.
② 강한 환원제와 가까이 하지 않는다.
③ 직사일광을 피하고 찬 곳에 저장한다.
④ 산화제이므로 다른 산화제와 같이 저장해도 괜찮다.

해설
유기과산화물(제5류)은 제1류, 제6류와 같이 저장할 수 없다.

정답 ④

032

유기과산화물의 저장 시 주의사항으로 잘못된 것은?

① 환기가 잘 되는 냉암소에 보관한다.
② 산화제와 같이 저장한다.
③ 환원제와 격리하여 저장한다.
④ 건조하고 온도가 높은 곳은 피해야 한다.

해설
유기과산화물(제5류 위험물)과 산화제(제1류, 제6류)와 같이 저장할 수 없다.

정답 ②

033

유기과산화물의 희석제로 널리 사용되는 것은?

① 물
② 벤 젠
③ MEKPO
④ 프탈산다이메틸

해설
유기과산화물의 희석제
- 프탈산다이메틸
- 프탈산다이부틸

정답 ④

034

과산화벤조일의 위험성에 대한 설명 중 틀린 것은?

① 수분이 흡수되면 분해하여 폭발위험이 커진다.
② 상온에서 비교적 안정하나 가열·마찰·충격에 의해 폭발할 위험이 있다.
③ 가열을 하면 약 100[℃] 부근에서 흰 연기를 낸다.
④ 비활성 희석제를 첨가하여 폭발성을 낮출 수 있다.

해설
과산화벤조일(Benzoyl Peroxide, 벤조일퍼옥사이드, BPO)
- 물 성

화학식	비 중	녹는점(융점)	착화점
$(C_6H_5CO)_2O_2$	1.33	105[℃]	80[℃]

- **무색, 무취의 백색 결정**으로 강산화성 물질이다.
- 물에 녹지 않고, 알코올에는 약간 녹는다.
- 프탈산다이메틸(DMP), 프탈산다이부틸(DBP)의 희석제를 사용한다.
- 발화되면 연소속도가 빠르고 건조 상태에서는 위험하다.
- 상온에서 안정하나 마찰, 충격으로 폭발의 위험이 있다.
- 소화방법은 소량일 때에는 탄산가스, 분말, 건조된 모래로 대량일 때에는 물이 효과적이다.

정답 ①

035
다음 위험물 중 성상이 고체인 것은?

① 과산화벤조일
② 질산에틸
③ 나이트로글리세린
④ 메틸에틸케톤퍼옥사이드

해설

종류	성상
과산화벤조일	고체
질산에틸	액체
나이트로글리세린	액체
메틸에틸케톤퍼옥사이드	액체

정답 ①

036
유기과산화물의 포장 외부에 기재해야 할 주의사항은?

① 물기엄금 및 충격엄금
② 화기엄금 및 충격주의
③ 화기엄금 및 물기주의
④ 취급주의 및 충격주의

해설
유기과산화물 : 화기엄금, 충격주의

정답 ②

037
과산화벤조일은 중량 함유량[%]이 얼마 이상일 때 위험물로 취급하는가?

① 30 ② 35.5
③ 40 ④ 50

해설
과산화벤조일은 중량 함유량[%]이 **35.5[%] 이상**이면 위험물로 본다.

정답 ②

038
다이아이소프로필퍼옥시다이카보네이트 유기과산화물에 대한 설명으로 틀린 것은?

① 가열·충격·마찰에 민감하다.
② 중금속분과 접촉하면 폭발한다.
③ 희석제로 톨루엔 70[%] 첨가하고 저장온도는 0[℃] 이하로 유지해야 한다.
④ 다량의 물로 냉각소화는 기대할 수 없다.

해설
다이아이소프로필퍼옥시다이카보네이트의 유기과산화물은 냉각소화가 가능하다.

정답 ④

039
다음 중 질산에스터류에 속하지 않는 것은?

① 나이트로셀룰로스
② 질산에틸
③ 나이트로글리세린
④ 트라이나이트로톨루엔

해설
트라이나이트로톨루엔(TNT) : 나이트로화합물

정답 ④

040
다음 중 제5류 위험물 중 상온에서 액체인 것은?

① 피크르산
② 셀룰로이드
③ 질산에틸
④ 트라이나이트로톨루엔

해설
질산메틸, 질산에틸 : 상온에서 액체

정답 ③

041
$C_2H_5ONO_2$의 일반적인 성질 및 위험성에 대한 설명으로 옳지 않은 것은?

① 인화성이 강하고 비점 이상에서 폭발한다.
② 물에는 녹지 않으나 알코올에는 녹는다.
③ 제5류 나이트로화합물에 속한다.
④ 방향을 가지는 무색, 투명의 액체이다.

해설
질산에틸
- 방향을 가지는 무색, 투명한 액체로서 **제5류 위험물**의 **질산에스터류**에 속한다.
- 물에는 녹지 않으며 알코올에는 잘 녹는다.

정답 ③

042
질산에틸(Ethyl Nitrate)의 성상에 대한 설명으로 옳은 것은?

① 물에는 잘 녹는다.
② 상온에서 액체이다.
③ 알코올에는 녹지 않는다.
④ 황색이고 불쾌한 냄새가 난다.

해설
질산에틸($C_2H_5ONO_2$)
- 특 성

화학식	비 점	증기비중
$C_2H_5ONO_2$	88[℃]	3.14

- 에틸알코올과 질산을 반응하여 질산에틸을 제조한다.
- **무색**, **투명한 액체**로서 **방향성**을 갖는다.
- 물에는 녹지 않으며 알코올에는 잘 녹는다.

정답 ②

043
자기반응성 물질로 액체상태인 경우 충격, 마찰에 매우 예민하며 일부가 동결된 경우에는 액체상태보다 충격, 마찰이 민감해지는 물질은?

① 펜트리트
② 트라이나이트로벤젠
③ 나이트로글리세린
④ 질산메틸

해설
나이트로글리세린 : 충격, 마찰에 매우 예민하며 동결된 경우에는 액체상태보다 충격, 마찰이 민감해지는 물질

정답 ③

044
나이트로글리세린에 관한 설명 중 옳은 것은?
① 심하게 가열, 마찰 또는 충격을 주면 격렬하게 폭발하는 위험성이 있다.
② 액체이므로 개방한 용기에 저장해도 안전하다.
③ 유기용매에 잘 녹지 않으므로 물로 씻어 내면 안전하다.
④ 증기밀도가 적어서 공기 중에 쉽게 확산되어 감지하기 쉽다.

해설
나이트로글리세린은 다이너마이트의 원료로서 심하게 가열, 마찰 또는 충격을 주면 격렬하게 폭발하는 위험성이 있다.

정답 ①

045
나이트로셀룰로스의 약면약은 질소의 함량이 몇 [%]인가?
① 11.50~12.30[%]
② 10.18~12.76[%]
③ 10.50~11.50[%]
④ 6.77~10.18[%]

해설
나이트로셀룰로스의 질소 함유량
• 강면약 : 12.76[%] 이상
• **약면약 : 10.18~12.76[%]**

정답 ②

046
다음 중 서로 혼합해도 폭발 또는 발화 위험성이 없는 것은?
① 황화인과 알루미늄분
② 과산화나트륨과 마그네슘분
③ 염소산나트륨과 황
④ 나이트로셀룰로스와 에탄올

해설
나이트로셀룰로스(NC)는 **물** 또는 **알코올**(에탄올)로 **습면**시켜 저장한다.

정답 ④

047
나이트로셀룰로스의 성질에 대한 설명으로 옳지 않은 것은?
① 알코올과 에터의 혼합액(1 : 2)에 녹지 않는 것을 강면약이라 한다.
② 맛과 냄새가 없고, 물에 잘 녹는다.
③ 저장, 수송 시에는 함수알코올로 습면시켜야 한다.
④ 질화도가 클수록 폭발의 위험성이 크다.

해설
나이트로셀룰로스(Nitro Cellulose, NC)
• 알코올과 에터의 혼합액(1 : 2)에 녹지 않는 것을 강면약이라 한다.
• 셀룰로스에 진한 황산과 진한 질산의 혼산으로 반응시켜 제조한 것이다.
• 저장 중에 물 또는 알코올로 습윤시켜 저장한다(통상적으로 아이소프로필알코올 30[%] 습윤시킴).
• 가열, 마찰, 충격에 의하여 격렬히 연소, 폭발한다.
• 130[℃]에서는 서서히 분해하여 180[℃]에서 불꽃을 내면서 급격히 연소한다.
• 질화도가 클수록 폭발성이 크다.
• 열분해하여 자연발화한다.

정답 ②

048
질산에스터류의 성상에서 옳은 것은?

① 전부 물에 녹는다.
② 부식성 산이다.
③ 산소 함유물질이며 가연성이다.
④ 산소를 함유하는 무기물질이다.

해설
질산에스터류(제5류 위험물) : 자기반응성 물질, 가연성

정답 ③

049
나이트로셀룰로스의 주원료는?

① 톨루엔　　② PVC 수지
③ 아세트산바이닐　　④ 정제한 솜

해설
나이트로셀룰로스(NC)의 주원료 : 정제한 솜

정답 ④

050
나이트로셀룰로스에 대하여 옳은 것은?

① 나이트로글리세린이라 하며 셀룰로스와 글리세린의 에스터이다.
② 셀룰로이드의 염산화합물이다.
③ 제5류 질산에스터류에 속한다.
④ 셀룰로스의 황산에스터이다.

해설
나이트로셀룰로스(NC)는 **제5류 위험물**의 **질산에스터류**에 속한다.

정답 ③

051
나이트로셀룰로스를 저장, 운반할 때 가장 좋은 방법은?

① 질소가스를 충전한다.
② 갈색 유리병에 넣는다.
③ 냉동시켜서 운반한다.
④ 알코올 등으로 습면을 만들어 운반한다.

해설
나이트로셀룰로스는 건조하면 폭발의 우려가 있어 물 또는 알코올 등으로 습면시켜 운반한다.

정답 ④

052
규조토에 어떤 위험물을 흡수시켜 다이너마이트를 제조하는가?

① 나이트로셀룰로스
② 나이트로글리세린
③ 질산에틸
④ 장 뇌

해설
규조토 + 나이트로글리세린 = 다이너마이트

정답 ②

053
나이트로셀룰로스는 건조하면 발화하기 쉬워 수분 및 알코올 등 습성제로 처리하는데 습성제를 총중량의 몇 [%] 이상 함유하여 유지시켜야 하는가?

① 5[%]　　② 10[%]
③ 15[%]　　④ 20[%]

해설
나이트로셀룰로스(NC)의 습윤량 : 총중량의 20[%] 이상

정답 ④

054

강질화면과 약질화면을 분류하는 기준은?

① 질화할 때의 온도차
② 분자의 크기
③ 수분 함유량의 차
④ 질소 함유량의 차

해설
질소(N)의 함유량
- 강면약 : 12.76[%] 이상
- 약면약 : 10.18~12.76[%]

정답 ④

055

$C_6H_2(NO_2)_3OH$와 $C_2H_5ONO_2$의 공통성질 중 옳은 것은?

① 위험물안전관리법상 나이트로소화합물이다.
② 인화성이고 폭발성인 액체이다.
③ 무색 또는 담황색의 액체로 방향이 있다.
④ 모두 알코올에 녹는다.

해설
제5류 위험물의 피크르산과 질산에틸의 비교

항목\종류	피크르산	질산에틸
화학식	$C_6H_2(NO_2)_3OH$	$C_2H_5ONO_2$
분류	나이트로화합물	질산에스터류
성상	황색의 침상결정	무색, 투명한 액체
용해성	알코올, 에터, 벤젠, 더운물에 녹음	알코올에 녹음, 물에 녹지 않음

정답 ④

056

나이트로글리세린에 대한 설명으로 옳지 않은 것은?

① 순수한 액은 상온에서 적색을 띤다.
② 수산화나트륨 - 알코올의 혼액에 분해하여 비폭발성 물질로 된다.
③ 일부가 동결한 것은 액상의 것보다 충격에 민감하다.
④ 피부 및 호흡에 의해 인체의 순환계통에 용이하게 흡수된다.

해설
나이트로글리세린(Nitro Glycerine, NG)
- 물 성

화학식	융점	비점	비중
$C_3H_5(ONO_2)_3$	2.8[℃]	218[℃]	1.6

- 무색, 투명한 기름성의 액체(공업용 : 담황색)이다.
- 알코올, 에터, 벤젠, 아세톤 등 유기용제에는 녹는다.
- 상온에서 액체이고 겨울에는 동결한다.
- 혀를 찌르는 듯한 단맛이 있다.
- 가열, 마찰, 충격에 민감하다(폭발을 방지하기 위하여 다공성 물질에 흡수시킨다).

> 다공성 물질 : 규조토, 톱밥, 소맥분, 전분

- 규조토에 흡수시켜 다이너마이트를 제조할 때 사용한다.

정답 ①

057
셀룰로이드의 성질에 관한 설명으로 옳은 것은?
① 물, 아세톤, 알코올, 나이트로벤젠, 에터류에 잘 녹는다.
② 물에 녹지 않으나 아세톤, 알코올에 잘 녹는다.
③ 물, 아세톤에 잘 녹으나 나이트로벤젠 등에는 불용성이다.
④ 알코올에만 녹는다.

해설
셀룰로이드
- 무색 또는 황색의 반투명 고체이나 열이나 햇빛에 의해 황색으로 변색된다.
- 물에 녹지 않으나 아세톤, 알코올, 초산에스터류에 잘 녹는다.
- 연소 시 유독가스를 발생한다.
- 습도와 온도가 높을 경우 자연발화의 위험이 있다.

정답 ②

058
셀룰로이드를 취급할 때 주의사항으로 틀린 것은?
① 냄새가 나거나 변색된 것은 열분해가 진행되고 있음을 의미한다.
② 저장실은 찬 곳으로 하고 다량으로 쌓아 놓지 않도록 한다.
③ 저장하는 실내는 보온하고 습도를 높여야 한다.
④ 분해 시 발생하는 열이 축적되지 않도록 밀폐용기의 사용을 금한다.

해설
셀룰로이드는 습기가 많고 온도가 높으면 자연발화의 위험이 있다.

정답 ③

059
셀룰로이드의 제조와 관계 있는 약품은?
① 장 뇌
② 염 산
③ 나이트로아미드
④ 질산메틸

해설
셀룰로이드 : **질산셀룰로스**와 **장뇌**의 균일한 콜로이드 분산액으로부터 개발한 최초의 합성 플라스틱 물질

정답 ①

060
물이나 알코올을 적셔서 저장하는 위험물은?
① 질화면
② 콜로디온
③ 삼산화크로뮴
④ 다이에틸에터

해설
질화면 : 물이나 알코올에 적셔서 저장

정답 ①

061
질화면의 성질로서 맞는 것은?
① 질화도가 클수록 폭발성이 세다.
② 수분이 많이 포함될수록 폭발성이 크다.
③ 외관상 솜과 같은 진한 갈색의 물질이다.
④ 질화도가 낮을수록 아세톤에 녹기 힘들다.

해설
질화도가 클수록 폭발 위험성이 크다.

정답 ①

062

위험물안전관리법상 위험물 분류할 때 나이트로화합물에 속하는 것은?

① 질산에틸[$C_2H_5ONO_2$]
② 하이드라진[N_2H_4]
③ 질산메틸[CH_3ONO_2]
④ 피크르산[$C_6H_2OH(NO_2)_3$]

해설
나이트로화합물 : 피크르산, TNT

정답 ④

063

제5류 위험물 중 품명이 나이트로화합물이 아닌 것은?

① 나이트로글리세린
② 피크르산
③ 트라이나이트로벤젠
④ 트라이나이트로톨루엔

해설
나이트로글리세린 : 질산에스터류

정답 ①

064

트라이나이트로톨루엔의 위험성에 대한 설명으로 옳지 않은 것은?

① 폭발력이 강하다.
② 물에는 녹지 않으며 아세톤, 벤젠에는 잘 녹는다.
③ 햇빛에 변색되고 이는 폭발성을 증가시킨다.
④ 중금속과 반응하지 않는다.

해설
트라이나이트로톨루엔
• 물 성

화학식	비 점	융 점	비 중
$C_6H_2CH_3(NO_2)_3$	240[℃]	80.1[℃]	1.0

• 담황색의 결정으로 강력한 폭약이다.
• 충격에는 민감하지 않으나 급격한 타격에 의하여 폭발한다.
• 물에 녹지 않으며, 알코올에는 가열하면 녹고, 아세톤, 벤젠, 에터에는 잘 녹는다.
• 일광에 의해 갈색으로 변하고 가열, 타격에 의하여 폭발한다.
• 중금속과 반응하지 않는다.

정답 ③

065

$C_6H_2CH_3(NO_2)_3$의 제조 원료로 옳게 짝지어진 것은?

① 톨루엔, 황산, 질산
② 톨루엔, 벤젠, 질산
③ 벤젠, 질산, 황산
④ 벤젠, 질산, 염산

해설
TNT[$C_6H_2CH_3(NO_2)_3$]의 원료 : 톨루엔, 황산, 질산

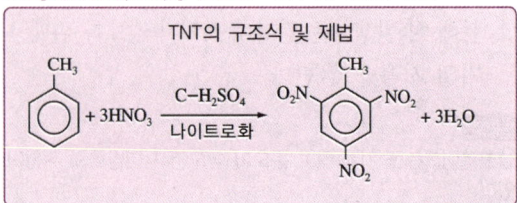

정답 ①

066
TNT를 햇볕에 쪼이면 어느 색깔로 변색되는가?

① 갈 색
② 청 색
③ 흰 색
④ 적 색

해설
TNT를 햇볕에 쪼이면 갈색으로 변한다.

정답 ①

068
TNT(Tri Nitro Toluene)의 분자량은?(단, H = 1, C = 12, O = 16, N = 14)

① 77
② 91
③ 227
④ 239

해설
TNT의 구조식은 $C_6H_2CH_3(NO_2)_3$이므로
분자량 = $(12 \times 6) + (1 \times 2) + 12 + (1 \times 3) + [14 + (16 \times 2)] \times 3$
= 227

정답 ③

067
TNT가 분해될 때 주로 발생하는 가스는?

① 일산화탄소
② 암모니아
③ 사이안화수소
④ 염화수소

해설
TNT의 분해반응식

$$2C_6H_2CH_3(NO_2)_3 \rightarrow 2C + 3N_2\uparrow + 12CO\uparrow + 5H_2\uparrow$$
(질소) (일산화탄소) (수소)

정답 ①

069
담황색의 결정이며 일광에 의해 갈색으로 변하고, 가열·타격에 의해 폭발하는 것은?

① 피크르산
② TNT
③ 나이트로글리세린
④ 셀룰로이드

해설
TNT : 담황색의 결정이며 일광에 의해 갈색으로 변하고, 가열·타격에 의해 폭발한다.

정답 ②

070

다음 물질 중 햇볕에 쪼이면 갈색으로 변하고 아세톤, 벤젠, 알코올에 잘 녹으며, 물에는 녹지 않고 금속과 반응하지 않는 물질은 어느 것인가?

① $C_6H_2(NO_2)_3OH$
② $(CH_2)_3(NO_2)_3$
③ $C_6H_2CH_3(NO_2)_3$
④ $C_6H_3(NO_2)_3$

해설
TNT[$C_6H_2CH_3(NO_2)_3$]는 햇볕에 쪼이면 갈색으로 변하고 아세톤, 벤젠, 알코올에 잘 녹으며, 물에는 녹지 않고 금속과 반응하지 않는 물질

정답 ③

071

TNT는 다음 어느 물질의 유도체인가?

① 톨루엔
② 페놀
③ 아닐린
④ 벤즈알데하이드

해설
톨루엔의 유도체 : TNT

정답 ①

072

다음 위험물 중 톨루엔에 질산, 황산을 반응시켜 생성되는 물질로서, 나이트로글리세린과 달리 장기간 저장해도 자연분해할 위험 없이 안전한 것은 무엇인가?

① $C_6H_2(NO_2)_3OH$
② $(CH_2)_3(NO_2)_3$
③ $C_6H_2CH_3(NO_2)_3$
④ $C_6H_3(NO_2)_3$

해설
TNT[$C_6H_2CH_3(NO_2)_3$] : 톨루엔에 질산, 황산을 반응시켜 생성되는 물질

정답 ③

073

트라이나이트로톨루엔의 설명 중 적당하지 않은 것은?

① 일광을 쪼이면 갈색으로 변하나 독성은 없다.
② 발화온도가 약 300[℃]이다.
③ 에터나 알코올에 녹는다.
④ 갈색의 액체로서 비중은 1.8 정도이다.

해설
트라이나이트로톨루엔 : 담황색의 결정으로 비중은 1.66이다.

정답 ④

074
트라이나이트로톨루엔에 관한 설명으로 틀린 것은?

① 담황색의 결정이다.
② 보통 피크르산이라 한다.
③ 물에는 녹지 않으나 에터에는 잘 녹는다.
④ 충격에는 민감하지 않지만 급격한 타격에 의하여 폭발한다.

해설
피크르산 : 트라이나이트로페놀

정답 ②

075
트라이나이트로톨루엔(TNT) 성상에 대한 설명 중 틀린 것은?

① 물에 녹지 않으나 알코올에는 녹는다.
② 중성 물질이기 때문에 금속과 반응하지 않는다.
③ 공기 중 수분에 의해 가수분해하여 자연분해된다.
④ 피크르산에 비해 충격, 마찰에 둔감하고 기폭약을 쓰지 않으면 폭발하지 않는다.

해설
TNT는 물에 녹지 않아 가수분해되지 않는다.

정답 ③

076
다음 화합물 중 성상이 흰색 결정인 것은?

① 피크르산
② 테트릴
③ 트라이나이트로톨루엔
④ 헥소겐

해설

종 류	성 상
피크르산	황색 침상결정
테트릴	담황색 결정
트라이나이트로톨루엔	담황색 결정
헥소겐	백색 또는 무색결정

정답 ④

077
단독으로는 마찰, 충격에 둔감하나 금속염으로 했을 때 폭발이 쉬운 것은?

① 피크르산   ② 질산에틸
③ 강질화면   ④ TNT

해설
피크르산 : 단독으로는 마찰, 충격에 둔감하나 금속염으로 했을 때 폭발이 쉽다.

정답 ①

078

피크르산의 성질에 대한 설명 중 틀린 것은?

① 쓴맛이 나고 독성이 있다.
② 약 300[℃] 정도에서 발화한다.
③ 구리용기에 보관해야 한다.
④ 단독으로는 마찰, 충격에 둔감하다.

해설

트라이나이트로페놀(Tri Nitro Phenol, 피크르산)
• 물 성

화학식	융 점	착화점	비 중
$C_6H_2OH(NO_2)_3$	121[℃]	300[℃]	1.8

• 광택 있는 황색의 침상 결정이다.
• 쓴맛과 독성이 있고 알코올, 에터, 벤젠, 더운물에는 잘 녹는다.
• 단독으로 가열, 마찰, 충격에 안정하고 연소 시 검은 연기를 내지만 폭발은 하지 않는다.
• 금속염과 혼합은 폭발이 심하며 가솔린, 알코올, 아이오딘, 황과 혼합하면 마찰, 충격에 의하여 심하게 폭발한다.

정답 ③

079

피크르산에 대한 설명 중 맞지 않는 것은?

① 노란색 물감으로 폭약에 쓰인다.
② 수용액은 강한 산성으로 쓴맛을 가진다.
③ 황색의 침상결정이다.
④ 마찰, 타격에 둔감하고 연소 시 흰 연기를 낸다.

해설

피크르산의 연소 : 검은 연기를 발생

정답 ④

080

피크르산은 무슨 반응으로 제조하는가?

① 할로젠화   ② 산 화
③ 에스터화   ④ 나이트로화

해설

페놀을 술폰화하고 나이트로화하여 피크르산을 만든다.

정답 ④

081

나이트로화합물류 중 분자구조 내에 하이드록시기를 갖는 위험물은?

① 피크르산
② 트라이나이트로톨루엔
③ 트라이나이트로벤젠
④ 테트릴

해설

하이드록시기(-OH)를 갖는 것은 피크르산이다.

종 류	피크르산	트라이나이트로톨루엔
화학식 (구조식)	OH기를 가진 O_2N-벤젠고리-NO_2, NO_2	CH_3기를 가진 O_2N-벤젠고리-NO_2, NO_2
종 류	트라이나이트로벤젠	테트릴
화학식 (구조식)	O_2N-벤젠고리-NO_2, NO_2	NO_2-N-CH_3기를 가진 O_2N-벤젠고리-NO_2, NO_2

정답 ①

082

피크르산[$C_6H_2(NO_2)_3OH$]은 다음 중 어떤 물질과 반응하여 피크르산염을 형성하는가?

① 물
② 수 소
③ 구 리
④ 알루미늄

해설
피크르산[$C_6H_2(NO_2)_3OH$] : **구리, 납, 아연**과 반응하면 피크르산염을 형성한다.

정답 ③

083

트라이나이트로페놀(피크르산)의 성상으로 옳지 않은 것은?

① 융점 81[℃], 비점 280[℃]이다.
② 쓴맛이 있으며 독성이 있다.
③ 단독으로는 마찰, 충격에 안정하다.
④ 알코올, 에터, 벤젠에 잘 녹는다.

해설
트라이나이트로페놀(피크르산)
• 착화점 : 300[℃], **융점 : 121[℃]**, 비중 : 1.8
• 쓴맛이 있으며 독성이 있다.
• 단독으로는 마찰, 충격에 안정하다.
• 온수, 알코올, 에터, 벤젠에 잘 녹는다.

정답 ①

084

피크르산의 위험성과 소화방법으로 틀린 것은?

① 건조할수록 위험성이 증가한다.
② 이 산의 금속염은 대단히 위험하다.
③ 알코올 등과 혼합된 것은 폭발의 위험이 있다.
④ 화재 시에는 질식소화가 효과 있다.

해설
피크르산은 제5류 위험물로서 주수에 의한 **냉각소화**가 효과 있다.

> 제5류 위험물 : 피크르산, 나이트로화합물(TNT), 나이트로소화합물, 아조화합물, 유기과산화물, 질산에스터류 등

정답 ④

085

나이트로화합물 중 쓴맛이 있고 유독하며, 물에 전리하여 강한 산이 되며, 뇌관의 첨장약으로 사용되는 것은?

① 나이트로글리세린
② 셀룰로이드
③ 트라이나이트로페놀
④ 트라이메틸렌트라이나이트로아민

해설
트라이나이트로페놀(피크르산) : 쓴맛, 독성, 폭약(뇌관의 첨장약)

정답 ③

086

트라이나이트로페놀(Picric Acid)에 대한 설명 중 틀린 것은?

① 황색염료, 폭약에 쓰인다.
② 물에 전리하여 강한 산이 되며, 쓴맛을 가진다.
③ 순수한 것은 무색이지만 공업용은 황색의 침상 결정이다.
④ 벤젠에 진한 황산을 녹이고 이것을 질산에 작용시켜 만든다.

해설
페놀의 술폰화 → 나이트로화 과정을 거쳐 피크르산을 제조한다.

정답 ④

087

다음 중 피크르산 1몰이 분해(폭발)하였을 때 생성되는 생성물을 바르게 나타낸 것은?

① $12CO_2 + 10H_2O + 6N_2 + O_2$
② $2CO_2 + 3CO + 1.5N_2 + 1.5H_2 + C$
③ $12CO + 3N_2 + 5H_2 + 2C$
④ $6CO + 2H_2O + 1.5N_2 + C$

해설
피크르산의 분해식

$$C_6H_2(NO_2)_3OH \rightarrow 2CO_2 + 3CO + 1.5N_2 + 1.5H_2 + C$$

정답 ②

088

제5류 위험물로 황색염료와 폭약으로 사용하는 물질은?

① 피크르산
② 나이트로셀룰로스
③ TNT
④ 질산에틸

해설
피크르산 : 황색염료, 폭약으로 사용

정답 ①

089

피크르산은 페놀의 어느 원소와 NO_2가 치환된 것인가?

① O
② H
③ C
④ OH

해설
피크르산 : 페놀(C_6H_5OH)의 수소원자 3개를 나이트로기($-NO_2$)로 치환한 화합물

정답 ②

090

나이트로화합물을 금속염으로 만들 때 폭발성이 있는 것은?

① HNO_3
② $C_2H_5NO_3$
③ $C_6H_2(NO_2)_3 \cdot OH$
④ $C_3H_7NO_3$

해설
피크르산[$C_6H_2(NO_2)_3 \cdot OH$]은 금속과 반응하면 금속염이 된다.

정답 ③

091

다음 고무가황제로 쓰이는 제5류 위험물은?

① 다이나이트로소펜타메틸렌테트라민
② 파라다이나이트로소벤젠
③ 다이나이트로소레조르신
④ 나이트로소아세트페논

해설
고무가황제 : 파라다이나이트로소벤젠

정답 ②

092

제5류 위험물 중 하이드라진 유도체의 지정수량은?

① 50[kg]
② 100[kg]
③ 200[kg]
④ 300[kg]

해설
하이드라진 유도체의 지정수량 : 100[kg]

하이드라진[N_2H_4, 제2석유류(수용성)]의 지정수량 : 2,000[L]

정답 ②

093

다음 제5류 위험물이며 자기반응성 물질로서 목면의 날염에 쓰이는 것은?

① 다이나이트로나프탈렌
② 다이아노나이트로페놀
③ 다이나이트로소레조르신
④ 트라이메틸렌트라이나이트라민

해설
다이나이트로소레조르신 : 제5류 위험물이며 자기반응성 물질로서 목면의 날염에 사용

정답 ③

094
다음 나이트로소화합물에 대한 설명 중 옳지 않은 것은?

① 고상 물질이다.
② 나이트로소화합물(제2종)의 지정수량은 100[kg]이다.
③ 반드시 벤젠핵을 가져야 한다.
④ 가열해도 폭발의 위험이 없다.

해설
나이트로소화합물은 가열, 마찰, 충격에 의해 폭발의 위험이 있다.

정답 ④

095
다음 물질 중 무색 또는 백색의 결정으로 비중이 약 1.80이고 융점이 약 202[℃]이며 물에는 녹지 않는 것은?

① 피크르산
② 다이나이트로레조르신
③ 트라이나이트로톨루엔
④ 헥소겐

해설
헥소겐(Research Department Explosive, RDX)
- 백색 또는 무색 사방정계 결정으로 분자량은 222.13, 비중은 1.80이다.
- 녹는점은 202[℃]이고 충격에 대해서는 둔감하다.
- 물에는 녹지 않는다.

정답 ④

제6절 제6류 위험물

001
제6류 위험물의 일반적인 성질에 대한 설명으로 가장 거리가 먼 것은?

① 모두 무기화합물이며 물에 녹기 쉽고 물보다 무겁다.
② 모두 강산에 속한다.
③ 모두 산소를 함유하고 있으며 다른 물질을 산화시킨다.
④ 자신은 모두 불연성 물질이다.

해설
제6류 위험물의 일반적인 성질
- 산화성 액체이며 무기화합물로 이루어져 형성된다.
- 무색, 투명하며 비중은 1보다 크고 표준상태에서는 모두가 액체이다.
- **과산화수소를 제외**하고 **강산성 물질**이며 물에 녹기 쉽다.
- 불연성 물질이며 가연물, 유기물 등과의 혼합으로 발화한다.
- 증기는 유독하며 피부와 접촉 시 점막을 부식시킨다.

정답 ②

002
다음 중 제6류 위험물의 공통적인 성질로 틀린 것은?

① 비중은 1보다 크다.
② 강산성이고 강산화제이다.
③ 불에 잘 탄다.
④ 표준상태에서 모두가 액체이다.

해설
제6류 위험물의 성질
- **강산성**이고 강산화성 액체이다.
- **비중**은 **1보다 크다.**
- **불연성**이다.

정답 ③

003
산화성 액체 위험물에 대한 설명 중 틀린 것은?

① 과산화수소의 경우 물과 접촉하면 심하게 발열하고 폭발의 위험이 있다.
② 질산은 불연성이지만 강한 산화력을 가지고 있는 강산화성 물질이다.
③ 질산은 물과 접촉하면 발열하므로 주의해야 한다.
④ 과염소산은 강산이고 불안정하여 분해가 용이하다.

해설
과산화수소는 물, 알코올, 에터에는 녹는다.

정답 ①

004
산화성 액체 위험물의 성질에 대한 설명이 아닌 것은?

① 강산화제로 부식성이 있다.
② 일반적으로 물과 반응하여 흡열한다.
③ 유기물과 반응하여 산화·착화하여 유독가스를 발생한다.
④ 강산화제로 자신은 불연성이다.

해설
산화성 액체 위험물은 제6류 위험물로서 **물과 반응**하면 **발열반응**을 한다.

정답 ②

005
다음 중에서 제6류 위험물의 화재예방에 가장 공통적으로 주의해야 할 사항은 어느 것인가?

① 산화제의 혼입을 막는다.
② 항상 냉각시켜 둔다.
③ 불필요하게 가연물과의 접촉을 피한다.
④ 공기와의 접촉을 피한다.

해설
제6류 위험물 : 가연물 접촉주의

정답 ③

006
산화성 액체 위험물의 공통 성질이 아닌 것은?

① 물과 만나면 발열한다.
② 비중이 1보다 크며 물에 안 녹는다.
③ 부식성 및 유독성이 강한 강산화제이다.
④ 산소를 많이 포함하여 다른 가연물의 연소를 돕는다.

해설
산화성 액체(제6류 위험물)는 비중이 1보다 크며 물에 잘 녹는다.

정답 ②

007

다음 산화성 액체 위험물질의 취급에 관한 설명 중 틀린 것은?

① 과산화수소 30[wt%] 농도의 용액은 단독으로 폭발 위험이 있다.
② 과염소산의 융점은 약 −112[℃]이다.
③ 질산은 강산이지만 백금은 부식시키지 못한다.
④ 과염소산은 물과 반응하여 열을 발생한다.

해설
과산화수소는 농도 **60[wt%] 이상**은 충격, 마찰에 의해서도 단독으로 **분해폭발 위험**이 있다.

정답 ①

008

제6류 위험물의 저장 및 취급방법으로서 틀린 것은?

① 염기 및 물의 접촉을 피할 것
② 용기는 내산성이 있는 것을 사용할 것
③ 소량 누출 시는 마른모래나 흙으로 흡수시킨다.
④ 유별을 달리하는(제2류, 제1류) 위험물과 동일한 위험물저장소 내에서 존재할 수 있다.

해설
제6류 위험물은 제1류 위험물과는 저장할 수 있으나 제2류 위험물과는 저장할 수 없다.

정답 ④

009

산화성 액체 위험물 취급방법으로 옳지 않은 것은?

① 반드시 습한 방에서 취급한다.
② 피부를 충분히 보호하고 취급한다.
③ 가연물이 존재하지 않는 곳에서 취급한다.
④ 통풍을 좋게 하고 필요에 따라 마스크를 사용한다.

해설
산화성 액체(제6류 위험물)는 물과 반응하면 발열하므로 건조한 장소에서 취급해야 한다.

정답 ①

010

제6류 위험물의 소화를 위한 처리 사항 중 틀린 것은?

① 할로젠화합물소화도 효과가 있다.
② 물분무소화도 효과가 있다.
③ 팽창질석도 효과가 있다.
④ 마른모래도 효과가 있다.

해설
제6류 위험물은 불연성이지만 산화성이므로 화재 시 산소를 발생하기 때문에 할로젠화합물, 이산화탄소와 같은 **질식소화**는 **효과가 없다.**

정답 ①

011
다음 위험물을 취급할 때 고온체와 접촉해도 화재위험이 적은 류의 위험물은?

① 제2류 위험물
② 제4류 위험물
③ 제5류 위험물
④ 제6류 위험물

해설
제6류 위험물은 **불연성**으로 고온체와 접촉으로 화재 위험성은 적다.

정답 ④

012
다음 위험물 중 형상은 다르지만 성질이 같은 것은?

① 제1류와 제6류
② 제2류와 제5류
③ 제3류와 제5류
④ 제4류와 제6류

해설
위험물의 성질

유 별	성 질
제1류	**산화성 고체**
제2류	가연성 고체
제3류	자연발화성 및 금수성 물질
제4류	인화성 액체
제5류	자기반응성 물질
제6류	**산화성 액체**

정답 ①

013
제6류 위험물의 지정수량은?

① 20[kg]
② 100[kg]
③ 200[kg]
④ 300[kg]

해설
제6류 위험물의 지정수량 : 300[kg]

정답 ④

014
제6류 위험물에 속하지 않는 것은?

① 과산화수소
② 과염소산
③ 초 산
④ 질 산

해설
초산 : 제4류 위험물

정답 ③

015
제6류 위험물에 속하는 것은?
① $HClO_4$
② $NaClO_3$
③ $KClO_4$
④ $NaClO_4$

해설
$HClO_4$(과염소산) : 제6류 위험물

정답 ①

016
산화성 액체 위험물 중 질산의 성질이 틀린 것은?
① 담황색의 액체로서 부식성이 강하다.
② 비점은 122[℃], 융점은 -42[℃]이다.
③ 일광 또는 공기와 만나면 분해하여 갈색의 증기를 발생한다.
④ 물과 반응하면 흡열반응을 한다.

해설
질산은 물과 반응하면 **발열반응**을 한다.

정답 ④

017
다음 설명 중 틀린 것은?
① 제1류 위험물은 산화성 고체이며 아염소산염류, 염소산염류, 과염소산염류, 무기과산화물류의 지정수량은 모두 50[kg]이다.
② 제3류 위험물 중 칼륨, 나트륨, 알킬알루미늄, 알킬리튬의 지정수량은 모두 10[kg]이다.
③ 제5류 위험물 중 질산에스터류(제1종)의 지정수량은 10[kg]이다.
④ 제6류 위험물은 산화성 액체이며 과염소산, 과산화수소, 질산의 지정수량은 모두 500[kg]이다.

해설
제6류 위험물
- 성상 : 산화성 액체
- 종류 : 과염소산, 과산화수소, 질산
- 지정수량 : 모두 300[kg]

정답 ④

018
과염소산 위험물이 물과 접촉할 경우의 반응은?
① 폭발반응
② 연소반응
③ 연쇄반응
④ 발열반응

해설
과염소산($HClO_4$)이 물과 반응하면 심하게 발열한다.

정답 ④

019

다음 중 제6류 위험물 중 과염소산의 일반적인 성질로서 맞는 것은?

① 과염소산은 물과 작용하여 고체수화물을 만든다.
② 수용액은 완전히 전리하지 않는다.
③ 무거운 액체이며 무색, 무취이다.
④ 염소산 중에서 가장 약한 산이다.

해설
과염소산은 물과 작용하여 6종의 고체수화물을 만든다.

정답 ①

020

다음 중 과염소산의 화학식으로 맞는 것은?

① HClO
② HClO₂
③ HClO₃
④ HClO₄

해설
화학식

화학식	HClO	HClO₂	HClO₃	HClO₄
명칭	차아염소산	아염소산	염소산	과염소산

정답 ④

021

다음 중 가장 약산은 어느 것인가?

① HClO
② HClO₂
③ HClO₃
④ HClO₄

해설
염소산의 종류

종류	HClO	HClO₂	HClO₃	HClO₄
명칭	차아염소산	아염소산	염소산	과염소산

∴ 산의 강도 : HClO < HClO₂ < HClO₃ < HClO₄

정답 ①

022

다음은 과염소산의 일반적인 성질을 설명한 것이다. 옳은 것은?

① 수용액은 완전히 전리한다.
② 염소산 중에서 가장 약한 산이다.
③ 과염소산은 물과 작용해서 액체수화물을 만든다.
④ 비중이 물보다 가벼운 액체이며, 무색, 무취이다.

해설
과염소산(HClO₄)
• **수용액**은 완전히 **전리**한다.
• **염소산** 중에서 가장 **강한 산**이다.
• 과염소산은 물과 작용해서 **6종**의 **고체수화물**을 만든다.
• 비중이 물보다 **무거운 무색의 액체**이다.

정답 ①

023

다음 제6류 위험물인 과산화수소의 성질 중 틀린 것은?

① 에터, 알코올에 녹는다.
② 용기는 구멍이 뚫린 마개를 사용한다.
③ 석유, 벤젠에는 녹지 않는다.
④ 순수한 것은 담황색 액체이다.

해설
과산화수소의 특성
- **순수한 것은 무색 액체**이고, 양이 많을 경우 청색을 나타낸다.
- 에터, 알코올에 녹고, 석유, 벤젠에는 녹지 않는다.
- 용기는 밀전하지 말고 구멍이 뚫린 마개를 사용한다.
- 직사광선에 의하여 분해한다.

정답 ④

024

과산화수소의 성질에 관한 설명이다. 옳지 않은 것은?

① 순수한 것은 점성이 있는 무색 액체이며, 다량이면 청색 빛깔을 띤다.
② 순도가 높은 것은 불순물, 구리, 은, 백금 등의 미립자에 의하여 폭발적으로 분해한다.
③ 에터에 녹지 않으며, 벤젠에는 녹는다.
④ 강력한 산화제이나 환원제로서 작용하는 경우도 있다.

해설
과산화수소는 물, 알코올, 에터에는 녹지만 벤젠에는 녹지 않는다.

정답 ③

025

염산과 반응하며 석유와 벤젠에 불용성이고, 피부와 접촉 시 수종을 생기게 하는 위험물을 생성시키는 물질은 무엇인가?

① 과산화나트륨
② 과산화수소
③ 과산화벤조일
④ 과산화칼륨

해설
과산화수소(H_2O_2) : 석유와 벤젠에 불용성이고, 피부와 접촉 시 수종을 생기게 하는 위험물

정답 ②

026

과산화수소에 대한 설명 중 틀린 것은?

① 햇빛에 의해서 분해되어 산소를 방출한다.
② 단독으로 폭발할 수 있는 농도는 약 60[%] 이상이다.
③ 벤젠이나 석유에 쉽게 용해되어 급격히 분해된다.
④ 농도가 진한 것은 피부에 접촉 시 수종을 일으킬 위험이 있다.

해설
과산화수소는 물, 알코올, 에터에는 녹지만, **벤젠에는 녹지 않는다.**

정답 ③

027

다음은 위험물의 저장 및 취급 시 주의 사항이다. 어떤 위험물인가?

> 36[wt%] 이상의 위험물로서 수용액은 안정제를 가하여 분해를 방지시키고 용기는 착색된 것을 사용해야 하며, 금속류의 용기 사용은 금한다.

① 염소산칼륨
② 과염소산마그네슘
③ 과산화나트륨
④ 과산화수소

해설

과산화수소(H_2O_2)는 **36[wt%] 이상의 위험물**로서 수용액은 안정제[인산(H_3PO_4), 요산($C_5H_4N_4O_3$)]를 가하여 분해를 방지시킨다.

정답 ④

028

제6류 위험물인 과산화수소에 대한 설명 중 틀린 것은?

① 유리용기에 장기간 보관해도 무방하다.
② 냉암소에 저장하고 온도의 상승을 방지한다.
③ 용기에 내압상승을 방지하기 위하여 아주 작은 구멍을 낸다.
④ 농도가 클수록 위험하므로 분해방지 안정제를 넣어 산소분해를 억제한다.

해설

과산화수소는 착색 유리병에 저장해야 하며 구멍이 있는 마개를 사용해야 한다.

정답 ①

029

산화제나 환원제로 사용할 수 있는 것은?

① F_2
② $K_2Cr_2O_7$
③ H_2O_2
④ $KMnO_4$

해설

과산화수소(H_2O_2) : 산화제 또는 환원제

정답 ③

030

과산화수소가 분해하여 발생하는 기체의 위험성은?

① 산소이며 가연성이다.
② 수소이며 가연성이다.
③ 산소이며 연소를 도와준다.
④ 수소이며 연소를 도와준다.

해설

과산화수소의 분해반응식

$$2H_2O_2 \rightarrow 2H_2O + O_2$$

정답 ③

031

과산화수소(H_2O_2)가 표백, 산화작용을 하는 이유는 분해할 때 무엇이 생성되기 때문인가?

① 발생기 산소 ② 발생기 수소
③ 발생기 염소 ④ 이산화황

해설
과산화수소의 분해반응식

$$2H_2O_2 \rightarrow 2H_2O + O_2$$

∴ 과산화수소가 표백, 산화작용을 하는 이유는 분해할 때 발생기 산소가 생성되기 때문이다.

정답 ①

032

과산화수소의 분해방지 안정제로 사용할 수 있는 물질은?

① 구 리 ② 은
③ 인 산 ④ 목탄분

해설
과산화수소

- 과산화수소의 안정제 : 인산(H_3PO_4), 요산($C_5H_4N_4O_3$)
- 옥시풀 : 과산화수소 3[%] 용액의 소독약
- 과산화수소의 분해반응식
  $2H_2O_2 \rightarrow 2H_2O + O_2$
- 과산화수소의 저장용기 : 착색 유리병
- 구멍 뚫린 마개를 사용하는 이유 : 상온에서 서서히 분해하여 산소를 발생하여 폭발의 위험이 있어 통기를 위하여

정답 ③

033

H_2O_2는 농도가 일정 이상으로 높을 때 단독으로 폭발한다. 몇 [wt%] 이상일 때인가?

① 30[wt%] ② 40[wt%]
③ 50[wt%] ④ 60[wt%]

해설
과산화수소(H_2O_2)는 농도 **60[wt%] 이상**일 때 충격, 마찰에 의해서도 단독으로 **분해폭발** 위험이 있다.

정답 ④

034

질산(HNO_3)의 성질로 맞는 것은?

① 공기 중에서 자연발화한다.
② 충격에 의하여 자연발화한다.
③ 인화점이 낮아서 발화하기 쉽다.
④ 물과 반응하여 강한 산성을 나타낸다.

해설
질산(HNO_3)은 물과 반응하여 강한 산성을 나타낸다.

정답 ④

035

진한 질산(농질산)의 성질과 관계가 없는 것은?

① 가연성 물질과 접촉하여 이것을 발화시키는 경우가 있다.
② 금속과 작용하여 가연성 기체인 산소를 발생시켜 가연물의 연소를 돕는다.
③ 물과 혼합하면 심하게 발열한다.
④ 피부에 접촉하면 세포조직을 급속히 파괴하여 심한 화상을 일으킨다.

해설
산소 : 조연성 기체

정답 ②

036

다음은 질산의 성상에 관한 설명이다. 맞는 것은?

① 질산은 인화성 물질이다.
② KClO₃와 혼합하면 안정한 질산염이 생성된다.
③ 자신은 불연성 물질로 강한 환원력을 갖고 있다.
④ 위험물안전관리법상 질산의 비중이 1.49 이상을 위험물로 간주하고 있다.

해설
질산의 비중 : 1.49 이상(위험물)

정답 ④

037

공기 중에서 갈색의 연기를 내며 갈색병에 보관해야 하는 것은?

① 진한 질산
② 진한 황산
③ 진한 염산
④ 과산화수소

해설
진한 질산은 공기 중에서 갈색의 연기를 내며 갈색병에 보관해야 한다.

정답 ①

038

질산을 보관할 때 마개로 가장 알맞은 것은?

① 코르크마개
② 도자기마개
③ 무명천
④ 고무마개

해설
질산은 공기와 접촉하면 이산화질소(NO_2)의 갈색 증기가 발생하므로 도자기 마개를 사용해야 한다.

정답 ②

039

질산의 위험성과 관계가 있는 것은?

① 인화성
② 가연성
③ 불연성
④ 조연성

해설
질산(제6류 위험물) : 불연성

정답 ③

040

질산의 위험성에 관한 설명 중 옳은 것은?

① 충격에 의해 착화한다.
② 공기 속에서 자연발화한다.
③ 인화점이 낮고 발화하기 쉽다.
④ 환원성 물질과 혼합 시 발화한다.

해설
질산(HNO_3)은 환원성 물질과 혼합하면 발화한다.

정답 ④

041

진한 질산을 잘못 취급하여 바닥에 흘러내렸다. 이때 어떤 조치를 취한 다음 중화제로 중화시켜야 하는가?

① 톱밥 등에 흡수시킨다.
② 솜에 흡수시킨다.
③ 마른 흙으로 적셔낸다.
④ 물걸레로 닦아낸다.

해설
진한 질산 누설 시 마른 걸레로 닦아내고 중화제로 처리한다(물이 들어가면 많은 발열을 하기 때문에 위험하다).

정답 ③

042

잔토프로테인 반응과 관계 되는 물질은?

① 황 산
② 클로로술폰산
③ 무수크로뮴산
④ 질 산

해설
잔토프로테인 반응 : 단백질 검출반응의 하나로서 아미노산 또는 단백질에 **진한 질산**을 가하여 가열하면 황색이 되고, 냉각하여 염기성으로 되게 하면 등황색을 띤다.

정답 ④

043

다음 금속 중 진한 질산에 의하여 부동태가 되는 금속은?

① Fe
② Sb
③ Zn
④ Mg

해설
Fe(철) : 진한 질산에 의하여 부동태가 되는 금속

정답 ①

044

진한 질산을 몇 [℃] 이하로 냉각시키면 응축 결정되는가?

① 약 -65[℃]
② 약 -57[℃]
③ 약 -42[℃]
④ 약 -31[℃]

해설
진한 질산의 응축 결정온도 : 약 -42[℃]

정답 ③

045

진한 질산 2[mol]을 가열 분해 시 발생하는 가스는?

① 질 소
② 일산화탄소
③ 이산화질소
④ 암모늄이온

해설
질산의 분해반응식

$$2HNO_3 \rightarrow H_2O + 2NO_2 \uparrow + 1/2O_2 \uparrow$$

정답 ③

CHAPTER 03 위험물의 화재 및 소화방법

제1절 위험물의 화재

1 화재의 정의와 발생현황

(1) 화재의 정의

① 자연 또는 인위적인 원인에 의해 물체를 연소시키고 인간의 신체, 재산, 생명의 손실을 초래하는 재난
② 사람의 의도에 반하거나 고의로 인하여 발생하는 연소현상으로 소방시설을 사용하여 소화할 필요가 있는 현상

(2) 화재의 발생현황

① 원인별 화재발생현황 : 전기 > 담배 > 방화 > 불티 > 불장난 > 유류
② 장소별 화재발생현황 : 주택, 아파트 > 차량 > 공장 > 음식점 > 점포
③ 계절별 화재발생현황 : 겨울 > 봄 > 가을 > 여름

2 화재의 종류

구 분 \ 급 수	A급	B급	C급	D급	K급
화재의 종류	일반화재	유류화재	전기화재	금속화재	주방화재
원형 표시색	백 색	황 색	청 색	무 색	-

(1) 일반화재

목재, 종이, 합성수지류 등의 일반가연물의 화재

> 한옥의 화재 : A급 화재

(2) 유류화재

제4류 위험물(특수인화물, 제1석유류~제4석유류, 알코올류, 동식물유류)의 화재

> 유류화재 시 주수소화 금지이유 : 연소면(화재면) 확대

(3) 전기화재

전기화재는 양상이 다양한 원인 규명의 곤란이 많은 전기가 설치된 곳의 화재

> 전기화재의 발생원인 : 합선(단락), 과부하, 누전, 스파크, 배선불량, 전열기구의 과열

(4) 금속화재

칼륨(K), 나트륨(Na), 마그네슘(Mg), 아연(Zn) 등 물과 반응하여 가연성 가스를 발생하는 물질의 화재

3 화재의 피해 및 소실 정도

(1) 화재피해의 감소방안

① 화재의 효과적인 예방
② 화재의 효과적인 발견
③ 화재의 효과적인 진압

(2) 화재의 소실 정도

① **부분소화재** : 전소, 반소화재에 해당되지 않는 것
② **반소화재** : 건물의 30[%] 이상 70[%] 미만이 소실된 것
③ **전소화재** : 건물의 70[%] 이상(입체면적에 대한 비율)이 소실되었거나 또는 그 미만이라도 잔존부분을 보수해도 재사용이 불가능한 것

(3) 화상의 종류

① **1도 화상(홍반성)**
  최외각의 피부가 손상되어 그 부위가 분홍색이 되며 심한 통증을 느끼는 정도
② **2도 화상(수포성)**
  화상부위가 분홍색으로 되고 분비액이 많이 분비되는 화상의 정도

> 구급처치법 : 상처 부위를 다량의 흐르는 물로 세척한다.

③ **3도 화상(괴사성)**
  화상부위가 벗겨지고 열이 깊숙이 침투하여 검게 되는 정도
④ **4도 화상**
  전기화재로 인하여 화상을 입은 부위 조직이 탄화되어 검게 변한 정도

제2절 소화이론

(1) **소화의 원리**

연소의 3요소 중 어느 하나를 없애주어 소화하는 방법

(2) **소화방법** 중요

① **냉각소화** : 화재현장에 물을 주수하여 발화점 이하로 온도를 낮추어 소화하는 방법

> - 물 1[L/min]은 건물 내의 일반가연물을 진화할 수 있는 양 : 0.75[m³]
> - 물을 소화제로 이용하는 이유 : **비열**과 **증발잠열**이 크기 때문
> - 소화약제 : 산화반응을 하고 발열반응을 갖지 않는 물질

② **질식소화** : 공기 중의 산소의 농도를 21[%]에서 **15[%] 이하**로 낮추어 소화하는 방법(공기 차단)

> 질식소화 시 산소의 유효 한계농도 : 10~15[%]

③ **제거소화** : 화재현장에서 가연물을 없애주어 소화하는 방법

④ **화학소화(부촉매효과)** : 연쇄반응을 차단하여 소화하는 방법 중요
  ㉠ 화학소화방법은 불꽃연소에만 한한다.
  ㉡ 화학소화제는 연쇄반응을 억제하면서 동시에 냉각, 산소희석, 연료제거 등의 작용을 한다.
  ㉢ 화학소화제는 불꽃연소에는 매우 효과적이나 표면연소에는 효과가 없다.

⑤ **희석소화** : **알코올, 에스터, 케톤류** 등 **수용성 물질**에 다량의 물을 방사하여 가연물의 농도를 낮추어 소화하는 방법

⑥ **유화효과** : 물분무소화설비를 중유에 방사하는 경우 유류표면에 엷은 막으로 유화층을 형성하여 화재를 소화하는 방법

⑦ **피복효과** : 이산화탄소약제 방사 시 가연물의 구석까지 침투하여 피복하므로 연소를 차단하여 소화하는 방법

> **Plus One** 소화효과
> - 물(적상, 봉상) 방사 : 냉각효과
> - 물(무상)방사 : 질식, 냉각, 희석, 유화효과
> - 포말 : 질식, 냉각효과
> - 이산화탄소 : 질식, 냉각, 피복효과
> - 할론(할로젠화합물), 분말 : 질식, 냉각, 억제(부촉매)효과
> - 할로젠화합물 및 불활성기체소화약제 ─ 할로젠화합물 : 질식, 냉각, 부촉매효과
>   └ 불활성기체 : 질식, 냉각효과

제3절 소화기(약제)의 종류 및 특성

1 소화기의 분류

(1) 가압방식에 의한 분류

① **축압식** : 항상 소화기의 용기 내부에 소화약제와 압축공기 또는 불연성 Gas(질소, CO_2)를 축압시켜 그 압력에 의해 약제가 방출되며, CO_2소화기 외에는 모두 **지시압력계**가 **부착**되어 있으며 녹색의 지시가 정상 상태이다.

② **가압식** : 소화약제의 방출을 위한 가압가스 용기를 소화기의 내부나 외부에 따로 부설하여 가압 Gas의 압력에서 소화약제가 방출된다.

(2) 소화능력 단위에 의한 분류

① 소형소화기 : 능력단위 1단위 이상이면서 대형 소화기의 능력단위 이하인 소화기

② 대형소화기 : 능력단위가 A급 화재는 **10단위** 이상, B급 화재는 **20단위** 이상인 것으로서 소화약제 충전량은 표에 기재한 이상인 소화기

종 별	소화약제의 충전량
포	20[L]
강화액	60[L]
물	80[L]
분 말	**20[kg]**
할로젠화합물	30[kg]
이산화탄소	50[kg]

2 물소화약제

(1) 물소화약제의 장·단점

① **장 점**
  ㉠ 인체에 무해하여 다른 약제와 혼합하여 수용액으로 사용할 수 있다.
  ㉡ 가격이 저렴하고 장기 보존이 가능하다.
  ㉢ 냉각의 효과가 우수하며 무상주수일 때는 질식, 유화효과가 있다.

② **단 점**
  ㉠ 0[℃] 이하의 온도에서는 동파 및 응고현상으로 소화효과가 적다.
  ㉡ 방사 후 물에 의한 2차 피해의 우려가 있다.
  ㉢ 전기화재(C급)나 금속화재(D급)에는 적응성이 없다.
  ㉣ 유류화재 시 물약제를 방사하면 연소면 확대로 소화효과는 기대하기 어렵다.

(2) 물소화약제의 방사방법 및 소화효과

① **방사방법**
  ㉠ **봉상주수** : 옥내소화전, 옥외소화전에서 방사하는 물이 가늘고 긴 물줄기 모양을 형성하여 방사되는 것

ⓒ **적상주수** : 스프링클러헤드와 같이 물방울을 형성하면서 방사되는 것으로 봉상주수보다 물방울의 입자가 작다.

> 봉상주수, 적상주수의 소화효과 : 냉각효과

ⓒ **무상주수** : 물분무헤드와 같이 안개 또는 구름 모양을 형성하면서 방사되는 것

> 무상주수 : 질식, 냉각, 희석, 유화효과

② **소화원리**

냉각작용에 의한 소화효과가 가장 크며 증발하여 수증기로 되므로 원래 물의 용적의 약 **1,700배**의 불연성 기체로 되기 때문에 가연성 혼합기체의 희석작용도 하게 된다.

Plus One | 물의 질식효과
- 물의 성상
  - 물의 밀도 : $1[g/cm^3]$
  - 화학식 : H_2O(분자량 : 18)
  - 부피 : 22.4[L](표준상태에서 1[g-mol]이 차지하는 부피)
- 1,700배 계산근거

  물 1[g]일 때 몰수를 구하면 $\dfrac{1[g]}{18[g]} = 0.05555[mol]$

  0.05555[mol]을 부피로 환산하면 $0.05555[mol] \times 22.4[L] = 1.244[L] = 1,244[cm^3]$

  온도 100[℃]를 보정하면 $1,244[cm^3] \times \dfrac{(273+100)[K]}{273[K]} ≒ 1,700[cm^3]$

  ∴ 물 1[g]이 100[%] 수증기로 증발하였을 때 체적은 약 1,700배가 된다.

3 물소화기

(1) 산·알칼리소화기

① **종 류**
   ㉠ 전도식 : 내부의 상부에 합성수지용기에 황산을 넣어놓고 용기본체에는 탄산수소나트륨 수용액을 넣어 사용할 때 황산 용기의 마개가 자동적으로 열려 혼합되면 화학반응을 일으켜서 방출구로 방사하는 방식
   ㉡ 파병식 : 용기 본체의 중앙부 상단에 황산이 든 앰플을 파열시켜 용기 본체 내부의 중탄산나트륨수용액과 화합하여 반응 시 생성되는 탄산가스의 압력으로 약제를 방출하는 방식

② **소화원리**

   $H_2SO_4 + 2NaHCO_3 \rightarrow Na_2SO_4 + 2H_2O + 2CO_2\uparrow$

> 산·알칼리소화기 무상일 때 : 전기화재 가능

(2) 강화액소화기 중요

① 종 류

㉠ 축압식 : 강화액소화약제(탄산칼륨수용액)를 정량적으로 충전시킨 소화기로서 압력을 용이하게 확인할 수 있도록 압력지시계가 부착되어 있으며 방출방식은 봉상 또는 무상인 소화기이다.

㉡ 가스가압식 : 축압식에서와 같으며 단지 압력지시계가 없으며 안전밸브와 액면표시가 되어 있는 소화기이다.

㉢ 반응식 : 용기의 재질과 구조는 산·알칼리소화기의 파병식과 동일하며 탄산칼륨수용액의 소화약제가 충전되어 있는 소화기이다.

② 소화원리

$$H_2SO_4 + K_2CO_3 + H_2O \rightarrow K_2SO_4 + 2H_2O + CO_2 \uparrow$$

강화액은 −25[℃]에서도 동결하지 않으므로 한랭지에서도 보온의 필요가 없을 뿐만 아니라 탈수, 탄화작용으로 목재, 종이 등을 불연화하고 재연방지의 효과도 있다.

4 포소화약제

(1) 포소화약제의 장·단점

① 장 점

㉠ 인체에는 무해하고 약제 방사 후 독성 가스의 발생 우려가 없다.

㉡ 가연성 액체 화재 시 질식, 냉각의 소화위력을 발휘한다.

② 단 점

㉠ 동절기에는 유동성을 상실하여 소화효과가 저하된다.

㉡ 단백포의 경우는 침전부패의 우려가 있어 정기적으로 교체 충전해야 한다.

㉢ 약제 방사 후 약제의 잔유물이 남는다.

포소화약제의 소화효과 : 질식효과, 냉각효과

(2) 포소화약제의 구비조건

① 포의 안정성과 유동성이 좋을 것
② 독성이 적을 것
③ 유류와의 접착성이 좋을 것

(3) 포소화약제의 종류 및 성상

① 화학포소화약제

화학포소화약제는 외약제인 탄산수소나트륨(중탄산나트륨, $NaHCO_3$)의 수용액과 내약제인 황산알루미늄[$Al_2(SO_4)_3$]의 수용액과 화학반응에 의해 이산화탄소를 이용하여 포(Foam)를 발생시킨 약제이다.

$$6NaHCO_3 + Al_2(SO_4)_3 \cdot 18H_2O \rightarrow 3Na_2SO_4 + 2Al(OH)_3 + 6CO_2 + 18H_2O$$

② **기계포소화약제(공기포소화약제)**

㉠ 혼합비율에 따른 분류

구 분	약제 종류	약제 농도	팽창비
저발포용	단백포	3[%], 6[%]	6배 이상 20배 이하
	합성계면활성제포	3[%], 6[%]	6배 이상 20배 이하
	수성막포	3[%], 6[%]	5배 이상 20배 이하
	알코올용포	3[%], 6[%]	6배 이상 20배 이하
	플루오린화단백포	3[%], 6[%]	6배 이상 20배 이하
고발포용	합성계면활성제포	1[%], 1.5[%], 2[%]	80배 이상 1,000배 미만

> **단백포 3[%]** : 단백포약제 3[%]와 물 97[%]의 비율로 혼합한 약제

$$팽창비 = \frac{방출 \ 후 \ 포의 \ 체적[L]}{방출 \ 전 \ 포수용액의 \ 체적(포원액 + 물)[L]} = \frac{방출 \ 후 \ 포의 \ 체적[L]}{\frac{원액의 \ 양[L]}{농도[\%]}}$$

㉡ 포소화약제에 따른 분류

- **단백포소화약제** : 소의 뿔, 발톱, 피 등 동물성 단백질 가수분해물에 염화제일철염($FeCl_2$염)의 안정제를 첨가해 물에 용해하여 수용액으로 제조된 소화약제로서 특이한 냄새가 나는 끈끈한 흑갈색 액체이다.

물 성 \ 종 류	단백포	합성계면활성제포	수성막포	알코올용포
pH(20[℃])	6.0~7.5	6.5~8.5	6.0~8.5	6.0~8.5
비중(20[℃])	1.1~1.2	0.9~1.2	1.0~1.15	0.9~1.2
침전원액량	0.1[%]([vol%]) 이하			

- **합성 계면활성제포소화약제** : 고급 알코올 황산에스터와 고급 알코올황산염을 사용하여 포의 안정성을 위해 안정제를 첨가한 소화약제이다.
- **수성막포소화약제** : 미국의 3M사가 개발한 것으로 일명 Light Water라고 한다. 이 약제는 플루오린계통의 습윤제에 합성 계면활성제가 첨가되어 있는 약제로서 물과 혼합하여 사용한다. 성능은 단백포소화약제에 비해 약 300[%] 효과가 있으며 필요한 소화약제의 양은 1/3 정도에 불과하다.

> AFFF(Aqueous Film Forming Foam) : 수성막포

- **알코올용포소화약제** : 단백질의 가수분해물에 합성세제를 혼합해서 제조한 소화약제로서 알코올, **에스터류** 같은 **수용성인 용제**에 적합하다. 중요
- **플루오린화단백포소화약제** : 단백포에 플루오린계 계면활성제를 혼합하여 제조한 것으로서 플루오린의 소화효과는 포소화약제 중 우수하나 가격이 비싸 잘 유통되지 않고 있다.

5 이산화탄소소화약제

(1) 이산화탄소소화약제의 성상

① 이산화탄소의 특성

  ㉠ 상온에서 **기체**이며 그 가스비중(공기 = 1.0)은 1.517로 공기보다 무겁다.
  ㉡ 무색, 무취로 화학적으로 안정하고 가연성·부식성도 없다.
  ㉢ 이산화탄소는 화학적으로 비교적 안정하다.
  ㉣ 공기보다 1.5배 무겁기 때문에 **심부화재**에 적합하다.
  ㉤ 고농도의 이산화탄소는 인체에 독성이 있다.
  ㉥ 액화가스로 저장하기 위하여 임계온도(31.35[℃]) 이하로 냉각시켜 놓고 가압한다.
  ㉦ 저온으로 고체화한 것을 드라이아이스라고 하며 냉각제로 사용한다.

> 이산화탄소의 허용농도 : 5,000[ppm](0.5[%])

② 이산화탄소의 물성

구 분	물성치
화학식	CO_2
분자량	44
비중(공기 = 1)	1.517
비 점	-78[℃]
밀 도	1.977[g/L]
삼중점	-56.3[℃](0.42[MPa])
승화점	-78.5[℃]
점도(20[℃])	14.7[μPa·s]
임계압력	72.75[atm]
임계온도	31.35[℃]
열전도율(20[℃])	3.6×10^{-5}[cal/cm·s·℃]
증발잠열	576.5[kJ/kg]

(2) 이산화탄소의 품질기준

열에 의해 부식성이나 독성이 없어야 하며 이산화탄소는 고압가스 안전관리법에 적용을 받으므로 **충전비**는 **1.50 이상**되어야 한다.

종 별	함량[vol%]	수분[wt%]	특 성
1종	99.0 이상	-	무색, 무취
2종	99.5 이상	0.05 이하	-
3종	99.5 이상	0.005 이하	-

※ 주로 제2종(함량 99.5[%] 이상, 수분 0.05[%] 이하)을 주로 사용하고 있다.

(3) 이산화탄소소화약제의 소화효과 중요

① 산소의 농도를 21[%]를 15[%]로 낮추어 이산화탄소에 의한 **질식효과**
② 증기비중이 공기보다 1.517배로 무겁기 때문에 이산화탄소에 의한 **피복효과**
③ 이산화탄소 가스 방출 시 기화열에 의한 **냉각효과**

> 이산화탄소의 소화효과 : 질식, 피복, 냉각효과

6 할로젠화합물소화약제

(1) 소화약제의 개요

할로젠화합물이란 **플루오린, 염소, 브로민** 및 **아이오딘** 등 할로젠족 원소를 하나 이상 함유한 화학물질을 말한다. 할로젠족 원소는 다른 원소에 비해 높은 반응성을 갖고 있어 할론은 독성이 적고 안정된 화합물을 형성한다.

① **오존파괴지수(ODP)**

어떤 물질의 오존파괴능력을 상대적으로 나타내는 지표를 ODP(Ozone Depletion Potential, 오존파괴지수)라 한다. 이 ODP는 기준물질로 CFC-11(CFC_3)의 ODP를 1로 정하고 상대적으로 어떤 물질의 대기권에서의 수명, 물질의 단위질량당 염소나 브로민 질량의 비, 활성염소와 브로민의 오존파괴능력 등을 고려하여 그 물질의 ODP가 정해지는데 그 계산식은 다음과 같다.

$$ODP = \frac{\text{어떤 물질 1[kg]이 파괴하는 오존량}}{\text{CFC-11 1[kg]이 파괴하는 오존량}}$$

② **지구온난화지수(GWP)**

일정무게의 CO_2가 대기 중에 방출되어 지구온난화에 기여하는 정도를 1로 정하였을 때 같은 무게의 어떤 물질이 기여하는 정도를 GWP(Global Warming Potential, 지구온난화지수)로 나타내며, 다음 식으로 정의된다.

$$GWP = \frac{\text{물질 1[kg]이 기여하는 온난화 정도}}{CO_2 \text{ 1[kg]이 기여하는 온난화 정도}}$$

(2) 소화약제의 특성

① **소화약제의 특성**
㉠ 변질분해가 없다.
㉡ 전기부도체이다.
㉢ 금속에 대한 부식성이 적다.
㉣ 연소 억제작용으로 부촉매 소화효과가 훌륭하다.
㉤ 값이 비싸다는 단점도 있다.

② 소화약제의 물성

종류 \ 물성	할론1301	할론1211	할론2402
분자식	CF_3Br	CF_2ClBr	$C_2F_4Br_2$
분자량	148.93	165.4	259.8
비점[℃]	-57.75	-4	47.5
빙점[℃]	-168.0	-160.5	-110.1
임계온도[℃]	67.0	153.8	214.6
임계압력[atm]	39.1	40.57	33.5
임계 밀도[g/cm³]	0.745	0.713	0.790
상태(20[℃])	기 체	기 체	액 체
오존층파괴지수	14.1	2.4	6.6
밀도[g/cm³]	1.57	1.83	2.18
증기비중	5.13	5.70	8.96
증발잠열[kJ/kg]	119	130.6	105

- 전기음성도 : F > Cl > Br > I
- 소화효과 : F < Cl < Br < I

③ 소화약제의 구비조건

㉠ 비점이 낮고 기화되기 쉬울 것

㉡ 공기보다 무겁고 불연성일 것

㉢ 증발잔유물이 없어야 할 것

④ 명명법

할로젠화합물이란 할로젠화 탄화수소(Halogenated Hydrocarbon)의 약칭으로 탄소 또는 탄화수소에 플루오린, 염소, 브로민이 함께 포함되어 있는 물질을 통칭하는 말이다.

예를 들면, **할론1211**은 CF_2ClBr로서 메테인(CH_4)에 2개의 플루오린원자, 1개의 염소원자 및 1개의 브로민원자가 치환되어 있는 화합물이다.

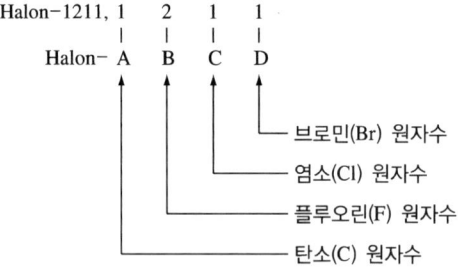

(3) 소화약제의 성상

① **할론1301소화약제**

$$\begin{array}{c} H \\ | \\ H-C-H \\ | \\ H \end{array} \rightarrow \begin{array}{c} F \\ | \\ F-C-Br \\ | \\ F \end{array}$$

이 약제는 메테인(CH_4)에 플루오린(F) 3원자와 브로민(Br) 1원자가 치환되어 있는 약제로서 분자식은 CF_3Br이며 분자량은 148.93이다. BTM(Bromo Trifluoro Methane)이라고도 한다. **상온(21[℃])**에서 **기체**이며 **무색, 무취**로 **전기전도성**이 **없으며** 공기보다 약 5.1배(148.93/29 = 5.13배) 무거우며 21[℃]에서 약 **1.4[MPa]**의 압력을 가하면 액화될 수 있다. 할론1301은 고압식(4.2[MPa])과 저압식(2.5[MPa])으로 저장하는데 할론1301소화설비에서 21[℃] 자체증기압은 1.4[MPa]이므로 고압식으로 저장하면 나머지 압력(4.2-1.4 = **2.8[MPa]**)은 **질소 가스**를 충전하여 약제를 전량 외부로 방출하도록 되어 있다. 이 약제는 할론소화약제 중에서 독성이 가장 약하고 소화효과는 가장 좋다. 적응화재는 B급(유류) 화재, C급(전기) 화재에 적합하다.

② **할론1211소화약제**

$$\begin{array}{c} H \\ | \\ H-C-H \\ | \\ H \end{array} \rightarrow \begin{array}{c} Cl \\ | \\ F-C-F \\ | \\ Br \end{array}$$

이 약제는 메테인에 플루오린(F) 2원자, 염소(Cl) 1원자, 브로민(Br) 1원자가 치환되어 있는 약제로서 분자식은 CF_2ClBr이며 분자량은 165.4이다. BCF(Bromo Chloro Difluoro Methane)라 하며 "브로모클로로다이플루오로메테인"이라고도 한다. **상온**에서 **기체**이며, 공기보다 약 5.7배 무거우며, 비점은 -4[℃]로서 이 온도에서 방출 시에는 액체상태로 방사된다. 적응화재는 유류화재, 전기화재에 적합하다.

> **휴대용 소형소화기 : 할론1211, 할론2402**

③ **할론1011소화약제**

$$\begin{array}{c} H \\ | \\ H-C-H \\ | \\ H \end{array} \rightarrow \begin{array}{c} Cl \\ | \\ H-C-H \\ | \\ Br \end{array}$$

이 약제는 메테인에 염소 1원자, 브로민 1원자가 치환되어 있는 약제로서 분자식은 CH_2ClBr이며 분자량은 129.4이다. CB(Bromo Chloro Methane)라 하며 브로모클로로메테인이라고도 한다. 할론1011은 상온에서 액체이며 증기의 비중(공기 = 1)은 4.5이다.

> **상온에서 액체 : 할론1011, 할론2402**

④ 할론2402소화약제

$$H-\underset{\underset{H}{|}}{\overset{\overset{H}{|}}{C}}-\underset{\underset{H}{|}}{\overset{\overset{H}{|}}{C}}-H \rightarrow Br-\underset{\underset{F}{|}}{\overset{\overset{F}{|}}{C}}-\underset{\underset{F}{|}}{\overset{\overset{F}{|}}{C}}-Br$$

이 약제는 에테인(C_2H_6)에 플루오린 4원자와 브로민 2원자를 치환한 약제로서 분자식은 $C_2F_4Br_2$이며 분자량은 259.8이다. FB(Dibromo Tetra Fluoro Ethane)라 하며 다이브로모테트라플루오로에테인이라고도 한다. 적응화재는 유류화재, 전기화재의 소화에 적합하다.

⑤ 사염화탄소소화약제

이 약제는 메테인에 염소 4원자를 치환시킨 약제로서 공기, 수분, 탄산가스와 반응하면 포스겐($COCl_2$)이라는 독가스를 발생하기 때문에 실내에 사용을 금지하고 있으며, 이 약제는 CTC(Carbon Tetra Chloride)라 한다. 사염화탄소는 무색, 투명한 휘발성 액체로서 특유한 냄새와 독성이 있다.

Plus One 사염화탄소의 화학반응식
- 공기 중 : $2CCl_4 + O_2 \rightarrow 2COCl_2 + 2Cl_2$
- 습기 중 : $CCl_4 + H_2O \rightarrow COCl_2 + 2HCl$
- 탄산가스 중 : $CCl_4 + CO_2 \rightarrow 2COCl_2$
- 산화철 접촉 중 : $3CCl_4 + Fe_2O_3 \rightarrow 3COCl_2 + 2FeCl_3$
- 발연황산 중 : $2CCl_4 + H_2SO_4 + SO_3 \rightarrow 2COCl_2 + S_2O_5Cl_2 + 2HCl$

(4) 소화약제의 소화효과

① 물리적 효과

기체 및 액상 할론의 열 흡수, 액체 할론이 기화할 때와 할론이 분해할 때 주위의 열을 뺏는 공기 중 산소농도를 묽게 해주는 희석효과 공기 중의 산소 농도를 15[%] 이하로 낮추어 준다.

② 화학적 효과

연소과정은 자유 Radical이 계속 이어지면서 연쇄반응이 이루어지는데 이 과정에 할론약제가 접촉하면 할론이 함유하고 있는 브로민이 고온에서 Radical형태로 분해되어 연소 시 연쇄반응의 원인물질인 활성자유 Radical과 반응하여 연쇄반응의 꼬리를 끊어주어 연소의 연쇄반응을 억제시킨다.

Plus One 소화 시 할론1301의 화학반응 메커니즘
- $CF_3Br + H \rightarrow CF_3 + HBr$
- $HBr + H \rightarrow H_2 + Br$
- $Br + Br + M \rightarrow Br_2 + M$
- $Br_2 + H \rightarrow HBr + Br$

할론소화약제의 소화 중요
- **소화효과 : 질식, 냉각, 부촉매효과**
- **소화효과의 크기 : 사염화탄소 < 할론1011 < 할론2402 < 할론1211 < 할론1301**

[위험물과 소방의 소화설비 명칭 비교]

분야 구분	위험물	소방
소화기	할로젠화합물소화기	할론소화기
	이산화탄소소화기	이산화탄소소화기
소화설비	불활성가스소화설비	이산화탄소소화설비
	할로젠화합물소화설비	할론소화설비
	–	할로겐화합물 및 불활성기체소화설비
참고	• 위험물안전관리법 시행규칙 [별표 17] • 위험물안전관리에 관한 세부기준	소방시설 설치 및 관리에 관한 법률 시행령 [별표 1]

※ 위험물안전관리법령에서만 할로젠화합물소화설비가 할로젠화합물소화설비로 개정되었고 소방법령에는 할로겐화합물 및 불활성기체소화설비(위험물에는 이런 명칭이 없다), 할론소화설비가 있다.

7 할로젠화합물 및 불활성기체소화약제(NFTC 107A)

※ 소방에서 '할로겐화합물 및 불활성기체소화설비(NFTC 107A)'인데 위험물에는 이 소화설비가 없음에도 시험에 종종 출제된다. 그래서 소방은 아직 개정되지 않았으나 동일하게 하기 위해 이 도서에서는 '할로젠화합물 및 불활성기체소화설비'로 수정하였다.

(1) 할로젠화합물 및 불활성기체소화약제의 개요

할로젠화합물 및 불활성기체소화약제는 할론(할론1301, 할론2402, 할론1211 제외) 및 불활성기체로서 전기적으로 비전도성이며 휘발성이 있거나 증발 후 잔여물을 남기지 않는 소화약제인데 전기실, 발전실, 전산실 등에 설치하여 연소를 저지하는 약제이다.

(2) 소화약제의 종류(소방)

소화약제	화학식
퍼플루오로뷰테인(이하 "FC-3-1-10"이라 한다)	C_4F_{10}
하이드로클로로플루오로카본혼화제 (이하 "HCFC BLEND A"라 한다)	• HCFC-123($CHCl_2CF_3$) : 4.75[%] • HCFC-22($CHClF_2$) : 82[%] • HCFC-124($CHClFCF_3$) : 9.5[%] • $C_{10}H_{16}$: 3.75[%]
클로로테트라플루오로에테인(이하 "HCFC-124"라 한다)	$CHClFCF_3$
펜타플루오로에테인(이하 "HFC-125"라 한다)	CHF_2CF_3
헵타플루오로프로페인(이하 "HFC-227ea"라 한다)	CF_3CHFCF_3
트라이플루오로메테인(이하 "HFC-23"이라 한다)	CHF_3
헥사플루오로프로페인(이하 "HFC-236fa"라 한다)	$CF_3CH_2CF_3$
트라이플루오로아이오다이드(이하 "FIC-13I1"이라 한다)	CF_3I
불연성·불활성기체혼합가스(이하 "IG-01"이라 한다)	Ar
불연성·불활성기체혼합가스(이하 "IG-100"이라 한다)	N_2
불연성·불활성기체혼합가스(이하 "IG-541"이라 한다)	N_2 : 52[%], Ar : 40[%], CO_2 : 8[%]
불연성·불활성기체혼합가스(이하 "IG-55"라 한다)	N_2 : 50[%], Ar : 50[%]
도데카플루오로-2-메틸펜테인-3-원(이하 "FK-5-1-12"라 한다)	$CF_3CF_2C(O)CF(CF_3)_2$

[위험물과 소방의 소화설비약제 비교]

소화약제 종류	화학식	약제 구분	
		위험물	소 방
HFC-227ea	CF_3CHFCF_3	할로젠화합물소화설비	할로겐화합물 및 불활성기체 소화설비
FK-5-1-12	$CF_3CF_2C(O)CF(CF_3)_2$		
HFC-23	CHF_3		
HFC-125	CHF_2CF_3		
IG-100	N_2	불활성가스소화설비	
IG-541	• N_2 : 52[%] • Ar : 40[%] • CO_2 : 8[%]		
IG-55	• N_2 : 50[%] • Ar : 50[%]		

(3) 할로젠화합물 및 불활성기체소화약제의 정의

① **할로젠화합물소화약제** : 플루오린(F), 염소(Cl), 브로민(Br) 또는 아이오딘(I) 중 하나 이상의 원소를 포함하고 있는 유기화합물을 기본성분으로 하는 소화약제

② **불활성기체소화약제** : 헬륨(He), 네온(Ne), 아르곤(Ar) 또는 질소(N_2)가스 중 하나 이상의 원소를 기본성분으로 하는 소화약제

③ **충전밀도** : 용기의 단위 용적당 소화약제의 중량의 비율

(4) 할로젠화합물 및 불활성기체소화약제의 특성

① 전기적으로 비전도성이다.
② 휘발성이 있거나 증발 후 잔여물은 남기지 않는 액체이다.
③ 할로젠화합물(할론)소화약제 대체용이다.

(5) 약제의 구비조건

① 독성이 낮고 설계농도는 NOAEL 이하일 것
② 오존파괴지수(ODP), 지구온난화지수(GWP)가 낮을 것
③ 소화효과는 할로젠화합물소화약제와 유사할 것
④ 비전도성이고 소화 후 증발잔유물이 없을 것
⑤ 저장 시 분해하지 않고 용기를 부식시키지 않을 것

(6) 소화약제의 구분

① 할로젠화합물소화약제

㉠ 분 류

계 열	정 의	해당 물질
HFC(Hydro Fluoro Carbons) 계열	C(탄소)에 F(플루오린)와 H(수소)가 결합된 것	HFC-125, HFC-227ea, HFC-23, HFC-236fa
HCFC(Hydro Chloro Fluoro Carbons) 계열	C(탄소)에 Cl(염소), F(플루오린), H(수소)가 결합된 것	HCFC-BLEND A, HCFC-124
FIC(Fluoro Iodo Carbons) 계열	C(탄소)에 F(플루오린)와 I(옥소, 아이오딘)가 결합된 것	FIC-13I1
FC(PerFluoro Carbons) 계열	C(탄소)에 F(플루오린)가 결합된 것	FC-3-1-10, FK-5-1-12

㉡ 명명법

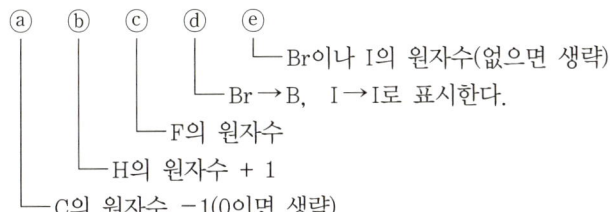

- ⓐ → C의 원자수 −1(0이면 생략)
- ⓑ → H의 원자수 + 1
- ⓒ → F의 원자수
- ⓓ → Br→B, I→I로 표시한다.
- ⓔ → Br이나 I의 원자수(없으면 생략)

[예시]
- HFC계열(HFC-227ea, CF_3CHFCF_3)
  - ⓐ → C의 원자수(3 − 1 = 2)
  - ⓑ → H의 원사수(1 + 1 = 2)
  - ⓒ → F의 원자수(7)
- HCFC계열(HCFC-124, $CHClFCF_3$)
  - ⓐ → C의 원자수(2 − 1 = 1)
  - ⓑ → H의 원자수(1 + 1 = 2)
  - ⓒ → F의 원자수(4)
  - 부족한 원소는 Cl로 채운다.
- FIC계열(FIC-13I1, CF_3I)
  - ⓐ → C의 원자수(1 − 1 = 0, 생략)
  - ⓑ → H의 원자수(0 + 1 = 1)
  - ⓒ → F의 원자수(3)
  - ⓓ → I로 표기
  - ⓔ → I의 원자수(1)
- FC계열(FC-3-1-10, C_4F_{10})
  - ⓐ → C의 원자수(4 − 1 = 3)
  - ⓑ → H의 원자수(0 + 1 = 1)
  - ⓒ → F의 원자수(10)

② 불활성기체소화약제

㉠ 분류

종류	화학식
IG-01	Ar
IG-100	N_2
IG-55	N_2(50[%]), Ar(50[%])
IG-541	N_2(52[%]), Ar(40[%]), CO_2(8[%])

㉡ 명명법

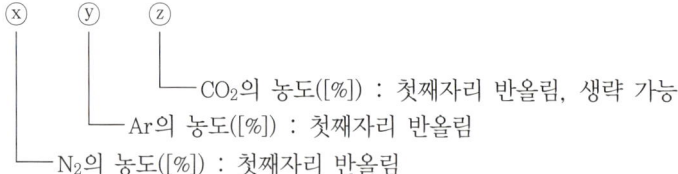

ⓧ ⓨ ⓩ
└── CO_2의 농도([%]) : 첫째자리 반올림, 생략 가능
└── Ar의 농도([%]) : 첫째자리 반올림
└── N_2의 농도([%]) : 첫째자리 반올림

[예시]
- IG-01
  - ⓧ → N_2의 농도(0[%] = 0)
  - ⓨ → Ar의 농도(100[%] = 1)
  - ⓩ → CO_2의 농도(0[%]) : 생략
- IG-100
  - ⓧ → N_2의 농도(100[%] = 1)
  - ⓨ → Ar의 농도(0[%] = 0)
  - ⓩ → CO_2의 농도(0[%] = 0)
- IG-55
  - ⓧ → N_2의 농도(50[%] = 5)
  - ⓨ → Ar의 농도(50[%] = 5)
  - ⓩ → CO_2의 농도(0[%]) : 생략
- IG-541
  - ⓧ → N_2의 농도(52[%] = 5)
  - ⓨ → Ar의 농도(40[%] = 4)
  - ⓩ → CO_2의 농도(8[%] → 10[%] = 1)

(7) 소화효과

① 할로젠화합물소화약제 : 질식, 냉각, 부촉매효과
② 불활성기체소화약제 : 질식, 냉각효과

8 분말소화약제

(1) 분말소화약제의 개요

열과 연기가 충만한 장소와 연소 확대위험이 많은 특정대상물에 설치하여 수동, 자동조작에 의해 불연성 가스(N_2, CO_2)의 압력으로 배관 내에 분말소화약제를 압송시켜 고정된 헤드나 노즐로 하여 방호대상물에 소화제를 방출하는 설비로서 가연성 액체의 소화에 효과적이고 전기설비의 화재에도 적합하다.

(2) 분말소화약제의 성상

① 제1종 분말소화약제(중탄산나트륨, 중조, $NaHCO_3$)
  ㉠ 제1종 분말의 주성분 : 중탄산나트륨(탄산수소나트륨) + 스테아린산염 또는 실리콘
  ㉡ 약제의 착색 : 백색
  ㉢ 적응화재 : 유류, 전기화재
  ㉣ 소화효과 : 질식, 냉각 부촉매효과
  ㉤ **식용유화재** : 주방에서 사용하는 식용유화재에는 가연물과 반응하여 **비누화현상**을 일으킨다.

  > **Plus One** 비누화현상
  > 알칼리를 작용하면 가수분해되어 그 성분의 산의 염과 알코올이 생성되는 현상

② 제2종 분말소화약제(중탄산칼륨, $KHCO_3$)
  ㉠ 제2종 분말의 주성분 : 중탄산칼륨 + 스테아린산염 또는 실리콘
  ㉡ 약제의 착색 : 담회색
  ㉢ 적응화재 : 유류, 전기화재
  ㉣ 소화효과 : 질식, 냉각 부촉매효과
  ㉤ 소화능력 : 제1종 분말보다 약 1.67배 크다.

③ 제3종 분말소화약제(제일인산암모늄, $NH_4H_2PO_4$) 중요
  ㉠ 제3종 분말의 주성분 : 제일인산암모늄
  ㉡ 약제의 착색 : **담홍색, 황색**
  ㉢ 적응화재 : **일반, 유류, 전기화재**
  ㉣ 소화효과 : 질식, 냉각 부촉매효과
  ㉤ 소화능력 : 제1종, 제2종 분말보다 20~30[%]나 크다.

④ 제4종 분말소화약제(중탄산칼륨 + 요소, $KHCO_3 + (NH_2)_2CO$)
  ㉠ 제4종 분말의 주성분 : 중탄산칼륨 + 요소
  ㉡ 약제의 착색 : 회색
  ㉢ 적응화재 : 유류, 전기화재

종류	주성분	착색	적응화재
제1종 분말	탄산수소나트륨(NaHCO$_3$)	백색	B, C급
제2종 분말	탄산수소칼륨(KHCO$_3$)	담회색	B, C급
제3종 분말	제일인산암모늄(NH$_4$H$_2$PO$_4$)	담홍색, 황색	A, B, C급
제4종 분말	탄산수소칼륨 + 요소(KHCO$_3$+(NH$_2$)$_2$CO)	회색	B, C급

(3) **열분해반응식** 중요

① 제1종 분말
  ㉠ 1차 분해반응식(270[℃]) : $2NaHCO_3 \rightarrow Na_2CO_3 + CO_2 + H_2O - Q[kcal]$
  ㉡ 2차 분해반응식(850[℃]) : $2NaHCO_3 \rightarrow Na_2O + 2CO_2 + H_2O - Q[kcal]$

② 제2종 분말
  ㉠ 1차 분해반응식(190[℃]) : $2KHCO_3 \rightarrow K_2CO_3 + CO_2 + H_2O - Q[kcal]$
  ㉡ 2차 분해반응식(590[℃]) : $2KHCO_3 \rightarrow K_2O + 2CO_2 + H_2O - Q[kcal]$

③ 제3종 분말
  ㉠ 190[℃]에서 분해 : $NH_4H_2PO_4 \rightarrow NH_3 + H_3PO_4$(인산, 오쏘인산)
  ㉡ 215[℃]에서 분해 : $2H_3PO_4 \rightarrow H_2O + H_4P_2O_7$(피로인산)
  ㉢ 300[℃]에서 분해 : $H_4P_2O_7 \rightarrow H_2O + 2HPO_3$(메타인산)

④ 제4종 분말 : $2KHCO_3 + (NH_2)_2CO \rightarrow K_2CO_3 + 2NH_3\uparrow + 2CO_2\uparrow - Q[kcal]$

(4) **분말소화약제의 소화효과** 중요

① 제1종 분말과 제2종 분말
  ㉠ 이산화탄소와 수증기에 의한 산소차단에 의한 질식효과
  ㉡ 이산화탄소와 수증기의 발생 시 흡수열에 의한 냉각효과
  ㉢ 나트륨염(Na$^+$)과 칼륨염(K$^+$)의 금속이온에 의한 부촉매효과

② 제3종 분말
  ㉠ 열분해 시 암모니아와 수증기에 의한 **질식효과**
  ㉡ 열분해에 의한 **냉각효과**
  ㉢ 유리된 암모늄염(NH$_4^+$)에 의한 **부촉매효과**
  ㉣ 메타인산(HPO$_3$)에 의한 방진작용(가연물이 숯불형태로 연소하는 것을 방지하는 작용)
  ㉤ 탈수효과

(5) **분말약제의 입도**

분말소화약제의 분말도는 입도가 너무 미세하거나 너무 커도 소화성능이 저하되므로 미세도의 분포가 골고루 되어야 한다.

제4절 위험물의 방폭설비에 관한 사항

1 방폭구조

(1) 내압(耐壓)방폭구조

폭발성 가스가 용기 내부에서 폭발하였을 때 용기가 그 압력에 견디거나 외부의 폭발성 가스가 인화되지 않도록 된 구조

(2) 압력(내압, 內壓)방폭구조

공기나 질소와 같이 **불연성 가스**를 용기 내부에 압입시켜 내부압력을 유지함으로서 외부의 폭발성 가스가 용기 내부에 침입하지 못하게 하는 구조

(3) 유입(油入)방폭구조

아크 또는 고열을 발생하는 전기설비를 용기에 넣어 그 용기 안에 다시 기름을 채워 외부의 폭발성 가스와 점화원이 접촉하여 폭발의 위험이 없도록 한 구조

(4) 안전증방폭구조

폭발성 가스나 증기에 점화원의 발생을 방지하기 위하여 기계적, 전기적 구조상 온도상승에 대한 안전도를 증가시키는 구조

(5) 본질안전방폭구조

전기불꽃, 아크 또는 고온에 의하여 폭발성 가스나 증기에 점화되지 않는 것이 점화시험, 기타에 의하여 확인된 구조

2 최대안전틈새범위(안전간극)

(1) 정 의

내용적이 8[L]이고 틈새 깊이가 25[mm]인 표준용기 안에서 가스가 폭발할 때 발생한 화염이 용기 밖으로 전파하여 가연성 가스에 점화되지 않는 최댓값

(2) 가연성 가스의 폭발등급 및 이에 대응하는 내압방폭구조의 폭발등급

폭발등급 \ 구분	최대안전틈새 범위	대상 물질
A	0.9[mm] 이상	메테인, 에테인, 석탄가스, 일산화탄소, 암모니아
B	0.5[mm] 초과 0.9[mm] 미만	에틸렌, 사이안화수소, 산화에틸렌
C	0.5[mm] 이하	수소, 아세틸렌

안전간격이 적을수록(폭발 C등급) 위험하다.

실전예상문제

001
화재에 대한 설명으로 옳지 않은 것은?
① 인간이 이를 제어하여 인류의 문화, 문명의 발달을 가져오게 한 근본적인 존재를 말한다.
② 불을 사용하는 사람의 부주의와 불안정한 상태에서 발생되는 것을 말한다.
③ 불로 인하여 사람의 신체, 생명 및 재산상의 손실을 가져다주는 재앙을 말한다.
④ 실화, 방화로 발생하는 연소현상을 말하며 사람에게 유익하지 못한 해로운 불을 말한다.

해설
화재 : 사람의 의도에 반하거나(실수) 고의(방화)로 인하여 발생하는 연소현상으로 소방시설을 사용하여 불을 끄는 현상

정답 ①

002
화재를 잘 일으킬 수 있는 원인에 대한 설명 중 틀린 것은?
① 화학적 친화력이 클수록 연소가 잘 된다.
② 온도가 상승하면 보통 연소가 잘 된다.
③ 열전도율이 좋을수록 연소가 잘 된다.
④ 산소와 접촉이 클수록 연소가 잘 된다.

해설
열전도율이 좋을수록 열이 모이지 않으므로 연소가 잘 되지 않는다.

정답 ③

003
화재의 종류 중 유류화재로서 연소 후 아무 것도 남지 않는 화재를 어떤 화재라고 하는가?
① A급 화재　　② B급 화재
③ C급 화재　　④ D급 화재

해설
화재의 종류

급수 구분	A급	B급	C급	D급
화재의 종류	일반화재	유류화재	전기화재	금속화재
원형 표시색	백색	황색	청색	무색

정답 ②

004
유류화재용 소화기에 적혀 있는 문자표시의 바탕색은?
① 백 색　　② 황 색
③ 청 색　　④ 흑 색

해설
유류화재의 바탕색 : 황색

정답 ②

005

D급 화재는 어디에 속하는가?

① 일반화재　② 유류화재
③ 전기화재　④ 금속화재

해설
D급 화재 : **금속화재**

정답 ④

006

D급 화재와 관련 있는 위험물질의 종류는?

① 목재, 의류, 종이
② 휘발유, 시너, 석유
③ 황, CS_2, 피리딘
④ 마그네슘, 철분, Al분

해설
D급 화재(금속화재) : 마그네슘, 철분, Al분

정답 ④

007

위험물의 화재 위험에 대한 설명으로 옳지 않은 것은?

① 인화점이 낮을수록 위험하다.
② 착화점이 높을수록 위험하다.
③ 폭발한계가 넓을수록 위험하다.
④ 연소속도가 클수록 위험하다.

해설
화재위험
- 비열이 작을수록 위험하다.
- **착화점**이 **낮을수록 위험하다.**
- 용해도가 크면 소화가 용이하다(용해도가 적으면 물과 섞이지 않으므로 소화가 어렵다).
- 전기전도율이 크면 열이 축적되지 않으므로 정전기 화재위험도가 감소한다.
- 온도나 압력이 높을 때 위험하다.
- 풍상에서 풍하로 이동하므로 **풍하**가 **위험**하다.

정답 ②

008

가연성 가스의 위험성이 증가하는 경우가 아닌 것은?

① 비점이 높을수록
② 연소범위가 넓을수록
③ 착화점이 낮을수록
④ 점도가 낮을수록

해설
위험성이 증가하는 경우
- **비점이 낮을수록**
- 연소범위가 넓을수록
- 착화점이 낮을수록
- 점도가 낮을수록
- 비중이 낮을수록
- 온도나 압력이 높을수록

정답 ①

009
화상은 정도에 따라서 여러가지로 나눈다. 2도 화상의 다른 명칭은?
① 괴사성   ② 홍반성
③ 수포성   ④ 화침성

해설
2도 화상 : 수포성

정답 ③

010
2도 화상에 알맞은 구급처치 방법은?
① 붕산수로 씻는다.
② 묽은 염산으로 씻는다.
③ 탄산수소액으로 씻는다.
④ 상처 부위를 많은 물로 씻는다.

해설
화상 부위는 다량의 흐르는 물로 세척한다.

정답 ④

011
다음 중 물을 소화약제로 사용하는 이유는?
① 기화잠열이 크기 때문에
② 부촉매효과가 있으므로
③ 환원성이 있으므로
④ 기화하기 쉬우므로

해설
물은 비열과 기화(증발)잠열이 크므로 소화약제로 사용한다.

물의 비열 : 1[cal/g·℃], 물의 증발잠열 : 539[cal/g]

정답 ①

012
다음 중 소화에 대한 조치에 맞지 않는 것은?
① 가연물의 제거
② 산소공급원의 차단
③ 냉각에 의한 온도저하
④ 신속한 발염상태 확인

해설
소화방법
- 제거소화 : 가연물의 제거
- 질식소화 : 산소공급원의 차단
- 냉각소화 : 냉각에 의한 온도저하
- 부촉매소화 : 연쇄반응 차단

정답 ④

013

소화작용에 대한 설명으로 옳지 않은 것은?

① 냉각소화법 : 물을 뿌려서 온도를 저하시키는 방법
② 질식소화법 : 불연성 포말로 연소물을 덮어씌우는 방법
③ 제거소화법 : 가연물을 제거하여 소화시키는 방법
④ 희석소화법 : 산·알칼리를 중화시켜 소화시키는 방법

해설

소화작용
- 냉각소화 : 화재현장에 물을 주수하여 발화점 이하로 온도를 낮추어 소화하는 방법
- 질식소화 : 공기 중의 산소의 농도를 21[%]에서 15[%] 이하로 낮추어 소화하는 방법(공기차단)
- 제거소화 : 화재현장에서 가연물을 없애주어 소화하는 방법
- **희석소화** : **알코올, 에터, 에스터, 케톤류** 등 **수용성 물질**에 다량의 물을 방사하여 가연물의 농도를 낮추어 소화하는 방법

정답 ④

014

입으로 바람을 불어 촛불을 끄고자 한다. 어떠한 소화작용과 관계가 있는가?

① 질식소화   ② 부촉매소화
③ 냉각소화   ④ 제거소화

해설

제거소화 : 입으로 바람을 불어 촛불을 끄는 것은 화재현장에서 가연물을 제거하는 것이다.

정답 ④

015

다음 중 각류에 공통으로 사용할 수 있는 소화제는?

① CO_2소화제   ② 포말소화제
③ 할론소화제   ④ 건조사

해설

건조사 : 만능소화제(제1류~제6류까지 공통사용)

정답 ④

016

다음 물질 중 소화제로 사용되지 않는 것은?

① 탄산가스   ② 공 기
③ 물   ④ 팽창질석

해설

공기 : 자신은 연소하지 않고 연소를 도와주는 조연성 가스

정답 ②

017

가연성 가스의 산소농도나 가연물의 조성을 연소점 한계 이하로 낮추어 소화하는 방법은?

① 희석작용   ② 제거작용
③ 질식작용   ④ 냉각작용

해설

질식작용 : 산소농도를 21[%]에서 15[%] 이하로 낮추어 소화하는 방법

정답 ③

018
질식소화는 공기 중의 산소농도를 얼마 이하로 낮추어야 하는가?

① 5~10[%]
② 10~15[%]
③ 16~18[%]
④ 16~20[%]

해설
질식소화 : 공기 중의 산소의 농도를 21[%]에서 **15[%] 이하**로 낮추어 소화하는 방법(공기 차단)

> 질식소화 시 산소의 유효 한계농도 : 10~15[%]

정답 ②

019
소화효과에 대하여 옳지 않은 것은?

① 산소공급의 차단에 의한 소화는 제거효과이다.
② 물에 의한 효과는 냉각효과이다.
③ 가연물을 제거하는 효과는 제거효과이다.
④ 소화분말에 의한 효과는 분말의 가열분해에 의한 질식 및 억제, 냉각의 상승효과이다.

해설
질식효과 : 산소공급의 차단에 의한 소화

정답 ①

020
D급 화재 시 소화 적응성이 가장 적당한 것은?

① 포소화제
② 마른모래
③ 소화탄
④ 산·알칼리포

해설
D급(금속) 화재 : 마른모래

정답 ②

021
소화작업을 할 때 모래나 모포 등으로 덮는 이유는?

① 공기 속에 있는 산소와의 화합을 막기 위해서이다.
② 공기 속의 질소를 공급하여 산소량을 적게 하기 위해서이다.
③ 모래나 모포 중에 있는 산소를 공급하기 위해서이다.
④ 공기 속에 있는 질소와의 화합을 막기 위해서이다.

해설
화재 시 공기 속에 있는 산소와의 화합을 막기 위해서 모래나 모포로 덮어 질식소화한다.

정답 ①

022

가연물 연소에 필요한 산소의 공급원을 단절하는 것은 소화이론 중 어떤 작용을 이용한 것인가?

① 가연물 제거작용
② 질식작용
③ 희석작용
④ 냉각작용

해설

소화방법의 종류
- 제거작용 : 화재현장에서 가연물을 없애 주는 방법
- 질식작용 : **산소공급원**을 **차단**하여 산소의 농도를 21[%]에서 **15[%] 이하**로 낮추어 소화하는 방법
- 희석작용 : 물을 주수하여 가연물의 농도를 낮추어 소화하는 방법
- 냉각작용 : 물을 주수하여 발화점 이하로 온도를 낮추어 소화하는 방법

정답 ②

023

대량의 제4류 위험물 화재에 물로서 소화하는 것이 적당하지 않은 이유 중 가장 옳은 것은?

① 가연성 가스를 발생한다.
② 연소면을 확대한다.
③ 인화점이 강하한다.
④ 물이 열분해한다.

해설

제4류 위험물 화재 시 **주수소화**하면 **연소면(화재면)** 확대로 적당하지 않다.

정답 ②

024

불연성이면서 소화제로 이용되는 물질은?

① 산화반응을 하고 발열반응을 하는 물질
② 산화반응을 하지 않으나 발열반응은 하는 물질
③ 산화반응을 하고 발열반응을 하지 않는 물질
④ 산화, 환원반응을 동시에 하는 물질

해설

소화제 : 산화반응을 하고 흡열반응을 하는 물질

정답 ③

025

사람의 몸에 붙은 불을 끄는 방법 중 가장 위험한 것은?

① 물속에 뛰어 든다.
② 젖은 모포 등을 덮어 쓴다.
③ 이산화탄소소화기로 끈다.
④ 석면포를 뒤집어 쓴다.

해설

사람의 몸에 이산화탄소를 방사하면 동상의 우려가 있어 아주 위험하다.

정답 ③

026

소화작용에 대한 설명으로 옳지 않은 것은?

① 연소에 필요한 산소의 공급원을 차단하는 소화는 제거작용이다.
② 물에 의한 온도를 낮추는 소화는 냉각작용이다.
③ 연소현상이 계속되지 않을 정도로 가연물을 제거하는 것은 제거작용이다.
④ 연소에 필요한 산소공급원을 차단하는 것은 질식작용이다.

해설
질식소화 : 연소에 필요한 산소의 공급원을 차단하는 소화

정답 ①

027

화재 시 가연물의 온도를 발화점 이하로 낮추어 소화하는 방법은 무엇인가?

① 희석소화   ② 제거소화
③ 질식소화   ④ 냉각소화

해설
냉각소화 : 가연물의 온도를 발화점 이하로 낮추어 소화하는 방법

정답 ④

028

인화성 액체 위험물에 대하여 가장 많이 쓰이는 소화원리는?

① 주수소화   ② 연소물 제거
③ 냉각소화   ④ 질식소화

해설
제4류 위험물(인화성 액체) : 질식소화

정답 ④

029

다음 중 소화 시 주의해야 할 소포성 액체는 어느 것인가?

① 가솔린   ② 아세톤
③ 크레오소트유   ④ 이황화탄소

해설
소포성 액체 : 수용성 액체(아세톤)

정답 ②

030

특수가연물인 가연성 액체류의 화재 시 소화설비의 적응성에 대한 설명으로 맞지 않은 것은?

① 포소화설비   ② 인산염류
③ 이산화탄소설비   ④ 스프링클러설비

해설
가연성 액체류는 수(水)계소화설비가 부적합하다.

정답 ④

031
유류나 전기화재에 가장 부적당한 소화기는?

① 산·알칼리소화기
② 이산화탄소소화기
③ 할로젠화합물소화기
④ 분말소화기

해설
산·알칼리소화기는 일반(A급) 화재에 적합하다.

정답 ①

032
알킬알루미늄의 화재 시 소화약제로서 가장 적당한 것은?

① 이산화탄소 ② 물
③ 팽창질석   ④ 산·알칼리

해설
알킬알루미늄의 소화약제 : 팽창질석, 팽창진주암

정답 ③

033
위험물화재에 대한 소화방법으로 적당하지 않은 것은?

① 증발 잠열을 이용한 주수로 냉각한다.
② 열전도율이 좋은 금속분말로 온도를 낮춘다.
③ 불연성 기체를 방사하여 산소공급을 차단한다.
④ 불연성 분말을 뿌려 산소 공급을 차단한다.

해설
위험물화재 : 증발 잠열을 이용한 냉각소화, 불연성 가스 또는 분말을 방사하여 산소공급 차단에 의한 질식소화

정답 ②

034
위험물에 대한 주된 소화방법이 잘못 짝지어진 것은?

① 제1류 위험물 : 냉각소화(일부 주수금지)
② 제2류 위험물 : 냉각소화(일부 주수금지)
③ 제3류 위험물 : 질식소화
④ 제5류 위험물 : 질식소화

해설
제5류 위험물 : 냉각소화

정답 ④

035
다음 소화제를 사용할 때 적당하지 않은 것은?
① 분말소화약제는 셀룰로이드 화재에 가장 적합하다.
② 마른모래(건조사)는 위험물 전류의 화재에 적용 가능하다.
③ 물은 탄화칼슘의 화재에 사용해서는 안 된다.
④ 사염화탄소는 유류화재에 적당하다.

해설
셀룰로이드 화재 : 제5류 위험물로서 냉각소화

정답 ①

036
알칼리금속의 과산화물인 과산화나트륨의 화재 시 소화방법으로 적당한 것은?
① 포소화제
② 물
③ 마른모래
④ 탄산가스

해설
과산화나트륨(Na_2O_2)의 소화약제 : 마른모래

정답 ③

037
K_2O_2의 화재 시 소화제로서 적당하지 않은 것은?
① 암 분
② 마른모래
③ 이산화탄소소화기
④ 탄산수소염류소화기

해설
무기과산화물(K_2O_2, Na_2O_2)의 소화약제 : 암분, 마른모래, 탄산수소염류소화기

정답 ③

038
다음 위험물화재 시 주수소화로 인하여 위험성이 있는 것은?
① 염소산칼륨
② 알칼리금속의 과산화물
③ 과염소산나트륨
④ 과산화수소

해설
알칼리금속의 **과산화물**(과산화칼륨, 과산화나트륨)은 물과 반응하면 **산소**를 **발생**하므로 위험하다.

정답 ②

039

금속나트륨 화재에 적응성이 있는 소화설비는?

① 팽창질석
② 할로젠화합물소화설비
③ 분말소화설비
④ 이산화탄소소화설비

해설
나트륨의 소화 : 마른모래, 팽창질석을 덮어 질식소화

정답 ①

040

다음 중 소화약제로 사용할 수 없는 것은?

① $BaCl_2$
② KCl
③ $KHCO_3$
④ CaC_2

해설
카바이드(CaC_2)는 제3류 위험물이다.

정답 ④

041

다음 위험물의 소화방법으로 주수소화가 적당하지 않은 것은?

① $NaClO_3$
② P_4S_3
③ Ca_3P_2
④ S

해설
인화석회는 물과 반응하면 포스핀(PH_3)의 유독성 가스를 생성한다.

$$Ca_3P_2 + 6H_2O \rightarrow 3Ca(OH)_2 + 2PH_3$$

정답 ③

042

위험물의 적응소화방법으로 맞지 않는 것은?

① 산화성 고체 : 질식소화
② 가연성 고체 : 냉각소화
③ 인화성 액체 : 질식소화
④ 자기반응성 물질 : 냉각소화

해설
산화성 고체(제1류 위험물) : 냉각소화

정답 ①

043

다음 중 화재 시 질식소화가 적당한 위험물은?

① $C_6H_2(NO_2)_3CH_3$
② $C_2H_5ONO_2$
③ $C_3H_5(ONO_2)_3$
④ $C_6H_5NO_2$

해설
TNT, 질산에틸, 나이트로글리세린은 제5류 위험물로서 냉각소화하고, 나이트로벤젠은 제4류 위험물로서 질식소화해야 한다.

정답 ④

044

화재 시 주수소화로 위험성이 더 커지는 위험물은?

① S
② P
③ P_4S_3
④ Al분

해설
알루미늄분(Al분)은 물과 반응하면 수소가스를 발생하므로 위험하다.

$$2Al + 6H_2O \rightarrow 2Al(OH)_3 + 3H_2$$

정답 ④

045

다음 위험물 중 소화방법이 마그네슘과 동일하지 않은 것은?

① 알루미늄분
② 아연분
③ 황 분
④ 카드뮴분

해설
마그네슘분, 알루미늄분, 아연분, 카드뮴분은 물과 반응하면 수소가스를 발생하므로 위험하고 황분은 물로 주수소화한다.

정답 ③

046

위험물화재 시 주수소화에 의하여 오히려 위험이 따르는 물질은?

① P_2S_5(황화인)
② 황린(P)
③ 황(S)
④ 마그네슘분(Mg)

해설
마그네슘 + 물 → 수산화마그네슘 + 수소

$$Mg + 2H_2O \rightarrow Mg(OH)_2 + H_2$$

정답 ④

047

다음 중 제3류 위험물의 금수성 물질에 대하여 적응성이 있는 소화기는?

① 이산화탄소소화기
② 할로젠화합물소화기
③ 탄산수소염류소화기
④ 인산염류소화기

해설
금수성 물질의 적응약제 : 마른모래, 탄산수소염류 분말약제

정답 ③

048

다음 물질에 의한 화재 시 포소화설비의 적응성이 없는 것은?

① 적 린
② 황 린
③ 과염소산
④ 탄화알루미늄

해설
탄화알루미늄(Al_4C_3)은 물과 반응하면 메테인의 가연성 가스를 발생한다.

$$Al_4C_3 + 12H_2O \rightarrow 4Al(OH)_3 + 3CH_4 \uparrow$$
$$\text{(수산화알루미늄)} \quad \text{(메테인)}$$

정답 ④

049

소화기의 적응성에 의한 분류 중 옳게 연결되지 않은 것은?

① A급 화재용 소화기 – 주수, 산알칼리포
② B급 화재용 소화기 – 이산화탄소, 소화분말
③ C급 화재용 소화기 – 전기전도성이 없는 불연성 기체
④ D급 화재용 소화기 – 주수, 분말소화약제

해설
D급(금속) 화재는 주수소화하면 가연성 가스를 발생하므로 위험하다.

정답 ④

050

통신기기실에 화재가 발생하였을 경우에 적응성을 가지는 소화기는?

① 이산화탄소소화기
② 탄산수소염류소화기
③ 인산염류소화기
④ 마른모래

해설
통신기기실, 전산실, 전기실 등 전기설비 : 가스계(이산화탄소, 할로젠화합물)소화기

정답 ①

051
소화기에 "A-2, B-3"라고 쓰여진 숫자가 의미하는 것은 어느 것인가?

① 소화기의 제조번호
② 소화기의 소요단위
③ 소화기의 능력단위
④ 소화기의 사용순서

해설
A-2 : A급 화재의 능력단위 2단위

정답 ③

052
소화기의 사용방법으로 잘못된 것은?

① 성능에 따라 불 가까이 접근하여 사용할 것
② 바람이 불어오는 쪽을 보고 소화작업을 할 것
③ 양옆으로 비로 쓸 듯이 골고루 사용할 것
④ 적응화재에만 사용할 것

해설
소화기는 **풍상**에서 **풍하**로 방사해야 한다.

정답 ②

053
수산화나트륨은 주수소화가 부적당하다. 그 이유는 무엇인가?

① 발열반응을 일으킴
② 수화반응을 일으킴
③ 중화반응을 일으킴
④ 중합반응을 일으킴

해설
수산화나트륨 + 물 = 수산화나트륨용액 + 발열

정답 ①

054
다음 물질 중 소화제로 사용할 수 없는 물질은 어느 것인가?

① 액화 이산화탄소
② 인산암모늄
③ 탄산수소나트륨
④ 아세톤

해설
아세톤은 제4류 위험물 제1석유류로서 **인화성 액체**이다.

정답 ④

055
제4류 위험물에 적응성이 있는 소화설비는 다음 중 어느 것인가?
① 포소화설비
② 옥내소화전설비
③ 봉상강화액소화기
④ 옥외소화전설비

해설
제4류 위험물의 소화 : 질식소화(포소화설비, 이산화탄소, 할로젠화합물 등)

정답 ①

056
인화성 액체 위험물화재 시 소화방법으로 가장 거리가 먼 것은?
① 화학포에 의해 소화할 수 있다.
② 수용성 액체는 기계포가 적당하다.
③ 이산화탄소소화도 사용된다.
④ 주수소화는 적당하지 않다.

해설
수용성 액체는 알코올용포가 적당하다.

정답 ②

057
제5류 위험물의 화재 시 적합한 소화제는 다음 중 어느 것인가?
① 사염화탄소
② 탄산가스
③ 물
④ 질소

해설
제5류 위험물의 소화약제 : 물

정답 ③

058
자기반응성 물질의 화재 초기에 가장 적응성 있는 소화설비는?
① 분말소화설비
② 이산화탄소소화설비
③ 할로젠화합물소화설비
④ 물분무소화설비

해설
자기반응성 물질(제5류 위험물) : 냉각소화(물분무소화설비)

정답 ④

059

강화액소화약제에 해당하는 것은?

① 탄산칼륨(K_2CO_3)
② 인산나트륨(Na_3PO_4)
③ 탄산수소나트륨($NaHCO_3$)
③ 황산알루미늄[$Al_2(SO_4)_3$]

해설
강화액소화약제

$$H_2SO_4 + K_2CO_3 + H_2O \rightarrow K_2SO_4 + 2H_2O + CO_2\uparrow$$

정답 ①

060

강화액소화기는 방식에 따라 축압식, 가압식, 반응식이 있다. 축압식의 경우 가스는?

① 탄산가스
② 물
③ 공 기
④ 질 소

해설
강화액소화기(축압식)의 가스 : 공기

정답 ③

061

강화액소화기의 소화약제의 액성은?

① 산 성
② 강알칼리성
③ 중 성
④ 강산성

해설
수용액의 pH : 12(알칼리성)

정답 ②

062

산·알칼리소화약제의 화학반응식으로 옳은 것은?

① $2NaHCO_3 + H_2SO_4 \rightarrow Na_2SO_4 + 2CO_2 + 2H_2O$
② $CCl_4 + CO_2 \rightarrow 2COCl_2$
③ $2K + 2H_2O \rightarrow 2KOH + H_2$
④ $2Na + 2C_2H_5OH \rightarrow 2C_2H_5ONa + H_2$

해설
산·알칼리소화약제

$$2NaHCO_3 + H_2SO_4 \rightarrow Na_2SO_4 + 2CO_2 + 2H_2O$$

정답 ①

063

다음 중 포소화약제가 아닌 것은?

① 단백포소화약제
② 수성막포소화약제
③ 합성계면활성제
④ 드라이케미칼

해설
포소화약제
- 단백포
- 수성막포
- 합성계면활성제포
- 플루오린화단백포
- 알코올용포

정답 ④

064

포(Foam)소화약제의 일반적인 성질이 아닌 것은?

① 균질일 것
② 변질방지를 위한 유효한 조치를 할 것
③ 현저한 독성이 있거나 손상을 주지 않을 것
④ 포는 목재 등 고체표면에 쉽게 퍼짐성이 좋을 것

해설
포소화약제가 주로 사용되는 것은 인화성 액체 위험물이다.

정답 ④

065

화학포소화약제의 반응식은?

① $6NaHCO_3 + Al_2(SO_4)_3 \cdot 18H_2O$
 $\rightarrow 2Al(OH)_3 + 3Na_2SO_4 + 6CO_2 + 18H_2O$
② $2NaHCO_3 \rightarrow Na_2CO_3 + CO_2 + H_2O$
③ $NH_4H_2PO_4 \rightarrow HPO_3 + NH_3 + H_2O$
④ $2NaHCO_3 + H_2SO_4$
 $\rightarrow Na_2SO_4 + 2CO_2 + 2H_2O$

해설
화학포소화약제의 반응식

$6NaHCO_3 + Al_2(SO_4)_3 \cdot 18H_2O$
$\rightarrow 2Al(OH)_3 + 3Na_2SO_4 + 6CO_2 + 18H_2O$

정답 ①

066

황산알루미늄과 중탄산나트륨으로 포말소화기를 만들고자 할 때 혼합비는 몰비[mole%]로 얼마인가?

① 1 : 2
② 1 : 4
③ 1 : 6
④ 1 : 8

해설
화학포소화기의 반응식

$6NaHCO_3 + Al_2(SO_4)_3 \cdot 18H_2O$
$\rightarrow 3Na_2SO_4 + 2Al(OH)_3 + 6CO_2 + 18H_2O$
 (황산나트륨) (수산화알루미늄) (이산화탄소) (수증기)

∴ 황산알루미늄[$Al_2(SO_4)_3$]과 중탄산나트륨($NaHCO_3$) = 1 : 6

정답 ③

067
탄산수소나트륨과 황산알루미늄의 수용액이 화학 반응하여 생성되지 않는 것은?

① 황산나트륨
② 탄산수소알루미늄
③ 수산화알루미늄
④ 이산화탄소

해설
문제 66번 참조

정답 ②

068
화학포의 소화약제로 옳은 것은?

① $NaHCO_3$와 $Al_2(SO_4)_3$
② $NaHCO_3$와 H_2SO_4
③ Na_2CO_3와 $NaCl$
④ Na_2SO_4와 $Al(OH)_3$

해설
화학포소화약제의 주성분 : 황산알루미늄[$Al_2(SO_4)_3 \cdot 18H_2O$]과 탄산수소나트륨($NaHCO_3$)

정답 ①

069
$NaHCO_3$ A(외약)약제와 $Al_2(SO_4)_3$ B(내약)약제로 되어 있는 소화기는?

① 산·알칼리소화기
② 드라이켈미칼소화기
③ 탄산가스소화기
④ 포말소화기

해설
화학포(포말)소화기 : $NaHCO_3$ A(외약)약제와 $Al_2(SO_4)_3$ B(내약)약제로 되어 있는 소화기

정답 ④

070
화학포를 만들 때 쓰이는 기포안정제가 아닌 것은?

① 사포닌
② 가수분해단백질
③ 계면활성제
④ 염 분

해설
기포안정제 : 사포닌, 젤라틴, 가수분해단백질, 계면활성제 등

정답 ④

071
포말소화기를 사용할 수 없는 화재형태는 어느 것인가?

① 일반화재
② 유류화재
③ 가스화재
④ 금속화재

해설
포말소화기는 물이 많이 함유되어 있으므로 금속화재에는 적합하지 않다.

정답 ④

072
플루오린계 계면활성제를 주성분으로 한 것으로 분말소화약제와 함께 트윈약제시스템(Twin Agent System)에 사용되어 소화효과를 높이는 포소화약제는?

① 수성막포소화약제
② 단백포소화약제
③ 합성계면활성제포소화약제
④ 알코올용포소화약제

해설
수성막포소화약제는 분말 약제와 혼용이 가능하다.

정답 ①

073
포소화약제의 하나인 수성막포의 특성에 대한 설명으로 옳지 않은 것은?

① 플루오린계 계면활성포의 일종이며 라이트워터라고 한다.
② 소화원리는 질식작용과 냉각작용이다.
③ 타 포소화약제보다 내열성, 내포화성이 높아 기름화재에 적합하다.
④ 단백포보다 독성이 없으나 장기보존성이 떨어진다.

해설
수성막포는 단백포보다 독성이 있고 장기보존성이 양호하다.

정답 ④

074
내용적 2,000[mL]의 비커에 포를 가득 채웠더니 전체 중량이 850[g]이었고 비커 용기의 중량은 450[g]이었다. 이때 비커 속에 들어 있는 포의 팽창비는 약 몇 배인가?(단 포수용액의 밀도는 1.15[g/mL])

① 4배
② 6배
③ 8배
④ 10배

해설
포팽창비 = $\dfrac{\text{방출 후 포의 체적[L]}}{\text{방출 전 포수용액의 체적[L]}}$

- 방출 전 포수용액의 체적
  $(850-450)[g] \div 1.15[g/cm^3] = 347.8[cm^3]$
- 방출 후의 포의 체적
  $2,000[mL] = 2,000[cm^3]$

∴ 팽창비 = $\dfrac{2,000[cm^3]}{347.8[cm^3]} = 5.75 ≒ 6배$

정답 ②

075

이산화탄소소화설비의 장·단점으로 틀린 것은?

① 비중이 공기보다 커서 심부화재에도 적합하다.
② 약제가 방출할 때 사람, 가축에 해를 준다.
③ 전기절연성이 높아 전기화재에도 적합하다.
④ 배관 및 관 부속이 저압이므로 시공이 간편하다.

해설
이산화탄소소화약제의 특징
- 장 점
  - 오손, 부식, 손상의 우려가 없고 소화 후 흔적이 없다.
  - 가스이므로 화재 시 구석까지 침투하여 소화효과가 좋다.
  - 비전도성이므로 전기설비의 전도성이 있는 장소에 소화가 가능하다.
  - 자체 압력으로도 소화가 가능하므로 가압할 필요가 없다.
  - 증거보존이 양호하여 화재원인의 조사가 쉽다.
- 단 점
  - 소화 시 산소의 농도를 저하시키므로 질식의 우려가 있다.
  - 방사 시 액체상태를 영하로 저장하였다가 기화하므로 동상의 우려가 있다.
  - **자체압력으로 소화가 가능하므로 고압 저장 시 주의를 요한다.**
  - CO_2 방사 시 소음이 크다.

정답 ④

076

이산화탄소의 특성에 대한 설명으로 옳은 것은?

① 증기의 비중은 약 0.9이다.
② 임계온도는 약 −20[℃]이다.
③ 0[℃], 1기압에서의 기체 밀도는 약 0.92[g/L]이다.
④ 삼중점에 해당하는 온도는 −56[℃]이다.

해설
문제 77번 참조

정답 ④

077

다음 이산화탄소소화약제의 성상 중 틀린 것은?

① 증기비중 : 1.52
② 기체밀도(0[℃], 1[atm]) : 1.96[g/L]
③ 임계온도 : 31.35[℃]
④ 임계압력 : 167.8[atm]

해설
이산화탄소의 물성

구 분	물성치
화학식	CO_2
분자량	44
증기비중(공기=1)	1.517
비 점	−78[℃]
밀 도	1.977[g/L]
삼중점	−56.3[℃]
승화점	−78.5[℃]
임계압력	72.75[atm]
임계온도	31.35[℃]
증발잠열[kJ/kg]	576.5

정답 ④

078

다음 중 이산화탄소의 주된 소화효과는 어느 것인가?

① 가연물 제거
② 인화점 인하
③ 산소공급 차단
④ 점화원 파괴

해설
이산화탄소의 주된 소화효과 : 질식소화(산소공급 차단)

정답 ③

079
표준상태에서 2[kg]의 이산화탄소가 소화약제로 방사될 경우 부피[L]는?

① 1.018
② 10.18
③ 101.8
④ 1,018

해설
(2,000[g]/44[g]) × 22.4[L] = 1,018[L]

정답 ④

080
다음 중 이산화탄소소화설비가 적응성이 있는 위험물은?

① 제1류 위험물   ② 제3류 위험물
③ 제4류 위험물   ④ 제5류 위험물

해설
제4류 위험물 : 질식소화(이산화탄소소화설비)

정답 ③

081
이산화탄소소화약제의 상태도에 의한 설명 중 임계점(Critical Point)은?

① 이산화탄소는 −78.5[℃]에서 −56.6[℃] 사이에서 기체가 고체로 변할 수 있는 구간이다.
② 압력이 72.8[atm]이고 31.35[℃]의 온도로 액체와 증기가 동일한 밀도를 갖는 구간이다.
③ 압력이 5.3[atm]이고 −56.6[℃]의 온도에서 고체, 액체, 기체가 공존하는 구간이다.
④ 비점이 −78.5[℃]이고 증발잠열이 크므로 냉각효과의 특성구간이다.

해설
임계점(Critical Point) : 압력이 72.8[atm]이고 31.35[℃]의 온도로 액체와 증기가 동일한 밀도를 갖는 구간

정답 ②

082
다음 중 소화약제로 사용할 수 없는 것은?

① 이산화탄소
② 이너젠
③ 염소
④ 브로모트라이플루오로메테인

해설
소화약제 : 이산화탄소, 이너젠(불활성가스소화약제), 브로모트라이플루오로메테인(할론1301)

정답 ③

083
축압식 소화기가 아닌 것은?
① 강화액소화기
② 이산화탄소소화기
③ 분말소화기
④ 할로젠화합물소화기

해설
이산화탄소소화기는 가스로 축압시키는 것이 아니고 이산화탄소 자체가 액체로 저장하였다가 기체로 방사되는 소화기이다.

정답 ②

084
할론소화약제의 공통적인 특성이 아닌 것은?
① 잔사가 남지 않는다.
② 전기전도성이 좋다.
③ 소화농도가 낮다.
④ 침투성이 우수하다.

해설
할론소화약제는 전기부도체이다.

정답 ②

085
다음 할론소화제로 사용되는 액체의 성질로서 틀린 것은?
① 비점이 낮을 것
② 증기가 되기 쉬울 것
③ 공기보다 무겁고 불연성일 것
④ 부착성이 있을 것

해설
할론소화약제의 구비조건
- 비점이 낮고 기화되기 쉬울 것
- **공기보다 무겁고 불연성**일 것
- 증발잔유물이 없어야 할 것

정답 ④

086
할론소화약제의 일반적인 특징에 대한 설명으로 옳지 않은 것은?
① 전기의 불량도체이다.
② 열분해 시 생성되는 가스는 무해하다.
③ 수명이 반영구적이다.
④ 부촉매에 의한 연소의 억제작용이 크다.

해설
할론소화약제의 열분해 시 생성가스는 유해하다.

정답 ②

087

A, B, C, D가 의미하는 것 중 옳지 않은 것은?

할론	1	3	0	1
	A	B	C	D

① A – H(수소)의 수
② B – F(플루오린)의 수
③ C – Cl(염소)의 수
④ D – Br(브로민)의 수

해설
A : 탄소(C)의 수

정답 ①

088

할론소화약제가 아닌 것은?

① 다이브로모테트라플루오로에테인
② 사염화탄소
③ 브로모클로로다이플루오로메테인
④ 탄산가스

해설
탄산가스는 이산화탄소(CO_2)소화약제이다.

정답 ④

089

다음 소화제의 약칭과 분자식이 올바르게 된 것은 어느 것인가?

① $CBrF_3$ – BCF
② $C_2F_4Br_2$ – CTC
③ CH_3Br – MB
④ CCl_4 – CB

해설
약제의 명칭
- 할론1301($CBrF_3$) : BTM(Bromo Trifluoro Methane)
- 할론2402($C_2F_4Br_2$) : FB(Di Bromo Tetrafluoro Ethane)
- 할론1211(CF_2ClBr) : BCF(Bromo chloro Difluoro Methane)
- 할론1011(CH_2ClBr) : CB(Bromo Chloro Methane)
- 브로민화메테인(CH_3Br) : MB(Bromo Methane)
- 사염화탄소(CCl_4) : CTC(Carbon Tetra Chloride)

정답 ③

090

다음 중 할론소화약제인 Halon1301과 2402에 공통으로 없는 원소는?

① Br
② Cl
③ F
④ C

해설
할론소화약제의 종류

종류	화학식	분자량	증기비중
할론1301	CF_3Br(브로모트라이플루오로메테인)	148.9	5.1
할론1211	CF_2ClBr(브로모클로로다이플루오로메테인)	165.4	5.7
할론1011	CH_2ClBr(브로모클로로메테인)	129.4	4.5
할론2402	$C_2F_4Br_2$(다이브로모테트라플루오로에테인)	259.8	8.9
할론104	CCl_4(사염화탄소)	154	5.3

정답 ②

091
다음 중 소화약제인 Halon1301의 분자식은?

① CF_2Br_2 ② CF_3Br
③ $CFBr_3$ ④ CBr_3Cl

해설
문제 90번 참조

정답 ②

092
할론소화기 중 CB소화기(Halon1011) 약제의 화학식은?

① CH_2ClBr ② $CBrF_3$
③ CH_3Br ④ CCl_4

해설
CB소화기(Halon1011)의 화학식 : CH_2ClBr

정답 ①

093
할론1301소화약제는 플루오린이 몇 개 있다는 뜻인가?

① 0개 ② 1개
③ 2개 ④ 3개

해설
할론1301소화약제의 화학식 : CF_3Br[플루오린(F) : 3개]

정답 ④

094
다음 중 할론소화약제에 해당하지 않는 원소는?

① Ar
② Br
③ F
④ Cl

해설
아르곤(Ar)은 0족 원소로서 불활성 기체이다.

정답 ①

095
사염화탄소소화약제는 화염에 분해되어 맹독성인 가스를 발생하므로 사용하지 못하도록 하고 있다. 이때 발생한 가스는?

① $COCl_2$
② HCN
③ PH_3
④ HBr

해설
사염화탄소(CCl_4)는 실내에 사용 시 포스겐($COCl_2$)이 발생하므로 사용을 금지하고 있다.

정답 ①

096
사염화탄소의 소화 역할로서 옳은 것은?

① 가연물의 제거
② 산소공급원의 차단
③ 냉각에 의한 온도저하
④ 사염화탄소에 의한 환원작용

해설
사염화탄소 : 질식소화(산소공급원의 차단)

정답 ②

097
CCl_4(사염화탄소)로 소화할 때 $COCl_2$와 HCl이 발생하는 경우는?

① 건조된 공기 중
② 습기가 존재하는 공기 중
③ 유기물이 존재할 때
④ 철이 존재할 때

해설
사염화탄소의 반응식
- 공기 중 $2CCl_4 + O_2 \rightarrow 2COCl_2 + 2Cl_2$
- 수분 중 $CCl_4 + H_2O \rightarrow COCl_2 + 2HCl$
- 탄산가스 중 $CCl_4 + CO_2 \rightarrow 2COCl_2$
- 산화철과 접촉 $3CCl_4 + Fe_2O_3 \rightarrow 3COCl_2 + 2FeCl_3$

정답 ②

098
다음 중 할로젠화합물 및 불활성기체소화약제의 종류가 아닌 것은?

① FC-3-1-10
② HCFC BLEND A
③ HFC-100
④ IG-541

해설
할로젠화합물 및 불활성기체소화약제의 종류(소방)

소화약제	화학식
퍼플루오로뷰테인 (이하 "FC-3-1-10")	C_4F_{10}
하이드로클로로플루오로카본 혼화제 (이하 "HCFC BLEND A")	HCFC-123($CHCl_2CF_3$) : 4.75[%] HCFC-22($CHClF_2$) : 82[%] HCFC-124($CHClFCF_3$) : 9.5[%] $C_{10}H_{16}$: 3.75[%]
클로로테트라플루오로에테인 (이하 "HCFC-124")	$CHClFCF_3$
펜타플루오로에테인 (이하 "HFC-125")	CHF_2CF_3
헵타플루오로프로페인 (이하 "HFC-227ea")	CF_3CHFCF_3
트라이플루오로메테인 (이하 "HFC-23")	CHF_3
헥사플루오로프로페인 (이하 "HFC-236fa")	$CF_3CH_2CF_3$
트라이플루오로이오다이드 (이하 "FIC-13I1")	CF_3I
불연성·불활성기체혼합가스 (이하 "IG-01")	Ar
불연성·불활성기체혼합가스 (이하 "IG-100")	N_2
불연성·불활성기체혼합가스 (이하 "IG-541")	N_2 : 52[%], Ar : 40[%], CO_2 : 8[%]
불연성·불활성기체혼합가스 (이하 "IG-55")	N_2 : 50[%], Ar : 50[%]
도데카플루오로-2-메틸펜테안-3-원 (이하 "FK-5-1-12")	$CF_3CF_2C(O)CF(CF_3)_2$

정답 ③

099

할로젠화합물 및 불활성기체소화약제의 종류가 아닌 것은?

① HCFC BLEND A ② HFC-125
③ HFC-23   ④ CF_3Br

해설

CF_3Br은 할론1301이다.

> **Plus One** 할로젠화합물 및 불활성기체소화약제의 종류
> - FC-3-1-10
> - HCFC BLEND A
> - HCFC-124
> - HFC-125
> - HFC-227ea
> - HFC-23
> - IG-541

정답 ④

100

다음 할로젠화합물 및 불활성기체소화약제 중 기본성분이 다른 하나는?

① HCFC BLEND A ② HFC-125
③ HFC-227ea   ④ IG-541

해설

IG-541은 할로젠화합물 및 불활성기체소화약제 중 **불연성·불활성 기체 혼합가스**이다.

정답 ④

101

할로젠화합물 및 불활성기체소화약제 중에서 HCFC의 혼합물로서 구성성분은 HCFC-123(4.75[%]), HCFC-22(82[%]), HCFC-124(9.5[%]), $C_{10}H_{16}$(3.75[%])로 이루어진 것은 무엇인가?

① HCFC BLEND A ② FM-200
③ FE-36   ④ IG-541

해설

HCFC BLEND A의 화학식이다.

정답 ①

102

현재 국내 및 국제적으로 적용되고 있는 할로젠화합물 및 불활성기체소화약제 소화설비 중 약제의 저장용기 내에서 저장상태가 기체상태의 압축가스인 약제는?

① INERGEN   ② NAFS-Ⅲ
③ FM-200   ④ FE-13

해설

INERGEN은 기체상태로 저장된 압축가스이다.

정답 ①

103
다음 중 불활성기체소화약제의 기본성분이 아닌 것은?

① 헬 륨 ② 네 온
③ 아르곤 ④ 산 소

해설
불활성기체소화약제 : 헬륨, 네온, 아르곤 또는 질소가스 중 하나 이상의 원소를 기본성분으로 하는 소화약제

정답 ④

104
할로젠화합물 및 불활성기체소화약제의 종류에 해당되지 않는 것은?

① IG-01 ② IG-02
③ IG-541 ④ IG-55

해설
할로젠화합물 및 불활성기체소화약제의 종류

소화약제	화학식
불연성·불활성기체혼합가스(IG-01)	Ar
불연성·불활성기체혼합가스(IG-100)	N_2
불연성·불활성기체혼합가스(IG-541)	N_2 : 52[%], Ar : 40[%], CO_2 : 8[%]
불연성·불활성기체혼합가스(IG-55)	N_2 : 50[%], Ar : 50[%]

정답 ②

105
할로젠화합물 및 불활성기체소화약제 중에서 IG-541의 혼합가스 성분비는?

① Ar 52[%], N_2 40[%], CO_2 8[%]
② N_2 52[%], Ar 40[%], CO_2 8[%]
③ CO_2 52[%], Ar 40[%], N_2 8[%]
④ N_2 10[%], Ar 40[%], CO_2 50[%]

해설
문제 104번 참조

정답 ②

106
할로젠화합물 및 불활성기체소화약제는 오존파괴지수(ODP)란 용어를 사용하고 있다. 여기서 오존파괴지수란 무엇을 기준으로 한 값인가?

① 할론1301
② 할론1211
③ CFC-11
④ CFC-22

해설
오존파괴지수(ODP) : CFC-11을 기준으로 한 값

정답 ③

107
할로젠화합물 및 불활성기체소화약제 소화설비를 설치할 수 없는 장소는?

① 제3류 위험물저장소
② 전기실
③ 제4류 위험물저장소
④ 컴퓨터실

해설
할로젠화합물 및 불활성기체소화약제의 설치 제외 장소
- 사람이 상주하는 곳으로 최대허용 설계농도를 초과하는 장소
- **제3류 위험물** 및 **제5류 위험물**을 사용하는 장소

정답 ①

108
분말소화기(粉末消火器)의 소화약제에 속하는 것은?

① Na_2CO_3
② $NaHCO_3$
③ $NaNO_3$
④ $NaCl$

해설
분말소화약제의 종류

종류	주성분	적응화재	착색(분말의 색)
제1종 분말	$NaHCO_3$(중탄산나트륨, 탄산수소나트륨)	B, C급	백색
제2종 분말	$KHCO_3$(중탄산칼륨, 탄산수소칼륨)	B, C급	담회색
제3종 분말	$NH_4H_2PO_4$(인산암모늄, 제1인산암모늄)	A, B, C급	담홍색, 황색
제4종 분말	$KHCO_3$+$(NH_2)_2CO$(요소)	B, C급	회색

정답 ②

109
분말소화약제를 종별로 구분하였을 때 그 주성분이 옳게 연결된 것은?

① 제1종 - 탄산수소나트륨
② 제2종 - 인산수소암모늄
③ 제3종 - 탄산수소칼륨
④ 제4종 - 탄산수소나트륨과 요소의 혼합물

해설
문제 108번 참조

정답 ①

110
제3종 분말소화약제의 주성분은?

① $NaHCO_3$
② $KHCO_3$
③ $NH_4H_2PO_4$
④ $NaHCO_3 + (NH_2)_2CO$

해설
문제 108번 참조

정답 ③

111
ABC급 분말소화약제의 주성분은?

① 탄산수소나트륨($NaHCO_3$)
② 제1인산암모늄($NH_4H_2PO_4$)
③ 인산칼륨(K_3PO_4)
④ 탄산수소칼륨($KHCO_3$)

해설
ABC급 분말소화약제(제3종 분말) : 제1인산암모늄($NH_4H_2PO_4$)

정답 ②

112
소화설비 중 차고 또는 주차장에 설치하는 분말소화설비의 소화약제는 몇 종 분말인가?

① 제1종 분말
② 제2종 분말
③ 제3종 분말
④ 제4종 분말

해설
차고나 **주차장**에는 **제3종 분말**약제로 설치해야 한다.

정답 ③

113
분말소화약제의 소화효과에 대하여 가장 적당하게 표현한 것은?

① 주로 화재의 열을 흡수하는 냉각효과이다.
② 분말에 의한 억제, 냉각의 상승효과와 열분해로 발생하는 탄산가스의 질식효과로 소화한다.
③ 연소물을 급속하게 냉각시켜 소화한다.
④ 열분해에 의하여 생긴 유리기의 불연성 가스가 연소물에 접촉하여 불연성 물질로 변화시켜 소화한다.

해설
분말약제의 소화효과 : 질식, 냉각, 억제작용

정답 ②

114
분말소화기는 어떤 미립자를 방습 가공한 것을 탄산가스나 질소가스를 압력으로 분사되도록 만든 것이다. 이 미립자는 무엇인가?

① 탄산수소나트륨
② 탄산나트륨
③ 탄산칼슘
④ 탄산알루미늄

해설
탄산수소나트륨($NaHCO_3$) : 어떤 미립자를 방습 가공한 것을 탄산가스나 질소가스를 압력으로 분사되도록 만든 것

정답 ①

115
탄산수소나트륨에 황산을 가했을 때 어떤 변화가 일어나는가?

① 온도가 내려가서 얼음이 생긴다.
② 아무런 변화가 일어나지 않는다.
③ 탄산가스가 발생한다.
④ 가연성 수소가스가 발생한다.

해설
탄산수소나트륨과 황산이 반응하면 탄산가스(CO_2)가 발생한다.

$$2NaHCO_3 + H_2SO_4 \rightarrow Na_2SO_4 + 2H_2O + 2CO_2 \uparrow$$

정답 ③

116
드라이케미칼(Dry Chemical)로 10[m³]의 탄산가스를 얻고자 표준상태에서 몇 [kg]의 중탄산나트륨을 사용하면 되겠는가?

① 18.75[kg]
② 37.5[kg]
③ 56.25[kg]
④ 75[kg]

해설
중탄산나트륨의 열분해반응식
$2NaHCO_3 \rightarrow Na_2CO_3 + CO_2 + H_2O$
2×84[kg] ─── 22.4[m³]
x ─── 10[m³]
$\therefore x = \dfrac{10 \times 2 \times 84}{22.4} = 75$[kg]

정답 ④

117
분말소화약제의 특성에 대한 설명으로 옳지 않은 것은?

① 제1종 분말 – 식용유, 지방질유의 화재소화 시 가연물과의 비누화반응으로 소화효과가 증대된다.
② 제2종 분말 – 소화성능이 제1종 분말보다 떨어진다.
③ 제3종 분말 – 일반화재에도 소화효과가 있으며, 수명이 반영구적이다.
④ 제4종 분말 – 값이 비싸고, A급 화재에는 소화효과가 없다.

해설
소화효과 : 제4종 > 제3종 > 제2종 > 제1종

정답 ②

118
분말소화약제의 가압용 및 축압용 가스는?

① 네온가스
② 프로페인가스
③ 수소가스
④ 질소가스

해설
분말소화약제의 가압용 및 축압용 가스 : 질소가스

정답 ④

119
분말소화약제인 인산암모늄을 사용하였을 때 열분해하여 부착성인 막을 만들어 공기를 차단시키는 것은?

① HPO_3
② PH_3
③ NH_3
④ P_2O_3

해설
제3종 분말(인산암모늄)은 열분해하여 메타인산(HPO_3)을 발생하므로 부착성인 막을 만들어 공기를 차단한다.

정답 ①

120
제1종 분말소화약제는 노즐 1개에서 1분당 방사되는 소화약제의 양은 얼마인가?

① 45[kg]
② 39[kg]
③ 27[kg]
④ 18[kg]

해설
분말소화약제 분당 방사량
- 제1종 분말 : 45[kg]
- 제2종, 제3종 분말 : 27[kg]
- 제4종 분말 : 18[kg]

정답 ①

121

각 소화기의 내압시험 방법으로 옳지 않은 것은?

① 물소화기 – 수압시험
② 포말소화기 – 수압시험
③ 산·알칼리소화기 – 수압시험
④ 할로젠화합물소화기 – 수압시험

해설
할로젠화합물소화기 : 기밀시험

정답 ④

122

전기기기의 과도한 온도상승, 아크 또는 스파크 발생위험을 방지하기 위해 추가적인 안전조치를 통한 안전도를 증가시킨 방폭구조는?

① 안전증방폭구조
② 특수방폭구조
③ 유입방폭구조
④ 본질안전방폭구조

해설
방폭구조
- 내압(耐壓)방폭구조 : 폭발성 가스가 용기 내부에서 폭발하였을 때 용기가 그 압력에 견디거나 외부의 폭발성 가스가 인화되지 않도록 된 구조
- 압력(내압, 內壓)방폭구조 : 공기나 질소와 같이 불연성 가스를 용기 내부에 압입시켜 내부압력을 유지함으로서 외부의 폭발성 가스가 용기 내부에 침입하지 못하게 하는 구조
- 유입(油入)방폭구조 : 아크 또는 고열을 발생하는 전기설비를 용기에 넣어 그 용기 안에 다시 기름을 채워 외부의 폭발성 가스와 점화원이 접촉하여 폭발의 위험이 없도록 한 구조
- 안전증방폭구조 : 폭발성 가스나 증기에 점화원의 발생을 방지하기 위하여 기계적, 전기적 구조상 온도상승에 대한 안전도를 증가시키는 구조
- 본질안전방폭구조 : 전기불꽃, 아크 또는 고온에 의하여 폭발성 가스나 증기에 점화되지 않는 것이 점화시험, 기타에 의하여 확인된 구조

정답 ①

123

위험분위기가 존재하는 시간과 빈도에 따라 방폭지역이 분류되는데 이상상태에서 위험분위기를 발생할 우려가 있는 장소를 무엇이라 하는가?

① 0종 장소
② 1종 장소
③ 2종 장소
④ 3종 장소

해설
위험장소
- 0종 장소 : 정상상태에서 폭발성 분위기가 연속적으로 또는 장시간 생성되는 장소
- 1종 장소 : 정상상태에서 폭발성 분위기가 주기적 또는 간헐적으로 생성될 우려가 있는 장소
- **2종 장소** : 이상상태에서 **폭발성 분위기 생성 우려가 있는 장소**

정답 ③

CHAPTER 04 위험물 사고예방

※ 해당 챕터는 거의 출제되지 않는 분야입니다.

제1절 위험물화재 시 인체 및 환경에 미치는 영향

1 연 기

(1) 정 의

습기가 많을 때 그 전달속도가 빨라져서 사람이 방호할 수 있는 능력을 떨어지게 하며 폐 속으로 급히 흡입하면 혈압이 떨어져 혈액순환에 장해를 초래하게 되어 사망할 수 있는 화재의 연소생성물

(2) 연기의 이동속도 중요

방 향	수평방향	수직방향	실내계단
이동속도	0.5~1.0[m/s]	2.0~3.0[m/s]	3.0~5.0[m/s]

> **Plus One** 연기의 이동속도
> - 연기층의 두께는 연도의 강하에 따라 달라진다.
> - 연소에 필요한 신선한 공기는 연기의 유동방향과 같은 방향으로 유동한다.
> - 화재실로부터 분출한 연기는 공기보다 가벼워 통로의 상부를 따라 유동한다.
> - 연기는 발화층부터 위층으로 확산된다.

(3) 연기유동에 영향을 미치는 요인

① 연돌(굴뚝)효과
② 외부에서의 풍력
③ 공기유동의 영향
④ 건물 내 기류의 강제이동
⑤ 비중차
⑥ 공조설비

(4) 연기가 인체에 미치는 영향

① 질 식
② 인지능력 감소
③ 시력장애

(5) 연기로 인한 투시거리에 영향을 주는 요인

① 연기의 농도
② 연기의 흐름속도
③ 보는 표시의 휘도, 형상, 색

(6) 연기농도와 가시거리 [중요]

감광계수[m⁻¹]	가시거리[m]	상 황
0.1	20~30	**연기감지기**가 **작동**할 때의 정도
0.3	5	건물 내부에 익숙한 사람이 피난에 지장을 느낄 정도
0.5	3	어둠침침한 것을 느낄 정도
1	1~2	거의 앞이 보이지 않을 정도
10	0.2~0.5	화재 최성기 때의 정도

(7) 인체에 미치는 영향

① 시야를 가리고 소화활동 및 피난에 장해를 준다.
② 연기성분 중 일산화탄소, 포스겐 등의 발생으로 생명에 위험을 준다.
③ 정신적으로 패닉상태 및 긴장에 빠져 2차적인 재해의 우려가 있다.
④ 최근 건축물화재는 방염처리된 물질을 사용하여 연소 자체는 억제되지만 다량의 연기 입자 및 유독가스를 발생하는 특징이 있다.

2 일산화탄소(CO)

(1) 화재 시 발생하는 유독가스에는 일산화탄소(CO)가 거의 포함되어 있으며 산소 부족으로 **불완전 연소** 시에 발생한다.

(2) 염소와 작용하여 유독성 가스인 포스겐을 생성한다.

(3) 인체에 미치는 영향

① 극히 미량에서도 인체에 치명적인 해를 준다.
② 흡입하면 혈액 중에 헤모글로빈(Hb)과 결합하여 COHb가 되어 혈액의 산소 운반작용을 저해하여 뇌의 중추신경이 산소 부족으로 실신하여 사망에 이른다.
③ 농도가 1[%]인 경우에는 2~3분 내에 실신하고 10~20분 내에 사망한다.
④ 농도가 1[%] 이상이면 1~3분 내에 사망한다.

3 이산화탄소(CO_2)

(1) 가스 자체는 독성이 거의 없으나 다량이 존재하면 사람의 호흡속도를 증가시켜 위험을 가중시키는 가스이다.

(2) **완전 연소** 시 생성되는 물질로서 연소가스 중 가장 많은 양을 차지한다.

4 황화수소(H_2S) 중요

(1) 황(S)을 포함하고 있는 유기화합물이 **불완전 연소**하면 계란 썩는 냄새가 나는 황화수소를 발생한다.

(2) 황화수소는 나무, 고무, 고기, 가죽, 머리카락이 연소할 때 주로 발생한다.

(3) **인체에 미치는 영향**

① 0.2[%] 이상이면 냄새 감각이 바로 마비되기 때문에 몇 모금만 호흡해 버리면 감지능력을 상실한다.
② 0.4~0.7[%]에서 1시간 이상 노출되면 현기증, 장기혼란 등의 증상이 일어나고 호흡기가 건조하고 통증이 일어난다.
③ 0.7[%] 이상이면 독성이 강해져서 신경계통에 영향을 미치고 호흡속도가 빨라지고 호흡기가 무력해진다.

5 이산화황(SO_2) 중요

(1) 황을 포함하고 있는 물질이 **완전 연소**할 때 발생한다.

(2) 이산화황(아황산가스)은 자극성이 있어 눈과 호흡기 등의 점막을 상하게 하므로 약 0.05[%]의 농도에서 단시간 노출되어도 위험하다.

(3) 동물의 털, 고무, 나무 등이 연소할 때 적은 양이 발생하지만 황을 취급하는 산업현장에 화재발생 시 대량 발생하므로 주의를 요한다.

6 암모니아(NH_3)

(1) 나일론, 나무, 실크, 페놀수지, 멜라민수지, 아크릴플라스틱 등 질소함유물이 연소할 때 발생하는 물질이다.

(2) 강한 자극성을 가진 유독성의 무색 기체이다.

(3) 암모니아는 눈, 코, 인후, 폐에 대하여 자극성이 크다.

(4) 0.2~0.65[%]의 농도에서 30분 정도 노출되면 치사 내지는 생체 내부조직에 심한 손상을 입게 된다.

(5) 냉동시설의 냉매로 주로 사용하고 있으므로 냉동창고 화재 시 누출 가능성이 크다.

7 사이안화수소(HCN)

(1) **요소, 멜라민, 아닐린, 폴리우레탄**, 아이소시아네이트 등 질소함유물이 **불완전 연소**할 때 발생한다.

(2) 공기 중에 0.03[%]만 노출해도 거의 즉사하는 맹독성 가스로서 **청산가스**라고도 한다.

8 염화수소(HCl)

(1) PVC와 같이 염소가 함유된 수지류가 연소할 때 주로 생성된다.

(2) 자극성 물질로서 허용농도는 5[ppm]이다.

(3) 1,500[ppm]의 농도에서 호흡하면 불과 몇 분 이내에 치명적인 위험을 받을 수 있다.

(4) 금속에 대한 강한 부식성이 있어 콘크리트 건물의 철골이 손상되는 수도 있다.

9 이산화질소(NO_2)

(1) 질산셀룰로스가 연소 또는 분해할 때 발생한다.

(2) 독성이 매우 커서 200~700[ppm]에서 잠시 노출해도 인체에 치명적이다.

(3) 질산암모늄과 같이 질산염 계통의 무기물질이 포함된 화재에서도 발견된다.

10 아크로레인(CH_2CHCHO)

(1) **석유제품**이나 **유지류가 연소**할 때 발생한다.

(2) 일상적인 화재에서는 거의 발생하지 않는다.

(3) 자극성이 크고 맹독성이므로 1[ppm] 정도에서도 견딜 수가 없다.

(4) 10[ppm] 이상의 농도에서는 거의 즉사한다.

11 포스겐($COCl_2$)

(1) 열가소성 수지인 PVC나 수지류가 연소할 때 발생한다.

(2) 맹독성 가스로서 허용농도는 0.1[ppm]이다.

(3) 일반물질이 연소할 때에는 거의 발생하지 않고 염소가 들어있는 화합물이 연소할 때 생성된다.

> **Plus One** 체내 산소농도에 따른 인체에 미치는 영향
> - 산소농도 15[%] : 근육이 말을 듣지 않는다.
> - 산소농도 10~14[%] : 판단력을 상실하고 피로가 온다.
> - 산소농도 6~10[%] : 의식을 잃지만 신선한 공기 중에서는 소생할 수 있다.

제2절 화재예방대책

1 화재예방의 4가지 원칙

(1) 예방가능의 원칙
지진, 화산, 홍수 등 천재지변을 제외한 모든 인위적 재난은 미연에 방지할 수 있다.

(2) 원인연계의 원칙
사고가 발생하면 반드시 원인이 있으므로 종합적으로 검토해야 한다.

(3) 손실우연의 원칙
사고로서 생긴 화재 등 재해손실은 사고 당시의 조건에 따라 우연적으로 발생하므로 재해방지의 대상은 우연성에 따른 손실방지보다는 사고의 발생 자체를 방지해야 한다.

(4) 대책선정의 원칙
사고 발생 및 재발을 방지하기 위한 안전대책으로 사고의 원인이나 불안전 요소를 발견하여 대책을 세우고 실시해야 한다.

> **Plus One** 화재방지대책의 3E
> - Engineering(기술적 대책)
> - Education(교육적 대책)
> - Enforcement(관리적 대책)

2 화재예방대책의 5단계

(1) 1단계[안전조직(조직체계 확립)]
경영자의 안정목표 설정, 안전라인 및 참모조직, 안전관리자 선임, 안전활동의 방침 및 계획수립, 안전활동 전개 등 기본적인 안전관리 조직의 구성이다.

(2) 2단계[사실의 발견(현황파악)]
각종사고 및 활동기록의 검토, 안전점검 및 검사, 작업분석, 사고조사, 안전회의 근로자의 제안, 여론조사 등에 의하여 불안전 요소를 발견하여 제거한다.

(3) 3단계[분석평가(원인 및 규명)]
사고원인 및 분석, 사고기록 및 자료 분석, 인적·물적 및 환경조건 분석, 작업공정분석, 교육훈련 및 작업자 배치분석, 안전수칙 및 안전장비의 적부 등을 고려하여 사고의 직접 및 간접적인 원인을 찾아낸다.

(4) 4단계[시정방법의 선정(대책선정)]

기술적 개선, 교육훈련 개선, 안전행정 개선, 규칙 및 수칙 등 제도 개선, 배치조정 등 효과적인 개선방법을 선정한다.

(5) 5단계[시정책의 적용(목표달성)]

시정책은 3E(기술, 교육, 관리)를 완성함으로써 목표를 달성한다.

제3절 사고분석 기법

1 공정 위험성 평가방법

(1) 정성적 위험성 평가(Hazard Identification Methods)
① 체크리스트(Check List)
② 안전성 검토(Safety Review)
③ 작업자 실수 분석(Human Error Analysis, HEA)
④ 예비 위험 분석(Preliminary Hazard Analysis, PHA)
⑤ 위험과 운전 분석(Hazard & Operability Studies, HAZOP)
⑥ 이상 영향 분석(Failure Mode Effects & Criticality Analysis, FMECA)
⑦ 상대위험순위 결정(Dow and Mond Indices)
⑧ 사고 예상 질문 분석(What-If)

(2) 정량적 위험성 평가(Hazard Assessment Methods)
① 결함수 분석(Fault Tree Analysis, FTA)
② 사건수 분석(Event Tree Analysis, ETA)
③ 원인-결과 분석(Cause-Consequence Analysis, CCA)

2 시스템의 안전 분석

(1) 예비위험 분석(Preliminary Hazards Analysis, PHA)
① PHA 정의
   PHA는 모든 시스템 내의 위험요소가 어떤 위험한 상태로 존재하는가를 정성적으로 평가하는 것으로서 시스템 안전프로그램의 최초 단계의 분석이다.
② PHA 목적
   시스템 개발단계에서 시스템 고유의 위험영역을 식별하고 예상되는 재해의 위험수준을 평가하는 데 있다.
③ PHA의 기법
   ㉠ Check List에 의한 방법
   ㉡ 기술적 판단에 의한 기법
   ㉢ 경험에 따른 기법

(2) 결함위험 분석(Fault Hazards Analysis, FHA)
① FHA 정의
   FHA는 분업에 의하여 여럿이 분담 설계한 Subsystem 간의 Interface를 조정하여 각각의 Subsystem 및 전 시스템의 안전성에 악영향을 끼치지 않게 하기 위한 분석이다.

② FHA의 기재사항
　㉠ Subsystem의 요소
　㉡ 그 요소의 고장형
　㉢ 고장형에 대한 고장율
　㉣ 요소 고장 시 시스템의 운용 형식
　㉤ Subsystem에 대한 고장의 영향
　㉥ 2차 고장
　㉦ 고장형을 지배하는 뜻밖의 일
　㉧ 위험성의 분류
　㉨ 전 시스템에 대한 고장의 영향

(3) 고장형태와 영향 분석(Fault Modes and Effects Analysis, FMEA)

① FMEA 정의

FMEA는 Subsystem 위험분석이나 System 위험분석을 위하여 일반적으로 사용되는 전형적인 정성적, 귀납적 분석방법으로 시스템에 영향을 미치는 모든 요소의 고장을 형태별로 분석하여 그 영향을 검토하는 분석기법이다.

② FMEA의 실시순서
　㉠ 1단계 : 대상시스템의 분석
　　• 기기, 시스템의 구성 및 기능의 전반적인 파악
　　• FMEA 실시를 위한 기본 방침의 결정
　　• 기능 Block과 신뢰성의 Block의 작성
　㉡ 2단계 : 고장형태와 그 영향의 해석
　　• 고장형태의 예측과 설정
　　• 고장원인의 상정
　　• 상의 항목의 고장 영향의 검토
　　• 고장 검지법의 검토
　　• 고장에 대한 보상법이나 대응법의 검토
　　• FMEA 워크시트에 기입
　　• 고장등급의 평가
　㉢ 3단계 : 치명도 해석과 개선책의 검토
　　• 치명도 해석
　　• 해석 결과의 정리와 설계 개선으로 제안

③ FMEA의 고장형태
　㉠ 개로 또는 개방 고장
　㉡ 폐로 또는 폐쇄 고장
　㉢ 기동 고장

ㄹ 정지 고장
ㅁ 운전 계속의 고장
ㅂ 오작동 고장
④ 위험성의 분류 표시
ㄱ Category Ⅰ : 생명 또는 가옥의 손실
ㄴ Category Ⅱ : 작업수행의 실패
ㄷ Category Ⅲ : 활동의 지연
ㄹ Category Ⅳ : 영향 없음

(4) MORT(Management Oversight and Risk Tree)
① 1970년 이후 미국에서 개발된 최신 시스템 안전프로그램으로서 원자력산업의 고도 안전달성을 위하여 개발된 분석기법이다.
② FTA와 같은 논리기법을 이용하여 관리, 설계, 생산, 보전 등의 광범위한 안전을 도모하는 일반산업에도 적용이 기대된다.

(5) Decision Trees
① 요소의 신뢰도를 이용하여 시스템의 신뢰도를 나타내는 시스템 모델로 귀납적이고 정량적인 분석방법이다.
② 재해사고의 분석에 이용될 때에는 Event Trees라고 하며 이 경우 Trees는 재해사고의 발단이 된 요인에서 출발하여 2차적인 원인과 안전수단의 적부 등에 의해 분기되고 최후에 재해 사상에 도달한다.

3 결함수 분석법(Fault Tree Analysis, FTA)

(1) FTA의 정의
① 결함수 분석법은 시스템의 고장원인을 결함수 차트(Fault Tree Chart)를 이용하여 연역적으로 찾아내는 분석기법이다.
② FTA는 기계 설비, 또는 인간-기계 시스템(Man-Machine System)의 고장이나 재해의 발생요인을 FT도표를 이용하여 분석하는 방법이다.
③ 화학공장, 핵발전소, 우주산업 및 전자공업에서 화재, 폭발, 누출 등 어떤 특정한 예상 사고에 대하여 그 사고의 원인이 되는 장치, 기기의 결함이나 설계자, 조업자의 오류를 연역적, 순차적, 도식적, 확률적으로 검토 분석하여 이를 정성적, 정량적 안전성을 평가 진단하는 방법이다.

(2) FTA의 특징
① AND와 OR인 두 종류의 논리게이트 조합에 의해 대상 설비 또는 공정의 위험성을 트리구조에 의해 표현하므로, 시각적으로 파악하는 우수한 수단이며 여러가지 전문 기술분야에 걸친 정보를 망라할 수 있는 유연성이 풍부한 방법이라고 할 수 있다.

② 분석대상의 위험성에 대한 확률론적인 정량평가가 가능하게 하여 기본사상(Basic Event) 발생률로서 중간 및 정상 사상에 대한 확률을 차례로 계산할 수 있게 함으로써 기존의 감각적, 경험적 사고로부터 탈피하여 논리적이고 확률론적인 정량적 결과를 도출할 수 있게 하였다.
③ 결함수 분석법은 고장이나 재해요인의 정성적인 분석뿐만 아니라 개개의 발생요인의 확률을 구할 수 있다.
④ 재해발생 후의 원인규명보다 재해발생 이전의 예측기법으로서 활용가치가 높다.

(3) FTA의 활용 및 기대효과
① **장 점**
　㉠ 사고원인 규명의 간편화
　㉡ 사고원인 분석의 일반화
　㉢ 사고원인 분석의 정량화
　㉣ 시스템의 결함 진단
　㉤ 노력, 시간의 절감
　㉥ 안전점검 Check List 작성

② **단 점**
　㉠ 숙련된 전문가 필요
　㉡ 시간 및 경비의 소요
　㉢ 고장률 자료확보
　㉣ 단일사고의 해석
　㉤ 논리게이트 선택의 신중

제4절 위험물 누출 시 안전대책

1 누출 시 대응 요령

(1) 현장 도착 후 상황판단
① 현장 도착하기 전까지 사고 발생과 관련된 사항과 정보는 사전에 파악하는 것이 중요하다.
② 도착 전 파악해야 할 사항
  ㉠ 누출된 물질명 파악
  ㉡ 누출된 물질의 사고대응요령 파악
  ㉢ 바람의 방향 파악

(2) 현장 접근
① 바람을 등지고 낮은 쪽으로 접근해야 한다.
② 바람의 방향을 확인하기 위하여 깃발, 굴뚝의 연기 등을 확인한다.
③ 점화원이 될 수 있는 모든 요인을 제거한다.

(3) 현장 보안
① 현장에 출입하지 말고 현장을 고립시킨다.
② 인명 및 주위환경의 안전을 확보한다.
③ 현장에 인명 출입을 통제한다.

(4) 위험성 확인
① 감각 이용 : 어떤 물질은 냄새가 없으면 치명적일 수 있다.
② 사고 현장의 용도 이용 : 제조소에는 다양한 위험물이 존재하고 있다.
③ 컨테이너의 형태 : 사고 내에 컨테이너가 있으면 그 안에 있는 내용물을 확인한다.

(5) 상황 평가
① 누출 여부
② 기후조건 및 지형
③ 사람, 재산 등 위험에 처한 것이 무엇인지 확인
④ 인명대피의 필요 여부
⑤ 방유제 설치 여부

2 위험물의 누출 시

(1) 누출된 위험물이 하수구나 배수로 오염되는 것을 방지하기 위하여 방유제를 설치한다.

(2) 가스의 제거를 위하여 무인관창을 이용한 물분무 등으로 증기운을 억제해야 한다.

(3) 독성 유증기가 유출되었을 경우에는 누출장소의 바람 하류방향 또는 낮은 방향의 사람들을 대피시켜야 한다.

(4) 누출 시 바람의 반대방향(바람을 등지고)에서 누출 억제작업을 해야 한다.

3 위험물의 누출 및 화재발생 시

(1) 연소생성물이 누출된 화학물질의 유해하지 않다면 자연 연소하도록 둔다.

(2) 유독성 물질이 없다고 판명되어도 증기나, 연기 등을 흡입하지 말아야 한다.

(3) 냄새가 없어도 증기나 가스 등은 유해할 수 있으니 피해야 한다.

(4) 알코올이나 에스터류 등과 같이 수용성인 물질은 알코올용포를 사용한다.

(5) 일반적인 화재에는 포, 이산화탄소, 할로젠화합물, 분말소화약제를 사용한다.

(6) 소화기는 초기 화재진압이나 소규모 화재진압 수단이다.

(7) 이산화탄소나 할로젠화합물약제는 밀폐된 장소에서는 진화요원의 질식의 우려가 있다.

(8) 물분무는 증기발생을 억제하는 데 효과가 있다.

001
연기에 대한 설명 중 맞지 않는 것은?
① 가연물의 연소 시에 가열에 의해서 방출하는 열분해된 생성물을 말한다.
② 완전 연소되지 않는 불완전 연소에 많이 발생한다.
③ 연소 시 발생가스로서 산소공급이 부족할 때 적은 양이 발생한다.
④ 화재 시에 발생되는데 호흡기 장애 질식사를 유발한다.

해설
연기는 연소 시 발생가스로서 산소공급이 부족할 때 많은 양이 발생한다.

정답 ③

002
어떤 입자에 의해서 연소가스가 눈에 보이는가?
① 아황산가스 및 타르입자
② 페놀 및 멜라민수지입자
③ 탄소 및 타르입자
④ 황화수소 및 수증기입자

해설
연소가스가 눈에 보이는 것
- **탄소** 및 **타르입자**에 의해 연소가스가 눈에 보인다(이것을 연기라 한다).
- 연소가스의 어떤 것(NO_2 등)과 수증기가 응축한 것
- 기타 입자화된 액체

정답 ③

003
실내에서의 연기의 이동속도는?
① 수직으로 1[m/s] 수평으로 5[m/s] 정도
② 수직으로 3[m/s] 수평으로 1[m/s] 정도
③ 수직으로 5[m/s] 수평으로 7[m/s] 정도
④ 수직으로 7[m/s] 수평으로 9[m/s] 정도

해설
연기의 이동속도

방 향	수평방향	수직방향	실내계단
이동속도	0.5~1.0[m/s]	2.0~3.0[m/s]	3.0~5.0[m/s]

정답 ②

004
화재 시 발생하는 연기의 색이 검은 것은 무엇인가?
① 휘발성 알코올류
② 수분이 많은 물질
③ 건조된 가연물이나 종이류
④ 탄소를 많이 함유한 석유류

해설
탄소를 많이 **함유**하는 석유류의 연소 시에는 **검은 연기**가 발생한다.

정답 ④

005
화재 시 연기가 인체에 영향을 미치는 요인 중 가장 중요한 요인은?

① 연기 중의 미립자
② 일산화탄소의 증가와 산소의 감소
③ 탄산가스의 증가로 인한 산소의 희석
④ 연기 속에 포함된 수분의 양

해설
화재발생 시 **산소 부족**과 **일산화탄소의 증가**가 인체에 가장 큰 영향을 미친다.

정답 ②

006
굴뚝효과(Stack Effect)에서 나타나는 중성대에 관계되는 설명으로 틀린 것은?

① 건물 내의 기류는 항상 중성대의 하부에서 상부로 이동한다.
② 중성대는 상하의 기압이 일치하는 위치에 있다.
③ 중성대의 위치는 건물 내외부의 온도차에 따라 변할 수 있다.
④ 중성대의 위치는 건물 내의 공조상태에 따라 달라질 수 있다.

해설
중성대는 화재가 발생하여 상부에는 연기가 하부에는 신선한 공기가 형성하고 있는 상하의 기압이 일치하는 중간층의 부분을 말하는데 중성대에서 연기의 기류는 상부에서 하부로 이동한다.

정답 ①

007
가연물질의 연소생성물인 연기가 인체에 미치는 영향과 가장 관계가 없는 것은?

① 시력장애
② 인지능력 감소
③ 질 식
④ 촉각의 둔화

해설
연소생성물인 연기가 인체에 미치는 영향은 **시력장애, 질식사, 인지능력 감소** 등이다.

정답 ④

008
화재 시 발생하는 연소가스에 포함되어 인체에서 혈액의 산소운반을 저해하고 두통, 근육조절의 장애를 일으키는 것은?

① CO_2
② CO
③ HCN
④ H_2S

해설
CO(일산화탄소)는 불완전 연소 시에 생성되는 가스로서 혈액 중의 **산소가스 운반**을 **저해**한다.

정답 ②

009

연기에 의한 감광계수가 0.1, 가시거리가 20~30[m]일 때 상황을 바르게 설명한 것은?

① 건물내부에 익숙한 사람이 피난에 지장을 느낄 정도
② 연기감지기가 작동할 정도
③ 어둠침침한 것을 느낄 정도
④ 거의 앞이 보이지 않을 정도

해설
연기의 농도와 가시거리와의 관계

감광계수 [m^{-1}]	가시거리 [m]	상 황
0.1	20~30	**연기감지기**가 **작동**할 때의 정도
0.3	5	건물 내부에 익숙한 사람이 피난에 지장을 느낄 정도
0.5	3	어두침침한 것을 느낄 정도
1	1~2	거의 앞이 보이지 않을 정도
10	0.2~0.5	화재 최성기 때의 정도

정답 ②

010

인체에 노출될 때 가장 위험한 물질은?

① HCN
② NO
③ HCl
④ NH$_3$

해설
사이안화수소(HCN) : 공기 중에 0.03[%]만 노출해도 거의 즉사하는 맹독성 유독가스

정답 ①

011

화재 시 발생되는 연소가스 중 적은 양으로는 인체에 거의 해가 없으나 많은 양을 흡입하면 질식을 일으키며, 소화약제로도 사용되는 가스는?

① CO
② CO$_2$
③ H$_2$O
④ H$_2$

해설
이산화탄소(CO$_2$)는 연소가스 중 **가장 많은 양**을 차지하며 적은 양으로는 **인체**에 거의 **해가 없으나** 다량이 존재할 때 호흡속도를 증가시켜 질식을 일으키며, 불연성 가스로 소화약제로도 사용한다.

정답 ②

012

연소생성물인 암모니아에 대한 설명 중 틀린 것은?

① 자극성이 없는 유독성의 무색 기체이다.
② 눈, 코, 인후, 폐에 대하여 자극성이 크다.
③ 0.2~0.65[%]의 농도에서는 30분 정도 노출되면 치사한다.
④ 페놀수지, 멜라민수지, 아크릴플라스틱 등 질소함유물이 연소할 때 발생하는 물질이다.

해설
암모니아(NH$_3$)
- 나일론, 나무, 실크, 페놀수지, 멜라민수지, 아크릴플라스틱 등 질소함유물이 연소할 때 발생하는 물질이다.
- **강한 자극성**을 가진 **유독성**의 **무색 기체**이다.
- 암모니아는 눈, 코, 인후, 폐에 대하여 자극성이 크다.
- 0.2~0.65[%]의 농도에서는 30분 정도 노출되면 치사내지는 생체 내부조직에 심한 손상을 입게 된다.
- 냉동시설의 냉매로 주로 사용하고 있으므로 냉동창고 화재 시 누출 가능성이 크다.

정답 ①

013
다음 중 화재예방의 4가지 원칙으로 맞지 않는 것은?

① 예방가능의 원칙
② 원인연계의 원칙
③ 손실우연의 원칙
④ 방지선정의 원칙

해설
화재예방의 4가지 원칙
- 예방가능의 원칙 : 지진, 화산, 홍수 등 천재지변을 제외한 모든 인위적 재난은 미연에 방지할 수 있다.
- 원인연계의 원칙 : 사고가 발생하면 반드시 원인이 있으므로 종합적으로 검토해야 한다.
- 손실우연의 원칙 : 사고로서 생긴 화재 등 재해손실은 사고 당시의 조건에 따라 우연적으로 발생하므로 재해 방지의 대상은 우연성에 따른 손실 방지보다는 사고의 발생자체를 방지해야 한다.
- 대책선정의 원칙 : 사고 발생 및 재발을 방지하기 위한 안전대책으로 사고의 원인이나 불안전 요소를 발견하여 대책을 세우고 실시해야 한다.

정답 ④

014
재해방지대책의 3E에 해당되지 않는 것은?

① 행정적 대책
② 교육적 대책
③ 기술적 대책
④ 관리적 대책

해설
재해방지대책의 3E
- Engineering(기술적 대책) : 설계, 작업환경의 개선, 안전, 안전기준 설정, 점검 및 보존의 확립
- Eduction(교육적 대책) : 안전지식 또는 기능의 부족이나 부적절한 태도 시정
- Enforcement(관리적 대책) : 관리적 대책은 다음 조건이 충족되어야 한다.
  - 적합한 기준 설정
  - 각종 규정 및 수칙의 준수
  - 관리자 및 지휘자의 솔선수범
  - 전 작업자가 기준 이행
  - 부단한 동기 부여 및 사기 향상

정답 ①

015
하나의 특정한 사고 원인의 관계를 논리게이트를 이용하여 도해적으로 분석하여 연역적·정량적 기법으로 해석해가면서 위험성을 평가하는 방법은?

① FTA(결함수 분석기법)
② PHA(예비위험 분석기법)
③ ETA(사건수 분석기법)
④ FMECA(이상 영향 분석기법)

해설
FTA(결함수 분석기법) : 하나의 특정한 사고 원인의 관계를 논리게이트를 이용하여 도해적으로 분석하여 연역적·정량적 기법으로 해석, 예측해가면서 위험성을 평가하는 방법

정답 ①

016
아세톤이 탱크에서 누출 비산에 대한 처리 및 대책요령과 관계가 먼 것은?

① 경보설비를 설치한다.
② 증기 발생이 많은 경우는 분무살수로서 증기발생을 억제한다.
③ 대량 누출은 토사 등으로 유출방지를 도모하고 회수한다.
④ 소량 유출 시 공기의 접촉으로 인한 위험성이 없다.

해설
아세톤이 탱크에 소량 유출 시 공기의 접촉으로 인한 인화의 위험성이 있다.

정답 ④

017
독가스를 마셨을 때 응급치료에 사용할 수 있는 약품은?

① 에틸에터
② 클로로벤젠
③ 에스터류
④ 에틸알코올

해설
독가스를 마셨을 때 에틸알코올(먹는 술)로 응급치료를 한다.

정답 ④

018
유류화재의 예방대책이 아닌 것은?

① 가솔린 등 인화점이 높은 물질은 용도에 맞게 사용한다.
② 열기구는 사용 중 다른 장소로 이동하지 않는다.
③ 석유난로에 주전자를 올려놓을 때 물이 끓어 넘치는지 주의한다.
④ 적당한 용량의 전기제품을 선택하여 사용한다.

해설
전기제품 선택은 전기화재의 예방대책이다.

정답 ④

교육이란 사람이 학교에서 배운 것을 잊어버린 후에 남은 것을 말한다.

– 알버트 아인슈타인

우리 인생의 가장 큰 영광은 결코 넘어지지 않는 데 있는 것이 아니라
넘어질 때마다 일어서는 데 있다.

– 넬슨 만델라 –

시설기준

- **CHAPTER 01** 제조소 등의 위치·구조 및 설비기준
- **CHAPTER 02** 제조소 등의 소화설비, 경보설비기준

합격의 공식 **시대에듀**

www.sdedu.co.kr

CHAPTER 01 제조소 등의 위치 · 구조 및 설비기준

제1절 제조소의 위치 · 구조 및 설비의 기준(시행규칙 별표 4)

1 제조소의 안전거리 중요

건축물의 외벽 또는 공작물의 외측으로부터 해당 제조소의 외벽 또는 이에 상당하는 공작물의 외측까지의 수평거리를 안전거리라 한다(제6류 위험물을 취급하는 제조소는 제외).

건축물	안전거리
사용전압 7,000[V] 초과 35,000[V] 이하의 특고압가공전선	3[m] 이상
사용전압 **35,000[V] 초과**의 특고압가공전선	**5[m] 이상**
주거용으로 사용되는 것(제조소가 설치된 부지 내에 있는 것을 제외)	10[m] 이상
고압가스, 액화석유가스, 도시가스를 저장 또는 취급하는 시설	20[m] 이상
학교, **병원**(병원급 의료기관), **극장**, 공연장, 영화상영관 및 그 밖에 유사한 시설로서 수용인원 300명 이상, 복지시설(아동복지시설, 노인복지시설, 장애인복지시설, 한부모가족복지시설), 어린이집, 성매매피해자 등을 위한 지원시설, 정신건강증진시설, 가정폭력피해자 보호시설 및 그 밖에 이와 유사한 시설로서 수용인원 20명 이상	30[m] 이상
지정문화유산 및 천연기념물 등	50[m] 이상

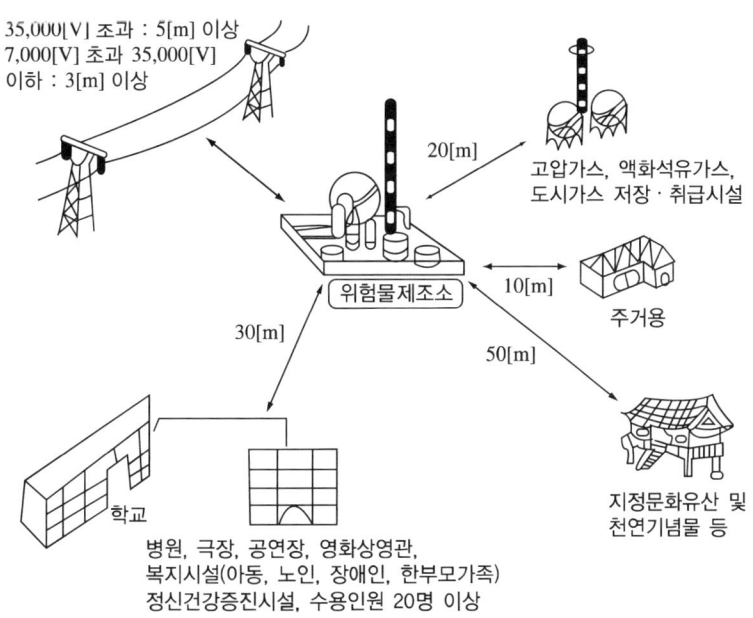

2 제조소의 보유공지

취급하는 위험물의 최대수량	공지의 너비
지정수량의 10배 이하	3[m] 이상
지정수량의 10배 초과	5[m] 이상

3 제조소의 표지 및 게시판

(1) "위험물제조소"라는 표지를 설치

① 표지의 크기 : 한 변의 길이 0.3[m] 이상, 다른 한 변의 길이 0.6[m] 이상
② 표지의 색상 : **백색바탕**에 **흑색문자**

(2) 방화에 관하여 필요한 사항을 게시한 게시판 설치 중요

① 게시판의 크기 : 한 변의 길이 0.3[m] 이상, 다른 한 변의 길이 0.6[m] 이상
② **기재 내용** : 위험물의 **유별·품명** 및 **저장최대수량** 또는 **취급최대수량, 지정수량의 배수** 및 안전관리자의 **성명** 또는 **직명**
③ 게시판의 색상 : 백색바탕에 흑색문자

(3) 주의사항을 표시한 게시판 설치 중요

위험물의 종류	주의사항	게시판의 색상
제1류 위험물 중 **알칼리금속의 과산화물** 제3류 위험물 중 **금수성 물질**	물기엄금	청색바탕에 백색문자
제2류 위험물(인화성 고체는 제외)	화기주의	적색바탕에 백색문자
제2류 위험물 중 **인화성 고체** 제3류 위험물 중 **자연발화성 물질** **제4류 위험물** **제5류 위험물**	화기엄금	적색바탕에 백색문자

(4) **금연임을 알리는 표지** : 제조소에는 보기 쉬운 곳에 해당 제조소가 금연구역임을 알리는 표지를 설치해야 한다.

※ 제조소 등에는 금연구역 표지를 설치해야 한다.

4 건축물의 구조 중요

(1) 지하층이 없도록 해야 한다(다만, 위험물을 취급하지 않는 지하층으로서 위험물의 취급장소에서 새어나온 위험물 또는 가연성의 증기가 흘러 들어갈 우려가 없는 구조로 된 경우에는 그렇지 않다).

(2) 벽·기둥·바닥·보·서까래 및 계단
불연재료(연소 우려가 있는 외벽은 출입구 외의 개구부가 없는 **내화구조의 벽**으로 할 것)

(3) **지붕**은 폭발력이 위로 방출될 정도의 가벼운 **불연재료**로 덮어야 한다.

> [Plus One] 지붕을 내화구조로 할 수 있는 경우
> - 제2류 위험물(분말상태의 것과 인화성 고체는 제외)
> - 제4류 위험물 중 제4석유류, 동식물유류
> - 제6류 위험물

(4) 출입구와 비상구에는 **60분+ 방화문·60분 방화문** 또는 **30분 방화문**을 설치해야 한다.

> 연소 우려가 있는 외벽의 출입구 : 수시로 열 수 있는 자동폐쇄식의 60분+ 방화문 또는 60분 방화문 설치

(5) 건축물의 창 및 출입구의 유리 : 망입유리(두꺼운 판유리에 철망을 넣은 것)

(6) 액체의 위험물을 취급하는 건축물의 바닥

위험물이 스며들지 못하는 재료를 사용하고, **적당한 경사**를 두고 그 **최저부**에 **집유설비**를 할 것

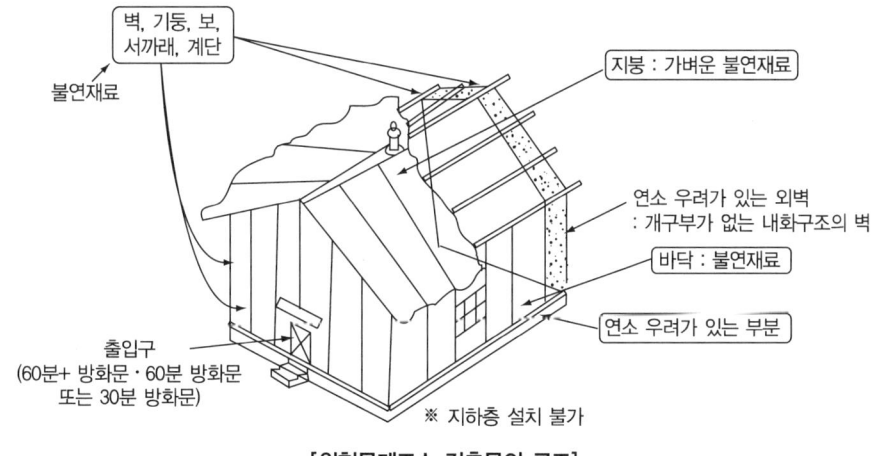

[위험물제조소 건축물의 구조]

5 채광·조명 및 환기설비

(1) **채광설비** : 불연재료로 하고 연소의 우려가 없는 장소에 설치하되 **채광면적**을 **최소**로 할 것

(2) **조명설비**
① 가연성 가스 등이 체류할 우려가 있는 장소의 조명등 : 방폭등
② 전선 : 내화·내열전선
③ 점멸스위치 : 출입구 바깥부분에 설치(다만, 스위치의 스파크로 인한 화재·폭발의 우려가 없을 경우에는 그렇지 않다)

(3) **환기설비** 중요
① 환기 : **자연배기방식**
② 급기구는 해당 급기구가 설치된 실의 바닥면적 **150[m²]마다 1개 이상**으로 하되 **급기구의 크기**는 **800[cm²] 이상**으로 할 것. 다만, 바닥면적 150[m²] 미만인 경우에는 다음의 크기로 할 것

바닥면적	급기구의 면적
60[m²] 미만	150[cm²] 이상
60[m²] 이상 90[m²] 미만	300[cm²] 이상
90[m²] 이상 120[m²] 미만	450[cm²] 이상
120[m²] 이상 150[m²] 미만	600[cm²] 이상

③ **급기구**는 낮은 곳에 **설치**하고 가는 눈의 구리망으로 **인화방지망**을 설치할 것
④ 환기구는 지붕 위 또는 **지상 2[m] 이상**의 높이에 회전식 고정 벤틸레이터 또는 루프팬방식(Roof Fan : 지붕에 설치하는 배기장치)으로 설치할 것

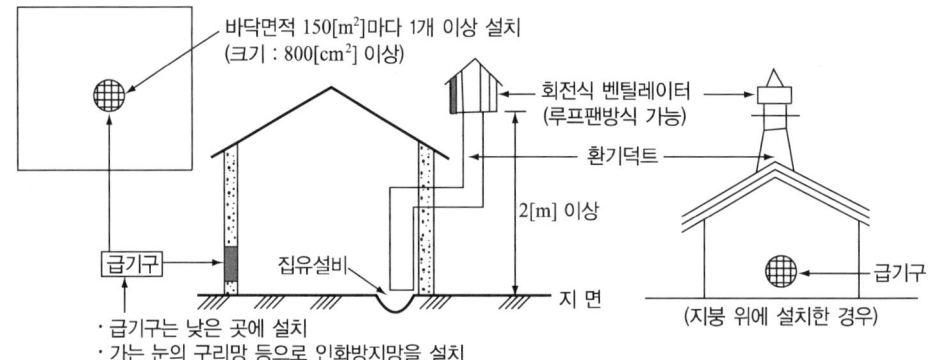

[위험물제조소의 자연배기방식의 환기설비]

(4) **배출설비** 중요

① 설치장소 : 가연성 증기 또는 미분이 체류할 우려가 있는 건축물
② 배출설비 : 국소방식

> **Plus One** 전역방출방식으로 할 수 있는 경우
> • 위험물취급설비가 배관이음 등으로만 된 경우
> • 건축물의 구조·작업장소의 분포 등의 조건에 의하여 전역방식이 유효한 경우

③ 배출설비는 배풍기(오염된 공기를 뽑아내는 통풍기), 배출덕트(공기배출통로), 후드 등을 이용하여 강제적으로 배출하는 것으로 해야 한다.
④ **배출능력**은 1시간당 배출장소 용적의 **20배 이상**인 것으로 할 것(**전역방출방식 : 바닥면적 1[m²]당 18[m³] 이상**)
⑤ **급기구**는 높은 곳에 **설치**하고 가는 눈의 구리망 등으로 **인화방지망**을 설치할 것
⑥ 배출구는 **지상 2[m] 이상**으로서 연소 우려가 없는 장소에 설치하고 배출덕트가 관통하는 벽부분의 바로 가까이에 화재 시 자동으로 폐쇄되는 방화댐퍼(화재 시 연기 등을 차단하는 장치)를 설치할 것
⑦ 배풍기 : **강제배기방식**

6 제조소에 설치해야 하는 설비 및 장치

(1) 위험물 누출·비산방지설비

(2) 가열·냉각설비 등의 온도측정장치

(3) 가열건조설비

(4) 압력계 및 안전장치 중요

① 안전밸브 : 자동적으로 압력의 상승을 정지시키는 장치
② 감압밸브 : 감압쪽에 안전밸브를 부착한 밸브장치
③ 안전밸브 경보장치 : 안전밸브를 겸하는 경보장치
④ 파괴판(위험물의 성질에 따라 안전밸브의 작동이 곤란한 가압설비에 한한다)

7 옥외설비의 바닥(옥외에서 액체 위험물을 취급하는 경우)

(1) 바닥의 둘레에 높이 **0.15[m] 이상의 턱**을 설치할 것

(2) 바닥의 최저부에 **집유설비**를 할 것

(3) 위험물(20[℃]의 물 100[g]에 용해되는 양이 1[g] 미만인 것에 한함)을 취급하는 설비에는 **집유설비에 유분리장치를 설치할 것**

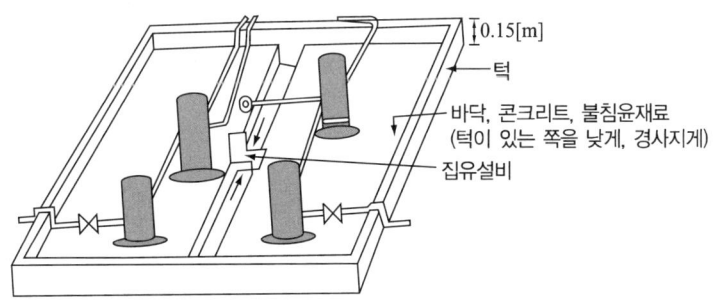

[위험물제조소의 옥외시설의 바닥]

8 정전기 제거설비 중요

(1) 접지에 의한 방법

(2) 공기 중의 **상대습도**를 70[%] 이상으로 하는 방법

(3) 공기를 이온화하는 방법

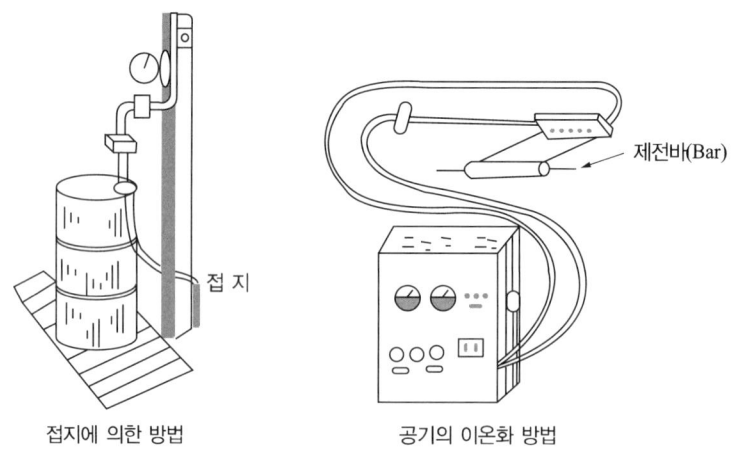

접지에 의한 방법   공기의 이온화 방법

[정전기 제거설비]

9 위험물 취급탱크(지정수량 1/5 미만은 제외)

(1) 위험물제조소의 옥외에 있는 위험물 취급탱크 중요

① 하나의 취급탱크 주위에 설치하는 방유제의 용량 : 해당 **탱크용량의 50[%] 이상**

② 2 이상의 취급탱크 주위에 하나의 방유제를 설치하는 경우 방유제의 용량 : 해당 탱크 중 용량이 **최대인 것의 50[%]**에 나머지 **탱크용량 합계의 10[%]**를 가산한 양 이상이 되게 할 것

[이 경우 방유제의 용량 = 해당 방유제의 내용적 − (용량이 최대인 탱크 외의 탱크의 방유제 높이 이하 부분의 용적, 해당 방유제 내에 있는 모든 탱크의 지반면 이상 부분의 기초의 체적, 간막이 둑의 체적 및 해당 방유제 내에 있는 배관 등의 체적)]

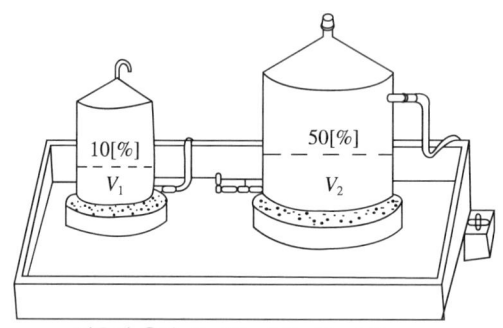

방유제 용량 $V = (V_2 \times 0.5) + (V_1 \times 0.1)$

[옥외위험물 취급탱크의 방유제 용량]

(2) 위험물제조소의 옥내에 있는 위험물 취급탱크

① 하나의 취급탱크의 주위에 설치하는 방유턱의 용량 : 해당 **탱크용량 이상**

② 2 이상의 취급탱크 주위에 설치하는 방유턱의 용량 : **최대 탱크용량 이상**

| Plus One | **방유제, 방유턱의 용량** 중요
- **위험물제조소의 옥외에 있는 위험물 취급탱크의 방유제의 용량**
  - 1기일 때 : 탱크용량×0.5(50[%]) 이상
  - 2기 이상일 때 : 최대 탱크용량×0.5+(나머지 탱크용량 합계×0.1) 이상
- **위험물제조소의 옥내에 있는 위험물 취급탱크의 방유턱의 용량**
  - 1기일 때 : 탱크용량 이상
  - 2기 이상일 때 : 최대 탱크용량 이상
- **위험물옥외탱크저장소의 방유제의 용량**
  - 1기일 때 : 탱크용량×1.1(110[%])[비인화성 물질×100[%]] 이상
  - 2기 이상일 때 : 최대 탱크용량×1.1(110[%])[비인화성 물질×100[%]] 이상

10 피뢰설비 중요

지정수량의 **10배 이상**의 위험물을 제조소(**제6류 위험물은 제외**)에는 피뢰침을 설치할 것

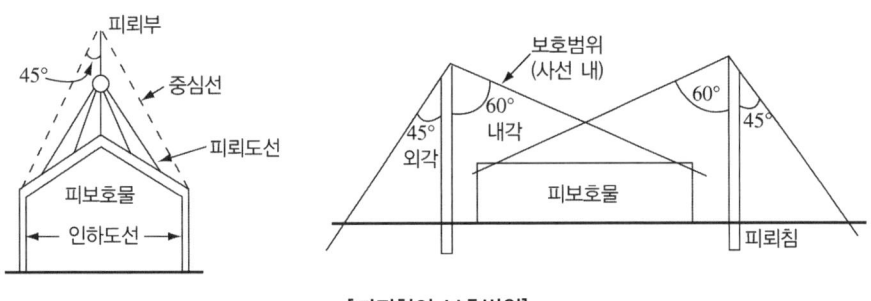

[피뢰침의 보호범위]

11 위험물제조소의 배관

(1) **배관의 재질** : 강관, 유리섬유강화플라스틱, 고밀도폴리에틸렌, 폴리우레탄

(2) **내압시험**
① 불연성 액체를 사용하는 경우 : 최대상용압력의 1.5배 이상의 압력에서 실시하여 누설 또는 그 밖의 이상이 없을 것
② 불연성 기체를 사용하는 경우 : 최대상용압력의 1.1배 이상의 압력에서 실시하여 누설 또는 그 밖의 이상이 없을 것

12 정 의

(1) **고인화점위험물** : 인화점이 100[℃] 이상인 제4류 위험물

(2) **알킬알루미늄 등** : 제3류 위험물 중 알킬알루미늄·알킬리튬 또는 이 중 어느 하나 이상을 함유하는 것

(3) **아세트알데하이드 등** : 제4류 위험물 중 특수인화물의 아세트알데하이드·산화프로필렌 또는 이 중 어느 하나 이상을 함유하는 것

(4) 하이드록실아민 등 : 제5류 위험물 중 하이드록실아민·하이드록실아민염류 또는 이 중 어느 하나 이상을 함유하는 것

13 고인화점위험물(100[℃] 미만의 온도에서 취급)제조소의 특례

> 고인화점위험물 : 인화점이 100[℃] 이상인 제4류 위험물

(1) 안전거리
   ① 주거용 : 10[m] 이상
   ② 고압가스, 액화석유가스, 도시가스를 저장 또는 취급시설 : 20[m] 이상
   ③ 지정문화유산 및 천연기념물 등 : 50[m] 이상

(2) 보유공지 : 3[m] 이상

(3) 건축물의 지붕 : 불연재료

(4) 창 또는 출입구

60분+ 방화문·60분 방화문·30분 방화문 또는 불연재료나 유리로 만든 문을 달고 연소 우려가 있는 외벽에 두는 출입구에는 수시로 문을 열 수 있는 자동폐쇄식의 60분+ 방화문 또는 60분 방화문을 설치할 것

(5) 연소의 우려가 있는 외벽에 두는 출입구에 유리를 이용하는 경우 : 망입유리

14 하이드록실아민 등을 취급하는 제조소의 특례

(1) 안전거리

$$D = 51.1\sqrt[3]{N}[\text{m}]$$

여기서, N : 지정수량의 배수(하이드록실아민의 지정수량 : 100[kg])

(2) 제조소 주위의 담 또는 토제(土堤)의 설치 기준
   ① 담 또는 토제는 제조소의 외벽 또는 공작물의 외측으로부터 2[m] 이상 떨어진 장소에 설치할 것
   ② 담 또는 토제의 높이는 해당 제조소에 있어서 하이드록실아민 등을 취급하는 부분의 높이 이상으로 할 것
   ③ 담은 두께 15[cm] 이상의 철근콘크리트조·철골철근콘크리트조 또는 두께 20[cm] 이상의 보강콘크리트 블록조로 할 것
   ④ 토제의 경사면의 경사도는 60° 미만으로 할 것
   ⑤ **하이드록실아민 등을 취급하는 설비에는 철 이온 등의 혼입에 의한 위험한 반응을 방지**하기 위한 조치를 강구할 것

15 알킬알루미늄, 아세트알데하이드 등을 취급하는 제조소의 특례 중요

(1) 알킬알루미늄 등을 취급하는 설비에는 **불활성 기체**(질소, 이산화탄소)를 봉입하는 장치를 갖출 것

(2) 아세트알데하이드 등을 취급하는 설비는 **은(Ag)·수은(Hg)·구리(Cu)·마그네슘(Mg)** 또는 이들을 성분으로 하는 합금으로 만들지 않을 것

(3) 아세트알데하이드 등을 취급하는 설비에는 연소성 혼합기체의 생성에 의한 폭발을 방지하기 위한 **불활성 기체** 또는 **수증기를 봉입하는 장치**를 갖출 것

(4) 아세트알데하이드 등을 취급하는 탱크(옥외탱크 또는 옥내탱크로서 지정수량의 1/5 미만은 제외)에는 **냉각장치** 또는 저온을 유지하기 위한 장치(이하 "**보냉장치**"라 한다) 및 연소성 혼합기체의 생성에 의한 폭발을 방지하기 위한 불활성 기체를 봉입하는 장치를 갖출 것(지하탱크일 때 저온으로 유지할 수 있는 구조에서는 냉각장치 및 보냉장치를 갖추지 않을 수 있다)

16 방화상 유효한 담의 높이 중요

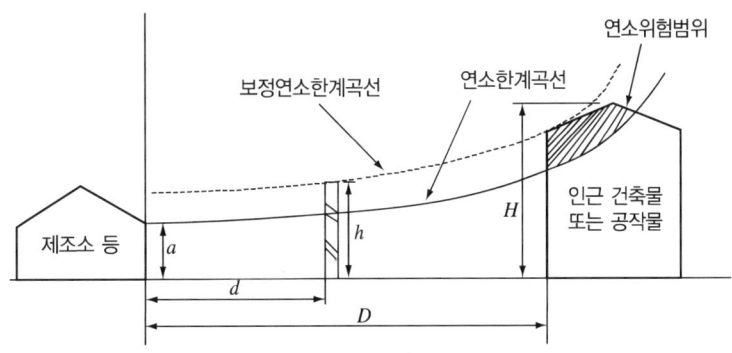

- $H \leq pD^2 + a$인 경우 $h = 2$
- $H > pD^2 + a$인 경우 $h = H - p(D^2 - d^2)$

여기서, D : 제조소 등과 인근 건축물 또는 공작물과의 거리[m]
        H : 인근 건축물 또는 공작물의 높이[m]
        a : 제조소 등의 외벽의 높이[m]
        d : 제조소 등과 방화상 유효한 담과의 거리[m]
        h : 방화상 유효한 담의 높이[m]
        p : 상수(생략)

(1) 앞에서 산출한 수치가 **2 미만**일 때에는 담의 높이를 **2[m]**로, **4 이상**일 때에는 담의 높이를 **4[m]**로 하고 다음의 소화설비를 보강해야 한다.
  ① 해당 제조소 등의 **소형소화기 설치대상**인 것 : **대형소화기**를 1개 이상 증설할 것
  ② 해당 제조소 등의 **대형소화기 설치대상**인 것 : 대형소화기 대신 옥내소화전설비, 옥외소화전설비, 스프링클러설비, 물분무소화설비, 포소화설비, 불활성가스소화설비, 할로젠화합물소화설비, 분말소화설비 중 적응 소화설비를 설치할 것

③ 해당 제조소 등이 옥내소화전설비, 옥외소화전설비, 스프링클러설비, 물분무소화설비, 포소화설비, 불활성가스소화설비, 할로젠화합물소화설비, 분말소화설비 설치대상인 것 : 반경 30[m]마다 대형소화기 1개 이상 증설할 것

(2) 방화상 유효한 담
① 제조소 등으로부터 5[m] 미만의 거리에 설치하는 경우 : 내화구조
② 5[m] 이상의 거리에 설치하는 경우 : 불연재료

제2절 옥내저장소의 위치·구조 및 설비의 기준(시행규칙 별표 5)

1 옥내저장소의 안전거리
제조소와 동일함

2 옥내저장소의 안전거리 제외 대상 중요

(1) **제4석유류** 또는 **동식물유류**의 위험물을 저장 또는 취급하는 옥내저장소로서 그 최대수량이 **지정수량의 20배 미만**인 것

(2) **제6류 위험물**을 저장 또는 취급하는 옥내저장소

(3) 지정수량의 20배(하나의 저장창고의 바닥면적이 150[m²] 이하인 경우에는 50배) 이하의 위험물을 저장 또는 취급하는 옥내저장소로서 다음의 기준에 적합한 것
   ① 저장창고의 벽·기둥·바닥·보 및 지붕이 내화구조인 것
   ② 저장창고의 출입구에 수시로 열 수 있는 자동폐쇄방식의 60분+ 방화문 또는 60분 방화문이 설치되어 있을 것
   ③ 저장창고에 창을 설치하지 않을 것

3 옥내저장소의 보유공지 중요

저장 또는 취급하는 위험물의 최대수량	공지의 너비	
	벽·기둥 및 바닥이 내화구조로 된 건축물	그 밖의 건축물
지정수량의 5배 이하	–	0.5[m] 이상
지정수량의 5배 초과 10배 이하	1[m] 이상	1.5[m] 이상
지정수량의 10배 초과 20배 이하	2[m] 이상	3[m] 이상
지정수량의 20배 초과 50배 이하	**3[m] 이상**	5[m] 이상
지정수량의 50배 초과 200배 이하	5[m] 이상	10[m] 이상
지정수량의 200배 초과	10[m] 이상	15[m] 이상

단, 지정수량의 **20배를 초과**하는 옥내저장소와 동일한 부지 내에 있는 다른 옥내저장소와의 사이에는 동표에 정하는 공지의 너비의 **1/3**(해당 수치가 **3[m] 미만**인 경우에는 **3[m]**)의 공지를 보유할 수 있다.

4 옥내저장소의 표지 및 게시판
제조소와 동일함

5 옥내저장소의 저장창고

(1) 저장창고는 지면에서 처마까지의 높이(**처마높이**)가 **6[m] 미만**인 단층 건물로 하고 그 바닥을 지반면보다 높게 해야 한다.

> 저장창고는 위험물의 저장을 전용으로 하는 **독립된 건축물**로 해야 한다.

(2) 제2류 또는 제4류 위험물만을 저장하는 아래 기준에 적합한 창고는 20[m] 이하로 할 수 있다.
   ① 벽·기둥·보 및 바닥을 내화구조로 할 것
   ② 출입구에 60분+ 방화문 또는 60분 방화문을 설치할 것
   ③ 피뢰침을 설치할 것(단, 주위 상황에 의하여 안전상 지장이 없는 경우에는 예외)

(3) **저장창고의 기준면적** 중요

위험물을 저장하는 창고의 종류	기준면적
① 제1류 위험물 중 **아염소산염류, 염소산염류, 과염소산염류, 무기과산화물**, 그 밖에 지정수량이 **50[kg]**인 위험물 ② 제3류 위험물 중 **칼륨, 나트륨, 알킬알루미늄, 알킬리튬**, 그 밖에 지정수량이 **10[kg]**인 위험물 및 **황린** ③ 제4류 위험물 중 **특수인화물, 제1석유류** 및 **알코올류** ④ 제5류 위험물 중 지정수량이 10[kg]인 위험물 ⑤ **제6류 위험물**	1,000[m²] 이하
①~⑤의 위험물 외의 위험물을 저장하는 창고	2,000[m²] 이하
위의 전부에 해당하는 위험물을 내화구조의 격벽으로 완전히 구획된 실에 각각 저장하는 창고(①~⑤의 위험물을 저장하는 실의 면적은 500[m²]를 초과할 수 없다)	1,500[m²] 이하

(4) 저장창고의 **벽·기둥** 및 **바닥**은 **내화구조**로 하고, **보와 서까래는 불연재료**로 해야 한다.

> **Plus One** 연소의 우려가 없는 벽·기둥 및 바닥을 불연재료로 할 수 있는 것
> • 지정수량의 10배 이하의 위험물의 저장창고
> • 제2류 위험물(인화성 고체는 제외)만의 저장창고
> • 제4류 위험물(인화점이 70[℃] 미만은 제외)만의 저장창고

(5) **저장창고**는 **지붕**을 폭발력이 위로 방출될 정도의 가벼운 **불연재료**로 하고, 천장을 만들지 않아야 한다(제5류 위험물만의 저장창고 내의 온도를 저온으로 유지하기 위하여 난연재료 또는 불연재료로 된 천장을 설치할 수 있다).

> **Plus One** 지붕을 내화구조로 할 수 있는 것
> • 제2류 위험물(분말상태의 것과 인화성 고체는 제외)만의 저장창고
> • 제6류 위험물만의 저장창고

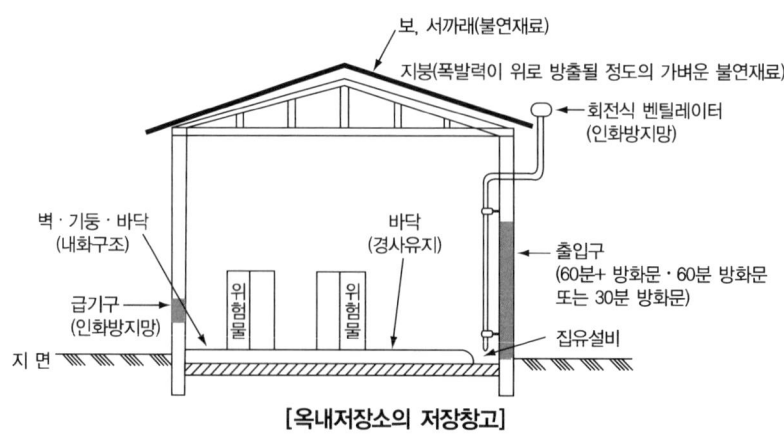

[옥내저장소의 저장창고]

(6) 저장창고의 출입구에는 60분+ 방화문·60분 방화문 또는 30분 방화문을 설치하되, **연소의 우려가 있는 외벽**에 있는 **출입구**에는 수시로 열 수 있는 **자동폐쇄식**의 **60분+ 방화문** 또는 **60분 방화문**을 설치해야 한다.

(7) 저장창고의 창 또는 출입구에 유리를 이용하는 경우에는 망입유리로 해야 한다.

(8) **저장창고에 물의 침투를 막는 구조로 해야 하는 위험물** 중요
   ① 제1류 위험물 중 **알칼리금속의 과산화물**
   ② 제2류 위험물 중 **철분, 금속분, 마그네슘**
   ③ 제3류 위험물 중 **금수성 물질**
   ④ **제4류 위험물**

(9) **액상의 위험물**의 저장창고의 **바닥**은 위험물이 스며들지 않는 구조로 하고, **적당하게 경사지게** 하여 그 최저부에 **집유설비**를 해야 한다.

> 액상의 위험물 : 제4류 위험물, 보호액을 사용하는 위험물

(10) **피뢰침 설치** : 지정수량의 10배 이상의 저장창고(제6류 위험물은 제외)

6 다층 건물의 옥내저장소의 기준(제2류의 인화성 고체, 인화점이 70[℃] 미만인 제4류 위험물은 제외)

(1) 옥내저장소의 저장창고의 기준과 동일하다.
(2) 저장창고는 각층의 바닥을 지면보다 높게 하고, 바닥면으로부터 상층의 바닥(상층이 없는 경우에는 처마)까지의 높이(층고)를 6[m] 미만으로 해야 한다.
(3) 하나의 저장창고의 바닥면적 합계는 **1,000[m^2] 이하**로 해야 한다.
(4) 저장창고의 벽·기둥·바닥 및 보를 내화구조로 하고, 계단을 불연재료로 할 것
(5) 2층 이상의 층의 바닥에는 개구부를 두지 않아야 한다. 다만, 내화구조의 벽과 60분+ 방화문·60분 방화문 또는 30분 방화문으로 구획된 계단실에 있어서는 그렇지 않다.

7 소규모 옥내저장소의 특례(지정수량의 50배 이하, 처마높이가 6[m] 미만인 것)

(1) **보유공지**

저장 또는 취급하는 위험물의 최대수량	공지의 너비
지정수량의 5배 이하	–
지정수량의 5배 초과 20배 이하	1[m] 이상
지정수량의 20배 초과 50배 이하	2[m] 이상

(2) **저장창고 바닥면적** : 150[m^2] 이하

(3) 벽·기둥·바닥·보·지붕 : 내화구조

(4) 출입구 : 수시로 개방할 수 있는 자동폐쇄방식의 60분+ 방화문 또는 60분 방화문을 설치

(5) 저장창고에는 창을 설치하지 않을 것

8 고인화점위험물의 단층 건물 옥내저장소의 특례

(1) 지정수량의 20배를 초과하는 옥내저장소의 안전거리

① 주거용 : 10[m] 이상
② 고압가스, 액화석유가스, 도시가스를 저장 또는 취급시설 : 20[m] 이상
③ 지정문화유산 및 천연기념물 등 : 50[m] 이상

(2) 보유공지

저장 또는 취급하는 위험물의 최대수량	공지의 너비	
	벽·기둥 및 바닥이 내화구조로 된 경우	그 밖의 건축물
20배 이하	-	0.5[m] 이상
20배 초과 50배 이하	1[m] 이상	1.5[m] 이상
50배 초과 200배 이하	2[m] 이상	3[m] 이상
200배 초과	3[m] 이상	5[m] 이상

(3) 지붕 : 불연재료

(4) 저장창고의 창 및 출입구에는 방화문 또는 불연재료나 유리로 된 문을 달고, 연소의 우려가 있는 외벽에 두는 출입구에는 수시로 열 수 있는 자동폐쇄방식의 60분+ 방화문 또는 60분 방화문을 설치할 것

(5) 연소의 우려가 있는 외벽에 설치하는 출입구의 유리 : 망입유리

9 위험물의 성질에 따른 옥내저장소의 특례

(1) 지정과산화물(제5류 위험물 중 유기과산화물)을 저장 또는 취급하는 옥내저장소

① 안전거리, 보유공지 : 시행규칙 별표 5의 Ⅷ 참조
② 담 또는 토제의 기준
   ㉠ 지정수량의 5배 이하인 지정과산화물의 옥내저장소에 대하여는 해당 옥내저장소의 저장창고의 외벽을 두께 30[cm] 이상의 철근콘크리트조 또는 철골철근콘크리트조로 만드는 것으로서 담 또는 토제에 대신할 수 있다.
   ㉡ 담 또는 토제는 저장창고의 외벽으로부터 2[m] 이상 떨어진 장소에 설치할 것. 다만, 담 또는 토제와 해당 저장창고와의 간격은 해당 옥내저장소의 공지의 너비의 1/5을 초과할 수 없다.

ⓒ 담 또는 토제의 높이는 저장창고의 처마 높이 이상으로 할 것
ⓔ 담은 두께 15[cm] 이상의 철근콘크리트조나 철골철근콘크리트조 또는 두께 20[cm] 이상의 보강콘크리트블록조로 할 것
ⓜ 토제의 경사면의 경사도는 60° 미만으로 할 것

③ 저장창고의 기준
- ㉠ **저장창고**는 150[m²] **이내**마다 **격벽**으로 완전하게 구획할 것. 이 경우 해당 격벽은 두께 30[cm] 이상의 철근콘크리트조 또는 철골철근콘크리트조로 하거나 두께 40[cm] 이상의 보강콘크리트블록조로 하고, 해당 저장창고의 양측의 외벽으로부터 1[m] 이상, 상부의 지붕으로부터 50[cm] 이상 돌출하게 할 것
- ㉡ 저장창고의 **외벽**은 두께 **20[cm] 이상**의 **철근콘크리트조**나 **철골철근콘크리트조** 또는 두께 **30[cm] 이상**의 **보강콘크리트블록조**로 할 것
- ㉢ 저장창고 지붕의 설치 기준
  - 중도리(서까래 중간을 받치는 수평의 도리) 또는 서까래의 간격은 30[cm] 이하로 할 것
  - 지붕의 아래쪽 면에는 한 변의 길이가 45[cm] 이하의 환강(丸鋼)·경량형강(輕量型鋼) 등으로 된 강제(鋼製)의 격자를 설치할 것
  - 지붕의 아래쪽 면에 철망을 쳐서 불연재료의 도리(서까래를 받치기 위해 기둥과 기둥 사이에 설치한 부재)·보 또는 서까래에 단단히 결합할 것
  - 두께 5[cm] 이상, 너비 30[cm] 이상의 목재로 만든 받침대를 설치할 것
- ㉣ 저장창고의 출입구에는 60분+ 방화문 또는 60분 방화문을 설치할 것
- ㉤ **저상창고의 창**은 바닥면으로부터 **2[m] 이상**의 높이에 두되, 하나의 벽면에 두는 창의 면적의 합계를 해당 벽면의 면적의 **1/80 이내**로 하고, 하나의 창의 면적을 **0.4[m²] 이내**로 할 것

🔟 수출입 하역장소의 옥내저장소의 보유공지

저장 또는 취급하는 위험물의 최대수량	공지의 너비	
	벽·기둥 및 바닥이 내화구조로 된 건축물	그 밖의 건축물
지정수량의 5배 이하	-	0.5[m] 이상
지정수량의 5배 초과 10배 이하	1[m] 이상	1.5[m] 이상
지정수량의 10배 초과 20배 이하	2[m] 이상	3[m] 이상
지정수량의 **20배 초과 50배 이하**	**3[m] 이상**	3.3[m] 이상
지정수량의 50배 초과 200배 이하	3.3[m] 이상	3.5[m] 이상
지정수량의 200배 초과	3.5[m] 이상	5[m] 이상

제3절 옥외탱크저장소의 위치·구조 및 설비의 기준(시행규칙 별표 6)

1 옥외탱크저장소의 안전거리
제조소와 동일함

2 옥외탱크저장소의 보유공지 중요

저장 또는 취급하는 위험물의 최대수량	공지의 너비
지정수량의 500배 이하	3[m] 이상
지정수량의 500배 초과 1,000배 이하	5[m] 이상
지정수량의 1,000배 초과 2,000배 이하	9[m] 이상
지정수량의 2,000배 초과 3,000배 이하	12[m] 이상
지정수량의 3,000배 초과 4,000배 이하	15[m] 이상
지정수량의 4,000배 초과	해당 탱크의 수평단면의 **최대지름**(가로형인 경우에는 긴 변)과 **높이 중 큰 것과 같은 거리 이상**. 다만, 30[m] 초과의 경우에는 30[m] 이상으로 할 수 있고, 15[m] 미만의 경우에는 15[m] 이상으로 해야 한다.

(1) 제6류 위험물 외의 위험물을 저장 또는 취급하는 옥외저장탱크(지정수량 4,000배 초과 시 제외)를 동일한 방유제 안에 2개 이상 인접하여 설치하는 경우

　표의 보유공지의 1/3 이상(최소 3[m] 이상)

(2) 제6류 위험물을 저장 또는 취급하는 옥외저장탱크

　표의 규정에 의한 보유공지의 1/3 이상(최소 1.5[m] 이상)

(3) 제6류 위험물을 저장 또는 취급하는 옥외저장탱크를 동일구내에 2개 이상 인접하여 설치하는 경우의 보유공지

　표의 규정에 의하여 산출된 너비의 1/3 × 1/3 이상(최소 1.5[m] 이상)

(4) 보유공지의 기준에도 불구하고 옥외저장탱크에 다음의 기준에 적합한 **물분무설비**로 방호조치를 하는 경우에는 표의 규정에 의한 **보유공지의 1/2 이상**의 너비(최소 3[m] 이상)로 할 수 있다.
　① 탱크의 표면에 방사하는 물의 양은 탱크의 **원주길이 1[m]**에 대하여 **분당 37[L] 이상**으로 할 것
　② **수원의 양**은 ①의 규정에 의한 수량으로 **20분 이상** 방사할 수 있는 수량으로 할 것

$$\text{수원} = \text{원주길이} \times 37[L/min \cdot m] \times 20[min]$$
$$= 2\pi r \times 37[L/min \cdot m] \times 20[min]$$

　③ 탱크에 보강링이 설치된 경우에는 보강링의 아래에 분무헤드를 설치하되, 분무헤드는 탱크의 높이 및 구조를 고려하여 분무가 적정하게 이루어질 수 있도록 배치할 것

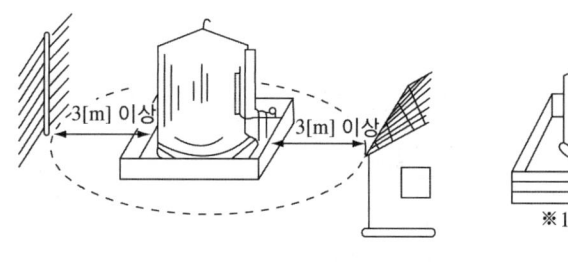
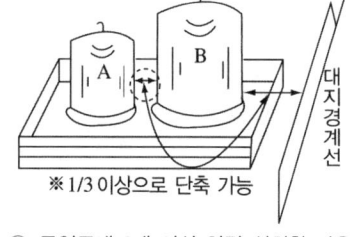

㉠ 지정수량의 500배 이하의 경우 ㉡ 동일구내 2개 이상 인접 설치한 경우

[옥외탱크저장소의 보유공지]

3 옥외탱크저장소의 표지 및 게시판

제조소와 동일함

※ 탱크의 군에 있어서는 그 의미 전달에 지장이 없는 범위 안에서 보기 쉬운 곳에 일괄 설치할 수 있다.

4 특정옥외탱크저장소 등 중요

(1) 특정옥외저장탱크

액체 위험물의 최대수량이 **100만[L] 이상**의 옥외저장탱크

(2) 준특정옥외저장탱크

액체 위험물의 최대수량이 **50만[L] 이상 100만[L] 미만**의 옥외저장탱크

(3) 압력탱크

최대상용압력이 부압 또는 정압 5[kPa]를 초과하는 탱크

5 옥외탱크저장소의 외부구조 및 설비

(1) 옥외저장탱크

① 옥외저장탱크(특정옥외저장탱크 및 준특정옥외저장탱크는 제외)의 두께 : 3.2[mm] 이상의 강철판
② 시험방법 중요
  ㉠ **압력탱크** : **최대상용압력의 1.5배의 압력**으로 **10분간** 실시하는 수압시험에서 이상이 없을 것
  ㉡ **압력탱크 외의 탱크** : **충수시험**

> 압력탱크 : 최대상용압력이 대기압을 초과하는 탱크

③ 특정옥외탱크의 용접부의 검사 : 방사선투과시험, 진공시험 등의 비파괴시험

[세로형 옥외저장탱크]

[가로형 옥외저장탱크]

(2) 통기관

① **밸브 없는 통기관** 중요
  ㉠ **지름**은 **30[mm] 이상**일 것
  ㉡ 끝부분은 수평면보다 **45° 이상** 구부려 **빗물 등의 침투를 막는 구조**로 할 것
  ㉢ 인화점이 38[℃] 미만인 위험물만을 저장 또는 취급하는 탱크에 설치하는 통기관에는 화염방지장치를 설치하고, 그 외의 탱크에 설치하는 통기관에는 40메쉬(Mesh) 이상의 구리망 또는 동등 이상의 성능을 가진 인화방지장치를 설치할 것. 다만, 인화점이 70[℃] 이상인 위험물만을 해당 위험물의 인화점 미만의 온도로 저장 또는 취급하는 탱크에 설치하는 통기관에는 인화방지장치를 설치하지 않을 수 있다.
  ㉣ 가연성의 증기를 회수하기 위한 밸브를 통기관에 설치하는 경우에 있어서는 해당 통기관의 밸브는 저장탱크에 위험물을 주입하는 경우를 제외하고는 항상 개방되어 있는 구조로 하는 한편, 폐쇄하였을 경우에 있어서는 10[kPa] 이하의 압력에서 개방되는 구조로 할 것. 이 경우 개방된 부분의 유효단면적은 777.15[mm^2] 이상이어야 한다.

② 대기밸브부착 통기관
  ㉠ 5[kPa] 이하의 압력 차이로 작동할 수 있을 것
  ㉡ 인화점이 38[℃] 미만인 위험물만을 저장 또는 취급하는 탱크에 설치하는 통기관에는 화염방지장치를 설치하고, 그 외의 탱크에 설치하는 통기관에는 40메쉬(Mesh) 이상의 구리망 또는 동등 이상의 성능을 가진 인화방지장치를 설치할 것. 다만, 인화점이 70[℃] 이상인 위험물만을 해당 위험물의 인화점 미만의 온도로 저장 또는 취급하는 탱크에 설치하는 통기관에는 인화방지장치를 설치하지 않을 수 있다.

> 통기관을 45° 이상 구부린 이유 : 빗물 등의 침투를 막기 위하여

(3) 액체 위험물의 옥외저장탱크의 계량장치

① 기밀부유식 계량장치(밀폐되어 부상하는 방식)
② 부유식 계량장치(증기가 비산하지 않는 구조)
③ 전기압력자동방식, 방사성 동위원소를 이용한 방식에 의한 자동계량장치 또는 유리측정기

④ 유리측정기(Gauge Glass : 수면이나 유면의 높이를 측정하는 유리로 된 기구를 말하며, 금속관으로 보호된 경질유리 등으로 되어 있고 게이지가 파손되었을 때 위험물의 유출을 자동적으로 정지할 수 있는 장치가 되어 있는 것으로 한정한다)

(4) 인화점이 21[℃] 미만인 위험물의 옥외저장탱크의 주입구
① 게시판의 크기 : 한 변이 0.3[m] 이상, 다른 한 변이 0.6[m] 이상
② 게시판의 기재사항 : **옥외저장탱크 주입구, 위험물의 유별, 품명, 주의사항**
③ 게시판의 색상 : 백색바탕에 흑색문자(주의사항은 적색문자)

(5) 옥외저장탱크의 펌프설비
① 펌프설비의 주위에는 **너비 3[m] 이상의 공지**를 보유할 것(방화상 유효한 격벽을 설치하는 경우, **제6류 위험물, 지정수량의 10배 이하** 위험물은 **제외**)
② 펌프설비로부터 옥외저장탱크까지의 사이에는 해당 옥외저장탱크의 보유공지 너비의 1/3 이상의 거리를 유지할 것
③ **펌프실의 벽, 기둥, 바닥, 보 : 불연재료**
④ **펌프실의 지붕** : 폭발력이 위로 방출될 정도의 가벼운 **불연재료**로 할 것
⑤ 펌프실의 창 및 출입구에는 **60분+ 방화문·60분 방화문** 또는 **30분 방화문**을 설치할 것
⑥ 펌프실의 창 및 출입구에 유리를 이용하는 경우에는 **망입유리**로 할 것
⑦ 펌프실의 바닥의 주위에는 높이 **0.2[m] 이상의 턱**을 만들고 그 최저부에는 **집유설비**를 설치할 것
⑧ **펌프실 외의 장소에 설치하는 펌프설비**에는 그 지하의 지반면의 주위에 높이 **0.15[m] 이상의 턱**을 만들고 해당 지반면은 콘크리트 등 위험물이 스며들지 않는 재료로 적당히 경사지게 하여 그 최저부에는 집유설비를 할 것. 이 경우 제4류 위험물(온도 20[℃]의 물 100[g]에 용해되는 양이 1[g] 미만인 것에 한한다)을 취급하는 펌프설비에 있어서는 해당 위험물이 직접 배수구에 유입하지 않도록 집유설비에 유분리장치를 설치해야 한다.
⑨ 인화점이 21[℃] 미만인 위험물을 취급하는 펌프설비에는 보기 쉬운 곳에 "옥외저장탱크 펌프설비"라는 표시를 한 게시판과 방화에 관하여 필요한 사항을 게시한 게시판을 설치할 것

(6) 기타 설치 기준
① 옥외저장탱크의 배수관 : 탱크의 옆판에 설치
② **피뢰침 설치 : 지정수량의 10배 이상**(단, **제6류 위험물**, 탱크에 저항이 5[Ω] 이하인 접지시설을 설치하거나 인근 피뢰설비의 보호범위 내에 들어가는 등 주위의 상황에 따라 안전상 지장이 없는 경우에는 제외)
③ **이황화탄소의 옥외저장탱크**는 벽 및 바닥의 두께가 **0.2[m] 이상**이고 철근콘크리트의 **수조에 넣어 보관**한다(이 경우 보유공지·통기관 및 자동계량장치는 생략할 수 있다).

6 특정옥외저장탱크의 구조

(1) 용접방법

① 옆판의 용접은 다음에 의할 것
  ㉠ 세로이음 및 가로이음은 완전용입 **맞대기용접**으로 할 것
  ㉡ 옆판의 세로이음은 단을 달리하는 옆판의 각각의 세로이음과 동일선상에 위치하지 않도록 할 것. 이 경우 해당 세로이음 간의 간격은 서로 접하는 옆판 중 두꺼운 쪽 옆판의 두께의 5배 이상으로 해야 한다.

② 옆판과 에뉼러판(에뉼러판이 없는 경우에는 밑판)과의 용접은 부분용입 그룹용접 또는 이와 동등 이상의 용접강도가 있는 용접방법으로 용접할 것. 이 경우에 있어서 용접 비드(Bead)는 매끄러운 형상을 가져야 한다.

③ 에뉼러판과 에뉼러판은 뒷면에 재료를 댄 맞대기용접으로 하고, 에뉼러판과 밑판 및 밑판과 밑판의 용접은 뒷면에 재료를 댄 맞대기용접 또는 겹치기용접으로 용접할 것

④ **필렛용접(모서리용접)의 사이즈**(부등 사이즈가 되는 경우에는 작은 쪽의 사이즈를 말한다)는 다음 식에 의하여 구한 값으로 할 것

$$t_1 \geq S \geq \sqrt{2t_2} \text{ (단, } S \geq 4.5\text{)}$$

여기서, t_1 : 얇은 쪽의 강판의 두께[mm] t_2 : 두꺼운 쪽의 강판의 두께[mm]
S : 사이즈[mm]

(2) 지반의 성토의 구조(세부기준 제48조)

① 두께 0.3[m] 이하로 균일하게 메울 것
② 기초견(기초상부 중 탱크가 설치된 부분 외의 부분)의 최소 폭
  ㉠ 특정옥외저장탱크의 지름이 20[m] 미만의 것 : 1[m] 이상
  ㉡ 특정옥외저장탱크의 지름이 20[m] 이상의 것 : 1.5[m] 이상
③ 기초견의 경사도는 1/20 이하이고 기초의 측면의 경사도는 1/2 이하일 것
④ 기초견 및 기초의 측면은 빗물 등이 침투하지 않도록 아스팔트 등으로 보호할 것
⑤ 메움이 완료된 후에는 성토를 굴삭하지 말 것
⑥ 성토의 표면 마감은 다음에 의할 것
  ㉠ 옆판의 외부근방의 표면은 당해 원주상의 10[m] 이하의 등간격의 점(해당 점의 합계가 8 미만인 경우에는 8점으로 한다) 상호 간 고저차의 최고치가 25[mm] 이하이고 인접한 점 상호 간의 고저차가 10[mm] 이하일 것
  ㉡ 성토의 표면은 특정옥외저장탱크의 밑판의 중심을 중심으로 하여 반경을 10[m]씩 증가한 동심원(특정옥외저장탱크의 직경이 40[m] 이하의 것에 있어서는 해당 특정옥외저장탱크의 반경의 1/2을 반경으로 한 원으로 하며, 직경이 40[m]를 초과하는 것에 있어서는 ㉠에 의한 원가의 간격이 10[m] 미만이 되는 원은 제외한다)을 그리고 각 원주상의 10[m] 이하의 등간격의 점 상호 간 고저차의 최고치가 25[mm] 이하이고 인접한 점 상호 간 고저차가 10[mm] 이하일 것

(3) 지반의 기초(철근콘크리트링)의 보강(세부기준 제49조)

① 철근콘크리트링의 높이는 1[m] 이상일 것
② 철근콘크리트링의 상부의 폭은 1[m](옆판의 외측 근방에 설치하는 것에 있어서는 0.3[m]) 이상일 것
③ 콘크리트의 설계기준 강도는 21[N/mm^2] 이상으로 할 것
④ 콘크리트의 허용압축응력도는 7[N/mm^2] 이상으로 할 것
⑤ 콘크리트의 허용굽힘인장응력도는 0.3[N/mm^2] 이상으로 할 것
⑥ 철근의 허용응력도는 철근콘크리트용봉강(KS D 3504)의 규격에 적합하거나 또는 이와 동등 이상의 성능이 있을 것
⑦ 옆판의 직하에 설치하는 철근콘크리트링에는 해당 철근콘크리트링의 내부에 침투한 물을 배제하기 위한 배수구를 설치하고 해당 철근콘크리트링의 상부와 특정옥외저장탱크의 저부와의 사이에 완충재를 설치할 것

(4) 옆판 등의 최소두께(세부기준 제57조)

① 옆판의 최소두께

내경(단위 [m])	두께(단위 [mm])
16 이하	4.5
16 초과 35 이하	6
35 초과 60 이하	8
60 초과	10

② 밑판의 최소두께

용량	두께
1,000[kL] 이상 10,000[kL] 미만	8[mm]
10,000[kL] 이상	9[mm]

③ 지붕의 최소두께는 4.5[mm]로 할 것

7 옥외탱크저장소의 방유제[제3류, 제4류 및 제5류 위험물 중 인화성 액체(이황화탄소는 제외)] 중요

(1) 방유제의 용량

① 탱크가 하나일 때 : **탱크용량의 110[%]**(인화성이 없는 액체 위험물은 100[%]) **이상**
② 탱크가 2기 이상일 때 : 탱크 중 용량이 **최대인 것의 용량의 110[%]**(인화성이 없는 액체 위험물은 100[%]) **이상**[이 경우 방유제의 용량 = 해당 방유제의 내용적 - (용량이 최대인 탱크 외의 탱크의 방유제 높이 이하 부분의 용적, 해당 방유제 내에 있는 모든 탱크의 지반면 이상 부분의 기초의 체적, 간막이 둑의 체적 및 해당 방유제 내에 있는 배관 등의 체적)]

(2) 방유제의 높이 0.5[m] 이상 3[m] 이하, 두께 0.2[m] 이상, 지하매설깊이 1[m] 이상

(3) 방유제 내의 면적 : 80,000[m^2] 이하

(4) 방유제 내에 설치하는 옥외저장탱크의 수는 10(방유제 내에 설치하는 모든 옥외저장탱크의 용량이 20만[L] 이하이고, 위험물의 인화점이 70[℃] 이상 200[℃] 미만인 경우에는 20) 이하로 할 것(단, 인화점이 200[℃] 이상인 옥외저장탱크는 제외)

> **Plus One** 방유제 내에 탱크의 설치 개수
> - 제1석유류, 제2석유류 : 10기 이하
> - 제3석유류(인화점 70[℃] 이상 200[℃] 미만) : 20기 이하
> - 제4석유류(인화점이 200[℃] 이상) : 제한 없음

(5) 방유제 외면의 **1/2 이상**은 자동차 등이 통행할 수 있는 **3[m] 이상**의 노면 폭을 확보한 구내도로에 직접 접하도록 할 것

(6) 방유제는 탱크의 옆판으로부터 일정 거리를 유지할 것(단, 인화점이 200[℃] 이상인 위험물은 제외) 중요
 ① 지름이 15[m] 미만인 경우 : 탱크 높이의 1/3 이상
 ② 지름이 15[m] 이상인 경우 : 탱크 높이의 1/2 이상

(7) 방유제의 재질
철근콘크리트로 하고, 누출된 위험물을 수용할 수 있는 **전용유조**(專用油槽) 및 펌프 등의 설비를 갖춘 경우 방유제와 옥외저장탱크 사이의 **지표면**을 **흙**으로 할 수 있다.

(8) 용량이 1,000만[L] 이상인 옥외저장탱크의 주위에 설치하는 방유제의 규정
 ① 간막이 **둑의 높이**는 **0.3[m]**(방유제 내에 설치되는 옥외저장탱크의 용량의 합계가 2억[L]를 넘는 방유제에 있어서는 1[m]) 이상으로 하되, 방유제의 높이보다 **0.2[m] 이상 낮게** 할 것
 ② 간막이 둑은 흙 또는 철근콘크리트로 할 것
 ③ 간막이 둑의 용량은 간막이 둑 안에 설치된 탱크의 용량의 10[%] 이상일 것

(9) 방유제에는 **배수구**를 설치하고 **개폐밸브를 방유제의 외부에 설치**할 것

(10) 높이가 1[m] 이상이면 **계단** 또는 **경사로**를 약 50[m]마다 설치할 것

> 이황화탄소는 물속에 저장하므로 방유제를 설치하지 않아도 된다.

(11) 용량이 50만[L] 이상인 옥외탱크저장소가 해안 또는 강변에 설치되어 방유제 외부로 누출된 위험물이 바다 또는 강으로 유입될 우려가 있는 경우에는 해당 옥외탱크저장소가 설치된 부지 내에 전용유조(專用油槽) 등 **누출위험물 수용설비**를 설치할 것

8 고인화점위험물(100[℃] 미만의 온도로 저장 또는 취급)의 옥외탱크저장소의 특례

(1) 보유공지

저장 또는 취급하는 위험물의 최대수량	공지의 너비
지정수량의 2,000배 이하	3[m] 이상
지정수량의 2,000배 초과 4,000배 이하	5[m] 이상
지정수량의 4,000배 초과	해당 탱크의 수평단면의 최대지름(가로형은 긴변)과 높이 중 큰 것의 1/3과 같은 거리 이상(최소 5[m] 이상)

(2) 옥외저장탱크의 펌프설비 주위에 **1[m] 이상** 너비의 **보유공지**를 보유할 것

> **Plus One** | 예외규정
> - 내화구조로 된 방화상 유효한 격벽을 설치하는 경우
> - 지정수량의 10배 이하의 위험물

(3) 펌프실의 창 및 출입구에는 60분+ 방화문·60분 방화문 또는 30분 방화문을 설치할 것(다만, 연소의 우려가 없는 외벽에 설치하는 창 및 출입구에는 불연재료 또는 유리로 만든 문을 달 수 있다)

9 위험물 성질에 따른 옥외탱크저장소의 특례

(1) **알킬알루미늄** 등의 옥외탱크저장소에는 **불활성의 기체를 봉입하는 장치**를 설치할 것

(2) **아세트알데하이드** 등의 옥외탱크저장소 중요

① 옥외저장탱크의 설비는 **구리**(Cu), **마그네슘**(Mg), **은**(Ag), **수은**(Hg)의 합금으로 만들지 않을 것
② 옥외저장탱크에는 **냉각장치, 보냉장치, 불활성 기체를 봉입하는 장치**를 설치할 것

> 아세트알데하이드 등을 옥외탱크저장소에 저장 시 : 냉각장치, **보냉장치, 불활성 기체를 봉입하는 장치를 할 것**

(3) 하이드록실아민 등의 옥외탱크저장소

① 옥외탱크저장소에는 하이드록실아민 등의 온도의 상승에 의한 위험한 반응을 방지하기 위한 조치를 강구할 것
② 옥외탱크저장소에는 철 이온 등의 혼입에 의한 위험한 반응을 방지하기 위한 조치를 강구할 것

제4절 옥내탱크저장소의 위치·구조 및 설비의 기준(시행규칙 별표 7)

1 옥내탱크저장소의 구조(단층 건축물에 설치하는 경우)

(1) 옥내저장탱크의 **탱크전용실**은 **단층 건축물**에 설치할 것

(2) **옥내저장탱크**와 **탱크전용실**의 **벽과의 사이** 및 **옥내저장탱크**의 상호 간에는 **0.5[m] 이상**의 간격을 유지할 것(다만, 탱크의 점검 및 보수에 지장이 없는 경우에는 그렇지 않다) 중요

(3) **옥내저장탱크의 용량**(동일한 탱크전용실에 2 이상 설치하는 경우에는 각 탱크의 용량의 합계)은 **지정수량의 40배**(**제4석유류** 및 **동식물유류** 외의 **제4류 위험물** : 20,000[L]를 초과할 때에는 20,000[L]) 이하일 것 중요

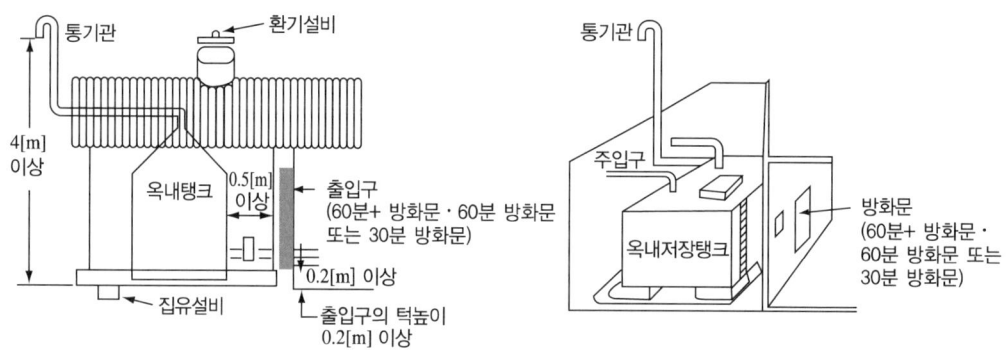

[옥내탱크저장소]

(4) **옥내저장탱크**

압력탱크(최대상용압력이 부압 또는 정압 5[kPa]를 초과하는 탱크) 외의 탱크(제4류 위험물에 한함) : 밸브 없는 통기관 또는 대기밸브부착 통기관 설치

(5) **통기관**

① **밸브 없는 통기관**

  ㉠ 통기관의 끝부분은 건축물의 창·출입구 등의 개구부로부터 **1[m] 이상** 떨어진 옥외의 장소에 지면으로부터 **4[m] 이상**의 높이로 설치하되, 인화점이 40[℃] 미만인 위험물의 탱크에 설치하는 통기관에 있어서는 부지경계선으로부터 1.5[m] 이상 거리를 둘 것

  ㉡ 통기관은 가스 등이 체류할 우려가 있는 굴곡이 없도록 할 것

  ㉢ **지름**은 **30[mm] 이상**일 것

  ㉣ 끝부분은 수평면보다 **45° 이상** 구부려 **빗물 등의 침투를 막는 구조**로 할 것

  ㉤ 인화점이 38[℃] 미만인 위험물만을 저장 또는 취급하는 탱크에 설치하는 통기관에는 화염방지장치를 설치하고, 그 외의 탱크에 설치하는 통기관에는 40메쉬(Mesh) 이상의 구리망 또는 동등 이상의 성능을 가진 인화방지장치를 설치할 것. 다만, 인화점이 70[℃] 이상인 위험물만을 해당 위험물의 인화점 미만의 온도로 저장 또는 취급하는 탱크에 설치하는 통기관에는 인화방지장치를 설치하지 않을 수 있다.

ⓑ 가연성의 증기를 회수하기 위한 밸브를 통기관에 설치하는 경우에 있어서는 해당 통기관의 밸브는 저장탱크에 위험물을 주입하는 경우를 제외하고는 항상 개방되어 있는 구조로 하는 한편, 폐쇄하였을 경우에 있어서는 10[kPa] 이하의 압력에서 개방되는 구조로 할 것. 이 경우 개방된 부분의 유효단면적은 777.15[mm^2] 이상이어야 한다.

② **대기밸브부착 통기관**

㉠ ①에 ㉠ 및 ㉡의 기준에 적합할 것

㉡ 5[kPa] 이하의 압력 차이로 작동할 수 있을 것

㉢ 인화점이 38[℃] 미만인 위험물만을 저장 또는 취급하는 탱크에 설치하는 통기관에는 화염방지장치를 설치하고, 그 외의 탱크에 설치하는 통기관에는 40메쉬(Mesh) 이상의 구리망 또는 동등 이상의 성능을 가진 인화방지장치를 설치할 것. 다만, 인화점이 70[℃] 이상인 위험물만을 해당 위험물의 인화점 미만의 온도로 저장 또는 취급하는 탱크에 설치하는 통기관에는 인화방지장치를 설치하지 않을 수 있다.

(6) 위험물의 양을 자동적으로 표시하는 자동계량장치를 설치할 것

(7) **주입구** : 옥외저장탱크의 주입구 기준에 준할 것

(8) **탱크전용실**은 **벽 · 기둥** 및 **바닥**을 **내화구조**로 하고, **보**를 **불연재료**로 하며, 연소의 우려가 있는 외벽은 출입구 외에는 개구부가 없도록 할 것. 다만, 인화점이 70[℃] 이상인 제4류 위험물만의 옥내저장탱크를 설치하는 탱크전용실에 있어서는 연소의 우려가 없는 외벽 · 기둥 및 바닥을 불연재료로 할 수 있다.

(9) 탱크전용실은 지붕을 불연재료로 하고, 천장을 설치하지 않을 것

(10) 탱크전용실의 **창** 및 **출입구**에는 **60분+ 방화문 · 60분 방화문** 또는 **30분 방화문**을 설치하는 동시에, 연소의 우려가 있는 외벽에 두는 출입구에는 수시로 열 수 있는 **자동폐쇄식의 60분+ 방화문** 또는 **60분 방화문**을 설치할 것

(11) 탱크전용실의 창 또는 출입구에 유리를 이용하는 경우에는 **망입유리**로 할 것

(12) **액상의 위험물**의 옥내저장탱크를 설치하는 탱크전용실의 바닥은 위험물이 침투하지 않는 구조로 하고, **적당한 경사**를 두는 한편, **집유설비**를 설치할 것

2 옥내탱크저장소의 표지 및 게시판

위험물 옥내탱크저장소	
화기엄금	
유 별	제4류
품 명	제2석유류(경유)
저장 최대수량	10,000[L]
지정수량의 배수	10배
안전관리자의 성명 또는 직명	이덕수

3 옥내탱크저장소의 탱크전용실을 단층 건축물 외에 설치하는 경우(황화인, 적린, 덩어리 황, 황린, 질산, 제4류 위험물 중 인화점이 38[℃] 이상인 것만 적용)

(1) 옥내저장탱크는 탱크전용실에 설치할 것

> 황화인, 적린, 덩어리 황, 황린, 질산의 탱크전용실 : **1층** 또는 **지하층에 설치**

(2) 탱크전용실 외의 장소에 펌프설비를 설치하는 경우
① 이 펌프실은 벽·기둥·바닥 및 보를 내화구조로 할 것
② 펌프실
㉠ 상층이 있는 경우에 상층의 바닥 : 내화구조
㉡ 상층이 없는 경우에 지붕 : 불연재료
㉢ 천장을 설치하지 않을 것
③ 펌프실에는 창을 설치하지 않을 것(단, 제6류 위험물의 탱크전용실은 60분+ 방화문·60분 방화문 또는 30분 방화문이 있는 창을 설치할 수 있다)
④ 펌프실의 출입구에는 60분+ 방화문 또는 60분 방화문을 설치할 것(단, 제6류 위험물의 탱크전용실은 30분 방화문을 설치할 수 있다)
⑤ 펌프실의 환기 및 배출의 설비에는 방화상 유효한 댐퍼 등을 설치할 것

(3) 탱크전용실에 펌프설비를 설치하는 경우
견고한 기초 위에 고정한 다음 그 주위에는 불연재료로 된 턱을 **0.2[m] 이상의 높이**로 설치하는 등 누설된 위험물이 유출되거나 유입되지 않도록 하는 조치를 할 것

(4) 탱크전용실의 설치 기준
① 벽·기둥·바닥 및 보 : 내화구조
② 펌프실
㉠ 상층이 있는 경우에 상층의 바닥 : 내화구조
㉡ 상층이 없는 경우에 지붕 : 불연재료

ⓒ 천장을 설치하지 않을 것
③ 탱크전용실에는 창을 설치하지 않을 것
④ 탱크전용실의 출입구에는 수시로 열 수 있는 **자동폐쇄식의 60분+ 방화문 또는 60분 방화문**을 설치할 것
⑤ 탱크전용실의 환기 및 배출의 설비에는 방화상 유효한 댐퍼 등을 설치할 것

(5) **옥내저장탱크의 용량**(동일한 탱크전용실에 옥내저장탱크를 2 이상 설치하는 경우에는 각 탱크의 용량의 합계)은 **1층 이하의 층**은 **지정수량의 40배**(제4석유류, 동식물유류 외의 제4류 위험물에 있어서는 해당 수량이 2만[L] 초과할 때에는 **2만[L]**) 이하, **2층 이상의 층**은 **지정수량의 10배**(제4석유류, 동식물유류 외의 제4류 위험물에 있어서는 해당 수량이 5,000[L] 초과할 때에는 **5,000[L]**) 이하일 것

> **Plus One** 다층 건축물일 때 옥내저장탱크의 설치용량
> - 1층 이하의 층
>   - 제2석유류(인화점 38[℃] 이상), 제3석유류 : 지정수량의 40배 이하(단, 20,000[L] 초과 시 20,000[L]로)
>   - 제4석유류, 동식물유류 : 지정수량의 40배 이하
> - 2층 이상의 층
>   - 제2석유류(인화점 38[℃] 이상), 제3석유류 : 지정수량의 10배 이하(단, 5,000[L] 초과 시 5,000[L]로)
>   - 제4석유류, 동식물유류 : 지정수량의 10배 이하
> ※ 용량 : 탱크전용실에 옥내저장탱크를 2 이상 설치 시 각 탱크의 용량의 합계

| 제5절 | **지하탱크저장소의 위치·구조 및 설비의 기준**(시행규칙 별표 8) |

1 지하탱크저장소의 기준

(1) 지면하에 설치된 탱크전용실의 설치 기준
  ① 탱크를 지하철·지하가 또는 지하터널로부터 수평거리 10[m] 이내의 장소 또는 지하건축물 내의 장소에 **설치**하지 않을 것
  ② 해당 탱크를 그 수평투영의 세로 및 가로보다 각각 0.6[m] 이상 크고 두께가 0.3[m] 이상인 철근콘크리트조의 뚜껑으로 덮을 것
  ③ 뚜껑에 걸리는 중량이 직접 해당 탱크에 걸리지 않는 구조일 것
  ④ 해당 탱크를 견고한 기초 위에 고정할 것
  ⑤ 해당 탱크를 지하의 가장 가까운 벽·피트(Pit : 인공지하구조물)·가스관 등의 시설물 및 대지경계선으로부터 **0.6[m] 이상** 떨어진 곳에 **매설**할 것

(2) 탱크전용실은 지하의 가장 가까운 벽·피트·가스관 등의 시설물 및 대지경계선으로부터 **0.1[m] 이상** 떨어진 곳에 **설치**하고, 지하저장탱크와 탱크전용실의 안쪽과의 사이는 0.1[m] 이상의 간격을 유지하도록 하며, 해당 탱크의 주위에 마른모래 또는 습기 등에 의하여 응고되지 않는 입자지름 5[mm] 이하의 마른 자갈분을 채워야 한다.

(3) **지하저장탱크의 윗부분**은 **지면으로부터 0.6[m] 이상** 아래에 있어야 한다.

(4) 지하저장탱크를 2 이상 인접해 설치하는 경우에는 그 상호 간에 1[m](해당 2 이상의 지하저장탱크의 용량의 합계가 지정수량의 **100배 이하**인 때에는 **0.5[m]**) 이상의 간격을 유지해야 한다.

(5) 지하저장탱크의 재질은 두께 **3.2[mm] 이상**의 **강철판**으로 할 것

(6) **수압시험**
  ① **압력탱크**(최대상용압력이 46.7[kPa] 이상인 탱크) **외의 탱크** : 70[kPa]의 압력으로 10분간
  ② **압력탱크** : 최대상용압력의 1.5배의 압력으로 10분간

(7) 지하저장탱크의 배관은 탱크의 윗부분에 설치해야 한다.

> **예외 규정** : 제2석유류(인화점 40[℃] 이상), 제3석유류, 제4석유류, 동식물유류의 탱크에 있어서 그 직근에 유효한 제어밸브를 설치한 경우

(8) 지하저장탱크의 주위에는 해당 탱크로부터의 액체 위험물의 **누설을 검사하기 위한 관**을 다음의 기준에 따라 **4개소 이상** 적당한 위치에 설치해야 한다. 중요
  ① **이중관**으로 할 것. 다만, **소공이 없는 상부**는 **단관**으로 할 수 있다.
  ② 재료는 금속관 또는 경질합성수지관으로 할 것
  ③ 관은 탱크전용실의 바닥 또는 탱크의 기초까지 닿게 할 것

④ 관의 밑부분으로부터 탱크의 중심 높이까지의 부분에는 소공이 뚫려 있을 것. 다만, 지하수위가 높은 장소에 있어서는 지하수위 높이까지의 부분에 소공이 뚫려 있어야 한다.
⑤ 상부는 물이 침투하지 않는 구조로 하고, 뚜껑은 검사 시에 쉽게 열 수 있도록 할 것

(9) 탱크전용실의 구조(철근콘크리트구조)
① 벽, 바닥, 뚜껑의 두께 : **0.3[m] 이상**
② 벽, 바닥 및 뚜껑의 내부에는 지름 9[mm]부터 13[mm]까지의 철근을 가로 및 세로로 5[cm]부터 20[cm]까지의 간격으로 배치할 것
③ 벽, 바닥 및 뚜껑의 재료에 수밀(액체가 새지 않도록 밀봉되어 있는 상태)콘크리트를 혼입하거나 벽, 바닥 및 뚜껑의 중간에 아스팔트층을 만드는 방법으로 적정한 방수조치를 할 것

(10) 지하저장탱크에는 과충전방지장치 설치할 것
① 탱크용량을 초과하는 위험물이 주입될 때 자동으로 그 주입구를 폐쇄하거나 위험물의 공급을 자동으로 차단하는 방법
② 탱크용량의 **90[%]**가 찰 때 경보음을 울리는 방법

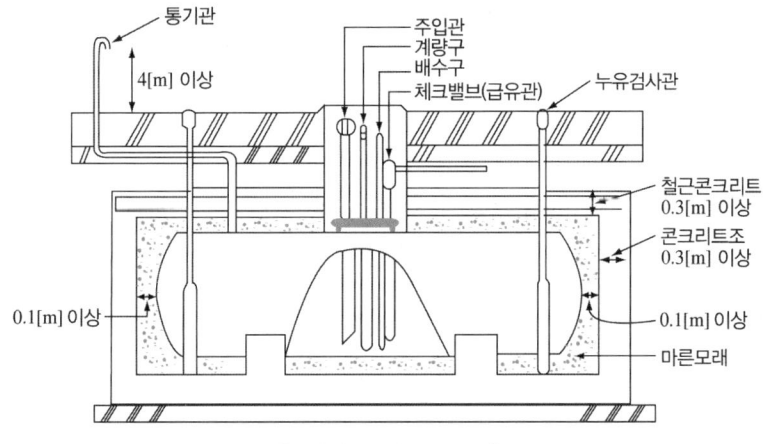

[지하탱크저장소의 구조]

(11) 맨홀 설치 기준
① 맨홀은 지면까지 올라오지 않도록 하되, 가급적 낮게 할 것
② 보호틀을 다음에 정하는 기준에 따라 설치할 것
  ㉠ 보호틀을 탱크에 완전히 용접하는 등 보호틀과 탱크를 기밀하게 접합할 것
  ㉡ 보호틀의 뚜껑에 걸리는 하중이 직접 보호틀에 미치지 않도록 설치하고, 빗물 등이 침투하지 않도록 할 것
③ 배관이 보호틀을 관통하는 경우에는 해당 부분을 용접하는 등 침수를 방지하는 조치를 할 것

2 지하탱크저장소의 표지 및 게시판

제조소와 동일함

제6절 간이탱크저장소의 위치·구조 및 설비의 기준(시행규칙 별표 9)

1 설치 기준

(1) 위험물을 저장 또는 취급하는 간이탱크(간이저장탱크)는 옥외에 설치해야 한다.

(2) **전용실의 창 및 출입구의 기준**
   ① 탱크전용실의 창 및 출입구에는 60분+ 방화문·60분 방화문 또는 30분 방화문을 설치하는 동시에, 연소의 우려가 있는 외벽에 두는 출입구에는 수시로 열 수 있는 자동폐쇄식의 60분+ 방화문 또는 60분 방화문을 설치할 것
   ② 탱크전용실의 창 또는 출입구에 유리를 이용하는 경우에는 망입유리로 할 것

(3) **전용실의 바닥**
   액상의 위험물의 옥내저장탱크를 설치하는 탱크전용실의 바닥은 위험물이 침투하지 않는 구조로 하고, 적당한 경사를 두는 한편, 집유설비를 설치할 것

(4) 하나의 간이탱크저장소에 설치하는 **간이저장탱크**는 그 수를 3 이하로 하고, 동일한 품질의 위험물의 간이저장탱크를 2 이상 설치하지 않아야 한다.

(5) 간이저장탱크의 용량은 **600[L] 이하**이어야 한다.

(6) 간이저장탱크는 두께 **3.2[mm] 이상**의 강판으로 흠이 없도록 제작해야 하며, 70[kPa]의 압력으로 10분간의 수압시험을 실시하여 새거나 변형되지 않아야 한다.

(7) 간이저장탱크에 밸브 없는 통기관의 설치 기준
   ① **통기관의 지름**은 25[mm] 이상으로 할 것
   ② 통기관은 옥외에 설치하되, 그 끝부분의 높이는 **지상 1.5[m] 이상**으로 할 것
   ③ 통기관의 끝부분은 수평면에 대하여 아래로 **45° 이상** 구부려 빗물 등이 침투하지 않도록 할 것
   ④ **가는 눈의 구리망** 등으로 **인화방지장치**를 할 것(다만, 인화점이 70[℃] 이상의 위험물만을 해당 위험물의 인화점 미만의 온도로 저장 또는 취급하는 탱크에 설치하는 통기관에 있어서는 그렇지 않다)

2 표지 및 게시판

제조소와 동일함

제7절 이동탱크저장소의 위치·구조 및 설비의 기준(시행규칙 별표 10)

1 이동탱크저장소의 상치장소

(1) **옥외**에 있는 **상치장소**는 화기를 취급하는 장소 또는 인근의 건축물로부터 **5[m] 이상**(인근의 **건축물이 1층**인 경우에는 **3[m] 이상**)의 거리를 확보해야 한다(단, 하천의 공지나 수면, 내화구조 또는 불연재료의 담 또는 벽 그 밖에 이와 유사한 것에 접하는 경우를 제외).

(2) **옥내**에 있는 **상치장소**는 벽·바닥·보·서까래 및 **지붕**이 내화구조 또는 **불연재료**로 된 건축물의 **1층**에 **설치**해야 한다.

[이동탱크]

2 이동저장탱크의 구조 중요

(1) 탱크의 두께 : 3.2[mm] 이상의 강철판

(2) 수압시험
  ① **압력탱크**(최대상용압력이 46.7[kPa] 이상인 탱크) **외의 탱크** : **70[kPa]의 압력**으로 **10분간**
  ② **압력탱크** : **최대상용압력**의 **1.5배의 압력**으로 **10분간**. 이 경우 수압시험은 용접부에 대한 비파괴시험과 기밀시험으로 대신할 수 있다.

(3) 이동저장탱크는 그 내부에 **4,000[L] 이하**마다 **3.2[mm] 이상**의 **강철판** 또는 이와 동등 이상의 강도·내열성 및 내식성이 있는 금속성의 것으로 **칸막이**를 설치해야 한다(다만, 고체인 위험물을 저장하거나 고체인 위험물을 가열하여 액체상태로 저장하는 경우에는 그렇지 않다).

(4) **칸막이로 구획된 각 부분에 설치**
  맨홀, 안전장치, 방파판을 설치(용량이 2,000[L] 미만 : 방파판 설치 제외)
  ① 안전장치의 작동압력
    ㉠ 상용압력이 20[kPa] 이하인 탱크 : 20[kPa] 이상 24[kPa] 이하의 압력
    ㉡ 상용압력이 20[kPa]을 초과하는 탱크 : 상용압력의 1.1배 이하의 압력

② 방파판
- ㉠ 두께 : **1.6[mm] 이상**의 강철판
- ㉡ 하나의 구획부분에 2개 이상의 방파판을 이동탱크저장소의 진행방향과 평행으로 설치하되, 각 방파판은 그 높이 및 칸막이로부터의 거리를 다르게 할 것
- ㉢ 하나의 구획부분에 설치하는 각 방파판의 면적의 합계는 해당 구획부분의 최대 수직단면적의 50[%] 이상으로 할 것. 다만, 수직단면이 원형이거나 짧은 지름이 1[m] 이하의 타원형일 경우에는 40[%] 이상으로 할 수 있다.

(5) 측면틀

① 탱크 뒷부분의 입면도에 있어서 **측면틀의 최외측**과 **탱크의 최외측**을 연결하는 직선의 수평면에 대한 내각이 **75° 이상**이 되도록 하고, 최대수량의 위험물을 저장한 상태에 있을 때의 해당 탱크중량의 중심점과 측면틀의 최외측을 연결하는 직선과 그 중심점을 지나는 직선 중 최외측 선과 직각을 이루는 직선과의 내각이 **35° 이상**이 되도록 할 것
② 외부로부터의 하중에 견딜 수 있는 구조로 할 것
③ 탱크상부의 네 모퉁이에 해당 탱크의 전단 또는 후단으로부터 각각 **1[m] 이내**의 위치에 설치할 것
④ 측면틀에 걸리는 하중에 의하여 탱크가 손상되지 않도록 측면틀의 부착부분에 받침판을 설치할 것

(6) 방호틀

① 두께 : **2.3[mm] 이상**의 강철판

> **Plus One** 이동탱크저장소의 부속장치 **중요**
> - **방호틀** : 탱크 전복 시 부속장치(주입구, 맨홀, 안전장치) 보호(2.3[mm] 이상)
> - **측면틀** : 탱크 전복 시 탱크 본체 파손 방지(3.2[mm] 이상)
> - **방파판** : 위험물 운송 중 내부의 위험물의 출렁임, 쏠림 등을 완화하여 차량의 안전 확보(1.6[mm] 이상)
> - **칸막이** : 탱크 전복 시 탱크의 일부가 파손되더라도 전량의 위험물의 누출 방지(3.2[mm] 이상)

② 정상부분은 부속장치보다 50[mm] 이상 높게 하거나 이와 동등 이상의 성능이 있는 것으로 할 것

3 배출밸브, 폐쇄장치, 결합금속구 등

(1) 이동저장탱크의 아랫부분에 배출구를 설치하는 경우에 해당 탱크의 배출구에 배출밸브를 설치하고 비상시에 직접 해당 배출밸브를 폐쇄할 수 있는 수동폐쇄장치 또는 자동폐쇄장치를 설치할 것

(2) **수동식 폐쇄장치**에는 **길이 15[cm] 이상**의 레버를 설치할 것

(3) 탱크의 배관의 끝부분에는 개폐밸브를 설치할 것

(4) 이동탱크저장소에 주입설비를 설치하는 경우 설치 기준
　① **주입설비의 길이** : 50[m] 이내로 하고 그 끝부분에 축적되는 정전기 제거장치를 설치할 것
　② **분당배출량** : 200[L] 이하

4 위험물 운송·운반 시의 위험성 경고표지에 관한 기준(제3조, 별표 3)

> ① 위험물 수송차량의 외부에 위험물 표지, UN번호 및 그림문자를 표시해야 하며, 그 규격 등 세부기준은 별표 3과 같다.
> ② 이동탱크저장소의 각 구획실에 UN번호 또는 그림문자가 다른 위험물을 저장하는 경우에는 해당 위험물의 UN번호 또는 그림문자를 모두 표시해야 한다.
> ③ 위험물 운반차량에 그림문자가 다른 위험물을 함께 적재하는 경우에는 해당 위험물의 그림문자를 모두 표시해야 한다.
> ④ ①에도 불구하고 위험물 운반차량에 적재하는 위험물의 총량이 4,000[kg] 이하이거나 UN번호가 다른 위험물을 함께 적재하는 경우에는 UN번호를 표시하지 않는다.

(1) 표 지
　① **부착위치**
　　㉠ 이동탱크저장소 : 전면 상단 및 후면 상단
　　㉡ 위험물운반차량 : 전면 및 후면
　② **규격 및 형상** : 60[cm] 이상×30[cm] 이상의 가로형(횡형) 사각형
　③ **색상 및 문자** : 흑색바탕에 황색의 반사도료로 "**위험물**"이라 표기할 것
　④ 위험물이면서 유해화학물질에 해당하는 품목의 경우에는 화학물질관리법에 따른 유해화학물질 표지를 위험물 표지와 상하 또는 좌우로 인접하여 부착할 것

(2) UN번호
　① **그림문자의 외부에 표기하는 경우**
　　㉠ 부착위치 : 위험물 수송차량의 후면 및 양 측면(그림문자와 인접한 위치)
　　㉡ 규격 및 형상 : 30[cm] 이상×12[cm] 이상의 가로형(횡형) 사각형

　　㉢ 색상 및 문자 : 흑색 테두리 선(굵기 1[cm])과 오렌지색으로 이루어진 바탕에 UN번호(글자의 높이 6.5[cm] 이상)를 흑색으로 표기할 것
　② **그림문자의 내부에 표기하는 경우**
　　㉠ 부착위치 : 위험물 수송차량의 후면 및 양 측면
　　㉡ 규격 및 형상 : 심벌 및 분류·구분의 번호를 가리지 않는 크기의 가로형(횡형) 사각형

③ 색상 및 문자 : 흰색 바탕에 흑색으로 UN번호(글자의 높이 6.5[cm] 이상)를 표기할 것

(3) 그림문자

① 부착위치 : 위험물 수송차량의 후면 및 양 측면
② 규격 및 형상 : 25[cm] 이상×25[cm] 이상의 마름모꼴

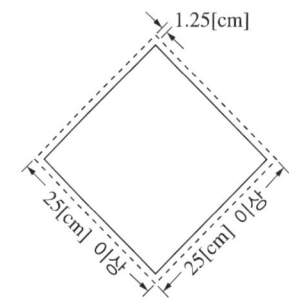

③ 색상 및 문자 : 위험물의 품목별로 해당하는 심벌을 표기하고 그림문자의 하단에 분류·구분의 번호(글자의 높이 2.5[cm] 이상)를 표기할 것
④ 위험물의 분류·구분별 그림문자의 세부기준 : 위험물의 분류·구분에 따라 주위험성 및 부위험성에 해당되는 그림문자를 모두 표시할 것(생략)

5 이동탱크저장소의 펌프설비

(1) 동력원을 이용하여 위험물 이송

인화점이 40[℃] 이상의 것 또는 비인화성의 것

(2) 진공흡입방식의 펌프를 이용하여 위험물 이송

인화점이 70[℃] 이상인 폐유 또는 비인화성의 것

> 결합금속구 : 놋쇠, 펌프설비의 감압장치의 배관 및 배관의 이음 : 금속제

6 이동탱크저장소의 접지도선

(1) 접지도선 설치대상 : 특수인화물, 제1석유류, 제2석유류 중요

(2) 설치 기준

① 양도체(良導體)의 도선에 비닐 등의 전열(電熱) 차단재료로 피복하여 끝부분에 접지전극 등을 결착시킬 수 있는 클립(Clip) 등을 부착할 것
② 도선이 손상되지 않도록 도선을 수납할 수 있는 장치를 부착할 것

7 컨테이너식 이동탱크저장소의 특례

(1) **컨테이너식 이동탱크저장소** 중요

 이동저장탱크를 차량 등에 옮겨 싣는 구조로 된 이동탱크저장소

(2) 컨테이너식 이동탱크저장소에 이동저장탱크 하중의 4배의 전단하중에 견디는 걸고리체결 금속구 및 모서리체결 금속구를 설치할 것

> 용량이 6,000[L] 이하인 이동탱크저장소에는 유(U)자 볼트를 설치할 수 있다.

(3) 이동저장탱크 및 부속장치(맨홀, 주입구, 안전장치)는 강재로 된 상자틀에 수납할 것
(4) 이동저장탱크, **맨홀, 주입구의 뚜껑**은 두께 **6[mm] 이상**의 강판으로 할 것
(5) 이동저장탱크의 칸막이는 두께 3.2[mm] 이상의 강판으로 할 것
(6) 이동저장탱크에는 맨홀, 안전장치를 설치할 것
(7) 부속장치는 **상자틀의 최외각**과 **50[mm] 이상**의 간격을 유지할 것
(8) **표시판**
  ① 크기 : 가로 0.4[m] 이상, 세로 0.15[m] 이상
  ② 색상 : 백색바탕에 흑색문자
  ③ 내용 : 허가청의 명칭, 완공검사번호

8 주유탱크차의 특례

(1) **주유탱크차의 설치 기준**
  ① 주유탱크차에는 엔진배기통의 끝부분에 화염의 분출을 방지하는 장치를 설치할 것
  ② 주유탱크차에는 주유호스 등이 적정하게 격납되지 않으면 발진되지 않는 장치를 설치할 것
  ③ 주유설비의 기준
    ㉠ 배관은 금속제로서 최대상용압력의 **1.5배 이상의 압력**으로 **10분간 수압시험**을 실시하였을 때 누설 그 밖의 이상이 없는 것으로 할 것
    ㉡ 주유호스의 끝부분에 설치하는 밸브는 위험물의 누설을 방지할 수 있는 구조로 할 것
    ㉢ 외장은 난연성이 있는 재료로 할 것
  ④ 주유설비에는 해당 주유설비의 펌프기기를 정지하는 등의 방법에 의하여 이동저장탱크로부터의 위험물 이송을 긴급히 정지할 수 있는 장치를 설치할 것
  ⑤ 주유설비에는 개방 조작 시에만 개방하는 자동폐쇄식의 개폐장치를 설치하고, 주유호스의 끝부분에는 연료탱크의 주입구에 연결하는 결합금속구를 설치할 것. 다만, 주유호스의 끝부분에 수동개폐장치를 설치한 주유노즐(수동개폐장치를 개방상태에서 고정하는 장치를 설치한 것을 제외)을 설치한 경우에는 그렇지 않다.
  ⑥ 주유설비에는 주유호스의 끝부분에 축적된 정전기를 유효하게 제거하는 장치를 설치할 것

⑦ 주유호스는 최대상용압력의 **2배 이상**의 압력으로 **수압시험**을 실시하여 누설 그 밖의 이상이 없는 것으로 할 것

> 주유탱크차 : 항공기의 연료탱크에 직접 주유하기 위한 주유설비를 갖춘 이동탱크저장소

(2) **공항에서 시속 40[km] 이하로 운행하도록 된 주유탱크차의 기준**
① 이동저장탱크는 그 내부에 **길이 1.5[m] 이하** 또는 **부피 4,000[L] 이하**마다 3.2[mm] 이상의 **강철판** 또는 이와 같은 수준 이상의 강도·내열성 및 내식성이 있는 금속성의 것으로 **칸막이를 설치**할 것
② ①에 따른 칸막이에 구멍을 낼 수 있되, 그 지름이 40[cm] 이내일 것

9 알킬알루미늄 등을 저장 또는 취급하는 이동탱크저장소 중요

(1) **이동저장탱크의 두께** : 10[mm] 이상의 강판
(2) **수압시험** : 1[MPa] 이상의 압력으로 10분간 실시하여 새거나 변형하지 않을 것
(3) **이동저장탱크의 용량** : 1,900[L] 미만
(4) **안전장치** : 수압시험의 압력의 2/3를 초과하고 4/5를 넘지 않는 범위의 압력에서 작동할 것
(5) **맨홀, 주입구의 뚜껑 두께** : 10[mm] 이상의 강판
(6) **이동저장탱크** : 불활성 기체 봉입장치 설치할 것
(7) **이동저장탱크의 외면** : 적색으로 도장

제8절 옥외저장소의 위치·구조 및 설비의 기준(시행규칙 별표 11)

1 옥외저장소의 안전거리

제조소와 동일함

2 옥외저장소의 보유공지 중요

저장 또는 취급하는 위험물의 최대수량	공지의 너비
지정수량의 10배 이하	3[m] 이상
지정수량의 10배 초과 20배 이하	5[m] 이상
지정수량의 20배 초과 50배 이하	**9[m] 이상**
지정수량의 50배 초과 200배 이하	**12[m] 이상**
지정수량의 200배 초과	15[m] 이상

※ 제4류 위험물 중 제4석유류와 제6류 위험물 : 보유공지의 1/3 이상으로 할 수 있다.

[고인화점위험물 저장 시 보유공지]

저장 또는 취급하는 위험물의 최대수량	공지의 너비
지정수량의 50배 이하	3[m] 이상
지정수량의 50배 초과 200배 이하	6[m] 이상
지정수량의 200배 초과	10[m] 이상

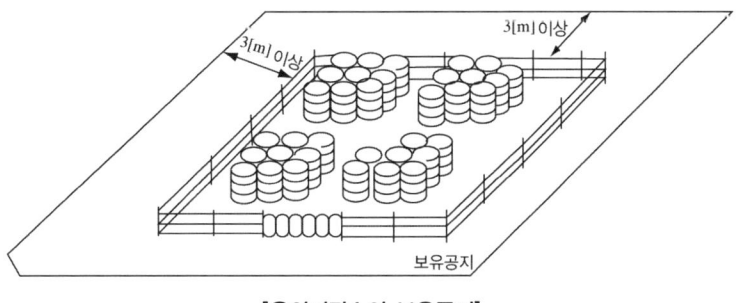

[옥외저장소의 보유공지]

3 옥외저장소의 표지 및 게시판

제조소와 동일함

4 옥외저장소의 기준

(1) **선반** : 불연재료

(2) **선반의 높이** : 6[m]를 초과하지 말 것

(3) **과산화수소, 과염소산을 저장하는 옥외저장소**
   불연성 또는 난연성의 천막 등을 설치하여 햇빛을 가릴 것

(4) **덩어리 상태의 황을 저장 또는 취급하는 경우** 중요
   ① 하나의 경계표시의 내부의 면적 : 100[m²] 이하
   ② 2 이상의 경계표시를 설치하는 경우에 있어서는 각각의 경계표시 내부의 면적을 합산한 면적 : 1,000[m²] 이하(단, 지정수량의 200배 이상인 경우 : 10[m] 이상)
   ③ 경계표시 : 불연재료
   ④ 경계표시의 높이 : 1.5[m] 이하
   ⑤ 경계표시에는 황이 넘치거나 비산하는 것을 방지하기 위한 천막 등을 고정하는 장치를 설치하되, **천막 등을 고정하는 장치**는 경계표시의 **길이 2[m]마다 1개 이상** 설치할 것
   ⑥ 황을 저장 또는 취급하는 장소의 주위에는 배수구와 분리장치를 설치할 것

5 인화성 고체, 제1석유류, 알코올류의 옥외저장소의 특례

(1) 인화성 고체, **제1석유류, 알코올류**를 저장 또는 취급하는 장소 : **살수설비**를 설치

(2) **제1석유류** 또는 **알코올류**를 저장 또는 취급하는 장소의 주위 : **배수구**와 **집유설비**를 설치할 것
   이 경우 **제1석유류**(온도 20[℃]의 물 100[g]에 용해되는 양이 1[g] 미만의 것에 한한다)를 저장 또는 취급하는 장소에는 집유설비에 **유분리장치**를 설치할 것

   > 유분리장치를 해야 하는 제1석유류 : 벤젠, 톨루엔, 휘발유

6 옥외저장소에 저장할 수 있는 위험물 중요

(1) 제2류 위험물 중 **황, 인화성 고체**(인화점이 0[℃] 이상인 것에 한함)

(2) 제4류 위험물 중 **제1석유류**(인화점이 0[℃] 이상인 것에 한한다), **제2석유류, 제3석유류, 제4석유류, 알코올류, 동식물유류**

   > 제1석유류인 톨루엔(인화점 : 4[℃]), 피리딘(인화점 : 20[℃])은 옥외저장소에 저장할 수 있다.

(3) **제6류 위험물**

(4) 제2류 위험물 및 제4류 위험물 중 특별시·광역시·특별자치시·도 또는 특별자치도의 조례로 정하는 위험물(관세법 제154조의 규정에 의한 보세구역 안에 저장하는 경우로 한정한다)

(5) 국제해사기구에 관한 협약에 의하여 설치된 국제해사기구가 채택한 국제해상위험물규칙(IMDG Code)에 적합한 용기에 수납된 위험물

제9절 주유취급소의 위치·구조 및 설비의 기준(시행규칙 별표 13)

1 주유취급소의 주유공지

(1) **주유공지** : 너비 15[m] 이상, 길이 6[m] 이상
(2) **공지의 바닥** : 주위 지면보다 **높게** 하고, 적당한 기울기, 배수구, 집유설비, 유분리장치를 설치

2 주유취급소의 표지 및 게시판 중요

위험물 주유취급소	
화 기 엄 금	
위험물의 유별	제4류
품 명	제1석유류(휘발유)
취급최대수량	50,000[L]
지정수량의 배수	250배
안전관리자의 성명 또는 직명	이덕수

주유 중 엔진 정지
(황색바탕에 흑색문자)

3 주유취급소의 저장 또는 취급 가능한 탱크 중요

(1) 자동차 등에 주유하기 위한 **고정주유설비**에 직접 접속하는 전용탱크로서 **50,000[L] 이하**의 것
(2) **고정급유설비**에 직접 접속하는 전용탱크로서 **50,000[L] 이하**의 것
(3) **보일러** 등에 직접 접속하는 전용탱크로서 **10,000[L] 이하**의 것
(4) 자동차 등을 점검·정비하는 작업장 등(주유취급소 안에 설치된 것에 한한다)에서 사용하는 폐유·윤활유 등의 위험물을 저장하는 탱크로서 용량(2 이상 설치하는 경우에는 각 용량의 합계를 말한다)이 **2,000[L] 이하**인 탱크(이하 "**폐유탱크 등**"이라 한다)
(5) 고정주유설비 또는 고정급유설비에 직접 접속하는 **3기 이하의 간이탱크**

4 고정주유설비 등

(1) 주유취급소의 고정주유설비 또는 고정급유설비의 구조

① 주유관 끝부분에서의 **최대배출량**
  ㉠ **제1석유류** : 분당 50[L] 이하
  ㉡ **경유** : 분당 180[L] 이하
  ㉢ **등유** : 분당 80[L] 이하
② 이동저장탱크에 주입하기 위한 고정급유설비의 펌프기기 최대배출량 : 분당 300[L] 이하

(2) 고정주유설비 또는 고정급유설비의 주유관의 길이

5[m](현수식의 경우에는 지면 위 0.5[m]의 수평면에 수직으로 내려 만나는 점을 중심으로 반경 3[m]) **이내**로 하고 그 끝부분에는 축적된 정전기를 유효하게 제거할 수 있는 장치를 설치할 것

(3) 고정주유설비 또는 고정급유설비의 설치 기준 중요

① 고정주유설비(중심선을 기점으로 하여)
  ㉠ **도로경계선**까지 : **4[m] 이상**
  ㉡ **부지경계선·담 및 건축물의 벽까지** : **2[m]**(개구부가 없는 벽까지는 1[m]) 이상
② 고정급유설비(중심선을 기점으로 하여)
  ㉠ 도로경계선까지 : 4[m] 이상
  ㉡ 부지경계선·담까지 : 1[m] 이상
  ㉢ 건축물의 벽까지 : 2[m](개구부가 없는 벽까지는 1[m]) 이상 거리를 유지할 것
③ 고정주유설비와 고정급유설비의 사이에는 4[m] 이상의 거리를 유지할 것

5 주유취급소에 설치할 수 있는 건축물

(1) 주유 또는 등유·경유를 옮겨 담기 위한 **작업장**
(2) 주유취급소의 업무를 행하기 위한 **사무소**
(3) 자동차 등의 점검 및 **간이정비**를 위한 **작업장**
(4) 자동차 등의 **세정**을 위한 작업장
(5) 주유취급소에 출입하는 사람을 대상으로 한 **점포·휴게음식점** 또는 **전시장**
(6) 주유취급소의 관계자가 거주하는 **주거시설**
(7) 전기자동차용 충전설비(전기를 동력원으로 하는 자동차에 직접 전기를 공급하는 설비)

6 주유취급소의 건축물의 구조

(1) **건축물의 벽·기둥·바닥·보 및 지붕** : 내화구조 또는 불연재료

> 주유취급소에 설치할 수 있는 건축물에 해당하는 면적의 합계가 500[m²]를 초과하는 경우에는 건축물의 벽을 내화구조로 할 것

(2) **창 및 출입구** : 60분+ 방화문·60분 방화문·30분 방화문 또는 **불연재료**로 된 문을 설치

(3) 사무실 등의 창 및 출입구에 유리를 사용하는 경우에는 망입유리 또는 강화유리로 할 것(강화유리의 두께는 창에는 8[mm] 이상, 출입구에는 12[mm] 이상)

(4) 건축물 중 사무실 그 밖의 화기를 사용하는 곳의 기준
① 출입구는 건축물의 안에서 밖으로 수시로 개방할 수 있는 자동폐쇄식의 것으로 할 것
② 출입구 또는 사이통로의 문턱의 높이를 15[cm] 이상으로 할 것
③ 높이 1[m] 이하의 부분에 있는 창 등은 밀폐시킬 것

(5) **자동차 등의 점검·정비를 행하는 설비**
① 고정주유설비로부터 4[m] 이상 떨어지게 할 것
② 도로경계선으로부터 2[m] 이상 떨어지게 할 것

(6) **자동차 등의 세정을 행하는 설비**
① **증기세차기**를 설치하는 경우 그 주위에 불연재료로 된 높이 **1[m] 이상의 담**을 설치하고 출입구가 고정주유설비에 면하지 않도록 할 것. 이 경우 고정주유설비로부터 4[m] 이상 떨어지게 할 것
② **증기세차기 외의 세차기**를 설치하는 경우에는 고정주유설비로부터 **4[m] 이상, 도로경계선**으로부터 **2[m] 이상** 떨어지게 할 것

(7) **주유원 간이대기실의 기준**
① 불연재료로 할 것
② 바퀴가 부착되지 않은 고정식일 것
③ 차량의 출입 및 주유작업에 장애를 주지 않는 위치에 설치할 것
④ **바닥면적**이 2.5[m²] 이하일 것. 다만, 주유공지 및 급유공지 외의 장소에 설치하는 것은 그렇지 않다.

7 담 또는 벽

(1) 주유취급소의 주위에는 자동차 등이 출입하는 쪽 외의 부분에 높이 **2[m] 이상**의 **내화구조** 또는 **불연재료의 담** 또는 **벽**을 설치하되, 주유취급소의 인근에 연소의 우려가 있는 건축물이 있는 경우에는 소방청장이 정하여 고시하는 바에 따라 방화상 유효한 높이로 해야 한다.

(2) 다음 기준에 모두 적합한 경우에는 담 또는 벽의 일부분에 방화상 유효한 구조의 유리를 부착할 수 있다.
① 유리를 부착하는 **위치**는 **주입구, 고정주유설비 및 고정급유설비**로부터 **4[m] 이상** 거리를 둘 것
② 유리를 부착하는 방법은 다음의 기준에 모두 적합할 것
  ㉠ 주유취급소 내의 지반면으로부터 70[cm]를 초과하는 부분에 한하여 유리를 부착할 것
  ㉡ 하나의 **유리판의 가로의 길이**는 **2[m] 이내**일 것

ⓒ 유리판의 테두리를 금속제의 구조물에 견고하게 고정하고 해당 구조물을 담 또는 벽에 견고하게 부착할 것
ⓓ **유리의 구조**는 접합유리(두 장의 유리를 **두께 0.76[mm] 이상**의 폴리바이닐부티랄 필름으로 접합한 구조)로 하되, 유리구획 부분의 내화시험방법(KS F 2845)에 따라 시험하여 **비차열 30분 이상**의 방화성능이 인정될 것
③ 유리를 부착하는 범위는 전체의 담 또는 벽의 길이의 **2/10**를 초과하지 않을 것

8 캐노피의 설치 기준

(1) 배관이 캐노피 내부를 통과할 경우에는 1개 이상의 점검구를 설치할 것
(2) 캐노피 외부의 점검이 곤란한 장소에 배관을 설치하는 경우에는 용접이음으로 할 것
(3) 캐노피 외부의 배관이 일광열의 영향을 받을 우려가 있는 경우에는 단열재로 피복할 것

9 펌프실 등의 구조

(1) 바닥은 위험물이 침투하지 않는 구조로 하고 적당한 경사를 두어 집유설비를 설치할 것
(2) 펌프실 등에는 위험물을 취급하는 데 필요한 채광·조명 및 환기의 설비를 할 것
(3) 가연성 증기가 체류할 우려가 있는 펌프실 등에는 그 증기를 옥외에 배출하는 설비를 설치할 것
(4) 고정주유설비 또는 고정급유설비 중 펌프기기를 호스기기와 분리하여 설치하는 경우에는 펌프실의 출입구를 주유공지 또는 급유공지에 접하도록 하고, 자동폐쇄식의 60분+ 방화문 또는 60분 방화문을 설치할 것
(5) 펌프실 등의 표지 및 게시판
① "위험물 펌프실", "위험물 취급실"이라는 표지를 설치
ⓐ 표지의 크기 : 한 변의 길이 0.3[m] 이상, 다른 한 변의 길이 0.6[m] 이상
ⓑ 표지의 색상 : 백색바탕에 흑색문자
② 방화에 관하여 필요한 사항을 게시한 게시판 : 제조소와 동일함
(6) 출입구에는 바닥으로부터 0.1[m] 이상의 턱을 설치할 것

10 고속국도 주유취급소의 특례 중요

고속국도의 도로변에 설치된 **주유취급소의 탱크의 용량 : 60,000[L] 이하**

11 셀프용 주유취급소의 특례

(1) 고객이 직접 자동차 등의 연료탱크 또는 용기에 위험물을 주입하는 고정주유설비 또는 고정급유설비(이하 "셀프용 고정주유설비" 또는 "셀프용 고정급유설비"라 한다)를 설치하는 주유취급소의 특례기준이다.

(2) 셀프용 고정주유설비의 기준
① 주유호스의 끝부분에 수동개폐장치를 부착한 주유노즐을 설치할 것. 다만, 수동개폐장치를 개방한 상태로 고정시키는 장치가 부착된 경우에는 다음의 기준에 적합해야 한다.
  ㉠ 주유작업을 개시함에 있어서 주유노즐의 수동개폐장치가 개방상태에 있는 때에는 해당 수동개폐장치를 일단 폐쇄시켜야만 다시 주유를 개시할 수 있는 구조로 할 것
  ㉡ 주유노즐이 자동차 등의 주유구로부터 이탈된 경우 주유를 자동적으로 정지시키는 구조일 것
② 주유노즐은 자동차 등의 연료탱크가 가득 찬 경우 자동적으로 정지시키는 구조일 것
③ **주유호스**는 **200[kg_f] 이하의 하중**에 의하여 깨져 분리되거나 이탈되어야 하고, 깨져 분리되거나 이탈된 부분으로부터의 위험물 누출을 방지할 수 있는 구조일 것
④ 휘발유와 경유 상호 간의 오인에 의한 주유를 방지할 수 있는 구조일 것
⑤ 1회의 **연속주유량** 및 **주유시간**의 상한을 미리 설정할 수 있는 구조일 것

종 류	연속 주유량	주유시간
휘발유	100[L] 이하	4분 이하
경 유	600[L] 이하	12분 이하

(3) 셀프용 고정급유설비의 기준
① 급유호스의 끝부분에 수동개폐장치를 부착한 급유노즐을 설치할 것
② 급유노즐은 용기가 가득 찬 경우에 자동적으로 정지시키는 구조일 것
③ 1회의 **연속급유량** 및 **급유시간**의 상한을 미리 설정할 수 있는 구조일 것. 이 경우 급유량의 상한은 **100[L] 이하**, 급유시간의 상한은 **6분 이하**로 한다.

(4) 셀프용 고정주유설비 또는 셀프용 고정급유설비의 주위에 표시
① 셀프용 고정주유설비 또는 셀프용 고정급유설비의 주위의 보기 쉬운 곳에 고객이 직접 주유할 수 있다는 의미의 표시를 하고 자동차의 정차위치 또는 용기를 놓는 위치를 표시할 것
② 주유호스 등의 직근에 호스기기 등의 사용방법 및 위험물의 품목을 표시할 것
③ 셀프용 고정주유설비 또는 셀프용 고정급유설비와 셀프용이 아닌 고정주유설비 또는 고정급유설비를 함께 설치하는 경우에는 셀프용이 아닌 것의 주위에 고객이 직접 사용할 수 없다는 의미의 표시를 할 것

제10절 판매취급소의 위치·구조 및 설비의 기준(시행규칙 별표 14)

1 제1종 판매취급소(지정수량의 20배 이하)의 기준

(1) 제1종 판매취급소는 건축물의 1층에 설치할 것

(2) 제1종 판매취급소에는 보기 쉬운 곳에 "위험물 판매취급소(제1종)"라는 표지와 방화에 관하여 필요한 사항을 게시한 게시판을 제조소와 동일하게 설치할 것

(3) 제1종 판매취급소의 용도로 사용되는 건축물의 부분은 내화구조 또는 불연재료로 하고, 판매취급소로 사용되는 부분과 다른 부분과의 격벽은 내화구조로 할 것

(4) 제1종 판매취급소의 용도로 사용하는 건축물의 부분은 보를 불연재료로 하고, 천장을 설치하는 경우에는 천장을 불연재료로 할 것

(5) 제1종 판매취급소의 용도로 사용하는 부분의 창 및 출입구에는 60분+ 방화문·60분 방화문 또는 30분 방화문을 설치할 것

(6) 제1종 판매취급소의 용도로 사용하는 부분의 창 또는 출입구에 유리를 이용하는 경우에는 망입유리로 할 것

(7) **위험물 배합실의 기준** 중요
  ① **바닥면적**은 **6[m^2] 이상 15[m^2] 이하**일 것
  ② **내화구조** 또는 **불연재료**로 된 벽으로 구획할 것
  ③ 바닥은 위험물이 침투하지 않는 구조로 하여 **적당한 경사**를 두고 **집유설비**를 할 것
  ④ 출입구에는 수시로 열 수 있는 **자동폐쇄식의 60분+ 방화문** 또는 **60분 방화문**을 설치할 것
  ⑤ **출입구 문턱의 높이**는 바닥면으로부터 **0.1[m] 이상**으로 할 것
  ⑥ 내부에 체류한 가연성의 증기 또는 가연성의 미분을 지붕 위로 방출하는 설비를 할 것

2 제2종 판매취급소(지정수량의 40배 이하)의 기준

(1) 제2종 판매취급소의 용도로 사용하는 부분은 벽·기둥·바닥 및 보를 내화구조로 하고, 천장이 있는 경우에는 이를 불연재료로 하며, 판매취급소로 사용되는 부분과 다른 부분과의 격벽은 내화구조로 할 것

(2) 제2종 판매취급소의 용도로 사용하는 부분에 있어서 상층이 있는 경우에는 상층의 바닥을 내화구조로 하는 동시에 상층으로의 연소를 방지하기 위한 조치를 강구하고, 상층이 없는 경우에는 지붕을 내화구조로 할 것

(3) 제2종 판매취급소의 용도로 사용하는 부분 중 연소의 우려가 없는 부분에 한하여 창을 두되, 해당 창에는 60분+ 방화문·60분 방화문 또는 30분 방화문을 설치할 것

(4) 제2종 판매취급소의 용도로 사용하는 부분의 출입구에는 60분+ 방화문·60분 방화문 또는 30분 방화문을 설치할 것. 다만, 해당 부분 중 연소의 우려가 있는 벽에 설치하는 출입구에는 수시로 열 수 있는 자동폐쇄식의 60분+ 방화문 또는 60분 방화문을 설치할 것

제11절 이송취급소의 위치·구조 및 설비의 기준(시행규칙 별표 15)

1 설치장소

이송취급소는 다음의 **장소 외의 장소**에 설치해야 한다.

(1) 철도 및 도로의 터널 안
(2) 고속국도 및 자동차전용도로의 차도·갓길 및 중앙분리대
(3) 호수·저수지 등으로서 수리의 수원이 되는 곳
(4) 급경사지역으로서 붕괴의 위험이 있는 지역

2 배관설치의 기준

(1) 지하매설
  ① 배관은 그 외면으로부터 건축물·지하가·터널 또는 수도시설까지 각각 다음의 규정에 의한 안전거리를 둘 것(다만, ⓒ 또는 ⓒ의 공작물에 있어서는 적절한 누설확산방지조치를 하는 경우에 그 안전거리를 1/2의 범위 안에서 단축할 수 있다)
    ㉠ **건축물**(지하가 내의 건축물을 제외한다) : **1.5[m] 이상**
    ㉡ **지하가 및 터널 : 10[m] 이상**
    ㉢ 수도법에 의한 **수도시설**(위험물의 유입우려가 있는 것에 한한다) : **300[m] 이상**
  ② 배관은 그 외면으로부터 다른 공작물에 대하여 0.3[m] 이상의 거리를 보유할 것
  ③ 배관의 외면과 지표면과의 거리는 **산이나 들**에 있어서는 **0.9[m] 이상**, 그 밖의 지역에 있어서는 1.2[m] 이상으로 할 것

(2) 지상설치
  ① 배관이 지표면에 접하지 않도록 할 것
  ② 배관[이송기지(펌프에 의하여 위험물을 보내거나 받는 작업을 행하는 장소를 말한다)의 구내에 설치되어진 것을 제외]은 다음의 기준에 의한 안전거리를 둘 것
    ㉠ 철도(화물수송용으로만 쓰이는 것을 제외) 또는 **도로(공업지역 또는 전용공업지역에 있는 것을 제외)의 경계선**으로부터 **25[m] 이상**
    ㉡ **학교, 병원**(병원급 의료기관), 공연장, 영화상영관, 복지시설(아동, 노인, 장애인, 한부모), 어린이집, 정신건강증진시설 등 시설로부터 **45[m] 이상**
    ㉢ **지정문화유산 및 천연기념물** 등으로부터 **65[m] 이상**
    ㉣ **고압가스, 액화석유가스, 도시가스 시설**로부터 **35[m] 이상**
    ㉤ 국토의 계획 및 이용에 관한 법률에 의한 **공공공지** 또는 도시공원법에 의한 **도시공원으로부터 45[m] 이상**
    ㉥ **판매시설·숙박시설·위락시설** 등 불특정다중을 수용하는 시설 중 **연면적 1,000[m^2] 이상**인 것으로부터 **45[m] 이상**

Ⓢ 1일 평균 20,000명 이상 이용하는 **기차역** 또는 버스터미널로부터 **45[m] 이상**
ⓞ 수도법에 의한 수도시설 중 위험물이 유입될 가능성이 있는 것으로부터 300[m] 이상
ⓩ **주택** 또는 ㉠ 내지 ⓞ과 유사한 시설 중 다수의 사람이 출입하거나 근무하는 것으로부터 **25[m] 이상**
③ 배관(이송기지의 구내에 설치된 것을 제외)의 양 측면으로부터 해당 배관의 최대상용압력에 따라 다음 표에 의한 너비의 공지를 보유할 것

배관의 최대상용압력	공지의 너비
0.3[MPa] 미만	5[m] 이상
0.3[MPa] 이상 1[MPa] 미만	9[m] 이상
1[MPa] 이상	15[m] 이상

3 기타 설비 등

(1) 가연성 증기의 체류방지조치

배관을 설치하기 위하여 설치하는 터널(높이 1.5[m] 이상인 것에 한한다)에는 가연성 증기의 체류를 방지하는 조치를 해야 한다.

(2) 비파괴시험

배관 등의 **용접부**는 비파괴시험을 실시하여 합격할 것. 이 경우 이송기지 내의 지상에 설치된 배관 등은 전체 용접부의 **20[%] 이상**을 **발췌**하여 시험할 수 있다.

(3) 내압시험

배관 등은 최대상용압력의 **1.25배 이상**의 압력으로 **4시간 이상** 수압을 가하여 누설 그 밖의 이상이 없을 것

(4) 압력안전장치

배관계에는 배관 내의 압력이 최대상용압력을 초과하거나 유격작용 등에 의하여 생긴 압력이 최대상용압력의 1.1배를 초과하지 않도록 제어하는 장치(이하 "압력안전장치"라 한다)를 설치할 것

(5) 긴급차단밸브

②, ③은 해당 지역을 횡단하는 부분의 양단의 높이 차이로 인하여 하류측으로부터 상류측으로 역류될 우려가 없을 때에는 하류측에는 설치하지 않을 수 있으며, ④, ⑤는 방호구조물을 설치하는 등 안전상 필요한 조치를 하는 경우에는 설치하지 않을 수 있다.
① 시가지에 설치하는 경우에는 약 4[km]의 간격
② 하천·호소 등을 횡단하여 설치하는 경우에는 횡단하는 부분의 양 끝
③ 해상 또는 해저를 통과하여 설치하는 경우에는 통과하는 부분의 양 끝

④ 산림지역에 설치하는 경우에는 약 10[km]의 간격
⑤ 도로 또는 철도를 횡단하여 설치하는 경우에는 횡단하는 부분의 양 끝

(6) 지진감지장치 등

배관의 경로에는 안전상 필요한 장소와 25[km]의 거리마다 지진감지장치 및 강진계를 설치해야 한다.

(7) 경보설비

이송기지에는 **비상벨장치** 및 **확성장치**를 설치할 것

(8) 펌프 및 그 부속설비의 보유공지

펌프 등의 최대상용압력	공지의 너비
1[MPa] 미만	3[m] 이상
1[MPa] 이상 3[MPa] 미만	5[m] 이상
3[MPa] 이상	15[m] 이상

(9) 피그장치의 설치 기준

① 피그장치는 배관의 강도와 동등 이상의 강도를 가질 것
② 피그장치는 해당 장치의 내부압력을 안전하게 방출할 수 있고 내부압력을 방출한 후가 아니면 피그를 삽입하거나 배출할 수 없는 구조로 할 것
③ 피그장치는 배관 내에 이상응력이 발생하지 않도록 설치할 것
④ 피그장치를 설치한 장소의 바닥은 위험물이 침투하지 않는 구조로 하고 누설한 위험물이 외부로 유출되지 않도록 배수구 및 집유설비를 설치할 것
⑤ 피그장치의 주변에는 너비 3[m] 이상의 공지를 보유할 것. 다만, 펌프실 내에 설치하는 경우에는 그렇지 않다.

제12절 일반취급소의 위치·구조 및 설비의 기준(시행규칙 별표 16)

1 일반취급소의 위치, 구조 및 설비기준

제조소와 동일함

2 일반취급소의 특례

(1) 분무도장 작업 등의 일반취급소의 특례

도장, 인쇄 또는 도포를 위하여 **제2류 위험물** 또는 **제4류 위험물**(**특수인화물을 제외**한다)을 취급하는 일반취급소로서 **지정수량의 30배 미만의 것**(위험물을 취급하는 설비를 건축물에 설치하는 것에 한한다)

(2) 세정작업의 일반취급소의 특례

세정을 위하여 위험물(**인화점이 40[℃] 이상인 제4류 위험물**에 한한다)을 취급하는 일반취급소로서 **지정수량의 30배 미만의 것**(위험물을 취급하는 설비를 건축물에 설치하는 것에 한한다)

(3) 열처리작업 등의 일반취급소의 특례

열처리작업 또는 방전가공을 위하여 위험물(인화점이 70[℃] 이상인 제4류 위험물에 한한다)을 취급하는 일반취급소로서 지정수량의 30배 미만의 것(위험물을 취급하는 설비를 건축물에 설치하는 것에 한한다)

(4) 보일러 등으로 위험물을 소비하는 일반취급소의 특례

보일러, 버너, 그 밖의 이와 유사한 장치로 위험물(인화점이 38[℃] 이상인 제4류 위험물에 한한다)을 소비하는 일반취급소로서 지정수량의 30배 미만의 것(위험물을 취급하는 설비를 건축물에 설치하는 것에 한한다)

(5) 충전하는 일반취급소의 특례

이동저장탱크에 액체 위험물(알킬알루미늄 등, 아세트알데하이드 등 및 하이드록실아민 등을 제외한다)을 주입하는 일반취급소(액체 위험물을 용기에 옮겨 담는 취급소를 포함한다)

① 제조소의 설치 기준에 따라 보유공지와 안전거리를 확보해야 한다.
② 건축물을 설치하는 경우에 있어서 해당 건축물은 벽·기둥·바닥·보 및 지붕을 내화구조 또는 불연재료로 하고, 창 및 출입구에 60분+ 방화문·60분 방화문 또는 30분 방화문을 설치해야 한다.
③ ②의 건축물의 창 또는 출입구에 유리를 설치하는 경우에는 망입유리로 해야 한다.
④ ②의 건축물의 2 방향 이상은 통풍을 위하여 벽을 설치하지 않아야 한다.
⑤ 위험물을 이동저장탱크에 주입하기 위한 설비(위험물을 이송하는 배관을 제외한다)의 주위에 필요한 공지를 보유해야 한다.
⑥ 위험물을 용기에 옮겨 담기 위한 설비를 설치하는 경우에는 해당 설비(위험물을 이송하는 배관을 제외한다)의 주위에 필요한 공지를 ⑤의 공지 외의 장소에 보유해야 한다.
⑦ 공지는 그 지반면을 주위의 지반면보다 높게 하고, 그 표면에 적당한 경사를 두며, 콘크리트 등으로 포장해야 한다.

(6) 옮겨 담는 일반취급소의 특례

고정급유설비에 의하여 위험물(**인화점이 38[℃] 이상인 제4류 위험물**에 한한다)을 용기에 옮겨 담거나 4,000[L] 이하의 이동저장탱크(용량이 2,000[L]를 넘는 탱크에 있어서는 그 내부를 2,000[L] 이하마다 구획한 것에 한한다)에 주입하는 **일반취급소로서 지정수량의 40배 미만의 것**

(7) 유압장치 등을 설치하는 일반취급소의 특례

위험물을 이용한 유압장치 또는 윤활유 순환장치를 설치하는 일반취급소(고인화점 위험물만을 100[℃] 미만의 온도로 취급하는 것에 한한다)로서 지정수량의 50배 미만의 것(위험물을 취급하는 설비를 건축물에 설치하는 것에 한한다)

(8) 절삭장치 등을 설치하는 일반취급소의 특례

절삭유의 위험물을 이용한 절삭장치, 연삭장치, 그 밖의 이와 유사한 장치를 설치하는 일반취급소 (고인화점 위험물만을 100[℃] 미만의 온도로 취급하는 것에 한한다)로서 지정수량의 30배 미만의 것(위험물을 취급하는 설비를 건축물에 설치하는 것에 한한다)

(9) 열매체유 순환장치를 설치하는 일반취급소의 특례

위험물 외의 물건을 가열하기 위하여 위험물(고인화점 위험물에 한한다)을 이용한 열매체유(열전달에 이용하는 합성유) 순환장치를 설치하는 일반취급소로서 지정수량의 30배 미만의 것(위험물을 취급하는 설비를 건축물에 설치하는 것에 한한다)

(10) 화학실험의 일반취급소의 특례

화학실험을 위하여 위험물을 취급하는 일반취급소로서 **지정수량의 30배 미만의 것**(위험물을 취급하는 설비를 건축물에 설치하는 것만 해당한다)

실전예상문제

001
사용전압 35,000[V]를 초과하는 특고압가공전선과 위험물제조소와의 안전거리 기준으로 옳은 것은?

① 5[m] 이상
② 10[m] 이상
③ 13[m] 이상
④ 15[m] 이상

해설
제조소의 안전거리

건축물	안전거리
사용전압 7,000[V] 초과 35,000[V] 이하의 특고압가공전선	3[m] 이상
사용전압 35,000[V] 초과의 특고압가공전선	**5[m] 이상**
주거용으로 사용되는 것(제조소가 설치된 부지 내에 있는 것을 제외)	10[m] 이상
고압가스, 액화석유가스, 도시가스를 저장 또는 취급하는 시설	20[m] 이상
학교, 병원(병원급 의료기관), **극장**, 공연장, 영화상영관 및 그 밖에 이와 유사한 시설로서 수용인원 300명 이상, 복지시설(아동, 노인, 장애인, 한부모가족), 어린이집, 성매매피해자 등을 위한 지원시설, 정신건강증진시설, 가정폭력피해자 보호시설 및 그 밖에 이와 유사한 시설로서 수용인원 20명 이상	30[m] 이상
지정문화유산 및 천연기념물 등	50[m] 이상

정답 ①

002
제4류 위험물제조소의 경우 사용전압이 22[kV]인 특고압가공전선이 지나갈 때 제조소의 외벽과 가공전선 사이의 수평거리(안전거리)는 몇 [m] 이상이어야 하는가?

① 3[m]   ② 5[m]
③ 10[m] ④ 20[m]

해설
문제 1번 참조

정답 ①

003
위험물제조소는 주택과 얼마 이상의 안전거리를 두어야 하는가?

① 10[m]   ② 20[m]
③ 70[m]   ④ 140[m]

해설
주거용도와의 안전거리 : 10[m] 이상

정답 ①

004
위험물제조소의 안전거리가 20[m] 이상인 것은?

① 연면적 600[m²] 이상인 문화집회장
② 연면적 2,000[m²] 이상인 학교
③ 고압가스 시설
④ 연면적 600[m²] 이상인 의료시설

해설
고압가스, 액화석유가스, 도시가스를 저장 또는 취급하는 시설은 안전거리가 20[m] 이상이다.

정답 ③

005

위험물제조소와의 안전거리가 30[m] 이상인 시설은?

① 주거용도로 사용되는 건축물
② 도시가스를 저장 또는 취급하는 시설
③ 사용전압 35,000[V]를 초과하는 특고압가공전선
④ 초·중등교육법에서 정하는 학교

해설
문제 1번 참조

정답 ④

006

위험물제조소에 있어서 안전거리가 50[m] 이상인 것은?

① 문화집회장
② 교육연구시설
③ 지정문화유산
④ 의료시설

해설
지정문화유산 및 천연기념물 등의 안전거리 : 50[m]

정답 ③

007

위험물제조소의 보유공지는 지정수량 10배 이하의 위험물을 취급하는 건축물이 보유해야 할 공지는 몇 [m] 이상인가?(단, 위험물을 이송하기 위한 배관 기타 이와 유사한 시설은 제외)

① 3[m]   ② 5[m]
③ 7[m]   ④ 10[m]

해설
제조소의 보유공지

취급하는 위험물의 최대수량	공지의 너비
지정수량의 **10배 이하**	3[m] 이상
지정수량의 **10배 초과**	5[m] 이상

정답 ①

008

위험물제조소의 위험물을 취급하는 건축물의 주위에 보유해야 할 최소 보유공지는?

① 1[m] 이상   ② 3[m] 이상
③ 5[m] 이상   ④ 8[m] 이상

해설
제조소의 보유공지
- 보유공지의 기능
  - 제조소의 주변을 확보하기 위하여 어떤 물건이 놓여 있어도 안 되는 절대공간
  - 연소확대를 방지하기 위한 공간
  - 소방활동을 위한 공간
  - 유사 시 피난을 용이하게 하기 위한 공간
  - 평상시 위험물제조소 등의 유지 및 보수를 위한 공간
- 제조소의 보유공지

취급하는 위험물의 최대수량	공지의 너비
지정수량의 **10배 이하**	3[m] 이상
지정수량의 **10배 초과**	5[m] 이상

정답 ②

009

제조소에서 위험물을 취급하는 건축물 그 밖의 시설 주위에는 그 취급하는 위험물의 최대수량에 따라 보유해야 할 공지가 필요하다. 위험물이 지정수량의 20배인 경우 공지의 너비는 몇 [m]로 해야 하는가?

① 3[m] ② 4[m]
③ 5[m] ④ 10[m]

해설
문제 8번 참조

정답 ③

010

다음 중 위험물제조소의 위치 · 구조 및 설비의 기준으로 알맞은 것은?

① 안전거리는 지정문화유산에 있어서는 50[m] 이상 두어야 한다.
② 보유공지의 너비는 취급하는 위험물의 최대수량이 지정수량의 10배 이하일 때는 5[m] 이상 보유해야 한다.
③ 옥외설비의 바닥의 둘레는 높이 0.1[m] 이상의 턱을 설치하여 위험물이 외부로 흘러나가지 않도록 한다.
④ 배출설비의 1시간당 배출능력은 전역방출방식의 경우에는 바닥면적 1[m^2]당 16[m^3] 이상으로 할 수 있다.

해설
위험물제조소 등
- 안전거리는 지정문화유산 및 천연기념물 등에 있어서는 50[m] 이상 두어야 한다.
- 보유공지

취급하는 위험물의 최대수량	공지의 너비
지정수량의 10배 이하	3[m] 이상
지정수량의 10배 초과	5[m] 이상

- 옥외설비의 바닥의 둘레는 높이 0.15[m] 이상의 턱을 설치하여 위험물이 외부로 흘러나가지 않도록 한다.
- 배출능력은 1시간당 배출장소 용적의 20배 이상인 것으로 할 것(전역 방출방식 : 바닥면적 1[m^2]당 18[m^3] 이상)

정답 ①

011

위험물제조소에는 보기 쉬운 곳에 기준에 따라 "위험물제조소"라는 표시를 한 표지를 설치해야 하는데 다음 중 표지의 기준으로 적합한 것은?

① 표지의 한 변의 길이는 0.3[m] 이상, 다른 한 변의 길이는 0.6[m] 이상인 직사각형으로 하되 표지의 바탕은 백색으로 문자는 흑색으로 한다.
② 표지의 한 변의 길이는 0.2[m] 이상, 다른 한 변의 길이는 0.4[m] 이상인 직사각형으로 하되 표지의 바탕은 백색으로 문자는 흑색으로 한다.
③ 표지의 한 변의 길이는 0.2[m] 이상, 다른 한 변의 길이는 0.4[m] 이상인 직사각형으로 하되 표지의 바탕은 흑색으로 문자는 백색으로 한다.
④ 표지의 한 변의 길이는 0.3[m] 이상, 다른 한 변의 길이는 0.6[m] 이상인 직사각형으로 하되 표지의 바탕은 흑색으로 문자는 백색으로 한다.

해설
제조소의 표지 및 게시판
- "위험물제조소"라는 표지를 설치
  - 표지의 크기 : 한 변의 길이 **0.3[m] 이상**, 다른 한 변의 길이 **0.6[m] 이상**
  - 표지의 색상 : **백색바탕에 흑색문자**
- 방화에 관하여 필요한 사항을 게시한 게시판 설치
  - 게시판의 크기 : 한 변의 길이 0.3[m] 이상, 다른 한 변의 길이 0.6[m] 이상
  - 기재 내용 : 위험물의 유별 · 품명 및 저장최대수량 또는 취급최대수량, 지정수량의 배수 및 안전 관리자의 성명 또는 직명
  - 게시판의 색상 : 백색바탕에 흑색문자

정답 ①

012

위험물제조소 표지의 바탕색은?

① 청 색 ② 적 색
③ 흑 색 ④ 백 색

해설
위험물제조소 표지의 색상 : 백색바탕에 흑색문자

정답 ④

013

제4류 위험물의 주의사항 및 게시판 표시내용으로 맞는 것은 무엇인가?

① 적색바탕에 백색문자의 "화기주의"
② 청색바탕에 백색문자의 "물기엄금"
③ 적색바탕에 백색문자의 "화기엄금"
④ 청색바탕에 백색문자의 "물기주의"

해설
게시판의 주의사항

위험물의 종류	주의사항	게시판의 색상
제1류 위험물 중 **알칼리금속의 과산화물** 제3류 위험물 중 **금수성 물질**	물기엄금	청색바탕에 백색문자
제2류 위험물(인화성 고체는 제외)	화기주의	적색바탕에 백색문자
제2류 위험물 중 **인화성 고체** 제3류 위험물 중 **자연발화성 물질** **제4류 위험물** **제5류 위험물**	화기엄금	적색바탕에 백색문자

정답 ③

014

위험물안전관리법령에서 정한 게시판의 주의사항으로 잘못된 것은?

① 제2류 위험물(인화성 고체 제외) : 화기주의
② 제3류 위험물 중 자연발화성 물질 : 화기엄금
③ 제4류 위험물 : 화기주의
④ 제5류 위험물 : 화기엄금

해설
문제 13번 참조

정답 ③

015

위험물에 관한 표시사항 중 "물기엄금"에 관한 표지 색깔로서 옳은 것은?

① 청색바탕에 적색문자
② 청색바탕에 백색문자
③ 적색바탕에 백색문자
④ 백색바탕에 청색문자

해설
물기엄금 : 청색바탕에 백색문자

정답 ②

016

제조소 중 연소우려가 있는 위험물을 취급하는 건축물 외벽의 재료는?

① 불연재료
② 준불연재료
③ 방화구조
④ 내화구조

해설
벽·기둥·바닥·보·서까래·지붕 및 계단 : 불연재료

제조소 중 연소우려가 있는 건축물 외벽의 재료 : 내화구조

정답 ④

017
위험물제조소의 건축물의 구조로 잘못된 것은?

① 벽, 기둥, 서까래 및 계단은 난연재료로 할 것
② 지하층이 없도록 할 것
③ 지붕은 폭발력이 위로 방출될 정도의 가벼운 불연재료로 덮을 것
④ 연소의 우려가 있는 외벽에 설치하는 출입구에는 수시로 열 수 있는 자동폐쇄식의 60분+ 방화문을 설치할 것

해설
위험물제조소의 벽, 기둥, 바닥, 서까래 및 계단은 불연재료로 할 것(시행규칙 별표 4)

정답 ①

018
제조소 중 위험물을 취급하는 건축물의 구조는 특별한 경우를 제외하고는 어떻게 해야 하는가?

① 지하층이 없는 구조이어야 한다.
② 지하층이 있는 1층 이내의 건축물이어야 한다.
③ 지하층이 있는 구조이어야 한다.
④ 지하층이 있는 2층 이내의 건축물이어야 한다.

해설
제조소는 **지하층이 없도록 해야 한다**(시행규칙 별표 4).

정답 ①

019
위험물제조소 등에 있어서 가연성의 증기 또는 미분 등이 체류할 우려가 있는 건축물에는 옥외에 배출설비를 해야 하는데 배출설비의 배출능력은 1시간당 배출장소 용적의 몇 배 이상인 것으로 해야 하는가?

① 5배 ② 10배
③ 15배 ④ 20배

해설
제조소의 배출능력은 1시간당 배출장소 용적의 20배 이상인 것으로 해야 한다(시행규칙 별표 4).

정답 ④

020
위험물제조소의 환기설비 중 급기구의 크기는?(단, 급기구의 바닥면적은 150[m²]이다)

① 150[cm²] 이상으로 한다.
② 300[cm²] 이상으로 한다.
③ 450[cm²] 이상으로 한다.
④ 800[cm²] 이상으로 한다.

해설
제조소의 환기설비
- 환기 : 자연배기방식
- 급기구는 해당 급기구가 설치된 실의 바닥면적 150[m²]마다 1개 이상으로 하되 급기구의 크기는 800[cm²] 이상으로 할 것. 다만, 바닥면적 150[m²] 미만인 경우에는 다음의 크기로 할 것

바닥면적	급기구의 면적
60[m²] 미만	150[cm²] 이상
60[m²] 이상 90[m²] 미만	300[cm²] 이상
90[m²] 이상 120[m²] 미만	450[cm²] 이상
120[m²] 이상 150[m²] 미만	600[cm²] 이상

- 급기구는 낮은 곳에 설치하고 가는 눈의 구리망으로 인화방지망을 설치할 것
- 환기구는 지붕위 또는 지상 2[m] 이상의 높이에 회전식 고정 벤틸레이터 또는 루프팬방식(Roof Fan : 지붕에 설치하는 배기장치)으로 설치할 것

정답 ④

021

위험물제조소의 바닥면적이 60[m²] 이상 90[m²] 미만일 때 급기구의 면적은?

① 150[cm²] 이상
② 300[cm²] 이상
③ 450[cm²] 이상
④ 600[cm²] 이상

해설
문제 20번 참조

정답 ②

022

위험물제조소에 환기설비를 시설할 때 바닥면적이 100[m²]라면 급기구의 면적은 몇 [cm²] 이상이어야 하는가?

① 150
② 300
③ 450
④ 600

해설
문제 20번 참조

정답 ③

023

위험물제조소의 채광, 환기시설에 대한 설명으로 옳지 않은 것은?

① 채광설비는 단열재료를 사용하고 연소할 우려가 없는 장소에 설치하고 채광면적을 최대로 할 것
② 환기설비는 자연배기방식으로 할 것
③ 환기구는 지붕 위 또는 지상 2[m] 이상의 높이에 회전식 고정벤틸레이터 또는 루프팬방식(Roof Fan : 지붕에 설치하는 배기장치)으로 설치할 것
④ 환기설비의 급기구는 낮은 곳에 설치할 것

해설
채광 및 조명설비
- **채광설비** : 불연재료로 하고 연소의 우려가 없는 장소에 설치하되 **채광면적을 최소로 할 것**
- 조명설비
  - 가연성 가스 등이 체류할 우려가 있는 장소의 조명등 : 방폭등
  - 전선 : 내화·내열전선
  - 점멸스위치 : 출입구 바깥부분에 설치

정답 ①

024

지정수량이 10배 이상인 위험물을 저장, 취급하는 제조소에 설치해야 할 설비가 아닌 것은?

① 확성장치
② 비상방송설비
③ 자동화재탐지설비
④ 무선통신보조설비

해설
지정수량 10배 이상이면 **경보설비**를 설치해야 한다.

무선통신보조설비 : 소화활동설비

정답 ④

025
위험물을 취급하는 장소에서 정전기를 유효하게 제거할 수 있는 방법이 아닌 것은?

① 상대습도를 70[%] 이상으로 하는 방법
② 접지에 의한 방법
③ 피뢰침을 설치하는 방법
④ 공기를 이온화하는 방법

해설
정전기 제거방법
- 상대습도를 70[%] 이상으로 하는 방법
- 접지에 의한 방법
- 공기를 이온화하는 방법

정답 ③

026
피뢰설비는 지정수량 얼마 이상의 위험물을 취급하는 제조소에 설치하는가?

① 지정수량 2배 이상
② 지정수량 5배 이상
③ 지정수량 10배 이상
④ 지정수량 30배 이상

해설
피뢰설비(제6류 위험물은 제외)와 **경보설비**는 지정수량의 **10배 이상**을 취급하는 **제조소**에는 설치해야 한다.

정답 ③

027
다음 중 피뢰설비를 반드시 갖출 필요가 없는 곳은?

① 지정수량이 10배인 제2류 위험물 저장소
② 지정수량이 20배인 제6류 위험물 저장소
③ 지정수량이 30배인 제5류 위험물 저장소
④ 지정수량이 10배인 제4류 위험물 저장소

해설
피뢰설비 : 지정수량의 **10배 이상**(제6류 위험물은 제외)

정답 ②

028
위험물제조소의 탱크용량이 100[m³] 및 180[m³]인 2개의 탱크 주위에 하나의 방유제를 설치하고자 하는 경우 방유제의 용량은 몇 [m³] 이상이어야 하는가?

① 100[m³]
② 140[m³]
③ 180[m³]
④ 280[m³]

해설
위험물제조소의 옥외에 있는 위험물 취급탱크(지정수량의 1/5 미만인 용량은 제외)
- **하나의 취급탱크** 주위에 설치하는 방유제의 용량 : 해당 **탱크용량의 50[%] 이상**
- **2 이상의 취급탱크** 주위에 하나의 방유제를 설치하는 경우 방유제의 용량 : 해당 탱크 중 용량이 **최대인 것의 50[%]**에 **나머지 탱크용량 합계의 10[%]**를 가산한 양 이상이 되게 할 것(이 경우 방유제의 용량은 해당 방유제의 내용적에서 용량이 최대인 탱크 외의 탱크의 방유제 높이 이하 부분의 용적, 해당 방유제 내에 있는 모든 탱크의 지반면 이상 부분의 기초의 체적, 간막이 둑의 체적 및 해당 방유제 내에 있는 배관 등의 체적을 뺀 것으로 한다)

∴ 방유제 용량 = (180[m³] × 0.5) + (100[m³] × 0.1) = 100[m³]

정답 ①

029

위험물제조소의 옥외에 있는 하나의 취급탱크에 설치하는 방유제의 용량은 해당 탱크용량의 몇 [%] 이상으로 하는가?

① 50 ② 60
③ 70 ④ 80

해설
제조소의 위험물 취급탱크의 방유제 용량 : 탱크용량의 50[%] 이상(시행규칙 별표 4)

정답 ①

030

위험물제조소 내의 위험물을 취급하는 배관은 불연성 액체를 사용하는 경우에 최대상용압력의 몇 배 이상의 압력으로 내압시험을 실시하여 누설 또는 그 밖에 이상이 없어야 하는가?

① 0.5 ② 1.0
③ 1.5 ④ 2.0

해설
위험물제조소의 배관 내압시험
- 불연성 액체 : 최대상용압력의 1.5배 이상의 압력에서 실시하여 이상이 없을 것
- 불연성 기체 : 최대상용압력의 1.1배 이상의 압력에서 실시하여 이상이 없을 것

정답 ③

031

하이드록실아민 200[kg]을 취급하는 제조소에서 안전거리로 옳은 것은?

① 6.44 ② 24.4
③ 64.4 ④ 2.44

해설
하이드록실아민 등을 취급하는 제조소의 안전거리

$$D = 51.1\sqrt[3]{N}$$

여기서, N : 지정수량의 배수(하이드록실아민의 지정수량 : 100[kg])
∴ 안전거리 $D = 51.1\sqrt[3]{N} = 51.1\sqrt[3]{2} = 64.38[m]$

정답 ③

032

벽, 기둥 및 바닥이 내화구조로 된 건축물을 옥내저장소로 사용할 때 지정수량의 50배 초과 200배 이하의 위험물을 저장하는 경우에 확보해야 하는 공지의 너비는?

① 1[m] 이상 ② 2[m] 이상
③ 3[m] 이상 ④ 5[m] 이상

해설
옥내저장소의 보유공지

저장 또는 취급하는 위험물의 최대수량	공지의 너비	
	벽·기둥 및 바닥이 내화구조로 된 건축물	그 밖의 건축물
지정수량의 5배 이하	–	0.5[m] 이상
지정수량의 5배 초과 10배 이하	1[m] 이상	1.5[m] 이상
지정수량의 10배 초과 20배 이하	2[m] 이상	3[m] 이상
지정수량의 20배 초과 50배 이하	3[m] 이상	5[m] 이상
지정수량의 **50배 초과 200배 이하**	**5[m] 이상**	10[m] 이상
지정수량의 200배 초과	10[m] 이상	15[m] 이상

정답 ④

033

옥내저장소의 보유공지는 지정수량 20배 초과 50배 이하의 위험물을 옥내저장소의 동일부지에 2개 이상 인접할 경우 보유공지 너비를 1/3로 감축한다. 이때 감축할 수 있는 공지의 너비는 얼마인가?

① 1.5[m] 이상 ② 2[m] 이상
③ 3[m] 이상 ④ 5[m] 이상

해설
지정수량의 20배를 초과하는 옥내저장소와 동일부지에 2개 이상 인접할 경우 보유공지 너비를 1/3(해당 수치가 **3[m] 미만**인 경우에는 **3[m]**)로 감축할 수 있다.

정답 ③

034

다음의 위험물을 옥내저장소에 저장하는 경우 옥내저장소의 구조가 벽·기둥 및 바닥이 내화구조로 된 건축물이라면 위험물안전관리법에서 규정하는 보유공지를 확보하지 않아도 되는 것은?

① 아세트산 30,000[L]
② 아세톤 5,000[L]
③ 클로로벤젠 10,000[L]
④ 글리세린 15,000[L]

해설
옥내저장소(내화구조일 경우)의 보유공지는 지정수량의 5배 이하는 보유공지가 필요 없다.

위험물의 지정수량의 배수

종 류	아세트산	아세톤	클로로벤젠	글리세린
분 류	제2석유류 (수용성)	제1석유류 (수용성)	제2석유류 (비수용성)	제3석유류 (수용성)
지정수량	2,000[L]	400[L]	1,000[L]	4,000[L]

- 아세트산의 지정수량 배수 = $\frac{30,000[L]}{2,000[L]}$ = **15.0배**
  ⇒ 보유공지 : 2[m] 이상 확보

- 아세톤의 지정수량 배수 = $\frac{5,000[L]}{400[L]}$ = **12.5배**
  ⇒ 보유공지 : 2[m] 이상 확보

- 클로로벤젠의 지정수량 배수 = $\frac{10,000[L]}{1,000[L]}$ = **10.0배**
  ⇒ 보유공지 : 1[m] 이상 확보

- 글리세린의 지정수량 배수 = $\frac{15,000[L]}{4,000[L]}$ = 3.75배
  ⇒ 보유공지 : **필요없다.**

옥내저장소의 보유공지

저장 또는 취급하는 위험물의 최대수량	공지의 너비	
	벽·기둥 및 바닥이 내화구조로 된 건축물	그 밖의 건축물
지정수량의 **5배** 이하	–	0.5[m] 이상
지정수량의 **5배 초과 10배** 이하	**1[m]** 이상	1.5[m] 이상
지정수량의 **10배 초과 20배** 이하	**2[m]** 이상	3[m] 이상
지정수량의 **20배 초과 50배** 이하	**3[m]** 이상	5[m] 이상
지정수량의 **50배 초과 200배** 이하	5[m] 이상	10[m] 이상
지정수량의 **200배** 초과	10[m] 이상	15[m] 이상

정답 ④

035

위험물저장장소로서 옥내저장소의 하나의 저장창고 바닥면적은 특수인화물, 알코올류를 저장하는 창고에 있어서는 몇 [m²] 이하로 해야 하는가?

① 300　　② 500
③ 800　　④ 1,000

해설
저장창고의 기준면적(시행규칙 별표 5)

위험물을 저장하는 창고의 종류	기준면적
① 제1류 위험물 중 **아염소산염류, 염소산염류, 과염소산염류, 무기과산화물**, 그 밖에 지정수량이 50[kg]인 위험물 ② 제3류 위험물 중 **칼륨, 나트륨, 알킬알루미늄, 알킬리튬**, 그 밖에 지정수량이 10[kg]인 위험물 및 황린 ③ 제4류 위험물 중 **특수인화물, 제1석유류 및 알코올류** ④ 제5류 위험물 중 지정수량이 10[kg]인 위험물 ⑤ **제6류 위험물**	1,000[m²] 이하
①~⑤의 위험물 외의 위험물을 저장하는 창고	2,000[m²] 이하
위의 전부에 해당하는 위험물을 내화구조의 격벽으로 완전히 구획된 실에 각각 저장하는 창고(①~⑤의 위험물을 저장하는 실의 면적은 500[m²]을 초과할 수 없다)	1,500[m²] 이하

정답 ④

036

위험물 옥내저장소에 제6류 위험물을 저장할 경우 하나의 저장창고 바닥면적은 몇 [m²] 이하로 해야 하는가?

① 300　　② 500
③ 800　　④ 1,000

해설
옥내저장소에 제6류 위험물을 저장 시 하나의 저장창고 바닥면적은 1,000[m²] 이하이다.

정답 ④

037

위험물 옥내저장소의 피뢰설비는 지정수량의 몇 배 이상인 경우 설치해야 하는가?

① 10배 이상 ② 15배 이상
③ 30배 이상 ④ 30배 이상

해설
피뢰설비 : 지정수량의 10배 이상일 때 설치

정답 ①

038

다음 옥내저장소의 처마 높이로 올바른 것은 어느 것인가?

① 2[m] 미만 ② 4[m] 미만
③ 3[m] 미만 ④ 6[m] 미만

해설
옥내저장소의 처마 높이 : 6[m] 미만

정답 ④

039

위험물을 저장하는 옥내저장소 내부에 체류하는 가연성 증기를 지붕 위로 방출시키는 설비를 해야 하는 위험물은 어느 것인가?

① 과망가니즈산칼륨 ② 황화인
③ 다이에틸에터 ④ 나이트로벤젠

해설
제4류 위험물로서 인화점이 **70[℃] 미만**일 때에는 **배출설비**를 해야 한다.

> 다이에틸에터의 인화점 : −40[℃]

정답 ③

040

옥내저장소에서 지정유기과산화물 저장창고의 창 하나의 면적은 얼마 이내인가?

① 0.8[m²]
② 0.6[m²]
③ 0.4[m²]
④ 0.2[m²]

해설
지정유기과산화물 저장창고
- 출입구 : 60분+방화문 또는 60분 방화문 설치
- 창의 설치위치 : 바닥으로부터 2[m] 이상
- **창의 면적 : 0.4[m²] 이내**

정답 ③

041

다음 그림은 지정유기과산화물의 저장창고 창의 규정을 나타낸 것이다. 창과 바닥과의 거리(ⓐ), 창의 면적 (ⓑ)은 각각 얼마인가?(단, 바닥 면적은 150[m²]임)

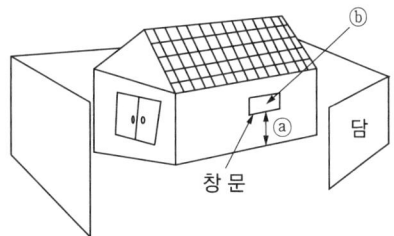

① ⓐ : 2[m] 이상, ⓑ : 8,000[cm²] 이상
② ⓐ : 3[m] 이상, ⓑ : 6,000[cm²] 이상
③ ⓐ : 2[m] 이상, ⓑ : 4,000[cm²] 이상
④ ⓐ : 3[m] 이상, ⓑ : 3,000[cm²] 이상

해설
지정유기과산화물 저장창고의 창은 바닥면으로부터 2[m] 이상, 하나의 창의 면적은 0.4[m²] 이내로 할 것

정답 ③

042

위험물저장소에서 격벽을 설치하는 이유로 가장 적절한 것은?

① 도난 등 보안을 위해서
② 정전기 발생을 억제하기 위해서
③ 폭발 시 폭발의 전이를 막기 위해서
④ 건축물의 구조를 보강하기 위해서

해설
위험물저장소에서 폭발 시 폭발의 전이를 막기 위해서 격벽을 설치한다.

정답 ③

043

옥내저장소 바닥에 물이 침투하지 못하도록 구조를 해야 할 위험물이 아닌 것은?

① $(C_2H_5)_3Al$
② 제5류 위험물
③ 톨루엔
④ 중유

해설
물이 침투하지 못하도록 해야 하는 위험물
- 제1류 위험물 중 알칼리금속의 과산화물
- 제2류 위험물 중 철분, 금속분, 마그네슘
- 제3류 위험물 중 금수성 물질[트라이에틸알루미늄 : $(C_2H_5)_3Al$]
- 제4류 위험물(톨루엔, 중유)

정답 ②

044

자연발화할 우려가 있는 위험물을 옥내저장소에 저장할 경우 지정수량의 10배 이하마다 구분하여 상호 간 몇 [m] 이상의 간격을 두어야 하는가?

① 0.2[m] 이상
② 0.3[m] 이상
③ 0.5[m] 이상
④ 0.6[m] 이상

해설
옥내저장소에서 동일 품명의 위험물이더라도 **자연발화 우려가 있는 위험물** 또는 재해가 현저하게 증대할 우려가 있는 위험물을 다량 저장하는 경우에는 지정수량의 10배 이하마다 구분하여 상호 간 **0.3[m] 이상**의 간격을 두어 저장해야 한다.

정답 ②

045

옥내저장소에서 제4석유류를 수납하는 용기만을 겹쳐 쌓는 경우에 높이는 얼마를 초과할 수 없는가?

① 3[m]
② 4[m]
③ 5[m]
④ 6[m]

해설
옥내저장소, 옥외저장소에 저장 시 높이(아래 높이를 초과하지 말 것)
- 기계에 의하여 하역하는 구조로 된 용기만을 겹쳐 쌓는 경우 : 6[m]
- 제4류 위험물 중 제3석유류, **제4석유류**, 동식물유류를 수납하는 용기만을 겹쳐 쌓는 경우 : **4[m]**
- 그 밖의 경우(특수인화물, 제1석유류, 제2석유류, 알코올류, 타류 위험물) : 3[m]

정답 ②

046

옥내저장소에 위험물을 수납한 용기를 겹쳐 쌓는 경우 높이의 상한에 관한 설명 중 틀린 것은?

① 기계에 의하여 하역하는 구조로 된 용기만 겹쳐 쌓는 경우는 6[m]
② 제3석유류를 수납한 소형 용기만 겹쳐 쌓는 경우는 4[m]
③ 제2석유류를 수납한 소형 용기만 겹쳐 쌓는 경우는 4[m]
④ 제1석유류를 수납한 소형 용기만 겹쳐 쌓는 경우는 3[m]

해설
문제 45번 참조

정답 ③

047

지정유기과산화물을 옥내에 저장하는 저장창고 외벽의 기준으로 옳은 것은?

① 두께 20[cm] 이상의 보강콘크리트블록조
② 두께 20[cm] 이상의 철근콘크리트조
③ 두께 30[cm] 이상의 철근콘크리트조
④ 두께 30[cm] 이상의 철골철근콘크리트블록조

해설
유기과산화물을 옥내에 저장하는 저장창고 기준
- 저장창고는 150[m²] 이내마다 격벽으로 완전하게 구획할 것. 이 경우 해당 격벽은 두께 30[cm] 이상의 철근콘크리트조 또는 철골철근콘크리트조로 하거나 두께 40[cm] 이상의 보강콘크리트블록조로 하고, 해당 저장창고의 양측의 외벽으로부터 1[m] 이상, 상부의 지붕으로부터 50[cm] 이상 돌출하게 해야 한다.
- 저장창고의 외벽은 **두께 20[cm] 이상**의 **철근콘크리트조**나 **철골철근콘크리트조** 또는 **두께 30[cm] 이상의 보강콘크리트블록조**로 할 것
- 저장창고의 지붕은 다음에 적합할 것
  - 중도리(서까래 중간을 받치는 수평의 도리) 또는 서까래의 간격은 30[cm] 이하로 할 것
  - 지붕의 아래쪽 면에는 한 변의 길이가 45[cm] 이하의 환강(丸鋼)·경량형강(輕量型鋼) 등으로 된 강제(鋼製)의 격자를 설치할 것
  - 지붕의 아래쪽 면에 철망을 쳐서 불연재료의 도리(서까래를 받치기 위해 기둥과 기둥 사이에 설치한 부재)·보 또는 서까래에 단단히 결합할 것
  - 두께 5[cm] 이상, 너비 30[cm] 이상의 목재로 만든 받침대를 설치할 것
- 저장창고의 출입구에는 60분+ 방화문 또는 60분 방화문을 설치할 것
- 저장창고의 창은 바닥 면으로부터 2[m] 이상의 높이에 두되, 하나의 벽면에 두는 창의 면적의 합계를 해당 벽면의 면적의 1/80 이내로 하고, 하나의 창의 면적을 0.4[m²] 이내로 할 것

정답 ②

048

옥외탱크저장소의 주위에는 저장 또는 취급하는 위험물의 최대수량에 따라 보유공지를 보유해야 하는데 다음 기준 중 옳지 않은 것은?

① 지정수량의 500배 이하 – 3[m] 이상
② 지정수량의 500배 초과 1,000배 이하 – 6[m] 이상
③ 지정수량의 1,000배 초과 2,000배 이하 – 9[m] 이상
④ 지정수량의 2,000배 초과 3,000배 이하 – 12[m] 이상

해설
옥외탱크저장소의 보유공지

저장 또는 취급하는 위험물의 최대수량	공지의 너비
지정수량의 500배 이하	3[m] 이상
지정수량의 **500배 초과 1,000배 이하**	**5[m] 이상**
지정수량의 1,000배 초과 2,000배 이하	9[m] 이상
지정수량의 2,000배 초과 3,000배 이하	12[m] 이상
지정수량의 3,000배 초과 4,000배 이하	15[m] 이상
지정수량의 4,000배 초과	해당 탱크의 수평단면의 **최대지름**(가로형인 경우에는 긴변)과 **높이 중 큰 것과 같은 거리** 이상. 다만, 30[m] 초과의 경우에는 **30[m] 이상**으로 할 수 있고, 15[m] 미만의 경우에는 **15[m] 이상**으로 해야 한다.

정답 ②

049

옥외탱크저장소 주위에는 공지를 보유해야 한다. 저장 또는 취급하는 위험물의 최대저장량이 지정수량의 3,000배라면 몇 [m] 이상인 너비의 공지를 보유해야 하는가?

① 3
② 5
③ 9
④ 12

해설

문제 48번 참조

정답 ④

050

옥외저장탱크에 저장하는 위험물 중 방유제를 설치하지 않아도 되는 것은?

① 질 산
② 이황화탄소
③ 톨루엔
④ 다이에틸에터

해설

이황화탄소는 물속에 저장하므로 방유제를 설치할 필요가 없다.

정답 ②

051

위험물의 옥외탱크저장소의 보유공지는 동일 부지 내에 2개 이상 인접하여 설치하는 경우 탱크상호 간의 보유공지의 너비는?(단, 제6류 위험물임)

① 1.5[m] 이상
② 2.5[m] 이상
③ 3[m] 이상
④ 4[m] 이상

해설

옥외탱크저장소의 보유공지(제6류 위험물) : 최소 1.5[m] 이상

정답 ①

052

특정옥외탱크저장소란 어떤 탱크를 말하는가?

① 액체 위험물로서 최대수량이 50만[L] 이상
② 액체 위험물로서 최대수량이 100만[L] 이상
③ 고체 위험물로서 최대수량이 50만[kg] 이상
④ 고체 위험물로서 최대수량이 100만[kg] 이상

해설

- **특정옥외탱크저장소** : 액체 위험물로서 최대수량이 **100만[L] 이상**
- 준특정옥외탱크저장소 : 액체 위험물로서 최대수량이 50만[L] 이상 100만[L] 미만

정답 ②

053

위험물저장탱크의 허가 용량은 최대용적에서 얼마의 공간용적을 제외한 것인가?

① 탱크의 최대용적의 $\frac{2}{100} \sim \frac{5}{100}$

② 탱크의 최대용적의 $\frac{1}{100} \sim \frac{50}{100}$

③ 탱크의 최대용적의 $\frac{5}{100} \sim \frac{10}{100}$

④ 탱크의 최대용적의 $\frac{10}{100} \sim \frac{20}{100}$

해설

탱크의 용량 : 최대용적 – 공간용적 $\left(\frac{5}{100} \sim \frac{10}{100}\right)$

정답 ③

054

옥외탱크저장소의 탱크는 틈이 없도록 제작되어야 하며 강철판의 두께가 몇 [mm] 이상이어야 하는가?

① 2.5   ② 2.8
③ 3.2   ④ 4.0

해설

옥외탱크저장소의 강철판 두께 : **3.2[mm] 이상**(시행규칙 별표 6)

정답 ③

055

옥외탱크저장소의 펌프설비 설치 기준으로 옳지 않은 것은?

① 펌프실의 지붕은 위험물에 따라 가벼운 불연재료로 덮어야 한다.
② 펌프실의 출입구는 60분+ 방화문·60분 방화문 또는 30분 방화문을 사용한다.
③ 펌프설비의 주위에는 3[m] 이상의 공지를 보유해야 한다.
④ 옥외저장탱크의 펌프실은 지정수량 20배 이하의 경우는 주위에 공지를 보유하지 않아도 된다.

해설

옥외저장탱크의 펌프설비기준

- 펌프설비의 주위에는 너비 **3[m] 이상의 공지를 보유**할 것(방화상 유효한 격벽을 설치한 경우, **제6류 위험물, 지정수량의 10배 이하 위험물은 제외**)
- 펌프설비로부터 옥외저장탱크까지의 사이에는 해당 옥외저장탱크의 보유공지 너비의 1/3 이상의 거리를 유지할 것
- 펌프실의 **벽, 기둥, 바닥, 보 : 불연재료**
- 펌프실의 지붕 : 폭발력이 위로 방출될 정도의 가벼운 불연재료로 할 것
- 펌프실의 창 및 **출입구에는 60분+ 방화문·60분 방화문 또는 30분 방화문을 설치할 것**
- 펌프실의 창 및 출입구에 유리를 이용하는 경우에는 망입유리로 할 것
- 펌프실의 바닥의 주위에는 높이 **0.2[m] 이상의 턱**을 만들고 그 최저부에는 집유설비를 설치할 것
- 인화점이 21[℃] 미만인 위험물을 취급하는 펌프설비에는 보기 쉬운 곳에 옥외저장탱크 펌프설비라는 표시를 한 게시판과 방화에 관하여 필요한 사항을 게시한 게시판을 설치할 것

정답 ④

056

옥외저장탱크의 펌프설비 주위에는 너비 얼마 이상의 공지를 보유해야 하는가?

① 1[m] 이상   ② 2[m] 이상
③ 3[m] 이상   ④ 4[m] 이상

해설

옥외탱크저장소의 펌프설비 주위의 보유공지 : 3[m] 이상

정답 ③

057

옥외탱크저장소에서 펌프실 외의 장소에 설치하는 펌프설비 주위 바닥은 콘크리트 기타 불침윤 재료로 경사지게 하고 주변의 턱 높이를 몇 [m] 이상으로 해야 하는가?

① 0.15[m] 이상
② 0.20[m] 이상
③ 0.25[m] 이상
④ 0.30[m] 이상

해설

옥외탱크저장소에서 **펌프실 외의 장소**에 설치하는 펌프설비에는 그 직하의 지반면의 주위에 **높이 0.15[m] 이상**의 턱을 만들고 해당 지반면은 콘크리트 등 위험물이 스며들지 않는 재료로 적당히 경사지게 하여 그 최저부에는 집유설비를 할 것. 이 경우 제4류 위험물(온도 20[℃]의 물 100[g]에 용해되는 양이 1[g] 미만인 것에 한한다)을 취급하는 펌프설비에 있어서는 해당 위험물이 직접 배수구에 유입하지 않도록 집유설비에 유분리장치를 설치해야 한다.

정답 ①

058

제4류 위험물을 저장하는 옥외탱크저장소의 방유제 내부에 화재가 발생한 경우의 조치방법으로 가장 옳은 것은?

① 소화활동은 방유제 내부의 풍하로부터 행해야 한다.
② 방유제 내의 화재로부터 방유제 외부로 번지는 것을 방지하는 데 최우선적으로 중점을 둔다.
③ 포방사를 할 때에는 탱크측판에 포를 흘러보내듯이 행하여 화면을 탱크로부터 떼어 놓도록 한다.
④ 화재진입이 어려운 경우에도 탱크 속의 기름을 파이프라인을 통해 빈 탱크로 이송시키는 것은 연소확대 방지를 위해 하지 않는다.

해설

옥외탱크에 포방사를 할 때에는 탱크측판에 포를 흘러보내듯이 행하여 화면을 탱크로부터 떼어 놓도록 한다.

정답 ③

059

위험물저장탱크의 밸브를 놋쇠(황동)로 하는 이유로 적절한 것은?

① 제작 시에 발생되는 경제적 손실을 줄이기 위해
② 밸브의 제작이 용이하므로
③ 열전도도가 줄기 때문에
④ 저장 위험물과의 반응을 막기 위해

해설

위험물 저장탱크 위험물과 반응을 막기 위해 밸브를 놋쇠(황동)로 한다.

정답 ④

060

옥외탱크저장소의 밸브 없는 통기관은 지름을 얼마 이상의 것으로 설치해야 하는가?

① 20[mm] 이상
② 30[mm] 이상
③ 40[mm] 이상
④ 50[mm] 이상

해설

옥외탱크저장소의 밸브 없는 통기관의 지름 : 30[mm] 이상

간이탱크저장소의 밸브 없는 통기관의 지름 : 25[mm] 이상

정답 ②

061

옥외탱크저장소의 방유제 설치 기준으로 맞는 것은?

① 방유제 높이는 0.3[m] 이상 2[m] 이하로 한다.
② 방유제 높이는 0.5[m] 이상 3[m] 이하로 한다.
③ 방유제 높이는 0.7[m] 이상 4[m] 이하로 한다.
④ 방유제 높이는 0.3[m] 이상으로 하되 탱크 지름의 1/3까지 한다.

해설

옥외탱크저장소의 방유제
- **방유제의 용량**
  - 탱크가 하나일 때 : 탱크용량의 110[%](인화성이 없는 액체 위험물은 100[%]) 이상
  - 탱크가 2기 이상일 때 : 탱크 중 용량이 최대인 것의 용량의 110[%](인화성이 없는 액체 위험물은 100[%]) 이상
- **방유제의 높이** : **0.5[m] 이상 3[m] 이하**, 두께 0.2[m] 이상, 지하매설깊이 1[m] 이상
- **방유제 내의 면적** : **80,000[m^2] 이하**
- 방유제 내에 설치하는 옥외저장탱크의 수는 10(방유제 내에 설치하는 모든 옥외저장탱크의 용량이 20만[L] 이하이고, 위험물의 인화점이 70[℃] 이상 200[℃] 미만인 경우에는 20) 이하로 할 것, 단, 인화점이 200[℃] 이상인 옥외저장탱크는 제외)

> [방유제 내에 탱크의 설치 개수]
> - 제1석유류, 제2석유류 : 10기 이하
> - 제3석유류(인화점 70[℃] 이상 200[℃] 미만) : 20기 이하
> - 제4석유류(인화점이 200[℃] 이상) : 제한없음

- 방유제는 탱크의 옆판으로부터 일정거리를 유지할 것(단, 인화점이 200[℃] 이상인 위험물은 제외)
  - 지름이 15[m] 미만인 경우 : 탱크 높이의 1/3 이상
  - 지름이 15[m] 이상인 경우 : 탱크 높이의 1/2 이상
- 방유제의 재질 : 철근콘크리트
- 방유제에는 배수구를 설치하고 개폐밸브를 방유제 밖에 설치할 것
- 높이가 1[m] 이상이면 계단 또는 경사로를 약 50[m]마다 설치할 것

정답 ②

062

옥외탱크저장소의 방유제 설치 기준으로 옳지 않은 것은?

① 방유제의 용량은 방유제 안에 설치된 탱크가 하나인 때에는 그 탱크의 용량의 110[%] 이상으로 한다.
② 방유제의 높이는 0.5[m] 이상 3[m] 이하로 해야 한다.
③ 방유제의 면적은 8만[m^2] 이하로 하고 물을 배출시키기 위한 배수구를 설치한다.
④ 높이가 1[m]를 넘는 방유제의 안팎에 폭 1.5[m] 이상의 계단 또는 15° 이하의 경사로를 20[m] 간격으로 설치한다.

해설

문제 61번 참조

정답 ④

063

인화성 액체 위험물(이황화탄소는 제외)의 옥외저장탱크 주위에는 기준에 따라 방유제를 설치해야 하는데 다음 중 잘못 설명된 것은?

① 방유제의 높이는 1[m] 이상 4[m] 이하로 할 것
② 방유제 내의 면적은 8만[m^2] 이하로 할 것
③ 방유제의 용량은 방유제 안에 설치된 탱크가 하나인 경우에는 그 탱크용량의 110[%] 이상으로 할 것
④ 방유제의 용량은 방유제 안에 설치된 탱크가 2기 이상인 경우 그 탱크 중 용량이 최대인 것의 용량의 110[%] 이상으로 할 것

해설

방유제의 높이 : 0.5[m] 이상 3[m] 이하

정답 ①

064

지름 50[m], 높이 50[m]인 옥외탱크저장소에 방유제를 설치하려고 한다. 이때 방유제는 탱크 측면으로부터 몇 [m] 이상의 거리를 확보해야 하는가?(단, 인화점이 180[℃]의 위험물을 저장·취급한다)

① 10[m]
② 15[m]
③ 20[m]
④ 25[m]

해설

방유제는 옥외저장탱크의 지름에 따라 그 **탱크의 옆판으로부터** 다음에 정하는 **거리를 유지할 것**. 다만, 인화점이 200[℃] 이상인 위험물을 저장 또는 취급하는 것에 있어서는 그렇지 않다.
- 지름이 15[m] 미만인 경우에는 탱크 높이의 1/3 이상
- **지름이 15[m] 이상인 경우에는 탱크 높이의 1/2 이상**
  ∴ 거리 = 탱크 높이의 1/2 이상 = 50[m] × 1/2
        = 25[m] 이상

정답 ④

065

위험물 옥외탱크저장소에서 각각 30,000[L], 40,000[L], 50,000[L]의 용량을 갖는 탱크 3기를 설치할 경우 필요한 방유제의 용량은 몇 [m³] 이상이어야 하는가?

① 33
② 44
③ 55
④ 132

해설

방유제의 용량
- 탱크가 하나일 때 : 탱크 용량의 110[%](인화성이 없는 액체 위험물은 100[%]) 이상
- 탱크가 2기 이상일 때 : 탱크 중 용량이 최대인 것의 용량의 110[%](인화성이 없는 액체 위험물은 100[%]) 이상
  ∴ 3기의 탱크 중에 가장 큰 것은 50,000[L]이므로
    50,000[L] × 1.1(110[%]) = 55,000[L] = 55[m³]

정답 ③

066

위험물의 옥외탱크저장소에 설치하는 방유제의 면적은 얼마까지 가능한가?

① 80,000[m²]
② 60,000[m²]
③ 40,000[m²]
④ 20,000[m²]

해설

옥외탱크저장소 방유제의 면적 : 80,000[m²] 이하

정답 ①

067

인화성 액체 위험물(이황화탄소를 제외한다)의 옥외탱크저장소 탱크 주위에 설치해야 하는 방유제의 설치 기준으로 옳지 않은 것은?

① 면적은 10만[m²] 이하로 할 것
② 높이는 0.5[m] 이상 3[m] 이하로 할 것
③ 철근콘크리트 또는 흙으로 만들 것
④ 제1석유류일 때 탱크의 수는 10 이하로 할 것

해설

방유제의 면적 : 8만[m²] 이하

정답 ①

068

인화성 액체 위험물을 옥외탱크저장소에 저장할 때 방유제의 기준으로 틀린 것은?

① 중유 20만[L]를 저장하는 방유제 내에 설치하는 저장탱크의 수는 10기 이하로 한다.
② 방유제의 높이는 0.5[m] 이상 3[m] 이하로 한다.
③ 방유제 내에는 물을 배출시키기 위한 배수구를 설치하고, 그 외부에는 이를 개폐하는 밸브를 설치한다.
④ 높이가 1[m]를 넘는 방유제의 안팎에는 계단을 약 50[m]마다 설치해야 한다.

해설
방유제 내에 설치하는 옥외저장탱크의 수는 10(방유제 내에 설치하는 모든 옥외저장탱크의 용량이 **20만[L] 이하**이고, 위험물의 인화점이 **70[℃] 이상 200[℃] 미만**인 경우에는 20) 이하로 할 것. 단, 인화점이 200[℃] 이상인 옥외저장탱크는 제외)

[방유제 내에 설치하는 탱크의 수]
- 제1석유류, 제2석유류 : 10기 이하
- 제3석유류(인화점 70[℃] 이상 200[℃] 미만) : 20기 이하
- 제4석유류(인화점이 200[℃] 이상) : 제한없음

정답 ①

069

옥외탱크저장소 방유제의 2면 이상(원형인 경우는 그 둘레의 1/2 이상)은 자동차의 통행이 가능하도록 폭 몇 [m] 이상의 통로와 접하도록 해야 하는가?

① 2[m] 이상　② 2.5[m] 이상
③ 3[m] 이상　④ 3.5[m] 이상

해설
방유제 외면의 **1/2 이상**은 자동차 등이 통행할 수 있는 **3[m] 이상**의 노면폭을 확보한 구내도로에 직접 접하도록 할 것

정답 ③

070

인화성 액체 위험물(이황화탄소는 제외)의 옥외탱크 저장소의 방유제 및 간막이 둑에 대한 설명으로 틀린 것은?

① 방유제의 높이는 0.5[m] 이상 3[m] 이하로 하고 방유제 내의 면적은 8만[m²] 이하로 한다.
② 높이가 1[m]를 넘는 방유제 및 간막이 둑의 안 팎에는 방유제 내에 출입하기 위한 계단 또는 경사로를 약 50[m]마다 설치한다.
③ 탱크와 방유제 사이의 거리는 지름이 15[m] 이상인 탱크의 경우 탱크 높이의 1/3로 한다.
④ 방유제의 용량은 방유제 안에 설치된 탱크가 하나일 때에는 그 탱크용량의 110[%] 이상, 2기 이상인 때에는 그 탱크 중 용량이 최대인 것의 110[%] 이상으로 한다.

해설
방유제는 탱크의 옆판으로부터 일정 거리를 유지할 것(단, 인화점이 200[℃] 이상인 위험물은 제외)
- **지름이 15[m] 미만인 경우** : 탱크 높이의 1/3 이상
- **지름이 15[m] 이상인 경우** : 탱크 높이의 1/2 이상

정답 ③

071

위험물안전관리법상 아세트알데하이드 또는 산화프로필렌 옥외저장탱크저장소에 필요한 설비가 아닌 것은?

① 보냉장치
② 불연성 가스 봉입장치
③ 수증기 봉입장치
④ 강제 배출장치

해설
아세트알데하이드 또는 산화프로필렌의 저장 시 설비
- 보냉장치
- 불연성 가스 봉입장치
- 수증기 봉입장치
- 냉각장치

정답 ④

072

옥외탱크저장소의 보냉장치 및 불연성 가스 봉입장치를 설치해야 되는 위험물은?

① 아세트알데하이드 ② 이황화탄소
③ 생석회 ④ 염소산나트륨

해설
아세트알데하이드는 옥외탱크저장소에 저장할 때에는 **보냉장치 및 불연성 가스 봉입장치**를 설치해야 한다.

정답 ①

073

옥외탱크저장소의 배관의 완충조치가 아닌 것은?

① 루프조인트 ② 네트워크조인트
③ 볼조인트 ④ 플렉시블조인트

해설
배관의 완충장치 : 루프조인트, 볼조인트, 플렉시블조인트

정답 ②

074

옥외탱크저장소의 탱크 중 압력탱크의 수압시험 기준은?

① 최대상용압력의 2배의 압력으로 20분간 수압
② 최대상용압력의 2배의 압력으로 10분간 수압
③ 최대상용압력의 1.5배의 압력으로 20분간 수압
④ 최대상용압력의 1.5배의 압력으로 10분간 수압

해설
압력탱크(최대상용압력이 대기압을 초과하는 탱크) 외의 탱크는 충수시험, **압력탱크는 최대상용압력의 1.5배의 압력으로 10분간 실시하는 수압시험**에서 각각 새거나 변형되지 않아야 한다.

정답 ④

075

특정옥외저장탱크의 구조에 대한 기준 중 틀린 것은?

① 탱크의 안지름이 16[m] 이하일 경우 옆판의 두께는 4.5[mm] 이상일 것
② 지붕의 최소두께는 4.5[mm]로 할 것
③ 부상지붕은 해당 부상지붕 위에 적어도 150[mm]에 상당한 물이 체류한 경우 침하하지 않도록 할 것
④ 밑판의 최소두께는 탱크의 용량이 10,000[kL] 이상의 것에 있어서는 9[mm]로 할 것

해설
특정옥외저장탱크의 옆판 등의 최소두께 등(위험물안전관리에 관한 세부기준 제57조)
- 탱크의 안지름이 **16[m] 이하**일 경우 **옆판의 두께는 4.5[mm] 이상**일 것
- **지붕의 최소두께는 4.5[mm]로 할 것**
- 밑판의 최소두께는 탱크의 용량이 1,000[kL] 이상 10,000[kL] 미만인 것에 있어서는 8[mm]로 하고, 10,000[kL] 이상의 것에 있어서는 9[mm]로 할 것
- 부상지붕은 해당 부상지붕 위에 적어도 250[mm]에 상당한 물이 체류한 경우 침하하지 않도록 할 것(세부기준 제63조)

정답 ③

076

특정옥외저장탱크 구조기준 중 필렛용접의 사이즈 S[mm]를 구하는 식으로 옳은 것은?(단, t_1 : 얇은 쪽의 강판의 두께[mm], t_2 : 두꺼운 쪽의 강판의 두께[mm]이다)

① $t_1 = S = t_2$ ② $t_1 = S = \sqrt{2t_2}$
③ $\sqrt{2t_2} = S = t_2$ ④ $t_1 = S = 2t_2$

해설
필렛용접의 사이즈(부등사이즈가 되는 경우에는 작은 쪽의 사이즈) 공식

$$t_1 \geqq S \geqq \sqrt{2t_2} \text{ (단, } S \geqq 4.5)$$

여기서, t_1 : 얇은 쪽의 강판의 두께[mm]
t_2 : 두꺼운 쪽의 강판의 두께[mm]
S : 사이즈[mm]

정답 ②

077

옥내저장탱크 중 압력탱크에 아세트알데하이드를 저장할 경우 유지해야 할 온도는?

① 50[℃] 이하　② 40[℃] 이하
③ 30[℃] 이하　④ 15[℃] 이하

해설
탱크의 저장기준

저장탱크		저장온도
옥내·외 저장탱크 중 **압력탱크**에 **아세트알데하이드**, 다이에틸에터를 저장하는 경우		**40[℃] 이하**
옥내·외 저장탱크 중 **압력탱크 외**에 저장하는 경우	산화프로필렌, **다이에틸에터**	**30[℃] 이하**
	아세트알데하이드	15[℃] 이하
보냉장치가 있는 이동저장탱크에 아세트알데하이드, 다이에틸에터를 저장하는 경우		비점 이하
보냉장치가 없는 이동저장탱크에 아세트알데하이드, 다이에틸에터를 저장하는 경우		40[℃] 이하

정답 ②

078

다음 그림은 옥내탱크의 간격을 표시한 그림이다. 괄호 안의 간격은 얼마 이상으로 해야 하는가?

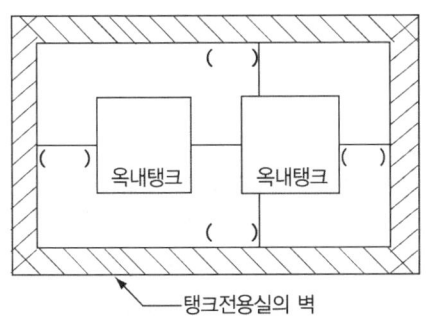

① 30[cm]　② 40[cm]
③ 50[cm]　④ 60[cm]

해설
옥내탱크와 벽과의 거리 : 0.5[m] 이상

정답 ③

079

1개의 탱크전용실 내에 옥내저장탱크를 2 이상 설치할 경우의 탱크 상호 간의 사이에는 최소 몇 [m] 이상의 간격을 보유해야 하는가?

① 0.3[m]　② 0.5[m]
③ 0.7[m]　④ 1.0[m]

해설
옥내저장탱크와 탱크전용실의 벽 및 **탱크 상호 간**에는 **0.5[m] 이상**의 간격을 두어야 한다.

정답 ②

080

옥내탱크전용실에 설치하는 탱크의 용량은 1층 이하의 층에 있어서 지정수량의 몇 배인가?

① 지정수량의 10배 이하
② 지정수량의 20배 이하
③ 지정수량의 30배 이하
④ 지정수량의 40배 이하

해설
옥내탱크의 용량
• **1층 이하의 층** : 지정수량의 **40배 이하**
• 2층 이상의 층 : 지정수량의 10배 이하

정답 ④

081

다음 중 안전거리의 규제를 받지 않는 곳은?

① 옥외탱크저장소　② 옥내저장소
③ 지하탱크저장소　④ 옥외저장소

해설
안전거리, 보유공지 확보 제외대상 : 지하탱크저장소, 옥내탱크저장소, 암반탱크저장소, 이동탱크저장소, 주유취급소, 판매취급소

정답 ③

082
지하탱크전용실의 철근콘크리트 벽 두께 기준은 얼마 이상인가?

① 0.6[m] 이상 ② 0.5[m] 이상
③ 0.3[m] 이상 ④ 0.1[m] 이상

해설
철근콘크리트 벽 두께 : 0.3[m] 이상

정답 ③

083
위험물 지하저장탱크의 탱크실의 설치 기준으로 적합하지 않은 것은?

① 탱크의 재질은 두께 3.2[mm] 이상의 강철판으로 해야 한다.
② 지하저장탱크와 탱크전용실의 안쪽과의 사이는 0.3[m] 이상의 간격을 유지해야 한다.
③ 지하탱크를 2 이상 인접해 설치하는 경우에는 그 상호 간에 1[m] 이상의 간격을 유지해야 한다.
④ 지하저장탱크의 윗부분은 지면으로부터 0.6[m] 이상 아래에 있어야 한다.

해설
지하저장탱크와 **탱크전용실**의 안쪽과의 사이는 **0.1[m] 이상**의 간격을 유지해야 한다.

정답 ②

084
다음 중 지하탱크저장소의 수압시험 기준으로 옳은 것은?

① 압력 외 탱크는 상용압력의 30[kPa]의 압력으로 10분간 실시하여 새거나 변형이 없을 것
② 압력탱크는 최대상용압력의 1.5배의 압력으로 10분간 실시하여 새거나 변형이 없을 것
③ 압력 외 탱크는 상용압력의 30[kPa]의 압력으로 20분간 실시하여 새거나 변형이 없을 것
④ 압력탱크는 최대상용압력의 1.1배의 압력으로 10분간 실시하여 새거나 변형이 없을 것

해설
지하탱크저장소의 수압시험
- 압력탱크(최대상용압력이 46.7[kPa] 이상인 탱크) 외의 탱크 : 70[kPa]의 압력으로 10분간
- **압력탱크 : 최대상용압력의 1.5배의 압력으로 10분간 실시**

정답 ②

085
지하탱크전용실은 지하의 가장 가까운 벽, 피트, 가스관 등의 시설물로부터 몇 [m] 이상 떨어진 곳에 설치해야 하는가?

① 0.1[m] 이상 ② 0.2[m] 이상
③ 0.3[m] 이상 ④ 0.4[m] 이상

해설
지하탱크전용실은 지하의 가장 가까운 벽, 피트, 가스관 등의 시설물로부터 **0.1[m] 이상** 떨어진 곳에 설치해야 한다.

정답 ①

086
지하저장탱크의 윗부분은 지면으로부터 몇 [m] 이상 아래에 있어야 하는가?

① 0.5[m] 이상
② 0.6[m] 이상
③ 1.0[m] 이상
④ 1.5[m] 이상

해설
지하저장탱크의 **윗부분은 지면으로부터 0.6[m] 이상** 아래에 있어야 한다.

정답 ②

087
지하저장탱크에서 탱크용량의 몇 [%]가 찰 때 경보음을 울리는 과충전방지장치를 설치해야 하는가?

① 80[%]
② 85[%]
③ 90[%]
④ 95[%]

해설
과충전방지장치 : 90[%] 충전 시 경보음 발생

정답 ③

088
지하탱크전용실의 내벽과 탱크와의 간격은 얼마 이상을 유지해야 하는가?

① 0.6[m] 이상
② 0.5[m] 이상
③ 0.3[m] 이상
④ 0.1[m] 이상

해설
지하탱크전용실의 내벽과 탱크와의 간격 : 0.1[m] 이상

정답 ④

089
지하탱크저장소에 비치해야 할 소화기의 능력단위로서 맞는 것은?

① 1단위 이상의 소화기 3개 이상
② 2단위 이상의 소화기 3개 이상
③ 3단위 이상의 소화기 2개 이상
④ 5단위 이상의 소화기 2개 이상

해설
지하탱크저장소에 비치해야 할 소화기 : 3단위 이상의 소화기 2개 이상

정답 ③

090
간이탱크저장소의 탱크에 설치하는 통기관 기준에 대한 설명으로 옳은 것은?

① 통기관의 지름은 20[mm] 이상으로 한다.
② 통기관은 옥내에 설치하고 끝부분의 높이는 지상 1.5[m] 이상으로 한다.
③ 가는 눈의 구리망 등으로 인화방지장치를 한다.
④ 통기관의 끝부분은 수평면에 대하여 아래로 35° 이상 구부려 빗물 등이 들어가지 않도록 한다.

해설
간이저장탱크의 통기관 설치 기준
- 통기관의 **지름은 25[mm] 이상**으로 할 것
- 통기관은 **옥외에 설치**하되, 그 끝부분의 높이는 지상 1.5[m] 이상으로 할 것
- 통기관의 끝부분은 수평면에 대하여 아래로 **45° 이상** 구부려 빗물 등이 침투하지 않도록 할 것
- 가는 눈의 구리망 등으로 인화방지장치를 할 것

정답 ③

091
하나의 간이탱크저장소에 설치하는 간이탱크는 몇 개 이하로 해야 하는가?

① 2개　　② 3개
③ 4개　　④ 5개

해설
하나의 **간이탱크저장소**에 설치하는 간이탱크는 **3개 이하**로 한다.

정답 ②

092
간이탱크저장소의 1개의 탱크의 용량은 얼마 이하이어야 하는가?

① 300[L]　　② 400[L]
③ 500[L]　　④ 600[L]

해설
간이탱크저장소의 1개의 탱크의 용량은 **600[L] 이하**로 한다.

정답 ④

093
다음 중 간이탱크저장소의 통기관의 지름은 몇 [mm] 이상으로 하는가?

① 20[mm]　　② 25[mm]
③ 30[mm]　　④ 40[mm]

해설
간이탱크저장소의 통기관의 지름 : 25[mm] 이상(시행규칙 별표 9)

정답 ②

094
위험물 간이저장탱크 설비기준에 대한 설명으로 맞는 것은?

① 통기관의 지름은 최소 40[mm] 이상으로 한다.
② 용량은 600[L] 이하이어야 한다.
③ 탱크의 주위에 너비는 최소 1.5[m] 이상의 공지를 두어야 한다.
④ 수압시험은 50[kPa]의 압력으로 10분간 실시하여 새거나 변형되지 않아야 한다.

해설
간이저장탱크 설비기준
- 통기관의 지름은 최소 25[mm] 이상으로 한다.
- **저장탱크의 용량**은 **600[L] 이하**이어야 한다.
- 탱크의 주위에 너비는 최소 1[m] 이상의 공지를 두어야 한다.
- 간이저장탱크의 두께는 3.2[mm] 이상의 강판으로 흠이 없도록 제작해야 하며, 70[kPa]의 압력으로 10분간의 수압시험을 실시하여 새거나 변형되지 않아야 한다.

정답 ②

095
간이탱크저장소에 대한 설명으로 옳지 않은 것은?

① 간이저장탱크의 외면에는 녹을 방지하기 위한 도장을 해야 한다.
② 간이저장탱크의 두께는 3.2[mm] 이상의 강판을 사용한다.
③ 통기관은 옥외에 설치하되, 그 끝부분의 높이는 지상 1.5[m] 이상으로 한다.
④ 통기관의 지름은 10[mm] 이상으로 한다.

해설
통기관의 지름 : 25[mm] 이상

정답 ④

096
인화성 위험물질 500[L]를 하나의 간이탱크저장소에 저장하려고 할 때 필요한 최소 탱크 수는?

① 4개　　② 3개
③ 2개　　④ 1개

해설
간이저장탱크의 용량은 600[L] 이하이므로 500[L]는 하나의 탱크에 저장이 가능하다.

정답 ④

097
이동탱크저장소의 탱크용량이 얼마 이하마다 그 내부에 3.2[mm] 이상의 안전 칸막이를 설치해야 하는가?

① 2,000[L] 이하　　② 3,000[L] 이하
③ 4,000[L] 이하　　④ 5,000[L] 이하

해설
이동탱크저장소의 탱크용량이 4,000[L] 이하마다 안전 칸막이를 설치하여 운전 시 출렁임을 방지한다.

정답 ③

098
이동탱크저장소의 탱크는 4천[L] 이하마다 몇 [mm] 이상의 강철판 칸막이를 설치해야 하는가?

① 0.7[mm]　　② 1.2[mm]
③ 2.4[mm]　　④ 3.2[mm]

해설
이동탱크저장소의 부속장치
- 방호틀 : 탱크 전복 시 부속장치(주입구, 맨홀, 안전장치)를 보호(2.3[mm] 이상)
- 측면틀 : 탱크 전복 시 탱크 본체 파손 방지(3.2[mm] 이상)
- 방파판 : 위험물 운송 중 내부의 위험물의 출렁임, 쏠림 등을 완화하여 차량의 안전 확보(1.6[mm] 이상)
- **칸막이** : 탱크 전복 시 탱크의 일부가 파손되더라도 전량의 위험물의 누출 방지(**3.2[mm]** 이상)

정답 ④

099
이동탱크저장소에 설치하는 방파판의 기능에 대한 설명으로 가장 적절한 것은?

① 출렁임 방지　　② 유증기 발생의 억제
③ 정전기 발생 제거　④ 파손 시 유출 방지

해설
방파판
- 설치목적 : 이동탱크저장소에 칸막이로 구획된 각 부분마다 맨홀, 안전장치 및 방파판을 설치해야 한다. 다만, 칸막이로 구획된 부분의 용량이 2,000[L] 미만인 부분에는 방파판을 설치하지 않을 수 있다.

> 방파판은 운전 시 위험물의 출렁임을 방지하기 위하여 칸막이마다 설치한다.

- 설치 기준
  - 두께 1.6[mm] 이상의 강철판 또는 이와 동등 이상의 강도·내열성 및 내식성이 있는 금속성의 것으로 할 것
  - 하나의 구획부분에 2개 이상의 방파판을 이동탱크저장소의 진행방향과 평행으로 설치하되, 각 방파판은 그 높이 및 칸막이로부터의 거리를 다르게 할 것
  - 하나의 구획부분에 설치하는 각 방파판의 면적의 합계는 해당 구획부분의 최대 수직단면적의 50[%] 이상으로 할 것. 다만, 수직단면이 원형이거나 짧은 지름이 1[m] 이하의 타원형일 경우에는 40[%] 이상으로 할 수 있다.

정답 ①

100
위험물 이동탱크저장소에서 맨홀·주입구 및 안전장치 등이 탱크의 상부에 돌출되어 있는 경우 부속장치의 손상을 방지하기 위해 설치해야 할 것은?

① 불연성 가스 봉입장치
② 통기장치
③ 측면틀, 방호틀
④ 비상조치 레버

해설
이동저장탱크의 부속장치

- **방호틀** : 탱크 전복 시 부속장치(주입구, 맨홀, 안전장치) 보호(강철판의 두께 : 2.3[mm] 이상)
- **측면틀** : 탱크 전복 시 탱크 본체 파손 방지(강철판의 두께 : 3.2[mm] 이상)
- **방파판** : 위험물 운송 중 내부의 위험물의 출렁임, 쏠림 등을 완화하여 차량의 안전 확보(강철판의 두께 : 1.6[mm] 이상)
- **칸막이** : 탱크 전복 시 탱크의 일부가 파손되더라도 전량의 위험물의 누출 방지(강철판의 두께 : 3.2[mm] 이상)

정답 ③

101
다음 괄호 안에 알맞은 것을 옳게 짝지은 것은?

| 이동저장탱크는 그 내부에 (ⓐ)[L] 이하마다 (ⓑ)[mm] 이상의 강철판 또는 이와 동등 이상의 강도, 내열성 및 내식성이 있는 금속성의 것으로 칸막이를 설치해야 한다. |

① ⓐ : 2,000 ⓑ : 2.4
② ⓐ : 2,000 ⓑ : 3.2
③ ⓐ : 4,000 ⓑ : 2.4
④ ⓐ : 4,000 ⓑ : 3.2

해설
이동탱크저장소의 칸막이
- 칸막이 기준 : 4,000[L] 이하
- 두께 : 3.2[mm] 이상의 강철판

정답 ④

102
이동탱크저장소의 표지에서 "위험물"라는 표지를 이동저장탱크의 전면과 후면의 상단에 부착해야 하는데 바탕색과 무슨 색의 반사도료로 표기해야 하는가?

① 흑색바탕에 황색 반사도료
② 황색바탕에 흑색 반사도료
③ 백색바탕에 적색 반사도료
④ 적색바탕에 백색 반사도료

해설
표 지
- **부착위치** : 이동탱크저장소의 전면 상단 및 후면 상단
- **규격 및 형상** : 60[cm] 이상×30[cm] 이상의 가로형 사각형
- **색상 및 문자** : **흑색바탕에 황색의 반사도료로 "위험물"**이라 표기할 것

정답 ①

103
탱크 뒷부분의 입면도에서 측면틀의 최외측과 탱크의 최외측을 연결하는 직선은 수평면에 대한 내각은 얼마 이상이 되도록 하는가?

① 50° 이상
② 65° 이상
③ 75° 이상
④ 90° 이상

해설
이동탱크저장소의 측면틀의 기준
- 탱크 뒷부분의 입면도에 있어서 측면틀의 최외측과 탱크의 최외측을 연결하는 직선(최외측선)의 수평면에 대한 내각이 **75° 이상**이 되도록 하고, 최대수량의 위험물을 저장한 상태에 있을 때의 해당 탱크중량의 중심점과 측면틀의 최외측을 연결하는 직선과 그 중심점을 지나는 직선 중 최외측선과 직각을 이루는 직선과의 내각이 35° 이상이 되도록 할 것
- 외부로부터의 하중에 견딜 수 있는 구조로 할 것
- 탱크 상부의 네 모퉁이에 해당 탱크의 전단 또는 후단으로부터 각각 1[m] 이내의 위치에 설치할 것
- 측면틀에 걸리는 하중에 의하여 탱크가 손상되지 않도록 측면틀의 부착부분에 받침판을 설치할 것

정답 ③

104
이동탱크저장소에 주입설비를 설치하는 경우 분당 배출량은 얼마 이하이어야 하는가?

① 100[L] ② 150[L]
③ 200[L] ④ 250[L]

해설
이동탱크저장소에 주입설비
- 위험물이 샐 우려가 없고 화재예방상 안전한 구조로 할 것
- 주입설비의 길이는 50[m] 이내로 하고, 그 끝부분에 축적되는 정전기를 유효하게 제거할 수 있는 장치를 할 것
- **분당 배출량은 200[L] 이하**로 할 것

정답 ③

105
이동저장탱크의 상부로부터 위험물을 주입할 때에는 위험물의 액 표면이 주입관의 끝부분을 넘는 높이가 될 때까지 그 주입관 내의 유속을 얼마 이하로 해야 하는가?(단, 휘발유를 저장하던 이동저장탱크에 등유나 경유를 주입하는 경우를 가정한다)

① 0.5[m/s] ② 1[m/s]
③ 1.5[m/s] ④ 2[m/s]

해설
휘발유를 저장하던 이동저장탱크에 등유나 경유를 주입할 때 또는 등유나 경유를 저장하던 이동저장탱크에 휘발유를 주입할 때에는 다음의 기준에 따라 **정전기** 등에 의한 재해를 **방지하기 위한 조치**를 할 것
- 이동저장탱크의 상부로부터 위험물을 주입할 때에는 위험물의 액표면이 주입관의 끝부분을 넘는 높이가 될 때까지 그 주입관 내의 유속을 **1[m/s] 이하**로 할 것
- 이동저장탱크의 밑부분으로부터 위험물을 주입할 때에는 위험물의 액표면이 주입관의 정상부분을 넘는 높이가 될 때까지 그 주입배관 내의 유속을 **1[m/s] 이하**로 할 것
- 그 밖의 방법에 의한 위험물의 주입은 이동저장탱크에 가연성 증기가 잔류하지 않도록 조치하고 안전한 상태로 있음을 확인한 후에 할 것

정답 ②

106
산화프로필렌 탱크 및 아세트알데하이드 이동저장탱크의 수압시험 압력과 시간은 얼마인가?

① 70[kPa], 10분
② 70[kPa], 7분
③ 130[kPa], 10분
④ 130[kPa], 7분

해설
수압시험
- **압력탱크**(최대상용압력이 46.7[kPa] 이상인 탱크) **외의 탱크** : **70[kPa]**의 압력으로 **10분간**
- **압력탱크** : 최대상용압력의 1.5배의 압력으로 10분간

정답 ①

107
이동탱크저장소에서 금속을 사용해서는 안 되는 제한 금속이 있다. 이 제한된 금속이 아닌 것은?

① 은(Ag) ② 수은(Hg)
③ 구리(Cu) ④ 철(Fe)

해설
이동저장탱크 및 그 설비는 **은(Ag), 수은(Hg), 구리(Cu), 마그네슘(Mg)** 또는 이들을 성분으로 하는 합금으로 사용해서는 안 된다.

정답 ④

108
알킬알루미늄 이동탱크저장소의 소화설비로서 부적당한 것은?

① 소화기
② 마른모래
③ 팽창질석
④ 스프링클러설비

해설
알킬알루미늄은 물과 반응하면 가연성 가스(메테인, 에테인)가 발생하므로 위험하다.

정답 ④

109
위험물의 저장시설에 관한 설명 중 옳지 않은 것은?

① 옥외탱크저장소 : 옥외에 있는 탱크에 위험물을 저장하는 장소
② 지하탱크저장소 : 지하에 매설한 탱크에 위험물을 저장하는 장소
③ 간이탱크저장소 : 간이 탱크에 위험물을 저장하는 장소
④ 이동탱크저장소 : 차량에 고정시킨 탱크에 위험물을 저장하는 장소로서 지정수량 0.2배 이상의 저장시설

해설
이동탱크저장소 : 차량에 고정시킨 탱크에 위험물을 저장하는 장소

정답 ④

110
다음 위험물 중 옥외저장소에 저장할 수 없는 것은?

① 황
② 인화성 고체(인화점이 0[℃] 이상)
③ 알코올류
④ 제1석유류

해설
옥외저장소에 저장할 수 있는 위험물
- 제2류 위험물 : 황, 인화성 고체(인화점이 0[℃] 이상)
- 제4류 위험물 : **제1석유류(인화점이 0[℃] 이상)**, 제2석유류, 제3석유류, 제4석유류, 알코올류, 동식물유류
- 제6류 위험물
- 제2류 위험물 및 제4류 위험물 중 특별시·광역시·특별자치시·도 또는 특별자치도의 조례로 정하는 위험물(관세법 제154조의 규정에 의한 보세구역 안에 저장하는 경우로 한정한다)
- 국제해사기구에 관한 협약에 의하여 설치된 국제해사기구가 채택한 국제해상위험물규칙(IMDG Code)에 적합한 용기에 수납된 위험물

정답 ④

111
다음 중 옥외에 저장할 수 없는 위험물은?

① 황
② 아세톤
③ 농질산
④ 등유

해설
옥외저장소에는 제4류 위험물 제1석유류는 인화점이 0[℃] 이상인 것만 저장할 수 있다.

아세톤의 인화점 : -18.5[℃]

정답 ②

112

옥외저장소에 선반을 설치하는 경우에 선반의 설치높이는 몇 [m]를 초과하지 않아야 하는가?

① 3
② 4
③ 5
④ 6

해설

옥외저장소의 선반의 설치 기준
- 선반은 불연재료로 만들고 견고한 지반면에 고정할 것
- 선반은 해당 선반 및 그 부속설비의 자중·저장하는 위험물의 중량·풍하중·지진의 영향 등에 의하여 생기는 응력에 대하여 안전할 것
- **선반의 높이**는 **6[m]**를 초과하지 않을 것
- 선반에는 위험물을 수납한 용기가 쉽게 낙하하지 않는 조치를 강구할 것

정답 ④

113

옥외저장소에 있는 톨루엔 8,000[L]에 화재가 발생하였다. 다음 중 이 화재를 진압할 수 있는 가장 효과적인 소화기는?

① A-3
② A-5
③ B-3
④ B-5

해설

소요단위 = $\dfrac{저장수량}{지정수량 \times 10배}$ = $\dfrac{8,000[L]}{200[L] \times 10배}$ = 4소요단위

※ 톨루엔(제1석유류, 비수용성)의 지정수량 : 200[L]
∴ 소요단위에 해당하는 능력단위 이상 설치하면 된다(B급 화재 4단위 이상 : B-5).

정답 ④

114

다음 중 위험물안전관리법상 위험물 취급소에 해당되지 않는 것은?

① 주유취급소
② 옥내취급소
③ 이송취급소
④ 판매취급소

해설

취급소 : 주유취급소, 이송취급소, 일반취급소, 판매취급소

정답 ②

115

위험물 암반탱크가 다음과 같은 조건일 때 탱크의 용량은 몇 [L]인가?

- 암반탱크의 내용적 : 600,000[L]
- 1일간 탱크 내에 용출하는 지하수의 양 : 1,000[L]

① 595,000[L]
② 594,000[L]
③ 593,000[L]
④ 592,000[L]

해설

탱크의 용량

① 일반탱크의 공간용적은 탱크의 내용적의 5/100 이상 10/100분 이하의 용적(5~10[%])으로 한다. 다만, 소화설비(소화약제 방출구를 탱크 안의 윗부분에 설치하는 것에 한한다)를 설치하는 탱크의 공간용적은 해당 소화설비의 소화약제 방출구 아래의 0.3[m] 이상 1[m] 미만 사이의 면으로부터 윗부분의 용적으로 한다.

② 암반탱크에 있어서는 해당 탱크 내에 용출하는 **7일간의 지하수의 양에 상당하는 용적**과 해당 **탱크의 내용적의 100분의 1의 용적** 중에서 보다 **큰 용적을 공간용적**으로 한다.

∴ 공간용적을 구하면
㉠ 7일간의 지하수의 양에 상당하는 용적
  = 1,000[L] × 7 = 7,000[L]
㉡ 탱크의 내용적의 1/100의 용적
  = 600,000[L] × 1/100 = 6,000[L]
②에서 공간용적은 ㉠과 ㉡ 중 큰 용적이므로 7,000[L]이다.

※ 탱크의 용량 = 탱크의 내용적 - 공간용적
  = 600,000[L] - 7,000[L] = 593,000[L]

정답 ③

116
주유취급소의 보유공지를 확보해야 한다. 다음 중 가장 적합한 보유공지라고 할 수 있는 것은?

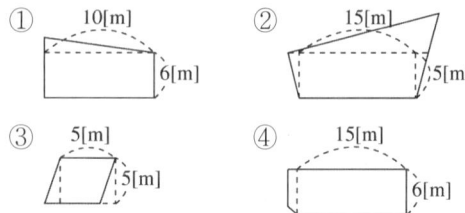

해설
보유공지 : 너비 15[m] 이상, 길이 6[m] 이상

정답 ④

117
주유취급소의 고정주유설비의 주위에는 주유를 받으려는 자동차 등이 출입할 수 있도록 너비 몇 [m] 이상, 길이 몇 [m] 이상의 콘크리트로 포장한 공지를 보유해야 하는가?

① 너비 : 12[m], 길이 : 4[m]
② 너비 : 12[m], 길이 : 6[m]
③ 너비 : 15[m], 길이 : 4[m]
④ 너비 : 15[m], 길이 : 6[m]

해설
주유취급소에 설치하는 고정주유설비의 보유공지 : 너비 15[m] 이상, 길이 6[m] 이상(시행규칙 별표 13)

정답 ④

118
다음 제조소 가운데 위치·구조 및 설비의 기준에 공지를 보유해야 하는 것은?

① 옥내탱크저장소 ② 판매취급소
③ 지하탱크저장소 ④ 주유취급소

해설
주유취급소에는 **너비 15[m] 이상, 길이 6[m] 이상**의 주유공지를 보유해야 한다.

정답 ④

119
주유취급소의 공지에 대한 설명으로 옳지 않은 것은?

① 주위는 너비 15[m] 이상, 길이 6[m] 이상의 콘크리트 등으로 포장한 공지를 보유해야 한다.
② 공지의 바닥은 주위의 지면보다 높게 해야 한다.
③ 공지바닥 표면은 수평을 유지해야 한다.
④ 공지바닥은 배수구, 집유설비 및 유분리시설을 해야 한다.

해설
주유취급소의 주유공지
• 주유취급소의 고정주유설비(펌프기기 및 호스기기로 되어 위험물을 자동차 등에 직접 주유하기 위한 설비로서 현수식의 것을 포함한다)의 주위에는 주유를 받으려는 자동차 등이 출입할 수 있도록 **너비 15[m] 이상, 길이 6[m] 이상**의 콘크리트 등으로 포장한 공지(이하 "주유공지"라 한다)를 보유해야 한다.
• 공지의 바닥은 주위 지면보다 높게 하고, 그 표면을 적당하게 경사지게 하여 새어나온 기름 그 밖의 액체가 공지의 외부로 유출되지 않도록 배수구·집유설비 및 유분리장치를 해야 한다.

정답 ③

120

주유취급소에 설치하는 건축물의 위치 및 구조에 대한 설명으로 옳지 않은 것은?

① 건축물 중 사무실 그 밖의 화기를 사용하는 곳은 누설한 가연성 증기가 그 내부에 유입되지 않도록 높이 1[m] 이하의 부분에 있는 창 등은 밀폐시킬 것
② 건축물 중 사무실 그 밖의 화기를 사용하는 곳의 출입구 또는 사이통로의 문턱 높이는 15[cm] 이상으로 할 것
③ 주유취급소에 설치하는 건축물의 벽, 기둥, 바닥, 보 및 지붕은 내화구조 또는 불연재료로 할 것
④ 자동차 등의 세정을 행하는 설비는 증기세차기를 설치하는 경우에는 2[m] 이상의 담을 설치하고 출입구가 고정주유설비에 면하지 않도록 할 것

해설
자동차 등의 세정을 행하는 설비의 기준
- 증기세차기를 설치하는 경우에는 그 주위에 불연재료로 된 높이 **1[m] 이상의 담**을 설치하고 출입구가 고정주유설비에 면하지 않도록 할 것. 이 경우 담은 고정주유설비로부터 4[m] 이상 떨어지게 해야 한다.
- 증기세차기 외의 세차기를 설치하는 경우에는 고정주유설비로부터 4[m] 이상, 도로경계선으로부터 2[m] 이상 떨어지게 할 것

정답 ④

121

주유취급소에서의 위험물의 취급기준으로 옳지 않은 것은?

① 자동차에 주유 시 고정주유설비를 사용하여 직접 주유해야 한다.
② 고정주유설비에 유류를 공급하는 배관은 전용탱크로부터 고정주유설비에 직접 접결된 것이어야 한다.
③ 유분리장치에 고인 유류는 넘치지 않도록 수시로 퍼내어야 한다.
④ 주유 시 자동차 등의 원동기는 정지시킬 필요는 없으나 자동차의 일부가 주유취급소의 공지 밖에 나와서는 안 된다.

해설
주유 시 자동차의 원동기는 반드시 정지시켜야 한다.

정답 ④

122

고정주유설비는 도로경계선으로부터 몇 [m] 이상의 거리를 확보해야 하는가?

① 1[m] 이상   ② 2[m] 이상
③ 4[m] 이상   ④ 7[m] 이상

해설
위험물 주유취급소의 고정주유설비, 고정급유설비와의 거리
- **고정주유설비**(중심선을 기점으로 하여 다음의 거리를 유지할 것)
  - **도로경계선 : 4[m] 이상**
  - 부지경계선, 담, 건축물의 벽 : 2[m] 이상
  - 개구부가 없는 벽 : 1[m] 이상
- **고정급유설비**(중심선을 기점으로 하여 다음의 거리를 유지할 것)
  - 도로경계선까지 : 4[m] 이상
  - 부지경계선・담까지 : 1[m] 이상
  - 건축물의 벽까지 : 2[m](개구부가 없는 벽까지는 1[m]) 이상

정답 ③

123
주유취급소에 설치해야 하는 "주유 중 엔진 정지" 게시판의 색깔은?

① 적색바탕에 백색문자
② 청색바탕에 백색문자
③ 백색바탕에 흑색문자
④ 황색바탕에 흑색문자

해설
표지 및 게시판
- **주유 중 엔진 정지 : 황색바탕에 흑색문자**
- 화기엄금 : 적색바탕에 백색문자
- 물기엄금 : 청색바탕에 백색문자
- 위험물 : 흑색바탕에 황색반사도료

정답 ④

124
주유취급소의 건축물 중 내화구조를 하지 않아도 되는 곳은?

① 벽
② 바닥
③ 기둥
④ 창

해설
주유취급소의 건축물은 벽·기둥·바닥·보 및 지붕을 내화구조 또는 불연재료로 하고, **창 및 출입구**에는 **60분+ 방화문·60분 방화문·30분 방화문** 또는 **불연재료**로 된 문을 설치할 것

정답 ④

125
주유취급소에 캐노피를 설치하려고 할 때의 기준이 아닌 것은?

① 배관이 캐노피 내부를 통과할 경우에는 1개 이상의 점검구를 설치할 것
② 캐노피 외부의 배관으로서 점검이 곤란한 장소에는 용접이음으로 할 것
③ 캐노피의 면적은 주유취급 바닥면적의 1/2 이하로 할 것
④ 캐노피 외부의 배관이 일광열의 영향을 받을 우려가 있는 경우에는 단열재로 피복할 것

해설
캐노피의 설치 기준
- 배관이 캐노피 내부를 통과할 경우에는 1개 이상의 점검구를 설치할 것
- 캐노피 외부의 점검이 곤란한 장소에 배관을 설치하는 경우에는 용접이음으로 할 것
- 캐노피 외부의 배관이 일광열의 영향을 받을 우려가 있는 경우에는 단열재로 피복할 것

정답 ③

126
고속국도의 도로변에 설치한 주유취급소의 탱크용량은 얼마까지 할 수 있는가?

① 10만[L]
② 8만[L]
③ 6만[L]
④ 5만[L]

해설
고속국도의 도로변에 설치한 주유취급소의 탱크용량은 60,000[L] 이하이다.

정답 ③

127
점포에서 위험물을 용기에 담아 판매하기 위하여 지정수량의 40배 이하의 위험물을 취급하는 장소는?

① 일반취급소 ② 주유취급소
③ 판매취급소 ④ 이송취급소

해설
판매취급소
- **제1종 판매취급소** : 지정수량 20배 이하인 판매취급소
- **제2종 판매취급소** : 지정수량 **40배 이하**인 판매취급소

정답 ③

128
제1종 판매취급소는 저장 또는 취급하는 위험물의 수량이 지정수량의 얼마인 판매취급소를 말하는가?

① 20배 이하 ② 20배 이상
③ 40배 이하 ④ 40배 이상

해설
제1종 판매취급소 : 지정수량 **20배 이하**인 판매취급소

정답 ①

129
다음 중 제1종 판매취급소의 기준으로 옳지 않은 것은?

① 건축물의 1층에 설치할 것
② 위험물을 배합하는 실의 바닥면적은 6[m²] 이상 15[m²] 이하일 것
③ 위험물을 배합하는 실의 출입구 문턱 높이는 바닥으로부터 0.1[m] 이상으로 할 것
④ 저장 또는 취급하는 위험물의 수량이 40배 이하인 판매취급소에 대하여 적용할 것

해설
판매취급소의 취급 수량
- **제1종 판매취급소** : **지정수량**의 **20배 이하**
- 제2종 판매취급소 : 지정수량의 40배 이하

정답 ④

130
판매취급소의 배합실의 기준으로 적합하지 않은 것은?

① 작업실 바닥은 적당한 경사와 집유설비를 해야 한다.
② 바닥면적은 6[m²] 이상 12[m²] 이하로 한다.
③ 출입구에는 바닥으로부터 0.1[m] 이상의 턱을 설치해야 한다.
④ 내화구조로 된 벽으로 구획한다.

해설
위험물 배합실의 기준
- **바닥면적은 6[m²] 이상 15[m²] 이하일 것**
- **내화구조** 또는 불연재료로 된 벽으로 구획할 것
- 바닥은 위험물이 침투하지 않는 구조로 하여 적당한 경사를 두고 **집유설비**를 할 것
- 출입구에는 수시로 열 수 있는 자동폐쇄식의 60분+ 방화문 또는 60분 방화문을 설치할 것
- 출입구 문턱의 높이는 바닥면으로부터 **0.1[m] 이상**으로 할 것
- 내부에 체류한 가연성의 증기 또는 가연성의 미분을 지붕 위로 방출하는 설비를 할 것

정답 ②

131

판매취급소의 배합실에 대한 설치규정으로 맞지 않는 것은?

① 바닥면적은 6[m^2] 이상 15[m^2] 이하로 할 것
② 출입구에 30분 방화문을 설치할 것
③ 출입구는 바닥으로부터 0.1[m] 이상의 턱을 설치할 것
④ 내화구조로 된 벽으로 구획할 것

해설
배합실의 출입구에는 수시로 열 수 있는 자동폐쇄식의 60분+방화문 또는 60분 방화문을 설치할 것

정답 ②

132

이송취급소의 배관을 지하에 매설하는 경우의 안전거리로 옳지 않은 것은?

① 건축물(지하가 내의 건축물을 제외한다) - 1.5[m] 이상
② 지하가 및 터널 - 10[m] 이상
③ 배관의 외면과 지표면과의 거리는(산이나 들) - 0.3[m] 이상
④ 수도법에 의한 수도시설(위험물의 유입 우려가 있는 것) - 300[m] 이상

해설
이송취급소의 배관 지하매설 시 안전거리
• 건축물(지하가 내의 건축물을 제외한다) : 1.5[m] 이상
• 지하가 및 터널 : 10[m] 이상
• 수도법에 의한 수도시설(위험물의 유입 우려가 있는 것에 한한다) : 300[m] 이상
• 배관은 그 외면으로부터 다른 공작물에 대하여 0.3[m] 이상의 거리를 보유할 것
• 배관의 외면과 지표면과의 거리는 **산이나 들에 있어서는 0.9[m] 이상**, 그 밖의 지역에 있어서는 1.2[m] 이상으로 할 것

정답 ③

CHAPTER 02 제조소 등의 소화설비, 경보설비기준

제1절 소화설비의 종류, 구조 및 유지관리

1 소화설비의 종류

(1) **소화설비**(소방시설 설치 및 관리에 관한 법률 시행령 별표 1)

① **정의** : 물 또는 그 밖의 소화약제를 사용하여 소화하는 기계·기구 또는 설비

② **종류**

㉠ 소화기구
- 소화기
- 간이소화용구 : 에어로졸식 소화용구, 투척용 소화용구, 소공간용 소화용구 및 소화약제 외의 것을 이용한 간이소화용구
- 자동확산소화기

㉡ 자동소화장치
- 주거용 주방자동소화장치
- 상업용 주방자동소화장치
- 캐비닛형 자동소화장치
- 가스자동소화장치
- 분말자동소화장치
- 고체에어로졸자동소화장치

㉢ 옥내소화전설비(호스릴옥내소화전설비를 포함한다)

㉣ 스프링클러설비 등
- 스프링클러설비
- 간이스프링클러설비(캐비닛형 간이스프링클러설비를 포함한다)
- 화재조기진압용 스프링클러설비

㉤ 물분무 등 소화설비
- 물분무소화설비
- 미분무소화설비
- 포소화설비
- 이산화탄소소화설비
- 할론소화설비
- 할로젠화합물 및 불활성기체(다른 원소와 화학반응을 일으키기 어려운 기체) 소화설비
- 분말소화설비
- 강화액소화설비
- 고체에어로졸소화설비

㉥ 옥외소화전설비

(2) 경보설비

① **정의** : 화재발생 사실을 통보하는 기계·기구 또는 설비

② **종 류**
- ㉠ 단독경보형 감지기
- ㉡ 비상경보설비
  - 비상벨설비
  - 자동식 사이렌설비
- ㉢ 자동화재탐지설비
- ㉣ 시각경보기
- ㉤ 화재알림설비
- ㉥ 비상방송설비
- ㉦ 자동화재속보설비
- ㉧ 통합감시시설
- ㉨ 누전경보기
- ㉩ 가스누설경보기

(3) 피난구조설비

① **정의** : 화재가 발생할 경우 피난하기 위하여 사용하는 기구 또는 설비

② **종 류**
- ㉠ 피난기구
  - 피난사다리
  - 구조대
  - 완강기
  - 간이완강기
  - 그 밖에 화재안전기준으로 정하는 것
- ㉡ 인명구조기구
  - 방열복, 방화복(안전모, 보호장갑, 안전화 포함)
  - 공기호흡기
  - 인공소생기
- ㉢ 유도등
  - 피난유도선
  - 피난구유도등
  - 통로유도등
  - 객석유도등
  - 유도표지
- ㉣ 비상조명등 및 휴대용비상조명등

(4) 소화용수설비

① **정의** : 화재를 진압하는 데 필요한 물을 공급하거나 저장하는 설비

② **종 류**
- ㉠ 상수도 소화용수설비
- ㉡ 소화수조·저수조, 그 밖의 소화용수설비

(5) 소화활동설비 　중요　
  ① **정의** : 화재를 진압하거나 인명구조활동을 위하여 사용하는 설비
  ② **종 류**
    ㉠ 제연설비
    ㉡ 연결송수관설비
    ㉢ 연결살수설비
    ㉣ 비상콘센트설비
    ㉤ 무선통신보조설비
    ㉥ 연소방지설비

2 소화기구

(1) 소화기구의 설치 기준(시행규칙 별표 17, NFTC 101)
  ① **각 층마다** 설치할 것
  ② 특정소방대상물의 각 부분으로부터 소화기까지의 보행거리
    ㉠ **소형소화기 : 20[m] 이내**가 되도록 배치할 것(지하탱크저장소, 간이탱크저장소, 이동탱크저장소, 주유취급소 또는 판매취급소에서는 유효하게 소화할 수 있는 위치에 설치해야 하나 다만, 옥내소화전설비, 옥외소화전설비, 스프링클러설비, 물분무 등 소화설비 또는 대형수동식소화기와 함께 설치하는 경우에는 그렇지 않다)
    ㉡ **대형소화기 : 30[m] 이내**가 되도록 배치할 것(다만, 옥내소화전설비, 옥외소화전설비, 스프링클러설비 또는 물분무 등 소화설비와 함께 설치하는 경우에는 그렇지 않다)
  ③ **소화기구**(자동확산소화기는 제외)는 바닥으로부터 높이 **1.5[m] 이하**의 곳에 비치할 것
  ④ 소화기는 "**소화기**", 투척용소화용구에 있어서는 "**투척용소화용구**", 마른모래는 "**소화용 모래**", **팽창질석** 및 **팽창진주암**은 "**소화질석**"이라고 표시한 표지를 보기 쉬운 곳에 부착할 것

  | Plus One | 소형소화기 설치장소 |

  • 지하탱크저장소　　　　　• 간이탱크저장소
  • 이동탱크저장소　　　　　• 주유취급소
  • 판매취급소

(2) 이산화탄소, 할론 소화기구(자동확산소화기 제외) 설치 금지 장소
  ① **지하층**
  ② **무창층**
  ③ **밀폐된 거실**로서 그 바닥면적이 **20[m^2] 미만**의 장소
  ※ 다만, 배기를 위한 유효한 개구부가 있는 장소인 경우에는 그렇지 않다.

3 옥내소화전설비(시행규칙 별표 17, 세부기준 제129조)

(1) 옥내소화전설비의 설치 기준
① **옥내소화전의 개폐밸브, 호스접속구의 설치 위치** : 바닥면으로부터 1.5[m] 이하
② 옥내소화전의 개폐밸브 및 방수용 기구를 격납하는 상자(소화전함)는 불연재료로 제작하고 점검에 편리하고 화재발생 시 연기가 충만할 우려가 없는 장소 등 쉽게 접근이 가능하고 화재 등에 의한 피해를 받을 우려가 적은 장소에 설치할 것
③ 가압송수장치의 시동을 알리는 **표시등**(시동표시등)은 **적색**으로 하고 옥내소화전함의 내부 또는 그 직근의 장소에 설치할 것(자체소방대를 둔 제조소 등으로서 가압송수장치의 기동장치를 기동용 수압개폐장치로 사용하는 경우에는 시동표시등을 설치하지 않을 수 있다)
④ 옥내소화전함에는 그 표면에 "소화전"이라고 표시할 것
⑤ 옥내소화전함의 **상부**의 벽면에 **적색의 표시등**을 설치하되, 해당 표시등의 부착면과 15° 이상의 각도가 되는 방향으로 10[m] 떨어진 곳에서 용이하게 식별이 가능하도록 할 것

(2) 물올림장치의 설치 기준
① 설치 : **수원의 수위**가 **펌프**(수평회전식의 것에 한함)보다 **낮은 위치**에 있을 때 설치
② 물올림장치에는 전용의 물올림탱크를 설치할 것
③ 물올림탱크의 용량은 가압송수장치를 유효하게 작동할 수 있도록 할 것
④ 물올림탱크에는 감수경보장치 및 물올림탱크에 물을 자동으로 보급하기 위한 장치가 설치되어 있을 것

(3) 옥내소화전설비의 비상전원
① 종류 : 자가발전설비, 축전지설비
② 용량 : 옥내소화전설비를 유효하게 **45분 이상** 작동시키는 것이 가능할 것

(4) 배관의 설치 기준
① 전용으로 할 것
② 가압송수장치의 토출측 직근부분의 배관에는 체크밸브 및 개폐밸브를 설치할 것
③ 주배관 중 **입상관**은 관의 직경이 **50[mm] 이상**인 것으로 할 것
④ 개폐밸브에는 그 개폐방향을, 체크밸브에는 그 흐름방향을 표시할 것
⑤ 배관은 해당 배관에 급수하는 가압송수장치의 체절압력의 1.5배 이상의 수압을 견딜 수 있는 것으로 할 것

(5) 가압송수장치의 설치 기준
① **고가수조를 이용한 가압송수장치**
　㉠ 낙차(수조의 하단으로부터 소화전 호스접속구까지의 수직거리)는 다음 식에 의하여 구한 수치 이상으로 할 것

$$H = h_1 + h_2 + 35 \text{[m]}$$

　　여기서, H : 필요한 낙차[m]
　　　　　h_1 : 호스의 마찰손실수두[m]
　　　　　h_2 : 배관의 마찰손실수두[m]

　㉡ 고가수조에는 **수위계, 배수관, 오버플로우용 배수관, 보급수관 및 맨홀**을 설치할 것

② **압력수조를 이용한 가압송수장치**
　㉠ 압력수조의 압력은 다음 식에 의하여 구한 수치 이상으로 할 것

$$P = p_1 + p_2 + p_3 + 0.35 \text{[MPa]}$$

　　여기서, P : 필요한 압력[MPa]
　　　　　p_1 : 호스의 마찰손실수두압[MPa]
　　　　　p_2 : 배관의 마찰손실수두압[MPa]
　　　　　p_3 : 낙차의 환산수두압[MPa]

　㉡ 압력수조의 수량은 해당 압력수조 체적의 2/3 이하일 것
　㉢ 압력수조에는 압력계, 수위계, 배수관, 보급수관, 통기관 및 맨홀을 설치할 것

③ **펌프를 이용한 가압송수장치**
　㉠ 펌프의 전양정은 다음 식에 의하여 구한 수치 이상으로 할 것

$$H = h_1 + h_2 + h_3 + 35 \text{[m]}$$

　　여기서, H : 펌프의 전양정[m]
　　　　　h_1 : 호스의 마찰손실수두[m]
　　　　　h_2 : 배관의 마찰손실수두[m]
　　　　　h_3 : 낙차[m]

　㉡ 펌프의 **토출량**이 **정격토출량의 150[%]**인 경우에는 **전양정**은 **정격전양정의 65[%]** 이상일 것
　㉢ 펌프는 전용으로 할 것
　㉣ 펌프에는 **토출측**에 **압력계**, **흡입측**에 **연성계**를 설치할 것
　㉤ 가압송수장치에는 정격부하 운전 시 펌프의 성능을 시험하기 위한 배관설비를 설치할 것
　㉥ 가압송수장치에는 체절 운전 시에 수온상승방지를 위한 **순환배관**을 설치할 것

④ 옥내소화전은 제조소 등의 건축물의 층마다 하나의 호스접속구까지의 **수평거리가 25[m] 이하**가 되도록 설치할 것. 이 경우 옥내소화전은 각층의 출입구 부근에 1개 이상 설치해야 한다.

⑤ 가압송수장치에는 해당 옥내소화전의 노즐 끝부분에서 **방수압력**이 **0.7[MPa]**을 초과하지 않도록 할 것

⑥ **수원의 수량**은 옥내소화전이 가장 많이 설치된 층의 옥내소화전 설치개수(설치개수가 5개 이상인 경우는 **5개**)에 **7.8[m³]**를 곱한 양 이상이 되도록 설치할 것
⑦ 옥내소화전설비는 각층을 기준으로 하여 해당 층의 모든 옥내소화전(설치개수가 **5개 이상**인 경우는 **5개의 옥내소화전**)을 동시에 사용할 경우에 각 노즐 끝부분의 **방수압력**이 **350[kPa] 이상**이고 방수량이 1분당 **260[L] 이상**의 성능이 되도록 할 것

[방수량, 방수압력, 수원]

항 목	방수량	방수압력	토출량	수 원	비상전원
옥내소화전설비	260[L/min] 이상	0.35[MPa] 이상	N(최대 5개)×260[L/min]	N(최대 5개)×7.8[m³] (260[L/min]×30[min])	45분 이상

> **Plus One** 소화설비의 설치구분(위험물 세부기준 제128조)
> - 옥내소화전설비 및 이동식 물분무 등 소화설비는 화재발생 시 연기가 충만할 우려가 없는 장소 등 쉽게 접근이 가능하고 화재 등에 의한 피해를 받을 우려가 적은 장소에 한하여 설치할 것
> - 옥외소화전설비는 건축물의 1층 및 2층 부분만을 방사능력범위로 하고 건축물의 지하층 및 3층 이상의 층에 대하여 다른 소화설비를 설치할 것. 또한 옥외소화전설비를 옥외 공작물에 대한 소화설비로 하는 경우에도 유효방수거리 등을 고려한 방사능력 범위에 따라 설치할 것
> - 제4류 위험물을 저장 또는 취급하는 탱크에 포소화설비를 설치하는 경우에는 고정식 포소화설비(세로형 탱크에 설치하는 것은 고정식 포방출구방식으로 하고 보조포소화전 및 연결송액구를 함께 설치할 것)를 설치할 것
> - 소화난이도등급 I 의 제조소 또는 일반취급소에 옥내·외소화전설비, 스프링클러설비 또는 물분무 등 소화설비를 설치 시 해당 제조소 또는 일반취급소의 취급탱크의 펌프설비, 주입구 또는 토출구가 옥내·외소화전설비, 스프링클러설비 또는 물분무 등 소화설비의 방사능력범위 내에 포함되도록 할 것. 이 경우 해당 취급탱크의 펌프설비, 주입구 또는 토출구에 접속하는 배관의 내경이 200[mm] 이상인 경우에는 해당 펌프설비, 주입구 또는 토출구에 대하여 적응성 있는 소화설비는 이동식 외의 물분무 등 소화설비에 한한다.
> - 포소화설비 중 포모니터노즐방식은 옥외의 공작물(펌프설비 등을 포함) 또는 옥외에서 저장 또는 취급하는 위험물을 방호대상물로 할 것

4 옥외소화전설비(시행규칙 별표 17, 세부기준 제130조)

(1) 옥외소화전의 설치 기준

① 옥외소화전의 **개폐밸브** 및 호스접속구는 지반면으로부터 **1.5[m] 이하**의 높이에 설치할 것
② 방수용 기구를 격납하는 함(이하 "**옥외소화전함**"이라 함)은 불연재료로 제작하고 옥외소화전으로부터 **보행거리 5[m] 이하**의 장소로서 화재발생 시 쉽게 접근가능하고 화재 등의 피해를 받을 우려가 적은 장소에 설치할 것
③ 옥외소화전함에는 그 표면에 "호스격납함"이라고 표시할 것. 다만, 호스접속구 및 개폐밸브를 옥외소화전함의 내부에 설치하는 경우에는 "소화전"이라고 표시할 수도 있다.
④ 옥외소화전에는 직근의 보기 쉬운 장소에 "소화전"이라고 표시할 것
⑤ **자체소방대**를 둔 **제조소 등**으로서 옥외소화전함 부근에 설치된 옥외전등에 비상전원이 공급되는 경우에는 옥외소화전함의 **적색 표시등**을 **설치하지 않을 수 있다.**
⑥ 옥외소화전설비는 습식으로 하고 동결방지조치를 할 것

(2) 방수량, 방수압력, 수원 등
　① 옥외소화전은 방호대상물(해당 소화설비에 의하여 소화해야 할 제조소 등의 건축물, 그 밖의 공작물 및 위험물을 말한다)의 각 부분(건축물의 경우에는 해당 건축물의 1층 및 2층의 부분에 한한다)에서 하나의 호스접속구까지의 **수평거리가 40[m] 이하**가 되도록 설치할 것. 이 경우 그 설치개수가 1개일 때는 2개로 해야 한다.
　② 수원의 수량은 옥외소화전의 설치개수(설치개수가 **4개 이상인 경우**는 4개의 옥외소화전)에 **13.5[m³]**를 곱한 양 이상이 되도록 설치할 것
　③ 옥외소화전설비는 모든 옥외소화전(설치개수가 4개 이상인 경우는 4개의 옥외소화전)을 동시에 사용할 경우에 각 노즐 끝부분의 **방수압력**이 350[kPa] **이상**이고, 방수량이 **1분당 450[L] 이상**의 성능이 되도록 할 것

항 목	방수량	방수압력	토출량	수 원	비상전원
옥외소화전설비	450[L/min] 이상	0.35[MPa] 이상	N(최대 4개) × 450[L/min]	N(최대 4개) × 13.5[m³] (450[L/min] × 30[min])	45분 이상

(3) 가압송수장치, 시동표시등, 물올림장치, 비상전원, 조작회로의 배선, 배관 등
　옥내소화전설비의 기준에 준한다.

5 스프링클러설비(시행규칙 별표 17, 세부기준 제131조)

(1) 개방형 스프링클러헤드의 설치 기준
　① 스프링클러헤드의 반사판으로부터 **하방으로 0.45[m], 수평방향으로 0.3[m]**의 공간을 보유할 것
　② 스프링클러헤드는 헤드의 축심이 해당 헤드의 부착면에 대하여 직각이 되도록 설치할 것

(2) 폐쇄형 스프링클러헤드의 설치 기준
　① 스프링클러헤드는 (1)의 ①, ② 규정에 의할 것
　② 스프링클러헤드의 반사판과 해당 헤드의 부착면과의 거리는 **0.3[m] 이하**일 것
　③ 스프링클러헤드는 해당 헤드의 부착면으로부터 0.4[m] 이상 돌출한 보 등에 의하여 구획된 부분마다 설치할 것. 다만, 해당 보 등의 상호 간의 거리(보 등의 중심선을 기산점으로 한다)가 1.8[m] 이하인 경우에는 그렇지 않다.
　④ 급배기용 덕트 등의 긴 변의 길이가 1.2[m]를 초과하는 것이 있는 경우에는 해당 덕트 등의 아래 면에도 스프링클러헤드를 설치할 것
　⑤ 스프링클러헤드의 부착위치
　　㉠ 가연성 물질을 수납하는 부분에 스프링클러헤드를 설치하는 경우에는 해당 헤드의 반사판으로부터 **하방으로 0.9[m], 수평방향으로 0.4[m]의 공간**을 보유할 것
　　㉡ 개구부에 설치하는 스프링클러헤드는 해당 개구부의 상단으로부터 높이 **0.15[m] 이내**의 벽면에 설치할 것

⑥ 건식 또는 준비작동식의 유수검지장치의 2차측에 설치하는 스프링클러헤드는 상향식 스프링클러헤드로 할 것. 다만, 동결할 우려가 없는 장소에 설치하는 경우는 그렇지 않다.
⑦ 스프링클러헤드는 그 부착장소의 평상시의 최고주위온도에 따라 다음 표에 정한 표시온도를 갖는 것을 설치할 것

부착장소의 최고주위온도(단위 [℃])	표시온도(단위 [℃])
28 미만	58 미만
28 이상 39 미만	**58 이상 79 미만**
39 이상 64 미만	79 이상 121 미만
64 이상 106 미만	121 이상 162 미만
106 이상	162 이상

(3) 개방형 스프링클러헤드를 이용하는 스프링클러설비의 일제개방밸브 또는 수동식 개방밸브 설치기준
① 일제개방밸브의 기동조작부 및 수동식 개방밸브는 화재 시 쉽게 접근 가능한 바닥면으로부터 **1.5[m] 이하**의 높이에 설치할 것
② 일제개방밸브 또는 수동식 개방밸브의 설치
  ㉠ 방수구역마다 설치할 것
  ㉡ 일제개방밸브 또는 수동식 개방밸브에 작용하는 압력은 해당 일제개방밸브 또는 수동식 개방밸브의 최고사용압력 이하로 할 것
  ㉢ 일제개방밸브 또는 수동식 개방밸브의 2차측 배관부분에는 해당 방수구역에 방수하지 않고 해당 밸브의 작동을 시험할 수 있는 장치를 설치할 것
  ㉣ 수동식 개방밸브를 개방조작하는 데 필요한 힘이 15[kg] 이하가 되도록 설치할 것

(4) 개방형 스프링클러헤드의 방사구역
개방형 스프링클러헤드를 이용하는 스프링클러설비에 2 이상의 방사구역을 두는 경우에는 화재를 유효하게 소화할 수 있도록 인접하는 방사구역이 상호 중복되도록 할 것

(5) 각층 또는 방사구역마다 설치하는 제어밸브의 설치 기준
① 제어밸브는 개방형 스프링클러헤드를 이용하는 스프링클러설비에 있어서는 방수구역마다 폐쇄형 스프링클러헤드를 사용하는 스프링클러설비에 있어서는 해당 방화대상물의 층마다, 바닥면으로부터 0.8[m] 이상 1.5[m] 이하의 높이에 설치할 것
② 제어밸브에는 함부로 닫히지 않는 조치를 강구할 것
③ 제어밸브에는 직근의 보기 쉬운 장소에 "스프링클러설비의 제어밸브"라고 표시할 것

(6) 자동경보장치의 설치 기준(단, 자동화재탐지설비에 의하여 경보가 발하는 경우는 음향경보장치를 설치하지 않을 수 있다)
   ① 스프링클러헤드의 개방 또는 보조살수전의 개폐밸브의 개방에 의하여 경보를 발하도록 할 것
   ② 발신부는 각층 또는 방수구역마다 설치하고 해당 발신부는 유수검지장치 또는 압력검지장치를 이용할 것
   ③ 유수검지장치 또는 압력검지장치에 작용하는 압력은 해당 유수검지장치 또는 압력검지장치의 최고사용압력 이하로 할 것
   ④ 수신부에는 스프링클러헤드 또는 화재감지용헤드가 개방된 층 또는 방수구역을 알 수 있는 표시장치를 설치하고, 수신부는 수위실 기타 상시 사람이 있는 장소에 설치할 것
   ⑤ 하나의 방호대상물에 2 이상의 수신부가 설치되어 있는 경우에는 이들 수신부가 있는 장소 상호 간에 동시에 통화할 수 있는 설비를 설치할 것

(7) 유수검지장치의 설치 기준
   ① 유수검지장치의 1차측에는 압력계를 설치할 것
   ② 유수검지장치의 2차측에 압력의 설정을 필요로 하는 스프링클러설비에는 해당 유수검지장치의 압력설정치보다 2차측의 압력이 낮아진 경우에 자동으로 경보를 발하는 장치를 설치할 것

(8) 폐쇄형 스프링클러헤드를 이용하는 말단시험밸브 설치 기준
   ① 말단시험밸브는 유수검지장치 또는 압력검지장치를 설치한 배관의 계통마다 1개씩, 방수압력이 가장 낮다고 예상되는 배관의 부분에 설치할 것
   ② 말단시험밸브의 1차측에는 압력계를, 2차측에는 스프링클러헤드와 동등의 방수성능을 갖는 오리피스 등의 시험용 방수구를 설치할 것
   ③ 말단시험밸브에는 직근의 보기 쉬운 장소에 "말단시험밸브"라고 표시할 것

(9) 방수량, 방수압력, 수원 등
   ① **수원의 수량**은 폐쇄형 스프링클러헤드를 사용하는 것은 30(헤드의 설치개수가 30 미만인 방호대상물인 경우에는 해당 설치개수), 개방형 스프링클러헤드를 사용하는 것은 스프링클러헤드가 가장 많이 설치된 방사구역의 스프링클러헤드 설치개수에 **2.4[m³]**를 곱한 양 이상이 되도록 설치할 것
   ② 스프링클러설비는 규정에 의한 개수의 스프링클러헤드를 동시에 사용할 경우에 각 끝부분의 **방사압력**이 **100[kPa]**(제4호 비고 제1호의 표에 정한 살수밀도의 기준을 충족하는 경우에는 50[kPa]) 이상이고, **방수량**이 **1분당 80[L]**(제4호 비고 제1호의 표에 정한 살수밀도의 기준을 충족하는 경우에는 56[L]) 이상의 성능이 되도록 할 것

항 목	방수량	방수압력	토출량	수 원	비상전원
스프링클러설비	80[L/min] 이상	0.1[MPa] (100[kPa]) 이상	헤드수×80[L/min]	헤드수×2.4[m³] (80[L/min]×30[min])	45분 이상

[일반건축물과 위험물제조소 등의 비교]

항 목		방수량	방수압력	토출량	수 원	비상전원
옥내 소화전설비	일반 건축물	130[L/min] 이상	0.17[MPa] 이상	N(최대 2개)×130[L/min]	N(최대 2개)×2.6[m^3] (130[L/min]×20[min])	20분 이상
	위험물 제조소 등	260[L/min] 이상	0.35[MPa] 이상	N(최대 5개)×260[L/min]	N(최대 5개)×7.8[m^3] (260[L/min]×30[min])	45분 이상
옥외 소화전설비	일반 건축물	350[L/min] 이상	0.25[MPa] 이상	N(최대 2개)×350[L/min]	N(최대 2개)×7[m^3] (350[L/min]×20[min])	−
	위험물 제조소 등	450[L/min] 이상	0.35[MPa] 이상	N(최대 4개)×450[L/min]	N(최대 4개)×13.5[m^3] (450[L/min]×30[min])	45분 이상
스프링클러 설비	일반 건축물	80[L/min] 이상	0.1[MPa] 이상	헤드수×80[L/min]	헤드수×1.6[m^3] (80[L/min]×20[min])	20분 이상
	위험물 제조소 등	80[L/min] 이상	0.1[MPa] 이상	헤드수×80[L/min]	헤드수×2.4[m^3] (80[L/min]×30[min])	45분 이상

(10) **송수구의 설치 기준**

① 전용으로 할 것. 소방펌프자동차가 용이하게 접근할 수 있는 위치에 쌍구형의 송수구를 설치할 것

② 송수구의 **결합금속구**는 **탈착식** 또는 **나사식**으로 하고 **내경**을 **63.5[mm] 내지 66.5[mm]**로 할 것

③ 송수구의 결합금속구는 지면으로부터 0.5[m] 이상 1[m] 이하의 높이의 송수에 지장이 없는 위치에 설치할 것

④ 송수구는 해당 스프링클러설비의 가압송수장치로부터 유수검지장치 · 압력검지장치 또는 일제개방형 밸브 · 수동식 개방밸브까지의 배관에 전용의 배관으로 접속할 것

⑤ 송수구에는 그 직근의 보기 쉬운 장소에 "스프링클러용 송수구"라고 표시하고 그 송수압력범위를 함께 표시할 것

(11) **가압송수장치, 물올림장치, 비상전원, 조작회로의 배선, 배관** : 옥내소화전설비의 기준에 준한다.

6 물분무소화설비(시행규칙 별표 17, 세부기준 제132조)

(1) **물분무소화설비의 기준**

① 물분무소화설비에 2 이상의 방사구역을 두는 경우에는 화재를 유효하게 소화할 수 있도록 인접하는 방사구역이 상호 중복되도록 할 것

② 고압의 전기설비가 있는 장소에는 해당 전기설비와 분무헤드 및 배관과 사이에 전기절연을 위하여 필요한 공간을 보유할 것

③ 물분무소화설비에는 각층 또는 방사구역마다 제어밸브, 스트레이너 및 일제개방밸브 또는 수동식 개방밸브를 다음에 정한 것에 의하여 설치할 것

㉠ 제어밸브 및 일제개방밸브 또는 수동식 개방밸브는 스프링클러설비의 기준의 예에 의할 것

㉡ 스트레이너 및 일제개방밸브 또는 수동식 개방밸브는 제어밸브의 하류측 부근에 스트레이너, 일제개방밸브 또는 수동식 개방밸브의 순으로 설치할 것

④ 기동장치는 스프링클러설비의 기준의 예에 의할 것
⑤ 가압송수장치, 물올림장치, 비상전원, 조작회로의 배선 및 배관 등은 옥내소화전설비의 예에 준하여 설치할 것

(2) 설치 기준

① 분무헤드의 개수 및 배치기준
  ㉠ 분무헤드로부터 방사되는 물분무에 의하여 방호대상물의 모든 표면을 유효하게 소화할 수 있도록 설치할 것
  ㉡ 방호대상물의 표면적(건축물에 있어서는 바닥면적) 1[m^2]당 ③의 규정에 의한 양의 비율로 계산한 수량을 표준방사량(해당 소화설비의 헤드의 설계압력에 의한 방사량)으로 방사할 수 있도록 설치할 것
② 물분무소화설비의 **방사구역**은 **150[m^2] 이상**(방호대상물의 표면적이 150[m^2] 미만인 경우에는 해당 표면적)으로 할 것
③ **수원의 수량**은 분무헤드가 가장 많이 설치된 방사구역의 모든 분무헤드를 동시에 사용할 경우에 해당 방사구역의 표면적 1[m^2]당 **1분당 20[L]**의 비율로 계산한 양으로 **30분간** 방사할 수 있는 양 이상이 되도록 설치할 것

> • 수원 = 방호대상물의 표면적([m^2]) × 20[L/min · m^2] × 30[min]
> • 방수압력 : 350[kPa](0.35[MPa]) 이상

④ 물분무소화설비는 ③의 규정에 의한 분무헤드를 동시에 사용할 경우에 각 끝부분의 방사압력이 **350[kPa] 이상**으로 표준방사량을 방사할 수 있는 성능이 되도록 할 것
⑤ 물분무소화설비에는 비상전원을 설치할 것

7 포소화설비 (세부기준 제133조, NFTC 105)

(1) 고정식 방출구의 종류

고정식 포방출구방식은 탱크에서 저장 또는 취급하는 위험물의 화재를 유효하게 소화할 수 있도록 하는 포방출구
① **Ⅰ형** : 고정지붕구조(Cone Roof Tank, CRT)의 탱크에 **상부포주입법**(고정포방출구를 탱크 옆판의 상부에 설치하여 액표면상에 포를 방출하는 방법)을 이용하는 것으로 방출된 포가 액면 아래로 몰입되거나 액면을 뒤섞지 않고 액면상을 덮을 수 있는 통계단 또는 미끄럼판 등의 설비 및 탱크 내의 위험물 증기가 외부로 역류되는 것을 저지할 수 있는 구조·기구를 갖는 포방출구
② **Ⅱ형** : 고정지붕구조(CRT) 또는 부상덮개부착 고정지붕구조(옥외저장탱크의 액상에 금속제의 플로팅, 팬 등의 덮개를 부착한 고정지붕구조의 것을 말함)의 탱크에 **상부포주입법**을 이용하는 것으로 방출된 포가 탱크 옆판의 내면을 따라 흘러내려가면서 액면 아래로 몰입되거나 액면을 뒤섞지 않고 액면상을 덮을 수 있는 반사판 및 탱크 내의 위험물 증기가 외부로 역류되는 것을 저지할 수 있는 구조·기구를 갖는 포방출구

③ **특형** : 부상지붕구조(Floating Roof Tank, FRT)의 탱크에 **상부포주입법**을 이용하는 것으로 부상지붕의 부상 부분상에 높이 0.9[m] 이상의 금속제의 칸막이(방출된 포의 유출을 막을 수 있고 충분한 배수능력을 갖는 배수구를 설치한 것에 한함)를 탱크 옆판의 내측으로부터 1.2[m] 이상 이격하여 설치하고 탱크 옆판과 칸막이에 의하여 형성된 환상부분에 포를 주입하는 것이 가능한 구조의 반사판을 갖는 포방출구

④ **Ⅲ형** : 고정지붕구조(CRT)의 탱크에 **저부포주입법**(탱크의 액면하에 설치된 포방출구로부터 포를 탱크 내에 주입하는 방법)을 이용하는 것으로 송포관(발포기 또는 포발생기에 의하여 발생된 포를 보내는 배관을 말함. 해당 배관으로 탱크 내의 위험물이 역류되는 것을 저지할 수 있는 구조·기구를 갖는 것에 한함)으로부터 포를 방출하는 포방출구

⑤ **Ⅳ형** : 고정지붕구조(CRT)의 탱크에 **저부포주입법**을 이용하는 것으로 평상시에는 탱크의 액면하의 저부에 격납통(포를 보내는 것에 의하여 용이하게 이탈되는 캡을 갖는 것을 포함함)에 수납되어 있는 특수호스 등이 송포관의 말단에 접속되어 있다가 포를 보내는 것에 의하여 특수호스 등이 전개되어 그 끝부분이 액면까지 도달한 후 포를 방출하는 포방출구

(2) 보조포소화전의 설치
① 보조포소화전의 상호 간의 보행거리가 **75[m] 이하**가 되도록 설치할 것
② 보조포소화전은 3개(호스접속구가 3개 미만은 그 개수)의 노즐을 동시에 방사 시
  ㉠ 방사압력 : 0.35[MPa] 이상
  ㉡ 방사량 : 400[L/min] 이상

(3) 연결송액구 설치개수

$$N = \frac{Aq}{C}$$

여기서, N : 연결송액구의 설치개수
 A : 탱크의 최대수평단면적[m^2]
 q : 탱크의 액표면적 1[m^2]당 방사해야 할 포수용액의 방출률[L/min]
 C : 연결송액구 1구당의 표준 송액량(800[L/min])

(4) 포헤드방식의 포헤드 설치 기준
① 포헤드는 방호대상물의 모든 표면이 포헤드의 유효사정 내에 있도록 설치할 것
② 방호대상물의 표면적(건축물의 경우에는 바닥면적) 9[m^2]당 1개 이상의 헤드를, 방호대상물의 표면적 1[m^2]당의 방사량이 6.5[L/min] 이상의 비율로 계산한 양의 포수용액을 표준방사량으로 방사할 수 있도록 설치할 것
③ 방사구역은 100[m^2] 이상(방호대상물의 표면적이 100[m^2] 미만인 경우에는 해당 표면적)으로 할 것

(5) 포모니터노즐의 설치 기준

① 포모니터노즐은 옥외저장탱크 또는 이송취급소의 펌프설비 등이 안벽, 부두, 해상구조물, 그 밖의 이와 유사한 장소에 설치되어 있는 경우에 해당 장소의 끝선(해면과 접하는 선)으로부터 수평거리 15[m] 이내의 해면 및 주입구 등 위험물취급설비의 모든 부분이 수평방사거리 내에 있도록 설치할 것. 이 경우에 그 설치개수가 1개인 경우에는 2개로 할 것
② 포모니터노즐은 소화활동상 지장이 없는 위치에서 기동 및 조작이 가능하도록 고정하여 설치할 것
③ **포모니터노즐**은 모든 노즐을 동시에 사용할 경우에 각 노즐 끝부분의 방사량이 **1,900[L/min] 이상**이고 **수평방사거리가 30[m] 이상**이 되도록 설치할 것

(6) 수원의 수량

① 포방출구방식
  ㉠ 고정식 포방출구 수원 = 포수용액량(표1 참조) × 탱크의 액표면적[m^2]
  [단, 비수용성 외의 것은 포수용액량(표2 참조) × 탱크의 액표면적[m^2] × 계수(생략)]

[표1] 비수용성의 포수용액량

종류 구분	Ⅰ형		Ⅱ형		특형		Ⅲ형		Ⅳ형	
	포수용 액량 [L/m^2]	방출률 [$L/m^2 \cdot$ min]	포수용 액량 [L/m^2]	방출률 [$L/m^2 \cdot$ min]	포수용 액량 [L/m^2]	방출률 [$L/m^2 \cdot$ min]	포수용 액량 [L/m^2]	방출률 [$L/m^2 \cdot$ min]	포수용 액량 [L/m^2]	방출률 [$L/m^2 \cdot$ min]
제4류 위험물 중 인화점이 21[℃] 미만인 것	120	4	220	4	240	8	220	4	220	4
제4류 위험물 중 인화점이 21[℃] 이상 70[℃] 미만인 것	80	4	120	4	160	8	120	4	120	4
제4류 위험물 중 인화점이 70[℃] 이상인 것	60	4	100	4	120	8	100	4	100	4

[표2] 수용성의 포수용액량

Ⅰ형		Ⅱ형		특형		Ⅲ형		Ⅳ형	
포수용액량 [L/m^2]	방출률 [$L/m^2 \cdot$ min]	포수용액량 [L/m^2]	방출률 [$L/m^2 \cdot$ min]	포수용액량 [L/m^2]	방출률 [$L/m^2 \cdot$ min]	포수용액량 [L/m^2]	방출률 [$L/m^2 \cdot$ min]	포수용액량 [L/m^2]	방출률 [$L/m^2 \cdot$ min]
160	8	240	8	–	–	–	–	240	8

  ㉡ 보조포소화전의 수원 $Q = N$(보조포소화전수, 최대 3개) $\times 400[L/min] \times 20[min]$

> 포방출구방식의 수원 = ㉠ + ㉡

② 포헤드방식
  수원 = 표면적([m^2]) $\times 6.5[L/min \cdot m^2] \times 10[min]$

③ 포모니터 노즐방식
  수원 = N(노즐수) $\times$ 방사량($1,900[L/min]$) $\times 30[min]$

④ 이동식 포소화설비
  ㉠ 옥내에 설치 시 수원 = N(호스접속구수, 최대 4개) $\times 200[L/min] \times 30[min]$
  ㉡ 옥외에 설치 시 수원 = N(호스접속구수, 최대 4개) $\times 400[L/min] \times 30[min]$

> 방사압력 : 0.35[MPa] 이상

⑤ ①에서 ④에 정한 포수용액의 양 외에 배관 내를 채우기 위하여 필요한 포수용액의 양
⑥ 포소화약제의 저장량은 ① 내지 ⑤에 정한 포수용액량에 각 포소화약제의 적정희석용량 농도를 곱하여 얻은 양 이상이 되도록 할 것

(7) 포소화설비에 적용하는 포소화약제
① Ⅲ형의 방출구 이용 : 플루오린화단백포소화약제, 수성막포소화약제
② 그 밖의 것 : 단백포소화약제, 플루오린화단백포소화약제, 수성막포소화약제
③ 수용성 위험물 : 수용성 액체용 포소화약제

(8) 포소화약제의 혼합장치

기계포소화약제에는 비례혼합장치와 정량혼합장치가 있는데 비례혼합장치는 소화원액이 지정농도의 범위 내로 방사 유량에 비례하여 혼합하는 장치를 말하고 정량혼합장치는 방사 구역 내에서 지정 농도 범위 내의 혼합이 가능한 것만을 성능으로 하지 않는 것으로 지정농도에 관계없이 일정한 양을 혼합하는 장치이다.

[포혼합장치(Foam Mixer)]

① **펌프프로포셔너방식**(Pump Proportioner, 펌프혼합방식)
  펌프의 토출관과 흡입관 사이의 배관 도중에 설치한 흡입기에 펌프에서 토출된 물의 일부를 보내고 농도조정밸브에서 조정된 포소화약제의 필요량을 포소화약제 저장탱크에서 펌프 흡입측으로 보내어 약제를 혼합하는 방식

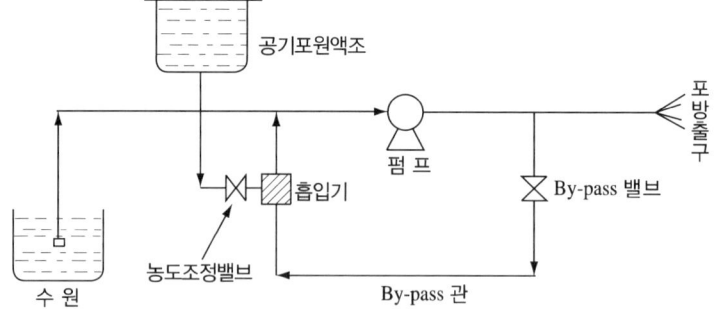

② **라인프로포셔너방식**(Line Proportioner, 관로혼합방식)
  펌프와 발포기의 중간에 설치된 벤투리관의 **벤투리작용**에 따라 포소화약제를 **흡입·혼합**하는 방식. 이 방식은 옥외소화전에 연결 주로 1층에 사용하며 원액 흡입력 때문에 송수압력의 손실이 크고, 토출측 호스의 길이, 포원액 탱크의 높이 등에 민감하므로 정밀설계와 시공을 요한다.

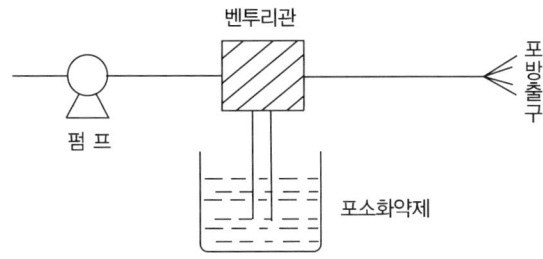

③ **프레셔프로포셔너방식**(Pressure Proportioner, 차압혼합방식)

펌프와 발포기의 중간에 설치된 벤투리관의 **벤투리작용**과 펌프 가압수의 포소화약제 저장탱크에 대한 **압력에 따라** 포소화약제를 **흡입·혼합**하는 방식. 현재 우리나라에서는 3[%] 단백포 차압혼합방식을 많이 사용하고 있다.

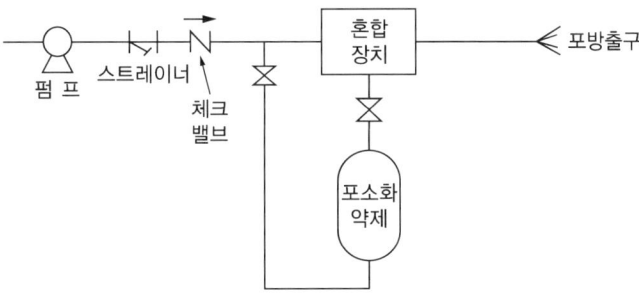

④ **프레셔사이드프로포셔너방식**(Pressure Side Proportioner, 압입혼합방식)

펌프의 **토출관**에 **압입기를 설치**하여 포소화약제 압입용 펌프로 포소화약제를 압입시켜 혼합하는 방식

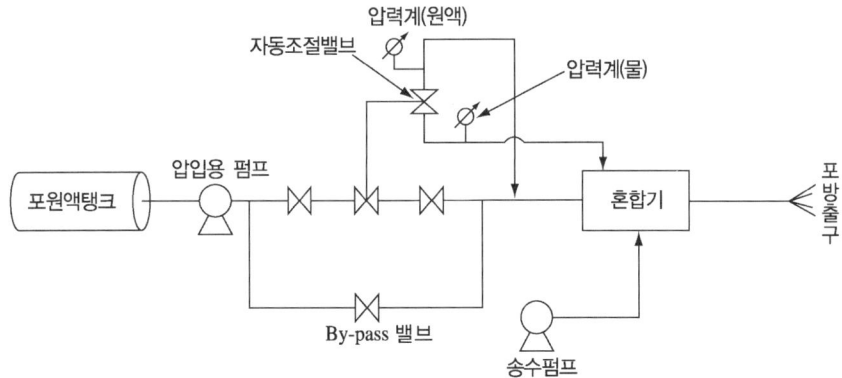

⑤ **압축공기포 믹싱챔버방식** : 물, 포소화약제 및 공기를 믹싱챔버로 강제주입시켜 챔버 내에서 포수용액을 생성한 후 포를 방사하는 방식

(9) 가압송수장치 설치 기준

① **고가수조를 이용하는 가압송수장치**

㉠ 가압송수장치의 낙차(수조의 하단으로부터 포방출구까지의 수직거리)는 다음 식에 의하여 구한 수치 이상으로 할 것

$$H = h_1 + h_2 + h_3$$

여기서, H : 필요한 낙차[m]
h_1 : 고정식 포방출구의 설계압력 환산수두 또는 이동식 포소화설비 노즐방사압력 환산수두[m]
h_2 : 배관의 마찰손실수두[m]
h_3 : 이동식 포소화설비의 소방용 호스의 마찰손실수두[m]

㉡ **고가수조**에는 **수위계, 배수관, 오버플로우용 배수관, 보급수관 및 맨홀**을 설치할 것

② **압력수조를 이용하는 가압송수장치**

㉠ 가압송수장치의 압력수조의 압력은 다음 식에 의하여 구한 수치 이상으로 할 것

$$P = p_1 + p_2 + p_3 + p_4$$

여기서, P : 필요한 압력[MPa]
p_1 : 고정식 포방출구의 설계압력 또는 이동식 포소화설비 노즐방사압력[MPa]
p_2 : 배관의 마찰손실수두압[MPa]
p_3 : 낙차의 환산수두압[MPa]
p_4 : 이동식 포소화설비의 소방용 호스의 마찰손실수두압[MPa]

㉡ **압력수조**의 **수량**은 해당 **압력수조 체적의 2/3 이하**일 것

㉢ **압력수조**에는 압력계, 수위계, 배수관, 보급수관, 통기관 및 맨홀을 설치할 것

③ **펌프를 이용하는 가압송수장치**

㉠ 펌프의 토출량은 고정식 포방출구의 설계압력 또는 노즐의 방사압력의 허용범위로 포수용액을 방출 또는 방사하는 것이 가능한 양으로 할 것

㉡ 펌프의 전양정은 다음 식에 의하여 구한 수치 이상으로 할 것

$$H = h_1 + h_2 + h_3 + h_4$$

여기서, H : 펌프의 전양정[m]
h_1 : 고정식 포방출구의 설계압력 환산수두 또는 이동식 포소화설비 노즐 끝부분의 방사압력 환산수두[m]
h_2 : 배관의 마찰손실수두[m]
h_3 : 낙차[m]
h_4 : 이동식 포소화설비의 소방용 호스의 마찰손실수두[m]

㉢ 펌프의 토출량이 정격토출량의 150[%]인 경우에는 전양정은 정격전양정의 65[%] 이상일 것

㉣ 펌프는 전용으로 할 것. 다만, 다른 소화설비와 병용 또는 겸용해도 각각의 소화설비의 성능에 지장을 주지 않는 경우에는 그렇지 않다.

ⓜ 펌프에는 토출측에 압력계, 흡입측에 연성계를 설치할 것
ⓑ 가압송수장치에는 정격부하 운전 시 펌프의 성능을 시험하기 위한 배관설비를 설치할 것
ⓢ 가압송수장치에는 체절운전 시에 수온상승방지를 위한 순환배관을 설치할 것
ⓞ 펌프를 시동한 후 5분 이내에 포수용액을 포방출구 등까지 송액할 수 있도록 하거나 또는 펌프로부터 포방출구 등까지의 수평거리를 500[m] 이내로 할 것

(10) 기동장치의 조작부는 화재 시 용이하게 접근이 가능하고 바닥면으로부터 **0.8[m] 이상 1.5[m] 이하**의 높이에 설치할 것

8 불활성가스소화설비(세부기준 제134조)

(1) 불활성가스소화설비의 분사헤드

구 분	전역방출방식			국소방출방식 (이산화탄소)
	이산화탄소		불활성가스	
	고압식	저압식	IG-100, IG-55, IG-541	
방사압력	2.1[MPa] 이상	1.05[MPa] 이상	1.9[MPa] 이상	이산화탄소와 같다.
방사시간	60초 이내	60초 이내	95[%] 이상을 60초 이내	30초 이내

(2) 소화약제 저장량

① 전역방출방식

㉠ 이산화탄소

약제량 = (방호구역 체적[m³] × 체적당 약제량[kg/m³] + 개구부면적[m²] × 가산량[5kg/m²]) × 계수

방호구역 체적[m³]	체적당 약제량[kg/m³]	최저한도량[kg]
5 미만	1.20	-
5 이상 15 미만	1.10	6
15 이상 45 미만	1.00	17
45 이상 150 미만	0.90	45
150 이상 1,500 미만	0.80	135
1,500 이상	0.75	1,200

※ 방호구역의 개구부에 자동폐쇄장치를 설치한 경우에는 개구부의 면적[m²] × 가산량(5[kg/m²])을 계산하지 않는다.

㉡ 불활성가스

약제량 = 방호구역 체적[m³] × 체적당 약제량[m³/m³] × 계수

소화약제의 종류	방호구역 체적 1[m³]당 소화약제의 양[m³]
IG-100	0.516
IG-55	0.477
IG-541	0.472

② 국소방출방식

소방대상물		약제 저장량[kg]	
		고압식	저압식
면적식 국소방출방식	액체 위험물을 상부를 개방한 용기에 저장하는 경우 등 화재 시 연소면이 한 면에 한정되고 위험물이 비산할 우려가 없는 경우	방호대상물의 표면적[m²] × 13[kg/m²] × 1.4 × 계수	방호대상물의 표면적[m²] × 13[kg/m²] × 1.1 × 계수
용적식 국소방출방식	상기 이외의 것	방호공간의 체적[m³] × $\left(8-6\dfrac{a}{A}\right)$[kg/m³] × 1.4 × 계수	방호공간의 체적[m³] × $\left(8-6\dfrac{a}{A}\right)$[kg/m³] × 1.1 × 계수

여기서, Q : 단위체적당 소화약제의 양[kg/m³]$\left(=8-6\dfrac{a}{A}\right)$

  a : 방호대상물의 주위에 실제로 설치된 고정벽(방호대상물로부터 0.6[m] 미만의 거리에 있는 것에 한한다)의 면적의 합계[m²]
  A : 방호공간 전체둘레의 면적[m²]

③ 이동식 불활성가스소화설비
  ㉠ 저장량 : 90[kg] 이상
  ㉡ 방사량 : 90[kg/min] 이상

> **Plus One** 전역방출방식 또는 국소방출방식의 불활성가스소화설비 설치 기준
> • 방호구역의 환기설비 또는 배출설비는 소화약제 방사 전에 정지할 수 있는 구조로 할 것
> • 전역방출방식의 불활성가스소화설비를 설치한 방화대상물 또는 개구부의 기준
>   – 이산화탄소를 방사하는 것
>   ⓐ 층고의 2/3 이하의 높이에 있는 개구부로서 방사한 소화약제의 유실의 우려가 있는 것에는 소화약제 방사 전에 폐쇄할 수 있는 자동폐쇄장치를 설치할 것
>   ⓑ 자동폐쇄장치를 설치하지 않은 개구부 면적의 합계수치는 방호대상물 전체 둘레의 면적(방호구역의 벽, 바닥 및 천장 또는 지붕면적의 합계를 말한다) 수치의 1% 이하일 것
>   – IG-100, IG-55 또는 IG-541을 방사하는 것은 모든 개구부에 소화약제 방사 전에 폐쇄할 수 있는 자동폐쇄장치를 설치할 것

(3) 저장용기의 충전비 및 충전압력

구 분	이산화탄소의 충전비		IG-100, IG-55, IG-541의 충전압력
	고압식	저압식	
기 준	1.5 이상 1.9 이하	1.1 이상 1.4 이하	32[MPa] 이하

(4) 저장용기의 설치 기준
① 방호구역 외의 장소에 설치할 것
② 온도가 40[℃] 이하이고, 온도 변화가 적은 장소에 설치할 것
③ 직사일광 및 빗물이 침투할 우려가 적은 장소에 설치할 것
④ 저장용기에는 안전장치(용기밸브에 설치되어 있는 것 포함)를 설치할 것
⑤ 저장용기의 외면에 소화약제의 종류와 양, 제조년도 및 제조자를 표시할 것

(5) 배관의 설치 기준

① 이산화탄소
  ㉠ 강관의 배관[압력배관용 탄소강관(KS D 3562)]
    • 고압식 : 스케줄 80 이상
    • 저압식 : 스케줄 40 이상의 것을 사용할 것
  ㉡ 동관의 배관[이음매 없는 구리 및 구리합금관(KS D 5301)]
    • 고압식 : 16.5[MPa] 이상
    • 저압식 : 3.75[MPa] 이상의 압력에 견딜 수 있는 것을 사용할 것

② 불활성가스(IG-100, IG-55, IG-541)
  압력조절장치의 2차측 배관은 온도 40[℃]에서 최고조절압력에 견딜 수 있는 강도를 갖는 강관(아연도금 등에 의한 방식처리를 한 것에 한한다) 또는 동관을 사용할 수 있고, 선택밸브 또는 폐쇄밸브를 설치하는 경우에는 저장용기로부터 선택밸브 또는 폐쇄밸브까지의 부분에 온도 40[℃]에서 내부압력에 견딜 수 있는 강도를 갖는 강관(아연도금 등에 의한 방식처리를 한 것에 한한다) 또는 동관을 사용할 수 있다.
  ㉠ 강관의 배관[압력배관용 탄소강관(KS D 3562)] : 스케줄 40 이상으로 아연도금 등에 의한 방식처리를 한 것을 사용할 것
  ㉡ 동관의 배관[이음매 없는 구리 및 구리합금관(KSD 5301)] 또는 이와 동등 이상의 강도를 갖는 것으로서 16.5[MPa] 이상의 압력에 견딜 수 있는 것을 사용할 것

③ 관이음쇠
  ㉠ **고압식 : 16.5[MPa] 이상**
  ㉡ 저압식 : 3.75[MPa] 이상의 압력에 견딜 수 있는 것을 사용할 것

④ 낙차(배관의 가장 낮은 위치로부터 가장 높은 위치까지의 수직거리)는 50[m] 이하일 것

(6) 이산화탄소를 저장하는 저압식 저장용기의 설치 기준

① 저압식 저장용기에는 액면계 및 압력계를 설치할 것
② 저압식 저장용기에는 **2.3[MPa] 이상**의 압력 및 **1.9[MPa] 이하**의 압력에서 작동하는 **압력경보장치**를 설치할 것
③ 저압식 저장용기에는 용기내부의 온도를 **-20[℃] 이상 -18[℃] 이하**로 유지할 수 있는 **자동냉동기**를 설치할 것
④ 저압식 저장용기에는 파괴판 및 방출밸브를 설치할 것

(7) 기동용 가스용기

① 기동용 가스용기는 25[MPa] 이상의 압력에 견딜 수 있는 것일 것
② 기동용 가스용기
  ㉠ **내용적 : 1[L] 이상**
  ㉡ **이산화탄소의 양 : 0.6[kg] 이상**

ⓒ **충전비** : **1.5 이상**
ⓔ 기동용 가스용기에는 안전장치 및 용기밸브를 설치할 것

(8) 기동장치

이산화탄소를 방사하는 것의 기동장치는 수동식으로 하고(다만, 상주인이 없는 대상물 등 수동식에 의하는 것이 적당하지 않은 경우에는 자동식으로 할 수 있다), IG-100, IG-55 또는 IG-541을 방사하는 것의 기동장치는 자동식으로 할 것

① 수동식 기동장치
  ㉠ 기동장치는 해당 방호구역 밖에 설치하되 해당 방호구역 안을 볼 수 있고 조작을 한 자가 쉽게 대피할 수 있는 장소에 설치할 것
  ㉡ 기동장치는 하나의 방호구역 또는 방호대상물마다 설치할 것
  ㉢ 기동장치의 조작부는 바닥으로부터 0.8[m] 이상 1.5[m] 이하의 높이에 설치할 것
  ㉣ 기동장치에는 직근의 보기 쉬운 장소에 "**불활성가스소화설비의 수동식 기동장치임을 알리는 표시를 할 것**"이라고 표시할 것
  ㉤ **기동장치**의 외면은 **적색**으로 할 것
  ㉥ 전기를 사용하는 기동장치에는 전원표시등을 설치할 것
  ㉦ 기동장치의 방출용 스위치 등은 음향경보장치가 기동되기 전에는 조작될 수 없도록 하고 기동장치에 유리 등에 의하여 유효한 방호조치를 할 것
  ㉧ 기동장치 또는 직근의 장소에 **방호구역의 명칭, 취급방법, 안전상의 주의사항** 등을 표시할 것

② 자동식 기동장치
  ㉠ 기동장치는 자동화재탐지설비의 감지기의 작동과 연동하여 기동될 수 있도록 할 것
  ㉡ 기동장치에는 다음에 정한 것에 의하여 자동수동전환장치를 설치할 것
    • 쉽게 조작할 수 있는 장소에 설치할 것
    • 자동 및 수동을 표시하는 표시등을 설치할 것
    • 자동수동의 전환은 열쇠 등에 의하는 구조로 할 것
  ㉢ 자동수동전환장치 또는 직근의 장소에 취급방법을 표시할 것

(9) 전역방출방식의 안전조치

① 기동장치의 방출용 스위치 등의 작동으로부터 저장용기의 용기밸브 또는 방출밸브의 개방까지의 시간이 **20초 이상** 되도록 **지연장치**를 설치할 것
② 수동기동장치에는 ①에 정한 시간 내에 소화약제가 방출되지 않도록 조치를 할 것
③ 방호구역의 출입구 등 보기 쉬운 장소에 소화약제가 방출된다는 사실을 알리는 표시등을 설치할 것

(10) 비상전원

① 종류 : 자가발전설비, 축전지설비
② 비상전원의 용량 : 1시간 작동

(11) **전역방출방식의 불활성가스소화설비에 사용하는 소화약제**

제조소 등의 구분		소화약제 종류
제4류 위험물을 저장 또는 취급하는 제조소 등	방호구획의 체적이 1,000[m³] 이상의 것	이산화탄소
	방호구획의 체적이 1,000[m³] 미만의 것	이산화탄소, IG-100, IG-55, IG-541
제4류 외의 위험물을 저장 또는 취급하는 제조소 등		이산화탄소

① **불활성가스소화설비**에 사용하는 소화약제는 **이산화탄소, IG-100, IG-55** 또는 **IG-541**로 하되, 국소방출방식의 불활성가스소화설비에 사용하는 소화약제는 이산화탄소로 할 것
② 전역방출방식의 불활성가스소화설비 중 IG-100, IG-55 또는 IG-541을 방사하는 것은 방호구역 내의 압력상승을 방지하는 조치를 강구할 것

(12) **이동식 불활성가스소화설비 설치 기준**
① 제4호 다목, 라목, 마목 및 바목에 정한 것에 의할 것

> **[제4호 다목]**
> 이산화탄소를 소화약제로 하는 경우에 저장용기의 충전비(용기내용적의 수치와 소화약제중량의 수치와의 비율을 말한다)는 고압식인 경우에는 1.5 이상 1.9 이하이고, 저압식인 경우에는 1.1 이상 1.4 이하일 것
>
> **[제4호 라목]**
> • 온도가 40[℃] 이하이고, 온도 변화가 적은 장소에 설치할 것
> • 직사일광 및 빗물이 침투할 우려가 적은 장소에 설치할 것
> • 저장용기에는 안전장치(용기밸브에 설치되어 있는 것을 포함한다)를 설치할 것
>
> **[제4호 마목]**
> • 전용으로 할 것
> • 이산화탄소를 방사하는 것은 다음에 의할 것
> - 강관의 배관은 압력 배관용 탄소강관(KS D 3562) 중에서 고압식인 것은 스케줄 80 이상, 저압식인 것은 스케줄 40 이상의 것 또는 이와 동등 이상의 강도를 갖는 것으로서 아연도금 등에 의한 방식처리를 한 것을 사용할 것
> - 동관의 배관은 이음매 없는 구리 및 구리합금관(KS D 5301) 또는 이와 동등 이상의 강도를 갖는 것으로서 고압식인 것은 16.5[MPa] 이상, 저압식인 것은 3.75[MPa] 이상의 압력에 견딜 수 있는 것을 사용할 것
> - 관이음쇠는 고압식인 것은 16.5[MPa] 이상, 저압식인 것은 3.75[MPa] 이상의 압력에 견딜 수 있는 것으로서 적절한 방식처리를 한 것을 사용할 것
> - 낙차(배관의 가장 낮은 위치로부터 가장 높은 위치까지의 수직거리를 말한다. 제135조에서 같다)는 50[m] 이하일 것
>
> **[제4호 바목]**
> 고압식 저장용기에는 용기밸브를 설치할 것

② 노즐은 온도 20[℃]에서 하나의 노즐마다 **90[kg/min] 이상**의 소화약제를 방사할 수 있을 것
③ 저장용기의 용기밸브 또는 방출밸브는 호스의 설치장소에서 수동으로 개폐할 수 있을 것
④ 저장용기는 호스를 설치하는 장소마다 설치할 것

⑤ 저장용기의 직근의 보기 쉬운 장소에 적색등을 설치하고 이동식 불활성가스소화설비임을 알리는 표시를 할 것
⑥ 화재 시 연기가 현저하게 충만할 우려가 있는 장소 외의 장소에 설치할 것
⑦ 이동식 불활성가스소화설비에 사용하는 소화약제는 이산화탄소로 할 것

9 할로젠화합물소화설비(세부기준 제135조)

(1) 전역·국소방출방식

① 할론 2402를 방사하는 분사헤드는 소화약제가 무상으로 분무되는 것으로 할 것
② 분사헤드의 방사압력

약 제	방사압력
할론2402	0.1[MPa] 이상
할론1211	0.2[MPa] 이상
할론1301	**0.9[MPa] 이상**
HFC-227ea, FK-5-1-12	0.3[MPa] 이상
HFC-23	0.9[MPa] 이상
HFC-125	0.9[MPa] 이상

[할론분사헤드]

③ 전역·국소방출방식에 의한 약제 방사시간

약 제	방사시간
할론2402	30초 이내
할론1211	
할론1301	
HFC-227ea, FK-5-1-12	10초 이내
HFC-23	
HFC-125	

(2) 소화약제 저장량

① 전역방출방식의 할로젠화합물소화설비
  ㉠ 자동폐쇄장치가 설치된 경우

$$\text{저장량[kg]} = \text{방호구역 체적}[m^3] \times \text{필요가스량}[kg/m^3] \times \text{계수}$$

  ㉡ 자동폐쇄장치가 설치되지 않은 경우

$$\text{저장량[kg]} = (\text{방호구역 체적}[m^3] \times \text{필요가스량}[kg/m^3] + \text{개구부면적}[m^2] \times \text{가산량}[kg/m^2]) \times \text{계수}$$

소화약제	필요가스량	가산량(자동폐쇄장치 미설치 시)
할론2402	0.40[kg/m³]	3.0[kg/m²]
할론1211	0.36[kg/m³]	2.7[kg/m²]
할론1301	0.32[kg/m³]	2.4[kg/m²]
HFC-23, HFC-125	0.52[kg/m³]	-
HFC-227ea	0.55[kg/m³]	-
KF-5-1-12	0.84[kg/m³]	-

② 국소방출방식의 할로젠화합물소화설비

소방대상물		약제 저장량[kg]		
		Halon2402	Halon1211	Halon1301
면적식 국소방출방식	액체 위험물을 상부를 개방한 용기에 저장하는 경우 등 화재 시 연소면이 한 면에 한정되고 위험물이 비산할 우려가 없는 경우	방호대상물의 표면적[m²] × 8.8[kg/m²] × 1.1 × 계수	방호대상물의 표면적[m²] × 7.6[kg/m²] × 1.1 × 계수	방호대상물의 표면적[m²] × 6.8[kg/m²] × 1.25 × 계수
용적식 국소방출방식	상기 이외의 것	방호공간의 체적[m³] × $\left(X - Y\dfrac{a}{A}\right)$[kg/m³] × 1.1 × 계수	방호공간의 체적[m³] × $\left(X - Y\dfrac{a}{A}\right)$[kg/m³] × 1.1 × 계수	방호공간의 체적[m³] × $\left(X - Y\dfrac{a}{A}\right)$[kg/m³] × 1.25 × 계수

㉠ 방호공간 : 방호대상물의 각 부분으로부터 0.6[m]의 거리에 따라 둘러싸인 공간

㉡ Q : 단위체적당 소화약제의 양[kg/m³]$\left(= X - Y\dfrac{a}{A}\right)$

㉢ a : 방호대상물의 주위에 실제로 설치된 고정벽의 면적의 합계[m²]

㉣ A : 방호공간의 전체둘레의 면적[m²]

㉤ X 및 Y : 다음 표에 정한 소화약제의 종류에 따른 수치

소화약제의 종별	X의 수치	Y의 수치
할론2402	5.2	3.9
할론1211	4.4	3.3
할론1301	4.0	3.0

③ 이동식의 할로젠화합물소화설비

소화약제의 종별	소화약제의 양	분당 방사량
할론2402	50[kg] 이상	45[kg] 이상
할론1211	45[kg] 이상	40[kg] 이상
할론1301		35[kg] 이상

(3) 할로젠화합물소화설비의 설치 기준

① 충전비

약제의 종류		충전비
할론2402	가압식	0.51 이상 0.67 이하
	축압식	0.67 이상 2.75 이하
할론1211		0.7 이상 1.4 이하
할론1301, HFC-227ea		0.9 이상 1.6 이하
HFC-23, HFC-125		1.2 이상 1.5 이하
FK-5-1-12		0.7 이상 1.6 이하

② 저장용기
  ㉠ 가압식 저장용기 등에는 방출밸브를 설치할 것
  ㉡ 표시사항 : 충전소화약제량, 소화약제의 종류, 최고사용압력(가압식에 한한다), 제조년도, 제조자명

③ 축압식 저장용기의 압력
  ㉠ 가압가스 : 질소
  ㉡ 축압 압력

약 제	할론1301, HFC-227ea, FK-5-1-12	할론1211
저압식	2.5[MPa]	1.1[MPa]
고압식	4.2[MPa]	2.5[MPa]

④ 가압용 가스용기
  ㉠ 충전가스 : 질소(N_2)
  ㉡ 안전장치와 용기밸브를 설치할 것

⑤ 배 관
  ㉠ 전용으로 할 것
  ㉡ 강관의 배관은 할론2402는 배관용 탄소강관(KS D 3507), 할론1211 또는 할론1301, HFC-227ea, HFC-23, HFC-125 또는 FK-5-1-12에 있어서는 압력배관용 탄소강관(KS D 3562) 중에서 스케줄 40 이상의 것 또는 이와 동등 이상의 강도를 갖는 것으로서 아연도금 등에 의한 방식처리를 한 것을 사용할 것
  ㉢ 낙차는 50[m] 이하일 것

⑥ 저장용기(축압식의 것으로서 내부압력이 1.0[MPa] 이상인 것에 한한다)에는 용기밸브를 설치할 것

⑦ 가압식 저장용기 : 2.0[MPa] 이하의 **압력조정장치**를 설치할 것

⑧ 저장용기 등과 선택밸브 등 사이에는 안전장치 또는 파괴판을 설치할 것

⑨ **기동장치**는 할론2402, 할론1211 또는 할론1301을 방사하는 것은 **수동식**으로 하고(다만, 상주인이 없는 대상물 등 수동식에 의하는 것이 적당하지 않은 경우에는 자동식으로 할 수 있다), HFC-23, HFC-125, HFC-227ea 또는 FK-5-1-12를 방사하는 것의 기동장치는 **자동식**으로 할 것

⑩ 전역방출방식의 안전조치
  ㉠ 기동장치의 방출용 스위치 등의 작동으로부터 저장용기 등의 용기밸브 또는 방출밸브의 개방까지의 시간이 20초 이상으로 되도록 지연장치를 설치할 것. 다만, 할론1301을 방사하는 것은 지연장치를 설치하지 않을 수 있다.
  ㉡ 수동기동장치에는 ㉠에 정한 시간 내에 소화약제가 방출되지 않도록 조치를 할 것
  ㉢ 방호구역의 출입구 등 보기 쉬운 장소에 소화약제가 방출된다는 사실을 알리는 표시등을 설치할 것
⑪ 전역방출방식의 할로젠화합물소화설비를 설치한 방화대상물 또는 그 부분의 개구부의 기준
  ㉠ 할론2402, 할론1211 또는 할론1301를 방사하는 것은 다음에 의한 것
    • 층고의 2/3 이하의 높이에 있는 개구부로서 방사한 소화약제의 유실의 우려가 있는 것에는 소화약제 방사 전에 폐쇄할 수 있는 자동폐쇄장치를 설치할 것
    • 자동폐쇄장치를 설치하지 않은 개구부 면적의 합계수치는 방호대상물의 전체둘레의 면적(방호구역의 벽, 바닥 및 천장 또는 지붕면적의 합계를 말한다)의 수치의 1[%] 이하일 것
  ㉡ HFC-23, HFC-125, HFC-227ea 또는 FK-5-1-12를 방사하는 것은 모든 개구부에 소화약제 방사 전에 폐쇄할 수 있는 자동폐쇄장치를 설치할 것
⑫ 국소방출방식의 할로젠화합물소화설비에 사용하는 소화약제는 할론2402, 할론1211 또는 할론1301로 할 것
⑬ 전역방출방식의 할로젠화합물소화설비에 사용하는 소화약제의 종류

제조소 등의 구분		소화약제 종류
제4류 위험물을 저장 또는 취급하는 제조소 등	방호구획의 체적이 1,000[m³] 이상의 것	할론2402, 할론1211, 할론1301
	방호구획의 체적이 1,000[m³] 미만의 것	할론2402, 할론1211, 할론1301, HFC-23, HFC-125, HFC-227ea, FK-5-1-12
제4류 외의 위험물을 저장 또는 취급하는 제조소 등		할론2402, 할론1211, 할론1301

10 분말소화설비(세부기준 제136조)

(1) 전역방출방식, 국소방출방식의 분사헤드

① 전역방출방식의 분말소화설비의 분사헤드
  ㉠ 방사된 소화약제가 방호구역의 전역에 균일하고 신속하게 확산할 수 있도록 설치할 것
  ㉡ 분사헤드의 방사압력은 0.1[MPa] 이상일 것
  ㉢ 소화약제의 양을 30초 이내에 균일하게 방사할 것
② 국소방출방식의 분말소화설비의 분사헤드
  ㉠ 분사헤드는 방호대상물의 모든 표면이 분사헤드의 유효사정 내에 있도록 설치할 것
  ㉡ 소화약제의 방사에 의하여 위험물이 비산되지 않는 장소에 설치할 것
  ㉢ 분사헤드의 방사압력은 0.1[MPa] 이상일 것
  ㉣ 소화약제의 양을 30초 이내에 균일하게 방사할 것

(2) 분말소화설비에 사용하는 소화약제

① 제1종 분말
② 제2종 분말
③ 제3종 분말
④ 제4종 분말
⑤ 제5종 분말

(3) 저장용기 등의 충전비

소화약제의 종별	충전비의 범위
제1종 분말	0.85 이상 1.45 이하
제2종 분말 또는 **제3종 분말**	**1.05 이상 1.75 이하**
제4종 분말	1.50 이상 2.50 이하

(4) 소화약제 저장량

① 전역방출방식

㉠ 자동폐쇄장치가 설치된 경우

> 분말저장량[kg] = (방호구역 체적[m³] × 필요가스량[kg/m³]) × 계수(별표 2)

㉡ 자동폐쇄장치가 설치되지 않은 경우

> 분말저장량[kg] = (방호구역 체적[m³] × 필요가스량[kg/m³] + 개구부면적[m²] × 가산량[kg/m²]) × 계수(별표 2)

소화약제의 종별	필요가스량[kg/m³]	가산량[kg/m²]
제1종 분말(탄산수소나트륨이 주성분)	0.60	4.5
제2종 분말(탄산수소칼륨이 주성분) 제3종 분말[인산염류(인산암모늄을 90[%] 이상 함유)가 주성분]	0.36	2.7
제4종 분말(탄산수소칼륨과 요소의 반응생성물)	0.24	1.8
제5종 분말(특정의 위험물에 적응성이 있는 것으로 인정)	소화약제에 따라 필요한 양	소화약제에 따라 필요한 양

② 국소방출방식

소방대상물		약제저장량[kg]		
		제1종 분말	제2종, 제3종 분말	제4종 분말
면적식 국소 방출 방식	액체 위험물을 상부를 개방한 용기에 저장하는 경우 등 화재 시 연소면이 한면에 한정되고 위험물이 비산할 우려가 없는 경우	방호대상물의 표면적[m²] ×8.8[kg/m²]×1.1×계수	방호대상물의 표면적[m²] ×5.2[kg/m²]×1.1×계수	방호대상물의 표면적[m²] ×3.6[kg/m²]×1.1×계수
용적식 국소 방출 방식	상기 이외의 것	방호공간의 체적[m³] $\times \left(X - Y\dfrac{a}{A}\right)$[kg/m³] ×1.1×계수	방호공간의 체적[m³] $\times \left(X - Y\dfrac{a}{A}\right)$[kg/m³] ×1.1×계수	방호공간의 체적[m³] $\times \left(X - Y\dfrac{a}{A}\right)$[kg/m³] ×1.1×계수

여기서, Q : 단위체적당 소화약제의 양[kg/m³]$\left(= X - Y\dfrac{a}{A}\right)$

a : 방호대상물 주위에 실제로 설치된 고정벽의 면적의 합계[m²]
A : 방호공간 전체 둘레의 면적[m²]
X 및 Y : 다음 표에 정한 소화약제의 종류에 따른 수치

소화약제의 종별	X의 수치	Y의 수치
제1종 분말	5.2	3.9
제2종 분말 또는 제3종 분말	3.2	2.4
제4종 분말	2.0	1.5
제5종 분말	소화약제에 따라 필요한 양	

③ 이동식 분말소화설비

소화약제의 종별	소화약제의 양[kg]	분당 방사량[kg/min]
제1종 분말	50 이상	45 이상
제2종 분말 또는 제3종 분말	30 이상	27 이상
제4종 분말	20 이상	18 이상
제5종 분말	소화약제에 따라 필요한 양	-

(5) 배관의 기준

① 전용으로 할 것
② 강관의 배관은 배관용 탄소강관(KS D 3507)에 적합하고 아연도금 등에 의하여 방식처리를 한 것 또는 이와 동등 이상의 강도 및 내식성을 갖는 것을 사용할 것
③ 동관의 배관은 이음매 없는 구리 및 구리합금관(KS D 5301) 또는 이와 동등 이상의 강도 및 내식성을 갖는 것으로 **조정압력** 또는 **최고사용압력의 1.5배 이상**의 압력에 견딜 수 있는 것을 사용할 것
④ 저장용기 등으로부터 배관의 굴곡부까지의 거리는 관경의 20배 이상 되도록 할 것. 다만, 소화약제와 가압용·축압용가스가 분리되지 않도록 조치를 한 경우에는 그렇지 않다.
⑤ **낙차는 50[m] 이상**일 것

(6) 가압식의 분말소화설비에는 2.5[MPa] 이하의 압력으로 조정할 수 있는 압력조정기를 설치할 것

(7) **정압작동장치의 설치 기준**

① 기동장치의 작동 후 저장용기 등의 압력이 설정압력이 되었을 때 방출밸브를 개방시키는 것일 것
② 정압작동장치는 저장용기 등마다 설치할 것

(8) 저장용기 등과 선택밸브 등 사이에는 안전장치 또는 파괴판을 설치할 것

(9) **기동용 가스용기의 기준**

내용적	가스의 양	충전비
0.27[L] 이상	145[g] 이상	1.5 이상

제2절 제조소 등의 소화설비의 설치 기준(시행규칙 별표 17)

1 소화설비

(1) 소화난이도 등급 Ⅰ

① 소화난이도 등급 Ⅰ에 해당하는 제조소 등

제조소 등의 구분	제조소 등의 규모, 저장 또는 취급하는 위험물의 종류 및 최대수량 등
제조소 일반 취급소	연면적 1,000[m²] 이상인 것
	지정수량의 100배 이상인 것(고인화점위험물만을 100[℃] 미만의 온도에서 취급하는 것 및 제48조의 위험물을 취급하는 것은 제외)
	지반면으로부터 6[m] 이상의 높이에 위험물 취급설비가 있는 것(고인화점위험물만을 100[℃] 미만의 온도에서 취급하는 것은 제외)
	일반취급소로 사용되는 부분 외의 부분을 갖는 건축물에 설치된 것(내화구조로 개구부 없이 구획된 것, 고인화점위험물만을 100[℃] 미만의 온도에서 취급하는 것 및 화학실험의 일반취급소는 제외)
주유취급소	별표 13 Ⅴ 제2호에 따른 면적의 합이 500[m²]를 초과하는 것
옥내 저장소	지정수량의 150배 이상인 것(고인화점위험물만을 저장하는 것 및 제48조의 위험물을 저장하는 것은 제외)
	연면적 150[m²]을 초과하는 것(150[m²] 이내마다 불연재료로 개구부 없이 구획된 것 및 인화성 고체 외의 제2류 위험물 또는 인화점 70[℃] 이상의 제4류 위험물만을 저장하는 것은 제외)
	처마높이가 6[m] 이상인 단층 건물의 것
	옥내저장소로 사용되는 부분 외의 부분이 있는 건축물에 설치된 것(내화구조로 개구부 없이 구획된 것 및 인화성 고체 외의 제2류 위험물 또는 인화점 70[℃] 이상의 제4류 위험물만을 저장하는 것은 제외)
옥외탱크 저장소	액표면적이 40[m²] 이상인 것(제6류 위험물을 저장하는 것 및 고인화점위험물만을 100[℃] 미만의 온도에서 저장하는 것은 제외)
	지반면으로부터 탱크 옆판의 상단까지 높이가 6[m] 이상인 것(제6류 위험물을 저장하는 것 및 고인화점위험물만을 100[℃] 미만의 온도에서 저장하는 것은 제외)
	지중탱크 또는 해상탱크로서 지정수량의 100배 이상인 것(제6류 위험물을 저장하는 것 및 고인화점위험물만을 100[℃] 미만의 온도에서 저장하는 것은 제외)
	고체 위험물을 저장하는 것으로서 지정수량의 100배 이상인 것
옥내탱크 저장소	액표면적이 40[m²] 이상인 것(제6류 위험물을 저장하는 것 및 고인화점위험물만을 100[℃] 미만의 온도에서 저장하는 것은 제외)
	바닥면으로부터 탱크 옆판의 상단까지 높이가 6[m] 이상인 것(제6류 위험물을 저장하는 것 및 고인화점위험물만을 100[℃] 미만의 온도에서 저장하는 것은 제외)
	탱크전용실이 단층 건물 외의 건축물에 있는 것으로서 인화점 38[℃] 이상 70[℃] 미만의 위험물을 지정수량의 5배 이상 저장하는 것(내화구조로 개구부 없이 구획된 것은 제외한다)
옥외 저장소	덩어리 상태의 황을 저장하는 것으로서 경계표시 내부의 면적(2 이상의 경계표시가 있는 경우에는 각 경계표시의 내부의 면적을 합한 면적)이 100[m²] 이상인 것
	별표 11 Ⅲ의 위험물을 저장하는 것으로서 지정수량의 100배 이상인 것
암반탱크 저장소	액표면적이 40[m²] 이상인 것(제6류 위험물을 저장하는 것 및 고인화점위험물만을 100[℃] 미만의 온도에서 저장하는 것은 제외)
	고체 위험물을 저장하는 것으로서 지정수량의 100배 이상인 것
이송취급소	모든 대상

② 소화난이도 등급 I 의 제조소 등에 설치해야 하는 **소화설비**

제조소 등의 구분			소화설비
제조소 및 일반취급소			옥내소화전설비, 옥외소화전설비, 스프링클러설비 또는 물분무 등 소화설비(화재발생 시 연기가 충만할 우려가 있는 장소에는 스프링클러설비 또는 이동식 외의 물분무 등 소화설비에 한한다)
주유취급소			스프링클러설비(건축물에 한정한다), 소형수동식소화기 등(능력단위의 수치가 건축물 그 밖의 공작물 및 위험물의 소요단위의 수치에 이르도록 설치할 것)
옥내 저장소	처마높이가 6[m] 이상인 단층 건물 또는 다른 용도의 부분이 있는 건축물에 설치한 옥내저장소		스프링클러설비 또는 이동식 외의 물분무 등 소화설비
	그 밖의 것		옥외소화전설비, 스프링클러설비, 이동식 외의 물분무 등 소화설비 또는 이동식 포소화설비(포소화전을 옥외에 설치하는 것에 한한다)
옥외 탱크 저장소	지중탱크 또는 해상탱크 외의 것	황만을 저장·취급하는 것	물분무소화설비
		인화점 70[℃] 이상의 제4류 위험물만을 저장·취급하는 것	물분무소화설비 또는 고정식 포소화설비
		그 밖의 것	고정식 포소화설비(포소화설비가 적응성이 없는 경우에는 분말소화설비)
	지중탱크		고정식 포소화설비, 이동식 이외의 불활성가스소화설비 또는 이동식 이외의 할로젠화합물소화설비
	해상탱크		고정식 포소화설비, 물분무소화설비, 이동식 이외의 불활성가스소화설비 또는 이동식 이외의 할로젠화합물소화설비
옥내 탱크 저장소	황만을 저장·취급하는 것		물분무소화설비
	인화점 70[℃] 이상의 제4류 위험물만을 저장·취급하는 것		물분무소화설비, 고정식 포소화설비, 이동식 이외의 불활성가스소화설비, 이동식 이외의 할로젠화합물소화설비 또는 이동식 이외의 분말소화설비
	그 밖의 것		고정식 포소화설비, 이동식 이외의 불활성가스소화설비, 이동식 이외의 할로젠화합물소화설비 또는 이동식 이외의 분말소화설비
옥외저장소 및 이송취급소			옥내소화전설비, 옥외소화전설비, 스프링클러설비 또는 물분무 등 소화설비(화재발생 시 연기가 충만할 우려가 있는 장소에는 스프링클러설비 또는 이동식 이외의 물분무 등 소화설비에 한한다)
암반 탱크 저장소	황만을 저장·취급하는 것		물분무소화설비
	인화점 70[℃] 이상의 제4류 위험물만을 저장·취급하는 것		물분무소화설비 또는 고정식 포소화설비
	그 밖의 것		고정식 포소화설비(포소화설비가 적응성이 없는 경우에는 분말소화설비)

(2) 소화난이도 등급Ⅱ

① 소화난이도 등급Ⅱ에 해당하는 제조소 등

제조소 등의 구분	제조소 등의 규모, 저장 또는 취급하는 위험물의 품명 및 최대수량 등
제조소 일반취급소	연면적 600[m²] 이상인 것
	지정수량의 **10배 이상**인 것(고인화점위험물만을 100[℃] 미만의 온도에서 취급하는 것 및 제48조의 위험물을 취급하는 것은 제외)
	별표 16 Ⅱ·Ⅲ·Ⅳ·Ⅴ·Ⅷ·Ⅸ·Ⅹ 또는 Ⅹ의2의 일반취급소로서 소화난이도 등급Ⅰ의 제조소 등에 해당하지 않는 것(고인화점위험물만을 100[℃] 미만의 온도에서 취급하는 것은 제외)
옥내저장소	**단층 건물 이외의 것**
	별표 5 Ⅱ 또는 Ⅳ 제1호의 옥내저장소
	지정수량의 10배 이상인 것(고인화점위험물만을 저장하는 것 및 제48조의 위험물을 저장하는 것은 제외)
	연면적 150[m²] 초과인 것
	별표 5 Ⅲ의 옥내저장소로서 소화난이도 등급Ⅰ의 제조소 등에 해당하지 않는 것
옥외탱크저장소 옥내탱크저장소	소화난이도 등급Ⅰ의 제조소 등 외의 것(고인화점위험물만을 100[℃] 미만의 온도로 저장하는 것 및 제6류 위험물만을 저장하는 것은 제외)
옥외저장소	덩어리 상태의 황을 저장하는 것으로서 경계표시 내부의 면적(2 이상의 경계표시가 있는 경우에는 각 경계표시의 내부의 면적을 합한 면적)이 5[m²] 이상 100[m²] 미만인 것
	별표 11 Ⅲ의 위험물을 저장하는 것으로서 지정수량의 10배 이상 100배 미만인 것
	지정수량의 100배 이상인 것(덩어리 상태의 황 또는 고인화점위험물을 저장하는 것은 제외)
주유취급소	**옥내주유취급소**로서 소화난이도 등급Ⅰ의 제조소 등에 해당하지 않는 것
판매취급소	**제2종 판매취급소**

② 소화난이도 등급Ⅱ의 제조소 등에 설치해야 하는 소화설비

제조소 등의 구분	소화설비
제조소, 옥내저장소, 옥외저장소, 주유취급소, 판매취급소, 일반취급소	방사능력범위 내에 해당 건축물, 그 밖의 공작물 및 위험물이 포함되도록 대형수동식소화기를 설치하고, 해당 위험물의 소요단위의 1/5 이상에 해당하는 능력단위의 소형수동식소화기 등을 설치할 것
옥외탱크저장소, 옥내탱크저장소	**대형수동식소화기** 및 **소형수동식소화기** 등을 각각 1개 이상 설치할 것

(3) 소화난이도 등급Ⅲ

① 소화난이도 등급Ⅲ에 해당하는 제조소 등

제조소 등의 구분	제조소 등의 규모, 저장 또는 취급하는 위험물의 품명 및 최대수량 등
제조소 일반취급소	제48조의 위험물을 취급하는 것
	제48조의 위험물 외의 것을 취급하는 것으로서 소화난이도 등급Ⅰ 또는 소화난이도 등급Ⅱ의 제조소 등에 해당하지 않는 것
옥내저장소	제48조의 위험물을 취급하는 것
	제48조의 위험물 외의 것을 취급하는 것으로서 소화난이도 등급Ⅰ 또는 소화난이도 등급Ⅱ의 제조소 등에 해당하지 않는 것
지하탱크저장소 간이탱크저장소 **이동탱크저장소**	모든 대상
옥외저장소	덩어리 상태의 황을 저장하는 것으로서 경계표시 내부의 면적(2 이상의 경계표시가 있는 경우에는 각 경계표시의 내부의 면적을 합한 면적)이 5[m^2] 미만인 것
	덩어리 상태의 황 외의 것을 저장하는 것으로서 소화난이도 등급Ⅰ 또는 소화난이도 등급Ⅱ의 제조소 등에 해당하지 않는 것
주유취급소	옥내주유취급소 외의 것으로서 소화난이도 등급Ⅰ의 제조소 등에 해당하지 않는 것
제1종 판매취급소	모든 대상

② 소화난이도 등급Ⅲ의 제조소 등에 설치해야 하는 소화설비

제조소 등의 구분	소화설비	설치 기준	
지하탱크저장소	소형수동식소화기 등	능력단위의 수치가 3 이상	2개 이상
이동탱크저장소	자동차용소화기	무상의 강화액 8[L] 이상	2개 이상
		이산화탄소 3.2[kg] 이상	
		브로모클로로다이플루오로메테인(CF$_2$ClBr) 2[L] 이상	
		브로모트라이플루오로메테인(CF$_3$Br) 2[L] 이상	
		다이브로모테트라플루오로에테인(C$_2$F$_4$Br$_2$) 1[L] 이상	
		소화분말 3.3[kg] 이상	
	마른모래 및 팽창질석 또는 팽창진주암	마른모래 150[L] 이상	
		팽창질석 또는 팽창진주암 640[L] 이상	
그 밖의 제조소 등	소형수동식소화기 등	능력단위의 수치가 건축물 그 밖의 공작물 및 위험물의 소요단위의 수치에 이르도록 설치할 것. 다만, 옥내소화전설비, 옥외소화전설비, 스프링클러설비, 물분무 등 소화설비 또는 대형수동식소화기를 설치한 경우에는 해당 소화설비의 방사능력범위 내의 부분에 대하여는 수동식소화기 등을 그 능력단위의 수치가 해당 소요단위의 수치의 1/5 이상이 되도록 하는 것으로 족하다.	

(4) 소화설비의 적응성

소화설비의 구분			대상물의 구분	건축물·그 밖의 공작물	전기설비	제1류 위험물		제2류 위험물			제3류 위험물		제4류 위험물	제5류 위험물	제6류 위험물
						알칼리금속과산화물 등	그 밖의 것	철분·금속분·마그네슘 등	인화성고체	그 밖의 것	금수성물품	그 밖의 것			
옥내소화전설비 또는 옥외소화전설비				○			○		○	○		○		○	○
스프링클러설비				○			○		○	○		○	△	○	○
물분무 등 소화설비	물분무소화설비			○	○		○		○	○		○	○	○	○
	포소화설비			○			○		○	○		○	○	○	○
	불활성가스소화설비				○				○				○		
	할로젠화합물소화설비				○				○				○		
	분말소화설비	인산염류 등		○	○		○		○	○			○		○
		탄산수소염류 등			○	○		○	○		○		○		
		그 밖의 것				○		○			○				
대형·소형 수동식소화기	봉상수(棒狀水)소화기			○			○		○	○		○		○	○
	무상수(霧狀水)소화기			○	○		○		○	○		○		○	○
	봉상강화액소화기			○			○		○	○		○		○	○
	무상강화액소화기			○	○		○		○	○		○	○	○	○
	포소화기			○			○		○	○		○	○	○	○
	이산화탄소소화기				○				○				○		△
	할로젠화합물소화기				○				○				○		
	분말소화기	인산염류소화기		○	○		○		○	○			○		○
		탄산수소염류소화기			○	○		○	○		○		○		
		그 밖의 것				○		○			○				
기타	물통 또는 수조			○			○		○	○		○		○	○
	건조사					○	○	○	○	○	○	○	○	○	○
	팽창질석 또는 팽창진주암					○	○	○	○	○	○	○	○	○	○

[비고] "○"표시는 해당 특정소방대상물 및 위험물에 대하여 소화설비가 적응성이 있음을 표시하고, "△"표시는 제4류 위험물을 저장 또는 취급하는 장소의 살수기준면적에 따라 스프링클러설비의 살수밀도가 규정된 표에 정하는 기준 이상인 경우에는 해당 스프링클러설비가 제4류 위험물에 대하여 적응성이 있음을, 제6류 위험물을 저장 또는 취급하는 장소로서 **폭발의 위험이 없는 장소**에 한하여 **이산화탄소소화기**가 **제6류 위험물**에 대하여 **적응성이 있음**을 각각 표시한다.

2 전기설비 및 소요단위

(1) 전기설비의 소화설비

제조소 등에 전기설비(전기배선, 조명기구 등은 제외)가 설치된 경우 : **면적 100[m²]마다** 소형수동식소화기를 1개 이상 설치할 것

(2) 소요단위 및 능력단위

① 소요단위 : 소화설비의 설치대상이 되는 건축물 그 밖의 공작물의 규모 또는 위험물의 양의 기준단위
② 능력단위 : ①의 소요단위에 대응하는 소화설비의 소화능력의 기준단위

(3) 소요단위의 계산방법

① **제조소** 또는 취급소의 건축물
  ㉠ 외벽이 **내화구조** : **연면적 100[m²]**를 1소요단위
  ㉡ 외벽이 **내화구조가 아닌 것** : **연면적 50[m²]**를 1소요단위
② **저장소**의 건축물
  ㉠ 외벽이 **내화구조** : 연면적 150[m²]를 1소요단위
  ㉡ 외벽이 **내화구조가 아닌 것** : 연면적 75[m²]를 1소요단위
③ **위험물** : 지정수량의 10배를 1소요단위

$$\text{소요단위} = \frac{\text{저장(취급)수량}}{\text{지정수량} \times 10\text{배}}$$

(4) 소화설비의 능력단위

소화설비	용량	능력단위
소화전용물통	8[L]	0.3
수조(소화전용물통 3개 포함)	80[L]	1.5
수조(소화전용물통 6개 포함)	190[L]	2.5
마른모래(삽 1개 포함)	50[L]	0.5
팽창질석 또는 **팽창진주암**(삽 1개 포함)	160[L]	1.0

소화설비의 능력단위 : **종종 출제**

제3절 경보설비, 피난설비의 설치 기준(시행규칙 별표 17)

1 경보설비

(1) 제조소 등별로 설치해야 하는 경보설비의 종류

제조소 등의 구분	제조소 등의 규모, 저장 또는 취급하는 위험물의 종류 및 최대수량 등	경보설비
가. 제조소 및 일반취급소	• 연면적이 500[m^2] 이상인 것 • 옥내에서 지정수량의 100배 이상을 취급하는 것(고인화점위험물만을 100[℃] 미만의 온도에서 취급하는 것은 제외) • 일반취급소로 사용되는 부분 외의 부분이 있는 건축물에 설치된 일반취급소(일반취급소와 일반취급소 외의 부분이 내화구조의 바닥 또는 벽으로 개구부 없이 구획된 것은 제외)	자동화재탐지설비
나. 옥내저장소	• 지정수량의 100배 이상을 저장 또는 취급하는 것(고인화점위험물만을 저장 또는 취급하는 것은 제외) • 저장창고의 연면적이 150[m^2]를 초과하는 것[연면적 150[m^2] 이내마다 불연재료의 격벽으로 개구부 없이 완전히 구획된 저장창고와 제2류 위험물(인화성고체는 제외) 또는 제4류 위험물(인화점이 70[℃] 미만인 것은 제외)만을 저장 또는 취급하는 저장창고는 그 연면적이 500[m^2] 이상인 것을 말한다] • 처마 높이가 6[m] 이상인 단층 건물의 것 • 옥내저장소로 사용되는 부분 외의 부분이 있는 건축물에 설치된 옥내저장소[옥내저장소와 옥내저장소 외의 부분이 내화구조의 바닥 또는 벽으로 개구부 없이 구획된 것과 제2류(인화성고체는 제외) 또는 제4류의 위험물(인화점이 70[℃] 미만인 것은 제외)만을 저장 또는 취급하는 것은 제외]	
다. 옥내탱크저장소	단층 건물 외의 건축물에 설치된 옥내탱크저장소로서 소화난이도 등급 Ⅰ에 해당하는 것	
라. 주유취급소	옥내주유취급소	
마. 옥외탱크저장소	특수인화물, 제1석유류 및 알코올류를 저장 또는 취급하는 탱크의 용량이 1,000만[L] 이상인 것	• 자동화재탐지설비 • 자동화재속보설비
바. 가목부터 마목까지의 규정에 따른 자동화재탐지설비 설치 대상 제조소 등에 해당하지 않는 제조소 등(이송취급소는 제외)	**지정수량의 10배 이상**을 저장 또는 취급하는 것	**자동화재탐지설비, 비상경보설비, 확성장치 또는 비상방송설비 중 1종 이상**

[비고] 이송취급소에 설치하는 경보설비는 별표 15 Ⅳ 제14호에 따른다.

(2) **자동화재탐지설비의 설치 기준**

① 자동화재탐지설비의 경계구역(화재가 발생한 구역을 다른 구역과 구분하여 식별할 수 있는 최소단위의 구역)은 건축물 그 밖의 공작물의 2 이상의 층에 걸치지 않도록 할 것. 다만, 하나의 경계구역의 면적이 500[m^2] 이하이면서 해당 경계구역이 2개의 층에 걸치는 경우이거나 계단·경사로·승강기의 승강로 그 밖에 이와 유사한 장소에 연기감지기를 설치하는 경우에는 그렇지 않다.

② 하나의 **경계구역**의 면적은 **600[m²] 이하**로 하고 그 **한 변의 길이**는 **50[m]**(**광전식분리형**감지기를 설치할 경우에는 **100[m]**) **이하**로 할 것. 다만, 해당 건축물 그 밖의 공작물의 주요한 출입구에서 그 내부의 전체를 볼 수 있는 경우에 있어서는 그 면적을 **1,000[m²] 이하**로 할 수 있다.
③ 자동화재탐지설비의 감지기(옥외탱크저장소에 설치하는 자동화재탐지설비의 감지기는 제외한다)는 지붕(상층이 있는 경우에는 상층의 바닥) 또는 벽의 옥내에 면한 부분(천장이 있는 경우에는 천장 또는 벽의 옥내에 면한 부분 및 천장의 뒷 부분)에 유효하게 화재의 발생을 감지할 수 있도록 설치할 것
④ **옥외탱크저장소에 설치하는 자동화재탐지설비의 감지기 설치 기준**
  ㉠ 불꽃감지기를 설치할 것. 다만, 불꽃을 감지하는 기능이 있는 지능형 폐쇄회로텔레비전(CCTV)을 설치한 경우 불꽃감지기를 설치한 것으로 본다.
  ㉡ 옥외저장탱크 외측과 별표 6 Ⅱ에 따른 보유공지 내에서 발생하는 화재를 유효하게 감지할 수 있는 위치에 설치할 것
  ㉢ 지지대를 설치하고 그 곳에 감지기를 설치하는 경우 지지대는 벼락에 영향을 받지 않도록 설치할 것
⑤ 자동화재탐지설비에는 비상전원을 설치할 것
⑥ **옥외탱크저장소에 자동화재탐지설비를 설치하지 않을 수 있는 경우**
  ㉠ 옥외탱크저장소의 방유제(防油堤)와 옥외저장탱크 사이의 지표면을 불연성 및 불침윤성(수분에 젖지 않는 성질)이 있는 철근콘크리트 구조 등으로 한 경우
  ㉡ 화학물질관리법 시행규칙 별표 5 제6호의 화학물질안전원장이 정하는 고시에 따라 가스감지기를 설치한 경우
⑦ **옥외탱크저장소에 자동화재속보설비를 설치하지 않을 수 있는 경우**
  ㉠ 옥외탱크저장소의 방유제(防油堤)와 옥외저장탱크 사이의 지표면을 불연성 및 불침윤성(수분에 젖지 않는 성질)이 있는 철근콘크리트 구조 등으로 한 경우
  ㉡ 화학물질관리법 시행규칙 별표 5 제6호의 화학물질안전원장이 정하는 고시에 따라 가스감지기를 설치한 경우
  ㉢ 법 제19조에 따른 자체소방대를 설치한 경우
  ㉣ 안전관리자가 해당 사업소에 24시간 상주하는 경우

2 피난설비

(1) 피난설비의 개요

피난기구는 화재가 발생하였을 때 특정소방대상물에 상주하는 사람들을 안전한 장소로 피난시킬 수 있는 기계·기구를 말하며 피난설비는 화재발생 시 건축물로부터 피난하기 위해 사용하는 기계기구 또는 설비를 말한다.

(2) 피난설비의 설치 기준

① 주유취급소 중 건축물의 2층 이상의 부분을 점포·휴게음식점 또는 전시장의 용도로 사용하는 것에 있어서는 해당 건축물의 2층 이상으로부터 직접 주유취급소의 부지 밖으로 통하는 출입구와 해당 출입구로 통하는 통로·계단 및 출입구에 유도등을 설치해야 한다.

② **옥내주유취급소**에 있어서는 해당 사무소 등의 출입구 및 피난구와 해당 피난구로 통하는 **통로·계단 및 출입구**에 유도등을 **설치**해야 한다.

③ 유도등에는 **비상전원**을 **설치**해야 한다.

CHAPTER 02 실전예상문제

001
화재발생을 통보하는 경보설비에 해당되지 않는 것은?

① 자동식 사이렌설비 ② 누전경보기
③ 비상콘센트설비 ④ 가스누설경보기

해설

소방시설의 종류(소방)
① **소화설비**
  ㉠ 소화기구
    • 소화기
    • 간이소화용구 : 에어로졸식 소화용구, 투척용 소화용구, 소공간용 소화용구 및 소화약제 외의 것을 이용한 간이소화용구
    • 자동확산소화기
  ㉡ **자동소화장치**
    • 주거용 주방자동소화장치
    • 상업용 주방자동소화장치
    • 캐비닛형 자동소화장치
    • 가스자동소화장치
    • 분말자동소화장치
    • 고체에어로졸자동소화장치
  ㉢ 옥내소화전설비(호스릴옥내소화전설비를 포함한다)
  ㉣ 스프링클러설비 등
    • 스프링클러설비
    • 간이스프링클러설비(캐비닛형 간이스프링클러설비를 포함한다)
    • 화재조기진압용 스프링클러설비
  ㉤ **물분무 등 소화설비**
    • 물분무소화설비
    • 미분무소화설비
    • 포소화설비
    • 이산화탄소소화설비
    • 할론소화설비
    • 할로젠화합물 및 불활성기체(다른 원소와 화학반응을 일으키기 어려운 기체) 소화설비
    • 분말소화설비
    • 강화액소화설비
    • 고체에어로졸소화설비
  ㉥ 옥외소화전설비

② **경보설비**
  ㉠ 단독경보형 감지기
  ㉡ 비상경보설비
    • 비상벨설비
    • 자동식 사이렌설비
  ㉢ 자동화재탐지설비
  ㉣ 시각경보기
  ㉤ 화재알림설비
  ㉥ 비상방송설비
  ㉦ 자동화재속보설비
  ㉧ 통합감시시설
  ㉨ 누전경보기
  ㉩ 가스누설경보기
③ **피난구조설비**
  ㉠ 피난기구
    • 피난사다리
    • 구조대
    • 완강기
    • 간이완강기
    • 그 밖에 화재안전기준으로 정하는 것
  ㉡ 인명구조기구
    • 방열복, 방화복(안전모, 보호장갑, 안전화 포함)
    • 공기호흡기
    • 인공소생기
  ㉢ 유도등
    • 피난유도선
    • 피난구유도등
    • 통로유도등
    • 객석유도등
    • 유도표지
  ㉣ 비상조명등 및 휴대용비상조명등
④ **소화용수설비**
  ㉠ 상수도 소화용수설비
  ㉡ 소화수조·저수조, 그 밖의 소화용수설비
⑤ **소화활동설비**
  ㉠ 제연설비 ㉡ 연결송수관설비
  ㉢ 연결살수설비 ㉣ 비상콘센트설비
  ㉤ 무선통신보조설비 ㉥ 연소방지설비

정답 ③

002

화재발생을 통보하는 설비로서 경보설비가 아닌 것은?

① 비상경보설비 ② 자동화재탐지설비
③ 비상방송설비 ④ 영상음향차단경보기

해설
영상음향차단장치, 누전차단기, 피난 유도선은 **다중이용업소**에 설치하는 **기타 안전시설**이다.

정답 ④

003

다음 중 경보설비는 어느 것인가?

① 자동화재탐지설비 ② 옥외소화전설비
③ 유도등설비 ④ 제연설비

해설
소방시설의 분류

종 류	구 분
자동화재탐지설비	경보설비
옥외소화전설비	소화설비
유도등	피난구조설비
제연설비	소화활동설비

정답 ①

004

다음 중 경보설비는 어느 것인가?

① 자동화재속보설비 ② 옥내소화전설비
③ 유도등설비 ④ 비상콘센트설비

해설
소방시설의 분류

종 류	구 분
자동화재속보설비	경보설비
옥내소화전설비	소화설비
유도등	피난구조설비
비상콘센트설비	소화활동설비

정답 ①

005

다음 소화시설 중에서 소화활동설비가 아닌 것은?

① 무선통신보조설비
② 연결살수설비
③ 연결송수관설비
④ 비상벨설비

해설
소화활동설비
- 연결살수설비
- 연결송수관설비
- 무선통신보조설비
- 제연설비
- 비상콘센트설비
- 연소방지설비

정답 ④

006

화재진압에 필요한 소화용수설비가 아닌 것은?

① 소화수조
② 저수조
③ 연결송수관설비
④ 상수도 소화용수설비

해설
소화용수설비의 종류
- 소화수조
- 저수조
- 상수도 소화용수설비

정답 ③

007

특정소방대상물의 각 부분으로부터 1개의 소화기구까지의 보행거리는 대형소화기에 있어서는 몇 [m] 이내가 되도록 배치해야 하는가?

① 30
② 35
③ 40
④ 45

해설
소화기의 설치 기준
- 소화기는 각층마다 설치할 것
- 특정소방대상물의 각 부분으로부터 1개의 소화기구까지의 보행거리
  - 소형소화기 : 20[m] 이내
  - **대형소화기 : 30[m] 이내**

정답 ①

008

다음 괄호 속에 들어갈 숫자들끼리 바르게 묶어 놓은 것은?

① 특정소방대상물과 옥내소화전 방수구와의 수평거리는 (㉠)[m] 이하로 한다.
② 옥외소화전은 호스 접결구로부터 수평거리 (㉡)[m] 이하에 1개 설치한다.
③ 대형소화기는 보행거리 (㉢)[m] 이내에 1개 설치한다.
④ 소형소화기는 보행거리 (㉣)[m] 이내에 1개 설치한다.

① ㉠ 25, ㉡ 40, ㉢ 30, ㉣ 20
② ㉠ 40, ㉡ 25, ㉢ 30, ㉣ 20
③ ㉠ 25, ㉡ 40, ㉢ 20, ㉣ 30
④ ㉠ 30, ㉡ 40, ㉢ 25, ㉣ 20

해설
소화기 및 소화전의 설치 기준
- 특정소방대상물과 옥내소화전 방수구와의 **수평거리 : 25[m] 이하**
- 옥외소화전은 호스 접결구로부터 **수평거리 : 40[m] 이하**
- 소화기 설치 기준
  - **대형소화기 : 보행거리 30[m] 이내**
  - **소형소화기 : 보행거리 20[m] 이내**

정답 ①

009

제조소의 어느 층에 있어서도 해당 층의 옥내소화전을 동시에 사용할 경우 각 소화전의 노즐 끝부분에서의 방수압력이 몇 [MPa] 이상이어야 하는가?

① 0.12
② 0.17
③ 0.35
④ 0.45

해설
규격 방수압력

구 분	옥내소화전설비	옥외소화전설비	스프링클러설비
방수압력	0.35[MPa] 이상	0.35[MPa] 이상	0.1[MPa] 이상

정답 ③

010

위험물제조소에 옥내소화전의 설치개수가 가장 많은 층의 설치개수(5개 이상인 경우 5개)에 몇 [m³]을 곱한 양 이상으로 확보해야 하는가?

① 1.6
② 2.6
③ 3.6
④ 7.8

해설
수원의 양

종 류	방수량	기준 수원량
옥내소화전설비	260[L/min] 이상	260[L/min] × 30[min] = 7,800[L] = 7.8[m³]
옥외소화전설비	450[L/min] 이상	450[L/min] × 30[min] = 13,500[L] = 13.5[m³]
스프링클러설비	80[L/min] 이상	80[L/min] × 30[min] = 2,400[L] = 2.4[m³]

정답 ④

011

위험물시설에 고정소화설비를 설치할 때 사용하는 가압송수장치의 종류가 아닌 것은?

① 펌프방식(내연기관 또는 전동기를 이용하는 방식)
② 중력을 이용한 고가수조방식
③ 압력수조방식
④ 소화수조방식

해설
가압송수장치의 종류
- 펌프방식
- 고가수조방식
- 압력수조방식

정답 ④

012

대형 위험물 저장시설에 옥내소화전 2개와 옥외소화전 1개를 설치하였다면 수원의 총수량은?

① 12.2[m³]   ② 13.5[m³]
③ 15.6[m³]   ④ 29.1[m³]

해설
수 원
- 옥내소화전의 수원 = 소화전의 수(최대 5개) × 7.8[m³]
  = 2 × 7.8[m³] = 15.6[m³]
- 옥외소화전의 수원 = 소화전의 수(최대 4개) × 13.5[m³]
  = 1 × 13.5[m³] = 13.5[m³]
∴ 총수원의 양 = 15.6 + 13.5 = 29.1[m³]

정답 ④

013

펌프를 이용한 가압송수장치에서 옥내소화전이 가장 많이 설치된 층의 소화전의 수가 3개일 경우 20분 동안의 토출량은?

① 2.6[m³] 이상   ② 5.2[m³] 이상
③ 7.8[m³] 이상   ④ 15.6[m³] 이상

해설
옥내소화전의 토출량은 260[L/min]이므로
토출량 = 260[L/min] × 소화전수 × 20[min]
     = 260[L/min] × 3개 × 20[min] = 15,600[L]
     = 15.6[m³]

> 위험물은 방사시간이 법적으로 30분 이상이다.

정답 ④

014

옥내소화전설비에는 소방펌프 자동차로부터 그 설비에 송수할 수 있는 송수구를 설치해야 한다. 송수구는 지면으로부터 높이가 몇 [m] 이상에서 몇 [m] 이하에 설치하는가?

① 0.5~1[m]   ② 1~1.5[m]
③ 1.5~2[m]   ④ 2~2.5[m]

해설
송수구의 설치위치 : 지면으로부터 **0.5[m] 이상 1[m] 이하**

정답 ①

015

옥내소화전설비의 표시등은 함의 상부에 설치하되 10[m] 이내에서 쉽게 식별할 수 있는 표시등의 색상으로 맞는 것은?

① 청색 ② 적색
③ 백색 ④ 녹색

해설
옥내소화전함
- **위치표시등** : **항상 적색등**으로 점등되어 있을 것
- 시동표시등 : 펌프 시동 시에만 적색등으로 점등된다.

정답 ②

016

위험물제조소에 옥내소화전을 설치할 경우 비상전원은 몇 분간 작동해야 하는가?

① 10분   ② 30분
③ 45분   ④ 60분

해설
옥내소화전설비의 비상전원 : 45분 이상 작동

정답 ③

017

옥외소화전 31개 이상 설치된 때에는 옥외소화전 3개마다 몇 개 이상의 소화전함을 설치해야 하는가?

① 1개   ② 3개
③ 5개   ④ 11개

해설
옥외소화전함의 설치 기준

옥외소화전의 설치개수	소화전함의 설치개수
10개 이하	5[m] 이내마다 1개 이상 설치
11개 이상 30개 이하	11개 이상의 소화전함을 분산 설치
31개 이상	옥외소화전 **3개마다 1개 이상**

정답 ①

018

제조소에 옥외소화전이 2개가 설치되어 있다면 수원의 수량은 얼마이어야 하는가?

① $8[m^3]$ ② $13.5[m^3]$
③ $12[m^3]$ ④ $27.0[m^3]$

해설
옥외소화전설비
수원 = N(최대 4개) × $13.5[m^3]$
  ($450[L/min] × 30[min] = 13,500[L] = 13.5[m^3]$)
  = $2 × 13.5[m^3] = 27.0[m^3]$

정답 ④

019

옥외소화전설비의 가압송수장치에서 노즐 끝부분의 방수량은 분당 몇 [L] 이상인가?

① 450[L/min]   ② 400[L/min]
③ 350[L/min]   ④ 300[L/min]

해설
소화설비의 분당 방수량과 방수압력

종류	옥내소화전설비	옥외소화전설비	스프링클러설비
방수량	260[L/min] 이상	450[L/min] 이상	80[L/min] 이상
방수압력	0.35[MPa] 이상	0.35[MPa] 이상	0.1[MPa] 이상

정답 ①

020

다음 중 스프링클러헤드의 설치 기준으로 틀린 것은?

① 개방형 스프링클러헤드는 헤드 반사판으로부터 수평방향으로 0.3[m]의 공간을 보유해야 한다.
② 폐쇄형 스프링클러헤드의 반사판과 헤드의 부착면과의 거리는 30[cm] 이하로 한다.
③ 폐쇄형 스프링클러헤드 부착장소의 평상시 최고 주위온도가 28[℃] 미만인 경우 58[℃] 미만의 표시온도를 갖는 헤드를 사용한다.
④ 개구부에 설치하는 폐쇄형 스프링클러헤드는 해당 개구부의 상단으로부터 높이 30[cm] 이내의 벽면에 설치한다.

해설

스프링클러설비의 기준(세부기준 제131조)
① 개방형 스프링클러헤드는 방호대상물의 모든 표면이 헤드의 유효사정 내에 있도록 설치하고, 다음에 정한 것에 의하여 설치할 것
  ㉠ 스프링클러헤드의 반사판으로부터 하방으로 0.45[m], 수평방향으로 **0.3[m]의 공간**을 보유할 것
  ㉡ 스프링클러헤드는 헤드의 축심이 해당 헤드의 부착면에 대하여 직각이 되도록 설치할 것
② **폐쇄형 스프링클러헤드**의 설치
  ㉠ 스프링클러헤드는 ①의 ㉠, ㉡ 규정에 의할 것
  ㉡ 스프링클러헤드의 반사판과 해당 헤드의 부착면과의 거리는 **0.3[m] 이하**일 것
  ㉢ 스프링클러헤드는 해당 헤드의 부착면으로부터 0.4[m] 이상 돌출한 보 등에 의하여 구획된 부분마다 설치할 것. 다만, 해당 보 등의 상호 간의 거리(보 등의 중심선을 기산점으로 한다)가 1.8[m] 이하인 경우에는 그렇지 않다.
  ㉣ 급배기용 덕트 등의 긴 변의 길이가 1.2[m]를 초과하는 것이 있는 경우에는 해당 덕트 등의 아래면에도 스프링클러헤드를 설치할 것
  ㉤ 스프링클러헤드의 부착위치
    • 가연성 물질을 수납하는 부분에 스프링클러헤드를 설치하는 경우에는 해당 헤드의 반사판으로부터 하방으로 0.9[m], 수평방향으로 0.4[m]의 공간을 보유할 것
    • 개구부에 설치하는 스프링클러헤드는 해당 개구부의 상단으로부터 높이 **0.15[m] 이내**의 벽면에 설치할 것
  ㉥ 건식 또는 준비작동식의 유수검지장치의 2차측에 설치하는 스프링클러헤드는 상향식 스프링클러헤드로 할 것. 다만, 동결할 우려가 없는 장소에 설치하는 경우는 그렇지 않다.

Ⓐ 스프링클러헤드는 그 부착장소의 평상시의 최고주위온도에 따라 다음 표에 정한 표시온도를 갖는 것을 설치할 것

부착장소의 최고주위온도 (단위 [℃])	표시온도 (단위 [℃])
28 미만	58 미만
28 이상 39 미만	58 이상 79 미만
39 이상 64 미만	79 이상 121 미만
64 이상 106 미만	121 이상 162 미만
106 이상	162 이상

정답 ④

021

스프링클러설비의 기준에서 쌍구형의 송수구에 대한 설명 중 틀린 것은?

① 송수구의 결합금속구는 탈착식 또는 나사식으로 한다.
② 송수구에는 그 직근의 보기 쉬운 장소에 송수용량 및 송수 시간을 함께 표시해야 한다.
③ 소방펌프자동차가 용이하게 접근할 수 있는 위치에 설치한다.
④ 송수구의 결합금속구는 지면으로부터 0.5[m] 이상 1[m] 이하 높이의 송수에 지장이 없는 위치에 설치한다.

해설

송수구의 설치 기준
• 전용으로 할 것
• 송수구의 결합금속구는 탈착식 또는 나사식으로 하고 내경을 63.5[mm] 내지 66.5[mm]로 할 것
• 송수구의 결합금속구는 지면으로부터 0.5[m] 이상 1[m] 이하의 높이의 송수에 지장이 없는 위치에 설치할 것
• 송수구는 해당 스프링클러설비의 가압송수장치로부터 유수검지장치·압력검지장치 또는 일제개방형 밸브·수동식 개방밸브까지의 배관에 전용의 배관으로 접속할 것
• 송수구에는 그 직근의 보기 쉬운 장소에 "스프링클러용 송수구"라고 표시하고 그 송수압력범위를 함께 표시할 것

정답 ②

022

개방형 스프링클러헤드를 이용한 스프링클러설비의 방사구역은 최소 몇 [m²] 이상으로 해야 하는가?(단, 방호대상물의 바닥면적이 200[m²]인 경우이다)

① 100
② 150
③ 200
④ 250

해설

개방형 스프링클러헤드를 이용한 스프링클러설비의 방사구역(하나의 일제개방밸브에 의하여 동시에 방사되는 구역)은 **150[m²] 이상**(방호대상물의 바닥면적이 150[m²] 미만인 경우에는 해당 바닥면적)으로 할 것

정답 ②

023

방호대상물의 표면적이 50[m²]인 곳에 물분무소화설비를 설치하고자 한다. 수원의 수량은 얼마 이상이어야 하는가?

① 4,000[L]
② 8,000[L]
③ 30,000[L]
④ 40,000[L]

해설

수원 = 방호대상물의 표면적(50[m²]) × 20[L/min·m²] × 30[min]
    = 30,000[L]

정답 ③

024

위험물 고정지붕구조 옥외탱크저장소의 탱크에 설치하는 포방출구가 아닌 것은?

① Ⅰ형
② Ⅱ형
③ Ⅲ형
④ 특 형

해설

특형 포방출구 : 부상지붕구조(FRT ; Floating Roof Tank)

정답 ④

025

포(거품)방출구의 종류는 포의 팽창비율로 나눈다. 고발포용 고정포방출구의 팽창비는?

① 10 이상~20 미만
② 20 이상~40 미만
③ 80 이상~1,000 미만
④ 1,000 이상

해설

고정포방출구의 팽창비

구 분	저발포	고발포
팽창비	20 이하	80 이상~1,000 미만

정답 ③

026

공기포 발포율의 측정에 있어서 용기 중량 250[g], 부피 1,400[mL]의 포 시료기에 포를 가득 채취하여 용기 무게를 달았더니 450[g]일 때 발포율은?

① 2배 ② 5.6배
③ 7배 ④ 10배

해설

발포율 = $\dfrac{1,400}{450-250}$ = 7배

정답 ③

027

특수가연물을 저장, 취급하는 특정소방대상물에 물분무소화설비를 설치하였을 때 수원의 저수량은? (단, 바닥면적이 50[m²]일 경우)

① 50[m²] × 4[L/min·m²] × 20[min]
② 50[m²] × 8[L/min·m²] × 20[min]
③ 50[m²] × 10[L/min·m²] × 20[min]
④ 50[m²] × 20[L/min·m²] × 20[min]

해설

펌프의 토출량과 수원의 양
※ 이 문제는 일반건축물에 대한 것으로 답해야 합니다.

특정소방 대상물	펌프의 토출량[L/min]	수원의 양[L]
특수가연물 저장, 취급	바닥면적(최대방수구역의 바닥면적 기준으로 하되 50[m²] 이하는 50[m²]로) × 10[L/min·m²]	바닥면적(50[m²] 이하는 50[m²]로) × 10[L/min·m²] × 20[min]
차고, 주차장	바닥면적(최대방수구역의 바닥면적 기준으로 하되 50[m²] 이하는 50[m²]로) × 20[L/min·m²]	바닥면적(50[m²] 이하는 50[m²]로) × 20[L/min·m²] × 20[min]
절연유 봉입 변압기	표면적(바닥부분 제외) × 10[L/min·m²]	표면적(바닥부분 제외) × 10[L/min·m²] × 20[min]
케이블 트레이, 덕트	투영된 바닥면적 × 12[L/min·m²]	투영된 바닥면적 × 12[L/min·m²] × 20[min]
컨베이어 벨트 등	벨트부분의 바닥면적 × 10[L/min·m²]	벨트부분의 바닥면적 × 10[L/min·m²] × 20[min]

정답 ③

028

위험물제조소에 설치되어 있는 포소화설비를 점검할 경우 포소화설비 일반점검표에서 약제저장탱크의 점검내용에 해당하지 않는 것은?

① 변형·손상의 유무
② 조작관리상 저장 유무
③ 통기관의 막힘의 유무
④ 고정상태의 적부

해설

포소화설비 일반점검표에서 약제저장탱크 점검내용(세부기준 별지 20)

점검항목		점검내용	점검방법
약제 저장 탱크	탱크	누설 유무	육안
		변형, 손상 유무	육안
		도장상황의 적부 및 부식 유무	육안
		배관접속부의 이탈 유무	육안
		고정상태의 적부	육안
		통기관의 막힘 유무	육안
		압력계의 지시상황의 적부 (압력탱크)	육안
	소화약제	변질, 침전물 유무	육안
		양의 적부	육안

정답 ②

029

연결송수관설비의 주배관의 구경은 몇 [mm]인가?

① 50[mm] ② 65[mm]
③ 75[mm] ④ 100[mm]

해설

연결송수관설비의 주배관 : 100[mm] 이상

정답 ④

030

전역방출방식의 이산화탄소를 방사하는 분사헤드의 방사압력은 얼마 이상이어야 하는가?(단, 저압식 제외)

① 2.1[MPa] ② 1.8[MPa]
③ 1.5[MPa] ④ 1.2[MPa]

해설

이산화탄소를 방사하는 분사헤드의 방사압력
- 저압식 : 1.05[MPa] 이상
- **고압식 : 2.1[MPa] 이상**

정답 ①

- 이산화탄소 저장용기의 설치 기준
  - 저장용기의 충전비는 **고압식은 1.5 이상 1.9 이하**, 저압식은 **1.1 이상 1.4 이하**로 할 것
  - 저압식 저장용기에는 액면계 및 압력계를 설치할 것
  - 저압식 저장용기에는 **2.3[MPa] 이상의 압력 및 1.9[MPa] 이하의 압력**에서 작동하는 **압력경보장치**를 설치할 것
  - 저압식 저장용기에는 용기 내부의 온도를 **−20[℃] 이상 −18[℃] 이하**로 유지할 수 있는 **자동냉동기**를 설치할 것
  - 저압식 저장용기에는 파괴판과 방출밸브를 설치할 것
- 저장용기와 선택밸브 또는 개폐밸브 사이에는 안전장치 또는 파괴판을 설치할 것
- 기동용 가스용기의 설치 기준
  - **기동용 가스용기**는 25[MPa] 이상의 압력에 견딜 수 있는 것일 것
  - 기동용 가스용기

내용적	이산화탄소의 양	충전비
1[L] 이상	0.6[kg] 이상	1.5 이상

  - 기동용 가스용기에는 안전장치 및 용기밸브를 설치할 것

정답 ①

031

불활성가스소화설비 저장용기의 설치 기준으로 옳은 것은?

① 방호구역 외의 장소에 설치할 것
② 저압식 충전용기의 충전비는 1.5 이상 1.9 이하로 할 것
③ 저압식 저장용기에는 유량계를 설치할 것
④ 저압식 저장용기에는 용기 내부 온도를 −20[℃] 이상 −10[℃] 이하로 유지할 수 있는 자동냉동기를 설치할 것

해설

불활성가스소화설비 저장용기의 기준
- **저장용기 설치장소의 기준**
  - 방호구역 외의 장소에 설치할 것
  - 온도가 40[℃] 이하이고, 온도변화가 적은 장소에 설치할 것
  - 직사광선 및 빗물이 침투할 우려가 적은 장소에 설치할 것
  - 저장용기에는 안전장치(용기 밸브에 설치되어 있는 것 포함)를 설치할 것
  - 저장용기의 외면에 소화약제의 종류와 양, 제조년도 및 제조자를 표시할 것

032

국소방출방식의 이산화탄소를 저압식 저장용기에 설치되는 압력경보장치는 어느 압력 범위에서 작동하는 것으로 설치해야 하는가?

① 2.3[MPa] 이상의 압력과 1.9[MPa] 이하의 압력에서 작동하는 것
② 2.5[MPa] 이상의 압력과 2.0[MPa] 이하의 압력에서 작동하는 것
③ 2.7[MPa] 이상의 압력과 2.3[MPa] 이하의 압력에서 작동하는 것
④ 3.0[MPa] 이상의 압력과 2.5[MPa] 이하의 압력에서 작동하는 것

해설

문제 31번 참조

정답 ①

033

불활성가스소화설비의 기준에 대한 설명으로 옳은 것은?(단, 전역방출방식의 이산화탄소소화설비이다)

① 저장용기는 온도가 40[℃] 이하이고 온도변화가 적은 장소에 설치할 것
② CO_2를 약제로 하는 경우 저압식 저장용기의 충전비는 1.5 이상 1.9 이하로 할 것
③ 저압식 저장용기에는 압력경보장치를 설치하지 말 것
④ 기동용 가스용기는 20[MPa] 이상의 압력에 견딜 수 있을 것

해설
문제 31번 참조

정답 ①

034

불활성가스소화설비에서 이산화탄소를 저장하는 저압식 저장용기의 내부온도를 몇 [℃] 이하로 유지할 수 있는 자동냉동기를 설치해야 하는가?

① -20[℃] 이상 -18[℃] 이하
② 0[℃] 이상 40[℃] 이하
③ -18[℃] 이상 20[℃] 이하
④ 40[℃] 이하

해설
저압식 저장용기는 -20[℃] 이상 -18[℃] 이하로 유지할 수 있는 **자동냉동기**를 설치해야 한다.

정답 ①

035

전역방출방식의 할로젠화합물소화설비의 분사헤드에서 할론1211을 방사하는 것으로 몇 [MPa]인가?

① 0.1   ② 0.2
③ 0.3   ④ 0.4

해설
분사헤드의 방사압력

약제종류	할론2402	할론1211	할론1301
방사압력[MPa]	0.1 이상	0.2 이상	0.9 이상

정답 ②

036

경유를 저장하는 저장창고의 체적이 50[m³]인 방호대상물이 있다. 이 저장창고(개구부에는 자동폐쇄장치가 설치됨)에 전역방출방식의 이산화탄소 소화설비를 설치할 경우 소화약제의 저장량은 얼마 이상이어야 하는가?

① 30[kg]   ② 45[kg]
③ 60[kg]   ④ 100[kg]

해설
소화약제량 = 방호체적[m³] × 필요 가스량[kg/m³]
　　　　　　+ 개구부면적[m²] × 5[kg/m²]
이 문제는 자동폐쇄장치가 설치되어 있으므로
약제량 = 50[m³] × 0.9[kg/m³] = 45[kg]

[전역방출방식의 약제량(세부기준 제134조)]

방호구역의 체적[m³]	방호구역의 체적 1[m³]당 소화약제의 양[kg]	소화약제총량의 최저한도[kg]
5 미만	1.20	–
5 이상 15 미만	1.10	6
15 이상 45 미만	1.00	17
45 이상 150 미만	**0.90**	**45**
150 이상 1,500 미만	0.80	135
1,500 이상	0.75	1,200

정답 ②

037

할로젠화합물소화설비의 국소방출방식에 대한 소화약제 산출방식에 관련된 공식 $Q = X - Y \cdot \dfrac{a}{A}$ [kg/m³]의 소화약제 종별에 따른 X와 Y의 값으로 옳은 것은?

① 할론2402 : X의 수치는 1.2, Y의 수치는 3.0
② 할론1211 : X의 수치는 4.4, Y의 수치는 3.3
③ 할론1301 : X의 수치는 4.4, Y의 수치는 3.3
④ 할론104 : X의 수치는 5.2, Y의 수치는 3.3

해설
할로젠화합물 소화설비의 국소방출방식 약제산출 공식

$$Q = X - Y\dfrac{a}{A}$$

여기서, Q : 방호공간 1[m³]에 대한 할로젠화합물소화약제의 양[kg/m³]
  a : 방호대상물의 주위에 설치된 벽의 면적의 합계 [m²]
  A : 방호공간의 벽면적(벽이 없는 경우에는 벽이 있는 것으로 가정한 해당 부분의 면적)의 합계[m²]
  X 및 Y : 다음 표의 수치

소화약제의 종별	할론2402	할론1211	할론1301
X의 수치	5.2	4.4	4.0
Y의 수치	3.9	3.3	3.0

정답 ②

038

할로젠화합물소화설비의 배관설치 기준으로 틀린 것은?

① 압력배관용 탄소강관
② 아연도금강관
③ 구리합금관
④ PVC관

해설
할로젠화합물소화설비의 배관
• 압력배관용 탄소강관
• 아연도금강관
• 구리합금관

정답 ④

039

할로젠화합물소화기의 사용금지 장소가 아닌 곳은?

① 무창층
② 지하층
③ 거실의 바닥면적이 20[m²] 미만인 곳
④ 배기를 위한 유효한 개구부가 있는 곳

해설
이산화탄소 또는 할로젠화합물 소화기구(자동확산소화기는 제외)의 사용금지 장소
• 무창층
• 지하층
• 밀폐된 거실로서 바닥면적이 20[m²] 미만인 장소

정답 ④

040

분말소화약제의 1[kg]당 저장용기의 내용적이 옳지 않게 짝지어진 것은?

① 제1종 분말 – 0.85[L]
② 제2종 분말 – 1.10[L]
③ 제3종 분말 – 1.30[L]
④ 제4종 분말 – 1.40[L]

해설
분말소화약제의 충전비
• **일반건축물**

소화약제의 종별	충전비
제1종 분말	0.80[L/kg]
제2종 분말	1.00[L/kg]
제3종 분말	1.00[L/kg]
제4종 분말	1.25[L/kg]

• **위험물**

소화약제의 종별	충전비[L/kg]의 범위
제1종 분말	0.85 이상 1.45 이하
제2종 분말 또는 제3종 분말	1.05 이상 1.75 이하
제4종 분말	1.50 이상 2.50 이하

※ 충전비 문제는 이산화탄소, 할로젠화합물약제는 동일하나 **분말약제**는 일반건축물(소방기계)과 위험물 분야가 **다르므로** 문제의 내용을 보고 수험생이 구분하시기 바랍니다.

정답 ④

041

제3종 분말소화약제 저장용기의 충전비의 범위로 옳은 것은?

① 0.85 이상 1.45 이하
② 1.05 이상 1.75 이하
③ 1.50 이상 2.50 이하
④ 2.50 이상 3.50 이상

해설
문제 40번 참조

정답 ②

042

분말소화약제(위험물)의 저장용기의 충전비는 얼마 이상으로 해야 하는가?

① 0.85   ② 0.6
③ 0.4   ④ 0.2

해설
분말소화약제의 충전비 : 0.85 이상

정답 ①

043

전역방출방식의 분말소화설비에서 분말소화약제의 저장용기에 저장하는 제3종 분말소화약제의 양은 방호구역의 체적 1[m³]당 몇 [kg] 이상으로 해야 하는가? (단, 방호구역의 개구부에 자동폐쇄장치를 설치하는 경우이고, 방호구역 내에서 취급하는 위험물은 에탄올이다)

① 0.360   ② 0.432
③ 2.7   ④ 5.2

해설
전역방출방식(세부기준 제136조)

> 분말저장량[kg] = 방호구역체적[m³] × 필요 가스량[kg/m³] × 계수(별표 2)

소화약제의 종별	필요 가스량 [kg/m³]	가산량 [kg/m²]
제1종 분말(탄산수소나트륨이 주성분)	0.60	4.5
제2종 분말(탄산수소칼륨이 주성분) **제3종 분말**(인산염류(인산암모늄을 90[%] 이상 함유)가 주성분)	0.36	2.7
제4종 분말(탄산수소칼륨과 요소의 반응생성물)	0.24	1.8
제5종 분말(특정의 위험물에 적응성이 있는 것으로 인정)	소화약제에 따라 필요한 양	소화약제에 따라 필요한 양

※ 에탄올 계수가 1.2이므로 0.36 × 1.2 = 0.432

정답 ②

044

분말소화설비에 사용되는 소화약제 종별을 방호구역의 체적 1[m³]에 대한 제4종 분말소화약제의 양은?

① 0.15[kg] ② 0.20[kg]
③ 0.24[kg] ④ 0.30[kg]

해설

분말소화약제량[kg]
= (방호구역 체적[m³] × 필요가스량[kg/m³] + 개구부의 면적[m²] × 가산량[kg/m²]) × 계수(별표 2)

약제의 종류	필요가스량	가산량
제1종 분말	0.60[kg/m³]	4.5[kg/m²]
제2종, 제3종 분말	0.36[kg/m³]	2.7[kg/m²]
제4종 분말	0.24[kg/m³]	1.8[kg/m²]

정답 ③

045

분말소화약제의 가압용 가스로 질소를 사용하였을 때 소화약제 50[kg] 저장 시 질소 가스량은 35[℃], 0[MPa]의 상태로 환산하면 얼마인가?(단, 배관의 청소에 필요한 양은 제외한다)

① 500[L] ② 1,000[L]
③ 1,500[L] ④ 2,000[L]

해설

질소 가스량

가스 종류	질소가스 사용	이산화탄소가스 사용
가압식	40[L/kg] × x[kg] 이상	20[g/kg] + 배관청소에 필요한 양 이상
축압식	10[L/kg] × x[kg] 이상	

∴ 배관 청소에 필요한 양 = 40[L/kg] × 50[kg]
= 2,000[L] 이상

정답 ④

046

분말소화설비의 기준에서 분말소화약제의 축압용 가스로 질소를 사용하면 소화약제 50[kg] 저장 시 질소 가스량은 35[℃], 0[MPa]의 상태로 환산하여 몇 [L] 이상이어야 하는가?(단, 배관의 청소에 필요한 양은 제외한다)

① 500 ② 1,000
③ 1,500 ④ 2,000

해설

배관청소에 필요한 양 = 50[kg] × 10[L/kg]
= 500[L] 이상

정답 ①

047

다음 옥내탱크저장소 중 소화난이도 등급 I에 해당되지 않는 것은?

① 액표면적이 40[m²] 이상인 것
② 바닥면으로부터 탱크 옆판의 상단까지 높이가 6[m] 이상인 것
③ 액체 위험물(제1석유류)을 저장하는 탱크로서 지정수량이 100배 이상인 것
④ 탱크전용실이 단층 건물 외에 건축물에 있는 것

해설

소화난이도 등급 I에 해당하는 제조소 등

제조소 등의 구분	제조소 등의 규모, 저장 또는 취급하는 위험물의 종류 및 최대수량 등
옥내탱크 저장소	**액표면적이 40[m²] 이상**인 것(제6류 위험물을 저장하는 것 및 고인화점위험물만을 100[℃] 미만의 온도에서 저장하는 것은 제외)
	바닥면으로부터 탱크 옆판의 상단까지 **높이가 6[m] 이상**인 것(제6류 위험물을 저장하는 것 및 고인화점위험물만을 100[℃] 미만의 온도에서 저장하는 것은 제외)
	탱크전용실이 단층 건물 외의 건축물에 있는 것으로서 인화점 38[℃] 이상 70[℃] 미만의 위험물을 지정수량의 5배 이상 저장하는 것(내화구조로 개구부 없이 구획된 것은 제외한다)

정답 ③

048

소화난이도 등급 I의 황만을 저장 취급하는 옥외탱크 저장소에 설치해야 할 소화설비는?

① 물분무소화설비
② 불활성가스소화설비
③ 옥외소화전설비
④ 분말소화설비

해설
소화난이도 등급 I의 제조소 등에 설치해야 하는 소화설비

제조소 등의 구분			소화설비
옥외탱크저장소	지중탱크 또는 해상탱크 외의 것	황만을 저장·취급하는 것	물분무소화설비
		인화점 70[℃] 이상의 제4류 위험물만을 저장·취급하는 것	물분무소화설비 또는 고정식 포소화설비
		그 밖의 것	고정식 포소화설비(포소화설비가 적응성이 없는 경우에는 분말소화설비)
	지중탱크		고정식 포소화설비, 이동식 이외의 불활성가스소화설비 또는 이동식 이외의 할로젠화합물소화설비
	해상탱크		고정식 포소화설비, 물분무소화설비, 이동식 이외의 불활성가스소화설비 또는 이동식 이외의 할로젠화합물소화설비

정답 ①

049

소화난이도 등급 I에 해당하는 인화점이 70[℃] 이상 제4류 위험물을 옥내탱크저장소에 저장할 때 소화설비로 적합한 것은?

① 옥내소화전설비 ② 옥외소화전설비
③ 스프링클러설비 ④ 물분무소화설비

해설
제4류 위험물(인화점 70[℃] 이상)을 옥내탱크저장소에 저장할 때에는 물분무소화설비를 설치해야 한다.

정답 ④

050

마른모래는 삽을 포함하여 50[L]는 능력단위 몇 단위인가?

① 1 ② 0.5
③ 1.5 ④ 2

해설
소화설비의 능력단위

소화설비	용량	능력단위
소화전용(轉用)물통	8[L]	0.3
수조(소화전용물통 3개 포함)	80[L]	1.5
수조(소화전용물통 6개 포함)	190[L]	2.5
마른모래(삽 1개 포함)	50[L]	0.5
팽창질석 또는 팽창진주암(삽 1개 포함)	160[L]	1.0

정답 ②

051

간이소화용구인 팽창질석은 삽을 상비한 경우 1단위는 몇 [L]인가?

① 70[L] ② 100[L]
③ 130[L] ④ 160[L]

해설
팽창질석 또는 팽창진주암(삽 1개 포함)의 1단위 용량은 160[L]이다.

정답 ④

052
소화기의 능력단위로서 옳은 것은?
① 제4류 위험물을 저장하는 옥외탱크저장소의 능력단위 3단위 이상의 소화기 2개 이상
② 옥외탱크저장소에 있어서는 대형소화기 및 능력단위 3단위 이상의 소형소화기 각각 1개 이상
③ 지하탱크저장소에 있어서는 능력단위 3단위 이상의 소화기 2개 이상
④ 옥내탱크저장소에 있어서는 대형소화기 및 능력단위 2단위 이상의 소형소화기 각각 1개 이상

해설
지하탱크저장소에 있어서는 능력단위 3단위 이상의 소화기 2개 이상을 설치해야 한다.

정답 ③

053
다음 중 제조소 등 및 위험물에 대한 소화기구의 1소요단위 산정기준으로 맞는 것은?
① 위험물의 경우 지정수량의 20배
② 저장소용 건축물로서 외벽이 내화구조인 경우 연면적 100[m²]
③ 제조소 또는 취급소용 건축물로서 외벽이 내화구조인 경우 연면적 150[m²]
④ 제조소 또는 취급소용으로서 옥외에 있는 공작물인 경우 연면적 50[m²]

해설
소요단위 산정
- 제조소 또는 취급소의 건축물
  - 외벽이 **내화구조인 경우 : 연면적 100[m²]**
  - 외벽이 **내화구조가 아닌 경우 : 연면적 50[m²]**
- 저장소의 건축물
  - 외벽이 **내화구조인 경우 : 연면적 150[m²]**
  - 외벽이 **내화구조가 아닌 경우 : 연면적 75[m²]**
- 위험물의 경우 : 지정수량의 **10배**

정답 ④

054
저장소용 건축물의 외벽이 내화구조로 되었을 때 소요단위 1단위에 해당하는 면적은?
① 50[m²]   ② 75[m²]
③ 100[m²] ④ 150[m²]

해설
문제 53번 참조

정답 ④

055
소화설비의 소요단위 계산법으로 옳은 것은?
① 제조소용 외벽이 내화구조일 때 1,000[m²]당 1소요단위
② 저장소용 외벽이 내화구조일 때 500[m²]당 1소요단위
③ 위험물 지정수량당 1소요단위
④ 위험물 지정수량의 10배를 1소요단위

해설
문제 53번 참조

정답 ④

056
제조소 건축물 외벽이 내화구조로 된 것에 있어서는 소화설비를 적용함에 있어 연면적 몇 [m²]를 소요단위 1단위로 하는가?
① 30[m²]   ② 50[m²]
③ 80[m²]   ④ 100[m²]

해설
문제 53번 참조

정답 ④

057
위험물제조소로 사용하는 건축물로서 연면적이 400[m²]일 경우 소요단위는?(단, 외벽이 내화구조이다)

① 2단위　　② 4단위
③ 8단위　　④ 10단위

해설
제조소의 외벽이 내화구조 : 연면적 100[m²]가 1소요단위
∴ 소요단위 = 400[m²] ÷ 100[m²] = 4단위

정답 ②

058
위험물 1소요단위는 지정수량의 몇 배인가?

① 5배　　② 10배
③ 100배　　④ 1,000배

해설
위험물 1소요단위 : 지정수량의 10배

정답 ②

059
알코올류 40,000[L]에 대한 소화설비의 소요단위는?

① 5단위　　② 10단위
③ 15단위　　④ 20단위

해설
소요단위 = 저장수량 ÷ (지정수량 × 10배)
= 40,000[L]/(400[L] × 10배) = 10단위
※ 알코올의 지정수량 = 400[L]

정답 ②

060
인화성 액체 위험물인 제2석유류(비수용성 액체) 60,000[L]에 대한 소화설비의 소요단위는?

① 2단위　　② 4단위
③ 6단위　　④ 8단위

해설
소요단위 = $\dfrac{저장량}{지정수량 \times 10배}$ = $\dfrac{60,000[L]}{1,000[L] \times 10배}$ = 6

※ 제2석유류(비수용성) 지정수량 : 1,000[L]

정답 ③

061
등유 20,000[L]와 적린 5[kg]이 보관되어 있다면 소화설비의 소요단위는 얼마인가?

① 0.205　　② 0.2005
③ 2.005　　④ 2.05

해설
지정수량은 등유 : 1,000[L], 적린 : 100[kg]이고, 위험물은 지정수량의 10배를 1소요단위로 하므로

∴ $\dfrac{20,000[L]}{1,000[L] \times 10배} + \dfrac{5[kg]}{100[kg] \times 10배} = 2.005$

정답 ③

062

경유 150,000[L]를 저장하는 시설에 설치하는 위험물의 소화능력 단위는?

① 7.5단위   ② 10단위
③ 15단위   ④ 30단위

해설

소요단위 = $\dfrac{\text{저장량}}{\text{지정수량} \times 10\text{배}}$ = $\dfrac{150,000[L]}{1,000[L] \times 10\text{배}}$ = 15.0배

※ 경유의 지정수량 : 1,000[L]

정답 ③

063

스타이렌 60,000[L]는 몇 소요단위인가?

① 1   ② 1.5
③ 3   ④ 6

해설

소요단위 = $\dfrac{\text{저장수량}}{\text{지정수량} \times 10\text{배}}$ = $\dfrac{60,000[L]}{1,000[L] \times 10\text{배}}$ = 6단위

스타이렌[제4류 제2석유류(비수용성)]의 지정수량 : 1,000[L]

정답 ④

064

자동화재탐지설비의 설치 기준 중 하나의 경계구역은 600[m^2] 이하로 하고 그 한 변의 길이는 얼마 이하로 해야 하는가?

① 10[m]   ② 50[m]
③ 100[m] ④ 300[m]

해설
자동화재탐지설비의 경계구역
- 자동화재탐지설비의 경계구역(화재가 발생한 구역을 다른 구역과 구분하여 식별할 수 있는 최소단위의 구역을 말한다)은 건축물 그 밖의 공작물의 2 이상의 층에 걸치지 않도록 할 것. 다만, 하나의 경계구역의 면적이 500[m^2] 이하이면서 해당 경계구역이 2개의 층에 걸치는 경우이거나 계단·경사로·승강기의 승강로, 그 밖에 이와 유사한 장소에 연기감지기를 설치하는 경우에는 그렇지 않다.
- **하나의 경계구역의 면적은 600[m^2] 이하**로 하고 그 **한 변의 길이는 50[m]**(광전식분리형감지기를 설치할 경우에는 100[m]) 이하로 할 것. 다만, 해당 건축물 그 밖의 공작물의 주요한 출입구에서 그 내부의 전체를 볼 수 있는 경우에 있어서는 그 면적을 1,000[m^2] 이하로 할 수 있다.

정답 ②

065

자동화재탐지설비의 설치 기준 중 하나의 경계구역의 면적은 얼마 이하로 해야 하는가?

① 100[m^2]   ② 300[m^2]
③ 600[m^2]   ④ 900[m^2]

해설
64번 해설 참조

정답 ③

066

자동화재탐지설비 중 연기감지기는 실내로의 공기 유입구로부터 얼마 이상 떨어진 곳에 설치해야 하는가?

① 1.0[m]
② 1.5[m]
③ 2.0[m]
④ 2.5[m]

해설
연기감지기는 실내로의 공기유입구로부터 **1.5[m] 이상** 떨어진 곳에 설치해야 한다.

정답 ②

067

감지기의 설치 기준으로 옳은 것은?

① 20[m]의 복도에는 설치할 것
② 환기통이 있는 옥내에 면하는 부분에 설치할 것
③ 실내 공기유입구로부터 1.5[m] 이상 부분에 설치할 것
④ 정온식감지기는 주방에 설치하지 말 것

해설
감지기(자동화재탐지설비 및 시각경보장치의 화재안전기술기준)

① 연기감지기의 설치장소
  ㉠ 계단·경사로 및 에스컬레이터 경사로
  ㉡ 복도(30[m] 미만의 것을 제외한다)
  ㉢ 엘리베이터 승강로(권상기실이 있는 경우에는 권상기실)·린넨슈트·파이프 피트 및 덕트 기타 이와 유사한 장소
  ㉣ 천장 또는 반자의 높이가 15[m] 이상 20[m] 미만의 장소
  ㉤ 다음의 어느 하나에 해당하는 특정소방대상물의 취침·숙박·입원 등 이와 유사한 용도로 사용되는 거실
    • 공동주택·오피스텔·숙박시설·노유자시설·수련시설
    • 교육연구시설 중 합숙소
    • 의료시설, 근린생활시설 중 입원실이 있는 의원·조산원
    • 교정 및 군사시설
    • 근린생활시설 중 고시원

② 감지기의 설치 기준
  ㉠ 감지기(차동식분포형의 것을 제외한다)는 **실내로의 공기 유입구로부터 1.5[m] 이상** 떨어진 위치에 설치할 것
  ㉡ 감지기는 천장 또는 반자의 옥내에 면하는 부분에 설치할 것
  ㉢ 보상식스포트형감지기는 정온점이 감지기 주위의 평상시 최고온도보다 20[℃] 이상 높은 것으로 설치할 것
  ㉣ **정온식감지기**는 **주방·보일러실** 등으로서 다량의 화기를 취급하는 장소에 설치하되, 공칭작동온도가 최고주위온도보다 20[℃] 이상 높은 것으로 설치할 것
  ㉤ 차동식스포트형·보상식스포트형 및 정온식스포트형감지기는 그 부착 높이 및 특정소방대상물에 따라 다음 표에 따른 바닥면적마다 1개 이상을 설치할 것

단위 [m²]

부착높이 및 특정소방대상물의 구분		감지기의 종류					
		차동식 스포트형		보상식 스포트형		정온식 스포트형	
		1종	2종	1종	2종	특종	1종	2종
4[m] 미만	주요 구조부를 내화구조로 한 특정소방대상물 또는 그 부분	90	70	90	70	70	60	20
	기타 구조의 특정소방대상물 또는 그 부분	50	40	50	40	40	30	15
4[m] 이상 8[m] 미만	주요 구조부를 내화구조로 한 특정소방대상물 또는 그 부분	45	35	45	35	35	30	
	기타 구조의 특정소방대상물 또는 그 부분	30	25	30	25	25	15	

  ㉥ 스포트형감지기는 45° 이상 경사되지 않도록 부착할 것
  ㉦ 공기관식 차동식분포형감지기는 다음의 기준에 따를 것
    • 공기관의 노출부분은 감지구역마다 20[m] 이상이 되도록 할 것
    • 공기관과 감지구역의 각변과의 수평거리는 1.5[m] 이하가 되도록 하고, 공기관 상호 간의 거리는 6[m](주요 구조부를 내화구조로 한 특정소방대상물 또는 그 부분에 있어서는 9[m]) 이하가 되도록 할 것
    • 공기관은 도중에서 분기하지 않도록 할 것
    • 하나의 검출부분에 접속하는 공기관의 길이는 100[m] 이하로 할 것
    • 검출부는 5° 이상 경사되지 않도록 부착할 것
    • 검출부는 바닥으로부터 0.8[m] 이상 1.5[m] 이하의 위치에 설치할 것

정답 ③

068

자동화재탐지설비의 수신기의 설치위치 중 적당한 장소는?

① 수위실
② 계단 및 경사로
③ 복도 및 통로
④ 변전실 출입구

해설
수신기의 설치장소 : 수위실

정답 ①

069

자동화재탐지설비에 대한 설명으로 틀린 것은?

① 자동화재탐지설비의 경계구역은 건축물 그 밖의 공작물의 2 이상의 층에 걸치지 않도록 한다.
② 광전식분리형감지기를 설치할 경우 하나의 경계구역 면적은 600[m²] 이하로 하고 그 한 변의 길이는 50[m] 이하로 한다.
③ 자동화재탐지설비의 감지기는 지붕 또는 벽의 옥내에 면한 부분에 유효하게 화재의 발생을 감지할 수 있도록 설치한다.
④ 자동화재탐지설비에는 비상전원을 설치한다.

해설
자동화재탐지설비의 설치 기준(시행규칙 별표 17, Ⅱ 경보설비 참조)
- 자동화재탐지설비의 경계구역(화재가 발생한 구역을 다른 구역과 구분하여 식별할 수 있는 최소단위의 구역을 말한다)은 건축물 그 밖의 공작물의 2 이상의 층에 걸치지 않도록 할 것. 다만, 하나의 경계구역의 면적이 500[m²] 이하이면서 해당 경계구역이 2개의 층에 걸치는 경우이거나 계단·경사로·승강기의 승강로 그 밖에 이와 유사한 장소에 연기감지기를 설치하는 경우에는 그렇지 않다.
- 하나의 경계구역의 면적은 **600[m²] 이하**로 하고 그 한 변의 길이는 **50[m](광전식분리형감지기**를 설치할 경우에는 100[m]) 이하로 할 것. 다만, 해당 건축물 그 밖의 공작물의 주요한 출입구에서 그 내부의 전체를 볼 수 있는 경우에 있어서는 그 면적을 1,000[m²] 이하로 할 수 있다.
- 자동화재탐지설비의 감지기는 지붕(상층이 있는 경우에는 상층의 바닥) 또는 벽의 옥내에 면한 부분(천장이 있는 경우에는 천장 또는 벽의 옥내에 면한 부분 및 천장의 뒷부분)에 유효하게 화재의 발생을 감지할 수 있도록 설치할 것
- 자동화재탐지설비에는 비상전원을 설치할 것

정답 ②

070

위험물을 취급하는 제조소 등에서 지정수량의 몇 배 이상인 경우에 경보설비를 설치해야 하는가?

① 1배 이상
② 5배 이상
③ 10배 이상
④ 100배 이상

해설

지정수량의 10배 이상이 되면 경보설비를 설치해야 한다.

제조소 등의 구분	제조소 등의 규모, 저장 또는 취급하는 위험물의 종류 및 최대수량 등	경보설비
가. 제조소 및 일반취급소	• 연면적이 500[m²] 이상인 것 • 옥내에서 지정수량의 100배 이상을 취급하는 것(고인화위험물만을 100[℃] 미만의 온도에서 취급하는 것은 제외) • 일반취급소로 사용되는 부분 외의 부분이 있는 건축물에 설치된 일반취급소(일반취급소와 일반취급소 외의 부분이 내화구조의 바닥 또는 벽으로 개구부 없이 구획된 것은 제외)	자동화재탐지설비
나. 옥내저장소	• 지정수량의 100배 이상을 저장 또는 취급하는 것(고인화점위험물만을 저장 또는 취급하는 것은 제외) • 저장창고의 연면적이 150[m²]를 초과하는 것[연면적 150[m²] 이내마다 불연재료의 격벽으로 개구부 없이 완전히 구획된 저장창고와 제2류 위험물(인화성고체는 제외) 또는 제4류 위험물(인화점이 70[℃] 미만인 것은 제외)만을 저장 또는 취급하는 저장창고는 그 연면적이 500[m²] 이상인 것을 말한다] • 처마 높이가 6[m] 이상인 단층 건물의 것 • 옥내저장소로 사용되는 부분 외의 부분이 있는 건축물에 설치된 옥내저장소[옥내저장소와 옥내저장소 외의 부분이 내화구조의 바닥 또는 벽으로 개구부 없이 구획된 것과 제2류(인화성고체는 제외) 또는 제4류의 위험물(인화점이 70[℃] 미만인 것은 제외)만을 저장 또는 취급하는 것은 제외]	자동화재탐지설비
다. 옥내탱크저장소	단층 건물 외의 건축물에 설치된 옥내탱크저장소로서 소화난이도 등급 Ⅰ에 해당하는 것	
라. 주유취급소	옥내주유취급소	
마. 옥외탱크저장소	특수인화물, 제석유류 및 알코올류를 저장 또는 취급하는 탱크의 용량이 1,000만[L] 이상인 것	• 자동화재탐지설비 • 자동화재속보설비
바. 가목부터 마목까지의 규정에 따른 자동화재탐지설비 설치 대상 제조소 등에 해당하지 않는 제조소 등(이송취급소는 제외)	**지정수량의 10배 이상**을 저장 또는 취급하는 것	자동화재탐지설비, 비상경보설비, 확성장치 또는 비상방송설비 중 1종 이상

정답 ③

071

다음 중 피난구조설비가 아닌 것은?

① 무선통신보조설비
② 인명구조장구
③ 미끄럼대
④ 유도등

해설

피난구조설비의 종류(소방)
• 미끄럼대, 완강기, 간이완강기, 피난사다리, 구조대, 피난교, 공기안전매트, 다수인피난장비 등
• 방열복, 공기호흡기, 인공소생기 등 인명구조기구
• 피난유도선, 유도등 및 유도표지
• 비상조명등 및 휴대용 비상조명등
※ 무선통신보조설비 : 소화활동설비

정답 ①

072

피난방향을 표시하는 통로 유도등의 색깔은?

① 녹 색
② 청 색
③ 황 색
④ 적 색

해설

통로 유도등 : 백색바탕에 녹색으로 피난방향을 표시한 등

정답 ①

안전관리법령

- CHAPTER 01 안전관리
- CHAPTER 02 제조소 등의 저장·취급기준
- CHAPTER 03 위험물의 운반 및 운송기준
- CHAPTER 04 위험물안전관리법 규제의 구도

합격의 공식 **시대에듀**
www.sdedu.co.kr

CHAPTER 01 안전관리

제1절 위험물안전관리자의 업무 등의 실무사항

1 위험물안전관리자의 책무(시행규칙 제55조)

(1) 위험물의 취급작업에 참여하여 해당 작업이 법 제5조 제3항의 규정에 의한 저장 또는 취급에 관한 기술기준과 법 제17조의 규정에 의한 **예방규정**에 적합하도록 해당 작업자(해당 작업에 참여하는 위험물취급자격자를 포함한다)에 대하여 지시 및 감독하는 업무

(2) 화재 등의 재난이 발생한 경우 응급조치 및 소방관서 등에 대한 연락업무

(3) 위험물시설의 안전을 담당하는 자를 따로 두는 제조소 등의 경우에는 그 담당자에게 다음의 규정에 의한 업무의 지시, 그 밖의 제조소 등의 경우에는 다음의 규정에 의한 업무
  ① **제조소 등의 위치·구조** 및 **설비**를 법 제5조 제4항의 기술기준에 적합하도록 유지하기 위한 **점검**과 **점검상황**의 **기록·보존**
  ② 제조소 등의 구조 또는 설비의 이상을 발견한 경우 관계자에 대한 **연락** 및 **응급조치**
  ③ 화재가 발생하거나 화재발생의 위험성이 현저한 경우 소방관서 등에 대한 연락 및 응급조치
  ④ 제조소 등의 **계측장치·제어장치** 및 **안전장치** 등의 적정한 **유지·관리**
  ⑤ 제조소 등의 위치·구조 및 설비에 관한 설계도서 등의 정비·보존 및 제조소 등의 구조 및 설비의 안전에 관한 사무의 관리

(4) 화재 등의 재해의 방지와 응급조치에 관하여 인접하는 제조소 등과 그 밖의 관련되는 시설의 관계자와 협조체제의 유지

(5) 위험물의 취급에 관한 일지의 작성·기록

(6) 그 밖에 위험물을 수납한 용기를 차량에 적재하는 작업, 위험물설비를 보수하는 작업 등 위험물의 취급과 관련된 작업의 안전에 관하여 필요한 감독의 수행

2 예방규정을 정해야 하는 제조소 등(시행령 제15조)

(1) 지정수량의 **10배 이상**의 위험물을 취급하는 **제조소**
(2) 지정수량의 **100배 이상**의 위험물을 저장하는 **옥외저장소**
(3) 지정수량의 **150배 이상**의 위험물을 저장하는 **옥내저장소**
(4) 지정수량의 **200배 이상**의 위험물을 저장하는 **옥외탱크저장소**

(5) 암반탱크저장소

(6) 이송취급소

(7) 지정수량의 10배 이상의 위험물을 취급하는 일반취급소. 다만, 제4류 위험물(특수인화물을 제외)만을 지정수량의 50배 이하로 취급하는 일반취급소(제1석유류·알코올류의 취급량이 지정수량의 10배 이하인 경우에 한함)로서 다음의 어느 하나에 해당하는 것을 제외한다.
  ① 보일러·버너 또는 이와 비슷한 것으로서 위험물을 소비하는 장치로 이루어진 일반취급소
  ② 위험물을 용기에 옮겨 담거나 차량에 고정된 탱크에 주입하는 일반취급소

3 예방규정 작성 내용(시행규칙 제63조)

(1) 위험물의 안전관리업무를 담당하는 자의 직무 및 조직에 관한 사항

(2) 안전관리자가 여행·질병 등으로 인하여 그 직무를 수행할 수 없을 경우 그 직무의 대리자에 관한 사항

(3) 자체소방대를 설치해야 하는 경우에는 자체소방대의 편성과 화학소방자동차의 배치에 관한 사항

(4) 위험물의 안전에 관계된 작업에 종사하는 자에 대한 **안전교육** 및 훈련에 관한 사항

(5) 위험물시설 및 작업장에 대한 안전순찰에 관한 사항

(6) 위험물시설·소방시설 그 밖의 관련시설에 대한 점검 및 정비에 관한 사항

(7) 위험물시설의 **운전** 또는 **조작에 관한 사항**

(8) 위험물 취급작업의 기준에 관한 사항

(9) 이송취급소에 있어서는 배관공사 현장책임자의 조건 등 배관공사 현장에 대한 감독체제에 관한 사항과 배관주위에 있는 이송취급소 시설 외의 공사를 하는 경우 배관의 안전확보에 관한 사항

(10) 재난 그 밖의 비상시의 경우에 취해야 하는 조치에 관한 사항

(11) 위험물의 안전에 관한 기록에 관한 사항

(12) 제조소 등의 위치·구조 및 설비를 명시한 서류와 도면의 정비에 관한 사항

(13) 그 밖에 위험물의 안전관리에 관하여 필요한 사항

4 정기점검 및 정기검사

(1) **정기점검대상인 제조소 등**(시행령 제16조)
  ① **예방규정을 정해야 하는 제조소 등**
    ㉠ 지정수량의 **10배 이상**의 위험물을 취급하는 **제조소, 일반취급소**

- ⓒ 지정수량의 100배 이상의 위험물을 저장하는 옥외저장소
- ⓒ 지정수량의 150배 이상의 위험물을 저장하는 옥내저장소
- ② **지정수량의 200배 이상**의 위험물을 저장하는 **옥외탱크저장소**
- ⓜ 암반탱크저장소, 이송취급소
② **지하탱크저장소**
③ **이동탱크저장소**
④ 위험물을 취급하는 탱크로서 지하에 매설된 탱크가 있는 제조소, **주유취급소**, 일반취급소

> 정기점검은 연 1회 이상을 실시해야 한다.

(2) 정기점검 및 정기검사(법 제18조, 시행령 제17조)

① 검사대상 : 액체 위험물을 저장 또는 취급하는 50만[L] 이상의 옥외탱크저장소
② 검사자 : 소방본부장, 소방서장
③ 점검결과서 : 정기점검을 한 제조소 등의 관계인은 점검을 한 날부터 30일 이내에 시·도지사에게 제출

(3) 정기점검(구조안전점검)의 시기(시행규칙 제65조)

① 특정·준특정옥외탱크저장소의 설치허가에 따른 완공검사합격확인증을 발급받은 날부터 12년
② 최근의 정밀정기검사를 받은 날부터 11년
③ 특정·준특정옥외저장탱크에 안전조치를 한 후 구조안전점검시기 연장신청을 하여 해당 안전조치가 적성한 것으로 인정받은 경우에는 최근의 정밀정기검사를 받은 날부터 13년

(4) 정기검사의 시기(시행규칙 제70조)

① 정밀정기검사 : 다음의 어느 하나에 해당하는 기간 내에 1회
  ⓐ 특정·준특정옥외탱크저장소의 설치허가에 따른 완공검사합격확인증을 발급받은 날부터 12년
  ⓑ 최근의 정밀정기검사를 받은 날부터 11년
② 중간정기검사 : 다음의 어느 하나에 해당하는 기간 내에 1회
  ⓐ 특정·준특정옥외탱크저장소의 설치허가에 따른 완공검사합격확인증을 발급받은 날부터 4년
  ⓑ 최근의 정밀정기검사 또는 중간정기검사를 받은 날부터 4년

(5) 정기점검의 기록·유지(시행규칙 제68조)

① 기록 사항
  ⓐ 점검을 실시한 제조소 등의 명칭
  ⓑ 점검의 방법 및 결과
  ⓒ 점검연월일
  ⓓ 점검을 한 안전관리자 또는 점검을 한 탱크시험자와 점검에 입회한 안전관리자의 성명

② 기록 보존 기간
  ㉠ 옥외저장탱크의 구조안전점검에 관한 기록 : 25년(특정·준특정옥외저장탱크에 안전조치를 한 후 구조안전점검시기 연장신청을 하여 해당 안전조치가 적정한 것으로 인정받은 경우에는 30년)
  ㉡ ㉠에 해당하지 않는 정기점검의 기록 : 3년

5 위험물탱크 시험자가 갖추어야 할 인력 및 장비(시행령 별표 7)

(1) 기술능력
  ① **필수인력**
    ㉠ 위험물기능장, 위험물산업기사, 위험물기능사 중 1명 이상
    ㉡ 비파괴검사기술사 1명 이상 또는 초음파비파괴검사·자기비파괴검사 및 침투비파괴검사 별로 기사 또는 산업기사 각 1명 이상
  ② **필요한 경우에 두는 인력**
    ㉠ 충·수압시험, 진공시험, 기밀시험 또는 내압시험의 경우 : 누설비파괴검사 기사, 산업기사 또는 기능사
    ㉡ 수직·수평도시험의 경우 : 측량 및 지형공간정보기술사, 기사, 산업기사 또는 측량기능사
    ㉢ 방사선투과시험의 경우 : 방사선비파괴검사 기사 또는 산업기사
    ㉣ 필수인력의 보조 : 방사선비파괴검사·초음파비파괴검사·자기비파괴검사 또는 침투비파괴검사 기능사

(2) 시설 : 전용사무실

(3) 장비
  ① **필수장비** : 자기탐상시험기, 초음파두께측정기 및 다음 ㉠ 또는 ㉡ 중 어느 하나
    ㉠ 영상초음파시험기
    ㉡ 방사선투과시험기 및 초음파시험기
  ② **필요한 경우에 두는 장비**
    ㉠ 충·수압시험, 진공시험, 기밀시험 또는 내압시험의 경우
      • 진공능력 53[kPa] 이상의 진공누설시험기
      • 기밀시험장치(안전장치가 부착된 것으로서 가압능력 200[kPa] 이상, 감압의 경우에는 감압능력 10[kPa] 이상·감도 10[Pa] 이하의 것으로서 각각의 압력 변화를 스스로 기록할 수 있는 것)
    ㉡ 수직·수평도 시험의 경우 : 수직·수평도 측정기

제조소 등의 저장·취급기준

제1절 위험물제조소 등의 저장에 관한 기준(시행규칙 별표 18)

1 저장·취급의 공통 기준

(1) 제조소 등에서 법 제6조 제1항의 규정에 의한 허가 및 법 제6조 제2항의 규정에 의한 신고와 관련되는 품명 외의 위험물 또는 이러한 허가 및 신고와 관련되는 수량 또는 지정수량의 배수를 초과하는 위험물을 저장 또는 취급하지 않아야 한다.

(2) 위험물을 저장 또는 취급하는 건축물 그 밖의 공작물 또는 설비는 해당 위험물의 성질에 따라 차광 또는 환기를 실시해야 한다.

(3) 위험물은 온도계, 습도계, 압력계 그 밖의 계기를 감시하여 해당 위험물의 성질에 맞는 적정한 온도, 습도 또는 압력을 유지하도록 저장 또는 취급해야 한다.

(4) 위험물을 저장 또는 취급하는 경우에는 위험물의 변질, 이물의 혼입 등에 의하여 해당 위험물의 위험성이 증대되지 않도록 필요한 조치를 강구해야 한다.

(5) 위험물이 남아 있거나 남아 있을 우려가 있는 설비, 기계·기구, 용기 등을 수리하는 경우에는 안전한 장소에서 위험물을 완전하게 제거한 후에 실시해야 한다.

(6) 위험물을 용기에 수납하여 저장 또는 취급할 때에는 그 용기는 해당 위험물의 성질에 적응하고 파손·부식·균열 등이 없는 것으로 해야 한다.

(7) **가연성의 액체·증기** 또는 **가스가 새거나 체류할 우려가 있는 장소** 또는 가연성의 미분이 현저하게 부유할 우려가 있는 장소에서는 **전선과 전기기구를 완전히 접속하고 불꽃을 발하는 기계·기구·공구·신발 등을 사용하지 않아야 한다.**

(8) 위험물을 보호액 중에 보존하는 경우에는 해당 위험물이 보호액으로부터 노출되지 않도록 해야 한다.

2 유별 저장 및 취급의 공통 기준

(1) **제1류 위험물**

가연물과의 접촉, 혼합이나 분해를 촉진하는 물품과의 접근 또는 과열, 충격, 마찰 등을 피하는 한편, **알칼리금속의 과산화물** 및 이를 함유한 것에 있어서는 **물과의 접촉을 피해야** 한다.

(2) 제2류 위험물

산화제와의 접촉, 혼합이나 불티, 불꽃, 고온체와의 접근 또는 과열을 피하는 한편, 철분, 금속분, 마그네슘 및 이를 함유한 것에 있어서는 **물이나 산과의 접촉을 피하고** 인화성 고체에 있어서는 함부로 증기를 발생시키지 않아야 한다.

(3) 제3류 위험물

자연발화성 물질에 있어서는 불티, 불꽃 또는 고온체와의 접근·과열 또는 공기와의 접촉을 피하고, **금수성 물질**에 있어서는 물과의 접촉을 피해야 한다.

(4) 제4류 위험물

불티, 불꽃, 고온체와의 접근 또는 과열을 피하고, **함부로 증기를 발생시키지 않아야 한다.**

(5) 제5류 위험물

불티, 불꽃, 고온체와의 접근이나 과열, **충격 또는 마찰**을 피해야 한다.

(6) 제6류 위험물

가연물과의 접촉·혼합이나 분해를 촉진하는 물품과의 접근 또는 과열을 피해야 한다.

3 저장의 기준

(1) **옥내저장소** 또는 **옥외저장소**에는 있어서 **유별을 달리하는 위험물을 동일한 저장소**에 저장할 수 없는데 1[m] 이상 간격을 두고 아래 유별을 **저장할 수 있다.**
   ① **제1류 위험물**(알칼리금속의 과산화물은 제외)과 **제5류 위험물**을 저장하는 경우
   ② **제1류 위험물**과 **제6류 위험물**을 저장하는 경우
   ③ **제1류 위험물**과 제3류 위험물 중 **자연발화성 물질**(황린 포함)을 저장하는 경우
   ④ 제2류 위험물 중 **인화성 고체**와 **제4류 위험물**을 저장하는 경우
   ⑤ 제3류 위험물 중 알킬알루미늄 등과 제4류 위험물(알킬알루미늄 또는 알킬리튬을 함유한 것에 한함)을 저장하는 경우
   ⑥ 제4류 위험물 중 유기과산화물과 제5류 위험물 중 유기과산화물을 저장하는 경우

(2) 제3류 위험물 중 **황린** 그 밖에 물속에 저장하는 물품과 **금수성 물질**은 동일한 저장소에서 **저장하지 않아야 한다.**

(3) **옥내저장소**에서 동일 품명의 위험물이더라도 **자연발화할 우려가 있는 위험물** 또는 재해가 현저하게 증대할 우려가 있는 위험물을 다량 저장하는 경우에는 지정수량의 **10배 이하**마다 구분하여 상호 간 **0.3[m] 이상**의 간격을 두어 저장해야 한다.

(4) 옥내저장소와 옥외저장소에 저장 시 높이(아래 높이를 초과하지 말 것)
   ① 기계에 의하여 하역하는 구조로 된 용기만을 겹쳐 쌓는 경우 : 6[m]
   ② 제4류 위험물 중 **제3석유류, 제4석유류, 동식물유류**를 수납하는 용기만을 겹쳐 쌓는 경우 : 4[m]
   ③ 그 밖의 경우(**특수인화물, 제1석유류, 제2석유류, 알코올류, 타류 위험물**) : 3[m]

(5) 옥내저장소에서는 용기에 수납하여 저장하는 위험물의 온도 : 55[℃] 이하

(6) **이동저장탱크**에는 해당 탱크에 저장 또는 취급하는 위험물의 위험성을 알리는 표지를 부착하고 잘 보일 수 있도록 관리할 것

(7) **이동탱크저장소**에는 **완공검사합격확인증과 정기점검기록**을 비치할 것

(8) **알킬알루미늄 등**을 저장 또는 취급하는 **이동탱크저장소**에는 긴급 시의 **연락처, 응급조치**에 관하여 필요한 **사항을 기재한 서류, 방호복, 고무장갑, 밸브 등을 죄는 결합공구** 및 휴대용 확성기를 비치해야 한다.

(9) 옥외저장소에서 위험물을 수납한 용기를 **선반**에 저장하는 경우 : 6[m]를 초과하지 말 것

(10) 황을 용기에 수납하지 않고 저장하는 옥외저장소에서는 황을 경계표시의 높이 이하로 저장하고, 황이 넘치거나 비산하는 것을 방지할 수 있도록 경계표시 내부의 전체를 난연성 또는 불연성의 천막 등으로 덮고 해당 천막 등을 경계표시에 고정해야 한다.

(11) **이동저장탱크**에 **알킬알루미늄 등**을 **저장하는 경우**에는 20[kPa] 이하의 압력으로 **불활성의 기체를 봉입**하여 둘 것

(12) 옥외저장탱크·옥내저장탱크 또는 지하저장탱크 중 압력탱크 외의 탱크에 저장
   ① 산화프로필렌, 다이에틸에터 등 : 30[℃] 이하
   ② 아세트알데하이드 등 : 15[℃] 이하

(13) 옥외저장탱크·옥내저장탱크 또는 지하저장탱크 중 압력탱크에 저장
   ① 아세트알데하이드 등 또는 다이에틸에터 등 : 40[℃] 이하

(14) 아세트알데하이드 등 또는 다이에틸에터 등을 이동저장탱크에 저장하는 경우
   ① 보냉장치가 있는 경우 : 비점 이하
   ② 보냉장치가 없는 경우 : 40[℃] 이하

4 취급의 기준

(1) 제조에 관한 기준
① **증류공정**에 있어서는 위험물을 취급하는 설비의 내부압력의 변동 등에 의하여 액체 또는 증기가 새지 않도록 할 것
② **추출공정**에 있어서는 추출관의 내부압력이 비정상으로 상승하지 않도록 할 것
③ **건조공정**에 있어서는 위험물의 온도가 부분적으로 상승하지 않는 방법으로 가열 또는 건조할 것
④ **분쇄공정**에 있어서는 위험물의 분말이 현저하게 부유하고 있거나 위험물의 분말이 현저하게 기계·기구 등에 부착하고 있는 상태로 그 기계·기구를 취급하지 않을 것

(2) 소비에 관한 기준
① 분사도장작업은 방화상 유효한 격벽 등으로 구획된 안전한 장소에서 실시할 것
② 담금질 또는 열처리작업은 위험물이 위험한 온도에 이르지 않도록 하여 실시할 것
③ 버너를 사용하는 경우에는 버너의 역화를 방지하고 위험물이 넘치지 않도록 할 것

(3) 이동탱크저장소에서의 취급기준
① 이동저장탱크로부터 위험물을 저장 또는 취급하는 탱크에 인화점이 **40[℃] 미만**인 위험물을 주입할 때에는 이동탱크저장소의 **원동기를 정지**시킬 것
② 휘발유·벤젠 그 밖에 정전기에 의한 재해발생의 우려가 있는 액체의 위험물을 이동저장탱크에 주입하거나 이동저장탱크로부터 배출하는 때에는 도선으로 이동저장탱크와 접지전극 등과의 사이를 긴밀히 연결하여 해당 이동저장탱크를 접지할 것
③ **휘발유·벤젠·**그 밖에 정전기에 의한 재해발생의 우려가 있는 액체의 위험물을 이동저장탱크의 **상부로 주입하는 때**에는 주입관을 사용하되, 해당 주입관의 끝부분을 이동저장탱크의 **밑바닥에 밀착**할 것
④ 이동저장탱크에 위험물(휘발유, 등유, 경유)을 교체 주입하고자 할 때 정전기 방지 조치
  ㉠ 이동저장탱크의 상부로부터 위험물을 주입할 때에는 위험물의 액표면이 주입관의 끝부분을 넘는 높이가 될 때까지 그 주입관 내의 유속을 초당 1[m] 이하로 할 것
  ㉡ 이동저장탱크의 밑부분으로부터 위험물을 주입할 때에는 위험물의 액표면이 주입관의 정상부분을 넘는 높이가 될 때까지 그 주입배관 내의 유속을 초당 1[m] 이하로 할 것
  ㉢ 그 밖의 방법에 의한 위험물의 주입은 이동저장탱크에 가연성 증기가 잔류하지 않도록 조치하고 안전한 상태로 있음을 확인한 후에 할 것

(4) 알킬알루미늄 등 및 아세트알데하이드 등의 취급기준

① 알킬알루미늄 등의 제조소 또는 일반취급소에 있어서 알킬알루미늄 등을 취급하는 설비에는 **불활성의 기체**를 봉입할 것

② **알킬알루미늄 등의 이동탱크저장소**에 있어서 이동저장탱크로부터 알킬알루미늄 등을 **꺼낼 때**에는 동시에 200[kPa] **이하의 압력**으로 불활성의 기체를 봉입할 것

> 이동저장탱크에 알킬알루미늄 등을 저장하는 경우에는 20[kPa] 이하, 꺼낼 때에는 200[kPa] 이하의 압력으로 불활성의 기체를 봉입할 것

③ 아세트알데하이드 등의 제조소 또는 일반취급소에 있어서 아세트알데하이드 등을 취급하는 설비에는 연소성 혼합기체의 생성에 의한 폭발의 위험이 생겼을 경우에 **불활성의 기체 또는 수증기**[아세트알데하이드 등을 취급하는 탱크(옥외에 있는 탱크 또는 옥내에 있는 탱크로서 그 용량이 지정수량의 1/5 미만의 것을 제외한다)에 있어서는 불활성의 기체]를 **봉입**할 것

④ **아세트알데하이드 등의 이동탱크저장소**에 있어서 이동저장탱크로부터 아세트알데하이드 등을 **꺼낼 때**에는 동시에 100[kPa] 이하의 **압력**으로 불활성의 기체를 봉입할 것

CHAPTER 03 위험물의 운반 및 운송기준

제1절 위험물의 운반에 관한 기준(시행규칙 별표 19)

1 운반용기의 재질

강판, 알루미늄판, 양철판, 유리, 금속판, 종이, 플라스틱, 섬유판, 고무류, 합성섬유, 삼, 짚, 나무

2 운반방법

(1) 위험물 또는 위험물을 수납한 운반용기가 현저하게 마찰 또는 동요를 일으키지 않도록 운반해야 한다(중요기준).

(2) 지정수량 이상의 위험물을 차량으로 운반하는 경우에는 해당 차량에 소방청장이 정하여 고시하는 바에 따라 운반하는 위험물의 위험성을 알리는 표지를 설치해야 한다.

> **[표 지]**
> - 위험물 운반차량 : 전면 및 후면
> - 규격 및 형상 : 60[cm] 이상×30[cm] 이상의 가로형 사각형
> - 색상 및 문자 : **흑색 바탕에 황색의 반사 도료**로 "위험물"이라 표기할 것
> - 위험물이면서 유해화학물질에 해당하는 품목의 경우에는 화학물질관리법에 따른 유해화학물질 표지를 위험물 표지와 상하 또는 좌우로 인접하여 부착할 것

(3) 지정수량 이상의 위험물을 차량으로 운반하는 경우에 있어서 다른 차량에 바꾸어 싣거나 휴식·고장 등으로 차량을 일시 정차시킬 때에는 안전한 장소를 택하고 운반하는 위험물의 안전확보에 주의해야 한다.

(4) 지정수량 이상의 위험물을 차량으로 운반하는 경우에는 해당 위험물에 적응성이 있는 소형수동식소화기를 해당 위험물의 소요단위에 상응하는 능력단위 이상 갖추어야 한다.

$$소요단위 = 저장(운반)수량 \div (지정수량 \times 10배)$$

※ 참고 : 위험물은 지정수량의 10배를 1소요단위로 한다.

(5) 위험물의 운반도중 위험물이 현저하게 새는 등 재난발생의 우려가 있는 경우에는 응급조치를 강구하는 동시에 가까운 소방관서 그 밖의 관계기관에 통보해야 한다.

(6) (1) 내지 (5)의 적용에 있어서 품명 또는 지정수량을 달리하는 2 이상의 위험물을 운반하는 경우에 있어서 운반하는 각각의 위험물의 수량을 해당 위험물의 지정수량으로 나누어 얻은 수의 합이 1 이상인 때에는 지정수량 이상의 위험물을 운반하는 것으로 본다.

3 적재방법

(1) 고체 위험물

운반용기 내용적의 95[%] 이하의 수납률로 수납할 것

(2) 액체 위험물

운반용기 내용적의 98[%] 이하의 수납률로 수납하되, 55[℃]의 온도에서 누설되지 않도록 충분한 공간용적을 유지하도록 할 것(단, **알킬알루미늄** 등은 운반용기의 내용적의 **90[%] 이하의 수납률**로 수납하되, 50[℃]의 온도에서 5[%] 이상의 공간용적을 유지하도록 할 것)

(3) 적재위험물에 따른 조치

① 차광성이 있는 것으로 피복
  ㉠ 제1류 위험물
  ㉡ 제3류 위험물 중 **자연발화성 물질**
  ㉢ 제4류 위험물 중 **특수인화물**
  ㉣ **제5류 위험물**
  ㉤ **제6류 위험물**

② 방수성이 있는 것으로 피복 중요
  ㉠ 제1류 위험물 중 **알칼리금속의 과산화물**
  ㉡ 제2류 위험물 중 **철분·금속분·마그네슘**
  ㉢ 제3류 위험물 중 **금수성 물질**

(4) 운반용기의 외부 표시 사항 중요

① 위험물의 **품명, 위험등급, 화학명 및 수용성**(제4류 위험물의 수용성인 것에 한함)
② 위험물의 **수량**
③ **주의사항** 중요
  ㉠ 제1류 위험물
    • 알칼리금속의 과산화물 : 화기·충격주의, 물기엄금, 가연물접촉주의
    • 그 밖의 것 : 화기·충격주의, 가연물접촉주의
  ㉡ 제2류 위험물
    • **철분·금속분·마그네슘 : 화기주의, 물기엄금**
    • **인화성 고체 : 화기엄금**
    • 그 밖의 것 : 화기주의

ⓒ 제3류 위험물
- 자연발화성 물질 : 화기엄금, 공기접촉엄금
- 금수성 물질 : 물기엄금

ⓔ 제4류 위험물 : 화기엄금

ⓜ 제5류 위험물 : 화기엄금, 충격주의

ⓗ 제6류 위험물 : 가연물접촉주의

※ 최대용적이 1[L] 이하인 운반용기[제1류, 제2류, 제4류 위험물(위험등급Ⅰ은 제외)]의 품명 및 주의사항은 위험물의 통칭명, 해당 주의사항과 동일한 의미가 있는 다른 표시로 대신할 수 있다.

[유별 주의사항]

유 별	저장 및 취급 시	운반 시
제1류	• 알칼리금속의 과산화물 : **물기엄금** • 나머지 : 필요 없음	• 알칼리속의 과산화물 : 화기·충격주의, 물기엄금, 가연물접촉주의 • 나머지 : 화기·충격주의, 가연물접촉주의
제2류	• 인화성고체 : **화기엄금** • 나머지 : 화기주의	• 철분, 마그네슘, 금속분 : **물기엄금, 화기주의** • 인화성고체 : 화기엄금 • 나머지 : 화기주의
제3류	• 자연발화성 물질 : **화기엄금** • 금수성물질 : **물기엄금**	• 자연발화성 물질 : 화기엄금, 공기접촉엄금 • 금수성물질 : 물기엄금
제4류	**화기엄금**	화기엄금
제5류	**화기엄금**	**화기엄금, 충격주의**
제6류	필요 없음	가연물접촉주의
색 상	• 화기엄금, 화기주의 : 적색바탕에 백색문자 • 물기엄금 : 청색바탕에 백색문자	규정 없음

(5) 기계에 의하여 하역하는 구조로 된 운반용기의 수납기준

① 금속제의 운반용기, 경질플라스틱제의 운반용기 또는 플라스틱내용기 부착의 운반용기에 있어서는 다음에 정하는 시험 및 점검에서 누설 등 이상이 없을 것

㉠ 2년 6개월 이내에 실시한 기밀시험(액체의 위험물 또는 10[kPa] 이상의 압력을 가하여 수납 또는 배출하는 고체의 위험물을 수납하는 운반용기에 한한다)

㉡ 2년 6개월 이내에 실시한 운반용기의 외부의 점검·부속설비의 기능점검 및 5년 이내의 사이에 실시한 운반용기의 내부의 점검

② 액체 위험물을 수납하는 경우에는 **55[℃]**의 온도에서의 증기압이 **130[kPa]** 이하가 되도록 수납할 것

③ 경질플라스틱제의 운반용기 또는 플라스틱내용기 부착의 운반용기에 액체 위험물을 수납하는 경우에는 해당 운반용기는 제조된 때로부터 5년 이내의 것으로 할 것

(6) 기계에 의하여 하역하는 구조로 된 운반용기의 외부 표시 사항

① 운반용기의 **제조연월** 및 **제조자의 명칭**

② 겹쳐쌓기 시험하중
③ 운반용기의 종류에 따라 다음의 규정에 의한 **중량**
  ㉠ 플렉서블 외의 운반용기 : 최대총중량(최대수용중량의 위험물을 수납하였을 경우의 운반용기의 전중량을 말한다)
  ㉡ 플렉서블 운반용기 : 최대수용중량

4 운반 시 위험물의 혼재 가능 기준

[유별을 달리하는 위험물의 혼재 기준(시행규칙 별표 19 관련)]

위험물의 구분	제1류	제2류	제3류	제4류	제5류	제6류
제1류		×	×	×	×	○
제2류	×		×	○	○	×
제3류	×	×		○	×	×
제4류	×	○	○		○	×
제5류	×	○	×	○		×
제6류	○	×	×	×	×	

[비고] 1. "×"표시는 혼재할 수 없음을 표시한다.
2. "○"표시는 혼재할 수 있음을 표시한다.
3. 이 표는 지정수량의 $\frac{1}{10}$ 이하의 위험물에 대하여는 적용하지 않는다.

5 위험물의 위험등급 중요

(1) 위험등급 Ⅰ의 위험물
① 제1류 위험물 중 아염소산염류, 염소산염류, 과염소산염류, **무기과산화물**, 지정수량이 **50[kg]**인 위험물
② 제3류 위험물 중 **칼륨, 나트륨, 알킬알루미늄, 알킬리튬, 황린**, 지정수량이 10[kg] 또는 20[kg]인 위험물
③ 제4류 위험물 중 **특수인화물**
④ 제5류 위험물 중 지정수량이 10[kg]인 위험물
⑤ **제6류 위험물**

(2) 위험등급 Ⅱ의 위험물
① 제1류 위험물 중 브로민산염류, 질산염류, 아이오딘산염류, 지정수량이 300[kg]인 위험물
② **제2류 위험물 중 황화인, 적린, 황**, 지정수량이 **100[kg]**인 위험물
③ 제3류 위험물 중 알칼리금속(칼륨, 나트륨 제외) 및 알칼리토금속, 유기금속화합물(알킬알루미늄 및 알킬리튬은 제외), 지정수량이 50[kg]인 위험물
④ **제4류 위험물 중 제1석유류, 알코올류**
⑤ 제5류 위험물 중 위험등급 Ⅰ에 정하는 위험물 외의 것

(3) 위험등급Ⅲ의 위험물

(1) 및 (2)에 정하지 않은 위험물

6 위험물운송책임자의 감독 및 운송 시 준수사항(시행규칙 별표 21)

(1) 운송책임자의 감독 또는 지원의 방법

① 운송책임자가 이동탱크저장소에 동승하여 운송 중인 위험물의 안전확보에 관하여 운전자에게 필요한 감독 또는 지원을 하는 방법. 다만, 운전자가 운반책임자의 자격이 있는 경우에는 운송책임자의 자격이 없는 자가 동승할 수 있다.

② 운송의 감독 또는 지원을 위하여 마련한 별도의 사무실에 운송책임자가 대기하면서 다음의 사항을 이행하는 방법
  ㉠ 운송경로를 미리 파악하고 관할 소방관서 또는 관련 업체(비상대응에 관한 협력을 얻을 수 있는 업체를 말한다)에 대한 연락체계를 갖추는 것
  ㉡ 이동탱크저장소의 운전자에 대하여 수시로 안전확보 상황을 확인하는 것
  ㉢ 비상시의 응급처치에 관하여 조언을 하는 것
  ㉣ 그 밖에 위험물의 운송 중 안전확보에 관하여 필요한 정보를 제공하고 감독 또는 지원하는 것

(2) 이동탱크저장소에 의한 위험물의 운송 시 준수해야 하는 기준

① **위험물운송자**는 운송의 개시 전에 **이동저장탱크의 배출밸브** 등의 밸브와 **폐쇄장치, 맨홀 및 주입구의 뚜껑, 소화기 등의 점검**을 충분히 실시할 것

② 위험물운송자는 **장거리**(고속국도에 있어서는 340[km] 이상, 그 밖의 도로에 있어서는 200[km] 이상을 말한다)에 걸치는 운송을 하는 때에는 **2명 이상의 운전자**로 할 것. 다만, 다음 어느 하나에 해당하는 경우에는 그렇지 않다.
  ㉠ **운송책임자를 동승시킨 경우**
  ㉡ 운송하는 위험물이 **제2류 위험물 · 제3류 위험물**(칼슘 또는 알루미늄의 탄화물과 이것만을 함유한 것에 한한다) 또는 **제4류 위험물**(특수인화물을 제외한다)인 경우
  ㉢ 운송 도중에 **2시간 이내마다 20분 이상씩 휴식**하는 경우

③ 위험물운송자는 이동저장탱크로부터 위험물이 현저하게 새는 등 재해발생의 우려가 있는 경우에는 재난을 방지하기 위한 응급조치를 강구하는 동시에 소방관서 그 밖의 관계기관에 통보할 것

④ 위험물(제4류 위험물에 있어서는 **특수인화물 및 제1석유류**에 한한다)을 운송하게 하는 자는 별지 제48호 서식의 **위험물안전카드**를 위험물운송자로 하여금 **휴대**하게 할 것

제2절 위험물의 분류 및 표지에 관한 기준(별표 4)

※ 표시사항은 GHS 기준(화학물질에 대한 분류, 표지에 관한 세계조화시스템)

1 산화성 고체

(1) 정 의

그 자체는 연소하지 않더라도 일반적으로 산소를 발생시켜 다른 물질을 연소시키거나 연소를 돕는 고체

(2) 분류기준 및 표시사항

구 분	분류기준 (test O.1 적용)	GHS 그림문자	신호어
1	물질(또는 혼합물)과 셀룰로스의 중량비 4:1 또는 1:1 혼합물로서 시험한 경우 그 평균 연소시간이 브로민산칼륨과 셀룰로스의 중량비 3:2 혼합물의 평균 연소시간 미만인 물질 또는 혼합물		위 험
2	물질(또는 혼합물)과 셀룰로스의 중량비 4:1 또는 1:1 혼합물로서 시험한 경우 그 평균 연소시간이 브로민산칼륨과 셀룰로스의 중량비 2:3 혼합물의 평균 연소시간 이하이며, 구분 1에 해당하지 않는 물질 또는 혼합물		위 험
3	물질(또는 혼합물)과 셀룰로스의 중량비 4:1 또는 1:1 혼합물로서 시험한 경우 그 평균 연소시간이 브로민산칼륨과 셀룰로스의 중량비 3:7 혼합물의 평균 연소시간 이하이며, 구분 1 및 2에 해당하지 않는 물질 또는 혼합물		경 고

2 인화성 고체

(1) 정 의

'가연 용이성 고체(분말, 과립상, 페이스트 형태의 물질로 성냥 불씨와 같은 점화원을 잠깐 접촉하여도 쉽게 점화되거나, 화염이 빠르게 확산되는 물질)'나 마찰에 의해 화재를 일으키거나 화재를 돕는 고체

(2) 분류기준 및 표시사항

구 분	분류기준	GHS 그림문자	신호어
1	연소속도 시험에서 다음에 해당하는 물질 또는 혼합물 • 금속분말 이외의 물질 또는 혼합물 : 습윤 부분이 연소를 중지시키지 못하고, 연소시간이 45초 미만이거나 연소속도가 2.2[mm/s]를 초과함 • 금속분말 : 연소시간이 5분 이하		위 험
2	연소속도 시험에서 다음에 해당하는 물질 또는 혼합물 • 금속분말 이외의 물질 또는 혼합물 : 습윤 부분이 4분 이상 연소를 중지시키고, 연소시간이 45초 미만이거나 연소속도가 2.2[mm/s]를 초과함 • 금속분말 : 연소시간이 5분 초과 10분 이하		경 고

3 자연발화성 액체

(1) 정 의

적은 양으로도 공기와 접촉하여 5분 안에 발화할 수 있는 액체

(2) 분류기준 및 표시사항

구 분	분류기준	GHS 그림문자	신호어
1	• 액체를 불활성 담체에 첨가하여 공기에 노출시키면 5분 이내에 발화하는 액체 • 액체를 적하한 여과지에 공기를 접촉시키면 5분 이내에 여과지를 발화 또는 탄화시키는 액체	🔥	위 험

4 자연발화성 고체

(1) 정 의

적은 양으로도 공기와 접촉하여 5분 안에 발화할 수 있는 고체

(2) 분류기준 및 표시사항

구 분	분류기준	GHS 그림문자	신호어
1	공기와 접촉하면 5분 안에 발화하는 고체	🔥	위 험

5 물반응성 물질 및 혼합물

(1) 정 의

물과의 상호작용에 의하여 자연발화하거나 인화성 가스의 양이 위험한 수준으로 발생하는 고체·액체 물질이나 혼합물

(2) 분류기준 및 표시사항

구 분	분류기준	GHS 그림문자	신호어
1	상온에서 물과 격렬하게 반응하여 발생한 가스가 자연발화하는 경향을 보이거나, 상온에서 물과 쉽게 반응하여 인화성 가스의 발생률이 1분간 물질 1[kg]에 대해 10[L] 이상인 물질 또는 혼합물	🔥	위 험
2	상온에서 물과 급속히 반응했을 때 인화성 가스의 최대 발생률이 1시간당 물질 1[kg]에 대해 20[L] 이상이며, 구분 1에 해당하지 않는 물질 또는 혼합물	🔥	위 험
3	상온에서 물과 천천히 반응했을 때 인화성 가스의 최대 발생률이 1시간당 물질 1[kg]에 대해 1[L] 이상이며, 구분 1 및 구분 2에 해당하지 않는 물질 또는 혼합물	🔥	경 고

6 인화성 액체

(1) 정 의

인화점이 93[℃] 이하인 액체

(2) 분류기준 및 표시사항

구 분	분류기준	GHS 그림문자	신호어
1	인화점이 23[℃] 미만이고 초기 끓는점이 35[℃] 이하인 액체	불꽃	위 험
2	인화점이 23[℃] 미만이고 초기 끓는점이 35[℃]를 초과하는 액체	불꽃	위 험
3	인화점이 23[℃] 이상 60[℃] 이하인 액체	불꽃	경 고
4	인화점이 60[℃] 초과 93[℃] 이하인 액체	없 음	경 고

7 자기발열성 물질 및 혼합물

(1) 정 의

자연발화성 물질이 아니면서 주위에서 에너지를 공급받지 않고 공기와 반응하여 스스로 발열하는 고체·액체물질이나 혼합물. 이 물질 또는 혼합물은 대량의 물질(수 킬로그램)이 오랜 기간(수 시간 또는 수 일)을 거쳐 발화된다는 점에서 자연발화성 액체 또는 고체와 다름

(2) 분류기준 및 표시사항

구 분	분류기준	GHS 그림문자	신호어
1	140[℃]에서 25[mm] 시료큐브(정방형 용기)를 이용한 시험에서 양성인 경우	불꽃	위 험
2	• 140[℃]에서 100[mm] 시료큐브를 이용한 시험에서 양성이고, 140[℃]에서 25[mm] 시료큐브를 이용한 시험에서 음성이며, 해당 물질 또는 혼합물의 포장이 3[m^3]을 초과할 경우 • 140[℃]에서 100[mm] 시료큐브를 이용한 시험에서 양성이고, 140[℃]에서 25[mm] 시료큐브를 이용한 시험에서 음성이며, 120[℃]에서 100[mm] 시료큐브를 이용한 시험에서 양성이고, 해당 물질 또는 혼합물의 포장이 450[L]를 초과할 경우 • 140[℃]에서 100[mm] 시료큐브를 이용한 시험에서 양성이고, 140[℃]에서 25[mm] 시료큐브를 이용한 시험에서 음성이며, 100[℃]에서 100[mm] 시료큐브를 이용한 시험에서 양성인 경우	불꽃	경 고

8 자기반응성 물질 및 혼합물

(1) 정의

열적으로 불안정하여 산소의 공급이 없어도 강하게 발열 분해하기 쉬운 고체·액체 물질이나 혼합물(폭발성 물질 또는 화약류, 유기과산화물 또는 산화성 물질로서 분류되는 물질과 혼합물은 제외됨)

(2) 분류기준 및 표시사항

구 분	분류기준	GHS 그림문자	신호어
형식 A	포장된 상태에서 폭굉하거나 급속히 폭연하는 자기반응성 물질 또는 혼합물		위 험
형식 B	폭발성을 가지며, 포장된 상태에서 폭굉이나 급속한 폭연을 하지 않으나 그 포장물 내에서 열 폭발을 일으키는 경향을 가지는 자기반응성 물질 또는 혼합물		위 험
형식 C	폭발성을 가지며, 포장된 상태에서 폭굉이나 급속한 폭연, 열 폭발을 일으키지 않는 자기반응성 물질 또는 혼합물		위 험
형식 D	실험실 시험에서 다음의 성질과 상태를 나타내는 자기반응성 물질 또는 혼합물 • 폭굉이 부분적이며, 급속히 폭연하지 않고 밀폐상태에서 가열하면 격렬한 반응을 일으키지 않음 • 전혀 폭굉하지 않고, 완만하게 폭연하며 밀폐상태에서 가열하면 격렬한 반응을 일으키지 않음 • 전혀 폭굉 또는 폭연하지 않고 밀폐상태에서 가열하면 중간 정도의 반응을 일으킴		위 험
형식 E	실험실 시험에서 전혀 폭굉도 폭연도 하지 않고, 밀폐상태에서 가열하면 반응이 약하거나 없다고 판단되는 자기반응성 물질 또는 혼합물		경 고
형식 F	실험실 시험에서 공동상태(Cavitated State)하에서 폭굉하지 않거나 전혀 폭연하지 않고, 밀폐상태에서 가열하면 반응이 약하거나 없는 또는 폭발력이 약하거나 없다고 판단되는 자기반응성 물질 또는 혼합물		경 고
형식 G	• 실험실 시험에서 공동상태하에서 폭굉하지 않거나 전혀 폭연하지 않고, 밀폐상태에서 가열하면 반응이 없거나 폭발력이 없다고 판단되는 자기반응성 물질 또는 혼합물. 다만, 열역학적으로 안정하고(50[kg] 포장물의 경우 SADT가 60[℃]에서 75[℃] 사이), 액체 혼합물의 경우에는 끓는점이 150[℃] 이상인 희석제로 둔화된 경우에만 해당 • 혼합물이 열역학적으로 안정하지 않거나 끓는점이 150[℃] 미만의 희석제로 용해된 경우에는 그 혼합물은 자기반응성 물질 형식 F로 해야함	없 음	없 음

9 폭발성 물질

(1) 정 의
자체의 화학반응에 의하여 주위환경에 손상을 입힐 수 있는 온도, 압력과 속도를 가진 가스를 발생시키는 고체·액체 물질이나 혼합물

(2) 분류기준 및 표시사항

구 분	분류기준	GHS 그림문자	신호어
불안정한 폭발성 물질	일반적인 취급, 운송, 사용에 대해 열적으로 불안정하거나 너무 민감한 폭발성 물질	(폭발 그림)	위 험
등급 1.1	대폭발 위험성이 있는 물질, 혼합물과 제품	(폭발 그림)	위 험
등급 1.2	대폭발 위험성은 없으나 분출 위험성(Projection Hazard)이 있는 물질, 혼합물과 제품	(폭발 그림)	위 험
등급 1.3	대폭발 위험성은 없으나 화재 위험성이 있고, 약한 폭풍 위험성(Blast Hazard) 또는 약한 분출 위험성이 있는 다음과 같은 물질, 혼합물과 제품 • 대량의 복사열을 발산하면서 연소하는 것 • 약한 폭풍 또는 발사의 효과를 일으키면서 순차적으로 연소하는 것	(폭발 그림)	위 험
등급 1.4	심각한 위험성은 없으나 다음과 같이 발화 또는 기폭에 의해 약간의 위험성이 있는 물질, 혼합물과 제품 • 영향은 주로 포장품에 국한되고, 주의할 정도의 파편 크기나 파편비산범위가 발생하지 않음 • 외부 화재에 의해 포장품의 거의 모든 내용물이 실질적으로 동시에 폭발을 일으키지 않아야 함	(폭발 그림)	경 고
등급 1.5	대폭발 위험성은 있지만 매우 둔감하여 정상적인 상태에서는 기폭의 가능성 또는 연소가 폭굉으로 전이될 가능성이 거의 없는 물질과 혼합물	없 음	위 험
등급 1.6	극히 둔감한 물질 또는 혼합물만을 포함하여 대폭발 위험성이 없으며, 우발적인 기폭 또는 전파의 가능성이 거의 없는 제품	없 음	없 음

10 유기과산화물

(1) 정의

2가의 -O-O-구조를 가지고 1개 혹은 2개의 수소 원자가 유기라디칼에 의해 치환된 과산화수소의 유도체를 말하며, 유기과산화물 혼합물도 포함됨. 유기과산화물은 열적으로 불안정한 물질 또는 혼합물이며, 열을 발산하는 자기 가속 분해를 일으킬 수 있음

(2) 분류기준 및 표시사항

구 분	분류기준	GHS 그림문자	신호어
형식 A	포장된 상태에서 폭굉하거나 급속히 폭연하는 유기과산화물	(그림)	위 험
형식 B	폭발성을 가지며, 포장된 상태에서 폭굉이나 급속한 폭연을 하지 않으나, 그 포장물 내에서 열 폭발을 일으키는 경향을 가지는 유기과산화물	(그림)	위 험
형식 C	폭발성을 가지며, 포장된 상태에서 폭굉이나 급속한 폭연, 열 폭발을 일으키지 않는 유기과산화물	(그림)	위 험
형식 D	실험실 시험에서 다음의 성질과 상태를 나타내는 유기과산화물 • 폭굉이 부분적이며, 급속히 폭연하지 않고 밀폐상태에서 가열하면 격렬한 반응을 일으키지 않음 • 전혀 폭굉하지 않고, 완만하게 폭연하며 밀폐상태에서 가열하면 격렬한 반응을 일으키지 않음 • 전혀 폭굉 또는 폭연하지 않고, 밀폐상태에서 가열하면 중간 정도의 반응을 일으킴	(그림)	위 험
형식 E	실험실 시험에서 전혀 폭굉이나 폭연을 하지 않고, 밀폐상태에서 가열하면 반응이 약하거나 없다고 판단되는 유기과산화물	(그림)	경 고
형식 F	실험실 시험에서 공동상태하에서 폭굉하지 않거나 전혀 폭연하지 않고, 밀폐상태에서 가열하면 반응이 약하거나 전혀 반응하지 않는 유기과산화물	(그림)	경 고
형식 G	실험실 시험에서 공동상태하에서 폭굉하지 않거나 전혀 폭연하지 않고, 폭발력이 약하거나 없으며 밀폐공간에서 가열 시 반응이 약하거나 없는 유기과산화물. 다만, 열적으로 안정하고(50[kg] 포장물의 경우 자기가속분해속도(SADT)가 60[℃] 이상), 액체 혼합물의 경우에는 끓는점이 150[℃] 이상인 희석제로 둔화된 경우에만 해당. 만약 유기과산화물이 열적으로 불안정하거나 끓는점이 150[℃] 미만의 희석제로 둔화된 경우에는 그 유기과산화물은 유기과산화물 형식 F로 해야함	없 음	없 음

11 산화성 액체

(1) 정 의

그 자체는 연소하지 않더라도 일반적으로 산소를 발생시켜 다른 물질을 연소시키거나 연소를 돕는 액체

(2) 분류기준 및 표시사항

구 분	분류기준	GHS 그림문자	신호어
1	물질(또는 혼합물)과 셀룰로스의 중량비 1:1 혼합물로서 시험한 경우 자연발화하거나 그 평균 압력상승시간이 50[%]인 과염소산과 셀룰로스의 중량비 1:1 혼합물의 평균 압력상승시간 미만인 물질 또는 혼합물		위 험
2	물질(또는 혼합물)과 셀룰로스의 중량비 1:1 혼합물로서 시험한 경우 그 평균 압력상승시간이 염소산나트륨 40[%]인 수용액과 셀룰로스의 중량비 1:1 혼합물의 평균 압력상승시간 이하이며, 구분 1에 해당하지 않는 물질 또는 혼합물		위 험
3	물질(또는 혼합물)과 셀룰로스의 중량비 1:1 혼합물로서 시험한 경우 그 평균 압력상승시간이 질산 65[%]인 수용액과 셀룰로스의 중량비 1:1 혼합물의 평균 압력상승시간 이하이며, 구분 1 및 2에 해당하지 않는 물질 또는 혼합물		경 고

12 금속부식성 물질

(1) 정 의

화학적인 작용으로 금속을 손상 또는 파괴시키는 물질이나 혼합물

(2) 분류기준 및 표시사항

구 분	분류기준	GHS 그림문자	신호어
1	온도 55[℃]에서 강철과 알루미늄에 대한 표면 부식률 시험 시 둘 중 어느 하나라도 부식속도가 연간 6.25[mm]를 초과하는 물질		경 고

13 산화성 가스

(1) 정 의

일반적으로 산소를 공급함으로써 공기와 비교하여 다른 물질의 연소를 더 잘 일으키거나 연소를 돕는 가스

(2) 분류기준 및 표시사항

구 분	분류기준	GHS 그림문자	신호어
1	일반적으로 산소를 발생시켜 다른 물질의 연소가 더 잘 되도록 하거나 기여하는 물질		위 험

14 인화성 가스

(1) 정 의

20[℃], 표준압력 101.3[kPa]에서 공기와 혼합하여 인화범위에 있는 가스와 54[℃] 이하 공기 중에서 자연발화하는 가스

(2) 분류기준 및 표시사항

구 분	분류기준	GHS 그림문자	신호어
1	20[℃], 표준압력 101.3[kPa]에서 다음에 해당하는 가스 • 공기 중에서 13[%](부피비) 이하의 혼합물일 때 연소할 수 있는 가스 • 인화하한값과 관계없이 공기 중의 연소범위(연소상한값 − 연소하한값)가 12[%] 이상인 가스		위 험
2	구분 1에 해당하지 않으면서 20[℃], 표준압력 101.3[kPa]에서 공기와 혼합하여 인화 범위를 가지는 가스	없 음	경 고
자연발화성 가스	54[℃] 이하 공기 중에서 자연발화하는 가스		위 험

15 에어로졸

(1) 정 의

재충전이 불가능한 용기(금속, 유리 또는 플라스틱 소재)에 가스(압축가스, 액화가스 또는 용해가스)만을 충전하거나 액체, 페이스트(Paste) 또는 분말(Powder)과 함께 충전하고, 특정상태(가스에 현탁시킨 고체나 액체 입자 형태나 폼(Foam), 페이스트, 분말, 액체, 또는 가스 상태)로 배출하는 분사장치를 갖춘 것

(2) 분류기준 및 표시사항

구 분	분류기준	GHS 그림문자	신호어
1	• 인화성 성분의 함량이 85[%] 이상이며 연소열이 30[kJ/g] 이상인 에어로졸 • 착화거리 시험에서 75[cm] 이상의 거리에서 착화하는 스프레이 에어로졸 • 폼 시험에서 다음에 해당하는 폼 에어로졸 – 불꽃의 높이 20[cm] 이상 및 불꽃 지속시간 2초 이상 – 불꽃의 높이 4[cm] 이상 및 불꽃 지속시간 7초 이상	(불꽃)	위 험
2	• 구분 1에 해당하지 않으면서 연소열이 20[kJ/g] 이상인 스프레이 에어로졸 • 구분 1에 해당하지 않으면서 연소열이 20[kJ/g] 미만으로, 다음에 해당하는 스프레이 에어로졸 – 착화거리 시험에서 15[cm] 이상의 거리에서 착화 – 밀폐공간 착화시험에서 착화시간 환산 300[s/m³] 이하이거나 폭연밀도 300[g/m³] 이하 • 구분 1에 해당하지 않고, 폼 시험에서 불꽃의 높이 4[cm] 이상 및 불꽃 지속시간 2초 이상인 폼 에어로졸	(불꽃)	경 고
3	• 인화성 성분의 함량이 1%(중량비) 이하이며 연소열이 20[kJ/g] 미만인 에어로졸 • 구분 1과 2에 해당하지 않는 스프레이 에어로졸 • 구분 1과 2에 해당하지 않는 폼 에어로졸	없 음	경 고

16 고압가스

(1) 정 의

200[kPa] 이상이 게이지 압력 상태로 용기에 충진되어 있는 가스 또는 액화되거나 냉동 액화된 가스

(2) 분류기준 및 표시사항

구 분	분류기준	GHS 그림문자	신호어
압축가스	가압하여 용기에 충전했을 때 –50[℃]에서 완전히 가스상인 가스(임계온도 –50[℃] 이하의 모든 가스를 포함)	(가스실린더)	경 고
액화가스	가압하여 용기에 충전했을 때 –50[℃] 초과 온도에서 부분적으로 액체인 가스로, 다음과 같이 구분한다. • 고압액화가스 : 임계온도가 –50[℃]에서 +65[℃]인 가스 • 저압액화가스 : 임계온도 +65[℃]를 초과하는 가스	(가스실린더)	경 고
냉장액화가스	용기에 충전한 가스가 자체의 낮은 온도 때문에 부분적으로 액체인 가스	(가스실린더)	경 고
용해가스	가압하여 용기에 충전한 가스가 액상 용매에 용해된 가스	(가스실린더)	경 고

위험물안전관리법 규제의 구도

제1절 위험물

1 위험물 정의(법 제2조)

인화성 또는 **발화성 등**의 성질을 가지는 것으로 **대통령령**이 정하는 물품

> 위험물의 종류 : 제1류 위험물 ~ 제6류 위험물(6종류)

2 제조소 등(법 제2조)

(1) 제조소

위험물을 제조할 목적으로 **지정수량 이상의 위험물을 취급**하기 위하여 법 제6조 제1항의 규정에 따른 허가를 받은 장소를 말한다.

(2) 저장소

지정수량 이상의 위험물을 저장하기 위한 대통령령이 정하는 장소로서 법 제6조 제1항의 규정에 따른 허가를 받은 장소를 말한다.

[저장소의 구분(시행령 별표 2)]

저장소의 구분	지정수량 이상의 위험물을 저장하기 위한 장소
옥내저장소	옥내(지붕과 기둥 또는 벽 등에 의하여 둘러싸인 곳을 말한다)에 저장(위험물을 저장하는 데 따르는 취급을 포함)하는 장소
옥외탱크저장소	옥외에 있는 탱크에 위험물을 저장하는 장소
옥내탱크저장소	옥내에 있는 탱크에 위험물을 저장하는 장소
지하탱크저장소	지하에 매설한 탱크에 위험물을 저장하는 장소
간이탱크저장소	간이탱크에 위험물을 저장하는 장소
이동탱크저장소	차량에 고정된 탱크에 위험물을 저장하는 장소
옥외저장소	옥외에 다음에 해당하는 위험물을 저장하는 장소 ① 제2류 위험물 중 **황** 또는 **인화성 고체**(**인화점**이 0[℃] 이상인 것에 한한다) ② 제4류 위험물 중 **제1석유류**(인화점이 0[℃] 이상인 것에 한한다) · **알코올류** · **제2석유류** · **제3석유류** · **제4석유류** 및 **동식물유류** ③ **제6류 위험물** ④ 제2류 위험물 및 제4류 위험물 중 특별시 · 광역시 · 특별자치시 · 도 또는 특별자치도의 조례로 정하는 위험물(관세법 제154조의 규정에 의한 보세구역 안에 저장하는 경우로 한정한다) ⑤ 국제해사기구에 관한 협약에 의하여 설치된 국제해사기구가 채택한 국제해상위험물규칙(IMDG Code)에 적합한 용기에 수납된 위험물
암반탱크저장소	암반 내의 공간을 이용한 탱크에 액체의 위험물을 저장하는 장소

(3) 취급소

지정수량 이상의 위험물을 제조 외의 목적으로 취급하기 위한 대통령령이 정하는 장소로서 법 제6조 제1항의 규정에 따른 허가를 받은 장소를 말한다.

[취급소의 구분(시행령 별표 3)]

구 분	위험물을 제조 외의 목적으로 취급하기 위한 장소
주유취급소	1. 고정된 주유설비(항공기에 주유하는 경우 차량에 설치된 주유설비를 포함)에 의하여 자동차·항공기 또는 선박 등의 연료탱크에 직접 주유하기 위하여 위험물을 취급하는 장소(위험물을 용기에 옮겨 담거나 차량에 고정된 5,000[L] 이하의 탱크에 주입하기 위하여 고정된 급유설비를 병설한 장소를 포함한다)
판매취급소	2. 점포에서 위험물을 용기에 담아 판매하기 위하여 **지정수량**의 **40배 이하**의 위험물을 취급하는 장소
이송취급소	3. **다음 장소를 제외한 배관** 및 **이에 부속된 설비**에 의하여 위험물을 이송하는 장소 가. 송유관안전관리법에 의한 송유관에 의하여 위험물을 이송하는 경우 나. 제조소 등에 관계된 시설(배관을 제외) 및 그 부지가 같은 사업소 안에 있고 해당 사업소 안에서만 위험물을 이송하는 경우 다. 사업소와 사업소의 사이에 도로(폭 2[m] 이상의 일반교통에 이용되는 도로로서 자동차의 통행이 가능한 것)만 있고 사업소와 사업소 사이의 이송배관이 그 도로를 횡단하는 경우 라. 사업소와 사업소 사이의 이송배관이 제3자(해당 사업소와 관련이 있거나 유사한 사업을 하는 자에 한함)의 토지만을 통과하는 경우로서 해당 배관의 길이가 100[m] 이하인 경우 마. 해상구조물에 설치된 배관(이송되는 위험물이 별표 1의 제4류 위험물 중 제1석유류인 경우에는 배관의 안지름이 30[cm] 미만인 것에 한함)으로서 해당 해상구조물에 설치된 배관의 길이가 30[m] 이하인 경우 바. 사업소와 사업소 사이의 이송배관이 다목 내지 마목의 규정에 의한 경우 중 2 이상에 해당하는 경우 사. 농어촌 전기공급사업 촉진법에 따라 설치된 자가발전시설에 사용되는 위험물을 이송하는 경우
일반취급소	4. 제1호 내지 제3호 외의 장소(석유 및 석유대체연료사업법의 규정에 의한 유사석유제품에 해당하는 위험물을 취급하는 경우의 장소를 제외한다)

> 위험물제조소 등 : 제조소, 취급소, 저장소

3 위험물안전관리법 적용 제외(법 제3조) 중요

(1) 항공기

(2) 선 박

(3) 철도 및 궤도

4 위험물시설의 설치 및 변경 등(법 제6조) 중요

(1) 제조소 등을 **설치하고자 하는 자**는 **시·도지사의 허가**를 받아야 한다.

(2) 제조소 등의 위치, 구조 또는 설비의 변경 없이 해당 제조소 등에서 저장하거나 취급하는 위험물의 품명, 수량 또는 지정수량의 배수를 **변경하고자 하는 자**는 변경하고자 하는 날의 **1일 전까지 시·도지사에게 신고**해야 한다.

> **Plus One** 허가를 받지 않고 설치하거나 변경 신고를 하지 않고 변경할 수 있는 제조소 등의 경우
> - 주택의 난방시설(공동주택의 중앙난방시설을 제외)을 위한 저장소 또는 취급소
> - 농예용·축산용 또는 수산용으로 필요한 난방시설 또는 건조시설을 위한 지정수량 20배 이하의 저장소

5 위험물의 취급

(1) 지정수량 이상의 위험물(법 제2조)

제조소 등에서 취급해야 하며 **위험물안전관리법**의 적용을 받는다.

> **Plus One** 지정수량
> 위험물의 종류별로 위험성을 고려하여 **대통령령이 정하는 수량**으로서 제6호의 규정에 의한 제조소 등의 설치허가 등에 있어서 최저의 기준이 되는 수량을 말한다.

(2) 지정수량 미만의 위험물 : 시 · 도의 조례(법 제4조) 중요

① 지정수량 이상 : 위험물안전관리법에 적용(제조소 등을 설치하고 안전관리자 선임)
② 지정수량 미만 : 허가받지 않고 사용(시 · 도의 조례)

(3) 지정수량의 배수(지정배수) 중요

둘 이상의 품명을 저장할 때 이 공식을 적용한다.

$$지정배수 = \frac{저장(취급)량}{지정수량} + \frac{저장(취급)량}{지정수량} + \frac{저장(취급)량}{지정수량}$$

(4) 제조소 등의 용도폐지 신고(법 제11조)

폐지한 날로부터 **14일 이내**에 **시 · 도지사에게 신고**해야 한다.

(5) 제조소 등 설치자의 지위승계(법 제10조)

제조소 등의 설치자의 지위를 승계한 자는 승계한 날부터 **30일 이내**에 **시 · 도지사에게 신고**해야 한다.

6 제조소 등의 완공검사 신청시기(시행규칙 제20조) 중요

(1) 지하탱크가 있는 제조소 등의 경우 : 해당 **지하탱크를 매설하기 전**

(2) 이동탱크저장소의 경우 : 이동저장탱크를 완공하고 상시설치장소(상치장소)를 확보한 후

(3) 이송취급소의 경우 : 이송배관 공사의 전체 또는 일부를 완료한 후. 다만, 지하 · 하천 등에 매설하는 이송배관의 공사의 경우에는 이송배관을 매설하기 전

(4) 전체 공사가 완료된 후에는 완공검사를 실시하기 곤란한 경우 : 다음에서 정하는 시기

① 위험물설비 또는 배관의 설치가 완료되어 기밀시험 또는 내압시험을 실시하는 시기
② 배관을 지하에 설치하는 경우에는 시 · 도지사, 소방서장 또는 기술원이 지정하는 부분을 매몰하기 직전
③ 기술원이 지정하는 부분의 비파괴시험을 실시하는 시기

(5) (1) 내지 (4)에 해당하지 않는 제조소 등의 경우 : 제조소 등의 공사를 **완료한 후**

7 위험물안전관리자(법 제15조)

(1) 위험물안전관리자 선임권자 : 제조소 등의 관계인

(2) 위험물안전관리자 선임신고 : 소방본부장 또는 소방서장에게 신고

(3) 해임 또는 퇴직 시 : 30일 이내에 재선임

(4) 안전관리자 선임 신고 : 14일 이내

(5) 안전관리자가 여행, 질병, 기타사유로 직무 수행이 불가능 시 : 대리자 지정(대행하는 기간은 30일을 초과할 수 없음)

(6) 위험물안전관리자 미선임 : 1,500만원 이하의 벌금(법 제36조)

(7) 위험물안전관리자 선임 신고 태만 : 500만원 이하의 과태료(법 제39조)

> 위험물안전관리자로 선임할 수 있는 **위험물취급자격자**(시행령 별표 5) : 위험물기능장, 위험물산업기사, 위험물기능사, 안전관리자교육이수자, 소방공무원경력자(소방공무원 경력이 3년 이상)

(8) 1인의 안전관리자를 중복하여 선임할 수 있는 경우 등(시행령 제12조)

① 보일러·버너 또는 이와 비슷한 것으로서 위험물을 소비하는 장치로 이루어진 7개 이하의 일반취급소와 그 일반취급소에 공급하기 위한 위험물을 저장하는 저장소[일반취급소 및 저장소가 모두 동일구내(같은 건물 안 또는 같은 울안을 말한다)에 있는 경우에 한한다]를 동일인이 설치한 경우

② 위험물을 차량에 고정된 탱크 또는 운반용기에 옮겨 담기 위한 5개 이하의 일반취급소[일반취급소 간의 거리(보행거리를 말한다)가 300[m] 이내인 경우에 한한다]와 그 일반취급소에 공급하기 위한 위험물을 저장하는 저장소를 동일인이 설치한 경우

③ 동일구내에 있거나 상호 100[m] 이내의 거리에 있는 저장소로서 저장소의 규모, 저장하는 위험물의 종류 등을 고려하여 **행정안전부령이 정하는 저장소**를 동일인이 설치한 경우

> [Plus One] 행정안전부령이 정하는 저장소
> - 10개 이하의 옥내저장소, 옥외저장소, 암반탱크저장소
> - 30개 이하의 옥외탱크저장소
> - 옥내탱크저장소, 지하탱크저장소, 간이탱크저장소

④ 다음 기준에 모두 적합한 5개 이하의 제조소 등을 동일인이 설치한 경우
 ㉠ 각 제조소 등이 동일구내에 위치하거나 상호 **100[m] 이내**의 거리에 있을 것
 ㉡ 각 제조소 등에서 저장 또는 취급하는 위험물의 최대수량이 지정수량의 **3,000배 미만**일 것(다만, 저장소의 경우에는 그렇지 않다)

8 위험물 안전관리대행기관

(1) 안전관리대행기관이 지정받은 사항을 변경하는 경우(시행규칙 제57조)

① 신고기한
  ㉠ 안전관리대행기관은 지정받은 사항의 변경이 있는 때 : 그 사유가 있는 날부터 14일 이내
  ㉡ 휴업·재개업 또는 폐업을 하고자 하는 때 : 휴업·재개업 또는 폐업하고자 하는 날 1일 전까지 위험물안전관리대행지정서를 소방청장에게 제출
② 신고기관 : 소방청장
③ 변경 시 필요한 서류
  ㉠ 영업소의 소재지, 법인명칭 또는 대표자를 변경하는 경우
    • 위험물안전관리대행기관지정서
  ㉡ 기술인력을 변경하는 경우
    • 기술인력자의 연명부
    • 변경된 기술인력자의 기술자격증

(2) 기술인력이 사업장 방문횟수(시행규칙 제59조)

안전관리자로 지정된 안전관리대행기관의 기술인력 또는 제2항에 따라 안전관리원으로 지정된 자는 위험물의 취급작업에 참여하여 규정에 따른 안전관리자의 책무를 성실히 수행해야 하며, 기술인력이 위험물의 취급작업에 참여하지 않는 경우에 기술인력은 점검 및 감독을 매월 4회(저장소의 경우에는 매월 2회) 이상 실시해야 한다.

① 제조소나 일반취급소의 경우 방문횟수 : 월 4회 이상
② 저장소의 경우 방문횟수 : 월 2회 이상

(3) 지정기준(시행규칙 별표 22)

기술인력	• 위험물기능장 또는 위험물산업기사 1인 이상 • 위험물산업기사 또는 위험물기능사 2인 이상 • 기계분야 및 전기분야의 소방설비기사 1인 이상
시 설	전용사무실을 갖출 것
장 비	• 절연저항계(절연저항측정기) • 접지저항측정기(최소눈금 0.1Ω 이하) • 가스농도측정기(탄화수소계 가스의 농도측정이 가능할 것) • 정전기 전위측정기 • 토크렌치(Torque Wrench : 볼트와 너트를 규정된 회전력에 맞춰 조이는 데 사용하는 도구) • 진동시험기 • 표면온도계(-10~300℃) • 두께측정기(1.5~99.9mm) • 안전용구(안전모, 안전화, 손전등, 안전로프 등) • 소화설비점검기구(소화전밸브압력계, 방수압력측정계, 포콜렉터, 헤드렌치, 포콘테이너)

[비고] 기술인력란의 각호에 정한 2 이상의 기술인력을 동일인이 겸할 수 없다.

9 탱크안전성능검사의 대상이 되는 탱크(시행령 제8조)

(1) 기초·지반검사
옥외탱크저장소의 액체 위험물탱크 중 그 용량이 **100만[L] 이상**인 탱크

(2) 충수(充水)·수압검사
액체 위험물을 저장 또는 취급하는 탱크

> **Plus One** 제외 대상
> - 제조소 또는 일반취급소에 설치된 탱크로서 용량이 지정수량 미만인 것
> - 고압가스안전관리법 제17조 제1항의 규정에 의한 특정설비에 관한 검사에 합격한 탱크
> - 산업안전보건법 제84조 제1항에 따른 안전인증을 받은 탱크

(3) 용접부검사
(1)의 규정에 의한 탱크

(4) 암반탱크검사
액체 위험물을 저장 또는 취급하는 암반 내의 공간을 이용한 탱크

10 자체소방대 중요

(1) 설치대상(법 제19조, 시행령 제18조)
① 제4류 위험물의 최대수량의 합이 지정수량의 3,000배 이상을 취급하는 제조소 또는 일반취급소(다만, 보일러로 위험물을 소비하는 일반취급소는 제외)
② 제4류 위험물의 최대수량이 지정수량의 50만배 이상을 저장하는 옥외탱크저장소

(2) 자체소방대에 두는 화학소방자동차 및 인원(시행령 별표 8)

사업소의 구분	화학소방자동차	자체소방대원의 수
제조소 또는 일반취급소에서 취급하는 제4류 위험물의 최대수량의 합이 지정수량의 3,000배 이상 12만배 미만인 사업소	1대	5인
제조소 또는 일반취급소에서 취급하는 제4류 위험물의 최대수량의 합이 지정수량의 12만배 이상 24만배 미만인 사업소	2대	10인
제조소 또는 일반취급소에서 취급하는 제4류 위험물의 최대수량의 합이 지정수량의 24만배 이상 48만배 미만인 사업소	3대	15인
제조소 또는 일반취급소에서 취급하는 제4류 위험물의 최대수량의 합이 지정수량의 48만배 이상인 사업소	4대	20인
옥외탱크저장소에 저장하는 제4류 위험물의 최대수량이 지정수량의 50만배 이상인 사업소	2대	10인

[비고] 화학소방자동차에는 행정안전부령이 정하는 소화능력 및 설비를 갖추어야 하고, 소화활동에 필요한 소화약제 및 기구(방열복 등 개인장구를 포함한다)를 비치해야 한다.

11 화학소방자동차에 갖추어야 하는 소화능력 및 설비의 기준(시행규칙 별표 23)

화학소방자동차의 구분	소화능력 및 설비의 기준
포수용액 방사차	포수용액의 방사능력이 매분 2,000[L] 이상일 것
	소화약액탱크 및 소화약액혼합장치를 비치할 것
	10만[L] 이상의 포수용액을 방사할 수 있는 양의 소화약제를 비치할 것
분말 방사차	분말의 방사능력이 매초 35[kg] 이상일 것
	분말탱크 및 가압용 가스설비를 비치할 것
	1,400[kg] 이상의 분말을 비치할 것
할로젠화합물 방사차	할로젠화합물의 방사능력이 매초 40[kg] 이상일 것
	할로젠화합물탱크 및 가압용 가스설비를 비치할 것
	1,000[kg] 이상의 할로젠화합물을 비치할 것
이산화탄소 방사차	이산화탄소의 방사능력이 매초 40[kg] 이상일 것
	이산화탄소저장용기를 비치할 것
	3,000[kg] 이상의 이산화탄소를 비치할 것
제독차	가성소다 및 규조토를 각각 50[kg] 이상 비치할 것

12 제조소 등에 선임해야 하는 안전관리자의 자격(시행령 별표 6)

제조소 등의 종류 및 규모			안전관리자의 자격
제조소	1. 제4류 위험물만을 취급하는 것으로서 지정수량 **5배 이하**의 것		위험물기능장, 위험물산업기사, 위험물기능사, **안전관리자교육이수자**, 소방공무원경력자
	2. 제1호에 해당하지 않는 것		위험물기능장, 위험물산업기사 또는 2년 이상의 실무경력이 있는 위험물기능사
저장소	1. 옥내저장소	제4류 위험물만을 저장하는 것으로서 **지정수량 5배 이하**의 것	위험물기능장, 위험물산업기사, 위험물기능사, **안전관리자교육이수자**, 소방공무원경력자
		제4류 위험물 중 알코올류·제2석유류·제3석유류·제4석유류·동식물유류만을 저장하는 것으로서 지정수량 40배 이하의 것	
	2. 옥외탱크저장소	제4류 위험물만을 저장하는 것으로서 **지정수량 5배 이하**의 것	
		제4류 위험물 중 제2석유류·제3석유류·제4석유류·동식물유류만을 저장하는 것으로서 지정수량 40배 이하의 것	
	3. 옥내탱크저장소	제4류 위험물만을 저장하는 것으로서 **지정수량 5배 이하**의 것	
		제4류 위험물 중 **제2석유류·제3석유류·제4석유류·동식물유류**만을 저장하는 것	
	4. 지하탱크저장소	제4류 위험물만을 저장하는 것으로서 **지정수량 40배 이하**의 것	
		제4류 위험물 중 **제1석유류**·알코올류·제2석유류·제3석유류·제4석유류·동식물유류만을 저장하는 것으로서 **지정수량 250배 이하**의 것	
	5. 간이탱크저장소로서 제4류 위험물만을 저장하는 것		
	6. **옥외저장소** 중 제4류 위험물만을 저장하는 것으로서 **지정수량 40배 이하**의 것		
	7. 보일러, 버너 그 밖에 이와 유사한 장치에 공급하기 위한 위험물을 저장하는 탱크저장소		
	8. 선박주유취급소, 철도주유취급소 또는 항공기주유취급소의 고정주유설비에 공급하기 위한 위험물을 저장하는 탱크저장소로서 지정수량의 250배(제1석유류의 경우에는 지정수량의 100배) 이하의 것		
	9. 제1호 내지 제8호에 해당하지 않는 저장소		위험물기능장, 위험물산업기사 또는 2년 이상의 실무경력이 있는 위험물기능사

제조소 등의 종류 및 규모			안전관리자의 자격
취급소	1. **주유취급소**		위험물기능장, 위험물산업기사, 위험물기능사, **안전관리자교육이수자**, 소방공무원경력자
	2. 판매취급소	제4류 위험물만을 취급하는 것으로서 지정수량 5배 이하의 것	
		제4류 위험물 중 제1석유류·알코올류·제2석유류·제3석유류·제4석유류·동식물유류만을 취급하는 것	
	3. 제4류 위험물 중 제1석유류·알코올류·제2석유류·제3석유류·제4석유류·동식물유류만을 지정수량 50배 이하로 취급하는 일반취급소(제1석유류·알코올류의 취급량이 지정수량의 10배 이하인 경우에 한한다)로서 다음의 어느 하나에 해당하는 것 가. 보일러, 버너 그 밖에 이와 유사한 장치에 의하여 위험물을 소비하는 것 나. 위험물을 용기 또는 차량에 고정된 탱크에 주입하는 것		
	4. 제4류 위험물만을 취급하는 **일반취급소**로서 지정수량 **10배 이하**의 것		
	5. 제4류 위험물 중 **제2석유류·제3석유류·제4석유류·동식물유류**만을 취급하는 **일반취급소로서 지정수량 20배 이하**의 것		
	6. 농어촌전기공급사업촉진법에 의하여 설치된 자가발전시설에 사용되는 위험물을 취급하는 일반취급소		
	7. 제1호 내지 제6호에 해당하지 않는 취급소		위험물기능장, 위험물산업기사 또는 2년 이상의 실무경력이 있는 위험물기능사

13 위험물안전취급자격자의 자격(시행령 별표 5)

위험물취급자격자의 구분	취급할 수 있는 위험물
1. 국가기술자격법에 따라 위험물기능장, 위험물산업기사, 위험물기능사 자격을 취득한 사람	별표 1의 모든 위험물
2. **안전관리자 교육이수자**(소방청장이 실시하는 안전관리자교육을 이수한 자)	별표 1의 위험물 중 **제4류 위험물**
3. **소방공무원 경력자**(소방공무원으로 근무한 경력이 **3년 이상**인 자)	별표 1의 위험물 중 **제4류 위험물**

14 운송책임자의 감독·지원을 받아 운송해야 하는 위험물(시행령 제19조)

① 알킬알루미늄
② 알킬리튬
③ ① 또는 ②의 물질을 함유하는 위험물

> 위험물운송자 : 신규인 경우에는 한국소방안전원에서 16시간의 교육을 받은 자

15 안전교육대상자(시행령 제20조)

① 안전관리자로 선임된 자
② 탱크시험자의 기술인력으로 종사하는 자
③ 위험물운반자로 종사하는 자
④ 위험물운송자로 종사하는 자

16 권한의 위임 및 업무의 위탁

(1) 시·도지사의 권한을 소방서장에게 위임하는 사항(시행령 제21조)

① 제조소 등의 설치허가 또는 변경허가
② 위험물의 품명·수량 또는 지정수량의 배수의 변경신고의 수리
③ 군사목적 또는 군부대시설을 위한 제조소 등을 설치하거나 그 위치·구조 또는 설비의 변경에 관한 군부대의 장과의 협의
④ 탱크안전성능검사(제22조 제2항 제1호에 따라 기술원에 위탁하는 것을 제외)
⑤ 완공검사(제22조 제2항 제2호에 따라 기술원에 위탁하는 것을 제외)
⑥ 제조소 등의 설치자의 지위승계신고의 수리
⑦ 제조소 등의 용도폐지신고의 수리
⑧ 제조소 등의 사용 중지신고 또는 재개신고의 수리
⑨ 안전조치의 이행명령
⑩ 제조소 등의 설치허가의 취소와 사용정지
⑪ 과징금처분
⑫ 예방규정의 수리·반려 및 변경명령
⑬ 정기점검 결과의 수리

(2) 시·도지사의 업무를 기술원에 위탁하는 사항(시행령 제22조)

① 탱크안전성능검사 중 다음의 탱크에 대한 탱크안전성능검사
  ㉠ 용량이 100만[L] 이상인 액체 위험물을 저장하는 탱크
  ㉡ 암반탱크
  ㉢ 지하탱크저장소의 위험물탱크 중 행정안전부령으로 정하는 액체 위험물탱크
② 법 제9조 제1항에 따른 완공검사 중 다음의 완공검사
  ㉠ 지정수량의 1,000배 이상의 위험물을 취급하는 제조소 또는 일반취급소의 설치 또는 변경(사용 중인 제조소 또는 일반취급소의 보수 또는 부분적인 증설은 제외한다)에 따른 완공검사
  ㉡ 옥외탱크저장소(저장용량이 50만[L] 이상인 것만 해당한다) 또는 암반탱크저장소의 설치 또는 변경에 따른 완공검사
③ 법 제20조 제3항에 따른 운반용기 검사

17 강습교육 및 안전교육(시행규칙 별표 24)

교육과정	교육대상자	교육시간	교육시기	교육기관
강습교육	안전관리자가 되려는 사람	24시간	최초 선임되기 전	안전원
	위험물운반자가 되려는 사람	8시간	최초 종사하기 전	안전원
	위험물운송자가 되려는 사람	16시간	최초 종사하기 전	안전원
실무교육	안전관리자	8시간	가. 제조소 등의 안전관리자로 선임된 날부터 6개월 이내 나. 가목에 따른 교육을 받은 후 2년마다 1회	안전원
	위험물운반자	4시간	가. 위험물운반자로 종사한 날부터 6개월 이내 나. 가목에 따른 교육을 받은 후 3년마다 1회	안전원
	위험물운송자	8시간	가. 이동탱크저장소의 위험물운송자로 종사한 날부터 6개월 이내 나. 가목에 따른 교육을 받은 후 3년마다 1회	안전원
	탱크시험자의 기술인력	8시간	가. 탱크시험자의 기술인력으로 등록한 날부터 6개월 이내 나. 가목에 따른 교육을 받은 후 2년마다 1회	기술원

18 행정처분 및 벌칙

(1) 행정처분(시행규칙 별표 2)

① 제조소 등의 사용정지 및 허가 취소

위반행위	근거 법조문	행정처분기준 1차	2차	3차
(1) 법 제6조 제1항의 후단에 따른 변경허가를 받지 않고, 제조소 등의 위치·구조 또는 설비를 변경한 경우	법 제12조 제1호	경고 또는 사용정지 15일	사용정지 60일	허가취소
(2) 법 제9조에 따른 완공검사를 받지 않고 제조소 등을 사용한 경우	법 제12조 제2호	사용정지 15일	사용정지 60일	허가취소
(3) 법 제11조의2 제3항에 따른 안전조치 이행명령을 따르지 않은 경우	법 제12조 제2호의2	경고	허가취소	-
(4) 법 제14조 제2항에 따른 수리·개조 또는 이전의 명령을 위반한 경우	법 제12조 제3호	사용정지 30일	사용정지 90일	허가취소
(5) 법 제15조 제1항 및 제2항에 따른 위험물안전관리자를 선임하지 않은 경우	법 제12조 제4호	사용정지 15일	사용정지 60일	허가취소
(6) 법 제15조 제5항을 위반하여 대리자를 지정하지 않은 경우	법 제12조 제5호	사용정지 10일	사용정지 30일	허가취소
(7) 법 제18조 제1항에 따른 정기점검을 하지 않은 경우	법 제12조 제6호	사용정지 10일	사용정지 30일	허가취소
(8) 법 제18조 제3항에 따른 정기검사를 받지 않은 경우	법 제12조 제7호	사용정지 10일	사용정지 30일	허가취소
(9) 법 제26조에 따른 저장·취급기준 준수명령을 위반한 경우	법 제12조 제8호	사용정지 30일	사용정지 60일	허가취소

② 과징금 처분
　㉠ 과징금 부과권자 : 시·도지사
　㉡ 부과사유 : 제조소 등에 대한 사용의 정지가 그 이용자에게 심한 불편을 주거나 그 밖에 공익을 해칠 우려가 있는 때
　㉢ 과징금 금액 : 2억원 이하

(2) 벌칙(법 제33조~제39조)

① **1년 이상 10년 이하의 징역** : 제조소 등 또는 허가를 받지 않고 지정수량 이상의 위험물을 저장 또는 취급하는 장소에서 위험물을 유출·방출 또는 확산시켜 사람의 생명·신체 또는 재산에 대하여 위험을 발생시킨 자

② **무기 또는 5년 이상의 징역** : 제조소 등 또는 허가를 받지 않고 지정수량 이상의 위험물을 저장 또는 취급하는 장소에서 위험물을 유출·방출 또는 확산시켜 사람을 사망에 이르게 한 때

③ **무기 또는 3년 이상의 징역** : 제조소 등 또는 허가를 받지 않고 지정수량 이상의 위험물을 저장 또는 취급하는 장소에서 위험물을 유출·방출 또는 확산시켜 사람을 상해(傷害)에 이르게 한 때

④ **10년 이하의 징역 또는 금고나 1억원 이하의 벌금** : 업무상 과실로 제조소 등 또는 허가를 받지 않고 지정수량 이상의 위험물을 저장 또는 취급하는 장소에서 위험물을 유출·방출 또는 확산시켜 사람을 사상(死傷)에 이르게 한 자

⑤ **7년 이하의 금고 또는 7,000만원 이하의 벌금** : 업무상 과실로 제조소 등 또는 허가를 받지 않고 지정수량 이상의 위험물을 저장 또는 취급하는 장소에서 위험물을 유출·방출 또는 확산시켜 사람의 생명·신체 또는 재산에 대하여 위험을 발생시킨 자

⑥ **5년 이하의 징역 또는 1억원 이하의 벌금** : 제6조 제1항 전단을 위반하여 제조소 등의 설치허가를 받지 않고 제조소 등을 설치한 자

⑦ **3년 이하의 징역 또는 3,000만원 이하의 벌금** : 제5조 제1항을 위반하여 저장소 또는 제조소 등이 아닌 장소에서 지정수량 이상의 위험물을 저장 또는 취급한 자

⑧ **1년 이하의 징역 또는 1,000만원 이하의 벌금**
　㉠ 탱크시험자로 등록하지 않고 탱크 시험자의 업무를 한 자
　㉡ 정기점검을 하지 않거나 점검기록을 허위로 작성한 관계인으로서 허가를 받은 자
　㉢ 정기검사를 받지 않은 관계인으로서 허가를 받은 자
　㉣ 자체소방대를 두지 않은 관계인으로서 허가를 받은 자

⑨ **1,500만원 이하의 벌금**
　㉠ 위험물의 저장 또는 취급에 관한 중요기준에 따르지 않은 자
　㉡ 변경허가를 받지 않고 제조소 등을 변경한 자
　㉢ 제조소 등의 완공검사를 받지 않고 위험물을 저장·취급한 자
　㉣ 안전관리자를 선임하지 않은 관계인으로서 허가를 받은 자
　㉤ 대리자를 지정하지 않은 관계인으로서 허가를 받은 자
　㉥ 무허가장소의 위험물에 대한 조치명령을 따르지 않은 자

⑩ **1,000만원 이하의 벌금**
　㉠ 위험물의 취급에 관한 안전관리와 감독을 하지 않은 자
　㉡ 안전관리자 또는 그 대리자가 참여하지 않은 상태에서 위험물을 취급한 자
　㉢ 변경한 예방규정을 제출하지 않은 관계인으로서 허가를 받은 자
　㉣ 위험물의 운반에 관한 중요기준에 따르지 않은 자

ⓜ 국가기술자격자 또는 안전교육을 받지 않고 위험물을 운송하는 자
　　　ⓑ 관계인의 정당한 업무를 방해하거나 출입·검사 등을 수행하면서 알게 된 비밀을 누설한 자
⑪ 500만원 이하의 과태료
　　　㉠ 임시저장기간의 승인을 받지 않은 자
　　　㉡ 위험물의 저장 또는 취급에 관한 세부기준을 위반한 자
　　　㉢ 위험물의 품명 등의 변경신고를 기간 이내에 하지 않거나 허위로 한 자
　　　㉣ 위험물제조소 등의 지위승계신고를 기간 이내에 하지 않거나 허위로 한 자
　　　㉤ 제조소 등의 폐지신고, 안전관리자의 선임신고를 기간 이내에 하지 않거나 허위로 한 자
　　　㉥ 사용 중지신고 또는 재개신고를 기간 이내에 하지 않거나 거짓으로 한 자
　　　㉦ 등록사항의 변경신고를 기간 이내에 하지 않거나 허위로 한 자
　　　㉧ 예방규정을 준수하지 않은 자
　　　㉨ 위험물제조소 등의 정기 점검결과를 기록·보존하지 않은 자
　　　㉩ 기간 이내에 점검결과를 제출하지 않은 자
　　　㉪ 제조소 등에서의 흡연금지 장소에서 흡연을 한 자
　　　㉫ 시·도지사 제조소 등의 관계인이 금연구역임을 알리는 표지를 설치하지 않거나 보완이 필요한 경우 일정기간을 정하여 시정명령에 따르지 않은 자
　　　㉬ 위험물의 운반에 관한 세부기준을 위반한 자
　　　㉭ 위험물의 운송에 관한 기준을 따르지 않은 자

19 과태료 부과기준(시행령 제23조, 별표 9)

(단위 : 만원)

위반행위	근거 법조문	과태료 금액
가. 법 제5조 제2항 제1호에 따른 승인을 받지 않은 경우	법 제39조 제1항 제1호	
1) 승인기한(임시저장 또는 취급개시일의 전날)의 다음날을 기산일로 하여 30일 이내에 승인을 신청한 경우		250
2) 승인기한(임시저장 또는 취급개시일의 전날)의 다음날을 기산일로 하여 31일 이후에 승인을 신청한 경우		400
3) 승인을 받지 않은 경우		500
나. 법 제5조 제3항 제2호에 따른 위험물의 저장 또는 취급에 관한 세부기준을 위반한 경우	법 제39조 제1항 제2호	
1) 1차 위반 시		250
2) 2차 위반 시		400
3) 3차 이상 위반 시		500
다. 법 제6조 제2항에 따른 품명 등의 변경신고를 기간 이내에 하지 않거나 허위로 한 경우	법 제39조 제1항 제3호	
1) 신고기한(변경한 날의 1일 전날)의 다음날을 기산일로 하여 30일 이내에 신고한 경우		250
2) 신고기한(변경한 날의 1일 전날)의 다음날을 기산일로 하여 31일 이후에 신고한 경우		350
3) 허위로 신고한 경우		500
4) 신고를 하지 않은 경우		500

위반행위	근거 법조문	과태료 금액
라. 법 제10조 제3항에 따른 지위승계신고를 기간 이내에 하지 않거나 허위로 한 경우	법 제39조 제1항 제4호	
1) 신고기한(지위승계일의 다음날을 기산일로 하여 30일이 되는 날)의 다음날을 기산일로 하여 30일 이내에 신고한 경우		250
2) 신고기한(지위승계일의 다음날을 기산일로 하여 30일이 되는 날)의 다음날을 기산일로 하여 31일 이후에 신고한 경우		350
3) 허위로 신고한 경우		500
4) 신고를 하지 않은 경우		500
마. 법 제11조에 따른 제조소 등의 폐지신고를 기간 이내에 하지 않거나 허위로 한 경우	법 제39조 제1항 제5호	
1) 신고기한(폐지일의 다음날을 기산일로 하여 14일이 되는 날)의 다음날을 기산일로 하여 30일 이내에 신고한 경우		250
2) 신고기한(폐지일의 다음날을 기산일로 하여 14일이 되는 날)의 다음날을 기산일로 하여 31일 이후에 신고한 경우		350
3) 허위로 신고한 경우		500
4) 신고를 하지 않은 경우		500
바. 법 제11조의2 제2항을 위반하여 사용 중지신고 또는 재개신고를 기간 이내에 하지 않거나 거짓으로 한 경우	법 제39조 제1항 제5호의2	
1) 신고기한(중지 또는 재개한 날의 14일 전날)의 다음날을 기산일로 하여 30일 이내에 신고한 경우		250
2) 신고기한(중지 또는 재개한 날의 14일 전날)의 다음날을 기산일로 하여 31일 이후에 신고한 경우		350
3) 거짓으로 신고한 경우		500
4) 신고를 하지 않은 경우		500
사. 법 제15조 제3항에 따른 안전관리자의 선임신고를 기간 이내에 하지 않거나 허위로 한 경우	법 제39조 제1항 제5호	
1) 신고기한(선임한 날의 다음날을 기산일로 하여 14일이 되는 날)의 다음날을 기산일로 하여 30일 이내에 신고한 경우		250
2) 신고기한(선임한 날의 다음날을 기산일로 하여 14일이 되는 날)의 다음날을 기산일로 하여 31일 이후에 신고한 경우		350
3) 허위로 신고한 경우		500
4) 신고를 하지 않은 경우		500
아. 법 제16조 제3항을 위반하여 등록사항의 변경신고를 기간 이내에 하지 않거나 허위로 한 경우	법 제39조 제1항 제6호	
1) 신고기한(변경일의 다음날을 기산일로 하여 30일이 되는 날)의 다음날을 기산일로 하여 30일 이내에 신고한 경우		250
2) 신고기한(변경일의 다음날을 기산일로 하여 30일이 되는 날)의 다음날을 기산일로 하여 31일 이후에 신고한 경우		350
3) 허위로 신고한 경우		500
4) 신고를 하지 않은 경우		500
자. 법 제17조 제3항을 위반하여 예방규정을 준수하지 않은 경우	법 제39조 제1항 제6호의2	
1) 1차 위반 시		250
2) 2차 위반 시		400
3) 3차 이상 위반 시		500
차. 법 제18조 제1항을 위반하여 점검결과를 기록하지 않거나 보존하지 않은 경우	법 제39조 제1항 제7호	
1) 1차 위반 시		250
2) 2차 위반 시		400
3) 3차 이상 위반 시		500

위반행위	근거 법조문	과태료 금액
카. 법 제18조 제2항을 위반하여 기간 이내에 점검 결과를 제출하지 않은 경우	법 제39조 제1항 제7호의2	
1) 제출기한(점검일의 다음날을 기산일로 하여 30일이 되는 날)의 다음날을 기산일로 하여 30일 이내에 제출한 경우		250
2) 제출기한(점검일의 다음날을 기산일로 하여 30일이 되는 날)의 다음날을 기산일로 하여 31일 이후에 제출한 경우		400
3) 제출하지 않은 경우		500
타. 법 제19조의2 제1항을 위반하여 흡연을 한 경우	법 제39조 제1항 제7호의3	
1) 1차 위반 시		250
2) 2차 위반 시		400
3) 3차 이상 위반 시		500
파. 제19조의2 제3항에 따른 시정명령을 따르지 않은 경우	법 제39조 제1항 제7호의4	
1) 1차 위반 시		250
2) 2차 위반 시		400
3) 3차 이상 위반 시		500
하. 법 제20조 제1항 제2호에 따른 위험물의 운반에 관한 세부기준을 위반한 경우	법 제39조 제1항 제8호	
1) 1차 위반 시		250
2) 2차 위반 시		400
3) 3차 이상 위반 시		500
거. 법 제21조 제3항을 위반하여 위험물의 운송에 관한 기준을 따르지 않은 경우	법 제39조 제1항 제9호	
1) 1차 위반 시		250
2) 2차 위반 시		400
3) 3차 이상 위반 시		500

20 탱크의 용량(세부기준 별표 1)

[탱크의 용량]
- 일반탱크 = 탱크의 내용적 - 공간용적(공간용적 : 5~10[%])
- 암반탱크 = 탱크의 내용적 - 공간용적
 (공간용적 : 탱크 내에 용출하는 7일간의 지하수의 양에 상당하는 용적과 탱크내용적의 1/100 용적 중 큰 용적)
- 소화약제 방출구를 탱크 안의 윗부분에 설치하는 경우 = 탱크의 내용적 - 공간용적
 (공간용적 : 소화약제 방출구 아래의 0.3[m] 이상 1[m] 미만 사이의 면으로부터 윗부분의 용적)
- 알킬알루미늄 등은 운반용기의 내용적의 90[%] 이하의 수납률로 하되 50[℃]에서 5[%] 이상의 공간용적을 유지할 것

(1) 타원형 탱크의 내용적

① 양쪽이 볼록한 것

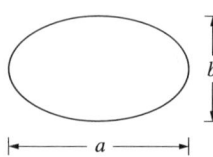 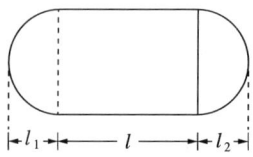

$$\text{내용적} = \frac{\pi ab}{4}\left(l + \frac{l_1 + l_2}{3}\right)$$

② 한쪽은 볼록하고 다른 한쪽은 오목한 것

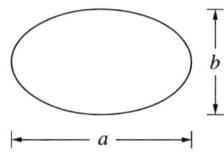 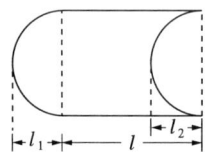

$$\text{내용적} = \frac{\pi ab}{4}\left(l + \frac{l_1 - l_2}{3}\right)$$

(2) 원통형 탱크의 내용적

① 횡으로 설치한 것   ② 종으로 설치한 것

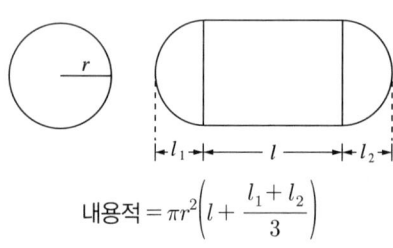 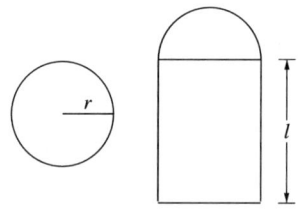

$$\text{내용적} = \pi r^2\left(l + \frac{l_1 + l_2}{3}\right) \qquad \text{내용적} = \pi r^2 l$$

실전예상문제

001
위험물안전관리자의 책무 및 선임에 대한 설명 중 맞지 않는 것은?
① 위험물 취급에 관한 일지의 작성 및 기록
② 화재 등의 발생 시 응급조치 및 소방관서에 연락
③ 위험물제조소 등의 계측장치, 제어장치 및 안전장치 등의 적정한 유지관리
④ 위험물을 저장하는 각 저장창고의 바닥면적의 합계가 1,000[m^2] 이하인 옥내저장소는 1인의 안전관리자를 중복 선임해야 한다.

해설
위험물안전관리자 선임은 지정수량의 배수에 따라 각각 다르다(시행령 별표 6).

정답 ④

해설
위험물안전관리자의 책무
- 위험물의 취급작업에 참여하여 해당 작업이 저장 또는 취급에 관한 기술기준과 예방규정에 적합하도록 해당 작업자(해당 작업에 참여하는 위험물취급자격자를 포함한다)에 대하여 지시 및 감독하는 업무
- 화재 등의 재난이 발생한 경우 응급조치 및 소방관서 등에 대한 연락 업무
- 위험물시설의 안전을 담당하는 자를 따로 두는 제조소 등의 경우에는 그 담당자에게 다음의 규정에 의한 업무의 지시, 그 밖의 제조소 등의 경우에는 다음의 규정에 의한 업무
  - 제조소 등의 위치·구조 및 설비를 기술기준에 적합하도록 유지하기 위한 점검과 점검상황의 기록·보존
  - 제조소 등의 구조 또는 설비의 이상을 발견한 경우 관계자에 대한 연락 및 응급조치
  - 화재가 발생하거나 화재발생의 위험성이 현저한 경우 소방관서 등에 대한 연락 및 응급조치
  - 제조소 등의 계측장치·제어장치 및 안전장치 등의 적정한 유지·관리
  - 제조소 등의 위치·구소 및 설비에 관한 설계도서 등의 정비·보존 및 제조소 등의 구조 및 설비의 안전에 관한 사무의 관리
- 화재 등의 재해의 방지와 응급조치에 관하여 인접하는 제조소 등과 그 밖의 관련되는 시설의 관계자와 협조체제의 유지
- 위험물의 취급에 관한 일지의 작성·기록
- 그 밖에 위험물을 수납한 용기를 차량에 적재하는 작업, 위험물설비를 보수하는 작업 등 위험물의 취급과 관련된 작업의 안전에 관하여 필요한 감독의 수행

정답 ④

002
다음 중 위험물안전관리자의 책무가 아닌 것은?
① 화재 등의 재난이 발생한 경우 응급조치 및 소방관서 등에 대한 연락 업무
② 화재 등의 재해의 방지에 관하여 인접하는 제조소 등과 그 밖의 관련되는 시설의 관계자와 협조체제 유지
③ 위험물의 취급에 관한 일지의 작성·기록
④ 안전관리대행기관에 대하여 필요한 지도·감독

003

위험물안전관리법상 화재예방규정을 정해야 할 기준으로 옳지 않은 것은?

① 지정수량의 10배 이상의 위험물을 취급하는 제조소
② 지정수량의 50배 이상의 위험물을 취급하는 일반취급소
③ 지정수량의 100배 이상의 위험물을 저장하는 옥외저장소
④ 지정수량의 150배 이상의 위험물을 저장하는 옥내저장소

해설
예방규정을 정해야 하는 제조소 등
- 지정수량의 10배 이상의 위험물을 취급하는 제조소
- 지정수량의 100배 이상의 위험물을 저장하는 옥외저장소
- 지정수량의 150배 이상의 위험물을 저장하는 옥내저장소
- 지정수량의 200배 이상의 위험물을 저장하는 옥외탱크저장소
- 암반탱크저장소, 이송취급소
- 지정수량의 10배 이상의 위험물을 취급하는 일반취급소. 다만, 제4류 위험물(특수인화물을 제외한다)만을 지정수량의 50배 이하로 취급하는 일반취급소(제1석유류·알코올류의 취급량이 지정수량의 10배 이하인 경우)로서 다음의 어느 하나에 해당하는 것을 제외한다.
  - 보일러·버너 또는 이와 비슷한 것으로서 위험물을 소비하는 장치로 이루어진 일반취급소
  - 위험물을 용기에 옮겨 담거나 차량에 고정된 탱크에 주입하는 일반취급소

정답 ②

004

위험물을 취급하는 일반취급소의 경우 지정수량이 몇 배 이상인 경우에 예방규정을 정해야 하는가?

① 지정수량 10배 이상
② 지정수량 100배 이상
③ 지정수량 200배 이상
④ 지정수량 250배 이상

해설
제조소나 **일반취급소**에는 지정수량의 **10배 이상**은 **예방규정**을 작성해야 한다.

정답 ①

005

화재에 관하여 관계인 예방규정을 정해야 할 옥외탱크저장소에 저장되는 위험물의 지정수량 배수는?

① 100배 이상　　② 150배 이상
③ 200배 이상　　④ 250배 이상

해설
문제 3번 참조

정답 ③

006

화재예방과 화재 시 비상조치계획 등 예방규정을 정해야 할 옥외저장소에는 지정수량 몇 배 이상을 저장 취급하는가?

① 30배 이상　　② 100배 이상
③ 200배 이상　　④ 250배 이상

해설
문제 3번 참조

정답 ②

007
정기점검 대상이 아닌 제조소 등은?
① 지정수량의 10배 이상의 위험물을 취급하는 제조소
② 지정수량의 10배 이상의 위험물을 취급하는 일반취급소
③ 지하탱크저장소
④ 옥외탱크저장소

해설
정기점검 대상 제조소 등
- 예방규정(시행령 제15조)을 정해야 하는 제조소 등
- 지하탱크저장소
- 이동탱크저장소
- 위험물을 취급하는 탱크로서 지하에 매설된 탱크가 있는 제조소·주유취급소 또는 일반취급소

정답 ④

008
제조소 등에 정기점검을 실시한 후 점검결과를 몇 년간 보관해야 하는가?
① 1년　　② 2년
③ 3년　　④ 5년

해설
점검결과 보관 기간 : 3년

정답 ③

009
시·도는 매년 소방의 날을 정하여 불조심에 관한 기념행사를 할 수 있는데, 소방의 날은 언제인가?
① 11월 9일　　② 12월 2일
③ 10월 24일　　④ 1월 20일

해설
소방의 날 : 11월 9일(119)

정답 ①

010
위험물의 저장 또는 취급하는 방법을 설명한 것 중 틀린 것은?
① 산화프로필렌 : 저장 시 은으로 제작된 용기에 질소가스 등 불연성 가스를 충전하여 보관한다.
② 이황화탄소 : 용기나 탱크에 저장 시 물로 덮어서 보관한다.
③ 알킬알루미늄류 : 용기는 완전 밀봉하고 질소 등 불활성 가스를 충전한다.
④ 아세트알데히드 : 냉암소에 저장한다.

해설
산화프로필렌은 구리(Cu), 마그네슘(Mg), 은(Ag), 수은(Hg)과 반응하면 아세틸레이트를 생성하므로 위험하다.

정답 ①

011
다음 위험물의 취급 시 기준으로 틀린 것은?
① 위험물을 저장·취급하는 건축물은 위험물의 수량에 따라 차광 또는 환기를 해야 한다.
② 위험물을 저장·취급하는 건축물 내에는 온도계, 습도계 등의 계기를 비치해야 한다.
③ 위험물을 저장 시는 성질에 적응하는 용기를 사용해야 하며 파손, 부식, 틈 등이 없어야 한다.
④ 위험물의 성질에 적응하는 설비, 기계, 기구, 용기는 보호액 속에 보존 시 노출하지 않도록 조치해야 한다.

해설
위험물을 저장, 취급하는 건축물은 **위험물의 성질**에 따라 차광 또는 환기를 해야 한다.

정답 ①

012
위험물의 저장기준으로 틀린 것은?
① 지하저장탱크의 주된 밸브는 이송할 때 이외에는 폐쇄해야 한다.
② 이동탱크저장소에는 설치허가증을 비치해야 한다.
③ 산화프로필렌을 저장하는 이동저장탱크에는 불연성 가스를 봉입해야 한다.
④ 옥외저장탱크 주위에 설치된 방유제의 내부에 물이나 유류가 고였을 경우 즉시 배출하도록 해야 한다.

해설
이동탱크저장소에는 **이동탱크저장소**의 **완공검사합격확인증** 및 **정기점검기록**을 비치해야 한다.

정답 ②

013
위험물의 제조공정 중 설비 내의 압력 및 온도에 직접적 영향을 받지 않는 것은?
① 증류과정
② 추출공정
③ 건조공정
④ 분쇄공정

해설
고체의 입자를 잘게 부수기 위한 것이 분쇄이며, 분쇄공정은 온도나 압력에는 영향을 받지 않는다.

정답 ④

014
위험물의 취급 중 소비에 관한 기준으로 틀린 것은?
① 분사도장작업은 방화상 유효한 격벽 등으로 구획된 안전한 장소에서 실시할 것
② 담금질작업은 위험물이 위험한 온도에 이르지 않도록 실시할 것
③ 버너를 사용하는 경우에는 버너의 역화를 방지하고 위험물이 넘치지 않도록 할 것
④ 분쇄작업은 위험물이 위험한 온도에 이르지 않도록 하여 실시할 것

해설
소비에 관한 기준
• 담금질 또는 열처리작업은 위험물이 위험한 온도에 이르지 않도록 하여 실시할 것
• 분사도장작업은 방화상 유효한 격벽 등으로 구획된 안전한 장소에서 실시할 것
• 버너를 사용하는 경우에는 버너의 역화를 방지하고 위험물이 넘치지 않도록 할 것
※ 분쇄는 제조에 관한 기준이다.

정답 ④

015

다음 중 하나의 옥내저장소에 제5류 위험물과 함께 저장할 수 있는 위험물은?(단, 위험물을 유별로 정리하여 저장하는 한편, 서로 1[m] 이상의 간격을 두는 경우이다)

① 알칼리금속의 과산화물 또는 이를 함유한 것 이외의 제1류 위험물
② 제2류 위험물 중 인화성 고체
③ 제3류 위험물 중 알킬알루미늄 이외의 것
④ 유기과산화물 또는 이를 함유한 것 이외의 제4류 위험물

해설
유별을 달리하는 위험물은 동일한 저장소에 저장하지 않아야 한다. 다만, 옥내저장소 또는 옥외저장소에 있어서 다음의 규정에 의한 위험물을 저장하는 경우로서 위험물을 유별로 정리하여 저장하는 한편, 서로 1[m] 이상의 간격을 두는 경우에는 그렇지 않다.
- 제1류 위험물(알칼리금속의 과산화물 또는 이를 함유한 것을 제외)과 제5류 위험물을 저장하는 경우
- 제1류 위험물과 제6류 위험물을 저장하는 경우
- 제1류 위험물과 제3류 위험물 중 자연발화성 물질(황린 또는 이를 함유한 것에 한한다)을 저장하는 경우
- 제2류 위험물 중 인화성 고체와 제4류 위험물을 저장하는 경우
- 제3류 위험물 중 알킬알루미늄 등과 제4류 위험물(알킬알루미늄 또는 알킬리튬을 함유한 것에 한한다)을 저장하는 경우
- 제4류 위험물 중 유기과산화물 또는 이를 함유하는 것과 제5류 위험물 중 유기과산화물 또는 이를 함유한 것을 저장하는 경우

정답 ①

016

위험물 운반용기의 재질로 적합하지 않은 것은?

① 금속판, 유리, 플라스틱
② 플라스틱, 놋쇠, 아연판
③ 합성수지, 화이버, 나무
④ 폴리에틸렌, 유리, 강철판

해설
운반용기의 재질
- 강 판
- 양철판
- 금속판
- 플라스틱
- 고무류
- 삼
- 나 무
- 알루미늄판
- 유 리
- 종 이
- 섬유판
- 합성섬유
- 짚

정답 ②

017

위험물의 운반에 관한 기준에 의거할 때, 운반용기의 재질로 전혀 사용되지 않는 것은?

① 강 판
② 수 은
③ 양철판
④ 종 이

해설
문제 16번 참조

정답 ②

018

위험물을 수납한 운반용기 외부에 표시할 사항에 대한 설명으로 틀린 것은?

① 위험물의 수용성 표시는 제4류 위험물로서 수용성인 것에 한하여 표시한다.
② 용적 200[mL]인 운반용기로 제4류 위험물에 해당하는 에어졸을 운반할 경우 그 용기의 외부에는 품명·위험등급·화학명·수용성을 표시하지 않을 수 있다.
③ 기계에 의하여 하역하는 구조로 된 운반용기가 아닐 경우 용기 외부에는 운반용기 제조자의 명칭을 표시해야 한다.
④ 제5류 위험물에 있어서는 "화기엄금" 및 "충격주의"를 표시해야 한다.

해설

위험물 운반용기
① 운반용기 외부 표시사항
  ㉠ 위험물의 품명·위험등급·화학명 및 수용성("수용성" 표시는 제4류 위험물로서 수용성인 것에 한한다)
  ㉡ 위험물의 수량
  ㉢ 수납하는 위험물에 따라 다음의 규정에 의한 주의사항

종류		주의사항
제1류 위험물	알칼리금속의 과산화물	화기·충격주의, 물기엄금, 가연물접촉주의
	그 밖의 것	화기·충격주의, 가연물접촉주의
제2류 위험물	철분, 금속분, 마그네슘	화기주의, 물기엄금
	인화성 고체	화기엄금
	그 밖의 것	화기주의
제3류 위험물	자연발화성 물질	화기엄금, 공기접촉엄금
	금수성 물질	화기엄금
제4류 위험물		화기엄금
제5류 위험물		**화기엄금, 충격주의**
제6류 위험물		가연물접촉주의

② 제1류·제2류 또는 제4류 위험물(위험등급 I의 위험물을 제외한다)의 운반용기로서 최대용적이 1[L] 이하인 운반용기의 품명 및 주의사항은 위험물의 통칭명 및 해당 주의사항과 동일한 의미가 있는 다른 표시로 대신할 수 있다.
③ 제4류 위험물에 해당하는 화장품(에어졸을 제외한다)의 운반용기 중

㉠ 최대용적이 150[mL] 이하인 것에 대하여는 규정에 의한 ①의 ㉠, ㉢의 표시를 하지 않을 수 있고,
㉡ **최대용적이 150[mL] 초과 300[mL] 이하**의 것에 대하여는 ①의 ㉠의 규정에 의한 **표시를 하지 않을 수 있으며**, 규정에 의한 주의사항을 해당 주의사항과 동일한 의미가 있는 다른 표시로 대신할 수 있다.
④ 제4류 위험물에 해당하는 에어졸의 운반용기로서 최대용적이 300[mL] 이하의 것에 대하여는 ①의 ㉠의 규정에 의한 표시를 하지 않을 수 있으며, 규정에 의한 주의사항을 해당 주의사항과 동일한 의미가 있는 다른 표시로 대신할 수 있다.
⑤ 제4류 위험물 중 동식물유류의 운반용기로서 최대용적이 3[L] 이하인 것에 대하여는 ①의 ㉠, ㉢의 표시에 대하여 각각 위험물의 통칭명 및 동호의 규정에 의한 표시와 동일한 의미가 있는 다른 표시로 대신할 수 있다.
⑥ **기계에 의하여 하역하는 구조**로 된 운반용기의 외부에 행하는 표시는 다음 사항을 포함해야 한다. 다만, UN의 위험물 운송에 관한 권고(RTDG)에서 정한 기준에 적합한 표시를 한 경우에는 그렇지 않다.
  ㉠ 운반용기의 제조연월 및 **제조자의 명칭**
  ㉡ 겹쳐쌓기 시험하중
  ㉢ 운반용기의 종류에 따라 다음의 규정에 의한 중량
    • 플렉서블 외의 운반용기 : 최대총중량(최대수용중량의 위험물을 수납하였을 경우의 운반용기의 전 중량을 말한다)
    • 플렉서블 운반용기 : 최대수용중량

정답 ③

019

다음 괄호 안에 적절한 용어는?

> 위험물의 운반 시 용기, 적재방법 및 운반방법에 관하여는 화재 등의 위해예방과 응급 조치상의 중요성을 감안하여 (   )이 정하는 중요기준 및 세부기준에 따라야 한다.

① 대통령령
② 행정안전부령
③ 시·도의 조례
④ 소방서장

해설

위험물 운반의 중요기준 및 세부기준 : 행정안전부령

정답 ②

020

위험물 운반 시 고체 위험물은 운반용기의 내용적의 몇 [%] 이하의 수납률로 수납해야 하는가?

① 90[%] ② 95[%]
③ 98[%] ④ 99[%]

해설
운반용기의 수납률
- **고체 : 95[%] 이하**
- 액체 : 98[%] 이하

정답 ②

021

액체 위험물은 운반용기 내용적의 몇 [%] 이하의 수납률로 수납해야 하는가?

① 90[%] ② 93[%]
③ 95[%] ④ 98[%]

해설
운반용기의 수납률
- 고체 위험물 : 95[%] 이하
- **액체 위험물 : 98[%] 이하**

정답 ④

022

위험물의 운반기준에 대한 설명 중 틀린 것은?

① 위험물을 수납한 용기가 현저하게 마찰 또는 충격을 일으키지 않도록 한다.
② 지정수량 이상의 위험물을 차량으로 운반할 때에는 한 변의 길이가 0.3[m] 이상, 다른 한 변은 0.6[m] 이상인 직사각형 표지판을 설치해야 한다.
③ 위험물의 운반 도중 재난발생의 우려가 있는 경우에는 응급조치를 강구하는 동시에 가까운 소방관서 그 밖의 관계기관에 통보해야 한다.
④ 지정수량 이하의 위험물을 차량으로 운반하는 경우 적응성이 있는 소형수동식소화기를 위험물의 소요단위에 상응하는 능력단위 이상으로 비치해야 한다.

해설
지정수량 이상의 위험물을 차량으로 운반하는 경우 적응성이 있는 소형수동식소화기를 해당 위험물의 소요단위에 상응하는 능력단위 이상으로 비치해야 한다.

정답 ④

023
위험물을 운반하기 위한 적재방법 중 차광성이 있는 덮개를 해야 하는 위험물은?

① 과산화나트륨　② 과염소산
③ 탄화칼슘　　　④ 마그네슘

해설
위험물 적재 및 운반
- **차광성이 있는 것으로 피복**
  - 제1류 위험물
  - 제3류 위험물 중 자연발화성 물질
  - 제4류 위험물 중 특수인화물
  - 제5류 위험물
  - **제6류 위험물(과염소산)**
- **방수성이 있는 것으로 피복**
  - 제1류 위험물 중 알칼리금속의 과산화물(과산화나트륨)
  - 제2류 위험물 중 철분·금속분·마그네슘
  - 제3류 위험물 중 금수성 물질(탄화칼슘)
- **운반용기의 외부 표시사항**
  - 위험물의 품명, 위험등급, 화학명 및 수용성(제4류 위험물의 수용성인 것에 한함)
  - 위험물의 수량
  - 주의사항

종류	표시사항
제1류 위험물	• 알칼리금속의 과산화물 : 화기·충격주의, 물기엄금, 가연물접촉주의 • 그 밖의 것 : 화기·충격주의, 가연물접촉주의
제2류 위험물	• 철분, 금속분, 마그네슘 : 화기주의, 물기엄금 • 인화성 고체 : 화기엄금 • 그 밖의 것 : 화기주의
제3류 위험물	• 자연발화성 물질 : 화기엄금, 공기접촉엄금 • 금수성 물질 : 물기엄금
제4류 위험물	화기엄금
제5류 위험물	화기엄금, 충격주의
제6류 위험물	가연물접촉주의

정답 ②

024
인화성 액체 위험물 중 운반할 때 차광성이 있는 피복으로 가려야 하는 위험물은?

① 특수인화물　② 제2석유류
③ 제3석유류　④ 제4석유류

해설
문제 23번 참조

정답 ①

025
제1류 위험물 중 무기과산화물을 운반 시 운반용기에 표시하는 주의사항이 아닌 것은?

① 화기·충격주의　② 가연물 접촉주의
③ 물기엄금　　　　④ 화기엄금

해설
문제 23번 참조

정답 ④

026
위험물을 수납한 운반용기는 수납하는 위험물에 따라 주의사항을 표시하여 적재해야 한다. 주의사항으로 옳지 않은 것은?

① 제2류 위험물 중 인화성 고체 - 화기엄금
② 제6류 위험물 - 가연물접촉주의
③ 금수성 물질(제3류 위험물) - 물기주의
④ 자연발화성 물질(제3류 위험물) - 화기엄금 및 공기접촉엄금

해설
문제 23번 참조

정답 ③

027
제1류 위험물 중 알칼리금속의 과산화물 제조소에 설치해야 하는 주의사항을 표시한 게시판은?
① 물기주의   ② 공기접촉엄금
③ 화기엄금   ④ 물기엄금

해설
문제 23번 참조

정답 ④

028
제2류 위험물(인화성 고체)의 운반용기 및 포장 외부에 표시할 사항으로 적당한 것은?
① 화기엄금   ② 충격주의
③ 취급주의   ④ 공기노출엄금

해설
문제 23번 참조

정답 ①

029
위험물의 포장 외부 표시방법으로서 틀린 것은?
① 위험물의 품명
② 위험물의 수량
③ 위험물의 화학명
④ 위험물의 제조연월일

해설
문제 23번 참조

정답 ④

030
제3류 위험물에 대한 주의사항으로 거리가 먼 것은?
① 충격주의   ② 화기엄금
③ 공기접촉엄금   ④ 물기엄금

해설
문제 23번 참조

정답 ①

031
위험물을 수납한 운반용기 및 포장의 외부에 표시하는 주의사항으로 옳지 않은 것은?
① 제2류 위험물 중 철분, 금속분, 마그네슘 또는 이들 중 어느 하나 이상을 함유한 것에 있어서는 "화기주의" 및 "물기엄금"
② 제3류 위험물 중 자연발화성인 경우에는 "화기주의" 및 "충격주의"
③ 제4류 위험물의 경우에 "화기엄금"
④ 과염소산, 과산화수소의 경우에는 "가연물접촉주의"

해설
자연발화성 물질 : 화기엄금, 공기접촉엄금

정답 ②

032

위험물 운반용기 외부에 표시하여 적재하는 사항 중 수납위험물에 따라 주의사항을 표시해야 한다. 주의사항 표시가 올바른 것은?

① 제4류 위험물 - 화기주의
② 제3류 위험물 - 물기주의 및 화기엄금
③ 제5류 위험물 - 화기엄금 및 충격주의
④ 제6류 위험물 - 물기주의, 가연물접촉주의

해설
문제 23번 참조

정답 ③

033

위험물의 운반용기 및 포장의 외부에 표시하는 주의사항으로 틀린 것은?

① 염소산암모늄 : 화기·충격주의 및 가연물접촉주의
② 철분 : 화기주의 및 물기엄금
③ 셀룰로이드 : 화기엄금 및 충격주의
④ 과염소산 : 물기엄금 및 가연물접촉주의

해설
과염소산 : 가연물접촉주의

정답 ④

034

위험물의 운반용기 및 포장의 외부에 표시하는 방법 중 수납된 위험물에 대한 주의사항으로 틀린 것은?

① 염소산염류 - 화기주의
② 제2류 위험물 - 화기주의
③ 제5류 위험물 - 화기엄금
④ 제6류 위험물 - 물기엄금

해설
제6류 위험물 : 가연물접촉주의

정답 ④

035

산화성 고체 위험물인 염소산염류의 수납방법으로 가장 옳은 것은?

① 방수성이 있는 플라스틱드럼 또는 화이버드럼에 지정수량을 수납하고 밀봉한다.
② 양철판제의 양철통에 지정수량과 물을 가득 담아 밀봉한다.
③ 강철제의 양철통에 지정수량과 파라핀 경유 또는 등유로 가득 채워서 밀봉한다.
④ 강철제통에 임의의 수량을 넣고 밀봉한다.

해설
산화성 고체인 제1류 위험물은 플라스틱드럼 또는 화이버드럼에 지정수량을 수납하고 밀봉한다.

정답 ①

036
제6류 위험물 중 각종 위험물의 운반용기로 가장 적당한 것은?

① 목상자
② 양철통
③ 금속제드럼
④ 폴리에틸렌 포대

해설
제6류 위험물 : 금속제용기, 플라스틱용기, 유리용기

정답 ③

037
염소산나트륨의 운반용기 중 내장용기의 재질 및 구조로서 가장 옳은 것은?

① 마포포대
② 함석판상자
③ 폴리에틸렌포대
④ 나무(木)상자

해설
제1류 위험물(염소산나트륨)의 운반용기 중 내장용기 : 유리용기, 플라스틱용기, 금속제용기, 종이포대, **플라스틱 필름포대**

정답 ③

038
위험물의 운반에 대한 설명 중 옳은 것은?

① 안전한 방법으로 위험물을 운반하면 특별히 규제를 받지 않는다.
② 차량으로 위험물을 운반할 경우 운반의 규제를 받는다.
③ 지정수량 이상의 위험물을 운반하는 경우에만 운반의 규제를 받는다.
④ 위험물을 운반할 경우 그 양의 다소를 불구하고 운반의 규제를 받는다.

해설
차량으로 위험물을 운반할 경우 운반의 규제(시행규칙 별표 19)를 받는다.

정답 ②

039
지정수량 이상의 위험물 운반에 대한 설명 중 잘못된 것은?

① 위험물 또는 위험물을 수납한 용기가 현저하게 마찰 또는 동요되지 않도록 운반한다.
② 휴식, 고장 등으로 인하여 차량을 일시 정차시킬 때에는 안전한 장소를 택하고 위험물 보안에 주의한다.
③ 운반 중 위험물이 현저하게 누설될 때에는 신속히 목적지에 도달하도록 노력해야 한다.
④ 운반하는 위험물에 적응하는 소화설비를 구비하도록 한다.

해설
운반 중 위험물이 현저하게 누설될 때에는 신속히 누설에 대한 응급조치를 취해야 한다.

정답 ③

040

다음 위험물 중 혼재할 수 없는 위험물은?(단, 지정수량의 $\frac{1}{10}$ 초과 위험물이다)

① 적린과 경유
② 칼륨과 등유
③ 아세톤과 나이트로셀룰로스
④ 과산화칼륨과 자일렌

해설

운반 시 유별을 달리하는 위험물의 혼재 기준(시행규칙 별표 19 관련)

위험물의 구분	제1류	제2류	제3류	제4류	제5류	제6류
제1류		×	×	×	×	○
제2류	×		×	○	○	×
제3류	×	×		○	×	×
제4류	×	○	○		○	×
제5류	×	○	×	○		×
제6류	○	×	×	×	×	

[비고]
1. "×"표시는 혼재할 수 없음을 표시한다.
2. "○"표시는 혼재할 수 있음을 표시한다.
3. 이 표는 지정수량의 $\frac{1}{10}$ 이하의 위험물에 대하여는 적용하지 않는다.

∴ 문제에서 보면
  ① 적린(제2류)과 경유(제4류)
  ② 칼륨(제3류)과 등유(제4류)
  ③ 아세톤(제4류)과 나이트로셀룰로스(제5류)
  ④ 과산화칼륨(제1류)과 자일렌(제4류)

※ 운반 시 제1류와 제4류 위험물은 혼재가 불가능하다.

정답 ④

041

제6류 위험물의 위험등급에 관한 설명으로 옳은 것은?

① 제6류 위험물 중 질산은 위험등급 Ⅰ이며, 그 외의 것은 위험등급 Ⅱ이다.
② 제6류 위험물 중 과염소산은 위험등급 Ⅰ이며, 그 외의 것은 위험등급 Ⅱ이다.
③ 제6류 위험물은 모두 위험등급 Ⅰ이다.
④ 제6류 위험물은 모두 위험등급 Ⅱ이다.

해설

제6류 위험물(산화성 액체)은 질산, 과염소산, 과산화수소 등으로 지정수량은 300[kg]이고, 위험등급은 모두 Ⅰ등급이다.

정답 ③

042

다음 중 위험물안전관리법상의 위험등급 Ⅰ에 속하면서 동시에 제5류 위험물인 것은?

① CH_3COOOH
② $C_6H_2CH_3(NO_2)_3$
③ $C_6H_4(NO_2)_2$
④ $N_2H_4 \cdot HCl$

해설

위험등급

종류	품명	위험등급
CH_3COOOH	과산화초산 (유기과산화물)	Ⅱ
$C_6H_2CH_3(NO_2)_3$	트라이나이트로톨루엔 (나이트로화합물)	Ⅰ
$C_6H_4(NO_2)_2$	다이나이트로벤젠 (나이트로화합물)	Ⅱ
$N_2H_4 \cdot HCl$	염산하이드라진 (하이드라진유도체)	Ⅱ

정답 ②

043
위험물제조소 등의 설치허가 기준은?
① 일반고시 ② 시·군의 조례
③ 시·도지사 ④ 대통령령

해설
위험물제조소 등의 설치허가 : **시·도지사**

정답 ③

044
위험물의 지정수량은 누가 지정한 수량인가?
① 대통령령이 정하는 수량
② 행정안전부령으로 정한 수량
③ 시장·군수가 정한 수량
④ 소방본부장 또는 소방서장이 정한 수량

해설
위험물의 지정수량 : 위험물의 종류별로 위험성을 고려하여 대통령령이 정하는 수량으로서 규정에 의한 **제조소 등의 설치허가** 등에 있어서 **최저의 기준**이 되는 수량을 말한다.

정답 ①

045
지정수량 미만의 위험물을 저장 또는 취급에 관한 기술상의 기준은 무엇으로 정하는가?
① 행정안전부령 ② 시·도의 규칙
③ 시·도의 조례 ④ 대통령령

해설
위험물의 저장기준
• 지정수량 이상 : 위험물안전관리법에 적용
• **지정수량 미만 : 시·도의 조례**

정답 ③

046
위험물의 저장 취급 및 운반에 있어서 적용 제외 규정에 해당되지 않는 것은?
① 항공기
② 철 도
③ 궤 도
④ 주유취급소

해설
위험물안전관리법 적용 제외 : 항공기, 선박, 철도, 궤도

정답 ④

047
다음 중 위험물안전관리자가 선임한 때에는 며칠 이내에 선임신고를 해야 하는가?

① 7일　　② 14일
③ 21일　　④ 30일

해설
위험물안전관리자 선임
- 위험물안전관리자 재선임기간 : 30일 이내
- 선임신고 : 선임일로부터 **14일 이내**

정답 ②

048
위험물안전관리자가 퇴직한 날부터 며칠 이내에 위험물안전관리자를 선임해야 하는가?

① 5일　　② 15일
③ 25일　　④ 30일

해설
위험물안전관리자 선임신고
- 위험물안전관리자 재선임 : **퇴직한 날부터 30일 이내**에 재선임
- 위험물안전관리자 선임신고 : 선임일로부터 14일 이내에 소방본부장 또는 소방서장에게 신고

정답 ④

049
위험물안전관리자의 선임신고를 기간 이내에 하지 않았을 경우의 벌칙 기준은?

① 과태료 50만원　　② 과태료 100만원
③ 과태료 300만원　　④ 과태료 500만원

해설
위험물안전관리자의 선임신고를 기간 내에 하지 않았을 때는 500만원 이하의 과태료가 부과된다.

정답 ④

050
위험물에 대한 용어의 설명으로 옳지 않은 것은?

① 위험물이란 인화성 또는 발화성 등의 성질을 가지는 것으로서 대통령령이 정하는 물품을 말한다.
② 제조소라 함은 일주일에 지정수량 이상의 위험물을 제조하기 위한 시설을 뜻한다.
③ 지정수량이란 위험물의 종류별로 위험성을 고려하여 대통령령이 정하는 수량으로서 제조소 등의 설치 허가 등에 있어서 최저의 기준이 되는 수량을 말한다.
④ 제조소 등이란 제조소, 저장소 및 취급소를 말한다.

해설
제조소 : 위험물을 제조할 목적으로 지정수량 이상의 위험물을 취급하기 위하여 제6조 제1항의 규정에 따른 허가를 받은 장소

정답 ②

051

제조소 등의 설치자가 그 제조소 등의 용도를 폐지할 때 폐지한 날로부터 며칠 이내에 신고(시·도지사에게)해야 하는가?

① 7일
② 14일
③ 30일
④ 90일

해설
위험물제조소 등의 설치자가 용도폐지 신고 : 폐지한 날로부터 14일 이내에 시·도지사에게 신고

정답 ②

052

위험물제조소에 관한 다음 설명 중 옳은 것은?

① 위험물시설의 설치 후 사용 시기는 공사 완공검사 신청서를 제출했을 때부터 사용 가능해진다.
② 위험물시설의 설치 후 사용 시기는 위험물안전 관리자 선임신고서를 제출했을 때부터 사용이 가능하다.
③ 위험물시설의 설치 후 사용 시기는 설치 허가를 받았을 때부터 사용이 가능하다.
④ 위험물시설의 설치 후 사용 시기는 완공검사를 받고 완공검사합격확인증을 교부받았을 때부터 가능하다.

해설
위험물시설의 설치 후 사용 시기는 완공검사를 받고 완공검사 합격확인증을 교부받았을 때부터 가능하다.

[실 무]
위험물시설의 설치 후 사용 시기는 완공검사를 받고 완공검사합격확인증을 교부받고 위험물안전관리자를 선임하였을 때 가능하다. 왜냐하면 위험물안전관리자 참여하에 위험물을 취급해야 되기 때문이다.

정답 ④

053

2품명 이상의 위험물을 동일 장소 또는 시설에서 제조·저장 및 취급하는 경우 위험물의 환산 시 합계가 얼마 이상이 될 때 수량 이상의 위험물로 보는가?

① 0.5
② 1.0
③ 1.5
④ 2.0

해설
2품명 이상의 위험물을 저장하는 경우 위험물의 환산 시 합계가 1 이상을 위험물로 본다.

정답 ②

054

동일한 장소에 2 품목 이상의 위험물을 저장할 경우 환산지정 수량으로 옳은 것은?

① 각 품목별로 저장하는 수량을 각 품목의 지정수량으로 나누어 합한 수
② 각 품목별로 저장하는 수량을 각 품목의 지정수량으로 나누어 곱한 수
③ 저장하는 위험물 중 그 양이 가장 많은 품목을 지정수량으로 나눈 수
④ 저장하는 위험물 중 그 위험도가 가장 큰 품목을 지정수량으로 나눈 수

해설
지정수량의 배수 = $\dfrac{저장(취급)량}{지정수량} + \dfrac{저장(취급)량}{지정수량} + \cdots$

정답 ①

055

다음 중 저장소로 분류되지 않는 것은?

① 간이탱크저장소　② 이동탱크저장소
③ 선박탱크저장소　④ 지하탱크저장소

해설

저장소의 분류

저장소의 구분	지정수량 이상의 위험물을 저장하기 위한 장소
옥내저장소	옥내(지붕과 기둥 또는 벽 등에 의하여 둘러싸인 곳을 말한다)에 저장(위험물을 저장하는 데 따르는 취급을 포함)하는 장소
옥외탱크저장소	옥외에 있는 탱크에 위험물을 저장하는 장소
옥내탱크저장소	옥내에 있는 탱크에 위험물을 저장하는 장소
지하탱크저장소	지하에 매설한 탱크에 위험물을 저장하는 장소
간이탱크저장소	간이탱크에 위험물을 저장하는 장소
이동탱크저장소	차량에 고정된 탱크에 위험물을 저장하는 장소
옥외저장소	옥외에 다음의 1에 해당하는 위험물을 저장하는 장소 ① 제2류 위험물 중 황 또는 인화성 고체(인화점이 0[℃] 이상인 것에 한한다) ② 제4류 위험물 중 제1석유류(인화점이 0[℃] 이상인 것에 한한다)·알코올류·제2석유류·제3석유류·제4석유류 및 동식물유류 ③ 제6류 위험물 ④ 제2류 위험물 및 제4류 위험물 중 특별시·광역시·특별자치시·도 또는 특별자치도의 조례로 정하는 위험물(관세법 제154조의 규정에 의한 보세구역 안에 저장하는 경우로 한정한다) ⑤ 국제해사기구에 관한 협약에 의하여 설치된 국제해사기구가 채택한 국제해상위험물규칙(IMDG Code)에 적합한 용기에 수납된 위험물
암반탱크 저장소	암반 내의 공간을 이용한 탱크에 액체의 위험물을 저장하는 장소

정답 ③

056

다음 중 품목을 달리하는 위험물을 동일 장소에 저장할 경우 위험물의 시설로서 허가를 받아야 할 수량을 저장하고 있는 것은?(단, 제4류 위험물의 경우에는 비수용성임)

① 이황화탄소 10[L], 가솔린 20[L], 칼륨 3[kg]을 취급하는 곳
② 제1석유류 60[L], 제2석유류 300[L], 제3석유류 950[L]를 취급하는 곳
③ 경유 600[L], 나트륨 1[kg], 무기과산화물 10[kg]을 취급하는 곳
④ 황 10[kg], 등유 300[L], 황린 10[kg]을 취급하는 곳

해설

지정배수를 계산하여 1 이상이 되면 시·도지사의 허가를 받아야 한다(만약, 받지 않으면 무허가로 행정처분을 받으면 3년 이하의 징역 또는 3,000만원 이하의 벌금을 받는다).

$$지정배수 = \frac{저장(취급)량}{지정수량} + \frac{저장(취급)량}{지정수량} + \frac{저장(취급)량}{지정수량}$$

각각의 지정수량을 알아보면

- 지정수량은 이황화탄소(제4류 위험물 특수인화물) 50[L], 가솔린(제4류 위험물 제1석유류, 비수용성) 200[L], 칼륨(제3류 위험물) 10[kg]이다.

  $\therefore$ 지정배수 $= \dfrac{10[L]}{50[L]} + \dfrac{20[L]}{200[L]} + \dfrac{3[kg]}{10[kg]}$

  $= 0.6$배(비허가대상)

- 지정수량은 제1석유류(비수용성) 200[L], 제2석유류(비수용성) 1,000[L], 제3석유류(비수용성) 2,000[L]이다.

  $\therefore$ 지정배수 $= \dfrac{60[L]}{200[L]} + \dfrac{300[L]}{1,000[L]} + \dfrac{950[L]}{2,000[L]}$

  $= 1.075$배(허가대상)

- 지정수량은 경유(제2석유류, 비수용성) 1,000[L], 나트륨(제3류 위험물) 10[kg], 무기과산화물(제1류 위험물) 50[kg]이다.

  $\therefore$ 지정배수 $= \dfrac{600[L]}{1,000[L]} + \dfrac{1[kg]}{10[kg]} + \dfrac{10[kg]}{50[kg]}$

  $= 0.9$배(비허가대상)

- 지정수량은 황(제2류 위험물) 100[kg], 등유(제4류 위험물 제2석유류, 비수용성) 1,000[L], 황린(제3류 위험물) 20[kg]이다.

  $\therefore$ 지정배수 $= \dfrac{10[kg]}{100[kg]} + \dfrac{300[L]}{1,000[L]} + \dfrac{10[kg]}{20[kg]}$

  $= 0.9$배(비허가대상)

정답 ②

057

제4류 위험물을 제조하는 일반취급소에 지정수량의 몇 배 이상일 때 자체소방대를 설치해야 하는가?

① 1,000배　　② 2,000배
③ 3,000배　　④ 5,000배

해설

자체소방대를 설치해야 하는 사업소
- 제4류 위험물의 최대수량의 합이 지정수량의 3,000배 이상을 취급하는 제조소 또는 일반취급소(다만, 보일러로 위험물을 소비하는 일반취급소는 제외)
- 제4류 위험물의 최대수량이 지정수량의 50만배 이상을 저장하는 옥외탱크저장소

정답 ③

058

위험물안전관리법 규정에 의하여 다수의 제조소 등을 설치한 자가 1인의 안전관리자를 중복하여 선임할 수 있는 경우가 아닌 것은?(단, 동일구내에 있는 저장소로서 행정안전부령이 정하는 저장소를 동일인이 설치한 경우이다)

① 15개의 옥내저장소
② 15개의 옥외탱크저장소
③ 10개의 옥외저장소
④ 10개의 암반탱크저장소

해설

1인의 안전관리자를 중복하여 선임할 수 있는 저장소 등
- **10개 이하의 옥내저장소, 옥외저장소, 암반탱크저장소**
- 30개 이하의 옥외탱크저장소
- 옥내탱크저장소
- 지하탱크저장소
- 간이탱크저장소

정답 ①

059

운송책임자의 감독·지원을 받아 운송해야 하는 위험물은?

① 무기과산화물　　② 마그네슘
③ 알킬리튬　　　　④ 특수인화물

해설

운송책임자의 감독·지원을 받아 운송해야 하는 위험물은 알킬알루미늄, 알킬리튬이다.

정답 ③

060

위험물탱크 안전성능시험자가 기술능력, 시설 및 장비 중 중요 변경사항이 있는 때에는 변경한 날로부터 며칠 이내에 변경 신고를 해야 하는가?

① 5일 이내　　② 15일 이내
③ 25일 이내　　④ 30일 이내

해설

탱크 안전성능시험자(탱크시험자)는 등록사항 가운데 중요한 사항을 **변경하는 경우**에는 변경한 날로부터 **30일 이내**에 시·도지사에게 **변경 신고**를 해야 한다.

정답 ④

061

위험물제조소 및 일반취급소에서 지정수량이 12만배 미만을 취급하는 경우 화학소방차의 대수와 조작인원은?

① 화학소방차 1대, 조작인원 5인
② 화학소방차 2대, 조작인원 10인
③ 화학소방차 3대, 조작인원 15인
④ 화학소방차 4대, 조작인원 20인

해설

- 자체소방대를 설치해야 하는 사업소
  - 제4류 위험물의 최대수량의 합이 지정수량의 3,000배 이상을 취급하는 제조소 또는 일반취급소(다만, 보일러로 위험물을 소비하는 일반취급소는 제외)
  - 제4류 위험물의 최대수량이 지정수량의 50만배 이상을 저장하는 옥외탱크저장소
- 자체소방대에 두는 화학소방자동차 및 인원(시행령 별표 8)

사업소의 구분	화학소방 자동차	자체소방 대원의 수
제조소 또는 일반취급소에서 취급하는 제4류 위험물의 최대수량의 합이 지정수량의 3,000배 이상 12만배 미만인 사업소	1대	5인
제조소 또는 일반취급소에서 취급하는 제4류 위험물의 최대수량의 합이 지정수량의 12만배 이상 24만배 미만인 사업소	2대	10인
제조소 또는 일반취급소에서 취급하는 제4류 위험물의 최대수량의 합이 지정수량의 24만배 이상 48만배 미만인 사업소	3대	15인
제조소 또는 일반취급소에서 취급하는 제4류 위험물의 최대수량의 합이 지정수량의 48만배 이상인 사업소	4대	20인
옥외탱크저장소에 저장하는 제4류 위험물의 최대수량이 지정수량의 50만배 이상인 사업소	2대	10인

[비고] 화학소방자동차에는 행정안전부령이 정하는 소화능력 및 설비를 갖추어야 하고, 소화활동에 필요한 소화약제 및 기구(방열복 등 개인장구를 포함한다)를 비치해야 한다.

정답 ①

062

자체소방대의 편성 및 자체소방대를 두어야 하는 제조소 기준으로 옳은 것은?

① 지정수량 10,000배 이상 저장하는 옥외탱크저장시설
② 지정수량 3,000배 이상의 제4류 위험물을 취급하는 제조소
③ 지정수량 3,000배 이상의 제4류 위험물을 취급하는 취급소
④ 지정수량 20,000배 이상의 제4류 위험물을 저장하는 저장소

해설

문제 61번 참고

정답 ②

063

제4류 위험물 지정수량 48만배 이상을 저장 취급하는 제조소의 자체소방대에서 갖추어야 하는 (ⓐ)화학소방자동차 대수 및 (ⓑ)조작인원은?

① ⓐ 4대, ⓑ 20인
② ⓐ 3대, ⓑ 15인
③ ⓐ 2대, ⓑ 10인
④ ⓐ 1대, ⓑ 5인

해설

문제 61번 참조

정답 ①

064

포말 화학소방차 1대의 포말방사능력 및 포수용액 비치량으로 옳은 것은?

① 2,000[L/min], 비치량 10만[L] 이상
② 1,500[L/min], 비치량 5만[L] 이상
③ 1,000[L/min], 비치량 3만[L] 이상
④ 500[L/min], 비치량 1만[L] 이상

해설
화학소방자동차에 갖추어야 하는 소화능력 및 설비의 기준(시행규칙 별표 23)

화학소방 자동차의 구분	소화능력 및 설비의 기준
포수용액 방사차	포수용액의 방사능력이 **매분 2,000[L]** 이상일 것
	소화약액탱크 및 소화약액혼합장치를 비치할 것
	10만[L] 이상의 포수용액을 방사할 수 있는 양의 소화약제를 비치할 것
분말 방사차	분말의 방사능력이 매초 35[kg] 이상일 것
	분말탱크 및 가압용 가스설비를 비치할 것
	1,400[kg] 이상의 분말을 비치할 것
할로젠화합물 방사차	할로젠화합물의 방사능력이 매초 40[kg] 이상일 것
	할로젠화합물탱크 및 가압용 가스설비를 비치할 것
	1,000[kg] 이상의 할로젠화합물을 비치할 것
이산화탄소 방사차	이산화탄소의 방사능력이 매초 40[kg] 이상일 것
	이산화탄소저장용기를 비치할 것
	3,000[kg] 이상의 이산화탄소를 비치할 것
제독차	가성소다 및 규조토를 각각 50[kg] 이상 비치할 것

정답 ①

065

위험물안전관리법령상 시·도지사의 권한을 소방서장에게 위임하는 사항이 아닌 것은?

① 제조소 등의 설치허가
② 과징금처분
③ 운반용기 검사
④ 탱크안전성능검사

해설
운반용기 검사는 시·도지사의 업무를 기술원에 위탁하는 사항이다.

정답 ③

066

제조소 등에 대한 사용의 정지가 그 이용자에게 심한 불편을 주거나 그 밖에 공익을 해칠 우려가 있는 때에 부과하는 과징금의 금액은?

① 5,000만원 이하
② 1억원 이하
③ 2억원 이하
④ 3억원 이하

해설
제조소 등의 과징금 금액 : 2억원 이하

정답 ③

067

제조소 등 또는 허가를 받지 않고 지정수량 이상의 위험물을 저장 또는 취급하는 장소에서의 위험물을 유출·방출 또는 확산시켜 사람을 사망에 이르게 한 때의 벌칙은?

① 1년 이상 10년 이하의 징역
② 무기 또는 5년 이상의 징역
③ 무기 또는 3년 이상의 징역
④ 7년 이하의 금고 또는 7,000만원 이하의 벌금

해설
위험물을 유출·방출 또는 확산시켜
• 사람의 생명·신체 또는 재산에 대하여 위험을 발생시킨 자 : 1년 이상 10년 이하의 징역
• 사람을 사망에 이르게 한 때 : 무기 또는 5년 이상의 징역
• 사람을 상해에 이르게 한 때 : 무기 또는 3년 이상의 징역

정답 ②

068

위험물안전관리법령에 따라 500만원 이하의 과태료에 해당하지 않는 것은?

① 임시저장기간의 승인을 받지 않은 자
② 제조소 등의 폐지신고를 하지 않은 자
③ 위험물의 운반에 관한 세부기준을 위반한 자
④ 위험물 안전관리자가 참여하지 않은 상태에서 위험물을 취급한 자

해설
④의 벌칙 : 1,000만원 이하의 벌금

정답 ④

069

그림과 같은 탱크에 대한 내용적의 계산식으로 맞는 것은?

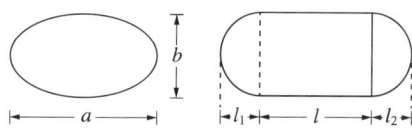

① $\dfrac{\pi ab}{3}\left(l+\dfrac{l_1+l_2}{3}\right)$ ② $\dfrac{\pi ab}{4}\left(l+\dfrac{l_1+l_2}{3}\right)$

③ $\dfrac{\pi ab}{4}\left(l+\dfrac{l_1+l_2}{4}\right)$ ④ $\dfrac{\pi ab}{3}\left(l+\dfrac{l_1+l_2}{4}\right)$

해설
탱크의 용량
• 타원형 탱크의 내용적
 − 양쪽이 볼록한 것

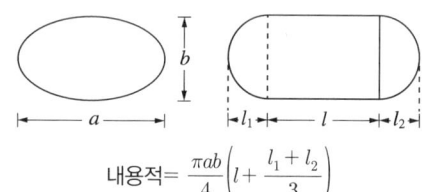

내용적 = $\dfrac{\pi ab}{4}\left(l+\dfrac{l_1+l_2}{3}\right)$

 − 한쪽은 볼록하고 다른 한쪽은 오목한 것

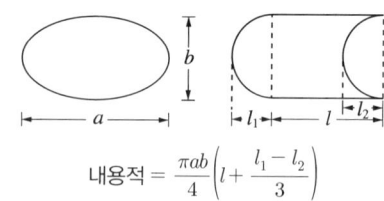

내용적 = $\dfrac{\pi ab}{4}\left(l+\dfrac{l_1-l_2}{3}\right)$

• 원통형 탱크의 내용적
 − 횡으로 설치한 것

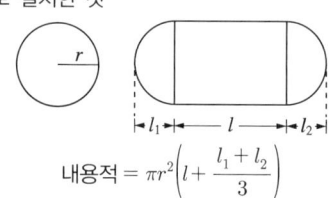

내용적 = $\pi r^2\left(l+\dfrac{l_1+l_2}{3}\right)$

 − 종으로 설치한 것

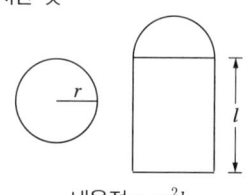

내용적 = $\pi r^2 l$

정답 ②

070

다음 탱크의 공간용적을 $\frac{7}{100}$ 로 할 경우 아래 그림에 나타낸 타원형 위험물 저장탱크의 용량은 얼마인가?

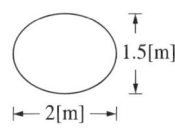 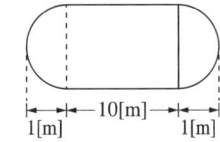

① 20.5[m³] ② 21.7[m³]
③ 23.4[m³] ④ 25.1[m³]

해설

저장탱크의 용량 = 내용적 − 공간용적(7[%])
• 탱크의 내용적

$$\frac{\pi ab}{4}\left(l + \frac{l_1 + l_2}{3}\right) = \frac{3.14 \times 2 \times 1.5}{4}\left(10 + \frac{1+1}{3}\right)$$
$$= 25.12[m^3]$$

• 저장탱크의 용량
$25.12 - (25.12 \times 0.07) = 23.36[m^3]$

정답 ③

071

다음 그림과 같은 원통형 탱크의 내용적은?(단, 그림의 수치 단위는 [m]이다)

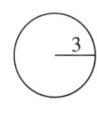 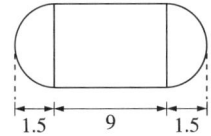

① 약 258[m³] ② 약 282[m³]
③ 약 312[m³] ④ 약 375[m³]

해설

내용적 $= \pi r^2 \left(l + \frac{l_1 + l_2}{3}\right)$
$= 3.14 \times (3)^2 \times \left(9 + \frac{1.5+1.5}{3}\right) = 282.6[m^3]$

정답 ②

072

고정지붕 구조를 가진 높이 15[m]의 원통종형 옥외위험물 저장탱크 안의 탱크 상부로부터 아래로 1[m] 지점에 고정식 포방출구가 설치되어 있다. 이 조건의 탱크를 신설하는 경우 최대 허가량은 얼마인가?(단, 탱크의 내부 단면적은 100[m²]이고, 탱크 내부에는 별다른 구조물이 없으며, 공간용적 기준은 만족하는 것으로 가정한다)

① 1,400[m³] ② 1,370[m³]
③ 1,350[m³] ④ 1,300[m³]

해설

일반탱크저장소의 공간용적 : 소화설비(소화약제 방출구를 탱크 안의 윗부분에 설치하는 것에 한한다)를 설치하는 탱크의 공간용적은 해당 소화설비 소화약제방출구 아래의 **0.3[m] 이상 1[m] 미만 사이의 면**으로부터 윗부분의 용적으로 한다.

∴ 탱크의 높이는 15[m]이고, 아래 1[m] 지점에 고정방출구가 설치되어 있으므로 14[m]에 포방출구가 설치되어 있다.
• 최대허가량(소화약제방출구 아래의 0.3[m] 이상)
  = 14[m] − 0.3[m] = 13.7[m] × 100[m²]
  = 1,370[m³]
• 최소허가량(소화약제방출구 아래의 1[m] 미만)
  = 14[m] − 1[m] = 13.0[m] × 100[m²]
  = 1,300[m³]

정답 ②

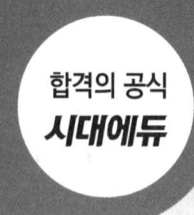

얼마나 많은 사람들이 책 한권을 읽음으로써
인생에 새로운 전기를 맞이했던가.

– 헨리 데이비드 소로 –

공업경영

CHAPTER 01   품질관리
CHAPTER 02   생산관리
CHAPTER 03   작업관리

합격의 공식 **시대에듀**

www.sdedu.co.kr

CHAPTER 01 품질관리

제1절 통계적 방법의 기초

1 품질관리의 기초

(1) 품질관리(Quality Control, QC)의 정의

소비자의 요구에 맞는 제품 및 서비스를 경제적으로 수행하기 위한 수단의 체계로서 근대적 품질관리는 통계적인 방법을 채택하므로 통계적인 품질관리라 한다.

> TQC(Total Quality Control) : 전사적인 품질정보의 교환으로 품질향상을 기도하는 기법

(2) 관리사이클(PDCA Cycle) 중요

① Plan(계획, 설계) : 목표를 어떻게 달성할 것인지 방법과 일정을 정한다.
② Do(실행, 관리) : 계획된 방법과 일정을 그대로 실행한다.
③ Check(검토) : 계획과 일정을 결과와 비교하여 점검한다.
④ Action(조처, 개선) : 차이의 분석을 실시하여 원인을 추구하여 다음 계획에 반영한다.

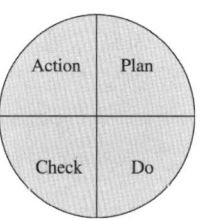

> • 품질관리시스템의 4M : Man, Machine, Material, Method, **Management(5M)**
> • 품질관리기능의 사이클 : 품질설계 → 공정관리 → 품질보증 → 품질개선
> • 관리사이클 : 계획(P) → 실행(D) → 검토(C) → 조처(A)

2 자료의 분석

(1) 평균(Mean, $\bar{x}$)

자료의 총합을 자료의 전체개수로 나눈 것이다.

$$\bar{x} = \frac{\text{자료의 총합}}{\text{자료의 개수}}$$

(2) 중앙값(중위수, Median, Me)

자료를 크기의 순서대로 나열했을 때 중앙에 해당하는 값이다.

① 자료의 수가 홀수인 경우 $Me = \frac{n+1}{2}$번째 수

② 자료의 수가 짝수인 경우 $Me = \frac{n}{2}$번째 값과 $\left(\frac{n}{2}\right)+1$번째 값의 평균

> **Plus One** [예제 1] 6, 9, 4, 7, 5일 경우 중앙값은?(자료의 수가 홀수인 경우)
>
> **풀이** 크기순서대로 나열하면 4, 5, 6, 7, 9이므로 중앙값은 6이다.
>
> [예제 2] 12, 5, 3, 10, 7, 9일 경우 중앙값은?(자료의 수가 짝수인 경우)
>
> **풀이** 크기의 순서대로 나열하면 3, 5, 7, 9, 10, 12이므로
> ① $\frac{n}{2}$번째 값 = $\frac{6}{2}$ = 3으로 3번째 값은 7이다.
> ② $\left(\frac{n}{2}\right)+1$번째 값 = $\left(\frac{6}{2}\right)+1$ = 4번째 값은 9이다.
> ∴ 중앙값은 3번째 값(7)과 4번째 값(9)의 평균이므로 8이다.

(3) 최빈값(Mode, M_o)

자료 중에서 가장 많이 나타나는 값으로 모집단의 중심적 경향을 나타내는 척도이다.

> **Plus One** [예제] 19, 19, 23, 23, 24, 24, 24, 25, 25, 35의 자료일 때 최빈수는?
>
> **풀이** 10개의 자료 중에서 24가 3번으로 24가 최빈값이다.

(4) 범위중앙값(Midrange, M)

자료 중에서 가장 큰 값과 가장 작은 값의 평균을 말한다.

$$\text{범위중앙값 } M = \frac{x_{\max} + x_{\min}}{2}$$

(5) 제곱합(S)

편차(개개의 측정값과 표본평균 간의 차이)의 제곱을 합한 것이다.

(6) 시료분산(S^2)

표본자료의 경우 자료의 수에서 1을 뺀 수($n-1$)로 나눈 값을 말한다.

$$S^2 = \frac{\sum(X_i - \overline{x})^2}{n-1} \quad (\overline{x} : \text{평균값})$$

(7) 범위(Range, R)

자료 중에서 최댓값과 최솟값의 차이를 말한다.

$$\text{범위 } R = X_{\max} - X_{\min}$$

3 통계적 품질관리

(1) Data의 분류

① 수치 Data
  ㉠ 양적 Data
  ㉡ 질적 Data
  ㉢ 순위 Data
② 언어 Data
  수치 표현이 불가능한 것을 언어의 표현으로 가능한 Data

(2) 품질관리의 도구

① **관리도**
생산공정이 안정하게 진행되는지 또는 공정을 안정한 상태로 유지하기 위하여 이용하는 표로서 중심선을 사이에 두고 상하로 관리상한선과 관리하한선을 나타내는 그래프이다.
  ㉠ 관리도의 이용
    - 관리도는 공정의 관리만이 아니라 공정의 해석에도 이용된다.
    - 관리도는 과거의 데이터의 해석에도 이용된다.
    - 계량치인 경우에는 x-R관리도가 일반적으로 이용된다.
  ㉡ 관리도에서 사용되는 용어 중요
    - **경향** : 점이 점점 올라가거나 내려가는 현상
    - **주기** : 점이 주기적으로 상·하로 변동하여 파형을 나타내는 현상
    - **런** : 중심선의 한쪽에 연속해서 나타나는 점
    - **산포** : 수집된 자료 값이 그 중앙값으로부터 떨어져 있는 정도를 나타내는 값

② **파레토도(Pareto Diagram)**
데이터를 항목별로 분류하여 **출현도수의 크기 순서대로 나열한 그림**으로 단순빈도 막대 그림과 누적빈도 꺾은선 그래프를 합한 것이다.
  ㉠ 파레토도의 특징
    - 현재의 중요 문제점을 객관적으로 발견할 수 있으므로 관리 방침을 수립할 수 있다.
    - 도수분포의 응용수법으로 중요한 문제점을 찾아내는 것으로서 현장에서 널리 사용한다.
    - 파레토도에서 나타난 1~2개 부적합품(불량) 항목만 없애면 부적합품(불량)률은 크게 감소한다.
  ㉡ 파레토도 작성이 가능한 Data
    - 품 질
    - 원 가
    - 영 업
    - 시 간
    - 안 전

ⓒ 파레토도의 작성목적
- 불량 및 고장의 원인 파악
- 불량품의 대책 및 개선 효과 기대
- 보고와 기록 유지
- 개선목표 결정 : 불량 및 고장의 원인의 개선

③ **히스토그램**(Histogram)

어떤 조건하에 취해진 Data가 여러 개가 있을 때 Data가 어떤 값으로 분포되어 있는가를 조사하기 위하여 장방형의 막대로 나타낸 그림이다.

㉠ **도수분포표** : 측정한 전체 자료를 몇 개의 구간으로 나누어 분할된 구간에 따라 분류하여 만들어 놓는 표

㉡ 도수분포표의 종류
- 단순분포표 : 각 구간에 속하는 측정치의 빈도수만을 나타내는 분포표
- 상대도수분포표 : 각 구간에 속하는 측정치의 비율을 나타내는 분포표
- 누적도수분포표 : 각 구간에 대한 누적도수를 나타내는 분포표
- 누적상대도수분포표 : 각 구간에 대한 누적상대도수를 나타내는 분포표

㉢ 도수분포표의 용어
- 비대칭도 : 비대칭의 방향 및 정도
- **모우드** : 도수분포표에서 도수가 최대인 곳의 대표치를 말하는 것으로 1개 있는 경우는 단봉성 분포, 2개 이상 있는 경우는 복봉성 분포라 한다.
- 첨도 : 분포곡선에서 정점의 뾰족한 정도를 나타내는 측도를 말한다.
- 중위수 : 데이터를 크기 순서대로 나열했을 때 한가운데 위치하는 Data의 값으로 50백분위수를 말하는데 중앙값이라고도 한다.

㉣ **도수분포표를 만드는 목적** 중요
- 데이터의 흩어진 모양을 알고 싶을 때
- 많은 데이터로부터 평균치와 표준편차를 구할 때
- 원 데이터를 규격과 대조하고 싶을 때

㉤ 히스토그램에 사용하는 용어
- 계급 : 그램의 기둥 하나하나를 말한다.
- 계급의 폭 : 기둥의 굵기

$$계급의 폭(H) = \frac{자료의 범위(R)}{계급의 수(k)}$$

- 경계치 : 기둥과 기둥이 접해 있는 곳의 수치
- 도수 : 계급에 해당하는 Data의 수

㉥ 히스토그램의 작성 목적
- Data의 집단으로부터 정보 수집을 하기 위하여
- Data의 분산된 모양, 분포의 형태를 알기 위하여

- Data가 어떤 수치로 산포되어 있는지 알기 위하여
- Data와 규격을 비교하여 공정의 현황파악을 하기 위하여
- 공정능력을 판단하기 위하여

④ **산포도(Scatter Diagram, 산점도)**
두 변수를 가로와 세로축으로 정하고 측정치를 타점하여 그리는 그림

⑤ **그래프(Graph)** : 많은 것을 요약하여 빠르게 전하고자 할 때 사용하는 것으로 효과적인 정보를 기대할 수 있다.

⑥ **특성요인도** : 문제가 되는 **결과**와 이에 대응하는 **원인과의 관계**를 알기 쉽게 도표로 나타낸 것

4 확률분포

(1) 이산확률분포

① 이산확률분포의 종류
  ㉠ 베르누이분포　　　　　　　　㉡ 이항분포
  ㉢ 초기하분포　　　　　　　　　㉣ 다항분포
  ㉤ 푸아송분포

② 베르누이분포 : 시행결과가 두 가지뿐인 분포
  ㉠ 제품생산 시 품질검사를 할 경우 : 합격 또는 불합격
  ㉡ 운전면허 시험결과 : 합격 또는 불합격

③ 이항분포
베르누이시행에서 성공과 실패의 확률은 n번 반복 시행할 때 x번 성공할 확률이 주어지는 분포

- $p = 0.5$일 때 분포의 형태는 기대치 np에 대하여 좌우대칭이 된다.
- $np \geq 5$이고 $nq \geq 5$일 때 정규분포에 근사한다.
- $p \leq 0.1$이고, $np = 0.1 \sim 10$일 때는 **푸아송분포**에 근사한다.
  여기서, p : 성공확률　　　q : 실패확률　　　n : 시행횟수

④ **초기하분포** : 유한모집단으로부터 비복원추출할 때 불량개수의 확률분포

⑤ **푸아송분포**
단위시간, 단위공간, 단위면적에서 그 사건의 발생횟수를 측정하는 확률변수의 분포
  ㉠ 단위시간이나 단위공간에서 발생하는 확률은 독립적이다.
  ㉡ 단위시간이나 단위공간에서 발생하는 횟수는 시간이나 공간의 단위에 비례한다.
  ㉢ 작은 단위공간에서 2개 이상의 사상이 발생한 확률은 무시할 정도로 작다.
  ㉣ 특정공간 내에서 사상이 발생하는 횟수를 세는 것으로 구성된다.

(2) **연속확률분포**
    ① 연속확률분포의 종류
        ㉠ 정규분포   ㉡ t분포
        ㉢ F분포   ㉣ 카이제곱분포
        ㉤ 지수분포
    ② 정규분포
        ㉠ 평균을 중심으로 좌우대칭인 종모양이다.
        ㉡ 특정한 값이 발생할 확률은 0이다.
        ㉢ 정규분포곡선과 x축과의 면적은 1이다.
        ㉣ 특정구간의 확률은 정규곡선 아래의 해당구역의 면적이다.

제2절 샘플링검사

1 제품 품질검사 방법

(1) 전수검사

검사를 위해 제출된 제품 하나 하나에 대해 시험 또는 측정하여 합격과 불합격을 분류하는 검사(100[%] 검사)

(2) 샘플링(Sampling)검사

로트로부터 시료를 샘플링해서 조사하고, 그 결과를 로트의 판정기준과 대조하여 그 로트의 합격, 불합격을 판정하는 검사

2 샘플링검사의 목적 중요

① 검사의 **비용절감**
② **품질향상**의 **자극**
③ 나쁜 품질인 Lot의 **불합격**
④ 공정의 변화
⑤ 검사원의 정확도
⑥ 측정기기의 정밀도 측정

> 로트(Lot) 수 : 일정한 제조회수를 표시하는 개념

3 샘플링검사의 분류

(1) 품질특성에 의한 분류

① 계량형 샘플링검사 : 품질이 계량치로 표시되는 경우에 실시하는 검사
② 계수형 샘플링검사 : 품질이 불량, 양호, 결점과 같이 계수치로 표시되는 경우 실시하는 검사

> 계수치 Data : 부적합품의 수

(2) 검사가 행하는 장소에 의한 분류

① 정위치검사 : 1개소에 검사하는 경우나 특정한 장소에 제품을 운반해서 검사하는 방법
② 순회검사 : 검사원이 직접 현장을 순회하면서 품질을 검사하는 방법
③ **출장검사** : 검사원이 공장에 출장하여 검사하는 방법

(3) 검사의 성질에 의한 분류

① 관능검사 : 식품의 냄새나 맛 등 인간의 감각에 의하여 검사를 하는 방법

② **파괴검사** : 재료의 인장시험, 전구의 수명시험, 비닐관의 수압시험 등 제품을 떨어뜨리거나 파괴하여 목적을 달성하는 검사
③ **비파괴검사** : 시료의 이물질 검사, 전구의 전등시험 등 제품을 시험해도 품질이 저하되지 않고 검사의 목적을 달성하는 검사

(4) 검사횟수에 의한 분류
① 1회 샘플링검사
② 2회 샘플링검사
③ 다회 샘플링검사
④ 축차 샘플링검사

(5) 검사형태에 의한 분류 중요
① **규준형 샘플링검사** : 공급자에 대한 보호와 구입자에 대한 보증의 정도를 규정해 두고 공급자의 요구와 구입자의 요구 양쪽을 만족하도록 하는 검사

> **Plus One** 계수 규준형 1회 샘플링검사(KS A 3102)
> • 검사에 제출된 로트의 제조공정에 관한 사전 정보가 없어도 샘플링검사를 적용할 수 있다.
> • 생산자측과 구매자측이 요구하는 품질보호를 동시에 만족시키도록 샘플링검사방식을 선정한다.
> • 1회만의 거래 시에도 사용할 수 있다.

② **조정형 샘플링검사** : 판매자가 품질이 향상되도록 자극을 주어 구매자가 검사수준을 조정하는 기준이 정해져 있는 검사로서 전수검사, 무시험검사, 샘플링검사를 잘 분간하여 이용해야 한다.
③ **선별형 샘플링검사** : 합격된 Lot는 받아들이고 불합격된 Lot는 전수 선별을 실시하여 전부 합격품으로 대처(재생산, 교환, 수정)하는 검사
④ **연속생산형 샘플링검사** : Lot의 대상이 아니라 컨베이어시스템과 같이 제품이 연속적으로 생산되는 과정에서 시료를 채취하는 검사

(6) 검사항목에 의한 분류
① **수량검사** : 규정된 수량의 이상 유무를 확인하는 검사
② **외관검사** : 외관상태가 기준에 적합한지 여부를 확인하는 검사
③ **치수검사** : 치수, 각도, 평행도 등 길이의 단위로 표시하는 품질의 특성을 확인하는 검사
④ **중량검사** : 제품의 중량이 기준에 적합한지 여부를 확인하는 검사
⑤ **기능(성능)검사** : 기계적, 물리적, 전기적, 화학적 등 제품의 사용목적을 만족시키는 성능을 확인하는 검사

(7) 검사공정(행해지는 목적)에 의한 분류
① **수입검사** : 생산현장에서 원자재 또는 반제품에 대하여 원료로서의 적합성에 대한 검사
② **구입검사** : 제출된 Lot의 원료를 구입해도 품질에 문제가 없는가를 판정하는 검사
③ **공정검사** : 제품을 생산하는 공정에서 불량품이 다음 공정으로 진행되는 것을 방지하기 위한 검사

④ **최종검사** : 제조공정의 최종단계에서 행해지는 검사로서 생산제품의 요구사항을 만족하는지 여부를 판정하는 검사
⑤ **출하검사** : 완제품을 출하하기 전에 출하 여부를 결정하는 검사

(8) **검사대상의 판정(선택방법)에 의한 분류** 중요
① **관리 샘플링검사** : 공정의 관리, 공정검사의 조정 및 검사의 Check를 목적으로 행하는 검사
② **로트별 샘플링검사** : Lot별로 시료를 채취하여 품질을 조사하여 Lot의 합격, 불합격을 판정하는 검사
③ **전수검사** : 검사를 위하여 제출된 제품 하나 하나에 대한 시험 또는 측정하여 합격과 불합격을 분류하는 검사(100[%]검사)
④ **자주검사** : 자기 회사의 제품을 품질관리 규정에 의하여 스스로 행하는 검사
⑤ **무 검사** : 제품에 대한 검사를 하지 않고 성적서만 확인하는 검사

4 샘플링의 개념

(1) **샘플링방법**
① **랜덤샘플링(Random Sampling)** : 모집단의 어느 부분이라도 같은 확률로 시료를 채취하는 방법
    ㉠ **단순랜덤샘플링** : 무작위 시료를 추출하는 방법으로 사전에 모집단에 지식이 없는 경우 사용한다.
    ㉡ **계통샘플링** : 모집단으로부터 시간적, 공간적으로 일정한 간격을 두고 시료를 채취하는 방법

$$샘플링간격(k) = \frac{N(모집단)}{n(시료수)}, \quad 채취비율 = \frac{n(시료수)}{N(모집단)}$$

② **층별샘플링(Stratified Sampling)**
    ㉠ **정의** : 모집단을 몇 개의 층으로 나누고 각층으로부터 각각 랜덤하게 시료를 뽑는 샘플링 방법
    ㉡ **특 징**
        • 단순랜덤샘플링보다 샘플의 크기가 적어도 정밀도를 얻는다.
        • 랜덤샘플링이 쉽게 이루어진다.
③ **취락샘플링(Cluster Sampling)**
    모집단을 여러 개의 취락으로 나누어 몇 개 부분을 랜덤으로 시료를 채취하여 채취한 시료 모두를 조사하는 방법
④ **2단계샘플링(Two-stage Sampling)**
    모집단을 1단계, 2단계로 나누어 각 단계에서 몇 개의 시료를 채취하는 방법

(2) 오차(Error)

① 오차관리 시 고려할 사항
  ㉠ 신뢰성
  ㉡ 정밀도
  ㉢ 정확성

② 측정오차의 용어 **중요**
  ㉠ **오차** : 모집단의 **참값**과 측정 Data의 **차이**
  ㉡ 정밀도 : Data분포의 폭의 크기
  ㉢ **정확도** : Data분포의 **평균치**와 **참값의 차이**

5 품질코스트

(1) 품질코스트의 정의

물품이나 서비스의 품질과 관련하여 발생하는 모든 비용이다.

(2) 종 류

① 예방코스트

불량을 사전에 예방하는 예방활동에 소요되는 비용으로 품질설계, 품질관리 및 교육, 외부업체의 교육 등에 소요되는 비용이다.

② 평가코스트

수입검사, 공정검사, 완성검사, 품질검사 등 품질에 관한 시험 등을 평가하는 데 소요되는 비용이다.

③ **실패코스트**

일정수준의 품질이 미달되어 야기되는 손실로 소요되는 비용으로서 **초기단계에 가장 큰 비율로 들어가는 코스트**이다.

  ㉠ 내부실패코스트 : 생산공정에서 발생하는 불량손실로서 재작업, 수율손실 등으로 발생하는 비용이다.
  ㉡ 외부실패코스트 : 제품을 생산하여 판매를 한 후 발생하는 손실로서 반품 및 클레임, 애프터 서비스 등이 있다.

제3절 관리도

1 관리도

(1) 관리도의 정의

공정이 안정한 상태에서 진행되는지 불안정한 상태에서 진행되는지를 조사하기 위하여 또는 공정을 안정한 상태로 유지하기 위하여 이용하는 그림을 말한다.

(2) 품질의 변동원인

① 우연원인

생산 공정 조건이 최적의 상태로 관리하여도 발생되는 불가피한 변동을 주는 원인으로 관리상한과 관리하한의 사이에 있으면 점의 **산포원인**은 **우연원인**에 의한 것이다. 이 원인으로는 작업자의 숙련도의 차이, 작업환경의 차이, 식별되는 원자재 및 생산설비 등의 특성의 차이를 말한다.

② 이상원인

공정에서 안정적으로 존재하는 것은 아니고 산발적으로 발생하며, 품질의 변동에 크게 영향을 끼치는 요주의 원인으로 우발적 원인인 것으로 **작업자의 부주의, 생산설비의 이상, 불량원재료 사용** 등을 말한다.

2 관리도의 분류 중요

계수치 관리도		계량치 관리도	
종 류	분포이론 적용	종 류	분포이론 적용
P(불량률)관리도	이항분포	$\bar{x}-R$(평균치와 범위)관리도	정규분포이론
Pn(불량개수)관리도	이항분포	x(개개의 측정치)관리도	정규분포이론
C(결점수)관리도	푸아송분포	$\tilde{x}-R$(메디안과 범위)관리도	정규분포이론
U(단위당결점수)관리도	푸아송분포	$L-S$(최대치와 최소치)관리도	정규분포이론

(1) 계수치 관리도

① P관리도

군의 크기가 다를 때 제품의 **불량률**을 관리하는 경우에 사용하며 계수치 관리도에서 가장 기본이 되는 것이다.

- 불량률 $P = \dfrac{Pn(\text{불량개수})}{n(\text{시료군의 크기})}$
- 관리상한선 UCL $= \overline{P} + \dfrac{3}{\sqrt{n}}\sqrt{\overline{P}(1-\overline{P})}$
- 관리하한선 LCL $= \overline{P} - \dfrac{3}{\sqrt{n}}\sqrt{\overline{P}(1-\overline{P})}$

② Pn(nP)관리도

군의 크기가 일정할 때 제품의 **불량개수**를 관리하는 경우에 사용한다.

- 불량개수 $\overline{Pn} = \dfrac{\sum Pn}{k}$ ($\sum P_n$ = 시료마다 불량개수의 합, k : 시료의 수), 불량률 $\overline{P} = \dfrac{\sum Pn}{nk}$
- 관리상한선 UCL = $\overline{Pn} + 3\sqrt{\overline{Pn}(1-\overline{P})}$
- 관리하한선 LCL = $\overline{Pn} - 3\sqrt{\overline{Pn}(1-\overline{P})}$

③ C관리도

미리 정해진 일정 단위 중에 포함된 **결점(부적합)수**에 의거 공정을 관리할 때 사용하는 관리도를 말한다.

㉠ M 타입의 자동차 또는 LCD TV를 조립, 완성한 후 **부적합수(결점수)**를 점검한 데이터로 사용한다.

㉡ 같은 모델의 TV나 라디오 세트 중의 납땜 불량개수(결점수)를 체크하는 데 사용한다.

- 중심선 CL = $\overline{C} = \dfrac{\sum c}{k}$ ($\sum c$: 결점수의 합, k : 시료군의 수)
- 관리상한선 UCL = $\overline{C} + 3\sqrt{\overline{c}}$
- 관리하한선 LCL = $\overline{C} - 3\sqrt{\overline{c}}$

④ U관리도

군의 단위수가 다를 때 **제품의 결점수**를 관리하는 데 사용한다. 시료를 채취할 때 시료의 크기를 일정하게 할 수 없을 때 U관리도를 사용한다.

- 단위당 결점수 = $u = \dfrac{C(각\ 시료의\ 결점수)}{n(시료의\ 크기)}$
- 중심선 CL = $\overline{u} = \dfrac{\sum c}{\sum n}$ ($\sum c$: 결점수의 합, $\sum n$: 시료 크기의 합)
- 관리상한선 UCL = $\overline{u} + 3\sqrt{\dfrac{\overline{u}}{n}}$
- 관리하한선 LCL = $\overline{u} - 3\sqrt{\dfrac{\overline{u}}{n}}$

(2) 계량치 관리도

① $\overline{x} - R$관리도

$\overline{x}$관리도는 공정의 평균 변화 여부를 관리하고 R관리도는 산포의 변화 여부를 관리하기 위하여 사용되는 관리도로서 무게, 시간, 길이, 경도, 강도 등의 Data가 계량치로 나타내는 공정에 사용한다.

$\overline{x} - R$**관리도**는 축의 완성지름, 철사의 인장강도, 아스피린 순도와 같은 데이터를 관리하는 가장 대표적인 관리도이다.

구 분	$\bar{x}$ 관리도	R 관리도
중심선	$CL = \dfrac{\sum x}{k} = \hat{x}$	$CL = \dfrac{\sum R}{k} = \hat{R}$
관리상한선	$UCL = \hat{x} + A_2 \overline{R}$	$UCL = D_4 \overline{R}$
관리하한선	$LCL = \hat{x} - A_2 \overline{R}$	$LCL = D_3 \overline{R}$

② x 관리도

알코올의 농도 측정, 화학분석, 하루 전력의 소비량 등 하나의 측정치를 그대로 사용하여 공정을 관리할 경우에 주로 사용한다.

구 분	합리적인 군으로 나눌 수 있는 경우	합리적인 군으로 나눌 수 없는 경우
중심선	$CL = \overline{x}$	$CL = \overline{x}$
관리상한선	$UCL = \overline{x} + E_2 \overline{R}$ E_2 : 시료의 크기(n)에 의하여 정해지는 값	$UCL = \overline{x} + 2.66 \overline{R_s}$
관리하한선	$LCL = \overline{x} - E_2 \overline{R}$	$LCL = \overline{x} - 2.66 \overline{R_s}$

③ $\tilde{x} - R$ 관리도

$\tilde{x}$ 관리도는 Data를 정하는 데 하나의 군(群)에서 여러 개의 Data를 취해도 의미가 없어 각군마다 하나의 Data를 취할 때 사용한다.

④ L-S관리도

Data를 군(群)으로 구분할 때 군 가운데에서 최대치와 최소치를 구하여 하나의 그림표에 점을 찍어 나가는 관리도를 말한다.

> 군(群) : 여러 개를 측정할 때 수집한 시간, 배경, 환경, 공정방법 등에 따라서 차이가 있으므로 같은 구분에 속하는 측정치의 집합

CHAPTER 02 생산관리

제1절 생산계획

1 생산관리

(1) 생산관리(Operations Management ; OM)의 개념

특정 기업의 생산제품이나 서비스를 창출하여 시스템의 디자인을 운영·개선하여 고객의 만족을 경제적으로 달성할 수 있도록 생산활동이나 생산과정을 체계적으로 관리하는 것을 말한다.

(2) 생산관리의 목적
   ① 비용(Cost)
   ② 품질(Quality)
   ③ 납기(Delivery Data)
   ④ 유연성(Flexibility) : 소비자의 다양한 기호와 취향에 맞추어 신제품이나 서비스를 개발할 수 있는 능력을 말한다.

(3) 생산시스템의 특성
   ① 집합성
   ② 관련성
   ③ 목적추구성
   ④ 환경적응성

(4) 생산계획의 목표
   ① 이윤의 최대화
   ② 생산비용의 최소화
   ③ 고객서비스의 최적화
   ④ 재고량의 최소화
   ⑤ 생산변동의 최소화
   ⑥ 고용변동의 최소화
   ⑦ 잔업의 최소화
   ⑧ 설비이용의 최대화

(5) 생산계획에 이용되는 정보
   ① 기업 내의 정보 : 설비능력, 작업능력, 고용수준, 재고수준, 생산자원 정보 등
   ② 기업 외의 정보 : 제도 및 법규, 경제사정, 경쟁업체정보, 고객요구, 시장수요 등

2 공정관리

(1) 공정관리의 목표

① 납기의 이행
② 공정시간의 최소화
③ 생산시간의 최소화
④ 원료조달시간의 최소화
⑤ 공정재고의 최소화
⑥ 생산비용의 최소화

(2) 공정관리의 계획기능

① **절차계획**

작업을 개시하기 전에 능률적이고 경제적인 작업절차를 결정하기 위한 것으로 **공정절차표**와 **작업표**를 작성해야 한다.

> **Plus One** 절차계획에 다루어지는 내용
> - 각 작업의 소요시간
> - 각 작업의 실시 순서
> - 각 작업에 필요한 기계와 공구

② **공수계획**

생산계획량을 완성하는 데 필요한 인원이나 기계의 부하를 결정하여 이를 현재인원 및 기계의 능력과 비교하여 조정하는 것

- 작업능력 = 작업자수 × 능력환산계수 × 월 실가동시간 × 가동률
- 여력(여유능력) = $\dfrac{능력 - 부하}{능력} \times 100$

③ **일정계획**

원료가 적기에 조달하여 제품 생산이 지정된 일자에 완성할 수 있도록 구체적인 시간을 배정하여 생산 일정을 계획하는 것으로 대일정계획(주일정계획, 기본일정계획), 중일정계획, 소일정계획으로 분류한다.

3 수요예측

(1) 수요예측방법 중요

① 정상적 예측

시계열분석법이나 인과형 예측법에 대칭하는 접근방법으로 **시장조사법, 자료유출법, 판매원의 견종합법** 등이 있고 이 방법은 신제품을 출시할 때 예측자료가 충분하지 않을 때 주로 사용한다.

② **시계열분석**

시계열(판매량이나 매출액과 같이 반복적인 관찰치를 발생순서대로 나열한 것)에 의하여 과거의 자료를 근거로 하여 추세나 경향을 분석하여 미래를 예측하는 방법으로 **최소자승법, 이동평균법, 지수평활법, 박스-젠킨스방법** 등이 있다.

③ **인과형 예측법**

수학적으로 인과관계를 나타내는 모델로서 수요를 예측하는 방법으로 **회귀모델, 계량경제모델, 선행지표법**이 있다.

(2) 정상적 예측방법

① **델파이법**

전문가로 구성되어 질문을 통하여 예측치를 얻는다. 그러므로 다수인의 의견을 모으는 데 상당한 시간이 소요된다.

② **판매원의 의견 종합법**

한 시장의 판매원이나 거래처의 의견을 종합하여 수요를 예측하는 방법으로 단시간에 양질의 시장정보를 입수할 수는 있지만 자신의 경험에 비추어 예측하는 경향이 많다.

③ **시장조사법**

제품을 출하하기 전에 소비자의 **의견조사** 또는 **시장조사**를 시행하여 수요를 예측하는 방법으로 장기예측이나 **신제품의 수요예측**에 사용된다.

④ **라이프사이클 유추법**

경영자의 경험이나 전문가의 조언과 도움으로 제품의 라이프사이클을 판단하여 수요를 예측하는 방법으로 경영자의 경험에 주로 의존하므로 오판이 될 수 있다.

⑤ **자료유추법**

신제품을 출시할 때 유사한 기존제품의 과거자료를 토대로 수요를 예측하는 방법으로 장기수요예측에 이용된다.

(3) 시계열분석에 의한 예측

① **시계열적 변동에 의한 분류**
  ㉠ **추세변동** : 장기적인 변동의 추세를 나타내는 변동
  ㉡ **순환변동** : 일정한 주기 없이 사이클현상으로 반복되는 현상
  ㉢ **계절변동** : 1년 주기로 계절에 따라 되풀이되는 변동
  ㉣ **불규칙변동** : 불분명한 원인이나 돌발적인 원인으로 일어나는 우연변동이다.

② **시계열적 분석방법에 의한 분류**
  ㉠ 전기수요법 : 최근의 수요실적으로 미래의 수요를 예측하는 방법
  ㉡ 절반평균법 : 전반기와 후반기의 중앙 시점값을 연결하여 동적 평균선을 구하여 수요를 예측하는 방법
  ㉢ 이동평균법 : 과거의 실적치 전체를 대상으로 산술평균하여 미래의 수요를 예측하는 방법으로 계절 변동의 분석으로 이용된다.

$$\text{예측치 } F_t = \frac{\text{기간의 실적치}}{\text{기간의 수}}$$

ⓔ **최소자승법** : 관찰(실제)치와 직선상의 추세치와의 오차자승의 합이 최소가 되도록 동적 평균선을 그리는 방법으로 수요의 추세 변동을 분석하는 경우에 이용된다.

ⓜ **지수평활법** : 이동평균법과 유사한 방법으로 평균법이 가진 단점을 보완하여 과거의 실적치를 최근에 가장 가까운 실적치에 상대적으로 큰 비중을 두어 수요를 예측하는 방법

- **단순지수평활법**
  - 차기예측치 = 당기예측치 + 지수평활계수(당기실적치 − 당기예측치)
  - 공 식

$$F_t = \alpha \cdot A_{t-1} + (1-\alpha)F_{t-1}$$

여기서, F_t : 차기의 판매예측치　　　α : 지수평활계수($0 < \alpha < 1$)
　　　　A_{t-1} : 당기의 판매실적치　　　F_{t-1} : 당기의 판매예측치

- **이중지수평활법**

　추세조정예측치 = 예측치 + 추세조정치

제2절 생산통계

1 자재관리 및 구매관리

(1) 자재관리

자재의 주문, 구매, 재고관리에서부터 생산 중의 공정품관리, 생산 후의 완제품의 포장, 보관, 출하, 유통에 이르는 일련의 과정의 통제와 관련된 관리기능을 말한다.

(2) 구매관리의 활동

구매계획(Plan) → 구매수속(Do) → 구매평가(See)

(3) 재고관리의 유형

① 안전재고 : 판매의 불확실성
② 예비재고 : 장래 대비
③ 주기재고 : 경제적 구매
④ 수송 중 재고 : 수송기간 중 재고

2 생산보전

(1) 생산보전의 종류

① **예방보전(Preventive Maintenance, PM)**

출하시기에 시험, 점검, 분해정비, 조정 등을 실시하여 설비의 기능저하 및 고장사고를 미연에 방지하고 설비의 성능을 표준 이상으로 유지하는 보전활동을 말한다.

㉠ **예방보전의 기능**
- 취급되어야 할 대상설비의 결정
- 정비작업에서 점검시기의 결정
- 대상설비 점검개소의 결정

㉡ 예방보전의 효과
- 생산정지시간과 유휴손실 감소
- 수리작업의 횟수와 기계수리 비용 감소
- 납기지연으로 인한 고객불만 저하 및 매출 신장
- 예비기계 보유 감소
- 신뢰도 향상 및 원가 절감
- 안전작업 향상

② **예측보전**

압력측정장치, 온도측정장치, 저항측정장치, 진동분석장치 등 계측장치를 이용하여 기계설비의 고장을 예측하여 보전활동을 행하는 것이다.

③ 개량보전(Corrective Maintenance, CM)
생산공정의 고장원인을 분석하여 보존비용을 최소화하도록 설비의 기능을 일부 개량하여 설비의 자체 체질을 개선하는 보전을 말한다.
④ 사후보전(Breakdown Maintenance, BM)
생산공정에서 고장이 발생한 후에 보존하는 것이 비용이 적게 드는 설비에 적용하는 활동을 말한다.
⑤ **부문보전**
㉠ 보전작업자는 조직상 각 제조부문의 감독자 밑에 둔다.
㉡ 단점 : 생산우선에 의한 보전 작업 경시, 보전기술 향상의 곤란성
㉢ 장점 : 운전과의 일체감 및 현장 감독의 용이성

- 사전보전 : 예방보전, 예측보전
- 사후보전 : 수리보전

(2) 보전방침의 결정

① 보전대상의 결정
② 보전방법의 결정
③ 보전주체의 결정
④ 보전조직 및 부서의 결정

(3) 기계의 고장률

① 초기 고장
② 우발 고장
③ 마모 고장

CHAPTER 03 작업관리

제1절 작업방법 연구

1 작업관리의 개요

(1) 작업관리와 생산성

① 작업관리

현장의 작업자가 방법과 조건을 조사, 연구하여 낭비 없이 작업을 원활히 할 수 있도록 기업과 작업자의 입장에서 최선의 방법을 모색하는 활동이다.

② 생산성

생산요소가 생산활동에 얼마나 중요하게 사용되었는지를 나타내는 하나의 척도로서 Input은 줄이고 Output은 증대시키는 것이다.

$$생산성 = \frac{Output}{Input}$$

㉠ Input : 자본, 원료, 노동, 기계, 설비 등 생산요소의 투입량
㉡ Output : 생산활동을 한 결과로 나타난 산출량

(2) 작업환경의 설계

① 작업환경의 개선요인

㉠ 온도와 습도 조절
  - 중노동 작업자 : 20[℃] 이상의 온도가 되면 피로가 빨리 오고 작업속도가 떨어진다.
  - 경노동 작업자 : 32[℃] 이상의 온도가 되면 오류의 발생률이 증가한다.

  작업장의 적정온도 : 16~24[℃]

㉡ 채광 및 조명의 개선 : 기준 이하의 조명에서 작업을 하면 능률이 저하되고 오류가 많이 발생하고 피로가 빨리 온다.

작업장	일반가사활동, 일반조명	일반사무작업	자동차 조립공장
권장 조명기준	50[lx]	500[lx]	500[lx]

ⓒ 적정한 환기
ⓔ 소음 통제 : 소음의 크기는 데시벨[dB]로 표시하며 100[dB] 이상이면 청력이 감퇴되고 귀마개를 착용하고 작업해야 한다.

소음 현상	속삭이는 소리	소형 사무실	대형 사무실	기계 톱
데시벨[dB]	20	40	60	110

ⓜ 색채조절 : 공장의 사용색체로는 청색이나 녹색이 적당하나 적색이나 오렌지색은 피로감을 느껴 피하는 것이 좋다.

2 작업방법의 연구

(1) 공정분석
작업자가 장소를 이동하면서 작업을 수행하는 경우에 그 과정을 가공, 검사, 운반, 저장 등의 기호를 사용하여 분석하는 방법이다.

Plus One 공정분석 기호 중요
- ○ : 작업 또는 가공
- D : 정 체
- □ : 검 사
- ⇨ : 운 반
- ▽ : 저 장

(2) 작업분석
작업자의 행동이나 동작을 개선하고자 할 때 주로 사용하며 작업자의 목적, 검사요건, 사용자재, 운반방법, 기계설비 및 운반장비, 작업방법 등 직업에 영향을 주는 모든 요인을 분석한다.

(3) 동작분석
방법연구에서 작업방법을 개선하기 위한 방법 중 가장 세밀하게 분석하는 방법이다.
① 동작분석의 목적
  ㉠ 기존의 작업방법을 개선하여 효율적인 방법을 개선한다.
  ㉡ 작업자에게 동작의식을 인식시킨다.
② 반즈의 동작경제원칙 중요
  ㉠ 신체의 사용에 관한 원칙
  ㉡ 작업장의 배치에 관한 원칙
  ㉢ 공구 및 설비의 디자인에 관한 원칙
③ 동작분석에 사용하는 기법
  ㉠ **셔블릭분석** : 동작분석의 묵시적인 분석기법으로 작업자의 동작을 눈으로 직접 관측하여 분석하는 방법
  ㉡ 필름분석 : 동작분석의 기법 중 가장 많이 사용하는 기법이다.
  ㉢ 사진관측법
  ㉣ 다중활동분석법

④ 요소동작의 분석기법
　㉠ 묵시분석법 : 셔블릭분석, 양수동작분석표
　㉡ 영화분석법
　㉢ VTR(Video Tape Recorder)분석법
　㉣ 컴퓨터동작분석법

제2절 작업시간 연구

1 작업방법의 기법

(1) 시간연구법

① **스톱워치법**(Stop Watch Study) : 작업자에 대한 심리적 영향을 가장 많이 주는 작업측정의 기법
② 필름분석법
③ VTR분석법
④ 컴퓨터분석법

(2) 워크샘플링(Work Sampling)

(3) 생리적 측정

(4) 표준자료 측정법

① PTS(Predetermined Time Standards) : 모든 작업을 기본동작으로 분해하고 각 기본동작에 대하여 성질과 조건에 따라 미리 정해놓은 시간치를 적용하여 정미시간을 산정하는 방법
② 표준자료법 : 동일종류에 속하는 과업의 작업내용을 정수, 변수요소로 분류하여 작업측정요인과 시간치와의 관계를 해석하여 표준시간을 구하는 방법

2 표준시간

(1) 정 의

작업을 올바르게 수행하기 위하여 필요한 숙련공이 작업하는 데 소요되는 시간

(2) 표준시간 설정방법

① 실적자료법

과거의 실적이나 전문가의 의견과 경험을 토대로 산정하는 방식

$$표준시간 = \frac{생산에\ 소요되는\ 작업시간의\ 합계}{해당기간에\ 생산된\ 수량}$$

② 직접시간연구법

가장 많이 사용하는 작업측정방법으로 Stop-watch와 같은 시간측정도구를 사용하여 작업자의 곁에서 직접적으로 표준시간을 측정하는 방식

③ PTS법

모든 작업을 기본동작으로 분해하고 각 기본동작에 대하여 성질과 조건에 따라 정해놓은 시간치를 적용하여 정미시간을 산정하는 방법으로 작업방법만 알고 관측하지 않고 또는 작업자의 능력이나 노력에 관계없이 표준시간을 알 수 있다.

④ 워크샘플링법(WS법)

무작위로 현장에서 작업내용에 대하여 가동시간 및 측정률에 대한 측정결과를 조합하여 표준시간을 산정하는 방법으로 시간연구법을 적용하기 어려운 경우에 적용한다.

> **Plus One** 특 징
> - 관측대상의 작업을 모집단으로 하고 임의의 시점에서 작업내용을 샘플로 한다.
> - 기초이론은 확률이다.
> - 업무나 활동의 비율을 알 수 있다.
> - 1회에 여러 관측대상을 동시에 파악할 수 있다.
> - 자료수집이나 분석시간이 짧다.
> - 관측결과의 오차가 비교적 크다.
> - 작업사이클이 짧고 대량생산의 단순반복작업일 때에는 적합하지 않다.

(3) 표준시간의 산정

① 외경법

㉠ 여유율 $= \dfrac{\text{여유시간(Allowable Time)}}{\text{정미시간(Normal Time)}}$

㉡ 표준시간 = 정미시간 + 여유시간
  = 정미시간 + (정미시간 × 여유율)
  = 정미시간 × (1 + 여유율)

- 소요작업시간 $= \dfrac{\text{준비작업시간}}{\text{Lot 크기}} + \text{정미시간}$
- 가공시간 = 준비작업시간 + [정미시간 × (1 + 여유율) × Lot 수]

② 내경법

㉠ 여유율 $= \dfrac{\text{여유시간}}{\text{실제근무시간}} = \dfrac{\text{여유시간}}{\text{정미시간 + 여유시간}}$

㉡ 표준시간 = 정미시간 $\times \left(\dfrac{1}{1 - \text{여유율}} \right)$

> **Plus One** 여유시간의 종류
> - 생리(개인)여유
> - 작업여유
> - 피로여유
> - 직장여유

PART 05 실전예상문제

001
다음 중 품질관리시스템에 있어서 4M에 해당하지 않는 것은?
① Man
② Machine
③ Material
④ Money

해설
품질관리시스템의 4M : Man, Machine, Material, Method

정답 ④

002
품질관리기능의 사이클을 표현한 것으로 옳은 것은?
① 품질개선 – 품질설계 – 품질보증 – 공정관리
② 품질설계 – 공정관리 – 품질보증 – 품질개선
③ 품질개선 – 품질보증 – 품질설계 – 공정관리
④ 품질설계 – 품질개선 – 공정관리 – 품질보증

해설
사이클
- **품질관리기능의 사이클** : 품질설계 – 공정관리 – 품질보증 – 품질개선
- **관리사이클** : Plan(계획) → Do(실행) → Check(검토) → Action(조처)

정답 ②

003
TQC(Total Quality Control)란?
① 시스템적 사고방법을 사용하지 않는 품질관리 기법이다.
② 애프터서비스를 통한 품질을 보증하는 방법이다.
③ 전사적인 품질정보의 교환으로 품질향상을 기도하는 기법이다.
④ QC부의 정보분석 결과를 생산부에 피드백하는 것이다.

해설
TQC(Total Quality Control) : 전사적인 품질정보의 교환으로 품질향상을 기도하는 기법

정답 ③

004
다음 중 관리의 사이클을 가장 옳게 표시한 것은?(단, A : 조처, C : 검토, D : 실행, P : 계획)
① P → C → A → D
② P → A → C → D
③ A → D → C → P
④ P → D → C → A

해설
관리의 사이클
- 품질관리시스템의 4M : Man, Machine, Material, Method
- 품질관리기능의 사이클 : 품질설계 – 공정관리 – 품질보증 – 품질개선
- 관리사이클 : Plan(계획) → Do(실행) → Check(검토) → Action(조처)

정답 ④

005

부적합품률이 1[%]인 모집단에서 5개의 시료를 랜덤하게 샘플링할 때, 부적합품수가 1개일 확률은 약 얼마인가?(단, 이항분포를 이용하여 계산한다)

① 0.048　　② 0.058
③ 0.48　　　④ 0.58

해설
확률 = 시료의 개수 × 부적합품률[%] × (적합품률)^4[%]
　　　= 5 × 0.01 × (0.99)^4 = 0.04803

정답 ①

006

다음의 데이터를 보고 편차제곱합(S)을 구하면?
(단, 소수점 3자리까지 구하시오)

18.8, 19.1, 18.8, 18.2, 18.4, 18.3, 19.0, 18.6, 19.2

① 0.338　　② 1.029
③ 0.114　　④ 1.014

해설
평균 $\bar{x}$ = (18.8 + 19.1 + 18.8 + 18.2 + 18.4 + 18.3 + 19.0
　　　　　　+ 18.6 + 19.2) ÷ 9
　　　　　= 18.71
편차제곱합(S)
　= (18.8 − 18.71)^2 + (19.1 − 18.71)^2 + (18.8 − 18.71)^2
　　+ (18.2 − 18.71)^2 + (18.4 − 18.71)^2 + (18.3 − 18.71)^2
　　+ (19.0 − 18.71)^2 + (18.6 − 18.71)^2 + (19.2 − 18.71)^2
　= 1.029

정답 ②

007

다음 데이터로부터 통계량을 계산한 것 중 틀린 것은?

21.5, 23.7, 24.3, 27.2, 29.1

① 중앙값(Me) = 24.3
② 제곱합(S) : 7.59
③ 시료분산(S^2) = 8.988
④ 범위(R) = 7.6

해설
계산
- 중앙값(Me) = 순서대로 나열하여 크기가 중간의 값인 24.3이다.
- 제곱합(S)을 구하면
  - 평균($\bar{x}$) = (21.5 + 23.7 + 24.3 + 27.2 + 29.1) ÷ 5
  　　　　　= 25.16
  - 제곱합(S) = (21.5 − 25.16)^2 + (23.7 − 25.16)^2
  　　　　　　+ (24.3 − 25.16)^2 + (27.2 − 25.16)^2
  　　　　　　+ (29.1 − 25.16)^2
  　　　　　= 35.952
- 시료분산(S^2) = $\dfrac{\sum_{i=1}^{n}(x_i - \bar{x})^2}{n-1}$ = $\dfrac{\text{제곱합}(S)}{n-1}$

  여기서, n : 자료수, x : 자료에서 각각의 수,
  　　　　$\bar{x}$: 평균값

  ∴ $S^2 = \dfrac{35.952}{5-1} = 8.988$
- 범위(R) = (최댓값 − 최솟값) = 29.1 − 21.5 = 7.6

정답 ②

008

도수분포표에서 도수가 최대인 곳의 대표치를 말하는 것은?

① 중위수 ② 비대칭도
③ 모드(Mode) ④ 첨 도

해설
도수분포표
• 정의 : 측정한 전체 자료를 몇 개의 구간으로 나누어 분할된 구간에 따라 분류하여 만들어 놓는 표
• 만드는 목적
  - 데이터의 흩어진 모양을 알고 싶을 때
  - 많은 데이터로부터 평균치와 표준편차를 구할 때
  - 원 데이터를 규격과 대조하고 싶을 때
• 용어설명
  - 중위수 : 데이터를 크기 순서대로 나열했을 때 한 가운데 위치하는 Data의 값으로 50백분위수를 말하는데 중앙값이라고도 한다.
  - 비대칭도 : 비대칭의 방향 및 정도
  - 모드 : 도수분포표에서 **도수가 최대인 곳의 대표치**를 말하는 것으로 1개 있는 경우는 단봉성 분포, 2개 이상 있는 경우는 복봉성 분포라 한다.
  - 첨도 : 분포곡선에서 정점의 뾰족한 정도를 나타내는 측도를 말한다.

정답 ③

009

관리도에서 점이 관리한계 내에 있고 중심선 한쪽에 연속해서 나타나는 점을 무엇이라 하는가?

① 경 향 ② 주 기
③ 런 ④ 산 포

해설
관리도
• 경향 : 점이 점점 올라가거나 내려가는 현상
• 주기 : 점이 주기적으로 상·하로 변동하여 파형을 나타내는 현상
• 런 : 중심선의 한쪽에 연속해서 나타나는 점
• 산포 : 수집된 자료 값이 그 중앙값으로부터 떨어져 있는 정도를 나타내는 값

정답 ③

010

파레토 그림에 대한 설명으로 가장 거리가 먼 것은?

① 부적합품(불량), 클레임 등의 손실금액이나 퍼센트를 그 원인별, 상황별로 취해 그림의 왼쪽에서부터 오른쪽으로 비중이 작은 항목부터 큰 항목 순서로 나열한 그림이다.
② 현재의 중요 문제점을 객관적으로 발견할 수 있으므로 관리 방침을 수립할 수 있다.
③ 도수분포의 응용수법으로 중요한 문제점을 찾아내는 것으로서 현장에서 널리 사용한다.
④ 파레토 그림에서 나타난 1~2개 부적합품(불량) 항목만 없애면 부적합품(불량)률은 크게 감소한다.

해설
파레토도(Pareto Diagram) : 데이터를 항목별로 분류하여 출현도수의 크기 순서대로 나열한 그림으로 단순빈도 막대 그림과 누적빈도 꺾은선 그래프를 합한 것이다.
• **파레토도의 특징**
  - 현재의 중요 문제점을 객관적으로 발견할 수 있으므로 관리 방침을 수립할 수 있다.
  - 도수분포의 응용수법으로 중요한 문제섬을 찾아내는 것으로서 현장에서 널리 사용한다.
  - 파레토도에서 나타난 1~2개 부적합품(불량) 항목만 없애면 부적합품률은 크게 감소한다.
• **파레토도의 작성목적**
  - 불량 및 고장의 원인 파악
  - 불량품의 대책 및 개선 효과 기대
  - 보고와 기록 유지
  - 개선목표 결정 : 불량 및 고장의 원인의 개선

정답 ①

011
모집단의 참값과 측정데이터의 차를 무엇이라 하는가?
① 오 차
② 신뢰성
③ 정밀도
④ 정확도

해설
용어설명
- 오차 : 모집단의 참값과 측정데이터의 차
- 신뢰성 : 동일 조건에서 여러 번 검사 시 동일한 데이터를 얻을 수 있느냐의 정도
- 정밀도 : Data분포의 폭의 크기
- 정확도(정확성) : 어떤 측정법으로 동일 시료를 무한 횟수 측정하였을 때 데이터 분포의 평균치와 참값과의 차

정답 ①

012
다음 중 데이터를 그 내용이나 원인 등 분류 항목별로 나누어 크기의 순서대로 나열하여 나타낸 그림을 무엇이라 하는가?
① 히스토그램(Histogram)
② 파레토도(Pareto Diagram)
③ 특성요인도(Causes and Effects Diagram)
④ 체크 시트(Check Sheet)

해설
파레토도(Pareto Diagram) : Data를 그 내용이나 원인 등 분류 항목별로 나누어 크기의 순서대로 나열하여 나타낸 그림

정답 ②

013
이항분포(Binomial Distribution)의 특징으로 가장 옳은 것은?
① $p = 0$일 때는 평균치에 대하여 좌·우 대칭이다.
② $p \leq 0.1$이고, $np = 0.1 \sim 10$일 때는 푸아송 분포에 근사한다.
③ 부적합품의 출현 개수에 대한 표준편차는 $D(x) = np$이다.
④ $p \leq 0.5$이고, $np \geq 5$일 때는 푸아송 분포에 근사한다.

해설
이항분포 : 베르누이시행에서 성공과 실패의 확률은 n번 반복 시행할 때 x번 성공할 확률이 주어지는 분포

- $p = 0.5$일 때 분포의 형태는 기대치 np에 대하여 좌우 대칭이 된다.
- $np \geq 5$이고 $nq \geq 5$일 때 정규분포에 근사한다.
- $p \leq 0.1$이고, $np = 0.1 \sim 10$일 때는 푸아송 분포에 근사한다.
  여기서, p : 성공확률, q : 실패확률, n : 시행횟수

정답 ②

014
문제가 되는 결과와 이에 대응하는 원인과의 관계를 알기 쉽게 도표로 나타낸 것은?
① 산포도
② 파레토도
③ 히스토그램
④ 특성요인도

해설
특성요인도 : 문제가 되는 결과와 이에 대응하는 원인과의 관계를 알기 쉽게 도표로 나타낸 것

정답 ④

015

모집단을 몇 개의 층으로 나누고 각층으로부터 각각 랜덤하게 시료를 뽑는 샘플링방법은?

① 층별샘플링
② 2단계샘플링
③ 계통샘플링
④ 단순샘플링

해설
샘플링 방법
① 랜덤샘플링(Random Sampling) : 모집단의 어느 부분이라도 같은 확률로 시료를 채취하는 방법
  ㉠ 단순랜덤샘플링 : 무작위 시료를 추출하는 방법으로 사전에 모집단에 지식이 없는 경우 사용한다.
  ㉡ 계통샘플링 : 모집단으로부터 시간적, 공간적으로 일정한 간격을 두고 시료를 채취하는 방법
② 층별샘플링(Stratified Sampling)
  ㉠ 정의 : 모집단을 몇 개의 층으로 나누고 각층으로부터 각각 랜덤하게 시료를 뽑는 샘플링 방법
  ㉡ 특 징
    • 단순랜덤샘플링보다 샘플의 크기가 적어도 정밀도를 얻는다.
    • 랜덤샘플링이 쉽게 이루어진다.
③ 취락샘플링(Cluster Sampling) : 모집단을 여러 개의 취락으로 나누어 몇 개 부분을 랜덤으로 시료를 채취하여 채취한 시료 모두를 조사하는 방법
④ 2단계샘플링(Two-stage Sampling) : 모집단을 1단계, 2단계로 나누어 각 단계에서 몇 개의 시료를 채취하는 방법

정답 ①

016

공급자에 대한 보호와 구입자에 대한 보증의 정도를 규정해 두고 공급자의 요구와 구입자의 요구 양쪽을 만족하도록 하는 샘플링검사방식은?

① 규준형 샘플링검사
② 조정형 샘플링검사
③ 선별형 샘플링검사
④ 연속생산형 샘플링검사

해설
샘플링검사의 분류
• 규준형 샘플링검사 : 공급자에 대한 보호와 구입자에 대한 보증의 정도를 규정해 두고 공급자의 요구와 구입자의 요구 양쪽을 만족하도록 하는 검사
• 조정형 샘플링검사 : 판매자가 품질이 향상되도록 자극을 주어 구매자가 검사수준을 조정하는 기준이 정해져 있는 검사로서 전수검사, 무시험검사, 샘플링검사를 잘 분간하여 이용해야 한다.
• 선별형 샘플링검사 : 합격된 Lot는 받아들이고 불합격된 Lot는 전수 선별을 실시하여 전부 합격품으로 대처(재생산, 교환, 수정)하는 검사
• 연속생산형 샘플링검사 : Lot의 대상이 아니라 컨베이어시스템과 같이 제품이 연속적으로 생산되는 과정에서 시료를 채취하는 검사

정답 ①

017

계수 규준형 1회 샘플링검사(KS A 3102)에 관한 설명 중 가장 거리가 먼 내용은?

① 검사에 제출된 로트의 제조공정에 관한 사전 정보가 없어도 샘플링검사를 적용할 수 있다.
② 생산자측과 구매자측이 요구하는 품질보호를 동시에 만족시키도록 샘플링검사방식을 선정한다.
③ 파괴검사의 경우와 같이 전수검사가 불가능한 때에는 사용할 수 없다.
④ 1회만의 거래 시에도 사용할 수 있다.

해설
계수 규준형 1회 샘플링검사
• 검사에 제출된 로트의 제조공정에 관한 사전 정보가 없어도 샘플링검사를 적용할 수 있다.
• 생산자측과 구매자측이 요구하는 품질보호를 동시에 만족시키도록 샘플링검사방식을 선정한다.
• 1회만의 거래 시에도 사용할 수 있다.

정답 ③

018
샘플링검사의 목적으로서 틀린 것은?
① 검사비용 절감
② 생산공정상의 문제점 해결
③ 품질향상의 자극
④ 나쁜 품질인 로트의 불합격

해설
샘플링검사의 목적
• 검사비용 절감
• 품질향상의 자극
• 나쁜 품질인 로트의 불합격
• 공정의 변화
• 검사원의 정확도
• 측정기기의 정밀도 측정

정답 ②

019
다음 중 검사항목에 의한 분류가 아닌 것은?
① 자주검사
② 수량검사
③ 중량검사
④ 성능검사

해설
검사항목에 의한 샘플링
• **수량검사** : 규정된 수량의 이상 유무를 확인하는 검사
• **외관검사** : 외관상태가 기준에 적합한지 여부를 확인하는 검사
• 치수검사 : 치수, 각도, 평행도 등 길이의 단위로 표시하는 품질의 특성을 확인하는 검사
• **중량검사** : 제품의 중량이 기준에 적합한지 여부를 확인하는 검사
• **기능(성능)검사** : 기계적, 물리적, 전기적, 화학적 등 제품의 사용목적을 만족시키는 성능을 확인하는 검사

정답 ①

020
다음 중 검사를 판정의 대상에 의한 분류가 아닌 것은?
① 관리샘플링검사
② 로트별 샘플링검사
③ 전수검사
④ 출하검사

해설
검사대상의 판정(선택방법)에 의한 샘플링
• 관리샘플링검사 : 공정의 관리, 공정검사의 조정 및 검사의 Check를 목적으로 행하는 검사
• 로트별 샘플링검사 : Lot별로 시료를 채취하여 품질을 조사하여 Lot의 합격, 불합격을 판정하는 검사
• 전수검사 : 검사를 위하여 제출된 제품 하나 하나에 대한 시험 또는 측정하여 합격과 불합격을 분류하는 검사(100[%] 검사)
• 자주검사 : 자기 회사의 제품을 품질관리 규정에 의하여 스스로 행하는 검사
• 무검사 : 제품에 대한 검사를 하지 않고 성적서만 확인하는 검사

출하검사 : 검사공정(행해지는 목적)에 의한 분류

정답 ④

021
다음 검사의 종류 중 검사공정에 의한 분류에 해당되지 않는 것은?
① 수입검사
② 출하검사
③ 출장검사
④ 공정검사

해설
검사공정(행해지는 목적)에 의한 분류
• **수입검사** : 생산현장에서 원자재 또는 반제품에 대하여 원료로서의 적합성에 대한 검사
• 구입검사 : 제출된 Lot의 원료를 구입해도 품질에 문제가 없는가를 판정하는 검사
• **공정검사** : 제품을 생산하는 공정에서 불량품이 다음 공정으로 진행되는 것을 방지하기 위한 검사
• 최종검사 : 제조공정의 최종단계에서 행해지는 검사로서 생산제품의 요구사항을 만족하는지 여부를 판정하는 검사
• **출하검사** : 완제품을 출하하기 전에 출하 여부를 결정하는 검사

정답 ③

022
로트로부터 시료를 샘플링해서 조사하고, 그 결과를 로트의 판정기준과 대조하여 그 로트의 합격, 불합격을 판정하는 검사를 무엇이라 하는가?

① 샘플링검사 ② 전수검사
③ 공정검사 ④ 품질검사

해설
샘플링검사 : 로트로부터 시료를 샘플링해서 조사하고, 그 결과를 로트의 판정기준과 대조하여 그 로트의 합격, 불합격을 판정하는 검사

정답 ①

023
일반적으로 품질코스트 가운데 가장 큰 비율을 차지하는 코스트는?

① 평가코스트 ② 실패코스트
③ 예방코스트 ④ 검사코스트

해설
실패코스트 : 품질코스트 가운데 가장 큰 비율을 차지하는 코스트

정답 ②

024
공정에서 안정적으로 존재하는 것은 아니고 산발적으로 발생하며, 품질의 변동에 크게 영향을 끼치는 요주의 원인으로 우발적 원인인 것을 무엇이라 하는가?

① 우연원인 ② 이상원인
③ 불가피 원인 ④ 억제할 수 없는 원인

해설
품질의 변동원인
- **우연원인** : 생산 공정 조건이 최적의 상태로 관리해도 발생되는 불가피한 변동을 주는 원인으로 관리상한과 관리하한의 사이에 있으면 점의 산포원인은 우연원인에 의한 것이다. 이 원인으로는 작업자의 숙련도의 차이, 작업환경의 차이, 식별되는 원자재 및 생산설비 등의 특성의 차이를 말한다.
- **이상원인** : 공정에서 안정적으로 존재하는 것은 아니고 산발적으로 발생하며, 품질의 변동에 크게 영향을 끼치는 요주의 원인으로 우발적 원인인 것으로 작업자의 부주의, 생산설비의 이상, 불량원재료 사용 등을 말한다.

정답 ②

025
관리도에 대한 설명 내용으로 가장 관계가 먼 것은?

① 관리도는 공정의 관리만이 아니라 공정의 해석에도 이용된다.
② 관리도는 과거의 데이터의 해석에도 이용된다.
③ 관리도는 표준화가 불가능한 공정에는 사용할 수 없다.
④ 계량치인 경우에는 $\bar{x} - R$관리도가 일반적으로 이용된다.

해설
관리도 : 공정이 안정한 상태에서 진행되는지 불안정한 상태에서 진행되는지를 조사하기 위하여 또는 공정을 안정한 상태로 유지하기 위하여 이용하는 그림을 말한다.
- 관리도는 공정의 관리만이 아니라 공정의 해석에도 이용된다.
- 관리도는 과거의 데이터의 해석에도 이용된다.
- 계량치인 경우에는 $\bar{x} - R$관리도가 일반적으로 이용된다.

정답 ③

026
다음 중 계량치 관리도는 어느 것인가?
① R관리도　② nP관리도
③ C관리도　④ U관리도

해설
관리도의 분류
- 계량치 관리도
  - $\bar{x}$-R(평균치와 범위)관리도
  - x(개개의 측정치)관리도
  - $\tilde{x}$-R(메디안과 범위)관리도
  - L-S(최대치와 최소치)관리도
- 계수치 관리도
  - P(불량률)관리도
  - nP(=Pn, 불량개수)관리도
  - C(결점수)관리도
  - U(단위당결점수)관리도

계수치 관리도	
종류	분포이론 적용
P(불량률)관리도	이항분포
Pn(불량개수)관리도	이항분포
C(결점수)관리도	푸아송분포
U(단위당결점수)관리도	푸아송분포

계량치 관리도	
종류	분포이론 적용
$\bar{x}$-R(평균치와 범위)관리도	정규분포이론
x(개개의 측정치)관리도	정규분포이론
$\tilde{x}$-R(메디안과 범위)관리도	정규분포이론
L-S(최대치와 최소치)관리도	정규분포이론

정답 ①

027
품질특성을 나타내는 데이터 중 계수치 데이터에 속하는 것은?
① 무게　② 길이
③ 인장강도　④ 부적합품의 수

해설
계수치 데이터 : 불량률, 부적합품의 수, 결점수, 단위당 결점수

정답 ④

028
다음 중 계수치 관리도가 아닌 것은?
① C관리도　② P관리도
③ U관리도　④ x관리도

해설
x관리도는 계량치 관리도이다.

정답 ④

029
미리 정해진 일정 단위 중에 포함된 부적합(결점)수에 의거 공정을 관리할 때 사용하는 관리도는?
① P관리도　② nP관리도
③ C관리도　④ U관리도

해설
C관리도 : 미리 정해진 일정 단위 중에 포함된 부적합(결점)수에 의거 공정을 관리할 때 사용하는 관리도를 말한다.
- M타입의 자동차 또는 LCD TV를 조립, 완성한 후 부적합수(결점수)를 점검한 데이터로 사용한다.
- 같은 모델의 TV나 라디오 세트 중의 납땜 불량개수(결점수)를 체크하는 데 사용한다.

정답 ③

030
M타입의 자동차 또는 LCD TV를 조립, 완성한 후 부적합수(결점수)를 점검한 데이터에는 어떤 관리도를 사용하는가?
① P관리도　② nP관리도
③ C관리도　④ $\bar{x}$-R관리도

해설
C관리도 : M타입의 자동차 또는 LCD TV를 조립, 완성한 후 부적합수(결점수)를 점검하는 데는 C관리도를 사용한다.

정답 ③

031
계수값 관리도는 어느 것인가?
① R관리도　　② x관리도
③ P관리도　　④ $\bar{x}$-R관리도

해설
관리도의 분류

계수치 관리도	
종류	분포이론 적용
P(불량률)관리도	이항분포
Pn(불량개수)관리도	이항분포
C(결점수)관리도	푸아송분포
U(단위당결점수)관리도	푸아송분포

계량치 관리도	
종류	분포이론 적용
$\bar{x}$-R(평균치와 범위)관리도	정규분포이론
x(개개의 측정치)관리도	정규분포이론
$\tilde{x}$-R(메디안과 범위)관리도	정규분포이론
L-S(최대치와 최소치)관리도	정규분포이론

정답 ③

032
관리한계선을 구하는 데 이항분포를 이용하여 관리선을 구하는 관리도는?
① Pn관리도　　② U관리도
③ $\bar{x}$-R관리도　　④ x관리도

해설
Pn관리도 : 이항분포를 이용하여 관리도를 구하는 관리도로서 군의 크기가 일정할 때 제품의 불량개수를 관리하는 경우에 사용한다.

정답 ①

033
U관리도의 공식으로 가장 올바른 것은?
① $\bar{u} \pm 3\sqrt{\bar{u}}$　　② $\bar{u} \pm \sqrt{\bar{u}}$
③ $\bar{u} \pm 3\sqrt{\dfrac{\bar{u}}{n}}$　　④ $\bar{u} \pm 3\sqrt{n\bar{u}}$

해설
U관리도 : 군의 단위수가 다를 때 제품의 결점수를 관리하는 데 사용한다. 시료를 채취할 때 시료의 크기를 일정하게 할 수 없을 때 U관리도를 사용한다.

- 단위당 결점수 $u = \dfrac{C(\text{각 시료의 결점수})}{n(\text{시료의 크기})}$
- 중심선 $CL = \bar{u} = \dfrac{\Sigma c}{\Sigma n}$
  여기서, Σc : 결점수의 합, Σn : 시료 크기의 합
- 관리상한선 $UCL = \bar{u} + 3\sqrt{\dfrac{\bar{u}}{n}}$
- 관리하한선 $LCL = \bar{u} - 3\sqrt{\dfrac{\bar{u}}{n}}$

정답 ③

034
축의 완성지름, 철사의 인장강도, 아스피린 순도와 같은 데이터를 관리하는 가장 대표적인 관리도는?
① $\bar{x}$-R관리도　　② nP관리도
③ C관리도　　④ U관리도

해설
$\bar{x}$-R관리도 : 축의 완성지름, 철사의 인장강도, 아스피린 순도와 같은 데이터를 관리하는 가장 대표적인 관리도이다.
$\bar{x}$관리도 : 공정의 평균 변화 여부를 관리하고 R관리도는 산포의 변화 여부를 관리하기 위하여 사용되는 관리도로서 무게, 시간, 길이, 경도, 강도 등의 Data가 계량치로 나타내는 공정에 사용한다.

정답 ①

035

nP관리도에서 시료군마다 $n=100$이고 시료군의 수는 $k=20$이며 $\sum nP = 77$이다. 이때 nP관리도의 상한선 UCL을 구하면 얼마인가?

① UCL = 8.94 ② UCL = 3.85
③ UCL = 5.77 ④ UCL = 9.62

해설

Pn(nP)관리도의 관리상한선

UCL = $\overline{Pn} + 3\sqrt{\overline{Pn}(1-\overline{P})}$

여기서, $\overline{Pn} = \dfrac{\sum Pn}{k} = \dfrac{77}{20} = 3.85$

$\overline{P} = \dfrac{\sum Pn}{nk} = \dfrac{77}{100 \times 20} = 0.0385$

∴ UCL = $\overline{Pn} + 3\sqrt{\overline{Pn}(1-\overline{P})}$
      = $3.85 + 3\sqrt{3.85 \times (1-0.0385)} = 9.62$

정답 ④

036

도수분포표를 만드는 목적이 아닌 것은?

① 데이터의 흩어진 모양을 알고 싶을 때
② 많은 데이터로부터 평균치와 표준편차를 구할 때
③ 원 데이터를 규격과 대조하고 싶을 때
④ 결과나 문제점에 대한 계통적 특성치를 구할 때

해설

도수분포표 만드는 목적
• 데이터의 흩어진 모양을 알고 싶을 때
• 많은 데이터로부터 평균치와 표준편차를 구할 때
• 원 데이터를 규격과 대조하고 싶을 때

정답 ④

037

PERT/CPM에서 Network 작도 시 정(碇)은 무엇을 나타내는가?

① 단계(Event)
② 명목상의 활동(Dummy Activity)
③ 병행활동(Paralleled Activity)
④ 최초단계(Initial Event)

해설

Network 작성 시 기호
• ○ : 단계(마디)
• → : 활동(가지)
• ⇢ : 명목상의 활동

정답 ②

038

어떤 측정법으로 동일 시료를 무한 횟수 측정하였을 때 데이터의 분포의 평균치와 참값과의 차를 무엇이라 하는가?

① 신뢰성 ② 정확도
③ 정밀도 ④ 오 차

해설

오차(Error)
• 오차관리 시 고려할 사항
  - 신뢰성
  - 정밀도
  - 정확성
• 측정오차의 용어
  - 오차 : 모집단의 참값과 측정 Data의 차이
  - 정밀도 : Data분포의 폭의 크기
  - **정확도** : Data분포의 평균치와 참값의 차이

정답 ②

039

"무결점운동"이라고 불리우는 것으로 품질개선을 위한 동기부여 프로그램은 어느 것인가?

① TQC   ② ZD
③ MIL-STD   ④ ISO

해설
ZD Program(Zero Defects Program) : ZD운동, 무결점운동, 완전무결점운동으로서 신뢰도의 향상과 원가절감을 목적으로 전개시킨 품질향상에 대한 종업원의 동기부여 프로그램이다.

정답 ②

040

다음 표를 이용하여 비용구배(Cost Slope)를 구하면 얼마인가?

정 상		특 급	
소요시간	소요비용	소요시간	소요비용
5일	40,000원	3일	50,000원

① 3,000원/일   ② 4,000원/일
③ 5,000원/일   ④ 6,000원/일

해설
비용구배 $= \dfrac{50,000 - 40,000}{5 - 3} = 5,000$원/일

정답 ③

041

TPM 활동의 기본을 이루는 3정 5S 활동에서 3정에 해당되는 것은?

① 정시간   ② 정 돈
③ 정 리   ④ 정 량

해설
TPM(Total Production Management, 종합적 생산경영) 활동
• 3정 : 정량, 정품, 정위치
• 5S : 정돈, 정리, 청결, 청소, 생활화(습관화)

정답 ④

042

생산계획량을 완성하는 데 필요한 인원이나 기계의 부하를 결정하여 이를 현재인원 및 기계의 능력과 비교하여 조정하는 것은?

① 일정계획   ② 절차계획
③ 공수계획   ④ 진도관리

해설
공수계획 : 생산계획량을 완성하는 데 필요한 인원이나 기계의 부하를 결정하여 이를 현재인원 및 기계의 능력과 비교하여 조정하는 것

정답 ③

043

다음 중 절차계획에서 다루어지는 주요한 내용으로 가장 관계가 먼 것은?

① 각 작업의 소요시간
② 각 작업의 실시 순서
③ 각 작업에 필요한 기계와 공구
④ 각 작업의 부하와 능력의 조정

해설
절차계획 : 작업을 개시하기 전에 능률적이고 경제적인 작업절차를 결정하기 위한 것으로 공정절차표와 작업표를 작성해야 한다.

[절차계획에 다루어지는 내용]
• 각 작업의 소요시간
• 각 작업의 실시 순서
• 각 작업에 필요한 기계와 공구

정답 ④

044

여력을 나타내는 식으로 가장 올바른 것은?

① 여력 = 1일 실동시간 1개월 실동시간 가동대수
② 여력 = (능력 − 부하) × $\frac{1}{100}$
③ 여력 = $\frac{능력 − 부하}{능력} \times 100$
④ 여력 = $\frac{능력 − 부하}{부하} \times 100$

해설
여력 = $\frac{능력 − 부하}{능력} \times 100$

정답 ③

045

표는 어느 회사의 월별 판매실적을 나타낸 것이다. 5개월 이동평균법으로 6월의 수요를 예측하면?

월	1	2	3	4	5
판매량	100	110	120	130	140

① 150
② 140
③ 130
④ 120

해설
이동평균법의 예측치
$$F_t = \frac{기간의\ 실적치}{기간의\ 수} = \frac{100+110+120+130+140}{5} = 120$$

정답 ④

046

단순지수평활법을 이용하여 금월의 수요를 예측하려고 한다면 이때 필요한 자료는 무엇인가?

① 일정기간의 평균값, 가중값, 지수평활계수
② 추세선, 최소자승법, 매개변수
③ 전월의 예측치와 실제치, 지수평활계수
④ 추세변동, 순환변동, 우연변동

해설
지수평활법 : 이동평균법과 유사한 방법으로 평균법이 가진 단점을 보완하여 과거의 실적치를 최근에 가장 가까운 실적치에 상대적으로 큰 비중을 두어 수요를 예측하는 방법
• 단순지수평활법
 − 차기예측치 = 당기예측치 + 지수평활계수(당기실적치 − 당기예측치)
 − 공 식

$$F_t = \alpha \cdot A_{t-1} + (1-\alpha)F_{t-1}$$

여기서, F_t : 차기의 판매예측치
α : 지수평활계수($0 < \alpha < 1$)
A_{t-1} : 당기의 판매실적치
F_{t-1} : 당기의 판매예측치

• 이중지수평활법
 추세조정예측치 = 예측치 + 추세조정치

정답 ③

047
설비의 구식화에 의한 열화는?

① 상대적 열화   ② 경제적 열화
③ 기술적 열화   ④ 절대적 열화

해설
상대적 열화 : 설비의 구식화에 의한 열화

정답 ①

048
신제품에 가장 적합한 수요예측 방법은?

① 시계열분석   ② 의견분석
③ 최소자승법   ④ 지수평활법

해설
의견분석 : 신제품에 가장 적합한 수요예측방법

정답 ②

049
수요예측방법의 하나인 시계열분석에서 시계열적 변동에 해당되지 않는 것은?

① 추세변동   ② 순환변동
③ 계절변동   ④ 판매변동

해설
시계열적 변동에 의한 분류
- 추세변동 : 장기적인 변동의 추세를 나타내는 변동
- 순환변동 : 일정한 주기 없이 사이클현상으로 반복되는 현상
- 계절변동 : 1년 주기로 계절에 따라 되풀이되는 변동
- 불규칙변동 : 불분명한 원인이나 돌발적인 원인으로 일어나는 우연변동이다.

정답 ④

050
로트(Lot) 수를 가장 올바르게 정의한 것은?

① 1회 생산수량을 의미한다.
② 일정한 제조횟수를 표시하는 개념이다.
③ 생산목표량을 기계대수로 나눈 것이다.
④ 생산목표량을 공정수로 나눈 것이다.

해설
로트(Lot) 수 : 동일조건에서 동시에 한 번에 생산되는 양의 크기로서 일정한 제조횟수를 표시하는 개념

정답 ②

051
원재료가 제품화되어가는 과정, 즉 가공, 검사, 운반, 지연, 저장에 관한 정보를 수집하여 분석하고 검토를 행하는 것은?

① 사무공정 분석표
② 작업자공정 분석표
③ 제품공정 분석표
④ 연합작업 분석표

해설
제품공정 분석표 : 원재료가 제품화되어가는 과정, 즉 가공, 검사, 운반, 지연, 저장에 관한 정보를 수집하여 분석하고 검토를 행하는 것

정답 ③

052
생산보전(PM ; Productive Maintenance)의 내용에 속하지 않는 것은?

① 사후보전 ② 안전보전
③ 예방보전 ④ 개량보전

해설
생산보전
- 예방보전
- 사후보전
- 개량보전
- 예측보전
- 부문보전

정답 ②

053
예방보전의 기능에 해당되지 않는 것은?

① 취급되어야 할 대상설비의 결정
② 정비작업에서 점검시기의 결정
③ 대상설비 점검개소의 결정
④ 대상설비의 외주이용도 결정

해설
예방보전의 기능
- 취급되어야 할 대상설비의 결정
- 정비작업에서 점검시기의 결정
- 대상설비 점검개소의 결정

정답 ④

054
다음 내용은 설비보전조직에 대한 설명이다. 어떤 조직의 형태인가?

> 보전작업자는 조직상 각 제조부문의 감독자 밑에 둔다.
> - 단점 : 생산우선에 의한 보전 작업 경시, 보전기술 향상의 곤란성
> - 장점 : 운전과의 일체감 및 현장 감독의 용이성

① 집중보전 ② 지역보전
③ 부문보전 ④ 절충보전

해설
부문보전
- 보전작업자는 조직상 각 제조부문의 감독자 밑에 둔다.
- 단점 : 생산우선에 의한 보전 작업 경시, 보전기술 향상의 곤란성
- 장점 : 운전과의 일체감 및 현장 감독의 용이성

정답 ③

055
일정통제를 할 때 1일당 그 작업을 단축하는 데 소요되는 비용의 증가를 의미하는 것은?

① 비용구배(Cost Slope)
② 정상 소요시간(Normal Duration)
③ 비용견적(Cost Estimation)
④ 총비용(Total Cost)

해설
용어 설명
- 비용구배(Cost Slope) : 프로젝트의 작업 일정을 단축하는 데 소요하는 단위시간당 소요비용의 구배로 작업활동에 따라서 다르다.

$$\text{비용구배} = \frac{\text{특정비용} - \text{정상비용}}{\text{정상시간} - \text{특급시간}}$$

- 정상소요시간 = 관측시간 × $\frac{\text{평정계수}}{100}$
- 총비용 : 구체적인 비용과 기회비용을 말한다.

정답 ①

056
어떤 공장에서 작업을 하는 데 있어서 소요되는 기간과 비용이 다음 [표]와 같을 때 비용구배는 얼마인가?(단, 활동시간의 단위는 일(日)로 계산한다)

정상 작업		특급 작업	
기 간	비 용	기 간	비 용
15일	150만원	10일	200만원

① 5만원 ② 10만원
③ 20만원 ④ 30만원

해설

비용구배 = $\dfrac{200만원 - 150만원}{15 - 10}$ = 10만원

정답 ②

057
제품공정 분석표용 도식기호 중 정체 공정(Delay)기호는 어느 것인가?

① ○ ② ⇨
③ D ④ □

해설
공정분석 기호
- ○ : 작업 또는 가공
- ⇨ : 운 반
- D : 정 체
- ▽ : 저 장
- □ : 검 사

정답 ③

058
공정분석 기호 중 □는 무엇을 의미하는가?

① 검 사 ② 가 공
③ 정 체 ④ 저 장

해설
문제 57번 참조

정답 ①

059
제품공정 분석표(Product Process Chart) 작성 시 가공시간 개별법으로 가장 올바른 것은?

① $\dfrac{1개당 \ 가공시간 \times 1로트의 \ 수량}{1로트의 \ 총가공시간}$

② $\dfrac{1로트의 \ 가공시간}{1로트의 \ 총가공시간 \times 1로트의 \ 수량}$

③ $\dfrac{1개당 \ 가공시간 \times 1로트의 \ 총가공시간}{1로트의 \ 수량}$

④ $\dfrac{1로트의 \ 총가공시간}{1개당 \ 가공시간 \times 1로트의 \ 수량}$

해설

가공시간 개별법 = $\dfrac{1개당 \ 가공시간 \times 1로트의 \ 수량}{1로트의 \ 총가공시간}$

정답 ①

060

작업자가 장소를 이동하면서 작업을 수행하는 경우에 그 과정을 가공, 검사, 운반, 저장 등의 기호를 사용하여 분석하는 것을 무엇이라 하는가?

① 작업자 연합작업분석
② 작업자 동작분석
③ 작업자 미세분석
④ 작업자 공정분석

해설
작업자 공정분석 : 작업자가 장소를 이동하면서 작업을 수행하는 경우에 그 과정을 가공, 검사, 운반, 저장 등의 기호를 사용하여 분석하는 것

정답 ④

061

서브릭(Therblig) 기호는 어떤 분석에 주로 이용되는가?

① 연합작업분석   ② 공정분석
③ 동작분석   ④ 작업분석

해설
동작분석은 방법연구에서 작업방법을 개선하기 위한 방법 중 가장 세밀하게 분석하는 방법으로 **서브릭(Therblig) 기호**를 이용한다.

정답 ③

062

다음 중 반즈(Ralph M. Barnes)가 제시한 동작경제의 원칙에 해당되지 않는 것은?

① 표준작업의 원칙
② 신체의 사용에 관한 원칙
③ 작업장의 배치에 관한 원칙
④ 공구 및 설비의 디자인에 관한 원칙

해설
반즈의 동작경제의 원칙
• 신체의 사용에 관한 원칙
• 작업장의 배치에 관한 원칙
• 공구 및 설비의 디자인에 관한 원칙

정답 ①

063

다음은 워크샘플링에 대한 설명이다. 틀린 것은?

① 관측대상의 작업을 모집단으로 하고 임의의 시점에서 작업내용을 샘플로 한다.
② 업무나 활동의 비율을 알 수 있다.
③ 기초이론은 확률이다.
④ 한 사람의 관측자가 1인 또는 1대의 기계만을 측정한다.

해설
워크샘플링
• 기초이론은 확률로서 업무나 활동의 비율을 알 수 있다.
• 관측대상의 작업을 모집단으로 하고 임의의 시점에서 작업내용을 샘플로 한다.

정답 ④

064

모든 작업을 기본동작으로 분해하고, 각 기본동작에 대하여 성질과 조건에 따라 미리 정해 놓은 시간치를 적용하여 정미시간을 산정하는 방법은?

① PTS법
② WS법
③ 스톱워치법
④ 실적자료법

해설
PTS법 : 모든 작업을 기본동작으로 분해하고, 각 기본동작에 대하여 성질과 조건에 따라 미리 정해 놓은 시간치를 적용하여 정미시간을 산정하는 방법

정답 ①

065

다음 중에서 작업자에 대한 심리적 영향을 가장 많이 주는 작업측정의 기법은?

① PTS법
② 워크샘플링법
③ WF법
④ 스톱워치법

해설
스톱워치법 : 작업자에 대한 심리적 영향을 가장 많이 주는 작업측정의 기법

정답 ④

066

표준시간을 내경법으로 구하는 수식은?

① 표준시간 = 정미시간 + 여유시간
② 표준시간 = 정미시간 × (1 + 여유율)
③ 표준시간 = 정미시간 × $\left(\dfrac{1}{1-여유율}\right)$
④ 표준시간 = 정미시간 × $\left(\dfrac{1}{1+여유율}\right)$

해설
표준시간의 산정
- **외경법**
  - 여유율 = $\dfrac{여유시간}{정미시간}$
  - 표준시간 = 정미시간 + 여유시간
    = 정미시간 + (정미시간 × 여유율)
    = 정미시간 × (1 + 여유율)
- **내경법**
  - 여유율 = $\dfrac{여유시간}{실제근무시간} = \dfrac{여유시간}{정미시간 + 여유시간}$
  - 표준시간 = 정미시간 × $\left(\dfrac{1}{1-여유율}\right)$

정답 ③

067

준비작업시간이 5분, 정미작업시간이 20분, Lot 수 5, 주작업에 대한 여유율이 0.2라면 가공시간은?

① 150분
② 145분
③ 125분
④ 105분

해설
가공시간 = 준비작업시간 + [정미작업시간(1 + 여유율) × 로트 수]
= 5분 + [20분(1 + 0.2) × 5]
= 125분

정답 ③

실패하는 게 두려운 게 아니라 노력하지 않는 게 두렵다.

– 마이클 조던 –

지식에 대한 투자가 가장 이윤이 많이 남는 법이다.

– 벤자민 프랭클린 –

교육은 우리 자신의 무지를 점차 발견해 가는 과정이다.

– 윌 듀란트 –

PART 06

과년도 + 최근 기출복원문제

- 2012년 제51회~2018년 제63회   과년도 기출문제
- 2018년 제64회~2024년 제76회   과년도 기출복원문제
- 2025년 제77회~2025년 제78회   최근 기출복원문제

합격의 공식 **시대에듀**

www.sdedu.co.kr

2012년 4월 8일 시행
과년도 기출문제

01 다음에서 설명하는 위험물에 해당하는 것은?

- 불연성이고 무기화합물이다.
- 비중은 약 2.8이다.
- 분자량은 약 78이다.

① 과산화나트륨 ② 황화인
③ 탄화칼슘 ④ 과산화수소

해설
과산화나트륨
- 물 성

화학식	분자량	비 중	융 점	분해 온도
Na$_2$O$_2$	78	2.8	460[℃]	460[℃]

- 제1류 위험물로서 불연성이고 무기화합물이다.

02 위험물탱크 시험자가 갖추어야 하는 장비가 아닌 것은?

① 방사선투과시험기
② 방수압력계
③ 초음파시험기
④ 수직·수평도 측정기(필요한 경우에 한한다)

해설
위험물탱크 시험자의 기술능력·시설 및 장비(시행령 별표 7)
① 기술능력
  ㉠ 필수인력
    - 위험물기능장·위험물산업기사 또는 위험물기능사 중 1명 이상
    - 비파괴검사기술사 1명 이상 또는 초음파비파괴검사·자기비파괴검사 및 침투비파괴검사별로 기사 또는 산업기사 각 1명 이상
  ㉡ 필요한 경우에 두는 인력
    - 충·수압시험, 진공시험, 기밀시험 또는 내압시험의 경우 : 누설비파괴검사기사, 산업기사 또는 기능사
    - 수직·수평도 시험의 경우 : 측량 및 지형공간정보기술사, 기사, 산업기사 또는 측량기능사
    - 방사선투과시험의 경우 : 방사선비파괴검사기사 또는 산업기사
    - 필수 인력의 보조 : 방사선비파괴검사·초음파비파괴검사·자기비파괴검사 또는 침투비파괴검사 기능사

정답 01 ① 02 ②

② 시설 : 전용사무실
③ 장 비
　㉠ 필수장비 : 자기탐상시험기, 초음파두께측정기 및 다음 중 어느 하나
　　• 영상초음파시험기
　　• 방사선투과시험기 및 초음파시험기
　㉡ 필요한 경우에 두는 장비
　　• 충·수압시험, 진공시험, 기밀시험 또는 내압시험의 경우
　　　- 진공능력 53[kPa] 이상의 진공누설시험기
　　　- 기밀시험장치(안전장치가 부착된 것으로서 가압능력 200[kPa] 이상, 감압의 경우에는 감압능력 10[kPa] 이상·감도 10[Pa] 이하의 것으로서 각각의 압력 변화를 스스로 기록할 수 있는 것)
　　• 수직·수평도 시험의 경우 : 수직·수평도 측정기
[비고] 둘 이상의 기능을 함께 가지고 있는 장비를 갖춘 경우에는 각각의 장비를 갖춘 것으로 본다.

03 제조소에서 취급하는 제4류 위험물의 최대수량의 합이 지정수량의 48만배 이상인 사업소의 자체소방대를 두어야 하는 화학소방차의 대수 및 자체소방대원의 수는?(단, 해당 사업소는 다른 사업소 등과 상호응원에 관한 협정을 체결하고 있지 않다)

① 4대, 20인　② 3대, 15인　③ 2대, 10인　④ 1대, 5인

해설
자체소방대에 두는 화학소방자동차 및 인원(시행령 별표 8)

사업소의 구분	화학소방자동차	자체소방대원의 수
제조소 또는 일반취급소에서 취급하는 제4류 위험물의 최대수량의 합이 지정수량의 3,000배 이상 12만배 미만인 사업소	1대	5인
제조소 또는 일반취급소에서 취급하는 제4류 위험물의 최대수량의 합이 지정수량의 12만배 이상 24만배 미만인 사업소	2대	10인
제조소 또는 일반취급소에서 취급하는 제4류 위험물의 최대수량의 합이 지정수량의 24만배 이상 48만배 미만인 사업소	3대	15인
제조소 또는 일반취급소에서 취급하는 제4류 위험물의 최대수량의 합이 지정수량의 48만배 이상인 사업소	4대	20인
옥외탱크저장소에 저장하는 제4류 위험물의 최대수량이 지정수량의 50만배 이상인 사업소	2대	10인

[비고] 화학소방자동차에는 행정안전부령이 정하는 소화능력 및 설비를 갖추어야 하고, 소화활동에 필요한 소화약제 및 기구(방열복 등 개인장구를 포함한다)를 비치해야 한다.

04 직경이 400[mm]인 관과 300[mm]인 관이 연결되어 있다. 직경 400[mm] 관에서의 유속이 2[m/s]라면 300[mm] 관에서의 유속은 약 몇 [m/s]인가?

① 6.56　　　② 5.56　　　③ 4.56　　　④ 3.56

해설

$Q = uA$ 공식에서

- 400[mm]일 때 유량을 구하면 $Q = uA = 2[m/s] \times \frac{\pi}{4}(0.4[m])^2 = 0.2512[m^3/s]$

- 300[mm]일 때 유속은 $u = \frac{Q}{A} = \frac{0.2512[m^3/s]}{\frac{\pi}{4}(0.3[m])^2} = 3.56[m/s]$

[다른 방법]

$$\frac{U_2}{U_1} = \left(\frac{D_1}{D_2}\right)^2 \quad U_2 = U_1 \times \left(\frac{D_1}{D_2}\right)^2 = 2[m/s] \times \left(\frac{400}{300}\right)^2 = 3.56[m/s]$$

05 다음 중 지정수량이 나머지 셋과 다른 하나는?

① 톨루엔　　　② 벤젠　　　③ 가솔린　　　④ 아세톤

해설

제4류 위험물의 분류

종류	톨루엔	벤젠	가솔린	아세톤
구분	제1석유류(비수용성)	제1석유류(비수용성)	제1석유류(비수용성)	제1석유류(수용성)
지정수량	200[L]	200[L]	200[L]	400[L]

06 이송취급소의 이송기지에 설치해야 하는 경보설비는?

① 자동화재탐지설비
② 누전경보기
③ 비상벨장치 및 확성장치
④ 자동화재속보설비

해설

이송기지에 설치해야 하는 경보설비
- 이송기지에는 비상벨장치 및 확성장치를 설치할 것
- 가연성 증기를 발생하는 위험물을 취급하는 펌프실 등에는 가연성 증기 경보설비를 설치할 것

07 물분무소화에 사용된 20[℃]의 물 2[g]이 완전히 기화되어 100[℃]의 수증기가 되었다면 흡수된 열량과 수증기 발생량은 약 얼마인가?(단, 1기압을 기준으로 한다)

① 1,240[cal], 2,400[mL]
② 1,240[cal], 3,400[mL]
③ 2,480[cal], 6,800[mL]
④ 2,480[cal], 10,200[mL]

해설
열량과 수증기 발생량을 계산하면
- 열량 $Q = mC\Delta t + \gamma \cdot m$
  $= 2[g] \times 1[cal/g \cdot ℃] \times (100-20)[℃] + 539[cal/g] \times 2[g] = 1,238[cal]$
- 수증기발생량 $PV = nRT$
  $V = \dfrac{nRT}{P} = \dfrac{2/18 \times 0.08205 \times (273+100)}{1[atm]} = 3.4[L] = 3,400[mL]$

※ $n(\text{mol}) = \dfrac{\text{무게}}{\text{분자량}} = \dfrac{2[g]}{18[g/g\text{-mol}]}$

---

08 인화성 액체 위험물을 저장하는 옥외탱크저장소의 주위에 설치하는 방유제에 관한 내용으로 틀린 것은?

① 방유제의 높이는 0.5[m] 이상 3[m] 이하로 하고 면적은 8만[m²] 이하로 한다.
② 2기의 이상의 탱크가 있는 경우 방유제의 용량은 그 탱크 중 용량이 최대인 것의 용량의 110[%] 이상으로 한다.
③ 용량이 100만[L] 이상인 옥외저장탱크의 주위에는 탱크마다 간막이 둑을 흙 또는 철근 콘크리트로 설치한다.
④ 간막이 둑을 설치하는 경우 간막이 둑의 용량은 간막이 둑 안에 설치된 탱크의 용량의 10[%] 이상이어야 한다.

해설
용량이 1,000만[L] 이상인 옥외저장탱크의 주위에는 탱크마다 간막이 둑을 흙 또는 철근콘크리트로 설치해야 한다.

---

09 운반 시 질산과 혼재가 가능한 위험물은?(단, 지정수량의 10배의 위험물이다)

① 질산메틸　　② 알루미늄 분말　　③ 탄화칼슘　　④ 질산암모늄

해설
운반 시 혼재 가능한 위험물
- 제1류 위험물 + 제6류 위험물(질산)
- 제3류 위험물 + 제4류 위험물
- 제5류 위험물 + 제2류 위험물 + 제4류 위험물

종류	질산메틸	알루미늄분말	탄화칼슘	질산암모늄
유별	제5류 위험물	제2류 위험물	제3류 위험물	제1류 위험물

10 제1류 위험물 중 알칼리금속의 과산화물의 화재에 대하여 적응성이 있는 소화설비는 무엇인가?

① 탄산수소염류 분말소화설비
② 옥내소화전설비
③ 스프링클러설비(방사밀도 12.2[L/m³·분] 이상인 것)
④ 포소화설비

> **해설**
> **알칼리금속의 과산화물의 소화약제** : 마른모래, 탄산수소염류 분말약제 등

11 줄-톰슨(Joule-Thomson)효과와 가장 관계있는 소화기는?

① 할론1301소화기　　　　　　② 이산화탄소소화기
③ HCFC-124소화기　　　　　④ 할론1211소화기

> **해설**
> **이산화탄소소화기** : 수분을 0.05[%] 이하로 규정하여 약제 방사 시 줄-톰슨(Joule-Thomson)효과에 의하여 노즐이 막히는 것을 방지하기 위해서다.

12 위험물안전관리법령상 포소화기의 적응성이 없는 위험물은?

① S　　　　② P　　　　③ P_4S_3　　　　④ Al분

> **해설**
> **포소화기의 적응성이 없는 위험물**
> • 제1류 위험물 무기과산화물
> • 제2류 위험물 중 철분, 금속분(Al분), 마그네슘분
> • 제3류 위험물(황린은 제외)

13 다음과 같은 특성을 가지는 결합의 종류는?

> 자유전자의 영향으로 높은 전기전도성을 갖는다.

① 배위결합　　② 수소결합　　③ 금속결합　　④ 공유결합

> **해설**
> **금속결합** : 금속 내 자유전자의 영향으로 높은 전기전도성과 전연성(展延性) 등을 가진다.

정답 10 ① 11 ② 12 ④ 13 ③

14 다음 중 자연발화의 위험성이 가장 낮은 것은?

① $(CH_3)_3Al$ ② $(CH_3)_2Cd$ ③ $(C_4H_9)_3Al$ ④ $(C_2H_5)_4Pb$

해설
$C_1 \sim C_3$(알킬기)까지는 자연발화의 위험성이 있고, 사에틸납[$(C_2H_5)_4Pb$]은 자연발화의 위험성이 낮다.

15 관 내 유체의 층류와 난류 유동을 판별하는 기준인 레이놀즈수(Reynolds Number)의 물리적 의미를 가장 옳게 표현한 식은?

① $\dfrac{관성력}{표면장력}$ ② $\dfrac{관성력}{압력}$ ③ $\dfrac{관성력}{점성력}$ ④ $\dfrac{관성력}{중력}$

해설
레이놀즈수 = $\dfrac{관성력}{점성력}$

16 사용의 상태에서 위험분위기가 존재할 우려가 있는 장소로서 주기적 또는 간헐적으로 위험분위기가 존재하는 곳은?

① 0종 장소 ② 1종 장소 ③ 2종 장소 ④ 3종 장소

해설
위험장소의 분류
- 0종 장소 : 위험분위기가 통상상태에서 장시간 지속되는 장소(가연성 가스의 용기, 탱크나 봄베 등의 내부)
- 1종 장소 : 통상상태에서 위험분위기를 생성할 우려가 있는 장소(플랜트장치 등에 운전이 계속 허용되는 상태)
- 2종 장소 : 이상상태에서 위험분위기를 생성할 우려가 있는 장소(플랜트장치, 기기 등의 운전에 이상 또는 운전 잘못으로 위험위기를 생성하는 경우)
- 준위험장소 : 예상사고로 폭발성 가스가 대량 유출되어 위험분위기가 되는 장소

17 각 위험물의 화재예방 및 소화방법으로 옳지 않은 것은?

① C_2H_5OH의 화재 시 수성막포 소화약제를 사용하여 소화한다.
② $NaNO_3$의 화재 시 물에 의한 냉각소화를 한다.
③ CH_3CHOCH_2는 구리, 마그네슘과 접촉을 피해야 한다.
④ CaC_2의 화재 시 이산화탄소 소화약제를 사용할 수 없다.

해설
C_2H_5OH(에틸알코올)의 화재 : 알코올용포소화약제

18 물, 염산, 메탄올과 반응하여 에테인을 생성하는 물질은?

① K   ② P_4 ③ $(C_2H_5)_3Al$ ④ LiH

해설
물과 반응
- 칼륨 $2K + 2H_2O \rightarrow 2KOH + H_2\uparrow$
- 황린(P_4)은 물속에 저장한다.
- 트라이에틸알루미늄 $(C_2H_5)_3Al + 3H_2O \rightarrow Al(OH)_3 + 3C_2H_6(에테인)$
- 수소화리튬 $LiH + H_2O \rightarrow LiOH + H_2\uparrow$

19 위험물의 위험성에 대한 설명 중 옳은 것은?
① 마그네슘은 물과 반응하면 아세틸렌 가스를 발생한다.
② 알루미늄은 할로젠원소와 접촉하면 발화의 위험이 있다.
③ 오황화인은 물과 접촉해서 이황화탄소를 발생하나 알칼리에 분해하여 이황화탄소를 발생하지 않는다.
④ 삼황화인은 금속분과 공존할 경우 발화의 위험이 없다.

해설
위험물의 설명
- 알루미늄은 할로젠원소와 접촉하면 발화의 위험이 있다.
- 오황화인은 **물** 또는 알칼리에 분해하여 **황화수소**와 **인산**이 된다.
- 삼황화인은 금속분과 공존할 경우 발화의 위험이 있다.
- 마그네슘이 물과 반응 $Mg + 2H_2O \rightarrow Mg(OH)_2 + H_2(수소)$

20 제4류 위험물을 수납하는 내장용기가 금속제 용기인 경우 최대용적은 몇 [L]인가?

① 5   ② 18   ③ 20   ④ 30

해설
내장용기가 금속제 용기인 경우 최대용적 : 30[L]

21 금속화재에 해당하는 것은?

① A급 화재   ② B급 화재   ③ C급 화재   ④ D급 화재

해설
D급 화재 : 금속화재

정답 18 ③ 19 ② 20 ④ 21 ④

22 용기에 수납하는 위험물에 따라 운반용기 외부에 표시해야 할 주의사항으로 옳지 않은 것은?

① 자연발화성 물질 – 화기엄금 및 공기접촉엄금
② 인화성 액체 – 화기엄금
③ 자기반응성 물질 – 화기주의
④ 산화성 액체 – 가연물접촉주의

해설
자기반응성 물질 : 화기엄금, 충격주의

23 인화성 고체 1,500[kg], 크로뮴분 1,000[kg], 53[μm]의 표준체를 통과한 것이 40[wt%]인 철분 500[kg]을 저장하려 한다. 위험물에 해당하는 물질에 대한 지정수량의 배수의 총합은 얼마인가?

① 2.0배 ② 2.5배 ③ 3.0배 ④ 3.5배

해설
지정수량의 배수
- 인화성 고체 지정수량 : 1,000[kg]
- 크로뮴분(금속분)의 지정수량 : 500[kg]
- 철분 : 철의 분말로서 53[μm]의 표준체를 통과한 것이 50[wt%] 미만은 제외한다.

$$지정수량의\ 배수 = \frac{저장량}{지정수량} + \frac{저장량}{지정수량}$$

∴ 지정수량의 배수 = $\frac{1,500[kg]}{1,000[kg]} + \frac{1,000[kg]}{500[kg]} = 3.5$배

24 옥외저장소의 일반점검표에 따른 선반의 점검 내용이 아닌 것은?

① 도장상황의 부식의 유무
② 변형·손상 유무
③ 고정상태의 적부
④ 낙하방지조치의 적부

해설
옥외저장소의 선반의 점검 내용
- 변형·손상 유무
- 고정상태의 적부
- 낙하방지조치의 적부

25 소화난이도 등급 I 에 해당하는 제조소 등의 종류, 규모 등 설치 가능한 소화설비에 대해 짝지은 것 중 틀린 것은?

① 제조소 - 연면적 1,000[m²] 이상인 것 - 옥내소화전설비
② 옥내저장소 - 처마높이가 6[m] 이상인 단층 건물 - 이동식 분말소화설비
③ 옥외탱크저장소(지중탱크) - 지정수량의 100배 이상인 것(제6류 위험물을 저장하는 것 및 고인화점위험물만을 100[℃] 미만의 온도에서 저장하는 것은 제외) - 고정식 불활성가스 소화설비
④ 옥외저장소 - 제1석유류를 저장하는 것으로서 지정수량의 100배 이상인 것 - 물분무 등 소화설비(화재발생 시 연기가 충만할 우려가 있는 장소에는 스프링클러설비 또는 이동식 이외의 물분무 등 소화설비에 한한다)

해설
소화난이도 등급 I 의 제조소 등에 설치해야 하는 소화설비

제조소 등의 구분		소화설비
제조소 및 일반취급소		옥내소화전설비, 옥외소화전설비, 스프링클러설비 또는 물분무 등 소화설비(화재발생 시 연기가 충만할 우려가 있는 장소에는 스프링클러설비 또는 이동식 외의 물분무 등 소화설비에 한한다)
옥내저장소	처마높이가 6[m] 이상인 단층 건물 또는 다른 용도의 부분이 있는 건축물에 설치한 옥내저장소	스프링클러설비 또는 이동식 외의 물분무 등 소화설비
	그 밖의 것	옥외소화전설비, 스프링클러설비, 이동식 외의 물분무 등 소화설비 또는 이동식 포소화설비(포소화전을 옥외에 설치하는 것에 한한다)

26 제4류 위험물 중 [보기]의 요건에 모두 해당하는 위험물은 무엇인가?

[보 기]
• 옥내저장소에 저장·취급하는 경우 하나의 저장창고 바닥면적은 1,000[m²] 이해야 한다.
• 위험등급은 II 에 해당한다.
• 이동탱크저장소에 저장·취급할 때에는 법정의 접지도선을 설치해야 한다.

① 다이에틸에터
② 피리딘
③ 크레오소트유
④ 고형알코올

해설
위험등급 II : 제1석유류(피리딘), 알코올류

27 산과 접촉하였을 때 이산화염소 가스를 발생하는 제1류 위험물은?

① 아이오딘산칼륨 ② 다이크로뮴산아연
③ 아염소산나트륨 ④ 브로민산암모늄

> **해설**
> 아염소산나트륨은 **염산과 반응**하면 **이산화염소**(ClO_2)의 유독가스가 발생한다.
>
> $$3NaClO_2 + 2HCl \rightarrow 3NaCl + 2ClO_2 + H_2O_2$$

28 다이에틸에터 50[vol%], 이황화탄소 30[vol%], 아세트알데하이드 20[vol%]인 혼합증기의 폭발하한 값은?(단, 폭발범위는 다이에틸에터 1.7~48[vol%], 이황화탄소 1.0~50[vol%], 아세트알데하이드 4.0~60[vol%]이다)

① 1.55[vol%] ② 2.1[vol%]
③ 13.6[vol%] ④ 48.3[vol%]

> **해설**
> **혼합가스의 폭발한계**
>
> $$L_m = \frac{100}{\dfrac{V_1}{L_1} + \dfrac{V_2}{L_2} + \dfrac{V_3}{L_3} + \cdots}$$
>
> 여기서, L_m : 혼합가스의 폭발한계(하한값, 상한값의 [vol%])
> $V_1, V_2, V_3, \cdots$: 가연성 가스의 용량[vol%]
> $L_1, L_2, L_3, \cdots$: 가연성 가스의 하한값 또는 상한값[vol%]
>
> $\therefore L_m(\text{하한값}) = \dfrac{100}{\dfrac{V_1}{L_1} + \dfrac{V_2}{L_2} + \dfrac{V_3}{L_3}} = \dfrac{100}{\dfrac{50}{1.7} + \dfrac{30}{1} + \dfrac{20}{4}} = 1.55[vol\%]$

29 물과 반응하였을 때 주요 생성물로 아세틸렌이 포함되지 않는 것은?

① Li_2C_2 ② Na_2C_2 ③ MgC_2 ④ Mn_3C

> **해설**
> 물과 반응 시 아세틸렌(C_2H_2)가스를 발생하는 물질 : Li_2C_2, Na_2C_2, K_2C_2, MgC_2, **CaC_2**
> • $Li_2C_2 + 2H_2O \rightarrow 2LiOH + C_2H_2 \uparrow$
> • $Na_2C_2 + 2H_2O \rightarrow 2NaOH + C_2H_2 \uparrow$
> • $K_2C_2 + 2H_2O \rightarrow 2KOH + C_2H_2 \uparrow$
> • $MgC_2 + 2H_2O \rightarrow Mg(OH)_2 + C_2H_2 \uparrow$
> • $CaC_2 + 2H_2O \rightarrow Ca(OH)_2 + C_2H_2 \uparrow$
>
> Mn_3C는 물과 반응 시 **메테인과 수소가스**를 발생한다.
> $Mn_3C + 6H_2O \rightarrow 3Mn(OH)_2 + CH_4 \uparrow + H_2 \uparrow$

30 1[kg]의 공기가 압축되어 부피가 0.1[m³], 압력이 40[kgf/cm²]으로 되었다. 이때 온도는 약 몇 [℃]인가?(단, 공기의 평균분자량은 29[kg/kg-mol]이다)

① 1,026
② 1,096
③ 1,138
④ 1,186

해설

이상기체 상태방정식을 적용하면

$$PV = nRT = \frac{W}{M}RT, \quad T = \frac{PVM}{WR}$$

여기서, P : 압력[atm]
n : 몰수(무게/분자량)[kg-mol]
W : 무게
T : 절대온도(273 + [℃])[K]
V : 부피[L, m³]
M : 분자량
R : 기체상수(0.08205[m³·atm/kg-mol·K])

$$\therefore T = \frac{PVM}{WR} = \frac{\left(\frac{40[kg_f/cm^2]}{1.0332[kg_f/cm^2]} \times 1[atm]\right) \times 0.1[m^3] \times 29[kg/kg-mol]}{1[kg] \times 0.08205[m^3 \cdot atm/kg-mol \cdot K]} = 1,368.34[K]$$

1,368.34[K] − 273 = 1,095.34[℃]

31 위험물 운반용기의 외부에 표시하는 사항이 아닌 것은?

① 위험등급
② 위험물의 제조일자
③ 위험물의 품명
④ 주의사항

해설

운반용기의 외부 표시사항
- 위험물의 품명, 위험등급, 화학명 및 수용성(제4류 위험물의 수용성인 것에 한함)
- 위험물의 수량
- 주의사항

32 위험등급Ⅱ의 위험물이 아닌 것은?

① 질산염류
② 황화인
③ 칼륨
④ 알코올류

해설

위험등급

종류	질산염류	황화인	칼륨	알코올류
위험등급	Ⅱ	Ⅱ	Ⅰ	Ⅱ

33 KMnO₄에 대한 설명으로 옳은 것은?

① 글리세린에 저장해야 한다.
② 묽은 질산과 반응하여 유독한 Cl_2가 생성된다.
③ 황산과 반응할 때에는 산소와 열을 발생한다.
④ 물에 녹으면 투명한 무색을 나타낸다.

해설
과망가니즈산칼륨($KMnO_4$)은 묽은 황산과 반응하면 산소와 열을 발생한다.

$$4KMnO_4 + 6H_2SO_4 \rightarrow 2K_2SO_4 + 4MnSO_4 + 6H_2O + 5O_2 \uparrow$$

34 제4류 위험물에 해당하는 에어졸의 내장용기 등으로서 용기의 외부에 "위험물의 품명, 위험등급, 화학명 및 수용성"에 대한 표시를 하지 않을 수 있는 최대용적은?

① 300[mL] ② 500[mL] ③ 150[mL] ④ 1,000[mL]

해설
제4류 위험물에 해당하는 에어졸의 운반용기로서 최대용적이 300[mL] 이하의 것에는 표시를 하지 않을 수 있다.

35 다음 기체 중 화학적으로 활성이 가장 강한 것은?

① 질 소 ② 플루오린 ③ 아르곤 ④ 이산화탄소

해설
플루오린(F)은 화학적으로 활성이 가장 강하다.

36 펌프의 공동현상을 방지하기 위한 방법으로 옳지 않은 것은?

① 펌프의 흡입관경을 크게 한다.
② 펌프의 회전수를 크게 한다.
③ 펌프의 위치를 낮게 한다.
④ 양흡입펌프를 사용한다.

해설
펌프의 회전수를 크게 하면 공동현상이 발생한다.

33 ③ 34 ① 35 ② 36 ②

37 염소산칼륨에 대한 설명 중 틀린 것은?
① 약 400[℃]에서 분해되기 시작한다.
② 강산화제이다.
③ 분해촉매로 알루미늄이 혼합되면 염소가스가 발생한다.
④ 비중은 약 2.32이다.

해설
염소산칼륨($KClO_3$)은 분해되면 산소를 발생한다.

38 휘발유에 대한 설명으로 틀린 것은?
① 증기는 공기보다 가벼워 위험하다.
② 용도별로 착색하는 색상이 다르다.
③ 비전도성이다.
④ 물보다 가볍다.

해설
휘발유는 공기보다 3~4배가 무겁다.

39 위험물안전관리법상 제6류 위험물의 판정시험인 연소시간 측정시험의 표준물질로 사용하는 물질은?
① 질산 85[%] 수용액
② 질산 90[%] 수용액
③ 질산 95[%] 수용액
④ 질산 100[%] 수용액

해설
연소시간 측정시험 : 질산 90[%]의 수용액

40 제6류 위험물의 운반 시 적용되는 위험등급은?
① 위험등급Ⅰ ② 위험등급Ⅱ ③ 위험등급Ⅲ ④ 위험등급Ⅳ

해설
제6류 위험물 : 위험등급Ⅰ

정답 37 ③ 38 ① 39 ② 40 ①

41 나이트로셀룰로스를 저장, 운반할 때 가장 좋은 방법은?

① 질소가스를 충전한다.
② 유리병에 넣는다.
③ 냉동시킨다.
④ 함수알코올 등으로 습윤시킨다.

해설
나이트로셀룰로스는 물 또는 알코올로 습면시켜 저장한다.

42 다음 중 나머지 셋과 가장 다른 온도값을 표현한 것은?

① 100[℃]   ② 273[K]   ③ 32[°F]   ④ 492[R]

해설
온 도
- 켈빈온도[K] = 273[K]
- 섭씨온도[℃] = K − 273 = 273[K] − 273 = 0[℃]
- 화씨온도[°F] = 1.8[℃] + 32 = 1.8 × 0 + 32 = 32[°F]
- 랭킨온도[R] = 460 + [°F] = 460 + 32 = 492[R]

43 펌프를 용적형 펌프(Positive Displacement Pump)와 터보펌프(Turbo Pump)로 구분할 때 터보펌프에 해당되지 않는 것은?

① 원심펌프(Centrifugal Pump)
② 기어펌프(Gear Pump)
③ 축류펌프(Axial Flow Pump)
④ 사류펌프(Diagonal Flow Pump)

해설
터보펌프 : 원심펌프, 축류펌프, 사류펌프

44 원형 직관 속을 흐르는 유체의 손실수두에 관한 사항으로 옳은 것은?

① 유속에 비례한다.
② 유속에 반비례한다.
③ 유속의 제곱에 비례한다.
④ 유속의 제곱에 반비례한다.

해설
Darcy-Weisbach식 : 수평관을 정상적으로 흐를 때 적용

$$h = \frac{\Delta P}{\gamma} = \frac{flu^2}{2gD}[m]$$

여기서, h : 마찰손실[m] ΔP : 압력차[N/m²]
γ : 유체의 비중량(물의 비중량 9,800[N/m³])
f : 관의 마찰계수 l : 관의 길이[m]
u : 유체의 유속[m/s] D : 관의 내경[m]

41 ④ 42 ① 43 ② 44 ③

45 지정수량이 같은 것끼리 짝지어진 것은?

① 톨루엔 – 피리딘
② 사이안화수소 – 에틸알코올
③ 아세트산메틸 – 아세트산
④ 클로로벤젠 – 나이트로벤젠

해설
지정수량

종 류	톨루엔	피리딘	사이안화수소	에틸알코올
구 분	제1석유류(비수용성)	제1석유류(수용성)	제1석유류(수용성)	알코올류
지정수량	200[L]	400[L]	400[L]	400[L]
종 류	아세트산메틸	아세트산	클로로벤젠	나이트로벤젠
구 분	제1석유류(비수용성)	제2석유류(수용성)	제2석유류(비수용성)	제3석유류(비수용성)
지정수량	200[L]	2,000[L]	1,000[L]	2,000[L]

46 위험물제조소 등에 설치하는 옥내소화전설비 또는 옥외소화전설비의 설치 기준으로 옳지 않은 것은?

① 옥내소화전설비의 각 노즐 끝부분 방수량 : 260[L/min]
② 옥내소화전설비의 비상전원 용량 : 30분 이상
③ 옥외소화전설비의 각 노즐 끝부분 방수량 : 450[L/min]
④ 표시등 회로의 배선공사 : 금속관공사, 가요전선관공사, 금속덕트공사, 케이블공사

해설
옥내소화전설비의 비상전원 용량 : 45분 이상

47 위험물안전관리법에서 정하고 있는 산화성 액체에 해당되지 않는 것은?

① 트라이플루오로브로민
② 과아이오딘산
③ 과염소산
④ 과산화수소

해설
제6류 위험물(산화성 액체) : 질산, 과산화수소, 과염소산, 할로젠간화합물(트라이플루오로브로민, 펜타플루오로브로민, 펜타플루오로이오다이드)

과아이오딘산 : 제1류 위험물

48 위험물안전관리법령에서 정한 소화설비의 적응성에서 인산염류 등 분말소화설비는 적응성이 있으나 탄산수소염류 등 분말소화설비는 적응성이 없는 것은?

① 인화성 고체
② 제4류 위험물
③ 제5류 위험물
④ 제6류 위험물

해설
제6류 위험물 : 인산염류(제3종 분말) 분말소화설비는 적응성이 있으나 탄산수소염류 등 분말소화설비는 적응성이 없다.

정답 45 ② 46 ② 47 ② 48 ④

49 다음 중 품명이 나머지 셋과 다른 하나는?

① $C_6H_5CH_3$ ② C_6H_6 ③ $CH_3(CH_2)_3OH$ ④ CH_3COCH_3

해설

제4류 위험물의 분류

종류	$C_6H_5CH_3$	C_6H_6	$CH_3(CH_2)_3OH$	CH_3COCH_3
명칭	톨루엔	벤젠	부틸알코올	아세톤
품명	제1석유류(비수용성)	제1석유류(비수용성)	제2석유류(비수용성)	제1석유류(수용성)

50 자동화재탐지설비에 대한 설명으로 틀린 것은?

① 원칙적으로 자동화재탐지설비의 경계구역은 건축물 그 밖의 공작물의 2 이상의 층에 걸치지 않도록 한다.
② 광전식분리형감지기를 설치할 경우 하나의 경계구역 면적을 $600[m^2]$ 이하로 하고 그 한 변의 길이는 $50[m]$ 이하로 한다.
③ 자동화재탐지설비의 감지기는 지붕 또는 벽의 옥내에 면한 부분에 유효하게 화재의 발생을 감지할 수 있도록 설치한다.
④ 자동화재탐지설비에는 비상전원을 설치한다.

해설

자동화재탐지설비는 하나의 **경계구역의 면적은 $600[m^2]$ 이하**로 하고 **그 한 변의 길이는 $50[m]$(광전식분리형 감지기**를 설치할 경우에는 $100[m]$) **이하**로 할 것. 다만, 해당 건축물 그 밖의 공작물의 주요한 출입구에서 그 내부의 전체를 볼 수 있는 경우에 있어서는 그 면적을 **$1,000[m^2]$ 이하**로 할 수 있다.

51 $KClO_3$의 일반적인 성질을 나타낸 것 중 틀린 것은?

① 비중은 약 2.32이다.
② 융점은 약 368[℃]이다.
③ 용해도는 20[℃]에서 약 7.3이다.
④ 단독 분해 온도는 약 200[℃]이다.

해설

염소산칼륨($KClO_3$)의 분해 온도 : 400[℃]

52 소화약제가 환경에 미치는 영향을 표시하는 지수가 아닌 것은?

① ODP ② GWP ③ ALT ④ LOAEL

해설

용어설명
- ODP(Ozone Depletion Potential, 오존파괴지수) : 어떤 물질의 오존파괴능력을 상대적으로 나타내는 지표
- GWP(Global Warming Potenatial, 지구온난화지수) : 일정무게의 CO_2가 대기 중에 방출되어 지구온난화에 기여하는 정도를 1로 정하였을 때 같은 무게의 어떤 물질이 기여하는 정도
- ALT(Atmospheric Life Time, 대기잔존연수) : 어떤 물질이 방사되어 분해되지 않은 채로 존재하는 기간
- LOAEL(Lowest Observable Adverse Effect Level) : 농도를 감소시킬 때 악영향을 감지할 수 있는 최소농도

53 알루미늄분이 NaOH 수용액과 반응하였을 때 발생하는 물질은?

① H_2 ② O_2 ③ Na_2O_2 ④ NaAl

해설

알루미늄분이 산, 알칼리, 물과 반응하면 수소가스를 발생한다.

- $2Al + 6HCl \rightarrow 2AlCl_3 + 3H_2$
- $2Al + 6H_2O \rightarrow 2Al(OH)_3 + 3H_2$
- $2Al + 2NaOH + 2H_2O \rightarrow 2NaAlO_2 + 3H_2$

54 다음 중 지정수량이 가장 작은 물질은?

① 금속분 ② 마그네슘 ③ 황화인 ④ 철 분

해설

지정수량

종 류	금속분	마그네슘	황화인	철 분
지정수량	500[kg]	500[kg]	100[kg]	500[kg]

정답 52 ④ 53 ① 54 ③

55 여유시간이 5분, 정미시간이 40분일 경우 내경법으로 여유율을 구하면 약 몇 [%]인가?

① 6.33[%]   ② 9.05[%]
③ 11.11[%]   ④ 12.50[%]

해설
내경법

$$여유율 = \frac{여유시간}{실제\ 근무시간} = \frac{여유시간}{정미시간 + 여유시간}$$

∴ 여유율 $= \dfrac{여유시간}{정미시간 + 여유시간} = \dfrac{5}{40+5} \times 100 = 11.11[\%]$

56 로트에서 랜덤하게 시료를 추출하여 검사한 후 그 결과에 따라 로트의 합격, 불합격을 판정하는 검사방법을 무엇이라 하는가?

① 자주검사   ② 간접검사
③ 전수검사   ④ 샘플링검사

해설
샘플링검사 : 로트로부터 시료를 샘플링해서 조사하고, 그 결과를 로트의 판정기준과 대조하여 그 로트의 합격, 불합격을 판정하는 검사

57 다음과 같은 데이터에서 5개월 이동평균법에 의하여 8월의 수요를 예측한 값은 얼마인가?

월	1	2	3	4	5	6	7
판매실적	100	90	110	100	115	110	100

① 103   ② 105   ③ 107   ④ 109

해설
이동평균법의 예측값(3월~7월의 판매실적)

$F_t = \dfrac{기간의\ 실적치}{기간의\ 수} = \dfrac{110+100+115+110+100}{5} = 107$

58 관리사이클의 순서를 가장 적절하게 표시한 것은?(단, A는 조처(Action), C는 체크(Check), D는 실시(Do), P는 계획(Plan)이다)

① P → D → C → A
② A → D → C → P
③ P → A → C → D
④ P → C → A → D

해설
관리사이클 : Plan(계획) → Do(실행) → Check(검토) → Action(조처)

59 다음 중 계량값 관리도만으로 짝지어진 것은?

① C관리도, U관리도
② $x - R_s$관리도, P관리도
③ $\bar{x} - R$관리도, nP관리도
④ Me-R관리도, $\bar{x} - R$관리도

해설
R관리도 : 계량값 관리도

60 다음 중 모집단의 중심적 경향을 나타낸 측도에 해당하는 것은?

① 범위(Range)
② 최빈값(Mode)
③ 분산(Variance)
④ 변동계수(Coefficient of Variation)

해설
용어 설명
• 범위 : 자료 중에서 최댓값과 최솟값의 차이
• 최빈값 : 자료 중에서 가장 많이 나타나는 값으로서 모집단의 중심적 경향을 나타낸 측도
• 시료분산 : 표본자료의 경우 자료의 수에서 1을 뺀 수로 나눈 값

정답 58 ① 59 ④ 60 ②

2012년 7월 22일 시행
과년도 기출문제

01 트라이에틸알루미늄을 200[℃] 이상으로 가열하였을 때 발생하는 가연성 가스와 트라이에틸알루미늄이 염산과 반응하였을 때 발생하는 가연성 가스의 명칭을 차례대로 나타낸 것은?

① 에틸렌, 메테인   ② 아세틸렌, 메테인   ③ 에틸렌, 에테인   ④ 아세틸렌, 에테인

해설
트라이에틸알루미늄의 반응
- 200[℃] 이상으로 가열하면 폭발하여 에틸렌(C_2H_4)이 발생한다.

$$2(C_2H_5)_3Al \rightarrow 2Al + 3H_2 + 6C_2H_4$$

- 염산과 반응 : $(C_2H_5)_3Al + 3HCl \rightarrow AlCl_3 + 3C_2H_6$(에테인)

02 제조소 등의 외벽 중 연소의 우려가 있는 외벽을 판단하는 기산점이 되는 것을 모두 옳게 나타낸 것은?

① ⓐ 제조소 등이 설치된 부지의 경계선
　ⓑ 제조소 등에 인접한 도로의 중심선
　ⓒ 제조소 등의 외벽과 동일부지 내의 다른 건축물의 외벽 간의 중심선
② ⓐ 제조소 등이 설치된 부지의 경계선
　ⓑ 제조소 등에 인접한 도로의 경계선
　ⓒ 제조소 등의 외벽과 동일부지 내의 다른 건축물의 외벽 간의 중심선
③ ⓐ 제조소 등이 설치된 부지의 중심선
　ⓑ 제조소 등에 인접한 도로의 중심선
　ⓒ 동일부지 내의 다른 건축물의 외벽
④ ⓐ 제조소 등이 설치된 부지의 경계선
　ⓑ 제조소 등에 인접한 도로의 경계선
　ⓒ 제조소 등의 외벽과 인근부지의 다른 건축물의 외벽 간의 중심선

해설
연소의 우려가 있는 외벽(세부기준 제41조)
규칙 별표 4 Ⅳ 제2호의 규정에 의한 **연소(延燒)의 우려가 있는 외벽**은 다음에 정한 선을 기산점으로 하여 3[m](2층 이상의 층에 대해서는 5[m]) 이내에 있는 제조소 등의 외벽을 말한다. 다만, 방화상 유효한 공터, 광장, 하천, 수면 등에 면한 외벽은 제외한다.
- 제조소 등이 설치된 부지의 경계선
- 제조소 등에 인접한 도로의 중심선
- 제조소 등의 외벽과 동일부지 내의 다른 건축물의 외벽 간의 중심선

01 ③   02 ①

03 어떤 기체의 확산속도가 SO_2의 2배일 때 이 기체의 분자량을 추정하면 얼마인가?

① 16　　　　② 32　　　　③ 64　　　　④ 128

해설
그레이엄의 확산속도법칙 : 확산속도는 분자량의 제곱근에 반비례한다.

$$\frac{U_B}{U_A} = \sqrt{\frac{M_A}{M_B}}$$

여기서, U_B : SO_2의 확산속도　　U_A : 어떤 기체의 확산속도
　　　　M_B : SO_2의 분자량　　　M_A : 어떤 기체의 분자량

$$\therefore M_A = M_B \times \left(\frac{U_B}{U_A}\right)^2 = 64 \times \left(\frac{1}{2}\right)^2 = 16$$

---

04 과염소산, 질산, 과산화수소의 공통점이 아닌 것은?

① 다른 물질을 산화시킨다.　　　② 강산에 속한다.
③ 산소를 함유한다.　　　　　　④ 불연성 물질이다.

해설
제6류 위험물
- 종류 : 과염소산, 질산, 과산화수소
- 성 질
  - 산소를 함유하는 **산화성 액체**이며 무기화합물로 이루어서 형성된다.
  - **과산화수소를 제외**하고 **강산성 물질**이며 물에 녹기 쉽다.
  - **불연성 물질**이며 가연물, 유기물 등과의 혼합으로 발화한다.

---

05 광전식분리형감지기를 사용하여 자동화재탐지설비를 설치하는 경우 하나의 경계구역의 한 변의 길이를 얼마 이하로 해야 하는가?

① 10[m]　　　② 100[m]　　　③ 150[m]　　　④ 300[m]

해설
자동화재탐지설비의 설치 기준
- 자동화재탐지설비의 경계구역(화재가 발생한 구역을 다른 구역과 구분하여 식별할 수 있는 최소단위의 구역을 말한다)은 건축물 그 밖의 공작물의 2 이상의 층에 걸치지 않도록 할 것. 다만, 하나의 경계구역의 면적이 500[m²] 이하이면서 해당 경계구역이 2개의 층에 걸치는 경우이거나 계단·경사로·승강기의 승강로 그 밖에 이와 유사한 장소에 연기감지기를 설치하는 경우에는 그렇지 않다.
- 하나의 **경계구역의 면적**은 **600[m²] 이하**로 하고 그 **한 변의 길이**는 **50[m]**(**광전식분리형감지기**를 설치할 경우에는 **100[m]**) **이하**로 할 것. 다만, 해당 건축물 그 밖의 공작물의 주요한 출입구에서 그 내부의 전체를 볼 수 있는 경우에 있어서는 그 면적을 1,000[m²] 이하로 할 수 있다.
- 자동화재탐지설비의 감지기는 지붕(상층이 있는 경우에는 상층의 바닥) 또는 벽의 옥내에 면한 부분(천장이 있는 경우에는 천장 또는 벽의 옥내에 면한 부분 및 천장의 뒷 부분)에 유효하게 화재의 발생을 감지할 수 있도록 설치할 것
- 자동화재탐지설비에는 비상전원을 설치할 것

정답 03 ① 04 ② 05 ②

06 위험물안전관리법상 위험등급이 나머지 셋과 다른 하나는?

① 아염소산염류 ② 알킬알루미늄 ③ 알코올류 ④ 칼륨

해설
위험등급

종류	아염소산염류	알킬알루미늄	알코올류	칼륨
유별	제1류 위험물	제3류 위험물	제4류 위험물	제3류 위험물
위험등급	I	I	II	I

※ 제4류 위험물
- 위험등급 I : 특수인화물
- 위험등급 II : 제1석유류, 알코올류
- 위험등급 III : 위험등급 I, II 외의 나머지

07 273[℃]에서 기체의 부피가 2[L]이다. 같은 압력에서 0[℃]일 때의 부피는 몇 [L]인가?

① 0.5 ② 1 ③ 2 ④ 4

해설
샤를의 법칙을 적용하면

$$V_2 = V_1 \times \frac{T_2}{T_1}$$

$$\therefore V_2 = V_1 \times \frac{T_2}{T_1} = 2[\text{L}] \times \frac{273[\text{K}]}{(273+273)[\text{K}]} = 1[\text{L}]$$

08 Ca_3P_2의 지정수량은 얼마인가?

① 50[kg] ② 100[kg] ③ 300[kg] ④ 500[kg]

해설
인화칼슘(Ca_3P_2) : 제3류 위험물의 금속의 인화물로서 지정수량이 300[kg]이다.

09 제5류 위험물의 화재 시 적응성이 있는 소화설비는?

① 포소화설비 ② 불활성가스소화설비
③ 할로젠화합물소화설비 ④ 분말소화설비

해설
제5류 위험물 : 수계소화설비에 의한 냉각소화(포소화설비)

10 물과 반응하였을 때 발생하는 가스가 유독성인 것은?

① 알루미늄
② 칼륨
③ 탄화알루미늄
④ 오황화인

해설
물과 반응
- 알루미늄 $2Al + 6H_2O \rightarrow 2Al(OH)_3 + 3H_2 \uparrow$
- 칼륨 $2K + 2H_2O \rightarrow 2KOH + H_2 \uparrow$
- 탄화알루미늄 $Al_4C_3 + 12H_2O \rightarrow 4Al(OH)_3 + 3CH_4 \uparrow$
- 오황화인 $P_2S_5 + 8H_2O \rightarrow 5H_2S + 2H_3PO_4$

> 황화수소(H_2S) : 가연성이면서 유독성 가스

11 제1류 위험물의 위험성에 관한 설명으로 옳지 않은 것은?

① 과망가니즈산나트륨은 에탄올과 혼촉발화의 위험이 있다.
② 과산화나트륨은 물과 반응 시 산소가스가 발생한다.
③ 염소산나트륨은 산과 반응하면 유독가스가 발생한다.
④ 질산암모늄 단독으로 안포폭약을 제조한다.

해설
안포폭약(ANFO ; Ammonium Nitrate Fuel Oil)은 질산암모늄(NH_4NO_3) 94[%]와 경유 6[%]를 혼합하여 제조한다.

12 이송취급소의 안전설비에 해당하지 않는 것은?

① 운전상태 감시장치
② 안전제어장치
③ 통기장치
④ 압력안전장치

해설
통기장치는 위험물탱크저장소에 해당되는 안전장치이다.

13 위험물제조소 등의 옥내소화전설비의 설치 기준으로 틀린 것은?

① 수원의 수량은 옥내소화전이 가장 많이 설치된 층의 옥내소화전 설치개수(설치개수가 5개 이상인 경우는 5개)에 7.8[m^3]를 곱한 양 이상이 되도록 설치할 것

② 옥내소화전은 제조소 등의 건축물의 층마다 해당 층의 각 부분에서 하나의 호스접속구까지의 수평거리가 50[m] 이하가 되도록 설치할 것

③ 옥내소화전설비는 각 층을 기준으로 하여 해당 층의 모든 옥내소화전(설치개수가 5개 이상인 경우는 5개의 옥내소화전)을 동시에 사용할 경우에 각 노즐 끝부분의 방수압력이 350[kPa] 이상이고 방수량이 1분당 260[L] 이상의 성능이 되도록 할 것

④ 옥내소화전설비에는 비상전원을 설치할 것

해설

옥내소화전설비의 설치 기준

- 옥내소화전은 제조소 등의 건축물의 층마다 해당 층의 각 부분에서 하나의 호스접속구까지의 **수평거리**가 **25[m] 이하**가 되도록 설치할 것. 이 경우 옥내소화전은 각 층의 출입구 부근에 1개 이상 설치해야 한다.
- 수원의 수량은 옥내소화전이 가장 많이 설치된 층의 옥내소화전 설치개수(설치개수가 5개 이상인 경우는 5개)에 7.8[m^3]를 곱한 양 이상이 되도록 설치할 것
- 옥내소화전설비는 각층을 기준으로 하여 해당 층의 모든 옥내소화전(설치개수가 5개 이상인 경우는 5개의 옥내소화전)을 동시에 사용할 경우에 각 노즐 끝부분의 방수압력이 **350[kPa] 이상**이고 방수량이 **1분당 260[L] 이상**의 성능이 되도록 할 것
- 옥내소화전설비에는 비상전원을 설치할 것

14 브로민산칼륨의 색상으로 옳은 것은?

① 백 색 ② 등적색
③ 황 색 ④ 청 색

해설

브로민산칼륨의 색상 : 백색의 결정

15 위험물인 아세톤을 용기에 담아 운반하고자 한다. 다음 중 위험물안전관리법의 내용과 배치되는 것은?

① 지정수량의 10배라면 비중이 1.52인 질산을 다른 용기에 수납하더라도 함께 적재·운반할 수 없다.
② 원칙적으로 기계로 하역되는 구조로 된 금속제 운반용기에 수납하는 경우 최대용적이 3,000[L]이다.
③ 뚜껑탈착식 금속제드럼 운반용기에 수납하는 경우 최대용적은 250[L]이다.
④ 유리용기, 플라스틱용기를 운반용기로 사용할 경우 내장용기로 사용할 수 없다.

해설
아세톤(제4류 위험물)의 운반
- 지정수량의 10배라면 비중이 1.49 이상이면 제6류 위험물로 다른 용기에 수납하더라도 함께 적재·운반할 수 없다(제4류와 제6류 위험물은 운반 시 혼재 불가능).
- 원칙적으로 기계로 하역되는 구조로 된 금속제 운반용기에 수납하는 경우 최대용적이 3,000[L]이다.
- 뚜껑탈착식(또는 뚜껑고정식) 금속제드럼 운반용기에 수납하는 경우 최대용적은 250[L]이다.
- 유리용기(5[L], 10[L]), 플라스틱용기(10[L]), 금속제용기(30[L])를 운반용기로 사용할 경우 내장용기로 사용할 수 있다. 그리고 외장용기(유리용기는 제외)로도 다 사용할 수 있다.

16 마그네슘과 염산이 반응할 때 발화의 위험이 있는 이유로 가장 적합한 것은?

① 열전도율이 낮기 때문이다.
② 산소가 발생하기 때문이다.
③ 많은 반응열이 발생하기 때문이다.
④ 분진 폭발의 민감성 때문이다.

해설
마그네슘이 염산과 반응하면 많은 열을 발생하고 수소가스를 발생한다.

$$Mg + 2HCl \rightarrow MgCl_2 + H_2\uparrow + Q[\text{kcal}]$$

정답 15 ④ 16 ③

17 불활성가스소화설비가 적응성이 있는 위험물은?

① 제1류 위험물
② 제3류 위험물
③ 제4류 위험물
④ 제5류 위험물

해설

제4류 위험물의 소화 : 질식소화(포, 불활성가스, 할로젠화합물, 분말소화약제)

> 제1류와 제5류 위험물 : 냉각소화(무기과산화물 : 마른모래로 질식소화)

18 주유취급소의 변경허가 대상이 아닌 것은?

① 고정주유설비 또는 고정급유설비를 신설 또는 철거하는 경우
② 유리를 부착하기 위하여 담의 일부를 철거하는 경우
③ 고정주유설비 또는 고정급유설비의 위치를 이전하는 경우
④ 지하에 설치한 배관을 교체하는 경우

해설

주유취급소의 변경허가 대상(시행규칙 별표 1의2)

제조소 등의 구분	변경허가를 받아야 하는 경우
주유취급소	• 지하에 매설하는 탱크의 변경 중 다음의 어느 하나에 해당하는 경우 　- 탱크의 위치를 이전하는 경우 　- 탱크전용실을 보수하는 경우 　- 탱크를 신설·교체 또는 철거하는 경우 　- 탱크를 보수(탱크본체를 절개하는 경우에 한한다)하는 경우 　- 탱크의 노즐 또는 맨홀을 신설하는 경우(노즐 또는 맨홀의 지름이 250[mm]를 초과하는 경우에 한한다) 　- 특수누설방지구조를 보수하는 경우 • 옥내에 설치하는 탱크의 변경 중 다음의 어느 하나에 해당하는 경우 　- 탱크의 위치를 이전하는 경우 　- 탱크를 신설·교체 또는 철거하는 경우 　- 탱크를 보수(탱크본체를 절개하는 경우에 한한다)하는 경우 　- 탱크의 노즐 또는 맨홀을 신설하는 경우(노즐 또는 맨홀의 지름이 250[mm]를 초과하는 경우에 한한다) • **고정주유설비 또는 고정급유설비를 신설 또는 철거하는 경우** • **고정주유설비 또는 고정급유설비의 위치를 이전하는 경우** • 건축물의 벽·기둥·바닥·보 또는 지붕을 증설 또는 철거하는 경우 • 담 또는 캐노피(기둥으로 받치거나 매달아 놓은 덮개)를 신설 또는 철거(유리를 부착하기 위하여 담의 일부를 **철거하는 경우**를 포함한다)하는 경우 • 주입구의 위치를 이전하거나 신설하는 경우 • 별표 13 V 제1호에 따른 시설과 관계된 공작물(바닥면적이 4[m^2] 이상인 것에 한한다)을 신설 또는 증축하는 경우 • 개질장치(탄화수소의 구조를 변화시켜 제품의 품질을 높이는 조작 장치), 압축기, 충전설비, 축압기(압력흡수저 장장치) 또는 수입설비를 신설하는 경우 • 자동화재탐지설비를 신설 또는 철거하는 경우

19 제2류 위험물에 대한 설명 중 틀린 것은?

① 모두 가연성 물질이다.
② 모두 고체이다.
③ 모두 주수소화가 가능하다.
④ 지정수량의 단위는 모두 [kg]이다.

해설
제2류 위험물의 특성
- 모두 가연성 물질로서 모두 고체이다.
- 마그네슘, 철분, 금속분을 제외한 제2류 위험물은 주수소화가 가능하다.
- 제2류 위험물의 지정수량은 모두 [kg]이다.

> 제4류 위험물은 리터[L]이고, 나머지 유별은 모두 [kg]이다.

20 제2류 위험물 중 철분 또는 금속분을 수납한 운반용기의 외부에 표시해야 하는 주의사항으로 옳은 것은?

① 화기엄금 및 물기엄금
② 화기주의 및 물기엄금
③ 가연물접촉주의 및 화기엄금
④ 가연물접촉주의 및 화기주의

해설
운반용기의 외부표시사항

종류	표시사항
제1류 위험물	• 알칼리금속의 과산화물 : 화기·충격주의, 물기엄금, 가연물접촉주의 • 그 밖의 것 : 화기·충격주의, 가연물접촉주의
제2류 위험물	• **철분, 금속분, 마그네슘 : 화기주의, 물기엄금** • 인화성 고체 : 화기엄금 • 그 밖의 것 : 화기주의
제3류 위험물	• 자연발화성 물질 : 화기엄금, 공기접촉엄금 • 금수성 물질 : 물기엄금
제4류 위험물	화기엄금
제5류 위험물	화기엄금, 충격주의
제6류 위험물	가연물접촉주의

21 질산암모늄에 대한 설명으로 옳지 않은 것은?

① 열분해 시 가스를 발생한다.
② 물에 녹을 때 발열반응을 나타낸다.
③ 물보다 무거운 고체상태의 결정이다.
④ 급격히 가열하면 단독으로도 폭발할 수 있다.

해설
질산암모늄은 물에 녹을 때 흡열반응을 나타낸다.

22 인화칼슘과 탄화칼슘이 각각 물과 반응하였을 때 발생하는 가스를 차례대로 옳게 나열한 것은?

① 포스겐, 아세틸렌
② 포스겐, 에틸렌
③ 포스핀, 아세틸렌
④ 포스핀, 에틸렌

해설
물과 반응
- 인화칼슘 $Ca_3P_2 + 6H_2O \rightarrow 3Ca(OH)_2 + 2PH_3$(포스핀)
- 탄화칼슘 $CaC_2 + 2H_2O \rightarrow Ca(OH)_2 + C_2H_2$(아세틸렌)

23 다음 중 옥내저장소에 위험물을 저장하는 제한 높이가 가장 낮은 경우는?

① 기계에 의하여 하역하는 구조로 된 용기만을 겹쳐 쌓는 경우
② 중유를 수납하는 용기만을 겹쳐 쌓는 경우
③ 아마인유를 수납하는 용기만을 겹쳐 쌓는 경우
④ 적린을 수납하는 용기만을 겹쳐 쌓는 경우

해설
옥내저장소와 옥외저장소에 저장 시 높이(아래 높이를 초과하지 말 것)
- 기계에 의하여 하역하는 구조로 된 용기만을 겹쳐 쌓는 경우 : 6[m]
- 제4류 위험물 중 제3석유류, 제4석유류, 동식물유류를 수납하는 용기만을 겹쳐 쌓는 경우 : 4[m]
- 그 밖의 경우(특수인화물, 제1석유류, 제2석유류, 알코올류, 타류) : 3[m]

> 중유 : 제3석유류, 아마인유 : 동식물유류(건성유), 적린 : 제2류 위험물

24 다음 중 1기압에 가장 가까운 값을 갖는 것은?

① 760[cmHg]
② 101.3[Pa]
③ 29.92[psi]
④ 1,033.2[cmH$_2$O]

해설
1[atm] = 76[cmHg] = 10.332[mH$_2$O] = 1,033.2[cmH$_2$O] = 1.0332[kg$_f$/cm^2] = 101.325[kPa]
= 101,325[Pa] = 14.7[psi] = 29.92[inHg]

25 과산화벤조일(벤조일퍼옥사이드)의 화학식을 옳게 나타낸 것은?

① CH_3ONO_2
② $(CH_3COC_2H_5)_2O_2$
③ $(CH_3CO)_2O_2$
④ $(C_6H_5CO)_2O_2$

해설

제5류 위험물의 화학식

종 류	CH_3ONO_2	$(CH_3COC_2H_5)_2O_2$	$(CH_3CO)_2O_2$	$(C_6H_5CO)_2O_2$
구 분	질산메틸	과산화메틸에틸케톤	아세틸퍼옥사이드	과산화벤조일
품 명	질산에스터류	유기과산화물(제2종)	유기과산화물(제2종)	유기과산화물(제2종)

26 다음의 물질 중 제2류 위험물에 해당하는 것은 모두 몇 개인가?

> 황화인, 칼륨, 알루미늄의 탄화물, 황린, 금속의 수소화물, 코발트분, 황, 무기과산화물, 고형알코올

① 2
② 3
③ 4
④ 5

해설

위험물의 분류
- 제1류 위험물 : 무기과산화물
- 제2류 위험물 : 황화인, 코발트분, 황, 인화성 고체(고형알코올)
- 제3류 위험물 : 칼륨, 알루미늄의 탄화물, 황린, 금속의 수소화물

27 산화프로필렌에 대한 설명 중 틀린 것은?

① 무색의 휘발성 액체이다.
② 증기의 비중은 공기보다 작다.
③ 인화점은 약 −37[℃]이다.
④ 비점은 약 35[℃]이다.

해설

증기는 공기보다 2배(58/29 = 2.0) 무겁다.

정답 25 ④ 26 ③ 27 ②

28 완공검사의 신청시기에 대한 설명으로 옳은 것은?

① 이동탱크저장소는 이동저장탱크의 제작 중에 신청한다.
② 이송취급소에서 지하에 매설하는 이송배관공사의 경우는 전체의 이송배관공사를 완료한 후에 신청한다.
③ 지하탱크가 있는 제조소 등은 해당 지하탱크를 매설한 후에 신청한다.
④ 이송취급소에서 하천에 매설하는 이송배관의 공사의 경우에는 이송배관을 매설하기 전에 신청한다.

해설

제조소 등의 완공검사 신청시기(시행규칙 제20조)

① 지하탱크가 있는 제조소 등의 경우 : 해당 지하탱크를 매설하기 전
② 이동탱크저장소의 경우 : 이동저장탱크를 완공하고 상시설치장소(상치장소)를 확보한 후
③ 이송취급소의 경우 : 이송배관공사의 전체 또는 일부를 완료한 후. 다만, 지하·하천 등에 매설하는 이송배관의 공사의 경우에는 이송배관을 매설하기 전
④ 전체 공사가 완료된 후에는 완공검사를 실시하기 곤란한 경우 : 다음에서 정하는 시기
  ㉠ 위험물설비 또는 배관의 설치가 완료되어 기밀시험 또는 내압시험을 실시하는 시기
  ㉡ 배관을 지하에 설치하는 경우에는 시·도지사, 소방서장 또는 기술원이 지정하는 부분을 매몰하기 직전
  ㉢ 기술원이 지정하는 부분의 비파괴시험을 실시하는 시기
⑤ ① 내지 ④에 해당하지 않는 제조소 등의 경우 : 제조소 등의 공사를 완료한 후

29 위험물안전관리법령에 관한 내용으로 다음 괄호 안에 알맞은 수치를 차례대로 나타낸 것은?

> 옥내저장소에서 동일 품명의 위험물이더라도 자연발화할 우려가 있는 위험물 또는 재해가 현저하게 증대할 우려가 있는 위험물을 다량 저장하는 경우에는 지정수량의 (   )배 이하마다 구분하여 상호 간 (   )[m] 이상의 간격을 두어 저장해야 한다.

① 10, 0.3   ② 10, 1   ③ 100, 0.3   ④ 100, 1

해설

옥내저장소에서 동일 품명의 위험물이더라도 자연발화할 우려가 있는 위험물 또는 재해가 현저하게 증대할 우려가 있는 위험물을 다량 저장하는 경우에는 **지정수량의 10배 이하**마다 구분하여 상호 간 **0.3[m] 이상**의 간격을 두어 저장해야 한다.

30 주유취급소 설치자가 변경허가를 받지 않고 주유취급소의 방화담 중 도로에 접한 부분을 철거한 사실이 기술기준에 부적합하여 적발된 경우에 위험물안전관리법상 조치사항으로 가장 적합한 것은?

① 변경허가 위반행위에 따른 형사처벌 행정처분 및 복구명령을 병과한다.
② 변경허가 위반행위에 따른 행정처분 및 복구명령을 병과한다.
③ 변경허가 위반행위에 따른 형사처벌 및 복구명령을 병과한다.
④ 변경허가 위반행위에 따른 형사처벌 및 행정처분을 병과한다.

해설
주유취급소 설치자가 변경허가를 받지 않고 제조소를 변경한 자
- 1,500만원 이하의 벌금 : 형사처벌
- 행정처분

차 수	1차	2차	3차
행정처분기준	경고 또는 사용정지 15일	사용정지 60일	허가취소

- 형사처벌과 행정처분을 받고 복구를 해야 한다.

31 알칼리금속의 원자반지름 크기를 큰 순서대로 나타낸 것은?

① Li > Na > K
② K > Na > Li
③ Na > Li > K
④ K > Li > Na

해설
원자번호(괄호 안의 숫자)가 증가함에 따라 융점과 비점은 낮고 원자반지름은 증가한다.

원자반지름 : K(19) > Na(11) > Li(3)

32 유량을 측정하는 계측기구가 아닌 것은?

① 오리피스미터
② 마노미터
③ 로터미터
④ 벤투리미터

해설
유량측정장치 : 오리피스미터, 벤투리미터, 로터미터

마노미터 : 압력측정장치

정답 30 ① 31 ② 32 ②

33 다음 중 지정수량이 가장 작은 것은?

① 다이크로뮴산염류　　　　② 철 분
③ 인화성 고체　　　　　　　④ 질산염류

해설
지정수량

종 류	다이크로뮴산염류	철 분	인화성 고체	질산염류
유 별	제1류 위험물	제2류 위험물	제2류 위험물	제1류 위험물
지정수량	1,000[kg]	500[kg]	1,000[kg]	300[kg]

34 위험물의 운반에 관한 기준에서 정한 유별을 달리하는 위험물의 혼재 기준에 따르면 1가지 다른 유별의 위험물과만 혼재가 가능한 위험물은?(단, 지정수량의 1/10을 초과하는 경우이다)

① 제1류　　② 제2류　　③ 제4류　　④ 제5류

해설
운반 시 혼재 가능 유별
- 제1류 위험물 + 제6류 위험물
- 제3류 위험물 + 제4류 위험물
- 제5류 위험물 + 제2류 위험물 + 제4류 위험물

35 위험물안전관리법상 위험등급 I 에 속하면서 제5류 위험물인 것은?

① $(C_6H_5CO)_2O_2$　　　　② $C_6H_2CH_3(NO_2)_3$
③ $C_6H_4(NO)_2$　　　　　④ $N_2H_4 \cdot HCl$

해설
제5류 위험물의 위험등급

종 류	$(C_6H_5CO)_2O_2$	$C_6H_2CH_3(NO_2)_3$	$C_6H_4(NO)_2$	$N_2H_4 \cdot HCl$
명 칭	과산화벤조일	TNT	파라다이나이트로소벤젠	염산하이드라진
위험등급	II	I	II	II

33 ④　34 ①　35 ②

36 옥외탱크저장소를 설치함에 있어서 탱크안전성능검사 중 용접부검사의 대상이 되는 옥외저장탱크를 옳게 설명한 것은?

① 용량이 100만[L] 이상인 액체 위험물 탱크
② 액체 위험물을 저장·취급하는 탱크 중 고압가스 안전관리법에 의한 특정설비에 관한 검사에 합격한 탱크
③ 액체 위험물을 저장·취급하는 탱크 중 산업안전보건법에 따른 안전인증을 받은 탱크
④ 용량에 상관없이 액체 위험물을 저장·취급하는 탱크

해설

탱크안전성능검사의 대상이 되는 탱크 등
- 기초·지반검사 : 옥외탱크저장소의 액체 위험물 탱크 중 그 용량이 100만[L] 이상인 탱크
- 충수(充水)·수압검사 : 액체 위험물을 저장 또는 취급하는 탱크. 다만, 다음에 해당하는 탱크를 제외한다.
  - 제조소 또는 일반취급소에 설치된 탱크로서 용량이 지정수량 미만인 것
  - 고압가스안전관리법 제17조 제1항에 따른 특정설비에 관한 검사에 합격한 탱크
  - 산업안전보건법 제84조 제1항에 따른 안전인증을 받은 탱크
- **용접부검사 : 옥외탱크저장소의 액체 위험물 탱크 중 그 용량이 100만[L] 이상인 탱크**. 다만, 탱크의 저부에 관계된 변경공사(탱크의 옆판과 관련되는 공사를 포함하는 것을 제외한다) 시에 행하여진 법 제18조 제3항의 규정에 의한 정기검사에 의하여 용접부에 관한 사항이 행정안전부령으로 정하는 기준에 적합하다고 인정된 탱크를 제외한다.
- 암반탱크검사 : 액체 위험물을 저장 또는 취급하는 암반 내의 공간을 이용한 탱크

37 제2류 위험물로 금속이 덩어리 상태일 때보다 가루상태일 때 연소 위험성이 증가하는 이유가 아닌 것은?

① 유동성의 증가
② 비열의 증가
③ 정전기 발생 위험성 증가
④ 비표면적의 증가

해설

가루상태일 때 연소 위험성 증가요인
- 유동성의 증가
- 정전기 발생 위험성 증가
- 비표면적의 증가

38 인화성 액체 위험물(CS_2는 제외)을 저장하는 옥외탱크저장소에서 방유제의 용량에 대해 다음 괄호 안에 알맞은 수치를 차례대로 나열한 것은?

> 방유제의 용량을 방유제 안에 설치된 탱크가 하나인 때에는 그 탱크용량의 (　)[%] 이상, 2기 이상인 때에는 그 탱크 중 용량이 최대인 것의 용량의 (　)[%] 이상으로 할 것. 이 경우 방유제의 용량은 해당 방유제의 내용적에서 용량이 최대인 탱크 외의 탱크의 방유제 높이 이하부분의 용적, 해당 방유제 내에 있는 모든 탱크의 지반면 이상 부분의 기초의 체적, 간막이 둑의 체적 및 해당 방유제 내에 있는 배관 등의 체적을 뺀 것으로 한다.

① 100, 100　　② 100, 110　　③ 110, 100　　④ 110, 110

해설
위험물옥외탱크저장소의 방유제의 용량
- 탱크 1기일 때 : 탱크용량×1.1(110[%])[비인화성 물질×100[%]] 이상
- 탱크 2기 이상일 때 : 최대 탱크용량×1.1(110[%])[비인화성 물질×100[%]] 이상

39 다음 중 가장 강한 산은?

① $HClO_4$　　② $HClO_3$　　③ $HClO_2$　　④ $HClO$

해설
산의 세기 : $HClO_4 > HClO_3 > HClO_2 > HClO$

40 위험물안전관리법령에 따른 제1류 위험물의 운반 및 위험물제조소 등에서 저장·취급에 관한 기준으로 옳은 것은?(단, 지정수량의 10배인 경우이다)

① 제6류 위험물과는 운반 시 혼재할 수 있으며, 적절한 조치를 취하면 같은 옥내저장소에 저장할 수 있다.
② 제6류 위험물과는 운반 시 혼재할 수 있으나, 같은 옥내저장소에 저장할 수는 없다.
③ 제6류 위험물과는 운반 시 혼재할 수 없으나, 적절한 조치를 취하면 같은 옥내저장소에 저장할 수 있다.
④ 제6류 위험물과는 운반 시 혼재할 수 없으며, 같은 옥내저장소에 저장할 수도 없다.

해설
제1류 위험물와 제6류 위험물은 운반이나 적절한 조치를 취하고 저장을 같이 할 수 있다.

41 제조소 등의 소화설비를 위한 소요단위 산정에 있어서 1소요단위에 해당하는 위험물의 지정수량 배수와 외벽이 내화구조인 제조소의 건축물 연면적을 각각 옳게 나타낸 것은?

① 10배, 100[m²]
② 100배, 100[m²]
③ 10배, 150[m²]
④ 100배, 150[m²]

> **해설**
> **소요단위의 산정기준(시행규칙 별표 17)**
> • 제조소 또는 취급소의 건축물
>   – 외벽이 내화구조 : **연면적 100[m²]를 1소요단위**
>   – 외벽이 내화구조가 아닌 것 : 연면적 50[m²]를 1소요단위
> • 저장소의 건축물
>   – 외벽이 내화구조 : 연면적 150[m²]를 1소요단위
>   – 외벽이 내화구조가 아닌 것 : 연면적 75[m²]를 1소요단위
> • 위험물 : **지정수량의 10배를 1소요단위**

42 열처리작업 등의 일반취급소를 건축물 내에 구획실 단위로 설치하는 데 필요한 요건으로서 옳지 않은 것은?

① 취급하는 위험물의 수량은 지정수량의 30배 미만일 것
② 위험물이 위험한 온도에 이르는 것을 경보할 수 있는 장치를 설치할 것
③ 열처리 또는 방전가공을 위하여 인화점 70[℃] 이상의 제4류 위험물을 취급하는 것일 것
④ 다른 작업장의 용도로 사용되는 부분과의 사이에는 내화구조로 된 격벽을 설치하되, 격벽의 양단 및 상단이 외벽 또는 지붕으로부터 50[cm] 이상 돌출되도록 할 것

> **해설**
> **열처리작업 등의 일반취급소의 특례(시행규칙 별표 16)**
> • 취급하는 위험물의 수량은 지정수량의 30배 미만일 것
> • 위험물이 위험한 온도에 이르는 것을 경보할 수 있는 장치를 설치할 것
> • 열처리작업 또는 방전가공을 위하여 인화점 70[℃] 이상의 제4류 위험물을 취급하는 것일 것

43 이동탱크저장소에 설치하는 방파판의 기능으로 옳은 것은?

① 출렁임 방지
② 유증기 발생의 억제
③ 정전기 발생 제거
④ 파손 시 유출 방지

> **해설**
> **방파판**
> • 기능 : 운전 시 출렁임 방지
> • 두께 : 1.6[mm] 이상의 강철판
> • 하나의 구획부분에 2개 이상의 방파판을 이동탱크저장소의 진행방향과 평행으로 설치하되, 각 방파판은 그 높이 및 칸막이로부터의 거리를 다르게 할 것

44 0.2[N] HCl 500[mL]에 물을 가해 1[L]로 하였을 때 pH는 약 얼마인가?

① 1.0　　　② 1.2　　　③ 1.8　　　④ 2.1

해설

$NV = N'V'$ 에서

$0.2[N] \times 0.5[L] = x \times 1[L]$

$x = 0.1[N]$

∴ pH = $-\log[H^+]$ = log 1 × 10^{-1} = 1 − log1 = 1 − 0 = 1

45 인화점이 0[℃]보다 낮은 물질이 아닌 것은?

① 아세톤　　　② 톨루엔　　　③ 휘발유　　　④ 벤젠

해설

제4류 위험물의 인화점

종류	아세톤	톨루엔	휘발유	벤젠
인화점	−18.5[℃]	4[℃]	−43[℃]	−11[℃]

46 포소화설비의 포방출구 중 고정지붕구조의 탱크에 저부포주입법을 이용하는 것으로서 송포관으로부터 포를 방출하는 방식은?

① Ⅰ형　　　② Ⅱ형　　　③ Ⅲ형　　　④ 특형

해설

포주입방식

- 상부 포주입법 : Ⅰ형, Ⅱ형, 특형
- 하부 포주입법 : Ⅲ형, Ⅳ형

47 과망가니즈산칼륨과 묽은 황산이 반응하였을 때 생성물이 아닌 것은?

① MnO_2　　　② K_2SO_4　　　③ $MnSO_4$　　　④ O_2

해설

과망가니즈산칼륨과 묽은 황산의 반응

$4KMnO_4 + 6H_2SO_4 \rightarrow 2K_2SO_4 + 4MnSO_4 + 6H_2O + 5O_2\uparrow$

과망가니즈산칼륨의 분해반응식 : $2KMnO_4 \rightarrow K_2MnO_4 + MnO_2 + O_2\uparrow$

정답 44 ① 45 ② 46 ③ 47 ①

48 지정수량 이상 위험물의 임시 저장 및 취급기준에 대한 설명으로 옳은 것은?

① 군부대가 군사목적으로 임시로 저장·취급하는 경우에는 180일을 초과하지 못한다.
② 공사장의 경우에는 공사가 끝나는 날까지 저장·취급할 수 있다.
③ 임시 저장·취급기간은 원칙적으로 180일 이내에서 할 수 있다.
④ 임시 저장·취급에 관한 기준은 시·도별로 다르게 정할 수 있다.

해설
위험물 임시 저장 및 취급기준 : 시·도의 조례

49 위험물안전관리법령상 품명이 질산에스터류에 해당하는 것은?

① 피크르산
② 나이트로셀룰로스
③ 트라이나이트로톨루엔
④ 트라이나이트로벤젠

해설
질산에스터류 : 나이트로셀룰로스, 나이트로글리세린, 셀룰로이드

50 메틸에틸케톤에 관한 설명으로 틀린 것은?

① 인화가 용이한 가연성 액체이다.
② 완전 연소 시 메테인과 이산화탄소를 생성한다.
③ 물보다 가벼운 휘발성 액체이다.
④ 증기는 공기보다 무겁다.

해설
메틸에틸케톤($CH_3COC_2H_5$)은 완전 연소하면 이산화탄소와 물이 생성된다.

$$2CH_3COC_2H_5 + 11O_2 \rightarrow 8CO_2 + 8H_2O$$

51 위험물안전관리법령에서 정하는 유별에 따른 위험물의 성질에 해당하지 않는 것은?

① 산화성 고체   ② 산화성 액체   ③ 가연성 고체   ④ 가연성 액체

해설
위험물의 성질

유 별	제1류	제2류	제3류	제4류	제5류	제6류
성 질	산화성 고체	가연성 고체	자연발화성 및 금수성 물질	인화성 액체	자기반응성 물질	산화성 액체

정답 48 ④ 49 ② 50 ② 51 ④

52 위험물 탱크의 공간용적에 관한 기준에 대해 다음 괄호 안에 알맞은 수치는?

> 암반탱크에 있어서는 해당 탱크 내에 용출하는 (   )일간의 지하수의 양에 상당하는 용적과 해당 탱크의 내용적의 100분의 (   )의 용적 중에서 보다 큰 용적을 공간용적으로 한다.

① 7, 1 ② 7, 5 ③ 10, 1 ④ 10, 5

해설
암반탱크에 있어서는 해당 탱크 내에 용출하는 7일간의 지하수의 양에 상당하는 용적과 해당 탱크의 내용적의 1/100의 용적 중에서 보다 큰 용적을 공간용적으로 한다.

53 CH_3CHO에 대한 설명으로 옳지 않은 것은?

① 끓는점이 상온(25[℃]) 이하이다.
② 완전 연소 시 이산화탄소와 물이 생성된다.
③ 은, 수은과 반응하면 폭발성 물질을 생성한다.
④ 에틸알코올을 환원시키거나 아세트산을 산화시켜 제조한다.

해설
에틸알코올을 산화하면 아세트알데하이드가 되고 다시 산화하면 아세트산이 된다.

54 위험물시설에 설치하는 소화설비와 특성 등에 관한 설명 중 위험물 관련 법규내용에 적합한 것은?

① 제4류 위험물을 저장하는 옥외저장탱크에 포소화설비를 설치하는 경우에는 이동식으로 할 수 있다.
② 옥내소화전설비·스프링클러설비 및 이산화탄소소화설비의 배관은 전용으로 하되 예외규정이 있다.
③ 옥내소화전설비와 옥외소화전설비는 동결방지조치가 가능한 장소라면 습식으로 설치해야 한다.
④ 물분무소화설비와 스프링클러설비의 기동장치에 관한 설치 기준은 그 내용이 동일하지 않다.

해설
옥내소화전설비와 옥외소화전설비는 습식(배관 내에 상시 충수되어 있고 가압송수장치의 기동에 의하여 즉시 방수가능한 방법을 말한다)으로 하고 동결방지조치를 할 것. 다만, 동결방지조치가 곤란한 경우에는 습식 외의 방식으로 할 수 있다.

55 축의 완성지름, 철사의 인장강도, 아스피린 순도와 같은 데이터를 관리하는 가장 대표적인 관리도는?

① C관리도
② nP관리도
③ U관리도
④ $\bar{x}$ – R관리도

해설
$\bar{x}$ – R관리도 : 축의 완성지름, 철사의 인장강도, 아스피린 순도와 같은 데이터를 관리하는 가장 대표적인 관리도이다.

56 로트의 크기가 시료의 크기에 비해 10배 이상 클 때, 시료의 크기와 합격판정개수를 일정하게 하고 로트의 크기를 증가시킬 경우 검사특성곡선의 모양 변화에 대한 설명으로 가장 적절한 것은?

① 무한대로 커진다.
② 별로 영향을 미치지 않는다.
③ 샘플링검사의 판별 능력이 매우 좋아진다.
④ 검사특성곡선의 기울기 경사가 급해진다.

해설
시료의 크기와 합격판정개수를 일정하게 하고 로트의 크기를 증가시킬 경우 검사특성곡선 모양은 **별로 영향을 미치지 않는다.**

57 작업시간 측정방법 중 직접측정법은?

① PTS법
② 경험견적법
③ 표준자료법
④ 스톱워치법

해설
작업시간연구법
- 스톱워치법(Stop Watch Study) : 작업자에 대한 심리적 영향을 가장 많이 주는 작업측정의 기법
- 필름분석법
- VTR분석법
- 컴퓨터분석법

정답 55 ④ 56 ② 57 ④

58 준비작업시간 100분, 개당 정미작업시간 15분, 로트 크기 20일 때 1개당 소요작업시간은 얼마인가?(단, 여유시간은 없다고 가정한다)

① 15분   ② 20분   ③ 35분   ④ 45분

해설

소요작업시간 $= \dfrac{100[\min]}{20} + 15[\min] = 20[\min]$

59 소비자가 요구하는 품질로서 설계와 판매정책에 반영되는 품질을 의미하는 것은?

① 시장품질   ② 설계품질   ③ 제조품질   ④ 스톱워치법

해설

시장품질은 소비자가 요구하는 품질로서 설계와 판매정책에 반영되는 품질을 의미하는 것이다.

60 다음 중 샘플링검사보다 전수검사를 실시하는 것이 유리한 경우는?

① 검사항목이 많은 경우
② 파괴검사를 해야 하는 경우
③ 품질특성치가 치명적인 결점을 포함하는 경우
④ 다수 다량의 것으로 어느 정도 부적합품이 섞여도 괜찮을 경우

해설

샘플링검사는 로트에서 몇 개를 검사하고, 전수검사는 100[%]를 검사하므로 품질특성치가 치명적인 결점을 포함하는 경우에는 전수검사가 유리하다.
- 샘플링검사 : 로트로부터 시료를 샘플링해서 조사하고, 그 결과를 로트의 판정기준과 대조하여 그 로트의 합격, 불합격을 판정하는 검사
- 전수검사 : 검사를 위하여 제출된 제품 하나 하나에 대한 시험 또는 측정하여 합격과 불합격을 분류하는 검사 (100[%] 검사)

2013년 4월 14일 시행 과년도 기출문제

01 3.65[kg]의 염화수소 중에는 HCl 분자가 몇 개 있는가?

① 6.02×10^{23}
② 6.02×10^{24}
③ 6.02×10^{25}
④ 6.02×10^{26}

해설
염산 1[mol](36.5[g])이 가지고 있는 분자는 6.0238×10^{23}이므로
3,650[g]/36.5 = 100[mol]이므로
$100 \times 6.0238 \times 10^{23} = 6.02 \times 10^{25}$

02 다음 중 물과 접촉해도 위험하지 않은 물질은?

① 과산화나트륨
② 과염소산나트륨
③ 마그네슘
④ 알킬알루미늄

해설
물과 접촉
- 과산화나트륨 : $2Na_2O_2 + 2H_2O \rightarrow 4NaOH + O_2\uparrow + 발열$
- 과염소산나트륨 : 물에 녹는다.
- 마그네슘 : $Mg + 2H_2O \rightarrow Mg(OH)_2 + H_2\uparrow$
- 알킬알루미늄
  - 트라이에틸알루미늄 : $(C_2H_5)_3Al + 3H_2O \rightarrow Al(OH)_3 + 3C_2H_6\uparrow$
  - 트라이메틸알루미늄 : $(CH_3)_3Al + 3H_2O \rightarrow Al(OH)_3 + 3CH_4\uparrow$

정답 01 ③ 02 ②

03 그림과 같은 예혼합화염 구조의 개략도에서 중간 생성물의 농도 곡선은?

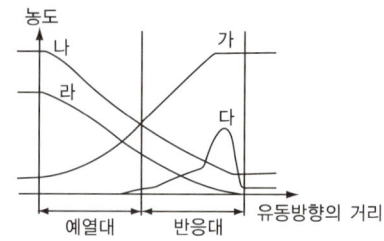

① 가
② 나
③ 다
④ 라

> **해설**
> • 곡선 '가' : 최초 생성물 농도
> • 곡선 '나' : 산화제 농도
> • 곡선 '다' : 중간 생성물 농도
> • 곡선 '라' : 가연성 기체 농도

04 다음 중 비중이 가장 작은 금속은?

① 마그네슘
② 알루미늄
③ 지르코늄
④ 아 연

> **해설**
> **금속의 비중**
>
> | 종 류 | 마그네슘 | 알루미늄 | 지르코늄 | 아 연 |
> |---|---|---|---|---|
> | 비 중 | 1.74 | 2.7 | 6.52 | 7.0 |

05 위험물안전관리법령상 소화설비의 적응성에서 제6류 위험물을 저장 또는 취급하는 제조소 등에 설치할 수 있는 소화설비는?

① 인산염류분말소화설비
② 탄산수소염류분말소화설비
③ 불활성가스소화설비
④ 할로젠화합물소화설비

해설
소화설비의 적응성

소화설비의 구분			대상물의 구분	건축물·그 밖의 공작물	전기설비	제1류 위험물		제2류 위험물			제3류 위험물		제4류 위험물	제5류 위험물	제6류 위험물
						알칼리금속과산화물 등	그 밖의 것	철분·금속분·마그네슘등	인화성 고체	그 밖의 것	금수성 물품	그 밖의 것			
옥내소화전설비 또는 옥외소화전설비				○			○		○	○		○		○	○
스프링클러설비				○			○		○	○		○	△	○	○
물분무등소화설비	물분무소화설비			○	○		○		○	○		○	○	○	○
	포소화설비			○			○		○	○		○	○	○	○
	불활성가스소화설비				○				○				○		
	할로젠화합물소화설비				○				○				○		
	분말소화설비	인산염류 등		○	○		○		○	○			○		○
		탄산수소염류 등			○	○		○	○		○		○		
		그 밖의 것				○		○			○				
대형·소형수동식소화기	봉상수(棒狀水)소화기			○			○		○	○		○		○	○
	무상수(霧狀水)소화기			○	○		○		○	○		○		○	○
	봉상강화액소화기			○			○		○	○		○		○	○
	무상강화액소화기			○	○		○		○	○		○	○	○	○
	포소화기			○			○		○	○		○	○	○	○
	이산화탄소소화기				○				○				○		△
	할로젠화합물소화기				○				○				○		
	분말소화기	인산염류소화기		○	○		○		○	○			○		○
		탄산수소염류소화기			○	○		○	○		○		○		
		그 밖의 것				○		○			○				
기타	물통 또는 수조			○			○		○	○		○		○	○
	건조사					○	○	○	○	○	○	○	○	○	○
	팽창질석 또는 팽창진주암					○	○	○	○	○	○	○	○	○	○

정답 05 ①

06 수소화리튬의 위험성에 대한 설명 중 틀린 것은?

① 물과 실온에서 격렬히 반응하여 수소를 발생하므로 위험하다.
② 공기와 접촉하면 자연발화의 위험이 있다.
③ 피부와 접촉 시 화상의 위험이 있다.
④ 고온으로 가열하면 수산화리튬과 수소를 발생하므로 위험하다.

해설
수소화리튬은 물과 반응하면 수산화리튬과 수소를 발생한다.

$$LiH + H_2O \rightarrow LiOH + H_2 \uparrow$$

07 옥외탱크저장소에 보냉장치 및 불연성 가스 봉입장치를 설치해야 되는 위험물은?

① 아세트알데하이드
② 이황화탄소
③ 생석회
④ 염소산나트륨

해설
옥외저장탱크 · 옥내저장탱크 · 지하저장탱크 또는 이동저장탱크에 새롭게 아세트알데하이드 등을 주입하는 때에는 미리 해당 탱크 안의 공기를 불활성기체와 치환하여 둘 것

08 위험물안전관리법령상 유기과산화물을 함유하는 것 중에서 불활성 고체를 함유하는 것으로서 다음에 해당하는 것은 위험물에서 제외한다. 괄호 안에 알맞은 수치는?

> 과산화벤조일의 함유량이 (   )[wt%] 미만인 것으로서 전분가루, 황산칼슘2수화물 또는 인산수소칼슘2수화물과의 혼합물

① 30
② 35.5
③ 40.5
④ 50

해설
유기과산화물을 함유하는 것 중에서 불활성 고체를 함유하는 것으로서 제외대상(시행령 별표 1)
- 과산화벤조일의 함유량이 **35.5[wt%] 미만**인 것으로서 전분가루, 황산칼슘2수화물 또는 인산수소칼슘2수화물과의 혼합물
- 비스(4-클로로벤조일)퍼옥사이드의 함유량이 **30[wt%] 미만**인 것으로서 불활성 고체와의 혼합물
- 과산화다이쿠밀의 함유량이 **40[wt%] 미만**인 것으로서 불활성 고체와의 혼합물
- 1・4비스(2-터셔리부틸퍼옥시아이소프로필)벤젠의 함유량이 **40[wt%] 미만**인 것으로서 불활성 고체와의 혼합물
- 사이클로헥사온퍼옥사이드의 함유량이 **30[wt%] 미만**인 것으로서 불활성 고체와의 혼합물

09 소화난이도 등급 I 의 제조소 등 중 옥내탱크저장소의 규모에 대한 설명이 옳은 것은?

① 액체 위험물을 저장하는 위험물의 액표면적이 20[m²] 이상인 것
② 바닥면으로부터 탱크 옆판의 상단까지 높이가 6[m] 이상인 것(제6류 위험물을 저장하는 것 및 고인화점위험물만을 100[℃] 미만의 온도에서 저장하는 것은 제외)
③ 액체 위험물을 저장하는 단층건물 외의 건축물에 있는 것으로서 인화점이 40[℃] 이상 70[℃] 미만의 위험물은 지정수량의 40배 이상 저장 또는 취급하는 것
④ 고체 위험물을 지정수량의 150배 이상 저장 또는 취급하는 것

해설
소화난이도 등급 I 에 해당하는 제조소 등(시행규칙 별표 17)

제조소 등의 구분	제조소 등의 규모, 저장 또는 취급하는 위험물의 품명 및 최대수량 등
옥내저장소	지정수량의 150배 이상인 것(고인화점위험물만을 저장하는 것 및 제48조의 위험물을 저장하는 것은 제외)
	연면적 150[m²]를 초과하는 것(150[m²] 이내마다 불연재료로 개구부 없이 구획된 것 및 인화성 고체 외의 제2류 위험물 또는 인화점 70[℃] 이상의 제4류 위험물만을 저장하는 것은 제외)
	처마높이가 6[m] 이상인 단층건물의 것
	옥내저장소로 사용되는 부분 외의 부분이 있는 건축물에 설치된 것(내화구조로 개구부 없이 구획된 것 및 인화성 고체 외의 제2류 위험물 또는 인화점 70[℃] 이상의 제4류 위험물만을 저장하는 것은 제외)
주유취급소	별표 13 V 제2호에 따른 면적의 합이 500[m²]를 초과하는 것
옥외탱크저장소	액표면적이 40[m²] 이상인 것(제6류 위험물을 저장하는 것 및 고인화점위험물만을 100[℃] 미만의 온도에서 저장하는 것은 제외)
	지반면으로부터 탱크 옆판의 상단까지 높이가 6[m] 이상인 것(제6류 위험물을 저장하는 것 및 고인화점위험물만을 100[℃] 미만의 온도에서 저장하는 것은 제외)
	지중탱크 또는 해상탱크로서 지정수량의 100배 이상인 것(제6류 위험물을 저장하는 것 및 고인화점위험물만을 100[℃] 미만의 온도에서 저장하는 것은 제외)
	고체 위험물을 저장하는 것으로서 지정수량의 100배 이상인 것
옥내탱크저장소	**액표면적이 40[m²] 이상인 것(제6류 위험물을 저장하는 것 및 고인화점위험물만을 100[℃] 미만의 온도에서 저장하는 것은 제외)**
	바닥면으로부터 탱크 옆판의 상단까지 높이가 6[m] 이상인 것(제6류 위험물을 저장하는 것 및 고인화점위험물만을 100[℃] 미만의 온도에서 저장하는 것은 제외)
	탱크전용실이 단층건물 외의 건축물에 있는 것으로서 인화점 38[℃] 이상 70[℃] 미만의 위험물을 지정수량의 5배 이상 저장하는 것(내화구조로 개구부 없이 구획된 것은 제외)
옥외저장소	덩어리 상태의 황을 저장하는 것으로서 경계표시 내부의 면적(2 이상의 경계표시가 있는 경우에는 각 경계표시의 내부의 면적을 합한 면적)이 100[m²] 이상인 것
	별표 11 Ⅲ의 위험물을 저장하는 것으로서 지정수량의 100배 이상인 것
암반탱크저장소	액표면적이 40[m²] 이상인 것(제6류 위험물을 저장하는 것 및 고인화점위험물만을 100[℃] 미만의 온도에서 저장하는 것은 제외)
	고체 위험물을 저장하는 것으로서 지정수량의 100배 이상인 것
이송취급소	모든 대상

정답 09 ②

10 제조소 등에서의 위험물 저장의 기준에 관한 설명 중 틀린 것은?

① 제3류 위험물 중 황린과 금수성 물질은 동일한 저장소에서 저장하여도 된다.
② 옥내저장소에서 재해가 현저하게 증대할 우려가 있는 위험물을 다량 저장하는 경우에는 지정수량의 10배 이하마다 구분하여 상호 간 0.3[m] 이상의 간격을 두어 저장해야 한다.
③ 옥내저장소에서는 용기에 수납하여 저장하는 위험물의 온도가 55[℃]를 넘지 않도록 필요한 조치를 강구해야 한다.
④ 컨테이너식 이동탱크저장소 외의 이동탱크저장소에 있어서는 위험물을 저장한 상태로 이동저장탱크를 옮겨 싣지 않아야 한다.

해설
옥내저장소 또는 **옥외저장소**에 있어서 **유별을 달리하는 위험물을 동일한 저장소**에 저장할 수 없는데 **1[m] 이상 간격**을 두고 아래 유별을 저장할 수 있다.
- 제1류 위험물(알칼리금속의 과산화물은 제외)과 제5류 위험물을 저장하는 경우
- 제1류 위험물과 제6류 위험물을 저장하는 경우
- 제1류 위험물과 제3류 위험물 중 자연발화성 물질(황린에 한함)을 저장하는 경우
- 제2류 위험물 중 인화성 고체와 제4류 위험물을 저장하는 경우
- 제3류 위험물 중 알킬알루미늄 등과 제4류 위험물(알킬알루미늄 또는 알킬리튬을 함유한 것에 한함)을 저장하는 경우
- 제4류 위험물 중 유기과산화물과 제5류 위험물 중 유기과산화물을 저장하는 경우

> 제3류 위험물 중 황린 그 밖에 물속에 저장하는 물품과 금수성 물질은 동일한 저장소에서 저장하지 않아야 한다(중요기준).

11 과망가니즈산칼륨의 일반적인 성상에 관한 설명으로 틀린 것은?

① 단맛이 나는 무색의 결정성 분말이다.
② 산화제이고 황산과 접촉하면 격렬하게 반응한다.
③ 비중은 약 2.7이다.
④ 살균제, 소독제로 사용한다.

해설
과망가니즈산칼륨은 **흑자색**의 **주상결정**으로 **산화력**과 **살균력**이 **강하다**.

12 다음 물질과 제6류 위험물인 과산화수소와 혼합되었을 때 결과가 다른 하나는?

① 인산나트륨
② 이산화망가니즈
③ 요 소
④ 인 산

해설
과산화수소는 아이오딘화칼륨이나 이산화망가니즈(MnO_2)를 촉매로 하면 분해가 빠르고 촉매가 없으면 분해가 느리다.

13 273[℃]에서 기체의 부피가 4[L]이다. 같은 압력에서 25[℃]일 때의 부피는 약 몇 [L]인가?

① 0.5   ② 2.2   ③ 3   ④ 4

해설
샤를의 법칙을 적용하면

$$V_2 = V_1 \times \frac{T_2}{T_1}$$

∴ $V_2 = V_1 \times \dfrac{T_2}{T_1} = 4[\text{L}] \times \dfrac{(273+25)[\text{K}]}{(273+273)[\text{K}]} = 2.18[\text{L}]$

14 다음 중 가연성이면서 폭발성이 있는 물질은?

① 과산화수소   ② 과산화벤조일
③ 염소산나트륨   ④ 과염소산칼륨

해설
가연성이면서 폭발성인 위험물은 제5류 위험물이다.

종류	과산화수소	과산화벤조일	염소산나트륨	과염소산칼륨
유별	제6류 위험물	제5류 위험물	제1류 위험물	제1류 위험물
성상	불연성, 산화성	가연성, 폭발성	불연성, 산화성	불연성, 산화성

15 나머지 셋과 지정수량이 다른 하나는?

① 칼 슘   ② 알킬알루미늄
③ 칼 륨   ④ 나트륨

해설
제3류 위험물의 지정수량

종류	칼 슘	알킬알루미늄	칼 륨	나트륨
품명	알칼리토금속	알킬알루미늄	칼 륨	나트륨
지정수량	50[kg]	10[kg]	10[kg]	10[kg]

16 옥외탱크저장소에 설치하는 높이가 1[m]를 넘는 방유제 및 간막이 둑의 안팎에 설치하는 계단 또는 경사로는 약 몇 [m]마다 설치해야 하는가?

① 20[m]   ② 30[m]   ③ 40[m]   ④ 50[m]

해설
옥외탱크저장소의 계단 및 경사로의 설치 : 50[m]마다 설치

정답 13 ② 14 ② 15 ① 16 ④

17 위험물안전관리법령상 이산화탄소소화기가 적응성이 없는 위험물은?

① 인화성 고체
② 톨루엔
③ 초산메틸
④ 브로민산칼륨

해설
이산화탄소소화기의 적응 유별 : 제2류 위험물(인화성 고체), 제4류 위험물(톨루엔, 초산메틸)

18 제3류 위험물의 종류에 따라 위험물을 수납한 용기에 부착하는 주의사항의 내용에 해당하지 않는 것은?

① 충격주의
② 화기엄금
③ 공기접촉엄금
④ 물기엄금

해설
운반용기의 주의사항
- 제1류 위험물
  - 알칼리금속의 과산화물 : 화기·충격주의, 물기엄금, 가연물접촉주의
  - 그 밖의 것 : 화기·충격주의, 가연물접촉주의
- 제2류 위험물
  - 철분·금속분·마그네슘 : 화기주의, 물기엄금
  - 인화성 고체 : 화기엄금
  - 그 밖의 것 : 화기주의
- **제3류 위험물**
  - **자연발화성 물질 : 화기엄금, 공기접촉엄금**
  - **금수성 물질 : 물기엄금**
- 제4류 위험물 : 화기엄금
- 제5류 위험물 : 화기엄금, 충격주의
- 제6류 위험물 : 가연물접촉주의

19 황린과 적린에 대한 설명 중 틀린 것은?

① 적린은 황린에 비하여 안정하다.
② 비중은 황린이 크며, 녹는점은 적린이 낮다.
③ 적린과 황린은 모두 물에 녹지 않는다.
④ 연소할 때 황린과 적린은 모두 흰 연기를 발생한다.

해설
황린과 적린의 비교

명 칭	융점(녹는점)	비 중
황린(P_4)	44[℃]	1.82
적린(P)	600[℃]	2.2

20 TNT가 분해될 때 발생하는 주요 가스에 해당하지 않는 것은?

① 질 소　　② 수 소　　③ 암모니아　　④ 일산화탄소

> **해설**
> **TNT의 분해반응식**
>
> $$2C_6H_2CH_3(NO_2)_3 \rightarrow 2C + 3N_2\uparrow + 12CO\uparrow + 5H_2\uparrow$$

21 다음 중 서로 혼합하였을 경우 위험성이 가장 낮은 것은?

① 알루미늄분과 황화인　　② 과산화나트륨과 마그네슘분
③ 염소산나트륨과 황　　　④ 나이트로셀룰로스와 에탄올

> **해설**
> **나이트로셀룰로스**(NC)는 **물** 또는 **알코올**(에탄올)로 **습면**시켜 저장한다.

22 Al이 속하는 금속은 무슨 족 계열인가?

① 철 족　　　　② 알칼리금속족
③ 붕소족　　　④ 알칼리토금속족

> **해설**
> **Al(알루미늄)** : 알루미늄족(붕소족)

23 오황화인의 성질에 대한 설명으로 옳은 것은?

① 청색의 결정으로 특이한 냄새가 있다.
② 알코올에는 잘 녹고 이황화탄소에는 잘 녹지 않는다.
③ 수분을 흡수하면 분해한다.
④ 비점은 약 325[℃]이다.

> **해설**
> 오황화인은 **물** 또는 알칼리에 분해하여 **황화수소**와 **인산**이 되고 발생한 황화수소는 산소와 반응하여 아황산가스와 물을 생성한다.
>
> - $P_2S_5 + 8H_2O \rightarrow 5H_2S + 2H_3PO_4$
> - $2H_2S + 3O_2 \rightarrow 2SO_2 + 2H_2O$

정답 20 ③　21 ④　22 ③　23 ③

24 아세톤을 저장하는 옥외저장탱크 중 압력탱크 외의 탱크에 설치하는 대기밸브부착 통기관은 몇 [kPa] 이하의 압력 차이로 작동할 수 있어야 하는가?

① 5　　　　　② 10　　　　　③ 15　　　　　④ 20

> **해설**
> 대기밸브부착 통기관 : 5[kPa] 이하의 압력 차이로 작동할 수 있을 것

25 위험물제조소에 옥내소화전 6개와 옥외소화전 1개를 설치하는 경우 각각에 필요한 최소 수원의 수량을 합한 값은?(단, 위험물제조소는 단층 건축물이다)

① 7.8[m³]
② 13.5[m³]
③ 21.3[m³]
④ 52.5[m³]

> **해설**
> **수 원**
> • 옥내소화전의 수원 = 소화전의 수(최대 5개) × 7.8[m³] = 5 × 7.8[m³] = 39[m³]
> • 옥외소화전의 수원 = 소화전의 수(최대 4개) × 13.5[m³] = 1 × 13.5[m³] = 13.5[m³]
> ∴ 총 수원의 양 = 39 + 13.5 = 52.5[m³]

26 과산화마그네슘에 대한 설명으로 옳은 것은?

① 갈색 분말로 시판품은 함량이 80~90[%] 정도이다.
② 물에 잘 녹지 않는다.
③ 산에 녹아 산소를 발생한다.
④ 소화방법은 냉각소화가 효과적이다.

> **해설**
> **과산화마그네슘**
> • 백색 분말로서 화학식은 MgO_2이다.
> • 물에는 녹지 않는다.
> • 시판품은 15~20[%]의 MgO_2를 함유한다.
> • 습기나 물에 의하여 활성 산소를 방출한다.

27 시료를 가스화시켜 분리관 속에 운반기체(Carrier Gas)와 같이 주입하고 분리관(컬럼) 내에서 체류하는 시간의 차이에 따라 정성, 정량하는 기기분석은?

① FT-IR
② GC
③ UV-vis
④ XRD

> **해설**
> **GC(Gas Chromatography)** : 시료를 가스화시켜 분리관 속에 운반기체(Carrier Gas)와 같이 주입하고 분리관(컬럼) 내에서 체류하는 시간의 차이에 따라 정성, 정량하는 기기분석

28 위험물안전관리법령상 지정수량이 100[kg]이 아닌 것은?

① 적린
② 철분
③ 황
④ 황화인

해설
철분의 지정수량 : 500[kg]

29 산화성 고체 위험물의 일반적인 성질로 옳은 것은?

① 불연성이며 다른 물질을 산화시킬 수 있는 산소를 많이 함유하고 있으며 강한 환원제이다.
② 가연성이며 다른 물질을 연소시킬 수 있는 염소를 함유하고 있으며 강한 산화제이다.
③ 불연성이며 다른 물질을 산화시킬 수 있는 산소를 많이 함유하고 있으며 강한 산화제이다.
④ 불연성이며 다른 물질을 연소시킬 수 있는 수소를 많이 함유하고 있으며 강한 환원성이다.

해설
산화성 고체(제1류 위험물) : 불연성이며 다른 물질을 산화시킬 수 있는 산소를 많이 함유하고 있는 강한 산화제

30 위험물의 취급 중 제조에 관한 기준으로 다음 사항을 유의해야 하는 공정은?

"위험물을 취급하는 설비의 내부압력의 변동 등에 의하여 액체 또는 증기가 새지 않도록 해야 한다."

① 증류공정
② 추출공정
③ 건조공정
④ 분쇄공정

해설
위험물의 취급 중 제조에 관한 기준
- 증류공정 : 위험물을 취급하는 설비의 내부압력의 변동 등에 의하여 액체 또는 증기가 새지 않도록 할 것
- 추출공정 : 추출관의 내부압력이 비정상으로 상승하지 않도록 할 것
- 건조공정 : 위험물의 온도가 부분적으로 상승하지 않는 방법으로 가열 또는 건조할 것
- 분쇄공정 : 위험물의 분말이 현저하게 부유하고 있거나 위험물의 분말이 현저하게 기계·기구 등에 부착하고 있는 상태로 그 기계·기구를 취급하지 않을 것

정답 28 ② 29 ③ 30 ①

31 나이트로셀룰로스에 대한 설명으로 옳지 않은 것은?

① 셀룰로스를 진한 황산과 질산으로 반응시켜 만들 수 있다.
② 품명이 나이트로화합물이다.
③ 질화도가 낮은 것보다 높은 것이 더 위험하다.
④ 수분을 함유하면 위험성이 감소된다.

해설
나이트로셀룰로스 : 질산에스터류

32 제3류 위험물에 대한 설명으로 옳지 않은 것은?

① 탄화알루미늄은 물과 반응하여 에테인 가스를 발생한다.
② 칼륨은 물과 반응하여 발열반응을 일으키며 수소가스를 발생한다.
③ 황린이 공기 중에서 자연발화하여 오산화인이 발생된다.
④ 탄화칼슘이 물과 반응하여 발생하는 가스의 연소범위는 2.5~81[%]이다.

해설
탄화알루미늄은 물과 반응하면 수산화알루미늄과 메테인 가스를 발생한다.

$$Al_4C_3 + 12H_2O \rightarrow 4Al(OH)_3 + 3CH_4 \uparrow$$
(수산화알루미늄) (메테인)

33 위험물안전관리법상 제조소 등에 대한 과징금 처분에 관한 설명으로 옳은 것은?

① 제조소 등의 관계인이 허가취소에 해당하는 위법행위를 한 경우 허가취소가 이용자에게 심한 불편을 주거나 공익을 해칠 우려가 있는 경우 허가취소처분에 갈음하여 2억원 이하의 과징금을 부과할 수 있다.
② 제조소 등의 관계인이 사용정지에 해당하는 위법행위를 한 경우 사용정지가 이용자에게 심한 불편을 주거나 공익을 해칠 우려가 있는 경우 사용정지처분에 갈음하여 2억원 이하의 과징금을 부과할 수 있다.
③ 제조소 등의 관계인이 허가취소에 해당하는 위법행위를 한 경우 허가취소가 이용자에게 심한 불편을 주거나 공익을 해칠 우려가 있는 경우 허가취소처분에 갈음하여 5억원 이하의 과징금을 부과할 수 있다.
④ 제조소 등의 관계인이 사용정지에 해당하는 위법행위를 한 경우 사용정지가 이용자에게 심한 불편을 주거나 공익을 해칠 우려가 있는 경우 사용정지처분에 갈음하여 5억원 이하의 과징금을 부과할 수 있다.

해설
시·도지사는 제조소 등의 관계인이 사용정지에 해당하는 위법행위를 한 경우 사용정지가 이용자에게 심한 불편을 주거나 공익을 해칠 우려가 있는 경우 사용정지처분에 갈음하여 2억원 이하의 과징금을 부과할 수 있다.

34 특정옥외저장탱크 구조기준 중 필렛용접의 사이즈(S[mm])를 구하는 식으로 옳은 것은?(단, t_1 : 얇은 쪽의 강판의 두께[mm], t_2 : 두꺼운 쪽의 강판의 두께[mm]이며, $S \geq 4.5$이다)

① $t_1 \geq S \geq t_2$
② $t_1 \geq S \geq \sqrt{2t_2}$
③ $\sqrt{2t_1} \geq S \geq t_2$
④ $t_1 \geq S \geq 2t_2$

해설
필렛용접의 사이즈(부등사이즈가 되는 경우에는 작은 쪽의 사이즈) 공식

$$t_1 \geq S \geq \sqrt{2t_2} \text{ (단, } S \geq 4.5\text{)}$$

여기서, t_1 : 얇은 쪽의 강판의 두께[mm] t_2 : 두꺼운 쪽의 강판의 두께[mm]
       S : 사이즈[mm]

35 0.4[N] HCl 500[mL]에 물을 가해 1[L]로 하였을 때 pH는 약 얼마인가?

① 0.7
② 1.2
③ 1.8
④ 2.1

해설
$NV = N'V'$
0.4[N] × 0.5[L] = x × 1[L]
∴ x = 0.2[N]
pH를 구하면
∴ pH = $-\log[H^+]$ = $-\log[2 \times 10^{-1}]$ = $1 - \log 2$ = $1 - 0.3$ = 0.7

36 다음 금속원소 중 비점이 가장 높은 것은?

① 리 튬
② 나트륨
③ 칼 륨
④ 루비듐

해설
비 점

종 류	리 튬	나트륨	칼 륨	루비듐
비 점	1,336[℃]	880[℃]	774[℃]	688[℃]

정답 34 ② 35 ① 36 ①

37 위험성 평가기법을 정량적 평가기법과 정성적 평가기법으로 구분할 때 다음 중 그 성격이 다른 하나는?

① HAZOP　　　　　　　　② FTA
③ ETA　　　　　　　　　④ CCA

해설

공정 위험성 평가방법
- **정성적 위험성 평가**(Hazard Identification Methods)
  - 체크리스트(Check List)
  - 안전성 검토(Safety Review)
  - 작업자 실수 분석(Human Error Analysis, HEA)
  - 예비위험 분석(Preliminary Hazard Analysis, PHA)
  - **위험과 운전 분석(Hazard & Operability Studies, HAZOP)**
  - 이상영향 분석(Failure Mode Effects & Criticality Analysis, FMECA)
  - 상대위험순위 결정(Dow and MondIndices)
  - 사고예상질문 분석(What-If)
- **정량적 위험성 평가**(Hazard Assessment Methods)
  - 결함수 분석(Fault Tree Analysis, **FTA**)
  - 사건수 분석(Event Tree Analysis, **ETA**)
  - 원인-결과 분석(Cause-Consequence Analysis, **CCA**)

38 이동탱크저장소에 의하여 위험물 장거리 운송 시 다음 중 위험물운송자를 2명 이상의 운전자로 해야 하는 경우는?

① 운송책임자를 동승시킨 경우
② 운송위험물이 제2류 위험물인 경우
③ 운송위험물이 질산인 경우
④ 운송 중 2시간 이내마다 20분 이상씩 휴식하는 경우

해설

위험물운송자는 장거리(고속국도에 있어서는 340[km] 이상, 그 밖의 도로에 있어서는 200[km] 이상을 말한다)에 걸치는 운송을 하는 때에는 2명 이상의 운전자로 할 것. 다만, 다음에 해당하는 경우에는 그렇지 않다.
- 운송책임자를 동승시킨 경우
- 운송하는 위험물이 제2류 위험물·제3류 위험물(칼슘 또는 알루미늄의 탄화물과 이것만을 함유한 것에 한한다) 또는 제4류 위험물(특수인화물을 제외한다)인 경우
- 운송 도중에 2시간 이내마다 20분 이상씩 휴식하는 경우

39 내용적이 20,000[L]인 지하저장탱크(소화약제 방출구를 탱크 안의 윗부분에 설치하지 않은 것)를 구입하여 설치하는 경우 최대 몇 [L]까지 저장취급허가를 신청할 수 있는가?

① 18,000[L]
② 19,000[L]
③ 19,800[L]
④ 20,000[L]

해설
허가량 = 용기의 내용적 – 공간용적(5~10[%])
5[%]를 제외하면 20,000[L] × 0.95 = 19,000[L]

40 한 변의 길이는 10[m], 다른 한 변의 길이는 50[m]인 옥내저장소에 자동화재탐지설비를 설치하는 경우 경계구역은 원칙적으로 최소한 몇 개로 해야 하는가?(단, 차동식스포트형감지기를 설치한다)

① 1
② 2
③ 3
④ 4

해설
자동화재탐지설비의 경계구역의 면적은 600[m^2]로 하고 한 변의 길이는 50[m] 이하로 해야 하므로 옥내저장소의 면적은 10[m] × 50[m] = 500[m^2]이다. 경계구역은 1개이다.

41 위험물안전관리법령상 품명이 나머지 셋과 다른 하나는?(단, 수용성과 비수용성은 고려하지 않는다)

① C_6H_5Cl
② $C_6H_5NO_2$
③ $C_2H_4(OH)_2$
④ $C_3H_5(OH)_3$

해설
제4류 위험물의 품명

종 류	C_6H_5Cl	$C_6H_5NO_2$	$C_2H_4(OH)_2$	$C_3H_5(OH)_3$
명 칭	클로로벤젠	나이트로벤젠	에틸렌글라이콜	글리세린
품 명	제2석유류(비수용성)	제3석유류(비수용성)	제3석유류(수용성)	제3석유류(수용성)

정답 39 ② 40 ① 41 ①

42 다음 중 위험물안전관리법령에서 규정하는 이중벽탱크의 종류가 아닌 것은?

① 강제강화플라스틱제 이중벽탱크
② 강화플라스틱제 이중벽탱크
③ 강제 이중벽탱크
④ 강화강판 이중벽탱크

해설
이중벽탱크의 종류(세부기준 제37조~제39조)
- 강제강화플라스틱제 이중벽탱크
- 강화플라스틱제 이중벽탱크
- 강제 이중벽탱크

43 위험물안전관리자에 대한 설명으로 틀린 것은?

① 암반탱크저장소에는 위험물안전관리자를 선임해야 한다.
② 위험물안전관리자가 일시적으로 직무를 수행할 수 없는 경우 대리자를 지정하여 그 직무를 대행하게 해야 한다.
③ 위험물안전관리자와 위험물운송자로 종사하는 자는 신규종사 후 2년마다 1회 실무교육을 받아야 한다.
④ 다수의 제조소 등을 동일인이 설치한 경우 일정한 요건에 따라 1인의 안전관리자를 중복하여 선임할 수 있다.

해설
강습교육 및 안전교육(시행규칙 별표 24)

교육과정	교육대상자	교육시간	교육시기	교육기관
강습교육	안전관리자가 되려는 사람	24시간	최초 선임되기 전	안전원
	위험물운반자가 되려는 사람	8시간	최초 종사하기 전	안전원
	위험물운송자가 되려는 사람	16시간	최초 종사하기 전	안전원
실무교육	안전관리자	8시간 이내	가. 제조소 등의 안전관리자로 선임된 날부터 6개월 이내 나. 가목에 따른 교육을 받은 후 2년마다 1회	안전원
	위험물운반자	4시간	가. 위험물운반자로 종사한 날부터 6개월 이내 나. 가목에 따른 교육을 받은 후 3년마다 1회	안전원
	위험물운송자	8시간 이내	가. 이동탱크저장소의 위험물운송자로 종사한 날부터 6개월 이내 나. 가목에 따른 교육을 받은 후 3년마다 1회	안전원
	탱크시험자의 기술인력	8시간 이내	가. 탱크시험자의 기술인력으로 등록한 날부터 6개월 이내 나. 가목에 따른 교육을 받은 후 2년마다 1회	기술원

44 위험물안전관리법령상 기계에 의하여 하역하는 구조로 된 운반용기 외부에 표시해야 하는 사항이 아닌 것은?(단, 원칙적인 경우에 한하며, UN의 위험물 운송에 관한 권고(RTDG)를 표시한 경우에는 제외한다)

① 겹쳐쌓기 시험하중
② 위험물의 화학명
③ 위험물의 위험등급
④ 위험물의 인화점

해설

기계에 의하여 하역하는 구조로 된 운반용기의 외부에 행하는 표시는 다음의 사항을 포함해야 한다. 다만, UN의 위험물 운송에 관한 권고(RTDG)에 정한 기준 또는 소방청장이 정하여 고시하는 기준에 적합한 표시를 한 경우에는 그렇지 않다.

- **운반용기의 외부 표시사항**
  - 위험물의 품명 · **위험등급 · 화학명** 및 수용성("수용성" 표시는 제4류 위험물로서 수용성인 것에 한한다)
  - 위험물의 수량
  - 수납하는 위험물에 따른 규정에 의한 주의사항
- 운반용기의 제조연월 및 제조자의 명칭
- **겹쳐쌓기 시험하중**
- 운반용기의 종류에 따라 다음의 규정에 의한 중량
  - 플렉서블 외의 운반용기 : 최대총중량(최대수용중량의 위험물을 수납하였을 경우의 운반용기의 전 중량을 말한다)
  - 플렉서블 운반용기 : 최대수용중량

45 삼산화크로뮴(Chromium Trioxide)을 융점 이상으로 가열(250[℃])하였을 때 분해 생성물은?

① CrO_2와 O_2
② Cr_2O_3와 O_2
③ Cr와 O_2
④ Cr_2O_5와 O_2

해설
삼산화크로뮴의 분해반응식

$$4CrO_3 \xrightarrow{\triangle} 2Cr_2O_3 + 3O_2 \uparrow$$

46 과산화수소 수용액은 보관 중 서서히 분해할 수 있으므로 안정제를 첨가하는데 그 안정제로 가장 적합한 것은?

① H_3PO_4
② MnO_2
③ C_2H_5OH
④ Cu

해설
과산화수소
- 과산화수소의 **안정제 : 인산(H_3PO_4)**, 요산($C_5H_4N_4O_3$)
- 옥시풀 : 과산화수소 3[%] 용액의 소독약
- 과산화수소의 분해반응식 : $2H_2O_2 \rightarrow 2H_2O + O_2$
- 과산화수소의 저장용기 : 착색 유리병
- 구멍 뚫린 마개를 사용하는 이유 : 상온에서 서서히 분해하여 산소를 발생하여 폭발의 위험이 있어 통기를 위하여

정답 44 ④ 45 ② 46 ①

47 주유취급소에 설치해야 하는 "주유 중 엔진 정지" 게시판의 색상을 옳게 나타낸 것은?

① 적색바탕에 백색문자
② 청색바탕에 백색문자
③ 백색바탕에 흑색문자
④ 황색바탕에 흑색문자

해설
표지 및 게시판
- **주유 중 엔진 정지 : 황색바탕에 흑색문자**
- 화기엄금, 화기주의 : 적색바탕에 백색문자
- 물기엄금 : 청색바탕에 백색문자
- 위험물 : 흑색바탕에 황색반사도료

48 클로로벤젠 150,000[L]는 몇 소요단위에 해당하는가?

① 7.5단위
② 10단위
③ 15단위
④ 30단위

해설
소요단위

$$\text{소요단위} = \frac{\text{저장량}}{\text{지정수량} \times 10\text{배}}$$

∴ 소요단위 $= \dfrac{\text{저장량}}{\text{지정수량} \times 10\text{배}} = \dfrac{150{,}000[L]}{1{,}000[L] \times 10\text{배}} = 15$단위

※ 클로로벤젠(제2석유류, 비수용성)의 지정수량 : 1,000[L]

49 [보기]의 성질을 모두 갖추고 있는 물질은?

[보 기]
액체, 자연발화성, 금수성

① 트라이에틸알루미늄
② 아세톤
③ 황 린
④ 마그네슘

해설
트라이에틸알루미늄
- 물 성

화학식	분자량	비 점	융 점	비 중
$(C_2H_5)_3Al$	114	128[℃]	−50[℃]	0.835

- 무색, 투명한 액체이다.
- 공기 중에 노출하면 자연발화하므로 위험하다(자연발화성).
- 물과 접촉하면 심하게 반응하고 에테인을 발생하여 폭발한다(금수성).

$$(C_2H_5)_3Al + 3H_2O \rightarrow Al(OH)_3 + 3C_2H_6 \uparrow$$

47 ④ 48 ③ 49 ①

50 다음 위험물 중 지정수량이 나머지 셋과 다른 것은?

① 아이오딘산염류 ② 무기과산화물
③ 알칼리토금속 ④ 염소산염류

해설
지정수량

종류	아이오딘산염류	무기과산화물	알칼리토금속	염소산염류
지정수량	300[kg]	50[kg]	50[kg]	50[kg]

51 위험물제조소로부터 30[m] 이상의 안전거리를 유지해야 하는 건축물 또는 공작물은?

① 문화재보호법에 따른 지정문화유산
② 고압가스안전관리법에 따라 신고해야 하는 고압가스저장시설
③ 주거용 건축물
④ 고등교육법에서 정하는 학교

해설
제조소의 안전거리(시행규칙 별표 4)

건축물	안전거리
사용전압 7,000[V] 초과 35,000[V] 이하의 특고압가공전선	3[m] 이상
사용전압 35,000[V] 초과의 특고압가공전선	5[m] 이상
주거용으로 사용되는 것(제조소가 설치된 부지 내에 있는 것을 제외)	10[m] 이상
고압가스, 액화석유가스, 도시가스를 저장 또는 취급하는 시설	20[m] 이상
학교, 병원(병원급 의료기관), 극장, 공연장, 영화상영관 및 그 밖에 이와 유사한 시설로서 수용인원 300명 이상, 복지시설(아동복지시설, 노인복지시설, 장애인복지시설, 한부모가족복지시설), 어린이집, 성매매피해자 등을 위한 지원시설, 정신건강증진시설, 가정폭력피해자 보호시설 및 그 밖에 이와 유사한 시설로서 수용인원 20명 이상 수용할 수 있는 것	30[m] 이상
지정문화유산 및 천연기념물 등	50[m] 이상

52 다음 중 과염소산의 화학적 성질에 관한 설명으로 잘못된 것은?

① 물에 잘 녹으며 수용액 상태는 비교적 안정하다.
② Fe, Cu, Zn과 격렬하게 반응하고 산화물을 만든다.
③ 알코올류와 접촉 시 폭발 위험이 있다.
④ 가열하면 분해하여 유독성의 HCl이 발생한다.

해설
과염소산은 물과 반응하면 심하게 발열하며, 대단히 불안정한 강산으로 순수한 것은 분해가 용이하고 폭발력을 가진다.

53 다음에서 설명하는 위험물의 지정수량으로 예상할 수 있는 것은?

- 옥외저장소에서 저장·취급할 수 있다.
- 운반용기에 수납하여 운반할 경우 내용적의 98[%] 이하로 수납해야 한다.
- 위험등급Ⅰ에 해당하는 위험물이다.

① 10[kg]   ② 300[kg]   ③ 400[L]   ④ 4,000[L]

해설

제6류 위험물
- 옥외저장소에 저장할 수 있다.
- 액체이므로 운반용기에 수납할 때에는 내용적의 98% 이하로 수납해야 한다.
- 위험등급Ⅰ에 해당하는 위험물이다.
- 지정수량이 300[kg]이다.

54 탱크안전성능검사의 내용을 구분하는 것으로 틀린 것은?

① 기초·지반검사   ② 충수·수압검사
③ 용접부검사   ④ 배관검사

해설

탱크안전성능검사의 대상이 되는 탱크
① 기초·지반검사 : 옥외탱크저장소의 액체 위험물탱크 중 그 용량이 100만[L] 이상인 탱크
② 충수(充水)·수압검사 : 액체 위험물을 저장 또는 취급하는 탱크

[제외 대상]
- 제조소 또는 일반취급소에 설치된 탱크로서 용량이 지정수량 미만인 것
- 고압가스안전관리법 제17조 제1항에 따른 특정설비에 관한 검사에 합격한 탱크
- 산업안전보건법 제84조 제1항에 따른 안전인증을 받은 탱크

③ 용접부검사 : ①의 규정에 의한 탱크
④ 암반탱크검사 : 액체 위험물을 저장 또는 취급하는 암반 내의 공간을 이용한 탱크

55 검사의 분류방법 중 검사가 행해지는 공정에 의한 분류에 속하는 것은?

① 관리 샘플링검사
② 로트별 샘플링검사
③ 전수검사
④ 출하검사

해설
검사대상의 판정(선택방법)에 의한 샘플링
- 관리 샘플링검사 : 공정의 관리, 공정검사의 조정 및 검사의 Check를 목적으로 행하는 검사
- 로트별 샘플링검사 : Lot별로 시료를 채취하여 품질을 조사하여 Lot의 합격, 불합격을 판정하는 검사
- 전수검사 : 검사를 위하여 제출된 제품 하나 하나에 대한 시험 또는 측정하여 합격과 불합격을 분류하는 검사 (100[%] 검사)
- 자주검사 : 자기 회사의 제품을 품질관리 규정에 의하여 스스로 행하는 검사
- 무검사 : 제품에 대한 검사를 하지 않고 성적서만 확인하는 검사

출하검사 : 검사공정(행해지는 목적)에 의한 분류

56 다음 중 브레인스토밍(Brainstorming)과 가장 관계가 깊은 것은?

① 파레토도
② 히스토그램
③ 회귀분석
④ 특성요인도

해설
특성요인도 : 문제가 되는 결과와 이에 대응하는 원인과의 관계를 알기 쉽게 도표로 나타낸 것으로 브레인스토밍(Brainstorming)과 관련이 있다.

57 단계여유(Stack)의 표시로 옳은 것은?(단, TE는 가장 이른 예정일, TL은 가장 늦은 예정일, TF는 총 여유시간, FF는 자유 여유시간이다)

① TE – TL
② TL – TE
③ FF – TF
④ TE – TF

해설
단계여유(Stack) : TL(가장 늦은 예정일) – TE(가장 이른 예정일)

58 C관리도에서 $k=20$인 군의 총 부적합(결점)수 합계는 58이었다. 이 관리도의 UCL, LCL을 구하면 약 얼마인가?

① UCL = 2.90, LCL = 고려하지 않음
② UCL = 5.90, LCL = 고려하지 않음
③ UCL = 6.92, LCL = 고려하지 않음
④ UCL = 8.01, LCL = 고려하지 않음

해설
- 중심선 $CL = \overline{C} = \dfrac{\sum c}{k}$ ($\sum c$: 결점수의 합, k : 시료군의 수)
  $= \dfrac{58}{20} = 2.9$
- 관리 상한선 $UCL = \overline{C} + 3\sqrt{\overline{C}} = 2.9 + 3\sqrt{2.9} = 8.01$
- 관리 하한선 $LCL = \overline{C} - 3\sqrt{\overline{C}} = 2.9 - 3\sqrt{2.9} = -2.2$ (고려하지 않음)

59 테일러(F.W. Taylor)에 의해 처음 도입된 방법으로 작업시간을 직접 관측하여 표준시간을 설정하는 표준시간 설정기법은?

① PTS법 ② 실적자료법
③ 표준자료법 ④ 스톱워치법

해설
스톱워치법 : 테일러(F.W. Taylor)에 의해 처음 도입된 방법으로 작업시간을 직접 관측하여 표준시간을 설정하는 표준시간 설정기법

60 공정 중에 발생하는 모든 작업, 검사, 운반, 저장, 정체 등이 도식화된 것이며 또한 분석에 필요하다고 생각되는 소요시간, 운반거리 등의 정보가 기재된 것은?

① 작업분석(Operation Analysis)
② 다중활동분석표(Multiple Activity Chart)
③ 사무공정분석(Form Process Chart)
④ 유통공정도(Flow Process Chart)

해설
유통공정도(Flow Process Chart) : 공정 중에 발생하는 모든 작업, 검사, 운반, 저장, 정체 등이 도식화된 것이며 또한 분석에 필요하다고 생각되는 소요시간, 운반거리 등의 정보가 기재된 것

2013년 7월 21일 시행 과년도 기출문제

01 나이트로화합물류 중 분자구조 내에 하이드록시기를 갖는 위험물은?
① 피크르산
② 트라이나이트로톨루엔
③ 트라이나이트로벤젠
④ 테트릴

해설
하이드록시기(-OH)를 갖는 것은 피크르산이다.

종류	피크르산	트라이나이트로톨루엔	트라이나이트로벤젠	테트릴
구조식	O_2N-[벤젠고리 OH, NO_2]- NO_2 / NO_2	O_2N-[벤젠고리 CH_3, NO_2]- NO_2 / NO_2	O_2N-[벤젠고리]- NO_2 / NO_2	O_2N-[벤젠고리 NO_2-N-CH_3, NO_2]- NO_2 / NO_2

02 제4류 위험물을 수납하는 운반용기의 내장용기가 플라스틱인 경우 최대용적은 몇 [L]인가?(단, 외장용기에 위험물을 직접 수납하지 않고 별도의 외장 용기가 있는 경우이다)
① 5
② 10
③ 20
④ 30

해설
운반용기의 최대용적(액체 위험물)(시행규칙 별표 19)

운반 용기				수납위험물의 종류								
내장 용기		외장 용기		제3류			제4류			제5류		제6류
용기의 종류	최대용적 또는 중량	용기의 종류	최대용적 또는 용적	I	II	III	I	II	III	I	II	I
유리용기	5[L]	나무 또는 플라스틱상자 (불활성의 완충재를 채울 것)	75[kg]	○	○	○	○	○	○	○	○	○
	10[L]		125[kg]		○	○		○	○		○	
			225[kg]						○			
	5[L]	파이버판상자 (불활성의 완충재를 채울 것)	40[kg]	○	○	○	○	○	○	○	○	○
	10[L]		55[kg]						○			
플라스틱 용기	10[L]	나무 또는 플라스틱상자(필요에 따라 불활성의 완충재를 채울 것)	75[kg]	○	○	○	○	○	○	○	○	○
			125[kg]		○	○		○	○		○	
			225[kg]						○			
		파이버판상자 (필요에 따라 불활성의 완충재를 채울 것)	40[kg]	○	○	○	○	○	○	○	○	○
			55[kg]						○			

정답 01 ① 02 ②

03 과산화벤조일을 가열하면 약 몇 [℃] 근방에서 흰 연기를 내며 분해하기 시작하는가?

① 50
② 100
③ 200
④ 400

해설

과산화벤조일(Benzoyl Peroxide, 벤조일퍼옥사이드, BPO)
- 물 성

화학식	비 중	융 점	착화점
$(C_6H_5CO)_2O_2$	1.33	105[℃]	80[℃]

- **무색, 무취의 백색 결정**으로 강산화성 물질이다.
- 물에는 녹지 않고, 알코올에는 약간 녹는다.
- 프탈산다이메틸(DMP), 프탈산다이부틸(DBP)의 희석제를 사용한다.
- 발화되면 연소속도가 빠르고 건조 상태에서는 위험하다.
- 상온에서 안정하나 마찰, 충격으로 폭발의 위험이 있다.
- 소화방법은 소량일 때에는 탄산가스, 분말, 건조된 모래로 대량일 때에는 물이 효과적이다.

04 바닥면적이 150[m²] 이상인 제조소에 설치하는 환기설비의 급기구는 얼마 이상의 크기로 해야 하는가?

① 600[cm²]
② 800[cm²]
③ 1,000[cm²]
④ 1,200[cm²]

해설

제조소의 환기설비(시행규칙 별표 4)
- 환기 : 자연배기방식
- **급기구**는 해당 급기구가 설치된 실의 바닥면적 **150[m²]마다 1개 이상**으로 하되 **급기구의 크기는 800[cm²] 이상**으로 할 것. 다만 바닥면적 150[m²] 미만인 경우에는 다음의 크기로 할 것

바닥면적	급기구의 면적
60[m²] 미만	150[cm²] 이상
60[m²] 이상 90[m²] 미만	300[cm²] 이상
90[m²] 이상 120[m²] 미만	450[cm²] 이상
120[m²] 이상 150[m²] 미만	600[cm²] 이상

- 급기구는 낮은 곳에 설치하고 가는 눈의 구리망으로 인화방지망을 설치할 것
- 환기구는 지붕 위 또는 지상 2[m] 이상의 높이에 회전식 고정벤틸레이터 또는 루프팬방식(Roof Fan : 지붕에 설치하는 배기장치)으로 설치할 것

05 다음 중 무색, 무취의 사방정계 결정으로 융점이 약 400[℃]이고 물에 녹기 어려운 위험물은?

① $NaClO_3$
② $KClO_3$
③ $NaClO_4$
④ $KClO_4$

해설
과염소산칼륨($KClO_4$) : 무색, 무취의 사방정계 결정으로 융점이 약 400[℃]이고 물에 녹기 어려운 위험물

06 다음 위험물 화재 시 알코올용포소화약제가 아닌 보통의 포소화약제를 사용하였을 때 가장 효과가 있는 것은?

① 아세트산
② 메틸알코올
③ 메틸에틸케톤
④ 경 유

해설
알코올용포소화약제는 수용성 액체(아세트산, 메틸알코올, 메틸에틸케톤, 아세톤, 의산)에 적합하다.

07 방사구역의 표면적이 100[m²]인 곳에 물분무소화설비를 설치하고자 한다. 수원의 수량은 몇 [L] 이상이어야 하는가?(단, 물분무헤드가 가장 많이 설치된 방사구역의 모든 분무헤드를 동시에 사용할 경우이다)

① 30,000[L]
② 40,000[L]
③ 50,000[L]
④ 60,000[L]

해설
수원 = 방호대상물의 표면적(100[m²]) × 20[L/min·m²] × 30[min] = 60,000[L]

정답 05 ④ 06 ④ 07 ④

08 위험물제조소에 전기설비가 설치된 경우에 해당 장소의 면적이 500[m²]라면 몇 개 이상의 소형소화기를 설치해야 하는가?

① 1　　　　② 2　　　　③ 5　　　　④ 10

해설

전기설비의 소화설비 : 제조소 등에 전기설비(전기배선, 조명기구 등은 제외)가 설치된 경우에는 **면적 100[m²]마다** 소형수동식소화기를 1개 이상 설치할 것

∴ 500[m²] ÷ 100[m²] = 5개

09 과산화수소에 대한 설명 중 틀린 것은?

① 농도가 36.0[wt%] 이상인 것은 위험물에 해당한다.
② 반응성이 크고, 불연성이다.
③ 살균제, 표백제, 소독제 등에 사용한다.
④ 지연성 가스인 암모니아가스를 봉입해 저장한다.

해설

과산화수소(Hydrogen Peroxide)
• 물 성

화학식	농 도	비 점	융 점	비 중
H_2O_2	36.0[wt%] 이상	152[℃]	-17[℃]	1.463

• 점성이 있는 무색 액체(다량일 경우 : 청색)이다.
• 투명하며 물보다 무겁고 수용액 상태는 비교적 안정하다.
• 물, 알코올, 에테르에는 녹지만, 벤젠에는 녹지 않는다.
• 반응성이 크고, 불연성이다.
• 구멍 뚫린 마개를 사용하여 저장한다.

10 하나의 옥내저장소에 칼륨과 황을 저장하고자 할 때 저장창고의 바닥면적에 관한 내용으로 적합하지 않은 것은?

① 만약 황이 없고 칼륨만을 저장하는 경우라면 저장창고의 바닥면적은 1,000[m^2] 이하로 해야 한다.
② 만약 칼륨이 없고 황만을 저장하는 경우라면 저장창고의 바닥면적은 2,000[m^2] 이하로 해야 한다.
③ 내화구조의 격벽으로 완전히 구획된 실에 각각 저장하는 경우 전체 바닥면적은 1,500[m^2] 이하로 해야 한다.
④ 내화구조의 격벽으로 완전히 구획된 실에 각각 저장하는 경우 칼륨의 저장실은 1,000[m^2] 이하, 황의 저장실은 500[m^2] 이하로 한다.

해설

저장창고의 바닥면적

① 바닥면적 1,000[m^2] 이하로 해야 하는 위험물
  ㉠ 제1류 위험물 중 아염소산염류, 염소산염류, 과염소산염류, 무기과산화물, 지정수량이 50[kg]인 위험물
  ㉡ 제3류 위험물 중 **칼륨**, 나트륨, 알킬알루미늄, 알킬리튬, 지정수량이 10[kg]인 위험물, 황린
  ㉢ 제4류 위험물 중 특수인화물, 제1석유류, 알코올류
  ㉣ 제5류 위험물 중 지정수량이 10[kg]인 위험물
  ㉤ 제6류 위험물
② 바닥면적 2,000[m^2] 이하로 해야 하는 위험물 : ① 외의 위험물(**제2류 위험물의 황**)
③ 기 타
  ①과 ②의 위험물을 내화구조의 격벽으로 완전히 구획된 실에 각각 저장하는 창고 : 1,500[m^2] 이하(①의 위험물을 저장하는 창고의 면적 : 500[m^2] 이하)
  ㉠ 칼륨을 저장 : 1,000[m^2] 이하
  ㉡ 황을 저장 : 2,000[m^2] 이하
  ㉢ 내화구조의 격벽으로 완전히 구획된 실
    • 황을 저장 : 1,500[m^2] 이하
    • 칼륨을 저장 : 500[m^2] 이하
※ 칼륨(제3류)과 황(제2류)은 옥내저장소에 같이 저장할 수 없다.

11 다음 [보기]의 요건을 모두 충족하는 위험물은 어느 것인가?

> • 이 위험물이 속하는 전체 유별은 옥외저장소에 저장할 수 없다(국제해상위험물 규칙에 적합한 용기에 수납하는 경우는 제외한다).
> • 제1류 위험물과 1[m] 이상의 간격을 두면 동일한 옥내저장소에 저장이 가능하다.
> • 위험등급Ⅰ에 해당한다.

① 황 린
② 글리세린
③ 질 산
④ 질산염류

해설

위험물
- 전체를 옥외저장소에 저장하지 못하는 유별 : 제1류 위험물(질산염류), **제3류 위험물(황린)**
- 제1류 위험물과 1[m] 이상의 간격을 두면 동일한 옥내저장소
  - 제1류 위험물 + 제6류 위험물(질산)
  - 제1류 위험물(알칼리금속의 과산화물 제외) + 제5류 위험물
  - **제1류 위험물 + 제3류 위험물(자연발화성 물질, 황린에 한함)**
- 위험등급

종 류	황 린	글리세린	질 산	질산염류
위험등급	Ⅰ	Ⅲ	Ⅰ	Ⅱ

12 다음 중 물보다 가벼운 물질로만 이루어진 것은?

① 에터, 이황화탄소
② 벤젠, 폼산
③ 클로로벤젠, 글리세린
④ 휘발유, 에탄올

해설

액체의 비중

종 류	에 터	이황화탄소, 글리세린	벤 젠	폼산(의산)	클로로벤젠	가솔린(휘발유)	에탄올
비 중	0.7	1.26	0.95	1.2	1.1	0.7~0.8	0.79

13 고정지붕구조로 된 위험물 옥외저장탱크에 설치하는 포방출구가 아닌 것은?

① Ⅰ형
② Ⅱ형
③ Ⅲ형
④ 특형

해설

특형 포방출구 : 부상지붕구조(Floating Roof Tank, FRT)

14 KClO₃의 일반적인 성질을 나타낸 것 중 틀린 것은?

① 비중은 약 2.32이다.
② 융점은 약 240[℃]이다.
③ 용해도는 20[℃]에서 약 7.3이다.
④ 단독 분해온도는 약 400[℃]이다.

해설

염소산칼륨

• 물 성

화학식	분자량	융 점	분해온도	비 중
$KClO_3$	122.5	368[℃]	400[℃]	2.32

• 무색의 단사정계 판상결정 또는 백색분말로서 상온에서 안정한 물질이다.
• 가열, 충격, 마찰 등에 의해 폭발한다.
• 산과 반응하면 이산화염소(ClO_2)의 유독가스를 발생한다.

$$2KClO_3 + 2HCl \rightarrow 2KCl + 2ClO_2 + H_2O_2 \uparrow$$

정답 13 ④ 14 ②

15 오존파괴지수를 나타내는 약어는?

① CFC
② ODP
③ GWP
④ HCFC

해설

용어 정의

- 오존파괴지수(Ozone Depletion Potential, ODP)
어떤 물질의 오존파괴능력을 상대적으로 나타내는 지표를 ODP(오존파괴지수)라 한다. 이 ODP는 기준물질로 CFC-11($CFCl_3$)의 ODP를 1로 정하고 상대적으로 어떤 물질의 대기권에서의 수명, 물질의 단위질량당 염소나 브로민질량의 비, 활성염소와 브로민의 오존파괴능력 등을 고려하여 그 물질의 ODP가 정해지는데, 그 계산식은 다음과 같다.

$$ODP = \frac{\text{어떤 물질 1[kg]이 파괴하는 오존량}}{\text{CFC-11 1[kg]이 파괴하는 오존량}}$$

- 지구온난화지수(Global Warming Potential, GWP)
일정무게의 CO_2가 대기 중에 방출되어 지구온난화에 기여하는 정도를 1로 정하였을 때 같은 무게의 어떤 물질이 기여하는 정도를 GWP(지구온난화지수)로 나타내며, 다음 식으로 정의된다.

$$GWP = \frac{\text{어떤 물질 1[kg]이 기여하는 온난화 정도}}{CO_2 \text{ 1[kg]이 기여하는 온난화 정도}}$$

- 할로젠화합물 및 불활성기체소화약제(할로젠화합물 계열)의 분류

계열	정의	해당 물질
HFC(Hydro Fluoro Carbons)계열	C(탄소)에 F(플루오린)과 H(수소)가 결합된 것	HFC-125, HFC-227ea HFC-23, HFC-236fa
HCFC (Hydro Chloro Fluoro Carbons)계열	C(탄소)에 Cl(염소), F(플루오린), H(수소)가 결합된 것	HCFC-BLEND A, HCFC-124
FIC(Fluoro Iodo Carbons)계열	C(탄소)에 F(플루오린)과 I(아이오딘)가 결합된 것	FIC-13I1
FC(PerFluoro Carbons)계열	C(탄소)에 F(플루오린)이 결합된 것	FC-3-1-10, FK-5-1-12

16 다음 중 위험물안전관리법령에 근거하여 할로젠화합물소화약제를 구성하는 원소가 아닌 것은?

① Ar
② Br
③ F
④ Cl

해설

할로젠화합물소화약제 : 메테인이나 에테인의 수소원자를 할로젠화합물(F, Cl, Br, I)로 치환한 것

17 사용전압 35,000[V]인 특고압가공전선과 위험물제조소와의 안전거리는 얼마의 거리를 두어야 하는가?

① 3[m] 이상
② 5[m] 이상
③ 10[m] 이상
④ 15[m] 이상

해설
안전거리

건축물	안전거리
사용전압 7,000[V] 초과 35,000[V] 이하의 특고압가공전선	3[m] 이상
사용전압 35,000[V] 초과의 특고압가공전선	5[m] 이상
주거용으로 사용되는 것(제조소가 설치된 부지 내에 있는 것을 제외)	10[m] 이상
고압가스, 액화석유가스, 도시가스를 저장 또는 취급하는 시설	20[m] 이상
학교, 병원(병원급 의료기관), **극장**, 공연장, 영화상영관 및 그 밖에 이와 유사한 시설로서 수용인원 300명 이상, 복지시설(아동복지시설, 노인복지시설, 장애인복지시설, 한부모가족복지시설), 어린이집, 성매매피해자 등을 위한 지원시설, 정신건강증진시설, 가정폭력피해자 보호시설 및 그 밖에 이와 유사한 시설로서 수용인원 20명 이상	30[m] 이상
지정문화유산 및 천연기념물 등	50[m] 이상

18 다음 제4류 위험물 중 위험등급이 나머지 셋과 다른 것은?

① 휘발유
② 톨루엔
③ 에탄올
④ 아세트산

해설
위험등급

분류	해당 품명
위험등급 I	특수인화물
위험등급 II	**제1석유류(휘발유, 톨루엔), 알코올류(에탄올)**
위험등급 III	**제2석유류(아세트산)**, 제3석유류, 제4석유류, 동식물유류

정답 17 ① 18 ④

19 다음 중 제1종 분말소화약제의 주성분인 것은?

① $NaHCO_3$　　② $NaHCO_2$　　③ $KHCO_3$　　④ $KHCO_2$

해설

분말소화약제

종류	주성분	착색	적응 화재	열분해 반응식
제1종 분말	탄산수소나트륨($NaHCO_3$)	백색	B, C급	$2NaHCO_3 \rightarrow Na_2CO_3 + CO_2 + H_2O$
제2종 분말	탄산수소칼륨($KHCO_3$)	담회색	B, C급	$2KHCO_3 \rightarrow K_2CO_3 + CO_2 + H_2O$
제3종 분말	제일인산암모늄($NH_4H_2PO_4$)	담홍색, 황색	A, B, C급	$NH_4H_2PO_4 \rightarrow HPO_3 + NH_3 + H_2O$
제4종 분말	탄산수소칼륨+요소 ($KHCO_3$+$(NH_2)_2CO$)	회색	B, C급	$2KHCO_3 + (NH_2)_2CO \rightarrow K_2CO_3 + 2NH_3 + 2CO_2$

20 토출량이 5[m³/min]이고 토출구의 유속이 2[m/s]인 펌프의 구경은 몇 [mm]인가?

① 100　　② 230　　③ 115　　④ 120

해설

유량 $Q = uA = u \times \dfrac{\pi}{4}D^2$

$\therefore D = \sqrt{\dfrac{4Q}{\pi u}} = \sqrt{\dfrac{4 \times 5[\text{m}^3]/60[\text{s}]}{\pi \times 2[\text{m/s}]}} = 0.23[\text{m}] = 230[\text{mm}]$

21 다음은 위험물안전관리법령에서 정한 용어의 정의이다. 괄호 안에 알맞은 것은?

> "**산화성 고체**"라 함은 고체로서 산화력의 잠재적인 위험성 또는 충격에 대한 민감성을 판단하기 위하여 (　　)이 정하여 고시하는 시험에서 고시로 정하는 성질과 상태를 나타내는 것을 말한다.

① 대통령　　② 소방청장
③ 중앙소방학교장　　④ 행정안전부장관

해설

"**산화성 고체**"라 함은 고체[액체(1기압 및 20[℃]에서 액상인 것 또는 20[℃] 초과 40[℃] 이하에서 액상인 것) 또는 기체(1기압 및 20[℃]에서 기상인 것) 외의 것을 말한다]로서 **산화력**의 잠재적인 위험성 또는 **충격에 대한 민감성**을 판단하기 위하여 **소방청장**이 정하여 고시하는 시험에서 고시로 정하는 성질과 상태를 나타내는 것을 말한다. 이 경우 "액상"이라 함은 수직으로 된 시험관(안지름 30[mm], 높이 120[mm]의 원통형유리관을 말한다)에 시료를 55[mm]까지 채운 다음 해당 시험관을 수평으로 하였을 때 시료액면의 끝부분이 30[mm]를 이동하는 데 걸리는 시간이 90초 이내에 있는 것을 말한다.

22 나트륨에 대한 각종 반응식 중 틀린 것은?

① 연소반응식 $4Na + O_2 \rightarrow 2Na_2O$
② 물과의 반응식 $2Na + 3H_2O \rightarrow 2NaOH + 2H_2$
③ 알코올과의 반응식 $2Na + 2C_2H_5OH \rightarrow 2C_2H_5ONa + H_2$
④ 액체 암모니아와 반응식 $2Na + 2NH_3 \rightarrow 2NaNH_2 + H_2$

해설
나트륨의 반응식
- 연소반응 $4Na + O_2 \rightarrow 2Na_2O$ (회백색)
- 물과 반응 $2Na + 2H_2O \rightarrow 2NaOH + H_2 \uparrow$
- 이산화탄소와 반응 $4Na + 3CO_2 \rightarrow 2Na_2CO_3 + C$ (연소폭발)
- 사염화탄소와 반응 $4Na + CCl_4 \rightarrow 4NaCl + C$ (폭발)
- 염소와 반응 $2Na + Cl_2 \rightarrow 2NaCl$
- 알코올과 반응 $2Na + 2C_2H_5OH \rightarrow 2C_2H_5ONa + H_2 \uparrow$
  (나트륨에틸레이트)
- 초산과 반응 $2Na + 2CH_3COOH \rightarrow 2CH_3COONa + H_2 \uparrow$
- 액체 암모니아와 반응 $2Na + 2NH_3 \rightarrow 2NaNH_2 + H_2 \uparrow$
  (나트륨아미드)

23 다음 중 가장 약한 산성인 것은?

① 염 산   ② 황 산   ③ 인 산   ④ 아세트산

해설
산성물질
- 3대 강산 : 염산, 황산, 질산
- 인산은 85[%], 아세트산은 95[%] 이상으로 시판되므로 농도가 낮은 것이 위험하다.
- pH의 숫자가 작을수록 강한 산이다.

24 다음 중 아세틸퍼옥사이드와 혼재가 가능한 위험물은 어느 것인가?(단, 지정수량의 10배의 위험물인 경우이다)

① 질산칼륨   ② 황
③ 트라이에틸알루미늄   ④ 과산화수소

해설
아세틸퍼옥사이드(제5류 위험물의 유기과산화물)는 제2류 위험물과 운반 시 혼재가 가능하다.

종 류	질산칼륨	황	트라이에틸알루미늄	과산화수소
유 별	제1류 위험물	제2류 위험물	제3류 위험물	제6류 위험물

25 $Sr(NO_3)_2$의 지정수량으로 맞는 것은?

① 50[kg]   ② 100[kg]   ③ 300[kg]   ④ 1,000[kg]

해설
질산스트론튬[$Sr(NO_3)_2$]은 제1류 위험물의 질산염류로서 지정수량은 300[kg]이다.

26 위험물안전관리법 시행규칙에 의하여 일반취급소의 위치·구조 및 설비의 기준은 제조소의 위치·구조 및 설비의 기준을 준용하거나 위험물의 취급 유형에 따라 따로 정한 특례기준을 적용할 수 있다. 이러한 특례의 대상이 되는 일반취급소 중 취급 위험물의 인화점 조건이 나머지 셋과 다른 하나는?

① 열처리작업 등의 일반취급소
② 절삭장치 등을 설치하는 일반취급소
③ 윤활유 순환장치를 설치하는 일반취급소
④ 유압장치 등을 설치하는 일반취급소

해설
특례기준
- **열처리작업 등의 일반취급소** : 열처리작업 또는 방전가공을 위하여 위험물(**인화점이 70[℃] 이상**인 제4류 위험물에 한한다)을 취급하는 일반취급소로서 지정수량의 30배 미만의 것(위험물을 취급하는 설비를 건축물에 설치하는 것에 한한다)
- **절삭장치 등을 설치하는 일반취급소** : 절삭유의 위험물을 이용한 절삭장치, 연삭장치 그 밖의 이와 유사한 장치를 설치하는 일반취급소(**고인화점 위험물만을 100[℃] 미만**의 온도로 취급하는 것에 한한다)로서 지정수량의 30배 미만의 것(위험물을 취급하는 설비를 건축물에 설치하는 것에 한한다)
- **유압장치 등을 설치하는 일반취급소** : 위험물을 이용한 유압장치 또는 **윤활유 순환장치를 설치하는 일반취급소**(고인화점 위험물만을 100[℃] 미만의 온도로 취급하는 것에 한한다)로서 지정수량의 50배 미만의 것(위험물을 취급하는 설비를 건축물에 설치하는 것에 한한다)

27 위험물안전관리법령상 위험물의 취급 중 소비에 관한 기준에서 방화상 유효한 격벽 등으로 구획된 안전한 장소에서 실시해야 하는 것은?

① 분사도장작업   ② 담금질작업
③ 열처리작업   ④ 버너를 사용하는 작업

해설
위험물의 취급 중 소비에 관한 기준
- 분사도장작업은 방화상 유효한 격벽 등으로 구획된 안전한 장소에서 실시할 것
- 담금질 또는 열처리작업은 위험물이 위험한 온도에 이르지 않도록 하여 실시할 것
- 버너를 사용하는 경우에는 버너의 역화를 방지하고 위험물이 넘치지 않도록 할 것

28 다음 중 착화온도가 가장 낮은 물질은?

① 메탄올　　② 아세트산　　③ 벤젠　　④ 테레핀유

해설

착화온도

종류	메탄올	아세트산	벤젠	테레핀유
착화온도	464[℃]	485[℃]	498[℃]	253[℃]

29 다음 괄호에 알맞은 숫자를 순서대로 나열한 것은?

> 주유취급소 중 건축물의 (　)층 이상의 부분을 점포 · 휴게음식점 또는 전시장의 용도로 사용하는 것에 있어서는 해당 건축물의 (　)층 이상으로부터 직접 주유취급소의 부지 밖으로 통하는 출입구와 해당 출입구로 통하는 통로 · 계단 및 출입구에 유도등을 설치해야 한다.

① 2, 1　　② 1, 1　　③ 2, 2　　④ 1, 2

해설

피난설비 : 주유취급소 중 건축물의 **2층 이상**의 부분을 점포 · 휴게음식점 또는 전시장의 용도로 사용하는 것에 있어서는 해당 건축불의 **2층 이상**으로부터 직접 주유취급소의 부지 밖으로 통하는 줄입구와 해당 출입구로 통하는 통로 · 계단 및 출입구에 유도등을 설치해야 한다.

30 위험물안전관리법령상 옥내저장소에서 위험물을 저장하는 경우에는 규정에 의한 높이를 초과하여 용기를 겹쳐 쌓지 않아야 한다. 다음 중 제한의 높이가 가장 낮은 것은?

① 제4류 위험물 중 제3석유류를 수납하는 용기만을 겹쳐 쌓는 경우
② 제6류 위험물을 수납하는 용기만을 겹쳐 쌓는 경우
③ 제4류 위험물 중 제4석유류를 수납하는 용기만을 겹쳐 쌓는 경우
④ 기계에 의하여 하역하는 구조로 된 용기만을 겹쳐 쌓는 경우

해설

옥내저장소에 저장 시 높이(아래 높이를 초과하지 말 것)
- 기계에 의하여 하역하는 구조로 된 용기만을 겹쳐 쌓는 경우 : 6[m]
- 제4류 위험물 중 **제3석유류**, 제4석유류, 동식물유류를 수납하는 용기만을 겹쳐 쌓는 경우 : **4[m]**
- 그 밖의 경우(**특수인화물, 제1석유류, 제2석유류**, 알코올류, 제6류 위험물) : **3[m]**

정답 28 ④　29 ③　30 ②

31 KCIO₃ 운반용기 외부에 표시해야 할 주의사항으로 옳은 것은?

① 화기·충격주의 및 가연물접촉주의
② 화기·충격주의, 물기엄금 및 가연물접촉주의
③ 화기주의 및 물기엄금
④ 화기엄금 및 공기접촉엄금

> **해설**
> **운반용기의 외부에 표시해야 할 주의사항**
> • 제1류 위험물
>   – 알칼리금속의 과산화물 : 화기·충격주의, 물기엄금, 가연물접촉주의
>   – **그 밖의 것(염소산칼륨 = KClO₃) : 화기·충격주의, 가연물접촉주의**
> • 제2류 위험물
>   – 철분·금속분·마그네슘 : 화기주의, 물기엄금
>   – 인화성 고체 : 화기엄금
>   – 그 밖의 것 : 화기주의
> • 제3류 위험물
>   – 자연발화성 물질 : 화기엄금, 공기접촉엄금
>   – 금수성 물질 : 물기엄금
> • 제4류 위험물 : 화기엄금
> • 제5류 위험물 : 화기엄금, 충격주의
> • 제6류 위험물 : 가연물접촉주의

32 다음 중 분해온도가 가장 낮은 위험물은?

① KNO_3
② BaO_2
③ $(NH_4)_2Cr_2O_7$
④ NH_4ClO_3

> **해설**
> **분해온도**
>
> | 종 류 | KNO_3 | BaO_2 | $(NH_4)_2Cr_2O_7$ | NH_4ClO_3 |
> |---|---|---|---|---|
> | 명 칭 | 질산칼륨 | 과산화바륨 | 다이크로뮴산암모늄 | 염소산암모늄 |
> | 분해온도 | 400[℃] | 840[℃] | 180[℃] | 100[℃] |

정답 31 ① 32 ④

33 인화성 액체 위험물을 저장하는 옥외탱크저장소의 주위에 설치하는 방유제에 관한 내용으로 틀린 것은?

① 방유제의 높이는 0.5[m] 이상 3[m] 이하로 하고 면적은 8만[m²] 이하로 한다.
② 2기 이상의 탱크가 있는 경우 방유제의 용량은 그 탱크 중 용량이 최대인 것의 용량의 110[%] 이상으로 한다.
③ 용량이 1,000만[L] 이상인 옥외저장탱크의 주위에는 탱크마다 간막이 둑을 흙 또는 철근 콘크리트로 설치한다.
④ 간막이 둑을 설치하는 경우 간막이 둑의 용량은 간막이 둑 안에 설치된 탱크의 용량의 110[%] 이상이어야 한다.

해설

옥외탱크저장소의 주위에 설치하는 방유제의 설치 기준
- 방유제의 높이는 0.5[m] 이상 3[m] 이하로 하고 면적은 8만[m²] 이하로 한다.
- **위험물옥외탱크저장소의 방유제의 용량**
  - 1기일 때 : 탱크용량×1.1(110[%])[비인화성 물질×100[%]] 이상
  - 2기 이상일 때 : 최대 탱크용량×1.1(110[%])[비인화성 물질×100[%]] 이상
- 용량이 1,000만[L] 이상인 옥외저장탱크의 주위에 설치하는 방유제에 간막이 둑의 기준
  - 간막이 둑의 높이는 0.3[m](방유제 내에 설치되는 옥외저장탱크의 용량의 합계가 2억[L]를 넘는 방유제에 있어서는 1[m]) 이상으로 하되, 방유제의 높이보다 0.2[m] 이상 낮게 할 것
  - 간막이 둑은 흙 또는 철근콘크리트로 할 것
  - 간막이 둑의 용량은 간막이 둑 안에 설치된 탱크의 용량의 10[%] 이상일 것

34 위험물제조소 등에 옥내소화전이 가장 많이 설치된 층의 소화전의 수가 3개일 경우 확보해야 하는 수원의 양은 얼마 이상인가?

① 7.8[m³] ② 11.7[m³] ③ 15.6[m³] ④ 23.4[m³]

해설

옥내소화전의 수원
수원 = 소화전의 수(최대 5개)×7.8[m³] = 3×7.8[m³] = 23.4[m³]

35
50[℃], 0.948[atm]에서 사이클로프로페인의 증기밀도는 약 몇 [g/L]인가?

① 0.5　　② 1.5　　③ 2.0　　④ 2.5

해설
이상기체 상태방정식

$$PV = nRT = \frac{W}{M}RT \qquad PM = \frac{W}{V}RT = \rho RT \qquad \rho(밀도) = \frac{PM}{RT}$$

여기서, P : 압력[atm]
n : 몰수[g-mol]
W : 무게[g]
T : 절대온도(273 + [℃])[K]
V : 부피[L]
M : 분자량(C_3H_6 = 42)[g]
R : 기체상수(0.08205[L·atm/g-mol·K])

$$\therefore \rho(밀도) = \frac{PM}{RT} = \frac{0.948[\text{atm}] \times 42[\text{g/g-mol}]}{0.08205[\text{L·atm/g-mol·K}] \times (273+50)[\text{K}]} = 1.5[\text{g/L}]$$

36
다음 중 혼성궤도함수의 종류가 다른 하나는 어느 것인가?

① CH_4　　② BF_3　　③ NH_3　　④ H_2O

해설
혼성궤도함수
- sp 혼성궤도(오비탈 구조 : 선형) : BeF_2, CO_2
- sp^2 **혼성궤도**(오비탈 구조 : 정삼각형) : **BF_3**, SO_3
- sp^3 혼성궤도(오비탈 구조 : 사면체) : CH_4, NH_3, H_2O

37
다음 중 과염소산칼륨과 접촉하였을 때의 위험성이 가장 낮은 물질은?

① 황　　② 알코올　　③ 알루미늄　　④ 물

해설
과염소산칼륨(제1류)은 제2류 위험물(황, 알루미늄)과 알코올과의 접촉은 위험하고 물에 녹지는 않지만 안정하다.

38
0[℃], 2기압에서 질산 2[mol]은 몇 [g]인가?

① 31.5[g]　　② 63[g]　　③ 126[g]　　④ 252[g]

해설
질산 1[mol] = 63[g]이므로 2[mol] = 2 × 63 = 126[g]

35 ② 36 ② 37 ④ 38 ③　**정답**

39 다음 중 삼황화인이 연소 시 연소생성물은?

① 오산화인과 이산화황
② 오산화인과 이산화탄소
③ 이산화황과 포스핀
④ 이산화황과 포스겐

> 해설
> 삼황화인은 연소하면 오산화인과 아황산가스를 발생한다.
>
> $$P_4S_3 + 8O_2 \rightarrow 2P_2O_5 + 3SO_2 \uparrow$$
> (오산화인) (이산화황)

40 탄화알루미늄(Al_4C_3)이 물과 반응하면 발생되는 가스는?

① 이산화탄소　② 일산화탄소　③ 메테인　④ 아세틸렌

> 해설
> 탄화알루미늄(Al_4C_3)은 물과 반응하면 **가연성 가스인 메테인이 발생된다.**
>
> $$Al_4C_3 + 12H_2O \rightarrow 4Al(OH)_3 + 3CH_4 \uparrow$$
> (수산화알루미늄) (메테인)

41 Na_2O_2가 반응하였을 때 생성되는 기체가 같은 것으로만 나열된 것은?

① 물, 이산화탄소
② 아세트산, 물
③ 이산화탄소, 염산, 황산
④ 염산, 아세트산, 물

> 해설
> **Na_2O_2(과산화나트륨)의 반응식**
> - 물과 반응　　　　$2Na_2O_2 + 2H_2O \rightarrow 4NaOH + O_2 \uparrow$
> - 이산화탄소와 반응　$2Na_2O_2 + 2CO_2 \rightarrow 2Na_2CO_3 + O_2 \uparrow$
> - 아세트산과 반응　　$Na_2O_2 + 2CH_3COOH \rightarrow 2CH_3COONa + H_2O_2$
> - 염산과 반응　　　　$Na_2O_2 + 2HCl \rightarrow 2NaCl + H_2O_2$

42 다음 중 1차 이온화에너지가 가장 큰 것은?

① Ne　　　② Na　　　③ K　　　④ Be

> 해설
> 이온화에너지는 0족으로 갈수록, **전기 음성도가 클수록, 비금속일수록 증가**하는데 네온(Ne)은 0족 원소이다.

43 주어진 탄소원자에 대한 최대수의 수소가 결합되어 있는 것은?
① 포화탄화수소 ② 불포화탄화수소
③ 방향족 탄화수소 ④ 지방족 탄화수소

해설
포화탄화수소 : 탄소와 탄소 사이의 결합이 모두 단일결합으로 이루어진 탄화수소로서 탄소원자에 대한 최대수의 수소가 결합되어 있다.

44 다음 소화설비 중 제6류 위험물에 대해 적응성이 없는 것은?
① 포소화설비 ② 스프링클러설비
③ 물분무소화설비 ④ 불활성가스소화설비

해설
제6류 위험물 : 냉각소화(포소화설비, 스프링클러설비, 물분무소화설비)

45 트라이에틸알루미늄이 물과 반응하였을 때 생성물을 옳게 나타낸 것은?
① 수산화알루미늄, 메테인 ② 수소화알루미늄, 메테인
③ 수산화알루미늄, 에테인 ④ 수소화알루미늄, 에테인

해설
물과 반응
- **트라이에틸알루미늄**과 물의 반응

$$(C_2H_5)_3Al + 3H_2O \rightarrow Al(OH)_3 + 3C_2H_6 \uparrow$$
(수산화알루미늄) (에테인)

- **트라이메틸알루미늄**과 물의 반응

$$(CH_3)_3Al + 3H_2O \rightarrow Al(OH)_3 + 3CH_4 \uparrow$$
(수산화알루미늄) (메테인)

46 $C_6H_2CH_3(NO_2)_3$의 제조 원료로 옳게 짝지어진 것은?

① 톨루엔, 황산, 질산
② 톨루엔, 벤젠, 질산
③ 벤젠, 질산, 황산
④ 벤젠, 질산, 염산

해설
TNT[$C_6H_2CH_3(NO_2)_3$]의 원료 : 톨루엔, 황산, 질산

[TNT의 구조식 및 제법]

톨루엔 + 3HNO₃ $\xrightarrow[\text{나이트로화}]{C-H_2SO_4}$ 2,4,6-트라이나이트로톨루엔 + 3H₂O

---

47 IF_5의 지정수량으로 맞는 것은?

① 50[kg] ② 100[kg] ③ 300[kg] ④ 1,000[kg]

해설
제6류 위험물 할로젠간화합물(지정수량 : 300[kg])
- 트라이플루오로브로민 : BrF_3
- 펜타플루오로브로민 : BrF_5
- 펜타플루오로아이오다이드 : IF_5

---

48 위험물의 운반에 관한 기준에서 정한 유별을 달리하는 위험물의 혼재기준에 따르면 1가지 다른 유별의 위험물과만 혼재가 가능한 위험물은?(단, 지정수량의 1/10을 초과하는 경우이다)

① 제1류 ② 제4류 ③ 제5류 ④ 제6류

해설
운반 시 유별을 달리하는 위험물의 혼재기준(시행규칙 별표 19 관련)

위험물의 구분	제1류	제2류	제3류	제4류	제5류	제6류
제1류		×	×	×	×	○
제2류	×		×	○	○	×
제3류	×	×		○	×	×
제4류	×	○	○		○	×
제5류	×	○	×	○		×
제6류	○	×	×	×	×	

정답 46 ① 47 ③ 48 ④

49 금속리튬은 고온에서 질소와 반응하였을 때 생성되는 질화리튬의 색상에 가장 가까운 것은?

① 회흑색　　② 적갈색　　③ 청록색　　④ 은백색

> **해설**
> 리튬은 다른 알칼리금속과 달리 질소와 직접 화합하여 **적갈색의 질화리튬(Li_3N)**을 생성한다.

50 운반 시 일광의 직사를 막기 위해 차광성이 있는 피복으로 덮어야 하는 위험물이 아닌 것은?

① 제1류 위험물 중 다이크로뮴산염류
② 제4류 위험물 중 제1석유류
③ 제5류 위험물 중 나이트로화합물
④ 제6류 위험물

> **해설**
> **적재위험물에 따른 조치**
> • 차광성이 있는 것으로 피복
> 　- 제1류 위험물
> 　- 제3류 위험물 중 자연발화성 물질
> 　- 제4류 위험물 중 특수인화물
> 　- 제5류 위험물
> 　- 제6류 위험물
> • 방수성이 있는 것으로 피복
> 　- 제1류 위험물 중 알칼리금속의 과산화물
> 　- 제2류 위험물 중 철분·금속분·마그네슘
> 　- 제3류 위험물 중 금수성 물질

51 $NH_4H_2PO_4$ 57.5[kg]이 완전 열분해하여 메타인산, 암모니아와 수증기로 되었을 때 메타인산은 몇 [kg]이 생성되는가?(단, P의 원자량은 31이다)

① 36　　② 40　　③ 80　　④ 115

> **해설**
> **제3종 분말 열분해반응식**
> $NH_4H_2PO_4$ → HPO_3 + NH_3 + H_2O
> 　115[kg]　　80[kg]
> 　57.5[kg]　　x
>
> $\therefore x = \dfrac{57.5[kg] \times 80[kg]}{115[kg]} = 40[kg]$

52 다음 중 물과 반응하여 가연성 가스를 발생하지 않는 위험물은?

① Ca_3P_2 ② K_2O_2 ③ Na ④ CaC_2

해설
물과 반응
- 인화칼슘 $Ca_3P_2 + 6H_2O \rightarrow 3Ca(OH)_2 + 2PH_3 \uparrow$
- 과산화칼륨 $2K_2O_2 + 2H_2O \rightarrow 4KOH + O_2 \uparrow$
- 나트륨 $2Na + 2H_2O \rightarrow 2NaOH + H_2 \uparrow$
- 탄화칼슘 $CaC_2 + 2H_2O \rightarrow Ca(OH)_2 + C_2H_2 \uparrow$

※ O_2(산소)는 조연성 가스이다.

53 산화성 액체 위험물질의 취급에 관한 설명 중 틀린 것은?

① 과산화수소 30[%] 농도의 용액은 단독으로 폭발 위험이 있다.
② 과염소산의 융점은 약 −112[℃]이다.
③ 질산은 강산이지만 백금은 부식시키지 못한다.
④ 과염소산은 물과 반응하여 열을 발생한다.

해설
과산화수소는 농도 **60[%] 이상**은 충격, 마찰에 의해서도 단독으로 분해폭발 위험이 있다.

54 다음 중 위험물의 분류가 다른 하나는 어느 것인가?

① 과아이오딘산   ② 염소화아이소사이아누르산
③ 질산구아니딘   ④ 퍼옥소붕산염류

해설
위험물의 분류

품 명	과아이오딘산	염소화아이소사이아누르산	질산구아니딘	퍼옥소붕산염류
유 별	제1류 위험물	제1류 위험물	제5류 위험물	제1류 위험물

정답 52 ② 53 ① 54 ③

55 이항분포(Binomial Distribution)의 특징으로 가장 옳은 것은?

① $p = 0.01$일 때는 평균치에 대하여 좌우대칭이다.
② $p \leq 0.1$이고, $np = 0.1 \sim 10$일 때는 푸아송분포에 근사한다.
③ 부적합품의 출현 개수에 대한 표준편차는 $D(x) = np$이다.
④ $p \leq 0.5$이고, $np \leq 5$일 때는 푸아송분포에 근사한다.

해설
이항분포 : 베르누이시행에서 성공과 실패의 확률은 n번 반복 시행할 때 x번 성공할 확률이 주어지는 분포

- $p = 0.5$일 때 분포의 형태는 기대치 np에 대하여 좌우대칭이 된다.
- 표준편차는 $D(x) = \sqrt{n \cdot p(1-p)}$이다.
- $np \geq 5$이고, $nq \geq 5$일 때 정규분포에 근사한다.
- $p \leq 0.1$이고, $np = 0.1 \sim 10$일 때는 푸아송분포에 근사한다.

여기서, p : 성공확률 q : 실패확률
n : 시행횟수

56 제품공정도를 작성할 때 사용되는 요소(명칭)가 아닌 것은?

① 가 공
② 검 사
③ 정 체
④ 여 유

해설
공정분석 기호
- ○ : 작업 또는 가공
- ⇨ : 운 반
- D : 정 체
- ▽ : 저 장
- □ : 검 사

57 부적합수 관리도를 작성하기 위해 $\sum c = 559$, $\sum n = 222$를 구하였다. 시료의 크기가 부분군마다 일정하지 않기 때문에 U관리도를 사용하기로 하였다. $n = 10$일 경우 U관리도의 UCL값은 얼마인가?

① 4.023 ② 2.518 ③ 0.502 ④ 0.252

> **해설**
> U관리도 : 군의 단위수가 다를 때 제품의 결점수를 관리하는 데 사용한다. 시료를 채취할 때 시료의 크기를 일정하게 할 수 없을 때 U관리도를 사용한다.
>
> - 단위당 결점수 $u = \dfrac{c(\text{각 시료의 결점수})}{n(\text{시료의 크기})}$
> - 중심선 $CL = \bar{u} = \dfrac{\sum c}{\sum n}$ ($\sum c$: 결점수의 합, $\sum n$: 시료 크기의 합)
> - 관리상한선 $UCL = \bar{u} + 3\sqrt{\dfrac{\bar{u}}{n}}$
> - 관리하한선 $LCL = \bar{u} - 3\sqrt{\dfrac{\bar{u}}{n}}$

$\bar{u} = \dfrac{\sum c}{\sum n} = \dfrac{559}{222} = 2.518$

∴ $UCL = \bar{u} + 3\sqrt{\dfrac{\bar{u}}{n}} = 2.518 + 3\sqrt{\dfrac{2.518}{10}} = 4.023$

58 작업방법 개선의 기본 4원칙을 표현한 것은?

① 층별 – 랜덤 – 재배열 – 표준화
② 배제 – 결합 – 랜덤 – 표준화
③ 층별 – 랜덤 – 표준화 – 단순화
④ 배제 – 결합 – 재배열 – 단순화

> **해설**
> 작업방법 개선의 기본 4원칙 : 배제 – 결합 – 재배열 – 단순화

정답 57 ① 58 ④

59 모집단으로부터 공간적, 시간적으로 간격을 일정하게 하여 샘플링하는 방식은?
① 단순랜덤샘플링(Simple Random Sampling)
② 2단계샘플링(Two-stage Sampling)
③ 취락샘플링(Cluster Sampling)
④ 계통샘플링(Systematic Sampling)

해설
샘플링 방법
① 랜덤샘플링(Random Sampling) : 모집단의 어느 부분이라도 같은 확률로 시료를 채취하는 방법
  ㉠ 단순랜덤샘플링 : 무작위 시료를 추출하는 방법으로 사전에 모집단에 지식이 없는 경우 사용
  ㉡ **계통샘플링 : 모집단으로부터 시간적, 공간적으로 일정한 간격을 두고 시료를 채취하는 방법**

$$\text{샘플링간격}(k) = \frac{N(\text{모집단})}{n(\text{시료 수})}, \quad \text{채취비율} = \frac{n(\text{시료 수})}{N(\text{모집단})}$$

② 층별샘플링(Stratified Sampling)
  ㉠ 정의 : 모집단을 몇 개의 층으로 나누고 각 층으로부터 각각 랜덤하게 시료를 뽑는 샘플링 방법
  ㉡ 특 징
    • 단순랜덤샘플링보다 샘플의 크기가 작아도 정밀도를 얻는다.
    • 랜덤샘플링이 쉽게 이루어진다.
③ 취락샘플링(Cluster Sampling) : 모집단을 여러 개의 취락으로 나누어 몇 개 부분을 랜덤으로 시료를 채취하여 채취한 시료 모두를 조사하는 방법
④ 2단계샘플링(Two-stage Sampling) : 모집단을 1단계, 2단계로 나누어 각 단계에서 몇 개의 시료를 채취하는 방법

60 예방보전(Preventive Maintenance)의 효과로 보기에 가장 거리가 먼 것은?
① 기계의 수리비용이 감소한다.
② 생산시스템의 신뢰도가 향상된다.
③ 고장으로 인한 중단시간이 감소한다.
④ 잦은 정비로 인하여 제조원단위가 증가한다.

해설
예방보전의 효과
• 생산정지시간과 유휴손실 감소
• 수리작업의 횟수와 기계 수리비용 감소
• 납기지연으로 인한 고객불만 저하 및 매출신장
• 예비기계 보유 감소
• 신뢰도 향상 및 원가 절감
• 안전작업 향상

2014년 4월 6일 시행 과년도 기출문제

01 위험물이 물과 접촉하여 발생하는 가스를 틀리게 나타낸 것은?

① 탄화마그네슘 : 프로페인
② 트라이에틸알루미늄 : 에테인
③ 탄화알루미늄 : 메테인
④ 인화칼슘 : 포스핀

해설
물과 반응
- 탄화마그네슘 $MgC_2 + 2H_2O \rightarrow Mg(OH)_2 + C_2H_2$ **(아세틸렌)**
- 트라이에틸알루미늄 $(C_2H_5)_3Al + 3H_2O \rightarrow Al(OH)_3 + 3C_2H_6$ **(에테인)**
- 탄화알루미늄 $Al_4C_3 + 12H_2O \rightarrow 4Al(OH)_3 + 3CH_4$ **(메테인)**
- 인화칼슘 $Ca_3P_2 + 6H_2O \rightarrow 3Ca(OH)_2 + 2PH_3$ **(포스핀)**

02 다음 위험물이 속하는 위험물안전관리법령상 품명이 나머지 셋과 다른 하나는?

① 클로로벤젠   ② 아닐린
③ 나이트로벤젠   ④ 글리세린

해설
제4류 위험물의 품명

종 류	클로로벤젠	아닐린	나이트로벤젠	글리세린
품 명	제2석유류	제3석유류	제3석유류	제3석유류

정답 01 ① 02 ①

03 표준상태에서 질량이 0.8[g]이고 부피가 0.4[L]인 혼합기체의 평균 분자량은?

① 22.2　　　② 32.4　　　③ 33.6　　　④ 44.8

해설
이상기체 상태방정식을 이용하여 분자량을 구한다.

$$PV = nRT = \frac{W}{M}RT$$

여기서, P : 압력[atm]　　　　　　V : 부피[L]
　　　　n : 몰수[g-mol]　　　　M : 분자량[g/g-mol]
　　　　W : 무게　　　　　　　R : 기체상수(0.08205[L·atm/g-mol·K])
　　　　T : 절대온도(273 + [℃])[K]

분자량을 구하면
$$M = \frac{WRT}{PV} = \frac{0.8[\text{g}] \times 0.08205[\text{L}\cdot\text{atm}/\text{g}-\text{mol}\cdot\text{K}] \times (273+0)[\text{K}]}{1[\text{atm}] \times 0.4[\text{L}]} = 44.8[\text{g}/\text{g}-\text{mol}]$$

04 자연발화를 일으키기 쉬운 조건으로 옳지 않은 것은?

① 표면적이 넓을 것　　　　② 발열량이 클 것
③ 주위의 온도가 높을 것　　④ 열전도율이 클 것

해설
자연발화의 조건
- 주위의 온도가 높을 것
- 발열량이 클 것
- 열의 축적이 클 때
- 열전도율이 작을 것
- 표면적이 넓을 것

05 위험물안전관리법령상 제4류 위험물 중 제1석유류에 속하는 것은?

① CH_3CHOCH_2　　　　② $C_2H_5COCH_3$
③ CH_3CHO　　　　　　④ CH_3COOH

해설
위험물의 분류

종 류	CH_3CHOCH_2	$C_2H_5COCH_3$	CH_3CHO	CH_3COOH
명 칭	산화프로필렌	메틸에틸케톤	아세트알데하이드	아세트산(초산)
품 명	특수인화물	제1석유류	특수인화물	제2석유류

03 ④　04 ④　05 ②

06 고속국도의 도로변에 설치한 주유취급소의 고정주유설비 또는 고정급유설비에 연결된 탱크의 용량은 얼마까지 할 수 있는가?

① 10만[L]　　② 8만[L]　　③ 6만[L]　　④ 5만[L]

해설
고속국도의 도로변에 설치한 주유취급소의 탱크 용량은 60,000[L] 이하이다.

07 위험물안전관리법령상 가연성 고체 위험물에 대한 설명 중 틀린 것은?

① 비교적 낮은 온도에서 착화되기 쉬운 가연물이다.
② 대단히 연소속도가 빠른 고체이다.
③ 철분 및 마그네슘을 포함하여 주수에 의한 냉각소화를 해야 한다.
④ 산화제와의 접촉을 피해야 한다.

해설
제2류 위험물의 일반적인 성질
- 가연성 고체로서 비교적 낮은 온도에서 착화하기 쉬운 가연성, 속연성 물질이다.
- 비중은 1보다 크고 물에 불용성이며, 산소를 함유하지 않기 때문에 강력한 환원성 물질이다.
- 산소와 결합이 용이하여 산화되기 쉽고 연소속도가 빠르다.
- 주수소화가 가능하나 **마그네슘, 철분, 금속분**은 마른모래, 팽창질석, 팽창진주암으로 **질식소화**를 한다.
- 환원성 물질이므로 산화제와 접촉을 피해야 한다.

08 다음의 저장소에 있어서 1인의 위험물안전관리자를 중복하여 선임할 수 있는 경우에 해당하지 않는 것은?

① 동일구내에 있는 7개의 옥내저장소를 동일인이 설치한 경우
② 동일구내에 있는 21개의 옥외탱크저장소를 동일인이 설치한 경우
③ 상호 100[m] 이내의 거리에 있는 15개의 옥외저장소를 동일인이 설치한 경우
④ 상호 100[m] 이내의 거리에 있는 6개의 암반탱크저장소를 동일인이 설치한 경우

해설
위험물안전관리자 1인을 중복 선임할 수 있는 저장소 등
동일구내에 있거나 상호 100[m] 이내의 거리에 있는 저장소로서 다음에 정하는 저장소
- **10개 이하의 옥내저장소**
- 30개 이하의 옥외탱크저장소
- 옥내탱크저장소
- 지하탱크저장소
- 간이탱크저장소
- **10개 이하의 옥외저장소**
- **10개 이하의 암반탱크저장소**

정답 06 ③　07 ③　08 ③

09 1기압, 100[℃]에서 1[kg]의 이황화탄소가 모두 증기가 된다면 부피는 약 몇 [L]가 되겠는가?

① 201 ② 403 ③ 603 ④ 804

해설
이상기체 상태방정식

$$PV = nRT = \frac{W}{M}RT \rightarrow V = \frac{WRT}{PM}$$

여기서, P : 압력[atm]
 V : 부피[L, m³]
 n : 몰수[g-mol]
 M : 분자량(이황화탄소 CS_2의 분자량 : 76[g/g-mol])
 W : 무게[g]
 R : 기체상수(0.08205[L·atm/g-mol·K])
 T : 절대온도(273 + [℃])[K]

∴ $V = \frac{WRT}{PM} = \frac{1{,}000[g] \times 0.08205[L \cdot atm/g-mol \cdot K] \times (273+100)[K]}{1[atm] \times 76[g/g-mol]} = 402.69[L]$
 $= 403[L]$

10 소화난이도 등급 Ⅰ에 해당하는 옥외저장소 및 이송취급소의 소화설비로 적합하지 않은 것은?

① 화재발생 시 연기가 충만할 우려가 있는 장소에는 스프링클러설비
② 이동식 불활성가스 소화설비
③ 옥외소화전설비
④ 옥내소화전설비

해설
소화난이도 등급 Ⅰ에 해당하는 소화설비(시행규칙 별표 17)

제조소 등의 구분	소화설비
옥외저장소 및 이송취급소	옥내소화전설비, 옥외소화전설비, 스프링클러설비 또는 물분무 등 소화설비(화재발생 시 연기가 충만할 우려가 있는 장소에는 스프링클러설비 또는 이동식 이외의 물분무 등 소화설비에 한한다)

• 물분무 등 소화설비 : 물분무소화설비, 포소화설비, 불활성가스소화설비, 할로젠화합물소화설비, 분말소화설비
• 방출방식에 의한 분류(가스계소화설비, 분말소화설비)
 – 전역방출방식
 – 국소방출방식
 – 이동식(호스릴)방식

11 연소 시 발생하는 유독가스의 종류가 동일한 것은?

① 칼륨, 나트륨
② 아세트알데하이드, 이황화탄소
③ 황린, 적린
④ 탄화알루미늄, 인화칼슘

해설

연소반응
- 칼륨 $4K + O_2 \rightarrow 2K_2O$
- 나트륨 $4Na + O_2 \rightarrow 2Na_2O$
- 아세트알데하이드 $2CH_3CHO + 5O_2 \rightarrow 4CO_2 + 4H_2O$
- 이황화탄소 $CS_2 + 3O_2 \rightarrow CO_2 + 2SO_2$
- 황린 $P_4 + 5O_2 \rightarrow 2P_2O_5$
- 적린 $4P + 5O_2 \rightarrow 2P_2O_5$
- 탄화알루미늄, 인화칼슘 : 불연성 고체

12 다음 물질 중 무색 또는 백색의 결정으로 비중이 약 1.8이고 융점이 약 202℃이며 물에는 불용인 것은?

① 피크르산
② 다이나이트로레조르신
③ 다이나이트로톨루엔
④ 헥소겐

해설

헥소겐
- 물 성

화학식	융 점	착화점	비 중
$(CH_2NNO_2)_3$	202[℃]	230[℃]	1.8

- 무색 또는 백색의 분말결정이다.
- 물, 알코올, 에터에는 녹지 않고 아세톤에는 녹는다.

정답 11 ③ 12 ④

13 다음은 용량 100만[L] 미만의 액체 위험물 저장탱크에 실시하는 충수·수압시험의 검사기준에 관한 설명이다. 탱크 중 압력탱크 외의 탱크에 대해서 실시해야 하는 검사의 내용이 아닌 것은?

① 옥외저장탱크 및 옥내저장탱크는 충수시험을 실시해야 한다.
② 지하저장탱크는 70[kPa]의 압력으로 10분간 수압시험을 실시해야 한다.
③ 이동저장탱크는 최대상용압력의 1.5배의 압력으로 10분간 수압시험을 실시해야 한다.
④ 이중벽탱크 중 강제강화 이중벽탱크는 70[kPa]의 압력으로 10분간 수압시험을 실시해야 한다.

해설
충수·수압시험 기준
- 옥외저장탱크 및 옥내저장탱크
  - 압력탱크(최대상용압력이 대기압을 초과하는 탱크) 외의 탱크 : 충수시험
  - 압력탱크 : 최대상용압력의 1.5배의 압력으로 10분간 실시하는 수압시험에서 각각 새거나 변형되지 않아야 한다.
- 지하저장탱크, **이동저장탱크**
  - 압력탱크(최대상용압력이 46.7[kPa] 이상인 탱크) 외의 탱크 : 70[kPa]의 압력으로 10분간 수압시험을 실시하여 새거나 변형되지 않아야 한다.
  - 압력탱크 : 최대상용압력의 1.5배의 압력으로 각각 10분간 수압시험을 실시하여 새거나 변형되지 않아야 한다.
- 이중벽탱크 중 강제강화 이중벽탱크는 70[kPa]의 압력으로 10분간 수압시험을 실시해야 한다.

14 위험물 저장 또는 취급하는 탱크 용량은 해당 탱크의 내용적에서 공간용적을 뺀 용적으로 한다. 위험물안전관리법령상 공간용적을 옳게 나타낸 것은?

① 탱크용적의 2/100 이상, 5/100 이하로 한다.
② 탱크용적의 5/100 이상, 10/100 이하로 한다.
③ 탱크용적의 3/100 이상, 8/100 이하로 한다.
④ 탱크용적의 7/100 이상, 10/100 이하로 한다.

해설
일반탱크의 공간용적 : 탱크용적의 5/100 이상~10/100 이하

15 인화점이 0[℃]보다 낮은 물질이 아닌 것은?

① 아세톤 ② 자일렌
③ 휘발유 ④ 벤젠

해설

인화점

종 류	아세톤	o-자일렌	휘발유	벤젠
품 명	제1석유류	제2석유류	제1석유류	제1석유류
인화점	-18.5[℃]	32[℃]	-43[℃]	-11[℃]

16 어떤 기체의 확산속도가 SO_2의 4배일 때 이 기체의 분자량을 추정하면 얼마인가?

① 4   ② 16
③ 32 ④ 64

해설

그레이엄의 확산속도법칙 : 확산속도는 분자량의 제곱근에 반비례한다.

$$\frac{U_B}{U_A} = \sqrt{\frac{M_A}{M_B}}$$

여기서, U_B : SO_2의 확산속도
U_A : 어떤 기체의 확산속도
M_B : SO_2의 분자량
M_A : 어떤 기체의 분자량

$$\therefore M_A = M_B \times \left(\frac{U_B}{U_A}\right)^2 = 64 \times \left(\frac{1}{4}\right)^2 = 4$$

정답 15 ② 16 ①

17 산화프로필렌에 대한 설명 중 틀린 것은?

① 무색의 휘발성 액체이다.
② 증기의 비중은 공기보다 크다.
③ 인화점은 약 −37[℃]이다.
④ 발화점은 약 100[℃]이다.

해설
산화프로필렌
- 무색, 투명한 휘발성 액체이다.
- 증기는 공기보다 2배 무겁다.
- 인화점은 약 −37[℃]이다.
- **발화점**은 **449**[℃]로서 상온보다 아주 높다(이황화탄소의 발화점 : 90[℃]).

18 제조소에서 취급하는 제4류 위험물의 최대수량의 합이 지정수량의 50만배인 사업소의 자체소방대에 두어야 하는 화학소방자동차 대수 및 자체소방대원의 수는?(단, 해당 사업소는 다른 사업소 등과 상호응원에 관한 협정을 체결하고 있지 않다)

① 4대, 20인 ② 3대, 15인
③ 2대, 10인 ④ 1대, 5인

해설
자체소방대에 두는 화학소방자동차 및 인원(시행령 별표 8)

사업소의 구분	화학소방자동차	자체소방대원의 수
제조소 또는 일반취급소에서 취급하는 제4류 위험물의 최대수량의 합이 지정수량의 3,000배 이상 12만배 미만인 사업소	1대	5인
제조소 또는 일반취급소에서 취급하는 제4류 위험물의 최대수량의 합이 지정수량의 12만배 이상 24만배 미만인 사업소	2대	10인
제조소 또는 일반취급소에서 취급하는 제4류 위험물의 최대수량의 합이 지정수량의 24만배 이상 48만배 미만인 사업소	3대	15인
제조소 또는 일반취급소에서 취급하는 제4류 위험물의 최대수량의 합이 지정수량의 48만배 이상인 사업소	4대	20인
옥외탱크저장소에 저장하는 제4류 위험물의 최대수량이 지정수량의 50만배 이상인 사업소	2대	10인

[비고] 화학소방자동차에는 행정안전부령이 정하는 소화능력 및 설비를 갖추어야 하고, 소화활동에 필요한 소화약제 및 기구(방열복 등 개인장구를 포함한다)를 비치해야 한다.

19 위험물탱크 안전성능시험자가 되고자 하는 자가 갖추어야 할 장비로서 옳은 것은?

① 기밀시험장치
② 타코메터
③ 페네스트로메터
④ 인화점측정기

해설
위험물탱크 안전성능시험자의 장비
① 필수장비 : 자기탐상시험기, 초음파두께측정기 및 다음 ㉠ 또는 ㉡ 중 어느 하나
  ㉠ 영상초음파시험기
  ㉡ 방사선투과시험기 및 초음파시험기
② 필요한 경우에 두는 장비
  ㉠ 충·수압시험, 진공시험, 기밀시험 또는 내압시험의 경우
    • 진공능력 53[kPa] 이상의 진공누설시험기
    • 기밀시험장치(안전장치가 부착된 것으로 가압능력 200[kPa] 이상, 감압의 경우에는 감압능력 10[kPa] 이상·감도 10[Pa] 이상의 것으로서 각각의 압력 변화를 스스로 기록할 수 있는 것
  ㉡ 수직·수평도 시험의 경우 : 수직·수평도 측정기

20 위험물안전관리법령상 나트륨의 위험등급은?

① 위험등급 Ⅰ
② 위험등급 Ⅱ
③ 위험등급 Ⅲ
④ 위험등급 Ⅳ

해설
위험물의 위험등급
① 위험등급 Ⅰ의 위험물
  ㉠ 제1류 위험물 중 아염소산염류, 염소산염류, 과염소산염류, 무기과산화물, 지정수량이 50[kg]인 위험물
  ㉡ 제3류 위험물 중 칼륨, **나트륨**, 알킬알루미늄, 알킬리튬, 황린, 지정수량이 10[kg] 또는 20[kg]인 위험물
  ㉢ 제4류 위험물 중 특수인화물
  ㉣ 제5류 위험물 중 지정수량이 10[kg]인 위험물
  ㉤ 제6류 위험물
② 위험등급 Ⅱ의 위험물
  ㉠ 제1류 위험물 중 브로민산염류, 질산염류, 아이오딘산염류, 지정수량이 300[kg]인 위험물
  ㉡ 제2류 위험물 중 황화인, 적린, 황, 지정수량이 100[kg]인 위험물
  ㉢ 제3류 위험물 중 알칼리금속(칼륨, 나트륨 제외) 및 알칼리토금속, 유기금속화합물(알킬알루미늄 및 알킬리튬은 제외), 지정수량이 50[kg]인 위험물
  ㉣ 제4류 위험물 중 제1석유류, 알코올류
  ㉤ 제5류 위험물 중 위험등급 Ⅰ에 정하는 위험물 외의 것
③ 위험등급 Ⅲ의 위험물 : ① 및 ②에 정하지 않은 위험물

21 위험물의 화재위험에 대한 설명으로 옳지 않은 것은?

① 연소범위의 상한값이 높을수록 위험하다.
② 착화점이 높을수록 위험하다.
③ 폭발범위가 넓을수록 위험하다.
④ 연소속도가 빠를수록 위험하다.

> **해설**
> **위험성이 증가하는 경우**
> - 비점이 낮을수록
> - 연소범위의 상한값이 높거나 연소범위가 넓을수록
> - **착화점**, 인화점이 **낮을수록**
> - 폭발범위가 넓을수록
> - 연소속도가 빠를수록

22 위험물안전관리법령상 스프링클러설비의 쌍구형 송수구를 설치하는 기준으로 틀린 것은?

① 송수구의 결합금속구는 탈착식 또는 나사식으로 한다.
② 송수구에는 그 직근의 보기 쉬운 장소에 송수용량 및 송수시간을 함께 표시해야 한다.
③ 소방펌프자동차가 용이하게 접근할 수 있는 위치에 설치한다.
④ 송수구의 결합금속구는 지면으로부터 0.5[m] 이상 1[m] 이하 높이의 송수에 지장이 없는 위치에 설치한다.

> **해설**
> **스프링클러설비의 송수구 설치 기준(세부기준 제131조)**
> 소방펌프자동차가 용이하게 접근할 수 있는 위치에 쌍구형의 송수구를 설치할 것
> - 전용으로 할 것
> - 송수구의 결합금속구는 탈착식 또는 나사식으로 하고 내경을 63.5[mm] 내지 66.5[mm]로 할 것
> - 송수구의 결합금속구는 지면으로부터 0.5[m] 이상 1[m] 이하의 높이의 송수에 지장이 없는 위치에 설치할 것
> - 송수구는 해당 스프링클러설비의 가압송수장치로부터 유수검지장치·압력검지장치 또는 일제개방형밸브·수동식개방밸브까지의 배관에 전용의 배관으로 접속할 것
> - 송수구에는 그 직근의 보기 쉬운 장소에 "스프링클러용송수구"라고 표시하고 그 송수압력범위를 함께 표시할 것

23 분자량이 32이며 물에 불용성인 황색 결정의 위험물은?

① 오황화인 ② 황 린
③ 적 린 ④ 황

해설
위험물의 색상

종 류	오황화인	황 린	적 린	황
색 상	담황색	담황색	암적색	황 색
화학식	P_2S_5	P_4	P	S
분자량	222	124	31	32

24 과산화수소에 대한 설명 중 틀린 것은?

① 햇빛에 의해서 분해되어 산소를 방출한다.
② 일정 농도 이상이면 단독으로 폭발할 수 있다.
③ 벤젠이나 석유에 쉽게 용해되어 급격히 분해된다.
④ 농도가 진한 것은 피부에 접촉 시 수종을 일으킬 위험이 있다.

해설
과산화수소(Hydrogen Peroxide)
• 물 성

화학식	농 도	비 점	융 점	비 중
H_2O_2	36.5[wt%] 이상	152[℃]	-17[℃]	1.463

• 점성이 있는 무색 액체(다량일 경우 : 청색)이다.
• 투명하며 물보다 무겁고 수용액 상태는 비교적 안정하다.
• 물, 알코올, 에터에는 녹지만, **벤젠이나 석유에는 녹지 않는다.**
• 농도 60[wt%] 이상은 충격, 마찰에 의해서도 단독으로 분해폭발 위험이 있다.
• 반응성이 크고, 불연성이다.

25 Halon1211에 해당하는 할론소화약제는?

① CH_2ClBr
② CF_2ClBr
③ CCl_2FBr
④ CBr_2FCl

해설
할론소화약제의 종류

종 류	할론1011	할론1211	할론2402	할론1121	할론1112
화학식	CH_2ClBr	CF_2ClBr	$C_2F_4Br_2$	CCl_2FBr	CBr_2FCl

26 아이오도폼 반응을 하는 물질로 연소범위가 약 2.5~12.8[%]이며 끓는점과 인화점이 낮아 화기를 멀리 해야하고 냉암소에 보관하는 물질은?

① CH_3COCH_3
② CH_3CHO
③ C_6H_6
④ $C_6H_5NO_2$

해설
아세톤(Acetone, Dimethyl Ketone)
• 물 성

화학식	분자량	비 중	비 점	인화점	착화점	연소범위
$(CH_3)_2CO$	58	0.79	56[℃]	−18.5[℃]	465[℃]	2.5~12.8[%]

• 무색, 투명한 자극성 휘발성 액체이다.
• 물에 잘 녹으므로 수용성이다.
• 피부에 닿으면 탈지작용을 한다.
• 공기와 장기간 접촉하면 과산화물이 생성되므로 갈색병에 저장해야 한다.
• 분무상의 주수, 알코올용포, 이산화탄소소화약제로 질식소화한다.

> **[아세톤]**
> 아이오도폼 반응을 하는 물질로 끓는점이 낮고 인화점이 낮아 위험성이 있어 화기를 멀리 해야 하고 용기는 갈색병을 사용하여 냉암소에 보관해야 하는 물질

27 다음 중 하나의 옥내저장소에 제5류 위험물과 함께 저장할 수 있는 위험물은?(단, 위험물을 유별로 정리하여 저장하는 한편, 서로 1[m] 이상의 간격을 두는 경우이다)

① 제1류 위험물(알칼리금속의 과산화물 또는 이를 함유한 것 제외)
② 제2류 위험물 중 인화성 고체
③ 제3류 위험물 중 알킬알루미늄 이외의 것
④ 유기과산화물 또는 이를 함유한 것 이외의 제4류 위험물

해설
옥내저장소의 저장 기준
- 옥내저장소 또는 옥외저장소에는 있어서 유별을 달리하는 위험물을 동일한 저장소에 저장할 수 없는데 1[m] 이상 간격을 두고 아래 유별을 저장할 수 있다.
  - **제1류 위험물(알칼리금속의 과산화물은 제외)과 제5류 위험물을 저장하는 경우**
  - 제1류 위험물과 제6류 위험물을 저장하는 경우
  - 제1류 위험물과 제3류 위험물 중 자연발화성 물품(황린 포함)을 저장하는 경우
  - 제2류 위험물 중 인화성 고체와 제4류 위험물을 저장하는 경우
  - 제3류 위험물 중 알킬알루미늄 등과 제4류 위험물(알킬알루미늄 또는 알킬리튬을 함유한 것에 한함)을 저장하는 경우
  - 제4류 위험물 중 유기과산화물과 제5류 위험물 중 유기과산화물을 저장하는 경우
- 옥내저장소에서 동일 품명의 위험물이더라도 **자연발화할 우려가 있는 위험물** 또는 재해가 현저하게 증대할 우려가 있는 위험물을 다량 저장하는 경우에는 지정수량의 10배 이하마다 구분하여 상호 간 **0.3[m] 이상**의 간격을 두어 저장해야 한다.
- 옥내저장소에 저장 시 높이(아래 높이를 초과하지 말 것)
  - 기계에 의하여 하역하는 구조로 된 용기만을 겹쳐 쌓는 경우 : 6[m]
  - 제4류 위험물 중 제3석유류, 제4석유류, 동식물유류를 수납하는 용기만을 겹쳐 쌓는 경우 : 4[m]
  - 그 밖의 경우(특수인화물, 제1석유류, 제2석유류, 알코올류) : 3[m]
- 옥내저장소에서 용기에 수납하여 저장하는 위험물의 온도 : 55[℃] 이하

28 가열하였을 때 열분해하여 질소가스가 발생하는 것은?

① 과산화칼슘
② 브로민산칼륨
③ 삼산화크로뮴
④ 다이크로뮴산암모늄

해설
화학식에서 질소가 없으면 질소가스가 발생하지 않는다. 다이크로뮴산암모늄은 약 180[℃]로 가열하면 질소가스를 발생한다.

$$(NH_4)_2Cr_2O_7 \rightarrow Cr_2O_3 + N_2 + 4H_2O$$

정답 27 ① 28 ④

29 과산화수소의 분해방지 안정제로 사용할 수 있는 물질은?

① 구 리 　　② 은 　　③ 인 산 　　④ 목탄분

> **해설**
> **과산화수소**
>
> - 과산화수소의 **안정제** : **인산**(H_3PO_4), 요산($C_5H_4N_4O_3$)
> - 옥시풀 : 과산화수소 3[%] 용액의 소독약
> - 과산화수소의 분해반응식 : $2H_2O_2 \rightarrow 2H_2O + O_2$
> - 과산화수소의 저장용기 : 착색 유리병
> - 구멍 뚫린 마개를 사용하는 이유 : 상온에서 서서히 분해하여 산소를 발생하여 폭발의 위험이 있어 통기를 위하여

30 원형관 속에서 유속 3[m/s]로 1일 동안 20,000[m^3]의 물을 흐르게 하는 데 필요한 관의 내경은 약 몇 [mm]인가?

① 414 　　② 313 　　③ 212 　　④ 194

> **해설**
> **내 경**
>
> $$Q = uA = u \times \frac{\pi}{4} D^2 \rightarrow D = \sqrt{\frac{4Q}{\pi u}}$$
>
> $\therefore D = \sqrt{\dfrac{4Q}{\pi u}} = \sqrt{\dfrac{4 \times 20,000[m^3]/(24 \times 3,600[s])}{3.14 \times 3[m/s]}} = 0.31351[m] = 313.51[mm]$

31 유별을 달리하는 위험물 중 운반 시에 혼재가 불가한 것은?(단, 모든 위험물은 지정수량 이상이다)

① 아염소산나트륨과 질산　　② 마그네슘과 나이트로글리세린
③ 나트륨과 벤젠　　　　　　④ 과산화수소와 경유

> **해설**
> **운반 시 유별을 달리하는 위험물의 혼재기준(시행규칙 별표 19 관련)**
>
> | 위험물의 구분 | 제1류 | 제2류 | 제3류 | 제4류 | 제5류 | 제6류 |
> |---|---|---|---|---|---|---|
> | 제1류 | | × | × | × | × | ○ |
> | 제2류 | × | | × | ○ | ○ | × |
> | 제3류 | × | × | | ○ | × | × |
> | 제4류 | × | ○ | ○ | | ○ | × |
> | 제5류 | × | ○ | × | ○ | | × |
> | 제6류 | ○ | × | × | × | × | |
>
> - 아염소산나트륨(제1류) + 질산(제6류)
> - 마그네슘(제2류)과 나이트로글리세린(제5류)
> - 나트륨(제3류)과 벤젠(제4류)
> - 과산화수소(제6류)와 경유(제4류)

32 과염소산과 과산화수소의 공통적인 위험성을 나타낸 것은?

① 가열하면 수소를 발생한다.
② 불연성이지만 독성이 있다.
③ 물, 알코올에 희석하면 안정하다.
④ 농도가 36[wt%] 미만인 것은 위험물에 해당하지 않는다고 법령에서 정하고 있다.

해설
과염소산과 과산화수소의 공통적인 성질
- 가열하면 산소를 발생한다.
- 불연성이지만 독성이 있다.
- 과산화수소는 물에 녹여 소독약(3[%])으로 사용하지만 과염소산은 물과 반응하면 발열한다.
- 과산화수소의 농도가 36[wt%] 이상인 것은 제6류 위험물이다.

33 다음 중 분해온도가 가장 높은 위험물은?

① KNO_3 ② BaO_2 ③ $(NH_4)_2Cr_2O_7$ ④ NH_4ClO_3

해설
분해온도

종 류	KNO_3	BaO_2	$(NH_4)_2Cr_2O_7$	NH_4ClO_3
명 칭	질산칼륨	과산화바륨	다이크로뮴산암모늄	염소산암모늄
분해온도	400[℃]	840[℃]	180[℃]	100[℃]

34 위험물안전관리법령상 품명이 무기과산화물에 해당하는 것은?

① 과산화리튬   ② 과산화수소   ③ 과산화벤조일   ④ 과산화초산

해설
위험물의 분류

종 류	과산화리튬	과산화수소	과산화벤조일	과산화초산
화학식	Li_2O_2	H_2O_2	$(C_6H_5CO)_2O_2$	CH_3COOOH
품 명	제1류 위험물 무기과산화물	제6류 위험물	제5류 위험물 유기과산화물	제5류 위험물 유기과산화물

정답 32 ② 33 ② 34 ①

35 위험물안전관리법령상 제1류 위험물에 해당하는 것은?

① 염소화아이소사이아누르산
② 질산구아니딘
③ 염소화규소화합물
④ 금속의 아자이드화합물

해설
위험물의 분류

종 류	염소화아이소사이아누르산	질산구아니딘	염소화 규소화합물	금속의 아자이드화합물
유 별	제1류 위험물	제5류 위험물	제3류 위험물	제5류 위험물

36 위험물제조소와 시설물 사이에 불연재료로 된 방화상 유효한 담을 설치하는 경우에는 법정의 안전거리를 단축할 수 있다. 다음 중 이러한 안전거리 단축이 가능한 시설물에 해당하지 않는 것은?

① 사용전압이 7,000[V] 초과 35,000[V] 이하의 특고압가공전선
② 국가유산
③ 초등학교
④ 주 택

해설
방화상 유효한 담을 설치하는 경우의 안전거리 단축 대상(시행규칙 별표 4)
- 주거용 건축물
- 학교, 유치원 등
- 국가유산

37 위험물안전관리법령상 제3종 분말소화설비가 적응성이 있는 것은?

① 과산화바륨
② 마그네슘
③ 질산에틸
④ 과염소산

해설
제3종 분말(인산염류)의 적응성
- 제1류 위험물의 알칼리금속의 과산화물 외의 것
- 제2류 위험물의 인화성 고체와 황화인, 적린, 황 등
- 제4류 위험물
- 제6류 위험물(과염소산)

38 다음 중 산소와의 화합반응이 가장 잘 일어나지 않는 것은?

① N   ② S   ③ He   ④ P

해설
헬륨(He)은 불활성 기체(0족 원소)로서 산소와 반응하지 않는다.

39 지정수량의 단위가 나머지 셋과 다른 하나는?

① 사이클로헥세인   ② 과염소산
③ 스타이렌   ④ 초 산

해설
지정수량의 단위

종 류	사이클로헥세인	과염소산	스타이렌	초 산
유 별	제4류 위험물	제6류 위험물	제4류 위험물	제4류 위험물
지정수량의 단위	[L]	[kg]	[L]	[L]

40 개방된 중유 또는 원유탱크 화재 시 포를 방사하면 소화약제가 비등 증발하며 확산의 위험이 발생한다. 이 현상은?

① 보일오버 현상   ② 슬롭오버 현상
③ 플래시오버 현상   ④ 블레비 현상

해설
유류탱크에서 발생하는 현상
- 보일오버(Boil Over)
  - 중질유 탱크에서 장시간 조용히 연소하다가 탱크의 잔존기름이 갑자기 분출(Over Flow)하는 현상
  - 연소유면으로부터 100[℃] 이상의 열파가 탱크저부에 고여 있는 물을 비등하게 하면서 연소유를 탱크 밖으로 비산하며 연소하는 현상
- 슬롭오버(Slop Over)
  중질유 탱크 등의 화재 시 열유층에 소화하기 위하여 물이나 포말을 주입하면 수분의 급격한 증발에 의하여 유면이 거품을 일으키거나 열유의 교란에 의하여 열유층 밑의 냉유가 급격히 팽창하여 유면을 밀어 올리는 위험한 현상
- 프로스오버(Froth Over)
  물이 뜨거운 기름 표면 아래서 끓을 때 화재를 수반하지 않는 용기에서 넘쳐흐르는 현상

41 다음 중 은백색의 광택성 물질로서 비중이 약 1.74인 위험물은?

① Cu ② Fe ③ Al ④ Mg

해설

마그네슘

• 물 성

화학식	원자량	비 중	융 점	비 점
Mg	24.3	1.74	651[℃]	1,100[℃]

• 은백색의 광택이 있는 금속이다.
• 물과 반응하면 수소가스를 발생한다.

$$Mg + 2H_2O \rightarrow Mg(OH)_2 + H_2 \uparrow$$

• 가열하면 연소하기 쉽고 순간적으로 맹렬하게 폭발한다.

$$2Mg + O_2 \rightarrow 2MgO + Q[kcal]$$

• Mg분이 공기 중에 부유하면 화기에 의해 분진폭발의 위험이 있다.

42 메테인 50[%], 에테인 30[%], 프로페인 20[%]의 부피비로 혼합된 가스의 공기 중 폭발하한계 값은? (단, 메테인, 에테인, 프로페인의 폭발하한계는 각각 5[vol%], 3[vol%], 2[vol%]이다)

① 1.1[%] ② 3.3[%] ③ 5.5[%] ④ 7.7[%]

해설

혼합가스의 폭발한계

$$L_m = \frac{100}{\dfrac{V_1}{L_1} + \dfrac{V_2}{L_2} + \dfrac{V_3}{L_3} + \cdots}$$

여기서, L_m : 혼합가스의 폭발한계(하한값, 상한값의 [vol%])
$V_1, V_2, V_3, \cdots$: 가연성 가스의 용량[vol%]
$L_1, L_2, L_3, \cdots$: 가연성 가스의 하한값 또는 상한값[vol%]

$$\therefore L_m(\text{하한값}) = \frac{100}{\dfrac{V_1}{L_1} + \dfrac{V_2}{L_2} + \dfrac{V_3}{L_3}} = \frac{100}{\dfrac{50}{5} + \dfrac{30}{3} + \dfrac{20}{2}} = 3.33[\%]$$

43 체적이 50[m³]인 위험물 옥내저장창고(개구부에는 자동폐쇄장치가 설치됨)에 전역방출방식의 이산화탄소를 설치할 경우 소화약제의 저장량을 얼마 이상으로 해야 하는가?

① 30[kg] ② 45[kg] ③ 60[kg] ④ 100[kg]

해설

소화약제량 = 방호체적[m³] × 필요가스량 + 개구부면적 × 5[kg/m²]
이 문제는 자동폐쇄장치가 설치되어 있으므로 약제량 = 50[m³] × 0.9[kg/m³] = 45[kg]

[전역방출방식의 약제량](세부기준 제134조)

방호구역의 체적[m³]	방호구역의 체적 1[m³]당 소화약제의 양[kg]	소화약제총량의 최저한도[kg]
5 미만	1.20	-
5 이상 15 미만	1.10	6
15 이상 45 미만	1.00	17
45 이상 150 미만	0.90	45
150 이상 1,500 미만	0.80	135
1,500 이상	0.75	1,200

44 다음 위험물의 지정수량이 옳게 연결된 것은?

① $Ba(ClO_4)_2$ - 50[kg] ② $NaBrO_3$ - 100[kg]
③ $Sr(NO_3)_2$ - 500[kg] ④ $KMnO_4$ - 500[kg]

해설

제1류 위험물의 지정수량

종 류	$Ba(ClO_4)_2$	$NaBrO_3$	$Sr(NO_3)_2$	$KMnO_4$
명 칭	과염소산바륨	브로민산나트륨	질산스트론튬	과망가니즈산칼륨
품 명	과염소산염류	브로민산염류	질산염류	과망가니즈산염류
지정수량	50[kg]	300[kg]	300[kg]	1,000[kg]

45 알칼리금속의 과산화물에 물을 뿌렸을 때 발생하는 기체는?

① 수 소 ② 산 소 ③ 메테인 ④ 포스핀

해설

알칼리금속의 과산화물(과산화칼륨 : K_2O_2, 과산화나트륨 : Na_2O_2)

$$2K_2O_2 + 2H_2O \rightarrow 4KOH + O_2$$

46 다음 중 위험물안전관리법상 알코올류가 위험물이 되기 위하여 갖추어야 할 조건이 아닌 것은?

① 한 분자 내에 탄소 원자수가 1개부터 3개까지일 것
② 포화 알코올일 것
③ 수용액일 경우 위험물안전관리법에서 정의한 알코올 함유량이 60[wt%] 이상일 것
④ 2가 이상의 알코올일 것

해설
알코올류의 정의
1분자를 구성하는 탄소원자의 수가 1개부터 3개까지인 포화 1가 알코올(변성알코올을 포함한다)을 말한다. 다만, 다음에 해당하는 것은 제외한다.
- 1분자를 구성하는 탄소원자의 수가 1개 내지 3개의 포화 1가 알코올의 함유량이 60[wt%] 미만인 수용액
- 가연성 액체량이 60[wt%] 미만이고 인화점 및 연소점(태그개방식 인화점측정기에 의한 연소점을 말한다)이 에틸알코올 60[wt%] 수용액의 인화점 및 연소점을 초과하는 것

47 다음의 요건을 모두 충족하는 위험물은?

- 과아이오딘산과 함께 적재하여 운반하는 것은 법령위반이다.
- 위험등급Ⅱ에 해당하는 위험물이다.
- 원칙적으로 옥외저장소에 저장·취급하는 것은 위법이다.

① 염소산염류   ② 고형알코올
③ 질산에스터류   ④ 금속의 아자이드화합물

해설
금속의 아자이드화합물(제5류 위험물)
- 제1류 위험물(과아이오딘산)은 고형알코올(제2류 위험물)과 제5류 위험물(금속의 아자이드화합물)을 함께 적재하여 운반하는 것은 위법이다.
- 위험등급Ⅱ에 해당한다.
- 옥외저장소에 저장할 수 있는 위험물
  - 제2류 위험물 중 **황** 또는 **인화성 고체**(인화점이 0[℃] 이상인 것에 한한다)
  - 제4류 위험물 중 **제1석유류**(인화점이 0[℃] 이상인 것에 한한다)·**알코올류**·**제2석유류**·**제3석유류**·**제4석유류 및 동식물유류**
  - 제6류 위험물
  - 제2류 위험물 및 제6류 위험물 중 특별시·광역시·특별자치시·도 또는 특별자치도의 조례로 정하는 위험물(관세법 제154조의 규정에 의한 보세구역 안에 저장하는 경우로 한정한다)
  - 국제해사기구에 관한 협약에 의하여 설치된 국제해사 기구가 채택한 국제해상위험물규칙(IMDG Code)에 적합한 용기에 수납된 위험물

48 하나의 옥내저장소에 다음과 같이 제4류 위험물을 함께 저장하는 경우 지정수량의 총 배수는?

- 아세트알데하이드 200[L]
- 아세트산 1,000[L]
- 아세톤 400[L]
- 아크릴산 1,000[L]

① 6배 ② 7배 ③ 7.5배 ④ 8배

해설

제4류 위험물의 지정수량 배수

종 류	아세트알데하이드	아세톤	아세트산	아크릴산
품 명	특수인화물	제1석유류(수용성)	제2석유류(수용성)	제2석유류(수용성)
지정수량	50[L]	400[L]	2,000[L]	2,000[L]

$$\therefore \text{지정수량의 배수} = \frac{\text{저장량}}{\text{지정수량}} + \frac{\text{저장량}}{\text{지정수량}} + \cdots$$
$$= \frac{200[L]}{50[L]} + \frac{400[L]}{400[L]} + \frac{1,000[L]}{2,000[L]} + \frac{1,000[L]}{2,000[L]} = 6\text{배}$$

49 다음 중 1차 이온화에너지가 작은 금속에 대한 설명으로 잘못된 것은?

① 전자를 잃기 쉽다. ② 산화되기 쉽다.
③ 환원력이 작다. ④ 양이온이 되기 쉽다.

해설

이온화에너지가 작은 금속
- 전자를 잃기 쉽다.
- 산화되기 쉽다.
- 환원력이 크다.
- 양이온이 되기 쉽다.

50 옥테인가에 대한 설명으로 옳은 것은?

① 노말펜테인을 100, 옥테인을 0으로 한 것이다.
② 옥테인을 100, 펜테인을 0으로 한 것이다.
③ 아이소옥테인을 100, n-헥세인을 0으로 한 것이다.
④ 아이소옥테인을 100, n-헵테인을 0으로 한 것이다.

해설

옥테인가 : 아이소옥테인을 100, n-헵테인을 0으로 한 것

51 다음 중 물속에 저장해야 하는 위험물은?

① 적 린　　　② 황 린　　　③ 황화인　　　④ 황

해설

저장방법

종 류	황린, 이황화탄소	칼륨, 나트륨	나이트로셀룰로스	기타 위험물
저장방법	물속에 저장	등유, 경유, 유동파라핀 속에 저장	물 또는 알코올로 습면시켜 저장	밀봉하여 건조하고 서늘한 장소에 저장

52 위험물안전관리법령상 옥내저장소를 설치함에 있어서 저장창고의 바닥을 물이 스며나오거나 스며들지 않는 구조로 해야 하는 위험물에 해당하지 않는 것은?

① 제1류 위험물 중 알칼리금속의 과산화물
② 제2류 위험물 중 철분·금속분·마그네슘
③ 제4류 위험물
④ 제6류 위험물

해설

저장창고의 바닥은 물이 스며나오거나 스며들지 않는 구조로 해야 하는 위험물
- 제1류 위험물 중 알칼리금속의 과산화물
- 제2류 위험물 중 철분·금속분·마그네슘
- 제3류 위험물 중 금수성 물질
- 제4류 위험물

53 금속나트륨의 성질에 대한 설명으로 옳은 것은?

① 불꽃반응은 파란색을 띤다.
② 물과 반응하여 발열하고 가연성 가스를 만든다.
③ 은백색의 중금속이다.
④ 물보다 무겁다.

해설

나트륨
- 은백색의 광택이 있는 무른 경금속으로 칼륨은 보라색, 나트륨은 노란색 불꽃을 내면서 연소한다.
- 물보다 가볍고 물과 심하게 반응하여 수소를 발생한다.

$$- \text{칼륨} \quad 2K + 2H_2O \rightarrow 2KOH + H_2 \uparrow$$
$$- \text{나트륨} \quad 2Na + 2H_2O \rightarrow 2NaOH + H_2 \uparrow$$

54 다음 A, B와 같은 작업공정을 가진 경우 위험물안전관리법상 허가를 받아야 하는 제조소 등의 종류를 옳게 짝지은 것은?(단, 지정수량 이상을 취급하는 경우이다)

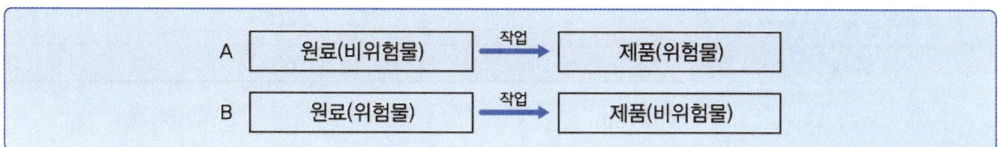

① A : 위험물제조소, B : 위험물제조소
② A : 위험물제조소, B : 위험물취급소
③ A : 위험물취급소, B : 위험물제조소
④ A : 위험물취급소, B : 위험물취급소

해설
정의
- 위험물제조소 : 위험물이나 비위험물을 원료로 사용하여 작업공정을 거친 생산제품이 위험물인 경우
- 위험물일반취급소 : 위험물을 원료로 사용하여 작업공정을 거친 생산제품이 비위험물인 경우

> 제조소나 일반취급소의 원료로 사용하는 양이나 생산제품의 양이 지정수량 이상일 때 위험물안전관리법에 규제를 받는다.

55 다음 중 반스(Ralph M. Barnes)가 제시한 동작경제원칙에 해당되지 않는 것은?
① 표준작업의 원칙
② 신체의 사용에 관한 원칙
③ 작업장의 배치에 관한 원칙
④ 공구 및 설비의 디자인에 관한 원칙

해설
반즈의 동작경제원칙
- 신체의 사용에 관한 원칙
- 작업장의 배치에 관한 원칙
- 공구 및 설비의 디자인에 관한 원칙

56 도수분포표에서 도수가 최대인 계급의 대푯값을 정확히 표현한 통계량은?
① 중위수　　　　　　　　② 시료평균
③ 최빈수　　　　　　　　④ 미드-레인지(Mid-range)

해설
최빈수 : 도수분포표에서 도수가 최대인 계급의 대푯값

정답 54 ② 55 ① 56 ③

57 다음 [표]를 참조하여 5개월 단순이동평균법으로 7월의 수요를 예측하면 몇 개인가?

(단위 : 개)

월	1	2	3	4	5	6
실 적	48	50	53	60	64	68

① 55개 ② 57개 ③ 58개 ④ 59개

해설
이동평균법 예측치
예측치 $F_t = \dfrac{\text{기간의 실적치}}{\text{기간의 수}} = \dfrac{50+53+60+64+68}{5} = 59$개

58 다음 중 두 관리도가 모두 푸아송 분포를 따르는 것은?

① $\bar{x}$관리도, R관리도
② C관리도, U관리도
③ nP관리도, P관리도
④ C관리도, P관리도

해설
푸아송 분포는 단위시간, 단위공간, 단위면적에서 그 사건의 발생횟수를 측정하는 확률변수의 분포로서 C관리도, U관리도는 이 분포를 따른다.

59 전수검사와 샘플링검사에 관한 설명으로 가장 올바른 것은?

① 파괴검사의 경우에는 전수검사를 적용한다.
② 전수검사가 일반적으로 샘플링검사보다 품질향상에 자극을 더 준다.
③ 검사항목이 많을 경우 전수검사보다 샘플링검사가 유리하다.
④ 샘플링검사는 부적합품이 섞여 들어가서는 안 되는 경우에 적용한다.

해설
검사항목이 많을 경우 샘플링검사가 유리하다.

60 근래 인간공학이 여러 분야에서 크게 기여하고 있다. 다음 중 어느 단계에서 인간공학적 지식이 고려됨으로서 기업에 가장 큰 이익을 줄 수 있는가?

① 제품의 개발단계
② 제품의 구매단계
③ 제품의 사용단계
④ 작업자의 채용단계

해설
신제품의 개발성공은 시장의 독점이므로 바로 기업의 가장 큰 이익을 줄 수 있다.

57 ④ 58 ② 59 ③ 60 ①

2014년 7월 20일 시행 과년도 기출문제

01 다음 반응에서 과산화수소가 산화제로 작용한 것은?

ⓐ $2HI + H_2O_2 \rightarrow I_2 + 2H_2O$
ⓑ $MnO_2 + H_2O_2 + H_2SO_4 \rightarrow MnSO_4 + 2H_2O + O_2$
ⓒ $PbS + 4H_2O_2 \rightarrow PbSO_4 + 4H_2O$

① ⓐ, ⓑ   ② ⓐ, ⓒ   ③ ⓑ, ⓒ   ④ ⓐ, ⓑ, ⓒ

해설
산화제 : 산화수가 감소하는 것이 환원이므로 산화제이다(자신은 환원되고 다른 물질을 산화시키는 물질).
• 산소화합물에서 산소의 산화수는 -2이다.
• 단체의 산화수는 0이다.

단체의 산화수 : H_2^0, Fe^0, Mg^0, O_2^0, O_3^0, N_2^0

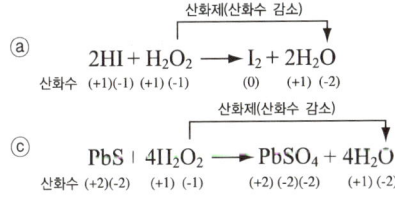

02 위험물안전관리법령에서 정한 자기반응성 물질이 아닌 것은?

① 유기금속화합물   ② 유기과산화물
③ 금속의 아자이드화합물   ④ 질산구아니딘

해설
위험물의 분류(제5류 위험물 : 자기반응성 물질)

종류	유기금속화합물	유기과산화물	금속의 아자이드화합물	질산구아니딘
유별	제3류 위험물	제5류 위험물	제5류 위험물	제5류 위험물

03 다음 중 강화액소화기의 방출방식으로 가장 많이 쓰이는 것은?

① 가스가압식   ② 반응식(파병식)   ③ 축압식   ④ 전도식

해설
분말소화기, 강화액소화기는 축압식이 가장 많이 사용한다.

정답 01 ② 02 ① 03 ③

04 다음 중 인화점이 가장 낮은 물질은?

① 아이소프로필알코올
② n-부틸알코올
③ 에틸렌글라이콜
④ 아세트산

> **해설**
> **제4류 위험물의 인화점**
>
> | 종 류 | 아이소프로필알코올 | n-부틸알코올 | 에틸렌글라이콜 | 아세트산 |
> |---|---|---|---|---|
> | 화학식 | C_3H_7OH | C_4H_9OH | CH_2OHCH_2OH | CH_3COOH |
> | 품 명 | 알코올류 | 제2석유류(비) | 제3석유류(수) | 제2석유류(수) |
> | 인화점 | 12[℃] | 35[℃] | 120[℃] | 40[℃] |

05 위험물안전관리법령상 위험물의 운송 시 혼재할 수 없는 위험물은?(단, 지정수량의 $\frac{1}{10}$ 초과의 위험물이다)

① 적린과 경유
② 칼륨과 등유
③ 아세톤과 나이트로셀룰로스
④ 과산화칼륨과 자일렌

> **해설**
> **운반 시 유별을 달리하는 위험물의 혼재기준(시행규칙 별표 19 관련)**
>
> | 위험물의 구분 | 제1류 | 제2류 | 제3류 | 제4류 | 제5류 | 제6류 |
> |---|---|---|---|---|---|---|
> | 제1류 | | × | × | × | × | ○ |
> | 제2류 | × | | × | ○ | ○ | × |
> | 제3류 | × | × | | ○ | × | × |
> | 제4류 | × | ○ | ○ | | ○ | × |
> | 제5류 | × | ○ | × | ○ | | × |
> | 제6류 | ○ | × | × | × | × | |
>
> [비고] 1. "×"표시는 혼재할 수 없음을 표시한다.
> 2. "○"표시는 혼재할 수 있음을 표시한다.
> 3. 이 표는 지정수량의 $\frac{1}{10}$ 이하의 위험물에 대하여는 적용하지 않는다.
>
> ∴ 문제에서 보면
> • 적린(제2류)과 경유(제4류)
> • 칼륨(제3류)과 등유(제4류)
> • 아세톤(제4류)과 나이트로셀룰로스(제5류)
> • 과산화칼륨(제1류)과 자일렌(제4류)
> ※ 운반 시 제1류와 제4류 위험물은 혼재가 불가능하다.

정답 04 ① 05 ④

06 스프링클러설비가 전체적으로 적응성이 있는 대상물은?

① 제1류 위험물
② 제2류 위험물
③ 제4류 위험물
④ 제5류 위험물

해설
소화설비의 적응성(시행규칙 별표 17)

소화설비의 구분			대상물 구분	건축물·그 밖의 공작물	전기설비	제1류 위험물		제2류 위험물			제3류 위험물		제4류 위험물	제5류 위험물	제6류 위험물
						알칼리금속과산화물 등	그 밖의 것	철분·금속분·마그네슘 등	인화성 고체	그 밖의 것	금수성 물품	그 밖의 것			
옥내소화전설비 또는 옥외소화전설비				○			○		○	○		○		○	○
스프링클러설비				○			○		○	○		○	△	○	○
물분무등소화설비		물분무소화설비		○	○		○		○	○		○	○	○	○
		포소화설비		○			○		○	○		○	○	○	○
		불활성가스소화설비			○				○				○		
		할로젠화합물소화설비			○				○				○		
	분말소화설비	인산염류 등		○	○		○		○	○			○		○
		탄산수소염류 등			○	○		○	○		○		○		
		그 밖의 것				○		○			○				

07 위험물안전관리법령에서 정한 위험물을 수납하는 경우의 운반용기에 관한 기준으로 옳은 것은?

① 고체 위험물은 운반용기 내용적의 98[%] 이하로 수납한다.
② 액체 위험물은 운반용기 내용적의 95[%] 이하로 수납한다.
③ 고체 위험물의 내용적은 25[℃]를 기준으로 한다.
④ 액체 위험물은 55[℃]에서 누설되지 않도록 공간용적을 유지해야 한다.

해설
운반용기에 관한 기준
• 수납률
  – 고체 위험물 : 내용적의 95[%] 이하로 수납
  – 액체 위험물 : 내용적의 98[%] 이하로 수납
• 고체 위험물의 내용적의 온도기준 : 20[℃]
• 액체 위험물은 55[℃]에서 누설되지 않도록 공간용적을 유지해야 한다.

08 비중이 1.15인 소금물이 무한히 큰 탱크의 밑면에서 내경 3[cm]인 관을 통하여 유출된다. 유출구 끝이 탱크 수면으로부터 3.2[m] 하부에 있다면 유출속도는 얼마인가?(단, 배출 시의 마찰손실은 무시한다)

① 2.92[m/s] ② 5.92[m/s] ③ 7.92[m/s] ④ 12.92[m/s]

해설
유출속도

$$u = \sqrt{2gH}$$

여기서, g : 중력가속도(9.8[m/s^2]) H : 수두[m]

∴ $u = \sqrt{2gH} = \sqrt{2 \times 9.8 \times 3.2} = 7.92$[m/s]

09 Halon1211와 Halon1301 소화약제에 대한 설명 중 틀린 것은?

① 모두 부촉매 효과가 있다.
② 증기는 모두 공기보다 무겁다.
③ 증기비중과 액체비중 모두 Halon1211이 더 크다.
④ 소화기의 유효방사거리는 Halon1301이 더 길다.

해설
할론소화약제의 비교

종 류	할론1211	할론1301
화학식	CF$_2$ClBr	CF$_3$Br
분자량	165.4	148.93
증기비중	5.7(165.4/29 = 5.7)	5.13(148.93/29 = 5.13)
액체비중	1.83	1.57
방사거리	4~5[m]	3~4[m]
소화효과	질식, 냉각, 부촉매 효과	질식, 냉각, 부촉매 효과

10 물체의 표면온도가 200[℃]에서 500[℃]로 상승하면 열복사량은 약 몇 배 증가하는가?

① 3.3 ② 7.1 ③ 18.5 ④ 39.2

해설
슈테판-볼츠만 법칙에서 복사량은 절대온도의 4제곱에 비례한다.

$$Q = T^4$$

∴ $T_1 : T_2 = (200+273)^4 : (500+273)^4 = 1 : 7.1$

11 과염소산의 취급·저장 시 주의사항으로 틀린 것은?

① 가열하면 폭발할 위험이 있으므로 주의한다.
② 종이, 나무조각 등과 접촉을 피해야 한다.
③ 구멍이 뚫린 코르크 마개를 사용하여 통풍이 잘되는 곳에 저장한다.
④ 물과 접촉하면 심하게 반응하므로 접촉을 금지한다.

해설
과염소산은 **밀봉용기**에 저장해야 한다.

> 과산화수소 : 구멍이 뚫린 마개 사용

12 TNT와 나이트로글리세린에 대한 설명 중 틀린 것은?

① TNT는 햇빛에 노출되면 다갈색으로 변한다.
② 모두 폭약의 원료로 사용될 수 있다.
③ 위험물안전관리법령상 품명은 서로 다르다.
④ 나이트로글리세린은 상온(25[℃])에서 고체이다.

해설
TNT와 나이트로글리세린의 비교
- TNT는 햇빛에 노출되면 다갈색으로 변한다.
- 모두 폭약의 원료로 사용될 수 있다.
- 품 명

종 류	TNT	나이트로글리세린
품 명	나이트로화합물	질산에스터류
지정수량	10[kg]	10[kg]

- 상온에서 상태

종 류	TNT	나이트로글리세린
상 태	고 체	액체(융점 : 2.8[℃])

13 단백질 검출반응과 관련이 있는 위험물은?

① HNO_3 ② $HClO_3$ ③ $HClO_2$ ④ H_2O_2

해설
잔토프로테인 반응 : 단백질 검출반응의 하나로서 아미노산 또는 단백질에 **진한 질산**을 가하여 가열하면 황색이 되고, 냉각하여 염기성으로 되게 하면 등황색을 띤다.

정답 11 ③ 12 ④ 13 ①

14 휘발유를 저장하는 옥외탱크저장소의 하나의 방유제 안에 10,000[L], 20,000[L] 탱크 각각 1기가 설치되어 있다. 방유제의 용량은 몇 [L] 이상이어야 하는가?

① 11,000　　② 20,000　　③ 22,000　　④ 30,000

해설
방유제의 용량
- 탱크가 하나일 때 : 탱크 용량의 110[%](인화성이 없는 액체 위험물은 100[%]) 이상
- 탱크가 2기 이상일 때 : 탱크 중 용량이 최대인 것의 용량의 110[%](인화성이 없는 액체 위험물은 100[%]) 이상
  ∴ 2기의 탱크 중에 가장 큰 것은 20,000[L]이므로 20,000[L] × 1.1(110[%]) = 22,000[L]

$1[m^3] = 1,000[L]$

15 위험물제조소 내의 위험물을 취급하는 배관은 불연성 액체를 이용할 경우 최대상용압력의 몇 배 이상의 압력으로 수압시험을 실시하여 이상이 없어야 하는가?

① 1.1　　② 1.5　　③ 2.1　　④ 2.5

해설
배관의 내압시험(누설 또는 이상이 없을 것)
- 불연성 액체를 이용하는 경우 : 최대상용압력의 1.5배 이상
- 불연성 기체를 이용하는 경우 : 최대상용압력의 1.1배 이상

16 위험물의 저장 또는 취급하는 방법을 설명한 것 중 틀린 것은?

① 산화프로필렌 : 저장 시 은(Ag)으로 제작된 용기에 질소가스 등 불연성 가스를 충전하여 보관한다.
② 이황화탄소 : 용기나 탱크에 저장 시 물로 덮어서 보관한다.
③ 알킬알루미늄 : 용기는 완전 밀봉하고 질소 등 불활성 가스를 충전한다.
④ 아세트알데하이드 : 냉암소에 저장한다.

해설
산화프로필렌은 구리(Cu), 마그네슘(Mg), 은(Ag), 수은(Hg)과 반응하면 아세틸레이트를 생성하므로 위험하다.

17 다음 중 품목을 달리 하는 위험물을 동일 장소에 저장할 경우 위험물의 시설로서 허가를 받아야 할 수량을 저장하고 있는 것은?(단, 제4류 위험물의 경우에는 비수용성이고 수량 이외의 저장기준은 고려하지 않는다)

① 이황화탄소 10[L], 가솔린 20[L], 칼륨 3[kg]을 취급하는 곳
② 가솔린 60[L], 등유 300[L], 중유 950[L]를 취급하는 곳
③ 경유 600[L], 나트륨 1[kg], 무기과산화물 10[kg]을 취급하는 곳
④ 황 10[kg], 등유 300[L], 황린 10[kg]을 취급하는 곳

해설

지정배수를 계산하여 1 이상이 되면 시·도지사의 허가를 받아야 한다(만약, 허가를 받지 않고 무허가로 행정처분을 받으면 3년 이하의 징역 또는 3,000만원 이하 벌금을 받는다).

$$\text{지정배수} = \frac{\text{취급(저장)량}}{\text{지정수량}} + \frac{\text{취급(저장)량}}{\text{지정수량}} + \frac{\text{취급(저장)량}}{\text{지정수량}}$$

각각의 지정수량을 알아보면

- 지정수량은 이황화탄소(특수인화물) 50[L], 가솔린(제1석유류, 비수용성) 200[L], 칼륨(제3류 위험물) 10[kg]이다.

  $\therefore \text{지정배수} = \frac{10[L]}{50[L]} + \frac{20[L]}{200[L]} + \frac{3[kg]}{10[kg]} = 0.6$배(비허가대상)

- 지정수량은 가솔린(제1석유류, 비수용성) 200[L], 등유(제2석유류, 비수용성) 1,000[L], 중유(제3석유류, 비수용성) 2,000[L]이다.

  $\therefore \text{지정배수} = \frac{60[L]}{200[L]} + \frac{300[L]}{1,000[L]} + \frac{950[L]}{2,000[L]} = 1.075$배(허가대상)

- 지정수량은 경유(제2석유류, 비수용성) 1,000[L], 나트륨(제3류 위험물) 10[kg], 무기과산화물(제1류 위험물) 50[kg]이다.

  $\therefore \text{지정배수} = \frac{600[L]}{1,000[L]} + \frac{1[kg]}{10[kg]} + \frac{10[kg]}{50[kg]} = 0.9$배(비허가대상)

- 지정수량은 황(제2류 위험물) 100[kg], 등유(제2석유류, 비수용성) 1,000[L], 황린(제3류 위험물) 20[kg]이다.

  $\therefore \text{지정배수} = \frac{10[kg]}{100[kg]} + \frac{300[L]}{1,000[L]} + \frac{10[kg]}{20[kg]} = 0.9$배(비허가대상)

18 산소 16[g]과 수소 4[g]이 반응할 때 몇 [g]의 물을 얻을 수 있는가?

① 9[g] ② 16[g] ③ 18[g] ④ 36[g]

해설

반응식

$2H_2 + O_2 \rightarrow 2H_2O$
 4[g]   32[g]   36[g]

반응식에서 수소 : 산소의 mol 비율은 2 : 1이므로 수소 4[g]과 산소 16[g]이 반응시키면 수소 2[g]만 반응하고 나머지는 미반응물(2[g])로 남기 때문에 생성된 물은 2[g] + 16[g] = 18[g]이 얻어진다.

정답 17 ② 18 ③

19 위험물제조소의 환기설비에 대한 기준에 대한 설명 중 옳지 않은 것은?

① 환기는 팬을 사용한 국소배기방식으로 설치해야 한다.
② 급기구는 바닥면적 150[m²]마다 1개 이상으로 한다.
③ 급기구는 낮은 곳에 설치하고 가는 눈의 구리망 등으로 인화방지망을 설치해야 한다.
④ 환기구는 회전식 고정벤틸레이터 또는 루프팬방식으로 설치한다.

해설
제조소의 환기설비(시행규칙 별표 4)
- 환기 : 자연배기방식
- **급기구**는 해당 급기구가 설치된 실의 바닥면적 **150[m²]마다 1개 이상**으로 하되 **급기구의 크기는 800[cm²] 이상**으로 할 것. 다만 바닥면적 150[m²] 미만인 경우에는 다음의 크기로 할 것

바닥면적	급기구의 면적
60[m²] 미만	150[cm²] 이상
60[m²] 이상 90[m²] 미만	300[cm²] 이상
90[m²] 이상 120[m²] 미만	450[cm²] 이상
120[m²] 이상 150[m²] 미만	600[cm²] 이상

- 급기구는 낮은 곳에 설치하고 가는 눈의 구리망 등으로 인화방지망을 설치할 것
- 환기구는 지붕 위 또는 지상 2[m] 이상의 높이에 회전식 고정벤틸레이터 또는 루프팬방식(Roof Fan : 지붕에 설치하는 배기장치)으로 설치할 것

20 하나의 특정한 사고 원인의 관계를 논리게이트를 이용하여 도해적으로 분석하여 연역적·정량적 기법으로 해석해가며 위험성을 평가하는 방법은?

① FTA(결함수 분석기법)
② PHA(예비위험 분석기법)
③ ETA(사건수 분석기법)
④ FMECA(이상위험도 분석기법)

해설
FTA(결함수 분석기법) : 하나의 특정한 사고 원인의 관계를 논리게이트를 이용하여 도해적으로 분석하여 연역적·정량적 기법으로 해석해가며 위험성을 평가하는 방법

21 제4류 위험물 중 점도가 높고 비휘발성인 제3석유류 또는 제4석유류의 주된 연소형태는?

① 증발연소　　② 표면연소　　③ 분해연소　　④ 불꽃연소

해설
액체의 분해연소 : 점도가 높고 비휘발성인 제3석유류 또는 제4석유류의 연소

22 마그네슘 화재를 소화할 때 사용하는 소화약제의 적응성에 대한 설명으로 잘못된 것은?

① 건조사에 의한 질식소화는 오히려 폭발적인 반응을 일으키므로 소화 적응성이 없다.
② 물을 주수하면 폭발의 위험이 있으므로 소화 적응성이 없다.
③ 이산화탄소는 연소반응을 일으키며 일산화탄소를 발생하므로 소화 적응성이 없다.
④ 할로젠화합물과 반응하므로 소화 적응성이 없다.

해설
마그네슘의 소화약제 : 마른모래(건조사)

23 다음 물질이 연소의 3요소 중 하나의 역할을 한다고 했을 때 그 역할이 나머지 셋과 다른 하나는?

① 삼산화크로뮴　　② 적 린　　③ 황 린　　④ 이황화탄소

해설
위험물의 연소의 3요소

종 류	삼산화크로뮴	적 린	황 린	이황화탄소
유 별	제1류 위험물	제2류 위험물	제3류 위험물	제4류 위험물
역 할	산소공급원	가연물	가연물	가연물

정답 21 ③　22 ①　23 ①

24 다음 중 위험물안전관리법령에서 정한 위험물의 지정수량이 가장 작은 것은?

① 브로민산염류
② 금속의 인화물
③ 나이트로화합물(제1종)
④ 과염소산

해설

지정수량

품 목	브로민산염류	금속의 인화물	나이트로화합물(제1종)	과염소산
품 명	제1류 위험물	제3류 위험물	제5류 위험물	제6류 위험물
지정수량	300[kg]	300[kg]	10[kg]	300[kg]

25 황이 연소하여 발생하는 가스의 성질로 옳은 것은?

① 무색 무취이다.
② 물에 녹지 않는다.
③ 공기보다 무겁다.
④ 분자식은 H_2S이다.

해설

황이 연소하면 생성되는 이산화황의 성질

• 무색, 자극성 냄새가 나는 유독성 가스이다.

$$S + O_2 \rightarrow SO_2(\text{이산화황, 아황산가스})$$

• 물에 잘 녹고, 수용액(물과 반응)은 아황산을 생성하며 산성을 띤다.
• 공기보다 2.21배 무겁다.

$$\text{증기비중} = \frac{\text{분자량}}{29} = \frac{64}{29} = 2.21$$

• 황이 연소하여 생성되는 물질은 이산화황이며, 분자식은 SO_2이다.

26 정전기와 관련해서 유체 또는 고체에 의해 한 표면에서 다른 표면으로 전자가 전달될 때 발생하는 전기의 흐름을 무엇이라 하는가?

① 유도전류　　② 전도전류　　③ 유동전류　　④ 변위전류

해설
유동전류 : 정전기와 관련해서 유체 또는 고체에 의해 한 표면에서 다른 표면으로 전자가 전달될 때 발생하는 전기의 흐름

27 다음 [보기]와 같은 공통점을 갖지 않는 것은?

[보 기]
- 탄화수소이다.
- 치환반응보다는 첨가반응을 잘한다.
- 석유화학공업 공정으로 얻을 수 있다.

① 에 텐　　② 프로필렌　　③ 뷰 텐　　④ 벤 젠

해설
벤젠은 공업적으로 널리 쓰이는 가장 간단한 방향족(芳香族) 탄화수소이며, 석유화학공업 공정으로 얻을 수 있다.

28 에탄올과 진한 황산을 섞고 170[℃]로 가열하여 얻어지는 기체 탄화수소(ⓐ)에 브로민을 반응시켜 20[℃]에서 액체화합물(ⓑ)을 얻었다. 화합물 ⓐ와 ⓑ의 화학식은?

① ⓐ : C_2H_2, ⓑ : CH_3CHBr_2
② ⓐ : C_2H_4, ⓑ : CH_2BrCH_2Br
③ ⓐ : $C_2H_5OC_2H_5$, ⓑ : $C_2H_4BrOC_2H_4Br$
④ ⓐ : C_2H_6, ⓑ : $CHBr=CHBr$

해설
생성물
- 에틸렌의 제법 : 에탄올과 진한 황산을 섞고 170[℃]로 가열하여 탈수하여 제조한다.

$$C_2H_5OH \xrightarrow[170[℃]]{진한 황산} C_2H_4 + H_2O$$

- 브로민화에틸렌(CH_2Br-CH_2Br) : 에틸렌에 브로민을 반응시키면 얻어진다.

정답 26 ③　27 ④　28 ②

29 다음 위험물 중에서 지정수량이 나머지 셋과 다른 것은?

① $KBrO_3$ ② KNO_3 ③ KIO_3 ④ $KClO_3$

해설

제1류 위험물의 지정수량

품 목	$KBrO_3$	KNO_3	KIO_3	$KClO_3$
명 칭	브로민산칼륨	질산칼륨	아이오딘산칼륨	염소산칼륨
품 명	브로민산염류	질산염류	아이오딘산염류	염소산염류
지정수량	300[kg]	300[kg]	300[kg]	50[kg]

30 위험물안전관리법령상 할로젠화합물소화설비의 기준에서 용적식 국소방출방식에 대한 저장 소화약제의 양은 다음의 식을 이용하여 산출한다. 할론1211의 경우에 해당하는 X와 Y의 값으로 옳은 것은?(단, Q : 단위체적당 소화약제의 양[kg/m³], a : 방호대상물 주위에 실제로 설치된 고정벽의 면적합계[m²], A : 방호공간 전체둘레의 면적[m²])

$$Q = X - Y\frac{a}{A}$$

① X : 5.2, Y : 3.9 ② X : 4.4, Y : 3.3
③ X : 4.0, Y : 3.0 ④ X : 3.2, Y : 2.7

해설

할로젠화합물소화설비의 국소방출방식 약제산출 공식

$$Q = X - Y\frac{a}{A}$$

여기서, Q : 방호공간 1[m³]에 대한 할로젠화합물소화약제의 양[kg/m³]
a : 방호대상물의 주위에 설치된 벽의 면적의 합계[m²]
A : 방호공간의 벽면적(벽이 없는 경우에는 벽이 있는 것으로 가정한 해당 부분의 면적)의 합계[m²]
X 및 Y : 다음 표의 수치

소화약제의 종별	X의 수치	Y의 수치
할론2402	5.2	3.9
할론1211	4.4	3.3
할론1301	4.0	3.0

31 다음 중 알칼리토금속의 과산화물로서 비중이 약 4.95, 융점이 약 450[℃]인 것으로 비교적 안정한 물질은?

① BaO_2 ② CaO_2 ③ MgO_2 ④ BeO_2

해설
과산화바륨(BaO_2)의 물성

화학식	분자량	비 중	융 점	분해 온도
BaO_2	169	4.95	450[℃]	840[℃]

32 제2종 분말소화약제가 열분해할 때 생성되는 물질로 4[℃] 부근에서 최대밀도를 가지며 분자 내 104.5°의 결합각을 갖는 것은?

① CO_2 ② H_2O ③ H_3PO_4 ④ K_2CO_3

해설
제2종 분말 소화약제의 열분해

$$2KHCO_3 \rightarrow K_2CO_3 + CO_2 + H_2O$$

∴ 생성되는 물은 4[℃] 부근에서 최대밀도를 가지며 분자 내 104.5°의 결합각을 갖는다.

33 다음 중 제1류 위험물이 아닌 것은?

① $LiClO$ ② $NaClO_2$ ③ $KClO_3$ ④ $HClO_4$

해설
제1류 위험물의 분류

종 류	$LiClO$	$NaClO_2$	$KClO_3$	$HClO_4$
명 칭	차아염소산리튬	아염소산나트륨	염소산칼륨	과염소산
품 명	제1류 위험물 차아염소산염류	제1류 위험물 아염소산염류	제1류 위험물 염소산염류	제6류 위험물

34 임계온도에 대한 설명으로 옳은 것은?

① 임계온도보다 낮은 온도에서 기체는 압력을 가하면 액체로 변화할 수 있다.
② 임계온도보다 높은 온도에서 기체는 압력을 가하면 액체로 변화할 수 있다.
③ 이산화탄소의 임계온도는 약 −119[℃]이다.
④ 물질의 종류에 상관없이 동일부피, 동일압력에서는 같은 임계온도를 갖는다.

해설
임계온도보다 높은 온도에서는 아무리 압력을 가해도 기체를 액체로 변화시킬 수 없다. 그러나, 임계온도보다 낮은 온도에서는 기체에 압력을 가하면 액체로 변화할 수 있다.

35 위험물안전관리법령에서 정한 위험물의 유별에 따른 성질에서 물질의 상태는 다르지만 성질이 같은 것은?

① 제1류와 제6류
② 제2류와 제5류
③ 제3류와 제5류
④ 제4류와 제6류

해설
위험물의 성질

유 별	제1류	제2류	제3류	제4류	제5류	제6류
성 질	산화성 고체	가연성 고체	자연발화성 및 금수성 물질	인화성 액체	자기반응성 물질	산화성 액체

36 다음 중 물보다 무거운 물질은?

① 다이에틸에터
② 칼 륨
③ 산화프로필렌
④ 탄화알루미늄

해설
비 중

종 류	다이에틸에터	칼 륨	산화프로필렌	탄화알루미늄
비 중	0.7	0.86	0.82	2.36

37 위험물안전관리법령상 국소방출방식의 불활성가스소화설비 중 이산화탄소를 저장하는 저압식 저장용기에 설치되는 압력경보장치는 어느 압력 범위에서 작동하는 것으로 설치해야 하는가?

① 2.3[MPa] 이상의 압력과 1.9[MPa] 이하의 압력에서 작동하는 것
② 2.5[MPa] 이상의 압력과 2.0[MPa] 이하의 압력에서 작동하는 것
③ 2.7[MPa] 이상의 압력과 2.3[MPa] 이하의 압력에서 작동하는 것
④ 3.0[MPa] 이상의 압력과 2.5[MPa] 이하의 압력에서 작동하는 것

해설
이산화탄소소화설비의 저압식 저장용기의 설치 기준
- **저압식 저장용기**에는 **액면계** 및 **압력계**를 설치할 것
- 저압식 저장용기에는 **2.3[MPa] 이상의 압력**과 **1.9[MPa] 이하의 압력**에서 **작동**하는 **압력경보장치**를 설치할 것
- 저압식 저장용기에는 용기 내부의 온도를 **−20[℃] 이상 −18[℃] 이하**로 유지할 수 있는 **자동냉동기**를 설치할 것
- 저압식 저장용기에는 **파괴판**을 설치할 것
- 저압식 저장용기에는 **방출밸브**를 설치할 것

38 옥내저장소에 가솔린 18[L] 용기 100개, 아세톤 200[L] 드럼통 10개, 경유 200[L] 드럼통 8개를 저장하고 있다. 이 저장소에는 지정수량의 몇 배를 저장하고 있는가?

① 10.8배 ② 11.6배 ③ 15.6배 ④ 16.6배

해설
지정수량의 배수

$$지정배수 = \frac{저장량}{지정수량} + \frac{저장량}{지정수량} + \frac{저장량}{지정수량}$$

- 제4류 위험물의 지정수량

종류	가솔린	아세톤	경유
품명	제1석유류(비수용성)	제1석유류(수용성)	제2석유류(비수용성)
지정수량	200[L]	400[L]	1,000[L]

- 지정수량의 배수

$$\therefore 지정배수 = \frac{저장량}{지정수량} + \frac{저장량}{지정수량} + \frac{저장량}{지정수량} = \frac{18[L] \times 100개}{200[L]} + \frac{200[L] \times 10개}{400[L]} + \frac{200[L] \times 8개}{1,000[L]}$$
$$= 15.6배$$

정답 37 ① 38 ③

39 공기 중 약 34[℃]에서 자연발화의 위험이 있기 때문에 물속에 보관해야 하는 위험물은?

① 황화인 ② 이황화탄소 ③ 황 린 ④ 탄화알루미늄

해설
황 린
- 유별 : 제3류 위험물
- 지정수량 : 20[kg]
- 발화점 : 34[℃]
- 저장방법 : 물속에 저장

40 어떤 액체연료의 질량조성이 C : 75[%], H : 25[%]일 때 C : H의 mole비는?

① 1 : 3 ② 1 : 4 ③ 4 : 1 ④ 3 : 1

해설
C : H의 mole비
75/12 : 25/1 = 6.25 : 25 = 1 : 4

41 다음 중 은백색의 금속으로 가장 가볍고, 물과 반응 시 수소가스를 발생시키는 것은?

① Al ② Na ③ Li ④ Si

해설
리 튬
- 물 성

화학식	비 점	융 점	비 중	불꽃색상
Li	1,336[℃]	180[℃]	0.543	적 색

- 은백색의 무른 경금속으로 고체원소 중 가장 가볍다.
- 물과 반응하면 수소(H_2)가스를 발생한다.

39 ③ 40 ② 41 ③

42 위험물안전관리법령상 원칙적인 경우에 있어서 이동저장탱크의 내부는 몇 [L] 이하마다 3.2[mm] 이상의 강철판으로 칸막이를 설치해야 하는가?

① 2,000
② 3,000
③ 4,000
④ 5,000

해설
이동저장탱크의 안전칸막이는 4,000[L] 이하마다 설치한다(시행규칙 별표 10).

43 다음 중 아이오딘값이 가장 높은 것은?

① 참기름
② 채종유
③ 동 유
④ 땅콩기름

해설
동식물유류의 종류

구 분	아이오딘값	반응성	불포화도	종 류
건성유	130 이상	크 다	크 다	해바라기유, **동유**, 아마인유, 들기름, 정어리기름
반건성유	100~130	중 간	중 간	**채종유**, 목화씨기름(면실유), **참기름**, 콩기름, 청어유, 쌀겨기름, 옥수수기름
불건성유	100 이하	작 다	작 다	야자유, 올리브유, 피마자유, **낙화생(땅콩)기름**

정답 42 ③ 43 ③

44 위험물이송취급소에 설치하는 경보설비가 아닌 것은?

① 비상벨장치
② 확성장치
③ 가연성 증기경보장치
④ 비상방송설비

해설

위험물이송취급소에 설치하는 경보설비(시행규칙 별표 15)
- 이송기지에는 비상벨장치 및 확성장치를 설치할 것
- 가연성 증기를 발생하는 위험물을 취급하는 펌프실 등에는 가연성 증기경보설비를 설치할 것

> **[제조소 등에 설치하는 경보설비]**
> 자동화재탐지설비, 비상방송설비, 비상경보설비, 확성장치

45 위험물제조소 등에 설치하는 옥내소화전설비 또는 옥외소화전설비의 설치 기준으로 옳지 않은 것은?

① 옥내소화전설비의 각 노즐 끝부분 방수량 : 260[L/min]
② 옥내소화전설비의 비상전원 용량 : 45분 이상
③ 옥외소화전설비의 각 노즐 끝부분 방수량 : 260[L/min]
④ 표시등 회로의 배선공사 : 금속관공사, 가요전선관공사, 금속덕트공사, 케이블공사

해설

일반건축물과 위험물제조소 등의 비교

종류	항목	방수량	방수압력	토출량	수 원	비상전원
옥내소화전 설비	일반건축물	130[L/min] 이상	0.17[MPa] 이상	N(최대 2개) ×130[L/min]	N(최대 2개)×2.6[m³] (130[L/min]×20[min])	20분 이상
	위험물 제조소 등	260[L/min] 이상	0.35[MPa] 이상	N(최대 5개) ×260[L/min]	N(최대 5개)×7.8[m³] (260[L/min]×30[min])	45분 이상
옥외소화전 설비	일반건축물	350[L/min] 이상	0.25[MPa] 이상	N(최대 2개) ×350[L/min]	N(최대 2개)×7[m³] (350[L/min]×20[min])	–
	위험물 제조소 등	450[L/min] 이상	0.35[MPa] 이상	N(최대 4개) ×450[L/min]	N(최대4개)×13.5[m³] (450[L/min]×30[min])	45분 이상
스프링클러 설비	일반건축물	80[L/min] 이상	0.1[MPa] 이상	헤드수 ×80[L/min]	헤드수×1.6[m³] (80[L/min]×20[min])	20분 이상
	위험물 제조소 등	80[L/min] 이상	0.1[MPa] 이상	헤드수 ×80[L/min]	헤드수×2.4[m³] (80[L/min]×30[min])	45분 이상

46 NH₄NO₃에 대한 설명으로 옳은 것은?

① 물에 녹을 때는 발열반응을 일으킨다.
② 트라이나이트로페놀과 혼합하여 안포폭약을 제조하는 데 사용된다.
③ 가열하면 수소, 발생기 산소 등 다량의 가스를 발생한다.
④ 비중이 물보다 크고 흡습성과 조해성이 있다.

해설
질산암모늄의 물성
- 물 성

화학식	분자량	비 중	융 점	분해 온도
NH₄NO₃	80	1.73	165[℃]	220[℃]

- 무색, 무취의 결정으로 강력한 산화제이다.
- **조해성 및 흡수성이 강하다.**
- 물, 알코올에 녹는다(**물에 용해 시 흡열반응**).
- 가열반응식

> [가열분해 반응식]
> - 가열 시   NH₄NO₃ → N₂O + 2H₂O
> - 폭발, 분해반응식 2NH₄NO₃ → 4H₂O + 2N₂ + O₂↑

- 조해성이 있어 수분과 접촉을 피할 것

> **안포폭약의 제조** : 질산암모늄(94[%]) + 연료유(6[%])

47 과산화나트륨의 저장법으로 가장 옳은 것은?

① 용기는 밀전 및 밀봉해야 한다.
② 안정제로 황분 또는 알루미늄분을 넣어 준다.
③ 수증기를 혼입해서 공기와 직접 접촉을 방지한다.
④ 저장시설 내에 스프링클러설비를 설치한다.

해설
과산화나트륨(Na₂O₂)은 물과 접촉하면 산소가 발생하므로 위험하여 밀전 및 밀봉하여 저장한다.

48 위험물안전관리법령상 제조소 등의 관계인은 그 제조소 등의 용도를 폐지한 때에는 폐지한 날로부터 며칠 이내에 신고해야 하는가?

① 7일   ② 14일   ③ 30일   ④ 90일

해설
위험물 제조소 등의 설치자가 용도폐지 신고 : 폐지한 날로부터 **14일 이내**에 **시·도지사**에게 신고

정답 46 ④ 47 ① 48 ②

49 황에 대한 설명 중 옳지 않은 것은?

① 물에 녹지 않는다.
② 일정 크기 이상을 위험물로 분류한다.
③ 고온에서 수소와 반응할 수 있다.
④ 청색 불꽃을 내며 연소한다.

해설

황의 특성
- 황색의 결정 또는 미황색의 분말이다.
- 물이나 산에는 녹지 않으나 알코올에는 조금 녹고 고무상황을 제외하고는 CS_2에 잘 녹는다.
- 공기 중에서 연소하면 푸른빛을 내며 이산화황(SO_2)을 발생한다.
- 매우 연소하기 쉬운 가연성 고체로 연소 시 유독한 SO_2를 발생한다.

$$S + O_2 \rightarrow SO_2$$
$$SO_2 + H_2O \rightarrow H_2SO_3$$

- 황은 고온에서 다음 물질과 반응으로 격렬히 발열한다.

$$- H_2 + S \rightarrow H_2S\uparrow + 발열$$
$$- Fe + S \rightarrow FeS + 발열$$
$$- C + 2S \rightarrow CS_2 + 발열$$

- 황은 순도가 60[wt%] 이상이면 제2류 위험물로 본다.

50 다음 중 Cl의 산화수가 +3인 물질은?

① $HClO_4$ ② $HClO_3$ ③ $HClO_2$ ④ $HClO$

해설

산화수
- $HClO_4$: $(+1) + x(Cl) + (-2) \times 4 = 0 \rightarrow x(Cl) = +7$
- $HClO_3$: $(+1) + x(Cl) + (-2) \times 3 = 0 \rightarrow x(Cl) = +5$
- $HClO_2$: $(+1) + x(Cl) + (-2) \times 2 = 0 \rightarrow x(Cl) = +3$
- $HClO$: $(+1) + x(Cl) + (-2) = 0 \rightarrow x(Cl) = +1$

51 황화인에 대한 설명으로 틀린 것은?

① P_4S_3, P_2S_5, P_4S_7은 동소체이다.
② 지정수량은 100[kg]이다.
③ 삼황화인의 연소생성물에는 이산화황이 포함된다.
④ 오황화인은 물 또는 알칼리에 분해하여 이황화탄소와 황산이 된다.

해설

오황화인은 물 또는 알칼리에 **분해**하여 **황화수소**(H_2S)와 **인산**(H_3PO_4)이 된다.

$$P_2S_5 + 8H_2O \rightarrow 5H_2S + 2H_3PO_4$$

52 소화약제가 환경에 미치는 영향을 표시하는 지수가 아닌 것은?

① ODP
② GWP
③ ALT
④ LOAEL

해설

용어 설명

- ODP(Ozone Depletion Potential, 오존파괴지수) : 어떤 물질의 오존파괴능력을 상대적으로 나타내는 지표
- GWP(Global Warming Potential, 지구온난화지수) : 일정무게의 CO_2가 대기 중에 방출되어 지구온난화에 기여하는 정도를 1로 정하였을 때 같은 무게의 어떤 물질이 기여하는 정도
- ALT(Atmospheric Life Time, 대기잔존연수) : 어떤 물질이 방사되어 분해되지 않은 채로 존재하는 기간
- LOAEL(Lowest Observable Adverse Effect Level) : 농도를 감소시킬 때 악영향을 감지할 수 있는 최소농도

정답 51 ④ 52 ④

53 위험물안전관리법령상 위험등급 Ⅱ에 속하는 위험물은?

① 제1류 위험물 중 과염소산염류
② 제4류 위험물 중 제2석유류
③ 제2류 위험물 중 적린
④ 제3류 위험물 중 황린

해설
위험물의 위험등급
① 위험등급 Ⅰ의 위험물
  ㉠ 제1류 위험물 중 아염소산염류, 염소산염류, **과염소산염류**, 무기과산화물, 지정수량이 50[kg]인 위험물
  ㉡ 제3류 위험물 중 칼륨, 나트륨, 알킬알루미늄, 알킬리튬, 황린, 지정수량이 10[kg] 또는 20[kg]인 위험물
  ㉢ 제4류 위험물 중 특수인화물
  ㉣ 제5류 위험물 중 지정수량이 10[kg]인 위험물
  ㉤ 제6류 위험물
② 위험등급 Ⅱ의 위험물
  ㉠ 제1류 위험물 중 브로민산염류, 질산염류, 아이오딘산염류, 지정수량이 300[kg]인 위험물
  ㉡ 제2류 위험물 중 황화인, 적린, 황, 지정수량이 100[kg]인 위험물
  ㉢ 제3류 위험물 중 알칼리금속(칼륨, 나트륨 제외) 및 알칼리토금속, 유기금속화합물(알킬알루미늄 및 알킬리튬은 제외), 지정수량이 50[kg]인 위험물
  ㉣ 제4류 위험물 중 제1석유류, 알코올류
  ㉤ 제5류 위험물 중 위험등급 Ⅰ에 정하는 위험물 외의 것
③ 위험등급 Ⅲ의 위험물 : ① 및 ②에 정하지 않은 위험물

종 류	과염소산염류	제2석유류	적 린	황 린
위험등급	Ⅰ	Ⅲ	Ⅱ	Ⅰ

54 위험물의 반응에 대한 설명 중 틀린 것은?

① 트라이에틸알루미늄은 물과 반응하여 수소가스를 발생한다.
② 황린의 연소생성물은 P_2O_5이다.
③ 리튬은 물과 반응하여 수소가스를 발생한다.
④ 아세트알데하이드의 연소생성물은 CO_2와 H_2O이다.

해설
위험물의 반응식
- 트라이에틸알루미늄이 물과 반응 $(C_2H_5)_3Al + 3H_2O \rightarrow Al(OH)_3 + 3C_2H_6$(에테인)
- 황린의 연소반응 $P_4 + 5O_2 \rightarrow 2P_2O_5$
- 리튬이 물과 반응 $2Li + 2H_2O \rightarrow 2LiOH + H_2$(수소가스 발생)
- 아세트알데하이드의 연소반응 $2CH_3CHO + 5O_2 \rightarrow 4CO_2 + 4H_2O$

55 nP 관리도에서 시료군마다 시료수(n)는 100이고 시료군의 수(k)는 20, $\sum nP = 77$이다. 이때 nP 관리도의 관리상한선(UCL)을 구하면 약 얼마인가?

① 8.94　　　② 3.85　　　③ 5.77　　　④ 9.62

해설

$Pn(nP)$관리도의 관리상한선 $UCL = \overline{Pn} + 3\sqrt{\overline{Pn}(1-\overline{P})}$

여기서, $\overline{Pn} = \dfrac{\sum Pn}{k} = \dfrac{77}{20} = 3.85$

$\overline{P} = \dfrac{\sum Pn}{nk} = \dfrac{77}{100 \times 20} = 0.0385$

∴ $UCL = \overline{Pn} + 3\sqrt{\overline{Pn}(1-\overline{P})} = 3.85 + 3\sqrt{3.85 \times (1-0.0385)} = 9.62$

56 그림의 OC곡선을 보고 가장 올바른 내용을 나타낸 것은?

① α : 소비자 위험
② L(p) : 로트가 합격할 확률
③ β : 생산자 위험
④ 부적합품률 : 0.03

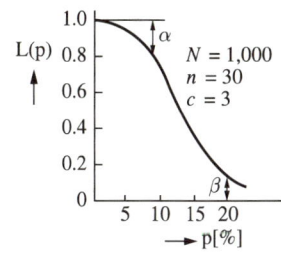

해설

검사특성곡선(Operating Characteristic Curve, OC) : p(Lot의 불량률)를 가로축으로, L(p)(Lot가 합격할 확률)를 세로축으로 한다.
- α : 생산자 위험(합격시키고 싶은 Lot가 불합격할 확률)
- L(p) : 로트의 합격률
- β : 소비자 위험(불합격시키고 싶은 Lot가 합격할 확률)
- 부적합품률 : 0.1

57 미국의 마틴 마리에타사(Martin Marietta Corp.)에서 시작된 품질개선을 위한 동기부여 프로그램으로 모든 작업자가 무결점을 목표로 설정하고 처음부터 작업을 올바르게 수행함으로써 품질비용을 줄이기 위한 프로그램은 무엇인가?

① TPM 활동
② 6시그마 운동
③ ZD 운동
④ ISO 9001 인증

해설

ZD Program(Zero Defects Program) : ZD 운동, 무결점 운동, 완전무결점 운동으로서 신뢰도의 향상과 원가절감을 목적으로 전개시킨 품질향상에 대한 종업원의 동기부여 프로그램이다.

58 다음 중 단속생산 시스템과 비교한 연속생산 시스템의 특징으로 옳은 것은?
① 단위당 생산원가가 낮다.
② 다품종 소량생산에 적합하다.
③ 생산방식은 주문생산방식이다.
④ 생산설비는 범용설비를 사용한다.

해설
연속생산 시스템의 특징
- 단위당 생산원가가 낮다.
- 소품종 대량생산에 적합하다.
- 생산방식은 예측생산방식이다.
- 생산설비는 전용설비를 사용한다.

59 일정통제를 할 때 1일당 그 작업을 단축하는 데 소요되는 비용의 증가를 의미하는 것은?
① 정상소요시간(Normal Duration Time)
② 비용견적(Cost Estimation)
③ 비용구배(Cost Slope)
④ 총비용(Total Cost)

해설
비용구배 : 일정통제를 할 때 1일당 그 작업을 단축하는 데 소요되는 비용의 증가를 의미하는 것

60 MTM(Method Time Measurement)에서 사용되는 1TMU(Time Measurement Unit)는 몇 시간인가?
① $\frac{1}{100,000}$ 시간
② $\frac{1}{10,000}$ 시간
③ $\frac{6}{10,000}$ 시간
④ $\frac{36}{1,000}$ 시간

해설
1TMU(Time Measurement Unit) = $\frac{1}{100,000}$ 시간

2015년 4월 4일 시행 과년도 기출문제

01 위험물안전관리법령상 위험등급 I 에 해당하는 것은?
① CH_3COOOH
② $C_6H_2CH_3(NO_2)_3$
③ $C_6H_4(NO_2)_2$
④ $N_2H_4 \cdot HCl$

해설
위험등급

종 류	CH_3COOOH	$C_6H_2CH_3(NO_2)_3$	$C_6H_4(NO_2)_2$	$N_2H_4 \cdot HCl$
품 명	과산화초산 (유기과산화물)	트라이나이트로톨루엔 (나이트로화합물)	다이나이트로벤젠 (나이트로화합물)	염산하이드라진 (하이드라진유도체)
위험등급	II	I	II	II

02 알코올류 6,500[L]를 저장하는 옥외탱크저장소에 대하여 저장하는 위험물에 대한 소화설비 소요단위는?
① 2
② 4
③ 16
④ 17

해설
알코올류는 제4류 위험물 알코올류로서 지정수량은 **400**[L]이다.

$$\text{소요단위} = \frac{\text{저장량}}{\text{지정수량} \times 10배} = \frac{6,500[L]}{400[L] \times 10배} = 1.625 \Rightarrow 2단위$$

정답 01 ② 02 ①

03 벤젠에 대한 설명 중 틀린 것은?

① 인화점이 −11[℃] 정도로 낮아 응고된 상태에서도 인화할 수 있다.
② 증기는 마취성이 있다.
③ 피부에 닿으면 탈지작용을 한다.
④ 연소 시 그을음을 내지 않고 완전 연소한다.

해설
벤젠의 특성
- 인화점이 −11[℃] 정도로 낮지만, 응고(응고점 7.0[℃])된 상태에서도 인화할 수 있다.
- 증기는 마취성이 있고, 피부에 닿으면 탈지작용을 한다.
- 벤젠은 탄소수가 많아 연소 시 그을음을 내며 연소한다.

04 "알킬알루미늄 등"을 저장 또는 취급하는 이동탱크저장소에 관한 기준으로 옳은 것은?

① 탱크 외면은 적색으로 도장을 하고, 백색문자로 동판의 양 측면 및 경판에 "화기주의" 또는 "물기주의"라는 주의사항을 표시한다.
② 저장하는 경우에는 20[kPa] 이하의 압력으로 불활성기체를 봉입해 두어야 한다.
③ 이동저장탱크의 맨홀 및 주입구의 뚜껑은 10[mm] 이상의 강판으로 제작하고, 용량은 2,000[L] 미만이어야 한다.
④ 이동저장탱크는 두께 5[mm] 이상의 강판으로 제작하고, 3[MPa] 이상의 압력으로 5분간 실시하는 수압시험에서 새거나 변형되지 않아야 한다.

해설
알킬알루미늄 등을 저장 또는 취급하는 이동탱크저장소에 관한 기준(시행규칙 별표 10, 별표 18 참조)
- 이동저장탱크 외면은 적색으로 도장을 하고, 백색문자로 동판의 양 측면 및 경판에 **물기엄금**이라는 주의사항을 표시한다.
- 이동저장탱크에 알킬알루미늄 등을 **저장하는 경우에는 20[kPa] 이하의 압력으로 불활성기체를 봉입**하여 둘 것
- 알킬알루미늄 등의 이동저장탱크에 있어서는 이동저장탱크로부터 알킬알루미늄 등을 **꺼낼 때**에는 동시에 **200[kPa] 이하의 압력**으로 **불활성기체를 봉입**할 것
- 이동저장탱크의 맨홀 및 주입구의 뚜껑은 두께 10[mm] 이상의 강판으로 제작하고, **용량은 1,900[L] 미만**일 것
- **이동저장탱크는 두께 10[mm] 이상**의 강판으로 제작하고, 1[MPa] 이상의 압력으로 10분간 실시하는 수압시험에서 새거나 변형하지 않는 것일 것

05 다음 중 인화점이 가장 높은 것은?

① CH_3COOCH_3
② CH_3OH
③ CH_3CH_2OH
④ CH_3COOH

해설
인화점

종 류	CH_3COOCH_3	CH_3OH	CH_3CH_2OH	CH_3COOH
명 칭	초산메틸	메틸알코올	에틸알코올	초 산
인화점	-10[℃]	11[℃]	13[℃]	40[℃]

06 위험물안전관리법령상 차량에 적재할 때 차광성이 있는 피복으로 가려야 하는 위험물이 아닌 것은?

① NaH
② P_4S_3
③ $KClO_3$
④ CH_3CHO

해설
운반 시 적재위험물에 따른 조치
- **차광성이 있는 것으로 피복**
  - **제1류 위험물(염소산칼륨)**
  - **제3류 위험물 중 자연발화성 물질(수소화나트륨)**
  - **제4류 위험물 중 특수인화물(아세트알데하이드)**
  - 제5류 위험물
  - 제6류 위험물
- 방수성이 있는 것으로 피복
  - 제1류 위험물 중 알칼리금속의 과산화물
  - 제2류 위험물 중 철분·금속분·마그네슘
  - 제3류 위험물 중 금수성 물질
- 위험물의 분류

종 류	NaH	P_4S_3	$KClO_3$	CH_3CHO
명 칭	수소화나트륨	삼황화인	염소산칼륨	아세트알데하이드
유 별	제3류 위험물	제2류 위험물	제1류 위험물	제4류 위험물

07 다음 중 아염소산의 화학식은?

① HClO
② HClO$_2$
③ HClO$_3$
④ HClO$_4$

해설
명 칭

종 류	HClO	HClO$_2$	HClO$_3$	HClO$_4$
명 칭	차아염소산	아염소산	염소산	과염소산

08 위험물제조소 등 예방규정을 정해야 하는 대상은?

① 칼슘을 400[kg] 취급하는 제조소
② 칼륨을 400[kg] 저장하는 옥내저장소
③ 질산을 50,000[kg] 저장하는 옥외탱크저장소
④ 질산염류를 50,000[kg] 저장하는 옥내저장소

해설
예방규정 대상
- 예방규정을 정해야 하는 제조소 등
  - 지정수량의 10배 이상의 위험물을 취급하는 제조소
  - 지정수량의 100배 이상의 위험물을 저장하는 옥외저장소
  - 지정수량의 **150배 이상**의 위험물을 저장하는 **옥내저장소**
  - 지정수량의 200배 이상의 위험물을 저장하는 옥외탱크저장소
  - 암반탱크저장소, 이송취급소
  - 지정수량의 10배 이상의 위험물을 취급하는 일반취급소. 다만, 제4류 위험물(특수인화물을 제외한다)만을 지정수량의 50배 이하로 취급하는 일반취급소(제1석유류·알코올류의 취급량이 지정수량의 10배 이하인 경우)로서 다음의 어느 하나에 해당하는 것을 제외한다.
    가. 보일러·버너 또는 이와 비슷한 것으로서 위험물을 소비하는 장치로 이루어진 일반취급소
    나. 위험물을 용기에 옮겨 담거나 차량에 고정된 탱크에 주입하는 일반취급소
- 위험물 지정수량의 배수

종 류	칼 슘	칼 륨	질 산	질산염류
유 별	제3류 위험물 (알칼리토금속)	제3류 위험물	제6류 위험물	제1류 위험물
지정수량	50[kg]	10[kg]	300[kg]	300[kg]
지정배수	$\frac{400[kg]}{50[kg]}=8$배	$\frac{400[kg]}{10[kg]}=40$배	$\frac{50,000[kg]}{300[kg]}=166.67$배	$\frac{50,000[kg]}{300[kg]}=166.67$배
예방규정 대상여부	해당 안 됨	해당 안 됨	해당 안 됨	해당됨

09 알칼리토금속에 속하는 것은?

① Li   ② Fr   ③ Cs   ④ Sr

해설

알칼리토금속 : 베릴륨(Be), 칼슘(Ca), **스트론튬(Sr)**, 바륨(Ba), 라듐(Ra)

> 알칼리금속 : 리튬(Li), 루비듐(Rb), 세슘(Cs), 프란슘(Fr)

10 위험물안전관리법령상 옥외탱크저장소의 탱크 중 압력탱크의 수압시험 기준은?

① 최대상용압력의 2배의 압력으로 20분간 실시하는 수압시험에서 새거나 변형되지 않아야 한다.
② 최대상용압력의 2배의 압력으로 10분간 실시하는 수압시험에서 새거나 변형되지 않아야 한다.
③ 최대상용압력의 1.5배의 압력으로 20분간 실시하는 수압시험에서 새거나 변형되지 않아야 한다.
④ 최대상용압력의 1.5배의 압력으로 10분간 실시하는 수압시험에서 새거나 변형되지 않아야 한다.

해설
충수, 수압시험 기준
- 옥외저장탱크 및 옥내저장탱크
  - 압력탱크(최대상용압력이 대기압을 초과하는 탱크) 외의 탱크 : 충수시험
  - **압력탱크 : 최대상용압력의 1.5배의 압력으로 10분간 실시하는 수압시험에서 새거나 변형되지 않아야 한다.**
- 지하저장탱크, 이동저장탱크
  - 압력탱크(최대상용압력이 46.7[kPa] 이상인 탱크) 외의 탱크 : 70[kPa]의 압력으로 10분간 수압시험을 실시하여 새거나 변형되지 않아야 한다.
  - 압력탱크 : 최대상용압력의 1.5배의 압력으로 각각 10분간 수압시험을 실시하여 새거나 변형되지 않아야 한다.
- 이중벽탱크 중 강제강화 이중벽탱크는 70[kPa]의 압력으로 10분간 수압시험을 실시해야 한다.

11 다음 반응식에서 ( )에 알맞은 것을 차례대로 나열한 것은?

$$CaC_2 + 2(\quad) \rightarrow Ca(OH)_2 + (\quad)$$

① H_2O, C_2H_2 ② H_2O, CH_4 ③ O_2, C_2H_2 ④ O_2, CH_4

해설
탄화칼슘이 물과 반응하면 수산화칼슘[$Ca(OH)_2$]과 아세틸렌(C_2H_2)이 생성된다.

$$CaC_2 + 2H_2O \rightarrow Ca(OH)_2 + C_2H_2$$

12 위험물제조소 등의 안전거리의 단축기준을 적용함에 있어서 $H \leqq pD^2 + a$일 경우 방화상 유효한 담의 높이는 2[m] 이상으로 한다. 여기서 H가 의미하는 것은?

① 제조소 등과 인근 건축물과의 거리
② 인근 건축물 또는 공작물의 높이
③ 제조소 등의 외벽의 높이
④ 제조소 등과 방화상 유효한 담과의 거리

해설
방화상 유효한 담의 높이

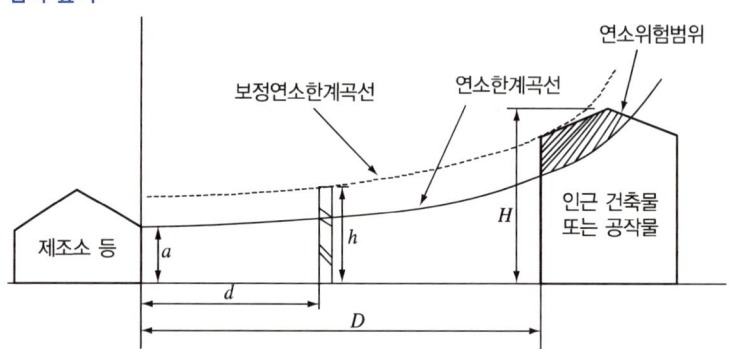

- $H \leqq pD^2 + a$인 경우 $h = 2[m]$
- $H > pD^2 + a$인 경우 $h = H - p(D^2 - d^2)[m]$

여기서, D : 제조소 등과 인근 건축물 또는 공작물과의 거리[m]
H : 인근 건축물 또는 공작물의 높이[m]
a : 제조소 등의 외벽의 높이[m]
d : 제조소 등과 방화상 유효한 담과의 거리[m]
h : 방화상 유효한 담의 높이[m]
p : 상수

13 CH₃CHO에 대한 설명으로 옳지 않은 것은?
① 무색, 투명한 액체로서 산화 시 아세트산을 생성한다.
② 완전 연소 시 이산화탄소와 물이 생성된다.
③ 백금, 철과 반응하면 폭발성 물질을 생성한다.
④ 물에 잘 녹고 고무를 녹인다.

해설
아세트알데하이드(CH_3CHO)
- 무색, 투명한 액체로서 산화 시 아세트산(CH_3COOH)을 생성한다.

$$C_2H_5OH \underset{환원}{\overset{산화}{\rightleftarrows}} CH_3CHO \underset{환원}{\overset{산화}{\rightleftarrows}} CH_3COOH$$

- 완전 연소 시 이산화탄소(CO_2)와 물(H_2O)이 생성된다.

$$2CH_3CHO + 5O_2 \rightarrow 4CO_2 + 4H_2O$$

- 아세트알데하이드는 백금과 반응하지 않는다.
- 물에 잘 녹고 고무를 녹인다.

14 다음 내용을 모두 충족하는 위험물에 해당하는 것은?

- 원칙적으로 옥외저장소에 저장·취급할 수 없는 위험물이다.
- 옥내저장소에 저장하는 경우 창고의 바닥면적은 1,000[m²] 이하로 해야 한다.
- 위험등급 Ⅰ의 위험물이다.

① 칼 륨   ② 황
③ 하이드록실아민   ④ 질 산

해설
옥외에 저장 가능한 위험물

종 류	칼 륨	황	하이드록실아민	질 산
유 별	제3류 위험물	제2류 위험물	제5류 위험물	제6류 위험물
옥외저장여부	불가능	가 능	불가능	가 능
옥내저장창고의 면적	1,000[m²] 이하	2,000[m²] 이하	2,000[m²] 이하	1,000[m²] 이하
위험등급	Ⅰ	Ⅱ	Ⅱ	Ⅰ

15 나이트로셀룰로스에 캠퍼(장뇌)를 섞어서 알코올에 녹여 교질상태로 만든 것으로 필름, 안경테, 탁구공 등의 제조에 사용하는 위험물은?

① 질화면
② 셀룰로이드
③ 아세틸퍼옥사이드
④ 하이드라진유도체

해설
셀룰로이드 : 나이트로셀룰로스에 캠퍼(장뇌)를 섞어서 알코올에 녹여 교질상태로 만든 것으로 필름, 안경테, 탁구공 등의 제조에 사용하는 제5류 위험물이다.

16 염소산칼륨의 성질에 대한 설명으로 옳은 것은?

① 광택이 있는 적색의 결정이다.
② 비중은 약 2.32이며, 녹는점은 약 250[℃]이다.
③ 가열분해하면 염화나트륨과 산소를 발생한다.
④ 알코올에 난용이고 온수, 글리세린에 잘 녹는다.

해설
염소산칼륨
• 물 성

화학식	분자량	비 중	융점(녹는점)	분해 온도
$KClO_3$	122.5	2.32	368[℃]	400[℃]

• 무색의 단사정계 판상결정 또는 백색분말로서 상온에서 안정한 물질이다.
• 가열분해하면 염화칼륨과 산소를 발생한다.

$$2KClO_3 \rightarrow 2KCl + 3O_2 \uparrow$$

• 냉수, 알코올에는 녹지 않고 온수나 글리세린에 잘 녹는다.

17 주유취급소 담 또는 벽의 일부분에 유리를 부착하는 경우에 대한 기준으로 틀린 것은?

① 유리를 부착하는 범위는 전체의 담 또는 벽의 길이의 1/10을 초과하지 않을 것
② 하나의 유리판의 가로의 길이는 2[m] 이내일 것
③ 유리판의 테두리를 금속제의 구조물에 견고하게 고정할 것
④ 유리의 구조는 접합유리로 할 것

해설
주유취급소 담 또는 벽의 일부분에 유리를 부착하는 경우(시행규칙 별표 13)
- 유리를 부착하는 위치는 주입구, 고정주유설비 및 고정급유설비로부터 4[m] 이상 거리를 둘 것
- 유리를 부착하는 방법은 다음의 기준에 모두 적합할 것
  - 주유취급소 내의 지반면으로부터 70[cm]를 초과하는 부분에 한하여 유리를 부착할 것
  - 하나의 유리판의 **가로의 길이**는 **2[m]** 이내일 것
  - 유리판의 테두리를 금속제의 구조물에 견고하게 고정하고, 해당 구조물을 담 또는 벽에 견고하게 부착할 것
  - 유리의 구조는 **접합유리**(두 장의 유리를 두께 0.76[mm] 이상의 폴리바이닐부티랄 필름으로 접합한 구조를 말한다)로 하되, 유리구획 부분의 내화시험방법(KS F 2845)에 따라 시험하여 비차열 30분 이상의 방화성능이 인정될 것
- **유리를 부착하는 범위**는 전체의 담 또는 벽의 길이의 **2/10**를 초과하지 않을 것

18 위험물안전관리법령에서 정한 위험물의 취급에 관한 기준이 아닌 것은?

① 분사도장작업은 방화상 유효한 격벽 등으로 구획된 안전한 장소에서 실시한다.
② 추출공정에서는 추출관의 외부압력이 비정상으로 상승하지 않도록 한다.
③ 열처리작업은 위험물이 위험한 온도에 도달하지 않도록 한다.
④ 증류공정에 있어서는 위험물을 취급하는 설비의 내부압력의 변동 등에 의하여 액체 또는 증기가 새지 않도록 한다.

해설
위험물의 취급에 관한 기준(시행규칙 별표 18)
- 분사도장작업은 방화상 유효한 격벽 등으로 구획된 안전한 장소에서 실시할 것
- 담금질 또는 열처리작업은 위험물이 위험한 온도에 이르지 않도록 하여 실시할 것
- 위험물의 취급 중 제조에 관한 기준
  - 증류공정 : 위험물을 취급하는 설비의 내부압력의 변동 등에 의하여 액체 또는 증기가 새지 않도록 할 것
  - **추출공정** : 추출관의 **내부압력**이 **비정상으로 상승**하지 않도록 할 것
  - 건조공정 : 위험물의 온도가 부분적으로 상승하지 않는 방법으로 가열 또는 건조할 것
  - 분쇄공정 : 위험물의 분말이 현저하게 부유하고 있거나 위험물의 분말이 현저하게 기계·기구 등에 부착하고 있는 상태로 그 기계·기구를 취급하지 않을 것

19 나이트로셀룰로스의 화재 발생 시 가장 적합한 소화약제는?

① 물소화약제
② 분말소화약제
③ 불활성가스소화약제
④ 할로젠화합물소화약제

해설

나이트로셀룰로스(제5류 위험물) : 냉각소화(물소화약제)

20 위험물안전관리법령상 벤젠을 적재하여 운반을 하고자 하는 경우에 있어서 함께 적재할 수 없는 것은?(단, 각 위험물의 수량은 지정수량의 2배로 가정한다)

① 적 린
② 금속의 인화물
③ 질 산
④ 나이트로셀룰로스

해설

운반 시 유별을 달리하는 위험물의 혼재기준(시행규칙 별표 19 관련)

- 운반 시 혼재가능 유별

위험물의 구분	제1류	제2류	제3류	제4류	제5류	제6류
제1류		×	×	×	×	○
제2류	×		×	○	○	×
제3류	×	×		○	×	×
제4류	×	○	○		○	×
제5류	×	○	×	○		×
제6류	○	×	×	×	×	

- 유별 구분

종 류	벤 젠	적 린	금속의 인화물	질 산	나이트로셀룰로스
유 별	제4류 위험물	제2류 위험물	제3류 위험물	제6류 위험물	제5류 위험물

21 다음 ( ) 안에 알맞은 것을 순서대로 옳게 나열한 것은?

> 알루미늄 분말이 연소하면 ( )색 연기를 내면서 ( )을 생성한다. 또한 알루미늄 분말이 염산과 반응하면 ( ) 기체를 발생하며, 수산화나트륨 수용액과 반응하여 ( )를 발생한다.

① 백, Al_2O_3, 산소, 수소
② 백, Al_2O_3, 수소, 수소
③ 노란, Al_2O_5, 수소, 수소
④ 노란, Al_2O_5, 산소, 수소

해설
알루미늄
- 알루미늄 분말이 연소하면 백색의 연기를 내면서 산화알루미늄(Al_2O_3)을 생성한다.

$$4Al + 3O_2 \rightarrow 2Al_2O_3$$

- 산, 알칼리, 물과 반응하면 수소(H_2)가스를 발생한다.

$$2Al + 6HCl \rightarrow 2AlCl_3 + 3H_2$$
$$2Al + 6H_2O \rightarrow 2Al(OH)_3 + 3H_2$$
$$2Al + 2NaOH + 2H_2O \rightarrow 2NaAlO_2 + 3H_2$$
(알루미늄산나트륨)

22 농도가 높아질수록 위험성이 높아지는 산화성 물질로 가열에 의해 분해할 경우 물과 산소를 발생하며, 분해를 방지하기 위하여 안정제를 넣어 보관하는 것은?

① Na_2O_2 ② $KClO_3$ ③ H_2O_2 ④ $NaNO_3$

해설
과산화수소(H_2O_2)의 분해를 방지하기 위하여 첨가하는 안정제 : 인산(H_3PO_4), 요산($C_5H_4N_4O_3$)

23 과망가니즈산칼륨과 묽은 황산이 반응하였을 때 생성물이 아닌 것은?

① MnO_4 ② K_2SO_4 ③ $MnSO_4$ ④ H_2O

해설
과망가니즈산칼륨과 묽은 황산과 반응

$$4KMnO_4 + 6H_2SO_4 \rightarrow 2K_2SO_4 + 4MnSO_4 + 6H_2O + 5O_2\uparrow$$

24 다음은 위험물안전관리법령상 위험물제조소 등의 옥내소화전설비의 설치 기준에 관한 내용이다. ( )에 알맞은 수치는?

> 수원의 수량은 옥내소화전이 가장 많이 설치된 층의 옥내소화전 설치개수(설치개수가 5개 이상인 경우는 5개)에 ( )[m³]를 곱한 양 이상이 되도록 설치할 것

① 2.4 ② 7.8 ③ 35 ④ 260

해설
옥내소화전설비의 설치 기준(시행규칙 별표 17)
- 옥내소화전은 제조소 등의 건축물의 층마다 해당 층의 각 부분에서 하나의 호스접속구까지의 **수평거리**가 25[m] **이하**가 되도록 설치할 것. 이 경우 옥내소화전은 각층의 출입구 부근에 1개 이상 설치해야 한다.
- 수원의 수량은 옥내소화전이 가장 많이 설치된 층의 옥내소화전 설치개수(설치개수가 5개 이상인 경우는 5개)에 7.8[m³]를 곱한 양 이상이 되도록 설치할 것
- 옥내소화전설비는 각층을 기준으로 하여 해당 층의 모든 옥내소화전(설치개수가 5개 이상인 경우는 5개의 옥내소화전)을 동시에 사용할 경우에 각 노즐 끝부분의 **방수압력**이 350[kPa] **이상**이고 **방수량**이 1분당 260[L] **이상**의 성능이 되도록 할 것
- 옥내소화전설비에는 비상전원을 설치할 것

> **[옥내소화전설비의 기준]**
> - 방수량 = 소화전 수(5개 이상은 5개) × 260[L/min]
> - 수원 = 소화전 수(5개 이상은 5개) × 260[L/min] × 30분
>   = 소화전 수(5개 이상은 5개) × 7.8[m³](7,800[L])
> - 방수압력 : 350[kPa] 이상
> - 비상전원 : 45분 이상 작동

25 지정수량이 다른 물질로 나열된 것은?

① 질산나트륨, 과염소산
② 에틸알코올, 아세톤
③ 나이트로글리세린, 칼륨
④ 철분, 트라이나이트로톨루엔

해설
지정수량

항목 \ 종류	질산나트륨	과염소산	에틸알코올	아세톤
품명	제1류 위험물	제6류 위험물	제4류 위험물 알코올류	제4류 위험물 제1석유류(수용성)
지정수량	300[kg]	300[kg]	400[L]	400[L]

항목 \ 종류	나이트로글리세린	칼륨	철분	트라이나이트로톨루엔
품명	제5류 위험물	제3류 위험물	제2류 위험물	제5류 위험물 나이트로화합물
지정수량	10[kg]	10[kg]	500[kg]	10[kg]

정답 24 ② 25 ④

26 위험물안전관리법령상 제조소 등의 기술검토에 관한 설명으로 옳은 것은?

① 기술검토는 한국소방산업기술원에서 실시하는 것으로 일정한 제조소 등의 설치허가 또는 변경허가와 관련된 것이다.
② 기술검토는 설치허가 또는 변경허가와 관련된 것이나 제조소 등의 완공검사 시 설치자가 임의적으로 기술검토를 신청할 수도 있다.
③ 기술검토는 법령상 기술기준과 다르게 설계하는 경우에 그 안전성을 전문적으로 검증하기 위한 절차이다.
④ 기술검토의 필요성이 없으면 변경허가를 받을 필요가 없다.

해설
다음의 제조소 등은 해당 목에서 정한 사항에 대하여 한국소방산업기술원의 기술검토를 받고 그 결과가 행정안전부령으로 정하는 기준에 적합한 것으로 인정될 것. 다만, 보수 등을 위한 부분적인 변경으로서 소방청장이 정하여 고시하는 사항에 대해서는 기술원의 기술검토를 받지 않을 수 있으나 행정안전부령으로 정하는 기준에는 적합해야 한다(시행령 제6조).
① 지정수량의 1,000배 이상의 위험물을 취급하는 제조소 또는 일반취급소 : 구조·설비에 관한 사항
② 옥외탱크저장소(저장용량이 50만[L] 이상인 것만 해당한다) 또는 암반탱크저장소 : 위험물탱크의 기초·지반, 탱크본체 및 소화설비에 관한 사항
③ ①이나 ②의 어느 하나에 해당하는 제조소 등에 관한 설치허가 또는 변경허가를 신청하는 자는 그 시설의 설치계획에 관하여 미리 기술원의 기술검토를 받아 그 결과를 설치허가 또는 변경허가신청서류와 함께 제출할 수 있다.

27 흐름 단면적이 감소하면서 속도수두가 증가하고 압력수두가 감소하여 생기는 압력차를 측정하여 유량을 구하는 기구로서 제작이 용이하고 비용이 저렴한 장점이 있으나 마찰손실이 커서 유체 수송을 위한 소요동력이 증가하는 단점이 있는 것은?

① 로터미터
② 피토튜브
③ 벤투리미터
④ 오리피스미터

해설
오리피스미터
• 정의 : 흐름 단면적이 감소하면서 속도수두가 증가하고 압력수두가 감소하여 생기는 압력차를 측정하여 유량을 구하는 기구
• 장점 : 제작이 용이하고 비용이 저렴하다.
• 단점 : 마찰손실이 커서 유체 수송을 위한 소요동력이 증가한다.

28 다음에서 설명하는 위험물이 분해 · 폭발하는 경우 가장 많이 부피를 차지하는 가스는?

- 순수한 것은 무색, 투명한 기름 형태의 액체이다.
- 다이너마이트의 원료가 된다.
- 상온에서는 액체이지만, 겨울에는 동결한다.
- 혓바닥을 찌르는 단맛이 나며, 감미로운 냄새가 난다.

① 이산화탄소   ② 수 소   ③ 산 소   ④ 질 소

해설

나이트로글리세린(Nitro Glycerine, NG)

- 물 성

화학식	융 점	비 점	비 중
$C_3H_5(ONO_2)_3$	2.8[℃]	218[℃]	1.6

- 무색, 투명한 기름성의 액체(공업용 : 담황색)이다.
- 알코올, 에터, 벤젠, 아세톤 등 유기용제에 녹는다.
- 상온에서 액체이고 겨울에는 동결한다.
- 혀를 찌르는 듯한 단맛이 있다.
- 규조토에 흡수시켜 다이너마이트를 제조할 때 사용한다.
- 분해반응식

$$4C_3H_5(ONO_2)_3 \rightarrow 12CO_2\uparrow + 10H_2O + 6N_2\uparrow + O_2\uparrow$$

29 과산화수소에 대한 설명으로 옳은 것은?

① 대부분 강력한 환원제로 작용한다.
② 물과 심하게 흡열 반응한다.
③ 습기에 접촉해도 위험하지 않다.
④ 상온에서 물과 반응하여 수소를 생성한다.

해설

과산화수소(제6류 위험물, H_2O_2)는 물과 잘 섞이므로 물과 혼합 시 전혀 위험하지 않다.

30 위험물안전관리법령에서 정한 위험물안전관리자의 책무가 아닌 것은?

① 화재 등의 재난이 발생한 경우 응급조치 및 소방관서 등에 대한 연락 업무
② 화재 등의 재해의 방지에 관하여 인접하는 제조소 등과 그 밖의 관련되는 시설의 관계자와 협조체제 유지
③ 위험물의 취급에 관한 일지의 작성·기록
④ 안전관리대행기관에 대하여 필요한 지도·감독

해설

위험물 안전관리자의 책무(시행규칙 제55조)

- 위험물의 취급 작업에 참여하여 해당 작업이 저장 또는 취급에 관한 기술기준과 예방규정에 적합하도록 해당 작업자(해당 작업에 참여하는 위험물취급자격자를 포함한다)에 대하여 지시 및 감독하는 업무
- 화재 등의 재난이 발생한 경우 응급조치 및 소방관서 등에 대한 연락 업무
- 위험물시설의 안전을 담당하는 자를 따로 두는 제조소 등의 경우에는 그 담당자에게 다음의 규정에 의한 업무의 지시, 그 밖의 제조소 등의 경우에는 다음의 규정에 의한 업무
  - 제조소 등의 위치·구조 및 설비를 기술기준에 적합하도록 유지하기 위한 점검과 점검상황의 기록·보존
  - 제조소 등의 구조 또는 설비의 이상을 발견한 경우 관계자에 대한 연락 및 응급조치
  - 화재가 발생하거나 화재발생의 위험성이 현저한 경우 소방관서 등에 대한 연락 및 응급조치
  - 제조소 등의 계측장치·제어장치 및 안전장치 등의 적정한 유지·관리
  - 제조소 등의 위치·구조 및 설비에 관한 설계도서 등의 정비·보존 및 제조소 등의 구조 및 설비의 안전에 관한 사무의 관리
- 화재 등 재해의 방지와 응급조치에 관하여 인접하는 제조소 등과 그 밖의 관련되는 시설의 관계자와 협조체제의 유지
- 위험물의 취급에 관한 일지의 작성·기록
- 그 밖에 위험물을 수납한 용기를 차량에 적재하는 작업, 위험물설비를 보수하는 작업 등 위험물의 취급과 관련된 작업의 안전에 관하여 필요한 감독의 수행

31 위험물안전관리법령에 따른 위험물의 저장·취급에 관한 설명으로 옳은 것은?

① 군부대가 군사목적으로 지정수량 이상의 위험물을 제조소 등이 아닌 장소에서 저장·취급하는 경우는 90일 이내의 기간 동안 임시로 저장·취급할 수 있다.
② 옥외저장소에서 위험물과 위험물이 아닌 물품을 함께 저장하는 경우는 물품 간 별도의 이격거리 기준이 없다.
③ 유별을 달리하는 위험물을 동일한 장소에 저장할 수 없는 것이 원칙이지만, 옥내저장소에 제1류 위험물과 황린을 상호 1[m] 이상의 간격을 유지하여 저장하는 것은 가능하다.
④ 옥내저장소에 제4류 위험물 중 제3석유류 및 제4석유류를 수납하는 용기만을 겹쳐 쌓는 경우에는 6[m]를 초과하지 않아야 한다.

해설
위험물의 저장·취급 기준
- 군부대가 지정수량 이상의 위험물을 군사목적으로 임시로 저장 또는 취급하는 경우에는 제조소 등이 아닌 장소에서 위험물을 취급할 수 있다.
- 옥외저장소에서 위험물과 위험물이 아닌 물품을 함께 저장하는 경우에는 위험물과 위험물이 아닌 물품은 각각 모아서 저장하고 상호 간에는 1[m] 이상의 간격을 두어야 한다.
- 유별을 달리하는 위험물을 동일한 저장소에 저장할 수 없는 것이 원칙이지만, 옥내저장소에 제1류 위험물과 황린을 상호 1[m] 이상의 간격을 유지하여 저장하는 것은 가능하다(시행규칙 별표 18의 Ⅲ 저장의 기준 참조).
- 옥내저장소에 제4류 위험물 중 제3석유류 및 제4석유류를 수납하는 용기만을 겹쳐 쌓는 경우에는 4[m]를 초과하지 않아야 한다.

32 메탄올과 에탄올을 비교하였을 때 다음의 식이 적용되는 값은?

메탄올 > 에탄올

① 발화점　② 분자량　③ 증기비중　④ 비 점

해설
메탄올과 에탄올의 비교

종류	화학식	분자량	비중	증기비중	비점	인화점	착화점	연소범위
메탄올	CH_3OH	32	0.79	1.1	64.7[℃]	11[℃]	464[℃]	6.0~36[%]
에탄올	C_2H_5OH	46	0.79	1.59	80[℃]	13[℃]	423[℃]	3.1~27.7[%]

33 각 위험물의 대표적인 연소 형태에 대한 설명으로 틀린 것은?

① 금속분은 공기와 접촉하고 있는 표면에서 연소가 일어나는 표면연소이다.
② 황은 일정 온도 이상에서 열분해하여 생성된 물질이 연소하는 분해연소이다.
③ 휘발유는 액체 자체가 연소하지 않고, 액체 표면에서 발생하는 가연성 증기가 연소하는 증발연소이다.
④ 나이트로셀룰로스는 공기 중의 산소 없이도 연소하는 자기연소이다.

해설
황 : 증발연소

34 단층건물 외의 건축물에 옥내탱크전용실을 설치하는 경우 최대용량을 설명한 것 중 틀린 것은?

① 지하 2층에 경유를 저장하는 탱크의 경우에는 20,000[L]
② 지하 4층에 동식물유류를 저장하는 탱크의 경우에는 지정수량의 40배
③ 지상 3층에 제4석유류를 저장하는 탱크의 경우에는 지정수량의 20배
④ 지상 4층에 경유를 저장하는 탱크의 경우에는 5,000[L]

해설
단층건물 외의 건축물에 옥내탱크전용실을 설치하는 경우
- 옥내저장탱크의 용량(동일한 탱크전용실에 옥내저장탱크를 2 이상 설치하는 경우에는 각 탱크의 용량의 합계를 말한다)은 **1층 이하의 층에 있어서는 지정수량의 40배**(제4석유류 및 동식물유류 외의 제4류 위험물에 있어서 해당 수량이 2만[L]를 초과할 때에는 2만[L]) 이하, **2층 이상의 층에 있어서는 지정수량의 10배**(제4석유류 및 동식물유류 외의 제4류 위험물에 있어서 해당 수량이 5,000[L]를 초과할 때에는 5,000[L]) 이하일 것
- 최대 저장량

종 류	경 유	동식물유류	제4석유류	경 유
지정수량	1,000[L]	10,000[L]	6,000[L]	1,000[L]
품 명	제2석유류	동식물유류	제4석유류	제2석유류
설치층	지하 2층	지하 4층	지상 3층	지상 4층
최대용량	20,000[L]	지정수량의 40배 (400,000[L]까지 저장)	지정수량의 10배 (60,000[L]까지 저장)	5,000[L]

35 고형알코올에 대한 설명으로 옳은 것은?
① 지정수량은 500[kg]이다.
② 이산화탄소 소화설비에 의해 소화한다.
③ 제4류 위험물에 해당한다.
④ 운반용기 외부에 "화기주의"라고 표시해야 한다.

해설
고형알코올
- 지정수량은 1,000[kg]이다.
- 이산화탄소 소화설비에 의해 질식소화가 가능하다.
- 제2류 위험물의 인화성 고체이다.
- 제2류 위험물 운반 시 주의사항
  - 철분·금속분·마그네슘 : 화기주의, 물기엄금
  - **인화성 고체 : 화기엄금**
  - 그 밖의 것 : 화기주의

36 다음 위험물을 완전 연소시켰을 때 나머지 셋의 위험물의 연소 생성물에 공통적으로 포함된 가스를 발생하지 않는 것은?
① 황 ② 황 린 ③ 삼황화인 ④ 이황화탄소

해설
연소반응식
- 황　　　　$S + O_2 \rightarrow SO_2$
- **황 린**　　$P_4 + 5O_2 \rightarrow 2P_2O_5$
- 삼황화인　$P_4S_3 + 8O_2 \rightarrow 2P_2O_5 + 3SO_2 \uparrow$
- 이황화탄소　$CS_2 + 3O_2 \rightarrow CO_2 + 2SO_2$

37 과염소산은 무엇과 접촉할 경우 고체수화물을 생성시키는가?
① 물 ② 과산화나트륨 ③ 암모니아 ④ 벤젠

해설
과염소산은 **물과 작용**하여 **6종의 고체수화물**을 만든다.
- $HClO_4 \cdot H_2O$
- $HClO_4 \cdot 2H_2O$
- $HClO_4 \cdot 2.5H_2O$
- $HClO_4 \cdot 3H_2O$(2종류)
- $HClO_4 \cdot 3.5H_2O$

38 비수용성의 제1석유류 위험물을 4,000[L]까지 저장·취급할 수 있도록 허가받은 단층건물의 탱크전용실에 수용성의 제2석유류 위험물을 저장하기 위한 옥내저장탱크를 추가로 설치할 경우 설치할 수 있는 탱크의 최대용량은?

① 16,000[L] ② 20,000[L] ③ 30,000[L] ④ 60,000[L]

해설

옥내저장탱크의 용량(동일한 탱크전용실에 2 이상 설치하는 경우에는 각 탱크의 용량의 합계)은 **지정수량의 40배**(**제4석유류 및 동식물유류 외의 제4류 위험물 : 20,000[L])를 초과할 때에는 20,000[L]) 이하일 것**

- 제1석유류와 제2석유류를 저장할 때에는 최대 저장량이 20,000[L]를 초과하지 못하니까
 제2석유류 저장량 = 20,000[L] − 4,000[L] = 16,000[L]를 저장할 수 있다.
- 제4석유류와 동식물유류를 저장한다면 지정수량의 40배를 계산하면 된다.

[예 시]

단층건축물에 제4석유류인 기어유 12,000[L]를 저장하고 있는데 동식물유류를 추가로 설치할 경우 허가받을 수 있는 최대용량은?

- 기어유의 지정수량의 배수 = $\dfrac{12,000[L]}{6,000[L]}$ = 2배

- 동식물유류의 지정수량은 10,000[L]이므로 허가 최대용량은
 최대용량 = 지정수량의 배수 40배 − 2배
 = 38배(38배 × 10,000[L] = 380,000[L]를 추가로 받을 수 있다)

※ 참고로 문제와 같이 여유(나중에 추가로 설치)를 두고 옥내저장탱크를 설치하는 경우는 거의 없고, 허가를 받을 때 제1석유류와 제2석유류를 같이 받으면서 20,000[L]를 초과하지 않게 허가를 받는다.

39 제5류 위험물에 속하지 않는 것은?

① $C_6H_4(NO_2)_2$ ② CH_3ONO_2 ③ $C_6H_5NO_2$ ④ $C_3H_5(ONO_2)_3$

해설

제4류 위험물의 인화점

종 류	다이나이트로벤젠	질산메틸	나이트로벤젠	나이트로글리세린
화학식	$C_6H_4(NO_2)_2$	CH_3ONO_2	$C_6H_5NO_2$	$C_3H_5(ONO_2)_3$
품 명	제5류 위험물	제5류 위험물	제4류 위험물 제3석유류	제5류 위험물

40 고속국도의 도로변에 설치된 주유취급소의 탱크의 용량은?

① 60,000[L] 이하 ② 50,000[L] 이하
③ 40,000[L] 이하 ④ 20,000[L] 이하

해설

고속국도의 주유취급소의 탱크용량 : 60,000[L] 이하

정답 38 ① 39 ③ 40 ①

41 제4류 위험물을 지정수량의 30만배를 취급하는 일반취급소에 위험물안전관리법령에 의해 최소한 갖추어야 하는 자체소방대의 화학소방차 대수와 자체소방대원의 수는?

① 2대, 15인　　② 2대, 20인　　③ 3대, 15인　　④ 3대, 20인

해설

자체소방대에 두는 화학소방자동차 및 인원(시행령 별표 8)

사업소의 구분	화학소방자동차	자체소방대원의 수
제조소 또는 일반취급소에서 취급하는 제4류 위험물의 최대수량의 합이 지정수량의 3,000배 이상 12만배 미만인 사업소	1대	5인
제조소 또는 일반취급소에서 취급하는 제4류 위험물의 최대수량의 합이 지정수량의 12만배 이상 24만배 미만인 사업소	2대	10인
제조소 또는 일반취급소에서 취급하는 제4류 위험물의 최대수량의 합이 지정수량의 24만배 이상 48만배 미만인 사업소	3대	15인
제조소 또는 일반취급소에서 취급하는 제4류 위험물의 최대수량의 합이 지정수량의 48만배 이상인 사업소	4대	20인
옥외탱크저장소에 저장하는 제4류 위험물의 최대수량이 지정수량의 50만배 이상인 사업소	2대	10인

[비고] 화학소방자동차에는 행정안전부령이 정하는 소화능력 및 설비를 갖추어야 하고, 소화활동에 필요한 소화약제 및 기구(방열복 등 개인장구를 포함한다)를 비치해야 한다.

42 다음 물질이 서로 혼합되었을 때 폭발 또는 발화의 위험성이 높아지는 경우가 아닌 것은?

① 금속칼륨과 경유
② 질산나트륨과 황
③ 과망가니즈산칼륨과 적린
④ 알루미늄과 과산화나트륨

해설

금속칼륨과 금속나트륨의 보호액 : 등유, 경유, 유동파라핀

43 인화칼슘의 일반적인 성질로 옳은 것은?
① 물과 반응하면 독성의 가스가 발생한다.
② 비중이 물보다 작다.
③ 융점은 약 600[℃] 정도이다.
④ 흰색의 정육면체 고체상 결정이다.

해설
인화칼슘의 성질
• 물 성

화학식	분자량	융 점	비 중
Ca_3P_2	182	1,600[℃]	2.51

• 적갈색의 괴상 고체로서 인화석회라고도 한다.
• 알코올, 에터에는 녹지 않는다.
• 건조한 공기 중에서 안정하나 300[℃] 이상에서는 산화한다.
• **물**이나 약산과 **반응**하여 **포스핀(PH_3)**의 유독성 가스를 발생한다.

$$- Ca_3P_2 + 6H_2O \rightarrow 3Ca(OH)_2 + 2PH_3 \uparrow$$
$$- Ca_3P_2 + 6HCl \rightarrow 3CaCl_2 + 2PH_3 \uparrow$$

44 공기를 차단하고 황린을 가열하면 적린이 만들어지는데, 이때 필요한 최소 온도는 약 몇 [℃] 정도인가?
① 60 ② 120 ③ 260 ④ 400

해설
공기를 차단하고 황린을 260[℃]로 가열하면 적린이 생성된다.

45 위험물안전관리법령상 원칙적으로 이송취급소 설치장소에서 제외하는 곳이 아닌 것은?
① 해 저
② 도로의 터널 안
③ 고속국도의 차도 및 갓길
④ 호수·저수지 등으로서 수리의 수원이 되는 곳

해설
이송취급소 설치 제외 장소
• 철도 및 도로의 터널 안
• 고속국도 및 자동차전용도로의 차도·갓길 및 중앙분리대
• 호수·저수지 등으로서 수리의 수원이 되는 곳
• 급경사 지역으로서 붕괴의 위험이 있는 지역

정답 43 ① 44 ③ 45 ①

46 과산화벤조일(벤조일퍼옥사이드)의 화학식을 옳게 나타낸 것은?

① CH_3ONO_2
② $(CH_3COC_2H_5)_2O_2$
③ $(CH_3CO)_2O_2$
④ $(C_6H_5CO)_2O_2$

해설
위험물의 분류

화학식	CH_3ONO_2	$(CH_3COC_2H_5)_2O_2$	$(CH_3CO)_2O_2$	$(C_6H_5CO)_2O_2$
명칭	질산메틸	과산화메틸에틸케톤	아세틸퍼옥사이드	과산화벤조일

47 에탄올 1몰이 표준상태에서 완전 연소하기 위해 필요한 공기량은 약 몇 [L]인가?(단, 공기 중 산소의 부피는 21[vol%]이다)

① 122
② 244
③ 320
④ 410

해설
에탄올의 연소반응식

$C_2H_5OH + 3O_2 \rightarrow 2CO_2 + 3H_2O$

1[mol] ⤫ 3×22.4[L]
1[mol] x

$x = \dfrac{1[mol] \times 3 \times 22.4[L]}{1[mol]} = 67.2[L]$ (이론산소량)

※ 이론공기량 $= \dfrac{67.2[L]}{0.21} = 320[L]$

48 다음 중 아이오딘값이 가장 큰 것은?

① 야자유
② 피마자유
③ 올리브유
④ 정어리기름

해설
동식물유류의 구분

구분	아이오딘값	반응성	불포화도	종류
건성유	130 이상	크다	크다	해바라기유, 동유, 아마인유, **정어리기름**, 들기름
반건성유	100~130	중간	중간	채종유, 목화씨기름(면실유), 참기름, 콩기름
불건성유	100 이하	작다	작다	**야자유, 올리브유, 피마자유**, 동백유, 낙화생기름

46 ④ 47 ③ 48 ④

49 다음 중 1[mol]에 포함된 산소의 수가 가장 많은 것은?

① 염소산　　② 과산화나트륨　　③ 과염소산　　④ 차아염소산

해설
산소의 수

종 류	염소산	과산화나트륨	과염소산	차아염소산
화학식	$HClO_3$	Na_2O_2	$HClO_4$	$HClO$
산소의 수	3	2	4	1

50 위험물안전관리법령상 위험물제조소 등의 완공검사 신청시기로 틀린 것은?

① 지하탱크가 있는 제조소 등의 경우 : 해당 지하탱크를 매설하기 전
② 이동탱크저장소 : 이동저장탱크를 완공하고 상치장소를 확보하기 전
③ 간이탱크저장소 : 공사를 완료한 후
④ 옥외탱크저장소 : 공사를 완료한 후

해설
제조소 등의 완공검사 신청시기(시행규칙 제20조)
① 지하탱크가 있는 제조소 등의 경우 : 해당 지하탱크를 매설하기 전
② **이동탱크저장소의 경우 : 이동저장탱크를 완공하고 상시설치장소(상치장소)를 확보한 후**
③ 이송취급소의 경우 : 이송배관 공사의 전체 또는 일부를 완료한 후. 다만, 지하·하천 등에 매설하는 이송배관의 공사의 경우에는 이송배관을 매설하기 전
④ 전체 공사가 완료된 후에는 완공검사를 실시하기 곤란한 경우 : 다음에서 정하는 시기
　㉠ 위험물설비 또는 배관의 설치가 완료되어 기밀시험 또는 내압시험을 실시하는 시기
　㉡ 배관을 지하에 설치하는 경우에는 시·도지사, 소방서장 또는 기술원이 지정하는 부분을 매몰하기 직전
　㉢ 기술원이 지정하는 부분의 비파괴시험을 실시하는 시기
⑤ ① 내지 ④에 해당하지 않는 제조소 등의 경우 : 제조소 등의 공사를 완료한 후

51 산화성 고체 위험물이 아닌 것은?

① $NaClO_3$　　② $AgNO_3$　　③ $KBrO_3$　　④ $HClO_4$

해설
위험물의 분류

종 류	$NaClO_3$	$AgNO_3$	$KBrO_3$	$HClO_4$
명 칭	염소산나트륨	질산은	브로민산칼륨	과염소산
유 별	제1류 위험물	제1류 위험물	제1류 위험물	제6류 위험물
성 질	산화성 고체	산화성 고체	산화성 고체	산화성 액체

정답 49 ③　50 ②　51 ④

52 상온(25[℃])에서 액체인 것은?

① 질산메틸 ② 나이트로셀룰로스
③ 피크르산 ④ 트라이나이트로톨루엔

해설
성 상

종 류	질산메틸	나이트로셀룰로스	피크르산	트라이나이트로톨루엔
상 태	무색 액체	백색 섬유상 고체	황색 고체	담황색 고체

53 산화프로필렌 20[vol%], 다이에틸에터 30[vol%], 이황화탄소 30[vol%], 아세트알데하이드 20[vol%]인 혼합증기의 폭발 하한값은?(단, 폭발범위는 산화프로필렌 2.8~37[vol%], 다이에틸에터 1.7~48[vol%], 이황화탄소 1.0~50[vol%], 아세트알데하이드 4.0~60[vol%]이다)

① 1.7[vol%] ② 2.1[vol%] ③ 13.6[vol%] ④ 48.3[vol%]

해설
혼합가스의 폭발한계

$$L_m = \frac{100}{\frac{V_1}{L_1} + \frac{V_2}{L_2} + \frac{V_3}{L_3} + \cdots}$$

여기서, L_m : 혼합가스의 폭발한계(하한값, 상한값의 [vol%])

$V_1, V_2, V_3, \cdots$: 가연성 가스의 용량[vol%]

$L_1, L_2, L_3, \cdots$: 가연성 가스의 하한값 또는 상한값[vol%]

$$\therefore L_m(\text{하한값}) = \frac{100}{\frac{V_1}{L_1} + \frac{V_2}{L_2} + \frac{V_3}{L_3} + \frac{V_4}{L_4}} = \frac{100}{\frac{20}{2.8} + \frac{30}{1.7} + \frac{30}{1} + \frac{20}{4}} = 1.67[\text{vol\%}]$$

54 다음 물질을 저장하는 저장소로 허가를 받으려고 위험물저장소 설치허가신청서를 작성하려고 한다. 해당하는 지정수량의 배수는 얼마인가?

- 염소산칼륨 : 150[kg]
- 과염소산칼륨 : 200[kg]
- 과염소산 : 600[kg]

① 12   ② 9   ③ 6   ④ 5

해설
지정수량의 배수
- 각 위험물의 지정수량

종 류	염소산칼륨	과염소산칼륨	과염소산
유 별	제1류 위험물	제1류 위험물	제6류 위험물
지정수량	50[kg]	50[kg]	300[kg]

- 지정수량의 배수

$$\text{지정수량의 배수} = \frac{\text{저장량}}{\text{지정수량}} + \frac{\text{저장량}}{\text{지정수량}} + \cdots$$

$$= \frac{150[kg]}{50[kg]} + \frac{200[kg]}{50[kg]} + \frac{600[kg]}{300[kg]} = 9배$$

55 관리도에서 측정한 값을 차례로 타점했을 때 점이 순차적으로 상승하거나 하강하는 것을 무엇이라 하는가?

① 런(Run)   ② 주기(Cycle)   ③ 경향(Trend)   ④ 산포(Dispersion)

해설
관리도
- 런(Run) : 중심선의 한쪽에 연속해서 나타나는 점
- 주기 : 점이 주기적으로 상·하로 변동하여 파형을 나타내는 현상
- **경향** : 점이 순차적으로 올라가거나 내려가는 현상
- 산포 : 수집된 자료 값이 그 중앙값으로부터 떨어져 있는 정도를 나타내는 값

56 어떤 공장에서 작업을 하는 데 있어서 소요되는 기간과 비용이 다음 표와 같을 때 비용구배는?(단, 활동시간의 단위는 일(日)로 계산한다)

정상작업		특급작업	
시 간	비 용	시 간	비 용
15일	150만원	10일	200만원

① 50,000원   ② 100,000원   ③ 200,000원   ④ 500,000원

해설

$$\text{비용구배} = \frac{2,000,000 - 1,500,000}{15 - 10} = 100,000원/일$$

정답 54 ② 55 ③ 56 ②

57 200개들이 상자가 15개 있을 때 각 상자로부터 제품을 랜덤하게 10개씩 샘플링할 경우, 이러한 샘플링 방법을 무엇이라 하는가?
① 층별샘플링
② 계통샘플링
③ 취락샘플링
④ 2단계샘플링

해설
층별샘플링(Stratified Sampling) : 모집단을 몇 개의 층으로 나누고, 각 층으로부터 각각 랜덤하게 시료를 뽑는 샘플링 방법

58 생산보전(PM ; Productive Maintenance)의 내용에 속하지 않는 것은?
① 사후보전
② 안전보전
③ 예방보전
④ 개량보전

해설
생산보전
- 예방보전
- 예측보전
- 사후보전
- 부문보전
- 개량보전

59 모든 작업을 기본 동작으로 분해하고, 각 기본 동작에 대하여 성질과 조건에 따라 정해놓은 시간치를 적용하여 정미시간을 산정하는 방법은?
① PTS법
② Work Sampling법
③ 스톱워치법
④ 실적자료법

해설
PTS법 : 모든 작업을 기본 동작으로 분해하고, 각 기본 동작에 대하여 성질과 조건에 따라 미리 정해 놓은 시간치를 적용하여 정미시간을 산정하는 방법

60 품질특성을 나타내는 데이터 중 계수치 데이터에 속하는 것은?
① 무 게
② 길 이
③ 인장강도
④ 부적합품률

해설
계수치 데이터 : 불량률, 부적합품률, 결점수, 단위당 결점수

2015년 7월 19일 시행 과년도 기출문제

01 위험물안전관리법령에 따른 기계에 의하여 하역하는 구조로 된 운반용기에 대한 수납기준에 의하면 액체 위험물을 수납하는 경우에는 55[℃]의 온도에서 증기압이 몇 [kPa] 이하가 되도록 수납해야 하는가?

① 100 ② 101.3 ③ 130 ④ 150

해설
위험물의 운반에 관한 기준(시행규칙 별표 19)
기계에 의하여 하역하는 구조로 된 운반용기에 대한 수납은 수납기준의 규정을 준용하는 외에 다음의 기준에 따라야 한다.
① 다음의 규정에 의한 요건에 적합한 운반용기에 수납할 것
  ㉠ 부식, 손상 등 이상이 없을 것
  ㉡ 금속제의 운반용기, 경질플라스틱제의 운반용기 또는 플라스틱내용기 부착의 운반용기에 있어서는 다음에 정하는 시험 및 점검에서 누설 등 이상이 없을 것
    • 2년 6개월 이내에 실시한 기밀시험(액체의 위험물 또는 10[kPa] 이상의 압력을 가하여 수납 또는 배출하는 고체의 위험물을 수납하는 운반용기에 한한다)
    • 2년 6개월 이내에 실시한 운반용기의 외부의 점검·부속설비의 기능점검 및 5년 이내의 사이에 실시한 운반용기의 내부의 점검
② 복수의 폐쇄장치가 연속하여 설치되어 있는 운반용기에 위험물을 수납하는 경우에는 용기본체에 가까운 폐쇄장치를 먼저 폐쇄할 것
③ 휘발유, 벤젠 그 밖의 정전기에 의한 재해가 발생할 우려가 있는 액체의 위험물을 운반용기에 수납 또는 배출할 때에는 해당 재해의 발생을 방지하기 위한 조치를 강구할 것
④ 온도변화 등에 의하여 액상이 되는 고체의 위험물은 액상으로 되었을 때 해당 위험물이 새지 않는 운반용기에 수납할 것
⑤ **액체 위험물을** 수납하는 경우에는 **55[℃]의 온도**에서의 증기압이 **130[kPa] 이하가** 되도록 수납할 것
⑥ 경질플라스틱제의 운반용기 또는 플라스틱내용기 부착의 운반용기에 액체 위험물을 수납하는 경우에는 해당 운반용기는 제조된 때로부터 5년 이내의 것으로 할 것

정답 01 ③

02 위험물안전관리법령상의 용어에 대한 설명으로 옳지 않은 것은?

① "위험물"이라 함은 인화성 또는 발화성 등의 성질을 가지는 것으로서 대통령령이 정하는 물품을 말한다.
② "제조소"라 함은 7일 동안 지정수량 이상의 위험물을 제조하기 위한 시설을 뜻한다.
③ "지정수량"이라 함은 위험물의 종류별로 위험성을 고려하여 대통령령이 정하는 수량으로서 제조소 등의 설치허가 등에 있어서 최저의 기준이 되는 수량을 말한다.
④ "제조소 등"이라 함은 제조소·저장소 및 취급소를 말한다.

해설
용어 설명
- 위험물 : 인화성 또는 발화성 등의 성질을 가지는 것으로서 대통령령이 정하는 물품
- 제조소 : 위험물을 제조할 목적으로 지정수량 이상의 위험물을 취급하기 위하여 제6조 제1항의 규정에 따른 허가를 받은 장소
- 지정수량 : 위험물의 종류별로 위험성을 고려하여 대통령령이 정하는 수량으로서 제조소 등의 설치허가 등에 있어서 최저의 기준이 되는 수량
- 제조소 등 : 제조소, 저장소, 취급소

03 다이에틸에터의 공기 중 위험도(H) 값에 가장 가까운 것은?

① 2.7 ② 8.6 ③ 15.2 ④ 27.2

해설
위험도(Degree of Hazards)

$$위험도(H) = \frac{U-L}{L}$$

여기서, U : 폭발상한계 L : 폭발하한계
- 다이에틸에터의 연소범위 : 1.7~48[%]
- $H = \dfrac{U-L}{L} = \dfrac{48-1.7}{1.7} = 27.24$

04 산화성 액체 위험물에 대한 설명 중 틀린 것은?

① 과산화수소는 물과 접촉하면 심하게 발열하고 증기는 유독하다.
② 질산은 불연성이지만, 강한 산화력을 가지고 있는 강산화성 물질이다.
③ 질산은 물과 접촉하면 발열하므로 주의해야 한다.
④ 과염소산은 강산이고 불안정하여 열에 의해 분해가 용이하다.

해설
과산화수소는 물과 섞이므로 발열하지 않는다.

3대 강산(황산, 질산, 염산)은 물과 반응하면 발열하므로 주의해야 한다.

05 위험물안전관리법령상에 따른 제2석유류가 아닌 것은?

① 아크릴산   ② 폼 산
③ 경 유   ④ 피리딘

해설

제4류 위험물의 분류

종 류	아크릴산	폼 산	경 유	피리딘
화학식	$CH_2CHCOOH$	$HCOOH$	$C_{15}\sim C_{20}$	C_5H_5N
품 명	제2석유류(수용성)	제2석유류(수용성)	제2석유류(비수용성)	제1석유류(수용성)
지정수량	2,000[L]	2,000[L]	1,000[L]	400[L]

06 메틸알코올에 대한 설명으로 옳은 것은?

① 물에 잘 녹지 않는다.
② 연소 시 불꽃이 잘 보이지 않는다.
③ 음용 시 독성이 없다.
④ 비점이 에틸알코올보다 높다.

해설

메틸알코올의 성질

• 물 성

화학식	비 중	증기비중	비 점	인화점	착화점	연소범위
CH_3OH	0.79	1.1	64.7[℃]	11[℃]	464[℃]	6.0~36[%]

• 무색, 투명한 휘발성이 강한 액체이다.
• 알코올류 중에서 수용성이 가장 크다(수용성).
• 연소 시 불꽃이 잘 보이지 않는다.
• 메틸알코올은 독성이 있으나 에틸알코올은 독성이 없다.
• 비 점

종 류	메틸알코올	에틸알코올
비 점	64.7[℃]	80[℃]

정답 05 ④ 06 ②

07 위험물안전관리법령상 제2류 위험물인 마그네슘에 대한 설명으로 틀린 것은?

① 온수와 반응하여 수소가스를 발생한다.
② 질소기류에서 강하게 가열하면 질화마그네슘이 된다.
③ 위험물안전관리법령상 품명은 금속분이다.
④ 지정수량은 500[kg]이다.

해설
마그네슘의 성질
- **물(온수)과 반응**하면 **수소가스**를 발생한다.

$$Mg + 2H_2O \rightarrow Mg(OH)_2 + H_2 \uparrow$$

- 질소기류에서 강하게 가열하면 질화마그네슘이 된다.

$$3Mg + N_2 \rightarrow Mg_3N_2(질화마그네슘)$$

- 품명(품목) : 마그네슘
- 지정수량 : 500[kg]

08 위험물안전관리법령상 안전교육대상자가 아닌 자는?

① 위험물제조소 등의 설치허가를 받은 자
② 위험물안전관리자로 선임된 자
③ 탱크시험자의 기술인력으로 종사하는 자
④ 위험물운송자로 종사하는 자

해설
안전교육대상자
- 위험물안전관리자로 선임된 자
- 탱크시험자의 기술인력으로 종사하는 자
- 위험물운반자로 종사하는 자
- 위험물운송자로 종사하는 자

09 다음의 위험물을 각각의 옥내저장소에서 저장 또는 취급할 때 위험물안전관리법령상 안전거리가 나머지 셋과 다르게 적용되는 것은?

① 질산 1,000[kg]
② 아닐린 50,000[L]
③ 기어유 100,000[L]
④ 아마인유 100,000[L]

해설
안전거리를 두지 않을 수 있는 경우
- 지정수량의 **20배 미만**인 **제4석유류** 또는 **동식물유류**의 위험물을 저장 또는 취급하는 **옥내저장소**
- **제6류 위험물**을 저장 또는 취급하는 옥내저장소
- 지정수량의 배수

종 류	질 산	아닐린	기어유	아마인유
품 명	제6류 위험물	제4류 위험물 제3석유류, 비수용성	제4류 위험물 제4석유류	제4류 위험물 동식물유류
지정수량	300[kg]	2,000[L]	6,000[L]	10,000[L]
지정배수	$\frac{1,000[kg]}{300[kg]}$ = 3.33배	$\frac{50,000[L]}{2,000[L]}$ = 25배	$\frac{100,000[L]}{6,000[L]}$ = 16.67배	$\frac{100,000[L]}{10,000[L]}$ = 10배

※ 질산(제6류 위험물로서 제외), 기어유와 아마인유는 지정수량의 배수가 20배가 되지 않아 안전거리 면제이고, 아닐린은 제3석유류이므로 지정수량의 배수가 1배가 넘으면 안전거리를 두어야 한다.

10 $(CH_3CO)_2O_2$에 대한 설명으로 틀린 것은?

① 가연성 물질이다.
② 지정수량은 100[kg]이다.
③ 녹는점이 약 −20[℃]인 액체상이다.
④ 위험물안전관리법령상 다량의 물을 사용한 소화방법이 적응성이 있다.

해설
아세틸퍼옥사이드(Acetyl Peroxide)
- 물 성

화학식	유 별	지정수량	녹는점(융점)	인화점
$(CH_3CO)_2O_2$	제5류 위험물 (유기과산화물, 제2종)	100[kg]	30[℃]	45[℃]

- 구조식

$$CH_3-\overset{O}{\underset{\|}{C}}-O-O-\overset{O}{\underset{\|}{C}}-CH_3$$

- 충격, 마찰에 의하여 분해하고 가열하면 폭발한다.
- 희석제인 DMF를 75[%] 첨가시켜서 0~5[℃] 이하의 저온에서 저장한다.
- 화재 시 다량의 물로 냉각소화한다.

11 과산화나트륨과 반응하였을 때 같은 종류의 기체를 발생하는 물질로만 나열된 것은?

① 물, 이산화탄소 ② 물, 염산
③ 이산화탄소, 염산 ④ 물, 아세트산

> **해설**
> **과산화나트륨의 반응**
>
> - 분해 반응식　　　　　　$2Na_2O_2 \rightarrow 2Na_2O + O_2$
> - **물과 반응**　　　　　　$2Na_2O_2 + 2H_2O \rightarrow 4NaOH + \mathbf{O_2}$
> - **이산화탄소와 반응**　　$2Na_2O_2 + 2CO_2 \rightarrow 2Na_2CO_3 + \mathbf{O_2}$
> - 초산(아세트산)과 반응　$Na_2O_2 + 2CH_3COOH \rightarrow 2CH_3COONa + H_2O_2$
> - 염산과 반응　　　　　　$Na_2O_2 + 2HCl \rightarrow 2NaCl + H_2O_2$

12 트라이에틸알루미늄이 염산과 반응하였을 때와 메탄올과 반응하였을 때 발생하는 가스를 차례대로 나열한 것은?

① C_2H_4, C_2H_4　　　　　　② C_2H_6, C_2H_6
③ C_2H_6, C_2H_4　　　　　　④ C_2H_4, C_2H_6

> **해설**
> **트라이에틸알루미늄의 반응**
>
> - 공기와 반응　　　$2(C_2H_5)_3Al + 21O_2 \rightarrow Al_2O_3 + 15H_2O + 12CO_2$
> - 물과의 반응　　　$(C_2H_5)_3Al + 3H_2O \rightarrow Al(OH)_3 + 3C_2H_6$
> 　　　　　　　　　　　　　　　　　　　　　　(에테인)
> - **염산과 반응**　　$(C_2H_5)_3Al + 3HCl \rightarrow AlCl_3 + 3\mathbf{C_2H_6}$
> 　　　　　　　　　　　　　　　　　　　(에테인)
> - 염소와 반응　　　$(C_2H_5)_3Al + 3Cl_2 \rightarrow AlCl_3 + 3C_2H_5Cl$
> - **메틸알코올과 반응**　$(C_2H_5)_3Al + 3CH_3OH \rightarrow Al(CH_3O)_3 + 3\mathbf{C_2H_6}$
> 　　　　　　　　　　　　　　　　　　　(알루미늄메틸레이트)

13 강제강화플라스틱제 이중벽탱크의 운반 및 설치하는 경우에 유의해야 할 기준 중 일부이다. ( ) 에 알맞은 수치를 나열한 것은?

> 탱크를 매설한 사람은 매설종료 후 해당 탱크의 감지층을 ( )[kPa] 정도로 가압 또는 감압한 상태로 ( )분 이상 유지하여 압력강하 또는 압력상승이 없는 것을 설치자의 입회하에 확인할 것. 다만, 해당 탱크의 감지층을 감압한 상태에서 운반한 경우에는 감압상태가 유지되어 있는 것을 확인하는 것으로 갈음할 수 있다.

① 10, 20   ② 25, 10   ③ 10, 25   ④ 20, 10

해설
강제강화플라스틱제 이중벽탱크의 운반 및 설치 시 유의사항(세부기준 제103조)
- 운반 또는 이동하는 경우에 있어서 강화플라스틱 등이 손상되지 않도록 할 것
- 탱크의 외면이 접촉하는 기초대, 고정밴드 등의 부분에는 완충재(두께 10[mm] 정도의 고무제 시트 등)를 끼워 넣어 접촉면을 보호할 것
- 탱크를 기초대에 올리고 고정밴드 등으로 고정한 후 해당 탱크의 감지층을 20[kPa] 정도로 가압한 상태로 10분 이상 유지하여 압력강하가 없는 것을 확인할 것
- 탱크를 지면 밑에 매설하는 경우에 있어서 돌덩어리, 유해한 유기물 등을 함유하지 않은 모래를 사용하고, 강화플라스틱 등의 피복에 손상을 주지 않도록 작업을 할 것
- **탱크를 매설한 사람**은 매설종료 후 해당 탱크의 감지층을 **20[kPa]** 정도로 가압 또는 감압한 상태로 **10분 이상** 유지하여 압력강하 또는 압력상승이 없는 것을 설치자의 입회하에 확인할 것. 다만, 해당 탱크의 감지층을 감압한 상태에서 운반한 경우에는 감압상태가 유지되어 있는 것을 확인하는 것으로 갈음할 수 있다.
- 탱크 설치과정표를 기록하고 보관할 것
- 기타 탱크제조자가 제공하는 설치지침에 의하여 작업을 할 것

14 다음 중 위험물안전관리법령상 지정수량이 가장 작은 것은?
① 브로민산염류
② 질산염류
③ 아염소산염류
④ 다이크로뮴산염류

해설
제1류 위험물의 지정수량

종 류	브로민산염류	질산염류	아염소산염류	다이크로뮴산염류
지정수량	300[kg]	300[kg]	50[kg]	1,000[kg]

정답 13 ④ 14 ③

15 다음 중 위험물안전관리법에 따라 허가를 받아야 하는 대상이 아닌 것은?

① 농예용으로 사용하기 위한 건조시설로서 지정수량 30배를 취급하는 위험물취급소
② 수산용으로 필요한 건조시설로서 지정수량 20배를 저장하는 위험물저장소
③ 공동주택의 중앙난방시설로서 사용하기 위한 지정수량 20배를 저장하는 위험물저장소
④ 축산용으로 사용하기 위한 난방시설로서 지정수량 30배를 저장하는 위험물저장소

해설
허가 제외 대상
- 주택의 난방시설(**공동주택의 중앙난방시설을 제외한다**)을 위한 저장소 또는 취급소
- 농예용·축산용 또는 **수산용**으로 필요한 난방시설 또는 **건조시설을 위한 지정수량 20배 이하의 저장소**

16 위험물안전관리법령에서 정한 소화설비, 경보설비 및 피난설비의 기준으로 틀린 것은?

① 저장소의 건축물은 외벽이 내화구조인 것은 연면적 75[m^2]를 1소요단위로 한다.
② 할로젠화합물 소화설비의 설치 기준은 불활성가스소화설비 설치 기준을 준용한다.
③ 옥내주유취급소와 연면적이 500[m^2] 이상인 일반취급소에는 자동화재탐지설비를 설치해야 한다.
④ 옥내소화전은 제조소 등의 건축물의 층마다 해당 층의 각 부분에서 하나의 호스접속구까지의 수평거리가 25[m] 이하가 되도록 설치해야 한다.

해설
소요단위의 산정기준(시행규칙 별표 17)
- **제조소** 또는 **취급소**의 건축물
  - 외벽이 **내화구조** : **연면적 100[m^2]**를 1소요단위
  - 외벽이 **내화구조가 아닌 것** : **연면적 50[m^2]**를 1소요단위
- **저장소의 건축물**
  - 외벽이 **내화구조** : 연면적 150[m^2]를 1소요단위
  - 외벽이 **내화구조가 아닌 것** : 연면적 75[m^2]를 1소요단위
- 위험물 : 지정수량의 10배를 1소요단위

17 자동화재탐지설비를 설치해야 하는 옥내저장소가 아닌 것은?

① 처마높이가 7[m] 이상인 단층 옥내저장소
② 지정수량의 50배를 저장하는 저장창고의 연면적이 50[m²]인 옥내저장소
③ 에탄올 5만[L]를 취급하는 옥내저장소
④ 벤젠 5만[L]를 취급하는 옥내저장소

해설
자동화재탐지설비를 설치해야 하는 옥내저장소의 기준
- 지정수량의 **100배 이상**을 저장 또는 취급하는 것(고인화점위험물만을 저장 또는 취급하는 것을 제외한다)

  - 에탄올 5만[L]를 취급하는 옥내저장소(에탄올의 지정수량 : 400[L])

    ※ 지정수량의 배수 = $\dfrac{저장량}{지정수량}$ = $\dfrac{50,000[L]}{400[L]}$ = 125배

  - 벤젠 5만[L]를 취급하는 옥내저장소(벤젠의 지정수량 : 200[L])

    ※ 지정수량의 배수 = $\dfrac{저장량}{지정수량}$ = $\dfrac{50,000[L]}{200[L]}$ = 250배

- 저장창고의 연면적이 **150[m²]를 초과**하는 것[해당 저장창고가 연면적 150[m²] 이내마다 불연재료의 격벽으로 개구부 없이 완전히 구획된 것과 제2류 또는 제4류 위험물(인화성 고체 및 인화점이 70[℃] 미만인 제4류 위험물을 제외한다)만을 저장 또는 취급하는 것에 있어서는 저장창고의 연면적이 500[m²] 이상의 것에 한한다]
- 처마높이가 **6[m] 이상**인 단층건물의 것
- 옥내저장소로 사용되는 부분 외의 부분이 있는 건축물에 설치된 옥내저장소[옥내저장소와 옥내저장소 외의 부분이 내화구조의 바닥 또는 벽으로 개구부 없이 구획된 것과 제2류 또는 제4류의 위험물(인화성 고체 및 인화점이 70[℃] 미만인 제4류 위험물을 제외한다)만을 저장 또는 취급하는 것을 제외한다]

18 암적색의 분말인 비금속물질로 비중이 약 2.2, 발화점이 약 260[℃]이고 물에 불용성인 위험물은?

① 적 린
② 황 린
③ 삼황화인
④ 황

해설
적린(붉은인)
- 물 성

화학식	원자량	비 중	착화점	융 점
P	31	2.2	260[℃]	600[℃]

- **물**, 알코올, 에터, CS_2, 암모니아에 녹지 않는다.

19 산소 32[g]과 질소 56[g]을 20[℃]에서 15[L]의 용기에 혼합하였을 때 이 혼합기체의 압력은 약 몇 [atm]인가?(단, 기체상수는 0.082[atm·L/g-mol·K]이며, 이상기체로 가정한다)

① 1.4　　　　　② 2.4　　　　　③ 3.8　　　　　④ 4.8

해설

이상기체 상태방정식을 이용하여 압력을 구한다.

$$PV = nRT = \frac{W}{M}RT$$

여기서, P : 압력([atm])　　　　　V : 부피([L], [m³])
　　　　M : 분자량[g/g-mol]　　　W : 무게
　　　　R : 기체상수(0.082[L·atm/g-mol·K])
　　　　T : 절대온도(273 + [℃])
　　　　n : mol수 $\left(n = \dfrac{무게}{분자량}$ 이고, 분자량은 산소 : 32, 질소는 28이다.

　　　　　　　　　∴ 총 몰수 $= \dfrac{32[g]}{32} + \dfrac{56[g]}{28} = 3[\text{g-mol}] \right)$

압력을 구하면 $P = \dfrac{nRT}{V} = \dfrac{3[\text{g-mol}] \times 0.082[\text{L·atm/g-mol·K}] \times (273+20)[\text{K}]}{15[\text{L}]} = 4.8[\text{atm}]$

20 다음 중 끓는점이 가장 낮은 것은?

① BrF_3　　　　② IF_5　　　　③ BrF_5　　　　④ HNO_3

해설

제6류 위험물의 물성 비교

종류 항목	BrF_3 (트라이플루오로브로민)	IF_5 (펜타플루오로이오다이드)	BrF_5 (펜타플루오로브로민)	HNO_3 (질산)
품 명	할로젠간화합물	할로젠간화합물	할로젠간화합물	-
끓는점(비점)	125[℃]	100.5[℃]	40.76[℃]	122[℃]
녹는점	8.77[℃]	9.43[℃]	-60.5[℃]	-42[℃]

21 위험물안전관리법령상 제2류 위험물인 철분에 적응성이 있는 소화설비는?

① 옥외소화전설비
② 포소화설비
③ 불활성가스소화설비
④ 탄산수소염류 분말소화설비

해설

철분의 소화약제 : 마른모래, 탄산수소염류 분말소화설비

19 ④　20 ③　21 ④

22 지하저장탱크의 주위에 액체 위험물의 누설을 검사하기 위한 관을 설치하는 경우 그 기준으로 옳지 않은 것은?

① 관은 탱크전용실의 바닥에 닿지 않게 할 것
② 이중관으로 할 것
③ 관의 밑 부분으로부터 탱크의 중심 높이까지의 부분에는 소공이 뚫려 있을 것
④ 상부는 물이 침투하지 않는 구조로 하고, 뚜껑은 검사 시에 쉽게 열 수 있도록 할 것

> **해설**
> 지하저장탱크의 주위에는 해당 탱크로부터의 액체 위험물의 **누설을 검사하기 위한 관**을 다음의 기준에 따라 **4개소 이상** 적당한 위치에 설치해야 한다.
> - **이중관**으로 할 것. 다만, **소공이 없는 상부**는 **단관**으로 할 수 있다.
> - 재료는 금속관 또는 경질합성수지관으로 할 것
> - **관은 탱크전용실의 바닥** 또는 **탱크의 기초까지 닿게 할 것**
> - 관의 밑 부분으로부터 탱크의 중심 높이까지의 부분에는 소공이 뚫려 있을 것. 다만, 지하수위가 높은 장소에 있어서는 지하수위 높이까지의 부분에 소공이 뚫려 있어야 한다.
> - 상부는 물이 침투하지 않는 구조로 하고, 뚜껑은 검사 시에 쉽게 열 수 있도록 할 것

23 실험식 $C_3H_5N_3O_9$에 해당하는 물질은?

① 트라이나이트로페놀
② 벤조일퍼옥사이드
③ 트라이나이트로톨루엔
④ 나이트로글리세린

> **해설**
> **화학식**
>
> | 종류 | 트라이나이트로페놀 | 벤조일퍼옥사이드 | 트라이나이트로톨루엔 | 나이트로글리세린 |
> |---|---|---|---|---|
> | 화학식 | $C_6H_2OH(NO_2)_3$ | $(C_6H_5CO)_2O_2$ | $C_6H_2CH_3(NO_2)_3$ | $C_3H_5(ONO_2)_3$ |
> | 실험식 | $C_6H_3N_3O_7$ | $C_{14}H_{10}O_4$ | $C_7H_5N_3O_6$ | $C_3H_5N_3O_9$ |

24 위험물안전관리법령상 제6류 위험물을 저장·취급하는 소방대상물에 적응성이 없는 소화설비는?

① 탄산수소염류를 사용하는 분말소화설비
② 옥내소화전설비
③ 봉상강화액 소화기
④ 스프링클러설비

> **해설**
> **제6류 위험물을 저장·취급하는 소방대상물에 적응성이 없는 소화설비**
> - 불활성가스소화설비
> - 할로젠화합물소화설비
> - 탄산수소염류 분말소화설비

정답 22 ① 23 ④ 24 ①

25 다음 중 1[mol]의 질량이 가장 큰 것은?

① $(NH_4)_2Cr_2O_7$ ② BaO_2
③ $K_2Cr_2O_7$ ④ $KMnO_4$

해설

분자량이 큰 것이 질량이 크다.

종 류	$(NH_4)_2Cr_2O_7$	BaO_2	$K_2Cr_2O_7$	$KMnO_4$
명 칭	다이크로뮴산암모늄	과산화바륨	다이크로뮴산칼륨	과망가니즈산칼륨
분자량	252	169	298	158

26 다음 품명 중 위험물안전관리법령상 지정수량이 나머지 셋과 다른 하나는?

① 과산화벤조일   ② 나이트로화합물(TNT)
③ 아조화합물   ④ 하이드라진유도체

해설

제5류 위험물의 지정수량

종 류	과산화벤조일(제2종)	나이트로화합물(제1종)	아조화합물(제2종)	하이드라진유도체(제2종)
지정수량	100[kg]	10[kg]	100[kg]	100[kg]

27 위험물안전관리법령상 제5류 위험물에 해당하는 것은?

① 나이트로벤젠   ② 하이드라진
③ 염산하이드라진   ④ 글리세린

해설

위험물의 지정수량

종 류	나이트로벤젠	하이드라진	염산하이드라진	글리세린
유 별	제4류 위험물 (제3석유류, 비수용성)	제4류 위험물 (제2석유류, 수용성)	제5류 위험물 (하이드라진유도체)	제4류 위험물 (제3석유류, 수용성)

28
위험물안전관리법령에 따른 제4석유류의 정의에 대해 다음 ( )에 알맞은 수치를 나열한 것은?

> "제4석유류"라 함은 기어유, 실린더유 그 밖에 1기압에서 인화점이 (   )[℃] 이상 (   )[℃] 미만의 것을 말한다. 다만 도료류 그 밖의 물품은 가연성 액체량이 (   )[wt%] 이하인 것은 제외한다.

① 200, 250, 40
② 200, 250, 60
③ 200, 300, 40
④ 250, 300, 60

해설
"제4석유류"라 함은 기어유, 실린더유 그 밖에 1기압에서 인화점이 **200[℃] 이상 250[℃] 미만**의 것을 말한다. 다만 도료류 그 밖의 물품은 가연성 액체량이 **40[wt%] 이하**인 것은 제외한다.

29
불활성가스소화설비에서 이산화탄소 약제의 장·단점에 대한 설명으로 틀린 것은?

① 전역방출방식의 경우 심부화재에도 효과가 있다.
② 밀폐공간에서 질식과 같은 인명피해를 입을 수도 있다.
③ 전기절연성이 높아 전기화재에도 적합하다.
④ 배관 및 관 부속이 저압이므로 시공이 간편하다.

해설
불활성가스소화설비의 이산화탄소는 고압이므로 시공이 어렵다.

30
다음 중 비중이 가장 작은 것은?

① 염소산칼륨
② 염소산나트륨
③ 과염소산나트륨
④ 과염소산암모늄

해설
제1류 위험물의 비중

종류	염소산칼륨	염소산나트륨	과염소산나트륨	과염소산암모늄
비중	2.32	2.49	2.02	2.0

정답 28 ① 29 ④ 30 ④

31 적린의 저장·취급 방법 또는 화재 시 소화 방법에 대한 설명으로 옳은 것은?

① 이황화탄소 속에 저장한다.
② 과염소산을 보호액으로 사용한다.
③ 조연성 물질이므로 가연물과의 접촉을 피한다.
④ 화재 시 다량의 물로 냉각소화할 수 있다.

해설
적린의 보호액은 없고, 가연성 고체이며 화재 시 다량의 물로 냉각소화를 한다.

32 위험물안전관리법령상 이동탱크저장소에 의한 위험물의 운송 기준에 대한 설명 중 틀린 것은?

① 위험물운송자는 장거리란 고속국도에 있어서는 340[km] 이상, 그 밖의 도로에 있어서는 200[km] 이상을 말한다.
② 운송책임자를 동승시킨 경우 반드시 2명 이상이 교대로 운전해야 한다.
③ 특수인화물 및 제1석유류를 운송하게 하는 자는 위험물안전카드를 위험물운송자로 하여금 휴대하게 한다.
④ 위험물운송자는 재난 그 밖의 불가피한 이유가 있는 경우에는 위험물안전카드에 기재된 내용에 따르지 않을 수 있다.

해설
이동탱크저장소에 의한 위험물의 운송 기준
- 위험물운송자는 운송의 개시 전에 이동저장탱크의 배출밸브 등의 밸브와 폐쇄장치, 맨홀 및 주입구의 뚜껑, 소화기 등의 점검을 충분히 실시할 것
- 위험물운송자는 **장거리**(고속국도에 있어서는 340[km] 이상, 그 밖의 도로에 있어서는 200[km] 이상을 말한다)에 걸치는 운송을 하는 때에는 **2명 이상의 운전자**로 할 것. 다만, **다음에 해당하는 경우에는 그렇지 않다.**
  - 운송책임자를 동승시킨 경우
  - 운송하는 위험물이 제2류 위험물·제3류 위험물(칼슘 또는 알루미늄의 탄화물과 이것만을 함유한 것에 한한다)또는 제4류 위험물(특수인화물을 제외한다)인 경우
  - 운송도중에 2시간 이내마다 20분 이상씩 휴식하는 경우
- 위험물운송자는 이동탱크저장소를 휴식·고장 등으로 일시 정차시킬 때에는 안전한 장소를 택하고 해당 이동탱크저장소의 안전을 위한 감시를 할 수 있는 위치에 있는 등 운송하는 위험물의 안전 확보에 주의할 것
- 위험물운송자는 이동저장탱크로부터 위험물이 현저하게 새는 등 재해발생의 우려가 있는 경우에는 재난을 방지하기 위한 응급조치를 강구하는 동시에 소방관서 그 밖의 관계기관에 통보할 것
- 위험물(제4류 위험물에 있어서는 **특수인화물** 및 **제1석유류**에 한한다)을 운송하게 하는 자는 별지 제48호서식의 위험물안전카드를 위험물운송자로 하여금 휴대하게 할 것
- 위험물운송자는 **위험물안전카드**를 휴대하고 해당 카드에 기재된 내용에 따를 것. 다만, 재난 그 밖의 불가피한 이유가 있는 경우에는 해당 기재된 내용에 따르지 않을 수 있다.

33 과산화칼륨의 일반적인 성질에 대한 설명으로 옳은 것은?

① 물과 반응하여 산소를 생성하고 아세트산과 반응하여 과산화수소를 생성한다.
② 녹는점은 300[℃] 이하이다.
③ 백색의 정방정계 분말로 물에 녹지 않는다.
④ 비중이 1.3으로 물보다 무겁다.

해설
과산화칼륨
- 물 성

화학식	분자량	비 중	녹는점	분해 온도
K_2O_2	110	2.9	490[℃]	490[℃]

- 무색 또는 오렌지색의 결정이다.
- 에틸알코올에 녹는다.
- 피부 접촉 시 피부를 부식시키고 탄산가스를 흡수하면 탄산염이 된다.
- **물과 반응**하여 **산소를 생성**하고 **아세트산(초산)과 반응**하여 **과산화수소**를 생성한다.

[과산화칼륨의 반응식]
- 분해 반응식 $2K_2O_2 \rightarrow 2K_2O + O_2 \uparrow$
- **물과 반응** $2K_2O_2 + 2H_2O \rightarrow 4KOH + O_2 \uparrow + 발열$
- 탄산가스와 반응 $2K_2O_2 + 2CO_2 \rightarrow 2K_2CO_3 + O_2 \uparrow$
- **초산과 반응** $K_2O_2 + 2CH_3COOH \rightarrow 2CH_3COOK + H_2O_2$
                                    (초산칼륨)   (과산화수소)
- 염산과 반응 $K_2O_2 + 2HCl \rightarrow 2KCl + H_2O_2$
- 황산과 반응 $K_2O_2 + H_2SO_4 \rightarrow K_2SO_4 + H_2O_2$

34 위험물의 지정수량 연결이 틀린 것은?

① 오황화인 - 100[kg]
② 알루미늄분 - 500[kg]
③ 스타이렌모노머 - 2,000[L]
④ 폼산 - 2,000[L]

해설
지정수량

종 류	오황화인	알루미늄분	스타이렌모노머	폼 산
유 별	제2류 위험물	제2류 위험물	제4류 위험물 제2석유류(비수용성)	제4류 위험물 제2석유류(수용성)
지정수량	100[kg]	500[kg]	1,000[L]	2,000[L]

정답 33 ① 34 ③

35 다음 중 BTX에 해당하는 물질로서 가장 인화점이 낮은 것은?

① 이황화탄소
② 산화프로필렌
③ 벤젠
④ 자일렌

해설

BTX : 벤젠, 톨루엔, 자일렌으로서 인화점이 낮은 것은 벤젠이다.

종류	벤젠	톨루엔	자일렌
인화점	−11[℃]	4[℃]	25~32[℃]

36 금속나트륨이 에탄올과 반응하였을 때 가연성 가스가 발생한다. 이때 발생하는 가스와 동일한 가스가 발생되는 경우는?

① 나트륨이 액체 암모니아와 반응하였을 때
② 나트륨이 산소와 반응하였을 때
③ 나트륨이 사염화탄소와 반응하였을 때
④ 나트륨이 이산화탄소와 반응하였을 때

해설

나트륨의 반응식

- 물과 반응 　　　　$2Na + 2H_2O \rightarrow 2NaOH + H_2 \uparrow$
- 이산화탄소와 반응　$4Na + 3CO_2 \rightarrow 2Na_2CO_3 + C$(연소폭발)
- 사염화탄소와 반응　$4Na + CCl_4 \rightarrow 4NaCl + C$(폭발)
- 염소와 반응 　　　$2Na + Cl_2 \rightarrow 2NaCl$
- **알코올과 반응**　　$2Na + 2C_2H_5OH \rightarrow 2C_2H_5ONa + H_2 \uparrow$
　　　　　　　　　　　(나트륨에틸레이트)
- 초산과 반응　　　　$2Na + 2CH_3COOH \rightarrow 2CH_3COONa + H_2 \uparrow$
- **암모니아와 반응**　$2Na + 2NH_3 \rightarrow 2NaNH_2 + H_2 \uparrow$
　　　　　　　　　　　(나트륨아미드)
- 산소와 반응　　　　$4Na + O_2 \rightarrow 2Na_2O$

37 시내 일반도로와 접하는 부분에 주유취급소를 설치하였다. 위험물안전관리법령이 허용하는 최대용량으로 [보기]의 탱크를 설치할 때 전체 탱크용량의 합은 몇 [L]인가?

[보 기]
A. 고정주유설비 접속 전용탱크 3기
B. 고정급유설비 접속 전용탱크 1기
C. 폐유 저장탱크 2기
D. 윤활유 저장탱크 1기
E. 고정주유설비 접속 간이탱크 1기

① 201,600 ② 202,600 ③ 240,000 ④ 242,000

해설
주유취급소의 저장 또는 취급 가능한 탱크(시행규칙 별표 13)
- 자동차 등에 주유하기 위한 **고정주유설비**에 직접 접속하는 전용탱크로서 **50,000[L] 이하**의 것
- **고정급유설비**에 직접 접속하는 전용탱크로서 **50,000[L] 이하**의 것
- **보일러** 등에 직접 접속하는 전용탱크로서 **10,000[L] 이하**의 것
- 자동차 등을 점검·정비하는 작업장 등(주유취급소 안에 설치된 것에 한한다)에서 사용하는 폐유·윤활유 등의 위험물을 저장하는 탱크로서 용량(2 이상 설치하는 경우에는 각 용량의 합계를 말한다)이 2,000[L] 이하인 탱크(이하 "폐유탱크 등"이라 한다)
- 고정주유설비 또는 고정급유설비에 직접 접속하는 3기 이하의 간이탱크
※ **전체 탱크의 용량** = (50,000[L] × 3) + (50,000[L] × 1) + 2,000[L] + 600[L] = 202,600[L]

[참 고]
- 폐유탱크(폐유, 윤활유) 등의 최대용량은 2,000[L]이다.
- 간이탱크의 용량은 600[L]이다.

38 각 위험물의 지정수량 합이 가장 큰 것은?
① 과염소산, 염소산나트륨
② 황화인, 염소산칼륨
③ 질산나트륨, 적린
④ 나트륨아미드, 질산암모늄

해설
지정수량

번 호	종 류	품 명	지정수량	합 계
①	과염소산	제6류 위험물	300[kg]	350[kg]
	염소산나트륨	제1류 위험물(염소산염류)	50[kg]	
②	황화인	제2류 위험물	100[kg]	150[kg]
	염소산칼륨	제1류 위험물(염소산염류)	50[kg]	
③	질산나트륨	제1류 위험물(질산염류)	300[kg]	400[kg]
	적 린	제2류 위험물	100[kg]	
④	나트륨아미드	제3류 위험물(유기금속화합물)	50[kg]	350[kg]
	질산암모늄	제1류 위험물(질산염류)	300[kg]	

정답 37 ② 38 ③

39 각 물질의 저장 및 취급 시 주의사항에 대한 설명으로 옳지 않은 것은?

① H_2O_2 : 완전 밀폐·밀봉된 상태로 보관한다.
② K_2O_2 : 물과의 접촉을 피한다.
③ $NaClO_3$: 철제용기에 보관하지 않는다.
④ CaC_2 : 습기를 피하고 불활성 가스를 봉입하여 저장한다.

해설
과산화수소(H_2O_2)는 구멍 뚫린 마개를 사용해야 한다.

40 메테인 2[L]를 완전 연소하는 데 필요한 공기요구량은 약 몇 [L]인가?(단, 표준상태를 기준으로 하고 공기 중의 산소는 21[vol%]이다)

① 2.42 ② 4 ③ 19.05 ④ 22.4

해설
메테인의 연소반응식

$$CH_4 + 2O_2 \rightarrow CO_2 + 2H_2O$$
$1 \times 22.4[L] \quad 2 \times 22.4[L]$
$2[L] \quad\quad\quad x$

$x = \dfrac{2[L] \times 2 \times 22.4[L]}{1 \times 22.4[L]} = 4[L]$ (이론산소량)

※ 이론공기량 $= \dfrac{4[L]}{0.21} = 19.05[L]$

41 제4류 위험물 중 경유를 판매하는 제2종 판매취급소를 허가받아 운영하고자 한다. 취급할 수 있는 최대수량은?

① 20,000[L] ② 40,000[L] ③ 80,000[L] ④ 160,000[L]

해설
제2종 판매취급소의 최대허가량 : 지정수량의 40배 이하
※ 경유는 제4류 위험물 제2석유류로서 지정수량이 1,000[L]이다.
그러므로 최대수량은 40배 × 1,000[L] = 40,000[L]이다.

42 위험물의 저장 및 취급 시 유의사항에 대한 설명으로 틀린 것은?

① 과망가니즈산나트륨 – 가열, 충격, 마찰을 피하고 가연물과의 접촉을 피한다.
② 황린 – 알칼리용액과 반응하여 가연성의 아세틸렌을 발생하므로 물속에 저장한다.
③ 다이에틸에터 – 공기와 장시간 접촉 시 과산화물을 생성하므로 공기와의 접촉을 최소화한다.
④ 나이트로글라이콜 – 폭발의 위험이 있으므로 화기를 멀리한다.

해설
황린은 물과 반응하지 않기 때문에 pH 9(약알칼리) 정도의 **물속에 저장**하며, 보호액이 증발되지 않도록 한다.

> 황린은 포스핀(PH_3)의 생성을 방지하기 위하여 pH 9인 물속에 저장한다.

43 위험물탱크 안전성능시험자가 기술능력, 시설 및 장비 중 중요 변경사항이 있는 때에는 변경한 날부터 며칠 이내에 변경신고를 해야 하는가?

① 5일 이내   ② 15일 이내   ③ 25일 이내   ④ 30일 이내

해설
위험물탱크 안전성능시험자의 변경신고
- 신고 사유 : 기술능력, 시설 및 장비 중 중요 변경사항이 있는 때
- 변경 기간 : 변경한 날부터 30일 이내에 변경 신고

44 일반취급소로 사용되는 부분 외의 부분을 갖는 건축물에 설치된 일반취급소는 원칙적으로 소화난이도 등급 Ⅰ에 해당한다. 이 경우 소화난이도 등급 Ⅰ에서 제외되는 기준으로 옳은 것은?

① 일반취급소와 다른 부분 사이를 60분+ 방화문 외의 개구부 없이 내화구조로 구획한 경우
② 일반취급소와 다른 부분 사이를 자동폐쇄식 60분+ 방화문 외의 개구부 없이 내화구조로 구획한 경우
③ 일반취급소와 다른 부분 사이를 개구부 없이 내화구조로 구획한 경우
④ 일반취급소와 다른 부분 사이를 창문 외의 개구부 없이 내화구조로 구획한 경우

해설
일반취급소와 다른 부분 사이를 개구부 없이 내화구조로 구획한 경우에는 소화난이도 등급 Ⅰ에서 제외된다.

정답 42 ② 43 ④ 44 ③

45 질산칼륨 101[kg]이 열분해 될 때 발생되는 산소는 표준상태에서 몇 [m³]인가?(단, 원자량은 K : 39, O : 16, N : 14이다)

① 5.6　　　　② 11.2　　　　③ 22.4　　　　④ 44.8

해설

질산의 분해반응식

$2KNO_3 \rightarrow 2KNO_2 + O_2 \uparrow$

2×101[kg] ─────── 22.4[m³]
101[kg] ─────── x

$\therefore x = \dfrac{101[kg] \times 22.4[m^3]}{2 \times 101[kg]} = 11.2[m^3]$

46 위험물 운반 시 제4류 위험물과 혼재할 수 있는 위험물의 유별을 모두 나타낸 것은?(단, 혼재위험물은 지정수량의 1/10을 각각 초과한다)

① 제2류 위험물
② 제2류 위험물, 제3류 위험물
③ 제2류 위험물, 제3류 위험물, 제5류 위험물
④ 제2류 위험물, 제3류 위험물, 제5류 위험물, 제6류 위험물

해설

운반 시 유별을 달리하는 위험물의 혼재기준(시행규칙 별표 19 관련)

위험물의 구분	제1류	제2류	제3류	제4류	제5류	제6류
제1류		×	×	×	×	○
제2류	×		×	○	○	×
제3류	×	×		○	×	×
제4류	×	○	○		○	×
제5류	×	○	×	○		×
제6류	○	×	×	×	×	

[비고]　1. "×"표시는 혼재할 수 없음을 표시한다.
　　　2. "○"표시는 혼재할 수 있음을 표시한다.
　　　3. 이 표는 지정수량의 $\dfrac{1}{10}$ 이하의 위험물에 대하여는 적용하지 않는다.

47 주유취급소에서 위험물을 취급할 때의 기준에 대한 설명으로 틀린 것은?

① 자동차 등에 주유할 때에는 고정주유설비를 사용하여 직접 주유할 것
② 고정급유설비에 접속하는 탱크에 위험물을 주입할 때에는 해당 탱크에 접속된 고정주유설비의 사용이 중지되지 않도록 주의할 것
③ 고정주유설비 또는 고정급유설비에는 해당 주유설비에 접속한 전용 탱크 또는 간이탱크의 배관 외의 것을 통하여 위험물을 공급하지 않을 것
④ 주유원 간이대기실 내에서는 화기를 사용하지 않을 것

해설

주유취급소(항공기주유취급소·선박주유취급소 및 철도주유취급소를 제외한다)에서의 취급기준

- 자동차 등에 주유할 때에는 고정주유설비를 사용하여 직접 주유할 것(중요기준)
- 자동차 등에 인화점 40[℃] 미만의 위험물을 주유할 때에는 자동차 등의 원동기를 정지시킬 것. 다만, 연료탱크에 위험물을 주유하는 동안 방출되는 가연성 증기를 회수하는 설비가 부착된 고정주유설비에 의여 주유하는 경우에는 그렇지 않다.
- **이동저장탱크**에 급유할 때에는 고정급유설비를 사용하여 **직접 급유**할 것
- **고정주유설비** 또는 **고정급유설비**에 접속하는 탱크에 **위험물을 주입할 때에는 해당 탱크에 접속된 고정주유설비 또는 고정급유설비의 사용을 중지하고**, 자동차 등을 해당 탱크의 주입구에 접근시키지 않을 것
- 고정주유설비 또는 고정급유설비에는 해당 주유설비에 접속한 전용탱크 또는 간이탱크의 배관 외의 것을 통하여서는 위험물을 공급하지 않을 것
- 자동차 등에 주유할 때에는 고정주유설비 또는 고정주유설비에 접속된 탱크의 주입구로부터 4[m] 이내의 부분에, 이동저장탱크로부터 전용탱크에 위험물을 주입할 때에는 전용탱크의 주입구로부터 3[m] 이내의 부분 및 전용탱크 통기관의 끝부분으로부터 수평거리 1.5[m] 이내의 부분에 있어서는 다른 자동차 등의 주차를 금지하고 자동차 등의 점검·정비 또는 세정을 하지 않을 것
- 주유원 간이대기실 내에서는 화기를 사용하지 않을 것

48 지정수량의 10배에 해당하는 순수한 아세톤의 질량은 약 몇 [kg]인가?

① 2,000   ② 2,160   ③ 3,160   ④ 4,000

해설

아세톤의 비중 0.79이다. 밀도는 0.79[g/cm³] = 0.79[kg/L]이다.
∴ 질량 = (400[L] × 10배) × 0.79[kg/L] = 3,160[kg]

49 인화점이 0[℃] 미만이고 자연발화의 위험성이 매우 높은 것은?

① C_4H_9Li ② P_2S_5 ③ $KBrO_3$ ④ $C_6H_5CH_3$

해설

인화점

종류	C_4H_9Li	P_2S_5	$KBrO_3$	$C_6H_5CH_3$
명칭	부틸리튬	오황화인	브로민산칼륨	톨루엔
성질	자연발화성 물질	가연성 고체	산화성 고체	인화성 액체
인화점	−22[℃]	−	−	4[℃]

50 포소화약제의 일반적인 물성에 관한 설명 중 틀린 것은?

① 발포배율이 커지면 환원시간(Drainage Time)은 짧아진다.
② 환원시간이 길면 내열성이 우수하다.
③ 유동성이 좋으면 내열성도 우수하다.
④ 발포배율이 커지면 유동성이 좋아진다.

해설
유동성이 좋은 포는 **수성막포**이고 **내열성이 좋은 포**는 **단백포**와 **플루오린화단백포**이다.

51 $KClO_3$에 대한 설명으로 틀린 것은?

① 분해온도는 약 400[℃]이다.
② 산화성이 강한 불연성 물질이다.
③ 400[℃]로 가열하면 주로 ClO_2를 발생한다.
④ NH_3와 혼합 시 위험하다.

해설
염소산칼륨
- 400[℃]에서 분해반응식
  $2KClO_3 \rightarrow 2KCl + 3O_2 \uparrow$
- 산화성이 강한 불연성 물질이다.
- **산과 반응**하면 **이산화염소**(ClO_2)의 유독가스를 발생한다.

$$2KClO_3 + 2HCl \rightarrow 2KCl + 2ClO_2 + H_2O_2 \uparrow$$

- NH_3와 혼합 시 위험하다.

52 다음은 이송취급소의 배관과 관련하여 내압에 의하여 배관에 생기는 무엇에 관한 수식인가?

$$\sigma_{ci} = \frac{P_i(D-t+C)}{2(t-C)}$$

여기서, P_i : 최대상용압력[MPa]
D : 배관의 외경[mm]
t : 배관의 실제 두께[mm]
C : 내면 부식여유두께[mm]

① 원주방향응력 ② 축방향응력
③ 팽창응력 ④ 취성응력

해설
내압에 의하여 배관에 생기는 원주방향응력(세부기준 제115조)

$$\sigma_{ci} = \frac{P_i(D-t+C)}{2(t-C)}$$

여기서, σ_{ci} : 내압에 의하여 배관에 생기는 원주방향응력[N/mm²]
P_i : 최대상용압력[MPa]
D : 배관의 외경[mm]
t : 배관의 실제 두께[mm]
C : 내면 부식여유두께[mm]

53 저장하는 지정과산화물의 최대수량이 지정수량의 5배인 옥내저장창고의 주위에 위험물안전관리법령에서 정한 담 또는 토제를 설치할 경우 창고의 주위에 보유하는 공지의 너비는 몇 [m] 이상으로 해야 하는가?

① 3 ② 6.5 ③ 8 ④ 10

해설
지정과산화물의 옥내저장소의 보유공지(시행규칙 별표 5 관련)

저장 또는 취급하는 위험물의 최대수량	공지의 너비	
	저장창고의 주위에 비고 제1호에 담 또는 토제를 설치하는 경우	왼쪽란에 정하는 경우 외의 경우
5배 이하	3.0[m] 이상	10[m] 이상
5배 초과 10배 이하	5.0[m] 이상	15[m] 이상
10배 초과 20배 이하	6.5[m] 이상	20[m] 이상
20배 초과 40배 이하	8.0[m] 이상	25[m] 이상
40배 초과 60배 이하	10.0[m] 이상	30[m] 이상
60배 초과 90배 이하	11.5[m] 이상	35[m] 이상
90배 초과 150배 이하	13.0[m] 이상	40[m] 이상
150배 초과 300배 이하	15.0[m] 이상	45[m] 이상
300배 초과	16.5[m] 이상	50[m] 이상

54 옥내저장탱크의 펌프설비가 탱크전용실이 있는 건축물에 설치되어 있다. 펌프설비가 탱크전용실 외의 장소에 설치되어 있는 경우 위험물안전관리법령상 펌프실의 바닥과 지붕의 기준에 대한 설명으로 옳은 것은?

① 폭발력이 위로 방출될 정도의 가벼운 불연재료만 해야 한다.
② 불연재료로만 해야 한다.
③ 내화구조 또는 불연재료로 할 수 있다.
④ 내화구조로만 해야 한다.

해설
펌프설비가 탱크전용실 외의 장소에 설치되어 있는 경우 펌프실은 상층이 있는 경우에 있어서는 상층의 바닥을 내화구조로 하고, 상층이 없는 경우에 있어서는 지붕을 불연재료로 하며, 천장을 설치하지 않을 것

55 ASME(American Society of Mechanical Engineers)에서 정의하고 있는 제품공정분석표에 사용되는 기호 중 "저장(Storage)"을 표현한 것은?

① ○   ② □   ③ ▽   ④ ⇨

해설
공정분석 기호
- ○ : 작업 또는 가공
- ⇨ : 운반
- D : 정체
- ▽ : 저장
- □ : 검사

56 미리 정해진 일정단위 중에 포함된 부적합수에 의거하여 공정을 관리할 때 사용되는 관리도는?

① C 관리도   ② P 관리도
③ X 관리도   ④ nP 관리도

해설
C 관리도 : 미리 정해진 일정 단위 중에 포함된 부적합(결점)수에 의거하여 공정을 관리할 때 사용하는 관리도를 말한다.
- M 타입의 자동차 또는 LCD TV를 조립, 완성한 후 부적합수(결점수)를 점검한 데이터로 사용한다.
- 같은 모델의 TV나 라디오 세트 중의 납땜 불량개수(결점수)를 체크하는 데 사용한다.

57 TPM 활동 체계구축을 위한 5가지 기둥과 가장 거리가 먼 것은?

① 설비초기 관리체계 구축활동
② 설비효율화의 개별개선활동
③ 운전과 보전의 스킬업 훈련활동
④ 설비경제성 검토를 위한 설비투자 분석활동

해설
TPM(Total Productive Maintenance, 종합적 생산경영) 중점활동
- 설비효율화의 개별개선활동
- 자주보전 체제 구축
- 보전 부문의 계획보전 체제 구축
- 운전·보전의 교육 훈련
- MP 설계 및 초기 유동관리 체제 구축

58 자전거를 셀 방식으로 생산하는 공장에서 자전거 1대당 소요공수가 14.5[H]이며 1일 8[H], 월 25일 작업을 한다면 작업자 1명당 월 생산 가능 대수는 몇 대인가?(단, 작업자의 생산종합효율은 80[%]이다)

① 10대　　　　　　　　　　② 11대
③ 13대　　　　　　　　　　④ 14대

해설
1명당 월생산 가능대수 = $\dfrac{25일 \times 8[H]/일 \times 0.8}{14.5[H]/대}$ = 11.03대

59 로트에서 랜덤하게 시료를 추출하여 검사한 후 그 결과에 따라 로트의 합격, 불합격을 판정하는 검사방법을 무엇이라 하는가?

① 자주검사
② 간접검사
③ 전수검사
④ 샘플링검사

해설
검사대상의 판정(선택방법)에 의한 분류
- 관리 샘플링검사 : 공정의 관리, 공정검사의 조정 및 검사의 Check를 목적으로 행하는 검사
- **로트별 샘플링검사** : Lot별로 시료를 채취하여 품질을 조사하여 Lot의 합격, 불합격을 판정하는 검사
- 전수검사 : 검사를 위하여 제출된 제품 하나하나에 대한 시험 또는 측정을 하여 합격과 불합격을 분류하는 검사(100[%] 검사)
- 자주검사 : 자기 회사의 제품을 품질관리규정에 의하여 스스로 행하는 검사
- 무검사 : 제품에 대한 검사를 하지 않고 성적서만 확인하는 검사

60 도수분포표에서 알 수 있는 정보로 가장 거리가 먼 것은?

① 로트 분포의 모양
② 100 단위당 부적합수
③ 로트의 평균 및 표준편차
④ 규격과의 비교를 통한 부적합품률의 추정

해설
도수분포표
- 정의 : 측정한 전체 자료를 몇 개의 구간으로 나누어 분할된 구간에 따라 분류하여 만들어 놓는 표
- 만드는 목적
  - 로트 분포의 모양(데이터의 흩어진 모양을 알고 싶을 때)
  - 로트의 평균 및 표준편차(많은 데이터로부터 평균치와 표준편차를 구할 때)
  - 규격과의 비교를 통한 부적합품률의 추정(원 데이터를 규격과 대조하고 싶을 때)

2016년 4월 2일 시행
과년도 기출문제

01 위험물 탱크의 내용적이 10,000[L]이고, 공간용적이 내용적의 10[%]일 때 탱크의 용량은?

① 19,000[L] ② 11,000[L] ③ 9,000[L] ④ 1,000[L]

해설
탱크의 용량

탱크의 용량 = 내용적 − 공간용적

∴ 탱크의 용량 = 내용적 − 공간용적 = 10,000[L] − (10,000[L] × 0.1) = 9,000[L]

02 하나의 옥내저장소에 염소산나트륨 300[kg], 아이오딘산칼륨 150[kg], 과망가니즈산칼륨 500[kg]을 저장하고 있다. 각 물질의 지정수량 배수의 합은 얼마인가?

① 5배 ② 6배 ③ 7배 ④ 8배

해설
제1류 위험물의 지정수량

종 류	염소산나트륨	아이오딘산칼륨	과망가니즈산칼륨
품 명	염소산염류	아이오딘산염류	과망가니즈산염류
지정수량	50[kg]	300[kg]	1,000[kg]

∴ 지정수량의 배수 = $\dfrac{저장량}{지정수량}$ = $\dfrac{300[kg]}{50[kg]}$ + $\dfrac{150[kg]}{300[kg]}$ + $\dfrac{500[kg]}{1,000[kg]}$ = 7.0배

03 위험물안전관리법령상 위험등급이 나머지 셋과 다른 하나는?

① 아염소산나트륨 ② 알킬알루미늄
③ 아세톤   ④ 황 린

해설
위험등급

종 류	아염소산나트륨	알킬알루미늄	아세톤	황 린
품 명	제1류 위험물 아염소산염류	제3류 위험물	제4류 위험물 제1석유류	제3류 위험물
위험등급	I	I	II	I

정답 01 ③ 02 ③ 03 ③

04 위험물안전관리법령상 주유취급소 작업장(자동차 등을 점검·정비)에서 사용하는 폐유·윤활유 등의 위험물을 저장하는 탱크의 용량[L]은 얼마 이하이어야 하는가?

① 2,000 ② 10,000 ③ 50,000 ④ 60,000

> **해설**
> **주유취급소의 저장 또는 취급 가능한 탱크**
> • 자동차 등에 주유하기 위한 **고정주유설비**에 직접 접속하는 전용탱크로서 **50,000[L]** 이하의 것
> • **고정급유설비**에 직접 접속하는 전용탱크로서 **50,000[L]** 이하의 것
> • **보일러** 등에 직접 접속하는 전용탱크로서 **10,000[L] 이하**의 것
> • 자동차 등을 점검·정비하는 작업장 등(주유취급소 안에 설치된 것에 한한다)에서 사용하는 **폐유·윤활유** 등의 위험물을 저장하는 탱크로서 용량(2 이상 설치하는 경우에는 각 용량의 합계를 말한다)이 **2,000[L]** 이하인 탱크(이하 "폐유탱크 등"이라 한다)
> • 고정주유설비 또는 고정급유설비에 직접 접속하는 3기 이하의 간이탱크

05 위험물안전관리법령상 제4류 위험물의 지정수량으로서 옳지 않은 것은?

① 피리딘 : 400[L]   ② 아세톤 : 400[L]
③ 나이트로벤젠 : 1,000[L]   ④ 아세트산 : 2,000[L]

> **해설**
> **제4류 위험물의 지정수량**
>
> | 종 류 | 피리딘 | 아세톤 | 나이트로벤젠 | 아세트산 |
> |---|---|---|---|---|
> | 품 명 | 제1석유류
(수용성) | 제1석유류
(수용성) | 제3석유류
(비수용성) | 제2석유류
(수용성) |
> | 지정수량 | 400[L] | 400[L] | 2,000[L] | 2,000[L] |

06 위험물안전관리법령상 운반용기 내용적의 95[%] 이하의 수납률로 수납해야 하는 위험물은?

① 과산화벤조일   ② 질산메틸
③ 나이트로글리세린   ④ 메틸에틸케톤퍼옥사이드

> **해설**
> **수납률**
> • 고체 위험물 : 95[%] 이하의 수납
> • 액체 위험물 : 98[%] 이하의 수납
>
> | 종 류 | 과산화벤조일 | 질산메틸 | 나이트로글리세린 | 메틸에틸케톤퍼옥사이드 |
> |---|---|---|---|---|
> | 상 태 | 고 체 | 액 체 | 액 체 | 액 체 |

07 위험물안전관리법령상 염소화규소화합물은 제 몇 류 위험물에 해당되는가?

① 제1류   ② 제2류   ③ 제3류   ④ 제5류

해설
염소화규소화합물(트라이클로로실레인, $SiHCl_3$) : 제3류 위험물

08 위험물안전관리법령에서 정한 제2류 위험물의 저장·취급기준에 해당되지 않는 것은?

① 산화제와의 접촉을 피한다.
② 철분·금속분·마그네슘 및 이를 함유한 것에 있어서는 물이나 산과의 접촉을 피한다.
③ 인화성 고체에 있어서는 함부로 증기를 발생시키지 않아야 한다.
④ 고온체와의 접근·과열 또는 공기와의 접촉을 피한다.

해설
제2류 위험물의 저장·취급기준
- 산화제와의 접촉·혼합이나 불티·불꽃·고온체와의 접근 또는 과열을 피해야 한다.
- 철분·금속분·마그네슘 및 이를 함유한 것에 있어서는 물이나 산과의 접촉을 피한다.
- 인화성 고체에 있어서는 함부로 증기를 발생시키지 않아야 한다.

> – **제3류 위험물** : 자연발화성 물질에 있어서는 불티·불꽃 또는 고온체와의 접근·과열 또는 공기와의 접촉을 피하고 금수성 물질에 있어서는 물과의 접촉을 피해야 한다.
> – **제5류 위험물** : 불티·불꽃·고온체와의 접근이나 과열·충격 또는 마찰을 피해야 한다.

09 다음 금속원소 중 이온화에너지가 가장 큰 원소는?

① 리 튬   ② 나트륨   ③ 칼 륨   ④ 루비듐

해설
이온화에너지
- 정의 : 바닥상태에 있는 기체상태 원자로부터 전자를 제거하는 데 필요한 최소에너지이다.
- 이온화에너지는 0족으로 갈수록, 전기음성도가 클수록, 비금속일수록 증가한다.
- 이온화에너지가 가장 큰 것은 0족 원소(불활성 원소), 가장 작은 것은 1족 원소(알칼리 금속)이다.
- 최외각 전자와 원자핵 간의 거리가 가까울수록 이온화에너지는 크다.
- 이온화에너지는 주기율표의 오른쪽으로 갈수록 커지고, 아래로 갈수록 작아진다.

> **[1족(알칼리 금속)의 이온화에너지 값]**
> | | | |
> |---|---|---|
> | 리튬 : 520 | 나트륨 : 496 | 칼륨 : 419 |
> | 루비듐 : 403 | 세슘 : 376 | |

정답 07 ③ 08 ④ 09 ①

10 위험물안전관리법령상 제1류 위험물 제조소의 외벽 또는 이에 상당하는 공작물의 외측으로부터 문화재와의 안전거리 기준에 관한 설명으로 옳은 것은?

① 지정문화유산은 30[m] 이상 이격할 것
② 지정문화유산은 50[m] 이상 이격할 것
③ 천연기념물 등은 30[m] 이상 이격할 것
④ 천연기념물 등은 100[m] 이상 이격할 것

해설
지정문화유산 및 천연기념물 등은 50[m] 이상 안전거리를 두어야 한다.

11 알코올류의 탄소수가 증가함에 따른 일반적인 특징으로 옳은 것은?

① 인화점이 낮아진다.
② 연소범위가 넓어진다.
③ 증기비중이 증가한다.
④ 비중이 증가한다.

해설
분자량이 증가할수록 나타나는 현상
- **인화점, 증기비중**, 비점, 점도가 **커진다.**
- 착화점, 수용성, 휘발성, **연소범위, 비중**이 **감소한다.**
- 이성질체가 많아진다.

12 위험물저장탱크에 설치하는 통기관 끝부분의 인화방지망은 어떤 효과를 이용한 것인가?

① 질식소화 ② 부촉매소화 ③ 냉각소화 ④ 제거소화

해설
인화방지망은 가연성 증기를 발생하는 위험물을 저장하는 탱크에서 외부로 증기를 방출하거나 탱크 내로 화기가 흡입되는 것을 방지하기 위하여 설치하는 안전장치로 냉각효과가 있다.

13 다음 [보기]의 물질 중 제1류 위험물에 해당하는 것은 모두 몇 개인가?

> 아염소산나트륨, 염소산나트륨, 차아염소산칼슘, 과염소산칼륨

① 4개　　　　② 3개　　　　③ 2개　　　　④ 1개

해설
위험물의 분류

종 류	아염소산나트륨	염소산나트륨	차아염소산칼슘	과염소산칼륨
화학식	$NaClO_2$	$NaClO_3$	$Ca(ClO)_2$	$KClO_4$
품 명	아염소산염류	염소산염류	차아염소산염류	과염소산염류
유 별	제1류 위험물	제1류 위험물	제1류 위험물	제1류 위험물

14 위험물안전관리법령상 한 변의 길이는 10[m], 다른 한 변의 길이는 50[m]인 옥내저장소에 자동화재탐지설비를 설치하는 경우 경계구역은 원칙적으로 최소한 몇 개로 해야 하는가?(단, 차동식스포트형감지기를 설치한다)

① 1　　　　② 2　　　　③ 3　　　　④ 4

해설
자동화재탐지설비의 경계구역의 면적은 600[m²]로 하고 한 변의 길이는 50[m] 이하로 해야 하므로, 옥내저장소의 면적은 10[m] × 50[m] = 500[m²]이다. 즉, 경계구역은 1개이다.

15 특정옥외저장탱크 구조기준 중 필렛용접의 사이즈(S, mm)를 구하는 식으로 옳은 것은?(단, t_1 : 얇은 쪽의 강판의 두께[mm], t_2 : 두꺼운 쪽의 강판의 두께[mm]이며, $S ≥ 4.5$이다)

① $t_1 = S = t_2$　　　　② $t_1 = S = \sqrt{2t_2}$
③ $\sqrt{2t_2} = S = t_2$　　　　④ $t_1 = S = 2t_2$

해설
필렛용접의 사이즈(부등사이즈가 되는 경우에는 작은 쪽의 사이즈) 공식

$$t_1 \geq S \geq \sqrt{2t_2} \ (단, \ S \geq 4.5)$$

여기서, t_1 : 얇은 쪽의 강판의 두께[mm]
　　　　t_2 : 두꺼운 쪽의 강판의 두께[mm]
　　　　S : 사이즈[mm]

16 이황화탄소의 성질 또는 취급 방법에 대한 설명 중 틀린 것은?

① 물보다 가볍다.
② 증기가 공기보다 무겁다.
③ 물을 채운 수조에 저장한다.
④ 연소 시 유독한 가스가 발생한다.

해설
이황화탄소의 액체비중은 1.26으로 물보다 무겁다.

17 제3류 위험물의 화재 시 소화에 대한 설명으로 틀린 것은?

① 인화칼슘은 물과 반응하여 포스핀 가스를 발생하므로 마른모래로 소화한다.
② 세슘은 물과 반응하여 수소를 발생하므로 물에 의한 냉각소화를 피해야 한다.
③ 다이에틸아연은 물과 반응하므로 주수소화를 피해야 한다.
④ 트라이에틸알루미늄은 물과 반응하여 산소를 발생하므로 주수소화는 좋지 않다.

해설
트라이에틸알루미늄은 물과 반응하면 가연성 가스인 에테인(C_2H_6)을 발생하므로 주수소화는 좋지 않다.

$$(C_2H_5)_3Al + 3H_2O \rightarrow Al(OH)_3 + 3C_2H_6 \uparrow$$

18 인화성 액체 위험물을 저장하는 옥외탱크저장소의 주위에 설치하는 방유제에 관한 내용으로 틀린 것은?

① 방유제는 높이 0.5[m] 이상 3[m] 이하, 두께 0.2[m] 이상, 지하매설깊이 1[m] 이상으로 한다.
② 2기 이상의 탱크가 있는 경우 방유제의 용량은 그 탱크 중 용량이 최대인 것은 110[%] 이상으로 한다.
③ 용량이 1,000만[L] 이상인 옥외저장탱크의 주위에 설치하는 방유제에는 탱크마다 간막이 둑을 흙 또는 철근콘크리트로 설치한다.
④ 간막이 둑을 설치하는 경우 간막이 둑의 용량은 간막이 둑 안에 설치된 탱크 용량의 110[%] 이상이어야 한다.

해설
용량이 1,000만[L] 이상인 옥외저장탱크의 주위에 설치하는 방유제
다음 규정에 따라 해당 탱크마다 간막이 둑을 설치해야 한다.
• 간막이 둑의 높이는 0.3[m](방유제 내에 설치하는 옥외저장탱크의 용량의 합계가 2억[L]를 넘는 방유제에 있어서는 1[m]) 이상으로 하되 방유제 높이보다 0.2[m] 이상 낮게 할 것
• 간막이 둑은 흙 또는 철근콘크리트로 할 것
• 간막이 둑의 용량은 간막이 둑 안에 설치된 탱크 용량의 10[%] 이상일 것

19 각 유별 위험물의 화재예방대책이나 소화방법에 관한 설명으로 틀린 것은?

① 제1류 - 염소산나트륨은 철제용기에 넣은 후 나무상자에 보관한다.
② 제2류 - 적린은 다량의 물로 냉각소화한다.
③ 제3류 - 강산화제와의 접촉을 피하고 건조사, 팽창질석, 팽창진주암 등을 사용하여 질식소화를 시도한다.
④ 제5류 - 분말, 할론, 포 등에 의한 질식소화는 효과가 없으며, 다량의 주수소화가 효과적이다.

해설
염소산나트륨은 철을 부식시키므로 철제용기는 적합하지 않다.

20 다음에서 설명하고 있는 법칙은?

[보 기]
온도가 일정할 때 기체의 부피는 절대압력에 반비례한다.

① 일정성분비의 법칙 ② 보일의 법칙
③ 샤를의 법칙 ④ 보일-샤를의 법칙

해설
• 보일의 법칙 : 기체의 부피는 온도가 일정할 때 절대압력에 반비례한다.

$$T = 일정, \ PV = k(일정) \ (P : 압력, \ V : 부피, \ k : 상수)$$

• 샤를의 법칙 : 압력이 일정할 때 기체가 차지하는 부피는 절대온도에 비례한다.

$$\frac{V_1}{T_1} = \frac{V_2}{T_2}$$

• 보일-샤를의 법칙 : 기체가 차지하는 부피는 압력에 반비례하고 절대온도에 비례한다.

$$\frac{P_1 V_1}{T_1} = \frac{P_2 V_2}{T_2}, \quad V_2 = V_1 \times \frac{P_1}{P_2} \times \frac{T_2}{T_1}$$

정답 19 ① 20 ②

21 제6류 위험물에 대한 설명으로 옳은 것은?

① 과염소산은 무취, 청색의 기름상 액체이다.
② 알루미늄, 니켈 등은 진한 질산에 녹지 않는다.
③ 과산화수소는 잔토프로테인 반응과 관계가 있다.
④ 펜타플루오로브로민의 화학식은 C_2F_5Br이다.

해설
제6류 위험물의 설명
- 과염소산은 무취, 무색의 유동하기 쉬운 액체이다.
- 알루미늄, 니켈 등은 진한 질산에 녹지 않는다.
- 질산은 단백질과 잔토프로테인 반응을 하여 노란색으로 변한다.
- 펜타플루오로브로민의 화학식은 BrF_5이다.

22 위험물 운반용기의 외부에 표시하는 사항이 아닌 것은?

① 위험등급
② 위험물의 제조일자
③ 위험물의 품명
④ 주의사항

해설
운반용기의 외부 표시사항
- 위험물의 품명, 위험등급, 화학명 및 수용성(제4류 위험물의 수용성인 것에 한함)
- 위험물의 수량
- 주의사항

23 다음 중 지하탱크저장소의 수압시험 기준으로 옳은 것은?

① 압력 외 탱크는 상용압력의 30[kPa]의 압력으로 10분간 실시하여 새거나 변형이 없을 것
② 압력탱크는 최대상용압력의 1.5배의 압력으로 10분간 실시하여 새거나 변형이 없을 것
③ 압력 외 탱크는 상용압력의 30[kPa]의 압력으로 20분간 실시하여 새거나 변형이 없을 것
④ 압력탱크는 최대상용압력의 1.1배의 압력으로 10분간 실시하여 새거나 변형이 없을 것

해설
지하탱크저장소의 수압시험 기준
- 압력탱크 : 최대상용압력의 1.5배의 압력으로 10분간 실시하여 새거나 변형이 없을 것
- 압력탱크 외의 탱크 : 상용압력의 70[kPa]의 압력으로 10분간 실시하여 새거나 변형이 없을 것

24 제조소 내 액체 위험물을 취급하는 옥외설비의 바닥둘레에 설치해야 하는 턱의 높이는 얼마 이상이어야 하는가?

① 0.1[m] 이상
② 0.15[m] 이상
③ 0.2[m] 이상
④ 0.25[m] 이상

해설

턱의 높이
- 주유취급소 펌프실 출입구 턱의 높이 : 0.1[m] 이상
- 판매취급소 배합실 출입구 문턱의 높이 : 0.1[m] 이상
- 제조소 옥외설비의 바닥둘레에 턱의 높이 : 0.15[m] 이상
- 옥외저장탱크의 펌프실 외의 장소에 설치하는 펌프설비에는 그 직하의 지반면의 주위의 턱의 높이 : 0.15[m] 이상
- 옥외저장탱크 펌프실 바닥 주위에 턱의 높이 : 0.2[m] 이상
- 옥내탱크저장소의 탱크전용실에 펌프설비 설치 시 턱의 높이 : 0.2[m] 이상

25 제조소 등에서의 위험물 저장의 기준에 관한 설명 중 틀린 것은?

① 제3류 위험물 중 황린과 금수성 물질은 동일한 저장소에서 저장해도 된다.
② 옥내저장소에서 재해가 현저하게 증대할 우려가 있는 위험물을 다량으로 저장하는 경우에는 지정수량의 10배 이하마다 구분하여 상호 간 0.3[m] 이상의 간격을 두어 저장해야 한다.
③ 옥내저장소에는 용기에 수납하여 저장하는 위험물의 온도가 55[℃]를 넘지 않도록 필요한 조치를 강구해야 한다.
④ 컨테이너식 이동탱크저장소 외의 이동탱크저장소에 있어서는 위험물을 저장한 상태로 이동저장 탱크를 옮겨 싣지 않아야 한다.

해설

제3류 위험물 중 황린 그 밖에 물속에 저장하는 물품과 금수성 물질은 동일한 저장소에서 저장해서는 안 된다(시행 규칙 별표 18, Ⅲ 저장의 기준 3 참조).

26 다음은 옥내저장소의 저장창고와 옥내탱크저장소의 탱크전용실에 관한 설명이다. 위험물안전관리법령상의 내용과 상이한 것은?

① 제4류 위험물 제1석유류를 저장하는 옥내저장소에 있어서 하나의 저장창고의 바닥면적은 1,000[m²] 이하로 설치해야 한다.
② 제4류 위험물 제1석유류를 저장하는 옥내탱크저장소의 탱크전용실을 건축물 1층 또는 지하층에 설치해야 한다.
③ 다층 건물 옥내저장소의 저장창고에서 연소의 우려가 있는 외벽은 출입구 외의 개구부를 갖지 않는 벽으로 해야 한다.
④ 제3류 위험물인 황린을 단독으로 저장하는 옥내탱크저장소의 탱크전용실은 지하층에 설치할 수 있다.

> **해설**
> **탱크전용실을 건축물 1층 또는 지하층에 설치해야 하는 위험물**
> - 황화인, 적린, 덩어리 황
> - 황 린
> - 질 산

27 벤조일퍼옥사이드(과산화벤조일)에 대한 설명으로 틀린 것은?

① 백색 또는 무색 결정성 분말이다.
② 불활성 용매 등의 희석제를 첨가하면 폭발성이 줄어든다.
③ 진한황산, 진한질산, 금속분 등과 혼합하면 분해를 일으켜 폭발한다.
④ 알코올에는 녹지 않고 물에 잘 용해한다.

> **해설**
> **과산화벤조일(Benzoyl Peroxide, 벤조일퍼옥사이드, BPO)**
> - 물 성
>
> | 화학식 | 비 중 | 융 점 | 착화점 |
> |---|---|---|---|
> | $(C_6H_5CO)_2O_2$ | 1.33 | 105[℃] | 80[℃] |
>
> - **무색, 무취의 백색 결정**으로 강산화성 물질이다.
> - **물에 녹지 않고, 알코올에는 약간 녹는다.**
> - 프탈산다이메틸(DMP), 프탈산다이부틸(DBP)의 희석제를 사용한다.
> - 발화되면 연소속도가 빠르고 건조 상태에서는 위험하다.
> - 진한황산, 진한질산, 금속분 등과 혼합하면 분해를 일으켜 폭발한다.

28 위험물안전관리법령상 IF₅의 지정수량은?

① 20[kg] ② 50[kg]
③ 200[kg] ④ 300[kg]

해설
제6류 위험물의 할로젠간화합물의 지정수량은 300[kg]이다.

할로젠간화합물 : 트라이플루오로브로민(BrF₃), 펜타플루오로브로민(BrF₅), 펜타플루오로아이오다이드(IF₅)

29 유량을 측정하는 계측기구가 아닌 것은?

① 오리피스미터 ② 피에조미터
③ 로터미터 ④ 벤투리미터

해설
피에조미터 : 압력을 측정하는 장치

30 위험물 암반탱크가 다음과 같은 조건일 때 탱크의 용량은 몇 [L]인가?

[보 기]
- 암반탱크의 내용적 : 600,000[L]
- 1일간 탱크 내에 용출하는 지하수의 양 : 800[L]

① 594,400 ② 594,000
③ 593,600 ④ 592,000

해설
암반탱크의 용량(허가량)

허가량 = 탱크의 내용적 − 공간용적

- 공간용적 : 탱크에 용출하는 7일간의 지하수에 상당하는 양과 탱크 내용적의 1/100 용적 중 큰 용적
  − 탱크에 용출하는 7일간의 지하수에 상당하는 양 = 800[L]×7 = 5,600[L]
  − 탱크 내용적의 1/100 용적 = 600,000[L]×1/100 = 6,000[L]
- 탱크의 용량 = 탱크의 내용적−공간용적 = 600,000[L]−6,000[L] = 594,000[L]

정답 28 ④ 29 ② 30 ②

31 질산칼륨에 대한 설명으로 틀린 것은?

① 황화인, 질소와 혼합하면 흑색 화약이 된다.
② 에터에 잘 녹지 않는다.
③ 물에 녹으므로 저장 시 수분과의 접촉에 주의한다.
④ 100[℃]로 가열하면 분해하여 산소를 방출한다.

해설
질산칼륨, 황, 숯가루가 흑색 화약의 원료가 된다.

32 다음 중 옥내저장소에 위험물을 저장하는 제한 높이가 가장 높은 경우는?

① 기계에 의하여 하역하는 구조로 된 용기만을 겹쳐 쌓는 경우
② 중유를 수납하는 용기만을 겹쳐 쌓는 경우
③ 아마인유를 수납하는 용기만을 겹쳐 쌓는 경우
④ 적린을 수납하는 용기만을 겹쳐 쌓는 경우

해설
옥내저장소와 옥외저장소에 저장 시 높이(다음의 높이를 초과하지 말 것)
- 기계에 의하여 하역하는 구조로 된 용기만을 겹쳐 쌓는 경우 : 6[m]
- 제4류 위험물 중 제3석유류, 제4석유류, 동식물유류를 수납하는 용기만을 겹쳐 쌓는 경우 : 4[m]
- 그 밖의 경우(특수인화물, 제1석유류, 제2석유류, 알코올류, 타류) : 3[m]

> 중유 : 제3석유류, 아마인유 : 동식물유류(건성유), 적린 : 제2류 위험물

33 방폭구조 결정을 위한 폭발위험장소를 옳게 분류한 것은?

① 0종 장소, 1종 장소
② 0종 장소, 1종 장소, 2종 장소
③ 1종 장소, 2종 장소, 3종 장소
④ 0종 장소, 1종 장소, 2종 장소, 3종 장소

해설
위험장소의 분류
- 0종 장소 : 위험분위기가 통상 상태에서 장시간 지속되는 장소(가연성 가스의 용기, 탱크나 봄베 등의 내부)
- 1종 장소 : 통상 상태에서 위험분위기를 생성할 우려가 있는 장소(플랜트, 장치 등에 운전이 계속 허용되는 상태)
- 2종 장소 : 이상 상태에서 위험분위기를 생성할 우려가 있는 장소

34 위험물안전관리법령상 알칼리금속의 과산화물에 적응성이 있는 소화설비는?

① 할로젠화합물 소화설비
② 탄산수소염류 분말소화설비
③ 물분무 등 소화설비
④ 스프링클러설비

해설
알칼리금속의 과산화물에는 탄산수소염류 분말소화설비가 적응성이 있다.

35 위험물안전관리법상 위험물제조소 등에 자동화재탐지설비를 설치할 때 설치 기준으로 틀린 것은?

① 하나의 경계구역의 면적은 600[m²] 이하로 할 것
② 광전식분리형 감지기를 설치할 경우 경계구역의 한 변의 길이는 50[m] 이하로 할 것
③ 감지기는 지붕 또는 벽의 옥내에 면한 부분에 유효하게 화재의 발생을 감지할 수 있도록 설치할 것
④ 비상전원을 설치할 것

해설
자동화재탐지설비의 설치 기준
- 자동화재탐지설비의 경계구역(화재가 발생한 구역을 다른 구역과 구분하여 식별할 수 있는 최소단위의 구역을 말한다)은 건축물 그 밖의 공작물이 2 이상의 층에 걸치지 않도록 할 것. 다만, 하나의 경계구역의 면적이 500[m²] 이하이면서 해당 경계구역이 2개의 층에 걸치는 경우이거나 계단·경사로·승강기의 승강로 그 밖에 이와 유사한 장소에 연기감지기를 설치하는 경우에는 그렇지 않다.
- 하나의 경계구역의 면적은 **600[m²] 이하**로 하고 그 **한 변의 길이는 50[m]**(광전식분리형 감지기를 설치할 경우에는 **100[m]**) 이하로 할 것. 다만, 해당 건축물 그 밖의 공작물의 주요한 출입구에서 그 내부의 전체를 볼 수 있는 경우에 있어서는 그 면적을 1,000[m²] 이하로 할 수 있다.
- 자동화재탐지설비의 감지기는 지붕(상층이 있는 경우에는 상층의 바닥) 또는 벽의 옥내에 면한 부분(천장이 있는 경우에는 천장 또는 벽의 옥내에 면한 부분 및 천장의 뒷부분)에 유효하게 화재의 발생을 감지할 수 있도록 설치할 것
- 자동화재탐지설비에는 비상전원을 설치할 것

36 분진폭발에 대한 설명으로 틀린 것은?

① 밀폐공간 내 분진운이 부유할 때 폭발위험성이 있다.
② 충격, 마찰도 착화에너지가 될 수 있다.
③ 2차, 3차 폭발의 발생우려가 없으므로 1차 폭발소화에 주력해야 한다.
④ 산소의 농도가 증가하면 위험성이 증가할 수 있다.

해설
분진폭발은 폭발하면 위험하고 2차, 3차 폭발의 발생우려가 있다.

37 위험물안전관리법령상 적린, 황화인에 적응성이 없는 소화설비는?

① 옥외소화전설비
② 포소화설비
③ 불활성가스소화설비
④ 인산염류 등의 분말소화설비

해설
적린, 황화인은 제2류 위험물로서 물에 의한 냉각소화(수계, 분말소화설비)가 효과적이다.

38 소형수동식소화기의 설치 기준에 따라 방호대상물의 각 부분으로부터 하나의 소형수동식소화기까지의 보행거리가 20[m] 이하가 되도록 설치해야 하는 제조소 등에 해당하는 것은?(단, 옥내소화전설비, 옥외소화전설비, 스프링클러설비, 물분무 등 소화설비 또는 대형수동식소화기와 함께 설치하지 않는 경우이다)

① 지하탱크저장소
② 주유취급소
③ 판매취급소
④ 옥내저장소

해설
수동식소화기 설치 기준
- 대형수동식소화기의 설치 기준 : 방호대상물의 각 부분으로부터 하나의 대형수동식소화기까지의 보행거리가 30[m] 이하가 되도록 설치할 것(다만, 옥내소화전설비, 옥외소화전설비, 스프링클러설비, 물분무 등 소화설비와 함께 설치하는 경우에는 그렇지 않다)
- 소형수동식소화기의 설치 기준 : 소형수동식소화기 또는 그 밖의 소화설비는 **지하탱크저장소, 간이탱크저장소, 이동탱크저장소, 주유취급소, 판매취급소**에서는 유효하게 소화할 수 있는 위치에 설치해야 하며, **그 밖의 제조소 등에서는 방호대상물의 각 부분으로부터 하나의 소형수동식소화기까지의 보행거리가 20[m] 이하가 되도록 설치할 것**(다만, 옥내소화전설비, 옥외소화전설비, 스프링클러설비, 물분무 등 소화설비, 대형수동식소화기와 함께 설치하는 경우에는 그렇지 않다)

39 다음은 옥내저장소에 유별을 달리하는 위험물을 함께 저장·취급할 수 있는 경우를 나열한 것이다. 위험물안전관리법령상의 내용과 다른 것은?(단, 유별로 정리하고 서로 1[m] 이상 간격을 두는 경우이다)

① 과산화나트륨 – 유기과산화물
② 염소산나트륨 – 황린
③ 다이에틸에터 – 고형알코올
④ 무수크로뮴산 – 질산

해설

옥내저장소의 혼재가능(1[m] 이상의 간격을 두는 경우)
- 혼재가능 유별
  - 제1류 위험물(알칼리금속의 과산화물은 제외) + 제5류 위험물
  - 제1류 위험물 + 제6류 위험물
  - 제1류 위험물 + 제3류 위험물 중 자연발화성 물질(황린 포함)
  - 제2류 위험물 중 인화성 고체 + 제4류 위험물
- 위험물의 유별 구분

종류	과산화나트륨	유기과산화물	염소산나트륨	황린
유별	제1류 위험물 (알칼리금속의 과산화물)	제5류 위험물	제1류 위험물	제3류 위험물
종류	다이에틸에터	고형알코올	무수크로뮴산	질산
유별	제4류 위험물	제2류 위험물 (인화성 고체)	제1류 위험물	제6류 위험물

40 다음 중 소화약제의 종류에 관한 설명으로 틀린 것은?

① 제2종 분말소화약제는 B급, C급 화재에 적응성이 있다.
② 제3종 분말소화약제는 A급, B급, C급 화재에 적응성이 있다.
③ 이산화탄소소화약제의 주된 소화효과는 질식효과이며 B급, C급 화재에 주로 사용한다.
④ 합성계면활성제포 소화약제는 고 팽창포로 사용하는 경우 사정거리가 길어 고압가스, 액화가스, 석유탱크 등의 대규모 화재에 사용한다.

해설

소화효과

소화약제	이산화탄소	제1종 분말	제2종 분말	제3종 분말
소화효과	B급, C급	B급, C급	B급, C급	A급, B급, C급

41 지정수량이 나머지 셋과 다른 위험물은?

① 브로민산칼륨　② 질산나트륨　③ 과염소산칼륨　④ 아이오딘산칼륨

해설

제1류 위험물의 지정수량

명 칭	브로민산칼륨	질산나트륨	과염소산칼륨	아이오딘산칼륨
화학식	$KBrO_3$	$NaNO_3$	$KClO_4$	KIO_3
품 명	브로민산염류	질산염류	과염소산염류	아이오딘산염류
지정수량	300[kg]	300[kg]	50[kg]	300[kg]

42 분무도장작업 등을 하기 위한 일반취급소를 안전거리 및 보유공지에 관한 규정을 적용하지 않고 건축물 내의 구획실 단위로 설치하는 데 필요한 요건으로 틀린 것은?

① 취급하는 위험물의 수량은 지정수량의 30배 미만일 것
② 건축물 중 일반취급소의 용도로 사용하는 부분은 벽·기둥·바닥·보 및 지붕(상층이 있는 경우에는 상층의 바닥)을 내화구조로 할 것
③ 도장, 인쇄 또는 도포를 위하여 제2류 또는 제4류 위험물(특수인화물은 제외)을 취급하는 것일 것
④ 건축물 중 일반취급소의 용도로 사용하는 부분의 출입구에 60분+ 방화문·60분 방화문 또는 30분 방화문을 설치할 것

해설

분무도장작업 등의 일반취급소의 특례

- 도장, 인쇄 또는 도포를 위하여 제2류 위험물 또는 제4류 위험물(특수인화물은 제외)을 취급하는 일반취급소로서 지정수량의 30배 미만의 것(위험물을 설치하는 설비를 건축물에 설치하는 것에 한하며 이하 "분무도장작업 등의 일반취급소"라 한다)
- 건축물 중 일반취급소의 용도로 사용하는 부분에 지하층이 없을 것
- 건축물 중 일반취급소의 용도로 사용하는 부분은 벽·기둥·바닥·보 및 지붕(상층이 있는 경우에는 상층의 바닥)을 내화구조로 할 것
- 건축물 중 일반취급소의 용도로 사용하는 부분의 출입구에 **60분+ 방화문·60분 방화문**을 설치하되 연소의 우려가 있는 외벽 및 해당 부분 외의 격벽에 있는 출입구에는 수시로 열 수 있는 자동폐쇄식의 것으로 할 것

43 황화인에 대한 설명 중 틀린 것은?

① 삼황화인은 과산화물, 금속분 등과 접촉하면 발화의 위험성이 높아진다.
② 삼황화인이 연소하면 SO_2와 P_2O_5가 발생한다.
③ 오황화인이 물과 반응하면 황화수소가 발생한다.
④ 오황화인은 알칼리와 반응하여 이산화황과 인산이 된다.

해설

오황화인은 물 또는 알칼리에 분해하여 황화수소(H_2S)와 인산(H_3PO_4)이 된다.

$$P_2S_5 + 8H_2O \rightarrow 5H_2S + 2H_3PO_4$$

44 위험물안전관리법령상 "고인화점 위험물"이란?

① 인화점이 100[℃] 이상인 제4류 위험물
② 인화점이 130[℃] 이상인 제4류 위험물
③ 인화점이 100[℃] 이상인 제4류 위험물 또는 제3류 위험물
④ 인화점이 100[℃] 이상인 위험물

해설
고인화점 위험물 : 인화점이 100[℃] 이상인 제4류 위험물

45 칼륨을 저장하는 위험물 옥내저장소에 화재예방을 위한 조치가 아닌 것은?

① 작은 용기에 소분하여 저장한다.
② 석유 등의 보호액 속에 저장한다.
③ 화재 시에 다량의 물로 소화하도록 소화수조를 설치한다.
④ 용기의 파손이나 부식에 주의하고 안전점검을 철저히 한다.

해설
칼륨은 물과 반응하면 가연성 가스인 수소를 발생한다.

$$2K + 2H_2O \rightarrow 2KOH + H_2 \uparrow$$

46 C_6H_6와 $C_6H_5CH_3$의 공통적인 특징을 설명한 것으로 틀린 것은?

① 무색의 투명한 액체로 냄새가 있다.
② 물에는 잘 녹지 않으나 에터에는 잘 녹는다.
③ 증기는 마취성과 독성이 있다.
④ 겨울에 대기 중의 찬 곳에서 고체가 된다.

해설
벤젠(C_6H_6)은 융점이 7.0[℃]이므로 겨울철에는 응고되고, 톨루엔($C_6H_5CH_3$)은 응고되지 않는다.

정답 44 ① 45 ③ 46 ④

47 알코올류의 성상, 위험성, 저장 및 취급에 대한 설명으로 틀린 것은?
① 농도가 높아질수록 인화점이 낮아져 위험성이 증대된다.
② 알칼리금속과 반응하면 인화성이 강한 수소를 발생한다.
③ 위험물안전관리법령상 1분자를 구성하는 탄소원자의 수가 1개 내지 3개의 포화 1가 알코올의 함유량이 60부피 퍼센트 미만인 수용액은 알코올류에서 제외한다.
④ 위험물안전관리법령상 "알코올류"라 함은 1분자를 구성하는 탄소원자의 수가 1개부터 3개까지인 포화 1가 알코올(변성알코올을 포함한다)을 말한다.

해설
알코올류
- 1분자를 구성하는 탄소원자의 수가 1개부터 3개까지인 포화 1가 알코올(변성알코올을 포함)
- **알코올류 제외 대상**
  - 1분자를 구성하는 탄소원자의 수가 1개 내지 3개의 포화 1가 알코올의 함유량이 60[wt%] 미만인 수용액
  - 가연성 액체량이 60[wt%] 미만이고, 인화점 및 연소점(태그개방식 인화점측정기에 의한 연소점을 말한다)이 에틸알코올 60[wt%] 수용액의 인화점 및 연소점을 초과하는 것

48 다음 위험물 중에서 물과 반응하여 가연성 가스를 발생하지 않는 것은?
① 칼륨   ② 황린
③ 나트륨 ④ 알킬리튬

해설
황린은 물속에 저장하며, 칼륨, 나트륨은 물과 반응하면 수소가스를 발생하고, 알킬리튬은 물과 반응하면 메테인, 에테인, 뷰테인을 발생한다.

49 아세톤에 대한 설명으로 틀린 것은?
① 보관 중 분해하여 청색으로 변한다.
② 아이오도폼 반응을 일으킨다.
③ 아세틸렌의 저장에 이용된다.
④ 연소범위는 약 2.5~12.8[%]이다.

해설
아세톤은 일광에 쬐이면 분해하여 과산화물이 생성되며 보관 중 황색으로 변한다.

50 위험물안전관리법령상 경보설비의 설치대상에 해당되지 않는 것은?

① 지정수량의 5배를 저장 또는 취급하는 판매취급소
② 옥내주유취급소
③ 연면적 500[m²]인 제조소
④ 처마높이가 6[m]인 단층건물의 옥내저장소

해설
경보설비 설치대상
- 자동화재탐지설비 설치대상
  - 옥내주유취급소
  - 연면적 500[m²]인 제조소
  - 처마높이가 6[m]인 단층건물의 옥내저장소
- 지정수량의 배수가 10배 이상이면 경보설비를 설치해야 한다.

51 위험물 이동탱크저장소에 설치하는 자동차용소화기의 설치 기준으로 틀린 것은?

① 무상의 강화액 8[L] 이상
② 이산화탄소 3.2[kg] 이상
③ 소화분말 2.2[kg] 이상
④ CF_2ClBr 2[L] 이상

해설
소화난이도 등급Ⅲ의 제조소 등에 설치해야 하는 소화설비

제조소 등의 구분	소화설비	설치 기준	
지하탱크 저장소	소형수동식소화기 등	능력단위의 수치가 3 이상	2개 이상
이동탱크 저장소	자동차용소화기	무상의 강화액 8[L] 이상	2개 이상
		이산화탄소 3.2[kg] 이상	
		브로모클로로다이플루오로메테인(CF_2ClBr) 2[L] 이상	
		브로모트라이플루오로메테인(CF_3Br) 2[L] 이상	
		다이브로모테트라플루오로에테인($C_2F_4Br_2$) 1[L] 이상	
		소화분말 3.3[kg] 이상	
	마른모래 및 팽창질석 또는 팽창진주암	마른모래 150[L] 이상	
		팽창질석 또는 팽창진주암 640[L] 이상	

[비고] 알킬알루미늄 등을 저장 또는 취급하는 이동탱크저장소에 있어서는 자동차용소화기를 설치하는 외에 마른모래나 팽창질석 또는 팽창진주암을 추가로 설치해야 한다.

52 제2류 위험물의 화재 시 소화방법으로 틀린 것은?

① 황은 다량의 물로 냉각소화가 적당하다.
② 알루미늄분은 건조사로 질식소화가 효과적이다.
③ 마그네슘은 이산화탄소에 의한 소화가 가능하다.
④ 인화성 고체는 이산화탄소에 의한 소화가 가능하다.

해설
마그네슘은 이산화탄소와 반응하면 일산화탄소(CO)가 발생하므로 적합하지 않다.

$$Mg + CO_2 \rightarrow MgO + CO$$

53 위험물을 장거리 운송 시에는 2명 이상의 운전자가 필요하다. 이 경우 장거리에 해당하는 것은?

① 자동차 전용도로 - 80[km] 이상
② 지방도 - 100[km] 이상
③ 일반국도 - 150[km] 이상
④ 고속국도 - 340[km] 이상

해설
2명 이상의 운전자가 필요한 경우
- 고속국도 : 340[km] 이상
- 그 밖의 도로 : 200[km] 이상

54 메테인 75[vol%], 프로페인 25[vol%]인 혼합기체의 연소하한계는 몇 [vol%]인가?(단, 연소범위는 메테인 5~15[vol%], 프로페인 2.1~9.5[vol%]이다)

① 2.72 ② 3.72 ③ 4.63 ④ 5.63

해설
혼합기체의 폭발한계

$$L_m = \frac{100}{\frac{V_1}{L_1}+\frac{V_2}{L_2}+\frac{V_3}{L_3}+\cdots}$$

여기서, L_m : 혼합가스의 폭발한계(하한값, 상한값의 [vol%])
 $V_1, V_2, V_3, \cdots$: 가연성 가스의 용량[vol%]
 $L_1, L_2, L_3, \cdots$: 가연성 가스의 하한값 또는 상한값[vol%]

$$\therefore L_m(\text{하한값}) = \frac{100}{\frac{V_1}{L_1}+\frac{V_2}{L_2}} = \frac{100}{\frac{75}{5}+\frac{25}{2.1}} = 3.72 \, [\text{vol\%}]$$

55 어떤 작업을 수행하는 데 작업소요시간이 빠른 경우 5시간, 보통이면 8시간, 늦으면 12시간 걸린다고 예측되었다면 3점 견적법에 의한 기대시간치와 분산을 계산하면 약 얼마인가?

① $t_e = 8.0$, $\sigma^2 = 1.17$
② $t_e = 8.2$, $\sigma^2 = 1.36$
③ $t_e = 8.3$, $\sigma^2 = 1.17$
④ $t_e = 8.3$, $\sigma^2 = 1.36$

해설

활동시간의 추정

- 기대시간치

$$\text{기대시간치}(t_e) = \frac{t_o + 4t_m + t_p}{6}$$

여기서, t_o : 낙관시간치 t_m : 정상시간치 t_p : 비관시간치

- 낙관시간치(t_o) : 평상상태보다 잘 진행될 때 그 활동을 완성하는 데 필요한 최소시간
- 정상시간치(t_m) : 활동을 완성하는 데 필요기간 중의 최량추정시간
- 비관시간치(t_p) : 천재지변이나 화재 등 예측하지 못했던 사고는 별도로 하고 원하는 대로 되지 않았을 경우 활동을 완성시키는 데 소요되는 최장시간

$\therefore$ 기대시간치(t_e) $= \dfrac{t_o + 4t_m + t_p}{6} = \dfrac{5 + (4 \times 8) + 12}{6} = 8.17 \fallingdotseq 8.2$

- 분산

$$\text{분산}(\sigma^2) = \left(\frac{t_p - t_o}{6}\right)^2$$

$\therefore$ 분산(σ^2) $= \left(\dfrac{t_p - t_o}{6}\right)^2 = \left(\dfrac{12 - 5}{6}\right)^2 = 1.36$

56 정규분포에 관한 설명 중 틀린 것은?

① 일반적으로 평균치가 중앙값보다 크다.
② 평균을 중심으로 좌우대칭의 분포이다.
③ 대체로 표준편차가 클수록 산포가 나쁘다고 본다.
④ 평균치가 0이고 표준편차가 1인 정규분포를 표준정규분포라 한다.

해설
정규분포에서 중앙값이 평균치보다 크다.

57 일반적으로 품질코스트 가운데 가장 큰 비율을 차지하는 코스트는?

① 평가코스트   ② 실패코스트   ③ 예방코스트   ④ 검사코스트

해설
실패코스트 : 품질코스트 가운데 가장 큰 비율을 차지하는 코스트(제품불량, 불량으로 인한 손실비용)

58 다음 중 계량값 관리도에 해당되는 것은?

① c관리도 ② u관리도
③ R관리도 ④ nP관리도

해설
R관리도 : 계량값 관리도

59 작업측정의 목적 중 틀린 것은?

① 작업개선 ② 표준시간 설정
③ 과업관리 ④ 요소작업 분할

해설
작업측정의 목적
- 작업개선
- 표준시간 설정
- 과업관리

60 계수 규준형 샘플링 검사의 OC곡선에서 좋은 로트를 합격시키는 확률을 뜻하는 것은?(단, α는 제1종 과오, β는 제2종 과오이다)

① α ② β
③ $1 - \alpha$ ④ $1 - \beta$

해설
확률
- 제1종 과오(생산자위험확률) : 실제는 진실인데 거짓으로 판단되는 과오(시료가 불량하기 때문에 그 로트가 불합격되는 확률)로서 α로 표시한다.
- 제2종 과오(소비자위험확률) : 실제는 거짓인데 진실로 판단되는 과오(불합격되어야 할 로트가 합격되는 확률)로서 β로 표시한다.
- ∴ 좋은 Lot가 합격되는 확률은 전체에서 불합격되어야 할 Lot가 불합격된 확률(α)을 뺀 나머지 부분이 된다.

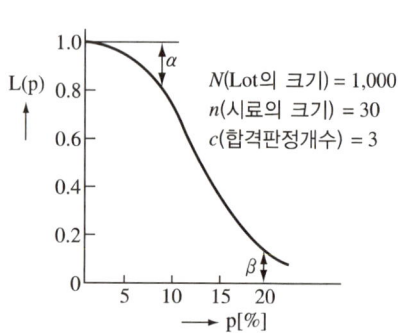

2016년 7월 10일 시행
과년도 기출문제

01 폼산(Formic Acid)에 대한 설명으로 틀린 것은?
① 화학식은 CH_3COOH이다.
② 비중은 약 1.2로 물보다 무겁다.
③ 개미산이라고도 한다.
④ 융점은 약 8.5[℃]이다.

해설

의산(Formic Acid, 개미산, 폼산)

화학식	비 중	증기비중	융 점	인화점	착화점
HCOOH	1.2	1.59	8.5[℃]	55[℃]	540[℃]

※ CH_3COOH : 초산(Acetic Acid)

02 제조소에서 위험물을 취급하는 건축물 그 밖의 시설 주위에는 그 취급하는 위험물의 최대수량에 따라 보유해야 할 공지가 필요하다. 위험물이 지정수량의 10배인 경우 공지의 너비는 몇 [m]로 해야 하는가?
① 3[m]   ② 4[m]   ③ 5[m]   ④ 10[m]

해설

제조소의 보유공지

취급하는 위험물의 최대수량	공지의 너비
지정수량의 10배 이하	3[m] 이상
지정수량의 10배 초과	5[m] 이상

03 위험물안전관리법령상 주유취급소에 캐노피를 설치하려고 할 때의 기준에 해당되지 않는 것은?
① 배관이 캐노피 내부를 통과할 경우에는 1개 이상의 점검구를 설치할 것
② 캐노피 외부의 배관으로서 점검이 곤란한 장소에는 용접이음으로 할 것
③ 캐노피의 면적은 주유취급 바닥면적의 1/2 이하로 할 것
④ 캐노피 외부의 배관이 일광열의 영향을 받을 우려가 있는 경우에는 단열재로 피복할 것

해설

캐노피의 설치 기준
• 배관이 캐노피 내부를 통과할 경우에는 1개 이상의 점검구를 설치할 것
• 캐노피 외부의 점검이 곤란한 장소에 배관을 설치하는 경우에는 용접이음으로 할 것
• 캐노피 외부의 배관이 일광열의 영향을 받을 우려가 있는 경우에는 단열재로 피복할 것

04 제3류 위험물에 대한 설명으로 옳지 않은 것은?

① 탄화알루미늄과 물과 반응하여 메테인 가스를 발생한다.
② 칼륨은 물과 반응하여 발열반응을 일으키며, 수소가스를 발생한다.
③ 황린이 공기 중에서 자연발화하여 오황화인이 발생된다.
④ 탄화칼슘이 물과 반응하여 발생하는 가스의 연소범위는 약 2.5~81[%]이다.

해설
제3류 위험물
- 탄화알루미늄 $Al_4C_3 + 12H_2O \rightarrow 4Al(OH)_3 + 3CH_4$(메테인)
- 칼 륨 $2K + 2H_2O \rightarrow 2KOH + H_2$(수소)
- 황 린 $P_4 + 5O_2 \rightarrow 2P_2O_5$(오산화인)
- 탄화칼슘 $CaC_2 + 2H_2O \rightarrow Ca(OH)_2 + C_2H_2$(아세틸렌)

05 위험물안전관리법령상 벤조일퍼옥사이드의 화재에 적응성 있는 소화설비는?

① 분말소화설비
② 불활성가스소화설비
③ 할로젠화합물소화설비
④ 포소화설비

해설
과산화벤조일(BPO ; Benzoyl Peroxide, 벤조일퍼옥사이드)
- 물 성

화학식	비중	융점	착화점
$(C_6H_5CO)_2O_2$	1.33	105[℃]	80[℃]

- 무색, 무취의 백색 결정으로 강산화성 물질이다.
- 물에 녹지 않고, 알코올에는 약간 녹는다.
- 프탈산다이메틸(DMP), 프탈산다이부틸(DBP)의 희석제를 사용한다.
- 발화되면 연소속도가 빠르고 건조 상태에서는 위험하다.
- 상온에서 안정하나 마찰, 충격으로 폭발의 위험이 있다.
- 소화방법은 수계소화설비(포소화설비)가 적합하다.

06 위험성 평가기법을 정량적 평가기법과 정성적 평가기법으로 구분할 때 다음 중 그 성격이 다른 하나는?

① HAZOP ② FTA ③ ETA ④ CCA

> **해설**
> **공정 위험성 평가방법**
> • 정성적 위험성 평가(Hazard Identification Methods)
>   – 체크리스트(Check List)
>   – 안전성 검토(Safety Review)
>   – 작업자 실수 분석(Human Error Analysis, HEA)
>   – 예비위험 분석(Preliminary Hazard Analysis, PHA)
>   – **위험과 운전 분석(Hazard & Operability Studies, HAZOP)**
>   – 이상영향 분석(Failure Mode Effects & Criticality Analysis, FMECA)
>   – 상대위험순위 결정(Dow and MondIndices)
>   – 사고예상질문 분석(What-If)
> • 정량적 위험성 평가(Hazard Assessment Methods)
>   – 결함수 분석(Fault Tree Analysis, **FTA**)
>   – 사건수 분석(Event Tree Analysis, **ETA**)
>   – 원인-결과 분석(Cause-Consequence Analysis, **CCA**)

07 위험물안전관리법령상 옥내저장소에서 글리세린을 수납하는 용기만을 겹쳐 쌓는 경우에 높이는 얼마를 초과할 수 없는가?

① 3[m] ② 4[m] ③ 5[m] ④ 6[m]

> **해설**
> **옥내저장소에 저장 시 높이**(다음 높이를 초과하지 말 것)
> • 기계에 의하여 하역하는 구조로 된 용기만을 겹쳐 쌓는 경우 : 6[m]
> • 제4류 위험물 중 **제3석유류(글리세린)**, 제4석유류, 동식물유류를 수납하는 용기만을 겹쳐 쌓는 경우 : **4[m]**
> • 그 밖의 경우(특수인화물, 제1석유류, 제2석유류, 알코올류, 타류) : 3[m]

08 위험물안전관리법령상 제5류 위험물에 속하지 않는 것은?

① $C_3H_5(ONO_2)_3$ ② $C_6H_2(NO_2)_3OH$
③ CH_3COOOH ④ $C_3Cl_3N_3O_3$

> **해설**
> **위험물의 분류**
>
> | 종류 | $C_3H_5(ONO_2)_3$ | $C_6H_2(NO_2)_3OH$ | CH_3COOOH | $C_3Cl_3N_3O_3$ |
> | --- | --- | --- | --- | --- |
> | 명칭 | 나이트로글리세린 | 피크르산 | 과산화초산 | 트라이클로로아이소사이아누르산 |
> | 유별 | 제5류 위험물 | 제5류 위험물 | 제5류 위험물 | 제1류 위험물 |

정답 06 ① 07 ② 08 ④

09 위험물안전관리법령상 보일러 등으로 위험물을 소비하는 일반취급소를 건축물의 다른 부분과 구획하지 않고 설비 단위로 설치하는데 필요한 특례기준이 아닌 것은?(단, 건축물의 옥상에 설치하는 경우는 제외한다)

① 위험물을 취급하는 설비의 주위에 원칙적으로 너비 3[m] 이상의 공지를 보유할 것
② 일반취급소에서 취급하는 위험물의 최대수량은 지정수량의 10배 미만일 것
③ 보일러, 버너 그 밖에 이와 유사한 장치로 인화점 70[℃] 이상의 제4류 위험물을 소비하는 취급일 것
④ 일반취급소의 용도로 사용하는 부분의 바닥(설비의 주위에 있는 공지를 포함)에는 집유설비를 설치하고 바닥의 주위에 배수구를 설치할 것

해설
보일러 등으로 위험물을 소비하는 일반취급소의 특례기준
- 위험물을 취급하는 설비의 주위에 원칙적으로 너비 3[m] 이상의 공지를 보유할 것
- 일반취급소에서 취급하는 위험물의 최대수량은 지정수량의 10배 미만일 것
- 보일러, 버너 그 밖에 이와 유사한 장치로 인화점 38[℃] 이상의 제4류 위험물을 소비하는 일반취급소로서 지정수량의 30배 미만의 것
- 일반취급소의 용도로 사용하는 부분의 바닥(설비의 주위에 있는 공지를 포함)에는 집유설비를 설치하고 바닥의 주위에 배수구를 설치할 것

10 BaO_2에 대한 설명으로 옳지 않은 것은?

① 알칼리토금속의 과산화물 중 가장 불안정하다.
② 가열하면 산소를 분해 방출한다.
③ 환원제, 섬유와 혼합하면 발화의 위험이 있다.
④ 지정수량이 50[kg]이고, 묽은 산에 녹는다.

해설
과산화바륨(BaO_2)
- 알칼리토금속의 과산화물 중 가장 안정하다.
- 고온에서 가열하면 산화바륨과 산소로 분해된다.

$$2BaO_2 \rightarrow 2BaO + O_2$$

- 환원제(제2류 위험물), 섬유와 혼합하면 발화의 위험이 있다.
- 지정수량이 50[kg]이고, 묽은 산에 녹는다.

11 백색 또는 담황색 고체로 수산화칼륨 용액과 반응하여 포스핀가스를 생성하는 것은?

① 황 린
② 트라이에틸알루미늄
③ 적 린
④ 황

해설
황 린
- 성상 : 백색 또는 담황색 고체
- 강알칼리(KOH, 수산화칼륨) 용액과 반응하면 유독성의 포스핀(PH_3)가스를 발생한다.

$$P_4 + 3KOH + 3H_2O \rightarrow PH_3 + 3KH_2PO_2(차아인산칼륨)$$

12 위험물안전관리법령상 위험물제조소 등에 설치하는 소화설비 중 옥내소화전설비에 관한 기순으로 틀린 것은?

① 옥내소화전의 배관은 소화전 설비의 성능에 지장을 주지 않는다면 전용으로 설치하지 않아도 되고 주배관 중 입상관은 직경이 50[mm] 이상이어야 한다.
② 설비의 비상전원은 자가발전설비 또는 축전지설비로 설치하되 용량은 옥내소화전설비를 45분 이상 유효하게 작동시키는 것이 가능한 것이어야 한다.
③ 비상전원으로 사용하는 큐비클식 외의 자가발전설비는 자가발전장치의 주위에 0.6[m] 이상의 공지를 보유해야 한다.
④ 비상전원으로 사용하는 축전지설비 중 큐비클식 외의 축전지설비를 동일실에 2개 이상 설치하는 경우에는 0.5[m] 이상 거리를 두어야 한다.

해설
옥내소화전설비의 설치 기준
- 배관은 소화전 설비의 성능에 지장을 주지 않는다면 전용으로 설치하지 않아도 되고, 주배관 중 입상관은 관의 직경이 50[mm] 이상인 것으로 할 것
- 비상전원은 자가발전설비 또는 축전지설비로 설치하되 용량은 옥내소화전설비를 45분 이상 유효하게 작동시키는 것이 가능한 것이어야 한다.
- 비상전원으로 사용하는 큐비클식 외의 자가발전설비는 자가발전장치의 주위에 0.6[m] 이상의 공지를 보유해야 한다.
- 비상전원으로 사용하는 축전지설비 중 큐비클식 외의 축전지설비를 동일실에 2 이상 설치하는 경우에는 축전지설비의 **상호 간격은 0.6[m]**(높이가 1.6[m] 이상인 선반 등을 설치한 경우에는 1[m]) 이상 이격할 것

13 위험물의 운반기준에 대한 설명 중 틀린 것은?

① 위험물을 수납한 용기가 현저하게 마찰 또는 충격을 일으키지 않도록 한다.
② 지정수량 이상의 위험물을 차량으로 운반할 때에는 한 변의 길이가 0.3[m] 이상, 다른 한 변은 0.6[m] 이상인 직사각형 표지판을 설치해야 한다.
③ 위험물의 운반 도중 재난발생의 우려가 있는 경우에는 응급조치를 강구하는 동시에 가까운 소방관서 그 밖의 관계기관에 통보해야 한다.
④ 지정수량 이하의 위험물을 차량으로 운반하는 경우 적응성이 있는 소형소화기를 위험물의 소요단위에 상응하는 능력단위 이상으로 비치해야 한다.

해설
지정수량 이상의 위험물을 차량으로 운반하는 경우 적응성이 있는 소형수동식소화기를 위험물의 소요단위에 상응하는 능력단위 이상으로 비치해야 한다.

14 위험물안전관리법령상 NH_2OH의 지정수량을 옳게 나타낸 것은?

① 10[kg]   ② 50[kg]   ③ 100[kg]   ④ 200[kg]

해설
하이드록실아민(NH_2OH)의 지정수량은 100[kg]이다.

15 트라이클로로실레인(Trichlorosilane)의 위험성에 대한 설명으로 옳지 않은 것은?

① 산화성 물질과 접촉하면 폭발적으로 반응한다.
② 물과 심하게 반응하여 부식성의 염산을 생성한다.
③ 연소범위가 넓고 인화점이 낮아 위험성이 높다.
④ 증기비중이 공기보다 작으므로 높은 곳에 체류해 폭발 가능성이 높다.

해설
트라이클로로실레인($SiHCl_3$)의 특성
• 물 성

화학식	인화점	액체비중	증기비중	비 점	융 점	연소범위
$HSiCl_3$	−28[℃]	1.34	4.67	31.8[℃]	−127[℃]	1.2~90.5[%]

• 차아염소산, 냄새가 나는 휘발성, 발연성, 자극성, 가연성의 무색 액체이다.
• **물보다 무겁고 물과 접촉 시 분해하며, 공기 중 쉽게 증발한다.**
• **벤젠, 에터, 클로로폼, 사염화탄소에 녹는다.**
• 점화원에 의해 일시에 번지며, 심한 백색연기를 발생한다.
• 알코올, 유기화합물, 과산화물, 아민, 강산화제와 심하게 반응하며, 경우에 따라 혼촉발화하는 것도 있다.
• **물과 심하게 반응하여 부식성, 자극성의 염산을 생성**한다.
• 산화성 물질과 접촉하면 폭발적으로 반응하며 아세톤, 알코올과 반응한다.
• 증기비중이 공기보다 4.67배(증기비중 = 135.5/29 = 4.67)가 크다.

16 위험물 제조소 옥외에 있는 위험물 취급탱크 용량이 100,000[L]인 곳의 방유제 용량은 몇 [L] 이상이어야 하는가?

① 50,000
② 90,000
③ 100,000
④ 110,000

> **해설**
> **제조소의 위험물 취급탱크 용량**
> • 위험물제조소의 **옥외에 있는 위험물 취급탱크의 방유제의 용량**
>   – 1기일 때 : 탱크용량×0.5(50[%]) 이상
>   – 2기 이상일 때 : 최대 탱크용량×0.5 + (나머지 탱크용량 합계×0.1) 이상
> • 위험물제조소의 옥내에 있는 위험물 취급탱크의 방유턱의 용량
>   – 1기일 때 : 탱크용량 이상
>   – 2기 이상일 때 : 최대 탱크용량 이상
> ∴ 방유제의 용량 = 100,000[L]×0.5 = 50,000[L]

17 모두 액체인 위험물로만 나열된 것은?

① 제3석유류, 특수인화물, 과염소산염류, 과염소산
② 과염소산, 과아이오딘산, 질산, 과산화수소
③ 동식물유류, 과산화수소, 과염소산, 질산
④ 염소화아이소사이아누르산, 특수인화물, 과염소산, 질산

> **해설**
> **위험물의 상태**
>
> | 종류 | 제3석유류 | 특수인화물 | 과염소산염류 | 과염소산 | 과아이오딘산 |
> |---|---|---|---|---|---|
> | 상태 | 액체 | 액체 | 고체 | 액체 | 고체 |
> | 종류 | 질산 | 과산화수소 | 동식물유류 | 염소화아이소사이아누르산 | |
> | 상태 | 액체 | 액체 | 액체 | 고체 | |

18 위험물안전관리법령상 인화성 고체는 1기압에서 인화점이 몇 [℃]인 고체를 말하는가?

① 20[℃] 미만
② 30[℃] 미만
③ 40[℃] 미만
④ 50[℃] 미만

> **해설**
> **인화성고체** : **고형알코올** 그 밖에 1기압에서 **인화점이 40[℃] 미만**인 고체

정답 16 ① 17 ③ 18 ③

19 프로페인-공기의 혼합기체가 양론비로 반응하여 완전연소된다고 할 때 혼합기체 중 프로페인의 비율은 약 몇 [vol%]인가?(단, 공기 중 산소는 20[vol%]이다)

① 23.8　　　② 16.7　　　③ 4.03　　　④ 3.12

> **해설**
> 프로페인의 연소반응식
> $C_3H_8 + 5O_2 \rightarrow 3CO_2 + 4H_2O$
> 1[L]　　5/0.21[L]
> ∴ 프로페인의 비율 = $\dfrac{1}{1+(5/0.21)} \times 100 = 4.03[\%]$

20 금속칼륨 10[g]을 물에 녹였을 때 이론적으로 발생하는 기체는 약 몇 [g]인가?

① 0.12[g]　　② 0.26[g]　　③ 0.32[g]　　④ 0.52[g]

> **해설**
> 칼륨과 물의 반응
> $2K + 2H_2O \rightarrow 2KOH + H_2\uparrow$
> 2×39[g]　　　　2[g]
> 10[g]　　　　　　x
> ∴ $x = \dfrac{10[g] \times 2[g]}{2 \times 39[g]} = 0.256[g]$

21 인화성 액체 위험물(CS_2는 제외)을 저장하는 옥외탱크저장소에서 방유제의 용량에 대해 다음 (　) 안에 알맞은 수치를 차례대로 나열한 것은?

> 방유제의 용량을 방유제 안에 설치된 탱크가 하나인 때에는 그 탱크 용량의 (　)[%] 이상, 2기 이상인 때에는 그 탱크 중 용량이 최대인 것의 용량의 (　)[%] 이상으로 할 것. 이 경우 방유제의 용량을 해당 방유제의 내용적에서 용량이 최대인 탱크 외의 탱크의 방유제 높이 이하 부분의 용적, 해당 방유제 내에 있는 모든 탱크의 지반면 이상 부분의 기초의 체적, 간막이 둑의 체적 및 해당 방유제 내에 있는 배관 등의 체적을 뺀 것으로 한다.

① 100, 100　　② 100, 110　　③ 110, 100　　④ 110, 110

> **해설**
> 위험물옥외탱크저장소의 방유제의 용량
> • 탱크 1기일 때 : 탱크용량 × 1.1(110[%])(비인화성 물질 × 100[%]) 이상
> • 탱크 2기 이상일 때 : 최대 탱크용량 × 1.1(110[%])(비인화성 물질 × 100[%]) 이상

22 트라이에틸알루미늄이 물과 반응하였을 때 생성되는 물질은?

① Al(OH)$_3$, C$_2$H$_2$
② Al(OH)$_3$, C$_2$H$_6$
③ Al$_2$O$_3$, C$_2$H$_2$
④ Al$_2$O$_3$, C$_2$H$_6$

> **해설**
> **트라이에틸알루미늄[(C$_2$H$_5$)$_3$Al]의 반응**
>
> - 공기와 반응
> $2(C_2H_5)_3Al + 21O_2 \rightarrow Al_2O_3 + 15H_2O + 12CO_2 \uparrow$
> - 물과 반응
> $(C_2H_5)_3Al + 3H_2O \rightarrow Al(OH)_3 + 3C_2H_6 \uparrow$
>   (수산화알루미늄) (에테인)

23 0[℃], 0.5기압에서 질산 1[mol]은 몇 [g]인가?

① 31.5[g]　② 63[g]　③ 126[g]　④ 252[g]

> **해설**
> 질산 1[mol] = 63[g]

24 완공검사의 신청시기에 대한 설명으로 옳은 것은?

① 이동탱크저장소는 이동저장탱크의 제작 전에 신청한다.
② 이송취급소에서 지하에 매설하는 이송배관 공사의 경우는 전체의 이송배관 공사를 완료한 후에 신청한다.
③ 지하탱크가 있는 제조소 등은 해당 지하탱크를 매설한 후에 신청한다.
④ 이송취급소에서 하천에 매설하는 이송배관의 공사의 경우에는 이송배관을 매설하기 전에 신청한다.

> **해설**
> **제조소 등의 완공검사 신청시기(시행규칙 제20조)**
> ① 지하탱크가 있는 제조소 등의 경우 : 해당 지하탱크를 매설하기 전
> ② 이동탱크저장소의 경우 : 이동저장탱크를 완공하고 상시설치장소(상치장소)를 확보한 후
> ③ 이송취급소의 경우 : **이송배관 공사의 전체 또는 일부를 완료한 후**. 다만, **지하·하천 등에 매설하는 이송배관의 공사의 경우에는 이송배관을 매설하기 전**
> ④ 전체 공사가 완료된 후 완공검사를 실시하기 곤란한 경우 : 다음에서 정하는 시기
>   ㉠ 위험물설비 또는 배관의 설치가 완료되어 기밀시험 또는 내압시험을 실시하는 시기
>   ㉡ 배관을 지하에 설치하는 경우에는 시·도지사, 소방서장 또는 기술원이 지정하는 부분을 매몰하기 직전
>   ㉢ 기술원이 지정하는 부분의 비파괴시험을 실시하는 시기
> ⑤ ① 내지 ④에 해당하지 않는 제조소 등의 경우 : 제조소 등의 공사를 완료한 후

정답 22 ② 23 ② 24 ④

25 다음 중 세기성질(Intensive Property)이 아닌 것은?

① 녹는점　② 밀도　③ 인화점　④ 부피

해설
세기성질은 어떤 물질의 양에 관계없이 일정한 성질로서 특성 온도, 압력, 녹는점, 밀도, 인화점을 말한다.

26 위험물안전관리법령상 옥외탱크저장소에 설치하는 높이가 1[m]를 넘는 방유제 및 간막이 둑의 안팎에 설치하는 계단 또는 경사로는 약 몇 [m]마다 설치해야 하는가?

① 20[m]　② 30[m]　③ 40[m]　④ 50[m]

해설
옥외탱크저장소의 계단 및 경사로의 설치는 50[m]마다 해야 한다.

27 고분자 중합제품, 합성고무, 포장재 등에 사용되는 제2석유류로서 가열, 햇빛, 유기과산화물에 의해 쉽게 중합반응하여 점도가 높아져 수지상으로 변화하는 것은?

① 하이드라진　② 스타이렌　③ 아세트산　④ 모노부틸아민

해설
스타이렌(Styrene)
- 독특한 냄새의 무색 액체이다.
- 제2석유류(비수용성)로서 지정수량은 1,000[L]이다.
- 가열, 햇빛, 유기과산화물에 의해 쉽게 중합반응하여 점도가 높아져 수지상으로 변화한다.
- 고분자 중합제품, 합성고무, 포장재 등에 사용된다.

28 식용유 화재 시 비누화(Saponification)현상(반응)을 통해 소화할 수 있는 분말소화약제는?

① 제1종 분말소화약제
② 제2종 분말소화약제
③ 제3종 분말소화약제
④ 제4종 분말소화약제

해설
제1종 분말소화약제 : 비누화현상

> 비누화현상 : 알칼리를 작용하면 가수분해되어 그 성분의 산의 염과 알코올이 생성되는 현상

29 다음 중 제2류 위험물의 일반적인 성질로 가장 거리가 먼 것은?

① 연소 시 유독성 가스를 발생한다.
② 연소속도가 빠르다.
③ 불이 붙기 쉬운 가연성 물질이다.
④ 산소를 함유하고 있지 않은 강한 산화성 물질이다.

해설
제2류 위험물의 성질
- 가연성 고체로서 비교적 낮은 온도에서 착화하기 쉬운 가연성 물질이다.
- 비중은 1보다 크고 **물에 녹지 않으며**, 산소를 함유하지 않기 때문에 강력한 환원성 물질이다.
- 산소와 결합이 용이하여 산화되기 쉽고 연소속도가 빠르다.
- 연소 시 연소열이 크고 연소온도가 높다.

30 유별을 달리하는 위험물의 혼재기준에서 1개 이하의 다른 유별의 위험물만 혼재가 가능한 것은?(단, 지정수량의 1/10을 초과하는 경우이다)

① 제2류   ② 제3류   ③ 제4류   ④ 제5류

해설

운반 시 유별을 달리하는 위험물의 혼재기준(시행규칙 별표 19 관련)

위험물의 구분	제1류	제2류	제3류	제4류	제5류	제6류
제1류		×	×	×	×	○
제2류	×		×	○	○	×
제3류	×	×		○	×	×
제4류	×	○	○		○	×
제5류	×	○	×	○		×
제6류	○	×	×	×	×	

[비고] 1. "×" 표시는 혼재할 수 없음을 표시한다.
2. "○" 표시는 혼재할 수 있음을 표시한다.
3. 이 표는 지정수량의 $\frac{1}{10}$ 이하의 위험물에 대하여는 적용하지 않는다.

31 위험물안전관리법령상 제2석유류가 아닌 것은?

① 가연성 액체량이 40[wt%]이면서 인화점이 39[℃], 연소점이 65[℃]인 도료
② 가연성 액체량이 50[wt%]이면서 인화점이 39[℃], 연소점이 65[℃]인 도료
③ 가연성 액체량이 40[wt%]이면서 인화점이 40[℃], 연소점이 65[℃]인 도료
④ 가연성 액체량이 50[wt%]이면서 인화점이 40[℃], 연소점이 65[℃]인 도료

해설

제외 대상
- 제2석유류 제외 : 도료류 그 밖의 물품에 있어서 가연성 액체량이 40[wt%] 이하이면서 인화점이 40[℃] 이상인 동시에 연소점이 60[℃] 이상인 것
- 제3석유류 제외 : 도료류 그 밖의 물품에 있어서 가연성 액체량이 40[wt%] 이하인 것
- 제4석유류 제외 : 도료류 그 밖의 물품에 있어서 가연성 액체량이 40[wt%] 이하인 것

32 과염소산, 질산, 과산화수소의 공통점이 아닌 것은?

① 다른 물질을 산화시킨다.　　② 강산에 속한다.
③ 산소를 함유한다.　　　　　　④ 불연성 물질이다.

해설
제6류 위험물
- 종류 : 과염소산, 질산, 과산화수소
- 성 질
  - 산소를 함유하는 **산화성 액체**이며, 무기화합물로 이루어져 형성된다.
  - **과산화수소를 제외**하고 **강산성 물질**이며, 물에 녹기 쉽다.
  - **불연성 물질**이며, 가연물·유기물 등과의 혼합으로 발화한다.

33 위험물안전관리법령상 위험물제조소 등의 자동화재탐지설비의 설치 기준으로 틀린 것은?

① 계단·경사로·승강기의 승강로 그 밖에 이와 유사한 장소에 연기감지기를 설치하는 경우에는 자동화재탐지설비의 경계구역이 2 이상의 층에 걸칠 수 있다.
② 하나의 경계구역의 면적은 600[m²](예외적인 경우에는 1,000[m²] 이하) 이하로 하고 광전식분리형 감지기를 설치할 경우에는 50[m] 이하로 해야 한다.
③ 자동화재탐지설비의 감지기는 지붕 또는 벽의 옥내에 면한 부분에 유효하게 화재의 발생을 감지할 수 있도록 설치할 것
④ 자동화재탐지설비에는 비상전원을 설치해야 한다.

해설
자동화재탐지설비의 설치 기준(시행규칙 별표 17, Ⅱ 경보설비 참조)
- 자동화재탐지설비의 경계구역(화재가 발생한 구역을 다른 구역과 구분하여 식별할 수 있는 최소단위의 구역을 말한다)은 건축물 그 밖의 공작물의 2 이상의 층에 걸치지 않도록 할 것. 다만, 하나의 경계구역의 면적이 500[m²] 이하이면서 해당 경계구역이 2개의 층에 걸치는 경우이거나 계단·경사로·승강기의 승강로 그 밖에 이와 유사한 장소에 연기감지기를 설치하는 경우에는 그렇지 않다.
- 하나의 경계구역의 면적은 **600[m²] 이하**로 하고 그 한 변의 길이는 **50[m](광전식분리형 감지기**를 설치할 경우에는 **100[m])** 이하로 할 것. 다만, 해당 건축물 그 밖의 공작물의 주요한 출입구에서 그 내부의 전체를 볼 수 있는 경우에 있어서는 그 면적을 1,000[m²] 이하로 할 수 있다.
- 자동화재탐지설비의 감지기는 지붕(상층이 있는 경우에는 상층의 바닥) 또는 벽의 옥내에 면한 부분(천장이 있는 경우에는 천장 또는 벽의 옥내에 면한 부분 및 천장의 뒷부분)에 유효하게 화재의 발생을 감지할 수 있도록 설치할 것
- 자동화재탐지설비에는 비상전원을 설치할 것

34 위험물안전관리법령상 용기에 수납하는 위험물에 따라 운반용기 외부에 표시해야 할 주의사항으로 옳지 않은 것은?

① 자연발화성 물질 – 화기엄금 및 공기접촉엄금
② 인화성 액체 – 화기엄금
③ 자기반응성 물질 – 화기엄금 및 충격주의
④ 산화성 액체 – 화기·충격주의 및 가연물접촉주의

해설
운반용기의 주의사항
- 제1류 위험물
  - 알칼리금속의 과산화물 : 화기·충격주의, 물기엄금, 가연물접촉주의
  - 그 밖의 것 : 화기·충격주의, 가연물접촉주의
- 제2류 위험물
  - 철분·금속분·마그네슘 : 화기주의, 물기엄금
  - 인화성 고체 : 화기엄금
  - 그 밖의 것 : 화기주의
- 제3류 위험물
  - **자연발화성 물질 : 화기엄금, 공기접촉엄금**
  - 금수성 물질 : 물기엄금
- 제4류 위험물(인화성 액체) : 화기엄금
- 제5류 위험물(자기반응성 물질) : 화기엄금, 충격주의
- 제6류 위험물(산화성 액체) : 가연물접촉주의

35 정전기에 대한 설명 중 가장 옳은 것은?

① 전기저항이 낮은 액체가 유동하면 정전기를 발생하며, 그 정도는 그 액체의 고유저항이 작을수록 대전하기 쉬워 정전기발생의 위험성이 높다.
② 전기저항이 높은 액체가 유동하면 정전기를 발생하며, 그 정도는 그 액체의 고유저항이 작을수록 대전하기 쉬워 정전기발생의 위험성이 높다.
③ 전기저항이 낮은 액체가 유동하면 정전기를 발생하며, 그 정도는 그 액체의 고유저항이 클수록 대전하기 쉬워 정전기발생의 위험성이 낮다.
④ 전기저항이 높은 액체가 유동하면 정전기를 발생하며, 그 정도는 그 액체의 고유저항이 클수록 대전하기 쉬워 정전기발생의 위험성이 높다.

해설
전기저항이 높은 액체가 유동하면 정전기를 발생하며, 그 정도는 그 액체의 고유저항이 클수록 대전하기 쉬워 정전기발생의 위험성이 높다.

36 위험물안전관리법령상 제3류 위험물의 종류에 따라 위험물을 수납한 용기에 부착하는 주의사항의 내용에 해당하지 않는 것은?

① 충격주의   ② 화기엄금   ③ 공기접촉엄금   ④ 물기엄금

해설
제3류 위험물 운반용기의 주의사항
- 자연발화성 물질 : 화기엄금, 공기접촉엄금
- 금수성 물질 : 물기엄금

37 전기의 부도체이고 황산이나 화약을 만드는 원료로 사용되며, 연소하면 푸른색을 내는 것은?

① 황   ② 적 린   ③ 철 분   ④ 마그네슘

해설
황(S) : 전기의 부도체이고 황산이나 화약을 만드는 원료로 사용되며, 연소하면 푸른색을 내는 제2류 위험물

38 위험물안전관리법령상 위험물의 저장·취급에 관한 공통기준에서 정한 내용으로 틀린 것은?

① 제조소 등에 있어서는 허가를 받았거나 신고한 수량 초과 또는 품명 외의 위험물을 저장·취급하지 말 것
② 위험물을 보호액 중에 보존하는 경우에는 해당 위험물이 보호액으로부터 노출되지 않도록 해야 할 것
③ 위험물을 저장·취급하는 건축물은 위험물의 수량에 따라 차광 또는 환기를 할 것
④ 위험물을 용기에 수납하는 경우에는 용기의 파손, 부식, 틈 등이 생기지 않도록 할 것

해설
위험물의 저장·취급 기준
- 제조소 등에서 허가 받은 품명 외의 위험물, 지정수량의 배수를 초과는 위험물을 저장 또는 취급하지 않아야 한다.
- 위험물을 저장 또는 취급하는 건축물 그 밖의 공작물 또는 설비는 **위험물의 성질에 따라** 차광 또는 환기를 실시해야 한다.
- 위험물은 온도계, 습도계, 압력계 그 밖의 계기를 감시하여 해당 위험물의 성질에 맞는 적정한 온도, 습도 또는 압력을 유지하도록 저장 또는 취급해야 한다.
- 위험물을 용기에 수납하여 저장 또는 취급할 때에는 그 용기는 해당 위험물의 성질에 적응하고 파손, 부식, 균열 등이 없는 것으로 해야 한다.
- 가연성의 액체·증기 또는 가스가 새거나 체류할 우려가 있는 장소 또는 가연성의 미분이 현저하게 부유할 우려가 있는 장소에서는 전선과 전기기구를 완전히 접속하고 불꽃을 발하는 기계·기구·공구·신발 등을 사용하지 않아야 한다.

정답 36 ①   37 ①   38 ③

39 위험물안전관리법령상 옥내저장소에 6개의 옥외소화전을 설치할 때 필요한 수원의 수량은?

① 28[m³] 이상 ② 39[m³] 이상 ③ 54[m³] 이상 ④ 81[m³] 이상

해설

수 원
- 옥내소화전설비의 수원 = N(최대 5개)×7.8[m³](260[L/min]×30[min])
- 옥외소화전설비의 수원 = N(최대 4개)×13.5[m³](450[L/min]×30[min])
- ∴ 수원 = 4개×13.5[m³] = 54[m³]

40 위험물안전관리법령상 소방공무원경력자가 위험물을 취급할 수 있는 위험물은?

① 법령에서 정한 모든 위험물
② 제4류 위험물을 제외한 모든 위험물
③ 제4류 위험물과 제6류 위험물
④ 제4류 위험물

해설

소방공무원 경력자
- 소방공무원 경력 1년 이상 : 3급 소방안전관리대상물에 선임 가능
- **소방공무원 경력 3년 이상(소방공무원 경력자)** : 제4류 위험물만을 취급하는 제조소 등의 위험물안전관리자로 선임 가능(2급 소방안전관리대상물에 선임 가능)
- 소방공무원 경력 5년 이상 : 소방시설관리사시험에 응시 가능
- 소방공무원 경력 7년 이상 : 1급 소방안전관리대상물에 선임 가능
- 소방공무원 경력 20년 이상 : 특급 소방안전관리대상물에 선임 가능

41 위험물안전관리법령상 위험물의 운반에 관한 기준에서 운반용기의 재질로 명시되지 않는 것은?

① 섬유판 ② 도자기 ③ 고무류 ④ 종 이

해설

운반용기의 재질
- 강 판
- 유 리
- 플라스틱
- 합성섬유
- 나 무
- 알루미늄판
- 금속판
- 섬유판
- 삼
- 양철판
- 종 이
- 고무류
- 짚

42 위험물안전관리법령상 차량에 적재하여 운반 시 차광 또는 방수덮개를 하지 않아도 되는 위험물은?

① 질산암모늄 ② 적린 ③ 황린 ④ 이황화탄소

해설
적재위험물에 따른 조치
- 차광성이 있는 것으로 피복
  - **제1류 위험물**(질산암모늄)
  - 제3류 위험물 중 **자연발화성 물질**(황린)
  - **제4류 위험물 중 특수인화물**(이황화탄소)
  - 제5류 위험물
  - 제6류 위험물
- 방수성이 있는 것으로 피복
  - 제1류 위험물 중 알칼리금속의 과산화물
  - 제2류 위험물 중 철분·금속분·마그네슘
  - 제3류 위험물 중 금수성 물질

43 제4류 위험물 중 제1석유류의 일반적인 특성이 아닌 것은?

① 증기의 연소 하한값이 비교적 낮다.
② 대부분 비중이 물보다 작다.
③ 다른 석유류보다 화재 시 보일오버나 슬롭오버 현상이 일어나기 쉽다.
④ 대부분 증기밀도가 공기보다 크다.

해설
제3석유류나 제4석유류는 보일오버나 슬롭오버 현상이 일어나기 쉽다.

44 위험물안전관리법령상 주유취급소의 주유원 간이대기실의 기준으로 적합하지 않은 것은?

① 불연재료로 할 것
② 바퀴가 부착되지 않은 고정식일 것
③ 차량의 출입 및 주유작업에 장애를 주지 않는 위치에 설치할 것
④ 주유공지 및 급유공지 외의 장소에 설치하는 것은 바닥면적이 2.5[m²] 이하일 것

해설
주유원 간이대기실의 기준
- 불연재료로 할 것
- 바퀴가 부착되지 않은 고정식일 것
- 차량의 출입 및 주유작업에 장애를 주지 않는 위치에 설치할 것
- 바닥면적이 2.5[m²] 이하일 것. 다만, 주유공지 및 급유공지 외의 장소에 설치하는 것은 그렇지 않다.

45 위험물안전관리법령상 아세트알데하이드 이동탱크저장소의 경우 이동저장탱크로부터 아세트알데하이드를 꺼낼 때는 동시에 얼마 이하의 압력으로 불활성기체를 봉입해야 하는가?

① 20[kPa] ② 24[kPa] ③ 100[kPa] ④ 200[kPa]

해설
이동저장탱크에 불활성기체 봉입 장치기준
- 이동저장탱크에 알킬알루미늄 등을 **저장하는 경우** : 20[kPa] 이하의 압력
- 이동저장탱크에 알킬알루미늄 등을 **꺼낼 때** : 200[kPa] 이하의 압력
- 이동저장탱크에 **아세트알데하이드 등을 꺼낼 때** : **100[kPa] 이하의 압력**

46 위험물안전관리법령상 옥내저장소의 저장창고 바닥면적을 1,000[m²] 이하로 해야 하는 위험물이 아닌 것은?

① 아염소산염류 ② 나트륨 ③ 금속분 ④ 과산화수소

해설
저장창고의 바닥면적
① 바닥면적 1,000[m²] 이하로 해야 하는 위험물
  ㉠ 제1류 위험물 중 **아염소산염류**, 염소산염류, 과염소산염류, 무기과산화물, 지정수량이 50[kg]인 위험물
  ㉡ 제3류 위험물 중 칼륨, **나트륨**, 알킬알루미늄, 알킬리튬, 황린, 지정수량이 10[kg]인 위험물
  ㉢ 제4류 위험물 중 특수인화물, 제1석유류, 알코올류
  ㉣ 제5류 위험물 중 지정수량이 10[kg]인 위험물
  ㉤ **제6류 위험물(과산화수소)**
② 바닥면적 2,000[m²] 이하로 해야 하는 위험물 : ① 외의 위험물(**제2류 위험물의 금속분**)

47 메테인의 확산속도가 28[m/s]이고 같은 조건에서 기체 A의 확산속도는 14[m/s]이다. 이 기체의 분자량은 얼마인가?

① 8 ② 32 ③ 64 ④ 128

해설
그레이엄의 확산속도법칙 : 확산속도는 분자량의 제곱근에 반비례, 밀도의 제곱근에 반비례한다.

$$\frac{U_B}{U_A} = \sqrt{\frac{M_A}{M_B}} = \sqrt{\frac{d_A}{d_B}}$$

여기서, U_B : 메테인의 확산속도 U_A : A기체의 확산속도
M_B : 메테인의 분자량(CH_4 = 16) M_A : A기체의 분자량
d_B : 메테인의 밀도 d_A : A기체의 밀도

$$\therefore M_A = M_B \times \left(\frac{U_B}{U_A}\right)^2 = 16 \times \left(\frac{28[m/s]}{14[m/s]}\right)^2 = 64$$

48 과산화물을 제거하는 시약으로 사용되는 것은?

① KI ② $FeSO_4$ ③ NH_4OH ④ CH_3COCH_3

해설
과산화물 제거시약 : 황산제일철($FeSO_4$)

49 위험물안전관리법령상 위험물을 적재할 때에 방수성 덮개를 해야 하는 것은?

① 과산화나트륨 ② 염소산칼륨
③ 제5류 위험물 ④ 과산화수소

해설
방수성이 있는 것으로 피복
- 제1류 위험물 중 알칼리금속의 과산화물(**과산화나트륨**)
- 제2류 위험물 중 철분·금속분·마그네슘
- 제3류 위험물 중 금수성 물질

50 탄화칼슘이 물과 반응하면 가연성 가스가 발생한다. 이때 발생한 가스를 촉매하에서 물과 반응시켰을 때 생성되는 물질은?

① 다이에틸에터 ② 에틸아세테이트
③ 아세트알데하이드 ④ 산화프로필렌

해설
물과 반응
- 탄화칼슘이 물과 반응 $CaC_2 + 2H_2O \rightarrow Ca(OH)_2 + C_2H_2\uparrow$ (아세틸렌)
- 아세틸렌이 물과 반응 $C_2H_2 + H_2O \rightarrow CH_3CHO$ (아세트알데하이드)

정답 48 ② 49 ① 50 ③

51 수소화리튬에 대한 설명으로 틀린 것은?

① 물과 반응하여 가연성 가스를 발생한다.
② 물보다 가볍다.
③ 대량의 저장용기 중에는 아르곤을 봉입한다.
④ 주수소화가 금지되어 있고 이산화탄소 소화기가 적응성이 있다.

해설

수소화리튬
- 물과 반응하면 가연성 가스인 수소를 발생한다.

$$LiH + H_2O \rightarrow LiOH + H_2\uparrow$$

- 비중이 0.82로 물보다 가볍다.
- 대량의 저장용기 중에는 질소, 아르곤 등 불연성 가스를 봉입한다.
- 주수소화는 금지되어 있고 **마른모래, 탄산수소염류분말약제**나 **팽창질석**으로 소화한다.

52 다음 중 잔토프로테인 반응을 하는 물질은?

① H_2O_2 ② HNO_3 ③ $HClO_4$ ④ $NH_4H_2PO_4$

해설

잔토프로테인 반응 : 단백질 검출반응의 하나로서 아미노산 또는 단백질에 **진한 질산(HNO_3)**을 가하여 가열하면 황색이 되고, 냉각하여 염기성으로 되게 하면 등황색을 띤다.

53 아이오도폼 반응이 일어나는 물질과 반응 시 색상을 옳게 나타낸 것은?

① 메탄올, 적색
② 에탄올, 적색
③ 메탄올, 노란색
④ 에탄올, 노란색

해설

아이오도폼 반응 : 분자 중에 $CH_3CH(OH)-$나 CH_3CO-(아세틸기)를 가진 물질에 I_2와 KOH나 NaOH를 넣고 60~80[℃]로 가열하면 황색(노란색)의 아이오도폼(CHI_3) 침전이 생김(C_2H_5OH, CH_3CHO, CH_3COCH_3 등)

- 아세톤 : $CH_3COCH_3 + 3I_2 + 4NaOH \rightarrow CH_3COONa + 3NaI + CHI_3\downarrow + 3H_2O$
- 아세트알데하이드 : $CH_3CHO + 3I_2 + 4NaOH \rightarrow HCOONa + 3NaI + CHI_3\downarrow + 3H_2O$
- 에틸알코올(에탄올) : $C_2H_5OH + 4I_2 + 6NaOH \rightarrow HCOONa + 5NaI + CHI_3\downarrow + 5H_2O$

54 다음 중 위험물안전관리법령상 압력탱크가 아닌 저장탱크에 위험물을 저장할 때 유지해야 하는 온도의 기준이 가장 낮은 것은?

① 다이에틸에터를 옥외저장탱크에 저장하는 경우
② 산화프로필렌을 옥내저장탱크에 저장하는 경우
③ 산화프로필렌을 지하저장탱크에 저장하는 경우
④ 아세트알데하이드를 지하저장탱크에 저장하는 경우

해설
저장온도
- 옥외저장탱크, 옥내저장탱크, 지하저장탱크 중 **압력탱크 외의 탱크**에 저장하는 경우
  - 다이에틸에터 등 산화프로필렌을 저장하는 경우 : 30[℃] 이하
  - **아세트알데하이드 등을 저장하는 경우 : 15[℃] 이하**
- 옥외저장탱크, 옥내저장탱크, 지하저장탱크 중 압력탱크에 저장하는 경우
  - 다이에틸에터 등 아세트알데하이드 등을 저장하는 경우 : 40[℃] 이하

55 다음 [보기]는 관리도의 사용 절차를 나타낸 것이다. 관리도의 사용절차를 순서대로 나열한 것은?

[보 기]
㉠ 관리해야 할 항목의 선정
㉡ 관리도의 선정
㉢ 관리하려는 제품이나 종류 선정
㉣ 시료를 채취하고 측정하여 관리도를 작성

① ㉠ → ㉡ → ㉢ → ㉣
② ㉠ → ㉢ → ㉣ → ㉡
③ ㉢ → ㉠ → ㉡ → ㉣
④ ㉢ → ㉣ → ㉠ → ㉡

해설
관리도
- 정의 : 공정이 안정한 상태 또는 불안정한 상태에서 진행되는지를 조사하기 위하여 또는 공정한 상태로 유지하기 위하여 이용하는 그림
- 사용절차
  - 제품이나 종류 선정
  - 항목의 선정
  - 관리도의 선정
  - 시료를 채취하여 측정하고 관리도 작성

정답 54 ④ 55 ③

56 표준시간 설정 시 미리 정해진 표를 활용하여 작업자의 동작에 대해 시간을 산정하는 시간연구법에 해당되는 것은?

① PTS법 ② 스톱워치법 ③ 워크샘플링법 ④ 실적자료법

해설
PTS(Predetermined Time Standards)법
- 표준시간 설정 시 미리 정해진 표를 활용하여 작업자의 동작에 대해 시간을 산정하는 시간연구법
- 모든 작업을 기본동작으로 분해하고 각 기본동작에 대하여 성질과 조건에 따라 미리 정해 놓은 시간치를 적용하여 정미시간을 산정하는 방법

57 다음 내용은 설비보전조직에 대한 설명이다. 어떤 조직의 형태에 대한 설명인가?

- 보전작업자는 조직상 각 제조부문의 감독자 밑에 둔다.
- 단점 : 생산우선에 의한 보전작업 경시, 보전기술 향상의 곤란성
- 장점 : 운전과의 일체감 및 현장 감독의 용이성

① 집중보전 ② 지역보전 ③ 부문보전 ④ 절충보전

해설
부문보전
- 보전작업자는 조직상 각 제조부문의 감독자 밑에 둔다.
- 단점 : 생산우선에 의한 보전작업 경시, 보전기술 향상의 곤란성
- 장점 : 운전과의 일체감 및 현장 감독의 용이성

58 샘플링에 관한 설명으로 틀린 것은?

① 취락샘플링에서는 취락 간의 차는 작게 취락 내의 차는 크게 한다.
② 제조공정의 품질 특성에 주기적인 변동이 있는 경우 계통샘플링을 적용하는 것이 좋다.
③ 시간적 또는 공간적으로 일정 간격을 두고 샘플링하는 방법을 계통샘플링이라고 한다.
④ 모집단을 몇 개의 층으로 나누어 각 층마다 랜덤으로 시료를 추출하는 것을 층별샘플링이라고 한다.

해설
샘플링
① 취락샘플링(Cluster Sampling) : 모집단을 여러 개의 취락으로 나누어 몇 개 부분을 랜덤으로 시료를 채취하여 채취한 시료 모두를 조사하는 방법으로 취락 간의 차는 작게 취락 내의 차는 크게 한다.
② 모집단이 주기적인 변동이 있는 것이 예상될 경우에 계통샘플링을 하면 추출되는 시료가 거의 같은 습성의 것만 나올 우려가 있어 적합하지 않고, 지그재그샘플링을 적용하는 것이 좋다.
③ 계통샘플링 : 모집단으로부터 시간적, 공간적으로 일정한 간격을 두고 시료를 채취하는 방법
④ 층별샘플링(Stratified Sampling)
   ㉠ 정의 : 모집단을 몇 개의 층으로 나누고 각 층으로부터 각각 랜덤으로 시료를 뽑는 샘플링 방법
   ㉡ 특 징
      - 단순랜덤샘플링보다 샘플의 크기가 작아도 정밀도를 얻는다.
      - 랜덤샘플링이 쉽게 이루어진다.

59 이항분포(Binomial Distribution)에서 매회 A가 일어나는 확률이 일정한 값 P일 때 n회의 독립시행 중 사상 A가 x회 일어날 확률 $P(x)$를 구하는 식은?

① $P(x) = \dfrac{n!}{x!(n-x)!}$

② $P(x) = e^{-x} \cdot \dfrac{(nP)^x}{x!}$

③ $P(x) = \dfrac{\binom{NP}{x}\binom{N-NP}{n-x}}{\binom{N}{n}}$

④ $P(x) = \binom{n}{x} P^x (1-P)^{n-x}$

해설

확률 $P(x) = \binom{n}{x} P^x (1-P)^{n-x}$

60 다음 표는 어느 자동차 영업소의 월별 판매실적을 나타낸 것이다. 5개월 이동평균법으로 6월의 수요를 예측하면 몇 대인가?

월	1월	2월	3월	4월	5월
판매량	100대	110대	120대	130대	140대

① 120 ② 130 ③ 140 ④ 150

해설

이동평균법의 예측치(Ft) = $\dfrac{\text{기간의 실적치}}{\text{기간의 수}}$ = $\dfrac{100+110+120+130+140}{5}$ = 120

정답 59 ④ 60 ①

2017년 3월 5일 시행 과년도 기출문제

01 위험물안전관리법령상 스프링클러헤드의 설치 기준으로 틀린 것은?

① 개방형 스프링클러헤드는 헤드 반사판으로부터 수평방향으로 30[cm]의 공간을 보유해야 한다.
② 폐쇄형 스프링클러헤드의 반사판과 헤드의 부착면과의 거리는 30[cm] 이하로 한다.
③ 폐쇄형 스프링클러헤드 부착장소의 평상시 주위온도가 28[℃] 미만인 경우 58[℃] 미만의 표시온도를 갖는 헤드를 사용한다.
④ 개구부에 설치하는 폐쇄형 스프링클러헤드는 해당 개구부의 상단으로부터 높이 30[cm] 이내의 벽면에 설치한다.

해설
스프링클러설비의 설치 기준
① 개방형 스프링클러헤드
  ㉠ 스프링클러헤드의 반사판으로부터 하방으로 0.45[m], 수평방향으로 0.3[m]의 공간을 보유할 것
  ㉡ 스프링클러헤드는 헤드의 축심이 해당 헤드의 부착면에 대하여 직각이 되도록 설치할 것
② 폐쇄형 스프링클러헤드
  ㉠ 스프링클러헤드는 ①의 ㉠, ㉡ 규정에 의할 것
  ㉡ 스프링클러헤드의 반사판과 헤드의 부착면과의 거리는 0.3[m] 이하일 것
  ㉢ 스프링클러헤드는 해당 헤드의 부착면으로부터 0.4[m] 이상 돌출한 보 등에 의하여 구획된 부분마다 설치할 것. 다만, 해당 보 등의 상호 간의 거리(보 등의 중심선을 기산점으로 한다)가 1.8[m] 이하인 경우에는 그렇지 않다.
  ㉣ 급배기용 덕트 등의 긴 변의 길이가 1.2[m]를 초과하는 것이 있는 경우에는 해당 덕트 등의 아랫면에도 스프링클러헤드를 설치할 것
  ㉤ 스프링클러헤드의 부착 위치
    • 가연성 물질을 수납하는 부분에 스프링클러헤드를 설치하는 경우에는 해당 헤드 반사판으로부터 하방으로 0.9[m], 수평방향으로 0.4[m]의 공간을 보유할 것
    • **개구부에 설치하는 폐쇄형 스프링클러헤드**는 해당 개구부의 상단으로부터 높이 **0.15[m] 이내의 벽면에 설치**할 것
  ㉥ 건식 또는 준비작동식의 유수검지장치의 2차측에 설치하는 스프링클러헤드는 상향식 스프링클러헤드로 할 것. 다만 동결의 우려가 없는 장소에 설치하는 경우는 그렇지 않다.
  ㉦ 스프링클러헤드는 그 부착장소의 평상시 최고주위온도에 따라 다음 표에 정한 표시온도를 갖는 것을 설치할 것

부착장소의 최고주위온도[℃]	28 미만	28 이상 39 미만	39 이상 64 미만	64 이상 106 미만	106 이상
표시온도[℃]	58 미만	58 이상 79 미만	79 이상 121 미만	121 이상 162 미만	162 이상

정답 01 ④

02 다음 중 가연성 물질로만 나열된 것은?

① 질산칼륨, 황린, 나이트로글리세린
② 나이트로글리세린, 과염소산, 탄화알루미늄
③ 과염소산, 탄화알루미늄, 아닐린
④ 칼륨, 아닐린, 폼산메틸

해설
연소여부

종류	질산칼륨	황 린	나이트로글리세린	과염소산	칼 륨	아닐린	폼산메틸
유 별	제1류	제3류	제5류	제6류	제3류	제4류	제4류
연소여부	불연성	가연성	가연성	불연성	가연성	가연성	가연성

03 다음 중 Mn의 산화수가 +2인 것은?

① $KMnO_4$ ② MnO_2 ③ $MnSO_4$ ④ K_2MnO_4

해설
Mn의 산화수
- $KMnO_4 \Rightarrow 1 + x + (-2 \times 4) = 0,\ x = +7$
- $MnO_2 \Rightarrow x + (-2 \times 2) = 0,\ x = +4$
- $MnSO_4 \Rightarrow x + (-2) = 0,\ x = +2$
- $K_2MnO_4 \Rightarrow (1 \times 2) + x + (-2 \times 4) = 0,\ x = +6$

04 이동탱크저장소에 의한 위험물의 장거리 운송 시 2명 이상이 운전해야 하나 다음 중 그렇게 하지 않아도 되는 위험물은?

① 탄화알루미늄
② 과산화수소
③ 황 린
④ 인화칼슘

해설
이동탱크저장소에 의한 위험물의 운송 시 준수사항
- 위험물운송자는 운송의 개시 전에 이동저장탱크의 배출밸브 등 밸브와 폐쇄장치, 맨홀 및 주입구의 뚜껑, 소화기 등의 점검을 충분히 실시할 것
- 위험물운송자는 장거리(고속국도는 340[km] 이상, 그 밖의 도로는 200[km] 이상을 말한다) 운송을 하는 때에는 2명 이상의 운전자로 할 것

> **[2명 이상의 운전자가 운전하지 않아도 되는 경우]**
> - 운송책임자를 동승시킨 경우
> - 운송하는 위험물이 **제2류 위험물, 제3류 위험물(칼슘 또는 알루미늄의 탄화물과 이것만을 함유한 것에 한한다), 제4류 위험물(특수인화물 제외)**인 경우
> - 운송 도중에 2시간 이내마다 20분 이상씩 휴식하는 경우

※ **1명이 운전할 수 있는 경우**는 제3류 위험물(칼슘 또는 알루미늄의 탄화물과 이것만을 함유한 것에 한한다)의 **탄화알루미늄(알루미늄의 탄화물)**이 해당된다.

> **인화칼슘(Ca_3P_2)** : 제3류 위험물 금속의 인화물

정답 02 ④ 03 ③ 04 ①

05 다음 위험물 중 동일 질량에 대해 지정수량의 배수가 가장 큰 것은?

① 부틸리튬 ② 마그네슘 ③ 인화칼슘 ④ 황 린

해설

지정수량의 배수

$$\text{지정수량의 배수} = \frac{\text{저장(취급)량}}{\text{지정수량}}$$

각 물질의 물성

종류	부틸리튬	마그네슘	인화칼슘	황 린
화학식	C_4H_9Li	Mg	Ca_3P_2	P_4
품명	알킬리튬	마그네슘	금속의인화물	황 린
지정수량	10[kg]	500[kg]	300[kg]	20[kg]

※ 지정수량의 배수는 $\dfrac{\text{저장수량(취급량)}}{\text{지정수량}}$ 이므로 지정수량이 작은 것은 지정수량의 배수가 크다.

06 NH_4NO_3에 대한 설명으로 옳지 않은 것은?

① 조해성이 있기 때문에 수분이 포함되지 않도록 포장한다.
② 단독으로도 급격한 가열로 분해하여 다량의 가스를 발생할 수 있다.
③ 무취의 결정으로 알코올에 녹는다.
④ 물에 녹을 때 발열반응을 일으키므로 주의한다.

해설

질산암모늄

• 물 성

화학식	분자량	비 중	융 점	분해 온도
NH_4NO_3	80	1.73	165[℃]	220[℃]

• 무색, 무취의 결정이다.
• 조해성 및 흡수성이 강하다.
• 물, 알코올에 녹는다(물에 용해 시 흡열반응).
• 급격한 가열 또는 충격으로 분해 폭발한다.
• 조해성이 있어 수분과 접촉을 피한다.

07
인화알루미늄의 위험물안전관리법령상 지정수량과 인화알루미늄이 물과 반응하였을 때 발생하는 가스의 명칭을 옳게 나타낸 것은?

① 50[kg], 포스핀
② 50[kg], 포스겐
③ 300[kg], 포스핀
④ 300[kg], 포스겐

해설
인화알루미늄(AlP)
- 지정수량 : 300[kg]
- 물과 반응

$$AlP + 3H_2O \rightarrow Al(OH)_3 + PH_3(포스핀, 인화수소)$$

08
다음 위험물을 저장할 때 안정성을 높이기 위해 사용할 수 있는 물질의 종류가 나머지 셋과 다른 하나는?

① 나트륨
② 이황화탄소
③ 황린
④ 나이트로셀룰로스

해설
저장방법

종 류	나트륨, 칼륨	이황화탄소, 황린	나이트로셀룰로스
저장방법	등유, 경유, 유동파라핀 속에 저장	물속에 저장	물 또는 알코올로 습면시켜 저장

09
다음 제1류 위험물 중 융점이 가장 높은 것은?

① 과염소산칼륨
② 과염소산나트륨
③ 염소산나트륨
④ 염소산칼륨

해설
융 점

종 류	과염소산칼륨	과염소산나트륨	염소산나트륨	염소산칼륨
융점[℃]	400	482	248	368

정답 07 ③ 08 ① 09 ②

10 에틸알코올의 산화로부터 얻을 수 있는 것은?

① 아세트알데하이드　　　　　② 폼알데하이드
③ 다이에틸에터　　　　　　　④ 폼 산

해설
알코올의 산화, 환원반응식
- 메틸알코올

$$CH_3OH \underset{환원}{\overset{산화}{\rightleftarrows}} HCHO(폼알데하이드) \underset{환원}{\overset{산화}{\rightleftarrows}} HCOOH(폼산, 의산)$$

- 에틸알코올

$$C_2H_5OH \underset{환원}{\overset{산화}{\rightleftarrows}} CH_3CHO(아세트알데하이드) \underset{환원}{\overset{산화}{\rightleftarrows}} CH_3COOH(아세트산, 초산)$$

11 어떤 화합물을 분석한 결과 질량비가 탄소 54.55[%], 수소 9.10[%], 산소 36.35[%]이고, 이 화합물 1[g]은 표준상태에서 0.17[L]라면 이 화합물의 분자식은?

① $C_2H_4O_2$　　　② $C_4H_8O_4$　　　③ $C_4H_8O_2$　　　④ $C_6H_{12}O_3$

해설
분자식
- 실험식
  - 탄소 = 54.55/12 = 4.55
  - 수소 = 9.10/1.0 = 9.10
  - 산소 = 36.36/16 = 2.27
  ∴ C : H : O = 4.55 : 9.10 : 2.27 = 2 : 4 : 1이므로, 실험식은 C_2H_4O이다.
- 분자식

> 분자식 = 실험식 × n

표준상태에서 1[g-mol]이 차지하는 부피 : 22.4[L]이므로
1[g] : 0.17[L] = x : 22.4[L]

$x = \dfrac{22.4[L]}{0.17[L]} = 131.76[g]$

131.76 = 44(C_2H_4O의 분자량) × n
∴ n이 3이므로, 분자식은 $C_6H_{12}O_3$이다.

12 50[%]의 N₂와 50[%]의 Ar으로 구성된 소화약제는?

① HFC-125　　② IG-100　　③ HFC-23　　④ IG-55

해설

할로젠화합물 및 불활성기체소화약제의 종류(소방)

소화약제	화학식
퍼플루오로뷰테인(이하 "FC-3-1-10"이라 한다)	C_4F_{10}
하이드로클로로플루오로카본혼화제(이하 "HCFC BLEND A"라 한다)	• HCFC-123($CHCl_2CF_3$) : 4.75[%] • HCFC-22($CHClF_2$) : 82[%] • HCFC-124($CHClFCF_3$) : 9.5[%] • $C_{10}H_{16}$: 3.75[%]
클로로테트라플루오로에테인(이하 "HCFC-124"라 한다)	$CHClFCF_3$
펜타플루오로에테인(이하 "HFC-125"라 한다)	CHF_2CF_3
헵타플루오로프로페인(이하 "HFC-227ea"라 한다)	CF_3CHFCF_3
트라이플루오로메테인(이하 "HFC-23"이라 한다)	CHF_3
헥사플루오로프로페인(이하 "HFC-236fa"라 한다)	$CF_3CH_2CF_3$
트라이플루오로이오다이드(이하 "FIC-13I1"이라 한다)	CF_3I
불연성·불활성기체혼합가스(이하 "IG-01"이라 한다)	Ar
불연성·불활성기체혼합가스(이하 "IG-100"이라 한다)	N_2
불연성·불활성기체혼합가스(이하 "IG-541"이라 한다)	N_2 : 52[%], Ar : 40[%], CO_2 : 8[%]
불연성·불활성기체혼합가스(이하 "IG-55"라 한다)	N_2 : 50[%], Ar : 50[%]
도데카플루오로-2-메틸펜테인-3-원(이하 "FK-5-1-12"라 한다)	$CF_3CF_2C(O)CF(CF_3)_2$

13 NH_4ClO_3에 대한 설명으로 틀린 것은?

① 산화력이 강한 물질이다.
② 조해성이 있다.
③ 충격이나 화재에 의해 폭발할 위험이 있다.
④ 폭발 시 CO_2, HCl, NO_2 가스를 주로 발생한다.

해설

염소산암모늄(NH_4ClO_3)

- 산화력이 강한 물질이다.
- 조해성이 있다.
- 충격이나 화재에 의해 폭발할 위험이 있다.
- 폭발 시 O_2 가스를 발생한다.

$$2NH_4ClO_3 \rightarrow NH_4ClO_4 + NH_4Cl + O_2$$

14 다음 물질 중 조연성 가스에 해당하는 것은?

① 수 소
② 산 소
③ 아세틸렌
④ 질 소

해설
가스의 구분

종 류	수 소	산 소	아세틸렌	질 소
가스 구분	가연성	조연성	가연성	불연성

15 과염소산과 질산의 공통성질로 옳은 것은?

① 환원성 물질로서 증기는 유독하다.
② 다른 가연물의 연소를 돕는 가연성 물질이다.
③ 강산이고 물과 접촉하면 발열한다.
④ 부식성은 적으나 다른 물질과 혼촉발화 가능성이 높다.

해설
과염소산과 질산은 제6류 위험물로서 물에 잘 녹고 불연성 물질이다. 강산이고 물과 접촉하면 발열한다.

16 위험물안전관리법령상 염소산칼륨을 금속제 내장용기에 수납하여 운반하고자 할 때 이 용기의 최대용적은?

① 10[L]
② 20[L]
③ 30[L]
④ 40[L]

해설
위험물 내장용기의 최대용적
• 유리 용기 또는 플라스틱 용기 : 10[L]
• 금속제 용기 : 30[L]

17 나이트로글리세린에 대한 설명으로 옳지 않은 것은?

① 순수한 것은 상온에서 푸른색을 띤다.
② 충격마찰에 매우 민감하므로 운반 시 다공성 물질에 흡수시킨다.
③ 겨울철에는 동결할 수 있다.
④ 비중은 약 1.6으로 물보다 무겁다.

해설

나이트로글리세린(Nitro Glycerine, NG)
• 물 성

화학식	융 점	비 중	비 점
$C_3H_5(ONO_2)_3$	2.8[℃]	1.6	218[℃]

• **무색, 투명한 기름성의 액체**(공업용 : 담황색)이다.
• 알코올, 에터, 벤젠, 아세톤 등 유기용제에는 녹는다.
• 상온에서 액체이고 겨울에는 동결한다.
• 혀를 찌르는 듯한 단맛이 있다.
• 가열, 마찰, 충격에 민감하다(폭발을 방지하기 위하여 다공성 물질에 흡수시킨다).

18 다음 중 나머지 셋과 위험물의 유별 구분이 다른 것은?

① 나이트로글리세린 ② 나이트로셀룰로스
③ 셀룰로이드   ④ 나이트로벤젠

해설

위험물의 유별

종 류	나이트로글리세린	나이트로셀룰로스	셀룰로이드	나이트로벤젠
유 별	제5류 위험물	제5류 위험물	제5류 위험물	제4류 위험물
품 명	질산에스터류	질산에스터류	질산에스터류	제3석유류

19 위험물안전관리법령상 불활성가스소화설비가 적응성을 가지는 위험물은?

① 마그네슘   ② 알칼리금속
③ 금수성 물질   ④ 인화성 고체

해설

불활성가스소화설비가 적응성이 있는 위험물 : 제2류 위험물의 인화성 고체, 제4류 위험물

정답 17 ① 18 ④ 19 ④

20 위험물안전관리법령상 간이저장탱크에 설치하는 밸브 없는 통기관의 설치 기준에 대한 설명으로 옳은 것은?

① 통기관의 지름은 20[mm] 이상으로 한다.
② 통기관은 옥내에 설치하되, 그 끝부분의 높이는 지상 1.5[m] 이상으로 한다.
③ 가는 눈의 구리망 등으로 인화방지장치를 한다.
④ 통기관의 끝부분은 수평면에 대하여 아래로 35° 이상 구부려 빗물 등이 들어가지 않도록 한다.

해설
간이저장탱크에 밸브 없는 통기관의 설치 기준
- 통기관의 지름은 25[mm] 이상으로 할 것
- 통기관은 옥외에 설치하되, 그 끝부분의 높이는 지상 1.5[m] 이상으로 할 것
- 통기관의 끝부분은 수평면에 대하여 아래로 45° 이상 구부려 빗물 등이 침투하지 않도록 할 것
- 가는 눈의 구리망 등으로 인화방지장치를 할 것(다만, 인화점이 70[℃] 이상의 위험물만을 해당 위험물의 인화점 미만의 온도로 저장 또는 취급하는 탱크에 설치하는 통기관에 있어서는 그렇지 않다)

21 아염소산나트륨을 저장하는 곳에 화재가 발생하였다. 위험물안전관리법령상 소화설비로 적응성이 있는 것은?

① 포소화설비
② 불활성가스소화설비
③ 할로젠화합물소화설비
④ 탄산수소염류 분말소화설비

해설
아염소산나트륨(제1류 위험물)은 제1류 위험물로서 포소화설비 등 수계소화설비가 효과적이다.

22 탄화알루미늄이 물과 반응하였을 때 발생하는 가스는?

① CH_4 ② C_2H_2 ③ C_2H_6 ④ CH_3

해설
탄화알루미늄과 물의 반응

$$Al_4C_3 + 12H_2O \rightarrow 4Al(OH)_3 \text{(수산화알루미늄)} + 3CH_4 \uparrow \text{(메테인)}$$

23 위험물안전관리법령상 제조소 등별로 설치해야 하는 경보설비의 종류 중 자동화재탐지설비에 해당하는 표의 일부이다. ( )에 알맞은 수치를 차례대로 나타낸 것은?

제조소 등의 구분	제조소 등의 규모, 저장 또는 취급하는 위험물의 종류 및 최대수량 등	경보설비
제조소 및 일반취급소	• 연면적 ( )[m²] 이상인 것 • 옥내에서 지정수량의 ( )배 이상을 취급하는 것(고인화점 위험물만을 ( )[℃] 미만의 온도에서 취급하는 것을 제외한다)	자동화재탐지설비

① 150, 100, 100
② 500, 100, 100
③ 150, 10, 100
④ 500, 10, 70

해설
제조소 등별로 설치해야 하는 경보설비의 종류(시행규칙 별표 17)

제조소 등의 구분	제조소 등의 규모, 저장 또는 취급하는 위험물의 종류 및 최대수량 등	경보설비
① 제조소 및 일반취급소	• 연면적이 **500[m²] 이상**인 것 • 옥내에서 지정수량의 **100배 이상**을 취급하는 것(고인화점위험물만을 **100[℃] 미만**의 온도에서 취급하는 것은 제외) • 일반취급소로 사용되는 부분 외의 부분이 있는 건축물에 설치된 일반취급소(일반취급소와 일반취급소 외의 부분이 내화구조의 바닥 또는 벽으로 개구부 없이 구획된 것은 제외)	자동화재탐지설비
② 옥내저장소	• 지정수량의 100배 이상을 저장 또는 취급하는 것(고인화점위험물만을 저장 또는 취급하는 것은 제외) • 저장창고의 연면적이 150[m²]를 초과하는 것[연면적 150[m²] 이내마다 불연재료의 격벽으로 개구부 없이 완전히 구획된 저장창고와 제2류 위험물(인화성고체는 제외) 또는 제4류 위험물(인화점이 70[℃] 미만인 것은 제외)만을 저장 또는 취급하는 서장창고는 그 연면적이 500[m²] 이상인 것을 말한다] • 처마 높이가 6[m] 이상인 단층 건물의 것 • 옥내저장소로 사용되는 부분 외의 부분이 있는 건축물에 설치된 옥내저장소[옥내저장소와 옥내저장소 외의 부분이 내화구조의 바닥 또는 벽으로 개구부 없이 구획된 것과 제2류(인화성고체는 제외) 또는 제4류의 위험물(인화점이 70[℃] 미만인 것은 제외)만을 저장 또는 취급하는 것은 제외]	
③ 옥내탱크저장소	단층 건물 외의 건축물에 설치된 옥내탱크저장소로서 소화난이도 등급 Ⅰ에 해당하는 것	
④ 주유취급소	옥내주유취급소	
⑤ 옥외탱크저장소	특수인화물, 제1석유류 및 알코올류를 저장 또는 취급하는 탱크의 용량이 1,000만[L] 이상인 것	• 자동화재탐지설비 • 자동화재속보설비
⑥ ①부터 ⑤까지의 규정에 따른 자동화재탐지설비 설치 대상 제조소 등에 해당하지 않는 제조소 등(이송취급소는 제외)	지정수량의 10배 이상을 저장 또는 취급하는 것	자동화재탐지설비, 비상경보설비, 확성장치 또는 비상방송설비 중 1종 이상

정답 23 ②

24 위험물제조소 등의 안전거리를 단축하기 위하여 설치하는 방화상 유효한 담의 높이는 $H > pD^2 + a$인 경우 $h = H - p(D^2 - d^2)$에 의하여 산정한 높이 이상으로 한다. 여기서 d가 의미하는 것은?

① 제조소 등과 인접 건축물과의 거리[m]
② 제조소 등과 방화상 유효한 담과의 거리[m]
③ 제조소 등과 방화상 유효한 지붕과의 거리[m]
④ 제조소 등과 인접 건축물 경계선과의 거리[m]

해설
방화상 유효한 담의 높이

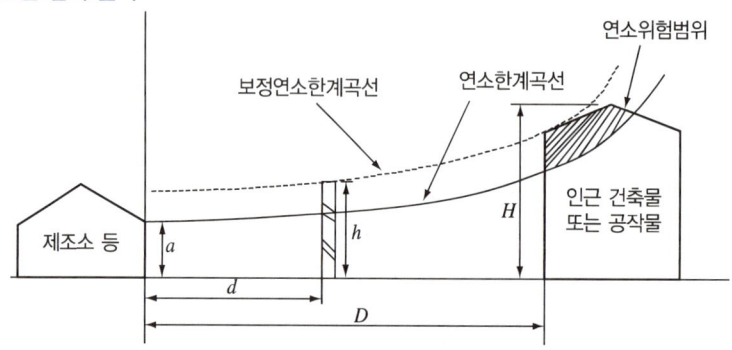

- $H \leqq pD^2 + a$인 경우 $h = 2[m]$
- $H > pD^2 + a$인 경우 $h = H - p(D^2 - d^2)[m]$

여기서, D : 제조소 등과 인근 건축물 또는 공작물과의 거리[m]
H : 인근 건축물 또는 공작물의 높이[m]
a : 제조소 등의 외벽의 높이[m]
d : 제조소 등과 방화상 유효한 담과의 거리[m]
h : 방화상 유효한 담의 높이[m]
p : 상 수

25 폼산(Fomic Acid)의 증기비중은 약 얼마인가?

① 1.59   ② 2.45   ③ 2.78   ④ 3.54

해설
폼산의 증기비중

$$증기비중 = \frac{분자량}{29}$$

- 폼산의 분자량(HCOOH) = 46
- 폼산의 증기비중 = 46/29 = 1.59

26 각 위험물의 지정수량을 합하여 가장 큰 값을 나타낸 것은?
   ① 다이크로뮴산칼륨 + 아염소산나트륨
   ② 다이크로뮴산칼륨 + 아질산칼륨
   ③ 과망가니즈산나트륨 + 염소산칼륨
   ④ 아이오딘산칼륨 + 아질산칼륨

해설

제1류 위험물의 지정수량

종류	다이크로뮴산칼륨	아염소산나트륨	아질산칼륨	과망가니즈산나트륨	염소산칼륨	아이오딘산칼륨
품명	다이크로뮴산염류	아염소산염류	아질산염류	과망가니즈산염류	염소산염류	아이오딘산염류
지정수량	1,000[kg]	50[kg]	300[kg]	1,000[kg]	50[kg]	300[kg]

- 다이크로뮴산칼륨 + 아염소산나트륨 = 1,000[kg] + 50[kg] = 1,050[kg]
- 다이크로뮴산칼륨 + 아질산칼륨 = 1,000[kg] + 300[kg] = 1,300[kg]
- 과망가니즈산나트륨 + 염소산칼륨 = 1,000[kg] + 50[kg] = 1,050[kg]
- 아이오딘산칼륨 + 아질산칼륨 = 300[kg] + 300[kg] = 600[kg]

27 위험물안전관리자의 선임신고를 허위로 한 자에게 부과하는 과태료의 금액은?
   ① 100만원   ② 150만원
   ③ 300만원   ④ 500만원

해설

위험물안전관리자의 선임신고를 허위로 한 자는 500만원 이하의 과태료를 부과한다(법 제39조).

정답 26 ② 27 ④

28 다음은 위험물안전관리법령에서 규정하고 있는 사항이다. 규정내용과 상이한 것은?

① 충수·수압시험은 탱크의 제작이 완성된 상태여야 하고 배관 등의 접속이나 내·외부 도장작업은 실시하지 않은 단계에서 물을 탱크 최대사용높이 이상까지 가득 채워서 실시한다.
② 암반탱크의 내벽을 정비하는 것은 이 위험물저장소에 대한 변경허가를 신청할 때 기술검토를 받지 않아도 되는 부분적 변경에 해당한다.
③ 탱크안전성능시험은 탱크 내부의 중요부분에 대한 구조, 불량접합사항까지 검사하는 것이 필요하므로 탱크를 제작하는 현장에서 실시하는 것을 원칙으로 한다.
④ 용량 1,000[kL]인 원통종형탱크의 충수시험은 물을 채운 상태에서 24시간이 경과한 후 지반침하가 없어야 하고, 또한 탱크의 수평도와 수직도를 측정하여 이 수치가 법정기준을 충족해야 한다.

해설
충수·수압시험의 방법 및 판정기준(세부기준 제31조)
① **충수·수압시험**은 탱크가 완성된 상태에서 배관 등의 접속이나 내·외부에 대한 도장작업 등을 하기 전에 위험물탱크의 최대사용높이 이상으로 물(물과 비중이 같거나 물보다 비중이 큰 액체로서 위험물이 아닌 것을 포함한다)을 가득 채워서 실시할 것
② 보온재가 부착된 탱크의 변경허가에 따른 충수·수압시험의 경우에는 보온재를 해당 탱크 옆판의 최하단으로부터 20[cm] 이상 제거하고 시험을 실시할 것
③ 충수시험은 탱크에 물이 채워진 상태에서 1,000[kL] 미만인 탱크는 12시간, **1,000[kL] 이상의 탱크는 24시간 이상 경과한 이후**에 지반침하가 없고 탱크 본체 접속부 및 용접부 등에서 누설변형 또는 손상 등의 이상이 없을 것
④ 기술검토를 받지 않는 부분적 변경(세부기준 제24조)
  ㉠ 옥외저장탱크의 지붕판(노즐, 맨홀 등 포함)의 교체(동일한 형태의 것으로 교체하는 경우에 한한다)
  ㉡ 옥외저장탱크의 옆판(노즐, 맨홀 등 포함)의 교체 중 다음에 해당하는 경우
    • 최하단 옆판을 교체하는 경우에는 옆판 표면적의 10[%] 이내의 교체
    • 최하단 외의 옆판을 교체하는 경우에는 옆판 표면적의 30[%] 이내의 교체
  ㉢ 옥외저장탱크의 밑판(옆판의 중심선으로부터 600[mm] 이내의 밑판에 있어서는 해당 밑판의 원주길이의 10[%] 미만에 해당하는 밑판에 한한다)의 교체
  ㉣ 옥외저장탱크의 밑판 또는 옆판(노즐, 맨홀 등 포함)의 정비(밑판 또는 옆판의 표면적 50[%] 미만의 겹침보수공사 또는 육성보수공사를 포함)
  ㉤ 옥외탱크저장소의 기초·지반의 정비
  ㉥ **암반탱크 내벽의 정비**
  ㉦ 제조소 또는 일반취급소의 구조·설비를 변경하는 경우에 변경에 의한 위험물 취급량의 증가가 지정수량의 1,000배 미만인 경우
  ㉧ ㉠ 내지 ㉥의 경우와 유사한 경우로서 한국소방산업기술원(이하 "기술원"이라 함)이 부분적 변경에 해당한다고 인정하는 경우
⑤ **탱크안전성능시험**은 탱크의 **설치현장에서 실시하는 것을 원칙**으로 한다. 다만, 부득이하게 제작현장에서 시험을 실시하는 경우 설치자는 운반 중에 손상이 발생하지 않도록 하는 조치를 해야 한다(세부기준 제28조).

29 소금물을 전기분해하여 표준상태에서 염소가스 22.4[L]를 얻으려면 소금 몇 [g]이 이론적으로 필요한가?(단, 나트륨의 원자량은 23이고, 염소의 원자량은 35.5이다)

① 18[g]　　　② 36[g]　　　③ 58.5[g]　　　④ 117[g]

> **해설**
> **소금의 전기분해**
>
> $$2NaCl + 2H_2O \rightarrow 2NaOH + H_2\uparrow + Cl_2\uparrow$$
>
> 이 식에서 2[mol]의 소금(NaCl)이 반응하면 1[mol]의 염소가 생성되며, 염소가 1[mol]일 때 부피는 22.4[L]이므로 소금의 분자량은 2×58.5 = 117[g]이다.

30 직경이 500[mm]인 관과 300[mm]인 관이 연결되어 있다. 직경 500[mm] 관속에서의 유속이 3[m/s]라면 300[mm] 관속에서의 유속은 약 몇 [m/s]인가?

① 8.33　　　② 6.3　　　③ 5.56　　　④ 4.56

> **해설**
> **유속**
>
> $\dfrac{u_2}{u_1} = \left(\dfrac{D_1}{D_2}\right)^2$ 에서 $u_2 = u_1 \times \left(\dfrac{D_1}{D_2}\right)^2 = 3[\text{m/s}] \times \left(\dfrac{500}{300}\right)^2 = 8.33[\text{m/s}]$

31 위험물안전관리법령상 알코올류와 지정수량이 같은 것은?

① 제1석유류(비수용성)　　② 제1석유류(수용성)
③ 제2석유류(비수용성)　　④ 제2석유류(수용성)

> **해설**
> **제4류 위험물의 지정수량**
>
> | 종류 | 알코올류 | 제1석유류(비수용성) | 제1석유류(수용성) | 제2석유류(비수용성) | 제2석유류(수용성) |
> |---|---|---|---|---|---|
> | 지정수량 | 400[L] | 200[L] | 400[L] | 1,000[L] | 2,000[L] |

정답 29 ④　30 ①　31 ②

32 다음은 위험물안전관리법령에 따른 인화점 측정시험 방법을 나타낸 것이다. 어떤 인화점측정기에 의한 인화점 측정시험인가?

> • 시험장소는 기압 1기압, 무풍의 장소로 할 것
> • 시료컵의 온도를 1분간 설정온도로 유지할 것
> • 시험불꽃을 점화하고 화염의 크기를 직경 4[mm]가 되도록 조정할 것
> • 1분 경과 후 개폐기를 작동하여 시험불꽃을 시료컵에 2.5초간 노출시키고 닫을 것. 이 경우 시험불꽃을 급격히 상하로 움직이지 않아야 한다.

① 태그밀폐식 인화점측정기
② 신속평형법 인화점측정기
③ 클리블랜드개방컵 인화점측정기
④ 침강평형법 인화점측정기

해설
신속평형법 인화점측정기에 의한 인화점 측정시험(세부기준 제15조)
① 시험장소는 1기압, 무풍의 장소로 할 것
② 신속평형법 인화점측정기의 시료컵을 설정온도까지 가열 또는 냉각하여 시험물품(설정온도가 상온보다 낮은 온도인 경우에는 설정온도까지 냉각한 것) 2[mL]를 시료컵에 넣고 즉시 뚜껑 및 개폐기를 닫을 것
③ 시료컵의 온도를 1분간 설정온도로 유지할 것
④ 시험불꽃을 점화하고 화염의 크기를 직경 4[mm]가 되도록 조정할 것
⑤ 1분 경과 후 개폐기를 작동하여 시험불꽃을 시료컵에 2.5초간 노출시키고 닫을 것. 이 경우 시험불꽃을 급격히 상하로 움직이지 않아야 한다.
⑥ ⑤의 방법에 의하여 인화한 경우에는 인화하지 않을 때까지 설정온도를 낮추고, 인화하지 않는 경우에는 인화할 때까지 설정온도를 높여 ② 내지 ⑤의 조작을 반복하여 인화점을 측정할 것

33 다음 제2류 위험물 중 지정수량이 나머지 셋과 다른 하나는?

① 철 분   ② 금속분   ③ 마그네슘   ④ 황

해설
제2류 위험물의 지정수량

종 류	철분, 금속분, 마그네슘	황화인, 적린, 황
지정수량	500[kg]	100[kg]

34 고온에서 용융된 황과 수소가 반응하였을 때 현상으로 옳은 것은?

① 발열하면서 H_2S가 생성된다.
② 흡열하면서 H_2S가 생성된다.
③ 발열은 하지만 생성물은 없다.
④ 흡열은 하지만 생성물은 없다.

해설
수소(H_2)는 고온에서 용융된 황과 반응하여 발열하면서 H_2S가 생성된다.

$$H_2 + S \rightarrow H_2S\uparrow + 발열$$

35 벽·기둥 및 바닥이 내화구조로 된 옥내저장소의 건축물에서 저장 또는 취급하는 위험물의 최대수량이 지정수량의 15배일 때 보유공지 너비 기준으로 옳은 것은?

① 0.5[m] 이상
② 1[m] 이상
③ 2[m] 이상
④ 3[m] 이상

해설
옥내저장소의 보유공지(시행규칙 별표 5)

저장 또는 취급하는 위험물의 최대수량	공지의 너비	
	벽·기둥 및 바닥이 내화구조로 된 건축물	그 밖의 건축물
지정수량의 5배 이하	-	0.5[m] 이상
지정수량의 5배 초과 10배 이하	1[m] 이상	1.5[m] 이상
지정수량의 10배 초과 20배 이하	**2[m] 이상**	**3[m] 이상**
지정수량의 20배 초과 50배 이하	3[m] 이상	5[m] 이상
지정수량의 50배 초과 200배 이하	5[m] 이상	10[m] 이상
지정수량의 200배 초과	10[m] 이상	15[m] 이상

단, 지정수량의 20배를 초과하는 옥내저장소와 동일한 부지 내에 있는 다른 옥내저장소와의 사이에는 동표에서 정하는 공지의 너비의 1/3(해당 수치가 3[m] 미만인 경우에는 3[m])의 공지를 보유할 수 있다.

36 위험물안전관리법령상 자동화재탐지설비의 하나의 경계구역의 면적은 해당 건축물 그 밖의 공작물의 주요한 출입구에서 그 내부 전체를 볼 수 있는 경우에 있어서는 그 면적을 몇 [m²] 이하로 할 수 있는가?

① 500
② 600
③ 1,000
④ 2,000

> **해설**
> **자동화재탐지설비의 설치 기준(시행규칙 별표 17, Ⅱ. 경보설비 참조)**
> - 자동화재탐지설비의 경계구역(화재가 발생한 구역을 다른 구역과 구분하여 식별할 수 있는 최소단위의 구역을 말한다)은 건축물 그 밖의 공작물의 2 이상의 층에 걸치지 않도록 할 것. 다만, 하나의 경계구역의 면적이 500[m²] 이하이면서 해당 경계구역이 2개의 층에 걸치는 경우이거나 계단·경사로·승강기의 승강로 그 밖에 이와 유사한 장소에 연기감지기를 설치하는 경우에는 그렇지 않다.
> - 하나의 경계구역의 면적은 **600[m²] 이하**로 하고 그 한 변의 길이는 **50[m]**(**광전식분리형 감지기**를 설치할 경우에는 **100[m]**) 이하로 할 것. 다만, 해당 건축물 그 밖의 공작물의 주요한 출입구에서 **그 내부의 전체를 볼 수 있는 경우**에 있어서는 그 면적을 **1,000[m²] 이하**로 할 수 있다.
> - 자동화재탐지설비의 감지기는 지붕(상층이 있는 경우에는 상층의 바닥) 또는 벽의 옥내에 면한 부분(천장이 있는 경우에는 천장 또는 벽의 옥내에 면한 부분 및 천장의 뒷부분)에 유효하게 화재의 발생을 감지할 수 있도록 설치할 것
> - 자동화재탐지설비에는 비상전원을 설치할 것

37 위험물안전관리법령상 이송취급소의 위치·구조 및 설비의 기준에서 배관을 지하에 매설하는 경우에는 배관은 그 외면으로부터 지하가 및 터널까지 몇 [m] 이상의 안전거리를 두어야 하는가?(단, 원칙적인 경우에 한한다)

① 1.5[m]
② 10[m]
③ 150[m]
④ 300[m]

> **해설**
> **지하에 매설하는 배관 기준**
> ① 배관은 그 외면으로부터 건축물·지하가·터널 또는 수도시설까지 각각 다음의 규정에 의한 안전거리를 둘 것(다만, ⓒ 또는 ⓒ의 공작물에 있어서는 적절한 누설확산방지조치를 하는 경우에 그 안전거리를 1/2의 범위 안에서 단축할 수 있다)
>   ㉠ 건축물(지하가 내의 건축물을 제외한다) : 1.5[m] 이상
>   **ⓒ 지하가 및 터널 : 10[m] 이상**
>   ⓒ 수도법에 의한 수도시설(위험물의 유입우려가 있는 것에 한한다) : 300[m] 이상
> ② 배관은 그 외면으로부터 다른 공작물에 대하여 0.3[m] 이상의 거리를 보유할 것
> ③ 배관의 외면과 지표면과의 거리는 산이나 들에 있어서는 0.9[m] 이상, 그 밖의 지역에 있어서는 1.2[m] 이상으로 할 것

38 위험물안전관리법령상 위험등급 Ⅰ 인 위험물은?

① 과아이오딘산칼륨
② 아조화합물
③ 나이트로화합물(제2종)
④ 질산에스터류(제1종)

해설
위험등급

종 류	과아이오딘산칼륨	아조화합물(제2종)	나이트로화합물(제2종)	질산에스터류(제1종)
유 별	제1류 위험물	제5류 위험물	제5류 위험물	제5류 위험물
위험등급	Ⅱ	Ⅱ	Ⅱ	Ⅰ

39 다이에틸에터(Diethyl Ether)의 화학식으로 옳은 것은?

① $C_2H_5C_2H_5$
② $C_2H_5OC_2H_5$
③ $C_2H_5COC_2H_5$
④ $C_2H_5COOC_2H_5$

해설
다이에틸에터 : $C_2H_5OC_2H_5$

40 분자량은 약 72.06이고, 증기비중이 약 2.48인 것은?

① 큐 멘
② 아크릴산
③ 스타이렌
④ 하이드라진

해설
위험물

종 류	큐 멘	아크릴산	스타이렌	하이드라진
화학식	$C_6H_5CH(CH_3)_2$	$CH_2=CHCOOH$	$C_6H_5CH=CH_2$	N_2H_4
분자량	120.19	72.06	104	32
증기비중	4.14	2.48	3.59	1.10

정답 38 ④ 39 ② 40 ②

41 다음 물질 중 증기비중이 가장 큰 것은?

① 이황화탄소 ② 사이안화수소 ③ 에탄올 ④ 벤 젠

해설
증기비중

$$증기비중 = \frac{분자량}{29}$$

종 류	이황화탄소	사이안화수소	에탄올	벤 젠
화학식	CS_2	HCN	C_2H_5OH	C_6H_6
분자량	76	27	46	78
증기비중	2.62	0.93	1.59	2.69

42 위험물안전관리법령상 간이탱크저장소의 설치 기준으로 옳지 않은 것은?

① 하나의 간이탱크저장소에 설치하는 간이저장탱크의 수는 3 이하로 한다.
② 간이저장탱크의 용량은 600[L] 이하로 한다.
③ 간이저장탱크는 두께 2.3[mm] 이상의 강판으로 제작한다.
④ 간이저장탱크는 통기관을 설치해야 한다.

해설
간이저장탱크의 두께 : 3.2[mm] 이상의 강판

43 순수한 과산화수소의 녹는점과 끓는점을 70[wt%] 농도의 과산화수소와 비교한 내용으로 옳은 것은?

① 순수한 과산화수소의 녹는점은 더 낮고 끓는점은 더 높다.
② 순수한 과산화수소의 녹는점은 더 높고 끓는점은 더 낮다.
③ 순수한 과산화수소의 녹는점과 끓는점은 모두 더 낮다.
④ 순수한 과산화수소의 녹는점과 끓는점은 모두 더 높다.

해설
위험물은 순수한 것(95[%] 이상)은 녹는점(Melting Point)과 비점(끓는점, Boiling Point)이 불순물이 존재하여 농도가 낮은 것(70[%])보다는 높다.

실험실에서 정성분석으로서 물질의 녹는점으로 합격, 불합격을 결정할 수도 있다.

44 위험물안전관리법령상 수납하는 위험물에 따라 운반용기의 외부에 표시하는 주의사항을 모두 나타낸 것으로 옳지 않은 것은?

① 제3류 위험물 중 금수성 물질 : 물기엄금
② 제3류 위험물 중 자연발화성 물질 : 화기엄금 및 공기접촉엄금
③ 제4류 위험물 : 화기엄금
④ 제5류 위험물 : 화기주의 및 충격주의

해설

운반용기의 표시해야 할 주의사항
- 제1류 위험물
  - 알칼리금속의 과산화물 : 화기·충격주의, 물기엄금, 가연물접촉주의
  - 그 밖의 것 : 화기·충격주의, 가연물접촉주의
- 제2류 위험물
  - 철분·금속분·마그네슘 : 화기주의, 물기엄금
  - 인화성 고체 : 화기엄금
  - 그 밖의 것 : 화기주의
- 제3류 위험물
  - **자연발화성 물질 : 화기엄금, 공기접촉엄금**
  - **금수성 물질 : 물기엄금**
- **제4류 위험물 : 화기엄금**
- **제5류 위험물 : 화기엄금, 충격주의**
- 제6류 위험물 : 가연물접촉주의

45 물과 반응하였을 때 생성되는 탄화수소가스의 종류가 나머지 셋과 다른 하나는?

① Be_2C ② Mn_3C ③ MgC_2 ④ Al_4C_3

해설

물과 반응

- 탄화베릴륨 $Be_2C + 4H_2O \rightarrow 2Be(OH)_2 + CH_4 \uparrow$
- 탄화망가니즈 $Mn_3C + 6H_2O \rightarrow 3Mn(OH)_2 + CH_4 \uparrow + H_2 \uparrow$
- 탄화마그네슘 **$MgC_2 + 2H_2O \rightarrow Mg(OH)_2 + C_2H_2 \uparrow$**
- 탄화알루미늄 $Al_4C_3 + 12H_2O \rightarrow 4Al(OH)_3 + 3CH_4 \uparrow$

정답 44 ④ 45 ③

46 물분무소화에 사용된 20[℃]의 물 2[g]이 완전히 기화되어 100[℃]의 수증기가 되었다면 흡수된 열량과 수증기 발생량은 약 얼마인가?(단, 1기압을 기준으로 한다)

① 1,238[cal], 2,400[mL]   ② 1,238[cal], 3,400[mL]
③ 2,476[cal], 2,400[mL]   ④ 2,476[cal], 3,400[mL]

해설
열량과 수증기발생량을 계산하면
- 열량 $Q = mC\Delta t + \gamma \cdot m$ = 2[g] × 1[cal/g·℃] × (100 − 20)[℃] + 539[cal/g] × 2[g] = 1,238[cal]
- 수증기발생량 $PV = nRT$

$$V = \frac{nRT}{P} = \frac{(2/18) \times 0.08205 \times (273 + 100)}{1[\text{atm}]} = 3.4[\text{L}] = 3,400[\text{mL}]$$

47 다음은 위험물안전관리법령에서 정한 황이 위험물로 취급되는 기준이다. ( )에 알맞은 말을 차례대로 나타낸 것은?

> 황은 순도가 ( )[wt%] 이상인 것을 말하며 순도측정을 하는 경우 불순물은 활석 등 불연성 물질과 ( ) (으)로 한정한다.

① 40, 가연성 물질   ② 40, 수분
③ 60, 가연성 물질   ④ 60, 수분

해설
제2류 위험물의 황은 순도가 **60[wt%] 이상**인 것을 말하며 **순도측정**을 하는 경우 불순물은 활석 등 **불연성 물질과 수분**으로 한정한다.

48 금속칼륨을 등유 속에 넣어 보관하는 이유로 가장 적합한 것은?

① 산소의 발생을 막기 위해
② 마찰 시 충격을 방지하려고
③ 제4류 위험물과의 혼재가 가능하기 때문에
④ 습기 및 공기와의 접촉을 방지하려고

해설
제3류 위험물인 칼륨(K)이나 나트륨(Na)은 습기 및 공기와의 접촉을 방지하려고 등유, 경유, 유동파라핀 속에 저장한다.

49 아연분이 NaOH 수용액과 반응하였을 때 발생하는 물질은?

① H_2 ② O_2 ③ Na_2O_2 ④ NaZn

해설
아연분이 NaOH 수용액과 반응

$$2Zn + 2NaOH + 2H_2O \rightarrow 2NaZnO_2 + 3H_2$$
(아연산나트륨)

---

50 위험물안전관리법령상 물분무소화설비가 적응성이 있는 대상물이 아닌 것은?

① 전기설비   ② 철 분
③ 인화성 고체   ④ 제4류 위험물

해설
물분무소화설비는 철분, 마그네슘, 금속분과 반응하면 가연성 가스인 수소가스가 발생하므로 위험하다.

$$2Fe + 6H_2O \rightarrow 2Fe(OH)_3 + 3H_2$$

---

51 1[mol]의 트라이에틸알루미늄의 충분한 양이 물과 반응하였을 때 발생하는 가연성 가스는 표준상태를 기준으로 몇 [L]인가?

① 11.2   ② 22.4   ③ 44.8   ④ 67.2

해설
트라이에틸알루미늄과 물의 반응

$$(C_2H_5)_3Al + 3H_2O \rightarrow Al(OH)_3 + 3C_2H_6$$
(트라이에틸알루미늄)　　　　　　(에테인)

- 표준상태에서 가스 1[mol]이 차지하는 부피는 22.4[L]이다.
- 1[mol]의 트라이에틸알루미늄이 물과 반응할 때 3[mol]의 에테인이 발생한다.
  ∴ 3[mol]의 에테인이 발생하므로 부피는 3 × 22.4[L] = 67.2[L]가 된다.

정답 49 ①　50 ②　51 ④

52 위험물안전관리법령상 주유취급소의 주위에는 자동차 등이 출입하는 쪽 외의 부분에 높이 몇 [m] 이상의 담 또는 벽을 설치해야 하는가?(단, 주유취급소의 인근에 연소의 우려가 있는 건축물이 없는 경우이다)

① 1　　　　② 1.5　　　　③ 2　　　　④ 2.5

해설
주유취급소의 담 또는 벽의 설치 기준
① 주유취급소의 주위에는 자동차 등이 출입하는 쪽 외의 부분에 높이 **2[m] 이상의 내화구조 또는 불연재료의 담 또는 벽을 설치**하되 주유취급소의 인근에 연소의 우려가 있는 건축물이 있는 경우에는 소방청장이 정하여 고시하는 바에 따라 방화상 유효한 높이로 해야 한다.
② 다음 기준에 적합한 경우에는 담 또는 벽의 일부분에 방화상 유효한 구조의 유리를 부착할 수 있다.
　㉠ 유리를 부착하는 위치는 주입구, 고정주유설비 및 고정급유설비로부터 4[m] 이상 거리를 둘 것
　㉡ 유리를 부착하는 방법의 기준
　　• 주유취급소 내의 지반면으로부터 70[cm]를 초과하는 부분에 한하여 유리를 부착할 것
　　• 하나의 유리판의 가로의 길이는 2[m] 이내일 것
　　• 유리판의 테두리를 금속제의 구조물에 견고하게 고정하고 해당 구조물을 담 또는 벽에 견고하게 부착할 것
　　• 유리의 구조는 접합유리(두 장의 유리를 두께 0.76[mm] 이상의 폴리바이닐부티랄 필름으로 접합한 구조를 말한다)로 하되 비차열 30분 이상의 방화성능이 인정될 것
　㉢ 유리를 부착하는 범위는 전체의 담 또는 벽의 길이의 2/10를 초과하지 않을 것

53 다음 중 위험물안전관리법의 적용제외 대상이 아닌 것은?
① 항공기로 위험물을 국외에서 국내로 운반하는 경우
② 철도로 위험물을 국내에서 국내로 운반하는 경우
③ 선박(기선)으로 위험물을 국내에서 국외로 운반하는 경우
④ 국제해상위험물규칙(IMDG Code)에 적합한 운반용기에 수납된 위험물을 자동차로 운반하는 경우

해설
위험물안전관리법은 항공기, 선박(기선, 범선, 부선), 철도 및 궤도에 의한 위험물의 저장·취급 및 운반에 있어서는 이를 적용하지 않는다.

54 액체 위험물의 옥외저장탱크에는 위험물의 양을 자동적으로 표시할 수 있는 계량장치를 설치해야 한다. 그 종류로서 적당하지 않은 것은?

① 기밀부유식 계량장치
② 증기가 비산하는 구조의 부유식 계량장치
③ 전기압력자동방식에 의한 자동계량장치
④ 방사선동위원소를 이용한 방식에 의한 자동계량장치

해설
위험물의 양을 자동적으로 표시할 수 있는 계량장치
- 기밀부유식(밀폐되어 부상하는 방식) 계량장치
- **증기가 비산하지 않는 구조의 부유식 계량장치**
- 전기압력자동방식에 의한 자동계량장치
- 방사선동위원소를 이용한 방식에 의한 자동계량장치
- 유리측정기(Gauge Glass : 수면이나 유면의 높이를 측정하는 유리로 된 기구를 말하며, 금속관으로 보호된 경질유리 등으로 되어 있고 게이지가 파손되었을 때 위험물의 유출을 자동적으로 정지할 수 있는 장치가 되어 있는 것으로 한정한다)

55 워크 샘플링에 관한 설명 중 틀린 것은?

① 워크 샘플링은 일명 스냅리딩(Snap Reading)이라 불린다.
② 워크 샘플링은 스톱워치를 사용하여 관측대상을 순간적으로 관측하는 것이다.
③ 워크 샘플링은 영국의 통계학자 L.H.C Tippet가 가동률 조사를 위해 창안한 것이다.
④ 워크 샘플링은 사람의 상태나 기계의 가동상태 및 작업의 종류 등을 순간적으로 관측하는 것이다.

해설
워크 샘플링
- 워크 샘플링은 일명 스냅리딩(Snap Reading)이라 불린다.
- **워크 샘플링의 가동분석**에는
  - 작업자 또는 설비의 관측대상의 가동상황을 한사람의 관측자가 옆에 붙어서 작업의 진행 순서에 따라 조사하는 방법
  - 관측대상의 가동상황을 **수간관측(보는 순간상태를 관측)**하여 그 결과를 분류와 기록하여 몇 번이고 반복하여 특정현상이 발생하는 비율로 구하여 신뢰도와 정도를 고려하여 추정하는 방법
- 워크 샘플링은 1934년 영국의 통계학자 L.H.C Tippet가 가동률 조사를 위해 창안한 것으로 섬유업계에 처음 적용하였다.
- 워크 샘플링은 사람의 상태나 기계의 가동상태 및 작업의 종류 등을 순간적으로 관측하는 것이다.

56 설비보전조직 중 지역보전(Area Maintenance)의 장·단점에 해당하지 않는 것은?

① 현장 왕복시간이 증가한다.
② 조업요원과 지역보전요원과의 관계가 밀접해진다.
③ 보전요원이 현장에 있으므로 생산 본위가 되며 생산의욕을 가진다.
④ 같은 사람이 같은 설비를 담당하므로 설비를 잘 알며 충분한 서비스를 할 수 있다.

해설
지역보전(地域保全) : 조직상으로는 집중보전과 동일하나 제품별·제조부문별 또는 지리적으로 보전업무가 분산 배치되는 조직형태이므로 현장 왕복시간이 증가하지 않는다.

57 부적합품률이 20[%]인 공정에서 생산되는 제품을 매시간 10개씩 샘플링 검사하여 공정을 관리하려고 한다. 이때 측정되는 시료의 부적합품 수에 기댓값과 분산은 약 얼마인가?

① 기댓값 : 1.6, 분산 : 1.3
② 기댓값 : 1.6, 분산 : 1.6
③ 기댓값 : 2.0, 분산 : 1.3
④ 기댓값 : 2.0, 분산 : 1.6

해설
기댓값과 분산
- 기댓값 = np = 10 × 0.2 = 2.0
- 분산 = $np(1-p)$ = (10 × 0.2) × (1 − 0.2) = 1.6

58 3δ법의 $\overline{X}$ 관리도에서 공정이 관리상태에 있는 데에도 불구하고 관리상태가 아니라고 판정하는 제1종 과오는 약 몇 [%]인가?

① 0.27   ② 0.54   ③ 1.0   ④ 1.2

해설
- 관리상태의 범위 = 99.73[%]($\mu - 3\delta$, $\mu + 3\delta$)
- 관리상태가 아닌 경우 = 1 − 0.9973 = 0.0027 → 0.27[%]

59 설비배치 및 개선의 목적을 설명한 내용으로 가장 먼 것은?

① 재가공품의 증가
② 설비투자 최소화
③ 이동거리의 감소
④ 작업자 부하 평준화

> **해설**
> **설비배치 및 개선의 목적**
> • 운반의 최적화
> • 설비투자 최소화
> • 이동거리의 감소
> • 작업자 부하 평준화
> • 배치변경에 대한 유연성

60 검사의 종류 중 검사공정에 의한 분류에 해당되지 않는 것은?

① 수입검사
② 출하검사
③ 출장검사
④ 공정검사

> **해설**
> **검사공정(행해지는 목적)에 의한 분류**
> • 수입검사 : 생산현장에서 원자재 또는 반제품에 대하여 원료로서의 적합성에 대한 검사
> • 구입검사 : 제출된 Lot의 원료를 구입해도 품질에 문제가 없는가를 판정하는 검사
> • 공정검사 : 제품을 생산하는 공정에서 불량품이 다음 공정으로 진행되는 것을 방지하기 위한 검사
> • 최종검사 : 제조공정의 최종단계에서 행해지는 검사로서 생산제품의 요구사항을 만족하는지 여부를 판정하는 검사
> • 출하검사 : 완제품을 출하하기 전에 출하여부를 결정하는 검사
>
> **출장검사**(검사원이 공장에 출장하여 검사하는 방법) : 검사가 행하는 장소에 의한 분류

정답 59 ① 60 ③

2017년 7월 8일 시행 과년도 기출문제

01 위험물안전관리법령에 의하여 다수의 제조소 등을 설치한 자가 1인의 안전관리자를 중복하여 선임할 수 있는 경우가 아닌 것은?(단, 동일구내에 있는 저장소로서 동일인이 설치한 경우이다)

① 15개의 옥내저장소
② 30개의 옥외탱크저장소
③ 10개의 옥외저장소
④ 10개의 암반탱크저장소

해설

1인의 안전관리자를 중복하여 선임할 수 있는 저장소 등(시행규칙 제56조)
- **10개 이하 : 옥내저장소**, 옥외저장소, 암반탱크저장소
- 30개 이하 : 옥외탱크저장소
- 무제한 : 옥내탱크저장소, 지하탱크저장소, 간이탱크저장소

02 다음은 위험물안전관리법령상 위험물의 성질에 따른 제조소의 특례에 관한 내용이다. ( )에 해당하는 위험물은?

> ( )을(를) 취급하는 설비는 은·수은·동·마그네슘 또는 이들을 성분으로 하는 합금으로 만들지 않을 것

① 에터
② 콜로디온
③ 아세트알데하이드
④ 알킬알루미늄

해설

제조소의 특례기준
- **알킬알루미늄 등(알킬알루미늄, 알킬리튬)을 취급하는 제조소**
  - 알킬알루미늄 등을 취급하는 설비의 주위에는 누설범위를 국한하기 위한 설비와 누설된 알킬알루미늄 등을 안전한 장소에 설치된 저장실에 유입시킬 수 있는 설비를 갖출 것
  - 알킬알루미늄 등을 취급하는 설비에는 불활성기체를 봉입하는 장치를 갖출 것
- **아세트알데하이드 등(아세트알데하이드, 산화프로필렌)을 취급하는 제조소**
  - **아세트알데하이드 등**을 취급하는 설비는 **은(Ag)·수은(Hg)·동(Cu)·마그네슘(Mg)** 또는 이들을 성분으로 하는 합금으로 만들지 않을 것
  - 아세트알데하이드 등을 취급하는 설비에는 연소성 혼합기체의 생성에 의한 폭발을 방지하기 위한 불활성기체 또는 수증기를 봉입하는 장치를 갖출 것
  - 아세트알데하이드 등을 취급하는 탱크(옥외에 있는 탱크 또는 옥내에 있는 탱크로서 그 용량이 지정수량의 1/5 미만의 것을 제외)에는 냉각장치 또는 저온을 유지하기 위한 장치(보냉장치) 및 연소성 혼합기체의 생성에 의한 폭발을 방지하기 위한 불활성기체를 봉입하는 장치를 갖출 것. 다만, 지하에 있는 탱크가 아세트알데하이드 등의 온도를 저온으로 유지할 수 있는 구조인 경우에는 냉각장치 및 보냉장치를 갖추지 않을 수 있다.
- **하이드록실아민 등을 취급하는 제조소**
  - 하이드록실아민 등을 취급하는 설비에는 하이드록실아민 등의 **온도 및 농도의 상승**에 의한 위험한 반응을 방지하기 위한 조치를 강구할 것
  - 하이드록실아민 등을 취급하는 설비에는 **철 이온 등의 혼입**에 의한 위험한 반응을 방지하기 위한 조치를 강구할 것

정답 01 ① 02 ③

03 다음에서 설명하는 탱크는 위험물안전관리법령상 무엇이라 하는가?

> 저부가 지반 아래에 있고 상부가 지반면 이상에 있으며, 탱크 내 위험물의 최고 액면이 지반면 아래에 있는 원통형의 위험물 탱크를 말한다.

① 반지하탱크
② 지반탱크
③ 지중탱크
④ 특정옥외탱크

해설
지중탱크 : 저부가 지반면 아래에 있고 상부가 지반면 이상에 있으며, 탱크 내 위험물의 최고 액면이 지반면 아래에 있는 원통형의 위험물 탱크

04 다음과 같은 성질을 가지는 물질은?

> • 가장 간단한 구조의 카복실산이다.
> • 알데하이드기와 카복실기를 모두 가지고 있다.
> • CH_3OH와 에스터화 반응을 한다.

① CH_3COOH
② $HCOOH$
③ CH_3CHO
④ CH_3COCH_3

해설
의산(개미산, 폼산)
• 물 성

화학식	비 중	증기비중	인화점	착화점
HCOOH	1.2	1.59	55[℃]	540[℃]

• 가장 간단한 구조의 카복실산(R–COOH)이다.
• 알데하이드기(–CHO)와 카복실기(–COOH)를 모두 가지고 있다.
• CH_3OH와 에스터화 반응을 한다.

[참 고]

CH_3COOH	CH_3CHO	CH_3COCH_3
초 산	아세트알데하이드	아세톤
제2석유류(수용성)	특수인화물	제1석유류(수용성)

정답 03 ③ 04 ②

05 황화인 중에서 융점이 약 173[℃]이며, 황색 결정이고 물에는 불용성인 것은?

① P_2S_5
② P_2S_3
③ P_4S_3
④ P_4S_7

> **해설**
> **황화인의 물성**

항목 \ 종류	삼황화인	오황화인	칠황화인
성상	황색 결정	담황색 결정	담황색 결정
화학식	P_4S_3	P_2S_5	P_4S_7
비점	407[℃]	514[℃]	523[℃]
비중	2.03	2.09	2.03
융점	172.5[℃]	290[℃]	310[℃]
착화점	약 100[℃]	142[℃]	-

06 이동탱크저장소의 측면틀의 기준에 있어서 탱크 뒷부분의 입면도에서 측면틀의 최외각과 탱크의 최외측을 연결하는 직선의 수평면에 대한 내각은 얼마 이상이 되도록 해야 하는가?

① 35°
② 65°
③ 75°
④ 90°

> **해설**
> **이동탱크저장소의 측면틀 기준**
> • 탱크 뒷부분의 입면도에 있어서 측면틀의 최외측과 탱크의 최외측을 연결하는 직선(최외측선)의 수평면에 대한 내각이 **75° 이상**이 되도록 하고, 최대수량의 위험물을 저장한 상태에 있을 때의 해당 탱크중량의 중심점과 측면틀의 최외측을 연결하는 직선과 그 중심점을 지나는 직선 중 최외측선과 직각을 이루는 직선과의 내각이 **35° 이상**이 되도록 할 것
> • 외부로부터 하중에 견딜 수 있는 구조로 할 것
> • 탱크 상부의 네 모퉁이에 해당 탱크의 전단 또는 후단으로부터 각각 1[m] 이내의 위치에 설치할 것
> • 측면틀에 걸리는 하중에 의하여 탱크가 손상되지 않도록 측면틀의 부착부분에 받침판을 설치할 것

07 위험물안전관리법령상 $C_6H_5CH = CH_2$을 70,000[L] 저장하는 옥외탱크저장소에는 능력단위 3단위 소화기를 최소 몇 개 설치해야 하는가?(단, 다른 조건은 고려하지 않는다)

① 1 ② 2 ③ 3 ④ 4

해설
소화기 개수
- 스타이렌($C_6H_5CH = CH_2$)의 지정수량 : 1,000[L](제4류 제2석유류 비수용성)
- 소요단위

$$소요단위 = \frac{저장량}{지정수량 \times 10배}$$

즉, 소요단위 $= \dfrac{70,000[L]}{1,000[L] \times 10배} = 7단위$

※ 위험물안전관리법령에서는 소요단위에 해당하는 능력단위의 소화기를 비치해야 한다.

∴ 소화기 개수 $= \dfrac{7단위}{3단위} = 2.33 \rightarrow 3개$

08 제4류 위험물 중 지정수량이 옳지 않은 것은?

① n-헵테인 : 200[L]
② 벤즈알데하이드 : 2,000[L]
③ n-펜테인 : 50[L]
④ 에틸렌글라이콜 : 4,000[L]

해설
제4류 위험물의 지정수량

항목 \ 종류	n-헵테인	벤즈알데하이드	n-펜테인	에틸렌글라이콜
화학식	$CH_3(CH_2)_5CH_3$	C_6H_5CHO	$CH_3(CH_2)_3CH_3$	$HOCH_2CH_2OH$
품명	제1석유류(비수용성)	제2석유류(비수용성)	특수인화물	제3석유류(수용성)
지정수량	200[L]	1,000[L]	50[L]	4,000[L]

09 어떤 물질 1[kg]에 의해 파괴되는 오존량을 기준물질인 CFC-11, 1[kg]에 의해 파괴되는 오존량을 나눈 상대적인 비율로 오존파괴능력을 나타내는 지표는?

① CFC ② ODP ③ GWP ④ HCFC

해설
용어 설명
- ODP : 어떤 물질 1[kg]에 의해 파괴되는 오존량을 기준물질인 CFC-11(CFC_3), 1[kg]에 의해 파괴되는 오존량을 나눈 상대적인 비율로 오존파괴능력을 나타내는 지표

$$ODP = \frac{어떤\ 물질\ 1[kg]이\ 파괴되는\ 오존량}{CFC-11,\ 1[kg]이\ 파괴되는\ 오존량}$$

- GWP : 일정 무게의 CO_2가 대기 중에 방출되어 지구온난화에 기여하는 정도를 1로 하였을 때 같은 무게의 어떤 물질이 기여하는 정도

정답 07 ③ 08 ② 09 ②

10 탄화칼슘이 물과 반응하였을 때 발생하는 가스는?

① 메테인 ② 에테인 ③ 수 소 ④ 아세틸렌

해설

탄화칼슘이 **물과 반응**하면 수산화칼슘과 **아세틸렌가스**를 발생한다.

[탄화칼슘의 반응식]

- 물과 반응 $CaC_2 + 2H_2O \rightarrow Ca(OH)_2 + C_2H_2 \uparrow$
  (수산화칼슘) (아세틸렌)
- 약 700[℃] 이상에서 반응 $CaC_2 + N_2 \rightarrow CaCN_2 + C \uparrow$
  (석회질소) (탄소)
- 아세틸렌가스와 금속의 반응 $C_2H_2 + 2Ag \rightarrow Ag_2C_2 + H_2 \uparrow$

11 세슘(Cs)에 대한 설명으로 틀린 것은?

① 알칼리토금속이다.
② 암모니아 반응하여 수소를 발생한다.
③ 비중이 1보다 크므로 물보다 무겁다.
④ 사염화탄소와 접촉 시 위험성이 증가한다.

해설

세슘(Cs)

- 물 성

화학식	품 명	성 상	끓는점	녹는점	비 중
Cs	제3류 위험물 알칼리금속	은백색의 무른 금속	685[℃]	29[℃]	2.6

- 암모니아 반응하여 수소를 발생한다.
- 비중이 1보다 크므로 물보다 무겁다.
- 사염화탄소와 접촉 시 위험성이 증가한다.

12 위험물안전관리법령상 위험물의 유별 구분이 나머지 셋과 다른 하나는?

① 사에틸납 ② 백금분 ③ 주석분 ④ 고형알코올

해설

위험물의 유별

종 류	사에틸납	백금분	주석분	고형알코올
유 별	제4류 위험물 제3석유류 (비수용성)	제2류 위험물 금속분	제2류 위험물 금속분	제2류 위험물 인화성 고체

13 벤젠핵에 메틸기 1개와 하이드록실기 1개가 결합된 구조를 가진 액체로서 독특한 냄새를 가지는 물질은?

① 크레졸(Cresol)
② 아닐린(Aniline)
③ 큐멘(Cumene)
④ 나이트로벤젠(Nitro Benzene)

해설

크레졸(Cresol) : 메틸기($-CH_3$) 1개와 하이드록실기($-OH$) 1개가 결합된 구조

종류	m-크레졸	아닐린	큐 멘	나이트로벤젠
구조식	OH, CH₃ (벤젠고리)	NH₂ (벤젠고리)	H₃C-CH-CH₃ (벤젠고리)	NO₂ (벤젠고리)

14 위험물 옥외탱크저장소의 방유제 외측에 설치하는 보조포소화전의 상호 간의 거리는?

① 보행거리 40[m] 이하
② 수평거리 40[m] 이하
③ 보행거리 75[m] 이하
④ 수평거리 75[m] 이하

해설

보조포소화전의 상호 간의 거리는 보행거리 75[m] 이하이다.

15 탱크안전성능검사에 관한 설명으로 옳은 것은?

① 검사자로는 소방서장, 한국소방산업기술원 또는 탱크안전성능시험자가 있다.
② 이중벽탱크에 대한 수압검사는 탱크의 제작지를 관할하는 소방서장도 할 수 있다.
③ 탱크의 종류에 따라 기초·지반검사, 충수·수압검사, 용접부검사 또는 암반탱크검사 중에서 어느 하나의 검사를 실시한다.
④ 한국소방산업기술원은 엔지니어링사업자, 탱크안전성능시험자 등이 실시하는 시험의 과정 및 결과를 확인하는 방법으로 검사를 할 수 있다.

해설
탱크안전성능검사
① 탱크안전성능검사 실시자 : 시·도지사(위임 : 한국소방산업기술원 또는 탱크안전성능시험자)
② 탱크안전성능검사의 대상이 되는 탱크
  ㉠ 기초·지반검사 : 옥외탱크저장소의 액체 위험물탱크 중 그 용량이 100만[L] 이상인 탱크
  ㉡ 충수(充水)·수압검사 : 액체 위험물을 저장 또는 취급하는 탱크. 다만, 다음의 어느 하나에 해당하는 탱크는 제외한다.
    • 제조소 또는 일반취급소에 설치된 탱크로서 용량이 지정수량 미만인 것
    • 고압가스 안전관리법 제17조 제1항에 따른 특정설비에 관한 검사에 합격한 탱크
    • 산업안전보건법 제84조 제1항에 따른 안전인증을 받은 탱크
  ㉢ 용접부검사 : ㉠의 규정에 의한 탱크. 다만, 탱크의 저부에 관계된 변경공사(탱크의 옆판과 관련되는 공사를 포함하는 것을 제외한다) 시에 행하여진 법 제18조 제2항의 규정에 의한 정기검사에 의하여 용접부에 관한 사항이 행정안전부령으로 정하는 기준에 적합하다고 인정된 탱크를 제외한다.
  ㉣ 암반탱크검사 : 액체 위험물을 저장 또는 취급하는 암반 내의 공간을 이용한 탱크
    • 규정에 의하여 기술원이 확인하는 방법은 기술원이 시험현장에 입회하는 방법(용접부검사 중 방사선투과 시험의 경우에는 방사선투과사진을 확인하는 방법)에 의한다. 이 경우 시험의 적정성에 대하여 검증이 필요하다고 인정되는 경우에는 기술원이 시험 실시 부분의 일부를 발췌하여 직접 시험할 수 있다.

16 위험물안전관리법령상 충전하는 일반취급소의 특례기준을 적용받을 수 있는 일반취급소에서 취급할 수 없는 위험물을 모두 기술한 것은?

① 알킬알루미늄 등, 아세트알데하이드 등 및 하이드록실아민
② 알킬알루미늄 등, 아세트알데하이드 등
③ 알킬알루미늄 등, 하이드록실아민 등
④ 아세트알데하이드 등 및 하이드록실아민 등

해설
이동저장탱크에 액체 위험물(**알킬알루미늄 등, 아세트알데하이드 등 및 하이드록실아민 등을 제외한다**)을 주입하는 일반취급소(액체 위험물을 용기에 옮겨 담는 취급소를 포함하며, 이하 "**충전하는 일반취급소**"라 한다)

17 질산암모늄에 대한 설명 중 틀린 것은?

① 강력한 산화제이다.
② 물에 녹을 때는 흡열반응을 나타낸다.
③ 조해성이 있다.
④ 흑색 화약의 재료로 쓰인다.

해설
질산칼륨은 황과 숯가루를 혼합하여 흑색 화약을 제조한다.

18 다음은 위험물안전관리법령에서 정한 인화성 액체 위험물(이황화탄소는 제외)의 옥외탱크저장소 탱크 주위에 설치하는 방유제 기준에 관한 내용이다. ( ) 안에 알맞은 수치는?

> 방유제는 옥외저장탱크의 지름에 따라 그 탱크의 옆판으로부터 다음에 정하는 거리를 유지할 것. 다만, 인화점이 200[℃] 이상인 위험물을 저장 또는 취급하는 것에 있어서는 그렇지 않다.
> ㉠ 지름이 (ⓐ)[m] 미만인 경우에는 탱크 높이의 (ⓑ) 이상
> ㉡ 지름이 (ⓐ)[m] 이상인 경우에는 탱크 높이의 (ⓒ) 이상

① ⓐ : 12, ⓑ : 1/3, ⓒ : 1/2
② ⓐ : 12, ⓑ : 1/3, ⓒ : 2/3
③ ⓐ : 15, ⓑ : 1/3, ⓒ : 1/2
④ ⓐ : 15, ⓑ : 1/3, ⓒ : 2/3

해설
방유제는 탱크의 옆판으로부터 거리를 유지할 것(다만, 인화점이 200[℃] 이상인 위험물은 제외)
• 지름이 **15[m] 미만**인 경우 : **탱크 높이의 1/3 이상**
• 지름이 **15[m] 이상**인 경우 : **탱크 높이의 1/2 이상**

19 다음의 위험물을 저장할 경우 총저장량이 지정수량 이상에 해당하는 것은?

① 브로민산칼륨 80[kg], 염소산칼륨 40[kg]
② 질산 100[kg], 알루미늄분 200[kg]
③ 질산칼륨 120[kg], 다이크로뮴산나트륨 500[kg]
④ 브로민산칼륨 150[kg], 기어유 2,000[L]

해설

지정수량의 배수

- 지정수량

종 류	품 명	지정수량
염소산칼륨	제1류 위험물 염소산염류	50[kg]
질 산	제6류 위험물	300[kg]
알루미늄분	제2류 위험물 금속분	500[kg]
질산칼륨	제1류 위험물 질산염류	300[kg]
다이크로뮴산나트륨	제1류 위험물 다이크로뮴산염류	1,000[kg]
브로민산칼륨	제1류 위험물 브로민산염류	300[kg]
기어유	제4류 위험물 제4석유류	6,000[L]

- 지정수량의 배수

번 호	지정수량의 배수(지정배수)
①	지정배수 $= \dfrac{80[kg]}{300[kg]} + \dfrac{40[kg]}{50[kg]} = 1.07$ 배
②	지정배수 $= \dfrac{100[kg]}{300[kg]} + \dfrac{200[kg]}{500[kg]} = 0.73$ 배
③	지정배수 $= \dfrac{120[kg]}{300[kg]} + \dfrac{500[kg]}{1,000[kg]} = 0.9$ 배
④	지정배수 $= \dfrac{150[kg]}{300[kg]} + \dfrac{2,000[L]}{6,000[L]} = 0.83$ 배

※ 법령이나 현장에서는 제2류 위험물(알루미늄분)과 제6류 위험물(질산)은 같이 운반하거나 저장할 수 없고 브로민산칼륨(제1류)과 기어유(제4류)도 같이 운반 또는 저장할 수 없다.

20 위험물안전관리법령상 n-C$_4$H$_9$OH의 지정수량은?

① 200[L] ② 400[L]
③ 1,000[L] ④ 2,000[L]

해설

부탄올(n-C$_4$H$_9$OH)의 지정수량 : 1,000[L][제4류 위험물의 제2석유류(비수용성)]

21 산소 32[g]과 메테인 32[g]을 20[℃]에서 30[L]의 용기에 혼합하였을 때 이 혼합기체가 나타내는 압력은 약 몇 [atm]인가?(단, R = 0.082[atm·L/g-mol·K]이며, 이상기체로 가정한다)

① 1.8
② 2.4
③ 3.2
④ 4.0

해설

이상기체 상태방정식을 이용하여 압력을 구한다.

$$PV = nRT = \frac{W}{M}RT$$

여기서, P : 압력[atm]　　　　　　V : 부피[L], [m³]
　　　　M : 분자량[g/g-mol]　　　W : 무게[g]
　　　　R : 기체상수(0.082[L·atm/g-mol·K])
　　　　T : 절대온도(273 + [℃])
　　　　n : mol수

$$\left(n = \frac{무게}{분자량} \text{ 이고, 분자량은 산소}(O_2)\text{는 32, 메테인}(CH_4)\text{은 16이다.} \right.$$
$$\left. \therefore \text{ 총몰수} = \frac{32[g]}{32} + \frac{32[g]}{16} = 3[g-mol] \right)$$

압력을 구하면 $P = \frac{nRT}{V} = \frac{3[g-mol] \times 0.082[L \cdot atm/g-mol \cdot K] \times (273+20)[K]}{30[L]} = 2.4[atm]$

22 옥외저장소에 저장하는 위험물 중에서 위험물을 적당한 온도로 유지하기 위한 살수설비를 설치해야 하는 위험물이 아닌 것은?

① 인화성 고체(인화점 20[℃])
② 경 유
③ 톨루엔
④ 메탄올

해설

옥외저장소의 살수설비를 설치해야 하는 위험물은 인화성 고체, 제1석유류, 알코올류이다.

경유 : 제2석유류, 톨루엔 : 제1석유류, 메탄올 : 알코올류

정답 21 ② 22 ②

23 물과 심하게 반응하여 독성의 포스핀을 발생시키는 위험물은?

① 인화칼슘
② 부틸리튬
③ 수소화나트륨
④ 탄화알루미늄

해설
물과 반응
- **인화칼슘**은 물과 반응하면 유독성의 **포스핀가스(PH_3)**를 발생하므로 위험하다.

$$Ca_3P_2 + 6H_2O \rightarrow 3Ca(OH)_2 + 2PH_3 \uparrow$$

- 부틸리튬과 수소화나트륨은 물과 반응하면 수소가스(H_2)를 발생한다.
- 탄화알루미늄(Al_4C_3)은 물과 반응하면 가연성의 메테인(CH_4) 가스를 발생하므로 위험하다.

$$Al_4C_3 + 12H_2O \rightarrow 4Al(OH)_3 + 3CH_4 \uparrow + 360[kcal]$$

24 위험물제조소로부터 30[m] 이상의 안전거리를 유지해야 하는 건축 또는 공작물은?

① 문화재보호법에 따른 지정문화유산
② 고압가스안전관리법에 따라 신고해야 하는 고압가스 저장시설
③ 사용전압이 75,000[V]인 특고압가공전선
④ 고등교육법에서 정하는 학교

해설
제조소 등의 안전거리

건축물	안전거리
사용전압 7,000[V] 초과 35,000[V] 이하의 특고압가공전선	3[m] 이상
사용전압 35,000[V] 초과의 특고압가공전선	5[m] 이상
주거용으로 사용되는 것(제조소가 설치된 부지 내에 있는 것을 제외)	10[m] 이상
고압가스, 액화석유가스, 도시가스를 저장 또는 취급하는 시설	20[m] 이상
학교, **병원**(병원급의료기관), **극장**, 공연장이나 영화상영관 및 그 밖에 이와 유사한 시설로서 수용인원 300명 이상, 복지시설(아동복지시설, 노인복지시설, 장애인복지시설, 한부모가족복지시설), 어린이집, 성매매피해자 등을 위한 지원시설, 정신건강증진시설, 가정폭력피해자 보호시설 및 그 밖에 이와 유사한 시설로서 수용인원 20명 이상	30[m] 이상
지정문화유산 및 천연기념물 등	50[m] 이상

25 삼산화크로뮴에 대한 설명으로 틀린 것은?

① 독성이 있다.
② 고온으로 가열하면 산소를 방출한다.
③ 알코올에 잘 녹는다.
④ 물과 반응하여 산소를 발생한다.

> **해설**
> **삼산화크로뮴(CrO_3)**
> • 독성이 있다.
> • 고온(250[℃])으로 가열하면 산소를 방출한다.
>
> $$4CrO_3 \xrightarrow{\triangle} 2Cr_2O_3 + 3O_2 \uparrow$$
>
> • 알코올에 잘 녹는다.
> • 물과 접촉 시 격렬하게 발열한다.

26 위험물안전관리법령상 불활성가스소화설비 기준에서 저장용기 설치 기준으로 틀린 것은?

① 저장용기에는 안전장치(용기밸브에 설치되어 있는 것에 한한다)를 설치할 것
② 온도가 40[℃] 이하이고 온도 변화가 적은 장소에 설치할 것
③ 방호구역 외의 장소에 설치할 것
④ 저장용기의 외면에 소화약제의 종류와 양, 제조년도 및 제조자를 표시할 것

> **해설**
> **불활성가스소화설비의 저장용기의 설치 기준**
> • 방호구역 외의 장소에 설치할 것
> • 온도가 40[℃] 이하이고 온도 변화가 적은 장소에 설치할 것
> • 직사일광 및 빗물이 침투할 우려가 적은 장소에 설치할 것
> • 저장용기에는 **안전장치(용기밸브에 설치되어 있는 것을 포함한다)**를 설치할 것
> • 저장용기의 외면에 소화약제의 종류와 양, 제조년도 및 제조자를 표시할 것

27 위험물안전관리법령상 제1류 위험물을 운송하는 이동탱크저장소의 외부도장 색상은?

① 회 색　　② 적 색　　③ 청 색　　④ 황 색

> **해설**
> **이동탱크저장소의 외부도장 색상(세부기준 제109조)**
>
> | 유 별 | 도장의 색상 | 비 고 |
> |---|---|---|
> | 제1류 위험물 | 회 색 | |
> | 제2류 위험물 | 적 색 | • 탱크의 앞면과 뒷면을 제외한 면적의 40[%] 이내의 면적은 다른 유별의 색상 외의 색상으로 도장하는 것이 가능하다.
• 제4류에 대해서는 도장의 색상 제한이 없으나 적색을 권장한다. |
> | 제3류 위험물 | 청 색 | |
> | 제5류 위험물 | 황 색 | |
> | 제6류 위험물 | 청 색 | |

정답　25 ④　26 ①　27 ①

28 다음 위험물 중 지정수량의 표기가 틀린 것은?

① $(C_6H_5CO)_2O_2$: 100[kg]
② $K_2Cr_2O_7$: 1,000[kg]
③ KNO_3 : 300[kg]
④ $Na_2S_2O_8$: 1,000[kg]

> **해설**
> **지정수량**
>
> | 항목 \ 종류 | $(C_6H_5CO)_2O_2$ | $K_2Cr_2O_7$ | KNO_3 | $Na_2S_2O_8$ |
> |---|---|---|---|---|
> | 명 칭 | 과산화벤조일 | 다이크로뮴산칼륨 | 질산칼륨 | 과황산나트륨 |
> | 품 명 | 제5류 위험물
유기과산화물(제2종) | 제1류 위험물
다이크로뮴산염류 | 제1류 위험물
질산염류 | 제1류 위험물
퍼옥소이황산염류 |
> | 지정수량 | 100[kg] | 1,000[kg] | 300[kg] | 300[kg] |

29 다음의 연소반응식에서 트라이에틸알루미늄 114[g]이 산소와 반응하여 연소할 때 약 몇 [kcal]의 열을 방출하겠는가?(단, Al의 원자량은 27이다)

$$2(C_2H_5)_3Al + 21O_2 \rightarrow 12CO_2 + Al_2O_3 + 15H_2O + 1,470[kcal]$$

① 375 ② 735 ③ 1,470 ④ 2,940

> **해설**
> • 트라이에틸알루미늄[$(C_2H_5)_3Al$]의 분자량 : 114
> • 열 량
>
> $2(C_2H_5)_3Al + 21O_2 \rightarrow 12CO_2 + Al_2O_3 + 15H_2O + 1,470[kcal]$
> $2 \times 114[g]$ ――― 1,470
> $114[g]$ ――― x
>
> $x = \dfrac{114[g] \times 1,470[kcal]}{2 \times 114[g]} = 735[kcal]$

30 1기압에서 인화점이 200[℃]인 것은 제 몇 석유류인가?(단, 도로류 그 밖의 물품은 가연성 액체량이 40[wt%] 이하인 물품은 제외한다)

① 제1석유류 ② 제2석유류 ③ 제3석유류 ④ 제4석유류

> **해설**
> **제4석유류의 인화점** : 200[℃] 이상 250[℃] 미만인 것

정답 28 ④ 29 ② 30 ④

31 미지의 액체 시료가 있는 시험관에 불에 달군 구리줄을 넣을 때 자극적인 냄새가 나며, 붉은색 침전물이 생기는 것을 확인하였다. 이 액체 시료는 무엇인가?

① 등 유   ② 아마인유   ③ 메탄올   ④ 글리세린

해설
메탄올이 들어있는 시험관에 불에 달군 구리줄을 넣으면 부글부글 끓으면서 자극성 냄새가 나고 붉은색의 침전이 발생한다.

32 이황화탄소를 저장하는 실의 온도가 −20[℃]이고 저장실 내 이황화탄소의 공기 중 증기농도가 20[vol%]라고 가정할 때 다음 설명 중 옳은 것은?

① 점화원이 있으면 연소한다.
② 점화원이 있더라도 연소되지 않는다.
③ 점화원이 없어도 발화된다.
④ 어떠한 방법으로도 연소되지 않는다.

해설
이황화탄소(CS_2)는 연소범위가 1.0~50[%]이므로 20[%]가 있고, 점화원이 있으면 연소한다.

33 273[℃]에서 기체의 부피가 4[L]이다. 같은 압력에서 25[℃]일 때의 부피는 약 몇 [L]인가?

① 0.32   ② 2.2   ③ 3.2   ④ 4

해설
샤를의 법칙
$$V_2 = V_1 \times \frac{T_2}{T_1} = 4[L] \times \frac{(273+25)[K]}{(273+273)[K]} = 2.18[L]$$

34 제1류 위험물 중 무기과산화물과 제5류 위험물 중 유기과산화물의 소화방법으로 옳은 것은?

① 무기과산화물 : CO_2에 의한 질식소화, 유기과산화물 : CO_2에 의한 냉각소화
② 무기과산화물 : 건조사에 의한 피복소화, 유기과산화물 : 분말에 의한 질식소화
③ 무기과산화물 : 포에 의한 질식소화, 유기과산화물 : 분말에 의한 질식소화
④ 무기과산화물 : 건조사에 의한 피복소화, 유기과산화물 : 물에 의한 냉각소화

해설
소화방법
• 무기과산화물 : 건조사, 팽창질석, 팽창진주암에 의한 피복소화
• 유기과산화물 : 물에 의한 냉각소화

정답 31 ③ 32 ① 33 ② 34 ④

35 옥내저장소에 위험물을 수납한 용기를 겹쳐 쌓는 경우 높이의 상한에 관한 설명 중 틀린 것은?

① 기계에 의하여 하역하는 구조로 된 용기만 겹쳐 쌓는 경우는 6[m]
② 제3석유류를 수납한 소형 용기만 겹쳐 쌓는 경우는 4[m]
③ 제2석유류를 수납한 소형 용기만 겹쳐 쌓는 경우는 4[m]
④ 제1석유류를 수납한 소형 용기만 겹쳐 쌓는 경우는 3[m]

해설
옥내저장소에 저장 시 높이(아래 높이를 초과하지 말 것)
- 기계에 의하여 하역하는 구조로 된 용기만을 겹쳐 쌓는 경우 : 6[m]
- 제4류 위험물 중 **제3석유류**, 제4석유류, 동식물유류를 수납하는 용기만을 겹쳐쌓는 경우 : **4[m]**
- 그 밖의 경우(**특수인화물, 제1석유류, 제2석유류**, 알코올류, 타류) : 3[m]

36 위험물안전관리법령에 따른 제1류 위험물의 운반 및 위험물제조소 등에서 저장·취급에 관한 기준으로 옳은 것은?(단, 지정수량의 10배인 경우이다)

① 제6류 위험물과는 운반 시 혼재할 수 있으며, 적절한 조치를 취하면 같은 옥내저장소에 저장할 수 있다.
② 제6류 위험물과는 운반 시 혼재할 수 있으며, 같은 옥내저장소에 저장할 수 없다.
③ 제6류 위험물과는 운반 시 혼재할 수 없으나 적절한 조치를 취하면 같은 옥내저장소에 저장할 수 있다.
④ 제6류 위험물과는 운반 시 혼재할 수 없으며, 같은 옥내저장소에 저장할 수 없다.

해설
제1류 위험물과 제6류 위험물은 운반이나 저장소에 저장할 때에는 혼재할 수 있다.

> 적절한 조치 : 1[m] 이상의 간격을 두는 경우

37 위험물안전관리법령상 이산화탄소 소화기가 적응성이 있는 위험물은?

① 제1류 위험물
② 제3류 위험물
③ 제4류 위험물
④ 제5류 위험물

해설
이산화탄소 소화기가 적응성이 있는 위험물은 제4류 위험물이다.

38 이동탱크저장소에 따른 위험물 운송 시 위험물 운송자가 휴대해야 하는 위험물안전카드의 작성대상에 관한 설명으로 옳은 것은?

① 모든 위험물에 대하여 위험물안전카드를 작성하여 휴대해야 한다.
② 제1류, 제2류 또는 제5류 위험물을 운송하는 경우에는 위험물안전카드를 작성하여 휴대해야 한다.
③ 위험등급Ⅰ 또는 위험등급Ⅱ에 해당하는 위험물을 운송하는 경우에 위험물안전카드를 작성하여 휴대해야 한다.
④ 제1류, 제2류, 제3류, 제4류(특수인화물과 제1석유류에 한한다), 제5류, 제6류 위험물을 운송하는 경우에 위험물안전카드를 작성하여 휴대해야 한다.

해설
제1류, 제2류, 제3류, 제4류(특수인화물과 제1석유류에 한한다), 제5류, 제6류 위험물을 운송하는 경우에 위험물안전카드를 작성하여 휴대해야 한다(시행규칙 별표 21, 별지 48호 서식).

39 분말소화설비를 설치할 때 소화약제 50[kg]의 축압용 가스로 질소를 사용하는 경우 필요한 질소가스의 양은 35[℃], 0[MPa]의 상태로 환산하여 몇 [L] 이상으로 해야 하는가?(단, 배관의 청소에 필요한 양은 제외한다)

① 500   ② 1,000   ③ 1,500   ④ 2,000

해설
가압용 또는 축압용 가스

종류 \ 가스	질소(N_2)	이산화탄소(CO_2)
가압용	40[L/kg] 이상	20[g/kg]+배관청소 필요량
축압용	10[L/kg] 이상	20[g/kg]+배관청소 필요량

∴ 50[kg]×10[L/kg] 이상 = 500[L] 이상

40 과산화나트륨의 저장창고에 화재가 발생하였을 때 주수소화를 할 수 없는 이유로 가장 타당한 것은?

① 물과 반응하여 과산화수소와 수소를 발생하기 때문에
② 물과 반응하여 산소와 수소를 발생하기 때문에
③ 물과 반응하여 과산화수소와 열을 발생하기 때문에
④ 물과 반응하여 산소와 열을 발생하기 때문에

해설
과산화나트륨(Na_2O_2)은 물과 반응하면 산소(O_2)를 발생하고 많은 열을 발생한다.

$$2Na_2O_2 + 2H_2O \rightarrow 4NaOH + O_2\uparrow + 발열$$

정답 38 ④ 39 ① 40 ④

41 다음의 위험물을 저장하는 옥내저장소의 저장창고가 벽·기둥 및 바닥이 내화구조로 된 건축물일 때 위험물안전관리법령에서 규정하는 보유공지를 확보하지 않아도 되는 경우는?

① 아세트산 30,000[L]
② 아세톤 5,000[L]
③ 클로로벤젠 10,000[L]
④ 글리세린 15,000[L]

해설

보유공지 확보여부(시행규칙 별표 5)
- 옥내저장소의 보유공지

저장 또는 취급하는 위험물의 최대수량	공지의 너비	
	벽·기둥 및 바닥이 내화구조로 된 건축물	그 밖의 건축물
지정수량의 5배 이하	–	0.5[m] 이상
지정수량의 5배 초과 10배 이하	1[m] 이상	1.5[m] 이상
지정수량의 10배 초과 20배 이하	2[m] 이상	3[m] 이상
지정수량의 20배 초과 50배 이하	3[m] 이상	5[m] 이상
지정수량의 50배 초과 200배 이하	5[m] 이상	10[m] 이상
지정수량의 200배 초과	10[m] 이상	15[m] 이상

- 제4류 위험물의 지정수량

종류	아세트산	아세톤	클로로벤젠	글리세린
품명	제2석유류(수용성)	제1석유류(수용성)	제2석유류(비수용성)	제3석유류(수용성)
지정수량	2,000[L]	400[L]	1,000[L]	4,000[L]

- 지정수량의 배수
  - 아세트산 30,000[L] : $\dfrac{30,000[L]}{2,000[L]}$ = 15배 → 보유공지 2[m] 이상 확보
  - 아세톤 5,000[L] : $\dfrac{5,000[L]}{400[L]}$ = 12.5배 → 보유공지 2[m] 이상 확보
  - 클로로벤젠 10,000[L] : $\dfrac{10,000[L]}{1,000[L]}$ = 10배 → 보유공지 1[m] 이상 확보
  - 글리세린 15,000[L] : $\dfrac{15,000[L]}{4,000[L]}$ = 3.75배 → 보유공지를 확보할 필요가 없다.

42 Halon1301과 Halon2402에 공통적으로 포함된 원소가 아닌 것은?

① Br
② Cl
③ F
④ C

해설

할로젠화합물소화약제의 종류

종류	화학식	명명법
할론1301	CF_3Br	브로모트라이플루오로메테인
할론1011	CH_2ClBr	브로모클로로메테인
할론1211	CF_2ClBr	브로모클로로다이플루오로메테인
할론2402	$C_2F_4Br_2$	다이브로모테트라플루오로에테인

43 위험물안전관리법령상 제6류 위험물에 대한 설명으로 틀린 것은?

① "산화성 액체"라 함은 액체로서 산화력의 잠재적인 위험성을 판단하기 위하여 고시로 정하는 시험에서 고시로 정하는 성질과 상태를 나타내는 것을 말한다.
② 산화성 액체 성상이 있는 질산은 비중이 1.49 이상인 것이 제6류 위험물에 해당한다.
③ 산화성 액체 성상이 있는 과염소산은 비중과 상관없이 제6류 위험물에 해당한다.
④ 산화성 액체 성상이 있는 과산화수소는 농도가 30[wt%] 이상인 것이 제6류 위험물에 해당한다.

해설
과산화수소(H_2O_2)의 농도가 **36[wt%] 이상**인 것은 제6류 위험물에 해당한다.

44 Al이 속하는 금속은 주기율표상 무슨 족 계열인가?

① 철 족
② 알칼리금속족
③ 붕소족
④ 알칼리토금속족

해설
붕소족 : B(붕소), Al(알루미늄), Ga(갈륨), In(인듐), Ti(타이타늄)

45 위험물안전관리법령에 명시된 예방규정 작성 시 포함되어야 하는 사항이 아닌 것은?

① 위험물시설의 운전 또는 조작에 관한 사항
② 위험물 취급작업의 기준에 관한 사항
③ 위험물 안전에 관한 기록에 관한 사항
④ 소방관서의 출입검사 지원에 관한 사항

해설
예방규정 작성 시 포함되어야 하는 사항(시행규칙 제63조)
- 위험물의 안전관리업무를 담당하는 자의 직무 및 조직에 관한 사항
- 안전관리자가 여행·질병 등으로 인하여 그 직무를 수행할 수 없을 경우 그 직무의 대리자에 관한 사항
- 자체소방대를 설치해야 하는 경우에는 자체소방대의 편성과 화학소방자동차의 배치에 관한 사항
- 위험물의 안전에 관계된 작업에 종사하는 자에 대한 안전교육 및 훈련에 관한 사항
- 위험물시설 및 작업장에 대한 안전순찰에 관한 사항
- 위험물시설·소방시설 그 밖의 관련시설에 대한 점검 및 정비에 관한 사항
- **위험물시설의 운전 또는 조작에 관한 사항**
- **위험물 취급작업의 기준에 관한 사항**
- 이송취급소에 있어서는 배관공사 현장책임자의 조건 등 배관공사 현장에 대한 감독체제에 관한 사항과 배관주위에 있는 이송취급소 시설 외의 공사를 하는 경우 배관의 안전확보에 관한 사항
- 재난 그 밖의 비상시의 경우에 취해야 하는 조치에 관한 사항
- **위험물의 안전에 관한 기록에 관한 사항**
- 제조소 등의 위치·구조 및 설비를 명시한 서류와 도면의 정비에 관한 사항
- 그 밖에 위험물의 안전관리에 관하여 필요한 사항

정답 43 ④ 44 ③ 45 ④

46 다음에서 설명하는 위험물에 해당하는 것은?

- 불연성이고 무기화합물이다.
- 비중은 약 2.8이고 융점은 460[℃]이다.
- 살균제, 소독제, 표백제, 산화제로 사용된다.

① Na_2O_2 ② P_4S_3 ③ CaC_2 ④ H_2O_2

해설

과산화나트륨

- 물 성

화학식	분자량	비 중	융 점	분해 온도
Na_2O_2	78	2.8	460[℃]	460[℃]

- 제1류 위험물로서 불연성이고 무기화합물이다.
- 살균제, 소독제, 표백제, 산화제로 사용된다.

47 인화성고체 2,500[kg], 피크르산 900[kg], 금속분 2,000[kg] 각각의 위험물 지정수량 배수의 총합은 얼마인가?

① 48.5배   ② 50.5배   ③ 96.5배   ④ 98.5배

해설

지정수량의 배수

- 지정수량

종 류	인화성 고체	피크르산	금속분
품 명	제2류 위험물 인화성 고체	제5류 위험물 나이트로화합물(제1종)	제2류 위험물 금속분
지정수량	1,000[kg]	10[kg]	500[kg]

- 지정수량의 배수

$$지정수량의\ 배수 = \frac{저장량}{지정수량} + \frac{저장량}{지정수량} + \cdots$$

∴ 지정수량의 배수 $= \frac{2,500[kg]}{1,000[kg]} + \frac{900[kg]}{10[kg]} + \frac{2,000[kg]}{500[kg]} = 96.5$배

48 위험물안전관리법령상 옥외저장탱크에 부착되는 부속설비 중 기술원 또는 소방청장이 정하여 고시하는 국내·외 공인 시험기관에서 시험 또는 인증받은 제품을 사용해야 하는 제품이 아닌 것은?

① 교반기   ② 밸 브   ③ 폼챔버   ④ 온도계

해설

옥외탱크저장소의 위치·구조 및 설비의 기준(시행규칙 별표 6, Ⅵ, 21) : 옥외저장탱크에 부착되는 부속설비(**교반기, 밸브, 폼챔버, 화염방지장치, 통기관대기밸브, 비상압력배출장치**를 말한다)는 기술원 또는 소방청장이 정하여 고시하는 국내·외 공인시험기관에서 시험 또는 인증받은 제품을 사용해야 한다.

49 그림과 같은 위험물 옥외탱크저장소를 설치하고자 한다. 톨루엔을 저장하고자 할 때 허가할 수 있는 최대수량은 지정수량의 약 몇 배인가?(단, $r = 5[m]$, $l = 10[m]$이다)

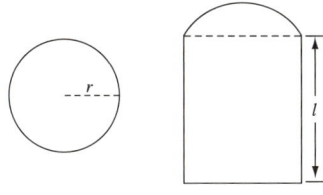

① 2　　　　　② 4　　　　　③ 1,963　　　　　④ 3,930

해설

지정수량의 배수

- 탱크의 용량

$$\text{내용적}(V) = \pi r^2 l$$

∴ 내용적$(V) = \pi r^2 l = \pi \times (5[m])^2 \times 10[m] = 785.398[m^3] = 785,398[L]$

- 지정수량의 배수
  이 문제는 공간용적이 없으므로 내용적을 탱크의 용량으로 보면 된다(현장 적용 불가능함).

$$\text{톨루엔의 지정수량 : 200[L](제1석유류, 비수용성)}$$

∴ 지정배수의 수량 $= \dfrac{785,398[L]}{200[L]} = 3,927$배

50 위험물안전관리법령상 위험물의 운반에 관한 기준에 의한 차광성과 방수성이 모두 있는 피복으로 가려야 하는 위험물은?

① 과산화칼륨　　② 철 분　　③ 황 린　　④ 특수인화물

해설

적재위험물에 따른 조치

- 차광성이 있는 것으로 피복
  - **제1류 위험물(과산화칼륨)**
  - 제3류 위험물 중 자연발화성 물질(황린)
  - 제4류 위험물 중 특수인화물
  - 제5류 위험물
  - 제6류 위험물
- 방수성이 있는 것으로 피복
  - **제1류 위험물 중 알칼리금속의 과산화물(과산화칼륨)**
  - 제2류 위험물 중 철분·금속분·마그네슘

정답 49 ④　50 ①

51 위험물안전관리법령상 정기점검 대상인 제조소 등에 해당하지 않는 것은?

① 경유를 20,000[L] 취급하며, 차량에 고정된 탱크에 주입하는 일반취급소
② 등유 3,000[L] 저장하는 지하탱크저장소
③ 알코올류 5,000[L] 취급하는 제조소
④ 경유 220,000[L] 저장하는 옥외탱크저장소

해설

정기점검의 대상 여부

① 정기점검 대상인 제조소등
  ㉠ 예방규정을 정해야 하는 제조소 등
    - 지정수량의 10배 이상의 위험물을 취급하는 **제조소**
    - 지정수량의 100배 이상의 위험물을 저장하는 옥외저장소
    - 지정수량의 150배 이상의 위험물을 저장하는 옥내저장소
    - **지정수량의 200배 이상**의 위험물을 저장하는 **옥외탱크저장소**
    - 암반탱크저장소
    - 이송취급소
    - **지정수량의 10배 이상**의 위험물을 취급하는 **일반취급소**. 다만, 제4류 위험물(특수인화물을 제외한다)만을 **지정수량의 50배 이하로 취급하는 일반취급소**(제1석유류·알코올류의 취급량이 지정수량의 10배 이하인 경우에 한한다)로서 다음의 어느 하나에 해당하는 것을 제외한다.
      – 보일러·버너 또는 이와 비슷한 것으로서 위험물을 소비하는 장치로 이루어진 일반취급소
      – 위험물을 용기에 옮겨 담거나 **차량에 고정된 탱크에 주입하는 일반취급소**
  ㉡ **지하탱크저장소**
  ㉢ 이동탱크저장소
  ㉣ 위험물을 취급하는 탱크로서 지하에 매설된 탱크가 있는 제조소·주유취급소 또는 일반취급소

② 각 위험물의 지정수량

종 류	경 유	등 유	알코올류
품 명	제2석유류(비수용성)	제2석유류(비수용성)	알코올류
지정수량	1,000[L]	1,000[L]	400[L]

③ 지정수량의 배수 및 정기점검 대상 구분
  ㉠ 경유를 20,000[L] 취급하며, 차량에 고정된 탱크에 주입하는 **일반취급소**
    지정수량의 배수 = $\dfrac{20,000[\text{L}]}{1,000[\text{L}]}$ = 20배 → 정기점검 대상에 해당 안 됨(예외규정)
  ㉡ 등유 3,000[L]를 저장하는 **지하탱크저장소**
    지정수량의 배수 = $\dfrac{3,000[\text{L}]}{1,000[\text{L}]}$ = 3배 → 지정수량의 배수에 관계없이 정기점검 대상에 해당됨
  ㉢ 알코올류 5,000[L]를 취급하는 **제조소**
    지정수량의 배수 = $\dfrac{5,000[\text{L}]}{400[\text{L}]}$ = 12.5배 → 정기점검 대상에 해당됨
  ㉣ 경유 220,000[L]를 저장하는 **옥외탱크저장소**
    지정수량의 배수 = $\dfrac{220,000[\text{L}]}{1,000[\text{L}]}$ = 220배 → 정기점검 대상에 해당됨

52 물과 반응하여 메테인 가스를 발생하는 위험물은?

① CaC_2 ② Al_4C_3 ③ Na_2O_2 ④ LiH

해설

물과 반응

- 탄화칼슘 $CaC_2 + 2H_2O \rightarrow Ca(OH)_2 + C_2H_2 \uparrow$
                              (수산화칼슘) (아세틸렌)
- 탄화알루미늄 $Al_4C_3 + 12H_2O \rightarrow 4Al(OH)_3 + 3CH_4 \uparrow$
                              (수산화알루미늄) (메테인)
- 과산화나트륨 $2Na_2O_2 + 2H_2O \rightarrow 4NaOH + O_2 \uparrow$
                              (수산화나트륨) (산소)
- 수소화리튬 $LiH + H_2O \rightarrow LiOH + H_2 \uparrow$
                              (수산화리튬) (수소)

53 2[mol]의 메테인을 완전히 연소시키는 데 필요한 산소의 이론적인 몰수는?

① 1[mol]   ② 2[mol]   ③ 3[mol]   ④ 4[mol]

해설

메테인의 연소반응식

$$CH_4 + 2O_2 \rightarrow CO_2 + 2H_2O$$

∴ 메테인 1[mol]이 반응할 때 산소 2[mol]이 필요하므로, 2[mol]의 메테인을 반응시키려면 산소 4[mol]이 필요하다.

54 성능이 동일한 n대의 펌프를 서로 병렬로 연결하고 원래와 같은 양정에서 작동시킬 때 유체의 토출량은?

① $1/n$로 감소한다.
② n배로 증가한다.
③ 원래와 동일하다.
④ $1/2n$로 감소한다.

해설

펌프의 성능

펌프 2대의 연결방법		직렬연결	병렬연결
성능	유량(Q)	Q	$2Q$
	양정(H)	$2H$	H

55 다음 데이터로부터 통계량을 계산한 것 중 틀린 것은?

> 21.5, 23.7, 24.3, 27.2, 29.1

① 범위(R) = 7.6
② 제곱합(S) = 7.59
③ 중앙값(Me) = 24.3
④ 시료분산(S^2) = 8.988

해설
- 범위(R) = (최댓값 − 최솟값) = 29.1 − 21.5 = 7.6
- 제곱합(S)을 구하면
  - 평균 $\bar{x}$ = (21.5 + 23.7 + 24.3 + 27.2 + 29.1)/5 = 25.16
  - 제곱합(S)
    = $(21.5-25.16)^2 + (23.7-25.16)^2 + (24.3-25.16)^2 + (27.2-25.16)^2 + (29.1-25.16)^2$
    = 35.952
- 중앙값(Me) = 순서대로 나열하여 크기가 중간값인 24.3이다.
- 시료분산(S^2) = $\dfrac{\sum_{i=1}^{n}(x_i - \bar{x})^2}{n-1}$ = $\dfrac{제곱합(S)}{n-1}$
  여기서, n : 자료수 x : 자료에서 각각의 수 $\bar{x}$: 평균값
  $\therefore S^2 = \dfrac{S}{5-1} = \dfrac{35.952}{5-1} = 8.988$

56 검사특성곡선(OC Curve)에 관한 설명으로 틀린 것은?(단, N : 로트의 크기, n : 시료의 크기, c : 합격판정개수이다)

① N, n이 일정할 때 c가 커지면 나쁜 로트의 합격률은 높아진다.
② N, c가 일정할 때 n이 커지면 좋은 로트의 합격률은 낮아진다.
③ $N/n/c$의 비율이 일정하게 증가하거나 감소하는 퍼센트 샘플링 검사 시 좋은 로트의 합격률은 영향이 없다.
④ 일반적으로 로트의 크기 N이 시료 n에 비해 10배 이상 크다면 로트의 크기를 증가시켜도 나쁜 로트의 합격률은 크게 변화하지 않는다.

해설
검사특성곡선(OC Curve)
- N, n이 일정할 때 c가 커지면 나쁜 로트의 합격률은 높아진다.
- N, c가 일정할 때 n이 커지면 좋은 로트의 합격률은 낮아진다.
- 일반적으로 로트의 크기 N이 시료 n에 비해 10배 이상 크다면 로트의 크기를 증가시켜도 나쁜 로트의 합격률은 크게 변화하지 않는다.

57 표준시간을 내경법으로 구하는 수식은?

① 표준시간 = 정미시간 + 여유시간
② 표준시간 = 정미시간 × (1 + 여유율)
③ 표준시간 = 정미시간 × $\left(\dfrac{1}{1-\text{여유율}}\right)$
④ 표준시간 = 정미시간 × $\left(\dfrac{1}{1+\text{여유율}}\right)$

해설
표준시간의 산정
- 외경법
  - 여유율 = $\dfrac{\text{여유시간}}{\text{정미시간}}$
  - 표준시간 = 정미시간 + 여유시간 = 정미시간 + (정미시간 × 여유율) = 정미시간 × (1 + 여유율)
- 내경법
  - 여유율 = $\dfrac{\text{여유시간}}{\text{실제근무시간}} = \dfrac{\text{여유시간}}{\text{정미시간} + \text{여유시간}}$
  - 표준시간 = 정미시간 × $\left(\dfrac{1}{1-\text{여유율}}\right)$

58 다음 그림의 AOA(Activity-on-Arc) 네트워크에서 E작업을 시작하려면 어떤 작업들이 완료되어야 하는가?

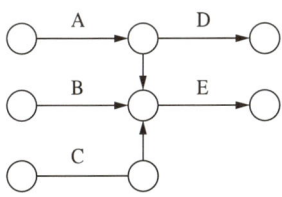

① B ② A, B ③ B, C ④ A, B, C

해설
AOA(Activity-on-Arc) 네트워크에서 E작업을 시작하려면 A, B, C의 작업이 완료되어야 한다.

59 품질특성에서 x관리도로 관리하기에 가장 거리가 먼 것은?

① 볼펜의 길이
② 알코올의 농도
③ 1일 전력소비량
④ 나사길이의 부적합품 수

해설
x관리도 : 볼펜의 길이, 알코올의 농도, 하루 전력의 소비량 등 하나의 측정치를 그대로 사용하여 공정을 관리할 경우에 주로 사용한다.

60 다음 중 브레인스토밍(Brainstorming)과 가장 관계가 깊은 것은?

① 특성요인도
② 파레토도
③ 히스토그램
④ 회귀분석

해설
특성요인도 : 문제가 되는 결과와 이에 대응하는 원인과의 관계를 알기 쉽게 도표로 나타낸 것으로 브레인스토밍(Brainstorming)과 관련이 있다.

2018년 3월 31일 시행 과년도 기출문제

01 질산암모늄 80[g]이 완전 분해하여 O_2, H_2O, N_2가 생성되었다면 이때 생성물의 총량은 모두 몇 몰인가?

① 2 ② 3.5 ③ 4 ④ 7

해설
질산암모늄의 분해반응식

$$NH_4NO_3 \rightarrow 2H_2O + N_2 + 0.5O_2$$
$$1[mol](80[g]) \rightarrow 2[mol] + 1[mol] + 0.5[mol] = 3.5[mol]$$

02 비중이 0.8인 유체의 밀도는 몇 [kg/m³]인가?

① 800 ② 80 ③ 8 ④ 0.8

해설
비중이 0.8이라면 밀도 $\rho = 0.8[g/cm^3] = 800[kg/m^3]$

물의 비중이 1이라면 밀도 $\rho = 1[g/cm^3] = 1,000[kg/m^3] = 1,000[N \cdot s^2/m^4]$

03 다음 중 1[mol]에 포함된 산소의 수가 가장 많은 것은?

① 염소산 ② 과산화나트륨 ③ 과염소산 ④ 차아염소산

해설
산소의 수

종류	염소산	과산화나트륨	과염소산	차아염소산
화학식	$HClO_3$	Na_2O_2	$HClO_4$	$HClO$
산소의 수	3	2	4	1

정답 01 ② 02 ① 03 ③

04 어떤 유체의 비중이 S, 비중량이 γ이다. 4℃ 물의 밀도가 ρ_w, 중력가속도가 g일 때 다음 중 옳은 것은?

① $\gamma = S\rho_w$ ② $\gamma = g\rho_w/S$ ③ $r\gamma = S\rho_w/g$ ④ $\gamma = Sg\rho_w$

해설
비중량

$$\gamma = Sg\rho_w$$

여기서, S : 유체의 비중 γ : 비중량
g : 중력가속도 ρ_w : 물의 밀도

---

05 아세틸렌 1[mol]이 완전연소 하는 데 필요한 이론공기량은 약 몇 몰인가?

① 2.5 ② 5 ③ 11.9 ④ 22.4

해설
아세틸렌의 연소반응식

$$C_2H_2 + 2.5O_2 \rightarrow 2CO_2 + H_2O$$

이 반응식에서 이론산소량은 2.5[mol]이고, 이론공기량 = 2.5/0.21 = 11.9[mol]이다.

공기 중의 산소의 양은 21[%]이다.

---

06 측정하는 유체의 압력에 의해 생기는 금속의 탄성변형을 기계식으로 확대 지시하여 압력을 측정하는 것은?

① 마노미터 ② 시차액주계
③ 부르동관압력계 ④ 오리피스미터

해설
부르동관압력계 : 측정하는 유체의 압력에 의해 생기는 금속의 탄성변형을 기계식으로 확대 지시하여 압력을 측정하는 장치

07
3.65[kg]의 염화수소 중에는 HCl 분자가 몇 개 있는가?

① 6.02×10^{23}
② 6.02×10^{24}
③ 6.02×10^{25}
④ 6.02×10^{26}

해설

염산 1[g-mol](36.5g)이 가지고 있는 분자는 6.0238×10^{23}이므로
3,650[g]/36.5 = 100[g-mol]이므로
$100 \times 6.0238 \times 10^{23} = 6.02 \times 10^{25}$

08
과산화나트륨과 묽은 아세트산이 반응하여 생성되는 것은?

① NaOH
② H_2O
③ Na_2O
④ H_2O_2

해설

과산화나트륨의 반응식
- 분해 반응식 $2Na_2O_2 \rightarrow 2Na_2O + O_2$
- 물과 반응 $2Na_2O_2 + 2H_2O \rightarrow 4NaOH + O_2$
- 이산화탄소와 반응 $2Na_2O_2 + 2CO_2 \rightarrow 2Na_2CO_3 + O_2$
- **초산(아세트산)과 반응** $Na_2O_2 + 2CH_3COOH \rightarrow 2CH_3COONa + \mathbf{H_2O_2}$
- 염산과 반응 $Na_2O_2 + 2HCl \rightarrow 2NaCl + H_2O_2$

09
위험물안전관리법령상 제6류 위험물 중 "그 밖에 행정안전부령이 정하는 것"에 해당하는 물질은?

① 아자이드화합물
② 과아이오딘산염류
③ 염소화규소화합물
④ 할로젠간화합물

해설

그 밖에 행정안전부령이 정하는 것

종류	금속의 아자이드화합물	과아이오딘산염류	염소화규소화합물	할로젠간화합물
유별	제5류 위험물	제1류 위험물	제3류 위험물	제6류 위험물

정답 07 ③   08 ④   09 ④

10 줄-톰슨(Joule-Thomson) 효과와 가장 관계가 있는 소화기는?

① 할론1301소화기　　② 이산화탄소소화기
③ HCFC-124소화기　　④ 할론1211소화기

> **해설**
> 이산화탄소소화기는 수분이 많으면 줄-톰슨(Joule-Thomson) 효과에 의해 노즐이 막히므로 수분을 0.05[%] 이하로 규제하고 있다.

11 CH_3COCH_3에 대한 설명으로 틀린 것은?

① 무색 액체이며 독특한 냄새가 있다.
② 물에 잘 녹고 유기물을 잘 녹인다.
③ 아이오도폼 반응을 한다.
④ 비점이 물보다 높지만 휘발성이 강하다.

> **해설**
> **아세톤(CH_3COCH_3)**
> - **무색, 투명**한 **자극성 휘발성 액체**이다.
> - 물에 잘 녹으므로 수용성이고 유기물을 잘 녹인다.
> - 피부에 닿으면 탈지작용을 한다.
> - 공기와 장기간 접촉하면 과산화물이 생성되므로 갈색병에 저장해야 한다.
> - 아이오도폼 반응을 일으킨다.
> - 비점은 56[℃]로서 물(비점 : 100[℃])보다 낮다.

12 제4류 위험물인 C_6H_5Cl의 지정수량으로 맞는 것은?

① 200[L]　　② 400[L]　　③ 1,000[L]　　④ 2,000[L]

> **해설**
> **지정수량**
>
> | 명 칭 | 화학식 | 품 명 | 지정수량 |
> |---|---|---|---|
> | 클로로벤젠 | C_6H_5Cl | 제2석유류(비수용성) | 1,000[L] |

13 96[g]의 메탄올이 완전 연소되면 몇 [g]의 H_2O가 생성되는가?

① 54 ② 27 ③ 216 ④ 108

해설
메탄올의 연소반응식

$2CH_3OH + 3O_2 \rightarrow 2CO_2 + 4H_2O$
$2 \times 32[g]$ ——————— $4 \times 18[g]$
$96[g]$ ——————— x

$\therefore x = \dfrac{96[g] \times 4 \times 18[g]}{2 \times 32[g]} = 108[g]$

14 $C_6H_5CH_3$에 대한 설명으로 틀린 것은?

① 끓는점은 약 211[℃]이다.
② 증기는 공기보다 무거워 낮은 곳에 체류한다.
③ 인화점은 약 4[℃]이다.
④ 액체 비중은 약 0.86이다.

해설
톨루엔의 물성

항 목	톨루엔
인화점	4[℃]
비점(끓는점)	110[℃]
증기비중	92/29 = 3.17(공기보다 무겁다)
착화점	480[℃]
액체 비중	0.86

정답 13 ④ 14 ①

15 제5류 위험물에 대한 설명 중 틀린 것은?

① 다이아조화합물은 다이아조기(-N=N-)를 가진 무기화합물이다.
② 유기과산화물은 산소를 포함하고 있어서 대량으로 연소할 경우 소화에 어려움이 있다.
③ 하이드라진은 제4류 위험물이지만 하이드라진유도체는 제5류 위험물이다.
④ 고체인 물질도 있고 액체인 물질도 있다.

해설
제5류 위험물의 특성
- 다이아조화합물은 다이아조기(-N≡N-)가 탄화수소의 탄소원자와 결합되어 있는 화합물이다.
- 유기과산화물은 산소를 포함하고 있어서 대량으로 연소할 경우 소화에 어려움이 있다.
- 하이드라진은 제4류 위험물 제2석유류(수용성)이고, 하이드라진유도체는 제5류 위험물이다.
- 제5류 위험물의 성상
  - 고체 : 과산화벤조일, 나이트로셀룰로스, TNT, 피크르산, 테트릴 등
  - 액체 : MEKPO, 과산화초산, 나이트로글리세린, 질산메틸, 질산에틸, 나이트로글라이콜 등

16 차아염소산칼슘에 대한 설명으로 옳지 않은 것은?

① 살균제, 표백제로 사용된다.
② 화학식은 $Ca(ClO)_2$이다.
③ 자극성이며 강한 환원력이 있다.
④ 지정수량은 50[kg]이다.

해설
차아염소산칼슘(Calcium Hypochlorite)의 특성
- 제1류 위험물의 차아염소산염류로서 지정수량은 50[kg]이다.
- 화학식은 $Ca(ClO)_2$이다.
- 살균제, 표백제, 방부제로 사용된다.
- 자극성이며, 강한 산화력이 있다.

17 KMnO₄에 대한 설명으로 옳은 것은?

① 글리세린에 저장해야 한다.
② 묽은 질산과 반응하면 유독한 Cl₂가 생성된다.
③ 황산과 반응할 때에는 산소와 열을 발생한다.
④ 물에 녹으면 투명한 무색을 나타낸다.

> **해설**
> **과망가니즈산칼륨(KMnO₄)의 특성**
> - 제1류 위험물의 과망가니즈산염류로서 지정수량은 1,000[kg]이다.
> - 건조하고 서늘한 장소에 저장한다.
> - 염산과 반응하면 유독한 Cl₂가 생성된다.
>
> $$2KMnO_4 + 16HCl \rightarrow 2KCl + 2MnCl_2 + 8H_2O + 5Cl_2\uparrow$$
>
> - 묽은 황산과 반응할 때에는 산소와 열을 발생한다.
>
> $$4KMnO_4 + 6H_2SO_4 \rightarrow 2K_2SO_4 + 4MnSO_4 + 6H_2O + 5O_2\uparrow$$
>
> - 물에 녹으면 진한 보라색을 나타낸다.

18 위험물의 지정수량이 작은 것부터 큰 순서대로 나열한 것은?

① 알킬리튬 – 다이메틸아연 – 탄화칼슘
② 다이메틸아연 – 탄화칼슘 – 알킬리튬
③ 탄화칼슘 – 알킬리튬 – 다이메틸아연
④ 알킬리튬 – 탄화칼슘 – 다이메틸아연

> **해설**
> **제3류 위험물의 지정수량**
>
> | 항목 \ 종류 | 알킬리튬 | 다이메틸아연 | 탄화칼슘 |
> |---|---|---|---|
> | 품명 | 알킬리튬 | 유기금속화합물 | 칼슘의 탄화물 |
> | 지정수량 | 10[kg] | 50[kg] | 300[kg] |

정답 17 ③ 18 ①

19 탄화칼슘과 질소가 약 700[℃] 이상의 고온에서 반응하여 생성되는 물질은?

① 아세틸렌　　② 석회질소　　③ 암모니아　　④ 수산화칼슘

> **해설**
> **아세틸렌의 반응**
> - 물과 반응 : $CaC_2 + 2H_2O \rightarrow Ca(OH)_2 + C_2H_2 \uparrow$
>   　　　　　　　　　　　　　(소석회, 수산화칼슘)　(아세틸렌)
> - 약 700[℃] 이상에서 반응 : $CaC_2 + N_2 \rightarrow CaCN_2 + C$
>   　　　　　　　　　　　　　　　　　(석회질소)　(탄소)
> - 아세틸렌가스와 금속과 반응 : $C_2H_2 + 2Cu \rightarrow Cu_2C_2 + H_2 \uparrow$
>   　　　　　　　　　　　　　　　　　(아세틸렌화구리 : 폭발물질)

20 정전기방전에 관한 다음 식에서 사용된 인자의 내용이 틀린 것은?

$$E = \frac{1}{2}CV^2 = \frac{1}{2}QV$$

① E : 정전기에너지[J]　　② C : 정전용량[F]
③ V : 전압[V]　　　　　　④ Q : 전류[A]

> **해설**
> **정전기 방전에너지**
>
> $$E = \frac{1}{2}CV^2 = \frac{1}{2}QV [J]$$
>
> 여기서, E : 정전기에너지[J]　　V : 방전전압[V]
> 　　　　C : 정전용량[F]　　　　Q : 대전전하량[C]

21 제5류 위험물인 테트릴에 대한 설명으로 틀린 것은?

① 물, 아세톤 등에 잘 녹는다.
② 담황색의 결정형 고체이다.
③ 비중은 1로서 물과 같다.
④ 폭발력이 커서 폭약의 원료로 사용된다.

> **해설**
> **테트릴**
> - 제5류 위험물의 나이트로화합물(제1종)로서 지정수량은 10[kg]이다.
> - 담황색의 결정형 고체이다.
> - 물에는 녹지 않고 아세톤, 벤젠에는 녹는다.
> - 비중은 1로서 물과 같다.
> - 폭발력이 커서 폭약의 원료로 사용된다.

22 위험물안전관리법령상 황은 순도가 일정 [wt%] 이상인 경우 위험물에 해당한다. 순도측정을 하는 경우 불순물에 대한 설명으로 옳은 것은?

① 불순물은 활석 등 불연성 물질로 한정한다.
② 불순물은 수분으로 한정한다.
③ 불순물은 활석 등 불연성 물질과 수분으로 한정한다.
④ 불순물은 황을 제외한 모든 물질을 말한다.

> **해설**
> 제2류 위험물의 황은 순도가 **60[wt%] 이상**인 것을 말하며 **순도측정**을 하는 경우 불순물은 활석 등 **불연성 물질과 수분**으로 한정한다.

23 다음 중 지정수량이 같은 것으로 연결된 것은?

① 알코올류 – 제1석유류(비수용성)
② 제1석유류(수용성) – 제2석유류(비수용성)
③ 제2석유류(수용성) – 제3석유류(비수용성)
④ 제3석유류(수용성) – 제4석유류

> **해설**
> **제4류 위험물의 지정수량**
>
> | 품 명 | 알코올류 | 제1석유류 | | 제2석유류 | | 제3석유류 | | 제4석유류 |
> |---|---|---|---|---|---|---|---|---|
> | | | 수용성 | 비수용성 | 수용성 | 비수용성 | 수용성 | 비수용성 | |
> | 지정수량 | 400[L] | 400[L] | 200[L] | 2,000[L] | 1,000[L] | 4,000[L] | 2,000[L] | 6,000[L] |

24 제4류 위험물인 아세트알데하이드의 화학식으로 옳은 것은?

① C_2H_5CHO ② C_2H_5COOH ③ CH_3CHO ④ CH_3COOH

> **해설**
> **화학식**
>
> | 화학식 | C_2H_5CHO | C_2H_5COOH | CH_3CHO | CH_3COOH |
> |---|---|---|---|---|
> | 명 칭 | 프로피온알데하이드 | 프로피온산 | 아세트알데하이드 | 초산(아세트산) |

25 공기를 차단한 상태에서 황린을 약 260[℃]로 가열하면 생성되는 물질은 제 몇 류 위험물인가?

① 제1류 위험물 ② 제2류 위험물
③ 제5류 위험물 ④ 제6류 위험물

해설
공기를 차단하고 황린을 약 260[℃]로 가열하면 적린(제2류 위험물)이 생성된다.

26 다음 금속원소 중 비점이 가장 높은 것은?

① 리튬 ② 나트륨 ③ 칼륨 ④ 루비듐

해설
비 점

종류	리튬	나트륨	칼륨	루비듐
비점	1,336[℃]	880[℃]	774[℃]	688[℃]

27 위험물안전관리법령상 불활성기체소화설비의 기준에서 소화약제 "IG-541"의 성분으로 용량비가 가장 큰 것은?

① 이산화탄소 ② 아르곤 ③ 질소 ④ 플루오린

해설
할로젠화합물 및 불활성기체 소화약제의 종류(소방)

소화약제	화학식
하이드로클로로플루오로카본혼화제 (HCFC BLEND A)	• HCFC-123($CHCl_2CF_3$) : 4.75[%] • HCFC-22($CHClF_2$) : 82[%] • HCFC-124($CHClFCF_3$) : 9.5[%] • $C_{10}H_{16}$: 3.75[%]
펜타플루오로에테인(HFC-125)	CHF_2CF_3
헵타플루오로프로페인(HFC-227ea)	CF_3CHFCF_3
트라이플루오로메테인(HFC-23)	CHF_3
불연성·불활성기체혼합가스(IG-100)	N_2
불연성·불활성기체혼합가스(IG-541)	N_2 : 52[%], Ar : 40[%], CO_2 : 8[%]
불연성·불활성기체혼합가스(IG-55)	N_2 : 50[%], Ar : 50[%]

28 금속나트륨이 에탄올과 반응하였을 때 가연성 가스가 발생한다. 이때 발생하는 가스와 동일한 가스가 발생되는 경우는?

① 나트륨이 액체 암모니아와 반응하였을 때
② 나트륨이 산소와 반응하였을 때
③ 나트륨이 사염화탄소와 반응하였을 때
④ 나트륨이 이산화탄소와 반응하였을 때

해설
나트륨의 반응식
- 산소와 반응 $4Na + O_2 \rightarrow 2Na_2O$
- 이산화탄소와 반응 $4Na + 3CO_2 \rightarrow 2Na_2CO_3 + C$(연소폭발)
- 사염화탄소와 반응 $4Na + CCl_4 \rightarrow 4NaCl + C$(폭발)
- 염소와 반응 $2Na + Cl_2 \rightarrow 2NaCl$
- **에탄올과 반응** $2Na + 2C_2H_5OH \rightarrow 2C_2H_5ONa + H_2\uparrow$
  (나트륨에틸레이트)
- 초산과 반응 $2Na + 2CH_3COOH \rightarrow 2CH_3COONa + H_2\uparrow$
- **암모니아와 반응** $2Na + 2NH_3 \rightarrow 2NaNH_2 + H_2\uparrow$
  (나트륨아미드)

29 위험물안전관리법령상 150[μm]의 체를 통과하는 것이 50[wt%] 이상일 경우 위험물에 해당하는 것은?

① 철 분 ② 구리분 ③ 아연분 ④ 니켈분

해설
금속분 : 알칼리금속·알칼리토금속·철 및 마그네슘 외의 금속의 분말(구리분·니켈분 및 150[μm]의 체를 통과하는 것이 50[wt%] 미만인 것은 제외)

정답 28 ① 29 ③

30 다음 중 위험물안전관리법령상 알코올류가 위험물이 되기 위하여 갖추어야 할 조건이 아닌 것은?

① 한 분자 내에 탄소 원자수가 1개부터 3개까지일 것
② 포화 1가 알코올일 것
③ 수용액일 경우 위험물안전관리법령에서 정의한 알코올 함유량이 60[wt%] 이상일 것
④ 인화점 및 연소점이 에틸알코올 60[wt%] 수용액의 인화점 및 연소점을 초과하는 것

해설
알코올류의 제외 조건
- $C_1 \sim C_3$까지의 포화 1가 알코올의 함유량이 60[wt%] 미만인 수용액
- 가연성 액체량이 60[wt%] 미만이고, 인화점 및 연소점이 에틸알코올 60[wt%] 수용액의 인화점 및 연소점을 초과하는 것

[알코올류에 해당하는 조건]
1분자를 구성하는 탄소원자의 수가 1개부터 3개까지의 포화 1가 알코올로서 농도가 60[wt%] 이상인 것

31 벤조일퍼옥사이드의 용해성에 대한 설명으로 옳은 것은?

① 물과 대부분 유기용제에 모두 잘 녹는다.
② 물과 대부분 유기용제에 모두 녹지 않는다.
③ 물에는 잘 녹으나 대부분 유기용제에 녹지 않는다.
④ 물에 녹지 않으나 대부분 유기용제에 잘 녹는다.

해설
과산화벤조일(벤조일퍼옥사이드)은 물에 녹지 않으나 알코올, 아세톤 등 유기용제에 잘 녹는다.

32 위험물의 연소 특성에 대한 설명으로 옳지 않은 것은?

① 황린은 연소 시 오산화인의 흰 연기가 발생한다.
② 황은 연소 시 푸른 불꽃을 내며 이산화질소를 발생한다.
③ 마그네슘은 연소 시 섬광을 내며 발열한다.
④ 트라이에틸알루미늄은 공기와 접촉하면 백연을 발생하며 연소한다.

해설
황은 연소 시 푸른 불꽃을 내며 이산화황(SO_2)을 발생한다.

$$S + O_2 \rightarrow SO_2$$

33 제4류 위험물에 해당하는 에어졸의 내장용기 등으로서 용기의 외부에 "위험물의 품명 · 위험등급 · 화학명 및 수용성"에 대한 표시를 하지 않을 수 있는 최대용적은?

① 300[mL]　② 500[mL]　③ 150[mL]　④ 1,000[mL]

해설
에어졸의 운반용기로서 최대용적이 300[mL] 이하인 것에 대하여는 용기의 외부에 "위험물의 품명 · 위험등급 · 화학명 및 수용성"에 대한 표시를 하지 않을 수 있다.

34 위험물안전관리법에 따른 위험물의 운반에 관한 적재방법에 대한 기준으로 틀린 것은?
① 제1류 위험물, 제2류 위험물 및 제4류 위험물 중 제1석유류, 제5류 위험물은 차광성이 있는 피복으로 가릴 것
② 제1류 위험물 중 알칼리금속의 과산화물 또는 이를 함유한 것, 제2류 위험물 중 철분·금속분·마그네슘 또는 이들 중 어느 하나 이상을 함유한 것 또는 제3류 위험물 중 금수성 물질은 방수성이 있는 피복으로 덮을 것
③ 제5류 위험물 중 55[℃] 이하의 온도에서 분해될 우려가 있는 것은 보냉 컨테이너에 수납하는 등 적정한 온도관리를 할 것
④ 위험물을 수납한 운반용기를 겹쳐 쌓는 경우에는 그 높이를 3[m] 이하로 하고 용기의 상부에 걸리는 하중은 해당 용기 위에 해당 용기와 동종의 용기를 겹쳐 쌓아 3[m]의 높이로 하였을 때에 걸리는 하중 이하로 할 것

해설
위험물 적재 및 운반
- **차광성이 있는 것으로 피복**
  - 제1류 위험물
  - 제3류 위험물 중 자연발화성 물질
  - 제4류 위험물 중 특수인화물
  - 제5류 위험물
  - 제6류 위험물
- **방수성이 있는 것으로 피복**
  - 제1류 위험물 중 알칼리금속의 과산화물
  - 제2류 위험물 중 철분·금속분·마그네슘
  - 제3류 위험물 중 금수성 물질

35 위험물안전관리법령상 제조소 등에 있어서 위험물의 취급에 관한 설명으로 옳은 것은?

① 위험물의 취급에 관한 자격이 있는 자라 할지라도 안전관리자로 선임되지 않는 자는 위험물을 단독으로 취급할 수 없다.
② 위험물의 취급에 관한 자격이 있는 자가 안전관리자로 선임되지 않았어도 그 자가 참여한 상태에서 누구든지 위험물 취급 작업을 할 수 있다.
③ 위험물안전관리자의 대리자가 참여한 상태에서는 누구든지 위험물 취급 작업을 할 수 있다.
④ 위험물운송자는 위험물을 이동탱크저장소에 출하하는 충전하는 일반취급소에서 안전관리자 또는 대리자의 참여 없이 위험물 출하작업을 할 수 있다.

해설
제조소 등에서 위험물 취급자격자가 아닌 자는 안전관리자 또는 대리자가 참여한 상태에서 위험물을 취급해야 한다.

36 탱크시험자가 다른 자에게 등록증을 빌려준 경우의 1차 행정처분기준으로 옳은 것은?

① 등록취소
② 업무정지 30일
③ 업무정지 90일
④ 경 고

해설
탱크시험자에 대한 행정처분기준

위반사항	근거법령	행정처분기준		
		1차	2차	3차
허위 그 밖의 부정한 방법으로 등록을 한 경우	법 제16조 제5항	등록취소	–	–
법 제16조 제4항 각호의 1의 등록의 결격사유에 해당하게 된 경우	법 제16조 제5항	등록취소	–	–
다른 자에게 등록증을 빌려준 경우	**법 제16조 제5항**	**등록취소**	**–**	**–**
법 제16조 제2항의 규정에 의한 등록기준에 미달하게 된 경우	법 제16조 제5항	업무정지 30일	업무정지 60일	등록취소
탱크안전성능시험 또는 점검을 허위로 하거나 이 법에 의한 기준에 맞지 않게 탱크안전성능시험 또는 점검을 실시하는 경우 등 탱크시험자로서 적합하지 않다고 인정되는 경우	법 제16조 제5항	업무정지 30일	업무정지 90일	등록취소

37 제4류 위험물 중 경유를 판매하는 제2종 판매취급소를 허가받아 운영하고자 한다. 취급할 수 있는 최대수량은?

① 20,000[L]　　② 40,000[L]　　③ 80,000[L]　　④ 160,000[L]

해설
제2종 판매취급소의 최대허가량 : 지정수량의 40배 이하
※ 경유는 제4류 위험물 제2석유류(비수용성)로서
　지정수량이 1,000[L]이므로 40배 × 1,000[L] = 40,000[L]이다.

38 위험물제조소 등의 옥내소화전설비의 설치 기준으로 틀린 것은?

① 수원의 수량은 옥내소화전이 가장 많이 설치된 층의 옥내소화전 설치개수(설치개수가 5개 이상인 경우는 5개)에 $2.4[m^3]$를 곱한 양 이상이 되도록 설치할 것
② 옥내소화전은 제조소 등의 건축물의 층마다 해당 층의 각 부분에서 하나의 호스접속구까지의 수평거리가 25[m] 이하가 되도록 설치할 것
③ 옥내소화전설비는 각층을 기준으로 하여 해당 층의 모든 옥내소화전(설치개수가 5개 이상인 경우는 5개의 옥내소화전)을 동시에 사용할 경우에 각 노즐 끝부분의 방수압력이 350[kPa] 이상이고 방수량이 1분당 260[L] 이상의 성능이 되도록 할 것
④ 옥내소화전설비에는 비상전원을 설치할 것

해설
옥내소화전설비의 설치 기준
- 옥내소화전은 제조소 등의 건축물의 층마다 해당 층의 각 부분에서 하나의 호스접속구까지의 **수평거리**가 **25[m] 이하**가 되도록 설치할 것. 이 경우 옥내소화전은 각층의 출입구 부근에 1개 이상 설치해야 한다.
- **수원의 수량**은 옥내소화전이 가장 많이 설치된 층의 옥내소화전 설치개수(설치개수가 5개 이상인 경우는 5개)에 **$7.8[m^3]$를 곱한 양 이상**이 되도록 설치할 것
- 옥내소화전설비는 각층을 기준으로 하여 해당 층의 모든 옥내소화전(설치개수가 5개 이상인 경우는 5개의 옥내소화전)을 동시에 사용할 경우에 각 노즐 끝부분의 **방수압력**이 **350[kPa] 이상**이고 **방수량**이 **1분당 260[L] 이상**의 성능이 되도록 할 것
- 옥내소화전설비에는 비상전원을 설치할 것

[옥내소화전설비의 기준]
- 방수량 = 소화전 수(5개 이상은 5개) × 260[L/min]
- 수원 = 소화전 수(5개 이상은 5개) × 260[L/min] × 30분
　　　= 소화전 수(5개 이상은 5개) × $7.8[m^3]$(7,800[L])
- 방수압력 : 350[kPa] 이상
- 비상전원 : 45분 이상 작동

정답 37 ② 38 ①

39 다음은 위험물안전관리법령에 따른 소화설비의 설치 기준 중 전기설비의 소화설비 기준에 관한 내용이다. ( )에 알맞은 수치를 차례대로 나타낸 것은?

> 제조소 등에 전기설비(전기배선, 조명기구 등은 제외)가 설치된 경우에는 면적 ( )[m^2]마다 소형수동식소화기를 ( )개 이상 설치할 것

① 100, 1　　　② 100, 0.5　　　③ 200, 1　　　④ 200, 0.5

해설
전기설비의 소화설비 : 제조소 등에 전기설비(전기배선, 조명기구 등은 제외)가 설치된 경우에는 **면적 100[m^2]마다** 소형수동식소화기를 1개 이상 설치할 것

---

40 위험물안전관리법령상 옥내탱크저장소에 대한 소화난이도 등급 Ⅰ의 기준에 해당되지 않는 것은?
① 액표면적이 40[m^2] 이상인 것(제6류 위험물을 저장하는 것 및 고인화점위험물만을 100[℃] 미만의 온도에서 저장하는 것은 제외)
② 바닥면으로부터 탱크 옆판의 상단까지 높이가 6[m] 이상인 것(제6류 위험물을 저장하는 것 및 고인화점위험물만을 100[℃] 미만의 온도에서 저장하는 것은 제외)
③ 액체 위험물을 저장하는 탱크로서 지정수량이 100배 이상인 것
④ 탱크전용실이 단층건물 외에 건축물에 있는 것으로서 인화점 38[℃] 이상 70[℃] 미만의 위험물을 지정수량의 5배 이상 저장하는 것(내화구조로 개구부 없이 구획된 것은 제외한다)

해설
소화난이도 등급 Ⅰ에 해당하는 제조소 등(시행규칙 별표 17)

제조소 등의 구분	제조소 등의 규모, 저장 또는 취급하는 위험물의 품명 및 최대수량 등
옥외탱크 저장소	액표면적이 40[m^2] 이상인 것(제6류 위험물을 저장하는 것 및 고인화점위험물만을 100[℃] 미만의 온도에서 저장하는 것은 제외)
	지반면으로부터 탱크 옆판의 상단까지 높이가 6[m] 이상인 것(제6류 위험물을 저장하는 것 및 고인화점위험물만을 100[℃] 미만의 온도에서 저장하는 것은 제외)
	지중탱크 또는 해상탱크로서 지정수량의 100배 이상인 것(제6류 위험물을 저장하는 것 및 고인화점위험물만을 100[℃] 미만의 온도에서 저장하는 것은 제외)
	고체 위험물을 저장하는 것으로서 지정수량의 100배 이상인 것
옥내탱크 저장소	**액표면적이 40[m^2] 이상인 것**(제6류 위험물을 저장하는 것 및 고인화점위험물만을 100[℃] 미만의 온도에서 저장하는 것은 제외)
	바닥면으로부터 탱크 옆판의 상단까지 높이가 6[m] 이상인 것(제6류 위험물을 저장하는 것 및 고인화점위험물만을 100[℃] 미만의 온도에서 저장하는 것은 제외)
	탱크전용실이 단층건물 외의 건축물에 있는 것으로서 인화점 38[℃] 이상 70[℃] 미만의 위험물을 지정수량의 5배 이상 저장하는 것(내화구조로 개구부 없이 구획된 것은 제외한다)

41 다음 중 위험물 판매취급소의 배합실에서 배합해서는 안 되는 위험물은?

① 도료류
② 염소산칼륨
③ 과산화수소
④ 황

해설
과산화수소는 농도가 60[%] 이상이면 충격에 의하여 폭발의 위험이 있다.

42 위험물안전관리법령상의 간이탱크저장소의 위치·구조 및 설비의 기준이 아닌 것은?

① 전용실 안에 설치하는 간이저장탱크의 경우 전용실 주위에는 1[m] 이상의 공지를 두어야 한다.
② 동일한 품질의 위험물의 간이저장탱크를 2 이상 설치하지 않아야 한다.
③ 간이저장탱크는 옥외에 설치해야 하지만 규정에서 정한 기준에 적합한 전용실 안에 설치하는 경우에는 옥내에 설치할 수 있다.
④ 간이저장탱크는 70[kPa]의 압력으로 10분간의 수압시험을 실시하여 새거나 변형되지 않아야 한다.

해설
간이탱크저장소의 설치 기준
- 하나의 간이탱크저장소에 설치하는 간이저장탱크는 그 수를 **3 이하**로 하고, 동일한 품질의 위험물의 간이저장탱크를 2 이상 설치하지 않아야 한다.
- 간이저장탱크는 움직이거나 넘어지지 않도록 지면 또는 가설대에 고정시키되, 옥외에 설치하는 경우에는 그 탱크의 주위에 너비 1[m] 이상의 공지를 두고, **전용실 안에 설치하는 경우**에는 탱크와 전용실의 벽과의 사이에 **0.5[m] 이상의 간격**을 유지해야 한다.
- 간이저장탱크의 용량은 600[L] 이하이어야 한다.
- 간이저장탱크는 두께 3.2[mm] 이상의 강판으로 흠이 없도록 제작해야 하며, 70[kPa]의 압력으로 10분간의 수압시험을 실시하여 새거나 변형되지 않아야 한다.
- 간이저장탱크에는 통기관을 설치해야 한다.

43 옥내저장소에 위험물을 수납한 용기를 겹쳐 쌓는 경우 높이의 상한에 관한 설명 중 틀린 것은?

① 기계에 의해 하역하는 구조로 된 용기 : 6[m]
② 제4류 위험물 중 제4석유류 수납용 : 4[m]
③ 제4류 위험물 중 제1석유류 수납용 : 3[m]
④ 제4류 위험물 중 동식물유류 수납용 : 6[m]

해설
옥내저장소에 저장 시 높이(아래 높이를 초과하지 말 것)
- 기계에 의하여 하역하는 구조로 된 용기만을 겹쳐 쌓는 경우 : 6[m]
- 제4류 위험물 중 **제3석유류, 제4석유류, 동식물유류**를 수납하는 용기만을 겹쳐쌓는 경우 : **4[m]**
- 그 밖의 경우(**특수인화물, 제1석유류, 제2석유류**, 알코올류, 타류) : **3[m]**

정답 41 ③ 42 ① 43 ④

44 위험물안전관리법령상 알킬알루미늄을 저장 또는 취급하는 이동탱크저장소에 비치하지 않아도 되는 것은?

① 응급조치에 관하여 필요한 사항을 기재한 서류
② 염기성 중화제
③ 고무장갑
④ 휴대용 확성기

해설
알킬알루미늄 등을 저장 또는 취급하는 이동탱크저장소에는 **긴급 시의 연락처, 응급조치에 관하여 필요한 사항을 기재한 서류, 방호복, 고무장갑, 밸브 등을 죄는 결합공구** 및 **휴대용 확성기**를 비치해야 한다.

45 옥외탱크저장소에서 제4석유류를 저장하는 경우 방유제 내에 설치할 수 있는 옥외저장탱크의 수는 몇 개 이하이어야 하는가?

① 10
② 20
③ 30
④ 제한이 없음

해설
방유제 내에 설치하는 옥외저장탱크의 수는 10(방유제 내에 설치하는 모든 옥외저장탱크의 용량이 **20만[L] 이하**이고, 위험물의 인화점이 **70[℃] 이상 200[℃] 미만**인 경우에는 **20**) 이하로 할 것(단, 인화점이 200[℃] 이상인 옥외저장탱크는 제외)

[방유제 내에 설치하는 탱크의 수]
• 제1석유류, 제2석유류 : 10기 이하
• 제3석유류(인화점 70[℃] 이상 200[℃] 미만) : 20기 이하
• 제4석유류(인화점이 200[℃] 이상) : 제한없음

46 위험물안전관리법령에 명시된 위험물 운반용기의 재질이 아닌 것은?

① 강판, 알루미늄판
② 양철판, 유리
③ 비닐, 스티로폼
④ 금속판, 종이

해설
운반용기의 재질
• 강 판
• 알루미늄판
• 양철판
• 유 리
• 금속판
• 종 이
• 플라스틱
• 섬유판
• 고무류
• 합성섬유
• 삼
• 짚
• 나 무

47 위험물안전관리법령에 따라 제조소 등의 변경허가를 받아야 하는 경우에 속하는 것은?

① 일반취급소의 계단을 설치하는 경우
② 제조소에서 펌프설비를 증설하는 경우
③ 옥외탱크저장소에서 자동화재탐지설비를 신설하는 경우
④ 판매취급소의 배출설비를 신설하는 경우

> **해설**
> **제조소 등의 변경허가를 받아야 하는 경우(시행규칙 별표 1의2)**
> • 제조소나 일반취급소에서 위험물의 제조설비 또는 취급설비(펌프설비를 제외한다)를 증설하는 경우
> • **옥외탱크저장소에서 자동화재탐지설비를 신설** 또는 철거하는 경우
> • 판매취급소
>   – 건축물의 벽·기둥·바닥·보 또는 지붕을 증설 또는 철거하는 경우
>   – 자동화재탐지설비를 신설 또는 철거하는 경우

48 소화설비의 설치 기준에서 저장소의 건축물은 외벽이 내화구조인 것은 연면적 몇 [m²]를 1소요단위로 하고 외벽이 내화구조가 아닌 것은 연면적 몇 [m²]를 1소요단위로 하는가?

① 100, 75
② 150, 75
③ 200, 100
④ 250, 150

> **해설**
> **소요단위의 산정기준(시행규칙 별표 17)**
> • 제조소 또는 취급소의 건축물
>   – 외벽이 내화구조 : 연면적 100[m²]를 1소요단위
>   – 외벽이 내화구조가 아닌 것 : 연면적 50[m²]를 1소요단위
> • **저장소의 건축물**
>   – 외벽이 **내화구조** : 연면적 150[m²]를 1소요단위
>   – 외벽이 **내화구조가 아닌 것** : 연면적 75[m²]를 1소요단위
> • 위험물 : 지정수량의 10배를 1소요단위

정답 47 ③ 48 ②

49 위험물제조소 등에 설치되어 있는 스프링클러설비를 정기점검할 경우 일반점검표에서 헤드의 점검내용에 해당하지 않는 것은?

① 압력계의 지시사항　　② 변형・손상 유무
③ 기능의 적부　　　　　④ 부착각도의 적부

> **해설**
> 스프링클러헤드 일반점검표(세부기준 별지 19)

점검항목	점검내용	점검방법	점검결과
헤드	변형・손상 유무	육안	[ ] 적합 [ ] 부적합 [ ] 해당없음
	부착각도의 적부	육안	[ ] 적합 [ ] 부적합 [ ] 해당없음
	기능의 적부	작동확인	[ ] 적합 [ ] 부적합 [ ] 해당없음
기동장치	부식・변형・손상 유무	육안	[ ] 적합 [ ] 부적합 [ ] 해당없음
	조작부 주위의 장애물 유무	육안	[ ] 적합 [ ] 부적합 [ ] 해당없음
	기능의 적부	작동확인	[ ] 적합 [ ] 부적합 [ ] 해당없음

50 위험물안전관리법령상 화학소방자동차에 갖추어야 하는 소화능력 및 설비의 기준으로 옳지 않은 것은?

① 포수용액의 방사능력이 매분 2,000[L] 이상인 포수용액 방사차
② 분말의 방사능력이 매초 35[kg] 이상인 분말 방사차
③ 할로젠화합물의 방사능력이 매초 40[kg] 이상인 할로젠화합물 방사차
④ 가성소다 및 규조토를 각각 100[kg] 이상 비치한 제독차

> **해설**
> 화학소방자동차에 갖추어야 하는 소화능력 및 설비의 기준(시행규칙 별표 23)

화학소방자동차의 구분	소화능력 및 설비의 기준
포수용액 방사차	포수용액의 방사능력이 매분 2,000[L] 이상일 것
	소화약액탱크 및 소화약액혼합장치를 비치할 것
	10만[L] 이상의 포수용액을 방사할 수 있는 양의 소화약제를 비치할 것
분말 방사차	분말의 방사능력이 매초 35[kg] 이상일 것
	분말탱크 및 가압용 가스설비를 비치할 것
	1,400[kg] 이상의 분말을 비치할 것
할로젠화합물 방사차	할로젠화합물의 방사능력이 매초 40[kg] 이상일 것
	할로젠화합물탱크 및 가압용 가스설비를 비치할 것
	1,000[kg] 이상의 할로젠화합물을 비치할 것
이산화탄소 방사차	이산화탄소의 방사능력이 매초 40[kg] 이상일 것
	이산화탄소저장용기를 비치할 것
	3,000[kg] 이상의 이산화탄소를 비치할 것
제독차	가성소다 및 규조토를 각각 50[kg] 이상 비치할 것

51 위험물안전관리법령상 차량 운반 시 제4류 위험물과 혼재가 가능한 위험물의 유별을 모두 나타낸 것은?(단, 각각의 위험물은 지정수량의 10배이다)

① 제2류 위험물, 제3류 위험물
② 제3류 위험물, 제5류 위험물
③ 제1류 위험물, 제2류 위험물, 제3류 위험물
④ 제2류 위험물, 제3류 위험물, 제5류 위험물

해설
운반 시 혼재가능 유별
- 제1류 위험물 + 제6류 위험물
- 제3류 위험물 + 제4류 위험물
- 제5류 위험물 + 제2류 위험물 + 제4류 위험물

52 위험물제조소 등의 집유설비에 유분리장치를 설치해야 하는 장소는?

① 액상의 위험물을 저장하는 옥내저장소에 설치하는 집유설비
② 휘발유를 저장하는 옥내탱크저장소의 탱크전용실 바닥에 설치하는 집유설비
③ 휘발유를 저장하는 간이탱크저장소의 옥외설비 바닥에 설치하는 집유설비
④ 경유를 저장하는 옥외탱크저장소의 옥외펌프설비에 설치하는 집유설비

해설
집유설비에 유분리장치를 설치해야 하는 장소
- 제조소에서 옥외설비의 바닥에 설치하는 집유설비
- 옥외탱크저장소의 옥외펌프설비에 설치하는 집유설비

53 위험물안전관리법령상 위험물 옥외탱크저장소의 방유제 지하매설 깊이는 몇 [m] 이상으로 해야 하는가?(단, 원칙적인 경우에 한한다)

① 0.2　　② 0.3　　③ 0.5　　④ 1.0

해설
방유제
- 높이 : 0.5[m] 이상 3[m] 이하
- 두께 : 0.2[m] 이상
- 지하매설깊이 : 1[m] 이상

정답　51 ④　52 ④　53 ④

54 바닥면적이 120[m²]인 제조소인 경우에 환기설비인 급기구의 최소 설치개수와 최소 크기는?

① 1개, 800[cm²] ② 1개, 600[cm²]
③ 2개, 800[cm²] ④ 2개, 600[cm²]

해설
제조소의 환기설비(시행규칙 별표 4) : 급기구는 해당 급기구가 설치된 실의 바닥면적 150[m²]마다 1개 이상으로 하되 급기구의 크기는 800[cm²] 이상으로 할 것. 다만 바닥면적 150[m²] 미만인 경우에는 다음의 크기로 할 것

바닥면적	급기구의 면적
60[m²] 미만	150[cm²] 이상
60[m²] 이상 90[m²] 미만	300[cm²] 이상
90[m²] 이상 120[m²] 미만	450[cm²] 이상
120[m²] 이상 150[m²] 미만	600[cm²] 이상

55 어떤 회사의 매출액이 80,000원, 고정비가 15,000원, 변동비가 40,000원일 때 손익분기점 매출액은 얼마인가?

① 25,000원 ② 30,000원 ③ 40,000원 ④ 55,000원

해설
$$\text{손익분기점 매출액} = \frac{\text{고정비} \times \text{매출액}}{\text{변동비}} = \frac{15,000원 \times 80,000원}{40,000원} = 30,000원$$

56 직물, 금속, 유리 등의 일정단위 중 나타나는 흠의 수, 핀홀 수 등 부적합수에 관한 관리도를 작성하려면 가장 적합한 관리도는?

① c관리도 ② nP관리도 ③ P관리도 ④ $\bar{x} - R$관리도

해설
c관리도
- 직물, 금속, 유리 등의 일정단위 중 나타나는 흠의 수, 핀홀 수 등 부적합수에 관한 관리도
- M 타입의 자동차 또는 LCD TV를 조립, 완성한 후 부적합수(결점수)를 점검

57 전수검사와 샘플링검사에 관한 설명으로 맞는 것은?

① 파괴검사의 경우에는 전수검사를 적용한다.
② 검사항목이 많을 경우 전수검사보다 샘플링검사가 유리하다.
③ 샘플링검사는 부적합품이 섞여 들어가서는 안 되는 경우에 적용한다.
④ 생산자에게 품질향상의 자극을 주고 싶을 경우 전수검사가 샘플링검사보다 더 효과적이다.

해설
검사항목이 많을 경우 샘플링검사가 유리하다.

58 국제 표준화의 의의를 지적한 설명 중 직접적인 효과로 보기 어려운 것은?

① 국제 간 규격통일로 상호 이익도모
② KS표시품 수출 시 상대국에서 품질인증
③ 개발도상국에 대한 기술개발의 촉진을 유도
④ 국가 간의 규격상이로 인한 무역장벽의 제거

> **해설**
> **국제 표준화의 의의**
> • 국제 간 규격통일로 상호 이익도모
> • 개발도상국에 대한 기술개발의 촉진을 유도
> • 국가 간의 규격상이로 인한 무역장벽의 제거

59 Ralph M. Barnes 교수가 제시한 동작경제의 원칙 중 작업장 배치에 관한 원칙(Arrangement of the Workplace)에 해당되지 않는 것은?

① 가급적이면 낙하식 운반방법을 이용한다.
② 모든 공구나 재료는 지정된 위치에 있도록 한다.
③ 충분한 조명을 하여 작업자가 잘 볼 수 있도록 한다.
④ 가급적 용이하고 자연스런 리듬을 타고 일할 수 있도록 작업을 구성해야 한다.

> **해설**
> **반즈의 동작경제의 원칙**
> • 신체의 사용에 관한 원칙
> • 작업장의 배치에 관한 원칙
> • 공구 및 설비의 디자인에 관한 원칙

60 다음 데이터의 제곱합(Sum of Squares)은 약 얼마인가?

| 18.8 | 19.1 | 18.8 | 18.2 | 18.4 | 18.3 | 19.0 | 18.6 | 19.2 |

① 0.129   ② 0.338   ③ 0.359   ④ 1.029

> **해설**
> 제곱합(S)를 구하면
> • 편차($\bar{x}$) = (18.8 + 19.1 + 18.8 + 18.2 + 18.4 + 18.3 + 19.0 + 18.6 + 19.2) ÷ 9 = 18.71
> • 제곱합(S) = $(18.8-18.71)^2 + (19.1-18.71)^2 + (18.8-18.71)^2 + (18.2-18.71)^2 + (18.4-18.71)^2$
> $\qquad\qquad + (18.3-18.71)^2 + (19.0-18.71)^2 + (18.6-18.71)^2 + (19.2-18.71)^2$
> $\qquad = 1.029$

정답 58 ② 59 ④ 60 ④

2018년 7월 14일 시행 과년도 기출복원문제

※ 제64회부터는 CBT(컴퓨터 기반 시험)로 진행되어 수험자의 기억에 의해 문제를 복원하였습니다. 실제 시행문제와 일부 상이할 수 있음을 알려드립니다.

01 옥외탱크저장소의 탱크 중 압력탱크의 수압시험 기준은?

① 최대상용압력의 2배의 압력으로 20분간 실시하는 수압시험에서 새거나 변형되지 않아야 한다.
② 최대상용압력의 2배의 압력으로 10분간 실시하는 수압시험에서 새거나 변형되지 않아야 한다.
③ 최대상용압력의 1.5배의 압력으로 20분간 실시하는 수압시험에서 새거나 변형되지 않아야 한다.
④ 최대상용압력의 1.5배의 압력으로 10분간 실시하는 수압시험에서 새거나 변형되지 않아야 한다.

해설
압력탱크는 최대상용압력의 1.5배의 압력으로 10분간 실시하는 수압시험에서 각각 새거나 변형되지 않아야 한다.

02 전역방출방식 분말소화설비의 기준에서 제1종 분말소화약제의 저장용기 충전비의 범위를 옳게 나타낸 것은?

① 0.85 이상 1.05 이하
② 0.85 이상 1.45 이하
③ 1.05 이상 1.45 이하
④ 1.05 이상 1.75 이하

해설
분말소화약제의 충전비

소화약제의 종별	충전비의 범위
제1종 분말	0.85 이상 1.45 이하
제2종 분말 또는 제3종 분말	1.05 이상 1.75 이하
제4종 분말	1.50 이상 2.50 이하

정답 01 ④ 02 ②

03
탄화칼슘과 물이 반응하여 500[g]의 가연성 가스를 발생하였다. 약 몇 [g]의 탄화칼슘이 반응하였는가?(단, 칼슘의 원자량은 40이고, 물의 양은 충분하였다)

① 928 ② 1,231 ③ 1,632 ④ 1,921

해설
탄화칼슘과 물의 반응

$CaC_2 + 2H_2O \rightarrow Ca(OH)_2 + C_2H_2 \uparrow$

64[g] ——— 26[g]
x ——— 500[g]

$$\therefore x = \frac{64[g] \times 500[g]}{26[g]} = 1,230.8[g]$$

04
옥내저장소에 자동화재탐지설비를 설치하려고 한다. 자동화재탐지설비 설치 기준으로 적합하지 않은 것은?

① 경계구역은 건축물 그 밖의 공작물의 2 이상의 층에 걸치지 않도록 한다.
② 하나의 경계구역의 면적은 600[m²] 이하로 하고 그 한 변의 길이는 100[m] 이하(광전식분리형 감지기를 설치할 경우에는 200[m])로 한다.
③ 감지기는 지붕 또는 벽의 옥내에 면한 부분에 유효하게 화재의 발생을 감지할 수 있도록 설치한다.
④ 비상전원을 설치해야 한다.

해설
자동화재탐지설비의 설치 기준(시행규칙 별표 17)
- 자동화재탐지설비의 경계구역(화재가 발생한 구역을 다른 구역과 구분하여 식별할 수 있는 최소단위의 구역을 말한다)은 건축물 그 밖의 공작물의 2 이상의 층에 걸치지 않도록 할 것. 다만, 하나의 경계구역의 면적이 500[m²] 이하이면서 해당 경계구역이 2개의 층에 걸치는 경우이거나 계단·경사로·승강기의 승강로 그 밖에 이와 유사한 장소에 연기감지기를 설치하는 경우에는 그렇지 않다.
- 하나의 경계구역의 면적은 **600[m²] 이하**로 하고 그 **한 변의 길이는 50[m]**(광전식분리형 감지기를 설치할 경우에는 **100[m]) 이하**로 할 것. 다만, 해당 건축물 그 밖의 공작물의 주요한 출입구에서 그 내부의 전체를 볼 수 있는 경우에 있어서는 그 면적을 1,000[m²] 이하로 할 수 있다.
- 자동화재탐지설비의 감지기는 지붕(상층이 있는 경우에는 상층의 바닥) 또는 벽의 옥내에 면한 부분(천장이 있는 경우에는 천장 또는 벽의 옥내에 면한 부분 및 천장의 뒷부분)에 유효하게 화재의 발생을 감지할 수 있도록 설치할 것
- 자동화재탐지설비에는 비상전원을 설치할 것

05 트라이나이트로톨루엔의 화학식으로 옳은 것은?

① $C_6H_2CH_3(NO_2)_3$
② $C_6H_3(NO_2)_3$
③ $C_6H_2(NO_2)_3OH$
④ $C_{10}H_6(NO_2)_2$

해설

화학식

화학식	$C_6H_2CH_3(NO_2)_3$	$C_6H_3(NO_2)_3$	$C_6H_2(NO_2)_3OH$	$C_{10}H_6(NO_2)_2$
명 칭	트라이나이트로톨루엔	트라이나이트로벤젠	트라이나이트로페놀	다이나이트로나프탈렌

06 위험물을 저장하는 원통형 탱크를 종으로 설치한 경우 공간용적을 옳게 나타낸 것은?(단, 탱크의 지름은 10[m], 높이는 16[m]이며, 원칙적인 경우이다)

① 62.8[m³] 이상 125.7[m³] 이하
② 72.8[m³] 이상 125.7[m³] 이하
③ 62.8[m³] 이상 135.6[m³] 이하
④ 72.8[m³] 이상 135.6[m³] 이하

해설

종으로 설치한 원통형 탱크의 내용적

내용적 = $\pi r^2 l$ = $\pi \times (5[m])^2 \times 16[m]$ = 1,256.64[m³]
공간용적은 내용적의 5~10[%]이므로
- 10[%]일 때 1,256.64[m³] × 0.1 = 125.7[m³]
- 5[%]일 때 1,256.64[m³] × 0.05 = 62.8[m³]
∴ 공간용적은 62.8[m³] 이상 125.7[m³] 이하

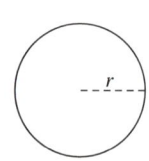
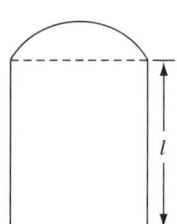

07 다음 보기의 물질 중 제2류 위험물에 해당하는 것은 모두 몇 개인가?

> 황화인, 칼륨, 알루미늄의 탄화물, 황린, 금속의 수소화물, 코발트분, 황, 무기과산화물, 고형알코올

① 2   ② 3   ③ 4   ④ 5

해설

위험물의 분류
- 제1류 위험물 : 무기과산화물
- 제2류 위험물 : 황화인, 코발트분, 황, 인화성 고체(고형알코올)
- 제3류 위험물 : 칼륨, 알루미늄의 탄화물, 황린, 금속의 수소화물

08 위험물제조소 및 일반취급소에서 지정수량이 24만배 미만을 취급하는 경우 화학소방차의 대수와 조작인원은?

① 화학소방차 1대, 조작인원 5인
② 화학소방차 2대, 조작인원 10인
③ 화학소방차 3대, 조작인원 15인
④ 화학소방차 4대, 조작인원 20인

해설

자체소방대에 두는 화학소방자동차 및 인원(시행령 별표 8)

사업소의 구분	화학소방자동차	자체소방대원의 수
제조소 또는 일반취급소에서 취급하는 제4류 위험물의 최대수량의 합이 지정수량의 3,000배 이상 12만배 미만인 사업소	1대	5인
제조소 또는 일반취급소에서 취급하는 제4류 위험물의 최대수량의 합이 지정수량의 12만배 이상 24만배 미만인 사업소	2대	10인
제조소 또는 일반취급소에서 취급하는 제4류 위험물의 최대수량의 합이 지정수량의 24만배 이상 48만배 미만인 사업소	3대	15인
제조소 또는 일반취급소에서 취급하는 제4류 위험물의 최대수량의 합이 지정수량의 48만배 이상인 사업소	4대	20인
옥외탱크저장소에 저장하는 제4류 위험물의 최대수량이 지정수량의 50만배 이상인 사업소	2대	10인

[비고] 화학소방자동차에는 행정안전부령이 정하는 소화능력 및 설비를 갖추어야 하고, 소화활동에 필요한 소화약제 및 기구(방열복 등 개인장구를 포함한다)를 비치해야 한다.

09 지정수량 미만인 위험물의 저장 또는 취급에 관한 기술상의 기준은 무엇으로 정하는가?

① 행정안전부령
② 시·도의 규칙
③ 시·도의 조례
④ 대통령령

해설

위험물의 저장기준
• 지정수량 이상 : 위험물안전관리법을 적용
• 지정수량 미만 : 시·도의 조례

10 $C_6H_2CH_3(NO_2)_3$의 제조 원료로 옳게 짝지어진 것은?

① 톨루엔, 황산, 질산
② 톨루엔, 벤젠, 질산
③ 벤젠, 질산, 황산
④ 벤젠, 질산, 염산

해설

TNT[$C_6H_2CH_3(NO_2)_3$]의 원료 : 톨루엔, 황산, 질산

[TNT의 제법]

$$\text{톨루엔} + 3HNO_3 \xrightarrow[\text{나이트로화}]{C-H_2SO_4} \text{TNT} + 3H_2O$$

11 Halon1211에 해당하는 할론소화약제는?

① CH_2ClBr
② CF_2ClBr
③ CCl_2FBr
④ CBr_2FCl

해설

할론소화약제의 종류

종류	화학식
할론1011	CH_2ClBr
할론1211	CF_2ClBr
할론2402	$C_2F_4Br_2$
할론1121	CCl_2FBr
할론1112	CBr_2FCl

12 다음 중 아이오딘값이 가장 높은 것은?

① 참기름
② 채종유
③ 동유
④ 땅콩기름

해설

동식물유류의 종류

구 분	아이오딘값	반응성	불포화도	종 류
건성유	130 이상	크 다	크 다	해바라기유, **동유**, 아마인유, 들기름, 정어리기름
반건성유	100~130	중 간	중 간	**채종유**, 목화씨기름(면실유), **참기름**, 콩기름, 청어유, 쌀겨기름, 옥수수기름
불건성유	100 이하	작 다	작 다	야자유, 올리브유, 피마자유, **낙화생(땅콩)기름**

13 다음의 위험물을 각각의 옥내저장소에서 저장 또는 취급할 때 위험물안전관리법령상 안전거리가 나머지 셋과 다르게 적용되는 것은?

① 질산 1,000[kg]
② 아닐린 50,000[L]
③ 기어유 100,000[L]
④ 아마인유 100,000[L]

해설

안전거리를 두지 않을 수 있는 경우(시행규칙 별표 5)
- 지정수량의 20배 미만인 제4석유류 또는 동식물유류의 위험물을 저장 또는 취급하는 옥내저장소
- 제6류 위험물을 저장 또는 취급하는 옥내저장소
- 지정수량의 배수

종류	질산	아닐린	기어유	아마인유
품명	제6류 위험물	제4류 위험물 제3석유류, 비수용성	제4류 위험물 제4석유류	제4류 위험물 동식물유류
지정수량	300[kg]	2,000[L]	6,000[L]	10,000[L]
지정배수	$\dfrac{1,000[kg]}{300[kg]} = 3.33$배	$\dfrac{50,000[L]}{2,000[L]} = 25$배	$\dfrac{100,000[L]}{6,000[L]} = 16.67$배	$\dfrac{100,000[L]}{10,000[L]} = 10$배

※ 질산(제6류 위험물로서 제외), 기어유와 아마인유는 지정수량의 배수가 20배가 되지 않아 안전거리 면제이고, 아닐린은 제3석유류이므로 지정수량의 배수가 1배가 넘으면 안전거리를 두어야 한다.

14 지하저장탱크의 주위에 액체 위험물의 누설을 검사하기 위한 관을 설치하는 경우 그 기준으로 옳지 않은 것은?

① 관은 탱크전용실의 바닥에 닿지 않게 할 것
② 이중관으로 할 것
③ 관의 밑부분으로부터 탱크의 중심 높이까지의 부분에는 소공이 뚫려 있을 것
④ 상부는 물이 침투하지 않는 구조로 하고, 뚜껑은 검사 시에 쉽게 열 수 있도록 할 것

해설

지하탱크저장소의 기준(시행규칙 별표 8)
지하저장탱크의 주위에는 해당 탱크로부터의 액체 위험물의 **누설을 검사하기 위한 관**을 다음 기준에 따라 **4개소 이상** 적당한 위치에 설치해야 한다.
- **이중관으로 할 것**. 다만, **소공이 없는 상부**는 **단관**으로 할 수 있다.
- 재료는 금속관 또는 경질합성수지관으로 할 것
- **관은 탱크실의 바닥** 또는 **탱크의 기초까지 닿게 할 것**
- 관의 밑부분으로부터 탱크의 중심 높이까지의 부분에는 소공이 뚫려 있을 것. 다만, 지하수위가 높은 장소에 있어서는 지하수위 높이까지의 부분에 소공이 뚫려 있어야 한다.
- 상부는 물이 침투하지 않는 구조로 하고, 뚜껑은 검사 시에 쉽게 열 수 있도록 할 것

15 다음 [보기]의 물질 중 제1류 위험물에 해당하는 것은 모두 몇 개인가?

> 아염소산나트륨, 염소산나트륨, 차아염소산칼슘, 과산화수소

① 4개　　　② 3개　　　③ 2개　　　④ 1개

해설

위험물의 분류

종 류	아염소산나트륨	염소산나트륨	차아염소산칼슘	과산화수소
화학식	$NaClO_2$	$NaClO_3$	$Ca(ClO)_2$	H_2O_2
품 명	아염소산염류	염소산염류	차아염소산염류	–
유 별	제1류 위험물	제1류 위험물	제1류 위험물	제6류 위험물

16 인화성 액체 위험물을 저장하는 옥외탱크저장소의 주위에 설치하는 방유제에 관한 내용으로 틀린 것은?

① 방유제는 높이 0.5[m] 이상 3[m] 이하, 두께 0.2[m] 이상, 지하매설깊이 1[m] 이상으로 한다.
② 2기 이상의 탱크가 있는 경우 방유제의 용량은 그 탱크 중 용량이 최대인 것은 110[%] 이상으로 한다.
③ 용량이 1,000만[L] 이상인 옥외저장탱크의 주위에 설치하는 방유제에는 탱크마다 간막이 둑을 흙 또는 철근콘크리트로 설치한다.
④ 간막이 둑을 설치하는 경우 간막이 둑의 용량은 간막이 둑 안에 설치된 탱크 용량의 110[%] 이상이어야 한다.

해설

용량이 1,000만[L] 이상인 옥외저장탱크의 주위에 설치하는 방유제(시행규칙 별표 6 Ⅸ)

다음 규정에 따라 해당 탱크마다 간막이 둑을 설치해야 한다.
- 간막이 둑의 높이는 0.3[m](방유제 내에 설치하는 옥외저장탱크의 용량의 합계가 2억[L]를 넘는 방유제에 있어서는 1[m]) 이상으로 하되 방유제 높이보다 0.2[m] 이상 낮게 할 것
- 간막이 둑은 흙 또는 철근콘크리트로 할 것
- 간막이 둑의 용량은 간막이 둑 안에 설치된 탱크 용량의 10[%] 이상일 것

17 황화인에 대한 설명 중 틀린 것은?

① 삼황화인은 과산화물, 금속분 등과 접촉하면 발화의 위험성이 높아진다.
② 삼황화인이 연소하면 SO_2와 P_2O_5가 발생한다.
③ 오황화인이 물과 반응하면 황화수소가 발생한다.
④ 오황화인은 알칼리와 반응하여 이산화황과 인산이 된다.

해설
오황화인은 물 또는 알칼리에 **분해**하여 **황화수소**(H_2S)와 **인산**(H_3PO_4)이 된다.

$$P_2S_5 + 8H_2O \rightarrow 5H_2S + 2H_3PO_4$$

18 다음 중 Mn의 산화수가 +2인 것은?

① $KMnO_4$
② MnO_2
③ $MnSO_4$
④ K_2MnO_4

해설
Mn의 산화수
- $KMnO_4 \Rightarrow 1 + x + (-2 \times 4) = 0, \ x = +7$
- $MnO_2 \Rightarrow x + (-2 \times 2) = 0, \ x = +4$
- $MnSO_4 \Rightarrow x + (-2) = 0, \ x = +2$
- $K_2MnO_4 \Rightarrow (1 \times 2) + x + (-2 \times 4) = 0, \ x = +6$

19 분말소화기의 소화약제에 속하는 것은?

① Na_2CO_3
② $NaHCO_3$
③ $NaNO_3$
④ $NaCl$

해설

분말소화약제의 종류

종류	주성분	적응화재	착색(분말의 색)
제1종 분말	$NaHCO_3$(중탄산나트륨, 탄산수소나트륨)	B, C급	백색
제2종 분말	$KHCO_3$(중탄산칼륨, 탄산수소칼륨)	B, C급	담회색
제3종 분말	$NH_4H_2PO_4$(인산암모늄, 제일인산암모늄)	A, B, C급	담홍색, 황색
제4종 분말	$KHCO_3 + (NH_2)_2CO$(요소)	B, C급	회색

20 다음 중 위험물안전관리법의 적용제외 대상이 아닌 것은?

① 항공기로 위험물을 국외에서 국내로 운반하는 경우
② 철도로 위험물을 국내에서 국내로 운반하는 경우
③ 선박(기선)으로 위험물을 국내에서 국외로 운반하는 경우
④ 국제해상위험물규칙(IMDG Code)에 적합한 운반용기에 수납된 위험물을 자동차로 운반하는 경우

해설

위험물안전관리법은 항공기, 선박(기선, 범선, 부선), 철도 및 궤도에 의한 위험물의 저장·취급 및 운반에 있어서는 이를 적용하지 않는다.

21 위험물안전관리법령에 의하여 다수의 제조소 등을 설치한 자가 1인의 안전관리자를 중복하여 선임할 수 있는 경우가 아닌 것은?(단, 동일구내에 있는 저장소로서 동일인이 설치한 경우이다)

① 15개의 옥내저장소
② 30개의 옥외탱크저장소
③ 10개의 옥외저장소
④ 10개의 암반탱크저장소

해설
1인의 안전관리자를 중복하여 선임할 수 있는 저장소 등(시행규칙 제56조)
- **10개 이하 : 옥내저장소, 옥외저장소, 암반탱크저장소**
- **30개 이하 : 옥외탱크저장소**
- 무제한 : 옥내탱크저장소, 지하탱크저장소, 간이탱크저장소

22 다음의 위험물을 저장하는 옥내저장소의 저장창고가 벽·기둥 및 바닥이 내화구조로 된 건축물일 때 위험물안전관리법령에서 규정하는 보유공지를 확보하지 않아도 되는 경우는?

① 아세트산 30,000[L]
② 아세톤 5,000[L]
③ 클로로벤젠 10,000[L]
④ 글리세린 15,000[L]

해설
보유공지 확보여부
- 옥내저장소의 보유공지(시행규칙 별표 5)

저장 또는 취급하는 위험물의 최대수량	공지의 너비	
	벽·기둥 및 바닥이 내화구조로 된 건축물	그 밖의 건축물
지정수량의 5배 이하	–	0.5[m] 이상
지정수량의 5배 초과 10배 이하	1[m] 이상	1.5[m] 이상
지정수량의 10배 초과 20배 이하	2[m] 이상	3[m] 이상
지정수량의 20배 초과 50배 이하	3[m] 이상	5[m] 이상
지정수량의 50배 초과 200배 이하	5[m] 이상	10[m] 이상
지정수량의 200배 초과	10[m] 이상	15[m] 이상

- 제4류 위험물의 지정수량

종 류	아세트산	아세톤	클로로벤젠	글리세린
품 명	제2석유류(수용성)	제1석유류(수용성)	제2석유류(비수용성)	제3석유류(수용성)
지정수량	2,000[L]	400[L]	1,000[L]	4,000[L]

- 지정수량의 배수
    - 아세트산 30,000[L] : 지정수량 배수 $\dfrac{30,000[L]}{2,000[L]} = 15$배 ⇒ 보유공지 2[m] 이상 확보
    - 아세톤 5,000[L] : $\dfrac{5,000[L]}{400[L]} = 12.5$배 ⇒ 보유공지 2[m] 이상 확보
    - 클로로벤젠 10,000[L] : $\dfrac{10,000[L]}{1,000[L]} = 10$배 ⇒ 보유공지 1[m] 이상 확보
    - 글리세린 15,000[L] : $\dfrac{15,000[L]}{4,000[L]} = 3.75$배 ⇒ 보유공지를 확보할 필요가 없다.

23 27[℃], 5기압의 산소 10[L]를 100[℃], 2기압으로 하였을 때, 부피는 몇 [L]가 되는가?

① 15
② 21
③ 31
④ 46

해설

보일-샤를의 법칙

$$V_2 = V_1 \times \frac{P_1}{P_2} \times \frac{T_2}{T_1} = 10[\text{L}] \times \frac{5[\text{atm}]}{2[\text{atm}]} \times \frac{373[\text{K}]}{300[\text{K}]} = 31.08[\text{L}]$$

24 공기의 성분이 다음 [표]와 같을 때 공기의 평균 분자량을 구하면 얼마인가?

성 분	분자량	부피함량[%]
질 소	28	78
산 소	32	21
아르곤	40	1

① 28.84
② 28.96
③ 29.12
④ 29.44

해설

공기의 평균 분자량 = (28 × 0.78) + (32 × 0.21) + (40 × 0.01) = 28.96

25 다음은 위험물안전관리법령에서 규정하고 있는 사항이다. 규정 내용과 상이한 것은?

① 충수·수압시험은 탱크의 제작이 완성된 상태여야 하고 배관 등의 접속이나 내·외부 도장작업은 실시하지 않은 단계에서 물을 탱크 최대사용높이 이상까지 가득 채워서 실시한다.
② 암반탱크의 내벽을 정비하는 것은 이 위험물저장소에 대한 변경허가를 신청할 때 기술검토를 받지 않아도 되는 부분적 변경에 해당한다.
③ 탱크안전성능시험은 탱크 내부의 중요부분에 대한 구조, 불량접합사항까지 검사하는 것이 필요하므로 탱크를 제작하는 현장에서 실시하는 것을 원칙으로 한다.
④ 용량 1,000[kL]인 원통종형탱크의 충수시험은 물을 채운 상태에서 24시간이 경과한 후 지반침하가 없어야 하고 또한 탱크의 수평도와 수직도를 측정하여 이 수치가 법정기준을 충족해야 한다.

해설
충수·수압시험의 방법 및 판정기준(세부기준 제31조)
① **충수·수압시험**은 탱크가 완성된 상태에서 배관 등의 접속이나 내·외부에 대한 도장작업 등을 하기 전에 위험물탱크의 최대사용높이 이상으로 물(물과 비중이 같거나 물보다 비중이 큰 액체로서 위험물이 아닌 것을 포함한다)을 가득 채워서 실시할 것
② 보온재가 부착된 탱크의 변경허가에 따른 충수·수압시험의 경우에는 보온재를 해당 탱크 옆판의 최하단으로부터 20[cm] 이상 제거하고 시험을 실시할 것
③ 충수시험은 탱크에 물이 채워진 상태에서 1,000[kL] 미만인 탱크는 12시간, **1,000[kL] 이상의 탱크는 24시간 이상 경과한 이후**에 지반침하가 없고 탱크 본체 접속부 및 용접부 등에서 누설변형 또는 손상 등의 이상이 없을 것
④ 기술검토를 받지 않는 부분적 변경(세부기준 제24조)
  ㉠ 옥외저장탱크의 지붕판(노즐, 맨홀 등 포함)의 교체(동일한 형태의 것으로 교체하는 경우에 한한다)
  ㉡ 옥외저장탱크의 옆판(노즐, 맨홀 등 포함)의 교체 중 다음에 해당하는 경우
   • 최하단 옆판을 교체하는 경우에는 옆판 표면적의 10[%] 이내의 교체
   • 최하단 외의 옆판을 교체하는 경우에는 옆판 표면적의 30[%] 이내의 교체
  ㉢ 옥외저장탱크의 밑판(옆판의 중심선으로부터 600[mm] 이내의 밑판에 있어서는 해당 밑판의 원주길이의 10[%] 미만에 해당하는 밑판에 한한다)의 교체
  ㉣ 옥외저장탱크의 밑판 또는 옆판(노즐, 맨홀 등 포함)의 정비(밑판 또는 옆판의 표면적 50[%] 미만의 겹침보수공사 또는 육성보수공사를 포함)
  ㉤ 옥외탱크저장소의 기초·지반의 정비
  ㉥ **암반탱크 내벽의 정비**
  ㉦ 제조소 또는 일반취급소의 구조·설비를 변경하는 경우에 변경에 의한 위험물 취급량의 증가가 지정수량의 1,000배 미만인 경우
  ㉧ ㉠ 내지 ㉥의 경우와 유사한 경우로서 한국소방산업기술원(이하 "기술원"이라 함)이 부분적 변경에 해당한다고 인정하는 경우
⑤ **탱크안전성능시험**은 탱크의 **설치현장에서 실시하는 것을 원칙**으로 한다. 다만, 부득이하게 제작현장에서 시험을 실시하는 경우 설치자는 운반 중에 손상이 발생하지 않도록 하는 조치를 해야 한다(세부기준 제28조).

26 아이오도폼 반응이 일어나는 물질과 반응 시 색상을 옳게 나타낸 것은?

① 메탄올, 적색
② 에탄올, 적색
③ 메탄올, 노란색
④ 에탄올, 노란색

해설

아이오도폼 반응 : 분자 중에 $CH_3CH(OH)-$나 CH_3CO-(아세틸기)를 가진 물질에 I_2와 KOH나 NaOH를 넣고 60~80[℃]로 가열하면, **황색의 아이오도폼(CHI_3)** 침전이 생김(C_2H_5OH, CH_3CHO, CH_3COCH_3 등)

- 아세톤 : $CH_3COCH_3 + 3I_2 + 4NaOH \rightarrow CH_3COONa + 3NaI + CHI_3\downarrow + 3H_2O$
- 아세트알데하이드 : $CH_3CHO + 3I_2 + 4NaOH \rightarrow HCOONa + 3NaI + CHI_3\downarrow + 3H_2O$
- 에틸알코올(에탄올) : $C_2H_5OH + 4I_2 + 6NaOH \rightarrow HCOONa + 5NaI + CHI_3\downarrow + 5H_2O$

27 메테인의 확산속도가 28[m/s]이고 같은 조건에서 기체 A의 확산속도는 14[m/s]이다. 이 기체의 분자량은 얼마인가?

① 8
② 32
③ 64
④ 128

해설

그레이엄의 확산속도법칙 : 확산속도는 분자량의 제곱근에 반비례, 밀도의 제곱근에 반비례한다.

$$\frac{U_B}{U_A} = \sqrt{\frac{M_A}{M_B}} = \sqrt{\frac{d_A}{d_B}}$$

여기서, U_B : 메테인의 확산속도 U_A : A기체의 확산속도
       M_B : 메테인의 분자량($CH_4 = 16$) M_A : A기체의 분자량
       d_B : 메테인의 밀도 d_A : A기체의 밀도

$\therefore M_A = M_B \times \left(\frac{U_B}{U_A}\right)^2 = 16 \times \left(\frac{28[\text{m/s}]}{14[\text{m/s}]}\right)^2 = 64$

28 산화프로필렌 20[vol%], 다이에틸에터 30[vol%], 이황화탄소 30[vol%], 아세트알데하이드 20[vol%]인 혼합증기의 폭발하한값은?(단, 폭발범위는 산화프로필렌 2.8~37[vol%], 다이에틸에터 1.7~48[vol%], 이황화탄소 1.0~50[vol%], 아세트알데하이드 4.0~60[vol%]이다)

① 1.7[vol%]　　　　　　　　② 2.1[vol%]
③ 13.6[vol%]　　　　　　　　④ 48.3[vol%]

해설
혼합가스의 폭발한계

$$L_m = \frac{100}{\dfrac{V_1}{L_1} + \dfrac{V_2}{L_2} + \dfrac{V_3}{L_3} + \cdots}$$

여기서, L_m : 혼합가스의 폭발한계(하한값, 상한값의 [vol%])
　　　　$V_1, V_2, V_3, \cdots$: 가연성 가스의 용량[vol%]
　　　　$L_1, L_2, L_3, \cdots$: 가연성 가스의 하한값 또는 상한값[vol%]

$$\therefore L_m(\text{하한값}) = \frac{100}{\dfrac{V_1}{L_1} + \dfrac{V_2}{L_2} + \dfrac{V_3}{L_3} + \dfrac{V_4}{L_4}} = \frac{100}{\dfrac{20}{2.8} + \dfrac{30}{1.7} + \dfrac{30}{1} + \dfrac{20}{4}} = 1.67[\text{vol\%}]$$

29 다음 물질을 저장하는 저장소로 허가를 받으려고 위험물저장소 설치허가신청서를 작성하려고 한다. 해당하는 지정수량의 배수는 얼마인가?

- 염소산칼륨 : 150[kg]
- 과염소산칼륨 : 200[kg]
- 과염소산 : 600[kg]

① 12　　　　② 9　　　　③ 6　　　　④ 5

해설
지정수량의 배수
- 각각의 지정수량

종류	염소산칼륨	과염소산칼륨	과염소산
유별	제1류 위험물	제1류 위험물	제6류 위험물
지정수량	50[kg]	50[kg]	300[kg]

- 지정수량의 배수 $= \dfrac{\text{저장량}}{\text{지정수량}} + \dfrac{\text{저장량}}{\text{지정수량}} + \cdots$

$= \dfrac{150[\text{kg}]}{50[\text{kg}]} + \dfrac{200[\text{kg}]}{50[\text{kg}]} + \dfrac{600[\text{kg}]}{300[\text{kg}]} = 9$배

정답 28 ① 29 ②

30 연소 시 발생하는 유독가스의 종류가 동일한 것은?

① 칼륨, 나트륨
② 아세트알데하이드, 이황화탄소
③ 황린, 적린
④ 탄화알루미늄, 인화칼슘

> **해설**
> **연소반응**
> - 칼륨 : $4K + O_2 \rightarrow 2K_2O$
> - 나트륨 : $4Na + O_2 \rightarrow 2Na_2O$
> - 아세트알데하이드 : $2CH_3CHO + 5O_2 \rightarrow 4CO_2 + 4H_2O$
> - 이황화탄소 : $CS_2 + 3O_2 \rightarrow CO_2 + 2SO_2$
> - **황린 : $P_4 + 5O_2 \rightarrow 2P_2O_5$(오산화인)**
> - **적린 : $4P + 5O_2 \rightarrow 2P_2O_5$(오산화인)**
> - 탄화알루미늄, 인화칼슘 : 불연성 고체

31 제1류 위험물 중에서 지정수량이 1,000[kg]인 것은?

① 아염소산염류
② 과망가니즈산염류
③ 질산염류
④ 아이오딘산염류

> **해설**
> **제1류 위험물의 종류 및 지정수량**
>
> | 유 별 | 성 질 | 품 명 | 위험등급 | 지정수량 |
> |---|---|---|---|---|
> | 제1류 | 산화성 고체 | 1. **아염소산염류**, 염소산염류, 과염소산염류, 무기과산화물 | I | 50[kg] |
> | | | 2. 브로민산염류, **질산염류**, **아이오딘산염류** | II | 300[kg] |
> | | | 3. **과망가니즈산염류**, 다이크로뮴산염류 | III | 1,000[kg] |
> | | | 4. 그 밖에 행정안전부령이 정하는 것
① 과아이오딘산염류
② 과아이오딘산
③ 크로뮴, 납 또는 아이오딘의 산화물
④ 아질산염류
⑤ 염소화아이소사이아누르산
⑥ 퍼옥소이황산염류
⑦ 퍼옥소붕산염류 | II | 300[kg]
300[kg]
300[kg]
300[kg]
300[kg]
300[kg]
300[kg] |
> | | | ⑧ 차아염소산염류 | I | 50[kg] |

32 적린의 저장·취급방법 또는 화재 시 소화방법에 대한 설명으로 옳은 것은?

① 이황화탄소 속에 저장한다.
② 과염소산을 보호액으로 사용한다.
③ 조연성 물질이므로 가연물과의 접촉을 피한다.
④ 화재 시 다량의 물로 냉각소화할 수 있다.

해설
적린의 보호액은 없고 가연성 고체이며, 화재 시 다량의 물로 냉각소화를 한다.

33 위험물안전관리법령상 이동탱크저장소에 의한 위험물의 운송기준에 대한 설명 중 틀린 것은?

① 위험물운송자는 장거리란 고속국도에 있어서는 340[km] 이상, 그 밖의 도로에 있어서는 200[km] 이상을 말한다.
② 운송책임자를 동승시킨 경우 반드시 2명 이상이 교대로 운전해야 한다.
③ 특수인화물 및 제1석유류를 운송하게 하는 자는 위험물안전카드를 위험물운송자로 하여금 휴대하게 한다.
④ 위험물운송자는 재난 그 밖의 불가피한 이유가 있는 경우에는 위험물안전카드에 기재된 내용에 따르지 않을 수 있다.

해설
이동탱크저장소에 의한 위험물의 운송기준(시행규칙 별표 21)
- 위험물운송자는 운송의 개시 전에 이동저장탱크의 배출밸브 등의 밸브와 폐쇄장치, 맨홀 및 주입구의 뚜껑, 소화기 등의 점검을 충분히 실시할 것
- 위험물운송자는 장거리(고속국도에 있어서는 340[km] 이상, 그 밖의 도로에 있어서는 200[km] 이상을 말한다)에 걸치는 운송을 하는 때에는 **2명 이상의 운전자**로 할 것. 다만, **다음에 해당하는 경우에는 그렇지 않다.**
  - 운송책임자를 동승시킨 경우
  - 운송하는 위험물이 제2류 위험물·제3류 위험물(칼슘 또는 알루미늄의 탄화물과 이것만을 함유한 것에 한한다)또는 제4류 위험물(특수인화물을 제외한다)인 경우
  - 운송 도중에 2시간 이내마다 20분 이상씩 휴식하는 경우
- 위험물운송자는 이동탱크저장소를 휴식·고장 등으로 일시 정차시킬 때에는 안전한 장소를 택하고 해당 이동탱크저장소의 안전을 위한 감시를 할 수 있는 위치에 있는 등 운송하는 위험물의 안전확보에 주의할 것
- 위험물운송자는 이동저장탱크로부터 위험물이 현저하게 새는 등 재해발생의 우려가 있는 경우에는 재난을 방지하기 위한 응급조치를 강구하는 동시에 소방관서 그 밖의 관계기관에 통보할 것
- 위험물(제4류 위험물에 있어서는 **특수인화물 및 제1석유류**에 한한다)을 운송하게 하는 자는 별지 제48호 서식의 **위험물안전카드를 위험물운송자로 하여금 휴대**하게 할 것
- 위험물운송자는 위험물안전카드를 휴대하고 해당 카드에 기재된 내용에 따를 것. 다만, 재난 그 밖의 불가피한 이유가 있는 경우에는 해당 기재된 내용에 따르지 않을 수 있다.

정답 32 ④ 33 ②

34 다음 위험물 중 산과 접촉하였을 때 이산화염소가스를 발생하지 않는 것은?

① Na_2O_2 ② $NaClO_3$ ③ $KClO_4$ ④ $NaClO_4$

해설
염산과 반응
- Na_2O_2 : $Na_2O_2 + 2HCl \rightarrow 2NaCl + H_2O_2$
- $NaClO_3$: $2NaClO_3 + 2HCl \rightarrow 2NaCl + 2ClO_2 + H_2O_2$
- $KClO_4$: $3KClO_4 + 4HCl \rightarrow 3KCl + 4ClO_2 + 2H_2O_2$
- $NaClO_4$: $3NaClO_4 + 4HCl \rightarrow 3NaCl + 4ClO_2 + 2H_2O_2$

35 유별을 달리하는 위험물 중 운반 시에 혼재가 불가한 것은?(단, 모든 위험물은 지정수량 이상이다)

① 아염소산나트륨과 질산   ② 마그네슘과 나이트로글리세린
③ 나트륨과 벤젠   ④ 과산화수소와 경유

해설
운반 시 유별을 달리하는 위험물의 혼재기준(시행규칙 별표 19 관련)

위험물의 구분	제1류	제2류	제3류	제4류	제5류	제6류
제1류		×	×	×	×	○
제2류	×		×	○	○	×
제3류	×	×		○	×	×
제4류	×	○	○		○	×
제5류	×	○	×	○		×
제6류	○	×	×	×	×	

- 아염소산나트륨(제1류) + 질산(제6류) : 혼재 가능
- 마그네슘(제2류) + 나이트로글리세린(제5류) : 혼재 가능
- 나트륨(제3류) + 벤젠(제4류) : 혼재 가능
- 과산화수소(제6류) + 경유(제4류) : 혼재 불가능

36 다음 위험물 중 성상이 고체인 것은?

① 과산화벤조일   ② 질산에틸
③ 나이트로글리세린   ④ 메틸에틸케톤퍼옥사이드

해설
위험물의 성상

종류	과산화벤조일	질산에틸	나이트로글리세린	메틸에틸케톤퍼옥사이드
상태	고체	액체	액체	액체

37 다음 중 물속에 저장해야 할 위험물은?

① 나트륨 ② 황 린
③ 피크르산 ④ 과염소산

해설
황린과 **이황화탄소**는 물속에 저장한다.

38 바닥면적이 150[m²] 이상인 제조소에 설치하는 환기설비의 급기구는 얼마 이상의 크기로 해야 하는가?

① 600[cm²] ② 800[cm²]
③ 1,000[cm²] ④ 1,200[cm²]

해설
제조소의 환기설비(시행규칙 별표 4)
- 환기 : 자연배기방식
- **급기구**는 해당 급기구가 설치된 실의 바닥면적 **150[m²]마다 1개 이상**으로 하되 **급기구의 크기는 800[cm²] 이상**으로 할 것. 다만 바닥면적 150[m²] 미만인 경우에는 다음의 크기로 할 것

바닥면적	급기구의 면적
60[m²] 미만	150[cm²] 이상
60[m²] 이상 90[m²] 미만	300[cm²] 이상
90[m²] 이상 120[m²] 미만	450[cm²] 이상
120[m²] 이상 150[m²] 미만	600[cm²] 이상

- 급기구는 낮은 곳에 설치하고 가는 눈의 구리망으로 인화방지망을 설치할 것
- 환기구는 지붕 위 또는 지상 2[m] 이상의 높이에 회전식 고정벤틸레이터 또는 루프팬방식(Roof Fan : 지붕에 설치하는 배기장치)으로 설치할 것

39 위험물의 운반기준으로 틀린 것은?

① 고체 위험물은 운반용기 내용적의 95[%] 이하의 수납률로 수납할 것
② 액체 위험물은 운반용기 내용적의 98[%] 이하의 수납률로 수납할 것
③ 하나의 외장용기에는 다른 종류의 위험물을 수납하지 않을 것
④ 액체 위험물은 65[℃]의 온도에서 누설되지 않도록 충분한 공간용적을 유지하도록 할 것

해설

액체 위험물 : 운반용기 **내용적의 98[%]** 이하의 수납률로 수납하되, **55[℃]의 온도**에서 누설되지 않도록 충분한 **공간용적을 유지**하도록 할 것

40 다음 중 산화하면 폼알데하이드가 되고 다시 한 번 산화하면 폼산이 되는 것은?

① 에틸알코올
② 메틸알코올
③ 아세트알데하이드
④ 아세트산

해설

산화, 환원반응식

- 메틸알코올(CH_3OH)

  $CH_3OH \underset{환원}{\overset{산화}{\rightleftarrows}} HCHO(폼알데하이드) \underset{환원}{\overset{산화}{\rightleftarrows}} HCOOH(의산, 폼산)$

- 에틸알코올(C_2H_5OH)

  $C_2H_5OH \underset{환원}{\overset{산화}{\rightleftarrows}} CH_3CHO(아세트알데하이드) \underset{환원}{\overset{산화}{\rightleftarrows}} CH_3COOH(초산, 아세트산)$

41 다음 금속탄화물이 물과 접촉했을 때 메테인 가스가 발생하는 것은?

① Li_2C_2
② Mn_3C
③ K_2C_2
④ MgC_2

해설

금속탄화물

- 물과 반응 시 아세틸렌(C_2H_2)가스를 발생하는 물질 : Li_2C_2, Na_2C_2, K_2C_2, MgC_2, CaC_2
- 물과 반응 시 **메테인(CH_4) 가스**를 발생하는 물질 : **Be_2C, Al_4C_3**
- 물과 반응 시 **메테인과 수소(H_2)가스**를 발생하는 물질 : **Mn_3C(탄화망가니즈)**

  - $Al_4C_3 + 12H_2O \rightarrow 4Al(OH)_3 + 3CH_4$
  - $Mn_3C + 6H_2O \rightarrow 3Mn(OH)_2 + CH_4 + H_2$

42 다음 중 제1종 판매취급소의 기준으로 옳지 않은 것은?

① 건축물의 1층에 설치할 것
② 위험물을 배합하는 실의 바닥면적은 6[m²] 이상 15[m²] 이하일 것
③ 위험물을 배합하는 실의 출입구 문턱 높이는 바닥으로부터 0.1[m] 이상으로 할 것
④ 저장 또는 취급하는 위험물의 수량이 40배 이하인 판매취급소에 대하여 적용할 것

해설
판매취급소의 취급 수량(시행규칙 별표 14)
- 제1종 판매취급소 : **지정수량**의 **20배 이하**
- 제2종 판매취급소 : 지정수량의 40배 이하

43 다음 중 물과 접촉해도 위험하지 않은 물질은?

① 과산화나트륨
② 과염소산나트륨
③ 마그네슘
④ 알킬알루미늄

해설
물과 접촉
- 과산화나트륨 : $2Na_2O_2 + 2H_2O \rightarrow 4NaOH + O_2\uparrow + 발열$
- 과염소산나트륨 : 물에 녹는다.
- 마그네슘 : $Mg + 2H_2O \rightarrow Mg(OH)_2 + H_2\uparrow$
- 알킬알루미늄
  - 트라이메틸알루미늄 : $(CH_3)_3Al + 3H_2O \rightarrow Al(OH)_3 + 3CH_4\uparrow$
  - 트라이에틸알루미늄 : $(C_2H_5)_3Al + 3H_2O \rightarrow Al(OH)_3 + 3C_2H_6\uparrow$

44 다음 중 자연발화성 및 금수성 물질에 해당되지 않는 것은?

① 마그네슘
② 트라이메틸알루미늄
③ 금속수소화합물류
④ 칼륨

해설
마그네슘은 제2류 위험물(가연성 고체)에 해당한다.

45 제4류 위험물 중 지정수량이 400[L]가 아닌 것은?

① 피리딘　　② 아세톤　　③ 메틸알코올　　④ 메틸에틸케톤

해설

제4류 위험물의 지정수량

종 류	피리딘	아세톤	메틸알코올	메틸에틸케톤
품 명	제1석유류(수용성)	제1석유류(수용성)	알코올류	제1석유류(비수용성)
지정수량	400[L]	400[L]	400[L]	200[L]

46 지름 50[m], 높이 50[m]인 옥외탱크저장소에 방유제를 설치하려고 한다. 이때 방유제는 탱크 측면으로부터 몇 [m] 이상의 거리를 확보해야 하는가?(단, 인화점이 180[℃]의 위험물을 저장·취급한다)

① 10[m]　　② 15[m]　　③ 20[m]　　④ 25[m]

해설

방유제는 옥외저장탱크의 지름에 따라 그 **탱크의 옆판으로부터** 다음에 정하는 **거리를 유지할 것**. 다만, 인화점이 200[℃] 이상인 위험물을 저장 또는 취급하는 것에 있어서는 그렇지 않다.
- 지름이 15[m] 미만인 경우에는 탱크 높이의 1/3 이상
- **지름이 15[m] 이상**인 경우에는 **탱크 높이의 1/2 이상**
∴ **이격거리 = 탱크 높이의 1/2 이상 = 50[m] × 1/2 = 25[m] 이상**

47 펌프를 이용한 가압송수장치에서 옥내소화전이 가장 많이 설치된 층의 소화전의 수가 3개일 경우 30분 동안의 토출량은?

① 2.6[m³] 이상　　② 5.2[m³] 이상
③ 15.6[m³] 이상　　④ 23.4[m³] 이상

해설

옥내소화전의 토출량은 260[L/min] 이상이므로
토출량 = 260[L/min] × 소화전수 × 30[min] = 260[L/min] × 3개 × 30[min]
　　　 = 23,400[L] = 23.4[m³] 이상

위험물은 방사시간이 법적으로 30분 이상이다.

48 주유취급소에 설치해야 하는 "주유 중 엔진 정지" 게시판의 색깔은?

① 적색바탕에 백색문자 ② 청색바탕에 백색문자
③ 백색바탕에 흑색문자 ④ 황색바탕에 흑색문자

해설
표지 및 게시판
- **주유 중 엔진 정지 : 황색바탕에 흑색문자**
- 화기엄금, 화기주의 : 적색바탕에 백색문자
- 물기엄금 : 청색바탕에 백색문자
- 위험물 : 흑색바탕에 황색반사도료

49 인화점이 낮은 물질부터 높은 순서로 배열된 것은?

① $C_2H_5OC_2H_5$ - CH_3COCH_3 - $C_6H_5CH_3$ - C_6H_6
② CH_3COCH_3 - $C_6H_5CH_3$ - $C_2H_5OC_2H_5$ - C_6H_6
③ $C_2H_5OC_2H_5$ - CH_3COCH_3 - C_6H_6 - $C_6H_5CH_3$
④ $C_6H_5CH_3$ - CH_3COCH_3 - C_6H_6 - $C_2H_5OC_2H_5$

해설
인화점

종 류	$C_2H_5OC_2H_5$	CH_3COCH_3	C_6H_6	$C_6H_5CH_3$
명 칭	다이에틸에터	아세톤	벤젠	톨루엔
품 명	특수인화물	제1석유류	제1석유류	제1석유류
인화점	-40[℃]	-18.5[℃]	-11[℃]	4[℃]

50 0.2[N] HCl 500[mL]에 물을 가해 2[L]로 하였을 때 pH는 약 얼마인가?

① 1.3   ② 2.3   ③ 3.0   ④ 4.3

해설
중화적정공식에서 $NV = N'V'$
$0.2[N] \times 500[mL] = N' \times 2{,}000[mL]$ $N' = 0.05 = 5 \times 10^{-2}[N]$
∴ $pH = -\log[H^+] = -\log[5 \times 10^{-2}] = 2 - \log 5 = 1.3$

51 다음 중 제2석유류가 아닌 것은?

① 아크릴산   ② 등유   ③ 경유   ④ 벤젠

해설
제4류 위험물의 분류

종 류	아크릴산	등 유	경 유	벤 젠
품 명	제2석유류(수용성)	제2석유류(비수용성)	제2석유류(비수용성)	제1석유류(비수용성)
지정수량	2,000[L]	1,000[L]	1,000[L]	200[L]

52 다음 물질 중 증기비중이 가장 큰 것은?

① 이황화탄소   ② 사이안화수소   ③ 에탄올   ④ 벤젠

해설
증기비중

종 류	이황화탄소	사이안화수소	에탄올	벤 젠
화학식	CS_2	HCN	C_2H_5OH	C_6H_6
분자량	76	27	46	78
증기비중	2.62	0.93	1.59	2.69

- 이황화탄소의 증기비중 = 76/29 = 2.62
- 사이안화수소의 증기비중 = 27/29 = 0.93
- 에탄올의 증기비중 = 46/29 = 1.59
- 벤젠의 증기비중 = 78/29 = 2.69

$$증기비중 = \frac{분자량}{29(공기의\ 평균분자량)}$$

53 과염소산, 질산, 과산화수소의 공통점이 아닌 것은?

① 다른 물질을 산화시킨다.
② 강산에 속한다.
③ 산소를 함유한다.
④ 불연성 물질이다.

해설
제6류 위험물
- 종류 : 과염소산, 질산, 과산화수소
- 성 질
  - 산소를 함유하는 **산화성 액체**이며, 무기화합물로 이루어져 형성된다.
  - **과산화수소를 제외**하고 **강산성 물질**이며, 물에 녹기 쉽다.
  - **불연성 물질**이며 가연물, 유기물 등과의 혼합으로 발화한다.

54 제2류 위험물 중 철분 또는 금속분을 수납한 운반용기의 외부에 표시해야 하는 주의사항으로 옳은 것은?

① 화기엄금 및 물기엄금
② 화기주의 및 물기엄금
③ 가연물접촉주의 및 화기엄금
④ 가연물접촉주의 및 화기주의

해설
운반용기의 외부표시사항

종 류	표시사항
제1류 위험물	• 알칼리금속의 과산화물 : 화기·충격주의, 물기엄금, 가연물접촉주의 • 그 밖의 것 : 화기·충격주의, 가연물접촉주의
제2류 위험물	• **철분, 금속분, 마그네슘 : 화기주의, 물기엄금** • 인화성 고체 : 화기엄금 • 그 밖의 것 : 화기주의
제3류 위험물	• 자연발화성 물질 : 화기엄금, 공기접촉엄금 • 금수성 물질 : 물기엄금
제4류 위험물	화기엄금
제5류 위험물	화기엄금, 충격주의
제6류 위험물	가연물접촉주의

55 모집단으로부터 공간적, 시간적으로 간격을 일정하게 하여 샘플링하는 방식은?

① 단순랜덤샘플링(Simple Random Sampling)
② 2단계샘플링(Two-stage Sampling)
③ 취락샘플링(Cluster Sampling)
④ 계통샘플링(Systematic Sampling)

해설

샘플링 방법
① 랜덤샘플링(Random Sampling) : 모집단의 어느 부분이라도 같은 확률로 시료를 채취하는 방법
  ㉠ 단순랜덤샘플링 : 무작위 시료를 추출하는 방법으로 사전에 모집단에 지식이 없는 경우 사용
  ㉡ **계통샘플링 : 모집단으로부터 시간적, 공간적으로 일정한 간격을 두고 시료를 채취하는 방법**

$$\text{샘플링간격}(k) = \frac{N(\text{모집단})}{n(\text{시료수})}, \quad \text{채취비율} = \frac{n(\text{시료수})}{N(\text{모집단})}$$

② 층별샘플링(Stratified Sampling)
  ㉠ 정의 : 모집단을 몇 개의 층으로 나누고 각 층으로부터 각각 랜덤하게 시료를 뽑는 샘플링 방법
  ㉡ 특 징
    • 단순랜덤샘플링보다 샘플의 크기가 적어도 정밀도를 얻는다.
    • 랜덤샘플링이 쉽게 이루어진다.
③ 취락샘플링(Cluster Sampling) : 모집단을 여러 개의 취락으로 나누어 몇 개 부분을 랜덤으로 시료를 채취하여 채취한 시료 모두를 조사하는 방법
④ 2단계샘플링(Two-stage Sampling) : 모집단을 1단계, 2단계로 나누어 각 단계에서 몇 개의 시료를 채취하는 방법

56 다음 중 계량값 관리도에 해당되는 것은?

① c관리도   ② u관리도   ③ R관리도   ④ nP관리도

해설
R관리도는 계량값 관리도에 해당한다.

57 nP관리도에서 시료군마다 $n=100$이고 시료군의 수는 $k=20$이며 $\sum nP = 77$이다. 이때 nP관리도의 상한선(UCL)을 구하면 얼마인가?

① 8.94   ② 3.85   ③ 5.77   ④ 9.62

해설
Pn(nP)관리도의 관리상한선 $UCL = \overline{Pn} + 3\sqrt{\overline{Pn}(1-\overline{P})}$

여기서, $\overline{Pn} = \dfrac{\sum Pn}{k} = \dfrac{77}{20} = 3.85$

$\overline{P} = \dfrac{\sum Pn}{nk} = \dfrac{77}{100 \times 20} = 0.0385$

$\therefore UCL = \overline{Pn} + 3\sqrt{\overline{Pn}(1-\overline{P})} = 3.85 + 3\sqrt{3.85 \times (1-0.0385)} = 9.62$

58 모든 작업을 기본동작으로 분해하고 각 기본동작에 대하여 성질과 조건에 따라 정해놓은 시간치를 적용하여 정미시간을 산정하는 방법은?

① PTS법
② Work Sampling법
③ 스톱워치법
④ 실적자료법

해설
PTS법 : 모든 작업을 기본동작으로 분해하고, 각 기본 동작에 대하여 성질과 조건에 따라 미리 정해 놓은 시간치를 적용하여 정미시간을 산정하는 방법

59 일정통제를 할 때 1일당 그 작업을 단축하는 데 소요되는 비용의 증가를 의미하는 것은?

① 정상소요시간(Normal Duration Time)
② 비용견적(Cost Estimation)
③ 비용구배(Cost Slope)
④ 총비용(Total Cost)

해설
비용구배 : 일정통제를 할 때 1일당 그 작업을 단축하는 데 소요되는 비용의 증가를 의미하는 것

60 일반적으로 품질코스트 가운데 가장 큰 비율을 차지하는 코스트는?

① 평가코스트 ② 실패코스트 ③ 예방코스트 ④ 검사코스트

해설
실패코스트 : 품질코스트 가운데 가장 큰 비율을 차지하는 코스트

정답 58 ① 59 ③ 60 ②

2019년 3월 10일 시행 과년도 기출복원문제

01 염소산칼륨의 성질에 대한 설명으로 옳은 것은?

① 회색의 비결정성 물질이다.
② 약 400[℃]에서 열분해한다.
③ 가연성이고 강력한 환원제이다.
④ 비중은 약 1.2이다.

해설

염소산칼륨
- 물 성

화학식	분자량	분해 온도	비 중
KClO₃	122.5	400[℃]	2.32

- 무색의 단사정계 판상결정 또는 백색분말로서 상온에서 안정한 물질이다.
- 가열, 충격, 마찰 등에 의해 폭발한다.
- 산과 반응하면 이산화염소(ClO₂)의 유독가스를 발생한다.

$$2KClO_3 + 2HCl \rightarrow 2KCl + 2ClO_2 + H_2O_2 \uparrow$$

02 위험물제조소에 전기설비가 설치된 경우에 해당 장소의 면적이 500[m²]라면 몇 개 이상의 소형소화기를 설치해야 하는가?

① 1   ② 2   ③ 5   ④ 10

해설

전기설비의 소화설비 : 제조소 등에 전기설비(전기배선, 조명기구 등은 제외)가 설치된 경우에는 **면적 100[m²]마다** 소형수동식소화기를 1개 이상 설치할 것

∴ 500[m²] ÷ 100[m²] = 5개

03 다음 중 인화점이 가장 낮은 것은?

① 아세톤　　　② 벤 젠　　　③ 톨루엔　　　④ 염화아세틸

해설

제4류 위험물의 인화점

종 류	아세톤	벤 젠	톨루엔	염화아세틸
화학식	CH_3COCH_3	C_6H_6	$C_6H_5CH_3$	CH_3COCl
품 명	제1석유류(수)	제1석유류(비)	제1석유류(비)	제1석유류(비)
인화점	−18.5[℃]	−11[℃]	4[℃]	5[℃]

04 그림과 같은 위험물 탱크의 내용적은 약 몇 [m³]인가?

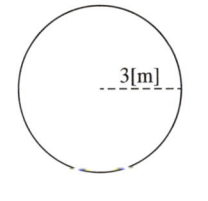 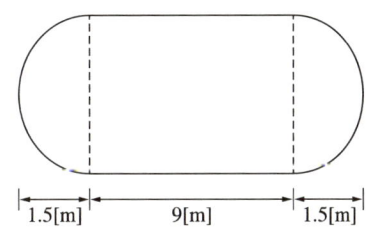

① 258.3　　　② 282.6　　　③ 312.1　　　④ 375.3

해설

$$\text{내용적} = \pi r^2 \left(l + \frac{l_1 + l_2}{3} \right) = 3.14 \times 3^2 \times \left(9 + \frac{1.5 + 1.5}{3} \right) = 282.6 [m^3]$$

05 1기압 26[℃]에서 어떤 기체 10[L]의 질량이 40[g]이었다. 이 기체의 분자량은 약 얼마인가?

① 25　　　② 49　　　③ 98　　　④ 196

해설

이상기체 상태방정식을 적용하면

$$M = \frac{WRT}{PV} = \frac{40[g] \times 0.08205 [L \cdot atm/g-mol \cdot K] \times (273+26)[K]}{1[atm] \times 10[L]} = 98.13 [g/g-mol]$$

정답　03 ①　04 ②　05 ③

06 소화설비를 설치하는 탱크의 공간용적은?(단, 소화약제 방출구를 탱크 안의 윗부분에 설치한 경우에 한한다)

① 소화약제 방출구 아래의 0.1[m] 이상 0.5[m] 미만 사이의 면으로부터 윗부분의 용적
② 소화약제 방출구 아래의 0.3[m] 이상 0.5[m] 미만 사이의 면으로부터 윗부분의 용적
③ 소화약제 방출구 아래의 0.1[m] 이상 1[m] 미만 사이의 면으로부터 윗부분의 용적
④ 소화약제 방출구 아래의 0.3[m] 이상 1[m] 미만 사이의 면으로부터 윗부분의 용적

해설

약제 방출구를 탱크 안의 윗부분에 설치하는 탱크의 공간용적은 소화약제 방출구 아래의 0.3[m] 이상 1[m] 미만 사이의 면으로부터 윗부분의 용적을 말한다.

07 과산화나트륨의 저장법으로 가장 옳은 것은?

① 용기는 안전하게 밀봉해야 한다.
② 안정제로 황분 또는 알루미늄분을 넣어 준다.
③ 수증기를 혼입해서 공기와 직접 접촉을 방지한다.
④ 저장시설 내에 스프링클러설비를 설치한다.

해설

과산화나트륨
- 제1류 위험물의 무기과산화물이다.
- 제1류와 제2류 위험물(황분, 알루미늄분)은 혼재 불가능하다.
- 수증기나 스프링클러설비는 물이므로 물과 반응하면 산소를 발생하므로 위험하다.

$$2Na_2O_2 + 2H_2O \rightarrow 4NaOH + O_2\uparrow + 발열$$

08 은백색의 광택이 있는 금속으로 비중이 약 7.86, 융점은 약 1,530[℃]이고 열이나 전기의 양도체이며 염산에 반응하여 수소를 발생하는 것은?

① 알루미늄 ② 철 ③ 아 연 ④ 마그네슘

해설

철 분
- 물 성

화학식	비 중	융 점	비 점
Fe	7.0	1,530[℃]	2,750[℃]

- 은백색의 광택금속분말이다.
- 산소와 친화력이 강하여 발화할 때도 있고 산에 녹아 수소가스를 발생한다.

$$Fe + 2HCl \rightarrow FeCl_2 + H_2$$

09 위험물의 자연발화를 방지하기 위한 방법으로 틀린 것은?

① 통풍이 잘되게 한다.
② 습도를 높게 한다.
③ 저장실의 온도를 낮춘다.
④ 열이 축적되지 않도록 한다.

해설
자연발화의 방지법
- 통풍을 잘 시킬 것
- **습도를 낮게 할 것**
- 주위의 온도를 낮출 것
- 불활성 가스를 주입하여 공기와 접촉을 피할 것

10 제조소에서 취급하는 제4류 위험물의 최대수량의 합이 지정수량의 48만배 이상인 사업소의 자체소방대를 두어야 하는 화학소방차의 대수 및 자체소방대원의 수는?(단, 해당 사업소는 다른 사업소 등과 상호응원에 관한 협정을 체결하고 있지 않다)

① 4대, 20인   ② 3대, 15인   ③ 2대, 10인   ④ 1대, 5인

해설
자체소방대에 두는 화학소방자동차 및 인원(시행령 별표 8)

사업소의 구분	화학소방자동차	자체소방대원의 수
제조소 또는 일반취급소에서 취급하는 제4류 위험물의 최대수량의 합이 지정수량의 3,000배 이상 12만배 미만인 사업소	1대	5인
제조소 또는 일반취급소에서 취급하는 제4류 위험물의 최대수량의 합이 지정수량의 12만배 이상 24만배 미만인 사업소	2대	10인
제조소 또는 일반취급소에서 취급하는 제4류 위험물의 최대수량의 합이 지정수량의 24만배 이상 48만배 미만인 사업소	3대	15인
제조소 또는 일반취급소에서 취급하는 제4류 위험물의 최대수량의 합이 지정수량의 48만배 이상인 사업소	4대	20인
옥외탱크저장소에 저장하는 제4류 위험물의 최대수량이 지정수량의 50만배 이상인 사업소	2대	10인

[비고] 화학소방자동차에는 행정안전부령이 정하는 소화능력 및 설비를 갖추어야 하고, 소화활동에 필요한 소화약제 및 기구(방열복 등 개인장구를 포함한다)를 비치해야 한다.

11 운반 시 질산과 혼재가 가능한 위험물은?(단, 지정수량의 10배의 위험물이다)

① 질산메틸   ② 알루미늄분말   ③ 탄화칼슘   ④ 질산암모늄

해설
운반 시 혼재 가능한 위험물
- 제1류 위험물 + 제6류 위험물
- 제3류 위험물 + 제4류 위험물
- 제5류 위험물 + 제2류 위험물 + 제4류 위험물

종류	질산	질산메틸	알루미늄분말	탄화칼슘	질산암모늄
유별	제6류 위험물	제5류 위험물	제2류 위험물	제3류 위험물	제1류 위험물

정답 09 ② 10 ① 11 ④

12 경유 150,000[L]는 몇 소요단위에 해당하는가?

① 7.5단위 ② 10단위 ③ 15단위 ④ 30단위

해설
경유는 제4류 위험물 제2석유류(비수용성)이므로 지정수량은 **1,000[L]**이다.

$$\text{소요단위} = \frac{\text{저장량}}{\text{지정수량} \times 10\text{배}} = \frac{150,000[L]}{1,000[L] \times 10\text{배}} = 15\text{단위}$$

13 트라이에틸알루미늄 19[kg]이 물과 반응하였을 때 생성되는 가연성 가스는 표준상태에서 몇 [m³]인가?(단, 알루미늄의 원자량은 27이다)

① 11.2 ② 22.4 ③ 33.6 ④ 44.8

해설
트라이에틸알루미늄과 물의 반응식

$(C_2H_5)_3Al + 3H_2O \rightarrow Al(OH)_3 + 3C_2H_6 \uparrow$

114[kg] ─────── $3 \times 22.4[m^3]$
19[kg] ─────── x

$\therefore x = \dfrac{19[kg] \times 3 \times 22.4[m^3]}{114[kg]} = 11.2[m^3]$

14 위험등급 Ⅱ의 위험물이 아닌 것은?

① 질산염류 ② 황화인 ③ 칼 륨 ④ 알코올류

해설
위험등급

종 류	질산염류	황화인	칼 륨	알코올류
위험등급	Ⅱ	Ⅱ	Ⅰ	Ⅱ

15 인화칼슘과 탄화칼슘이 각각 물과 반응하였을 때 발생하는 가스를 차례대로 옳게 나열한 것은?

① 포스겐, 아세틸렌 ② 포스겐, 에틸렌
③ 포스핀, 아세틸렌 ④ 포스핀, 에틸렌

해설
물과 반응
- 인화칼슘 $Ca_3P_2 + 6H_2O \rightarrow 3Ca(OH)_2 + 2PH_3$(포스핀)
- 탄화칼슘 $CaC_2 + 2H_2O \rightarrow Ca(OH)_2 + C_2H_2$(아세틸렌)

12 ③ 13 ① 14 ③ 15 ③

16 위험물 암반탱크가 다음과 같은 조건일 때 탱크의 용량은 몇 [L]인가?

- 암반탱크의 내용적 : 600,000[L]
- 1일간 탱크 내에 용출하는 지하수의 양 : 1,000[L]

① 595,000[L]　② 594,000[L]　③ 593,000[L]　④ 592,000[L]

해설

탱크의 용량

① 일반탱크의 공간용적은 탱크의 내용적의 5/100 이상 1/100분 이하의 용적(5~10[%])으로 한다. 다만, 소화설비(소화약제 방출구를 탱크 안의 윗부분에 설치하는 것에 한한다)를 설치하는 탱크의 공간용적은 해당 소화설비의 소화약제 방출구 아래의 0.3[m] 이상 1[m] 미만 사이의 면으로부터 윗부분의 용적으로 한다.

② 암반탱크에 있어서는 해당 탱크 내에 용출하는 **7일간의 지하수의 양에 상당하는 용적**과 해당 **탱크의 내용적의 1/100의 용적** 중에서 보다 **큰 용적을 공간용적**으로 한다.

∴ 공간용적을 구하면
　㉠ 7일간의 지하수의 양에 상당하는 용적 = 1,000[L]×7 = 7,000[L]
　㉡ 탱크의 내용적의 1/100의 용적 = 600,000[L]×1/100 = 6,000[L]
　②에서 공간용적은 ㉠과 ㉡의 용적 중 큰 용적을 공간용적으로 하므로 7,000[L]이다.

※ 탱크의 용량 = 탱크의 내용적 – 공간용적 = 600,000[L] – 7,000[L] = 593,000[L]

17 위험물 운반용기의 외부에 표시하는 주의사항으로 틀린 것은?

① 마그네슘 – 화기주의 및 물기엄금
② 황린 – 화기주의 및 공기접촉주의
③ 탄화칼슘 – 물기엄금
④ 과염소산 – 가연물접촉주의

해설

운반용기의 외부에 표시해야 할 주의사항

- 제1류 위험물
  - 알칼리금속의 과산화물 : 화기·충격주의, 물기엄금, 가연물접촉주의
  - 그 밖의 것 : 화기·충격주의, 가연물접촉주의
- 제2류 위험물
  - 철분·금속분·**마그네슘 : 화기주의, 물기엄금**
  - 인화성 고체 : 화기엄금
  - 그 밖의 것 : 화기주의
- 제3류 위험물
  - **자연발화성 물질(황린) : 화기엄금, 공기접촉엄금**
  - **금수성 물질(탄화칼슘) : 물기엄금**
- 제4류 위험물 : 화기엄금
- 제5류 위험물 : 화기엄금, 충격주의
- **제6류 위험물(과염소산) : 가연물접촉주의**

18 위험물제조소에 옥내소화전 1개와 옥외소화전 1개를 설치하는 경우 수원의 수량을 얼마 이상으로 확보해야 하는가?(단, 위험물제조소는 단층 건축물이다)

① 5.4[m^3]
② 10.5[m^3]
③ 21.3[m^3]
④ 29.1[m^3]

해설
수 원
- 옥내소화전설비의 수원 = N(최대 5개)×7.8[m^3](260[L/min]×30[min])
- 옥외소화전설비의 수원 = N(최대 4개)×13.5[m^3](450[L/min]×30[min])
∴ 수원 = 옥내 + 옥외 = (1개×7.8[m^3]) + (1개×13.5[m^3]) = 21.3[m^3]

19 $C_6H_5CH_3$에 대한 설명으로 틀린 것은?

① 끓는점은 약 211[℃]이다.
② 녹는점은 약 -93[℃]이다.
③ 인화점은 약 4[℃]이다.
④ 비중은 약 0.86이다.

해설
톨루엔의 물성

화학식	비 중	비 점	융 점	인화점	착화점	연소범위
$C_6H_5CH_3$	0.86	110[℃]	-93[℃]	4[℃]	480[℃]	1.27~7.0[%]

20 소방수조에 물을 채워 직경 4[cm]의 파이프를 통해 8[m/s]의 유속으로 흘려 직경 1[cm]의 노즐을 통해 소화할 때 노즐 끝에서의 유속은 몇 [m/s]인가?

① 16
② 32
③ 64
④ 128

해설
유속을 구하면

$$U_1 A_1 = U_2 A_2, \quad U_2 = U_1 \times \frac{A_1}{A_2} = U_1 \times \left(\frac{D_1}{D_2}\right)^2$$

∴ $U_2 = U_1 \times \left(\frac{D_1}{D_2}\right)^2 = 8[\text{m/s}] \times \left(\frac{4[\text{cm}]}{1[\text{cm}]}\right)^2 = 128[\text{m/s}]$

21 물, 염산, 에탄올과 반응하여 에테인을 생성하는 물질은?

① K   ② P_4 ③ $(C_2H_5)_3Al$ ④ LiH

해설

물과 반응
- 칼륨 $2K + 2H_2O \rightarrow 2KOH + H_2\uparrow$
- 황린(P_4)은 물속에 저장한다.
- 트라이에틸알루미늄 $(C_2H_5)_3Al + 3H_2O \rightarrow Al(OH)_3 + 3C_2H_6$(에테인)
- 수소화리튬 $LiH + H_2O \rightarrow LiOH + H_2\uparrow$

22 1[kg]의 공기가 압축되어 부피가 0.1[m³], 압력이 40[kg$_f$/cm²]으로 되었다. 이때 온도는 약 몇 [℃]인가?(단, 공기의 평균분자량은 29[kg/kg-mol]이다)

① 1,026   ② 1,096   ③ 1,138   ④ 1,186

해설

이상기체 상태방정식을 적용하면

$$PV = nRT = \frac{W}{M}RT, \quad T = \frac{PVM}{WR}$$

여기서, P : 압력[atm] V : 부피[L, m³]
        n : mol수(무게/분자량)[kg-mol] W : 무게
        M : 분자량[kg/kg-mol] R : 기체상수(0.08205[m³·atm/kg-mol·K])
        T : 절대온도(273 + [℃])[K]

$$T = \frac{PVM}{WR} = \frac{\left(\frac{40[kg_f/cm^2]}{1.0332[kg_f/cm^2]} \times 1[atm]\right) \times 0.1[m^3] \times 29[kg/kg-mol]}{1[kg] \times 0.08205[m^3 \cdot atm/kg-mol \cdot K]} = 1,368.34[K]$$

[K] = 273 + [℃]

∴ 1,368.34[K] − 273 = 1,095.34[℃]

23 펌프와 발포기의 중간에 설치된 벤투리관의 벤투리 작용으로 펌프가압수의 포소화약제 저장탱크에 대한 압력에 의하여 포소화약제를 흡입·혼합하는 방식은?

① 펌프 프로포셔너방식
② 프레셔 프로포셔너방식
③ 라인 프로포셔너방식
④ 프레셔 사이드 프로포셔너방식

해설

포소화약제 혼합방식

- 펌프 프로포셔너 방식(Pump Proportioner, 펌프 혼합방식)
  펌프의 토출관과 흡입관 사이의 배관 도중에 설치한 흡입기에 펌프에서 토출된 물의 일부를 보내고 농도조정 밸브에서 조정된 포소화약제의 필요량을 포소화약제 저장탱크에서 펌프 흡입 측으로 보내어 약제를 혼합하는 방식
- 라인 프로포셔너 방식(Line Proportioner, 관로 혼합방식)
  펌프와 발포기의 중간에 설치된 벤투리관의 벤투리 작용에 따라 포소화약제를 흡입·혼합하는 방식. 이 방식은 옥외소화전에 연결. 주로 1층에 사용하며 원액 흡입력 때문에 송수압력의 손실이 크고, 토출 측 호스의 길이, 포원액 탱크의 높이 등에 민감하므로 아주 정밀설계와 시공을 요한다.
- 프레셔 프로포셔너 방식(Pressure Proportioner, 차압 혼합방식)
  펌프와 발포기의 중간에 설치된 벤투리관의 벤투리 작용과 펌프 가압수의 포소화약제 저장탱크에 대한 압력에 따라 포소화약제를 흡입·혼합하는 방식. 현재 우리나라에서는 3[%] 단백포 차압혼합방식을 많이 사용하고 있다.
- 프레셔 사이드 프로포셔너 방식(Pressure Side Proportioner, 압입 혼합방식)
  펌프의 토출관에 압입기를 설치하여 포소화약제 압입용 펌프로 포소화약제를 압입시켜 혼합하는 방식
- 압축공기포 믹싱챔버방식
  물, 포소화약제 및 공기를 믹싱챔버로 강제주입시켜 챔버 내에서 포수용액을 생성한 후 포를 방사하는 방식

24 Halon1011의 화학식을 옳게 나타낸 것은?

① CH_2FBr
② CH_2ClBr
③ $CBrCl$
④ $CFCl$

해설

할로젠화합물소화약제의 종류

종 류	화학식	명명법
할론1301	CF_3Br	브로모트라이플루오로메테인
할론1011	CH_2ClBr	브로모클로로메테인
할론1211	CF_2ClBr	브로모클로로다이플루오로메테인
할론2402	$C_2F_4Br_2$	다이브로모테트라플루오로에테인
할론104	CCl_4	–

25 펌프의 공동현상을 방지하기 위한 방법으로 옳지 않은 것은?

① 펌프의 흡입관경을 크게 한다.
② 펌프의 회전수를 크게 한다.
③ 펌프의 위치를 낮게 한다.
④ 양흡입펌프를 사용한다.

해설
펌프의 회전수를 크게 하면 공동현상이 발생한다.

26 다음 위험물 중 지정수량이 가장 큰 것은?

① 부틸리튬　　② 마그네슘
③ 인화칼슘　　④ 황 린

해설
지정수량

종 류	부틸리튬(알킬리튬)	마그네슘	인화칼슘(금속의 인화물)	황 린
지정수량	10[kg]	500[kg]	300[kg]	20[kg]

27 운송책임자의 감독·지원을 받아 운송해야 하는 위험물은?

① 칼 륨　　② 하이드라진유도체
③ 특수인화물　　④ 알킬리튬

해설
알킬알루미늄이나 **알킬리튬**은 **운송책임자의 감독·지원**을 받아 운송해야 한다.

정답　25 ②　26 ②　27 ④

28 위험물제조소의 옥내에 3기의 위험물 취급탱크가 하나의 방유턱 안에 설치되어 있고 탱크별로 실제로 수납하는 위험물의 양은 다음과 같다. 설치하는 방유턱의 용량은 최소 몇 [L] 이상이어야 하는가?(단 취급하는 위험물의 지정수량은 50[L]이다)

| A 탱크 : 100[L] | B 탱크 : 50[L] | C 탱크 : 50[L] |

① 50 ② 100 ③ 110 ④ 200

해설
위험물제조소의 옥내에 있는 위험물 취급탱크
- 하나의 취급탱크의 주위에 설치하는 방유턱의 용량 : 해당 탱크용량 이상
- 2 이상의 취급탱크 주위에 설치하는 방유턱의 용량 : **최대 탱크용량 이상**

[방유제, 방유턱의 용량]
① 위험물제조소의 **옥외에 있는 위험물 취급탱크의 방유제의 용량**
  ㉠ 1기일 때 : 탱크용량 × 0.5(50[%])
  ㉡ 2기 이상일 때 : 최대 탱크용량 × 0.5 + (나머지 탱크용량 합계 × 0.1)
② 위험물제조소의 **옥내에 있는 위험물 취급탱크의 방유턱의 용량**
  ㉠ 1기일 때 : 탱크용량 이상
  ㉡ 2기 이상일 때 : 최대 탱크용량 이상
③ **위험물옥외탱크저장소의 방유제의 용량**
  ㉠ 1기일 때 : 탱크용량 × 1.1(110[%])(비인화성 물질 × 100[%])
  ㉡ 2기 이상일 때 : 최대 탱크용량 × 1.1(110[%])(비인화성 물질 × 100[%])

∴ 옥내에 있는 위험물 취급탱크가 2기 이상일 때에는 방유턱의 용량은 최대 탱크용량 이상이므로 100[L]이다.

29 운반용기 내용적의 95[%] 이하의 수납률로 수납해야 하는 위험물은?
① 과산화벤조일
② 질산에틸
③ 나이트로글리세린
④ 메틸에틸케톤퍼옥사이드

해설
수납률
- **고체 위험물** : 운반용기 **내용적의 95[%] 이하**의 수납률로 수납할 것
- 액체 위험물 : 운반용기 내용적의 98[%] 이하의 수납률로 수납하되, 55[℃]의 온도에서 누설되지 않도록 충분한 공간용적을 유지하도록 할 것

- 과산화벤조일 : 고체
- 질산에틸, 나이트로글리세린, 메틸에틸케톤퍼옥사이드 : 액체

30 제조소 및 일반취급소에 경보설비인 자동화재탐지설비를 설치해야 하는 조건에 해당되지 않는 것은?

① 연면적 500[m²] 이상인 것
② 옥내에서 지정수량 100배의 휘발유를 취급하는 것
③ 옥내에서 지정수량 200배의 벤젠을 취급하는 것
④ 처마높이가 6[m] 이상인 단층건물의 것

해설
제조소 등별로 설치해야 하는 경보설비의 종류(시행규칙 별표 17)

구 분	제조소 등의 규모, 저장 또는 취급하는 위험물의 종류 및 최대수량 등	경보설비
제조소 및 일반취급소	• 연면적 500[m²] 이상인 것 • 옥내에서 지정수량의 100배 이상을 취급하는 것(고인화점 위험물만을 100[℃] 미만의 온도에서 취급하는 것을 제외한다) • 일반취급소로 사용되는 부분 외의 부분이 있는 건축물에 설치된 일반취급소(일반취급소와 일반취급소 외의 부분이 내화구조의 바닥 또는 벽으로 개구부 없이 구획된 것을 제외한다)	자동화재 탐지설비
옥내저장소	• 지정수량의 100배 이상을 저장 또는 취급하는 것(고인화점위험물 만을 저장 또는 취급하는 것을 제외한다) • 저장창고의 연면적이 150[m²]를 초과하는 것[해당 저장창고가 연면적 150[m²] 이내마다 불연재료의 격벽으로 개구부 없이 완전히 구획된 것과 제2류 또는 제4류의 위험물(인화성 고체 및 인화점이 70[℃] 미만인 제4류 위험물을 제외한다)만을 저장 또는 취급하는 것에 있어서는 저장창고의 연면적이 500[m²] 이상의 것에 한한다] • 처마높이가 6[m] 이상인 단층건물의 것	

31 위험물안전관리법령상 옥내저장소를 설치함에 있어서 저장창고의 바닥을 물이 스며 나오거나 스며들지 않는 구조로 해야 하는 위험물에 해당되지 않는 것은?

① 제1류 위험물 중 알칼리금속의 과산화물
② 제2류 위험물 중 철분, 금속분, 마그네슘
③ 제4류 위험물
④ 제6류 위험물

해설
저장창고의 바닥은 물이 스며 나오거나 스며들지 않는 구조로 해야 하는 위험물
• 제1류 위험물 중 알칼리금속의 과산화물
• 제2류 위험물 중 철분·금속분·마그네슘
• 제3류 위험물 중 금수성 물질
• 제4류 위험물

32 위험물의 화재위험에 대한 설명으로 옳지 않은 것은?

① 연소범위의 상한값이 높을수록 위험하다.
② 착화점이 높을수록 위험하다.
③ 폭발범위가 넓을수록 위험하다.
④ 연소속도가 빠를수록 위험하다.

해설
위험성이 증가하는 경우
- 비점이 낮을수록
- 연소범위의 상한값이 높거나 넓을수록
- **착화점, 인화점이 낮을수록**
- 폭발범위가 넓을수록
- 연소속도가 빠를수록

33 메탄올 2[mol]이 표준상태에서 완전연소 하기 위해 필요한 공기량은 약 몇 [L]인가?(단, 공기 중 산소의 부피는 21[vol%]이다)

① 122   ② 244   ③ 320   ④ 410

해설
메탄올의 연소반응식

$2CH_3OH + 3O_2 \rightarrow 2CO_2 + 4H_2O$

2[mol]   3[mol] × 22.4[L]
2[mol] x

$x = \dfrac{2[\text{mol}] \times 3[\text{mol}] \times 22.4[\text{L}]}{2[\text{mol}]} = 67.2[\text{L}]$ (이론산소량)

※ 이론공기량 $= \dfrac{67.2[\text{L}]}{0.21} = 320[\text{L}]$

34 다음 물질 중 조연성 가스에 해당하는 것은?

① 수 소   ② 산 소   ③ 아세틸렌   ④ 질 소

해설
가스의 구분

종 류	수 소	산 소	아세틸렌	질 소
구 분	가연성	조연성	가연성	불연성

35 메테인 50[%], 에테인 30[%], 프로페인 20[%]의 부피비로 혼합된 가스의 공기 중 폭발하한계 값은? (단, 메테인, 에테인, 프로페인의 폭발하한계는 각각 5[%], 3[%], 2[%]이다)

① 1.1[%] ② 3.3[%] ③ 5.5[%] ④ 7.7[%]

해설
혼합가스의 폭발한계

$$L_m = \frac{100}{\frac{V_1}{L_1} + \frac{V_2}{L_2} + \frac{V_3}{L_3} + \cdots}$$

여기서, L_m : 혼합가스의 폭발한계(하한값, 상한값의 [vol%])
$V_1, V_2, V_3, \cdots$: 가연성 가스의 용량[vol%]
$L_1, L_2, L_3, \cdots$: 가연성 가스의 하한값 또는 상한값[vol%]

$\therefore L_m(\text{하한값}) = \dfrac{100}{\frac{V_1}{L_1} + \frac{V_2}{L_2} + \frac{V_3}{L_3}} = \dfrac{100}{\frac{50}{5} + \frac{30}{3} + \frac{20}{2}} = 3.33[\%]$

36 개방된 중유 또는 원유탱크 화재 시 포를 방사하면 소화약제가 비등 증발하여 확산의 위험이 발생한다. 이 현상으로 옳은 것은?

① 보일오버현상
② 슬롭오버현상
③ 플래시오버현상
④ 블레비현상

해설
유류탱크에서 발생하는 현상
- 보일오버(Boil Over)
  - 중질유 탱크에서 장시간 조용히 연소하다가 탱크의 잔존기름이 갑자기 분출(Over Flow)하는 현상
  - 연소유면으로부터 100[℃] 이상의 열파가 탱크저부에 고여 있는 물을 비등하게 하면서 연소유를 탱크 밖으로 비산하며 연소하는 현상
- 슬롭오버(Slop Over)
  중질유 탱크 등의 화재 시 열유층에 소화하기 위하여 물이나 포말을 주입하면 수분의 급격한 증발에 의하여 유면이 거품을 일으키거나 열유의 교란에 의하여 열유층 밑의 냉유가 급격히 팽창하여 유면을 밀어 올리는 위험한 현상
- 프로스오버(Froth Over)
  물이 뜨거운 기름 표면 아래서 끓을 때 화재를 수반하지 않는 용기에서 넘쳐흐르는 현상

37 위험물제조소로부터 20[m] 이상의 안전거리를 유지해야 하는 건축물 또는 공작물은?

① 지정문화유산
② 고압가스안전관리법에 따라 신고해야 하는 고압가스저장시설
③ 주거용 건축물
④ 고등교육법에서 정하는 학교

해설

제조소의 안전거리(시행규칙 별표 4)

건축물	안전거리
사용전압 7,000[V] 초과 35,000[V] 이하의 특고압가공전선	3[m] 이상
사용전압 35,000[V] 초과의 특고압가공전선	5[m] 이상
주거용으로 사용되는 것(제조소가 설치된 부지 내에 있는 것을 제외)	10[m] 이상
고압가스, 액화석유가스, 도시가스를 저장 또는 취급하는 시설	20[m] 이상
학교, 병원(병원급 의료기관), 극장, 공연장, 영화상영관 및 그 밖에 이와 유사한 시설로서 수용인원 300명 이상, 복지시설(아동복지시설, 노인복지시설, 장애인복지시설, 한부모가족복지시설), 어린이집, 성매매피해자 등을 위한 지원시설, 정신건강증진시설, 가정폭력피해자 보호시설 및 그 밖에 이와 유사한 시설로서 수용인원 20명 이상	30[m] 이상
지정문화유산 및 천연기념물 등	50[m] 이상

38 다음 중 1기압에 가장 가까운 값을 갖는 것은?

① 760[cmHg] ② 101.3[Pa] ③ 29.92[psi] ④ 1,033.2[cmH$_2$O]

해설

1[atm] = 76[cmHg] = 10.332[mH$_2$O] = 1,033.2[cmH$_2$O] = 1.0332[kg$_f$/cm^2] = 101.325[kPa] = 101,325[Pa]
= 14.7[psi]
= 29.92[inHg]

39 Halon1211에 해당하는 할로젠화합물소화약제는?

① CH$_2$ClBr ② CF$_2$ClBr ③ CCl$_2$FBr ④ CBr$_2$FCl

해설

할로젠화합물소화약제의 종류

종 류	화학식
할론1011	CH$_2$ClBr
할론1211	CF$_2$ClBr
할론2402	C$_2$F$_4$Br$_2$
할론1121	CCl$_2$FBr
할론1112	CBr$_2$FCl

40 지정수량의 10배에 해당하는 순수한 아세톤의 질량은 약 몇 [kg]인가?

① 2,000   ② 2,160   ③ 3,160   ④ 4,000

해설
아세톤의 비중은 0.79이며, 밀도는 0.79[g/cm³] = 0.79[kg/L]이다.
∴ 질량 = (400[L]×10배)×0.79[kg/L] = 3,160[kg]

41 다음에서 설명하는 제4류 위험물은 무엇인가?

- 무색, 무취의 끈끈한 액체이다.
- 분자량은 약 62이고 2가 알코올이다.
- 지정수량은 4,000[L]이다.

① 글리세린   ② 에틸렌글라이콜   ③ 아닐린   ④ 에틸알코올

해설
에틸렌글라이콜
- 물 성

화학식	지정수량	비 중	비 점	인화점	착화점
CH_2OHCH_2OH	4,000[L] (제3석유류, 수용성)	1.11	198[℃]	120[℃]	398[℃]

- 무색의 끈기 있는 흡습성의 **액체**이다.
- 사염화탄소, 에터, 벤젠, 이황화탄소, 클로로폼에 녹지 않고, 물, 알코올, 글리세린, 아세톤, 초산, 피리딘에는 잘 녹는다(수용성).
- **2가 알코올**로서 독성이 있으며 단맛이 난다.
- 무기산 및 유기산과 반응하여 에스터를 생성한다.

42 다음 표의 물질 중 제3류 위험물에 해당하는 것은 모두 몇 개인가?

황화인, 칼륨, 알루미늄의 탄화물, 황린, 금속의 수소화물, 코발트분, 황, 무기과산화물, 고형알코올

① 2   ② 3   ③ 4   ④ 5

해설
위험물의 분류
- 제1류 위험물 : 무기과산화물
- 제2류 위험물 : 황화인, 코발트분, 황, 인화성 고체(고형알코올)
- 제3류 위험물 : 칼륨, 알루미늄의 탄화물, 황린, 금속의 수소화물

43 제조소 등의 소화설비를 위한 소요단위 산정에 있어서 1소요단위에 해당하는 위험물의 지정수량 배수와 외벽이 내화구조인 제조소의 건축물 연면적을 각각 옳게 나타낸 것은?

① 10배, 100[m^2]
② 100배, 100[m^2]
③ 10배, 150[m^2]
④ 100배, 150[m^2]

해설

소요단위의 산정기준(시행규칙 별표 17)
- 제조소 또는 취급소의 건축물
  - **외벽이 내화구조 : 연면적 100[m^2]를 1소요단위**
  - 외벽이 내화구조가 아닌 것 : 연면적 50[m^2]를 1소요단위
- 저장소의 건축물
  - 외벽이 내화구조 : 연면적 150[m^2]를 1소요단위
  - 외벽이 내화구조가 아닌 것 : 연면적 75[m^2]를 1소요단위
- 위험물은 **지정수량의 10배 : 1소요단위**

44 다음 제4류 위험물 중 위험등급이 나머지 셋과 다른 하나는?

① 휘발유
② 톨루엔
③ 에탄올
④ 아세트알데하이드

해설

위험등급
① 위험등급 Ⅰ 의 위험물
  ㉠ 제1류 위험물 중 아염소산염류, 염소산염류, 과염소산염류, 무기과산화물, 지정수량이 50[kg]인 위험물
  ㉡ 제3류 위험물 중 칼륨, 나트륨, 알킬알루미늄, 알킬리튬, 황린, 지정수량이 10[kg] 또는 20[kg]인 위험물
  ㉢ 제4류 위험물 중 **특수인화물(아세트알데하이드)**
  ㉣ 제5류 위험물 중 지정수량이 10[kg]인 위험물
  ㉤ 제6류 위험물
② 위험등급Ⅱ의 위험물
  ㉠ 제1류 위험물 중 브로민산염류, 질산염류, 아이오딘산염류, 지정수량이 300[kg]인 위험물
  ㉡ 제2류 위험물 중 황화인, 적린, 황, 지정수량이 100[kg]인 위험물
  ㉢ 제3류 위험물 중 알칼리금속(칼륨, 나트륨 제외) 및 알칼리토금속, 유기금속화합물(알킬알루미늄 및 알킬리튬은 제외), 지정수량이 50[kg]인 위험물
  ㉣ 제4류 위험물 중 **제1석유류(휘발유, 톨루엔), 알코올류(에탄올)**
  ㉤ 제5류 위험물 중 위험등급 Ⅰ 에 정하는 위험물 외의 것
③ 위험등급Ⅲ의 위험물 : ① 및 ②에 정하지 않은 위험물

45 다음 위험물 품명에서 지정수량이 나머지 셋과 다른 하나는?

① 유기과산화물(제2종) ② 나이트로화합물(제1종)
③ 아조화합물 ④ 하이드라진유도체

> **해설**
> **지정수량**

종 류	유기과산화물(제2종)	나이트로화합물(제1종)	아조화합물	하이드라진유도체
지정수량	100[kg]	10[kg]	100[kg]	100[kg]

46 내용적이 20,000[L]인 지하저장탱크(소화약제 방출구를 탱크 안의 윗부분에 설치하지 않은 것)를 구입하여 설치하는 경우 최대 몇 [L]까지 저장취급 허가를 신청할 수 있는가?

① 18,000[L] ② 19,000[L]
③ 19,800[L] ④ 20,000[L]

> **해설**
> 허가량 = 용기의 내용적 − 공간용적(5~10[%])
> 5[%]를 제외하면 20,000[L] × 0.95 = 19,000[L]

47 운반 시 일광의 직사를 막기 위해 차광성이 있는 피복으로 덮어야 하는 위험물이 아닌 것은?

① 제1류 위험물 중 다이크로뮴산염류
② 제4류 위험물 중 제1석유류
③ 제5류 위험물 중 나이트로화합물
④ 제6류 위험물

> **해설**
> **적재위험물에 따른 조치**
> • 차광성이 있는 것으로 피복
>   − 제1류 위험물
>   − 제3류 위험물 중 자연발화성 물질
>   − 제4류 위험물 중 특수인화물
>   − 제5류 위험물
>   − 제6류 위험물
> • 방수성이 있는 것으로 피복
>   − 제1류 위험물 중 알칼리금속의 과산화물
>   − 제2류 위험물 중 철분·금속분·마그네슘
>   − 제3류 위험물 중 금수성 물질

48 어떤 기체의 확산속도가 SO₂의 4배일 때 이 기체의 분자량을 추정하면 얼마인가?

① 4
② 16
③ 32
④ 64

해설
그레이엄의 확산속도법칙 : 확산속도는 분자량의 제곱근에 반비례에 반비례한다.

$$\frac{U_B}{U_A} = \sqrt{\frac{M_A}{M_B}}$$

여기서, U_B : SO₂의 확산속도 U_A : 어떤 기체의 확산속도
       M_B : SO₂의 분자량 M_A : 어떤 기체의 분자량

$\therefore M_A = M_B \times \left(\dfrac{U_B}{U_A}\right)^2 = 64 \times \left(\dfrac{1}{4}\right)^2 = 4$

49 지정수량의 단위가 나머지 셋과 다른 하나는?

① 사이클로헥세인
② 과염소산
③ 스타이렌
④ 초 산

해설
지정수량의 단위

종 류	사이클로헥세인	과염소산	스타이렌	초 산
유 별	제4류 위험물	제6류 위험물	제4류 위험물	제4류 위험물
지정수량의 단위	[L]	[kg]	[L]	[L]

50 고속국도의 도로변에 설치한 주유취급소의 고정주유설비 또는 고정급유설비에 연결된 탱크의 용량은 얼마까지 할 수 있는가?

① 10만[L]   ② 8만[L]   ③ 6만[L]   ④ 5만[L]

해설
고속국도의 도로변에 설치한 주유취급소의 탱크 용량 : 60,000[L] 이하

48 ① 49 ② 50 ③

51 다음 ( )에 알맞은 숫자를 순서대로 나열한 것은?

> 주유취급소 중 건축물의 (　)층 이상의 부분을 점포·휴게음식점 또는 전시장의 용도로 사용하는 것에 있어서는 해당 건축물의 (　)층 이상으로부터 직접 주유취급소의 부지 밖으로 통하는 출입구와 해당 출입구로 통하는 통로·계단 및 출입구에 유도등을 설치해야 한다.

① 2층, 1층　　　　　　　② 1층, 1층
③ 2층, 2층　　　　　　　④ 1층, 2층

해설
피난설비 : 주유취급소 중 건축물의 **2층 이상**의 부분을 점포·휴게음식점 또는 전시장의 용도로 사용하는 것에 있어서는 해당 건축물의 **2층 이상**으로부터 직접 주유취급소의 부지 밖으로 통하는 출입구와 해당 출입구로 통하는 통로·계단 및 출입구에 유도등을 설치해야 한다.

52 한 변의 길이는 10[m], 다른 한 변의 길이는 50[m]인 옥내저장소에 자동화재탐지설비를 설치하는 경우 경계구역은 원칙적으로 최소한 몇 개로 해야 하는가?(단, 차동식스포트형감지기를 설치한다)

① 1　　　　② 2　　　　③ 3　　　　④ 4

해설
자동화재탐지설비의 경계구역의 면적은 600[m^2]로 하고 한 변의 길이는 50[m] 이하로 해야 하므로 옥내저장소의 면적은 10[m]×50[m]=500[m^2]이다. 경계구역은 1개이다.

53 인화성 액체 위험물(CS_2는 제외)을 저장하는 옥외탱크저장소에서 방유제의 용량에 대해 다음 ( ) 안에 알맞은 수치를 차례대로 나열한 것은?

> 방유제의 용량을 방유제 안에 설치된 탱크가 하나인 때에는 그 탱크 용량의 (　)[%] 이상, 2기 이상인 때에는 그 탱크 중 용량이 최대인 것의 용량의 (　)[%] 이상으로 할 것. 이 경우 방유제의 용량을 해당 방유제의 내용적에서 용량이 최대인 탱크 외의 탱크의 방유제 높이 이하 부분의 용적, 해당 방유제 내에 있는 모든 탱크의 지반면 이상 부분의 기초의 체적, 간막이 둑의 체적 및 해당 방유제 내에 있는 배관 등의 체적을 뺀 것으로 한다.

① 100, 100　　② 100, 110　　③ 110, 100　　④ 110, 110

해설
위험물 옥외탱크저장소의 방유제의 용량
• 탱크 1기일 때 : 탱크용량×1.1(110[%])([비인화성 물질×100[%]) 이상
• 탱크 2기 이상일 때 : 최대 탱크용량×1.1(110[%])([비인화성 물질×100[%]) 이상

54 위험물제조소 등의 옥내소화전설비의 설치 기준으로 틀린 것은?

① 수원의 수량은 옥내소화전이 가장 많이 설치된 층의 옥내소화전 설치개수(설치개수가 5개 이상인 경우는 5개)에 7.8[m³]를 곱한 양 이상이 되도록 설치할 것
② 옥내소화전은 제조소 등의 건축물의 층마다 해당 층의 각 부분에서 하나의 호스접속구까지의 수평거리가 50[m] 이하가 되도록 설치할 것
③ 옥내소화전설비는 각 층을 기준으로 하여 해당 층의 모든 옥내소화전(설치개수가 5개 이상인 경우는 5개의 옥내소화전)을 동시에 사용할 경우에 각 노즐 끝부분의 방수압력이 350[kPa] 이상이고, 방수량이 1분당 260[L] 이상의 성능이 되도록 할 것
④ 옥내소화전설비에는 비상전원을 설치할 것

해설
옥내소화전설비의 설치 기준
- 옥내소화전은 제조소 등의 건축물의 층마다 해당 층의 각 부분에서 하나의 호스접속구까지의 **수평거리가 25[m] 이하**가 되도록 설치할 것. 이 경우 옥내소화전은 각 층의 출입구 부근에 1개 이상 설치해야 한다.
- 수원의 수량은 옥내소화전이 가장 많이 설치된 층의 옥내소화전 설치개수(설치개수가 5개 이상인 경우는 5개)에 **7.8[m³]**를 곱한 양 이상이 되도록 설치할 것
- 옥내소화전설비는 각 층을 기준으로 하여 해당 층의 모든 옥내소화전(설치개수가 5개 이상인 경우는 5개의 옥내소화전)을 동시에 사용할 경우에 각 노즐 끝부분의 방수압력이 **350[kPa] 이상**이고 방수량이 **1분당 260[L] 이상**의 성능이 되도록 할 것
- 옥내소화전설비에는 비상전원을 설치할 것

55 도수분포표에서 도수가 최대인 계급의 대푯값을 정확히 표현한 통계량은?

① 중위수
② 시료평균
③ 최빈수
④ 미드-레인지(Mid Range)

해설
최빈수 : 도수분포표에서 도수가 최대인 계급의 대푯값

56 다음 [표]는 A 자동차 영업소의 월별 판매실적을 나타낸 것이다. 5개월 이동평균법으로 6월의 수요를 예측하면 몇 대인가?

월	1	2	3	4	5
판매량	100	110	120	130	140

① 120 ② 130 ③ 140 ④ 150

해설
이동평균법 예측치

예측치 $F_t = \dfrac{\text{기간의 실적치}}{\text{기간의 수}} = \dfrac{100+110+120+130+140}{5} = 120$

57 여유시간이 5분, 정미시간이 40분일 경우 내경법으로 여유율을 구하면 약 몇 [%]인가?

① 6.33[%] ② 9.05[%] ③ 11.11[%] ④ 12.50[%]

해설
내경법

$$\text{여유율} = \frac{\text{여유시간}}{\text{실제 근무시간}} = \frac{\text{여유시간}}{\text{정미시간} + \text{여유시간}}$$

∴ 여유율 $= \dfrac{\text{여유시간}}{\text{정미시간}+\text{여유시간}} = \dfrac{5}{40+5} \times 100 = 11.11[\%]$

58 예방보전(Preventive Maintenance)의 효과로 보기에 가장 거리가 먼 것은?

① 기계의 수리비용이 감소한다.
② 생산시스템의 신뢰도가 향상된다.
③ 고장으로 인한 중단시간이 감소한다.
④ 잦은 정비로 인하여 제조원가가 증가한다.

해설
예방보전의 효과
- 생산정지시간과 유휴손실 감소
- 수리작업의 횟수와 기계 수리비용 감소
- 납기지연으로 인한 고객불만 저하 및 매출신장
- 예비기계 보유 감소
- 신뢰도 향상 및 원가 절감
- 안전작업 향상

59 C 관리도에서 $k = 20$인 군의 총부적합(결점)수 합계는 58이었다. 이 관리도의 UCL, LCL을 구하면 약 얼마인가?

① UCL = 6.92, LCL = 0
② UCL = 4.90, LCL = 고려하지 않음
③ UCL = 6.92, LCL = 고려하지 않음
④ UCL = 8.01, LCL = 고려하지 않음

해설

• 중심선 $CL = \overline{C} = \dfrac{\sum c}{k}$ ($\sum c$: 결점수의 합, k : 시료군의 수)

$\qquad = \dfrac{58}{20} = 2.9$

• 관리 상한선 $UCL = \overline{C} + 3\sqrt{\overline{C}} = 2.9 + 3\sqrt{2.9} = 8.01$

• 관리 하한선 $LCL = \overline{C} - 3\sqrt{\overline{C}} = 2.9 - 3\sqrt{2.9} = -2.2$ (고려하지 않음)

60 ASME(American Society Mechanical Engineers)에서 정의하고 있는 제품공정분석표에 사용되는 기호 중 "저장(Storage)"을 표현한 것은?

① ○　　　　② D　　　　③ □　　　　④ ▽

해설

공정분석 기호
• ○ : 작업 또는 가공
• : 운반
• D : 정체
• ▽ : 저장
• □ : 검사

2019년 7월 14일 시행 과년도 기출복원문제

01 위험물제조소 등의 안전거리를 단축하기 위하여 설치하는 방화상 유효한 담의 높이는 $H > pD^2 + a$인 경우 $h = H - p(D^2 - d^2)$에 의하여 산정한 높이 이상으로 한다. 여기서 d가 의미하는 것은?

① 제조소 등과 인접 건축물과의 거리[m]
② 제조소 등과 방화상 유효한 담과의 거리[m]
③ 제조소 등과 방화상 유효한 지붕과의 거리[m]
④ 제조소 등과 인접 건축물 경계선과의 거리[m]

해설
방화상 유효한 담의 높이

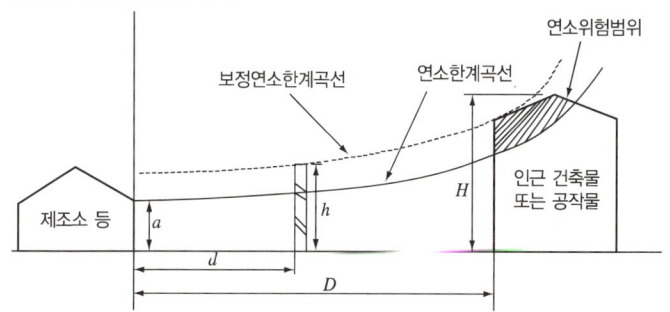

여기서, D : 제조소 등과 인근 건축물 또는 공작물과의 거리[m]
H : 인근 건축물 또는 공작물의 높이[m]
a : 제조소 등의 외벽의 높이[m] d : 제조소 등과 방화상 유효한 담과의 거리[m]
h : 방화상 유효한 담의 높이[m] p : 상수(생략)

- $H \leqq pD^2 + a$인 경우 $h = 2$
- $H > pD^2 + a$인 경우 $h = H - p(D^2 - d^2)$

02 다음의 연소반응식에서 트라이에틸알루미늄 114[g]이 산소와 반응하여 연소할 때 약 몇 [kcal]의 열을 방출하겠는가?(단, Al의 원자량은 27이다)

$$2(C_2H_5)_3Al + 21O_2 \rightarrow 12CO_2 + Al_2O_3 + 15H_2O + 1,470[kcal]$$

① 375   ② 735   ③ 1,470   ④ 2,940

해설
트라이에틸알루미늄[$(C_2H_5)_3Al$]의 분자량 : 114
$2(C_2H_5)_3Al + 21O_2 \rightarrow 12CO_2 + Al_2O_3 + 15H_2O + 1,470[kcal]$
$2 \times 114[g]$ ——————————— $1,470$
$114[g]$ ——————————— x

$x = \dfrac{114[g] \times 1,470[kcal]}{2 \times 114[g]} = 735[kcal]$

정답 01 ② 02 ②

03 물분무소화에 사용된 20[℃]의 물 2[g]이 완전히 기화되어 100[℃]의 수증기가 되었다면 흡수된 열량과 수증기 발생량은 약 얼마인가?(단, 1기압을 기준으로 한다)

① 1,238[cal], 2,400[mL]
② 1,238[cal], 3,400[mL]
③ 2,476[cal], 2,400[mL]
④ 2,476[cal], 3,400[mL]

해설

열량과 수증기발생량을 계산하면
- 열량 $Q = mC\Delta t + \gamma \cdot m$
  $= 2[g] \times 1[cal/g \cdot ℃] \times (100-20)[℃] + 539[cal/g] \times 2[g] = 1,238[cal]$
- 수증기발생량 $PV = nRT$
  $V = \dfrac{nRT}{P} = \dfrac{(2/18) \times 0.08205 \times (273+100)}{1[atm]} = 3.4[L] = 3,400[mL]$

04 옥내저장소에 자동화재탐지설비를 설치하려고 한다. 자동화재탐지설비 설치 기준으로 적합하지 않은 것은?

① 경계구역은 건축물 그 밖의 공작물의 2 이상의 층에 걸치지 않도록 한다.
② 하나의 경계구역의 면적은 600[m²] 이하로 하고 그 한 변의 길이는 100[m] 이하(광전식분리형 감지기를 설치할 경우에는 200[m])로 한다.
③ 감지기는 지붕 또는 벽의 옥내에 면한 부분에 유효하게 화재의 발생을 감지할 수 있도록 설치한다.
④ 비상전원을 설치해야 한다.

해설

자동화재탐지설비의 설치 기준(시행규칙 별표 17)
- 자동화재탐지설비의 경계구역(화재가 발생한 구역을 다른 구역과 구분하여 식별할 수 있는 최소단위의 구역을 말한다)은 건축물 그 밖의 공작물의 2 이상의 층에 걸치지 않도록 할 것. 다만, 하나의 경계구역의 면적이 500[m²] 이하이면서 해당 경계구역이 2개의 층에 걸치는 경우이거나 계단·경사로·승강기의 승강로·그 밖에 이와 유사한 장소에 연기감지기를 설치하는 경우에는 그렇지 않다.
- 하나의 경계구역의 면적은 **600[m²] 이하**로 하고 그 **한 변의 길이는 50[m]**(**광전식분리형 감지기**를 설치할 경우에는 **100[m]**) **이하**로 할 것. 다만, 해당 건축물 그 밖의 공작물의 주요한 출입구에서 그 내부의 전체를 볼 수 있는 경우에 있어서는 그 면적을 1,000[m²] 이하로 할 수 있다.
- 자동화재탐지설비의 감지기는 지붕(상층이 있는 경우에는 상층의 바닥) 또는 벽의 옥내에 면한 부분(천장이 있는 경우에는 천장 또는 벽의 옥내에 면한 부분 및 천장의 뒷부분)에 유효하게 화재의 발생을 감지할 수 있도록 설치할 것
- 자동화재탐지설비에는 비상전원을 설치할 것

05 과산화나트륨의 저장창고에 화재가 발생하였을 때 주수소화를 할 수 없는 이유로 가장 타당한 것은?

① 물과 반응하여 과산화수소와 수소를 발생하기 때문에
② 물과 반응하여 산소와 수소를 발생하기 때문에
③ 물과 반응하여 과산화수소와 열을 발생하기 때문에
④ 물과 반응하여 산소와 열을 발생하기 때문에

해설

과산화나트륨(Na_2O_2)은 물과 반응하면 산소(O_2)를 발생하고 많은 열을 발생한다.

$$2Na_2O_2 + 2H_2O \rightarrow 4NaOH + O_2\uparrow + 발열$$

06 다음 중 위험물안전관리법의 적용제외 대상이 아닌 것은?

① 항공기로 위험물을 국외에서 국내로 운반하는 경우
② 철도로 위험물을 국내에서 국내로 운반하는 경우
③ 선박(기선)으로 위험물을 국내에서 국외로 운반하는 경우
④ 국제해상위험물규칙(IMDG Code)에 적합한 운반용기에 수납된 위험물을 자동차로 운반하는 경우

해설

위험물안전관리법은 항공기, 선박(기선, 범선, 부선), 철도 및 궤도에 의한 위험물의 저장·취급 및 운반에 있어서는 이를 적용하지 않는다.

07 위험물제조소 등에 설치하는 옥내소화전설비가 설치된 건축물에 옥내소화전이 1층에 5개, 2층에 6개가 설치되어 있다. 이때 수원의 수량은 몇 [m³] 이상으로 해야 하는가?

① 19   ② 29
③ 39   ④ 47

해설

위험물제조소 등의 수원

구 분 종 류	방수압력	방수량	수 원
옥내소화전설비	350[kPa] 이상	260[L/min] 이상	소화전의 수(최대 5개) × 7.8[m³] (260[L/min] × 30[min] = 7,800[L] = 7.8[m³])

∴ 옥내소화전설비의 수원 = 소화전의 수(최대 5개) × 7.8[m³] = 5 × 7.8[m³] = 39[m³] 이상

08 인화성 액체 위험물을 저장하는 옥외탱크저장소의 주위에 설치하는 방유제에 관한 내용으로 틀린 것은?

① 방유제는 높이 0.5[m] 이상 3[m] 이하, 두께 0.2[m] 이상, 지하매설깊이 1[m] 이상으로 한다.
② 방유제 안에 설치된 탱크가 2기 이상인 경우 방유제의 용량은 그 탱크 중 용량이 최대인 것의 용량의 110[%] 이상으로 한다.
③ 용량이 1,000만[L] 이상인 옥외저장탱크의 주위에 설치하는 방유제에는 탱크마다 간막이 둑을 흙 또는 철근콘크리트로 설치한다.
④ 간막이 둑을 설치하는 경우 간막이 둑의 용량은 간막이 둑 안에 설치된 탱크 용량의 110[%] 이상이어야 한다.

해설
용량이 1,000만[L] 이상인 옥외저장탱크의 주위에 설치하는 방유제(시행규칙 별표 6 Ⅸ)
아래 규정에 따라 해당 탱크마다 간막이 둑을 설치해야 한다.
- 간막이 둑의 높이는 0.3[m](방유제 내에 설치하는 옥외저장탱크의 용량의 합계가 2억[L]를 넘는 방유제에 있어서는 1[m]) 이상으로 하되 방유제 높이보다 0.2[m] 이상 낮게 할 것
- 간막이 둑은 흙 또는 철근콘크리트로 할 것
- 간막이 둑의 용량은 간막이 둑 안에 설치된 탱크 용량의 **10[%] 이상**일 것

09 물과 반응하여 메테인 가스를 발생하는 위험물은?

① CaC_2 ② Al_4C_3 ③ Na_2O_2 ④ LiH

해설
물과 반응
- 탄화칼슘

$$CaC_2 + 2H_2O \rightarrow Ca(OH)_2 \text{(수산화칼슘)} + C_2H_2 \uparrow \text{(아세틸렌)}$$

- 탄화알루미늄

$$Al_4C_3 + 12H_2O \rightarrow 4Al(OH)_3 \text{(수산화알루미늄)} + 3CH_4 \uparrow \text{(메테인)}$$

- 과산화나트륨

$$2Na_2O_2 + 2H_2O \rightarrow 4NaOH \text{(수산화나트륨)} + O_2 \uparrow \text{(산소)}$$

- 수소화리튬

$$LiH + H_2O \rightarrow LiOH \text{(수산화리튬)} + H_2 \uparrow \text{(수소)}$$

10 273[℃]에서 기체의 부피가 4[L]이다. 같은 압력에서 25[℃]일 때의 부피는 약 몇 [L]인가?

① 0.32
② 2.2
③ 3.2
④ 4

해설
샤를의 법칙

$$V_2 = V_1 \times \frac{T_2}{T_1} = 4[\text{L}] \times \frac{(273+25)[\text{K}]}{(273+273)[\text{K}]} = 2.18[\text{L}]$$

11 질산암모늄에 대한 설명 중 틀린 것은?

① 강력한 산화제이다.
② 물에 녹을 때는 흡열반응을 나타낸다.
③ 조해성이 있다.
④ 흑색 화약의 재료로 쓰인다.

해설
질산칼륨은 황과 숯가루를 혼합하여 흑색 화약을 제조한다.

정답 10 ② 11 ④

12 성능이 동일한 n대의 펌프를 서로 병렬로 연결하고 원래와 같은 양정에서 작동시킬 때 유체의 토출량은?

① $1/n$로 감소한다.　　　② n배로 증가한다.
③ 원래와 동일하다.　　　④ $1/2n$로 감소한다.

해설

펌프의 성능

펌프 2대 연결방법		직렬연결	병렬연결
성 능	유량(Q)	Q	$2Q$
	양정(H)	$2H$	H

13 위험물안전관리법령상 옥내탱크저장소에 대한 소화난이도 등급 Ⅰ의 기준에 해당되지 않는 것은?

① 액표면적이 40[m²] 이상인 것(제6류 위험물을 저장하는 것 및 고인화점위험물만을 100[℃] 미만의 온도에서 저장하는 것은 제외)
② 바닥면으로부터 탱크 옆판의 상단까지 높이가 6[m] 이상인 것(제6류 위험물을 저장하는 것 및 고인화점위험물만을 100[℃] 미만의 온도에서 저장하는 것은 제외)
③ 액체 위험물을 저장하는 탱크로서 지정수량이 100배 이상인 것
④ 탱크전용실이 단층건물 외에 건축물에 있는 것으로서 인화점 38[℃] 이상 70[℃] 미만의 위험물을 지정수량의 5배 이상 저장하는 것(내화구조로 개구부 없이 구획된 것은 제외한다)

해설

소화난이도 등급 Ⅰ에 해당하는 제조소 등(시행규칙 별표 17)

제조소 등의 구분	제조소 등의 규모, 저장 또는 취급하는 위험물의 품명 및 최대수량 등
옥외탱크 저장소	액표면적이 40[m²] 이상인 것(제6류 위험물을 저장하는 것 및 고인화점위험물만을 100[℃] 미만의 온도에서 저장하는 것은 제외)
	지반면으로부터 탱크 옆판의 상단까지 높이가 6[m] 이상인 것(제6류 위험물을 저장하는 것 및 고인화점위험물만을 100[℃] 미만의 온도에서 저장하는 것은 제외)
	지중탱크 또는 해상탱크로서 지정수량의 100배 이상인 것(제6류 위험물을 저장하는 것 및 고인화점위험물만을 100[℃] 미만의 온도에서 저장하는 것은 제외)
	고체 위험물을 저장하는 것으로서 지정수량의 100배 이상인 것
옥내탱크 저장소	**액표면적이 40[m²] 이상인 것**(제6류 위험물을 저장하는 것 및 고인화점위험물만을 100[℃] 미만의 온도에서 저장하는 것은 제외)
	바닥면으로부터 탱크 옆판의 상단까지 높이가 6[m] 이상인 것(제6류 위험물을 저장하는 것 및 고인화점위험물만을 100[℃] 미만의 온도에서 저장하는 것은 제외)
	탱크전용실이 단층건물 외의 건축물에 있는 것으로서 인화점 38[℃] 이상 70[℃] 미만의 위험물을 지정수량의 5배 이상 저장하는 것(내화구조로 개구부 없이 구획된 것은 제외한다)

14 다음 물질을 저장하는 저장소로 허가를 받으려고 위험물저장소 설치허가신청서를 작성하려고 한다. 해당하는 지정수량의 배수는 얼마인가?

- 염소산칼륨 : 300[kg]
- 과염소산칼륨 : 600[kg]
- 과염소산 : 600[kg]

① 20　　　② 15　　　③ 9　　　④ 5

해설
지정수량의 배수
- 각각의 지정수량

종 류	염소산칼륨	과염소산칼륨	과염소산
유 별	제1류 위험물	제1류 위험물	제6류 위험물
지정수량	50[kg]	50[kg]	300[kg]

- 지정수량의 배수 $= \dfrac{저장량}{지정수량} + \dfrac{저장량}{지정수량} + \cdots$

$= \dfrac{300[kg]}{50[kg]} + \dfrac{600[kg]}{50[kg]} + \dfrac{600[kg]}{300[kg]} = 20$배

15 공기를 차단한 상태에서 황린을 약 260[℃]로 가열하면 생성되는 물질은 제 몇 류 위험물인가?
① 제1류 위험물　　② 제2류 위험물
③ 제5류 위험물　　④ 제6류 위험물

해설
공기를 차단하고 황린을 약 260[℃]로 가열하면 적린(제2류 위험물)이 생성된다.

16 전역방출방식 분말소화설비의 기준에서 제1종 분말소화약제의 저장용기 충전비의 범위를 옳게 나타낸 것은?
① 0.85 이상 1.05 이하　　② 0.85 이상 1.45 이하
③ 1.05 이상 1.45 이하　　④ 1.05 이상 1.75 이하

해설
분말소화약제의 충전비

소화약제의 종별	충전비의 범위
제1종 분말	0.85 이상 1.45 이하
제2종 분말 또는 제3종 분말	1.05 이상 1.75 이하
제4종 분말	1.50 이상 2.50 이하

정답 14 ① 15 ② 16 ②

17 다음 위험물 중 성상이 고체인 것은?

① 과산화벤조일 ② 질산에틸
③ 나이트로글리세린 ④ 메틸에틸케톤퍼옥사이드

해설

위험물의 성상

종 류	과산화벤조일	질산에틸	나이트로글리세린	메틸에틸케톤퍼옥사이드
상 태	고 체	액 체	액 체	액 체

18 메테인의 확산속도가 28[m/s]이고 같은 조건에서 기체 A의 확산속도는 14[m/s]이다. 이 기체의 분자량은 얼마인가?

① 8 ② 32 ③ 64 ④ 128

해설

그레이엄의 확산속도법칙 : 확산속도는 분자량의 제곱근에 반비례, 밀도의 제곱근에 반비례한다.

$$\frac{U_B}{U_A} = \sqrt{\frac{M_A}{M_B}} = \sqrt{\frac{d_A}{d_B}}$$

여기서, U_B : 메테인의 확산속도 U_A : A 기체의 확산속도
M_B : 메테인의 분자량 M_A : A 기체의 분자량
d_B : 메테인의 밀도 d_A : A 기체의 밀도

$$\therefore M_A = M_B \times \left(\frac{U_B}{U_A}\right)^2 = 16 \times \left(\frac{28[\text{m/s}]}{14[\text{m/s}]}\right)^2 = 64$$

19 Halon1211과 Halon1301 소화기(약제)에 대한 설명 중 틀린 것은?

① 모두 질식효과, 부촉매효과가 있다.
② 모두 공기보다 무겁다.
③ 증기비중은 Halon1211이 더 크다.
④ 분자량은 Halon1301이 더 크다.

해설

할로젠화합물소화약제의 비교

종 류	할론1211	할론1301
화학식	CF_2ClBr	CF_3Br
분자량	165.4	148.93
증기비중	5.7(165.4/29 = 5.7)	5.13(148.93/29 = 5.13)
액체비중	1.83	1.57
방사거리	4~5[m]	3~4[m]
소화효과	질식, 냉각, 부촉매효과	질식, 냉각, 부촉매효과

20 위험물안전관리법령상 국소방출방식의 이산화탄소소화설비 중 저압식 저장용기에 설치되는 압력경보장치는 어느 압력 범위에서 작동하는 것으로 설치해야 하는가?

① 2.3[MPa] 이상의 압력과 1.9[MPa] 이하의 압력에서 작동하는 것
② 2.5[MPa] 이상의 압력과 2.0[MPa] 이하의 압력에서 작동하는 것
③ 2.7[MPa] 이상의 압력과 2.3[MPa] 이하의 압력에서 작동하는 것
④ 3.0[MPa] 이상의 압력과 2.5[MPa] 이하의 압력에서 작동하는 것

> **해설**
> **이산화탄소소화설비의 저압식 저장용기의 설치 기준(세부기준 제134조)**
> • **저압식 저장용기**에는 **액면계** 및 **압력계**를 설치할 것
> • 저압식 저장용기에는 **2.3[MPa] 이상**의 압력과 **1.9[MPa] 이하**의 압력에서 **작동**하는 **압력경보장치**를 설치할 것
> • 저압식 저장용기에는 용기 내부의 온도를 **-20[℃] 이상 -18[℃] 이하**로 유지할 수 있는 **자동냉동기**를 설치할 것
> • 저압식 저장용기에는 **파괴판**을 설치할 것
> • 저압식 저장용기에는 **방출밸브**를 설치할 것

21 위험물안전관리법령상 차량에 적재할 때 차광성이 있는 피복으로 가려야 하는 위험물이 아닌 것은?

① NaH   ② P_4S_3 ③ $KClO_3$ ④ CH_3CHO

> **해설**
> **운반 시 적재위험물에 따른 조치**
> • **차광성이 있는 것으로 피복**
>   - **제1류 위험물**(염소산칼륨)
>   - **제3류 위험물 중 자연발화성 물질**(수소화나트륨)
>   - **제4류 위험물 중 특수인화물**(아세트알데하이드)
>   - 제5류 위험물
>   - 제6류 위험물
> • **방수성이 있는 것으로 피복**
>   - 제1류 위험물 중 알칼리금속의 과산화물
>   - 제2류 위험물 중 철분·금속분·마그네슘
>   - 제3류 위험물 중 금수성 물질
> • 위험물의 분류
>
> | 종 류 | NaH | P_4S_3 | $KClO_3$ | CH_3CHO |
> |---|---|---|---|---|
> | 명 칭 | 수소화나트륨 | 삼황화인 | 염소산칼륨 | 아세트알데하이드 |
> | 유 별 | 제3류 위험물 | 제2류 위험물 | 제1류 위험물 | 제4류 위험물 |

22 과산화벤조일(벤조일퍼옥사이드)의 화학식을 옳게 나타낸 것은?

① CH_3ONO_2
② $(CH_3COC_2H_5)_2O_2$
③ $(CH_3CO)_2O_2$
④ $(C_6H_5CO)_2O_2$

해설
위험물의 분류

종 류	CH_3ONO_2	$(CH_3COC_2H_5)_2O_2$	$(CH_3CO)_2O_2$	$(C_6H_5CO)_2O_2$
명 칭	질산메틸	과산화메틸에틸케톤	아세틸퍼옥사이드	과산화벤조일

23 알코올류 6,500[L]를 저장하는 옥외탱크저장소에 대하여 저장하는 위험물에 대한 소화설비 소요단위는?

① 2
② 4
③ 16
④ 17

해설
알코올류는 제4류 위험물 알코올류로서 지정수량은 **400[L]**이다.

$$\text{소요단위} = \frac{\text{저장량}}{\text{지정수량} \times 10\text{배}} = \frac{6{,}500[L]}{400[L] \times 10\text{배}} = 1.625 \Rightarrow 2\text{단위}$$

24 정전기의 방전에너지는 $E = CV^2$로 표시한다. 이때 C의 단위는?

① 줄(Joule)
② 다인(Dyne)
③ 패럿(Farad)
④ 볼트(Volt)

해설
정전기 방전에너지

$$E = \frac{1}{2}CV^2 = \frac{1}{2}QV[J]$$

여기서, V : 방전전압[V] C : 정전용량[Farad]
Q : 대전전하량[C]

25 위험물안전관리법령상 용기에 수납하는 위험물에 따라 운반용기 외부에 표시해야 할 주의사항으로 옳지 않은 것은?

① 자연발화성 물질 - 화기엄금 및 공기접촉엄금
② 인화성 액체 - 화기엄금
③ 자기반응성 물질 - 화기엄금 및 충격주의
④ 산화성 액체 - 화기·충격주의 및 가연물접촉주의

> **해설**
> **운반용기의 주의사항**
> - 제1류 위험물
>   - 알칼리금속의 과산화물 : 화기·충격주의, 물기엄금, 가연물접촉주의
>   - 그 밖의 것 : 화기·충격주의, 가연물접촉주의
> - 제2류 위험물
>   - 철분·금속분·마그네슘 : 화기주의, 물기엄금
>   - 인화성 고체 : 화기엄금
>   - 그 밖의 것 : 화기주의
> - 제3류 위험물
>   - **자연발화성 물질 : 화기엄금, 공기접촉엄금**
>   - 금수성 물질 : 물기엄금
> - **제4류 위험물(인화성 액체) : 화기엄금**
> - **제5류 위험물(자기반응성 물질) : 화기엄금, 충격주의**
> - **제6류 위험물(산화성 액체) : 가연물접촉주의**

26 다음 물질 중 증기 비중이 가장 큰 것은?

① 이황화탄소
② 사이안화수소
③ 에탄올
④ 벤젠

> **해설**
> **증기비중**
>
> | 종 류 | 이황화탄소 | 사이안화수소 | 에탄올 | 벤젠 |
> |---|---|---|---|---|
> | 화학식 | CS_2 | HCN | C_2H_5OH | C_6H_6 |
> | 분자량 | 76 | 27 | 46 | 78 |
> | 증기비중 | 2.62 | 0.93 | 1.59 | 2.69 |
>
> - 이황화탄소의 증기비중 = 76/29 = 2.62
> - 사이안화수소의 증기비중 = 27/29 = 0.93
> - 에탄올의 증기비중 = 46/29 = 1.59
> - 벤젠의 증기비중 = 78/29 = 2.69
>
> $$증기비중 = \frac{분자량}{29(공기의\ 평균분자량)}$$

정답 25 ④ 26 ④

27 다음 중 위험물안전관리법상 알코올류가 위험물이 되기 위하여 갖추어야 할 조건이 아닌 것은?

① 한 분자 내에 탄소 원자수가 1개부터 3개까지일 것
② 포화 알코올일 것
③ 수용액일 경우 위험물안전관리법에서 정의한 알코올 함유량이 60[wt%] 이상일 것
④ 2가 이상의 알코올일 것

해설
알코올류의 정의 : 1분자를 구성하는 탄소원자의 수가 1개부터 3개까지인 포화 1가 알코올(변성알코올을 포함한다)을 말한다. 다만, 다음에 해당하는 것은 제외한다.
- 1분자를 구성하는 탄소원자의 수가 1개 내지 3개의 포화 1가 알코올의 함유량이 60[wt%] 미만인 수용액
- 가연성 액체량이 60[wt%] 미만이고 인화점 및 연소점(태그개방식 인화점측정기에 의한 연소점을 말한다)이 에틸알코올 60[wt%] 수용액의 인화점 및 연소점을 초과하는 것

28 위험물 운반용기의 외부에 표시하는 사항이 아닌 것은?

① 위험등급
② 위험물의 제조일자
③ 위험물의 품명
④ 주의사항

해설
운반용기의 외부 표시사항
- 위험물의 품명, 위험등급, 화학명 및 수용성(제4류 위험물의 수용성인 것에 한함)
- 위험물의 수량
- 주의사항

29 주유취급소에 설치해야 하는 "주유 중 엔진 정지" 게시판의 색상을 옳게 나타낸 것은?

① 적색바탕에 백색문자
② 청색바탕에 백색문자
③ 백색바탕에 흑색문자
④ 황색바탕에 흑색문자

해설
표지 및 게시판
- **주유 중 엔진 정지 : 황색바탕에 흑색문자**
- 화기엄금, 화기주의 : 적색바탕에 백색문자
- 물기엄금 : 청색바탕에 백색문자
- 위험물 : 흑색바탕에 황색반사도료

30 질산암모늄의 산소평형(Oxygen Balance) 값은?

① 0.2　　② 0.3　　③ 0.4　　④ 0.5

해설

질산암모늄(NH_4NO_3)의 산소평형(Oxygen Balance)

$N_2H_4O_3 \rightarrow 2H_2O + N_2 + 0.5O_2$

∴ 산소평형(OB) = $\dfrac{0.5 \times 32}{80} = 0.2$

31 금속나트륨이 에탄올과 반응하였을 때 가연성 가스가 발생한다. 이때 발생하는 가스와 동일한 가스가 발생되는 경우는?

① 나트륨이 액체 암모니아와 반응하였을 때
② 나트륨이 산소와 반응하였을 때
③ 나트륨이 사염화탄소와 반응하였을 때
④ 나트륨이 이산화탄소와 반응하였을 때

해설

나트륨의 반응식

- 산소와 반응　　　　$4Na + O_2 \rightarrow 2Na_2O$
- 물과 반응　　　　　$2Na + 2H_2O \rightarrow 2NaOH + H_2 \uparrow$
- 이산화탄소와 반응　$4Na + 3CO_2 \rightarrow 2Na_2CO_3 + C$(연소폭발)
- 사염화탄소와 반응　$4Na + CCl_4 \rightarrow 4NaCl + C$(폭발)
- 염소와 반응　　　　$2Na + Cl_2 \rightarrow 2NaCl$
- **알코올과 반응**　　$2Na + 2C_2H_5OH \rightarrow 2C_2H_5ONa + H_2 \uparrow$
　　　　　　　　　　　　　　　　　　　　　(나트륨에틸레이트)
- **암모니아와 반응**　$2Na + 2NH_3 \rightarrow 2NaNH_2 + H_2 \uparrow$
　　　　　　　　　　　　　　　　　　　(나트륨아미드)

정답　30 ①　31 ①

32 다음 [보기]의 요건을 모두 충족하는 위험물은 어느 것인가?

> • 이 위험물이 속하는 전체 유별은 옥외저장소에 저장할 수 없다(국제해상위험물 규칙에 적합한 용기에 수납하는 경우는 제외한다).
> • 제1류 위험물과 1[m] 이상의 간격을 두면 동일한 옥내저장소에 저장이 가능하다.
> • 위험등급 Ⅰ에 해당한다.

① 황 린   ② 글리세린   ③ 질 산   ④ 질산염류

해설
위험물
- 전체를 옥외저장소에 저장하지 못하는 유별 : 제1류 위험물(질산염류), **제3류 위험물(황린)**
- 제1류 위험물과 1[m] 이상의 간격을 두면 동일한 옥내저장소
  - 제1류 위험물 + 제6류 위험물
  - 제1류 위험물(알칼리금속의 과산화물 제외) + 제5류 위험물
  - **제1류 위험물 + 제3류 위험물(자연발화성 물질, 황린 포함)**
- 위험등급

종 류	황 린	글리세린	질 산	질산염류
위험등급	Ⅰ	Ⅲ	Ⅰ	Ⅰ

33 특정옥외저장탱크 구조기준 중 필렛용접의 사이즈(S[mm])를 구하는 식으로 옳은 것은?(단, t_1 : 얇은 쪽의 강판의 두께[mm], t_2 : 두꺼운 쪽의 강판의 두께[mm]이며, $S \geq 4.5$이다)

① $t_1 \geq S \geq t_2$ ② $t_1 \geq S \geq \sqrt{2t_2}$
③ $\sqrt{2t_1} \geq S \geq t_2$ ④ $t_1 \geq S \geq 2t_2$

해설
필렛용접의 사이즈(부등사이즈가 되는 경우에는 작은 쪽의 사이즈) 공식

$$t_1 \geq S \geq \sqrt{2t_2} \ (단, \ S \geq 4.53)$$

여기서, t_1 : 얇은 쪽의 강판의 두께[mm] t_2 : 두꺼운 쪽의 강판의 두께[mm]
S : 사이즈[mm]

34 스프링클러설비의 기준에서 쌍구형의 송수구에 대한 설명 중 틀린 것은?

① 송수구의 결합금속구는 탈착식 또는 나사식으로 한다.
② 송수구에는 그 직근의 보기 쉬운 장소에 송수용량 및 송수 시간을 함께 표시해야 한다.
③ 소방펌프자동차가 용이하게 접근할 수 있는 위치에 설치한다.
④ 송수구의 결합금속구는 지면으로부터 0.5[m] 이상 1[m] 이하 높이의 송수에 지장이 없는 위치에 설치한다.

해설
송수구의 설치 기준
- 전용으로 할 것
- 송수구의 결합금속구는 탈착식 또는 나사식으로 하고 내경을 63.5[mm] 내지 66.5[mm]로 할 것
- 송수구의 결합금속구는 지면으로부터 0.5[m] 이상 1[m] 이하의 높이의 송수에 지장이 없는 위치에 설치할 것
- 송수구는 해당 스프링클러설비의 가압송수장치로부터 유수검지장치·압력검지장치 또는 일제개방형밸브·수동식개방밸브까지의 배관에 전용의 배관으로 접속할 것
- 송수구에는 그 직근의 보기 쉬운 장소에 "스프링클러용 송수구"라고 표시하고 그 송수압력범위를 함께 표시할 것

35 메테인 50[%], 에테인 30[%], 프로페인 20[%]의 부피비로 혼합된 가스의 공기 중 폭발하한계 값은? (단, 메테인, 에테인, 프로페인의 폭발하한계는 각각 5[%], 3[%], 2[%]이다)

① 약 1.1[%]
② 약 3.3[%]
③ 약 5.5[%]
④ 약 7.7[%]

해설
혼합가스의 폭발한계

$$L_m = \frac{100}{\dfrac{V_1}{L_1} + \dfrac{V_2}{L_2} + \dfrac{V_3}{L_3} + \cdots}$$

여기서, L_m : 혼합가스의 폭발한계(하한값, 상한값의 [vol%])
V_1, V_2, V_3, $\cdots$: 가연성 가스의 용량[vol%]
L_1, L_2, L_3, $\cdots$: 가연성 가스의 하한값 또는 상한값[vol%]

$$\therefore L_m(하한값) = \frac{100}{\dfrac{V_1}{L_1} + \dfrac{V_2}{L_2} + \dfrac{V_3}{L_3}} = \frac{100}{\dfrac{50}{5} + \dfrac{30}{3} + \dfrac{20}{2}} = 3.33[\%]$$

36 실험식 C₃H₅N₃O₉에 해당하는 물질은?

① 트라이나이트로페놀　　　　　② 벤조일퍼옥사이드
③ 트라이나이트로톨루엔　　　　④ 나이트로글리세린

해설
화학식

종 류	트라이나이트로페놀	벤조일퍼옥사이드	트라이나이트로톨루엔	나이트로글리세린
화학식	$C_6H_2OH(NO_2)_3$	$(C_6H_5CO)_2O_2$	$C_6H_2CH_3(NO_2)_3$	$C_3H_5(ONO_2)_3$
실험식	$C_6H_3N_3O_7$	$C_{14}H_{10}O_4$	$C_7H_5N_3O_6$	$C_3H_5N_3O_9$

37 다이에틸에터의 공기 중 위험도(H) 값에 가장 가까운 것은?

① 2.7　　　② 8.6　　　③ 15.2　　　④ 27.2

해설
위험도(Degree of Hazards)

$$위험도 \ H = \frac{U-L}{L}$$

여기서, U : 폭발상한계　　　　　　L : 폭발하한계
- 다이에틸에터의 연소범위 : 1.7 ~ 48[%]
- $H = \dfrac{U-L}{L} = \dfrac{48-1.7}{1.7} = 27.24$

38 위험물안전관리법령에서 정한 위험물안전관리자의 책무가 아닌 것은?

① 화재 등의 재난이 발생한 경우 응급조치 및 소방관서 등에 대한 연락 업무
② 화재 등의 재해의 방지에 관하여 인접하는 제조소 등과 그 밖의 관련되는 시설의 관계자와 협조체제 유지
③ 위험물의 취급에 관한 일지의 작성·기록
④ 안전관리대행기관에 대하여 필요한 지도·감독

해설

위험물 안전관리자의 책무(시행규칙 제55조)
- 위험물의 취급작업에 참여하여 해당 작업이 저장 또는 취급에 관한 기술기준과 예방규정에 적합하도록 해당 작업자(해당 작업에 참여하는 위험물취급자격자를 포함한다)에 대하여 지시 및 감독하는 업무
- 화재 등의 재난이 발생한 경우 응급조치 및 소방관서 등에 대한 연락 업무
- 위험물시설의 안전을 담당하는 자를 따로 두는 제조소 등의 경우에는 그 담당자에게 다음의 규정에 의한 업무의 지시, 그 밖의 제조소 등의 경우에는 다음의 규정에 의한 업무
  - 제조소 등의 위치·구조 및 설비를 기술기준에 적합하도록 유지하기 위한 점검과 점검상황의 기록·보존
  - 제조소 등의 구조 또는 설비의 이상을 발견한 경우 관계자에 대한 연락 및 응급조치
  - 화재가 발생하거나 화재발생의 위험성이 현저한 경우 소방관서 등에 대한 연락 및 응급조치
  - 제조소 등의 계측장치·제어장치 및 안전장치 등의 적정한 유지·관리
  - 제조소 등의 위치·구조 및 설비에 관한 설계도서 등의 정비·보존 및 제조소 등의 구조 및 설비의 안전에 관한 사무의 관리
- 화재 등의 재해의 방지와 응급조치에 관하여 인접하는 제조소 등과 그 밖의 관련되는 시설의 관계자와 협조체제의 유지
- 위험물의 취급에 관한 일지의 작성·기록

39 "알킬알루미늄 등"을 저장 또는 취급하는 이동탱크저장소에 관한 기준으로 옳은 것은?

① 탱크 외면은 적색으로 도장을 하고 백색문자로 동판의 양 측면 및 경판에 "화기주의" 또는 "물기주의"라는 주의사항을 표시한다.
② 20[kPa] 이하의 압력으로 불활성의 기체를 봉입해 두어야 한다.
③ 이동저장탱크의 맨홀 및 주입구의 뚜껑은 10[mm] 이상의 강판으로 제작하고 용량은 2,000[L] 미만이어야 한다.
④ 이동저장탱크는 두께 5[mm] 이상의 강판으로 제작하고 3[MPa] 이상의 압력으로 5분간 실시하는 수압시험에서 새거나 변형되지 않아야 한다.

해설

알킬알루미늄 등을 저장 또는 취급하는 이동탱크저장소에 관한 기준(시행규칙 별표 10, 별표 18 참조)
- 이동저장탱크 외면은 적색으로 도장을 하고 백색문자로 동판의 양 측면 및 경판에 "물기엄금"이라는 주의사항을 표시한다.
- 이동저장탱크에 알킬알루미늄 등을 **저장하는 경우에는 20[kPa] 이하의 압력으로 불활성의 기체를 봉입**하여 둘 것
- 알킬알루미늄 등의 이동저장탱크에 있어서는 이동저장탱크로부터 알킬알루미늄 등을 꺼낼 때에는 동시에 200[kPa] 이하의 압력으로 불활성의 기체를 봉입할 것
- 이동저장탱크의 맨홀 및 주입구의 뚜껑은 두께 10[mm] 이상의 강판으로 제작하고 용량은 1,900[L] 미만일 것
- 이동저장탱크는 두께 10[mm] 이상의 강판으로 제작하고 1[MPa] 이상의 압력으로 10분간 실시하는 수압시험에서 새거나 변형하지 않는 것일 것

40 위험물안전관리법령에 따른 위험물의 저장·취급에 관한 설명으로 옳은 것은?

① 군부대가 군사목적으로 지정수량 이상의 위험물을 제조소 등이 아닌 장소에서 저장·취급하는 경우는 90일 이내의 기간 동안 임시로 저장·취급할 수 있다.
② 옥외저장소에서 위험물과 위험물이 아닌 물품을 함께 저장하는 경우는 물품 간 별도의 이격거리 기준이 없다.
③ 유별을 달리하는 위험물을 동일한 장소에 저장할 수 없는 것이 원칙이지만 옥내저장소에 제1류 위험물과 황린을 상호 1[m] 이상의 간격을 유지하여 저장하는 것은 가능하다.
④ 옥내저장소에 제4류 위험물 중 제3석유류 및 제4석유류를 수납하는 용기만을 겹쳐 쌓는 경우에는 6[m]를 초과하지 않아야 한다.

해설
위험물의 저장·취급 기준
- 군부대가 지정수량 이상의 위험물을 군사목적으로 임시로 저장 또는 취급하는 경우에는 제조소 등이 아닌 장소에서 위험물을 취급할 수 있다.
- 옥외저장소에서 위험물과 위험물이 아닌 물품을 함께 저장하는 경우에는 위험물과 위험물이 아닌 물품은 각각 모아서 저장하고 상호 간에는 1[m] 이상의 간격을 두어야 한다.
- 유별을 달리하는 위험물을 동일한 장소에 저장할 수 없는 것이 원칙이지만 옥내저장소에 제1류 위험물과 황린을 상호 1[m] 이상의 간격을 유지하여 저장하는 것은 가능하다(시행규칙 별표 18의 Ⅲ 저장의 기준 참조).
- 옥내저장소에 제4류 위험물 중 제3석유류 및 제4석유류를 수납하는 용기만을 겹쳐 쌓는 경우에는 4[m]를 초과하지 않아야 한다.

41 위험물안전관리법령상 위험물제조소 등의 완공검사 신청시기로 틀린 것은?

① 지하탱크가 있는 제조소 등의 경우 : 해당 지하탱크를 매설하기 전
② 이동탱크저장소 : 이동저장탱크를 완공하고 상치장소를 확보하기 전
③ 간이탱크저장소 : 공사를 완료한 후
④ 옥외탱크저장소 : 공사를 완료한 후

해설
제조소 등의 완공검사 신청시기(시행규칙 제20조)
① 지하탱크가 있는 제조소 등의 경우 : 해당 지하탱크를 매설하기 전
② **이동탱크저장소의 경우 : 이동저장탱크를 완공하고 상시설치장소(상치장소)를 확보한 후**
③ 이송취급소의 경우 : 이송배관 공사의 전체 또는 일부를 완료한 후. 다만, 지하·하천 등에 매설하는 이송배관의 공사의 경우에는 이송배관을 매설하기 전
④ 전체 공사가 완료된 후에는 완공검사를 실시하기 곤란한 경우 : 다음에서 정하는 시기
  ㉠ 위험물설비 또는 배관의 설치가 완료되어 기밀시험 또는 내압시험을 실시하는 시기
  ㉡ 배관을 지하에 설치하는 경우에는 시·도지사, 소방서장 또는 기술원이 지정하는 부분을 매몰하기 직전
  ㉢ 기술원이 지정하는 부분의 비파괴시험을 실시하는 시기
⑤ ① 내지 ④에 해당하지 않는 제조소 등의 경우 : 제조소 등의 공사를 완료한 후

42 3.65[kg]의 염화수소 중에는 HCl 분자가 몇 개 있는가?

① 6.02×10^{23} ② 6.02×10^{24}
③ 6.02×10^{25} ④ 6.02×10^{26}

해설
염산 1[g-mol](36.5[g])이 가지고 있는 분자는 6.0238×10^{23}이므로
3,650[g] / 36.5 = 100[g-mol]이므로
$100 \times 6.0238 \times 10^{23} = 6.02 \times 10^{25}$

43 제2류 위험물로 금속이 덩어리 상태일 때보다 가루 상태일 때 연소위험성이 증가하는 이유가 아닌 것은?

① 유동성의 증가   ② 비열의 증가
③ 정전기 발생 위험성 증가   ④ 표면적의 증가

해설
금속이 가루 상태일 때 위험한 이유
- 유동성 증가
- 정전기 발생 위험성 증가
- 비열 감소
- 표면적 증가

44 어떤 액체연료의 질량조성이 C : 75[%], H : 25[%]일 때 C : H의 mole비는?

① 1 : 3   ② 1 : 4   ③ 4 : 1   ④ 3 : 1

해설
C : H의 mole비
75/12 : 25/1 = 6.25 : 25 = 1 : 4

45 과염소산의 취급·저장 시 주의사항으로 틀린 것은?

① 가열하면 폭발의 위험이 있으므로 주의한다.
② 종이, 나무조각 등과 접촉을 피해야 한다.
③ 구멍이 뚫린 코르크 마개를 사용하여 통풍이 잘되는 곳에 저장한다.
④ 물과 접촉하면 심하게 반응하므로 접촉을 금지한다.

해설
과염소산은 밀봉용기에 저장해야 한다.

과산화수소 : 구멍이 뚫린 마개 사용

정답 42 ③ 43 ② 44 ② 45 ③

46 위험물안전관리자 1인을 중복하여 선임할 수 있는 경우가 아닌 것은?

① 동일구내에 있는 15개의 옥내저장소를 동일인이 설치한 경우
② 보일러·버너로 위험물을 소비하는 장치로 이루어진 6개의 일반취급소와 그 일반취급소에 공급하기 위한 위험물을 저장하는 저장소(일반취급소 및 저장소가 모두 동일구내에 있는 경우에 한한다)를 동일인이 설치한 경우
③ 3개의 제조소(위험물 최대수량 : 지정수량 500배)와 1개의 일반취급소(위험물 최대수량 : 지정수량 1,000배)가 동일구내에 위치하고 있으며 동일인이 설치한 경우
④ 위험물을 차량에 고정된 탱크 또는 운반용기에 옮겨 담기 위한 3개의 일반취급소와 그 일반취급소에 공급하기 위한 위험물을 저장하는 저장소를 동일인이 설치하고 일반취급소간의 거리가 300[m] 이내인 경우

해설

위험물안전관리자 1인이 중복 선임할 수 있는 저장소 등
- **10개 이하의 옥내저장소**
- 30개 이하의 옥외탱크저장소
- 옥내탱크저장소
- 지하탱크저장소
- 간이탱크저장소
- 10개 이하의 옥외저장소
- 10개 이하의 암반탱크저장소

47 위험물제조소의 바닥면적이 60[m²] 이상 90[m²] 미만일 때 급기구의 면적은 몇 [cm²] 이상이어야 하는가?

① 150　　② 300　　③ 450　　④ 600

해설

제조소의 환기설비(시행규칙 별표 4) : 제조소의 환기설비 급기구는 해당 급기구가 설치된 실의 바닥면적 150[m²]마다 1개 이상으로 하되 급기구의 크기는 800[cm²] 이상으로 할 것. 다만, 바닥면적 150[m²] 미만인 경우에는 다음의 크기로 할 것

바닥면적	급기구의 면적
60[m²] 미만	150[cm²] 이상
60[m²] 이상 90[m²] 미만	300[cm²] 이상
90[m²] 이상 120[m²] 미만	450[cm²] 이상
120[m²] 이상 150[m²] 미만	600[cm²] 이상

48. 50[%]의 N₂와 50[%]의 Ar으로 구성된 소화약제는?

① HFC-125 ② IG-541 ③ HFC-23 ④ IG-55

해설

할로젠화합물 및 불활성기체소화약제의 종류(소방)

소화약제	화학식
퍼플루오로뷰테인(이하 "FC-3-1-10"이라 한다)	C_4F_{10}
하이드로클로로플루오로카본혼화제(이하 "HCFC BLEND A"라 한다)	• HCFC-123($CHCl_2CF_3$) : 4.75[%] • HCFC-22($CHClF_2$) : 82[%] • HCFC-124($CHClFCF_3$) : 9.5[%] • $C_{10}H_{16}$: 3.75[%]
클로로테트라플루오로에테인(이하 "HCFC-124"라 한다)	$CHClFCF_3$
펜타플루오로에테인(이하 "HFC-125"라 한다)	CHF_2CF_3
헵타플루오로**프로페인**(이하 "HFC-227ea"라 한다)	CF_3CHFCF_3
트라이플루오로**메테인**(이하 "HFC-23"이라 한다)	CHF_3
헥사플루오로프로페인(이하 "HFC-236fa"이라 한다)	$CF_3CH_2CF_3$
트라이플루오로아이오다이드(이하 "FIC-13I1"이라 한다)	CF_3I
불연성·불활성기체혼합가스(이하 "IG-01"이라 한다)	Ar
불연성·불활성기체혼합가스(이하 "IG-100"이라 한다)	N_2
불연성·불활성기체혼합가스(이하 "IG-541"이라 한다)	N_2 : 52[%], Ar : 40[%], CO_2 : 8[%]
불연성·불활성기체혼합가스(이하 "IG-55"라 한다)	N_2 : 50[%], Ar : 50[%]
도데카플루오로-2-메틸펜테인-3-원(이하 "FK-5-1-12"라 한다)	$CF_3CF_2C(O)CF(CF_3)_2$

49. 옥외저장소에 선반을 설치하는 경우에 선반의 높이는 몇 [m]를 초과하지 않아야 하는가?

① 3 ② 4 ③ 5 ④ 6

해설

옥외저장소에 **선반**을 설치하는 경우에 선반의 높이는 **6[m]**를 초과하지 않아야 한다.

50 그림과 같은 위험물 옥외탱크저장소를 설치하고자 한다. 톨루엔을 저장하고자 할 때 허가할 수 있는 최대수량은 지정수량의 약 몇 배인가?(단, $r = 5[m]$, $l = 10[m]$이다)

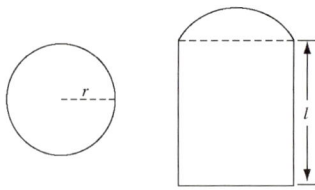

① 2 ② 4 ③ 1,963 ④ 3,930

해설

지정수량의 배수

• 탱크의 용량

$$내용적(V) = \pi r^2 l$$

∴ 내용적$(V) = \pi r^2 l = \pi \times (5[m])^2 \times 10[m] = 785.398[m^3] = 785,398[L]$

• 지정수량의 배수
 이 문제는 공간용적이 없으므로 내용적을 탱크의 용량으로 보면 된다.

$$톨루엔의\ 지정수량 : 200[L](제1석유류,\ 비수용성)$$

∴ 지정배수의 수량 $= \dfrac{785,398[L]}{200[L]} = 3,927$배

※ 실제 현장에서는 3,927배(탱크 전체에 가득찬 상태)인데 3,930배는 허가해주지 않는다.

51 공기의 성분이 다음 [표]와 같을 때 공기의 평균 분자량을 구하면 얼마인가?

성 분	분자량	부피함량[%]
질 소	28	78
산 소	32	21
아르곤	40	1

① 28.84 ② 28.96 ③ 29.12 ④ 29.44

해설

공기의 평균분자량 = (28 × 0.78) + (32 × 0.21) + (40 × 0.01) = 28.96

52 다음 중 스프링클러헤드의 설치 기준으로 틀린 것은?

① 개방형 스프링클러헤드는 헤드 반사판으로부터 수평방향으로 0.3[m]의 공간을 보유해야 한다.
② 폐쇄형 스프링클러헤드의 반사판과 헤드의 부착면과의 거리는 30[cm] 이하로 한다.
③ 폐쇄형 스프링클러헤드 부착장소의 평상시 최고주위온도가 28[℃] 미만인 경우 58[℃] 미만의 표시온도를 갖는 헤드를 사용한다.
④ 개구부에 설치하는 폐쇄형 스프링클러헤드는 해당 개구부의 상단으로부터 높이 30[cm] 이내의 벽면에 설치한다.

해설
스프링클러설비의 기준(세부기준 제131조)

① 개방형 스프링클러헤드는 방호대상물의 모든 표면이 헤드의 유효사정 내에 있도록 설치하고, 다음에 정한 것에 의하여 설치할 것
  ㉠ 스프링클러헤드의 반사판으로부터 하방으로 0.45[m], 수평방향으로 **0.3[m]의 공간**을 보유할 것
  ㉡ 스프링클러헤드는 헤드의 축심이 해당 헤드의 부착면에 대하여 직각이 되도록 설치할 것

② **폐쇄형 스프링클러헤드의 설치**
  ㉠ 스프링클러헤드는 ①의 ㉠, ㉡ 규정에 의할 것
  ㉡ 스프링클러헤드의 반사판과 해당 헤드의 부착면과의 거리는 **0.3[m] 이하**일 것
  ㉢ 스프링클러헤드는 해당 헤드의 부착면으로부터 0.4[m] 이상 돌출한 보 등에 의하여 구획된 부분마다 설치할 것. 다만, 해당 보 등의 상호 간의 거리(보 등의 중심선을 기산점으로 한다)가 1.8[m] 이하인 경우에는 그렇지 않다.
  ㉣ 급배기용 덕트 등의 긴 변의 길이가 1.2[m]를 초과하는 것이 있는 경우에는 해당 덕트 등의 아랫면에도 스프링클러헤드를 설치할 것
  ㉤ 스프링클러헤드의 부착위치
    • 가연성 물질을 수납하는 부분에 스프링클러헤드를 설치하는 경우에는 해당 헤드의 반사판으로부터 하방으로 0.9[m], 수평방향으로 0.4[m]의 공간을 보유할 것
    • 개구부에 설치하는 스프링클러헤드는 해당 개구부의 상단으로부터 높이 **0.15[m] 이내**의 벽면에 설치할 것
  ㉥ 건식 또는 준비작동식의 유수검지장치의 2차 측에 설치하는 스프링클러헤드는 상향식 스프링클러헤드로 할 것. 다만, 동결할 우려가 없는 장소에 설치하는 경우는 그렇지 않다.
  ㉦ 스프링클러헤드는 그 부착장소의 평상시의 최고주위온도에 따라 다음 표에 정한 표시온도를 갖는 것을 설치할 것

부착장소의 최고주위온도(단위 [℃])	표시온도(단위 [℃])
28 미만	58 미만
28 이상 39 미만	58 이상 79 미만
39 이상 64 미만	79 이상 121 미만
64 이상 106 미만	121 이상 162 미만
106 이상	162 이상

정답 52 ④

53 다음 중 인화점이 가장 낮은 것은?

① 아세톤 ② 벤젠
③ 톨루엔 ④ 염화아세틸

해설
제4류 위험물의 인화점

종 류	아세톤	벤 젠	톨루엔	염화아세틸
화학식	CH_3COCH_3	C_6H_6	$C_6H_5CH_3$	CH_3COCl
품 명	제1석유류(수)	제1석유류(비)	제1석유류(비)	제1석유류(비)
인화점	-18.5[℃]	-11[℃]	4[℃]	5[℃]

54 다음 중 잔토프로테인 반응을 하는 물질은?

① H_2O_2 ② HNO_3
③ $HClO_4$ ④ $NH_4H_2PO_4$

해설
잔토프로테인 반응: 단백질 검출반응의 하나로서 아미노산 또는 단백질에 진한 질산(HNO_3)을 가하여 가열하면 황색이 되고, 냉각하여 염기성으로 되게 하면 등황색을 띤다.

55 어떤 회사의 매출액이 80,000원, 고정비가 15,000원, 변동비가 40,000원일 때 손익분기점 매출액은 얼마인가?

① 25,000원 ② 30,000원
③ 40,000원 ④ 55,000원

해설
손익분기점 매출액

$$손익분기점\ 매출액 = \frac{고정비 \times 매출액}{변동비} = \frac{15,000원 \times 80,000원}{40,000원} = 30,000원$$

56 계수 규준형 샘플링 검사의 OC곡선에서 좋은 로트를 합격시키는 확률을 뜻하는 것은?(단, α는 제1종 과오, β는 제2종 과오이다)

① α ② β ③ $1-\alpha$ ④ $1-\beta$

해설
확 률
- 제1종 과오(생산자위험확률) : 실제는 진실인데 거짓으로 판단되는 과오(시료가 불량하기 때문에 그 로트가 불합격되는 확률)로서 α로 표시한다.
- 제2종 과오(소비자위험확률) : 실제는 거짓인데 진실로 판단되는 과오(불합격되어야 할 로트가 합격되는 확률)로서 β로 표시한다.
∴ 좋은 Lot가 합격되는 확률은 전체에서 불합격되어야 할 Lot가 불합격된 확률(α)을 뺀 나머지 부분이 된다.

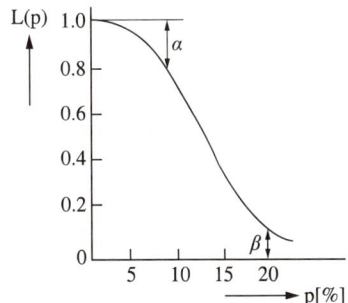

57 어떤 작업을 수행하는 데 작업소요시간이 빠른 경우 5시간, 보통이면 8시간, 늦으면 12시간 걸린다고 예측되었다면 3점 견적법에 의한 기대시간치와 분산을 계산하면 약 얼마인가?

① $t_e = 8.0$, $\sigma^2 = 1.17$
② $t_e = 8.2$, $\sigma^2 = 1.36$
③ $t_e = 8.3$, $\sigma^2 = 1.17$
④ $t_e = 8.0$, $\sigma^2 = 1.36$

해설
활동시간의 추정
- 기대시간치

$$기대시간치(t_e) = \frac{t_o + 4t_m + t_p}{6}$$

여기서, t_o : 낙관시간치 t_m : 정상시간치 t_p : 비관시간치
- 낙관시간치(t_o) : 평상상태보다 잘 진행될 때 그 활동을 완성하는 데 필요한 최소시간
- 정상시간치(t_m) : 활동을 완성하는 데 필요기간 중의 최량 추정시간
- 비관시간치(t_p) : 천재지변이나 화재 등 예측하지 못했던 사고는 별도로 하고 원하는 대로 되지 않았을 경우 활동을 완성시키는 데 소요되는 최장시간

∴ 기대시간치 $t_e = \frac{t_o + 4t_m + t_p}{6} = \frac{5 + (4 \times 8) + 12}{6} = 8.17 ≒ 8.2$

- 분 산

$$분산(\sigma^2) = \left(\frac{t_p - t_o}{6}\right)^2$$

∴ 분산$(\sigma^2) = \left(\frac{t_p - t_o}{6}\right)^2 = \left(\frac{12-5}{6}\right)^2 = 1.36$

58 다음 중 실패코스트에 해당되지 않는 것은?

① 실패코스트는 일정수준의 품질이 미달되어 야기되는 손실로 소요되는 비용이다.
② 실패코스트는 내부실패코스트와 외부실패코스트가 있다.
③ 외부실패코스트는 제품을 생산하여 판매를 한 후 발생하는 손실로서 반품, 클레임이 있다.
④ 수입검사, 공정검사, 완성검사 등 품질에 관한 시험을 평가하여 실패하는 데 드는 비용이다.

해설
평가코스트 : 수입검사, 공정검사, 완성검사, 품질검사 등 품질에 관한 시험을 평가하는 데 소요되는 비용이다.

59 도수분포표에서 도수가 최대인 계급의 대푯값을 정확히 표현한 통계량은?

① 중위수
② 시료평균
③ 최빈수
④ 미드-레인지(Mid Range)

해설
최빈수 : 도수분포표에서 도수가 최대인 계급의 대푯값

60 표준시간 설정 시 미리 정해진 표를 활용하여 작업자의 동작에 대해 시간을 산정하는 시간연구법에 해당되는 것은?

① PTS법
② 스톱워치법
③ 워크샘플링법
④ 실적자료법

해설
PTS(Predetermined Time Standards)법
• 표준시간 설정 시 미리 정해진 표를 활용하여 작업자의 동작에 대해 시간을 산정하는 시간연구법
• 모든 작업을 기본동작으로 분해하고 각 기본동작에 대하여 성질과 조건에 따라 미리 정해 놓은 시간치를 적용하여 정미시간을 산정하는 방법

2020년 4월 5일 시행
과년도 기출복원문제

01 제1류 위험물의 성질과 가연성 여부가 맞게 짝지어진 것은?
① 산화력 - 불연성
② 환원력 - 불연성
③ 산화력 - 가연성
④ 환원력 - 가연성

해설
제1류 위험물은 **산화성 고체**로서 **산화력**을 가지며 **불연성**이다.

02 제5류 위험물 중 하이드라진 유도체와 나이트로글리세린의 지정수량의 합계는?
① 60[kg]
② 110[kg]
③ 210[kg]
④ 310[kg]

해설
제5류 위험물의 지정수량

항 목 \ 종 류	하이드라진 유도체	나이트로글리세린
품 명	하이드라진 유도체	질산에스터류
지정수량	100[kg]	10[kg]

∴ 두 물질의 지정수량의 합계 : 100[kg] + 10[kg] = 110[kg]

하이드라진[N_2H_4, 제2석유류(수용성)]의 지정수량 : 2,000[L]

03 어떤 기체의 확산속도가 SO_2의 2배일 때 이 기체의 분자량은 얼마인가?
① 16
② 21
③ 28
④ 32

해설
그레이엄의 확산속도법칙 : 확산속도는 분자량의 제곱근에 반비례한다.

$$\frac{U_B}{U_A} = \sqrt{\frac{M_A}{M_B}}$$

여기서, U_B : SO_2의 확산속도 U_A : 어떤 기체의 확산속도
M_B : SO_2의 분자량 M_A : 어떤 기체의 분자량

∴ $M_A = M_B \times \left(\frac{U_B}{U_A}\right)^2 = 64 \times \left(\frac{1}{2}\right)^2 = 16$

정답 01 ① 02 ② 03 ①

04 황린(P_4)이 공기 중에서 발화했을 때 생성된 화합물은?

① P_2O_5 ② P_2O_3 ③ P_5O_2 ④ P_3O_2

해설
황린의 연소반응식
$P_4 + 5O_2 \rightarrow 2P_2O_5$(오산화인)

05 이동탱크저장소에서 금속을 사용해서는 안 되는 제한금속이 있다. 이 제한된 금속이 아닌 것은?

① 은(Ag) ② 수은(Hg) ③ 구리(Cu) ④ 철(Fe)

해설
이동저장탱크 및 그 설비는 **은(Ag), 수은(Hg), 동(Cu), 마그네슘(Mg)** 또는 이들을 성분으로 하는 합금으로 사용해서는 안 된다.

06 다음 탱크의 공간용적을 $\dfrac{7}{100}$로 할 경우 아래 그림에 나타낸 타원형 위험물 저장탱크의 용량은 얼마인가?

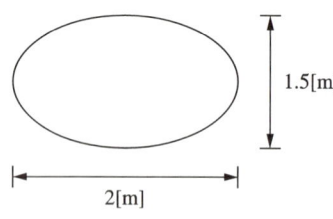 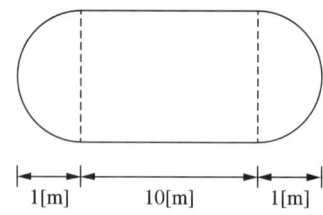

① $20.5[m^3]$ ② $21.7[m^3]$
③ $23.4[m^3]$ ④ $25.1[m^3]$

해설
저장탱크의 용량 = 내용적 − 공간용적(7[%])

- 탱크의 내용적 = $\dfrac{\pi ab}{4}\left(l + \dfrac{l_1 + l_2}{3}\right) = \dfrac{\pi \times 2 \times 1.5}{4}\left(10 + \dfrac{1+1}{3}\right) = 25.13[m^3]$
- 저장탱크의 용량 = $25.13 - (25.13 \times 0.07) = 23.37[m^3]$

07 다음 중 물과 접촉해도 위험하지 않은 물질은?

① 과산화나트륨 ② 과염소산나트륨
③ 마그네슘 ④ 알킬알루미늄

해설
물과 접촉
- 과산화나트륨 : $2Na_2O_2 + 2H_2O \rightarrow 4NaOH + O_2\uparrow + 발열$
- 과염소산나트륨 : 물에 녹는다.
- 마그네슘 : $Mg + 2H_2O \rightarrow Mg(OH)_2 + H_2\uparrow$
- 알킬알루미늄
  - 트라이에틸알루미늄 : $(C_2H_5)_3Al + 3H_2O \rightarrow Al(OH)_3 + 3C_2H_6\uparrow$
  - 트라이메틸알루미늄 : $(CH_3)_3Al + 3H_2O \rightarrow Al(OH)_3 + 3CH_4\uparrow$

08 다음 분말소화기의 소화약제에 속하는 것은?

① Na_2CO_3 ② $NaHCO_3$ ③ $NaNO_3$ ④ K_2CO_3

해설
분말소화약제의 종류

종류	주성분	적응 화재	착색(분말의 색)
제1종 분말	$NaHCO_3$(중탄산나트륨, 탄산수소나트륨)	B, C급	백 색
제2종 분말	$KHCO_3$(중탄산칼륨, 탄산수소칼륨)	B, C급	담회색
제3종 분말	$NH_4H_2PO_4$(인산암모늄, 제일인산암모늄)	A, B, C급	담홍색
제4종 분말	$KHCO_3 + (NH_2)_2CO$(요소)	B, C급	회 색

09 다음 위험물 지정수량이 제일 적은 것은?

① 철 분 ② 황 린 ③ 황화인 ④ 적 린

해설
위험물의 지정수량

종류	철 분	황 린	황화인	적 린
지정수량	500[kg]	20[kg]	100[kg]	100[kg]

정답 07 ② 08 ② 09 ②

10 자연발화(自然發火)의 조건(條件)으로 적합하지 않은 것은?

① 발열량이 클 때
② 열전도율이 작을 때
③ 저장소 등의 주위온도가 높을 때
④ 열의 축적이 작을 때

> **해설**
> **자연발화의 조건**
> • 주위의 온도가 높을 것
> • 발열량이 클 것
> • 열의 축적이 클 때
> • 열전도율이 작을 것
> • 표면적이 넓을 것

11 하이드록시기(-OH)를 갖는 물질 중 액성이 산성인 것은?

① NaOH ② CH_3OH ③ C_6H_5OH ④ NH_4OH

> **해설**
> **페놀(C_6H_5OH)** 은 특유의 냄새를 가진 무색의 결정으로 물에 조금 녹아 **약산성**이다.

12 초산에스터류의 탄소수가 증가함에 따른 공통된 특징으로 옳은 것은?

① 비점이 낮아진다.
② 연소범위가 증가한다.
③ 수용성이 감소한다.
④ 착화점이 증가한다.

> **해설**
> **분자량이 증가할수록 나타나는 현상**
> • 인화점, 증기비중, **비점**, 점도가 **커진다**.
> • **착화점**, **수용성**, 휘발성, **연소범위**, 비중이 **감소한다**.
> • 이성질체가 많아진다.

13 다음 금속탄화물이 물과 반응할 때 메테인 가스와 수소가스를 발생하는 것은?

① Li_2C_2 ② Mn_3C ③ K_2C_2 ④ MgC_2

> **해설**
> **기타 금속탄화물**
> • 물과 반응 시 아세틸렌(C_2H_2) 가스를 발생하는 물질 : Li_2C_2, Na_2C_2, K_2C_2, MgC_2, CaC_2
> • 물과 반응 시 메테인 가스를 발생하는 물질 : Be_2C, Al_4C_3
> • 물과 반응 시 메테인과 수소가스를 발생하는 물질 : Mn_3C
>
> [물과 반응식]
> - $MgC_2 + 2H_2O \rightarrow Mg(OH)_2 + C_2H_2 \uparrow$
> - $Be_2C + 4H_2O \rightarrow 2Be(OH)_2 + CH_4 \uparrow$
> - $Mn_3C + 6H_2O \rightarrow 3Mn(OH)_2 + CH_4 \uparrow + H_2 \uparrow$

정답 10 ④ 11 ③ 12 ③ 13 ②

14 제1종 판매 취급소의 배합실에 대한 설치 기준으로 맞지 않는 것은?

① 바닥면적은 6[m²] 이상 15[m²] 이하로 할 것
② 출입구에 자동폐쇄식의 30분 방화문을 설치할 것
③ 출입구는 바닥으로부터 0.1[m] 이상의 턱을 설치할 것
④ 내화구조로 된 벽으로 구획할 것

해설
위험물 배합실의 기준(시행규칙 별표 14)
- **바닥면적은 6[m²] 이상 15[m²] 이하**일 것
- **내화구조** 또는 **불연재료**로 된 **벽으로 구획**할 것
- 바닥은 위험물이 침투하지 않는 구조로 하여 적당한 경사를 두고 집유설비를 할 것
- **출입구**에는 수시로 열 수 있는 자동폐쇄식의 **60분+ 방화문** 또는 **60분 방화문**을 설치할 것
- **출입구 문턱의 높이**는 바닥면으로부터 **0.1[m] 이상**으로 할 것
- 내부에 체류한 가연성의 증기 또는 가연성의 미분을 지붕 위로 방출하는 설비를 할 것

---

15 주유취급소에 설치해야 하는 "주유 중 엔진 정지"의 게시판의 색깔은?

① 적색바탕에 백색문자
② 청색바탕에 백색문자
③ 백색바탕에 흑색문자
④ 황색바탕에 흑색문자

해설
표지 및 게시판
- **주유 중 엔진 정지 : 황색바탕에 흑색문자**
- 화기엄금, 화기주의 : 적색바탕에 백색문자
- 물기엄금 : 청색바탕에 백색문자
- 위험물 : 흑색바탕에 황색반사도료

---

16 옥외탱크저장소에서 펌프실 외의 장소에 설치하는 펌프설비 주위 바닥은 콘크리트 기타 불침윤 재료로 경사지게 하고 주변의 턱 높이를 몇 [m] 이상으로 해야 하는가?

① 0.15[m] ② 0.20[m] ③ 0.25[m] ④ 0.30[m]

해설
펌프실 외의 장소에 설치하는 펌프설비에는 그 직하의 지반면의 주위에 높이 **0.15[m] 이상**의 턱을 만들고 해당 지반면은 콘크리트 등 위험물이 스며들지 않는 재료로 적당히 경사지게 하여 그 최저부에는 집유설비를 할 것. 이 경우 제4류 위험물(온도 20[℃]의 물 100[g]에 용해되는 양이 1[g] 미만인 것에 한한다)을 취급하는 펌프설비에 있어서는 해당 위험물이 직접 배수구에 유입하지 않도록 집유설비에 유분리장치를 설치해야 한다.

17
대형 위험물 저장시설에 옥내소화전설비의 소화전 2개와 옥외소화설비의 소화전 1개를 설치하였다면 수원의 총수량은?

① 12.2[m³]   ② 13.5[m³]   ③ 15.6[m³]   ④ 29.1[m³]

해설
수 원
- 옥내소화전의 수원 = 소화전의 수(최대 5개) × 7.8[m³] = 2 × 7.8[m³] = 15.6[m³]
- 옥외소화전의 수원 = 소화전의 수(최대 4개) × 13.5[m³] = 1 × 13.5[m³] = 13.5[m³]
- ∴ 총 수원의 양 = 15.6 + 13.5 = 29.1[m³]

18
칼륨 100[kg]과 알킬리튬 100[kg]을 취급할 때 두 위험물의 지정수량[kg]의 합은?

① 10[kg]   ② 20[kg]   ③ 50[kg]   ④ 200[kg]

해설
제3류 위험물인 칼륨, 알킬리튬은 지정수량이 10[kg]이므로
10[kg](칼륨) + 10[kg](알킬리튬) = 20[kg]

19
팽창질석 또는 팽창진주암(삽 1개 포함) 160[L]의 능력단위 몇 단위인가?

① 1   ② 0.5   ③ 1.5   ④ 2

해설
소화설비의 능력단위(시행규칙 별표 17)

소화설비	용량	능력단위
소화전용(專用)물통	8[L]	0.3
수조(소화전용물통 3개 포함)	80[L]	1.5
수조(소화전용물통 6개 포함)	190[L]	2.5
마른모래(삽 1개 포함)	50[L]	0.5
팽창질석 또는 팽창진주암(삽 1개 포함)	160[L]	1.0

20
제2류 위험물과 제4류 위험물의 공통적인 성질로 맞는 것은?

① 모두 물에 의해 소화가 불가능하다.   ② 모두 산소원소를 포함하고 있다.
③ 모두 물보다 가볍다.   ④ 모두 가연성 물질이다.

해설
제2류 위험물과 제4류 위험물의 공통적인 성질
- 제2류는 냉각소화, 제4류 위험물은 질식소화가 가능하다.
- 제1류와 제6류 위험물은 산소원소를 포함하고 있다.
- 제4류 위험물(액체)은 물보다 가벼운 것이 많다.
- **제2류**와 **제4류 위험물**은 모두 **가연성 물질**이다.

21 다음 제4류 위험물 중 지정수량이 400[L]가 아닌 것은?

① 아세톤　　② 부틸알코올　　③ 메틸알코올　　④ 에틸알코올

해설

지정수량

종 류	아세톤	부틸알코올	메틸알코올	에틸알코올
품 명	제4류 위험물 제1석유류(수용성)	제4류 위험물 제2석유류(비수용성)	제4류 위험물 알코올류	제4류 위험물 알코올류
지정수량	400[L]	1,000[L]	400[L]	400[L]

22 다음 중 품목을 달리 하는 위험물을 동일 장소에 저장할 경우 위험물의 시설로서 허가를 받아야 할 수량을 저장하고 있는 것은?

① 에터 10[L], 가솔린 20[L]를 저장하는 옥내저장소
② 휘발유 150[L], 등유 300[L]를 저장하는 옥내탱크저장소
③ 칼륨 5[kg], 나트륨 4[kg]을 저장하는 옥내저장소
④ 인화성 고체 600[kg], 등유 300[L]를 취급하는 일반취급소

해설

지정배수를 계산하여 1 이상이 되면 시·도지사의 허가를 받아야 한다.

$$지정배수 = \frac{취급(저장)량}{지정수량} + \frac{취급(저장)량}{지정수량}$$

각각의 지정수량을 알아보면

- 지정수량은 에터(특수인화물) 50[L], 가솔린(제1석유류, 비수용성) 200[L]이다.

  $\therefore$ 지정배수 $= \frac{10[L]}{50[L]} + \frac{20[L]}{200[L]} = 0.3$배(비허가대상)

- 지정수량은 휘발유(제1석유류, 비수용성) 200[L], 등유(제2석유류, 비수용성) 1,000[L]이다.

  $\therefore$ 지정배수 $= \frac{150[L]}{200[L]} + \frac{300[L]}{1,000[L]} = 1.05$배(허가대상)

- 지정수량은 칼륨(제3류 위험물) 10[kg], 나트륨(제3류 위험물) 10[kg]이다.

  $\therefore$ 지정배수 $= \frac{5[kg]}{10[kg]} + \frac{4[kg]}{10[kg]} = 0.9$배(비허가대상)

- 지정수량은 인화성고체(제2류 위험물) 1,000[kg], 등유(제2석유류, 비수용성) 1,000[L]이다.

  $\therefore$ 지정배수 $= \frac{600[kg]}{1,000[kg]} + \frac{300[L]}{1,000[L]} = 0.9$배(비허가대상)

23 표준상태에서 어떤 기체의 밀도가 3[g/L]라면, 이 기체의 무게는?

① 11.2 ② 22.4 ③ 44.8 ④ 67.2

해설
표준상태에서 어떤 기체 1[g-mol]이 차지하는 부피는 22.4[L]이다.
밀도 $\rho = \dfrac{W}{V}$ 이므로 W(무게) $= \rho \times V$(부피) $= 3[g/L] \times 22.4[L] = 67.2[g]$

24 H_2O_2는 농도가 일정 이상으로 높을 때 단독으로 폭발한다. 몇 [%](중량) 이상일 때인가?

① 30[%] ② 40[%] ③ 50[%] ④ 60[%]

해설
과산화수소(H_2O_2)는 농도 **60[%] 이상**의 충격, 마찰에 의해서도 단독으로 **분해폭발** 위험이 있다.

25 소화설비의 소요단위 계산법으로 옳은 것은?

① 제조소 외벽이 내화구조일 때 1,000[m²]당 1소요단위
② 저장소 외벽이 내화구조일 때 500[m²]당 1소요단위
③ 위험물 지정수량당 1소요단위
④ 위험물 지정수량의 10배를 1소요단위

해설
소요단위의 신청기준(시행규칙 별표 17)
- 제조소 또는 취급소의 건축물
  - 외벽이 내화구조 : 연면적 100[m²]를 1소요단위
  - 외벽이 내화구조가 아닌 것 : 연면적 50[m²]를 1소요단위
- 저장소의 건축물
  - 외벽이 내화구조 : 연면적 150[m²]를 1소요단위
  - 외벽이 내화구조가 아닌 것 : 연면적 75[m²]를 1소요단위
- **위험물은 지정수량의 10배 : 1소요단위**

26 다음 유지류 중 아이오딘값이 가장 큰 것은?

① 돼지기름　　② 고래기름　　③ 소기름　　④ 들기름

해설

동식물유류의 종류

구 분	아이오딘값	반응성	불포화도	종 류
건성유	130 이상	크 다	크 다	해바라기유, 동유, 아마인유, 정어리기름, **들기름**
반건성유	100~130	중 간	중 간	채종유, 목화씨기름(면실유), 참기름, 콩기름, 청어유, 쌀겨기름, 옥수수기름
불건성유	100 이하	작 다	작 다	야자유, 올리브유, 피마자유, 낙화생기름

아이오딘값 : 유지 100[g]에 부가되는 아이오딘의 [g]수

---

27 다음 위험물 중 물과 반응하여 극렬히 발열하는 물질은?

① 염소산나트륨　　② 과산화나트륨　　③ 과산화수소　　④ 질산암모늄

해설

과산화나트륨(Na_2O_2)은 물과 반응하면 산소가스와 많은 열을 발생한다.

$$2Na_2O_2 + 2H_2O \rightarrow 4NaOH + O_2\uparrow + 발열$$

---

28 위험물을 운반하기 위한 적재방법 중 차광성이 있는 덮개를 해야 하는 위험물은?

① 아세톤　　② 과염소산　　③ 탄화칼슘　　④ 마그네슘

해설

위험물 적재 및 운반

- 차광성이 있는 것으로 피복
  - 제1류 위험물
  - 제3류 위험물 중 자연발화성 물질
  - 제4류 위험물 중 특수인화물
  - 제5류 위험물
  - **제6류 위험물(과염소산)**
- 방수성이 있는 것으로 피복
  - 제1류 위험물 중 **알칼리금속의 과산화물(과산화나트륨)**
  - 제2류 위험물 중 철분·금속분·**마그네슘**
  - 제3류 위험물 중 **금수성 물질(탄화칼슘)**
- 운반용기의 외부 표시사항
  - 위험물의 품명, 위험등급, 화학명 및 수용성(제4류 위험물의 수용성인 것에 한함)
  - 위험물의 수량
  - 주의사항

29 다음 위험물 중 특수인화물에 속하는 것은?

① $C_2H_5OC_2H_5$ ② CH_3COCH_3 ③ C_6H_6 ④ $C_6H_5CH_3$

해설

제4류 위험물의 분류

종류	$C_2H_5OC_2H_5$	CH_3COCH_3	C_6H_6	$C_6H_5CH_3$
명칭	에터	아세톤	벤젠	톨루엔
품명	특수인화물	제1석유류	제1석유류	제1석유류

30 다음 중 자연발화성 및 금수성 물질에 해당되지 않는 것은?

① 철분
② 황린
③ 금속수소화합물류
④ 알칼리토금속류

해설

철분 : 제2류 위험물(가연성 고체)

31 지름 50[m], 높이 50[m]인 옥외탱크저장소에 방유제를 설치하려고 한다. 이때 방유제는 탱크 측면으로부터 몇 [m] 이상의 거리를 확보해야 하는가?(단, 인화점이 180[℃]의 위험물을 저장·취급한다)

① 10[m] ② 15[m] ③ 20[m] ④ 25[m]

해설

방유제는 옥외저장탱크의 지름에 따라 그 **탱크의 옆판으로부터** 다음에 정하는 **거리를 유지할 것**. 다만, 인화점이 200[℃] 이상인 위험물을 저장 또는 취급하는 것에 있어서는 그렇지 않다.
- 지름이 15[m] 미만인 경우에는 탱크 높이의 1/3 이상
- **지름이 15[m] 이상인 경우**에는 **탱크 높이의 1/2 이상**
  ∴ **이격거리 = 탱크 높이의 1/2 이상 = 50[m] × 1/2 = 25[m] 이상**

32 위험물을 수납한 운반용기는 수납하는 위험물에 따라 주의사항을 표시하여 적재해야 한다. 주의사항으로 옳지 않은 것은?

① 인화성 고체 – 화기엄금
② 질산 – 가연물접촉주의
③ 금수성 물질 – 물기주의
④ 자연발화성 물질 – 화기엄금 및 공기접촉엄금

해설
운반용기에 표시하는 주의사항
- 제1류 위험물
  - 알칼리금속의 과산화물 : 화기·충격주의, 물기엄금, 가연물접촉주의
  - 그 밖의 것 : 화기·충격주의, 가연물접촉주의
- 제2류 위험물
  - 철분·금속분·마그네슘 : 화기주의, 물기엄금
  - **인화성고체 : 화기엄금**
  - 그 밖의 것 : 화기주의
- **제3류 위험물**
  - **자연발화성 물질 : 화기엄금, 공기접촉엄금**
  - **금수성 물질 : 물기엄금**
- 제4류 위험물 : 화기엄금
- 제5류 위험물 : 화기엄금, 충격주의
- **제6류 위험물(질산) : 가연물접촉주의**

33 다음 중 조연성 가스인 것은?

① 이산화탄소
② 아세트알데하이드
③ 이산화질소
④ 산화프로필렌

해설
가스의 종류
- **조연성(지연성) 가스** : 자신은 연소하지 않고 연소를 도와주는 가스(산소, 공기, 염소, **이산화질소**)
- **불연성 가스** : 연소하지 않는 가스(**이산화탄소**, 질소)
- **위험물** : 인화성, 발화성 등의 성질을 갖는 것으로서 대통령령이 정하는 물품(**아세트알데하이드, 산화프로필렌** 등 제1류 위험물~제6류 위험물)

34 위험물의 제조소 및 일반취급소에서 지정수량이 24만배를 저장·취급할 때 화학소방차의 대수와 조작인원은?

① 화학소방차 1대, 조작인원 5인
② 화학소방차 2대, 조작인원 10인
③ 화학소방차 3대, 조작인원 15인
④ 화학소방차 4대, 조작인원 20인

해설

자체소방대에 두는 화학소방자동차 및 인원(시행령 별표 8)

사업소의 구분	화학소방자동차	자체소방대원의 수
제조소 또는 일반취급소에서 취급하는 제4류 위험물의 최대수량의 합이 지정수량의 3,000배 이상 12만배 미만인 사업소	1대	5인
제조소 또는 일반취급소에서 취급하는 제4류 위험물의 최대수량의 합이 지정수량의 12만배 이상 24만배 미만인 사업소	2대	10인
제조소 또는 일반취급소에서 취급하는 제4류 위험물의 최대수량의 합이 지정수량의 24만배 이상 48만배 미만인 사업소	3대	15인
제조소 또는 일반취급소에서 취급하는 제4류 위험물의 최대수량의 합이 지정수량의 48만배 이상인 사업소	4대	20인
옥외탱크저장소에 저장하는 제4류 위험물의 최대수량이 지정수량의 50만배 이상인 사업소	2대	10인

[비고] 화학소방자동차에는 행정안전부령이 정하는 소화능력 및 설비를 갖추어야 하고, 소화활동에 필요한 소화약제 및 기구(방열복 등 개인장구를 포함한다)를 비치해야 한다.

35 황린이 연소될 때 발생하는 흰 연기는?

① 인화수소
② 오산화인
③ 인 산
④ 탄산가스

해설
황린은 공기 중에서 연소 시 오산화인(P_2O_5)의 흰 연기를 발생한다.

$$P_4 + 5O_2 \rightarrow 2P_2O_5$$

36 옥외탱크저장소의 탱크 중 압력탱크의 수압시험 기준은?

① 최대상용압력의 2배의 압력으로 20분간 수압
② 최대상용압력의 2배의 압력으로 10분간 수압
③ 최대상용압력의 1.5배의 압력으로 20분간 수압
④ 최대상용압력의 1.5배의 압력으로 10분간 수압

해설
압력탱크(최대상용압력이 대기압을 초과하는 탱크) 외의 탱크는 충수시험, **압력탱크는 최대상용압력의 1.5배의 압력으로 10분간 실시하는 수압시험**에서 각각 새거나 변형되지 않아야 한다.

37 실험실에서 진한 질산과 증류수로 묽은 질산을 만들고자 한다. 다음 중 희석하는 방법으로 가장 좋은 것은?

① 비커에 먼저 진한 질산을 넣고 거기에 조금씩 물을 넣는다.
② 비커에 먼저 진한 질산을 넣고 물로 식히면서 거기에 물을 넣는다.
③ 비커에 물을 넣은 다음 진한 질산을 넣고 나중에 저어 준다.
④ 비커에 물을 넣은 다음 저어 주면서 진한 질산을 조금씩 넣는다.

해설
비커에 물을 넣고 저어 주면서 진한 질산을 조금씩 넣어야 발열을 방지할 수 있다.

38 위험물제조소의 바닥면적이 90[m²] 이상 120[m²] 미만일 때 급기구의 크기는?

① 150[cm²] 이상
② 300[cm²] 이상
③ 450[cm²] 이상
④ 600[cm²] 이상

해설
제조소의 환기설비(시행규칙 별표 4)
- 환기 : 자연배기방식
- **급기구**는 해당 급기구가 설치된 실의 바닥면적 **150[m²]마다 1개 이상**으로 하되 **급기구의 크기는 800[cm²] 이상**으로 할 것. 다만 바닥면적 150[m²] 미만인 경우에는 다음의 크기로 할 것

바닥면적	급기구의 면적
60[m²] 미만	150[cm²] 이상
60[m²] 이상 90[m²] 미만	300[cm²] 이상
90[m²] 이상 120[m²] 미만	450[cm²] 이상
120[m²] 이상 150[m²] 미만	600[cm²] 이상

- 급기구는 낮은 곳에 설치하고 가는 눈의 구리망으로 인화방지망을 설치할 것
- 환기구는 지붕 위 또는 지상 2[m] 이상의 높이에 회전식 고정벤틸레이터 또는 루프팬방식(Roof Fan : 지붕에 설치하는 배기장치)으로 설치할 것

39 소화약제인 Halon1301의 화학식은?

① CF_2Br_2
② CF_3Br
③ $CFBr_3$
④ CF_2Cl_2

해설
할로젠화합물소화약제

항 목 \ 종 류	할론1301	할론1211	할론2402	할론1011
화학식	CF_3Br	CF_2ClBr	$C_2F_4Br_2$	CH_2ClBr
분자량	148.9	165.4	259.8	129.4

40 액체 위험물은 운반용기 내용적의 몇 [%] 이하의 수납률로 수납해야 하는가?

① 90[%]   ② 93[%]   ③ 95[%]   ④ 98[%]

해설
운반용기의 수납률
- 고체 위험물 : 95[%] 이하
- **액체 위험물 : 98[%] 이하**

41 소화난이도 등급 I 에 해당하는 황을 옥내탱크저장소에 저장할 때 소화설비로 적합한 것은?

① 옥내소화전설비   ② 옥외소화전설비
③ 스프링클러설비   ④ 물분무소화설비

해설
소화난이도 등급 I 에 해당하는 소화설비

제조소 등의 구분		소화설비
옥내탱크 저장소	황만을 저장·취급 하는 것	물분무소화설비
	인화점 70[℃] 이상의 제4류 위험물만을 저장·취급하는 것	물분무소화설비, 고정식 포소화설비, 이동식 이외의 불활성가스소화설비, 이동식 이외의 할로젠화합물소화설비 또는 이동식 이외의 분말소화설비
	그 밖의 것	고정식 포소화설비, 이동식 이외의 불활성가스소화설비, 이동식 이외의 할로젠화합물소화설비 또는 이동식 이외의 분말소화설비

42 염소(Cl)의 산화수가 +3인 물질은?

① $HClO_4$ ② $HClO_3$ ③ $HClO_2$ ④ $HClO$

해설
산화수
- $HClO_4$ $(+1) + x + (-2) \times 4 = 0$ $x(Cl) = +7$
- $HClO_3$ $(+1) + x + (-2) \times 3 = 0$ $x(Cl) = +5$
- $HClO_2$ $(+1) + x + (-2) \times 2 = 0$ $x(Cl) = +3$
- $HClO$ $(+1) + x + (-2) = 0$ $x(Cl) = +1$

정답 40 ④ 41 ④ 42 ③

43 제1류 위험물인 과산화나트륨을 제조소에 설치하고자 할 때 주의사항을 표시한 게시판은?

① 물기주의　　② 화기엄금　　③ 화기주의　　④ 물기엄금

해설

제조소 등의 주의사항

위험물의 종류	주의사항	게시판의 색상
제1류 위험물 중 **알칼리금속의 과산화물** 제3류 위험물 중 금수성 물질	물기엄금	청색바탕에 백색문자
제2류 위험물(인화성 고체는 제외)	화기주의	적색바탕에 백색문자
제2류 위험물 중 인화성 고체 제3류 위험물 중 자연발화성 물질 제4류 위험물 제5류 위험물	화기엄금	적색바탕에 백색문자

※ 제1류 위험물 중 알칼리금속의 과산화물 : 과산화칼륨(K_2O_2), 과산화나트륨(Na_2O_2)

44 제2류 위험물인 철분에 대한 정의가 옳은 것은?

① 40[μm]의 표준체를 통과하는 것이 50[wt%] 이상인 것
② 53[μm]의 표준체를 통과하는 것이 50[wt%] 이상인 것
③ 60[μm]의 표준체를 통과하는 것이 50[wt%] 이상인 것
④ 150[μm]의 표준체를 통과하는 것이 50[wt%] 이상인 것

해설

철분 : 철의 분말로서 53[μm]의 표준체를 통과하는 것이 50[wt%] 이상인 것(50[wt%] 미만인 것은 제외)

45 제조소 등의 설치자가 그 제조소 등의 용도를 폐지할 때 폐지한 날로부터 며칠 이내에 신고(시·도지사에게)해야 하는가?

① 7일　　② 14일　　③ 30일　　④ 90일

해설

위험물 제조소 등의 설치자가 용도를 폐지할 때 폐지한 날로부터 14일 이내에 시·도지사에게 신고한다.

46
벤젠핵에 메틸기 한 개가 결합된 구조를 가진 무색·투명한 액체로서 방향성의 독특한 냄새를 가지고 있는 물질은?

① $C_6H_5CH_3$ ② $C_6H_4(CH_3)_2$ ③ CH_3COCH_3 ④ $HCOOCH_3$

해설

톨루엔 : 벤젠핵에 메틸기(CH_3) 한 개가 결합된 구조

종류	톨루엔	o-자일렌	아세톤	의산메틸
화학식	$C_6H_5CH_3$	$C_6H_4(CH_3)_2$	CH_3COCH_3	$HCOOCH_3$
구조식	(benzene-CH₃)	(benzene-(CH₃)₂)	H-C(H)-C(=O)-C(H)-H	H-C(=O)-O-C(H)-H

47
27[℃], 2.0[atm]에서 20.0[g]의 CO_2 기체가 차지하는 부피는?(단, 기체상수 R = 0.082[L·atm/g-mol·K]이다)

① 5.59[L] ② 2.80[L] ③ 1.40[L] ④ 0.50[L]

해설

이상기체 상태방정식

$$PV = nRT = \frac{W}{M}RT$$

여기서, P : 압력(1[atm]) V : 부피[L]
n : mol수(무게/분자량) W : 무게(20[g])
M : 분자량(CO_2 = 44[g/g-mol]) R : 기체상수(0.082[L·atm/g-mol·K]
T : 절대온도(273 + [℃] = 273 + 27 = 300[K])

$$\therefore V = \frac{WRT}{PM} = \frac{20[g] \times 0.082[L \cdot atm/g-mol \cdot K] \times 300[K]}{2[atm] \times 44[g/g-mol]} = 5.59[L]$$

48
다음 위험물 중 성상이 고체인 것은?

① 나이트로셀룰로스 ② 질산에틸
③ 나이트로글리세린 ④ 메틸에틸케톤퍼옥사이드

해설

성 상

종류	나이트로셀룰로스	질산에틸	나이트로글리세린	메틸에틸케톤퍼옥사이드
상태	고체	액체	액체	액체

정답 46 ① 47 ① 48 ①

49 비중이 0.79인 에틸알코올의 지정수량 400[L]는 몇 [kg]인가?

① 200[kg]   ② 100[kg]   ③ 158[kg]   ④ 316[kg]

해설

비중이 0.79이면 밀도 0.79[g/cm³] = 0.79[kg/L]이다.

> 1[kg] = 1,000[g]   1[m³] = 1,000[L]   1[L] = 1,000[cm³]
> 비중은 단위가 없고 밀도는 단위가 있다.

∴ 무게(W) = 부피[L] × 밀도[kg/L] = 400[L] × 0.79[kg/L] = 316[kg]

---

50 위험물을 취급하는 제조소에서 지정수량의 몇 배 이상인 경우에 자동화재탐지설비를 설치해야 하는가?

① 1배 이상   ② 5배 이상
③ 10배 이상   ④ 100배 이상

해설

제조소 등별로 설치해야 하는 경보설비(시행규칙 별표 17) : 제조소에는 지정수량의 100배 이상이면 자동화재탐지설비를 설치해야 한다.

제조소 등의 구분	제조소 등의 규모, 저장 또는 취급하는 위험물의 종류 및 최대수량 등	경보설비
제조소 및 일반취급소	• 연면적 500[m²] 이상인 것 • 옥내에서 지정수량의 **100배** 이상을 취급하는 것(고인화점 위험물만을 100[℃] 미만의 온도에서 취급하는 것을 제외한다) • 일반취급소로 사용되는 부분 외의 부분이 있는 건축물에 설치된 일반취급소(일반취급소와 일반취급소 외의 부분이 내화구조의 바닥 또는 벽으로 개구부 없이 구획된 것을 제외한다)	자동화재 탐지설비

---

51 옥외저장시설에 저장하는 위험물 중 방유제를 설치하지 않아도 되는 것은?

① 질 산   ② 이황화탄소
③ 톨루엔   ④ 다이에틸에터

해설

이황화탄소는 물속에 저장하므로 방유제를 설치할 필요가 없다.

정답 49 ④   50 ④   51 ②

52 TNT가 분해될 때 주로 발생하는 가스는?

① 일산화탄소   ② 암모니아   ③ 사이안화수소   ④ 염화수소

해설
TNT의 분해반응식

$$2C_6H_2CH_3(NO_2)_3 \rightarrow 2C + 3N_2\uparrow + 5H_2\uparrow + 12CO\uparrow$$

53 인화성 액체 위험물인 아세톤 80,000[L]에 대한 소화 설비의 소요단위는?

① 5단위   ② 10단위   ③ 20단위   ④ 40단위

해설

$$\text{소요단위} = \frac{\text{저장량}}{\text{지정수량} \times 10\text{배}} = \frac{80,000[L]}{400[L] \times 10\text{배}} = 20\text{단위}$$

- 아세톤(제4류 위험물 제1석유류, 수용성)의 지정수량 : 400[L]
- 위험물의 1소요단위 : 지정수량의 10배

54 옥외탱크저장소의 주위에는 저장 또는 취급하는 위험물의 최대수량에 따라 보유공지를 보유해야 하는데 다음 기준 중 옳지 않은 것은?

① 지정수량의 500배 이하 - 3[m] 이상
② 지정수량의 500배 초과 1,000배 이하 - 6[m] 이상
③ 지정수량의 1,000배 초과 2,000배 이하 - 9[m] 이상
④ 지정수량의 2,000배 초과 3,000배 이하 - 12[m] 이상

해설
옥외탱크저장소의 보유공지(시행규칙 별표 6)

저장 또는 취급하는 위험물의 최대수량	공지의 너비
지정수량의 500배 이하	3[m] 이상
지정수량의 500배 초과 1,000배 이하	**5[m] 이상**
지정수량의 1,000배 초과 2,000배 이하	9[m] 이상
지정수량의 2,000배 초과 3,000배 이하	12[m] 이상
지정수량의 3,000배 초과 4,000배 이하	15[m] 이상
지정수량의 4,000배 초과	해당 탱크의 수평단면의 최대지름(가로형인 경우에는 긴 변)과 높이 중 큰 것과 같은 거리 이상. 다만, 30[m] 초과의 경우에는 30[m] 이상으로 할 수 있고, 15[m] 미만의 경우에는 15[m] 이상으로 해야 한다.

55 축의 완성지름, 철사의 인장강도, 아스피린 순도와 같은 데이터를 관리하는 가장 대표적인 관리도는?

① $\bar{x} - R$관리도 ② nP관리도
③ c관리도 ④ u관리도

해설

$\bar{x} - R$**관리도** : 평균치의 변화를 관리하는 $\bar{x}$관리도와 편차의 변화를 관리하는 R관리도를 조합한 것으로, 무게, 시간, 길이, 경도, 강도 등의 data를 계량치로 나타내는 공정에 사용한다.

> $\bar{x}$-R관리도는 축의 완성지름, 철사의 인장강도, 아스피린 순도와 같은 데이터를 관리하는 가장 대표적인 관리도이다.

56 C관리도에서 $k = 20$인 군의 총부적합(결점)수 합계는 58이었다. 이 관리도의 UCL, LCL을 구하면 약 얼마인가?

① UCL = 6.92, LCL = 0
② UCL = 4.90, LCL = 고려하지 않음
③ UCL = 6.92, LCL = 고려하지 않음
④ UCL = 8.01, LCL = 고려하지 않음

해설

- 중심선 CL = $\bar{C} = \dfrac{\sum c}{k}$ ($\sum c$: 결점수의 합, k : 시료군의 수)

  $= \dfrac{58}{20} = 2.9$
- 관리 상한선 UCL = $\bar{C} + 3\sqrt{\bar{C}} = 2.9 + 3\sqrt{2.9} = 8.01$
- 관리 하한선 LCL = $\bar{C} - 3\sqrt{\bar{C}} = 2.9 - 3\sqrt{2.9} = -2.2$(고려하지 않음)

57 제품 공정분석표용 도식기호 중 운반 공정기호는 어느 것인가?

① ○ ② ⇨ ③ D ④ □

해설

공정분석 기호
- ○ : 작업 또는 가공
- ⇨ : 운반
- D : 정체
- ▽ : 저장
- □ : 검사

정답 55 ① 56 ④ 57 ②

58 다음 중 품질관리기능의 사이클을 가장 옳게 표시한 것은?

① 품질설계 - 품질보증 - 공정관리 - 품질개선
② 품질설계 - 품질보증 - 품질개선 - 공정관리
③ 품질설계 - 공정관리 - 품질개선 - 품질보증
④ 품질설계 - 공정관리 - 품질보증 - 품질개선

> **해설**
> **관리의 사이클**
> • 품질관리시스템의 4M : Man, Machine, Material, Method
> • 품질관리기능의 사이클 : 품질설계 - 공정관리 - 품질보증 - 품질개선
> • 관리 사이클 : Plan(계획) → Do(실행) → Check(검토) → Action(조처)

59 검사공정에 의한 분류에서 생산제품의 요구사항을 만족하는지 여부를 판정하는 검사에 해당하는 것은?

① 수입검사   ② 구입검사   ③ 공정검사   ④ 최종검사

> **해설**
> **검사공정(행해지는 목적)에 의한 분류**
> • 수입검사 : 생산현장에서 원자재 또는 반제품에 대하여 원료로서의 적합성에 대한 검사
> • 구입검사 : 제출된 Lot의 원료를 구입해도 품질에 문제가 없는가를 판정하는 검사
> • 공정검사 : 제품을 생산하는 공정에서 불량품이 다음 공정으로 진행되는 것을 방지하기 위한 검사
> • **최종검사** : 제조공정의 최종단계에서 행해지는 검사로서 생산제품의 요구사항을 만족하는지 여부를 판정하는 검사
> • 출하검사 : 완제품을 출하하기 전에 출하여부를 결정하는 검사

60 다음 중 계량값 관리도에 해당되는 것은?

① c관리도   ② nP관리도   ③ R관리도   ④ u관리도

> **해설**
> **R관리도** : 계량치 관리도

2020년 7월 4일 시행 과년도 기출복원문제

01 다음 할로젠화합물 및 불활성기체소화약제 중 HFC계열이 아닌 것은?

① 트라이플루오로메테인
② 퍼플루오로뷰테인
③ 펜타플루오로에테인
④ 헵타플루오로프로페인

해설

할로젠화합물 및 불활성기체소화약제(소방)
• 약제의 종류

소화약제	화학식
퍼플루오로뷰테인(이하 "FC-3-1-10"이라 한다)	C_4F_{10}
하이드로클로로플루오로카본혼화제(이하 "HCFC BLEND A"라 한다)	HCFC-123($CHCl_2CF_3$) : 4.75[%] HCFC-22($CHClF_2$) : 82[%] HCFC-124($CHClFCF_3$) : 9.5[%] $C_{10}H_{16}$: 3.75[%]
클로로테트라플루오로에테인(이하 "HCFC-124"라 한다)	$CHClFCF_3$
펜타플루오로에테인(이하 "HFC-125"라 한다)	CHF_2CF_3
헵타플루오로프로페인(이하 "HFC-227ea"라 한다)	CF_3CHFCF_3
트라이플루오로메테인(이하 "HFC-23"이라 한다)	CHF_3
헥사플루오로프로페인(이하 "HFC-236fa"라 한다)	$CF_3CH_2CF_3$
트라이플루오로이오다이드(이하 "FIC-13I1"이라 한다)	CF_3I
불연성·불활성기체혼합가스(이하 "IG-01"이라 한다)	Ar
불연성·불활성기체혼합가스(이하 "IG-100"이라 한다)	N_2
불연성·불활성기체혼합가스(이하 "IG-541"이라 한다)	N_2 : 52[%], Ar : 40[%], CO_2 : 8[%]
불연성·불활성기체혼합가스(이하 "IG-55"라 한다)	N_2 : 50[%], Ar : 50[%]
도데카플루오로-2-메틸펜테인-3-원(이하 "FK-5-1-12"라 한다)	$CF_3CF_2C(O)CF(CF_3)_2$

• 할로젠화합물 계열
 - 분류

계 열	정 의	해당 물질
HFC(Hydro Fluoro Carbons)계열	C(탄소)에 F(플루오린)과 H(수소)가 결합된 것	HFC-125, HFC-227ea HFC-23, HFC-236fa
HCFC (Hydro Chloro Fluoro Carbons)계열	C(탄소)에 Cl(염소), F(플루오린), H(수소)가 결합된 것	HCFC-BLEND A, HCFC-124
FIC(Fluoro Iodo Carbons) 계열	C(탄소)에 F(플루오린)과 I(아이오딘)가 결합된 것	FIC-13I1
FC(PerFluoro Carbons)계열	C(탄소)에 F(플루오린)가 결합된 것	FC-3-1-10, FK-5-1-12

• 불활성기체의 계열
 - 분류

종 류	화학식
IG-01	Ar
IG-100	N_2
IG-55	N_2(50[%]), Ar(50[%])
IG-541	N_2(52[%]), Ar(40[%]), CO_2(8[%])

정답 01 ②

02 산화프로필렌에 대한 설명으로 틀린 것은?
① 물, 알코올 등에 녹는다.
② 무색의 휘발성 액체이다.
③ 구리, 마그네슘 등과 접촉은 위험하다.
④ 냉각소화는 유효하나 질식소화는 효과가 없다.

해설
산화프로필렌은 특수인화물로서 포, 이산화탄소, 분말, 할로젠화합물 등 질식소화가 적합하다.

03 제조소 등의 소화난이도 등급을 결정하는 요인 중 지정수량의 배수가 해당되지 않는 것은?
① 위험물제조소
② 옥내저장소
③ 옥외탱크저장소
④ 주유취급소

해설
소화난이도 등급을 결정하는 요소
- 제조소 : 연면적, 지정수량의 배수, 취급설비의 높이
- 옥내저장소 : 연면적, 지정수량의 배수, 처마의 높이
- 옥외탱크, 옥내탱크저장소 : 액표면적, 탱크의 높이, 지정수량의 배수
- **주유취급소 : 면적의 합, 옥내주유취급소, 옥내주유취급소 외의 것**

04 경유 150,000[L]는 몇 소요단위에 해당하는가?
① 7.5단위
② 10단위
③ 15단위
④ 30단위

해설
경유는 제4류 위험물 제2석유류(비수용성)이므로 지정수량은 **1,000[L]**이다.

$$\text{소요단위} = \frac{\text{저장량}}{\text{지정수량} \times 10\text{배}} = \frac{150,000[L]}{1,000[L] \times 10\text{배}} = 15\text{단위}$$

05 [보기]의 물질 중 제1류 위험물에 해당되는 것은 모두 몇 개인가?

[보 기]
황린, 아염소산나트륨, 염소산나트륨, 차아염소산칼슘, 과산화나트륨

① 4개
② 3개
③ 2개
④ 1개

해설
4개는 제1류 위험물이고, 황린은 제3류 위험물이다.

06
관 내 유체의 층류와 난류 유동을 판별하는 기준인 레이놀즈수(Reynolds Number)의 물리적 의미를 가장 옳게 표현한 식은?

① $\dfrac{\text{관성력}}{\text{표면장력}}$ ② $\dfrac{\text{관성력}}{\text{압력}}$ ③ $\dfrac{\text{관성력}}{\text{점성력}}$ ④ $\dfrac{\text{관성력}}{\text{중력}}$

해설

레이놀즈수 : $\dfrac{\text{관성력}}{\text{점성력}}$

07
제6류 위험물의 운반 시 적용되는 위험등급은?

① 위험등급 Ⅰ ② 위험등급 Ⅱ ③ 위험등급 Ⅲ ④ 위험등급 Ⅳ

해설

제6류 위험물 : 위험등급 Ⅰ

08
TNT가 분해될 때 발생하는 가스의 몰수가 가장 큰 것은?

① 질소 ② 수소 ③ 암모니아 ④ 일산화탄소

해설

TNT의 분해반응식

$$2C_6H_2CH_3(NO_2)_3 \rightarrow 2C + 3N_2\uparrow + 12CO\uparrow + 5H_2\uparrow$$

09
일반취급소에 설치해야 하는 "화기엄금" 게시판의 색상을 옳게 나타낸 것은?

① 적색바탕에 백색문자 ② 청색바탕에 백색문자
③ 백색바탕에 흑색문자 ④ 황색바탕에 흑색문자

해설

표지 및 게시판
- 주유 중 엔진 정지 : 황색바탕에 흑색문자
- **화기엄금, 화기주의 : 적색바탕에 백색문자**
- 물기엄금 : 청색바탕에 백색문자
- 위험물 : 흑색바탕에 황색반사도료

정답 06 ③ 07 ① 08 ④ 09 ①

10 위험물안전관리법령상 위험물의 취급 중 소비에 관한 기준에서 방화상 유효한 격벽 등으로 구획된 안전한 장소에서 실시해야 하는 것은?

① 분사도장작업
② 담금질작업
③ 열처리작업
④ 버너를 사용하는 작업

해설

위험물의 취급 중 소비에 관한 기준
- 분사도장작업은 방화상 유효한 격벽 등으로 구획된 안전한 장소에서 실시할 것
- 담금질 또는 열처리작업은 위험물이 위험한 온도에 이르지 않도록 하여 실시할 것
- 버너를 사용하는 경우에는 버너의 역화를 방지하고 위험물이 넘치지 않도록 할 것

11 사용전압 22,000[V]인 특고압가공전선과 위험물제조소와의 안전거리는 얼마의 거리를 두어야 하는가?

① 3[m] 이상
② 5[m] 이상
③ 10[m] 이상
④ 15[m] 이상

해설

제조소의 안전거리(시행규칙 별표 4)

건축물	안전거리
사용전압 7,000[V] 초과 35,000[V] 이하의 특고압가공전선	3[m] 이상
사용전압 35,000[V] 초과의 특고압가공전선	5[m] 이상
주거용으로 사용되는 것(제조소가 설치된 부지 내에 있는 것을 제외)	10[m] 이상
고압가스, 액화석유가스, 도시가스를 저장 또는 취급하는 시설	20[m] 이상
학교, 병원(병원급 의료기관), 극장, 공연장, 영화상영관 및 그 밖에 이와 유사한 시설로서 수용인원 300명 이상, 복지시설(아동복지시설, 노인복지시설, 장애인복지시설, 한부모가족복지시설), 어린이집, 성매매피해자 등을 위한 지원시설, 정신건강증진시설, 가정폭력피해자 보호시설 및 그 밖에 이와 유사한 시설로서 수용인원 20명 이상	30[m] 이상
지정문화유산 및 천연기념물 등	50[m] 이상

12 과망가니즈산칼륨과 묽은 황산이 반응하였을 때 생성물이 아닌 것은?

① MnO_2
② K_2SO_4
③ $MnSO_4$
④ O_2

해설

과망가니즈칼륨과 묽은 황산과 반응

$4KMnO_4 + 6H_2SO_4 \rightarrow 2K_2SO_4 + 4MnSO_4 + 6H_2O + 5O_2 \uparrow$

13 P_4의 운반용기 외부에 표시해야 할 주의사항으로 옳은 것은?

① 화기·충격주의 및 가연물접촉주의
② 화기·충격주의, 물기엄금 및 가연물접촉주의
③ 화기엄금, 물기엄금
④ 화기엄금, 공기접촉엄금

해설
운반용기의 외부에 표시해야 할 주의사항
- 제1류 위험물
  - 알칼리금속의 과산화물 : 화기·충격주의, 물기엄금, 가연물접촉주의
  - 그 밖의 것(염소산칼륨 = $KClO_3$) : 화기·충격주의, 가연물접촉주의
- 제2류 위험물
  - 철분·금속분·마그네슘 : 화기주의, 물기엄금
  - 인화성 고체 : 화기엄금
  - 그 밖의 것 : 화기주의
- 제3류 위험물
  - 자연발화성 물질(**황린, P_4**) : **화기엄금, 공기접촉엄금**
  - 금수성 물질(탄화칼슘) : 물기엄금
- 제4류 위험물 : 화기엄금
- 제5류 위험물 : 화기엄금, 충격주의
- 제6류 위험물(과염소산) : 가연물접촉주의

14 다음의 저장소에 있어서 1인의 위험물안전관리자를 중복하여 선임할 수 있는 경우에 해당하지 않는 것은?

① 동일구내에 있는 7개의 옥내저장소를 동일인이 설치한 경우
② 동일구내에 있는 21개의 옥외탱크저장소를 동일인이 설치한 경우
③ 상호 100[m] 이내의 거리에 있는 15개의 옥외저장소를 동일인이 설치한 경우
④ 상호 100[m] 이내의 거리에 있는 6개의 암반탱크저장소를 동일인이 설치한 경우

해설
위험물안전관리자 1인이 중복 선임할 수 있는 저장소 등 : 동일구내에 있거나 상호 100[m] 이내의 거리에 있는 저장소로서 다음에 정하는 저장소
- **10개 이하의 옥내저장소**
- 옥내탱크저장소
- 간이탱크저장소
- **10개 이하의 암반탱크저장소**
- **30개 이하의 옥외탱크저장소**
- 지하탱크저장소
- **10개 이하의 옥외저장소**

15 다음 중 은백색의 광택성 물질로서 비중이 약 1.74인 위험물은?

① Cu   ② Fe   ③ Al   ④ Mg

해설

마그네슘

• 물 성

화학식	원자량	비 중	융 점	비 점
Mg	24.3	1.74	651[℃]	1,100[℃]

• 은백색의 광택이 있는 금속이다.
• 물과 반응하면 수소가스를 발생한다.

$$Mg + 2H_2O \rightarrow Mg(OH)_2 + H_2 \uparrow$$

• 가열하면 연소하기 쉽고 순간적으로 맹렬하게 폭발한다.

$$2Mg + O_2 \rightarrow 2MgO + Q[kcal]$$

• Mg분이 공기 중에 부유하면 화기에 의해 분진폭발의 위험이 있다.

16 물체의 표면온도가 200[℃]에서 500[℃]로 상승하면 열복사량은 약 몇 배 증가하는가?

① 3.3   ② 7.1   ③ 18.5   ④ 39.2

해설

슈테판-볼츠만 법칙에서 복사량은 절대온도의 4제곱에 비례한다.

$$Q = T^4$$

∴ $T_1 : T_2 = (200+273)^4 : (500+273)^4 = 1 : 7.1$

17 위험물안전관리법령상 톨루엔을 적재하여 운반을 하고자 하는 경우에 있어서 함께 적재할 수 없는 것은?(단, 각 위험물의 수량은 지정수량의 10배로 가정한다)

① 적 린
② 금속의 인화물
③ 질 산
④ 나이트로셀룰로스

해설

운반 시 유별을 달리하는 위험물의 혼재기준(시행규칙 별표 19)
• 운반 시 혼재가능 유별

위험물의 구분	제1류	제2류	제3류	제4류	제5류	제6류
제1류		×	×	×	×	○
제2류	×		×	○	○	×
제3류	×	×		○	×	×
제4류	×	○	○		○	×
제5류	×	○	×	○		×
제6류	○	×	×	×	×	

• 유별 구분

종류	톨루엔	적 린	금속의 인화물	질 산	나이트로셀룰로스
유 별	제4류 위험물	제2류 위험물	제3류 위험물	제6류 위험물	제5류 위험물

18 다음 금속원소 중 비점이 가장 높은 것은?

① 리 튬
② 나트륨
③ 칼 륨
④ 루비듐

해설

비 점

종 류	리 튬	나트륨	칼 륨	루비듐
비 점	1,336[℃]	880[℃]	774[℃]	688[℃]

19 하이드라진을 약 180[℃]까지 열분해시켰을 때 발생하는 가스가 아닌 것은?

① 이산화탄소
② 수 소
③ 질 소
④ 암모니아

해설

하이드라진은 약알칼리성으로 공기 중에서 열분해 시 약 180[℃]에서 암모니아(NH_3)와 질소(N_2), 수소(H_2)로 분해된다.

$$2N_2H_4 \rightarrow 2NH_3 + N_2 + H_2$$

정답 17 ③ 18 ① 19 ①

20 자기반응성 물질의 위험성에 대한 설명으로 틀린 것은?

① 트라이나이트로톨루엔은 테트릴에 비해 충격, 마찰에 둔감하다.
② 트라이나이트로톨루엔은 물을 넣어 운반하면 안전하다.
③ 나이트로글리세린을 점화하면 연소하여 다량의 가스를 발생한다.
④ 나이트로글리세린은 영하에서도 액체상이어서 폭발의 위험이 높다.

> **해설**
> **나이트로글리세린**(Nitro Glycerine, NG)은 융점이 2.8[℃]이므로 2.8[℃] 이상이면 액체이다.

21 다음 중 비점이 110[℃]인 액체로서 산화하여 벤즈알데하이드를 거쳐 벤조산이 되는 위험물은?

① 벤 젠   ② 톨루엔   ③ 자일렌   ④ 아세톤

> **해설**
> **톨루엔의 물성**
>
> | 화학식 | 비 중 | 비 점 | 융 점 | 인화점 | 착화점 | 연소범위 |
> |---|---|---|---|---|---|---|
> | $C_6H_5CH_3$ | 0.86 | 110[℃] | −93[℃] | 4[℃] | 480[℃] | 1.27~7.0[%] |
>
> ※ 톨루엔(비점 : 110[℃])에 산화제를 작용시키면 산화되어 벤즈알데하이드가 되고 산화되어 벤조산(안식향산)이 된다.

22 이산화탄소 가스의 밀도[g/L]는 27[℃], 2기압에서 약 얼마인가?

① 1.11   ② 2.02   ③ 2.76   ④ 3.57

> **해설**
> 이상기체 상태방정식을 적용한다.
>
> $$PV = \frac{W}{M}RT, \ PM = \frac{W}{V}RT, \ \rho = \frac{PM}{RT}$$
>
> $\therefore \ \rho = \dfrac{PM}{RT} = \dfrac{2[\text{atm}] \times 44[\text{g/g-mol}]}{0.08205[\text{L} \cdot \text{atm/g-mol} \cdot \text{K}] \times 300[\text{K}]} = 3.57[\text{g/L}]$

23 간이저장탱크에 설치하는 통기관의 기준에 대한 설명으로 옳은 것은?

① 통기관의 지름은 20[mm] 이상으로 한다.
② 통기관은 옥내에 설치하고 끝부분의 높이는 지상 1.5[m] 이상으로 한다.
③ 가는 눈의 구리망 등으로 인화방지장치를 한다.
④ 통기관의 끝부분은 수평면에 대하여 아래로 35° 이상 구부려 빗물 등이 들어가지 않도록 한다.

해설
간이탱크저장소의 통기관의 기준
- **통기관의 지름은 25[mm] 이상**으로 할 것
- **통기관은 옥외**에 설치하되, 그 끝부분의 높이는 **지상 1.5[m] 이상**으로 할 것
- 통기관의 끝부분은 수평면에 대하여 아래로 **45° 이상** 구부려 빗물 등이 침투하지 않도록 할 것
- 가는 눈의 구리망 등으로 인화방지장치를 할 것

24 위험물의 보호액으로서 틀린 것은?

① 황린 – 물
② 칼륨 – 석유
③ 나트륨 – 에탄올
④ CS_2 – 물

해설
나트륨, 칼륨의 보호액 : 등유, 경유, 유동파라핀

25 위험물의 저장 취급 및 운반에 있어서 적용제외 규정에 해당되지 않는 것은?

① 항공기 ② 철 도 ③ 궤 도 ④ 주유취급소

해설
위험물안전관리법 적용 제외 : 항공기, 선박, 철도, 궤도

26 화학소방자동차(포수용액 방사차) 1대가 갖추어야 할 포수용액의 방사능력으로 옳은 것은?

① 500[L/min] 이상
② 1,000[L/min] 이상
③ 1,500[L/min] 이상
④ 2,000[L/min] 이상

해설

화학소방자동차에 갖추어야 하는 소화능력 및 설비의 기준(시행규칙 별표 23)

화학소방자동차의 구분	소화능력 및 설비의 기준
포수용액 방사차	포수용액의 방사능력이 매분 2,000[L] 이상일 것
	소화약액탱크 및 소화약액혼합장치를 비치할 것
	10만[L] 이상의 포수용액을 방사할 수 있는 양의 소화약제를 비치할 것
분말 방사차	분말의 방사능력이 매초 35[kg] 이상일 것
	분말탱크 및 가압용 가스설비를 비치할 것
	1,400[kg] 이상의 분말을 비치할 것
할로젠화합물 방사차	할로젠화합물의 방사능력이 매초 40[kg] 이상일 것
	할로젠화합물탱크 및 가압용 가스설비를 비치할 것
	1,000[kg] 이상의 할로젠화합물을 비치할 것
이산화탄소 방사차	이산화탄소의 방사능력이 매초 40[kg] 이상일 것
	이산화탄소저장용기를 비치할 것
	3,000[kg] 이상의 이산화탄소를 비치할 것
제독차	가성소다 및 규조토를 각각 50[kg] 이상 비치할 것

27 위험물안전관리법 규정에 의하여 다수의 제조소 등을 설치한 자가 1인의 안전관리자를 중복하여 선임할 때 탱크저장소의 개수에 제한을 받는 것은?(단, 동일구내에 있는 저장소로서 행정안전부령이 정하는 저장소를 동일인이 설치한 경우이다)

① 옥내탱크저장소
② 옥외저장소
③ 지하탱크저장소
④ 간이탱크저장소

해설

1인의 안전관리자를 중복하여 선임할 수 있는 저장소 등(시행규칙 제56조)
- 10개 이하의 **옥내저장소, 옥외저장소, 암반탱크저장소**
- 30개 이하의 **옥외탱크저장소**
- 옥내탱크저장소
- 지하탱크저장소
- 간이탱크저장소

28 은백색의 결정으로 비중이 1.36이고 물과 반응하여 수소가스를 발생시키는 물질은?

① 수소화리튬　　　　　　　　② 수소화나트륨
③ 탄화칼슘　　　　　　　　　④ 탄화알루미늄

> **해설**
> **금속의 수소화물**
> • 종 류

종 류	형 태	화학식	분자량	융 점
수소화나트륨	은백색의 결정	NaH	24	−50[℃]
수소화리튬	투명한 고체	LiH	7.9	680[℃]
수소화칼슘	무색 결정	CaH_2	42	600[℃]
수소화 알루미늄리튬	회백색 분말	$LiAlH_4$	37.9	125[℃]

> • 물과 반응식
> − 수소화나트륨　　$NaH + H_2O \rightarrow NaOH + H_2 \uparrow$
> − 수소화리튬　　　$LiH + H_2O \rightarrow LiOH + H_2 \uparrow$
> − 수소화칼슘　　　$CaH_2 + 2H_2O \rightarrow Ca(OH)_2 + 2H_2 \uparrow$
> − 탄화칼슘　　　　$CaC_2 + 2H_2O \rightarrow Ca(OH)_2 + C_2H_2 \uparrow$
> − 탄화알루미늄　　$Al_4C_3 + 12H_2O \rightarrow 4Al(OH)_3 + 3CH_4$

29 은백색의 광택이 있는 금속으로 비중이 약 7.86, 융점은 약 1,530[℃]이고 열이나 전기의 양도체이며 염산에 반응하여 수소를 발생하는 것은?

① 알루미늄　　② 철　　　　③ 아 연　　　④ 마그네슘

> **해설**
> **철분(철)**
> • 물 성

화학식	비 중	융 점	비 점
Fe	7.0	1,530[℃]	2,750[℃]

> • 은백색의 광택금속분말이다.
> • 산소와 친화력이 강하여 발화할 때도 있고 산에 녹아 수소가스를 발생한다.
>
> $$Fe + 2HCl \rightarrow FeCl_2 + H_2$$

정답　28 ②　29 ②

30 다음 중 하나의 옥내저장소에 제1류 위험물과 함께 저장할 수 있는 위험물은?(단, 위험물을 유별로 정리하여 저장하는 한편, 서로 1[m] 이상의 간격을 두는 경우이다)

① 제4류 위험물
② 제2류 위험물 중 인화성 고체
③ 제3류 위험물 중 황린
④ 유기과산화물 또는 이를 함유한 것 이외의 제4류 위험물

해설
유별을 달리하는 위험물은 동일한 저장소에 저장하지 않아야 한다. 다만, 옥내저장소 또는 옥외저장소에 있어서 다음의 규정에 의한 위험물을 저장하는 경우로서 위험물을 유별로 정리하여 저장하는 한편, 서로 **1[m] 이상의 간격을 두는 경우**에는 그렇지 않다.
- 제1류 위험물(알칼리금속의 과산화물 또는 이를 함유한 것을 제외)과 제5류 위험물을 저장하는 경우
- 제1류 위험물과 제6류 위험물을 저장하는 경우
- **제1류 위험물과 제3류 위험물 중 자연발화성 물질**(황린 또는 이를 함유한 것에 한한다)을 저장하는 경우
- 제2류 위험물 중 인화성고체와 제4류 위험물을 저장하는 경우
- 제3류 위험물 중 알킬알루미늄등과 제4류 위험물(알킬알루미늄 또는 알킬리튬을 함유한 것에 한한다)을 저장하는 경우
- 제4류 위험물 중 유기과산화물 또는 이를 함유하는 것과 제5류 위험물 중 유기과산화물 또는 이를 함유한 것을 저장하는 경우

31 제6류 위험물의 위험등급에 관한 설명으로 옳은 것은?

① 제6류 위험물 중 질산은 위험등급Ⅰ이며, 그 외의 것은 위험등급Ⅱ이다.
② 제6류 위험물 중 과염소산은 위험등급Ⅰ이며, 그 외의 것은 위험등급Ⅱ이다.
③ 제6류 위험물은 모두 위험등급Ⅰ이다.
④ 제6류 위험물은 모두 위험등급Ⅱ이다.

해설
제6류 위험물은 모두 위험등급Ⅰ이고 지정수량은 모두 300[kg]이다.

32 개방형 스프링클러헤드를 이용한 스프링클러설비의 방사구역은 최소 몇 [m²] 이상으로 해야 하는가? (단, 방호대상물의 바닥면적이 200[m²]인 경우이다)

① 100 ② 150 ③ 200 ④ 250

해설
개방형 스프링클러헤드를 이용한 스프링클러설비의 방사구역(하나의 일제개방밸브에 의하여 동시에 방사되는 구역)은 **150[m²] 이상**(방호대상물의 바닥면적이 150[m²] 미만인 경우에는 해당 **바닥면적**)으로 할 것

33 위험물안전관리법령상 적린, 황화인에 적응성이 없는 소화설비는?

① 옥외소화전설비
② 포소화설비
③ 불활성가스소화설비
④ 인산염류 등의 분말소화설비

해설
적린, 황화인은 제2류 위험물로서 물에 의한 냉각소화가 효과적이다.

34 소형수동식소화기의 설치 기준에 따라 방호대상물의 각 부분으로부터 하나의 소형수동식소화기까지의 보행거리가 20[m] 이하가 되도록 설치해야 하는 제조소 등에 해당하는 것은?(단, 옥내소화전설비, 옥외소화전설비, 스프링클러설비, 물분무 등 소화설비 또는 대형 수동식소화기와 함께 설치하지 않는 경우이다)

① 지하탱크저장소
② 주유취급소
③ 판매취급소
④ 옥내저장소

해설
수동식소화기 설치 기준
- 대형수동식소화기의 설치 기준 : 방호대상물의 각 부분으로부터 하나의 대형수동식소화기까지의 보행거리가 30[m] 이하가 되도록 설치할 것(다만, 옥내소화전설비, 옥외소화전설비, 스프링클러설비, 물분무 등 소화설비와 함께 설치하는 경우에는 그렇지 않다)
- 소형수동식소화기의 설치 기준 : 소형수동식소화기 또는 그 밖의 소화설비는 **지하탱크저장소, 간이탱크저장소, 이동탱크저장소, 주유취급소, 판매취급소**에서는 유효하게 소화할 수 있는 위치에 설치해야 하며 **그 밖의 제조소 등에서는 방호대상물의 각 부분으로부터 하나의 소형수동식소화기까지의 보행거리가 20[m] 이하가 되도록 설치할 것**(다만, 옥내소화전설비, 옥외소화전설비, 스프링클러설비, 물분무 등 소화설비, 대형수동식소화기와 함께 설치하는 경우에는 그렇지 않다)

35 완공검사의 신청시기에 대한 설명으로 옳은 것은?

① 이동탱크저장소는 이동저장탱크의 제작 전에 신청한다.
② 이송취급소에서 지하에 매설하는 이송배관 공사의 경우는 전체의 이송배관 공사를 완료한 후에 신청한다.
③ 지하탱크가 있는 제조소 등은 해당 지하탱크를 매설하기 전에 신청한다.
④ 이송취급소에서 하천에 매설하는 이송배관의 공사의 경우에는 이송배관을 매설한 후에 신청한다.

해설

제조소 등의 완공검사 신청시기(시행규칙 제20조)
① 지하탱크가 있는 제조소 등의 경우 : 해당 지하탱크를 매설하기 전
② 이동탱크저장소의 경우 : 이동저장탱크를 완공하고 상시설치장소(상치장소)를 확보한 후
③ 이송취급소의 경우 : **이송배관 공사의 전체 또는 일부를 완료한 후.** 다만, **지하·하천 등에 매설하는 이송배관의 공사의 경우에는 이송배관을 매설하기 전**
④ 전체 공사가 완료된 후에는 완공검사를 실시하기 곤란한 경우 : 다음에서 정하는 시기
  ㉠ 위험물설비 또는 배관의 설치가 완료되어 기밀시험 또는 내압시험을 실시하는 시기
  ㉡ 배관을 지하에 설치하는 경우에는 시·도지사, 소방서장 또는 공사가 지정하는 부분을 매몰하기 직전
  ㉢ 공사가 지정하는 부분의 비파괴시험을 실시하는 시기
⑤ ① 내지 ④에 해당하지 않는 제조소 등의 경우 : 제조소 등의 공사를 완료한 후

36 위험물안전관리법령상 소방공무원경력자가 위험물을 취급할 수 있는 위험물은?

① 법령에서 정한 모든 위험물
② 제4류 위험물을 제외한 모든 위험물
③ 제4류 위험물과 제6류 위험물
④ 제4류 위험물

해설

소방공무원 경력자
• 소방공무원 경력 1년 이상 : 3급 소방안전관리대상물에 선임 가능
• **소방공무원 경력 3년 이상(소방공무원 경력자)** : 제4류 위험물만을 취급하는 제조소 등의 위험물안전관리자로 선임 가능(2급 소방안전관리대상물에 선임 가능)
• 소방공무원 경력 5년 이상 : 소방시설관리사시험에 응시 가능
• 소방공무원 경력 7년 이상 : 1급 소방안전관리대상물에 선임 가능
• 소방공무원 경력 20년 이상 : 특급 소방안전관리대상물에 선임 가능

37 위험물안전관리법령상 옥내탱크저장소에 설치하는 밸브 없는 통기관은 가는 눈의 구리망 등으로 인화방지장치를 설치해야 하는데 인화점 몇 [℃] 이상인 위험물을 그 인화점 미만으로 저장 또는 취급할 때 예외 규정인가?

① 50[℃] ② 60[℃] ③ 70[℃] ④ 100[℃]

해설

옥내탱크저장소에 설치하는 밸브 없는 통기관의 설치 기준(시행규칙 별표 7)

- 통기관의 끝부분은 건축물의 창·출입구 등의 개구부로부터 1[m] 이상 떨어진 옥외의 장소에 지면으로부터 4[m] 이상의 높이로 설치하되, 인화점이 40[℃] 미만인 위험물의 탱크에 설치하는 통기관에 있어서는 부지경계선으로부터 1.5[m] 이상 거리를 둘 것
- 통기관은 가스 등이 체류할 우려가 있는 굴곡이 없도록 할 것
- 지름은 30[mm] 이상일 것
- 끝부분은 수평면보다 45° 이상 구부려 빗물 등의 침투를 막는 구조로 할 것
- 인화점이 38[℃] 미만인 위험물만을 저장 또는 취급하는 탱크에 설치하는 통기관에는 화염방지장치를 설치하고, 그 외의 탱크에 설치하는 통기관에는 40메쉬(mesh) 이상의 구리망 또는 동등 이상의 성능을 가진 인화방지장치를 설치할 것. 다만, 인화점이 **70[℃] 이상**인 위험물만을 해당 위험물의 인화점 미만의 온도로 저장 또는 취급하는 탱크에 설치하는 통기관에는 인화방지장치를 설치하지 않을 수 있다.

38 액체 위험물의 옥외저장탱크에는 위험물의 양을 자동적으로 표시할 수 있는 계량장치를 설치해야 한다. 그 종류로서 적당하지 않은 것은?

① 기밀부유식 계량장치
② 증기가 비산하는 구조의 부유식 계량장치
③ 전기압력자동방식에 의한 자동계량장치
④ 방사선동위원소를 이용한 방식에 의한 자동계량장치

해설

위험물의 양을 자동적으로 표시할 수 있는 계량장치

- 기밀부유식(밀폐되어 부상하는 방식) 계량장치
- **증기가 비산하지 않는 구조의 부유식 계량장치**
- 전기압력자동방식에 의한 자동계량장치
- 방사선동위원소를 이용한 방식에 의한 자동계량장치
- 유리측정기(Gauge Glass : 수면이나 유면의 높이를 측정하는 유리로 된 기구를 말하며, 금속관으로 보호된 경질유리 등으로 되어 있고 게이지가 파손되었을 때 위험물의 유출을 자동적으로 정지할 수 있는 장치가 되어 있는 것으로 한정한다)

정답 37 ③ 38 ②

39 수조는 소화전용 물통 6개를 포함하여 190[L]는 능력단위 몇 단위인가?

① 1　　　　② 0.5　　　　③ 1.5　　　　④ 2.5

> **해설**
> **소화설비의 능력단위(시행규칙 별표 17)**
>
> | 소화설비 | 용량 | 능력단위 |
> |---|---|---|
> | 소화전용(專用)물통 | 8[L] | 0.3 |
> | 수조(소화전용 물통 3개 포함) | 80[L] | 1.5 |
> | **수조(소화전용 물통 6개 포함)** | 190[L] | 2.5 |
> | 마른모래(삽 1개 포함) | 50[L] | 0.5 |
> | 팽창질석 또는 팽창진주암(삽 1개 포함) | 160[L] | 1.0 |

40 다음 위험물 지정수량이 제일 적은 것은?

① 벤 젠　　　　② 아세톤　　　　③ 아닐린　　　　④ 이황화탄소

> **해설**
> **제4류 위험물의 지정수량**
>
> | 종 류 | 벤 젠 | 아세톤 | 아닐린 | 이황화탄소 |
> |---|---|---|---|---|
> | 품 명 | 제1석유류
(비수용성) | 제1석유류
(수용성) | 제3석유류
(비수용성) | 특수인화물 |
> | 지정수량 | 200[L] | 400[L] | 2,000[L] | 50[L] |

41 다음 금속탄화물이 물과 접촉했을 때 아세틸렌가스를 발생하지 않는 것은?

① Li_2C_2　　　　② Mn_3C　　　　③ K_2C_2　　　　④ MgC_2

> **해설**
> **금속탄화물과 물의 반응**
> - $Li_2C_2 + 2H_2O \rightarrow 2LiOH + C_2H_2 \uparrow$
> - $Na_2C_2 + 2H_2O \rightarrow 2NaOH + C_2H_2 \uparrow$
> - $K_2C_2 + 2H_2O \rightarrow 2KOH + C_2H_2 \uparrow$
> - $MgC_2 + 2H_2O \rightarrow Mg(OH)_2 + C_2H_2 \uparrow$
> - $CaC_2 + 2H_2O \rightarrow Ca(OH)_2 + C_2H_2 \uparrow$
>
> Mn_3C는 물과 반응 시 **메테인**과 **수소가스**를 발생한다.
> $Mn_3C + 6H_2O \rightarrow 3Mn(OH)_2 + CH_4 \uparrow + H_2 \uparrow$

42 다음 중 피뢰설비를 설치해야 하는 옥내저장소에 해당하지 않는 것은?

① 아세톤 4,000[L]을 저장하는 옥내저장소
② 피리딘 4,000[L]을 저장하는 옥내저장소
③ 질산 4,000[kg]을 저장하는 옥내저장소
④ 톨루엔 4,000[L]을 저장하는 옥내저장소

해설

피뢰설비 설치대상 : 지정수량의 10배 이상을 저장하는 제조소 등(제6류 위험물은 제외)

- 위험물의 지정수량

종 류	아세톤	피리딘	질 산	톨루엔
지정수량	제1석유류 (수용성)	제1석유류 (수용성)	제6류 위험물	제1석유류 (비수용성)
지정수량	400[L]	400[L]	300[kg]	200[L]

- 지정수량의 배수
  - 아세톤 4,000[L]을 저장하는 옥내저장소

    $\therefore$ 지정수량의 배수 = $\dfrac{\text{저장량}}{\text{지정수량}}$ = $\dfrac{4,000[L]}{400[L]}$ = 10배

  - 피리딘 4,000[L]을 저장하는 옥내저장소

    $\therefore$ 지정수량의 배수 = $\dfrac{\text{저장량}}{\text{지정수량}}$ = $\dfrac{4,000[L]}{400[L]}$ = 10배

  - 질산 4,000[kg]을 저장하는 옥내저장소

    $\therefore$ 지정수량의 배수 = $\dfrac{\text{저장량}}{\text{지정수량}}$ = $\dfrac{4,000[L]}{300[L]}$ = 13.33배

  - 톨루엔 4,000[L]을 저장하는 옥내저장소

    $\therefore$ 지정수량의 배수 = $\dfrac{\text{저장량}}{\text{지정수량}}$ = $\dfrac{4,000[L]}{200[L]}$ = 20배

※ 제6류 위험물은 지정수량의 배수에 관계없이 피뢰설비를 설치할 필요가 없다.

43 위험물제조소 옥외에 있는 위험물 취급탱크 용량이 50,000[L]인 곳의 방유제 용량은 몇 [L] 이상이어야 하는가?

① 25,000   ② 30,000   ③ 55,000   ④ 110,000

해설

제조소의 위험물 취급탱크 용량

- 위험물제조소의 옥외에 있는 위험물 취급탱크의 방유제의 용량
  - 1기일 때 : 탱크용량 × 0.5(50[%])
  - 2기 이상일 때 : 최대 탱크용량 × 0.5 + (나머지 탱크용량 합계 × 0.1)
- 위험물제조소의 옥내에 있는 위험물 취급탱크의 방유턱의 용량
  - 1기일 때 : 탱크용량 이상
  - 2기 이상일 때 : 최대 탱크용량 이상

  $\therefore$ 방유제의 용량 = 50,000[L] × 0.5 = 25,000[L]

정답 42 ③ 43 ①

44 트라이에틸알루미늄이 물과 반응하였을 때 생성되는 물질은?

① $Al(OH)_3$, C_2H_2
② $Al(OH)_3$, C_2H_6
③ Al_2O_3, C_2H_2
④ Al_2O_3, C_2H_6

해설
트라이에틸알루미늄[$(C_2H_5)_3Al$]의 반응

- 공기와 반응 $2(C_2H_5)_3Al + 21O_2 \rightarrow Al_2O_3 + 15H_2O + 12CO_2 \uparrow$
- 물과 반응 $(C_2H_5)_3Al + 3H_2O \rightarrow Al(OH)_3 + 3C_2H_6$
                                                         (수산화알루미늄) (에테인)

45 그림과 같은 위험물 탱크의 내용적은 약 몇 [m³]인가?

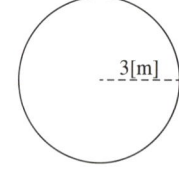
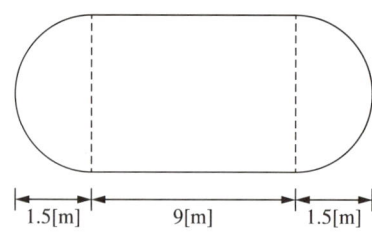

① 258.3
② 282.6
③ 312.1
④ 375.3

해설
내용적 = $\pi r^2 \left(l + \dfrac{l_1 + l_2}{3} \right) = 3.14 \times (3)^2 \times \left(9 + \dfrac{1.5 + 1.5}{3} \right) = 282.6 [m^3]$

46 다음 위험물 품명에서 지정수량이 100[kg]이 아닌 것은?

① 질산에스터류(제1종)
② 유기과산화물(제2종)
③ 아조화합물(제2종)
④ 하이드라진유도체(제2종)

해설
- 질산에스터류(제1종)의 지정수량 : 10[kg]
- 셀룰로이드 : 100[kg]

47 다음 위험물을 완전연소 시켰을 때 이산화황의 연소 생성물을 발생하지 않는 것은?

① 황　　　　　② 황 린　　　　　③ 삼황화인　　　　　④ 이황화탄소

해설
연소반응식
- 황　　　　$S + O_2 \rightarrow SO_2 \uparrow$
- 황린　　　$P_4 + 5O_2 \rightarrow 2P_2O_5$
- 삼황화인　$P_4S_2 + 8O_2 \rightarrow 2P_2O_5 + 3SO_2 \uparrow$
- 이황화탄소　$CS_2 + 3O_2 \rightarrow CO_2 + 2SO_2 \uparrow$

48 에틸알코올 46[g]을 완전연소하기 위해 표준상태에서 필요한 산소량과 공기량은?

① 산소량 : 33.6[L], 공기량 : 67.2[L]
② 산소량 : 33.6[L], 공기량 : 160[L]
③ 산소량 : 67.2[L], 공기량 : 134.4[L]
④ 산소량 : 67.2[L], 공기량 : 320[L]

해설
에틸알코올의 연소반응식

$$C_2H_5OH + 3O_2 \rightarrow 2CO_2 + 3H_2O$$

　　46[g]　　　3 × 22.4[L]
　　46[g]　　　x

$x = \dfrac{46[g] \times 3 \times 22.4[L]}{46[g]} = 67.2[L]$ (이론산소량)

∴ 이론공기량 = 67.2[L] ÷ 0.21 = 320[L]

49 다음 중 산화하면 아세트알데하이드가 되고 다시 한 번 산화하면 아세트산이 되는 것은?

① 에틸알코올　　　　　② 메틸알코올
③ 아세트알데하이드　　④ 아세트산

해설
산화, 환원반응식
- 메틸알코올(CH_3OH)

$CH_3OH \underset{환원}{\overset{산화}{\rightleftarrows}} HCHO$(폼알데하이드) $\underset{환원}{\overset{산화}{\rightleftarrows}} HCOOH$(의산, 폼산)

- 에틸알코올(C_2H_5OH)

$C_2H_5OH \underset{환원}{\overset{산화}{\rightleftarrows}} CH_3CHO$(아세트알데하이드) $\underset{환원}{\overset{산화}{\rightleftarrows}} CH_3COOH$(초산, 아세트산)

정답 47 ② 48 ④ 49 ①

50 다음 중 아염소산은 어느 것인가?

① HClO ② HClO$_2$ ③ HClO$_3$ ④ HClO$_4$

해설
위험물의 명칭

종류	HClO	HClO$_2$	HClO$_3$	HClO$_4$
명칭	차아염소산	아염소산	염소산	과염소산

51 KClO$_3$ 200[kg], KMnO$_4$ 3,000[kg] 및 KNO$_3$ 600[kg]을 저장하려고 할 때 각 위험물의 지정수량 배수의 총합은?

① 4.0 ② 5.5 ③ 6.0 ④ 9.0

해설

$$지정수량의\ 배수 = \frac{저장량}{지정수량} + \frac{저장량}{지정수량} + \cdots$$

• 위험물의 지정수량

항목 \ 종류	KClO$_3$	KMnO$_4$	KNO$_3$
명칭	염소산칼륨	과망가니즈산칼륨	질산칼륨
품명	제1류 위험물 염소산염류	제1류 위험물 과망가니즈산염류	제1류 위험물 질산염류
지정수량	50[kg]	1,000[kg]	300[kg]

• 지정수량의 배수를 구하면

$$\therefore 지정수량의\ 배수 = \frac{200[kg]}{50[kg]} + \frac{3,000[kg]}{1,000[kg]} + \frac{600[kg]}{300[kg]} = 9배$$

52 위험물의 자연발화를 방지하기 위한 방법으로 틀린 것은?

① 통풍이 잘 되게 한다.
② 습도를 높게 한다.
③ 주위의 온도를 낮춘다.
④ 질소를 주입하여 공기와 접촉을 피한다.

해설
자연발화의 방지법
• **습도를 낮게 할 것**
• 주위의 온도를 낮출 것
• 통풍을 잘 시킬 것
• 불활성 가스를 주입하여 공기와 접촉을 피할 것

50 ② 51 ④ 52 ②

53 운반용기 내용적의 98[%] 이하의 수납률로 수납해야 하는 위험물이 아닌 것은?
① 과산화벤조일
② 질산에틸
③ 나이트로글리세린
④ 메틸에틸케톤퍼옥사이드

해설
수납률
- **고체 위험물** : 운반용기 내용적의 **95[%] 이하**의 수납률로 수납할 것
- **액체 위험물** : 운반용기 내용적의 98[%] 이하의 수납률로 수납하되, 55[℃]의 온도에서 누설되지 않도록 충분한 공간용적을 유지하도록 할 것

> – 과산화벤조일 : 고체
> – 질산에틸, 나이트로글리세린, 메틸에틸케톤퍼옥사이드 : 액체

54 접지도선을 설치하지 않는 이동탱크저장소에 의하여도 저장·취급할 수 있는 위험물은?
① 알코올류
② 제1석유류
③ 제2석유류
④ 특수인화물

해설
접지도선을 해야 하는 위험물 : 특수인화물, 제1석유류, 제2석유류

55 다음 중 인위적 조절이 필요한 상황에 사용할 수 있는 워크 팩터(Work Factor)의 기호가 아닌 것은?
① D
② K
③ P
④ S

해설
워크 팩터의 기호 : 워크 팩터법에서는 동작의 난이도에 따라 D(일정한 정지), P(주의), S(방향의 조절), U(방향변화)의 워크 팩터를 사용하고 있다.

56 다음 [표]를 참조하여 5개월 단순이동평균법으로 7월의 수요를 예측하면 몇 개인가?

월	1	2	3	4	5	6
실적	48	50	53	60	64	68

① 55개
② 57개
③ 58개
④ 59개

해설
이동평균법 예측치
예측치 $Ft = \dfrac{\text{기간의 실적치}}{\text{기간의 수}} = \dfrac{50+53+60+64+68}{5} = 59$개

57 단순지수평활법을 이용하여 금월의 수요를 예측하려고 한다면 이때 필요한 자료는 무엇인가?

① 일정기간의 평균값, 가중값, 지수평활계수
② 추세선, 최소자승법, 매개변수
③ 전월의 예측치와 실제치, 지수평활계수
④ 추세변동, 순환변동, 우연변동

해설

지수평활법 : 이동평균법과 유사한 방법으로 평균법이 가진 단점을 보완하여 과거의 실적치를 최근에 가장 가까운 실적치에 상대적으로 큰 비중을 두어 수요를 예측하는 방법

- 단순지수평활법
  - 차기예측치 = 당기예측치 + 지수평활계수(당기실적치 − 당기예측치)
  - 공 식

$$F_t = \alpha \cdot A_{t-1} + (1-\alpha)F_{t-1}$$

여기서, F_t : 차기의 판매예측치 α : 지수평활계수($0 < \alpha < 1$)
A_{t-1} : 당기의 판매실적치 F_{t-1} : 당기의 판매예측치

- 이중지수평활법
  추세조정예측치 = 예측치 + 추세조정치

58 계량치 관리도는 어느 것인가?

① 불량률 관리도
② 불량개수 관리도
③ 개개의 측정치 관리도
④ 결점수 관리도

해설

관리도의 분류

계수치 관리도		계량치 관리도	
종 류	분포이론 적용	종 류	분포이론 적용
P(불량률)관리도	이항 분포	$\bar{x}$−R(평균치와 범위)관리도	정규분포이론
Pn(불량개수)관리도	이항 분포	x(개개의 측정치)관리도	정규분포이론
C(결점수)관리도	푸아송 분포	$\tilde{x}$−R(메디안과 범위) 관리도	정규분포이론
U(단위당결점수)관리도	푸아송 분포	L−S(최대치와 최소치)관리도	정규분포이론

59 다음의 데이터를 보고 편차 제곱합(S)을 구하면?(단, 소수점 3자리까지 구하시오)

[Data] : 18.8, 19.1, 18.8, 18.2, 18.4, 18.3, 19.0, 18.6, 19.2

① 0.338　　　② 1.029　　　③ 0.114　　　④ 1.014

해설
편차 제곱합(S)
- 평균 $\bar{x}$ = (18.8 + 19.1 + 18.8 + 18.2 + 18.4 + 18.3 + 19.0 + 18.6 + 19.2) ÷ 9 = 18.71
- 편차 제곱합(S) = $(18.8 - 18.71)^2 + (19.1 - 18.71)^2 + (18.8 - 18.71)^2 + (18.2 - 18.71)^2 + (18.4 - 18.71)^2$
  $+ (18.3 - 18.71)^2 + (19.0 - 18.71)^2 + (18.6 - 18.71)^2 + (19.2 - 18.71)^2$
  $= 1.029$

60 시계열분석에 의한 수요예측방법에서 시계열적 변동에 의한 분류에 해당하지 않는 것은?
① 추세변동　　　② 순환변동
③ 이동변동　　　④ 계절변동

해설
시계열적 변동에 의한 분류
- 추세변동 : 장기적인 변동의 추세를 나타내는 변동
- 순환변동 : 일정한 주기 없이 사이클 현상으로 반복되는 현상
- 계절변동 : 1년 주기로 계절에 따라 되풀이 되는 변동
- 불규칙변동 : 불분명한 원인이나 돌발적인 원인으로 일어나는 우연변동

정답 59 ②　60 ③

2021년 2월 20일 시행 과년도 기출복원문제

01 제4류 위험물을 취급하는 제조소 등이 있는 동일한 사업소에서 지정수량의 몇 배 이상인 경우에 자체소방대를 설치해야 하는가?

① 1,000배   ② 3,000배   ③ 5,000배   ④ 10,000배

해설

자체소방대 설치
- 설치대상
  - 지정수량의 3,000배 이상을 취급하는 제조소 또는 일반취급소
  - 지정수량의 50만배 이상을 저장하는 옥외탱크저장소
- 자체소방대에 두는 화학소방자동차 및 인원(시행령 별표 8)

사업소의 구분	화학소방자동차	자체소방대원의 수
제조소 또는 일반취급소에서 취급하는 제4류 위험물의 최대수량의 합이 지정수량의 3,000배 이상 12만배 미만인 사업소	1대	5인
제조소 또는 일반취급소에서 취급하는 제4류 위험물의 최대수량의 합이 지정수량의 12만배 이상 24만배 미만인 사업소	2대	10인
제조소 또는 일반취급소에서 취급하는 제4류 위험물의 최대수량의 합이 지정수량의 24만배 이상 48만배 미만인 사업소	3대	15인
제조소 또는 일반취급소에서 취급하는 제4류 위험물의 최대수량의 합이 지정수량의 48만배 이상인 사업소	4대	20인
옥외탱크저장소에 저장하는 제4류 위험물의 최대수량이 지정수량의 50만배 이상인 사업소	2대	10인

[비고] 화학소방자동차에는 행정안전부령이 정하는 소화능력 및 설비를 갖추어야 하고, 소화활동에 필요한 소화약제 및 기구(방열복 등 개인장구를 포함한다)를 비치해야 한다.

02 어떤 액체연료의 질량조성이 C : 75[%], H : 25[%]일 때 C/H의 몰비는?

① 0.25   ② 0.33   ③ 0.44   ④ 0.55

해설

C/H의 몰비 $= \dfrac{75/12}{25/1} = 0.25$

원자량   C = 12,   H = 1

03 고속국도의 도로변에 설치한 주유취급소의 탱크 용량은 얼마까지 할 수 있는가?

① 10만[L] ② 8만[L] ③ 6만[L] ④ 5만[L]

해설
고속국도의 도로변에 설치한 **주유취급소의 탱크 용량 : 60,000[L] 이하**

04 나이트로화합물류 중 분자구조 내에 하이드록시기를 갖는 위험물은?

① 피크르산
② 트라이나이트로톨루엔
③ 트라이나이트로벤젠
④ 테트릴

해설
하이드록시기(-OH)를 갖는 것은 피크르산이다.

종류	피크르산	트라이나이트로톨루엔	트라이나이트로벤젠	테트릴
구조식	O_2N-(OH, NO_2)-NO_2	O_2N-(CH_3, NO_2)-NO_2	O_2N-()-NO_2, NO_2	NO_2-N-CH_3, O_2N-()-NO_2, NO_2

05 제2류 위험물과 제4류 위험물의 공통적인 성질로 맞는 것은?

① 모두 물에 의해 소화가 가능하다.
② 모두 산소 원소를 포함하고 있다.
③ 모두 물보다 가볍다.
④ 모두 가연성 물질이다.

해설
제2류 위험물과 제4류 위험물의 공통적인 성질
- 제2류 위험물은 냉각소화, 제4류 위험물은 질식소화가 가능하다.
- 제1류 위험물과 제6류 위험물은 산소원소를 포함하고 있다.
- 제4류 위험물(액체)은 물보다 가벼운 것이 많다.
- **제2류 위험물과 제4류 위험물은 모두 가연성 물질**이다.

정답 03 ③ 04 ① 05 ④

06
메테인 50[%], 에테인 30[%], 프로페인 20[%]의 부피비로 혼합된 가스의 공기 중 폭발하한계 값은?
(단, 메테인, 에테인, 프로페인의 폭발하한계는 각각 5[%], 3[%], 2[%]이다)

① 약 1.1[%]　　② 약 3.3[%]　　③ 약 5.5[%]　　④ 약 7.7[%]

해설

혼합가스의 폭발범위

$$L_m = \frac{100}{\dfrac{V_1}{L_1} + \dfrac{V_2}{L_2} + \dfrac{V_3}{L_3} + \cdots}$$

여기서, L_m : 혼합가스의 폭발하한계[vol%]
　　　　V_1, V_2, V_3 : 가연성가스의 용량[vol%]
　　　　L_1, L_2, L_3 : 가연성가스의 폭발하한계[vol%]

∴ $L_m(\text{하한값}) = \dfrac{100}{\dfrac{V_1}{L_1} + \dfrac{V_2}{L_2} + \dfrac{V_3}{L_3}} = \dfrac{100}{\dfrac{50}{5} + \dfrac{30}{3} + \dfrac{20}{2}} = 3.33[\%]$

07
질산암모늄 등 유해, 위험물질의 위험성을 평가하는 방법 중 정량적 방법이 아닌 것은?

① FTA　　② ETA　　③ CCA　　④ PHA

해설

안정성 평가의 종류
- 정량적 방법
  - 결함 수 분석(FTA)
  - 사건 수 분석(ETA)
  - 원인-결과 분석(CCA)
- 정성적 방법
  - 체크리스트
  - 사고예상질문 분석
  - 상대위험순위
  - HAZOP(위험과 운전 분석)
  - 작업자 실수 분석

08 위험물 제조소 등의 안전거리의 단축기준을 적용함에 있어서 $H \leq pD^2 + a$일 경우 방화상 유효한 담의 높이는 2[m] 이상으로 한다. 여기서 H가 의미하는 것은?

① 제조소 등과 인근 건축물과의 거리
② 인근 건축물 또는 공작물의 높이
③ 제조소 등의 외벽의 높이
④ 제조소 등과 방화상 유효한 담과의 거리

해설
방화상 유효한 담의 높이

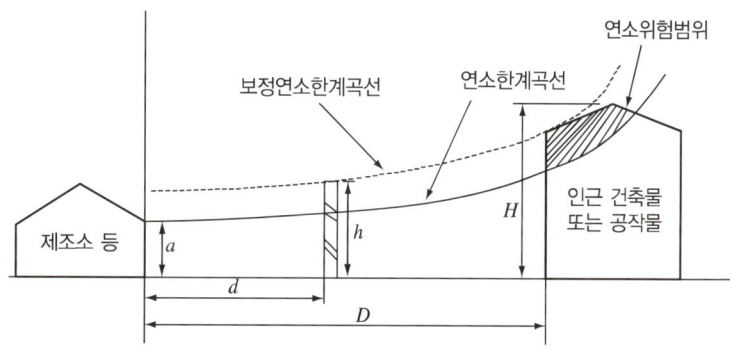

- $H \leq pD^2 + a$인 경우 $h = 2[m]$
- $H > pD^2 + a$인 경우 $h = H - p(D^2 - d^2)[m]$

여기서, D : 제조소 등과 인근 건축물 또는 공작물과의 거리[m]
 H : 인근 건축물 또는 공작물의 높이[m]
 a : 제조소 등의 외벽의 높이[m]
 d : 제조소 등과 방화상 유효한 담과의 거리[m]
 h : 방화상 유효한 담의 높이[m]
 p : 상수(생략)

09 다음 중 분자 간의 수소결합을 하지 않는 것은?

① HF ② NH_3 ③ CH_3F ④ H_2O

해설
수소결합 : 전기음성도가 큰 F, O, N 원자들과 공유결합을 한 H(수소) 원자와 이웃 분자의 F, O, N 원자와의 결합으로 플루오린화수소(HF), 암모니아(NH_3), 물(H_2O) 등이 있다.

10 다음 중 이상유체에 대한 설명으로 옳은 것은?

① 압력을 가하면 부피가 감소하고 압력이 제거되면 부피가 다시 증가하는 가상 유체를 의미한다.
② 뉴턴의 점성법칙에 따라 거동하는 가상 유체를 의미한다.
③ 비점성, 비압축성인 가상 유체를 의미한다.
④ 유체를 관 내부로 이동시키면 유체와 관벽 사이에서 전단응력이 발생하는 가상 유체를 의미한다.

> **해설**
> **이상유체** : 점성이 없고 비압축성인 유체

11 가열 용융시킨 황과 황린을 서서히 반응시킨 후 증류 냉각하여 얻는 제2류 위험물로서 발화점이 약 100[℃], 융점이 약 173[℃], 비중이 약 2.03인 물질은?

① P_2S_5 ② P_4S_3 ③ P_4S_7 ④ P

> **해설**
> **황화인의 물성**
>
> | 항목 \ 종류 | 삼황화인 | 오황화인 | 칠황화인 |
> | --- | --- | --- | --- |
> | 성상 | 황색 결정 | 담황색 결정 | 담황색 결정 |
> | 화학식 | P_4S_3 | P_2S_5 | P_4S_7 |
> | 비점 | 407[℃] | 514℃ | 523[℃] |
> | 비중 | 2.03 | 2.09 | 2.03 |
> | 융점 | 172.5[℃] | 290[℃] | 310[℃] |
> | 착화점 | 약 100[℃] | 142[℃] | - |

12 NH_4ClO_4에 대한 설명으로 틀린 것은?

① 금속 부식성이 있다.
② 조해성이 있다.
③ 폭발성의 산화제이다.
④ 폭발 시 CO_2, HCl, NO_2 가스를 주로 발생한다.

해설

과염소산암모늄

• 물 성

화학식	분자량	비 중	분해 온도
NH_4ClO_4	117.5	2.0	130[℃]

• 무색의 수용성 결정으로 조해성이 있다.
• 폭발성의 산화제이다.
• 물, 에탄올, 아세톤, 에터에 잘 녹는다.
• 130[℃]에서 분해하기 시작하여 300[℃]에서 급격히 분해하여 폭발한다.

$$NH_4ClO_4 \rightarrow NH_4Cl + 2O_2 \uparrow$$
$$2NH_4ClO_4 \rightarrow N_2 + Cl_2 + 2O_2 + 4H_2O$$

13 다음 중 아염소산은 어느 것인가?

① $HClO$ ② $HClO_2$ ③ $HClO_3$ ④ $HClO_4$

해설

위험물의 명칭

종 류	$HClO$	$HClO_2$	$HClO_3$	$HClO_4$
명 칭	차아염소산	아염소산	염소산	과염소산

14 위험물 제조소에 관한 다음 설명 중 옳은 것은?(단, 원칙적인 경우에 한한다)

① 위험물시설의 설치 후 사용시기는 완공검사신청서를 제출했을 때부터 사용이 가능하다.
② 위험물시설의 설치 후 사용시기는 완공검사를 받은 날로부터 사용이 가능하다.
③ 위험물시설의 설치 후 사용시기는 설치허가를 받았을 때부터 사용이 가능하다.
④ 위험물시설의 설치 후 사용시기는 완공검사를 받고 완공검사합격확인증을 교부받았을 때부터 사용이 가능하다.

해설

위험물 사용시기는 완공검사합격확인증을 받고 위험물안전관리자를 선임하고 나서 위험물을 저장 또는 취급할 수 있다(위험물안전관리자 선임신고는 선임일로부터 14일 이내에 소방서장에게 한다).

정답 12 ④ 13 ② 14 ④

15 비수용성의 제4류 위험물을 저장하는 시설에 포소화설비를 설치하는 경우 약제에 관하여 옳게 설명한 것은?

① Ⅰ형의 방출구를 이용하는 것은 플루오린화단백포소화약제 또는 수성막포소화약제로 하고, 그 밖의 것은 단백포소화약제(플루오린화단백포소화약제를 포함한다) 또는 수성막포소화약제로 한다.
② Ⅲ형의 방출구를 이용하는 것은 플루오린화단백포소화약제 또는 수성막포소화약제로 하고, 그 밖의 것은 단백포소화약제(플루오린화단백포소화약제를 포함한다) 또는 수성막포소화약제로 한다.
③ 특형의 방출구를 이용하는 것은 플루오린화단백포소화약제 또는 수성막포소화약제로 하고, 그 밖의 것은 단백포소화약제(플루오린화단백포소화약제를 포함한다) 또는 수성막포소화약제로 한다.
④ 특형의 방출구를 이용하는 것은 단백포소화약제(플루오린화단백포소화약제를 제외한다) 또는 수성막포소화약제로 하고, 그 밖의 것은 수성막포소화약제로 한다.

해설
포소화설비의 기준(세부기준 제133조 5호) : 포소화설비에 이용하는 포소화약제는 Ⅲ형 방출구를 이용하는 것은 플루오린화단백포소화약제 또는 수성막포소화약제로 하고 그 밖의 것은 단백포소화약제(플루오린화단백포소화약제를 포함한다) 또는 수성막포소화약제로 할 것. 이 경우에 수용성 위험물에 사용하는 것은 수용성액체용 포소화약제로 해야 한다.

16 토출량이 5[m³/min]이고 토출구의 유속이 2[m/s]인 펌프의 구경은 몇 [mm]인가?

① 330   ② 230   ③ 130   ④ 120

해설
$$Q = uA = u\frac{\pi}{4}d^2,\ d = \sqrt{\frac{4Q}{u\pi}} = \sqrt{\frac{4 \times (5/60)[\text{m}^3/\text{s}]}{2[\text{m/s}] \times 3.14}} = 0.230[\text{m}] = 230[\text{mm}]$$

17 폼산의 지정수량으로 옳은 것은?

① 400[L]   ② 1,000[L]   ③ 2,000[L]   ④ 4,000[L]

해설
폼산(의산, 개미산) : 제4류 위험물 제2석유류(수용성)로서 지정수량은 2,000[L]이다.

18 다음 중 제6류 위험물이 아닌 것은?

① 농도가 36[wt%]인 H_2O_2 ② IF_5
③ 비중 1.49인 HNO_3 ④ $HClO_3$

해설
제6류 위험물
- 과산화수소(H_2O_2, 농도가 36[wt%] 이상인 것)
- 질산(HNO_3, 비중이 1.49 이상인 것)
- 과염소산($HClO_4$)
- 할로젠간화합물(IF_5)

19 위험물안전관리법령상 "고인화점 위험물"이란?

① 인화점이 100[℃] 이상인 제4류 위험물
② 인화점이 130[℃] 이상인 제4류 위험물
③ 인화점이 100[℃] 이상인 제4류 위험물 또는 제3류 위험물
④ 인화점이 100[℃] 이상인 위험물

해설
고인화점 위험물 : 인화점이 100[℃] 이상인 제4류 위험물

20 경유 250,000[L]는 몇 소요단위에 해당하는가?

① 7.5단위 ② 15단위 ③ 25단위 ④ 35단위

해설
경유는 제4류 위험물 제2석유류(비수용성)이므로 지정수량은 **1,000**[L]이다.

∴ 소요단위 $= \dfrac{\text{저장량}}{\text{지정수량} \times 10\text{배}} = \dfrac{250,000[L]}{1,000[L] \times 10\text{배}} = 25$단위

정답 18 ④ 19 ① 20 ③

21 그림의 위험물에 대한 설명으로 옳은 것은?

$$\underset{NO_2}{\underset{|}{O_2N}}\diagdown\overset{CH_3}{\underset{|}{\bigcirc}}\diagup NO_2$$

① 휘황색의 액체이다.
② 규조토에 흡수시켜 다이너마이트를 제조하는 원료이다.
③ 여름에 기화하고 겨울에 동결할 우려가 있다.
④ 물에 녹지 않고 아세톤, 벤젠에 잘 녹는다.

해설
트라이나이트로톨루엔(Tri Nitro Toluene, TNT)
- 담황색의 결정으로 강력한 폭약이다.
- **물**에는 **녹지 않고 알코올, 에터, 벤젠, 아세톤** 등 유기용제에는 **녹는다**.

> 나이트로글리세린은 규조토에 흡수시켜 다이너마이트를 제조하는 원료이다.

22 위험물안전관리법령에서 정하는 유별에 따른 위험물의 성질에 해당하지 않는 것은?

① 산화성 고체　　　　　② 산화성 액체
③ 가연성 고체　　　　　④ 가연성 액체

해설
위험물의 성질

유 별	제1류	제2류	제3류	제4류	제5류	제6류
성 질	산화성 고체	가연성 고체	자연발화성 및 금수성 물질	인화성 액체	자기반응성 물질	산화성 액체

23 트라이에틸알루미늄이 물과 반응하였을 때 생성하는 물질로 맞는 것은?

① 수산화알루미늄, 메테인　　　② 수소화알루미늄, 메테인
③ 수산화알루미늄, 에테인　　　④ 수소화알루미늄, 에테인

해설
물과 반응
- **트라이에틸알루미늄**과 물의 반응

$$(C_2H_5)_3Al + 3H_2O \rightarrow \underset{\text{(수산화알루미늄)}}{Al(OH)_3} + \underset{\text{(에테인)}}{3C_2H_6 \uparrow}$$

- **트라이메틸알루미늄**과 물의 반응

$$(CH_3)_3Al + 3H_2O \rightarrow Al(OH)_3 + \underset{\text{(메테인)}}{3CH_4 \uparrow}$$

21 ④　22 ④　23 ③

24 27[℃], 2.0[atm]에서 20.0[g]의 CO_2 기체가 차지하는 부피는?(단, 기체상수 R = 0.082[L · atm/g-mol · K]이다)

① 5.59[L]   ② 2.80[L]   ③ 1.40[L]   ④ 0.50[L]

해설
이상기체 상태방정식

$$PV = nRT = \frac{W}{M}RT$$

여기서, P : 압력(2[atm]) V : 부피[L]
n : mol수(무게/분자량) W : 무게(20[g])
M : 분자량(CO_2 = 44[g/g-mol]) R : 기체상수(0.082[L · atm/g-mol · K])
T : 절대온도(273 + [℃] = 273 + 27 = 300[K])

$$\therefore V = \frac{WRT}{PM} = \frac{20[g] \times 0.082[L \cdot atm/g-mol \cdot K] \times 300[K]}{2[atm] \times 44[g/g-mol]} = 5.59[L]$$

25 옥테인의 화학식은 어느 것인가?

① C_6H_{14} ② C_7H_{16} ③ C_8H_{18} ④ C_9H_{20}

해설
메테인계(알케인계) 탄화수소의 일반식 : C_nH_{2n+2}

종류	메테인	에테인	프로페인	뷰테인	펜테인	헥세인	헵테인	옥테인	노네인
화학식	CH_4	C_2H_6	C_3H_8	C_4H_{10}	C_5H_{12}	C_6H_{14}	C_7H_{16}	C_8H_{18}	C_9H_{20}

26 다음 탱크의 공간용적을 $\frac{7}{100}$로 할 경우 아래 그림에 나타낸 타원형 위험물 저장탱크의 용량은 얼마인가?

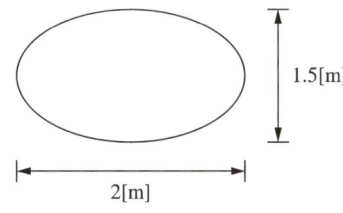
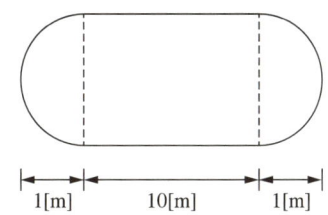

① 20.5[m³]   ② 21.7[m³]
③ 23.4[m³]   ④ 25.1[m³]

해설
저장탱크의 용량 = 내용적 − 공간용적(7[%])

• 탱크의 내용적 = $\frac{\pi ab}{4}\left(l + \frac{l_1 + l_2}{3}\right) = \frac{\pi \times 2 \times 1.5}{4}\left(10 + \frac{1+1}{3}\right) = 25.13[m^3]$

• 저장탱크의 용량 = 25.13 − (25.13 × 0.07) = 23.37[m³]

27 고분자 중합제품, 합성고무, 포장재 등에 사용되는 제2석유류로서 가열, 햇빛, 유기과산화물에 의해 쉽게 중합반응하여 점도가 높아져 수지상으로 변화하는 것은?

① 하이드라진　　② 스타이렌　　③ 아세트산　　④ 모노부틸아민

> **해설**
> **스타이렌(Styrene)**
> • 독특한 냄새의 무색 액체이다.
> • 제2석유류(비수용성)로서 지정수량은 1,000[L]이다.
> • 가열, 햇빛, 유기과산화물에 의해 쉽게 중합반응하여 점도가 높아져 수지상으로 변화한다.
> • 고분자 중합제품, 합성고무, 포장재 등에 사용된다.

28 위험물안전관리자 1인을 중복하여 선임할 수 있는 경우가 아닌 것은?

① 동일구내에 있는 15개의 옥내저장소를 동일인이 설치한 경우
② 보일러·버너로 위험물을 소비하는 장치로 이루어진 6개의 일반취급소와 그 일반취급소에 공급하기 위한 위험물을 저장하는 저장소(일반취급소 및 저장소가 모두 동일구내에 있는 경우에 한한다)를 동일인이 설치한 경우
③ 3개의 제조소(위험물 최대수량 : 지정수량 500배)와 1개의 일반취급소(위험물 최대수량 : 지정수량 1,000배)가 동일구내에 위치하고 있으며 동일인이 설치한 경우
④ 위험물을 차량에 고정된 탱크 또는 운반용기에 옮겨 담기 위한 3개의 일반취급소와 그 일반취급소에 공급하기 위한 위험물을 저장하는 저장소를 동일인이 설치하고 일반취급소 간의 거리가 300[m] 이내인 경우

> **해설**
> **위험물안전관리자 1인이 중복 선임할 수 있는 저장소 등**
> • **10개 이하의 옥내저장소**　　　• 30개 이하의 옥외탱크저장소
> • 옥내탱크저장소　　　　　　　　• 지하탱크저장소
> • 간이탱크저장소　　　　　　　　• 10개 이하의 옥외저장소
> • 10개 이하의 암반탱크저장소

29 물과 심하게 반응하여 독성의 포스핀을 발생시키는 위험물은?

① 인화칼슘 ② 부틸리튬
③ 수소화나트륨 ④ 탄화알루미늄

해설
물과 반응
- **인화칼슘**은 물과 반응하면 유독성의 **포스핀가스(PH_3)**를 발생하므로 위험하다.

$$Ca_3P_2 + 6H_2O \rightarrow 3Ca(OH)_2 + 2PH_3 \uparrow$$

- 부틸리튬과 수소화나트륨은 물과 반응하면 수소가스(H_2)를 발생한다.
- 탄화알루미늄(Al_4C_3)은 물과 반응하면 가연성의 메테인(CH_4) 가스를 발생하므로 위험하다.

$$Al_4C_3 + 12H_2O \rightarrow 4Al(OH)_3 + 3CH_4 \uparrow$$

---

30 위험물안전관리법령상 제4류 위험물 중 제1석유류에 속하는 것은?

① CH_3CHOCH_2 ② $C_2H_5COCH_3$
③ CH_3CHO ④ CH_3COOH

해설
위험물의 분류

종류	CH_3CHOCH_2	$C_2H_5COCH_3$	CH_3CHO	CH_3COOH
명칭	산화프로필렌	메틸에틸케톤	아세트알데하이드	아세트산(초산)
품명	특수인화물	제1석유류	특수인화물	제2석유류

---

31 황린과 적린에 대한 설명 중 틀린 것은?

① 비중은 황린이 크며, 녹는점은 적린이 낮다.
② 연소할 때 황린과 적린은 모두 P_2O_5의 흰 연기를 발생한다.
③ 적린과 황린은 모두 물에 녹지 않는다.
④ 적린은 황린에 비하여 안정하다.

해설
황린과 적린의 비교

명칭	녹는점	비중	물에 대한 용해	연소반응식
황린(P_4)	44[℃]	1.82	녹지 않는다	$P_4 + 5O_2 \rightarrow 2P_2O_5$
적린(P)	600[℃]	2.2	녹지 않는다	$4P + 5O_2 \rightarrow 2P_2O_5$

32 25[℃]에서 다음과 같은 반응이 일어날 때 평형상태에서 NO₂의 부분압력은 0.15[atm]이다. 혼합물 중 N₂O₄의 부분압력은 약 몇 [atm]인가?(단, 압력평형상수 K_p는 7.13이다)

$$2NO_2(O) \rightleftarrows N_2O_4(O)$$

① 0.08 ② 0.16 ③ 0.32 ④ 0.64

해설
평형상수

$$K_p = \frac{생성물의\ 농도곱}{반응물의\ 농도곱} = \frac{[N_2O_4]}{[NO_2]^2}$$

$$7.13 = \frac{x}{(0.15)^2}$$

$$\therefore x = 0.16[atm]$$

33 옥외저장탱크의 펌프설비 설치 기준으로 틀린 것은?
① 펌프실의 지붕을 폭발력이 위로 방출될 정도의 가벼운 불연재료로 할 것
② 펌프실의 창 및 출입구에는 60분+ 방화문·60분 방화문 또는 30분 방화문을 설치할 것
③ 펌프실의 바닥의 주위에는 높이 0.2[m] 이상의 턱을 만들 것
④ 펌프설비의 주위에는 너비 1[m] 이상의 공지를 보유할 것

해설
옥외저장탱크의 펌프설비
- 펌프설비의 주위에는 너비 **3[m] 이상의 공지를 보유**할 것(제6류 위험물, 지정수량의 10배 이하 위험물은 제외)
- 펌프설비로부터 옥외저장탱크까지의 사이에는 해당 옥외저장탱크의 보유공지 너비의 1/3 이상의 거리를 유지할 것
- 펌프실의 벽, 기둥, 바닥, 보 : 불연재료
- 펌프실의 지붕 : 폭발력이 위로 방출될 정도의 가벼운 불연재료로 할 것
- 펌프실의 창 및 출입구에는 60분+ 방화문·60분 방화문 또는 30분 방화문을 설치할 것
- 펌프실의 창 및 출입구에 유리를 이용하는 경우에는 망입유리로 할 것
- 펌프실의 바닥의 주위에 높이 0.2[m] 이상의 턱을 만들고 그 최저부에는 집유설비를 설치할 것
- 인화점이 21℃ 미만인 위험물을 취급하는 펌프설비에는 보기 쉬운 곳에 옥외저장탱크 펌프설비라는 표시를 한 게시판과 방화에 관하여 필요한 사항을 게시한 게시판을 설치할 것

34 다음 중 하나의 옥내저장소에 제5류 위험물과 함께 저장할 수 있는 위험물은?(단, 위험물을 유별로 정리하여 저장하는 한편, 서로 1[m] 이상의 간격을 두는 경우이다)

① 알칼리금속의 과산화물 또는 이를 함유한 것 이외의 제1류 위험물
② 제2류 위험물 중 인화성고체
③ 제3류 위험물 중 알킬알루미늄 이외의 것
④ 유기과산화물 또는 이를 함유한 것 이외의 제4류 위험물

해설
유별을 달리하는 위험물은 동일한 저장소에 저장하지 않아야 한다. 다만, 옥내저장소 또는 옥외저장소에 있어서 다음의 규정에 의한 위험물을 저장하는 경우로서 위험물을 유별로 정리하여 저장하는 한편, 서로 1[m] 이상의 간격을 두는 경우에는 그렇지 않다.
- **제1류 위험물(알칼리금속의 과산화물 또는 이를 함유한 것을 제외)과 제5류 위험물을 저장하는 경우**
- 제1류 위험물과 제6류 위험물을 저장하는 경우
- 제1류 위험물과 제3류 위험물 중 자연발화성 물질(황린 또는 이를 함유한 것에 한한다)을 저장하는 경
- 제2류 위험물 중 인화성고체와 제4류 위험물을 저장하는 경우
- 제3류 위험물 중 알킬알루미늄등과 제4류 위험물(알킬알루미늄 또는 알킬리튬을 함유한 것에 한한다)을 저장하는 경우
- 제4류 위험물 중 유기과산화물 또는 이를 함유하는 것과 제5류 위험물 중 유기과산화물 또는 이를 함유한 것을 저장하는 경우

35 다음 중 나머지 셋과 위험물의 유별 구분이 다른 것은?

① 나이트로글리세린
② 나이트로셀룰로스
③ 셀룰로이드
④ 나이트로벤젠

해설
위험물의 유별

종류	나이트로글리세린	나이트로셀룰로스	셀룰로이드	나이트로벤젠
유별	제5류 위험물	제5류 위험물	제5류 위험물	제4류 위험물
품명	질산에스터류	질산에스터류	질산에스터류	제3석유류

36 50[℃]에서 유지해야 할 알킬알루미늄 운반용기의 공간용적 기준으로 옳은 것은?

① 5[%] 이상
② 10[%] 이상
③ 15[%] 이상
④ 20[%] 이상

해설
자연발화성 물질 중 **알킬알루미늄 등**은 운반용기의 내용적의 90[%] 이하의 수납률로 하되 50[℃]의 온도에서 **5[%] 이상의 공간용적**을 유지할 것

정답 34 ① 35 ④ 36 ①

37 다음 중 인화점이 가장 낮은 것은?

① 아세톤　　② 벤 젠　　③ 톨루엔　　④ 염화아세틸

해설

제4류 위험물의 인화점

종 류	아세톤	벤 젠	톨루엔	염화아세틸
화학식	CH_3COCH_3	C_6H_6	$C_6H_5CH_3$	CH_3COCl
품 명	제1석유류(수)	제1석유류(비)	제1석유류(비)	제1석유류(비)
인화점	−18.5[℃]	−11[℃]	4[℃]	5[℃]

38 칼륨과 나트륨의 공통적 특징이 아닌 것은?

① 은백색의 광택이 나는 무른 금속이다.
② 일정온도 이상 가열하면 고유의 색깔을 띠며 산화한다.
③ 액체 암모니아에 녹아서 주황색을 띤다.
④ 물과 심하게 반응하여 수소를 발생한다.

해설

칼륨과 나트륨의 비교

항 목 \ 종 류	칼 륨	나트륨
성 상	은백색의 광택이 있는 무른 경금속	은백색의 광택이 있는 무른 경금속
연소 시 색상	보라색 불꽃	노란색 불꽃
저장 방법	석유, 경유, 유동파라핀 등의 보호액	석유, 경유, 유동파라핀 등의 보호액
연소반응	$4K + O_2 \rightarrow 2K_2O$(회백색)	$4Na + O_2 \rightarrow 2Na_2O$(회백색)
물과 반응	$2K + 2H_2O \rightarrow 2KOH + H_2\uparrow$	$2Na + 2H_2O \rightarrow 2NaOH + H_2\uparrow$
산과 반응	$2K + 2CH_3COOH \rightarrow 2CH_3COOK + H_2$	$2Na + 2CH_3COOH \rightarrow 2CH_3COONa + H_2\uparrow$

39 제1류 위험물 중 무기과산화물과 제5류 위험물 중 유기과산화물의 소화방법으로 옳은 것은?

① 무기과산화물 : CO_2에 의한 질식소화, 유기과산화물 : CO_2에 의한 냉각소화
② 무기과산화물 : 건조사에 의한 피복소화, 유기과산화물 : 분말에 의한 질식소화
③ 무기과산화물 : 포에 의한 질식소화, 유기과산화물 : 분말에 의한 질식소화
④ 무기과산화물 : 건조사에 의한 피복소화, 유기과산화물 : 물에 의한 냉각소화

해설

소화방법
- 무기과산화물(과산화칼륨, 과산화나트륨) : 건조사, 팽창질석, 팽창진주암에 의한 피복소화
- 유기과산화물(MEKPO, BPO) : 물에 의한 냉각소화

40 나이트로셀룰로스의 화재 발생 시 가장 적합한 소화약제는?

① 물 소화약제
② 분말 소화약제
③ 이산화탄소소화약제
④ 할로젠화합물소화약제

해설
나이트로셀룰로스(제5류 위험물) : 냉각소화(물 소화약제)

41 위험물의 제조과정에서의 취급기준에 대한 설명으로 틀린 것은?

① 증류공정에 있어서는 위험물을 취급하는 설비의 외부압력의 변동 등에 의하여 액체 또는 증기가 생기도록 해야 한다.
② 추출공정에 있어서는 추출관의 내부압력이 비정상으로 상승하지 않도록 해야 한다.
③ 건조공정에 있어서는 위험물의 온도가 부분적으로 상승하지 않는 방법으로 가열 또는 건조해야 한다.
④ 분쇄공정에 있어서는 위험물의 분말이 현저하게 기계·기구 등에 부착하고 있는 상태로 그 기계·기구를 취급하지 않아야 한다.

해설
증류공정에 있어서는 위험물을 취급하는 설비의 **내부압력의 변동** 등에 의하여 액체 또**는** 증기가 새지 않도록 할 것

42 제4류 위험물을 수납하는 내장용기가 금속제 용기인 경우 최대용적은 몇 [L]인가?

① 5   ② 18   ③ 20   ④ 30

해설
내장용기가 금속제 용기인 경우 최대용적 : 30[L] 이상

43 다음 기체 중 화학적으로 활성이 가장 강한 것은?

① 질 소   ② 플루오린   ③ 아르곤   ④ 이산화탄소

해설
플루오린(F)은 화학적으로 활성이 가장 강하다.

정답 40 ① 41 ① 42 ④ 43 ②

44 자동화재탐지설비에 대한 설명으로 틀린 것은?
① 원칙적으로 자동화재탐지설비의 경계구역은 건축물 그 밖의 공작물의 2 이상의 층에 걸치지 않도록 한다.
② 광전식분리형 감지기를 설치할 경우 하나의 경계구역 면적을 600[m^2] 이하로 하고 그 한 변의 길이는 50[m] 이하로 한다.
③ 자동화재탐지설비의 감지기는 지붕 또는 벽의 옥내에 면한 부분에 유효하게 화재의 발생을 감지할 수 있도록 설치한다.
④ 자동화재탐지설비에는 비상전원을 설치한다.

해설
자동화재탐지설비는 하나의 **경계구역의 면적은 600[m^2] 이하**로 하고 그 **한 변의 길이는 50[m](광전식분리형 감지기를 설치할 경우에는 100[m]) 이하**로 할 것. 다만, 해당 건축물 그 밖의 공작물의 주요한 출입구에서 그 내부의 전체를 볼 수 있는 경우에 있어서는 그 면적을 **1,000[m^2] 이하**로 할 수 있다.

45 위험물안전관리법령상 위험물제조소 등의 완공검사 신청시기로 틀린 것은?
① 지하탱크가 있는 제조소 등의 경우 : 해당 지하탱크를 매설하기 전
② 이동탱크저장소 : 이동저장탱크를 완공하고 상치장소를 확보하기 전
③ 간이탱크저장소 : 공사를 완료한 후
④ 옥외탱크저장소 : 공사를 완료한 후

해설
제조소 등의 완공검사 신청시기(시행규칙 제20조)
① 지하탱크가 있는 제조소 등의 경우 : 해당 지하탱크를 매설하기 전
② **이동탱크저장소의 경우 : 이동저장탱크를 완공하고 상시설치장소(상치장소)를 확보한 후**
③ 이송취급소의 경우 : 이송배관 공사의 전체 또는 일부를 완료한 후. 다만, 지하·하천 등에 매설하는 이송배관의 공사의 경우에는 이송배관을 매설하기 전
④ 전체 공사가 완료된 후에는 완공검사를 실시하기 곤란한 경우 : 다음에서 정하는 시기
　㉠ 위험물설비 또는 배관의 설치가 완료되어 기밀시험 또는 내압시험을 실시하는 시기
　㉡ 배관을 지하에 설치하는 경우에는 시·도지사, 소방서장 또는 공사가 지정하는 부분을 매몰하기 직전
　㉢ 공사가 지정하는 부분의 비파괴시험을 실시하는 시기
⑤ ① 내지 ④에 해당하지 않는 제조소 등의 경우 : 제조소 등의 공사를 완료한 후

46 옥외탱크저장소에 보냉장치 및 불연성가스 봉입장치를 설치해야 되는 위험물은?
① 아세트알데하이드　② 이황화탄소　③ 생석회　④ 염소산나트륨

해설
옥외저장탱크·옥내저장탱크·지하저장탱크 또는 이동저장탱크에 새롭게 아세트알데하이드 등을 주입하는 때에는 미리 해당 탱크 안의 공기를 불활성 기체와 치환하여 둘 것

47 위험물안전관리법령상 지정수량이 100[kg]이 아닌 것은?

① 적린 ② 철분 ③ 황 ④ 황화인

해설
철분의 지정수량 : 500[kg]

48 주유취급소에 설치해야 하는 "주유 중 엔진 정지" 게시판의 색깔은?

① 적색바탕에 백색문자
② 청색바탕에 백색문자
③ 백색바탕에 흑색문자
④ 황색바탕에 흑색문자

해설
표지 및 게시판
- 주유 중 엔진 정지 : 황색바탕에 흑색문자
- 화기엄금, 화기주의 : 적색바탕에 백색문자
- 물기엄금 : 청색바탕에 백색문자
- 운반차량에 "위험물" : 흑색바탕에 황색반사도료

49 위험물제조소의 환기설비에 대한 기준으로 옳지 않은 것은?

① 환기는 팬을 사용한 국소배기방식으로 설치해야 한다.
② 급기구는 바닥면적 150[m²]마다 1개 이상으로 한다.
③ 급기구는 낮은 곳에 설치하고 가는 눈의 구리망으로 인화방지망을 설치해야 한다.
④ 환기구는 회전식 고정벤틸레이터 또는 루프팬방식으로 설치한다.

해설
제조소의 환기설비(시행규칙 별표 4)
- 환기 : 자연배기방식
- 급기구는 해당 급기구가 설치된 실의 바닥면적 150[m²]마다 1개 이상으로 하되 급기구의 크기는 800[cm²] 이상으로 할 것. 다만 바닥면적 150[m²] 미만인 경우에는 다음의 크기로 할 것

바닥면적	급기구의 면적
60[m²] 미만	150[cm²] 이상
60[m²] 이상 90[m²] 미만	300[cm²] 이상
90[m²] 이상 120[m²] 미만	450[cm²] 이상
120[m²] 이상 150[m²] 미만	600[cm²] 이상

- 급기구는 낮은 곳에 설치하고 가는 눈의 구리망으로 인화방지망을 설치할 것
- 환기구는 지붕 위 또는 지상 2m 이상의 높이에 회전식 고정벤틸레이터 또는 루프팬방식(Roof Fan : 지붕에 설치하는 배기장치)으로 설치할 것

정답 47 ② 48 ④ 49 ①

50 산소 16[g]과 수소 4[g]이 반응할 때 몇 [g]의 물을 얻을 수 있는가?

① 9[g]   ② 16[g]   ③ 18[g]   ④ 36[g]

해설
반응식

$2H_2 + O_2 \rightarrow 2H_2O$
4[g]   32[g]   36[g]

반응식에서 수소 : 산소의 [mol] 비율은 2 : 1이므로 수소 4[g]과 산소 16[g]이 반응시키면 수소 2[g]만 반응하고 나머지는 미반응물(2[g])로 남기 때문에 생성된 물은 2[g] + 16[g] = 18[g]이 얻어진다.

---

51 위험물안전관리법령상 제5류 위험물에 해당하는 것은?

① 아닐린   ② 하이드라진
③ 염산하이드라진   ④ 글리세린

해설
제5류 위험물의 지정수량

종류	아닐린	하이드라진	염산하이드라진	글리세린
유별	제4류 위험물 (제3석유류, 비수용성)	제4류 위험물 (제2석유류, 수용성)	제5류 위험물 (하이드라진 유도체)	제4류 위험물 (제3석유류, 수용성)

---

52 제조소에서 위험물을 취급하는 건축물 그 밖의 시설 주위에는 그 취급하는 위험물의 최대수량에 따라 보유해야 할 공지가 필요하다. 위험물이 지정수량의 10배인 경우 공지의 너비는 몇 [m]로 해야 하는가?

① 3[m]   ② 4[m]   ③ 5[m]   ④ 10[m]

해설
제조소의 보유공지

취급하는 위험물의 최대수량	공지의 너비
지정수량의 10배 이하	3[m] 이상
지정수량의 10배 초과	5[m] 이상

53 아이오도폼 반응이 일어나는 물질과 반응 시 색상을 옳게 나타낸 것은?

① 메탄올, 적색
② 에탄올, 적색
③ 메탄올, 노란색
④ 에탄올, 노란색

해설

아이오도폼 반응 : 분자 중에 $CH_3CH(OH)-$나 CH_3CO-(아세틸기)를 가진 물질에 I_2와 KOH나 NaOH를 넣고 60~80[℃]로 가열하면, **황색(노란색)의 아이오도폼(CHI_3)** 침전이 생김(C_2H_5OH, CH_3CHO, CH_3COCH_3).

- 아세톤 $CH_3COCH_3 + 3I_2 + 4NaOH \rightarrow CH_3COONa + 3NaI + CHI_3\downarrow + 3H_2O$
- 아세트알데하이드 $CH_3CHO + 3I_2 + 4NaOH \rightarrow HCOONa + 3NaI + CHI_3\downarrow + 3H_2O$
- **에틸알코올(에탄올)** $C_2H_5OH + 4I_2 + 6NaOH \rightarrow HCOONa + 5NaI + CHI_3\downarrow + 5H_2O$

54 위험물안전관리법령상 수납하는 위험물에 따라 운반용기의 외부에 표시하는 주의사항을 모두 나타낸 것으로 옳지 않은 것은?

① 제3류 위험물 중 금수성 물질 : 물기엄금
② 제3류 위험물 중 자연발화성 물질 : 화기엄금 및 공기접촉엄금
③ 제4류 위험물 : 화기엄금
④ 제5류 위험물 : 화기주의 및 충격주의

해설

운반용기 표기 주의사항

- 제1류 위험물
  - 알칼리금속의 과산화물 : 화기·충격주의, 물기엄금, 가연물접촉주의
  - 그 밖의 것 : 화기·충격주의, 가연물접촉주의
- 제2류 위험물
  - 철분·금속분·마그네슘 : 화기주의, 물기엄금
  - 인화성 고체 : 화기엄금
  - 그 밖의 것 : 화기주의
- 제3류 위험물
  - **자연발화성 물질 : 화기엄금, 공기접촉엄금**
  - **금수성 물질 : 물기엄금**
- **제4류 위험물 : 화기엄금**
- **제5류 위험물 : 화기엄금, 충격주의**
- 제6류 위험물 : 가연물접촉주의

55 다음 중 브레인스토밍(Brainstorming)과 가장 관계가 깊은 것은?

① 파레토도 ② 히스토그램 ③ 회귀분석 ④ 특성요인도

해설
특성요인도 : 문제가 되는 결과와 이에 대응하는 원인과의 관계를 알기 쉽게 도표로 나타낸 것으로 브레인스토밍(Brainstorming)과 관련이 있다.

56 부적합품률이 20[%]인 공정에서 생산되는 제품을 매시간 10개씩 샘플링 검사하여 공정을 관리하려고 한다. 이때 측정되는 시료의 부적합품 수에 기댓값과 분산은 약 얼마인가?

① 기댓값 : 1.6, 분산 : 1.3
② 기댓값 : 1.6, 분산 : 1.6
③ 기댓값 : 2.0, 분산 : 1.3
④ 기댓값 : 2.0, 분산 : 1.6

해설
기댓값과 분산
- 기댓값 = np = 10 × 0.2 = 2.0
- 분산 = $np(1-p)$ = (10 × 0.2)(1 - 0.2) = 1.6

57 품질특성에서 x관리도로 관리하기에 가장 거리가 먼 것은?

① 볼펜의 길이
② 알코올의 농도
③ 1일 전력소비량
④ 나사길이의 부적합품 수

해설
x**관리도** : 볼펜의 길이, 알코올의 농도, 하루 전력의 소비량 등 하나의 측정치를 그대로 사용하여 공정을 관리할 경우에 주로 사용한다.

58 계수 규준형 샘플링 검사의 OC 곡선에서 좋은 로트를 합격시키는 확률을 뜻하는 것은?(단, α 는 제1종 과오, β 는 제2종 과오이다)

① α ② β ③ $1-\alpha$ ④ $1-\beta$

해설
확률
- 제1종 과오(생산자위험확률) : 실제는 진실인데 거짓으로 판단되는 과오(시료가 불량하기 때문에 그 로트가 불합격되는 확률)로서 α로 표시한다.
- 제2종 과오(소비자위험확률) : 실제는 거짓인데 진실로 판단되는 과오(불합격되어야 할 로트가 합격되는 확률)로서 β로 표시한다.
∴ 좋은 Lot가 합격되는 확률은 전체에서 불합격되어야 할 Lot가 불합격된 확률(α)을 뺀 나머지 부분이 된다.

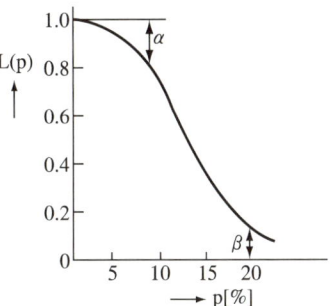

59 모든 작업을 기본동작으로 분해하고 긱 기본 동작에 대하여 성질과 조건에 따라 미리 정해 놓은 시간치를 적용하여 정미시간을 산정하는 방법은?

① PTS법   ② WS법   ③ 스톱워치법   ④ 실적자료법

해설
PTS법 : 모든 작업을 기본동작으로 분해하고, 각 기본 동작에 대하여 성질과 조건에 따라 미리 정해 놓은 시간치를 적용하여 정미시간을 산정하는 방법

60 다음 중 계량값 관리도에 해당되는 것은?

① c관리도   ② nP관리도   ③ R관리도   ④ u관리도

해설
R관리도 : 계량치 관리도

2021년 7월 4일 시행 과년도 기출복원문제

01 산화성 고체 위험물이 아닌 것은?

① $NaClO_3$ ② $AgNO_3$ ③ MgO_2 ④ $HClO_4$

해설

과염소산($HClO_4$) : 제6류 위험물(산화성 액체)

종 류	$NaClO_3$	$AgNO_3$	MgO_2	$HClO_4$
명 칭	염소산나트륨	질산은	과산화마그네슘	과염소산
유 별	제1류 위험물	제1류 위험물	제1류 위험물	제6류 위험물
성 질	산화성 고체	산화성 고체	산화성 고체	산화성 액체

02 화재발생을 통보하는 경보설비에 해당되지 않는 것은?

① 비상방송설비 ② 누전경보기
③ 무선통신보조설비 ④ 시각경보기

해설

경보설비
- 정 의 : 화재발생 사실을 통보하는 기계, 기구 또는 설비
- 종 류
  - 비상벨설비 및 자동식사이렌설비
  - 단독경보형감지기
  - 비상방송설비
  - 누전경보기
  - 자동화재탐지설비 및 시각경보기
  - 자동화재속보설비
  - 가스누설경보기
  - 통합감시시설
  - 화재알림설비

무선통신보조설비 : 소화활동설비

03 다음 중 공유결합을 형성하는 조건에 관한 설명으로 옳은 것은?
① 양이온이 클 때
② 음이온이 작을 때
③ 어느 이온이라도 큰 전하를 가질 때
④ 어느 이온의 전하와도 상관없다.

해설
어느 이온이라도 큰 전하를 가질 때 공유결합을 형성한다.

04 화상은 정도에 따라서 여러 가지로 나눈다. 1도 화상의 다른 명칭은?
① 괴사성　　　② 홍반성　　　③ 수포성　　　④ 화침성

해설
화상의 종류
- **1도 화상(홍반성)** : 최외각의 피부가 손상되어 그 부위가 분홍색이 되며 심한 통증을 느끼는 정도
- 2도 화상(수포성) : 화상부위가 분홍색으로 되고 분비액이 많이 분비되는 화상의 정도
- 3도 화상(괴사성) : 화상부위가 벗겨지고 열이 깊숙이 침투하여 검게 되는 정도
- 4도 화상 : 전기화재로 인하여 화상을 입은 부위 조직이 탄화되어 검게 변한 정도

05 황린(P_4)이 공기 중에서 발화했을 때 생성된 화합물은?
① P_2O_5　　　② P_2O_3　　　③ P_5O_2　　　④ P_3O_2

해설
황린의 연소식 $P_4 + 5O_2 \rightarrow 2P_2O_5$ (오산화인)

06 고무의 용제로 사용하며 화재가 발생하였을 때 연소에 의해 유독한 기체를 발생하는 물질은?
① 이황화탄소　　　② 톨루엔　　　③ 클로로폼　　　④ 아세톤

해설
이황화탄소는 연소 시 아황산가스(SO_2)의 유독성 기체를 발생한다.
$CS_2 + 3O_2 \rightarrow CO_2 + 2SO_2$

정답 03 ③　04 ②　05 ①　06 ①

07

옥외탱크저장소에서 펌프실 외의 장소에 설치하는 펌프설비 주위 바닥은 콘크리트 기타 불침윤 재료로 경사지게 하고 주변의 턱높이를 몇 [m] 이상으로 해야 하는가?

① 0.15[m] 이상
② 0.20[m] 이상
③ 0.25[m] 이상
④ 0.30[m] 이상

해설
옥외탱크저장소에서 펌프실 외의 장소에 설치하는 펌프설비에는 그 직하의 지반면의 주위에 **높이 0.15[m] 이상**의 턱을 만들고 해당 지반면은 콘크리트 등 위험물이 스며들지 않는 재료로 적당히 경사지게 하여 그 최저부에는 집유설비를 할 것. 이 경우 제4류 위험물(온도 20[℃]의 물 100[g]에 용해되는 양이 1[g] 미만인 것에 한한다)을 취급하는 펌프설비에 있어서는 해당 위험물이 직접 배수구에 유입하지 않도록 집유설비에 유분리장치를 설치해야 한다.

08

다음 위험물 중 산과 접촉하였을 때 이산화염소가스를 발생하지 않는 것은?

① Na_2O_2
② $NaClO_3$
③ $KClO_4$
④ $NaClO_4$

해설
염산과 반응
- Na_2O_2 : $Na_2O_2 + 2HCl \rightarrow 2NaCl + H_2O_2$
- $NaClO_3$: $2NaClO_3 + 2HCl \rightarrow 2NaCl + 2ClO_2 + H_2O_2$
- $KClO_4$: $3KClO_4 + 4HCl \rightarrow 3KCl + 4ClO_2 + 2H_2O_2$
- $NaClO_4$: $3NaClO_4 + 4HCl \rightarrow 3NaCl + 4ClO_2 + 2H_2O_2$

09

제5류 위험물 중 하이드라진 유도체의 지정수량은?

① 50[kg]
② 100[kg]
③ 200[kg]
④ 300[kg]

해설
하이드라진 유도체(제5류 위험물)의 지정수량 : 100[kg]

하이드라진[N_2H_4, 제2석유류(수용성)]의 지정수량 : 2,000[L]

10

소화약제인 이산화탄소가 불연성인 이유는?

① 산화반응을 일으켜 열발생이 적기 때문
② 산소와의 반응이 천천히 진행되기 때문
③ 산소와 전혀 반응하지 않기 때문
④ 착화하여도 곧 불이 꺼지므로

해설
이산화탄소(CO_2)는 산화완결반응이므로 산소와 더 이상 화합하지 않기 때문에 불연성이다.

11 다음 위험물은 산화성 고체 위험물로서 대부분 무색 또는 백색 결정으로 되어 있다. 이 중 무색 또는 백색이 아닌 물질은?

① $KClO_3$ ② BaO_2 ③ $KMnO_4$ ④ $KClO_4$

해설
$KMnO_4$**(과망가니즈산칼륨)** : 흑자색의 주상 결정

12 소화설비의 소요단위 계산법으로 옳은 것은?
① 제조소 외벽이 내화구조일 때 $100[m^2]$당 1소요단위
② 저장소 외벽이 내화구조일 때 $200[m^2]$당 1소요단위
③ 위험물 지정수량당 1소요단위
④ 위험물 지정수량의 20배를 1소요단위

해설
소요단위의 산정기준(시행규칙 별표 17)
- 제조소 또는 취급소의 건축물
  - 외벽이 내화구조 : 연면적 $100[m^2]$를 1소요단위
  - 외벽이 내화구조가 아닌 것 : 연면적 $50[m^2]$를 1소요단위
- 저장소의 건축물
  - 외벽이 내화구조 : 연면적 $150[m^2]$를 1소요단위
  - 외벽이 내화구조가 아닌 것 : 연면적 $75[m^2]$를 1소요단위
- **위험물은 지정수량의 10배 : 1소요단위**

13 제4류 위험물을 성상에 의하여 분류할 때 특수인화물이 아닌 것은?
① 다이에틸에터, 이황화탄소, 아세트알데하이드는 특수인화물이다.
② 1기압에서 인화점이 영하 $20[℃]$ 이하로서 비점이 $40[℃]$ 이하인 것
③ 1기압에서 발화점이 $100[℃]$ 이하인 것
④ 1기압에서 인화점이 $21[℃]$ 이상 $70[℃]$ 미만인 것

해설
특수인화물
- 1기압에서 발화점이 $100[℃]$ 이하인 것
- 인화점이 영하 $20[℃]$ 이하이고 비점이 $40[℃]$ 이하인 것

특수인화물 : 이황화탄소, 다이에틸에터, 아세트알데하이드, 산화프로필렌, 아이소프렌, 아이소펜테인

14 제1류 위험물인 아염소산나트륨의 위험성으로 옳지 않은 것은?

① 비교적 안정하나 시판품은 140[℃] 이상의 온도에서 발열 반응을 일으킨다.
② 단독으로 폭발 가능하고 분해온도 이상에서는 산소를 발생한다.
③ 유기물, 금속분 등 환원성 물질과 접촉하면 즉시 폭발한다.
④ 수용액은 강한 염기성이다.

해설
아염소산나트륨($NaClO_2$)의 수용액은 **강한 산성**이다.

---

15 다음은 위험물의 저장 및 취급 시 주의 사항이다. 어떤 위험물인가?

> "36[wt%] 이상의 위험물로서 수용액은 안정제를 가하여 분해를 방지시키고 용기는 착색된 것을 사용해야 한다."

① 염소산 칼륨　　　　　　　　② 과염소산마그네슘
③ 과산화나트륨　　　　　　　　④ 과산화수소

해설
과산화수소(H_2O_2)는 **36[wt%] 이상의 위험물**로서 수용액은 안정제[인산(H_3PO_4), 요산($C_5H_4N_4O_3$)]를 가하여 분해를 방지시킨다.

---

16 제4류 위험물의 발생증기와 비교하여 사이안화수소(HCN)가 갖는 대표적인 특징은?

① 물에 녹기 어렵다.　　　　　　② 물보다 무겁다.
③ 증기는 공기보다 가볍다.　　　④ 인화성이 높다.

해설
사이안화수소(HCN)는 제4류 위험물 제1석유류로서 증기는 공기보다 가볍다(27/29 = 0.93).

---

17 위험물의 제조 공정 중 설비 내의 압력 및 온도에 직접적 영향을 받지 않는 것은?

① 증류과정　　② 추출공정　　③ 건조공정　　④ 분쇄공정

해설
분쇄공정은 고체의 입자를 잘게 부수기 위한 것으로 온도나 압력에는 영향을 받지 않는다.

18 은백색의 연하고 광택나는 금속으로 알코올과 반응하여 생성하는 물질은?

① C_2H_5ONa ② CO_2 ③ Na_2O_2 ④ Al_2O_3

> **해설**
> 나트륨(Na)은 은백색의 광택이 있는 무른 경금속으로 알코올과 반응하면 나트륨에틸레이트를 생성한다.
>
> $$2Na\ +\ 2C_2H_5OH\ \rightarrow\ 2C_2H_5ONa\ +\ H_2\uparrow$$
> (나트륨에틸레이트)

19 과염소산염류는 어떤 소화방법으로 해야 하는가?

① 제거소화   ② 질식소화   ③ 피복소화   ④ 주수소화

> **해설**
> **제1류 위험물(과염소산염류)** : 냉각(주수)소화

20 분말소화기의 소화약제에 속하는 것은?

① Na_2CO_3 ② $NaHCO_3$ ③ $NaNO_3$ ④ $NaCl$

> **해설**
> **분말소화약제의 종류**
>
> | 종 류 | 주성분 | 적응화재 | 착색(분말의 색) |
> |---|---|---|---|
> | 제1종 분말 | $NaHCO_3$(중탄산나트륨, 탄산수소나트륨) | B, C급 | 백 색 |
> | 제2종 분말 | $KHCO_3$(중탄산칼륨, 탄산수소칼륨) | B, C급 | 담회색 |
> | 제3종 분말 | $NH_4H_2PO_4$(인산암모늄, 제일인산암모늄) | A, B, C급 | 담홍색 |
> | 제4종 분말 | $KHCO_3 + (NH_2)_2CO$ | B, C급 | 회(회백)색 |

21 다음 위험물의 공통된 특징은?(단, 지정수량의 배수를 결정하는 것은 아니다)

> 초산메틸, 메틸에틸케톤, 피리딘, 프로필알코올, 의산에틸

① 수용성   ② 지용성   ③ 금수성   ④ 불용성

> **해설**
> 초산메틸, 메틸에틸케톤, 피리딘, 프로필알코올, 의산에틸은 물에 잘 녹는 수용성이다.

22
탱크 뒷부분의 입면도에서 측면틀의 최외측과 탱크의 최외측을 연결하는 직선은 수평면에 대한 내각이 얼마 이상이 되도록 하는가?

① 50° 이상　② 65° 이상　③ 75° 이상　④ 90° 이상

해설

이동탱크저장소의 측면틀의 기준
- 탱크 뒷부분의 입면도에 있어서 측면틀의 최외측과 탱크의 최외측을 연결하는 직선(최외측선)의 수평면에 대한 내각이 **75° 이상**이 되도록 하고, 최대수량의 위험물을 저장한 상태에 있을 때의 해당 탱크중량의 중심점과 측면틀의 최외측을 연결하는 직선과 그 중심점을 지나는 직선 중 최외측선과 직각을 이루는 직선과의 내각이 35° 이상이 되도록 할 것
- 외부로부터의 하중에 견딜 수 있는 구조로 할 것
- 탱크 상부의 네 모퉁이에 해당 탱크의 전단 또는 후단으로부터 각각 1[m] 이내의 위치에 설치할 것
- 측면틀에 걸리는 하중에 의하여 탱크가 손상되지 않도록 측면틀의 부착부분에 받침판을 설치할 것

23
비중이 0.79인 에틸알코올의 지정수량 400[L]는 몇 [kg]인가?

① 200[kg]　② 100[kg]　③ 158[kg]　④ 316[kg]

해설

무게(W) = 부피[L] × 비중 = 400[L] × 0.79[kg/L] = 316[kg]

24
다음 중 가장 강한 산은?

① $HClO_4$　② $HClO_3$　③ $HClO_2$　④ $HClO$

해설

가장 **강한 산**은 **과염소산($HClO_4$)**이고, 가장 약한 산은 차아염소산($HClO$)이다.

25
자연발화 할 우려가 있는 위험물을 옥내저장소에 저장할 경우 지정수량의 10배 이하마다 구분하여 상호 간 몇 [m] 이상의 간격을 두어야 하는가?

① 0.2[m] 이상　② 0.3[m] 이상
③ 0.5[m] 이상　④ 0.6[m] 이상

해설

옥내저장소에서 동일 품명의 위험물이더라도 **자연발화 할 우려가 있는 위험물** 또는 재해가 현저하게 증대할 우려가 있는 위험물을 다량 저장하는 경우에는 지정수량의 10배 이하마다 구분하여 상호 간 **0.3[m] 이상**의 간격을 두어 저장해야 한다.

26 다음 금속탄화물이 물과 접촉했을 때 메테인 가스가 발생하는 것은?

① Li_2C_2 ② Mn_3C ③ K_2C_2 ④ MgC_2

해설

금속탄화물
- 물과 반응 시 **아세틸렌**(C_2H_2)가스를 발생하는 물질 : Li_2C_2, Na_2C_2, K_2C_2, MgC_2, **CaC_2**
  - $Li_2C_2 + 2H_2O \rightarrow 2LiOH + C_2H_2\uparrow$
  - $Na_2C_2 + 2H_2O \rightarrow 2NaOH + C_2H_2\uparrow$
  - $K_2C_2 + 2H_2O \rightarrow 2KOH + C_2H_2\uparrow$
  - $MgC_2 + 2H_2O \rightarrow Mg(OH)_2 + C_2H_2\uparrow$
  - $CaC_2 + 2H_2O \rightarrow Ca(OH)_2 + C_2H_2\uparrow$
- 물과 반응 시 **메테인 가스**를 발생하는 물질 : Be_2C, **Al_4C_3**
  - $Be_2C + 4H_2O \rightarrow 2Be(OH)_2 + CH_4\uparrow$
  - $Al_4C_3 + 12H_2O \rightarrow 4Al(OH)_3 + 3CH_4\uparrow$
- 물과 반응 시 **메테인과 수소가스**를 발생하는 물질 : Mn_3C
  $Mn_3C + 6H_2O \rightarrow 3Mn(OH)_2 + CH_4\uparrow + H_2\uparrow$

27 소화설비 중 차고 또는 주차장에 설치하는 분말소화설비의 소화약제는 몇 종 분말인가?

① 제1종 분말 ② 제2종 분말
③ 제3종 분말 ④ 제4종 분말

해설

차고나 **주차장**에는 **제3종 분말** 약제로 설치해야 한다.

28 제4류 위험물인 인화성 액체의 특징으로 맞는 것은?

① 착화온도가 낮다.
② 증기의 비중은 1보다 작으며 높은 곳에 체류한다.
③ 전기 전도체이므로 정전기 발생에 주의해야 한다.
④ 비중이 물보다 큰 것이 대부분이다.

해설

제4류 위험물(인화성 액체)의 특성
- 대단히 인화하기 쉽고, 착화온도가 낮다.
- 물보다 가볍고 물에 녹지 않는다.
- 증기는 공기보다 무겁기 때문에 낮은 곳에 체류하여 연소, 폭발의 위험이 있다.
- 연소범위의 하한이 낮기 때문에 공기 중 소량 누설되어도 연소한다.
- 전기 부도체이므로 정전기 발생에 주의한다.

29 포소화설비의 기준에서 고가수조를 이용하는 가압송수장치를 설치할 때 고가수조에 반드시 설치하지 않아도 되는 것은?

① 배수관　　② 압력계　　③ 맨 홀　　④ 수위계

해설
수조의 설치부속물
- 고가수조에는 **수위계, 배수관, 오버플로우용 배수관, 보급수관** 및 **맨홀**을 설치할 것
- 압력수조에는 **압력계, 수위계, 배수관, 보급수관, 통기관** 및 **맨홀**을 설치할 것

30 다음 중 제조소에 피뢰설비를 설치하지 않아도 되는 것은?

① 질산염류 3,000[kg]　　② 마그네슘 5,000[kg]
③ 질산 3,000[kg]　　④ 글리세린 40,000[L]

해설
피뢰설비는 **지정수량의 10배 이상**을 취급하는 **제조소**에는 설치해야 한다(단 제6류 위험물은 제외한다).

종류	지정수량	지정수량의 배수	피뢰설비 설치 여부
질산염류 3,000[kg]	300[kg]	배수 = $\dfrac{3,000[\text{kg}]}{300[\text{kg}]} = 10$배	설 치
마그네슘 5,000[kg]	500[kg]	배수 = $\dfrac{5,000[\text{kg}]}{500[\text{kg}]} = 10$배	설 치
질산 3,000[kg]	300[kg]	배수 = $\dfrac{3,000[\text{kg}]}{300[\text{kg}]} = 10$배	미설치 (제6류 위험물은 제외)
글리세린 40,000[L]	4,000[L]	배수 = $\dfrac{40,000[\text{L}]}{4,000[\text{L}]} = 10$배	설 치

31 옥외저장시설에 저장하는 위험물 중 방유제를 설치하지 않아도 되는 것은?

① 질 산　　② 이황화탄소　　③ 톨루엔　　④ 다이에틸에터

해설
이황화탄소는 물속에 저장하므로 방유제를 설치할 필요가 없다.

32 이동탱크저장소에서 금속을 사용해서는 안 되는 제한금속이 있다. 이 제한된 금속이 아닌 것은?

① 은(Ag)　　② 수은(Hg)　　③ 구리(Cu)　　④ 철(Fe)

해설
이동저장탱크 및 그 설비는 **은(Ag), 수은(Hg), 동(Cu), 마그네슘(Mg)** 또는 이들을 성분으로 하는 합금으로 사용해서는 안 된다.

33 순수한 것은 무색, 투명한 휘발성 액체이고 물보다 무겁고 물에 녹지 않으며 연소 시 아황산가스를 발생하는 물질은?

① 에터
② 이황화탄소
③ 아세트알데하이드
④ 질산메틸

해설

이황화탄소(CS_2) 는 순수한 것은 무색, 투명한 휘발성 액체이고 물보다 무겁고 물에 녹지 않으며 연소 시 **아황산가스(SO_2)** 를 발생하며 파란 불꽃을 나타낸다.

$$CS_2 + 3O_2 \rightarrow CO_2 + 2SO_2$$

34 위험물 제조소 및 일반취급소에서 지정수량이 24만배를 취급하는 경우 화학소방차의 대수와 조작인원은?

① 화학소방차 1대, 조작인원 5인
② 화학소방차 2대, 조작인원 10인
③ 화학소방차 3대, 조작인원 15인
④ 화학소방차 4대, 조작인원 20인

해설

자체소방대에 두는 화학소방자동차 및 인원(시행령 별표 8)

사업소의 구분	화학소방자동차	자체소방대원의 수
제조소 또는 일반취급소에서 취급하는 제4류 위험물의 최대수량의 합이 지정수량의 3,000배 이상 12만배 미만인 사업소	1대	5인
제조소 또는 일반취급소에서 취급하는 제4류 위험물의 최대수량의 합이 지정수량의 12만배 이상 24만배 미만인 사업소	2대	10인
제조소 또는 일반취급소에서 취급하는 제4류 위험물의 최대수량의 합이 지정수량의 24만배 이상 48만배 미만인 사업소	3대	15인
제조소 또는 일반취급소에서 취급하는 제4류 위험물의 최대수량의 합이 지정수량의 48만배 이상인 사업소	4대	20인
옥외탱크저장소에 저장하는 제4류 위험물의 최대수량이 지정수량의 50만배 이상인 사업소	2대	10인

[비고] 화학소방자동차에는 행정안전부령이 정하는 소화능력 및 설비를 갖추어야 하고, 소화활동에 필요한 소화약제 및 기구(방열복 등 개인장구를 포함한다)를 비치해야 한다.

35 할론2402를 가압식 저장용기에 충전할 때 저장용기의 충전비로 옳은 것은?

① 0.67 이상 2.75 이하
② 0.7 이상 1.4 이하
③ 0.9 이상 1.6 이하
④ 0.51 이상 0.67 이하

해설

할로젠화합물 저장용기의 충전비

약제	할론1301	할론1211	할론2402	
충전비	0.9 이상 1.6 이하	0.7 이상 1.4 이하	가압식	0.51 이상 0.67 이하
			축압식	0.67 이상 2.75 이하

정답 33 ② 34 ③ 35 ④

36 다음 염소산염류의 성질이 아닌 것은?

① 무색 결정이다.
② 환원력이 강하다.
③ 산소를 많이 함유하고 있다.
④ 강산과 혼합하면 폭발의 위험성이 있다.

해설
염소산염류의 성질
- 무색 결정으로 대부분 물에 녹으며 상온에서 안정하나 열에 의해 분해하여 산소를 발생한다.
- 수용액은 강한 **산화력**이 있으며 산화성 물질과 혼합하면 폭발을 일으킨다.
- 강산과 혼합하면 폭발의 위험성이 있다.

37 다음 중 제4류 위험물 제1석유류에 속하는 것은?

① 아이소프로필아민
② 이황화탄소
③ 아세트알데하이드
④ 피리딘

해설
제4류 위험물의 분류

종 류	아이소프로필아민	이황화탄소	아세트알데하이드	피리딘
구 분	특수인화물	특수인화물	특수인화물	제1석유류

38 하이드록시기(-OH)를 갖는 물질 중 액성이 산성인 것은?

① NaOH ② CH_3OH ③ C_6H_5OH ④ NH_4OH

해설
페놀(C_6H_5OH)은 특유의 냄새를 가진 무색의 결정으로 물에 조금 녹아 **약산성**이다.

39 다음 중 할론소화기가 적응성이 있는 것은?

① 나트륨 ② 철 분 ③ 아세톤 ④ 질산에틸

해설
할론소화기는 B급(유류화재), C급(전기화재)에 적합하며 아세톤은 유류화재이다.

40 중질유 탱크 등의 화재 시 열유층에 소화하기 위하여 물이나 포말을 주입하면 수분의 급격한 증발에 의하여 유면이 거품을 일으키거나 열유의 교란에 의하여 열유층 밑의 냉유가 급격히 팽창하여 유면을 밀어 올리는 위험한 현상은?

① Boil-Over 현상
② Slop-Over 현상
③ Water Hammer 현상
④ Priming 현상

해설

각종 현상
- Boil-Over 현상
  - 중질유 탱크에서 장시간 조용히 연소하다가 탱크의 잔존기름이 갑자기 분출(Over Flow)하는 현상
  - 유류탱크 바닥에 물 또는 물-기름에 에멀션이 섞여 있을 때 화재가 발생하는 현상
  - 연소유면으로부터 100[℃] 이상의 열파가 탱크저부에 고여 있는 물을 비등하게 하면서 연소유를 탱크 밖으로 비산하며 연소하는 현상
- Slop-Over 현상 : 중질유 탱크 등의 화재 시 열유층에 소화하기 위하여 물이나 포말을 주입하면 수분의 급격한 증발에 의하여 유면이 거품을 일으키거나 열유의 교란에 의하여 열유층 밑의 냉유가 급격히 팽창하여 유면을 밀어 올리는 위험한 현상
- Froth-Over 현상 : 물이 뜨거운 기름 표면 아래서 끓을 때 화재를 수반하지 않는 용기에서 넘쳐흐르는 현상
- BLEVE(Boiling Liquid Expanding Vapor Explosion) 현상 : 액화가스 저장탱크의 누설로 부유 또는 확산된 액화가스가 착화원과 접촉하여 액화가스가 공기 중으로 확산, 폭발하는 현상
- Water Hammer 현상 : 유체가 유동하고 있을 때 정전 혹은 밸브를 차단할 경우 유체가 감속되어 운동에너지가 압력에너지로 변하여 유체내의 고압이 발생하고 유속이 급변화 하면서 압력 변화를 가져와 관로의 벽면을 타격하는 현상

41 무수황산(Sulfur Trioxide)이 물과 반응하여 생성하는 물질은?

① H_2SO_4와 Cl_2
② H_2SO_4와 SO_3
③ H_2O와 SO_3
④ H_2SO_4

해설
무수황산(SO_3)은 물과 반응하면 황산이 된다.

$$SO_3 + H_2O \rightarrow H_2SO_4 + 발열$$

42 알킬알루미늄의 위험성으로 틀린 것은?

① C_1~C_4까지는 공기와 접촉하면 자연발화 한다.
② 물과 반응은 천천히 진행한다.
③ 벤젠, 헥세인으로 희석시킨다.
④ 피부에 닿으면 심한 화상이 일어난다.

해설
알킬알루미늄의 특성
- 알킬기($R = C_nH_{2n+1}$)와 알루미늄의 화합물로서 유기금속 화합물이다.
- 알킬기의 탄소 1개에서 4개까지의 화합물은 공기와 접촉하면 자연발화를 일으킨다.
- 저급의 것은 반응성이 풍부하여 공기 중에서 자연발화 한다.
- 물과 만나면 심하게 발열반응을 한다.
- 피부에 닿으면 심한 화상이 일어난다.

43 가솔린을 저장한 위험물 탱크에서 가솔린이 소량 누출 비산되고 있을 때 그 처리방법으로 부적당한 것은?

① 경계설비를 설치한다.
② 오일그린 등의 흡수제로 회수한다.
③ 대량유출은 흙을 넣은 부대, 토사로 유출방지를 도모하여 회수한다.
④ 소량유출은 무기과산화물로 희석하여 중화시킨다.

해설
소량유출이나 대량유출은 오일그린, 토사 등의 흡수제로 회수한다.

44 다음 제2류 위험물 중 지정수량이 제일 적은 것은?

① 금속분
② 마그네슘
③ 황화인
④ 철 분

해설
지정수량

종 류	금속분	마그네슘	황화인	철 분
지정수량	500[kg]	500[kg]	100[kg]	500[kg]

45 산화성 고체 위험물의 특징과 성질이 맞게 짝지어진 것은?

① 산화력 – 불연성
② 환원력 – 불연성
③ 산화력 – 가연성
④ 환원력 – 가연성

> **해설**
> **제1류 위험물**은 **산화성 고체**로서 **산화력**을 가지며 **불연성**이다.
>
> 제2류 위험물 : 환원력, 가연성

46 제1종 판매취급소의 배합실 기준으로 적합하지 않은 것은?

① 작업실 바닥은 적당한 경사와 집유설비를 해야 한다.
② 바닥면적은 6[m²] 이상 12[m²] 이하로 한다.
③ 출입구에는 바닥으로부터 0.1[m] 이상의 턱을 설치해야 한다.
④ 내화구조로 된 벽으로 구획한다.

> **해설**
> **위험물 배합실의 기준(시행규칙 별표 14)**
> • 바닥면적은 6[m²] 이상 15[m²] 이하일 것
> • 내화구조 또는 불연재료로 된 벽으로 구획할 것
> • 바닥은 위험물이 침투하지 않는 구조로 하여 적당한 경사를 두고 **집유설비**를 할 것
> • 출입구에는 수시로 열 수 있는 자동폐쇄식의 60분+ 방화문 또는 60분 방화문을 설치할 것
> • 출입구 문턱의 높이는 바닥면으로부터 **0.1[m] 이상**으로 할 것
> • 내부에 체류한 가연성의 증기 또는 가연성의 미분을 지붕위로 방출하는 설비를 할 것

47 다음 중 품명이 나머지 셋과 다른 것은?

① 트라이나이트로톨루엔
② 나이트로글라이콜
③ 나이트로셀룰로스
④ 나이트로글리세린

> **해설**
> **제5류 위험물의 분류**
> • 나이트로화합물 : **트라이나이트로톨루엔**, 트라이나이트로페놀
> • 질산에스터류 : **나이트로셀룰로스, 나이트로글리세린**, 질산메틸, 질산에틸, **나이트로글라이콜**

정답 45 ① 46 ② 47 ①

48 금속 원소와 산(Acid)의 반응에 대한 설명이 아닌 것은?

① 신맛을 갖는다.
② 리트머스 시험지를 붉게 변색시킨다.
③ 금속과 반응하여 산소를 발생한다.
④ 생성물질은 산성산화물이다.

해설
금속과 산의 반응은 수소보다 반응성이 크면 수소가스가 발생한다.

49 다음 알코올류 중 지정수량이 400[L]에 해당되지 않는 위험물은?

① 메탄올
② 에탄올
③ 프로판올
④ 부탄올

해설
알코올류 : 1분자를 구성하는 탄소원자의 수가 1개부터 3개까지의 포화 1가 알코올(변성알코올 포함)로서 농도가 60[%] 이상인 것

항 목 \ 종 류	메탄올	에탄올	프로판올	부탄올
화학식	CH_3OH	C_2H_5OH	C_3H_7OH	C_4H_9OH
품 명	알코올류	알코올류	알코올류	제2석유류(비수용성)
지정수량	400[L]	400[L]	400[L]	1,000[L]

50 제4류 위험물 중 제2석유류에 해당하는 물질은?

① 초 산
② 나이트로벤젠
③ 벤 젠
④ 기어유

해설
제4류 위험물의 분류

종 류	초 산	나이트로벤젠	벤 젠	기어유
품 명	제2석유류(수용성)	제3석유류(비수용성)	제1석유류(비수용성)	제4석유류

51 다음 위험물 중 인화점이 가장 낮은 것은?

① MEK ② 피리딘 ③ 아크릴산 ④ 벤젠

해설
인화점

종류	MEK	피리딘	아크릴산	벤젠
품명	제1석유류	제1석유류	제2석유류	제1석유류
인화점	-7[℃]	16[℃]	46[℃]	-11[℃]

52 자연발화(自然發火)의 조건(條件)으로 부적합한 것은?

① 발열량이 클 때
② 열전도율이 작을 때
③ 저장소 등의 주위온도가 높을 때
④ 열의 축적이 작을 때

해설
자연발화의 조건
- 주위의 온도가 높을 것
- 열전도율이 작을 것
- 발열량이 클 것
- 표면적이 넓을 것
- 열의 축적이 클 때

53 지정수량 미만의 위험물을 저장 또는 취급에 관한 기술상의 기준은 무엇으로 정하는가?

① 행정안전부령 ② 시·도의 규칙
③ 시·도의 조례 ④ 대통령령

해설
위험물의 저장 기준
- 지정수량 이상 : 위험물안전관리법에 적용
- **지정수량 미만 : 시·도의 조례**

54 다음 공기 중에서 연소범위가 가장 넓은 것은?

① 수소 ② 뷰테인 ③ 에터 ④ 아세틸렌

해설
연소범위

종류	수소	뷰테인	에터	아세틸렌
연소범위	4.0~75[%]	1.8~8.4[%]	1.7~48.0[%]	2.5~81.0[%]

정답 51 ④ 52 ④ 53 ③ 54 ④

55 다음 중 품질관리시스템에 있어서 4M에 해당하지 않는 것은?

① Man
② Machine
③ Material
④ Money

해설
품질관리시스템의 4M : Man, Machine, Material, Method

56 일정 통제를 할 때 1일당 그 작업을 단축하는 데 소요되는 비용의 증가를 의미하는 것은?

① 비용구배(Cost Slope)
② 정상 소요시간(Normal Duration)
③ 비용견적(Cost Estimation)
④ 총비용(Total Cost)

해설
용어 설명
- **비용구배**(Cost Slope) : 프로젝트의 작업 일정을 단축하는 데 소요하는 단위시간당 소요비용의 구배로 작업 활동에 따라서 다르다.

$$비용구배 = \frac{특정비용 - 정상비용}{정상시간 - 특급시간}$$

- 정상 소요시간 = 관측시간 × $\frac{평정계수}{100}$
- 총비용 : 구체적인 비용과 기회비용을 말한다.

57 어떤 측정법으로 동일 시료를 무한횟수 측정하였을 때 데이터 분포의 평균치와 모집단 참값과의 차를 무엇이라 하는가?

① 편차
② 신뢰성
③ 정확성
④ 정밀도

해설
정확성 : 데이터 분포의 평균치와 모집단 참값과의 차

58 관리도에서 점이 관리한계 내에 있고 중심선 한쪽에 연속해서 나타나는 점을 무엇이라 하는가?

① 경 향 ② 주 기 ③ 런 ④ 산 포

해설
관리도
- 경향 : 점이 점점 올라가거나 내려가는 현상
- 주기 : 점이 주기적으로 상·하로 변동하여 파형을 나타내는 현상
- **런** : 중심선의 한쪽에 연속해서 나타나는 점
- 산포 : 수집된 자료 값이 그 중앙값으로부터 떨어져 있는 정도를 나타내는 값

59 다음 중 통계량의 기호에 속하지 않는 것은?

① σ ② R ③ S ④ $\bar{x}$

해설
통계량의 기호
- 통계량의 정의 : 표본의 특성을 기술하는 척도
- 통계량의 기호 : R(범위), S(표본표준편차), $\bar{x}$ (표본평균)

σ : 모집단 모수에 사용되는 기호

60 어떤 회사의 매출액이 80,000원, 고정비가 15,000원, 변동비가 40,000원일 때 손익분기점 매출액은 얼마인가?

① 25,000원 ② 30,000원 ③ 40,000원 ④ 55,000원

해설
손익분기점 매출액

$$손익분기점\ 매출액 = \frac{고정비 \times 매출액}{변동비} = \frac{15,000원 \times 80,000원}{40,000원} = 30,000원$$

2022년 2월 26일 시행 과년도 기출복원문제

01 제5류 위험물 중 하이드라진 유도체의 지정수량은?

① 50[kg] ② 100[kg]
③ 200[kg] ④ 300[kg]

해설
하이드라진 유도체의 지정수량 : 100[kg]

하이드라진[N_2H_4, 제2석유류(수용성)]의 지정수량 : 2,000[L]

02 각 소화기의 내압시험 방법으로 옳지 않은 것은?

① 물 소화기 – 수압시험
② 산·알칼리 소화기 – 수압시험
③ 포말 소화기 – 수압시험
④ 할로젠화합물 소화기 – 수압시험

해설
할로젠화합물 소화기 : 기밀시험

03 위험물을 취급하는 장소에서 정전기를 유효하게 제거할 수 있는 방법이 아닌 것은?

① 접지에 의한 방법
② 상대습도를 70[%] 이상으로 하는 방법
③ 피뢰침을 설치하는 방법
④ 공기를 이온화하는 방법

해설
정전기 제거방법
• 접지에 의한 방법
• 상대습도를 70[%] 이상으로 하는 방법
• 공기를 이온화하는 방법

1 ② 2 ④ 3 ③ **정답**

04 나머지 셋과 지정수량이 다른 하나의 위험물은?

① 칼 슘 ② 알킬알루미늄
③ 칼 륨 ④ 나트륨

> **해설**
> **제3류 위험물의 지정수량**

품 명	칼 슘	알킬알루미늄	칼 륨	나트륨
지정수량	50[kg]	10[kg]	10[kg]	10[kg]

05 소화설비의 소요단위 계산법으로 틀린 것은?

① 제조소 외벽이 내화구조일 때 100[m^2]당 1 소요단위
② 저장소 외벽이 내화구조일 때 150[m^2]당 1소요단위
③ 제조소 외벽이 내화구조가 아닐 때 50[m^2]당 1소요단위
④ 위험물 지정수량의 100배를 1소요단위

> **해설**
> **소요단위의 계산방법**
> • 제조소 또는 취급소의 건축물
>   – 외벽이 내화구조 : 연면적 100[m^2]를 1소요단위
>   – 외벽이 내화구조가 아닌 것 : 연면적 50[m^2]를 1소요단위
> • 저장소의 건축물
>   – 외벽이 내화구조 : 연면적 150[m^2]를 1소요단위
>   – 외벽이 내화구조가 아닌 것 : 연면적 75[m^2]를 1소요단위
> • 위험물은 지정수량의 10배 : 1소요단위

06 트라이에틸알루미늄을 취급할 때 용기를 완전히 밀봉하고 물과 접촉을 피해야 하는 이유로 가장 옳은 것은?

① C$_2$H$_6$ 발생 ② H$_2$ 발생
③ C$_2$H$_2$ 발생 ④ CO$_2$ 발생

> **해설**
> 트라이에틸알루미늄이 물과 반응하면 에테인(C$_2$H$_6$)이 발생하므로 위험하다.
>
> $$(C_2H_5)_3Al + 3H_2O \rightarrow Al(OH)_3 + 3C_2H_6$$

정답 4 ① 5 ④ 6 ①

07 자연발화의 형태가 아닌 것은?

① 환원열에 의한 발열
② 분해열에 의한 발열
③ 산화열에 의한 발열
④ 흡착열에 의한 발열

해설

자연발화의 형태
- 산화열에 의한 발화 : 석탄, 건성유, 고무분말
- 분해열에 의한 발화 : 셀룰로이드, 나이트로셀룰로스
- 미생물에 의한 발화 : 퇴비, 먼지
- 흡착열에 의한 발화 : 목탄, 활성탄

08 제1종 판매취급소의 배합실 기준으로 옳지 않은 것은?

① 출입구 문턱의 높이는 바닥면으로부터 0.2[m] 이상으로 해야 한다.
② 출입구에는 자동폐쇄식의 60분+ 방화문 또는 60분 방화문을 설치해야 한다.
③ 바닥면적은 6[m^2] 이상 15[m^2] 이하로 해야 한다.
④ 내화구조 또는 불연재료로 된 벽으로 구획해야 한다.

해설

제1종 판매취급소의 배합실 기준
- 바닥면적은 6[m^2] 이상 15[m^2] 이하일 것
- 내화구조 또는 불연재료로 된 벽으로 구획할 것
- 바닥은 위험물이 침투하지 않는 구조로 하여 적당한 경사를 두고 집유설비를 할 것
- 출입구에는 수시로 열 수 있는 자동폐쇄식의 60분+ 방화문 또는 60분 방화문을 설치할 것
- 출입구 문턱의 높이는 바닥면으로부터 0.1[m] 이상으로 할 것
- 내부에 체류한 가연성의 증기 또는 가연성의 미분을 지붕위로 방출하는 설비를 할 것

09 위험물안전관리법령상 지정수량의 3,000배 초과 4,000배 이하의 위험물을 저장하는 옥외탱크저장소에 확보해야 하는 보유공지는 얼마인가?

① 6[m] 이상
② 9[m] 이상
③ 12[m] 이상
④ 15[m] 이상

> **해설**
> **옥외탱크저장소의 보유공지(시행규칙 별표 6)**

저장 또는 취급하는 위험물의 최대수량	공지의 너비
지정수량의 500배 이하	3[m] 이상
지정수량의 500배 초과 1,000배 이하	5[m] 이상
지정수량의 1,000배 초과 2,000배 이하	9[m] 이상
지정수량의 2,000배 초과 3,000배 이하	12[m] 이상
지정수량의 3,000배 초과 4,000배 이하	15[m] 이상
지정수량의 4,000배 초과	해당 탱크의 수평단면의 최대지름(가로형은 긴변)과 높이 중 큰 것과 같은 거리 이상(단, 30[m] 초과 시 30[m] 이상으로, 15[m] 미만 시 15[m] 이상으로 할 것)

10 위험물 제조소 등의 설치허가 기준은?

① 대통령령
② 시·군의 조례
③ 시·도지사
④ 행정안전부령

> **해설**
> **위험물 제조소 등의 설치허가** : 시·도지사(실제 현장에서는 소방서에 한다)

11 분말 방사차 1대의 분말방사능력 및 포수용액 비치량으로 옳은 것은?

① 방사능력 : 35[kg/s] 이상, 비치량 : 1,400[kg] 이상
② 방사능력 : 30[kg/s] 이상, 비치량 : 1,000[kg] 이상
③ 방사능력 : 35[kg/s] 이상, 비치량 : 1,000[kg] 이상
④ 방사능력 : 30[kg/s] 이상, 비치량 : 1,400[kg] 이상

> **해설**
> **화학소방자동차에 갖추어야 하는 소화능력 및 설비의 기준(시행규칙 별표 23)**

화학소방자동차의 구분	소화능력 및 설비의 기준
포수용액 방사차	포수용액의 방사능력이 매분 2,000[L] 이상일 것
	소화약액탱크 및 소화약액혼합장치를 비치할 것
	10만[L] 이상의 포수용액을 방사할 수 있는 양의 소화제를 비치할 것
분말 방사차	분말의 방사능력이 매초 35[kg] 이상일 것
	분말탱크 및 가압용 가스설비를 비치할 것
	1,400[kg] 이상의 분말을 비치할 것

12 다이에틸에터가 오랫동안 공기와 접촉하든지 햇빛에 쪼이게 될 때 생성되는 것은?
① 에스터
② 케 톤
③ 불 변
④ 과산화물

해설
다이에틸에터는 공기와 장기간 접촉하면 과산화물이 생성되므로 갈색병에 저장해야 한다.

13 소화난이도 등급Ⅰ에 해당하는 황을 옥내탱크저장소에 저장할 때 소화설비로 적합한 것은?
① 옥내소화전설비
② 옥외소화전설비
③ 스프링클러설비
④ 물분무소화설비

해설
소화난이도 등급Ⅰ에 해당하는 소화설비

제조소등의 구분		소화설비
옥내탱크 저장소	황 만을 저장·취급하는 것	물분무소화설비
	인화점 70[℃] 이상의 제4류 위험물만을 저장·취급하는 것	물분무소화설비, 고정식 포소화설비, 이동식 이외의 불활성가스소화설비, 이동식 이외의 할로젠화합물소화설비 또는 이동식 이외의 분말소화설비
	그 밖의 것	고정식 포소화설비, 이동식 이외의 불활성가스소화설비, 이동식 이외의 할로젠화합물소화설비 또는 이동식 이외의 분말소화설비

14 자연발화할 우려가 있는 위험물을 옥내저장소에 저장할 경우 지정수량의 10배 이하마다 구분하여 상호간 몇 [m] 이상의 간격을 두어야 하는가?
① 0.2[m] 이상
② 0.3[m] 이상
③ 0.5[m] 이상
④ 0.6[m] 이상

해설
옥내저장소에서 동일 품명의 위험물이더라도 자연발화할 우려가 있는 위험물 또는 재해가 현저하게 증대할 우려가 있는 위험물을 다량 저장하는 경우에는 지정수량의 10배 이하마다 구분하여 상호간 0.3[m] 이상의 간격을 두어 저장해야 한다.

15 간이저장탱크에 설치하는 밸브 없는 통기관을 설치할 때 통기관의 지름으로 맞는 것은?
① 20[mm] 이상
② 25[mm] 이상
③ 30[mm] 이상
④ 40[mm] 이상

해설
통기관의 기준
- 간이저장탱크의 지름 : 25[mm] 이상
- 그 외 저장탱크의 지름 : 30[mm] 이상

16 다음 열거한 위험물의 공통적인 성질은?(위험물안전관리법에 의거하여 답할 것)

> 의산메틸, 피리딘, 초산, 글리세린

① 수용성 ② 지용성
③ 금수성 ④ 불용성

해설
위험물(위험물안전관리법에 의거한 분류)

종류	의산메틸	피리딘	초산	글리세린
품명	제1석유류	제1석유류	제2석유류	제3석유류
구분	수용성	수용성	수용성	수용성

17 동일한 장소에 2 품목 이상의 위험물을 저장할 경우 지정수량의 배수의 합을 구할 때 옳은 것은?
① 저장하는 위험물 중 그 위험도가 가장 큰 품목을 지정수량으로 나눈 수
② 각 품목별로 저장하는 수량을 각 품목의 지정수량으로 나누어 곱한 수
③ 저장하는 위험물 중 그 양이 가장 많은 품목을 지정수량으로 나눈 수
④ 각 품목별로 저장하는 수량을 각 품목의 지정수량으로 나누어 합한 수

해설
지정수량의 배수의 합

$$\text{지정수량의 배수} = \frac{\text{저장량}}{\text{지정수량}} + \frac{\text{저장량}}{\text{지정수량}} + \cdots$$

18 다음 중 물분무소화설비가 적용되지 않는 위험물은?
① 아세톤 ② 과산화칼륨
③ 과산화수소 ④ 과산화벤조일

해설
과산화칼륨은 물과 반응하면 산소를 발생하므로 위험하다.

$$2K_2O_2 + 2H_2O \rightarrow 4KOH + O_2$$

정답 16 ① 17 ④ 18 ②

19 다음 위험물의 옥내저장소 저장창고 바닥을 물이 침투하지 않는 구조로 하지 않아도 되는 위험물은?

① 제3류 위험물 중 금수성 물질
② 제1류 위험물 중 알칼리금속의 과산화물
③ 제4류 위험물
④ 제6류 위험물

> **해설**
> **저장창고에 물의 침투를 막는 구조로 해야 하는 위험물**
> - 제1류 위험물 중 알칼리금속의 과산화물
> - 제2류 위험물 중 철분, 금속분, 마그네슘
> - 제3류 위험물 중 금수성 물질
> - 제4류 위험물

20 H_2O_2는 농도가 몇 [%](중량) 이상일 때 단독으로 폭발하는가?

① 30[%]   ② 40[%]
③ 50[%]   ④ 60[%]

> **해설**
> 과산화수소(H_2O_2)의 농도 60[wt%] 이상은 충격, 마찰에 의해서도 단독으로 분해폭발 위험이 있다

21 다음 위험물 중 인화점이 가장 낮은 것은?

① 의산메틸   ② 클로로벤젠
③ 벤 젠   ④ 초산에틸

> **해설**
> **인화점**
>
> | 종 류 | 의산메틸 | 클로로벤젠 | 벤젠 | 초산에틸 |
> |---|---|---|---|---|
> | 품 명 | 제1석유류 | 제2석유류 | 제1석유류 | 제1석유류 |
> | 인화점 | -19[℃] | 27[℃] | -11[℃] | -3[℃] |

22 차고 또는 주차장에 설치하는 포소화설비의 수동식 기동장치는 방사구역마다 몇 개 이상 설치해야 하는가?

① 1개
② 2개
③ 3개
④ 5개

> **해설**
> **포소화설비의 수동식 기동장치 설치 기준**
> • 차고 또는 주차장에 설치하는 포소화설비의 수동식 기동장치는 방사구역마다 1개 이상 설치할 것
> • 항공기격납고에 설치하는 포소화설비의 수동식 기동장치는 각 방사구역마다 2개 이상을 설치하되, 그 중 1개는 각 방사구역으로부터 가장 가까운 곳 또는 조작에 편리한 장소에 설치하고, 1개는 화재감지수신기를 설치한 감시실 등에 설치할 것

23 다음 위험물 중 특수인화물에 속하는 것은?

① $C_2H_5OC_2H_5$
② $CH_3COC_2H_5$
③ $C_6H_5CH_3$
④ C_6H_6

> **해설**
> **제4류 위험물의 분류**
>
> | 종 류 | $C_2H_5OC_2H_5$ | $CH_3COC_2H_5$ | $C_6H_5CH_3$ | C_6H_6 |
> |---|---|---|---|---|
> | 품 명 | 특수인화물 | 제1석유류 | 제1석유류 | 제1석유류 |
> | 명 칭 | 다이에틸에터 | 메틸에틸케톤 | 톨루엔 | 벤 젠 |

24 인화성 액체 위험물 화재 시 소화방법으로서 옳지 않은 것은?

① 화학포에 의해 소화할 수 있다.
② 수용성 액체는 기계포가 적당하다.
③ 이산화탄소로 소화할 수 있다.
④ 주수소화는 적당하지 않다.

> **해설**
> 인화성 액체 위험물은 주수소화는 화재면 확대 때문에 적합하지 않고 수용성 액체는 알코올용포가 적당하다.

정답 22 ① 23 ① 24 ②

25 다음 위험물 중 산화성 고체가 아닌 것은?

① $KClO_3$　　　　　② Na_2O_2
③ MgO_2　　　　　④ H_2O_2

해설

위험물의 분류

종류	$KClO_3$	Na_2O_2	MgO_2	H_2O_2
명칭	염소산칼륨	과산화나트륨	과산화마그네슘	과산화수소
류별	제1류 위험물	제1류 위험물	제1류 위험물	제6류 위험물
품명	염소산염류	무기과산화물	무기과산화물	–
성질	산화성 고체	산화성 고체	산화성 고체	산화성 액체

26 다음 제4류 위험물 중 물보다 가벼운 것은?

① 이황화탄소　　　　② 폼산
③ 아세트산　　　　　④ 에탄올

해설

제4류 위험물의 비중

종류	이황화탄소	폼산(의산)	아세트산(초산)	에탄올
비중	1.26	1.2	1.05	0.79

27 위험물 제조소의 위험물을 취급하는 건축물의 주위에 보유해야 할 최소 보유 공지는?

① 1[m] 이상　　　　② 3[m] 이상
③ 5[m] 이상　　　　④ 8[m] 이상

해설

제조소의 보유공지

취급하는 위험물의 최대수량	공지의 너비
지정수량의 10배 이하	3[m] 이상
지정수량의 10배 초과	5[m] 이상

25 ④　26 ④　27 ②

28. 카바이드(탄화칼슘)의 위험성으로 옳지 않은 것은?

① 물과 반응 시 생성가스의 폭발범위가 2.5~81[%]이다.
② 물과 반응하면 메테인 가스가 발생한다.
③ 시판품은 불순물(S, P, N)을 포함하므로 유독한 가스를 발생시켜 악취가 난다.
④ 구리와 반응하여 폭발성의 아세틸렌화구리(CuC_2)를 만든다.

해설

탄화칼슘
- 카바이드라고 하며, 화학식 CaC_2, 융점은 2,370[℃]이다.
- 습기가 없는 밀폐용기에 저장하고 용기에는 질소가스 등 불연성가스를 봉입시킨다.
- 시판품은 불순물(S, P, N)을 포함하므로 유독한 가스를 발생시켜 악취가 난다.
- 구리와 반응하여 폭발성의 아세틸렌화구리(CuC_2)를 만든다.
- 아세틸렌은 분해폭발한다.
- 물과 반응하면 가연성가스인 아세틸렌가스를 발생한다.

$$CaC_2 + 2H_2O \rightarrow Ca(OH)_2 + C_2H_2$$
(소석회, 수산화칼슘) (아세틸렌)

29. 은백색의 연하고 광택이 나는 금속으로 알코올과 접촉했을 때 생성되는 물질은?

① C_2H_5ONa
② CO_2
③ Na_2O_2
④ Al_2O_3

해설

나트륨(Na)은 은백색의 광택이 있는 무른 경금속으로 알코올과 반응하면 나트륨에틸레이트를 생성한다.

$$2Na + 2C_2H_5OH \rightarrow 2C_2H_5ONa + H_2 \uparrow$$
(나트륨에틸레이트)

정답 28 ② 29 ①

30 인화성 액체 위험물을 옥외탱크저장소에 저장할 때 방유제의 기준으로 틀린 것은?

① 중유 20만[L]를 저장하는 방유제 내에 설치하는 저장탱크의 수는 10기 이하로 한다.
② 방유제의 높이는 0.5[m] 이상 3[m] 이하로 한다.
③ 방유제 내에는 물을 배출시키기 위한 배수구를 설치하고, 그 외부에는 이를 개폐하는 밸브를 설치한다.
④ 높이가 1[m]를 넘는 방유제의 안팎에는 계단을 약 50[m]마다 설치해야 한다.

해설
방유제 내에 설치하는 옥외저장탱크의 수는 10(방유제 내에 설치하는 모든 옥외저장탱크의 용량이 20만[L] 이하이고, 위험물의 인화점이 70[℃] 이상 200[℃] 미만인 경우에는 20) 이하로 할 것(단, 인화점이 200[℃] 이상인 옥외저장탱크는 제외)

[방유제 내에 설치하는 탱크의 수]
- 제1석유류, 제2석유류 : 10기 이하
- 제3석유류(인화점 70[℃] 이상 200[℃] 미만, 중유) : 20기 이하
- 제4석유류(인화점이 200[℃] 이상) : 제한없음

31 비중이 0.8인 에틸알코올의 지정수량 400[L]는 몇 kg인가?

① 120[kg]
② 200[kg]
③ 320[kg]
④ 500[kg]

해설
무게를 구하면

$$\rho(밀도) = \frac{W(무게)}{V(부피)}, \quad W = \rho \times V$$

비중 = 0.8이라면 밀도[ρ] = 0.8[g/cm³] = 0.8[kg/L]
∴ 무게(W) = 밀도 × 부피[L] = 0.8[kg/L] × 400[L] = 320[kg]

32 산화프로필렌의 성질로서 가장 옳은 것은?

① 구리(Cu), 마그네슘(Mg)과 반응하여 아세틸레이트를 형성한다.
② 물속에서 분해하여 에테인(C_2H_6)을 발생한다.
③ 폭발범위가 4~57[%]이다.
④ 물에 녹기 힘들며 흡열 반응을 한다.

해설

산화프로필렌
- 물 성

화학식	분자량	비 중	비 점	인화점	착화점	연소범위
CH_3CHCH_2O	58	0.82	35[℃]	-37[℃]	449[℃]	2.8~37[%]

- 물에 잘 녹는 무색, 투명한 자극성 액체이다.
- 구리(Cu), 마그네슘(Mg), 은(Ag), 수은(Hg)과 반응하면 아세틸레이트를 생성한다.
- 산이나 알칼리와는 중합반응을 한다.
- 저장용기 내부에는 불연성가스 또는 수증기 봉입장치를 할 것

33 옥외탱크저장소에 저장하는 위험물 중 방유제를 설치하지 않아도 되는 것은?

① 과산화수소　　② 이황화탄소
③ 벤 젠　　　　④ 아세톤

해설
이황화탄소는 물속에 저장하므로 방유제를 설치할 필요가 없다.

34 화재발생을 통보하는 경보설비에 해당되지 않는 것은?

① 단독경보형감지기　　② 누전경보기
③ 무선통신보조설비　　④ 가스누설경보기

해설
무선통신보조설비 : 소화활동설비

정답 32 ① 33 ② 34 ③

35 트라이나이트로톨루엔(TNT)의 위험성에 대한 설명으로 옳지 않은 것은?

① 물에 녹지 않고 아세톤, 벤젠에는 잘 녹는다.
② 폭발력이 강하다.
③ 햇빛에 변색되고 이는 폭발성을 증가시킨다.
④ 중금속과 반응하지 않는다.

해설
트라이나이트로톨루엔의 성질
- 물 성

화학식	비 점	융 점	비 중
$C_6H_2CH_3(NO_2)_3$	240[℃]	80.1[℃]	1.0

- 담황색의 결정으로 강력한 폭약이다.
- 충격에는 민감하지 않으나 급격한 타격에 의하여 폭발한다.
- 물에 녹지 않고, 알코올에는 가열하면 녹고, 아세톤, 벤젠, 에터에는 잘 녹는다.
- 일광에 의해 갈색으로 변하고 가열, 타격에 의하여 폭발한다.
- 중금속과 반응하지 않는다.

36 질식소화는 공기 중의 산소농도를 얼마 이하로 낮추어야 하는가?

① 5~10[%]   ② 10~15[%]
③ 16~18[%] ④ 16~20[%]

해설
질식소화 : 공기 중의 산소의 농도를 21[%]에서 15[%] 이하로 낮추어 소화하는 방법(공기 차단)

> 질식소화 시 산소의 유효 한계농도 : 10~15[%]

37 물과 서로 분리 가능하여 물속에서 쉽게 구별할 수 있는 알코올은?

① 부틸알코올   ② 프로필알코올
③ 에틸알코올   ④ 메틸알코올

해설
분자량이 증가할수록 용해도가 떨어지므로 부틸알코올은 물과 혼합할 때 분리가 가능하다.
알코올류

종 류	부틸알코올	프로필알코올	에틸알코올	메틸알코올
품 명	제2석유류(비수용성)	알코올류	알코올류	알코올류
화학식	C_4H_9OH	C_3H_7OH	C_2H_5OH	CH_3OH
분자량	74	60	46	32

38 금속칼륨의 성질을 바르게 설명한 것은?
① 금속 가운데 가장 무겁다.
② 극히 산화하기 어려운 금속이다.
③ 화학적으로 극히 활발한 금속이다.
④ 금속 가운데 가장 경도가 센 금속이다.

해설
칼륨(K)은 화학적으로 활발한 금속이다.

---

39 위험물안전관리자를 선임한 날부터 며칠 이내에 위험물안전관리자를 선임신고를 해야 하는가?
① 7일
② 14일
③ 20일
④ 30일

해설
위험물안전관리자 선임신고
- 위험물안전관리자 재선임 : 해임일로부터 30일 이내에 재선임
- 위험물안전관리자 선임신고 : 선임일로부터 14일 이내에 소방본부장이나 소방서장에게 신고

---

40 제4류 위험물인 사이안화수소(HCN)가 갖는 대표적인 특징은?
① 물에 녹기 어렵다.
② 물보다 무겁다.
③ 증기는 공기보다 가볍다.
④ 인화성이 높다.

해설
사이안화수소(HCN)는 제4류 위험물 제1석유류로서 증기는 공기보다 가볍다(27/29 = 0.93)

---

41 석유 속에 보관하여 취급하는 물질은?
① 황 린
② 나트륨
③ 탄화칼슘
④ 마그네슘분말

해설
저장방법

종 류	저장방법
칼륨, 나트륨	등유(석유), 경유, 유동파라핀 속에 저장
황린, 이황화탄소	물속에 저장
나이트로셀룰로스	물 또는 알코올로 습윤시켜 저장
그 밖의 위험물	건조하고 서늘한 장소에 저장

정답 38 ③ 39 ② 40 ③ 41 ②

42 다음 중 저장소로 분류되지 않는 것은?

① 간이탱크저장소
② 이동탱크저장소
③ 선박탱크저장소
④ 지하탱크저장소

해설

저장소의 분류

저장소의 구분	지정수량 이상의 위험물을 저장하기 위한 장소
옥내저장소	옥내(지붕과 기둥 또는 벽 등에 의하여 둘러싸인 곳을 말한다)에 저장(위험물을 저장하는 데 따르는 취급을 포함)하는 장소
옥외탱크저장소	옥외에 있는 탱크에 위험물을 저장하는 장소
옥내탱크저장소	옥내에 있는 탱크에 위험물을 저장하는 장소
지하탱크저장소	지하에 매설한 탱크에 위험물을 저장하는 장소
간이탱크저장소	간이탱크에 위험물을 저장하는 장소
이동탱크저장소	차량에 고정된 탱크에 위험물을 저장하는 장소
옥외저장소	옥외에서 다음에 해당하는 위험물을 저장하는 장소 • 제2류 위험물 중 황 또는 인화성고체(인화점이 0[℃] 이상인 것에 한한다) • 제4류 위험물 중 제1석유류(인화점이 0[℃] 이상인 것에 한한다)·알코올류·제2석유류·제3석유류·제4석유류 및 동식물유류 • 제6류 위험물 • 제2류 위험물 및 제4류 위험물 중 특별시·광역시·특별자치시·도 또는 특별자치도의 조례로 정하는 위험물(관세법 제154조의 규정에 의한 보세구역 안에 저장하는 경우로 한정한다) • 국제해사기구에 관한 협약에 의하여 설치된 국제해사기구가 채택한 국제해상위험물규칙(IMDG Code)에 적합한 용기에 수납된 위험물
암반탱크저장소	암반 내의 공간을 이용한 탱크에 액체의 위험물을 저장하는 장소

43 물과 반응하여 가연성가스를 발생하는 위험물은?

① 염소산나트륨
② 마그네슘
③ 과산화수소
④ 질산암모늄

해설

마그네슘(Mg)은 물과 반응하면 가연성가스인 수소(H_2)를 발생한다.

$$Mg + 2H_2O \rightarrow Mg(OH)_2 + H_2$$

44 위험물 옥내저장소에 피뢰설비를 설치해야 하는 대상은?

① 과산화칼슘 500[kg] 저장
② 아세톤 3,000[L] 저장
③ 메틸알코올 2,000[L] 저장
④ 과산화수소 3,000[kg] 저장

해설

피뢰설비는 지정수량의 10배 이상일 때 설치해야 한다(제6류 위험물은 제외).

- 각 위험물의 지정수량

항목 \ 종류	과산화칼슘	아세톤	메틸알코올	과산화수소
류 별	제1류 위험물	제4류 위험물	제4류 위험물	제6류 위험물
품 명	무기과산화물	제1석유류(수용성)	알코올류	–
지정수량	50[kg]	400[L]	400[L]	300[kg]

- 지정수량의 배수

$$지정배수 = \frac{취급(저장)량}{지정수량} + \frac{취급(저장)량}{지정수량} + \frac{취급(저장)량}{지정수량}$$

- 과산화칼슘 400[kg] 저장

  $지정배수 = \frac{500[kg]}{50[kg]} = 10$배(피뢰침 설치 대상)

- 아세톤 3,000[L] 저장

  $지정배수 = \frac{3,000[L]}{400[L]} = 7.5$배(피뢰침 미설치 대상)

- 메틸알코올 2,000[L] 저장

  $지정배수 = \frac{2,000[L]}{400[L]} = 5$배(피뢰침 미설치 대상)

- 과산화수소 3,000[kg] 저장

  $지정배수 = \frac{3,000[kg]}{300[kg]} = 10$배(제6류 위험물은 제외이므로 피뢰침 미설치 대상)

45 다음 유지류 중 아이오딘값이 가장 큰 것은?

① 쌀겨기름
② 콩기름
③ 옥수수기름
④ 들기름

해설

동식물유류의 종류

구 분	아이오딘값	반응성	불포화도	종 류
건성유	130 이상	크 다	크 다	해바라기유, 동유, 아마인유, 정어리기름, 들기름
반건성유	100~130	중 간	중 간	채종유, 목화씨기름(면실유), 참기름, 콩기름, 청어유, 쌀겨기름, 옥수수기름
불건성유	100 이하	작 다	작 다	야자유, 올리브유, 피마자유, 낙화생기름

아이오딘값 : 유지 100[g]에 부가되는 아이오딘의 [g]수

46 은백색의 광택성 분말로서 공기 중의 습기나 수분에 의해 폭발의 위험이 있는 물질은?

① Cu ② Fe ③ Sn ④ Mg

해설
마그네슘(Mg)은 은백색의 광택이 있는 금속으로 공기 중의 습기나 수분에 의해 폭발의 위험이 있다.

47 다음 제조소 등에서 예방규정을 작성하지 않아도 되는 대상물은?

① 과산화나트륨 500[kg]을 취급하는 제조소
② 과산화칼륨 10,000[kg]을 저장하는 옥내저장소
③ 경유 100,000[L]를 저장하는 옥외탱크저장소
④ 피리딘 40,000[L]을 저장하는 옥외저장소

해설
예방규정

- 각 위험물의 지정수량

종류 항목	과산화나트륨	과산화칼륨	경유	피리딘
류별	제1류 위험물	제1류 위험물	제4류 위험물	제4류 위험물
품명	무기과산화물	무기과산화물	제2석유류(비수용성)	제1석유류(수용성)
지정수량	50[kg]	50[kg]	1,000[L]	400[L]

- 예방규정을 정해야 하는 제조소 등
  - 지정수량의 10배 이상의 위험물을 취급하는 제조소
  - 지정수량의 100배 이상의 위험물을 저장하는 옥외저장소
  - 지정수량의 150배 이상의 위험물을 저장하는 옥내저장소
  - 지정수량의 200배 이상의 위험물을 저장하는 옥외탱크저장소
  - 암반탱크저장소, 이송취급소
  - 지정수량의 10배 이상의 위험물을 취급하는 일반취급소. 다만, 제4류 위험물(특수인화물을 제외한다)만을 지정수량의 50배 이하로 취급하는 일반취급소(제1석유류·알코올류의 취급량이 지정수량의 10배 이하인 경우)로서 다음의 어느 하나에 해당하는 것을 제외한다.
    가. 보일러·버너 또는 이와 비슷한 것으로서 위험물을 소비하는 장치로 이루어진 일반취급소
    나. 위험물을 용기에 옮겨 담거나 차량에 고정된 탱크에 주입하는 일반취급소

- 지정수량의 배수
  - 과산화나트륨 500[kg]을 취급하는 제조소
    지정배수 = $\dfrac{500[kg]}{50[kg]}$ = 10배(예방규정 정하는 대상)
  - 과산화칼륨 1,000[kg]을 저장하는 옥내저장소
    지정배수 = $\dfrac{10,000[kg]}{50[kg]}$ = 200배(예방규정 정하는 대상)
  - 경유 100,000[L]를 저장하는 옥외탱크저장소
    지정배수 = $\dfrac{100,000[L]}{1,000[L]}$ = 100배(예방규정 정하는 비대상)
  - 피리딘 40,000[L]을 저장하는 옥외저장소
    지정배수 = $\dfrac{40,000[L]}{400[L]}$ = 100배(예방규정 정하는 대상)

48 할론 1301를 축압식 저장용기에 저장하려 할 때의 충전비는?

① 0.51 이상 0.67 이하
② 0.67 이상 2.75 이하
③ 0.7 이상 1.4 이하
④ 0.9 이상 1.6 이하

해설
할로젠화합물 저장용기의 충전비

약 제	할론1301	할론1211	할론 2402	
충전비	0.9 이상 1.6 이하	0.7 이상 1.4 이하	가압식	0.51 이상 0.67 이하
			축압식	0.67 이상 2.75 이하

49 황린이 연소될 때 생기는 흰 연기는?

① 인화수소
② 오산화인
③ 인 산
④ 탄산가스

해설
황린은 공기 중에서 연소 시 오산화인(P_2O_5)의 흰 연기를 발생한다.

$$P_4 + 5O_2 \rightarrow 2P_2O_5$$

50 자체소방대의 편성 및 자체소방대을 두어야 하는 제조소 기준으로 옳은 것은?

① 지정수량 10,000배 이상 저장하는 옥외탱크저장시설
② 지정수량 3,000배 이상의 제4류 위험물을 취급하는 제조소
③ 지정수량 3,000배 이상의 제4류 위험물을 취급하는 주유취급소
④ 지정수량 20,000배 이상의 제4류 위험물을 저장하는 저장소

해설
자체소방대의 편성 : 지정수량 3,000배 이상의 제4류 위험물을 취급하는 제조소, 일반취급소

정답 48 ④ 49 ② 50 ②

51 산화성 고체 위험물로 조해성과 부식성이 있으며 산과 반응하여 폭발성의 유독한 이산화염소를 발생시키는 위험물로 제초제·폭약의 원료로 사용하는 물질은?

① Na_2O
② $KClO_4$
③ $NaClO_3$
④ K_2O_2

해설

염소산나트륨($NaClO_3$)
- 물 성

화학식	성 질	분자량	융 점	분해 온도
$NaClO_3$	산화성 고체	106.5	248[℃]	300[℃]

- 무색, 무취의 결정 또는 분말이다.
- 물, 알코올, 에테르에는 녹는다.
- 제초제, 폭약의 원료로 사용한다.
- 산과 반응하면 이산화염소(ClO_2)의 유독가스를 발생한다.

$$2NaClO_3 + 2HCl \rightarrow 2NaCl + 2ClO_2 + H_2O_2$$

52 다음 탱크의 공간용적을 7[%]로 할 경우 아래 그림에 나타낸 타원형 위험물 저장탱크의 용량은 얼마인가?

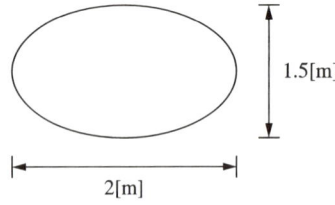
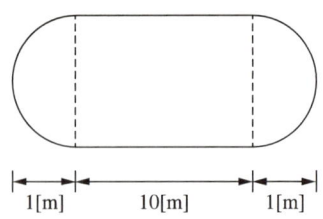

① $20.5[m^3]$
② $21.7[m^3]$
③ $23.4[m^3]$
④ $25.1[m^3]$

해설

저장탱크의 용량 = 내용적 − 공간용적(7[%])

- 탱크의 내용적 = $\dfrac{\pi ab}{4}\left(\ell + \dfrac{\ell_1 + \ell_2}{3}\right) = \dfrac{\pi \times 2 \times 1.5}{4}\left(10 + \dfrac{1+1}{3}\right) = 25.13[m^3]$
- 저장탱크의 용량 = $25.13 - (25.13 \times 0.07) = 23.37[m^3]$

53 위험물을 운반하기 위한 적재방법 중 방수성이 있는 것으로 피복해야 하는 위험물은?

① 과산화나트륨
② 과염소산
③ 다이에틸에터
④ 과염소산나트륨

해설
위험물 운반 시 피복
- 차광성이 있는 것으로 피복
  - 제1류 위험물(과염소산나트륨)
  - 제3류 위험물 중 자연발화성 물질
  - 제4류 위험물 중 특수인화물(다이에틸에터)
  - 제5류 위험물
  - 제6류 위험물(과염소산)
- 방수성이 있는 것으로 피복
  - 제1류 위험물 중 알칼리금속의 과산화물(과산화나트륨)
  - 제2류 위험물 중 철분·금속분·마그네슘
  - 제3류 위험물 중 금수성 물질

54 다음 중 제2석유류에 속하지 않는 것은?

① 등 유
② 개미산
③ 클로로벤젠
④ 톨루엔

해설
제4류 위험물의 분류

종 류	등 유	개미산(의산)	클로로벤젠	톨루엔
구 분	제2석유류(비수용성)	제2석유류(수용성)	제2석유류(비수용성)	제1석유류(비수용성)
지정수량	1,000[L]	2,000[L]	1,000[L]	200[L]

55 도수분포표에서 도수가 최대인 곳의 대표치를 말하는 것은?

① 중위수
② 비대칭도
③ 모우드(mode)
④ 첨 도

해설
용어설명
- 중위수 : 데이터를 크기 순서대로 나열했을 때 한 가운데 위치하는 데이터의 값으로 50 백분위수를 말하는데 중앙값이라고도 한다.
- 비대칭도 : 비대칭의 방향 및 정도를 말한다.
- 모우드 : 도수분포표에서 도수가 최대인 곳의 대표치를 말하는 것으로 1개 있는 경우는 단봉성 분포, 2개 이상 있는 경우는 복봉성 분포라 한다.
- 첨도 : 분포곡선에서 정점의 뾰족한 정도를 나타내는 측도를 말한다.

정답 53 ① 54 ④ 55 ③

56 관리도에서 수집된 자료 값이 그 중앙값으로부터 떨어져 있는 정도를 나타내는 값을 무엇이라 하는가?
① 경 향
② 주 기
③ 런
④ 산 포

해설
관리도
- 경향 : 점이 점점 올라가거나 내려가는 현상
- 주기 : 점이 주기적으로 상·하로 변동하여 파형을 나타내는 현상
- 런 : 중심선의 한쪽에 연속해서 나타나는 점
- 산포 : 수집된 자료 값이 그 중앙값으로부터 떨어져 있는 정도를 나타내는 값

57 다음 중 품질관리시스템에 있어서 4M에 해당하지 않는 것은?
① Method
② Man
③ Material
④ Money

해설
품질관리시스템의 4M : Man, Machine, Material, Method

58 다음 중 관리의 사이클을 가장 옳게 표시한 것은?(단, A : 조치, C : 검토, D : 실행, P : 계획)
① P → C → A → D
② P → A → C → D
③ A → D → C → P
④ P → D → C → A

해설
관리의 사이클
- 품질관리시스템의 4M : Man, Machine, Material, Method
- 관리의 사이클 : Plan(계획) → Do(실행) → Check(검토) → Action(조치)

59 제품공정 분석표(Product Process Chart) 작성 시 가공시간 개별법으로 가장 올바른 것은?

① $\dfrac{1개당 \ 가공시간 \times 1로트의 \ 수량}{1로트의 \ 총가공시간}$

② $\dfrac{1로트의 \ 가공시간}{1로트의 \ 총가공시간 \times 1로트의 \ 수량}$

③ $\dfrac{1개당 \ 가공시간 \times 1로트의 \ 총가공시간}{1로트의 \ 수량}$

④ $\dfrac{1로트의 \ 총가공시간}{1개당 \ 가공시간 \times 1로트의 \ 수량}$

해설

가공시간 개별법 $= \dfrac{1개당 \ 가공시간 \times 1로트의 \ 수량}{1로트의 \ 총가공시간}$

60 TPM 활동의 기본을 이루는 3정 5S 활동에서 5S에 해당하지 않는 것은?

① 생활화 ② 정 돈
③ 정 리 ④ 정 량

해설

TPM(Total production Management, 종합적 생산경영) 활동
- 3정 : 정량, 정품, 정위치
- 5S : 정리, 정돈, 청결, 청소, 생활(습관)화

정답 59 ① 60 ④

2022년 6월 19일 시행 과년도 기출복원문제

01 다음 중 산화성 고체 위험물이 아닌 것은?

① $KBrO_3$ ② $(NH_4)_2Cr_2O_7$
③ $HClO_4$ ④ $NaClO_2$

해설
위험물의 분류

종 류	$KBrO_3$	$(NH_4)_2Cr_2O_7$	$HClO_4$	$NaClO_2$
명 칭	브로민산칼륨	다이크로뮴산암모늄	과염소산	아염소산나트륨
품 명	제1류 위험물 브로민산염류	제1류 위험물 다이크로뮴산염류	제6류 위험물	제1류 위험물 아염소산염류

02 위험물안전관리법령에서 위험물을 제조 외의 목적으로 취급하기 위한 장소와 그에 따른 취급소의 구분을 4가지로 정하고 있다. 다음 중 법령에서 정한 취급소의 구분에 해당되지 않는 것은?

① 주유취급소   ② 특수취급소
③ 일반취급소   ④ 이송취급소

해설
취급소 : 일반취급소, 주유취급소, 판매취급소, 이송취급소

03 탄화망가니즈에 물을 가할 때 생성되지 않는 것은?

① 수산화망가니즈   ② 수 소
③ 메테인   ④ 산 소

해설
탄화망가니즈(Mn_3C)와 물의 반응식

$$Mn_3C + 6H_2O \rightarrow 3Mn(OH)_2 + CH_4 + H_2$$
$$\text{(수산화망가니즈)} \quad \text{(메테인)} \quad \text{(수소)}$$

1 ③   2 ②   3 ④

04 다음 중 나이트로셀룰로스 위험물의 화재 시에 가장 적절한 소화약제는?

① 사염화탄소　　　　　　② 이산화탄소
③ 물　　　　　　　　　　④ 인산염류 분말

해설
제5류 위험물(나이트로셀룰로스)은 냉각소화(물)가 효과적이다.

05 인화성 액체 위험물의 일반적인 성질과 화재위험성에 대한 설명으로 옳지 않은 것은?

① 전기불량도체이며 불꽃, 스파크 등 정전기에 의해서도 인화되기 쉽다.
② 물보다 가볍고 물에 녹지 않으므로 화재 확대의 위험성이 크므로 주수소화는 좋지 못하다.
③ 대부분의 발생증기는 공기보다 가벼워 멀리까지 흘러간다.
④ 일반적으로 상온에서 액체이며, 대단히 인화되기 쉽다.

해설
제4류 위험물인 인화성 액체는 증기가 공기보다 무거워서 바닥에 체류한다.

06 위험물안전관리법령상 이동탱크저장소로 위험물을 운송하는 자는 위험물안전카드를 위험물운송자로 하여금 휴대하게 해야 한다. 다음 중 이에 해당하는 위험물이 아닌 것은?

① 휘발유　　　　　　　　② 과산화수소
③ 경 유　　　　　　　　 ④ 벤조일퍼옥사이드

해설
위험물(제4류 위험물에 있어서는 특수인화물 및 제1석유류에 한한다)을 운송하게 하는 자는 위험물안전카드를 위험물운송자로 하여금 휴대하게 할 것

종 류	휘발유	과산화수소	경 유	벤조일퍼옥사이드
류 별	제4류 위험물 제1석유류	제6류 위험물	제4류 위험물 제2석유류	제5류 위험물

07 제2류 위험물과 제5류 위험물의 공통점에 해당되는 것은?

① 유기화합물이다.
② 가연성 물질이다.
③ 자연발화성 물질이다.
④ 산소를 함유하고 있는 물질이다.

해설

제2류 위험물과 제5류 위험물의 특성

종 류	제2류 위험물	제5류 위험물
화합물의 구분	무기화합물	유기화합물
가연성 여부	가연성	가연성
성 질	가연성 고체	자기반응성 물질
산소함유 여부	미함유	함 유

08 다이에틸에터의 성상에 해당하는 것은?

① 청색 액체
② 무미, 무취 액체
③ 휘발성 액체
④ 불연성 액체

해설

다이에틸에터 : 특유의 향이 있는 휘발성이 강한 무색의 액체

09 오황화인이 물과 반응하였을 때 발생하는 물질로 옳은 것은?

① 황화수소, 오산화인
② 황화수소, 인산
③ 이산화황, 오산화인
④ 이산화황, 인산

해설

오황화인은 물 또는 알칼리에 분해되어 황화수소(H_2S)와 인산(H_3PO_4)이 된다.

$$P_2S_5 + 8H_2O \rightarrow 5H_2S + 2H_3PO_4$$

10 소화기의 적응성에 의한 분류 중 옳게 연결되지 않은 것은?

① A급 화재용 소화기 - 주수, 산알칼리포
② B급 화재용 소화기 - 이산화탄소, 소화분말
③ C급 화재용 소화기 - 전기전도성이 없는 불연성기체
④ D급 화재용 소화기 - 주수, 분말소화제

해설

D급(금속) 화재는 주수소화하면 가연성가스를 발생하므로 위험하다.

11 다음 중 제3류 위험물이 아닌 것은?

① 황 린
② 나트륨
③ 칼 륨
④ 마그네슘

해설
제3류 위험물 : 칼륨, 나트륨, 황린, 알킬알루미늄, 탄화칼슘, 인화석회 등

> 마그네슘(Mg) : 제2류 위험물

12 삼황화인(P_4S_3)의 성질에 대한 설명으로 가장 옳은 것은?

① 물 또는 알칼리와 반응 시 분해되어 황화수소(H_2S)를 발생한다.
② 차가운 물, 염산, 황산에는 녹지 않는다.
③ 차가운 물 또는 알칼리와 반응 시 분해되어 인산(H_3PO_4)이 생성된다.
④ 물 또는 알칼리와 반응 시 분해되어 이산화황(SO_2)을 발생한다.

해설
삼황화인
- 황색의 결정 또는 분말이다.
- 이황화탄소(CS_2), 알칼리, 질산에는 녹고 물, 염소, 염산, 황산에는 녹지 않는다.
- 삼황화인은 공기 중 약 100[℃]에서 발화하고 마찰에 의해서도 쉽게 연소하며 자연발화할 가능성도 있다.
- 삼황화인은 자연발화성이므로 가열, 습기 방지 및 산화제의 접촉을 피한다.
- 저장 시 금속분과 멀리해야 한다.

13 위험물의 반응성에 대한 설명 중 틀린 것은?

① 마그네슘은 온수와 작용하여 산소를 발생하고 산화마그네슘이 된다.
② 황린은 공기 중에서 연소하여 오산화인을 발생한다.
③ 아연 분말은 공기 중에서 연소하여 산화아연을 발생한다.
④ 삼황화인은 공기 중에서 연소하여 오산화인을 발생한다.

해설
마그네슘은 물과 반응하면 수산화마그네슘[$Mg(OH)_2$]과 수소(H_2)를 발생한다.

> $Mg + 2H_2O \rightarrow Mg(OH)_2 + H_2 \uparrow$

정답 11 ④ 12 ② 13 ①

14 염소산나트륨의 운반용기 중 내장용기의 재질 및 구조로서 가장 옳은 것은?

① 마포포대 ② 함석판상자
③ 폴리에틸렌포대 ④ 나무(木)상자

해설
제1류 위험물(염소산나트륨)의 운반용기 중 내장용기 : 유리용기, 플라스틱용기, 금속제용기, 종이포대, 플라스틱 필름포대

15 콜타르 유분으로 나프탈렌과 안트라센 등을 함유하는 물질은?

① 중 유 ② 메타크레졸
③ 클로로벤젠 ④ 크레오소트유

해설
크레오소트유(타르유)
- 일반적으로 타르유, 액체피치유라고도 한다.
- 황록색 또는 암갈색의 기름모양의 액체이며 증기는 유독하다.
- 주성분은 나프탈렌, 안트라센이다.
- 물에 녹지 않고 알코올, 에터, 벤젠, 톨루엔에는 잘 녹는다.

16 위험물안전관리법령에 따라 폐쇄형 스프링클러헤드를 설치하는 장소의 평상시의 최고주위온도가 28[℃] 이상 39[℃] 미만일 경우 헤드의 표시온도는?

① 52[℃] 이상 76[℃] 미만 ② 52[℃] 이상 79[℃] 미만
③ 58[℃] 이상 76[℃] 미만 ④ 58[℃] 이상 79[℃] 미만

해설
부착장소의 최고주위온도에 따른 헤드의 표시온도

부착장소의 최고주위온도[℃]	표시온도[℃]
28 미만	58 미만
28 이상 39 미만	58 이상 79 미만
39 이상 64 미만	79 이상 121 미만
64 이상 106 미만	121 이상 162 미만
106 이상	162 이상

17 다음 특수인화물 중 수용성이 아닌 것은?

① 다이바이닐에터
② 메틸에틸에터
③ 산화프로필렌
④ 아이소프로필아민

해설
제4류 위험물의 특수인화물에는 수용성, 비수용성의 구분이 없으므로 일반적으로 물에 잘 녹는 수용성을 말한다 (다이바이닐에터는 비수용성이다).

18 다음과 같이 위험물을 저장하는 경우 각각의 지정수량 배수의 총합은 얼마인가?

클로로벤젠 : 1,000[L], 동·식물유류 : 5,000[L], 제4석유류 : 12,000[L]

① 2.5배
② 3.0배
③ 3.5배
④ 4.0배

해설
지정수량 배수의 총합
- 지정수량

종 류	클로로벤젠	동식물유류	제4석유류
품 명	제2석유류(비수용성)	-	-
지정수량	1,000[L]	10,000[L]	6,000[L]

- 지정수량의 배수 = $\dfrac{\text{저장수량}}{\text{지정수량}}$ = $\dfrac{1,000[L]}{1,000[L]} + \dfrac{5,000[L]}{10,000[L]} + \dfrac{12,000[L]}{6,000[L]}$ = 3.5배

19 아이소프로필아민의 저장, 취급에 대한 설명으로 옳지 않은 것은?

① 증기누출, 액체누출 방지를 위하여 완전 밀봉한다.
② 증기는 공기보다 가볍고 공기와 혼합되면 점화원에 의하여 인화, 폭발위험이 있다.
③ 강산류, 강산화제, 케톤류와의 접촉을 방지한다.
④ 화기엄금, 가열금지, 직사광선차단, 환기가 좋은 장소에 저장한다.

해설
아이소프로필아민의 성질

화학식	분자량	인화점	착화점	증기비중	연소범위
$(CH_3)_2CHNH_2$	59.0	-28[℃]	402℃	2.03	2.3~10.0%

※ 아이소프로필아민의 증기는 공기보다 무겁다.

정답 17 ① 18 ③ 19 ②

20 다음 [보기]의 물질이 K₂O₂와 반응하였을 때 주로 생성되는 가스의 종류가 같은 것으로만 나열된 것은?

> 물, 이산화탄소, 아세트산, 염산

① 물, 이산화탄소
② 물, 이산화탄소, 염산
③ 물, 아세트산
④ 이산화탄소, 아세트산, 염산

해설

K₂O₂의 반응
- 분해 반응식: $2K_2O_2 \rightarrow 2K_2O + O_2 \uparrow$
- 물과의 반응: $2K_2O_2 + 2H_2O \rightarrow 4KOH + O_2 \uparrow$
- 이산화탄소와 반응: $2K_2O_2 + 2CO_2 \rightarrow 2K_2CO_3 + O_2 \uparrow$
- 아세트산과의 반응: $K_2O_2 + 2CH_3COOH \rightarrow 2CH_3COOK + H_2O_2 \uparrow$
  (초산칼륨)   (과산화수소)
- 염산과의 반응: $K_2O_2 + 2HCl \rightarrow 2KCl + H_2O_2 \uparrow$

21 제1석유류라 함은 아세톤 및 휘발유 그밖에 1기압에서 인화점이 얼마 미만인 것을 말하는가?

① 10[℃]
② 15[℃]
③ 21[℃]
④ 27[℃]

해설

제1석유류: 1기압에서 인화점이 21[℃] 미만인 것(아세톤, 휘발유, 벤젠, 톨루엔 등)

22 다음 물질 중 산화성 고체 위험물이 아닌 것은?

① P_4S_3
② Na_2O_2
③ $KClO_3$
④ NH_4ClO_4

해설

위험물의 분류

종류	P_4S_3	Na_2O_2	$KClO_3$	NH_4ClO_4
명칭	삼황화인	과산화나트륨	염소산칼륨	과염소산암모늄
품명	제2류 위험물 황화인	제1류 위험물 무기과산화물	제1류 위험물 염소산염류	제1류 위험물 과염소산염류

20 ① 21 ③ 22 ①

23 에터 속의 과산화물 존재 여부를 확인하는 데 사용하는 용액은?

① 황산제일철 30[%] 수용액
② 환원철 5[g]
③ 나트륨 10[%] 수용액
④ 아이오딘화칼륨 10[%] 수용액

해설
에터 속의 과산화물 존재 여부
- 과산화물 검출시약 : 10[%] 아이오딘화칼륨(KI)용액(검출 시 황색)
- 과산화물 제거시약 : 황산제일철 또는 환원철
- 과산화물 생성 방지 : 40[mesh]의 구리망을 넣어 준다.

24 주유취급소의 공지에 대한 설명으로 옳지 않은 것은?

① 주위는 너비 15[m] 이상, 길이 6[m] 이상의 콘크리트 등으로 포장한 공지를 보유해야 한다.
② 공지의 바닥은 주위의 지면보다 높게 해야 한다.
③ 공지바닥 표면은 수평을 유지해야 한다.
④ 공지바닥은 배수구, 집유설비 및 유분리시설을 해야 한다.

해설
주유취급소의 주유공지
- 주유취급소의 고정주유설비(펌프기기 및 호스기기로 되어 위험물을 자동차 등에 직접 주유하기 위한 설비로서 현수식의 것을 포함한다)의 주위에는 주유를 받으려는 자동차 등이 출입할 수 있도록 너비 15[m] 이상, 길이 6[m] 이상의 콘크리트 등으로 포장한 공지(주유공지)를 보유해야 한다.
- 공지의 바닥은 주위 지면보다 높게 하고, 그 표면을 적당하게 경사지게 하여 새어나온 기름 그 밖의 액체가 공지의 외부로 유출되지 않도록 배수구·집유설비 및 유분리장치를 해야 한다.

25 $C_2H_5ONO_2$의 일반적인 성질 및 위험성에 대한 설명으로 옳지 않은 것은?

① 인화성이 강하고 비점 이상에서 폭발한다.
② 물에는 녹지 않으나 알코올에는 녹는다.
③ 제5류 나이트로화합물에 속한다.
④ 방향을 가지는 무색, 투명의 액체이다.

해설
질산에틸($C_2H_5ONO_2$)
- 방향을 가지는 무색, 투명의 액체로서 제5류 위험물의 질산에스터류에 속한다.
- 물에는 녹지 않으며 알코올에는 잘 녹는다.

정답 23 ④ 24 ③ 25 ③

26 옥내저장소에서 위험물 용기를 겹쳐 쌓는 경우에 있어서 제4류 위험물 중 제3석유류만을 수납하는 용기를 겹쳐 쌓을 수 있는 높이는 최대 몇 [m]인가?

① 3   ② 4   ③ 5   ④ 6

해설

옥내저장소에 저장 시 높이(아래 높이를 초과하지 말 것)
- 기계에 의하여 하역하는 구조로 된 용기만을 겹쳐 쌓는 경우 : 6[m]
- 제4류 위험물 중 제3석유류, 제4석유류, 동식물유류를 수납하는 용기만을 겹쳐 쌓는 경우 : 4[m]
- 그 밖의 경우(특수인화물, 제1석유류, 제2석유류, 알코올류, 타류) : 3[m]

27 70[℃], 130[mmHg]에서 1[L]의 부피를 차지하며 질량이 대략 0.17[g]인 기체는?(단, 이 기체는 이상기체와 같이 행동한다)

① 수 소   ② 헬 륨   ③ 질 소   ④ 산 소

해설

이상기체 상태방정식을 이용하여 분자량을 구하면

$$PV = nRT = \frac{W}{M}RT \qquad M = \frac{WRT}{PV}$$

여기서, P : 압력[atm] V : 부피[L]
n : 몰수[mol] M : 분자량[g/g-mol]
W : 무게[g] R : 기체상수(0.08205[L·atm/g-mol·K])
T : 절대온도(273+[℃])[K]

분자량을 구하면
$$M = \frac{WRT}{PV} = \frac{0.17[\text{g}] \times 0.08205[\text{L·atm/g-mol·K}] \times (273+70)[\text{K}]}{(130/760 \times 1[\text{atm}]) \times 1[\text{L}]} = 27.97 \fallingdotseq 28$$

가스의 분자량을 보면

종 류	수 소	헬 륨	질 소	산 소
화학식	H_2	He	N_2	O_2
분자량	2	4	28	32

∴ 이 문제의 정답은 분자량이 28인 질소가 맞다.

28 제조소나 일반취급소에는 지정수량의 몇 배 이상이면 자체소방대를 두어야 하는가?

① 100배   ② 1,000배
③ 3,000배   ④ 100,000배

해설

지정수량의 3,000배 이상을 취급하는 제조소나 일반취급소에는 자체소방대를 두어야 한다.

29 산화성 액체 위험물의 성질에 대한 설명이 아닌 것은?

① 강산화제로 부식성이 있다.
② 일반적으로 물과 반응하여 흡열한다.
③ 유기물과 반응하여 산화·착화하여 유독가스를 발생한다.
④ 강산화제로 자신은 불연성이다.

> **해설**
> 산화성 액체 위험물은 제6류 위험물로서 물과 반응하면 발열반응을 한다.

30 다음 위험물 중 자연발화 위험성이 가장 낮은 것은?

① 알킬리튬
② 알킬알루미늄
③ 칼륨
④ 황

> **해설**
> **위험성**
>
> | 종류 | 알킬리튬 | 알킬알루미늄 | 칼륨 | 황 |
> |---|---|---|---|---|
> | 류별 | 제3류 위험물 | 제3류 위험물 | 제3류 위험물 | 제2류 위험물 |
> | 성질 | 자연발화성 | 자연발화성 | 자연발화성 | 인화성 고체 |

31 다음과 같은 성질을 가지는 물질은?

- NaOH과 반응할 수 있다.
- 은거울 반응을 할 수 있다.
- CH_3OH와 에스터화 반응을 한다.

① CH_3COOH
② $HCOOH$
③ CH_3CHO
④ CH_3COCH_3

> **해설**
> **의산($HCOOH$)의 성질**
> - NaOH와 반응할 수 있다.
> - 은거울 반응을 한다.
> - CH_3OH와 에스터화 반응을 한다.

32 나이트로글리세린에 대한 설명으로 옳지 않은 것은?

① 순수한 액은 상온에서 적색을 띤다.
② 수산화나트륨-알코올의 혼액에 분해하여 비폭발성 물질로 된다.
③ 일부가 동결한 것은 액상의 것보다 충격에 민감하다.
④ 피부 및 호흡에 의해 인체의 순환계통에 용이하게 흡수된다.

해설

나이트로글리세린(Nitro Glycerine, NG)
• 물 성

화학식	융 점	비 점
$C_3H_5(ONO_2)_3$	2.8[℃]	218[℃]

• 무색, 투명한 기름성의 액체(공업용 : 담황색)이다.
• 알코올, 에터, 벤젠, 아세톤 등 유기용제에는 녹는다.
• 상온에서 액체이고 겨울에는 동결한다.
• 혀를 찌르는 듯한 단맛이 있다.
• 가열, 마찰, 충격에 민감하다(폭발을 방지하기 위하여 다공성물질에 흡수시킨다).

> 다공성물질 : 규조토, 톱밥, 소맥분, 전분

• 규조토에 흡수시켜 다이너마이트를 제조할 때 사용한다.

33 옥내저장소 내부에 체류하는 가연성 증기를 지붕 위로 방출시키는 배출설비를 해야 하는 위험물은?

① 과염소산
② 과망가니즈산칼륨
③ 피리딘
④ 과산화나트륨

해설

피리딘은 제4류 위험물로서 인화점이 70[℃] 미만이므로 배출설비를 해야 한다.

> 피리딘의 인화점 : 16[℃]

34 벽, 기둥 및 바닥이 내화구조로 된 건축물을 옥내저장소로 사용할 때 지정 수량의 50배 초과 200배 이하의 위험물을 저장하는 경우에 확보해야 하는 공지의 너비는?

① 1[m] 이상
② 2[m] 이상
③ 3[m] 이상
④ 5[m] 이상

> **해설**
> 옥내저장소의 보유공지(시행규칙 별표 5)

저장 또는 취급하는 위험물의 최대수량	공지의 너비	
	벽·기둥 및 바닥이 내화구조로 된 건축물	그 밖의 건축물
지정수량의 5배 이하	–	0.5[m] 이상
지정수량의 5배 초과 10배 이하	1[m] 이상	1.5[m] 이상
지정수량의 10배 초과 20배 이하	2[m] 이상	3[m] 이상
지정수량의 20배 초과 50배 이하	3[m] 이상	5[m] 이상
지정수량의 50배 초과 200배 이하	5[m] 이상	10[m] 이상
지정수량의 200배 초과	10[m] 이상	15[m] 이상

35 위험물안전관리법령에 따른 안전거리 규제를 받는 위험물 시설이 아닌 것은?

① 제6류 위험물 제조소
② 제1류 위험물 일반취급소
③ 제4류 위험물 옥내저장소
④ 제5류 위험물 옥외저장소

> **해설**
> 제6류 위험물을 취급하는 제조소 등에는 안전거리를 두지 않아도 된다.

36 물보다 무겁고 용해도가 적어 물속에 보관하는 것은?

① 초 산
② 이황화탄소
③ 톨루엔
④ 아이소프렌

> **해설**
> 이황화탄소는 비중이 1.26이고 가연성 증기 발생을 억제하기 위하여 물속에 저장한다.

정답 34 ④ 35 ① 36 ②

37. 외벽이 내화구조인 위험물 저장소 건축물의 연면적이 1,500[m²]인 경우 소요단위는?

① 6   ② 10   ③ 13   ④ 14

해설

건축물 1소요단위 산정

구 분	제조소, 일반취급소		저장소		위험물
외벽의 기준	내화구조	비내화구조	내화구조	비내화구조	
기 준	연면적 100[m²]	연면적 50[m²]	연면적 150[m²]	연면적 75[m²]	지정수량의 10배

∴ 소요단위 = $\dfrac{\text{연면적}}{\text{기준면적}}$ = $\dfrac{1,500[m^2]}{150[m^2]}$ = 10단위

38. 가연성 고체 위험물의 공통적인 성질이 아닌 것은?

① 낮은 온도에서 발화하기 쉬운 가연성 물질이다.
② 연소속도가 빠른 고체이다.
③ 물에 잘 녹는다.
④ 비중은 1보다 크다.

해설

제2류 위험물의 성질
- 가연성 고체로서 비교적 낮은 온도에서 착화하기 쉬운 가연성, 속연성 물질이다.
- 비중은 1보다 크고 물에 녹지 않고 산소를 함유하지 않기 때문에 강력한 환원성 물질이다.
- 산소와 결합이 용이하여 산화되기 쉽고 연소속도가 빠르다.
- 연소 시 연소열이 크고 연소온도가 높다.

39. 다음과 같은 일반적 성질을 갖는 물질은?

- 약한 방향성 및 끈적거리는 시럽상의 액체
- 발화점 : 398[℃], 인화점 : 120[℃]
- 유기산이나 무기산과 반응하여 에스테르를 만듦

① 에틸렌글라이콜   ② 우드테레핀유   ③ 클로로벤젠   ④ 테레핀유

해설

에틸렌글라이콜(Ethyl Glycol)의 성질
- 물 성

화학식	비 중	비 점	인화점	착화점
$CH_2(OH)CH_2(OH)$	1.11	198[℃]	120[℃]	398[℃]

- 무색의 끈기 있는 흡습성의 액체이다.
- 사염화탄소, 에터, 벤젠, 이황화탄소, 클로로폼에 녹지 않고, 물, 알코올, 글리세린, 아세톤, 초산, 피리딘에는 잘 녹는다(수용성).
- 2가 알코올로서 독성이 있으며 단맛이 난다.
- 무기산 및 유기산과 반응하여 에스테르를 생성한다.

40 아이오도폼 반응을 하는 물질로 끓는점이 낮고 인화점이 낮아 위험성이 있어 화기를 멀리 해야 하고 용기는 갈색병을 사용하여 냉암소에 보관해야 하는 물질은?

① CH_3COCH_3
② CH_3CHO
③ C_6H_6
④ $C_6H_5NO_2$

해설
아세톤(CH_3COCH_3)은 비점(56[℃])이 낮고, 아이오도폼 반응을 하며 갈색병에 저장한다.

41 폭굉유도거리(DID)가 짧아지는 요건에 해당되지 않은 것은?

① 정상연소속도가 큰 혼합가스일 경우
② 관 속에 방해물이 없거나 관경이 큰 경우
③ 압력이 높을 경우
④ 점화원의 에너지가 클 경우

해설
폭굉유도거리(DID)가 짧아지는 요건
• 압력이 높을수록
• 관경이 작고 관 속에 장애물이 있는 경우
• 점화원의 에너지가 클수록
• 정상연소속도가 큰 혼합물일수록

42 경유 150,000[L]를 저장하는 시설에 설치하는 위험물의 소화능력 단위는?

① 7.5단위
② 10단위
③ 15단위
④ 30단위

해설
소요단위 = $\dfrac{\text{저장량}}{\text{지정수량} \times 10\text{배}}$ = $\dfrac{150,000[L]}{1,000[L] \times 10\text{배}}$ = 15.0단위

경유(제4류 위험물, 제2석유류, 비수용성)의 지정수량 : 1,000[L]

43 제1류 위험물인 질산염류의 지정수량은?

① 50[kg]
② 300[kg]
③ 1,000[kg]
④ 100[kg]

해설
브로민산염류, 질산염류, 아이오딘산염류의 지정수량 : 300[kg]

정답 40 ① 41 ② 42 ③ 43 ②

44 이동탱크저장소의 탱크 용량이 얼마 이하마다 그 내부에 3.2[mm] 이상의 안전 칸막이를 설치해야 하는가?

① 2,000[L] 이하
② 3,000[L] 이하
③ 4,000[L] 이하
④ 5,000[L] 이하

> **해설**
> 이동탱크저장소의 탱크 용량이 4,000[L] 이하마다 안전 칸막이를 설치하여 운전 시 출렁임을 방지한다.

45 [$C_6H_2CH_3(NO_2)_3$]의 제조 원료로 옳게 짝지어진 것은?

① 톨루엔, 황산, 질산
② 글리세린, 벤젠, 질산
③ 벤젠, 질산, 황산
④ 톨루엔, 질산, 염산

> **해설**
> **TNT[트라이나이트로톨루엔, $C_6H_2CH_3(NO_2)_3$]의 원료** : 톨루엔, 황산, 질산

46 위험물안전관리법령에서 정한 다음의 소화설비 중 능력단위가 가장 큰 것은?

① 팽창진주암 160[L](삽 1개 포함)
② 수조 80[L](소화전용물통 3개 포함)
③ 마른 모래 50[L](삽 1개 포함)
④ 팽창질석 160[L](삽 1개 포함)

> **해설**
> **소화설비의 능력단위(시행규칙 별표 17)**
>
> | 소화설비 | 용량 | 능력단위 |
> | --- | --- | --- |
> | 소화전용(專用)물통 | 8[L] | 0.3 |
> | 수조(소화전용물통 3개 포함) | 80[L] | 1.5 |
> | 수조(소화전용물통 6개 포함) | 190[L] | 2.5 |
> | 마른 모래(삽 1개 포함) | 50[L] | 0.5 |
> | 팽창질석 또는 팽창진주암(삽 1개 포함) | 160[L] | 1.0 |

정답 44 ③ 45 ① 46 ②

47 할로젠화합물소화설비의 국소방출방식에 대한 소화약제 산출방식에 관련된 공식 $Q = X - Y \cdot \dfrac{a}{A}$ [kg/m³]의 소화약제 종별에 따른 X와 Y의 값으로 옳은 것은?

① 할론 2402 : X의 수치는 1.2 , Y의 수치는 3.0
② 할론 1211 : X의 수치는 4.4 , Y의 수치는 3.3
③ 할론 1301 : X의 수치는 4.4 , Y의 수치는 3.3
④ 할론 104 : X의 수치는 5.2 , Y의 수치는 3.3

해설
할로젠화합물소화설비의 국소방출방식 약제산출 공식

$$Q = X - Y\dfrac{a}{A}$$

여기서 Q : 방호공간 1[m³]에 대한 할로젠화합물소화약제의 양[kg/m³]
  a : 방호대상물의 주위에 설치된 벽의 면적의 합계[m²]
  A : 방호공간의 벽면적(벽이 없는 경우에는 벽이 있는 것으로 가정한 해당 부분의 면적)의 합계[m²]
  X 및 Y : 다음 표의 수치

소화약제의 종별	X의 수치	Y의 수치
할론 2402	5.2	3.9
할론 1211	4.4	3.3
할론 1301	4.0	3.0

48 특수인화물에 대한 설명으로 옳은 것은?

① 다이에틸에터, 이황화탄소, 아세트알데하이드는 이에 해당한다.
② 1기압에서 비점이 100[℃] 이하인 것이다.
③ 인화점이 영하 20[℃] 이하로서 발화점이 40[℃] 이하인 것이다.
④ 1기압에서 비점이 100[℃] 이상인 것이다.

해설
특수인화물의 분류
• 1기압에서 발화점이 100[℃] 이하인 것
• 인화점이 영하 20[℃] 이하이고 비점이 40[℃] 이하인 것

특수인화물 : 이황화탄소, 다이에틸에터, 아세트알데하이드, 산화프로필렌, 아이소프렌, 아이소펜테인

49 옥내저장창고의 바닥을 물이 스며 나오거나 스며들지 않는 구조로 해야 하는 위험물은?

① 과염소산칼륨
② 나이트로셀룰로스
③ 적 린
④ 트라이에틸알루미늄

해설

물의 침투를 막아야 하는 위험물
- 제1류 위험물 중 알칼리금속의 과산화물
- 제2류 위험물 중 철분, 금속분, 마그네슘
- 제3류 위험물 중 금수성 물질[트라이에틸알루미늄 : $(C_2H_5)_3Al$]
- 제4류 위험물

종 류	과염소산칼륨	나이트로셀룰로스	적 린	트라이에틸알루미늄
류 별	제1류 위험물	제5류 위험물	제2류 위험물	제3류 위험물

50 오존파괴지수의 약어는?

① CFC
② ODP
③ GWP
④ HCFC

해설

- 오존파괴지수(ODP ; Ozone Depletion Potential)
  어떤 물질의 오존파괴능력을 상대적으로 나타내는 지표를 ODP(오존파괴지수)라 한다. 이 ODP는 기준물질로 CFC-11($CFCl_3$)의 ODP를 1로 정하고 상대적으로 어떤 물질의 대기권에서의 수명, 물질의 단위질량당 염소나 브로민질량의 비, 활성염소와 브로민의 오존파괴능력 등을 고려하여 그 물질의 ODP가 정해지는데, 그 계산식은 다음과 같다.

$$ODP = \frac{\text{어떤 물질 1[kg]이 파괴하는 오존량}}{\text{CFC-11 1[kg]이 파괴하는 오존량}}$$

- 지구온난화지수(GWP ; Global Warming Potential)
  일정무게의 CO_2가 대기 중에 방출되어 지구온난화에 기여하는 정도를 1로 정하였을 때 같은 무게의 어떤 물질이 기여하는 정도를 GWP(지구온난화지수)로 나타내며, 다음 식으로 정의된다.

$$GWP = \frac{\text{어떤 물질 1[kg]이 기여하는 온난화 정도}}{CO_2 \text{ 1[kg]이 기여하는 온난화 정도}}$$

- 할로젠화합물 및 불활성기체소화약제(할로젠화합물 계열)의 분류

계 열	정 의	해당 물질
HFC(Hydro Fluoro Carbons)계열	C(탄소)에 F(플루오린)과 H(수소)가 결합된 것	HFC-125, HFC-227ea, HFC-23, HFC-236fa
HCFC (Hydro Chloro Fluoro Carbons)계열	C(탄소)에 Cl(염소), F(플루오린), H(수소)가 결합된 것	HCFC-BLEND A, HCFC-124
FIC(Fluoro Iodo Carbons) 계열	C(탄소)에 F(플루오린)과 I(아이오딘)가 결합된 것	FIC-13I1
FC(PerFluoro Carbons)계열	C(탄소)에 F(플루오린)이 결합된 것	FC-3-1-10, FK-5-1-12

51 TNT가 폭발·분해하였을 때 생성되는 가스가 아닌 것은?

① CO   ② N_2 ③ SO_2 ④ H_2

해설
TNT의 분해반응식

$$2C_6H_2CH_3(NO_2)_3 \rightarrow \underset{(탄소)}{2C} + \underset{(질소)}{3N_2} + \underset{(수소)}{5H_2} + \underset{(일산화탄소)}{12CO}$$

---

52 위험물의 옥외탱크저장소의 탱크 안에 설치하는 고정포 방출구 중 플로팅루프탱크에 설치하는 포방출구는?

① 특형 방출구
② Ⅰ형 방출구
③ Ⅱ형 방출구
④ 표면하 주입식 방출구

해설
특형 방출구 : 플로팅루프탱크(FRT)

---

53 제4류 위험물 중 제2석유류에 해당하는 물질은?

① 초 산
② 아닐린
③ 톨루엔
④ 실린더유

해설
제4류 위험물의 분류

종 류	초 산	아닐린	톨루엔	실린더유
품 명	제2석유류(수용성)	제3석유류(비수용성)	제1석유류(비수용성)	제4석유류

---

54 다음 각 위험물을 저장할 때 사용하는 보호액으로 틀린 것은?

① 나이트로셀룰로스 - 알코올
② 이황화탄소 - 알코올
③ 금속칼륨 - 등유
④ 황린 - 물

해설
저장방법

종 류	나이트로셀룰로스	황린, 이황화탄소	칼륨, 나트륨
저장방법	물, 알코올에 습면시켜 저장	물속에 저장	등유, 경유, 유동파라핀 속에 저장

정답 51 ③   52 ①   53 ①   54 ②

55 로트(Lot) 수를 가장 올바르게 정의한 것은?

① 1회 생산수량을 의미한다.
② 일정한 제조 회수를 표시하는 개념이다.
③ 생산목표량을 기계대수로 나눈 것이다.
④ 생산목표량을 공정수로 나눈 것이다.

해설
로트(Lot) 수 : 동일 조건에서 동시에 한 번에 생산되는 양의 크기로서 일정한 제조 회수를 표시하는 개념

$$\text{로트(Lot) 수} = \frac{\text{예정생산 목표량}}{\text{로트 수}}$$

56 어떤 측정법으로 동일 시료를 무한 횟수 측정하였을 때 데이터 분포의 평균치와 참값과의 차를 무엇이라 하는가?

① 신뢰성   ② 정확성
③ 정밀도   ④ 오 차

해설
오차(Error)
- 오차관리 시 고려할 사항
  - 신뢰성
  - 정밀도
  - 정확성
- 측정오차의 용어
  - 오차 : 모집단의 참값과 측정 data의 차이
  - 정밀도 : data 분포의 폭의 크기
  - 정확도 : data 분포의 평균치와 참값의 차이

57 예방보전의 기능에 해당하지 않는 것은?

① 취급되어야 할 대상설비의 결정   ② 정비작업에서 점검시기의 결정
③ 대상설비 점검개소의 결정   ④ 대상설비의 외주이용도 결정

해설
예방보전의 기능
- 취급되어야 할 대상설비의 결정
- 정비작업에서 점검시기의 결정
- 대상설비 점검개소의 결정

58 모집단의 참값과 측정 데이터의 차를 무엇이라 하는가?
① 오 차
② 신뢰성
③ 정밀도
④ 정확도

해설
용어설명
- 오차 : 모집단의 참값과 측정 데이터의 차
- 신뢰성 : 동일 조건에서 검사가 여러번 검사 시 동일한 데이터를 얻을 수 있느냐의 정도
- 정밀도 : data 분포의 폭의 크기
- 정확도(정확성) : 어떤 측정법으로 동일 시료를 무한 횟수 측정하였을 때 데이터 분포의 평균치와 참값과의 차

59 관리한계선을 구하는 데 이항분포를 이용하여 관리선을 구하는 관리도는?
① Pn관리도
② U관리도
③ $\bar{x}$-R관리도
④ x관리도

해설
Pn관리도 : 군의 크기가 일정할 때 제품의 불량개수를 관리하는 경우에 사용한다.

계수치 관리도		계량치 관리도	
종 류	분포이론 적용	종 류	분포이론 적용
P(불량률)관리도	이항분포	$\bar{x}$-R(평균치와 범위)관리도	정규분포이론
Pn(불량개수)관리도	이항분포	x(개개의 측정치)관리도	정규분포이론
C(결점수)관리도	포아송분포	$\tilde{x}$-R(메디안과 범위) 관리도	정규분포이론
U(단위당 결점수)관리도	포아송분포	L-S(최대치와 최소치)관리도	정규분포이론

60 관리도에서 점이 관리한계 내에 있고 중심선 한쪽에 연속해서 나타나는 점을 무엇이라 하는가?
① 경 향
② 주 기
③ 런
④ 산 포

해설
관리도
- 경향 : 점이 점점 올라가거나 내려가는 현상
- 주기 : 점이 주기적으로 상하로 변동하여 파형을 나타내는 현상
- 런 : 중심선의 한쪽에 연속해서 나타나는 점
- 산포 : 수집된 자료값이 그 중앙값으로부터 떨어져 있는 정도를 나타내는 값

정답 58 ① 59 ① 60 ③

2023년 1월 28일 시행 과년도 기출복원문제

01 질산암모늄이 가열분해하여 폭발이 되었을 때 발생되는 물질이 아닌 것은?
① 질 소   ② 물   ③ 산 소   ④ 수 소

해설
질산암모늄의 분해반응식

$$2NH_4NO_3 \rightarrow 4H_2O + 2N_2 + O_2$$
　　　　　　　　(물)　(질소)　(산소)

02 간이탱크저장소의 1개의 탱크의 용량은 얼마 이하이어야 하는가?
① 300[L]   ② 400[L]
③ 500[L]   ④ 600[L]

해설
간이탱크저장소의 1개의 탱크의 용량은 600[L] 이하로 한다.

03 포소화약제의 하나인 수성막포의 특성에 대한 설명으로 옳지 않은 것은?
① 플루오린계 계면활성포의 일종이며 라이트워터라고 한다.
② 소화원리는 질식작용과 냉각작용이다.
③ 타 포소화약제보다 내열성, 내포화성이 높아 기름화재에 적합하다.
④ 단백포보다 독성이 없으나 장기보존성이 떨어진다.

해설
수성막포는 단백포보다 독성이 있고 장기보존성이 양호하다.

정답　1 ④　2 ④　3 ④

04 2차 알코올이 산화되면 무엇이 되는가?

① 알데하이드　　　　　② 에터
③ 카복실산　　　　　　④ 케톤

해설
알코올의 산화반응
- 1차 알코올 : R-OH → R-CHO(알데하이드) → R-COOH(카복실산)
- 2차 알코올 : R_2-OH → R-CO-R′(케톤)

05 다음 중 지정수량이 제일 적은 물질은?

① 칼륨　　② 적린　　③ 황린　　④ 아염소산칼륨

해설
위험물의 지정수량

종류	칼륨	적린	황린	아염소산칼륨
지정수량	10[kg]	100[kg]	20[kg]	50[kg]

06 다음 위험물 중 성상은 다르지만 성질이 같은 것은?

① 제1류와 제6류　　　　② 제2류와 제5류
③ 제3류와 제5류　　　　④ 제4류와 제6류

해설
위험물의 성질

유별	제1류	제2류	제3류	제4류	제5류	제6류
성질	산화성 고체	가연성 고체	자연발화성 및 금수성 물질	인화성 액체	자기반응성 물질	산화성 액체

정답 4 ④　5 ①　6 ①

07 에틸알코올 46[g]을 완전연소하기 위해 표준상태에서 필요한 산소량과 공기량은?

① 산소량 : 33.6[L], 공기량 : 67.2[L]
② 산소량 : 33.6[L], 공기량 : 160[L]
③ 산소량 : 67.2[L], 공기량 : 134.4[L]
④ 산소량 : 67.2[L], 공기량 : 320[L]

해설
에틸알코올의 연소반응식

$$C_2H_5OH + 3O_2 \rightarrow 2CO_2 + 3H_2O$$

46[g] ─── 3×22.4[L]
46[g] ─── x

$x = \dfrac{46[g] \times 3 \times 22.4[L]}{46[g]} = 67.2[L]$ (이론산소량)

∴ 이론공기량 = 67.2[L] ÷ 0.21 = 320[L]

---

08 TNT가 분해될 때 주로 발생하는 가스는?

① 일산화탄소 ② 이산화탄소 ③ 사이안화수소 ④ 염화수소

해설
TNT의 분해반응식

$$2C_6H_2CH_3(NO_2)_3 \rightarrow 2C + 3N_2\uparrow + 5H_2\uparrow + 12CO\uparrow$$

---

09 인화성액체 위험물에 대하여 가장 많이 쓰이는 소화원리는?

① 주수소화 ② 연소물 제거 ③ 냉각소화 ④ 질식소화

해설
제4류 위험물(인화성 액체) : 질식소화

---

10 이동탱크저장소의 안전 칸막이 설치의 기준으로 옳은 것은?

① 2,000[L] 이하마다 1개씩 설치
② 3,000[L] 이하마다 1개씩 설치
③ 3,500[L] 이하마다 1개씩 설치
④ 4,000[L] 이하마다 1개씩 설치

해설
이동탱크저장소의 안전 칸막이는 4,000[L] 이하마다 1개씩 설치한다.

11 불활성가스소화설비의 설치 기준으로 옳은 것은?

① 방호구역 내의 장소에 설치할 것
② 이동식 불활성가스소화설비의 저장량은 90[kg] 이상으로 할 것
③ 이동식 불활성가스소화설비의 방사량은 분당 60[kg] 이상으로 할 것
④ 온도가 50[℃] 이하이고 온도 변화가 적은 장소에 설치할 것

해설
불활성가스소화설비의 설치 기준
- 방호구역 외의 장소에 설치할 것
- 온도가 40[℃] 이하이고 온도 변화가 적은 장소에 설치할 것
- 직사일광 및 빗물이 침투할 우려가 적은 장소에 설치할 것
- 저장량 : 90[kg] 이상
- 방사량 : 90[kg/min] 이상

12 중탄산칼륨(탄산수소칼륨) 소화약제는 어느 색으로 착색해야 하는가?

① 백 색　　② 담회색　　③ 담홍색　　④ 회백색

해설
분말 소화약제

종 류	주성분	적응화재	착색(분말의 색)
제1종 분말	$NaHCO_3$(중탄산나트륨, 탄산수소나트륨)	B, C급	백 색
제2종 분말	$KHCO_3$(중탄산칼륨, 탄산수소칼륨)	B, C급	담회색
제3종 분말	$NH_4H_2PO_4$(인산암모늄, 제일인산암모늄)	A, B, C급	담홍색, 황색
제4종 분말	$KHCO_3 + (NH_2)_2CO$	B, C급	회 색

13 $(CH_3)_3Al$은 운반용기의 내용적의 몇 [%] 이하의 수납율과 50[℃]의 온도에서 몇 [%] 이상의 공간용적을 유지하도록 해야 하는가?

① 85[%], 5[%]　　　　② 90[%], 5[%]
③ 95[%], 10[%]　　　　④ 98[%], 10[%]

해설
자연발화성 물질 중 알킬알루미늄 등은 운반용기의 내용적의 90[%] 이하의 수납율로 수납하되, 50[℃]의 온도에서 5[%] 이상의 공간용적을 유지하도록 할 것

> 트라이메틸알루미늄 : $(CH_3)_3Al$
> 트라이에틸알루미늄 : $(C_2H_5)_3Al$

14 다음 화합물 중 성상이 흰색 결정인 것은?

① 피크르산 ② 테트릴
③ 트라이나이트로톨루엔 ④ 헥소겐

해설
외관상태

종 류	피크르산	테트릴	트라이나이트로톨루엔	헥소겐
외 관	황색 결정	담황색 결정	담황색의 결정	백색 결정

15 접지도선을 설치하지 않는 이동탱크저장소에 의하여도 저장·취급할 수 있는 위험물은?

① 알코올류 ② 제1석유류 ③ 제2석유류 ④ 특수인화물

해설
접지도선을 해야 하는 위험물 : 특수인화물, 제1석유류, 제2석유류

16 다음 중 물속에 저장해야 할 위험물은?

① 나트륨 ② 황 린 ③ 피크르산 ④ 과염소산

해설
황린과 이황화탄소는 물속에 저장한다.

17 제2류 위험물의 일반적 성질을 옳게 설명한 것은?

① 비교적 낮은 온도에서 착화되기 쉬운 가연성 물질이며 대단히 연소속도가 빠른 고체이다.
② 비교적 낮은 온도에서 착화되기 쉬운 가연성 물질이며 대단히 연소속도가 빠른 액체이다.
③ 비교적 높은 온도에서 착화되는 가연성 물질이며 연소속도가 비교적 느린 고체이다.
④ 비교적 높은 온도에서 착화되는 가연성 물질이며 연소속도가 빠른 액체이다.

해설
제2류 위험물의 성질
• 가연성 고체로서 비교적 낮은 온도에서 착화하기 쉬운 가연성, 속연성 물질이다.
• 비중은 1보다 크고 물에 불용성이며 산소를 함유하지 않기 때문에 강력한 환원성 물질이다.
• 산소와 결합이 용이하여 산화되기 쉽고 연소속도가 빠르다.

정답 14 ④ 15 ① 16 ② 17 ①

18 수조는 소화전용 물통 3개를 포함하여 80[L]는 능력단위 몇 단위인가?

① 1　　　② 0.5　　　③ 1.5　　　④ 2

해설

소화설비의 능력단위

소화설비	용량	능력단위
소화전용(專用)물통	8[L]	0.3
수조(소화전용물통 3개 포함)	80[L]	1.5
수조(소화전용물통 6개 포함)	190[L]	2.5
마른 모래(삽 1개 포함)	50[L]	0.5
팽창질석 또는 팽창진주암(삽 1개 포함)	160[L]	1.0

19 아세톤 48,000[L]는 몇 소요단위에 해당하는가?

① 7.5단위　　　② 10단위
③ 12단위　　　④ 20단위

해설

아세톤은 제4류 위험물 제1석유류(수용성)이므로 지정수량은 400[L]이다.

$$소요단위 = \frac{저장량}{지정수량 \times 10배} = \frac{48,000[L]}{400[L] \times 10배} = 12단위$$

20 다음 중 지연성(조연성) 가스는?

① 이산화탄소　　　② 아세트알데하이드
③ 이산화질소　　　④ 산화프로필렌

해설

가스의 종류 및 위험물

- 지연성 가스 : 자신은 연소하지 않고 연소를 도와주는 가스(산소, 공기, 염소, 이산화질소)
- 불연성 가스 : 연소하지 않는 가스(이산화탄소, 질소)
- 위험물 : 인화성, 발화성 등의 성질을 갖는 것으로서 대통령령이 정하는 물품(아세트알데하이드, 산화프로필렌 등 제1류 위험물 ~ 제6류 위험물)

정답 18 ③　19 ③　20 ③

21 주유취급소에서의 위험물의 취급기준으로 옳지 않은 것은?
① 자동차에 주유 시 고정주유설비를 사용하여 직접 주유해야 한다.
② 고정주유설비에 유류를 공급하는 배관은 전용탱크로부터 고정주유설비에 직접 접결된 것이어야 한다.
③ 유분리장치에 고인 유류는 넘치지 않도록 수시로 퍼내어야 한다.
④ 주유 시 자동차 등의 원동기는 정지시킬 필요는 없으나 자동차의 일부가 주유취급소의 공지 밖에 나와서는 안 된다.

> **해설**
> 주유 시 자동차의 원동기는 반드시 정지시켜야 한다.

22 제1종 판매취급소의 배합실 설치 기준으로 옳지 않은 것은?
① 내화구조 또는 불연재료로 된 벽으로 구획할 것
② 바닥은 위험물이 침투하지 않는 구조로 하여 적당한 경사를 두고 집유설비를 할 것
③ 내부에 체류한 가연성의 증기 또는 가연성의 미분을 지붕 위로 방출하는 설비를 할 것
④ 출입구 문턱의 높이는 바닥면으로부터 0.15[m] 이상으로 할 것

> **해설**
> **제1종 판매취급소의 배합실 기준**
> • 바닥면적은 6[m²] 이상 15[m²] 이하일 것
> • 내화구조 또는 불연재료로 된 벽으로 구획할 것
> • 바닥은 위험물이 침투하지 않는 구조로 하여 적당한 경사를 두고 집유설비를 할 것
> • 출입구에는 수시로 열 수 있는 자동폐쇄식의 60분+ 방화문 또는 60분 방화문을 설치할 것
> • 출입구 문턱의 높이는 바닥면으로부터 0.1[m] 이상으로 할 것
> • 내부에 체류한 가연성의 증기 또는 가연성의 미분을 지붕 위로 방출하는 설비를 할 것

23 제1류 고체 위험물로만 구성된 것은?
① $KClO_3$, $HClO_4$, Na_2O, KCl
② $KClO_3$, $KClO_4$, NH_4ClO_4, $NaClO_4$
③ $KClO_3$, $HClO_4$, K_2O, Na_2O_2
④ $KClO_3$, $HClO_4$, K_2O_2, Na_2O

> **해설**
> **위험물의 분류**
>
> | 종 류 | $KClO_3$ | $HClO_4$ | $KClO_4$ | NH_4ClO_4 | $NaClO_4$ | Na_2O_2 | K_2O_2 |
> |---|---|---|---|---|---|---|---|
> | 명 칭 | 염소산칼륨 | 과염소산 | 과염소산칼륨 | 과염소산암모늄 | 과염소산나트륨 | 과산화나트륨 | 과산화칼륨 |
> | 유 별 | 제1류 염소산염류 | 제6류 | 제1류 과염소산염류 | 제1류 과염소산염류 | 제1류 과염소산염류 | 제1류 무기과산화물 | 제1류 무기과산화물 |

24 다음 그림과 같은 탱크의 내용적은?(단, π는 3.14이다)

① 약 258[m³]
② 약 282[m³]
③ 약 312[m³]
④ 약 375[m³]

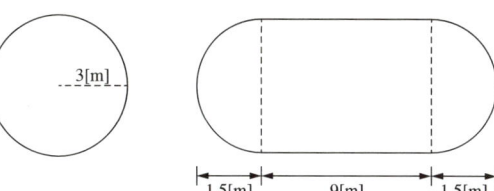

해설

내용적 = $\pi r^2 \left(l + \dfrac{l_1 + l_2}{3} \right)$ = $3.14 \times (3[\text{m}])^2 \times \left(9 + \dfrac{1.5 + 1.5}{3} \right)$[m] = 282.6[m³]

25 제4류 위험물중 증기가 공기보다 가벼운 것은?

① 에탄올
② 아세트알데하이드
③ 사이안화수소
④ 벤 젠

해설

증기비중

항목 \ 종류	에탄올	아세트알데하이드	사이안화수소	벤 젠
화학식	C_2H_5OH	CH_3CHO	HCN	C_6H_6
분자량	46	44	27	78
증기비중	46/29 = 1.59	44/29 = 1.52	27/29 = 0.93	78/29 = 2.69

※ 공기의 평균분자량은 29이다.

26 고속국도의 도로변에 설치한 주유취급소의 고정주유설비 또는 고정급유설비에 연결된 탱크의 용량은 얼마까지 할 수 있는가?

① 10만[L]   ② 8만[L]   ③ 7만[L]   ④ 6만[L]

해설

고속국도의 도로변에 설치한 주유취급소의 탱크 용량 : 60,000[L] 이하

27 자체소방대를 두어야 할 제조소는 제4류 위험물 지정수량의 합이 얼마 이상인가?

① 1만배   ② 5천배   ③ 3천배   ④ 500배

해설

제4류 위험물을 지정수량의 합이 3,000배 이상을 취급하는 제조소나 일반취급소에는 자체소방대를 두어야 한다.

정답 24 ② 25 ③ 26 ④ 27 ③

28 나이트로셀룰로스를 저장, 운반할 때 가장 좋은 방법은?

① 질소가스를 충전한다.
② 갈색 유리병에 넣는다.
③ 냉동시켜서 운반한다.
④ 알코올 등으로 습면을 만들어 운반한다.

해설
나이트로셀룰로스는 건조하면 폭발의 우려가 있어 물 또는 알코올 등으로 습면을 만들어 운반한다.

29 옥외탱크저장소의 탱크 중 압력탱크의 수압시험 기준은?

① 최대상용압력의 2배의 압력으로 20분간 수압
② 최대상용압력의 2배의 압력으로 10분간 수압
③ 최대상용압력의 1.5배의 압력으로 20분간 수압
④ 최대상용압력의 1.5배의 압력으로 10분간 수압

해설
충수 · 수압시험 기준
- 압력탱크(최대상용압력이 대기압을 초과하는 탱크) 외의 탱크 : 충수시험
- 압력탱크 : 최대상용압력의 1.5배의 압력으로 10분간 실시하는 수압시험에서 각각 새거나 변형되지 않아야 한다.

30 트라이나이트로톨루엔이 분해될 때 발생하는 주요 가스에 해당하지 않는 것은?

① 수 소
② 질 소
③ 이산화탄소
④ 일산화탄소

해설
TNT의 분해반응식
$2C_6H_2CH_3(NO_2)_3 \rightarrow 2C + 3N_2\uparrow + 12CO\uparrow + 5H_2\uparrow$

31 벤젠과 톨루엔의 공통성질이 아닌 것은?

① 물에 녹지 않는다.
② 냄새가 없다.
③ 휘발성 액체이다.
④ 증기는 공기보다 무겁다.

해설

벤젠과 톨루엔의 비교

종류	벤젠	톨루엔
품명	제4류 위험물 제1석유류(비수용성)	제4류 위험물 제1석유류(비수용성)
지정수량	200[L]	200[L]
인화점	-11[℃]	4[℃]
외관	무색, 투명한 방향성 냄새를 갖는 액체	무색, 투명한 방향성 냄새를 갖는 액체
용해성	물에 녹지 않는다.	물에 녹지 않는다.
소화효과	질식소화	질식소화

32 실험실에서 진한질산과 증류수로 묽은질산을 만들고자 한다. 다음 중 희석하는 방법으로 가장 좋은 것은?

① 비커에 먼저 진한질산을 넣고 거기에 조금씩 물을 넣는다.
② 비커에 먼저 진한질산을 넣고 물로 식히면서 거기에 물을 넣는다.
③ 비커에 물을 넣은 다음 진한질산을 넣고 나중에 저어 준다.
④ 비커에 물을 넣은 다음 저어 주면서 진한질산을 조금씩 넣는다.

해설
비커에 물을 넣고 저어 주면서 진한질산을 조금씩 넣어야 발열을 방지할 수 있다.

33 위험물의 운반용기 외부에 수납하는 위험물의 종류에 따라 표시하는 주의사항을 옳게 연결한 것은?

① 염소산칼륨 - 물기주의   ② 철분 - 화기주의
③ 아세톤 - 화기엄금   ④ 질산 - 화기엄금

해설

운반용기의 주의사항

종류	표시 사항
제1류 위험물	• 알칼리금속의 과산화물 : 화기·충격주의, 물기엄금, 가연물접촉주의 • 그 밖의 것(염소산칼륨) : 화기·충격주의, 가연물접촉주의
제2류 위험물	• 철분, 금속분, 마그네슘 : 화기주의, 물기엄금 • 인화성 고체 : 화기엄금 • 그 밖의 것 : 화기주의
제4류 위험물(아세톤)	화기엄금
제5류 위험물	화기엄금, 충격주의
제6류 위험물(질산)	가연물접촉주의

정답 31 ② 32 ④ 33 ③

34 다음 위험물 중 제2석유류에 해당하는 것은?

① 아크릴산
② 나이트로벤젠
③ 메틸에틸케톤
④ 에틸렌글라이콜

해설
제4류 위험물의 분류

종 류	아크릴산	나이트로벤젠	메틸에틸케톤	에틸렌글라이콜
구 분	제2석유류	제3석유류	제1석유류	제3석유류

35 다음 중 인화점이 가장 높은 것은?

① $CH_3COOC_2H_5$
② CH_3OH
③ CH_3COOH
④ CH_3COCH_3

해설
제4류 위험물의 인화점

종 류	$CH_3COOC_2H_5$	CH_3OH	CH_3COOH	CH_3COCH_3
명 칭	초산에틸	메틸알코올	초 산	아세톤
품 명	초산에스터류	알코올류	제2석유류	제1석유류
인화점	-3[℃]	11[℃]	40[℃]	-18.5[℃]

36 유별을 달리하는 위험물 중 운반 시에 혼재가 불가한 것은?(단, 모든 위험물은 지정수량 이상이다)

① 염소산나트륨과 질산
② 황과 나이트로글리세린
③ 칼륨과 톨루엔
④ 과산화수소와 등유

해설
운반 시 혼재가능 유별

위험물의 구분	제1류	제2류	제3류	제4류	제5류	제6류
제1류		×	×	×	×	○
제2류	×		×	○	○	×
제3류	×	×		○	×	×
제4류	×	○	○		○	×
제5류	×	○	×	○		×
제6류	○	×	×	×	×	

• 염소산나트륨(제1류) + 질산(제6류) : 혼재 가능
• 황(제2류) + 나이트로글리세린(제5류) : 혼재 가능
• 칼륨(제3류) + 톨루엔(제4류) : 혼재 가능
• 과산화수소(제6류) + 등유(제4류) : 혼재 불가능

37 내용적 2,000[mL]의 비커에 포를 가득 채웠더니 중량이 850[g]이었고 비커 용기의 중량은 450[g]이었다. 이 때 비커 속에 들어 있는 포의 팽창비는?(단, 포 수용액의 밀도는 1.15이다)

① 약 5배 　　② 약 6배 　　③ 약 7배 　　④ 약 8배

해설

포 팽창비 = $\dfrac{\text{방출 후 포의 체적[L]}}{\text{방출 전 포 수용액의 체적[L]}}$

- 방출 전 포수용액의 체적 = $(850-450)[g] \div 1.15[g/cm^3] = 347.8[cm^3]$
- 방출 후의 포의 체적 = $2,000[mL] = 2,000[cm^3]$

∴ 팽창비 = $\dfrac{2,000[cm^3]}{347.8[cm^3]} = 5.75 ≒ 6$배

38 지정수량의 단위가 나머지 셋과 다른 하나는?

① 톨루엔 　　② 과산화수소 　　③ 아닐린 　　④ 초 산

해설

지정수량의 단위

종 류	톨루엔	과산화수소	아닐린	초 산
유 별	제4류 위험물	제6류 위험물	제4류 위험물	제4류 위험물
지정수량의 단위	[L]	[kg]	[L]	[L]

39 황화인에 대한 설명으로 옳지 않은 것은?

① 금속분, 과산화물 등과 격리·저장해야 한다.
② 삼황화인은 물, 염산, 황산에는 녹는다.
③ 분해하면 유독하고 가연성인 황화수소가 발생한다.
④ 삼황화인은 공기 중 100[℃]에서 발화한다.

해설

삼황화인은 이황화탄소(CS_2), 알칼리, 질산에 녹고 물, 염소, 염산, 황산에는 녹지 않는다.

40 포(Foam)소화약제의 일반적인 성질이 아닌 것은?

① 균질일 것
② 변질방지를 위한 유효한 조치를 할 것
③ 현저한 독성이 있거나 손상을 주지 않을 것
④ 포는 목재 등 고체 표면에 쉽게 퍼짐성이 좋을 것

해설

포소화약제가 주로 사용되는 것은 인화성 액체 위험물이다.

정답 37 ② 38 ② 39 ② 40 ④

41 알코올류에서 탄소수가 증가할수록 변화되는 현상으로 옳은 것은?

① 인화점이 낮아진다. ② 연소범위가 넓어진다.
③ 수용성이 감소된다. ④ 비점이 작아진다.

해설
분자량이 증가할수록 나타나는 현상
- 인화점, 증기비중, 비점, 점도가 커진다.
- 착화점, 수용성, 휘발성, 연소범위, 비중이 감소한다.
- 이성질체가 많아진다.

42 위험물제조소의 바닥면적이 60[m²] 이상 90[m²] 미만일 때 급기구의 면적은?

① 150[cm²] 이상 ② 300[cm²] 이상
③ 450[cm²] 이상 ④ 600[cm²] 이상

해설
제조소의 환기설비(시행규칙 별표 4)
- 환기 : 자연배기방식
- 급기구는 해당 급기구가 설치된 실의 바닥면적 150[m²]마다 1개 이상으로 하되 급기구의 크기는 800[cm²] 이상으로 할 것. 다만 바닥면적이 150[m²] 미만인 경우에는 다음의 크기로 할 것

바닥면적	급기구의 면적
60[m²] 미만	150[cm²] 이상
60[m²] 이상 90[m²] 미만	300[cm²] 이상
90[m²] 이상 120[m²] 미만	450[cm²] 이상
120[m²] 이상 150[m²] 미만	600[cm²] 이상

- 급기구는 낮은 곳에 설치하고 가는 눈의 구리망으로 인화방지망을 설치할 것
- 환기구는 지붕 위 또는 지상 2[m] 이상의 높이에 회전식 고정식 벤틸레이터 또는 루프팬 방식으로 설치할 것

43 다음 중 제1류 위험물이 아닌 것은?

① LiClO ② NaClO$_2$ ③ KClO$_3$ ④ HClO$_4$

해설
위험물의 분류

종 류	LiClO	NaClO$_2$	KClO$_3$	HClO$_4$
명 칭	차아염소산리튬	아염소산나트륨	염소산칼륨	과염소산
품 명	제1류 위험물 차아염소산염류	제1류 위험물 아염소산염류	제1류 위험물 염소산염류	제6류 위험물

44 소화약제인 Halon1301의 화학식은?

① CF_2Br_2 ② CF_3Br ③ $CFBr_3$ ④ CF_2Cl_2

해설
할로젠화합물소화약제

항 목 \ 종 류	할론1301	할론1211	할론2402	할론1011
화학식	CF_3Br	CF_2ClBr	$C_2F_4Br_2$	CH_2ClBr
분자량	148.95	165.4	259.8	129.4

45 이동탱크저장소에 의한 위험물의 장거리 운송 시 2명 이상이 운전해야 하나 다음 중 그렇게 하지 않아도 되는 위험물은?

① 탄화칼슘 ② 에 터
③ 황 린 ④ 인화칼슘

해설
2명 이상 운전자가 운전하지 않아도 되는 경우
- 운송책임자를 동승시킨 경우
- 운송하는 위험물이 제2류 위험물, 제3류 위험물(칼슘 또는 알루미늄의 탄화물과 이것만을 함유한 것에 한함), 제4류 위험물(특수인화물 제외)인 경우
- 운송 도중에 2시간 이내마다 20분 이상씩 휴식하는 경우

46 글리세린은 다음 중 어디에 속하는가?

① 1가 알코올 ② 2가 알코올
③ 3가 알코올 ④ 4가 알코올

해설
글리세린의 구조식(-OH가 3개이다)
CH_2-OH
$|$
$CH-OH$
$|$
CH_2-OH

47 52[%]의 N_2와 40[%]의 Ar, 8[%]의 CO_2로 구성된 소화약제는?

① HFC-125 ② IG-100
③ HFC-23 ④ IG-541

해설
IG-541의 구성 : N_2 : 52[%], Ar : 40[%], CO_2 : 8[%]

정답 44 ② 45 ① 46 ③ 47 ④

48 위험물안전관리법령상 불활성가스소화설비가 적응성을 가지는 위험물은?

① 철 분
② 알칼리금속의 과산화물
③ 금수성 물질
④ 인화성 고체

해설
불활성가스소화설비가 적응성이 있는 위험물 : 제2류 위험물의 인화성 고체, 제4류 위험물

49 독성이 강하여 아주 적은 양으로도 중독을 일으키고, 피부에 닿으면 화상을 입을 수 있는 위험물은?

① 황화인
② 황
③ 황 린
④ 적 린

해설
황린(P_4)은 독성이 강하여 아주 적은 양으로도 중독을 일으키고, 피부에 닿으면 화상을 입을 수 있는 위험물로서 물속에 저장한다.

50 황에 대한 설명으로 옳지 않은 것은?

① 순도가 50[wt%] 이상이면 제2류 위험물로 본다.
② 사방황의 색상은 황색이다.
③ 단사황의 비중은 1.95이다.
④ 고무상황의 결정형은 무정형이다.

해설
황(S)은 순도가 60[wt%] 이상이면 제2류 위험물로 본다.

51 아세트산(Acetic acid)의 증기비중은 약 얼마인가?

① 1.59
② 2.07
③ 2.78
④ 3.14

해설
아세트산의 증기비중

$$증기비중 = \frac{분자량}{29}$$

- 아세트산의 분자량(CH_3COOH) = 60
- 아세트산의 증기비중 = 60/29 = 2.07

정답 48 ④ 49 ③ 50 ① 51 ②

52 위험물제조소의 채광, 환기시설에 대한 설명으로 옳지 않은 것은?

① 채광설비는 단열재료를 사용하고 연소할 우려가 없는 장소에 설치하고 채광면적을 최대로 할 것
② 환기설비는 자연배기 방식으로 할 것
③ 환기구는 지붕 위 또는 지상 2[m] 이상의 높이에 회전식 고정 벤틸레이터 또는 루프팬 방식으로 설치할 것
④ 환기설비의 급기구는 낮은 곳에 설치할 것

해설
채광 및 환기설비
- 채광설비 : 불연재료로 하고 연소의 우려가 없는 장소에 설치하되 채광면적을 최소로 할 것
- 환기설비
  - 환기설비는 자연배기 방식으로 할 것
  - 환기구는 지붕 위 또는 지상 2[m] 이상의 높이에 회전식 고정 벤틸레이터 또는 루프팬 방식으로 설치할 것
  - 환기설비의 급기구는 낮은 곳에 설치할 것

53 운송책임자의 감독·지원을 받아 운송해야 하는 위험물은?

① 무기과산화물　　② 마그네슘
③ 알킬리튬　　　　④ 특수인화물

해설
운송책임자의 감독·지원을 받아 운송해야 하는 위험물 : 알킬알루미늄, 알킬리튬

54 위험물안전관리자의 선임신고를 허위로 한 자에게 부과하는 과태료의 금액은?

① 20만원　② 100만원　③ 200만원　④ 500만원

해설
위험물안전관리자의 신고
- 위험물안전관리자의 선임하지 않는 관계인이 허가를 받은 자 : 1,500만원 이하의 벌금
- 위험물안전관리자의 선임신고를 기간 내에 하지 않거나 허위로 한 자 : 500만원 이하의 과태료

정답　52 ①　53 ③　54 ④

55 샘플링 검사의 목적으로서 틀린 것은?

① 검사비용 절감　　② 생산공정상의 문제점 해결
③ 품질향상의 자극　　④ 나쁜 품질인 로트의 불합격

해설
샘플링 검사의 목적
- 검사비용 절감
- 품질향상의 자극
- 나쁜 품질인 로트의 불합격
- 공정의 변화
- 검사원의 정확도
- 측정기기의 정밀도 측정

56 월 100대의 제품을 생산하는데 세이퍼 1대의 제품 1대당 소요공수가 14.4[H]라 한다. 1일 8[H], 월 25일, 가동한다고 할 때 이 제품 전부를 만드는 데 필요한 세이퍼의 필요대수를 계산하면?(단, 작업자 가동율 80[%], 세이퍼 가동율 90[%]이다)

① 8대　　② 9대　　③ 10대　　④ 11대

해설
$$\text{필요대수} = \frac{14.4[\text{H}] \times 100\text{대}}{8[\text{H/일}] \times 25[\text{일/월}] \times 0.8 \times 0.9} = 10\text{대}$$

57 TQC(Total Quality Control)란?

① 시스템적 사고방법을 사용하지 않는 품질관리 기법이다.
② 애프터 서비스를 통한 품질을 보증하는 방법이다.
③ 전사적인 품질정보의 교환으로 품질향상을 기도하는 기법이다.
④ QC부의 정보분석 결과를 생산부에 피드백 하는 것이다.

해설
TQC(Total Quality Control) : 전사적인 품질정보의 교환으로 품질향상을 기도하는 기법

58 계수치 관리도는 어느 것인가?

① R관리도
② x 관리도
③ P관리도
④ $\bar{x}-R$ 관리도

해설
관리도의 분류

계수치 관리도		계량치 관리도	
종류	분포이론 적용	종류	분포이론 적용
P(불량율)관리도	이항 분포	$\bar{x}-R$(평균치와 범위)관리도	정규분포이론
Pn(불량개수)관리도	이항 분포	x(개개의 측정치)관리도	정규분포이론
C(결점수)관리도	포아송 분포	$\tilde{x}-R$(메디안과 범위) 관리도	정규분포이론
U(단위당결점수)관리도	포아송 분포	L-S(최대치와 최소치)관리도	정규분포이론

59 다음의 PERT/CPM에서 주공정(Critical Path)은?(단, 화살표 밑의 숫자는 활동시간을 나타낸다)

① ① - ③ - ② - ④
② ① - ② - ③ - ④
③ ① - ② - ④
④ ① - ④

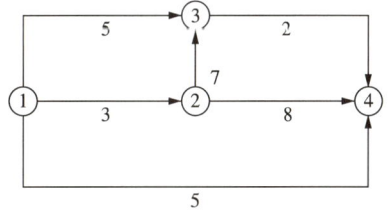

해설
PERT/CPM의 주공정 : ① - ② - ③ - ④

60 제품공정분석표에 사용되는 기호 중 공정 간의 정체를 나타내는 기호는?

① 　② 　③ 　④

해설
도시 기호
② : 공정 간의 정체　③ : 작업 중 일시 대기

2023년 6월 24일 시행 과년도 기출복원문제

01 다음 중 나머지 셋과 위험물의 유별 구분이 다른 것은?
① 나이트로글리세린
② 나이트로셀룰로스
③ 셀룰로이드
④ 나이트로벤젠

해설
유별 구분
- 제5류 위험물 : 나이트로글리세린, 나이트로셀룰로스, 셀룰로이드
- 제4류 위험물 제3석유류 : 나이트로벤젠

02 다음 중 연소되기 어려운 물질은?
① 산소와 접촉 표면적이 넓은 물질
② 발열량이 큰 물질
③ 열전도율이 큰 물질
④ 활성화에너지가 작은 물질

해설
가연물의 구비조건
- 열전도율이 작을 것
- 발열량이 클 것
- 표면적이 넓을 것
- 산소와 친화력이 좋을 것
- 활성화에너지가 작을 것

03 산화프로필렌의 특징으로 옳지 않은 것은?
① 무색의 휘발성 액체로 에터 냄새가 난다.
② 반응성이 적고 증기비중은 공기보다 가볍다.
③ 용기는 구리, 마그네슘 또는 이들을 성분으로 하는 합금을 사용하지 못한다.
④ 피부에 접촉 시 또는 증기를 흡입하면 해롭다.

해설
산화프로필렌의 기체밀도(증기비중)는 공기보다 2배(58/29 = 2) 무겁다.

정답 1 ④ 2 ③ 3 ②

04 27[℃], 2.0[atm]에서 20.0[g]의 CO_2 기체가 차지하는 부피는?(단, 기체상수 R = 0.082[L·atm/g-mol·K]이다)

① 5.59[L]　　　② 2.80[L]　　　③ 1.40[L]　　　④ 0.50[L]

해설
이상기체 상태방정식

$$PV = nRT = \frac{W}{M}RT$$

여기서, P : 압력　　V : 부피　　n : mol수[g-mol]
　　　　W : 무게　　M : 분자량(CO_2 = 44[g/g-mol])　　R : 기체상수(0.08205[L·atm/g-mol·K])
　　　　T : 절대온도(273+[℃])

$$V = \frac{WRT}{PM} = \frac{20[\text{g}] \times 0.082[\text{L·atm/g-mol·K}] \times (27+273)[\text{K}]}{2[\text{atm}] \times 44[\text{g/g-mol}]} = 5.59[\text{L}]$$

05 위험물의 화재위험에 대한 설명으로 옳지 않은 것은?
① 인화점이 낮을수록 위험하다.
② 착화점이 높을수록 위험하다.
③ 폭발한계가 넓을수록 위험하다.
④ 연소속도가 클수록 위험하다.

해설
위험성
• 착화점과 인화점이 낮을수록 위험하다.
• 폭발한계가 넓을수록 위험하다.
• 연소속도가 클수록 위험하다.

06 유류나 전기화재에 가장 부적당한 소화기는?
① 산·알칼리소화기　　　　　② 이산화탄소소화기
③ 할로젠화합물소화기　　　　④ 분말소화기

해설
산·알칼리소화기는 일반(A급) 화재에 적합하다.

정답 4 ①　5 ②　6 ①

07
에틸알코올 23[g]을 완전연소하기 위해 표준상태에서 필요한 공기량은?

① 33.6[L]　　② 67.2[L]　　③ 160[L]　　④ 320[L]

해설

에틸알코올의 연소반응식

$$C_2H_5OH + 3O_2 \rightarrow 2CO_2 + 3H_2O$$

46[g] ╲╱ 3×22.4[L]
23[g] ╱╲ x

$$x = \frac{23[g] \times 3 \times 22.4[L]}{46[g]} = 33.6[L] \text{ (이론산소량)}$$

∴ 이론공기량 = 33.6[L] ÷ 0.21 = 160[L]

08
나트륨의 성질에 대한 설명으로 옳은 것은?

① 불꽃 반응은 파란색을 띤다.
② 물과 반응하여 발열하고 가연성 폭발가스를 만든다.
③ 은백색의 중금속이다.
④ 물보다 무겁다.

해설

나트륨

• 물 성

화학식	원자량	비 점	융 점	비 중	불꽃색상
Na	23	880℃	97.7[℃]	0.97	노란색

• 은백색의 광택이 있는 무른 경금속으로 노란색 불꽃을 내면서 연소한다.
• 비중(0.97), 융점(97.7[℃])이 낮다.
• 물과 반응하면 발열하고 수소가스를 발생한다.

$$2Na + 2H_2O \rightarrow 2NaOH + H_2 \uparrow$$

• 알코올이나 산과 반응하면 수소가스를 발생한다.

09
다음 중 무색의 결정이 아닌 것은?

① $NaClO_3$　　② $NaBrO_3$　　③ NH_4NO_3　　④ $KMnO_4$

해설

결정의 색상

종 류	$NaClO_3$	$NaBrO_3$	NH_4NO_3	$KMnO_4$
명 칭	염소산나트륨	브로민산나트륨	질산암모늄	과망가니즈산칼륨
결정색상	무 색	무 색	무 색	흑자색

10 0.2N-HCl 500[mL]를 물을 가해 2[L]로 하였을 때 pH는?(단, log5 = 0.7)

① 1.3　　　② 2.3　　　③ 3.0　　　④ 4.3

해설

$NV = N'V'$ 에서

$0.2N \times 0.5[L] = x \times 2[L]$

$x = 0.05N = 5 \times 10^{-2}N$

∴ pH = 2 - log5 = 2 - 0.7 = 1.3

11 자일렌(Xylene)의 일반적인 성질에 대한 설명으로 옳지 않은 것은?

① 3가지 이성질체가 있다.
② 독특한 냄새를 가지며 갈색이다.
③ 유지나 수지 등을 녹인다.
④ 증기의 비중이 높아 낮은 곳에 체류하기 쉽다.

해설

자일렌은 무색 투명한 액체이다.

12 칼륨(K)에 대한 설명으로 옳지 않은 것은?

① 제3류 위험물이다.
② 지정수량은 10[kg]이다.
③ 피부에 닿으면 화상을 입는다.
④ 알코올과는 반응하지 않는다.

해설

칼륨(제3류 위험물)

- 물 성

화학식	지정수량	원자량	불꽃색상
K	10[kg]	39	보라색

- 은백색의 광택이 있는 무른 경금속으로 보라색 불꽃을 내면서 연소한다.
- 석유, 경유, 유동파라핀 등의 보호액을 넣은 내통에 밀봉 저장한다.
- 칼륨의 반응식
  - 연소반응　　　$4K + O_2 \rightarrow 2K_2O$(회백색)
  - 물과의 반응　　$2K + 2H_2O \rightarrow 2KOH + H_2 \uparrow$
  - 알코올과 반응　$2K + 2C_2H_5OH \rightarrow 2C_2H_5OK + H_2 \uparrow$

정답 10 ① 11 ② 12 ④

13 산화열에 의한 발열로 인하여 자연발화가 가능한 물질은?

① 셀룰로이드 ② 건성유 ③ 활성탄 ④ 퇴 비

해설
자연발화의 형태
- 산화열에 의한 발화 : 석탄, 건성유, 고무분말
- 분해열에 의한 발화 : 셀룰로이드, 나이트로셀룰로스
- 미생물에 의한 발화 : 퇴비, 먼지
- 흡착열에 의한 발화 : 목탄, 활성탄

14 위험물의 자연발화를 방지하기 위한 방법으로 틀린 것은?

① 통풍이 잘 되게 한다.
② 습도를 높게 한다.
③ 저장실의 온도를 낮춘다.
④ 열이 축적되지 않도록 한다.

해설
자연발화 방지법
- 습도를 낮게 할 것
- 주위의 온도를 낮출 것
- 통풍을 잘 시킬 것
- 불활성 가스를 주입하여 공기와 접촉을 피할 것

15 액체 위험물은 운반용기 내용적의 몇 [%] 이하의 수납율로 수납해야 하는가?

① 90[%] ② 93[%] ③ 95[%] ④ 98[%]

해설
운반용기의 수납율
- 고체 위험물 : 95[%] 이하
- 액체 위험물 : 98[%] 이하

정답 13 ② 14 ② 15 ④

16 수소화나트륨이 물과 반응하여 생성되는 물질은?

① Na_2O_2와 H_2
② Na_2O와 H_2O
③ NaOH와 H_2
④ NaOH와 H_2O

해설
수소화나트륨(NaH)은 물과 반응하면 수산화나트륨(NaOH)과 수소(H_2)가스를 발생한다.
NaH + H_2O → NaOH + H_2

17 압력이 일정할 때 일정량의 기체의 부피는 절대온도에 비례한다. 다음 중 가장 관련이 깊은 법칙은?

① 뉴톤의 제3법칙
② 보일의 법칙
③ 샤를의 법칙
④ 보일-샤를의 법칙

해설
법 칙
- 보일의 법칙 : 온도가 일정할 때 기체의 부피는 절대 압력에 반비례한다.
  $PV = k$
- 샤를의 법칙 : 압력이 일정할 때 일정량의 기체가 차지하는 부피는 온도가 1[℃] 증가함에 따라 그 기체의 0[℃] 때의 부피의 1/273씩 증가한다. 즉, 압력이 일정할 때 기체가 차지하는 부피는 절대온도에 비례한다.
  $V_2 = V_1 \times \dfrac{T_2}{T_1}$
- 보일-샤를의 법칙 : 기체가 차지하는 부피는 압력에 반비례하며, 절대온도에 비례한다.
  $V_2 = V_1 \times \dfrac{P_1}{P_2} \times \dfrac{T_2}{T_1}$

18 수소화칼륨에 대한 설명으로 옳은 것은?

① 회갈색의 등축정계 결정이다.
② 고온에서 암모니아(NH_3)와 반응하면 칼륨아미드(KNH_2)와 산소가 생성된다.
③ 물과 작용하여 수소를 발생한다.
④ 물과의 반응은 흡열반응이다.

해설
수소화칼륨(KH)
- 회백색의 결정분말이다.
- 물과 반응하면 수산화칼륨(KOH)과 수소(H_2)가스를 발생한다.
  KH + H_2O → KOH + H_2↑
- 고온에서 암모니아(NH_3)와 반응하면 칼륨아미드(KNH_2)와 수소가 생성된다.
  KH + NH_3 → KNH_2 + H_2↑

19 NaClO₃ 100[kg], KMnO₄ 3,000[kg] 및 NaNO₃ 450[kg]을 저장하려고 할 때 각 위험물의 지정수량 배수의 총합은?

① 4.0　　　② 5.5　　　③ 6.0　　　④ 6.5

해설
- 지정수량

항목＼종류	NaClO₃	KMnO₄	NaNO₃
명 칭	염소산나트륨	과망가니즈산칼륨	질산나트륨
품 명	제1류 위험물 염소산염류	제1류 위험물 과망가니즈산염류	제1류 위험물 질산염류
지정수량	50[kg]	1,000[kg]	300[kg]

- 지정수량의 배수 $= \dfrac{\text{저장량}}{\text{지정수량}} + \dfrac{\text{저장량}}{\text{지정수량}} + \cdots$

∴ 지정수량의 배수 $= \dfrac{100[\text{kg}]}{50[\text{kg}]} + \dfrac{3{,}000[\text{kg}]}{1{,}000[\text{kg}]} + \dfrac{450[\text{kg}]}{300[\text{kg}]} = 6.5$ 배

20 다음 위험물을 완전연소 시켰을 때 나머지 셋의 위험물의 연소 생성물에 공통적으로 포함된 가스를 발생하지 않는 것은?

① 황　　　② 황 린　　　③ 삼황화인　　　④ 이황화탄소

해설
연소반응식
- 황　　　　$S + O_2 \rightarrow SO_2$
- 황 린　　 $P_4 + 5O_2 \rightarrow 2P_2O_5$
- 삼황화인　$P_4S_2 + 8O_2 \rightarrow 2P_2O_5 + 3SO_2$
- 이황화탄소　$CS_2 + 3O_2 \rightarrow CO_2 + 2SO_2$

21 다음 중 염소산은 어느 것인가?

① HClO　　　② HClO₂　　　③ HClO₃　　　④ HClO₄

해설
명 칭

종류	HClO	HClO₂	HClO₃	HClO₄
명 칭	차아염소산	아염소산	염소산	과염소산

19 ④　20 ②　21 ③

22
제1류 위험물 중 알칼리금속의 과산화물 제조소에 설치해야 하는 주의사항을 표시한 게시판은?

① 물기주의   ② 화기엄금   ③ 화기주의   ④ 물기엄금

해설

제조소 등의 주의사항

위험물의 종류	주의사항	게시판의 색상
제1류 위험물 중 알칼리금속의 과산화물 제3류 위험물 중 금수성 물질	물기엄금	청색바탕에 백색문자
제2류 위험물(인화성 고체는 제외)	화기주의	적색바탕에 백색문자
제2류 위험물 중 인화성 고체 제3류 위험물 중 자연발화성 물질 제4류 위험물 제5류 위험물	화기엄금	적색바탕에 백색문자

23
옥외탱크저장소에 저장하는 위험물 중 방유제를 설치하지 않아도 되는 것은?

① 콜로디온   ② 이황화탄소   ③ 다이에틸에터   ④ 산화프로필렌

해설

이황화탄소는 물속에 저장하므로 방유제가 필요 없다.

24
간이탱크저장소의 탱크에 설치하는 통기관 기준에 대한 설명으로 옳은 것은?

① 통기관의 지름은 20[mm] 이상으로 한다.
② 통기관은 옥내에 설치하고 끝부분의 높이는 지상 1.5[m] 이상으로 한다.
③ 가는 눈의 구리망 등으로 인화방지장치를 한다.
④ 통기관의 끝부분은 수평면에 대하여 아래로 35° 이상 구부려 빗물 등이 들어가지 않도록 한다.

해설

간이저장탱크의 통기관 설치 기준
- 제1석유류 통기관의 지름은 25[mm] 이상으로 할 것
- 제1석유류 통기관은 옥외에 설치하되, 그 끝부분의 높이는 지상 1.5[m] 이상으로 할 것
- 통기관의 끝부분은 수평면에 대하여 아래로 45° 이상 구부려 빗물 등이 침투하지 않도록 할 것
- 가는 눈의 구리망 등으로 인화방지장치를 할 것

25
제3종 분말 소화약제의 주성분은?

① $NaHCO_3$
② $KHCO_3$
③ $NH_4H_2PO_4$
④ $NaHCO_3 + (NH_2)_2CO$

해설

분말소화약제

종류	주성분	착색	적응 화재	열분해 반응식
제3종 분말	제일인산암모늄($NH_4H_2PO_4$)	담홍색	A, B, C급	$NH_4H_2PO_4 \rightarrow HPO_3 + NH_3 + H_2O$

정답 22 ④ 23 ② 24 ③ 25 ③

26
위험물제조소에 전기설비가 설치된 경우에 해당 장소의 면적이 500[m²]라면 몇 개 이상의 소형수동식 소화기를 설치해야 하는가?

① 1 ② 2 ③ 5 ④ 10

해설
제조소 등에 전기설비(전기배선, 조명기구 등은 제외)가 설치된 경우 : 면적 100[m²]마다 소형수동식소화기를 1개 이상 설치할 것
∴ 500[m²] ÷ 100[m²] = 5개

27
다음 제4류 위험물 중 위험등급이 나머지 셋과 다른 하나는?

① 톨루엔 ② 산화프로필렌 ③ 아세톤 ④ 에탄올

해설
위험등급

종 류	톨루엔	산화프로필렌	아세톤	에탄올
품 명	제1석유류	특수인화물	제1석유류	알코올류
위험등급	위험등급 Ⅱ	위험등급 Ⅰ	위험등급 Ⅱ	위험등급 Ⅱ

28
위험물로서 철분에 대한 정의가 옳은 것은?

① 40[μm]의 표준체를 통과하는 것이 50[wt%] 이상인 것
② 53[μm]의 표준체를 통과하는 것이 50[wt%] 이상인 것
③ 60[μm]의 표준체를 통과하는 것이 50[wt%] 이상인 것
④ 150[μm]의 표준체를 통과하는 것이 50[wt%] 이상인 것

해설
철분 : 철의 분말로서 53[μm]의 표준체를 통과하는 것(50[wt%] 미만인 것은 제외)

29
산화성고체 위험물의 위험성에 해당하지 않은 것은?

① 불연성 물질로 산소를 방출하고 산화력이 강하다.
② 단독으로 분해 폭발하는 물질도 있지만 가열, 충격, 이물질 등과의 접촉으로 분해하여 폭발할 위험성이 있다.
③ 질산염류는 조해성이 있다.
④ 착화온도가 높아서 연소 확대의 위험이 크다.

해설
산화성고체(제1류 위험물)는 불연성 물질이다.

30 염소산나트륨이 산과 반응하여 주로 발생되는 유독한 가스는?

① 이산화탄소　　② 일산화탄소　　③ 이산화염소　　④ 일산화염소

> **해설**
> 염소산나트륨은 산과 반응하면 이산화염소(ClO_2)의 유독성 가스를 발생한다.
> • $2NaClO_3 + 2HCl \rightarrow 2NaCl + 2ClO_2 + H_2O_2$
> • $2NaClO_3 + H_2SO_4 \rightarrow Na_2SO_4 + 2ClO_2 + H_2O_2$

31 다음 중 전기음성도가 가장 큰 것은?

① Br　　② F　　③ I　　④ Cl

> **해설**
> **전기음성도의 경향**
>
> F(4.0) > O(3.5) > Cl(3.2) > N(3.0) > Br(3.0) > I(2.7) > S(2.6) > P(2.2) > H(2.2)

32 과산화나트륨과 묽은 산이 반응하여 생성되는 것은?

① NaOH　　② H_2O　　③ Na_2O　　④ H_2O_2

> **해설**
> **과산화나트륨의 반응식**
> • 염산과 반응하면 과산화수소를 생성한다.
> $Na_2O_2 + 2HCl \rightarrow 2NaCl + H_2O_2$
> • 물과 반응하면 산소가스를 발생하고 많은 열을 발생한다.
> $2Na_2O_2 + 2H_2O \rightarrow 4NaOH + O_2$

33 다음 중 지하탱크저장소의 수압시험 기준으로 옳은 것은?

① 압력 외 탱크는 상용압력의 30[kPa]의 압력으로 10분간 실시하여 새거나 변형이 없을 것
② 압력탱크는 최대 상용압력의 1.5배의 압력으로 10분간 실시하여 새거나 변형이 없을 것
③ 압력 외 탱크는 상용압력의 30[kPa]의 압력으로 20분간 실시하여 새거나 변형이 없을 것
④ 압력탱크는 최대 상용압력의 1.1배의 압력으로 10분간 실시하여 새거나 변형이 없을 것

> **해설**
> **지하탱크저장소의 수압시험**
> • 압력탱크(최대상용압력이 46.7[kPa] 이상인 탱크) 외의 탱크 : 70[kPa]의 압력으로 10분간
> • 압력탱크 : 최대상용압력의 1.5배의 압력으로 10분간

34 초유폭약(ANFO)을 제조하기 위해 경유에 혼합하는 제1류 위험물은?

① 질산코발트
② 질산암모늄
③ 아이오딘산칼륨
④ 과망가니즈산칼륨

해설
질산암모늄(NH_4NO_3)은 경유와 혼합하여 초유폭약(ANFO)을 제조한다.

35 다음 중 프로필렌의 시성식은?

① $CH_2 = CH - CH_2 - CH_3$
② $CH_2 = CH - CH_3$
③ $CH - CH = CH - CH_3$
④ $CH_2 = C(CH_3)CH_3$

해설
프로필렌(C_3H_6)의 시성식 : $CH_2 = CH - CH_3$

36 위험물안전관리자 1인을 중복하여 선임할 수 있는 경우가 아닌 것은?

① 30개 이하의 옥외탱크저장소
② 옥내탱크저장소
③ 지하탱크저장소
④ 30개 이하의 옥내저장소

해설
위험물안전관리자 1인이 중복 선임할 수 있는 저장소 등
- 10개 이하의 옥내저장소
- 30개 이하의 옥외탱크저장소
- 옥내탱크저장소
- 지하탱크저장소
- 간이탱크저장소
- 10개 이하의 옥외저장소
- 10개 이하의 암반탱크저장소

37 옥외탱크저장소의 보냉장치 및 불연성가스 봉입장치를 설치해야 되는 위험물은?

① 아세트알데하이드
② 이황화탄소
③ 생석회
④ 염소산나트륨

해설
아세트알데하이드는 옥외탱크저장소에 저장할 때에는 보냉장치 및 불연성가스 봉입장치를 설치해야 한다.

38 제4류 위험물 중 제4석유류의 인화점 범위는?

① 21[℃] 미만인 것
② 21[℃] 이상 70[℃] 미만인 것
③ 70[℃] 이상 200[℃] 미만인 것
④ 200[℃] 이상 250[℃] 미만인 것

해설
제4석유류의 인화점 : 200[℃] 이상 250[℃] 미만인 것

39 염소화규소화합물은 제 몇 류 위험물에 해당하는가?

① 제1류 위험물 ② 제2류 위험물
③ 제3류 위험물 ④ 제4류 위험물

해설
염소화규소화합물 : 제3류 위험물

40 물과 접촉 시 동일한 가스를 발생하는 물질을 나열한 것은?

① 수소화나트륨, 금속리튬
② 탄화칼슘, 금속칼슘
③ 트라이에틸알루미늄, 탄화알루미늄
④ 인화칼슘, 수소화칼슘

해설
물과 반응

종 류	물과 반응식	발생가스
수소화나트륨	$NaH + H_2O \rightarrow NaOH + H_2 \uparrow$	수 소
금속리튬	$Li + 2H_2O \rightarrow 2LiOH + H_2 \uparrow$	수 소
탄화칼슘	$CaC_2 + 2H_2O \rightarrow Ca(OH)_2 + C_2H_2 \uparrow$	아세틸렌
금속칼슘	$Ca + 2H_2O \rightarrow Ca(OH)_2 + H_2 \uparrow$	수 소
트라이에틸알루미늄	$(C_2H_5)Al + 3H_2O \rightarrow Al(OH)_3 + C_2H_6 \uparrow$	에테인
탄화알루미늄	$Al_4C_3 + 12H_2O \rightarrow 4Al(OH)_3 + 3CH_4 \uparrow$	메테인
인화칼슘	$Ca_3P_2 + 6H_2O \rightarrow 3Ca(OH)_2 + 2PH_3 \uparrow$	포스핀
수소화칼슘	$CaH_2 + 2H_2O \rightarrow Ca(OH)_2 + 2H_2 \uparrow$	수 소

41 인화성액체 위험물인 제2석유류(비수용성 액체) 60,000[L]에 대한 소화설비의 소요단위는?

① 2단위 ② 4단위 ③ 6단위 ④ 8단위

해설
소요단위 = $\dfrac{\text{저장량}}{\text{지정수량} \times 10\text{배}} = \dfrac{60,000[L]}{1,000[L] \times 10\text{배}} = 6$단위

※ 제2석유류(비수용성 액체)의 지정수량 : 1,000[L]

정답 38 ④ 39 ③ 40 ① 41 ③

42 중질유 탱크 등의 화재 시 물이나 포말을 주입하면 수분의 급격한 증발에 의하여 유면이 거품을 일으키거나 열류의 교란에 의하여 열류층 밑의 냉유가 급격히 팽창하여 유면을 밀어 올리는 위험한 현상은?

① Oil-Over 현상　　　　② Slop-Over 현상
③ Water Hammer 현상　　④ Priming 현상

해설
Slop-Over 현상에 대한 설명이다.

43 다음 유지류 중 아이오딘값이 100 이하인 불건성유는?

① 아마인유　② 참기름　③ 피마자유　④ 번데기유

해설
동식물유류의 종류

구 분	아이오딘값	반응성	불포화도	종 류
건성유	130 이상	크 다	크 다	해바라기유, 동유, 아마인유, 정어리기름, 들기름
반건성유	100~130	중 간	중 간	채종유, 목화씨기름(면실유), 참기름, 콩기름
불건성유	100 이하	작 다	작 다	야자유, 올리브유, 피마자유, 동백유, 낙화생기름

44 273[℃]에서 기체의 부피가 2[L]이다. 같은 압력에서 0[℃]일 때의 부피는 몇 [L]인가?

① 1　② 2　③ 4　④ 8

해설
샤를의 법칙 : 압력이 일정할 때 기체가 차지하는 부피는 절대온도에 비례한다.

$$\therefore V_2 = V_1 \times \frac{T_2}{T_1} = 2[\text{L}] \times \frac{273[\text{K}]}{(273+273)[\text{K}]} = 1[\text{L}]$$

45 다음 중 물보다 무거운 물질은?

① 에 터　　　　　② 아이소프렌
③ 산화프로필렌　　④ 이황화탄소

해설
이황화탄소의 비중 : 1.26(물의 비중은 1이므로 물보다 무겁다)

46 알코올류 위험물에 대한 설명으로 옳지 않은 것은?
① 탄소수가 1개부터 3개까지인 포화 1가 알코올을 말한다.
② 포소화약제 중 단백포를 사용하는 것이 효과적이다.
③ 메틸알코올은 산화되면 최종적으로 폼산이 된다.
④ 포화 1가 알코올의 함유량이 60[wt%] 이상인 것을 말한다.

해설
알코올류는 수용성이므로 알코올용포소화약제를 사용한다.

47 인화성액체 위험물 중 운반할 때 차광성이 있는 피복으로 가려야 하는 위험물은?
① 특수인화물   ② 제2석유류   ③ 제3석유류   ④ 제4석유류

해설
적재위험물에 따른 조치
- 차광성이 있는 것으로 피복
  - 제1류 위험물
  - 제3류 위험물 중 자연발화성 물질
  - 제4류 위험물 중 특수인화물
  - 제5류 위험물
  - 제6류 위험물
- 방수성이 있는 것으로 피복
  - 제1류 위험물 중 알칼리금속의 과산화물
  - 제2류 위험물 중 철분·금속분·마그네슘
  - 제3류 위험물 중 금수성 물질

48 제4류 위험물 지정수량 48만배 이상을 저장 취급하는 제조소의 자체소방대에서 갖추어야 하는 (a) 화학소방자동차 대수 및 (b) 조작인원은?
① (a) 4대, (b) 20인
② (a) 3대, (b) 15인
③ (a) 2대, (b) 10인
④ (a) 1대, (b) 5인

해설
자체소방대에 두는 화학소방자동차 및 인원

사업소의 구분	화학소방자동차	자체소방대원의 수
제조소 또는 일반취급소에서 취급하는 제4류 위험물의 최대수량의 합이 지정수량의 3천배 이상 12만배 미만인 사업소	1대	5인
제조소 또는 일반취급소에서 취급하는 제4류 위험물의 최대수량의 합이 지정수량의 12만배 이상 24만배 미만인 사업소	2대	10인
제조소 또는 일반취급소에서 취급하는 제4류 위험물의 최대수량의 합이 지정수량의 24만배 이상 48만배 미만인 사업소	3대	15인
제조소 또는 일반취급소에서 취급하는 제4류 위험물의 최대수량의 합이 지정수량의 48만배 이상인 사업소	4대	20인
옥외탱크저장소에 저장하는 제4류 위험물의 최대수량이 지정수량의 50만배 이상인 사업소	2대	10인

정답 46 ② 47 ① 48 ①

49 제1류 위험물인 염소산나트륨의 위험성에 대한 설명으로 옳지 않은 것은?
① 산과 반응하여 이산화염소를 발생시킨다.
② 가연물과 혼합되어 있으면 약간의 자극에도 폭발할 수 있다.
③ 조해성이 좋으며 철제용기를 잘 부식시킨다.
④ CO_2 등의 질식소화가 효과적이며 물과 접촉 시 단독 폭발할 수 있다.

해설
제1류 위험물인 염소산나트륨($NaClO_3$)은 냉각소화가 효과적이다.

50 화상은 정도에 따라서 여러가지로 나뉜다. 다음 중 2도 화상의 증상은?
① 괴사성
② 홍반성
③ 수포성
④ 화침성

해설
2도 화상 : 분비액이 많이 분비되는 화상(수포성)

51 위험물 연소의 특징으로 옳은 것은?
① 연소속도가 대단히 빠르다.
② 마찰, 충격은 위험물의 점화원이 되지 않는다.
③ 점화에너지를 많이 필요로 한다.
④ 폭발한계가 매우 좁다.

해설
위험물은 연소속도가 대단히 빠르다.

52 50[℃]에서 유지해야 할 알킬알루미늄 운반용기의 공간용적 기준으로 옳은 것은?
① 5[%] 이상
② 10[%] 이상
③ 15[%] 이상
④ 20[%] 이상

해설
자연발화성 물질 중 알킬알루미늄 등은 운반용기의 내용적의 90[%] 이하의 수납율로 하되 50[℃]의 온도에서 5[%] 이상의 공간용적을 유지할 것

53 탄화칼슘(카바이드)의 저장방법을 옳게 나타낸 것은?
① 석유 속에 저장한다.
② 에틸알코올 속에 저장한다.
③ 질소가스 등 불활성 가스로 봉입한다.
④ 톱밥 속에 저장한다.

해설
탄화칼슘(카바이드, CaC_2)은 질소가스 등 불활성 가스로 봉입하여 건조하고 서늘한 장소에 저장한다.

54 자기반응성 물질의 화재 초기에 가장 적응성 있는 소화설비는?
① 분말소화설비
② 이산화탄소소화설비
③ 할로젠화합물소화설비
④ 물분무소화설비

해설
자기반응성 물질(제5류 위험물) : 냉각소화(물분무소화설비)

55 더미활동(Dummy Activity)에 대한 설명 중 가장 적합한 것은?
① 가장 긴 작업시간이 예상되는 공정을 말한다.
② 공정의 시작에서 그 단계에 이르는 공정별 소요시간들 중 가장 큰 값이다.
③ 실제활동은 아니며, 활동의 선행조건을 네트워크에 명확히 표현하기 위한 활동이다.
④ 각 활동별 소요시간이 베타분포를 따른다고 가정할 때의 활동이다.

해설
더미활동(Dummy Activity) : 실제활동은 아니며, 활동의 선행조건을 네트워크에 명확히 표현하기 위한 활동이다.

정답 53 ③ 54 ④ 55 ③

56
로트수가 10이고 준비작업 시간이 20분이며 로트별 정미작업시간이 60분이라면 1로트당 작업시간은?

① 90분　　② 62분　　③ 26분　　④ 13분

해설

작업시간 = $\dfrac{20}{10} + 60[\min] = 62[\min]$

57
단순지수평활법을 이용하여 금월의 수요를 예측하려고 한다면 이때 필요한 자료는 무엇인가?

① 일정기간의 평균값, 가중값, 지수평활계수
② 추세선, 최소자승법, 매개변수
③ 전월의 예측치와 실제치, 지수평활계수
④ 추세변동, 순환변동, 우연변동

해설

지수평활법 : 이동평균법과 유사한 방법으로 평균법이 가진 단점을 보완하여 과거의 실적치를 최근에 가장 가까운 실적치에 상대적으로 큰 비중을 두어 수요를 예측하는 방법

- 단순지수평활법
  - 차기예측치 = 당기예측치 + 지수평활계수(당기실적치 − 당기예측치)
  - 공식

$$F_t = \alpha \cdot A_{t-1} + (1-\alpha) F_{t-1}$$

여기서 F_t : 차기의 판매예측치　　α : 지수평활계수($0 < \alpha < 1$)
A_{t-1} : 당기의 판매실적치　　F_{t-1} : 당기의 판매예측치

- 이중지수평활법
  추세조정예측치 = 예측치 + 추세조정치

58
다음 중 검사항목에 의한 분류가 아닌 것은?

① 자주검사　　② 수량검사　　③ 중량검사　　④ 성능검사

해설

검사항목에 의한 샘플링
- 수량검사 : 규정된 수량의 이상 유무를 확인하는 검사
- 외관검사 : 외관 상태가 기준에 적합한지 여부를 확인하는 검사
- 치수검사 : 치수, 각도, 평행도 등 길이의 단위로 표시하는 품질의 특성을 확인하는 검사
- 중량검사 : 제품의 중량이 기준에 적합한지 여부를 확인하는 검사
- 기능(성능)검사 : 기계적, 물리적, 전기적, 화학적 등 제품의 사용목적을 만족시키는 성능을 확인하는 검사

정답 56 ②　57 ③　58 ①

59 미리 정해진 일정 단위 중에 포함된 부적합(결점)수에 의거 공정을 관리할 때 사용하는 관리도는?

① P관리도　　② nP관리도　　③ C관리도　　④ U관리도

해설
C관리도 : 미리 정해진 일정 단위 중에 포함된 부적합(결점)수에 의거 공정을 관리할 때 사용하는 관리도
예 • M 타입의 자동차 또는 LCD TV를 조립, 완성한 후 부적합수(결점수)를 점검한 데이터로 사용한다.
　• 같은 모델의 TV나 라디오 세트 중의 납땜 불량개수(결점수)를 체크하는 데 사용한다.

60 도수분포표에서 도수가 최대인 곳의 대표치를 말하는 것은?

① 중위수　　　　　　　② 비대칭도
③ 모우드(mode)　　　 ④ 첨 도

해설
도수분포표의 용어
• 중위수 : 데이터를 크기 순서대로 나열했을 때 한 가운데 위치하는 Data의 값으로 50 백분위수를 말하는데 중앙값이라고도 한다.
• 비대칭도 : 비대칭의 방향 및 정도
• 모우드 : 도수분포표에서 도수가 최대인 곳의 대표치를 말하는 것으로 1개 있는 경우는 단봉성 분포, 2개 이상 있는 경우는 복봉성 분포라 한다.
• 첨도 : 분포곡선에서 정점의 뾰족한 정도를 나타내는 측도를 말한다.

2024년 1월 21일 시행
과년도 기출복원문제

01 가연성가스의 위험성이 증가하는 경우가 아닌 것은?

① 비점이 높을수록
② 연소범위가 넓을수록
③ 착화점이 낮을수록
④ 점도가 낮을수록

해설
위험성이 증가하는 경우
- **비점이 낮을수록**
- 연소범위가 넓을수록
- 착화점이 낮을수록
- 점도가 낮을수록
- 비중이 낮을수록
- 온도나 압력이 높을수록

02 제1종 분말소화약제가 1차 열분해하였을 때 표준상태를 기준으로 10[m³]의 탄산가스가 생성되었다. 몇 kg의 탄산수소나트륨이 사용되었는가?(단, 나트륨의 원자량은 23이다)

① 18.75
② 37
③ 56.25
④ 75

해설
제1종 분말약제의 분해반응식

$2NaHCO_3 \rightarrow Na_2CO_2 + H_2O + CO_2$

$2 \times 84[kg]$ ——— $22.4[m^3]$
x ——— $10[m^3]$

$\therefore x = \dfrac{2 \times 84[kg] \times 10[m]^3}{22.4[m]^3} = 75[kg]$

1 ①   2 ④   **정답**

03 분말소화약제의 가압용 가스로 질소를 사용하였을 때 소화약제 50[kg] 저장 시 질소 가스량은 35[℃], 0[MPa]의 상태로 환산하면 얼마인가?(단, 배관의 청소에 필요한 양은 제외한다)

① 500[L]
② 1,000[L]
③ 1,500[L]
④ 2,000[L]

해설

배관청소에 필요한 양

종 류 \ 가 스	질소가스 사용	이산화탄소가스 사용
가압식	40[L/kg] 이상	20[g/kg] + 배관청소에 필요한 양
축압식	10[L/kg] 이상	20[g/kg] + 배관청소에 필요한 양

∴ 배관 청소에 필요한 양 = 40[L/kg] × 50[kg] = 2,000[L] 이상

04 어떤 액체연료의 질량조성이 C : 80[%], H : 20[%]일 때 C/H의 몰비[mole%]는?

① 0.22
② 0.33
③ 0.44
④ 0.55

해설

C/H의 몰비 = $\dfrac{80/12}{20/1} = 0.33$

원자량   C = 12,   H = 1

정답 3 ④   4 ②

05 지정 유기과산화물을 옥내에 저장하는 저장창고 외벽의 기준으로 옳은 것은?

① 두께 20[cm] 이상의 보강콘크리트블록조
② 두께 20[cm] 이상의 철근콘크리트조
③ 두께 30[cm] 이상의 철근콘크리트조
④ 두께 30[cm] 이상의 철골콘크리트블록조

해설
유기과산화물을 옥내에 저장하는 저장창고 기준
- 저장창고는 150[m²] 이내마다 격벽으로 완전하게 구획할 것. 이 경우 당해 격벽은 두께 30[cm] 이상의 철근콘크리트조 또는 철골철근콘크리트조로 하거나 두께 40[cm] 이상의 보강콘크리트블록조로 하고, 당해 저장창고의 양측의 외벽으로부터 1[m] 이상, 상부의 지붕으로부터 50[cm] 이상 돌출하게 해야 한다.
- **저장창고의 외벽은 두께 20[cm] 이상의 철근콘크리트조**나 **철골철근콘크리트조** 또는 **두께 30[cm] 이상의 보강콘크리트블록조**로 할 것
- 저장창고의 지붕은 다음 각목에 적합할 것
  - 중도리(서까래 중간을 받치는 수평의 도리) 또는 서까래의 간격은 30[cm] 이하로 할 것
  - 지붕의 아래쪽 면에는 한 변의 길이가 45[cm] 이하의 환강·경량형강 등으로 된 강제의 격자를 설치할 것
  - 지붕의 아래쪽 면에 철망을 쳐서 불연재료의 도리(서까래를 받치기 위해 기둥과 기둥 사이에 설치하는 부재)·보 또는 서까래에 단단히 결합할 것
  - 두께 5[cm] 이상, 너비 30[cm] 이상의 목재로 만든 받침대를 설치할 것
- 저장창고의 출입구에는 60분+ 방화문 또는 60분 방화문을 설치할 것
- 저장창고의 창은 바닥 면으로부터 2[m] 이상의 높이에 두되, 하나의 벽면에 두는 창의 면적의 합계를 당해 벽면의 면적의 1/80 이내로 하고, 하나의 창의 면적을 0.4[m²] 이내로 할 것

06 제6류 위험물의 일반적인 성질에 대한 설명으로 가장 거리가 먼 것은?

① 모두 무기화합물이며 물에 녹기 쉽고 물보다 무겁다.
② 모두 강산에 속한다.
③ 모두 산소를 함유하고 있으며 다른 물질을 산화시킨다.
④ 자신은 모두 불연성 물질이다.

해설
제6류 위험물의 일반적인 성질
- 산화성 액체이며 무기화합물로 이루어져 형성된다.
- 무색, 투명하며 비중은 1보다 크고, 표준상태에서는 모두가 액체이다.
- **과산화수소를 제외**하고 **강산성 물질**이다.
- 물에 녹기 쉽고 물보다 무겁다.
- 불연성 물질이며 가연물, 유기물 등과의 혼합으로 발화한다.

07 다음 중 지정수량이 다른 것은?

① 금속의 인화물
② 질산염류
③ 과염소산
④ 과망가니즈산염류

해설
지정수량

종 류	금속의 인화물	질산염류	과염소산	과망가니즈산염류
유 별	제3류 위험물	제1류 위험물	제6류 위험물	제1류 위험물
지정수량	300[kg]	300[kg]	300[kg]	1,000[kg]

08 이동탱크저장소에 설치하는 방파판의 기능에 대한 설명으로 가장 적절한 것은?

① 출렁임 방지
② 유증기 발생의 억제
③ 정전기 발생 제거
④ 파손 시 유출 방지

해설
방파판
- 설치목적 : 이동탱크저장소에 칸막이로 구획된 각 부분마다 맨홀, 안전장치 및 방파판을 설치해야 한다. 다만, 칸막이로 구획된 부분의 용량이 2,000[L] 미만인 부분에는 방파판을 설치하지 않을 수 있다.

> 방파판은 운전 시 위험물의 출렁임을 방지하기 위하여 칸막이마다 설치한다.

- 설치 기준
  - 두께 1.6[mm] 이상의 강철판 또는 이와 동등 이상의 강도·내열성 및 내식성이 있는 금속성의 것으로 할 것
  - 하나의 구획부분에 2개 이상의 방파판을 이동탱크저장소의 진행방향과 평행으로 설치하되, 각 방파판은 그 높이 및 칸막이로부터의 거리를 다르게 할 것
  - 하나의 구획부분에 설치하는 각 방파판의 면적의 합계는 당해 구획부분의 최대 수직단면적의 50[%] 이상으로 할 것. 다만, 수직단면이 원형이거나 짧은 지름이 1[m] 이하의 타원형일 경우에는 40[%] 이상으로 할 수 있다.

09 다음 위험물 중 성상이 고체인 것은?

① 과산화벤조일
② 질산에틸
③ 나이트로글리세린
④ 메틸에틸케톤퍼옥사이드

해설

성 상

종 류	과산화벤조일	질산에틸	나이트로글리세린	메틸에틸케톤퍼옥사이드
상 태	고 체	액 체	액 체	액 체

10 다음 제4류 위험물 중 무색의 끈기 있는 액체로 인화점이 −18[℃]인 위험물은?

① 아이소프렌
② 펜타보레인
③ 콜로디온
④ 아세트알데하이드

해설

인화점

종 류	아이소프렌	펜타보레인	콜로디온	아세트알데하이드
인화점	−54[℃]	30[℃]	−18[℃]	−40[℃]

[펜타보레인(pentaborane)]					
화학식	품명	외관	인화점	비점	연소범위
B_5H_9	제3류 위험물 금속의 수소화물	자극성 냄새와 자연발화의 위험이 있는 무색 액체	30[℃]	60[℃]	0.42~98[%]

11 이산화탄소 소화약제 사용 시 소화약제에 의한 피해도 발생할 수 있는데 공기 중에서 기화하여 기상의 이산화탄소로 되었을 때 인체에 대한 허용농도는?

① 100[ppm]
② 3,000[ppm]
③ 5,000[ppm]
④ 10,000[ppm]

해설

이산화탄소의 허용농도 : 5,000[ppm](0.5[%])

12 다음에서 설명하는 위험물은?

> 분석시약, 가스건조제, 불꽃류 제조에 쓰이며 백색의 결정 덩어리로서 조해성이 강하여 방수, 방습에 주의해야 하며 물, 에탄올에 녹으며 금속분, 가연물과 혼합하면 위험성이 있고 분말의 흡입은 위험하다.

① 염소산칼륨 ② 과염소산마그네슘
③ 과산화나트륨 ④ 과산화수소

해설

과염소산마그네슘[$Mg(ClO_4)_2 \cdot 6H_2O$]
- 백색의 결정 덩어리로서 조해성이 강하다.
- 물, 에탄올에 녹는다.
- 유기물, 금속분, 강산류와의 혼촉을 피해야 한다.
- 분석시약, 가스건조제, 불꽃류 제조에 사용된다.

13 전역방출방식의 분말소화설비에서 제3종 분말 소화약제에 대한 방호구역의 체적 1[m^3]당 소화약제의 양은?

① 0.06[kg] ② 0.16[kg] ③ 0.24[kg] ④ 0.36[kg]

해설

분말 소화약제량(위험물)

약제의 종류	소화약제량	가산량
제1종 분말	0.60[kg/m^3]	4.5[kg/m^2]
제2종, 제3종 분말	0.36[kg/m^3]	2.7[kg/m^2]
제4종 분말	0.24[kg/m^3]	1.8[kg/m^2]
제5종 분말	소화약제에 따라 필요한 양	소화약제에 따라 필요한 양

14 옥외저장소에 선반을 설치하는 경우에 선반의 설치높이는 몇 [m]를 초과하지 않아야 하는가?

① 3 ② 4 ③ 5 ④ 6

해설

옥외저장소의 선반의 설치기준
- 선반은 불연재료로 만들고 견고한 지반면에 고정할 것
- 선반은 해당 선반 및 그 부속설비의 자중·저장하는 위험물의 중량·풍하중·지진의 영향 등에 의하여 생기는 응력에 대하여 안전할 것
- **선반의 높이**는 **6[m]**를 초과하지 않을 것
- 선반에는 위험물을 수납한 용기가 쉽게 낙하하지 않는 조치를 강구할 것

15 가연물의 구비조건으로 거리가 먼 것은?

① 열전도율이 작을 것　　② 연소열량이 클 것
③ 완전산화물일 것　　　④ 점화에너지가 작을 것

> **해설**
> **가연물의 구비조건**
> • 열전도율이 작을 것　　　　• 발열량이 클 것
> • 표면적이 넓을 것　　　　　• 산소와 친화력이 좋을 것
> • 활성화에너지(점화에너지)가 작을 것

16 아염소산나트륨의 위험성에 대한 설명으로 가장 거리가 먼 것은?

① 단독으로 폭발 가능하고 분해온도 이상에서는 산소를 발생한다.
② 비교적 안전하나 시판품은 140[℃] 이상의 온도에서 발열반응을 일으킨다.
③ 유기물, 금속분 등 환원성 물질과 접촉하면 자극하면 즉시 폭발한다.
④ 수용액 중에서 강력한 환원력이 있다.

> **해설**
> **아염소산나트륨**($NaClO_2$)은 제1류 위험물로서 **산화제**이다.

17 자연발화성 물질에 대한 가장 옳은 설명은?

① 고체 또는 액체로서 공기 중에서 발화의 위험성이 있는 것
② 고체 또는 액체로서 물속에서 발화의 위험성이 있는 것
③ 고체로서 공기 중에서 발화의 위험성이 있는 것
④ 고체로서 공기와 접촉하여 발화하거나 가연성 가스의 발생 위험이 있는 것

> **해설**
> **자연발화성 물질 및 금수성 물질** : 고체 또는 액체로서 공기 중에서 발화의 위험성이 있거나 물과 접촉하여 발화하거나 가연성 가스를 발생하는 위험성이 있는 것

18 공기를 차단하고 황린이 적린으로 만들어지는 가열온도는 약 몇[℃] 정도인가?

① 260　　② 310　　③ 340　　④ 430

> **해설**
> **적린의 착화점** : 260[℃]

19 탄화칼슘과 질소가 약 700[℃]에서 반응하여 생성되는 물질은?

① C_2H_2
② $CaCN_2$
③ C_2H_4O
④ CaH_2

해설

탄화칼슘의 반응식

- 물과의 반응 $CaC_2 + 2H_2O \rightarrow Ca(OH)_2 + C_2H_2 \uparrow$
                                                                     (수산화칼슘) (아세틸렌)

- 약 700[℃] 이상에서 반응 $CaC_2 + N_2 \rightarrow CaCN_2 + C$
                                                                       (석회질소) (탄소)

- 아세틸렌가스와 금속과 반응 $C_2H_2 + 2Ag \rightarrow Ag_2C_2 + H_2 \uparrow$
                                                                                       (금속아세틸레이트 : 폭발물질)

20 이산화탄소 소화설비의 저압식 저장용기에 설치하는 압력경보장치의 작동압력은?

① 1.9[MPa] 이상의 압력 및 1.5[MPa] 이하의 압력
② 2.3[MPa] 이상의 압력 및 1.9[MPa] 이하의 압력
③ 3.75[MPa] 이상의 압력 및 2.3[MPa] 이하의 압력
④ 4.5[MPa] 이상의 압력 및 3.75[MPa] 이하의 압력

해설

이산화탄소소화설비의 저압식 저장용기의 설치기준

- 저압식 저장용기에는 **액면계 및 압력계**를 설치할 것
- 저압식 저장용기에는 2.3[MPa] 이상의 압력 및 1.9[MPa] 이하의 압력에서 작동하는 **압력경보장치**를 설치할 것
- 저압식 저장용기에는 용기 내부의 온도를 영하 20[℃] 이상 영하 18[℃] 이하로 유지할 수 있는 **자동냉동기**를 설치할 것
- 저압식 저장용기에는 **파괴판과 방출밸브**를 설치할 것

21 다음 기체 중 화학적 성질이 다른 것은?

① 질소
② 플루오린
③ 아르곤
④ 이산화탄소

해설

불연성가스 : 질소, 아르곤, 이산화탄소

플루오린(F) : 할로젠 소화약제의 성분

22 오존층파괴지수의 약어는?

① CFC ② ODP
③ GWP ④ HCFC

해설

• 오존 파괴지수(ODP ; Ozone Depletion Potential)
지표를 ODP(오존 파괴지수)라 한다. 이 ODP는 기준물질로 CFC-11($CFCl_3$)의 ODP를 1로 정하고 상대적으로 어떤 물질의 대기권에서의 수명, 물질의 단위질량당 염소나 브로민질량의 비, 활성염소와 브로민의 오존 파괴능력 등을 고려하여 그 물질의 ODP가 정해지는데 그 계산식은 다음과 같다.

$$ODP = \frac{어떤 물질 1[kg]이 파괴하는 오존량}{CFC-11\ 1[kg]이 파괴하는 오존량}$$

• 지구 온난화지수(GWP, Global Warming Potential)
일정 무게의 CO_2가 대기 중에 방출되어 지구온난화에 기여하는 정도를 1로 정하였을 때 같은 무게의 어떤 물질이 기여하는 정도를 GWP(지구온난화지수)로 나타내며, 다음 식으로 정의된다.

$$GWP = \frac{어떤 물질 1[kg]이 기여하는 온난화 정도}{CO_2\ 1[kg]이 기여하는 온난화 정도}$$

• 할로젠화합물 및 불활성기체소화약제(할로젠화합물 계열)의 분류

계 열	정 의	해당 물질
HFC(Hydro Fluoro Carbons)계열	C(탄소)에 F(플루오린)와 H(수소)가 결합된 것	HFC-125, HFC-227ea HFC-23, HFC-236fa
HCF C(Hydro Chloro Fluoro Carbons)계열	C(탄소)에 Cl(염소), F(플루오린), H(수소)가 결합된 것	HCFC-BLEND A, HCFC-124
FIC(Fluoro Iodo Carbons)계열	C(탄소)에 F(플루오린)와 I(아이오딘)가 결합된 것	FIC-13I1
FC(PerFluoro Carbons)계열	C(탄소)에 F(플루오린)가 결합된 것	FC-3-1-10, FK-5-1-12

23 아세톤의 성질에 대한 설명으로 옳지 않은 것은?

① 보관 중에 청색으로 변한다.
② 아이오도폼 반응을 일으킨다.
③ 아세틸렌 저장에 이용된다.
④ 유기물을 잘 녹인다.

해설

아세톤
• **무색, 투명**한 **자극성 휘발성 액체**이다.
• 물에 잘 녹으므로 수용성이고 유기물을 잘 녹인다.
• 피부에 닿으면 탈지작용을 한다.
• 공기와 장기간 접촉하면 과산화물이 생성되므로 갈색병에 저장해야 한다.
• 아이오도폼 반응을 일으킨다.

24 제4류 위험물을 취급하는 제조소 등이 있는 동일한 사업소에서 지정수량의 몇 배 이상인 경우에 자체소방대를 설치해야 하는가?

① 1,000배
② 3,000배
③ 5,000배
④ 10,000배

해설

자체소방대 설치

- 설치대상 : 최대 수량의 합이 지정수량의 **3,000배 이상**을 취급하는 **제조소**나 **일반취급소**(다만, 보일러로 위험물을 소비하는 일반취급소는 제외)
- 제4류 위험물의 최대수량이 지정수량의 50만배 이상을 저장하는 옥외탱크저장소
- 자체소방대에 두는 화학소방자동차 및 인원(시행령 별표 8)

사업소의 구분	화학소방자동차	자체소방대원의 수
제조소 또는 일반취급소에서 취급하는 제4류 위험물의 최대수량의 합이 지정수량의 12만배 미만인 사업소	1대	5인
제조소 또는 일반취급소에서 취급하는 제4류 위험물의 최대수량의 합이 지정수량의 12만배 이상 24만배 미만인 사업소	2대	10인
제조소 또는 일반취급소에서 취급하는 제4류 위험물의 최대수량의 합이 지정수량의 24만배 이상 48만배 미만인 사업소	3대	15인
제조소 또는 일반취급소에서 취급하는 제4류 위험물의 최대수량의 합이 지정수량의 48만배 이상인 사업소	4대	20인
옥외탱크저장소에 저장하는 제4류 위험물의 최대수량의 50만배 이상인 사업소	2대	10인

[비고] 화학소방자동차에는 행정안전부령이 정하는 소화능력 및 설비를 갖추어야 하고, 소화활동에 필요한 소화약제 및 기구(방열복 등 개인장구를 포함한다)를 비치해야 한다.

25 벤젠핵에 메틸기 1개가 결합된 구조를 가진 무색투명한 액체로서 방향성의 독특한 냄새를 가지고 있는 물질은?

① $C_6H_5CH_3$
② $C_6H_4(CH_3)_2$
③ CH_3COCH_3
④ $HCOOCH_3$

해설

톨루엔 : 벤젠핵에 메틸기(CH_3) 1개가 결합된 구조

종류	톨루엔	o-자일렌	아세톤	의산메틸
화학식	$C_6H_5CH_3$	$C_6H_4(CH_3)_2$	CH_3COCH_3	$HCOOCH_3$
구조식	(톨루엔 구조)	(o-자일렌 구조)	$H-\underset{H}{\overset{H}{C}}-\underset{}{\overset{O}{C}}-\underset{H}{\overset{H}{C}}-H$	$H-\underset{H}{\overset{O}{C}}-O-\underset{H}{\overset{H}{C}}-H$

정답 24 ② 25 ①

26 위험물제조소에서 화기엄금 및 화기주의를 표시하는 게시판의 바탕색과 문자색을 옳게 연결한 것은?

① 백색바탕에 청색문자
② 청색바탕에 백색문자
③ 적색바탕에 백색문자
④ 백색바탕에 적색문자

해설

제조소 등의 주의사항

위험물의 종류	주의사항	게시판의 색상
제1류 위험물 중 알칼리금속의 과산화물 제3류 위험물 중 금수성 물질	물기엄금	청색바탕에 백색문자
제2류 위험물(인화성 고체는 제외)	화기주의	적색바탕에 백색문자
제2류 위험물 중 인화성 고체 제3류 위험물 중 자연발화성 물질 제4류 위험물 제5류 위험물	화기엄금	적색바탕에 백색문자

27 위험물제조소와의 안전거리가 30[m] 이상인 시설은?

① 주거용도로 사용되는 건축물
② 도시가스를 저장 또는 취급하는 시설
③ 사용전압 35,000[V]를 초과하는 특고압가공전선
④ 초·중등교육법에서 정하는 학교

해설

안전거리

건축물	안전거리
사용전압 7,000[V] 초과 35,000[V] 이하의 특고압 가공전선	3[m] 이상
사용전압 **35,000[V] 초과**의 특고압가공전선	5[m] 이상
주거용으로 사용되는 것(제조소가 설치된 부지 내에 있는 것은 제외)	10[m] 이상
고압가스, 액화석유가스, 도시가스를 저장 또는 취급하는 시설	20[m] 이상
학교, **병원**(병원급 의료기관), **극장**, 공연장, 영화상영관 및 그 밖의 유사한 시설로서 수용인원 300명 이상, 복지시설(아동, 노인, 장애인, 한부모가족), 어린이집, 성매매피해자 등을 위한 지원시설, 정신건강증진시설, 가정폭력피해자 보호시설 및 그 밖에 이와 유사한 시설로서 수용인원 20명 이상	30[m] 이상
지정문화유산 및 천연기념물 등	50[m] 이상

28 주유취급소의 건축물 중 내화구조를 하지 않아도 되는 곳은?

① 벽
② 바닥
③ 기둥
④ 창

해설

주유취급소의 건축물은 벽·기둥·바닥·보 및 지붕을 내화구조 또는 불연재료로 하고, **창 및 출입구**에는 **60분+ 방화문·60분 방화문·**30분 방화문 또는 **불연재료**로 된 문을 설치할 것

29 염소산칼륨(KClO₃)의 성상을 옳게 나타낸 것은?

① 무색의 입방정계 결정
② 갈색의 정방정계 결정
③ 갈색의 사방정계 결정
④ 무색의 단사정계 결정

해설
염소산칼륨($KClO_3$)은 무색의 단사정계 판상결정 또는 백색분말

30 옥외탱크저장소의 방유제 설치기준으로 옳지 않은 것은?

① 방유제의 용량은 방유제 안에 설치된 탱크가 하나인 때에는 그 탱크의 용량의 110[%] 이상으로 한다.
② 방유제의 높이는 0.5[m] 이상 3[m] 이하로 해야 한다.
③ 방유제의 면적은 8만[m²] 이하로 하고 물을 배출시키기 위한 배수구를 설치한다.
④ 높이가 1[m]를 넘는 방유제의 안팎에 폭 1.5[m] 이상의 계단 또는 15° 이하의 경사로를 20[m] 간격으로 설치한다.

해설
옥외탱크저장소의 방유제 설치기준
저장탱크에서 누설되는 경우에 유출확산을 방지하기 위하여 방유제를 설치해야 한다.

- **방유제의 용량**
  - 탱크가 하나일 때 : 탱크 용량의 110[%] 이상(인화성이 없는 액체위험물은 100[%])
  - 탱크가 2기 이상일 때 : 탱크 중 용량이 최대인 것의 용량의 110[%] 이상(인화성이 없는 액체위험물은 100[%])

  [방유제, 방유턱의 용량]
  ① 위험물제조소의 **옥외**에 있는 위험물 취급탱크의 방유제의 용량
   ㉠ 1기일 때 : 탱크용량 × 0.5(50[%])
   ㉡ 2기 이상일 때 : 최대 탱크용량 × 0.5 + (나머지 탱크용량 합계 × 0.1)
  ② 위험물제조소의 **옥내**에 있는 위험물 취급탱크의 방유턱의 용량
   ㉠ 1기일 때 : 탱크용량 이상
   ㉡ 2기 이상일 때 : 최대 탱크용량 이상
  ③ 위험물옥외탱크저장소의 방유제의 용량
   ㉠ 1기일 때 : 탱크용량 × 1.1(110[%])(비인화성 물질 × 100[%])
   ㉡ 2기 이상일 때 : 최대 탱크용량 × 1.1(110[%])(비인화성 물질 × 100[%])

- **방유제의 높이 : 0.5[m] 이상 3[m] 이하**
- **방유제 내의 면적 : 80,000[m²] 이하**
- 방유제 내에 설치하는 옥외저장탱크의 수는 10(방유제 내에 설치하는 모든 옥외저장탱크의 용량이 20만[L] 이하이고, 위험물의 인화점이 70[℃] 이상 200[℃] 미만인 경우에는 20) 이하로 할 것(단, 인화점이 200[℃] 이상인 옥외저장탱크는 제외)

  [방유제 내에 탱크의 설치 개수]
  - 제1석유류, 제2석유류 : 10기 이하
  - 제3석유류(인화점 70[℃] 이상 200[℃] 미만, 중유) : 20기 이하
  - 제4석유류(인화점이 200[℃] 이상) : 제한 없음

정답 29 ④ 30 ④

- 방유제 외면의 1/2 이상은 자동차 등이 통행할 수 있는 3[m] 이상의 노면 폭을 확보한 구내도로에 직접 접하도록 할 것
- 방유제는 탱크의 옆판으로부터 일정 거리를 유지할 것(단, 인화점이 200[℃] 이상인 위험물은 제외)
  - 지름이 15[m] 미만인 경우 : 탱크 높이의 1/3 이상
  - 지름이 15[m] 이상인 경우 : 탱크 높이의 1/2 이상
- 방유제의 재질 : 철근콘크리트, 흙
- 용량이 1,000만[L] 이상인 옥외저장탱크의 주위에 설치하는 방유제의 규정
  - 간막이 둑의 높이는 0.3[m](방유제 내에 설치되는 옥외저장탱크의 용량의 합계가 2억[L]를 넘는 방유제에 있어서는 1[m]) 이상으로 하되, 방유제의 높이보다 0.2[m] 이상 낮게 할 것
  - 간막이 둑은 흙 또는 철근콘크리트로 할 것
  - 간막이 둑의 용량은 간막이 둑안에 설치된 탱크의 용량의 10[%] 이상일 것
- 방유제에는 배수구를 설치하고 개폐밸브를 방유제 밖에 설치할 것
- **높이가 1[m] 이상이면 계단 또는 경사로를 약 50[m]마다 설치**할 것

31 다음 유지류 중 아이오딘값이 가장 큰 것은?

① 돼지기름   ② 고래기름   ③ 소기름   ④ 정어리기름

해설

동식물유류의 종류

구 분	아이오딘값	반응성	불포화도	종 류
건성유	130 이상	크 다	크 다	해바라기유, 동유, 아마인유, **정어리기름**, 들기름,
반건성유	100~130	중 간	중 간	채종유, 목화씨기름(면실유), 참기름, 콩기름, 청어유, 옥수수기름
불건성유	100 이하	적 다	적 다	야자유, 올리브유, 피마자유, 낙화생기름

※ 아이오딘값 : 유지 100[g]에 부가되는 아이오딘의 [g]수

32 옥외탱크저장소의 펌프설비 설치기준으로 옳지 않은 것은?

① 펌프실의 지붕은 위험물에 따라 가벼운 불연재료로 덮어야 한다.
② 펌프실의 출입구는 60분+ 방화문·60분 방화문 또는 30분 방화문을 사용한다.
③ 바닥의 주위에는 높이 0.2[m] 이상의 턱을 만들어야 한다.
④ 지정수량의 20배 이하의 경우에는 주위에 너비 3[m]의 공지를 보유하지 않아도 된다.

해설

옥외저장탱크의 펌프설비 기준

- 펌프설비의 주위에는 너비 **3[m] 이상의 공지를 보유**할 것(방화상 유효한 격벽을 설치한 경우, **제6류 위험물, 지정수량의 10배 이하 위험물은 제외**)
- 펌프설비로부터 옥외저장탱크까지의 사이에는 당해 옥외저장탱크의 보유공지 너비의 1/3 이상의 거리를 유지할 것
- 펌프실의 **벽, 기둥, 바닥, 보 : 불연재료**
- 펌프실의 지붕 : 폭발력이 위로 방출될 정도의 가벼운 불연재료로 할 것
- 펌프실의 창 및 **출입구에는 60분+ 방화문·60분 방화문 또는 30분 방화문을 설치할 것**
- 펌프실의 창 및 출입구에 유리를 이용하는 경우에는 망입유리로 할 것
- 펌프실의 바닥의 주위에는 높이 **0.2[m] 이상의 턱**을 만들고 그 최저부에는 집유 설비를 설치할 것
- 인화점이 21[℃] 미만인 위험물을 취급하는 펌프설비에는 보기 쉬운 곳에 옥외저장탱크 펌프설비라는 표시를 한 게시판과 방화에 관하여 필요한 사항을 게시한 게시판을 설치할 것

33 위험물을 취급하는 제조소 등에서 지정수량의 몇 배 이상인 경우에 경보설비를 설치해야 하는가?

① 1배 이상　　② 5배 이상　　③ 10배 이상　　④ 100배 이상

해설

지정수량의 10배 이상이 되면 경보설비를 설치해야 한다.

제조소 등의 구분	제조소등의 규모, 저장 또는 취급하는 위험물의 종류 및 최대수량 등	경보설비
① 제조소 및 일반취급소	• 연면적 500[m²]이상인 것 • 옥내에서 지정수량의 100배 이상을 취급하는 것(고인화점 위험물만을 100[℃] 미만의 온도에서 취급하는 것을 제외) • 일반취급소로 사용되는 부분 외의 부분이 있는 건축물에 설치된 일반취급소(일반취급소와 일반취급소 외의 부분이 내화구조의 바닥 또는 벽으로 개구부 없이 구획된 것을 제외)	자동화재탐지설비
② 옥내저장소	• 지정수량의 100배 이상을 저장 또는 취급하는 것(고인화점위험물만을 저장 또는 취급하는 것을 제외) • 저장창고의 연면적이 150[m²]를 초과하는 것[당해 저장창고가 연면적 150[m²] 이내마다 불연재료의 격벽으로 개구부 없이 완전히 구획된 것과 제2류 또는 제4류의 위험물(인화성고체 및 인화점이 70[℃] 미만인 제4류 위험물을 제외)만을 저장 또는 취급하는 것에 있어서는 저장창고의 연면적이 500[m²] 이상의 것에 말한다] • 처마높이가 6[m] 이상인 단층건물의 것 • 옥내저장소로 사용되는 부분 외의 부분이 있는 건축물에 설치된 옥내저장소[옥내저장소와 옥내저장소 외의 부분이 내화구조의 바닥 또는 벽으로 개구부 없이 구획된 것과 제2류 또는 제4류의 위험물(인화성고체 및 인화점이 70[℃] 미만인 제4류 위험물을 제외)만을 저장 또는 취급하는 것을 제외한다]	
③ 옥내탱크저장소	단층 건물 외의 건축물에 설치된 옥내탱크저장소로서 소화난이도 등급 Ⅰ에 해당하는 것	
④ 주유취급소	옥내주유취급소	
⑤ ① 내지 ④의 자동화재탐지설비 설치대상에 해당하지 않는 제조소 등	지정수량의 10배 이상을 저장 또는 취급하는 것	자동화재탐지설비, 비상경보설비, 확성장치 또는 비상방송설비중 1종 이상

34 옥내소화전설비의 옥내소화전이 3개 설치되었을 경우 수원의 수량은 몇 [m³] 이상이 되어야 하는가?

① 7　　② 23.4　　③ 40.5　　④ 100

해설

위험물제조소 등의 수원

구분 종류	방수압력	방수량	수 원
옥내소화전설비	350[kPa] 이상	260[L/min]	소화전의 수(최대 5개) × 7.8[m³] (260[L/min] × 30[min] = 7,800[L] = 7.8[m³])
옥외소화전설비	350[kPa] 이상	450[L/min]	소화전의 수(최대 4개) × 13.5[m³] (450[L/min] × 30[min] = 13,500[L] = 13.5[m³])
스프링클러설비	100[kPa] 이상	80[L/min]	헤드 수 × 2.4[m³] (80[L/min] × 30[min] = 2,400[L] = 2.4[m³])

∴ 옥내소화전설비의 수원 = 소화전의 수(최대 5개) × 7.8[m³] = 3 × 7.8[m³] = 23.4[m³]

35 제조소 또는 취급소의 건축물로 외벽이 내화구조인 것은 연면적 몇 [m²]를 1소요단위로 규정하는가?

① 100[m²]
② 150[m²]
③ 200[m²]
④ 500[m²]

해설

소요단위
- 제조소 또는 취급소용 건축물
  - 외벽이 내화구조인 경우 : 연면적 100[m²]
  - 외벽이 내화구조가 아닌 경우 : 연면적 50[m²]
- 저장소용 건축물
  - 외벽이 내화구조인 경우 : 연면적 150[m²]
  - 외벽이 내화구조가 아닌 경우 : 연면적 75[m²]
- 위험물의 경우 : 지정수량의 10배

36 과산화나트륨(Na_2O_2)의 저장법으로 가장 옳은 것은?

① 유기물질, 황분, 알루미늄분 등의 혼입을 막고 수분이 들어가지 않게 밀전 및 밀봉해야 한다.
② 유기물질, 황분, 알루미늄분 등의 혼입을 막고 수분에 관계없이 저장해도 좋다.
③ 유기물질, 황분, 알루미늄분 등의 혼입과 관계없이 수분만 들어가지 않게 밀전 및 밀봉해야 한다.
④ 유기물질과 혼합하여 저장해도 좋다.

해설
과산화나트륨(Na_2O_2)은 유기물질, 황분, 알루미늄분 등의 혼합하면 폭발하므로 수분이 들어가지 않게 밀전 및 밀봉해야 한다.

37 옥외탱크저장소의 주위에는 저장 또는 취급하는 위험물의 최대수량에 따라 보유공지를 보유해야 하는데 다음 기준 중 옳지 않은 것은?

① 지정수량의 500배 이하 – 3[m] 이상
② 지정수량의 500배 초과 1,000배 이하 – 6[m] 이상
③ 지정수량의 1,000배 초과 2,000배 이하 – 9[m] 이상
④ 지정수량의 2,000배 초과 3,000배 이하 – 12[m] 이상

해설
옥외탱크저장소의 보유공지

저장 또는 취급하는 위험물의 최대수량	공지의 너비
지정수량의 500배 이하	3[m] 이상
지정수량의 **500배 초과 1,000배 이하**	**5[m] 이상**
지정수량의 1,000배 초과 2,000배 이하	9[m] 이상
지정수량의 2,000배 초과 3,000배 이하	12[m] 이상
지정수량의 3,000배 초과 4,000배 이하	15[m] 이상
지정수량의 4,000배 초과	해당 탱크의 수평단면의 **최대지름**(가로형인 경우에는 긴변)과 **높이 중 큰 것과 같은 거리 이상**. 다만, 30[m] 초과의 경우에는 30[m] 이상으로 할 수 있고, 15[m] 미만의 경우에는 15[m] 이상으로 해야 한다.

38 다음 옥내탱크저장소 중 소화난이도 등급Ⅰ에 해당되지 않는 것은?

① 액표면적이 40[m²] 이상인 것
② 바닥면으로부터 탱크 옆판의 상단까지 높이가 6[m] 이상인 것
③ 액체위험물을 저장하는 탱크로서 지정수량이 100배 이상인 것
④ 탱크전용실이 단층건물 외에 건축물에 있는 것으로서 인화점 38[℃] 이상 70[℃] 미만의 위험물을 지정수량의 5배 이상 저장하는 것

해설
소화난이도등급Ⅰ에 해당하는 제조소 등

제조소등의 구분	제조소등의 규모, 저장 또는 취급하는 위험물의 품명 및 최대수량 등
옥내탱크저장소	액표면적이 40[m²]이상인 것(제6류 위험물을 저장하는 것 및 고인화점위험물만을 100[℃] 미만의 온도에서 저장하는 것은 제외)
	바닥면으로부터 탱크 옆판의 상단까지 높이가 6[m] 이상인 것(제6류 위험물을 저장하는 것 및 고인화점위험물만을 100[℃] 미만의 온도에서 저장하는 것은 제외)
	탱크전용실이 단층건물 외의 건축물에 있는 것으로서 인화점 38[℃] 이상 70[℃] 미만의 위험물을 지정수량의 5배 이상 저장하는 것(내화구조로 개구부 없이 구획된 것은 제외한다)

정답 37 ② 38 ③

39 염소화규소화합물은 제 몇 류 위험물에 해당되는가?

① 제1류
② 제2류
③ 제3류
④ 제5류

해설
제3류 위험물

유별	성 질	품 명	위험등급	지정수량
제3류	자연발화성 물질 및 금수성 물질	칼륨, 나트륨, 알킬알루미늄, 알킬리튬	I	10[kg]
		황린	I	20[kg]
		알칼리금속(칼륨 및 나트륨을 제외) 및 알칼리토금속 유기금속화합물 (알킬알루미늄 및 알킬리튬을 제외)	II	50[kg]
		금속의 수소화물, 금속의 인화물, 칼슘 또는 알루미늄의 탄화물	III	300[kg]
		그 밖에 행정안전부령이 정하는 것(**염소화규소화합물**)	III	10[kg], 20[kg], 50[kg], 300[kg]

40 불활성가스소화약제 중 "IG-55"의 성분 및 그 비율을 옳게 나타낸 것은?(단, 용량비 기준이다)

① 질소 : 이산화탄소 = 55 : 45
② 질소 : 이산화탄소 = 50 : 50
③ 질소 : 아르곤 = 55 : 45
④ 질소 : 아르곤 = 50 : 50

해설
불활성가스소화약제의 명명법
• 분 류

종 류	화학식
IG-01	Ar
IG-100	N_2
IG-55	N_2(50[%]), Ar(50[%])
IG-541	N_2(52[%]), Ar(40[%]), CO_2(8[%])

• 명명법

ⓧ ⓨ ⓩ
└── CO_2(이산화탄소)의 농도([%]) : 첫째자리 반올림, 생략 가능
└── Ar(아르곤)의 농도([%]) : 첫째자리 반올림
└── N_2(질소)의 농도([%]) : 첫째자리 반올림

41
제조소 등의 설치자가 그 제조소 등의 용도를 폐지할 때 폐지한 날로부터 며칠 이내에 시·도지사에게 신고해야 하는가?

① 7일
② 14일
③ 30일
④ 90일

해설
위험물 제조소 등의 설치자가 용도폐지 신고 : 폐지한 날로부터 **14일 이내**에 **시·도지사**에게 신고

42
인화성 액체 위험물 화재 시 소화방법으로 가장 거리가 먼 것은?

① 강화액소화약제에 의해 소화할 수 있다.
② 수용성액체는 기계포가 적당하다.
③ 이산화탄소 소화도 사용된다.
④ 주수소화는 적당하지 않다.

해설
수용성 액체는 알코올용포가 적당하다.

43
펌프의 토출관에 압입기를 설치하여 포소화 약제 압입용 펌프로 포소화약제를 압입시켜 혼합하는 방식은?

① 프레셔 프로포셔너
② 펌프 프로포셔너
③ 프레셔사이드 프로포셔너
④ 라인 프로포셔너

해설
혼합방식
- **프레셔 프로포셔너 방식**(pressure proportioner, 차압 혼합방식) : 펌프와 발포기의 중간에 설치된 벤투리관의 **벤투리작용**과 펌프 가압수의 포소화약제 저장탱크에 대한 **압력에 따라** 포소화약제를 **흡입·혼합**하는 방식
- 펌프 프로포셔너 방식(pump proportioner, 펌프 혼합방식) : 펌프의 토출관과 흡입관 사이의 배관 도중에 설치한 흡입기에 펌프에서 토출된 물의 일부를 보내고 농도조정 밸브에서 조정된 포소화약제의 필요량을 포소화약제 탱크에서 펌프 흡입 측으로 보내어 약제를 혼합하는 방식
- 라인 프로포셔너 방식(line proportioner, 관로 혼합방식) : 펌프와 발포기의 중간에 설치된 벤튜리관의 벤츄리 작용에 따라 포소화약제를 흡입·혼합하는 방식
- 프레셔 사이드 프로포셔너 방식(pressure side proportioner, 압입 혼합방식) : 펌프의 토출관에 압입기를 설치 하여 포소화약제 압입용 펌프로 포소화약제를 압입시켜 혼합하는 방식

44 다음 위험물 중 소화방법이 마그네슘과 동일하지 않은 것은?

① 알루미늄분 ② 아연분
③ 황 분 ④ 카드뮴분

해설
마그네슘분, 알루미늄분, 아연분, 카드뮴분은 물과 반응하면 수소가스를 발생하므로 위험하고 황분은 물로 주수소화한다.

45 제1종 소화분말인 탄산수소나트륨 소화약제에 대한 설명으로 옳지 않은 것은?

① 소화 후 불씨에 의하여 재연할 우려가 없다.
② 화재 시 방사하면 화열에 의하여 CO_2, H_2O, Na_2CO_3를 발생한다.
③ 화재 시 주로 냉각, 질식소화작용 및 부촉매소화작용을 일으킨다.
④ 일반 가연물 화재에는 적응할 수 없다는 단점이 있다.

해설
제1종 소화분말(탄산수소나트륨)은 소화 후 불씨에 의하여 재연할 우려가 있다.

46 운반 시 제3류 위험물에 대한 주의사항으로 거리가 먼 것은?

① 충격주의 ② 화기엄금
③ 공기접촉엄금 ④ 물기엄금

해설
운반 시 주의사항
- 제1류 위험물
  - 알칼리금속의 과산화물 : 화기·충격주의, 물기엄금, 가연물접촉주의
  - 그 밖의 것 : 화기·충격주의, 가연물접촉주의
- 제2류 위험물
  - 철분·금속분·마그네슘 : 화기주의, 물기엄금
  - 인화성고체 : 화기엄금
  - 그 밖의 것 : 화기주의
- **제3류 위험물**
  - **자연발화성물질 : 화기엄금, 공기접촉엄금**
  - **금수성물질 : 물기엄금**
- 제4류 위험물 : 화기엄금
- 제5류 위험물 : 화기엄금, 충격주의
- 제6류 위험물 : 가연물접촉주의

47 위험물시설에 고정소화설비를 설치할 때 사용하는 가압송수장치의 종류가 아닌 것은?

① 펌프방식(내연기관 또는 전동기를 이용하는 방식)
② 고가수조방식
③ 압력수조방식
④ 소화수조방식

해설
가압송수장치의 종류
- 펌프방식
- 고가수조방식
- 압력수조방식

48 나이트로화합물류 중 분자구조 내에 하이드록시기를 갖는 위험물은?

① 피크르산
② 트라이나이트로톨루엔
③ 트라이나이트로벤젠
④ 테트릴

해설
하이드록시기(-OH)를 갖는 것은 피크르산이다.

종류	피크르산	트라이나이트로톨루엔	트라이나이트로벤젠	테트릴
구조식	O_2N-C₆H₂(OH)(NO_2)(NO_2) (OH, 2·NO_2, NO_2)	O_2N-C₆H₂(CH_3)(NO_2)(NO_2)	O_2N-C₆H₃(NO_2)(NO_2)	O_2N-C₆H₂[N(NO_2)(CH_3)](NO_2)(NO_2)

정답 47 ④ 48 ①

49 자동화재탐지설비의 설치기준 중 하나의 경계구역의 면적은 얼마 이하로 해야 하는가?

① 100[m²]
② 300[m²]
③ 600[m²]
④ 900[m²]

해설

자동화재탐지설비의 설치기준
- 자동화재탐지설비의 경계구역(화재가 발생한 구역을 다른 구역과 구분하여 식별할 수 있는 최소단위의 구역을 말한다)은 건축물 그 밖의 공작물의 2 이상의 층에 걸치지 않도록 할 것. 다만, 하나의 경계구역의 면적이 500[m²] 이하이면서 해당 경계구역이 2개의 층에 걸치는 경우이거나 계단·경사로·승강기의 승강로 그 밖에 이와 유사한 장소에 연기감지기를 설치하는 경우에는 그렇지 않다.
- **하나의 경계구역의 면적은 600[m²] 이하**로 하고 그 **한 변의 길이는 50[m]**(광전식분리형 감지기를 설치할 경우에는 100[m]) 이하로 할 것. 다만, 해당 건축물 그 밖의 공작물의 주요한 출입구에서 그 내부의 전체를 볼 수 있는 경우에 있어서는 그 면적을 1,000[m²] 이하로 할 수 있다.
- 자동화재탐지설비의 감지기는 지붕(상층이 있는 경우에는 상층의 바닥) 또는 벽의 옥내에 면한 부분(천장이 있는 경우에는 천장 또는 벽의 옥내에 면한 부분 및 천장의 뒷부분)에 유효하게 화재의 발생을 감지할 수 있도록 설치할 것
- 자동화재탐지설비에는 비상전원을 설치할 것

50 운송책임자의 감독·지원을 받아 운송해야 하는 위험물은?

① 칼륨
② 하이드라진 유도체
③ 특수인화물
④ 알킬리튬

해설
알킬알루미늄과 알킬리튬은 운송책임자의 감독·지원을 받아야 한다(시행령 제19조).

51 다음 중 가장 약산은 어느 것인가?

① HClO
② HClO$_2$
③ HClO$_3$
④ HClO$_4$

해설

염소산의 종류

화학식	HClO	HClO$_2$	HClO$_3$	HClO$_4$
명칭	차아염소산	아염소산	염소산	과염소산

∴ 산의 강도 : HClO < HClO$_2$ < HClO$_3$ < HClO$_4$

52 능력단위가 1단위의 팽창질석(삽 1개 포함)은 용량이 몇 [L]인가?

① 160   ② 130   ③ 90   ④ 60

해설

소화설비의 능력단위

소화설비	용 량	능력단위
소화전용(專用) 물통	8[L]	0.3
수조(소화전용 물통 3개 포함)	80[L]	1.5
수조(소화전용 물통 6개 포함)	190[L]	2.5
마른 모래(삽 1개 포함)	50[L]	0.5
팽창질석 또는 팽창진주암(삽 1개 포함)	160[L]	1.0

53 황의 연소생성물과 그 특성을 옳게 나타낸 것은?

① SO_2, 유독가스   ② SO_2, 청정가스
③ H_2S, 유독가스   ④ H_2S, 청정가스

해설

황의 연소

$$S + O_2 \rightarrow SO_2(\text{이산화황, 유독가스})$$

54 다음 [보기]의 물질 중 위험물안전관리법상 제6류 위험물에 해당하는 것은 모두 몇 개인가?

[보 기]
- 비중 1.49인 질산
- 비중 1.7인 과염소산
- 물 60[g], 과산화수소 40[g]을 혼합한 수용액

① 1개   ② 2개   ③ 3개   ④ 없음

해설

제6류 위험물
- 질산(비중 : 1.49 이상)
- 과염소산(특별한 기준이 없다)
- 과산화수소(36[중량%] 이상)

[물 60[g], 과산화수소 40[g]을 혼합한 수용액]

$$[\text{중량\%}] = \frac{\text{용질}}{\text{용액}} \times 100 = \frac{40}{60[g] + 40[g]} \times 100 = 40[\%]$$

정답 52 ① 53 ① 54 ③

55 다음 내용은 설비보전조직에 대한 설명이다. 어떤 조직의 형태인가?

> 보전작업자는 조직상 각 제조부문의 감독자 밑에 둔다.
> • 단점 : 생산우선에 의한 보전 작업 경시, 보전기술 향상의 곤란성
> • 장점 : 운전과의 일체감 및 현장 감독의 용이성

① 집중보전
② 지역보전
③ 부문보전
④ 절충보전

해설
부문보전
• 보전작업자는 조직상 각 제조부문의 감독자 밑에 둔다.
• 단점 : 생산우선에 의한 보전 작업 경시, 보전기술 향상의 곤란성
• 장점 : 운전과의 일체감 및 현장 감독의 용이성

56 nP관리도에서 시료군마다 $n=100$이고 시료군의 수는 $k=20$이며 $\Sigma_n P = 77$이다. 이때 nP 관리도의 상한선 UCL을 구하면 얼마인가?

① UCL = 8.94
② UCL = 3.85
③ UCL = 5.77
④ UCL = 9.62

해설
Pn(nP)관리도의 관리상한선 UCL $= \overline{P_n} + 3\sqrt{\overline{p_n}(1-\overline{P})}$

여기서 $\overline{P_n} = \dfrac{\Sigma P_n}{k} = \dfrac{77}{20} = 3.85$

$\overline{P} = \dfrac{\Sigma P_n}{nk} = \dfrac{77}{100 \times 20} = 0.0385$

∴ UCL $= \overline{P_n} + 3\sqrt{\overline{P_n}(1-\overline{P})} = 3.85 + 3\sqrt{3.85 \times (1-0.0385)} = 9.62$

57 가구나 도자기 같은 제품을 생산할 때의 생산방식으로 가장 적절한 것은?

① 프로젝트 생산방식
② 개별 생산방식
③ 로트 생산방식
④ 라인 생산방식

해설
로트 생산방식 : 일정한 크기의 로트를 생산단위로 하여 계획 및 실시를 추진하는 방법

58 다음 중 검사를 판정의 대상에 의한 분류가 아닌 것은?

① 관리 샘플링 검사
② 로트별 샘플링 검사
③ 전수검사
④ 출하검사

> **해설**
>
> **검사대상의 판정(선택방법)에 의한 샘플링**
> - 관리 샘플링검사 : 공정의 관리, 공정검사의 조정 및 검사의 Check를 목적으로 행하는 검사
> - 로트별 샘플링검사 : Lot별로 시료를 채취하여 품질을 조사하여 Lot의 합격, 불합격을 판정하는 검사
> - 전수검사 : 검사를 위하여 제출된 제품 하나 하나에 대한 시험 또는 측정하여 합격과 불합격을 분류하는 검사 (100[%] 검사)
> - 자주검사 : 자기 회사의 제품을 품질관리 규정에 의하여 스스로 행하는 검사
> - 무 검사 : 제품에 대한 검사를 하지 않고 성적서만 확인하는 검사
>
> | **출하검사** : 검사공정(행해지는 목적)에 의한 분류 |

59 원재료가 제품화 되어가는 과정 즉 가공, 검사, 운반, 지연, 저장에 관한 정보를 수집하여 분석하고 검토를 행하는 것은?

① 사무공정 분석표
② 작업자공정 분석표
③ 제품공정 분석표
④ 연합작업 분석표

> **해설**
>
> **제품공정 분석표** : 원재료가 제품화되어가는 과정 즉 가공, 검사, 운반, 지연, 저장에 관한 정보를 수집하여 분석하고 검토를 행하는 것

60 파레토 그림에 대한 설명으로 가장 거리가 먼 것은?

① 부적합품(불량), 클레임 등의 손실금액이나 퍼센트를 그 원인별, 상황별로 취해 그림의 왼쪽에서부터 오른쪽으로 비중이 작은 항목부터 큰 항목 순서로 나열한 그림이다
② 현재의 중요 문제점을 객관적으로 발견할 수 있으므로 관리 방침을 수립할 수 있다.
③ 도수분포의 응용수법으로 중요한 문제점을 찾아내는 것으로서 현장에서 널리 사용한다.
④ 파레토그림에서 나타난 1~2개 부적합품(불량) 항목만 없애면 부적합품(불량)률은 크게 감소한다.

해설

파레토 그림(Pareto Diagram, 파레토도)
데이터를 항목별로 분류하여 출현도수의 크기 순서대로 나열한 그림으로 단순빈도 막대 그림과 누적빈도 꺾은선 그래프를 합한 것이다.
• 파레토 그림의 특징
  – 현재의 중요 문제점을 객관적으로 발견할 수 있으므로 관리 방침을 수립할 수 있다.
  – 도수분포의 응용수법으로 중요한 문제점을 찾아내는 것으로서 현장에서 널리 사용한다.
  – 파레토도에서 나타난 1~2개 부적합품(불량) 항목만 없애면 부적합품률은 크게 감소한다.
• 파레토 그림의 작성목적
  – 불량 및 고장의 원인 파악
  – 불량품의 대책 및 개선 효과 기대
  – 보고와 기록 유지
  – 개선목표 결정 : 불량 및 고장의 원인의 개선

2024년 6월 16일 시행 과년도 기출복원문제

01 전역방출방식의 할로겐화합물소화설비 중 할론 1301을 방사하는 분사헤드의 방사압력은 얼마 이상이어야 하는가?

① 0.1[MPa]
② 0.2[MPa]
③ 0.5[MPa]
④ 0.9[MPa]

해설
가스소화설비의 분사헤드 방사압력

종 류	이산화탄소		할로겐화합물		
	고압식	저압식	할론2402	할론1211	할론1301
방사압력	2.1[MPa] 이상	1.05[MPa] 이상	0.1[MPa] 이상	0.2[MPa] 이상	0.9[MPa] 이상

02 이송취급소의 배관을 지하에 매설하는 경우의 안전거리로 옳지 않은 것은?

① 건축물(지하가 내의 건축물을 제외한다) - 1.5[m] 이상
② 지하가 및 터널 - 10[m] 이상
③ 배관의 외면과 지표면과의 거리는 (산이나 들) - 0.3[m] 이상
④ 수도법에 의한 수도시설(위험물의 유입 우려가 있는 것) - 300[m] 이상

해설
이송취급소의 배관 지하매설 시 안전거리
- **건축물**(지하가 내의 건축물을 제외한다) : **1.5[m] 이상**
- **지하가 및 터널** : **10[m] 이상**
- **수도법에 의한 수도시설**(위험물의 유입 우려가 있는 것에 한한다) : **300[m] 이상**
- 배관은 그 외면으로부터 다른 공작물에 대하여 0.3[m] 이상의 거리를 보유할 것
- 배관의 외면과 지표면과의 거리는 **산이나 들**에 있어서는 **0.9[m] 이상**, 그 밖의 지역에 있어서는 1.2[m] 이상으로 할 것

정답 1 ④ 2 ③

03 위험물안전관리법령상 이동탱크저장소에 의한 위험물의 운송 시 위험물운송자가 위험물안전카드를 휴대하지 않아도 되는 물질은?

① 휘발유 ② 과산화수소
③ 경 유 ④ 벤조일퍼옥사이드

해설

위험물(제4류 위험물에 있어서는 특수인화물 및 제1석유류에 한한다)을 운송하게 하는 자는 위험물안전카드를 휴대하게 할 것

종 류	휘발유	과산화수소	경 유	벤조일퍼옥사이드
류 별	제4류 위험물 제1석유류	제6류 위험물	제4류 위험물 제2석유류	제5류 위험물

04 특정옥외저장탱크 구조기준 중 필렛용접(모서리용접)의 사이즈(S, [mm])를 구하는 식으로 옳은 것은?(단, t_1 : 얇은 쪽의 강판의 두께[mm], t_2 : 두꺼운 쪽의 강판의 두께[mm]이다)

① $t_1 = S = t_2$　② $t_1 = S = \sqrt{2t_2}$
③ $\sqrt{2t_2} = S = t_2$　④ $t_1 = S = 2t_2$

해설

필렛용접(모서리용접)의 사이즈(부등사이즈가 되는 경우에는 작은 쪽의 사이즈) 공식

$$t_1 \geqq S \geqq \sqrt{2t_2} \quad (\text{단, } S \geqq 4.5)$$

여기서 t_1 : 얇은 쪽의 강판의 두께[mm]
　　　t_2 : 두꺼운 쪽의 강판의 두께[mm]
　　　S : 사이즈[mm]

05 할론1301소화약제는 플루오린(F)이 몇 개 있다는 뜻인가?

① 0개 ② 1개
③ 2개 ④ 3개

해설

할론 1301소화약제의 화학식 : CF_3Br [플루오린(F) : 3개]

06 제2류 위험물과 제4류 위험물의 공통적인 성질로 맞는 것은?

① 모두 물에 의해 소화가 가능하다.
② 모두 산소원소를 포함하고 있다.
③ 모두 물보다 가볍다.
④ 모두 가연성 물질이다.

해설
제2류 위험물과 제4류 위험물의 공통적인 성질
- 제2류 위험물은 냉각소화, 제4류 위험물은 질식소화가 가능하다.
- 제1류 위험물과 제6류 위험물은 산소원소를 포함하고 있다.
- 제4류 위험물(액체)은 물보다 가벼운 것이 많다.
- **제2류**와 **제4류 위험물**은 모두 **가연성 물질**이다.

07 다음 중 결합력이 가장 큰 것은?

① HCl   ② HF   ③ HBr   ④ HI

해설
결합력 : HF > HC > HBr > HI

안정성 : HF > HC > HBr > HI

08 이산화탄소 소화설비의 장·단점으로 틀린 것은?

① 비중이 공기보다 커서 심부화재에도 적합하다.
② 약제가 방출할 때 사람, 가축에 해를 준다.
③ 전기절연성이 높아 전기화재에도 적합하다.
④ 배관 및 관 부속이 저압이므로 시공이 간편하다.

해설
이산화탄소소화약제의 특징
- 장 점
  - 오손, 부식, 손상의 우려가 없고 소화 후 흔적이 없다.
  - 화재 시 가스이므로 구석까지 침투하므로 소화효과가 좋다.
  - 비전도성이므로 전기설비의 전도성이 있는 장소에 소화가 가능하다.
  - 자체 압력으로도 소화가 가능하므로 가압할 필요가 없다.
  - 증거보존이 양호하여 화재원인의 조사가 쉽다.
- 단 점
  - 소화 시 산소의 농도를 저하시키므로 질식의 우려가 있다.
  - 방사 시 액체상태를 영하로 저장하였다가 기화하므로 동상의 우려가 있다.
  - **자체압력으로 소화가 가능하므로 고압 저장 시 주의를 요한다.**
  - CO_2 방사 시 소음이 크다.

09 다음 ( ) 안에 알맞은 것을 옳게 짝지은 것은?

> 이동저장탱크는 그 내부에 (ⓐ)[L] 이하마다 (ⓑ)[mm] 이상의 강철판 또는 이와 동등 이상의 강도, 내열성 및 내식성이 있는 금속성의 것으로 칸막이를 설치해야 한다.

① ⓐ : 2,000 ⓑ : 2.4
② ⓐ : 2,000 ⓑ : 3.2
③ ⓐ : 4,000 ⓑ : 2.4
④ ⓐ : 4,000 ⓑ : 3.2

해설
이동탱크저장소의 칸막이
- 칸막이 기준 : 4,000[L] 이하
- 두께 : 3.2[mm] 이상의 강철판

10 화재 시 주수소화로 위험성이 더 커지는 위험물은?

① S
② P
③ P_4S_3
④ Al분

해설
알루미늄분(Al분)은 물과 반응하면 수소가스를 발생하므로 위험하다.

$$2Al + 6H_2O \rightarrow 2Al(OH)_3 + 3H_2$$

11 다음 중 품목을 달리 하는 위험물을 동일 장소에 저장할 경우 위험물의 시설로서 허가를 받아야 할 수량을 저장하고 있는 것은?(단, 제4류 위험물의 경우에는 비수용성임)

① 이황화탄소 10[L], 가솔린 20[L], 칼륨 3[kg]을 취급하는 곳
② 제1석유류 60[L], 제2석유류 300[L], 제3석유류 950[L]를 취급하는 곳
③ 경유 600[L], 나트륨 1[kg], 무기과산화물 10[kg]을 취급하는 곳
④ 황 10[kg], 등유 300[L], 황린 10[kg]을 취급하는 곳

해설

지정배수를 계산하여 1 이상이 되면 시·도지사의 허가를 받아야 한다(만약, 허가를 받지 않고 무허가로 행정처분을 받으면 3년 이하의 징역 또는 3,000만원 이하 벌금을 받는다).

$$지정배수 = \frac{취급(저장)량}{지정수량} + \frac{취급(저장)량}{지정수량} + \frac{취급(저장)량}{지정수량}$$

각각의 지정수량을 알아보면

- 지정수량은 이황화탄소(특수인화물) 50[L], 가솔린(제1석유류, 비수용성) 200[L], 칼륨(제3류 위험물) 10[kg]이다.

  ∴ 지정배수 = $\frac{10[L]}{50[L]} + \frac{20[L]}{200[L]} + \frac{3[kg]}{10[kg]} = 0.6$배(비허가대상)

- 지정수량은 가솔린(제1석유류, 비수용성) 200[L], 등유(제2석유류, 비수용성) 1,000[L], 중유(제3석유류, 비수용성) 2,000[L]이다.

  ∴ 지정배수 = $\frac{60[L]}{200[L]} + \frac{300[L]}{1,000[L]} + \frac{950[L]}{2,000[L]} = 1.075$배(허가대상)

- 지정수량은 경유(제2석유류, 비수용성) 1,000[L], 나트륨(제3류 위험물) 10[kg], 무기과산화물(제1류 위험물) 50[kg]이다.

  ∴ 지정배수 = $\frac{600[L]}{1,000[L]} + \frac{1[kg]}{10[kg]} + \frac{10[kg]}{50[kg]} = 0.9$배(비허가대상)

- 지정수량은 황(제2류 위험물) 100[kg], 등유(제2석유류, 비수용성) 1,000[L], 황린(제3류 위험물) 20[kg]이다.

  ∴ 지정배수 = $\frac{10[kg]}{100[kg]} + \frac{300[L]}{1,000[L]} + \frac{10[kg]}{20[kg]} = 0.9$배(비허가대상)

12 분말소화약제인 탄산수소나트륨 10[kg]이 1기압, 270[℃]에서 방사되었을 때 발생하는 이산화탄소의 양은 약 몇 [m³]인가?

① 2.65
② 3.65
③ 18.22
④ 36.44

해설

탄산수소나트륨($NaHCO_3$)의 분해반응식

$2NaHCO_3 \rightarrow Na_2CO_3 + H_2O + CO_2$
$2 \times 84[kg]$ —— $44[kg]$
$10[kg]$ —— x

$x = \dfrac{10[kg] \times 44[kg]}{2 \times 84[kg]} = 2.62[kg]$

∴ 이상기체상태 방정식을 적용하면

$$PV = nRT = \dfrac{W}{M}RT \qquad V = \dfrac{WRT}{PM}$$

여기서, P : 압력(1[atm]) V : 부피([m³])
M : 분자량(44[kg/kg-mol]) W : 무게(2.62[kg])
R : 기체상수(0.08205[m³·atm/kg-mol·K]) T : 절대온도(273 + 270[℃] = 543[K])

∴ 이산화탄소의 부피 $V = \dfrac{WRT}{PM} = \dfrac{2.62 \times 0.08205 \times 543[K]}{1 \times 44} = 2.65[m^3]$

13 위험물안전관리자의 책무 및 선임에 대한 설명 중 맞지 않는 것은?

① 위험물 취급에 관한 일지의 작성 및 기록
② 화재 등의 발생 시 응급조치 및 소방관서에 연락
③ 위험물 제조소 등의 계측장치, 제어장치 및 안전장치 등의 적정한 유지관리
④ 위험물을 저장하는 각 저장창고의 바닥면적의 합계가 1,000[m²] 이하인 옥내저장소는 1인의 안전관리자를 중복 선임해야 한다.

해설

1인의 위험물안전관리자를 중복 선임할 수 있는 저장소(규칙 제56조)
- 10개 이하의 옥내저장소, 옥외저장소, 암반탱크저장소
- 30개 이하의 옥외탱크저장소
- 옥내탱크저장소, 지하탱크저장소, 간이탱크저장소

14 제4류 위험물 중 지정수량이 4,000[L]인 것은?(단, 수용성 액체이다)
① 제1석유류
② 제2석유류
③ 제3석유류
④ 제4석유류

> **해설**
> **제3석유류의 지정수량**
> • 비수용성 : 2,000[L]
> • 수용성 : 4,000[L]

15 다음 중 CH_3CHO의 저장 및 취급 시 주의사항으로 옳지 않은 것은?
① 산 또는 강산화제와의 접촉을 피한다.
② 취급설비에 구리, 마그네슘 및 그의 합금성분으로 된 것은 사용해서는 안 된다
③ 이동탱크저장소 및 옥외탱크저장소에 저장 시 불연성 가스 또는 수증기를 봉입시킨다.
④ 휘발성이 강하므로 용기의 파열을 방지하기 위해 마개에 구멍을 낸다.

> **해설**
> **아세트알데하이드**(CH_3CHO)는 휘발성이 강하므로 **밀봉밀전**하여 건조하고 서늘한 장소에 보관한다.

16 다음 중 제1종 판매취급소의 기준으로 옳지 않은 것은?
① 건축물의 1층에 설치할 것
② 위험물을 배합하는 실의 바닥면적은 $6[m^2]$ 이상 $15[m^2]$ 이하일 것
③ 위험물을 배합하는 실의 출입구 문턱 높이는 바닥으로부터 0.1[m] 이상으로 할 것
④ 저장 또는 취급하는 위험물의 수량이 40배 이하인 판매취급소에 대하여 적용할 것

> **해설**
> **판매취급소의 취급 수량**
> • 제1종 판매취급소 : 지정수량의 20배 이하
> • 제2종 판매취급소 : 지정수량의 40배 이하

17 탄화칼슘의 저장 및 취급방법으로 잘못된 것은?
① 물과 습기와의 접촉을 피한다.
② 통풍이 되지 않는 건조한 장소에 저장한다.
③ 냉암소에 밀봉 저장한다.
④ 장기간 저장할 용기는 질소가스로 충전시킨다.

> **해설**
> 탄화칼슘(카바이드, CaC_2)은 통풍이 잘되는 냉암소에 밀봉 저장한다.

정답 14 ③ 15 ④ 16 ④ 17 ②

18 알코올류의 분자량이 증가에 따른 성질 변화에 대한 설명으로 옳지 않은 것은?

① 증기비중의 값이 커진다.　　② 이성질체 수가 증가한다.
③ 연소범위가 좁아진다.　　　　④ 비점이 낮아진다.

해설
분자량이 증가할수록 나타나는 현상
- 인화점, 증기비중, **비점**, 점도가 **커진다**.
- 착화점, 수용성, 휘발성, 연소범위, 비중이 감소한다.
- 이성질체가 많아진다.

19 이동탱크저장소에 주입설비를 설치하는 경우 분당 토출량은 얼마 이하이어야 하는가?

① 100[L]　　② 150[L]
③ 200[L]　　④ 250[L]

해설
이동탱크저장소에 주입설비
- 위험물이 샐 우려가 없고 화재예방상 안전한 구조로 할 것
- 주입설비의 길이는 50[m] 이내로 하고, 그 끝부분에 축적되는 정전기를 유효하게 제거할 수 있는 장치를 할 것
- 분당 배출량은 200[L] 이하로 할 것

20 다음 (　　) 안에 알맞은 것은?

> "산화성 고체"란 고체로서 산화력의 잠재적인 위험성 또는 충격에 대한 민감성을 판단하기 위하여 (　　) 이 정하여 고시하는 시험에서 고시로 정하는 성질과 상태를 나타내는 것을 말한다.

① 대통령　　　　　　② 소방청장
③ 지식경제부장관　　④ 행정안전부장관

해설
"산화성 고체"란 고체로서 산화력의 잠재적인 위험성 또는 충격에 대한 민감성을 판단하기 위하여 소방청장이 정하여 고시하는 시험에서 고시로 정하는 성질과 상태를 나타내는 것이다.

21 과산화벤조일은 중량 함유량([%])이 얼마 이상일 때 위험물로 취급하는가?

① 30　　　② 35.5
③ 40　　　④ 50

해설
과산화벤조일은 중량 함유량([%])이 **35.5[%] 이상**이면 위험물로 본다.

22 지름 50[m], 높이 50[m]인 옥외탱크저장소에 방유제를 설치하려고 한다. 이때 방유제는 탱크 측면으로부터 몇 [m] 이상의 거리를 확보해야 하는가?(단, 인화점이 180[℃]의 위험물을 저장·취급한다)

① 10m
② 15m
③ 20m
④ 25m

해설
방유제는 옥외저장탱크의 지름에 따라 그 탱크의 옆판으로부터 다음에 정하는 거리를 유지할 것. 다만, 인화점이 200[℃] 이상인 위험물을 저장 또는 취급하는 것에 있어서는 그렇지 아니하다.
• 지름이 15[m] 미만인 경우에는 탱크 높이의 1/3 이상
• **지름이 15[m] 이상인 경우에는 탱크 높이의 1/2 이상**
∴ **이격거리 = 탱크 높이의 1/2 이상 = 50[m] × 1/2 = 25[m] 이상**

23 제4류 위험물은 모두 몇 종류의 품명인가?(단, 수용성 및 비수용성의 구분은 고려하지 않는다)

① 10품명
② 9품명
③ 8품명
④ 7품명

해설
제4류 위험물의 품명
• 특수인화물
• 제1석유류
• 제2석유류
• 제3석유류
• 제4석유류
• 알코올류
• 동식물유류

24 고온에서 용융된 황과 반응하여 H_2S가 생성되는 것은?

① 수 소
② 아 연
③ 황
④ 염 소

해설
수소(H_2)는 고온에서 용융된 황과 반응하여 H_2S가 생성된다.

$$H_2 + S \rightarrow H_2S \uparrow$$

25 인화성 액체 위험물의 일반적인 성질에 대한 설명으로 가장 적합한 것은?

① 상온에서 증발성으로 대부분의 증기는 공기보다 가볍다.
② 물에 비교적 잘 녹으며 인화성이 크다.
③ 착화온도가 낮은 것은 위험성이 높다.
④ 전기도체로서 정전기에 의하여도 인화되기 쉽다.

해설
인화성 액체위험물은 착화온도가 낮은 것이 위험하다.

26 다음 보기 중 유기화합물에 속하는 것은?

① $(NH_2)_2CO$ ② K_2CrO_4
③ HNO_3 ④ CO

해설
요소[$(NH_2)_2CO$] : 천연유기화합물

27 휘발유의 위험성 중 잘못 설명하고 있는 것은?

① 증기는 정전기 스파크에 의해서 인화된다.
② 휘발유의 연소범위는 아세트알데하이드보다 넓다.
③ 비전도성으로 정전기의 발생, 축적이 용이하다.
④ 강산화제, 강산류와의 혼촉발화의 위험이 있다.

해설
연소범위

종류	휘발유	아세트알데하이드
연소범위	1.2~7.6[%]	4.0~60[%]

28 자동화재탐지설비의 설치 기준 중 하나의 경계구역은 600[m^2] 이하로 하고 그 한 변의 길이는 얼마 이하로 해야 하는가?

① 10[m]   ② 50[m]
③ 100[m]   ④ 300[m]

해설
자동화재탐지설비의 경계구역(시행규칙 별표 17)
- 경계구역은 건축물 그 밖의 공작물의 2 이상의 층에 걸치지 않도록 할 것. 다만, 하나의 경계구역의 면적이 500[m^2] 이하이면서 해당 경계구역이 2개의 층에 걸치는 경우이거나 계단·경사로·승강기의 승강로 그 밖에 이와 유사한 장소에 연기감지기를 설치하는 경우에는 그렇지 않다.
- 하나의 경계구역의 **면적은 600[m^2] 이하**로 하고 **한 변의 길이는 50[m]**(광전식분리형 감지기를 설치할 경우에는 100[m]) 이하로 할 것. 다만, 해당 건축물 그 밖의 공작물의 주요한 출입구에서 그 내부의 전체를 볼 수 있는 경우에 있어서는 그 면적을 1,000[m^2] 이하로 할 수 있다.

29 황의 연소 시 발생하는 유독성가스는?

① 염 산
② 인 산
③ 이산화황
④ 아질산

해설

황의 연소 시 발생한 유독성 가스는 이산화황(SO_2)이다.

$$S + O_2 \rightarrow SO_2$$

30 에틸알코올의 아이오도폼 반응 시 색깔은?

① 적 색
② 청 색
③ 노란색
④ 검정색

해설

에틸알코올의 아이오도폼 : 수산화칼륨과 아이오딘을 가하여 아이오도폼의 황색 침전이 생성되는 반응

$$C_2H_5OH + 6KOH + 4I_2 \rightarrow \underset{(\text{아이오도폼})}{\mathbf{CHI_3}} + 5KI + HCOOK + 5H_2O$$

31 다음 중 물과 접촉하여도 위험하지 않은 물질은?

① 과산화나트륨
② 과염소산나트륨
③ 마그네슘
④ 알킬알루미늄

해설

물과 접촉
- 과산화나트륨 : $2Na_2O_2 + 2H_2O \rightarrow 4NaOH + O_2\uparrow + $ 발열
- 과염소산나트륨 : 물에 용해한다.
- 마그네슘 : $Mg + 2H_2O \rightarrow Mg(OH)_2 + H_2\uparrow$
- 알킬알루미늄
  - 트라이에틸알루미늄 : $(C_2H_5)_3Al + 3H_2O \rightarrow Al(OH)_3 + 3C_2H_6\uparrow$
  - 트라이메틸알루미늄 : $(CH_3)_3Al + 3H_2O \rightarrow Al(OH)_3 + 3CH_4\uparrow$

정답 29 ③ 30 ③ 31 ②

32 주거용 건축물과 위험물제조소와의 안전거리를 단축할 수 있는 경우는?
　① 제조소가 위험물의 화재 진압을 하는 소방서와 근거리에 있는 경우
　② 취급하는 위험물의 최대수량(지정수량의 배수)이 10배 미만이고 기준에 의한 방화상 유효한 벽을 설치한 경우
　③ 위험물을 취급하는 시설이 철근콘크리트 벽일 경우
　④ 취급하는 위험물이 단일 품목일 경우

해설
취급하는 위험물의 최대수량(지정수량의 배수)이 10배 미만이고 기준에 의한 방화상 유효한 벽을 설치한 경우에는 안전거리를 단축할 수 있다.

33 산소 16[g]과 수소 4[g]이 반응할 때 몇 [g]의 물을 얻을 수 있는가?
　① 9[g]　　　　　　　　　② 16[g]
　③ 18[g]　　　　　　　　　④ 36[g]

해설
반응식
　$2H_2 + O_2 \rightarrow 2H_2O$
　4[g]　32[g]　　36[g]
반응식에서 수소 : 산소의 [mol] 비율은 2 : 1이므로 수소 4[g]과 산소 16[g]이 반응시키면 수소 2[g]만 반응하고 나머지는 미반응물(2[g])로 남기 때문에 생성된 물은 2[g] + 16[g] = 18[g]이 얻어진다.

34 이산화탄소소화약제의 상태도에 의한 설명 중 임계점(Critical Point)은?
　① 이산화탄소는 −78.5[℃]에서 −56.6[℃] 사이에서 기체가 고체로 변할 수 있는 구간이다.
　② 압력이 72.8[atm]이고 31.35[℃]의 온도로 액체와 증기가 동일한 밀도를 갖는 구간이다.
　③ 압력이 5.3[atm]이고 −56.6[℃]의 온도에서 고체, 액체, 기체가 공존하는 구간이다.
　④ 비점이 −78.5[℃]이고 증발잠열이 크므로 냉각효과의 특성구간이다.

해설
임계점(Critical Point) : 압력이 72.8[atm]이고 31.35[℃]의 온도로 액체와 증기가 동일한 밀도를 갖는 구간

35 제4류 위험물 중 알코올류에 속하지 않는 것은?

① 메틸알코올 ② 에틸알코올
③ 프로필알코올 ④ 부틸알코올

해설
알코올류 : $C_1 \sim C_3$까지의 포화 1가 알코올로서 **메틸알코올, 에틸알코올, 프로필알코올**이 있다.

> 부틸알코올 : 제2석유류

36 다음 위험물의 저장창고에서 화재가 발생하였을 때 주수에 의한 냉각소화가 적절치 않은 위험물은?

① $NaClO_3$ ② Na_2O_2
③ $NaNO_3$ ④ $NaBrO_3$

해설
과산화나트륨(알칼리금속의 과산화물)은 물과 반응하면 산소(O_2)를 발생하므로 적합하지 않다.

> $2Na_2O_2 + 2H_2O \rightarrow 4NaOH + O_2\uparrow + 발열$

37 다음 그림과 같이 원통형 탱크를 설치하여 일정량의 위험물을 저장, 취급하려고 한다. 이 탱크의 내용적은 얼마인가?

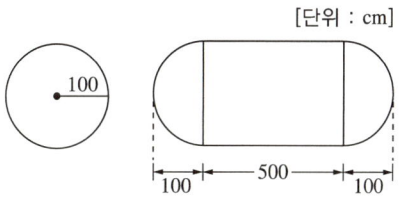

① $16.67[m^3]$ ② $17.79[m^3]$
③ $18.85[m^3]$ ④ $19.96[m^3]$

해설
내용적 $= \pi r^2 \left(l + \dfrac{l_1 + l_2}{3} \right) = 3.14 \times (1)^2 \times \left(5 + \dfrac{1+1}{3} \right) = 17.79[m^3]$

정답 35 ④ 36 ② 37 ②

38 저장·수송할 때 타격 및 마찰에 의한 폭발을 막기 위해 물이나 알코올로 습면시켜 취급하는 위험물은?

① 나이트로셀룰로스
② 과산화벤조일
③ 글리세린
④ 에틸렌글라이콜

해설
보호액

종 류	이황화탄소	나트륨, 칼륨	나이트로셀룰로스
저장방법	물 속	등유, 경유, 유동파라핀 속	물 또는 알코올로 습면

39 아세톤이 탱크에서 누출 비산에 대한 처리 및 대책요령과 관계가 먼 것은?

① 경보설비를 설치한다.
② 증기 발생이 많은 경우는 분무살수로서 증기발생을 억제한다.
③ 대량 누출은 토사 등으로 유출방지를 도모하고 회수한다.
④ 소량 유출 시 공기의 접촉으로 인한 위험성이 없다.

해설
아세톤이 탱크에 소량 유출 시 공기의 접촉으로 인한 인화의 위험성이 있다.

40 위험물을 수납한 운반용기는 수납하는 위험물에 따라 주의사항을 표시하여 적재해야 한다. 주의사항으로 옳지 않은 것은?

① 제2류 위험물 중 인화성 고체 - 화기엄금
② 제6류 위험물 - 가연물접촉주의
③ 금수성 물질(제3류 위험물) - 물기주의
④ 자연발화성 물질(제3류 위험물) - 화기엄금 및 공기접촉엄금

해설
운반용기에 표시하는 주의사항
- 제1류 위험물
  - 알칼리금속의 과산화물 : 화기·충격주의, 물기엄금, 가연물접촉주의
  - 그 밖의 것 : 화기·충격주의, 가연물접촉주의
- 제2류 위험물
  - 철분·금속분·마그네슘 : 화기주의, 물기엄금
  - **인화성 고체 : 화기엄금**
  - 그 밖의 것 : 화기주의
- **제3류 위험물**
  - **자연발화성 물질 : 화기엄금, 공기접촉엄금**
  - **금수성 물질 : 물기엄금**
- 제4류 위험물 : 화기엄금
- 제5류 위험물 : 화기엄금, 충격주의
- **제6류 위험물 : 가연물접촉주의**

41 나이트로화제로 사용되는 것은?

① 암모니아와 아세틸렌
② 무수크로뮴산과 과산화수소
③ 진한 황산과 진한 질산
④ 암모니아와 이산화탄소

해설
나이트로화제 : 진한 황산과 진한 질산(혼산)

42 금수성 물질에 대한 소화설비의 적응성으로서 가장 적당한 것은?

① 이산화탄소소화설비
② 무상강화액 소화기
③ 탄산수소염류 소화기
④ 포 소화기

해설
제3류 위험물(금수성 물질) : 마른모래, 팽창질석, 팽창진주암, 탄산수소염류

43 다음 할로젠화합물 소화기 중 Halon1011 약제의 화학식을 올바르게 나타낸 것은?

① CH_2ClBr
② $CBrF_3$
③ CH_3Br
④ CCl_4

해설
Halon1011의 화학식 : CH_2ClBr

44 어떤 기체의 확산속도가 SO₂의 2배일 때 이 기체의 분자량을 추정하면 얼마인가?

① 16
② 21
③ 28
④ 32

해설

그레이엄의 확산속도법칙 : 확산속도는 분자량의 제곱근에 반비례, 밀도의 제곱근에 반비례한다.

$$\frac{U_B}{U_A} = \sqrt{\frac{M_A}{M_B}} = \sqrt{\frac{d_A}{d_B}}$$

여기서, U_B : B 기체의 확산속도 U_A : A 기체의 확산속도
　　　　M_B : B 기체의 분자량 M_A : A 기체의 분자량
　　　　d_B : B 기체의 밀도 d_A : A 기체의 밀도

∴ 어떤 기체를 A, SO₂를 B로 하면,

$$\frac{1}{2} = \sqrt{\frac{M_A}{64}}$$

∴ $M_A = 16$

---

45 할로젠화합물소화약제의 공통적인 특성이 아닌 것은?

① 잔사가 남지 않는다.
② 전기전도성이 좋다.
③ 소화농도가 낮다.
④ 침투성이 우수하다.

해설
할로젠화합물소화약제는 전기 부도체이다.

---

46 염소산칼륨을 가열하면 발생하는 가스는?

① 염소가스
② 산소가스
③ 산화염소
④ 염화칼륨

해설
염소산칼륨의 분해반응식

$$2KClO_3 \rightarrow 2KCl + 3O_2 \uparrow$$

47 황(S)의 저장 및 취급 시의 주의사항으로 옳지 않은 것은?

① 정전기의 축적을 방지한다.
② 환원제로부터 격리시켜 저장한다.
③ 저장 시 목탄가루와 혼합하면 안전하다.
④ 금속과는 반응하지 않으므로 금속제통에 보관한다.

해설
황(S)은 탄화수소, 강산화제, 유기과산화물, 목탄분 등과의 혼합을 피한다.

48 표준상태에서 1[L]의 질량이 1.429[g]이었다. 이 기체의 분자량은 얼마인가?

① 16 ② 28 ③ 32 ④ 44

해설
(1) 이상기체 상태방정식을 이용하여 분자량을 구한다.

$$PV = nRT = \frac{W}{M}RT \qquad PM = \frac{W}{V}RT$$

여기서, P : 압력([atm]) V : 부피([L], [m³])
M : 분자량 W : 무게
R : 기체상수(0.08205[L]·[atm/g-mol]·K)
T : 절대온도(273 + [℃])
n : [mol]수

분자량을 구하면 $M = \dfrac{WRT}{PV} = \dfrac{1.429[g] \times 0.08205 \times (273+0)[K]}{1[atm] \times 1[L]} = 32[g]$(산소)

(2) 표준상태(0[℃], 1[atm])이면 이 방법으로 가능하나 온도와 압력이 주어지면 (1)의 방식으로 풀어야 한다.

ρ(밀도) $= \dfrac{W}{V}$, $1.429([g/L]) = \dfrac{W}{22.4[L]}$

∴ $W = 32[g]$(산소)

49 화재 발생 시 이를 알릴 수 있는 경보설비는 지정수량의 몇 배 이상의 위험물을 저장 또는 취급하는 제조소에 설치해야 하는가?

① 10배 ② 50배
③ 100배 ④ 200배

해설
지정수량의 10배 이상이면 **경보설비**를 설치해야 한다.

정답 47 ③ 48 ③ 49 ①

50 인화점이 낮은 것에서 높은 순서로 올바르게 나열된 것은?
① 다이에틸에터 → 산화프로필렌 → 이황화탄소 → 아세톤
② 아세톤 → 다이에틸에터 → 이황화탄소 → 산화프로필렌
③ 이황화탄소 → 아세톤 → 다이에틸에터 → 산화프로필렌
④ 산화프로필렌 → 아세톤 → 이황화탄소 → 다이에틸에터

해설
인화점

종 류	다이에틸에터	산화프로필렌	이황화탄소	아세톤
인화점	-40[℃]	-37[℃]	-30[℃]	-18.5[℃]

51 다음 중 자연발화성 및 금수성 물질에 해당되지 않는 것은?
① 철 분   ② 황 린
③ 금속수소화합물류   ④ 알칼리토금속류

해설
철분 : 제2류 위험물(가연성 고체)

52 특수인화물이 소화설비 기준 적용상 1소요단위가 되기 위한 용량은?
① 50[L]   ② 100[L]
③ 250[L]   ④ 500[L]

해설
특수인화물은 제4류 위험물로서 지정수량 50[L]이다.

$$소요단위 = \frac{저장량}{지정수량 \times 10배}$$

$1 = \dfrac{x}{50[L] \times 10배}$
∴ $x = 500[L]$

50 ① 51 ① 52 ④

53 위험물안전관리법령상 위험물제조소의 위험물을 취급하는 건축물의 구성 부분 중 반드시 내화구조로 해야 하는 것은?

① 연소의 우려가 있는 기둥
② 바 닥
③ 연소의 우려가 있는 외벽
④ 계 단

> **해설**
> **제조소의 건축물의 구조**
> • 불연재료 : 벽, 기둥, 바닥, 보, 서까래, 계단
> • 개구부가 없는 내화구조의 벽 : 연소 우려가 있는 외벽

54 HCOOH의 증기비중을 계산하면 약 얼마인가?(단, 공기의 평균분자량은 29이다)

① 1.59
② 2.45
③ 2.78
④ 3.54

> **해설**
> 의산(HCOOH)의 분자량은 46이므로
> 증기비중 $= \dfrac{분자량}{29} = \dfrac{46}{29} = 1.586$

55 여력을 나타내는 식으로 가장 올바른 것은?

① 여력 = 1일 실동시간 1개월 실동시간 가동대수
② 여력 $= (능력 - 부하) \times \dfrac{1}{100}$
③ 여력 $= \dfrac{(능력 - 부하)}{능력} \times 100$
④ 여력 $= \dfrac{(능력 - 부하)}{부하} \times 100$

> **해설**
> 여력 $= \dfrac{(능력 - 부하)}{능력} \times 100$

정답 53 ③ 54 ① 55 ③

56 다음 중 계량치 관리도는 어느 것인가?

① R관리도
② nP관리도
③ C관리도
④ U관리도

해설
관리도의 분류
- 계량치관리도
  - $\bar{x}$-R(평균치와 범위)관리도
  - $\tilde{x}$-R(메디안과 범위) 관리도
  - x(개개의 측정치)관리도
  - L-S(최대치와 최소치)관리도
- 계수치 관리도
  - P(불량율)관리도
  - nP(불량개수)관리도
  - C(결점수)관리도
  - U(단위당결점수)관리도

계수치 관리도		계량치 관리도	
종류	분포이론 적용	종류	분포이론 적용
P(불량율)관리도	이항 분포	$\bar{x}$-R(평균치와 범위)관리도	정규분포이론
Pn(불량개수)관리도	이항 분포	x(개개의 측정치)관리도	정규분포이론
C(결점수)관리도	포아송 분포	$\tilde{x}$-R(메디안과 범위) 관리도	정규분포이론
U(단위당결점수)관리도	포아송 분포	L-S(최대치와 최소치)관리도	정규분포이론

57 다음 중 로트별 검사에 대한 AQL 지표형 샘플링검사 방식은 어느 것인가?

① KS A ISO 2859-0
② KS A ISO 2859-1
③ KS A ISO 2859-2
④ KS A ISO 2859-3

해설
AQL 지표형 샘플링검사 방식 : KS A ISO 2859-1

58 생산보전(PM ; Productive Maintenance)의 내용에 속하지 않는 것은?

① 사후보전
② 안전보전
③ 예방보전
④ 개량보전

해설
생산보전
- 예방보전
- 사후보전
- 개량보전
- 예측보전
- 부문보전

59 다음 중에서 작업자에 대한 심리적 영향을 가장 많이 주는 작업측정의 기법은?

① PTS법
② 워크샘플링법
③ WF법
④ 스톱위치법

해설
스톱위치법 : 작업자에 대한 심리적 영향을 가장 많이 주는 작업측정의 기법

60 다음 데이터로부터 통계량을 계산한 것 중 틀린 것은?

> 21.5, 23.7, 24.3, 27.2, 29.1

① 중앙값(Me) = 24.3
② 제곱합(S) : 7.59
③ 시료분산(S^2) = 8.988
④ 범위(R) = 7.6

해설
계 산
- 중앙값(Me) = 순서대로 나열하여 크기가 중간의 값인 24.30이다.
- 제곱합(S)을 구하면
  - 평균($\bar{x}$) = (21.5 + 23.7 + 24.3 + 27.2 + 29.1) ÷ 5
          = 25.16
  - 제곱합(S) = (21.5 − 25.16)² + (23.7 − 25.16)² + (24.3 − 25.16)² + (27.2 − 25.16)² + (29.1 − 25.16)²
          = 35.952
- 시료분산(S^2) = $\dfrac{\sum_{i=1}^{n}(x_i - \bar{x})^2}{n-1} = \dfrac{제곱합(S)}{n-1}$

  여기서, n : 자료수, x : 자료에서 각각의 수, $\bar{x}$: 평균값

  ∴ $S^2 = \dfrac{35.952}{5-1} = 8.988$

- 범위(R) = (최댓값 − 최솟값) = 29.1 − 21.5 = 7.6

2025년 1월 25일 시행 제77회 최근 기출복원문제

01 위험물안전관리법령상 화재발생을 통보하는 설비로서 경보설비가 아닌 것은?

① 비상경보설비
② 자동화재탐지설비
③ 비상방송설비
④ 영상음향차단경보기

해설
영상음향차단장치, 누전차단기, 피난유도선은 **다중이용업소**에 설치하는 **기타 안전시설**이다.

02 C_6H_6와 $C_6H_5CH_3$ 공통적인 특징을 설명한 것으로 틀린 것은?

① 무색의 투명한 액체로서 향긋한 냄새가 난다.
② 물에는 잘 녹지 않으나 유기용제에는 잘 녹는다.
③ 증기는 마취성과 독성이 있다.
④ 겨울에는 대기 중의 찬 곳에서 고체가 되는 경우가 있다.

해설
벤젠과 톨루엔의 비교

항 목 \ 종 류	벤젠(C_6H_6)	톨루엔($C_6H_5CH_3$)
외 관	무색, 투명한 액체	무색, 투명한 액체
용해성	물에 녹지 않고 유기용제에는 용해	물에 녹지 않고 유기용제에는 용해
증 기	독 성	독 성
녹는점	7[℃]	−93[℃]

※ 벤젠의 녹는점(응고점)이 7[℃]이므로 겨울철에는 고체가 된다.

정답 1 ④ 2 ④

03 다음 중 할로젠화합물소화약제인 Halon1301과 Halon2402에 공통으로 없는 원소는?

① Br   ② Cl   ③ F   ④ C

해설

할로젠화합물소화약제의 종류

종 류	화학식	명명법
할론1301	CF_3Br	브로모트라이플루오로메테인
할론1011	CH_2ClBr	브로모클로로메테인
할론1211	CF_2ClBr	브로모클로로다이플루오로메테인
할론2402	$C_2F_4Br_2$	다이브로모테트라플루오로에테인
할론104	CCl_4	–

---

04 다음 위험물 중 지정수량이 50[kg]인 것은?

① $NaClO_3$

② NH_4NO_3

③ $NaBrO_3$

④ $(NH_4)_2Cr_2O_7$

해설

제1류 위험물의 지정수량

종 류	$NaClO_3$	NH_4NO_3	$NaBrO_3$	$(NH_4)_2Cr_2O_7$
명 칭	염소산나트륨	질산암모늄	브로민산나트륨	다이크로뮴산암모늄
품 명	염소산염류	질산염류	브로민산염류	다이크로뮴산염류
지정수량	50[kg]	300[kg]	300[kg]	1,000[kg]

---

05 황화인에 대한 설명이다. 틀린 설명은?

① 황화인은 동소체로는 P_4S_3, P_2S_5, P_4S_7이 있다.

② 황화인의 지정수량은 100[kg]이다.

③ 삼황화인은 과산화물, 금속분과 혼합하면 자연발화 할 수 있다.

④ 오황화인은 물 또는 알칼리에 분해하여 이황화탄소와 황산이 된다.

해설

오황화인은 물 또는 알칼리에 분해하여 황화수소(H_2S)와 인산(H_3PO_4)이 된다.

$$P_2S_6 + 8H_2O \rightarrow 5H_2S + 2H_3PO_4$$

정답 3 ②   4 ①   5 ④

06 폭발범위에 대한 설명으로 옳은 것은?

① 압력이 높을수록 폭발범위는 좁아진다.
② 산소와 혼합할 경우에는 폭발범위는 좁아진다.
③ 온도가 높을수록 폭발범위는 넓어진다.
④ 폭발범위 상한과 하한의 차가 적을수록 위험하다.

해설
폭발범위와 화재의 위험성
- 하한계가 낮을수록 위험하다.
- 상한계가 높을수록 위험하다.
- 연소범위가 넓을수록 위험하다.
- **온도(압력)가 상승할수록 위험**(하한계는 불변, 상한계는 증가)**하다.**
  (단, 일산화탄소는 압력상승 시 연소범위가 감소)

07 다음 화학반응식의 계수는?

$$ⓧ KOH + ⓨ Cl_2 \rightarrow ⓐ KClO_3 + ⓑ KCl + ⓒ H_2O$$

① ⓧ = 6, ⓨ = 3, ⓐ = 1, ⓑ = 5, ⓒ = 3
② ⓧ = 3, ⓨ = 6, ⓐ = 1, ⓑ = 5, ⓒ = 3
③ ⓧ = 1, ⓨ = 5, ⓐ = 3, ⓑ = 3, ⓒ = 6
④ ⓧ = 6, ⓨ = 3, ⓐ = 3, ⓑ = 1, ⓒ = 5

해설
반응물과 생성물의 각 원소의 합이 일치하면 반응식이 맞다.

$$6KOH + 3Cl_2 \rightarrow KClO_3 + 5KCl + 3H_2O$$

08 낙구식 점도계는 어떤 법칙을 원리로 한 점도계인가?

① 스토크스 법칙
② 하겐-푸아죄유 법칙
③ 뉴턴의 점성 법칙
④ 오일러 법칙

> **해설**
> **점도계**
> • 맥마이클(Macmichael) 점도계 : 뉴턴의 점성법칙
> • **Ostwald 점도계**, 세이볼트 점도계 : **하겐-푸아죄유의 법칙**
> • **낙구식 점도계** : **스토크스 법칙**

09 다음 중 잔토프로테인 반응을 하는 물질은?

① H_2SO_4
② HNO_3
③ $HClO_4$
④ $NH_4H_2PO_4$

> **해설**
> **잔토프로테인 반응** : 단백질 검출반응의 하나로서 아미노산 또는 단백질에 **진한 질산**(HNO_3)을 가하여 가열하면 황색이 되고, 냉각하여 염기성으로 되게 하면 등황색을 띤다.

10 강화액소화약제에 해당하는 것은?

① 탄산칼륨(K_2CO_3)
② 인산나트륨(Na_3PO_4)
③ 탄산수소나트륨($NaHCO_3$)
④ 황산알루미늄[$Al_2(SO_4)_3$]

> **해설**
> **강화액소화약제**
> $$H_2SO_4 + K_2CO_3 + H_2O \rightarrow K_2SO_4 + 2H_2O + CO_2 \uparrow$$

정답 8 ① 9 ② 10 ①

11 위험물에 대한 용어의 설명으로 옳지 않은 것은?

① "위험물"이라 함은 인화성 또는 발화성 등의 성질을 가지는 것으로서 대통령령이 정하는 물품을 말한다.
② "제조소"라 함은 일주일에 지정수량의 위험물을 제조하기 위한 시설을 뜻한다.
③ "지정수량"이라 함은 위험물의 종류별로 위험성을 고려하여 대통령령이 정하는 수량으로서 제조소 등의 설치 허가 등에 있어서 최저의 기준이 되는 수량을 말한다.
④ "제조소 등"이라 함은 제조소·저장소 및 취급소를 말한다.

해설
제조소 : 위험물을 제조할 목적으로 지정수량 이상의 위험물을 취급하기 위하여 제6조 제1항의 규정에 따른 허가를 받은 장소를 말한다.

12 펌프를 이용한 가압송수장치에서 옥내소화전이 가장 많이 설치된 층의 소화전의 수가 3개일 경우 20분 동안의 토출량은?

① $2.6[m^3]$ 이상
② $5.2[m^3]$ 이상
③ $7.8[m^3]$ 이상
④ $15.6[m^3]$ 이상

해설
옥내소화전의 토출량은 260[L/min]이므로
토출량 = 소화전수 × 260[L/min] × 20[min] = 3개 × 260[L/min] × 20[min] = 15,600[L] = $15.6[m^3]$

위험물은 방사시간이 법적으로 30분 이상이다.

13 소화난이도 등급 I 의 황만을 저장 취급하는 옥외탱크저장소에 설치해야 할 소화설비는?

① 물분무소화설비
② 이산화탄소설비
③ 옥외소화전설비
④ 분말소화설비

해설
소화난이도 등급 I 의 제조소 등에 설치해야 하는 소화설비

제조소 등의 구분			소화설비
옥외탱크 저장소	지중탱크 또는 해상탱크 외의 것	황만을 저장 취급하는 것	물분무소화설비
		인화점 70[℃] 이상의 제4류 위험물만을 저장·취급하는 것	물분무소화설비 또는 고정식 포소화설비
		그 밖의 것	고정식 포소화설비(포소화설비가 적응성이 없는 경우에는 분말소화설비)
	지중탱크		고정식 포소화설비, 이동식 이외의 불활성가스소화설비 또는 이동식 이외의 할로젠화합물소화설비
	해상탱크		고정식 포소화설비, 물분무소화설비, 이동식 이외의 불활성가스소화설비 또는 이동식 이외의 할로젠화합물소화설비

14 소화설비의 소요단위 계산법으로 틀린 것은?

① 제조소 외벽이 내화구조일 때 100[m²]당 1소요단위
② 저장소 외벽이 내화구조일 때 150[m²]당 1소요단위
③ 제조소 외벽이 내화구조가 아닐 때 50[m²]당 1소요단위
④ 위험물 지정수량의 100배를 1소요단위

해설
소요단위의 산정기준

종류 \ 구분	내화구조	내화구조가 아닌 것
제조소 또는 취급소	연면적 100[m²]를 1소요단위	연면적 50[m²]를 1소요단위
저장소	연면적 150[m²]를 1소요단위	연면적 75[m²]를 1소요단위
위험물	지정수량의 10배 : 1소요단위	

15 금속의 명칭과 불꽃 반응색이 옳게 연결된 것은?

① Li - 노란색
② K - 보라색
③ Na - 진한 빨강색
④ Cu - 주황색

해설
불꽃 반응색

원소	리튬(Li)	나트륨(Na)	칼륨(K)	칼슘(ca)	스트론튬(Sr)	구리(Cu)	바륨(Ba)
불꽃색상	적색	노랑색	보라색	황적색	심적색	청록색	황록색

16 중질유 탱크 등의 화재 시 물이나 포말을 주입하면 수분의 급격한 증발에 의하여 유면이 거품을 일으키거나 열류의 교란에 의하여 열류층 밑의 냉유가 급격히 팽창하여 유면을 밀어 올리는 위험한 현상은?

① Oil-Over 현상
② Slop Over 현상
③ Water Hammering 현상
④ Priming 현상

해설
Slop Over : 중질유 탱크 등의 화재 시 물이나 포말을 주입하면 수분의 급격한 증발에 의하여 유면이 거품을 일으키거나 열류의 교란에 의하여 열류층 밑의 냉유가 급격히 팽창하여 유면을 밀어 올리는 현상

정답 14 ④ 15 ② 16 ②

17 위험물안전관리법령상 지정수량의 3천배 초과 4천배 이하의 위험물을 저장하는 옥외탱크저장소에 확보하여야 하는 보유공지는 얼마인가?

① 6[m] 이상
② 9[m] 이상
③ 12[m] 이상
④ 15[m] 이상

해설

옥외탱크저장소의 보유공지(시행규칙 별표 6)

저장 또는 취급하는 위험물의 최대수량	공지의 너비
지정수량의 500배 이하	3[m] 이상
지정수량의 500배 초과 1,000배 이하	5[m] 이상
지정수량의 1,000배 초과 2,000배 이하	9[m] 이상
지정수량의 2,000배 초과 3,000배 이하	12[m] 이상
지정수량의 3,000배 초과 4,000배 이하	15[m] 이상
지정수량의 4,000배 초과	해당 탱크의 수평단면의 최대지름(가로형인 경우에는 긴 변)과 높이 중 큰 것과 같은 거리 이상. 다만, 30[m] 초과의 경우에는 30[m] 이상으로 할 수 있고, 15[m] 미만의 경우에는 15[m] 이상으로 하여야 한다.

18 자연발화의 형태가 아닌 것은?

① 환원열에 의한 발열
② 분해열에 의한 발열
③ 산화열에 의한 발열
④ 흡착열에 의한 발열

해설

자연발화의 형태
- 산화열에 의한 발화 : 석탄, 건성유, 고무분말
- 분해열에 의한 발화 : 셀룰로이드, 나이트로셀룰로스
- 미생물에 의한 발화 : 퇴비, 먼지
- 흡착열에 의한 발화 : 목탄, 활성탄

19 위험물 안전관리자의 선임신고를 기간 이내에 하지 않았을 경우의 벌칙 기준은?

① 과태료 100만원
② 과태료 200만원
③ 과태료 300만원
④ 과태료 500만원

해설

위험물 안전관리자의 선임신고하지 않았을 때 : 500만원 이하의 과태료

20 다음 중 지정수량이 잘못 짝지은 것은?

① Fe – 500[kg]
② CH₃CHO – 200[L]
③ 제4석유류 – 6,000[L]
④ 마그네슘 – 500[kg]

해설
위험물의 지정수량

종류	Fe(철분)	CH₃CHO(아세트알데하이드)	제4석유류	마그네슘
유별	제2류 위험물	제4류 위험물 특수인화물	제4류 위험물	제2류 위험물
지정수량	500[kg]	50[L]	6,000[L]	500[kg]

21 옥테인가의 정의로서 가장 옳은 것은?

① 펜테인을 100, 옥테인을 0으로 한 것이다.
② 옥테인을 100, 펜테인을 0으로 한 것이다.
③ 아이소옥테인을 100, n-헥세인을 0으로 한 것이다.
④ 아이소옥테인을 100, n-헵테인을 0으로 한 것이다.

해설
옥테인가 : 아이소옥테인을 100, n-헵테인을 0으로 한 것

22 이동탱크저장소의 탱크는 그 내부에 몇 [L] 이하마다 3.2[mm] 이상의 강철판 칸막이를 설치하는가?

① 1,000
② 2,000
③ 3,000
④ 4,000

해설
이동탱크저장소의 안전칸막이는 4,000[L] 이하마다 설치해야 한다.

23 주유취급소에 설치해야 하는 "주유 중 엔진 정지" 게시판의 색깔은?

① 적색바탕에 백색문자
② 청색바탕에 백색문자
③ 백색바탕에 흑색문자
④ 황색바탕에 흑색문자

해설

표지 및 게시판

내 용	색 상
주유 중 엔진정지	**황색바탕에 흑색문자**
화기엄금, 화기주의	적색바탕에 백색문자
물기엄금	청색바탕에 백색문자
위험물	흑색바탕에 황색반사도료

24 다음 중 지정수량이 200[L]가 아닌 것은?

① 벤 젠
② MEK
③ 초산에틸
④ 피리딘

해설

제4류 위험물의 지정수량

종 류	벤 젠	MEK	초산에틸	피리딘
품 명	제1석유류 (비수용성)	제1석유류 (비수용성)	제1석유류 (비수용성)	제1석유류 (수용성)
지정수량	200[L]	200[L]	200[L]	400[L]

25 다음 유지류 중 아이오딘값이 가장 큰 것은?

① 쌀겨기름
② 콩기름
③ 옥수수기름
④ 들기름

해설

동식물유류의 종류

구 분	아이오딘값	반응성	불포화도	종 류
건성유	130 이상	크 다	크 다	해바라기유, 동유, 아마인유, 정어리기름, **들기름**
반건성유	100~130	중 간	중 간	채종유, 목화씨기름(면실유), 참기름, 콩기름, 청어유, 쌀겨기름, 옥수수기름
불건성유	100 이하	작 다	작 다	야자유, 올리브유, 피마자유, 낙화생(땅콩)기름

아이오딘값 : 유지 100[g]에 부가되는 아이오딘의 [g]수

26 간이탱크저장소에 대한 설명으로 옳지 않은 것은?

① 간이저장탱크의 외면에는 녹을 방지하기 위한 도장을 해야 한다.
② 간이저장탱크의 두께는 3.2[mm] 이상의 강판을 사용한다.
③ 통기관은 옥외에 설치하되, 그 선단의 높이는 지상 1.5[m] 이상으로 한다.
④ 통기관의 지름은 10[mm] 이상으로 한다.

해설
간이탱크저장소의 밸브 없는 통기관
- 통기관의 **지름은 25[mm] 이상**으로 할 것
- 통기관은 옥외에 설치하되, 그 끝부분(선단)의 높이는 지상 1.5[m] 이상으로 할 것
- 통기관의 끝부분은 수평면에 대하여 아래로 45° 이상 구부려 빗물 등이 침투하지 않도록 할 것
- 가는 눈의 구리망 등으로 인화방지장치를 할 것(다만, 인화점 70[℃] 이상의 위험물만을 70[℃] 미만의 온도로 저장 또는 취급하는 탱크에 설치하는 통기관에 있어서는 그렇지 않다)

27 알루미늄분이 알칼리성 용액(수산화나트륨)과 접촉했을 때 주로 발생하는 것은?

① Na_2O_2
② $Al(OH)_2$
③ H_2
④ Al_2O_3

해설
알루미늄은 산이나 알칼리(수산화나트륨, NaOH)와 접촉하면 수소(H_2)를 발생한다.

- $2Al + 6HCl \rightarrow 2AlCl_3 + 3H_2$
- $2Al + 2NaOH + 2H_2O \rightarrow 2NaAlO_2 + 3H_2$

28 위험물 취급에 있어 정전기 발생 시 정전기를 유효하게 제거할 수 있는 방법으로 옳지 않은 것은?

① 접지에 의한 방법
② 공기 중 상대습도를 70[%] 이상으로 하는 방법
③ 공기를 이온화하는 방법
④ 대전되었을 때 전하부호와 같은 두 물질을 조합하여 대전량을 증가시키는 방법

해설
정전기 제거방법
- 접지에 의한 방법
- 공기 중 상대습도를 70[%] 이상으로 하는 방법
- 공기를 이온화하는 방법

29 주유취급소에 설치하는 건축물의 위치 및 구조에 대한 설명으로 옳지 않은 것은?

① 건축물 중 사무실 그 밖의 화기를 사용하는 곳은 누설한 가연성 증기가 그 내부에 유입되지 않도록 높이 1[m] 이하의 부분에 있는 창 등은 밀폐시킬 것
② 건축물 중 사무실 그 밖의 화기를 사용하는 곳의 출입구 또는 사이통로의 문턱 높이는 15[cm] 이상으로 할 것
③ 주유취급소에 설치하는 건축물의 벽, 기둥, 바닥, 보 및 지붕은 내화구조 또는 불연재료로 할 것
④ 자동차 등의 세정을 행하는 설비는 증기세차기를 설치하는 경우에는 2[m] 이상의 담을 설치하고 출입구가 고정주유설비에 면하지 않도록 할 것

해설
주유취급소 건축물의 구조
- 주유취급소에 설치하는 건축물의 벽, 기둥, 바닥, 보 및 지붕은 내화구조 또는 불연재료로 할 것
- 건축물 중 사무실 그 밖의 화기를 사용하는 곳은 누설한 가연성 증기가 그 내부에 유입되지 않도록 높이 1[m] 이하의 부분에 있는 창 등은 밀폐시킬 것
- 건축물 중 사무실 그 밖의 화기를 사용하는 곳은 누설한 가연성 증기가 그 내부에 유입되지 않도록 출입구 또는 사이통로의 문턱 높이는 15[cm] 이상으로 할 것
- **증기세차기를 설치하는 경우**에는 그 주위에 불연재료로 된 높이 **1[m] 이상의 담**을 설치하고 출입구가 고정주유설비에 면하지 않도록 할 것. 이 경우 담은 고정주유설비로부터 4[m] 이상 떨어지게 해야 한다.

30 인화점이 낮은 물질부터 높은 순서로 배열된 것은?

① $C_2H_5OC_2H_5 - CH_3COCH_3 - C_6H_5CH_3 - C_6H_6$
② $CH_3COCH_3 - C_6H_5CH_3 - C_2H_5OC_2H_5 - C_6H_6$
③ $C_2H_5OC_2H_5 - CH_3COCH_3 - C_6H_6 - C_6H_5CH_3$
④ $C_6H_5CH_3 - CH_3COCH_3 - C_6H_6 - C_2H_5OC_2H_5$

해설
인화점

종 류	$C_2H_5OC_2H_5$	CH_3COCH_3	C_6H_6	$C_6H_5CH_3$
명 칭	다이에틸에터	아세톤	벤 젠	톨루엔
인화점	−40[℃]	−18.5[℃]	−11[℃]	4[℃]

31 위험물안전관리법령상 옥내소화전은 제조소 등의 건축물의 층마다 해당 층의 각 부분에서 하나의 호스접속구까지의 수평거리가 몇 [m] 이하가 되도록 해야 하는가?

① 5[m]
② 15[m]
③ 25[m]
④ 35[m]

해설

옥내소화전설비의 설치 기준(시행규칙 별표 17)
- 옥내소화전은 제조소 등의 건축물의 층마다 해당 층의 각 부분에서 하나의 호스접속구까지의 **수평거리**가 **25[m] 이하**가 되도록 설치할 것. 이 경우 옥내소화전은 각층의 출입구 부근에 1개 이상 설치해야 한다.
- 수원의 수량은 옥내소화전이 가장 많이 설치된 층의 옥내소화전 설치개수(설치개수가 5개 이상인 경우는 5개)에 7.8[m³]를 곱한 양 이상이 되도록 설치할 것
- 옥내소화전설비는 각층을 기준으로 하여 해당 층의 모든 옥내소화전(설치개수가 5개 이상인 경우는 5개의 옥내소화전)을 동시에 사용할 경우에 각 노즐 끝부분의 **방수압력**이 **350[kPa] 이상**이고 **방수량**이 **1분당 260[L] 이상**의 성능이 되도록 할 것
- 옥내소화전설비에는 비상전원을 설치할 것

[옥내소화전설비의 기준]
- 방수량 = 소화전 수(5개 이상은 5개) × 260[L/min]
- 수원 = 소화전 수(5개 이상은 5개) × 260[L/min] × 30분
  = **소화전 수(5개 이상은 5개)** × 7.8[m³](7,800[L])
- 방수압력 : 350[kPa] 이상
- 비상전원 : 45분 이상 작동

32 위험물의 저장 또는 취급하는 방법을 설명한 것 중 틀린 것은?

① 산화프로필렌 : 저장 시 은(Ag)으로 제작된 용기에 질소가스 등 불연성 가스를 충전하여 보관한다.
② 이황화탄소 : 용기나 탱크에 저장 시 물로 덮어서 보관한다.
③ 알킬알루미늄 : 용기는 완전 밀봉하고 질소 등 불활성 가스를 충전한다.
④ 아세트알데하이드 : 냉암소에 저장한다.

해설

산화프로필렌은 구리(Cu), 마그네슘(Mg), 은(Ag), 수은(Hg)과 반응하면 아세틸레이트를 생성하므로 위험하다.

33. "알킬알루미늄 등"을 저장 또는 취급하는 이동탱크저장소의 이동탱크의 경우 얼마의 압력으로 몇 분간의 수압시험을 실시하여 새거나 변형이 없어야 하는가?

① 1[MPa] 10분
② 1.5[MPa] 15분
③ 2[MPa] 10분
④ 2.5[MPa] 15분

해설
알킬알루미늄 등을 저장 또는 취급하는 이동탱크저장소의 수압시험은 1[MPa] 이상의 압력으로 10분간 이상 실시하여 새거나 변형하지 않아야 한다.

34. 위험물을 수납한 운반용기 및 포장의 외부에 표시하는 주의사항으로 옳지 않은 것은?

① 제2류 위험물 중 철분, 금속분, 마그네슘 또는 이들 중 어느 하나 이상을 함유한 것에 있어서는 "화기주의" 및 "물기엄금"
② 제3류 위험물 중 자연발화성인 경우에는 "화기주의" 및 "충격주의"
③ 제4류 위험물의 경우에 "화기엄금"
④ 과염소산, 과산화수소의 경우에는 "가연물접촉주의"

해설
운반용기의 외부 표시 사항
- 위험물의 품명, 위험등급, 화학명 및 수용성(제4류 위험물의 수용성인 것에 한함)
- 위험물의 수량
- 주의사항

종류	표시사항
제1류 위험물	• 알칼리금속의 과산화물 : 화기·충격주의, 물기엄금, 가연물접촉주의 • 그 밖의 것 : 화기·충격주의, 가연물접촉주의
제2류 위험물	• **철분, 금속분, 마그네슘 : 화기주의, 물기엄금** • 인화성 고체 : 화기엄금 • 그 밖의 것 : 화기주의
제3류 위험물	• **자연발화성 물질 : 화기엄금, 공기접촉엄금** • 금수성 물질 : 물기엄금
제4류 위험물	화기엄금
제5류 위험물	화기엄금, 충격주의
제6류 위험물	가연물접촉주의

35 자동화재탐지설비에 대한 설명으로 틀린 것은?

① 자동화재탐지설비의 경계구역은 건축물 그 밖의 공작물의 2 이상의 층에 걸치지 않도록 한다.
② 광전식분리형감지기를 설치할 경우 하나의 경계구역 면적은 600[m²] 이하로 하고 그 한 변의 길이는 50[m] 이하로 한다.
③ 자동화재탐지설비의 감지기는 지붕 또는 벽의 옥내에 면한 부분에 유효하게 화재의 발생을 감지할 수 있도록 설치한다.
④ 자동화재탐지설비에는 비상전원을 설치한다.

해설
자동화재탐지설비의 설치 기준(시행규칙 별표 17, Ⅱ 경보설비 참조)
- 자동화재탐지설비의 경계구역(화재가 발생한 구역을 다른 구역과 구분하여 식별할 수 있는 최소단위의 구역을 말한다)은 건축물 그 밖의 공작물의 2 이상의 층에 걸치지 않도록 할 것. 다만, 하나의 경계구역의 면적이 500[m²] 이하이면서 해당 경계구역이 2개의 층에 걸치는 경우이거나 계단·경사로·승강기의 승강로 그 밖에 이와 유사한 장소에 연기감지기를 설치하는 경우에는 그렇지 않다.
- 하나의 경계구역의 면적은 **600[m²] 이하**로 하고 그 한 변의 길이는 **50[m]**(광전식분리형 감지기를 설치할 경우에는 **100[m]**) 이하로 할 것. 다만, 해당 건축물 그 밖의 공작물의 주요한 출입구에서 그 내부의 전체를 볼 수 있는 경우에 있어서는 그 면적을 1,000[m²] 이하로 할 수 있다.
- 자동화재탐지설비의 감지기는 지붕(상층이 있는 경우에는 상층의 바닥) 또는 벽의 옥내에 면한 부분(천장이 있는 경우에는 천장 또는 벽의 옥내에 면한 부분 및 천장의 뒷부분)에 유효하게 화재의 발생을 감지할 수 있도록 설치할 것
- 자동화재탐지설비에는 비상전원을 설치할 것

36 마른모래는 삽을 포함하여 50[L]는 능력단위 몇 단위인가?

① 1   ② 0.5   ③ 1.5   ④ 2

해설
소화설비의 능력단위

소화설비	용량	능력단위
소화전용(轉用)물통	8[L]	0.3
수조(소화전용물통 3개 포함)	80[L]	1.5
수조(소화전용물통 6개 포함)	190[L]	2.5
마른모래(삽 1개 포함)	**50[L]**	**0.5**
팽창질석 또는 팽창진주암(삽 1개 포함)	160[L]	1.0

정답 35 ② 36 ②

37 위험물의 저장 취급 및 운반에 있어서 적용 제외 규정에 해당되지 않는 것은?

① 항공기
② 철 도
③ 궤 도
④ 주유취급소

해설

위험물안전관리법 적용 제외 : 항공기, 선박, 철도, 궤도

38 탄화망가니즈에 물을 가할 때 생성되지 않는 것은?

① 수산화망가니즈
② 수 소
③ 메테인
④ 산 소

해설

탄화망가니즈와 물의 반응식

$$Mn_3C + 6H_2O \rightarrow 3Mn(OH)_2 + CH_4\uparrow + H_2\uparrow$$
$$\text{(수산화망가니즈)} \quad \text{(메테인)} \quad \text{(수소)}$$

39 위험물제조소에 관한 다음 설명 중 옳은 것은?

① 위험물시설의 설치 후 사용 시기는 공사 완공서 신청서를 제출했을 때부터 사용 가능해진다.
② 위험물시설의 설치 후 사용 시기는 위험물안전관리자 선임신고서를 제출했을 때부터 사용이 가능하다.
③ 위험물시설의 설치 후 사용 시기는 설치 허가를 받았을 때부터 사용이 가능하다
④ 위험물시설의 설치 후 사용 시기는 완공검사를 받고 완공검사확인증을 교부 받았을 때부터 가능하다.

해설

위험물 시설의 설치 후 사용 시기는 완공검사를 받고 완공검사확인증을 교부받았을 때부터 가능하다.

[실무] 위험물 시설의 설치 후 사용 시기는 완공검사를 받고 완공검사확인증을 교부 받은 후 위험물안전관리자를 선임하였을 때 가능하다. 왜냐하면 위험물안전관리자 참여하에 위험물을 취급해야 되기 때문이다.

40 등적색의 결정으로 비중이 2.69이며, 알코올에는 녹지 않고, 분해 온도 500[℃]로서 가열에 의해 삼산화크로뮴과 크로뮴산칼륨으로 분해되는 위험물은?

① 다이크로뮴산칼륨
② 다이크로뮴산암모늄
③ 다이크로뮴산아연
④ 다이크로뮴산칼슘

해설

다이크로뮴산칼륨의 성질

• 물성

분자식	분자량	비중	융점	분해 온도
$K_2Cr_2O_7$	294	2.69	398[℃]	500[℃]

• 등적색의 판상결정이다.
• 물에 녹고, 알코올에는 녹지 않는다.
• 가열에 의해 삼산화이크로뮴(2개소)과 크로뮴산칼륨으로 분해된다.

$$4K_2Cr_2O_7 \rightarrow 2Cr_2O_3 + 4K_2CrO_4 + 3O_2$$
(삼산화이크로뮴) (크로뮴산칼륨) (산소)

41 표준상태에서 질량이 0.8[g]이고 부피가 0.4[L]인 혼합 기체의 평균 분자량[g/mol]은?

① 22.2
② 32.4
③ 33.6
④ 44.8

해설

이상기체 상태방정식을 이용하여 분자량을 구한다.

$$PV = nRT = \frac{W}{M}RT$$

여기서, P : 압력(1[atm])
n : 몰수[g-mol]
W : 무게(0.8[g])
T : 절대온도(273 + [℃])[K]
V : 부피(0.4[L])
M : 분자량[g/g-mol]
R : 기체상수(0.08205[L·atm/g-mol·K])

분자량을 구하면
$$M = \frac{WRT}{PV} = \frac{0.8[g] \times 0.08205[L \cdot atm/g-mol \cdot K] \times (273+0)[K]}{1[atm] \times 0.4[L]} = 44.8[g/g-mol]$$

42 다음 중 인화성 액체로서 인화점이 21[℃] 미만에 속하지 않는 물질은?

① $C_6H_5CH_3$
② C_6H_6
③ C_4H_9OH
④ CH_3COCH_3

해설
인화점

종 류	$C_6H_5CH_3$	C_6H_6	C_4H_9OH	CH_3COCH_3
명 칭	톨루엔	벤 젠	부탄올	아세톤
품 명	제1석유류	제1석유류	제2석유류	제1석유류
인화점	4[℃]	−11[℃]	35[℃]	−18.5[℃]

43 원형 직관 속을 흐르는 유체의 손실수두에 관한 사항으로 옳은 것은?

① 관의 길이에 반비례한다.
② 중력가속도에 비례한다.
③ 관의 직경에 비례한다.
④ 유속의 제곱에 비례한다.

해설
달시-바이스바흐(Darcy-Weisbach) 식

$$\text{손실수두 } H = \frac{\Delta P}{\gamma} = \frac{f\ell u^2}{2gD}$$

여기서, f : 관의 마찰계수
u : 유체의 유속
D : 관의 내경
ℓ : 관의 길이
g : 중력가속도

∴ **손실수두**는 마찰계수, 관의 길이, **유속의 제곱**에 **비례**하고, 직경에 반비례한다.

44 위험물안전관리법령상 옥외소화전설비에서 옥외소화전함은 옥외소화전으로부터 보행거리 몇 [m] 이하의 장소에 설치해야 하는가?

① 5[m] 이하
② 10[m] 이하
③ 20[m] 이하
④ 40[m] 이하

해설
옥외소화전함은 옥외소화전으로부터 보행거리 5[m] 이하의 장소에 설치해야 한다.

45 제조소에서 위험물을 취급하는 건축물 그 밖의 시설 주위에는 그 취급하는 위험물의 최대수량에 따라 보유해야 할 공지가 필요하다. 위험물이 지정수량의 20배인 경우 공지의 너비는 몇 [m]로 해야 하는가?

① 3[m]
② 4[m]
③ 5[m]
④ 10[m]

해설

제조소의 보유공지

취급하는 위험물의 최대수량	공지의 너비
지정수량의 10배 이하	3[m] 이상
지정수량의 10배 초과	5[m] 이상

46 고속국도의 도로변에 설치한 주유취급소의 탱크 용량은 얼마까지 할 수 있는가?

① 10만[L]
② 8만[L]
③ 6만[L]
④ 5만[L]

해설

고속국도의 도로변에 설치한 **주유취급소의 탱크 용량 : 60,000[L] 이하**

47 "동식물유류"에 대한 정의로서 옳은 것은?

① 1기압에서 인화점이 250[℃] 미만인 것
② 액체로서 인화점이 21[℃] 미만인 것
③ 1기압에서 25[℃]에서 기체로 되는 것
④ 1기압에서 인화점이 40[℃] 미만인 것

해설

동식물유류 : 동물의 지육 등 또는 식물의 종자나 과육으로부터 추출한 것으로서 **1기압**에서 **인화점이 250[℃] 미만**인 것

48 벽, 기둥 및 바닥이 내화구조로 된 건축물을 옥내저장소로 사용할 때 지정수량의 50배 초과 200배 이하의 위험물을 저장하는 경우에 확보해야 하는 공지의 너비는?

① 1[m] 이상
② 2[m] 이상
③ 3[m] 이상
④ 5[m] 이상

해설
옥내저장소의 보유공지

저장 또는 취급하는 위험물의 최대수량	공지의 너비	
	벽·기둥 및 바닥이 내화구조로 된 건축물	그 밖의 건축물
지정수량의 5배 이하	-	0.5[m] 이상
지정수량의 5배 초과 10배 이하	1[m] 이상	1.5[m] 이상
지정수량의 10배 초과 20배 이하	2[m] 이상	3[m] 이상
지정수량의 20배 초과 50배 이하	3[m] 이상	5[m] 이상
지정수량의 50배 초과 200배 이하	5[m] 이상	10[m] 이상
지정수량의 200배 초과	10[m] 이상	15[m] 이상

49 다음과 같이 위험물을 저장하는 경우 각각의 지정수량 배수의 총합은 얼마인가?

클로로벤젠 : 1,000[L], 동·식물유류 : 5,000[L], 제4석유류 : 12,000[L]

① 2.5배
② 3.0배
③ 3.5배
④ 4.0배

해설
지정수량 배수의 총합
• 지정수량

종 류	클로로벤젠	동식물유류	제4석유류
품 명	제2석유류(비수용성)	-	-
지정수량	1,000[L]	10,000[L]	6,000[L]

• 지정수량의 배수 = $\dfrac{저장수량}{지정수량}$ = $\dfrac{1,000[L]}{1,000[L]} + \dfrac{5,000[L]}{10,000[L]} + \dfrac{12,000[L]}{6,000[L]}$ = 3.5배

50 내용적 2,000[mL]의 비커에 포를 가득 채웠더니 전체 중량이 850[g]이었고 비커 용기의 중량은 450[g]이었다. 이 때 비커 속에 들어 있는 포의 팽창비는 약 몇 배인가?(단, 포 수용액의 밀도는 1.15이다)

① 약 4배
② 약 6배
③ 약 8배
④ 약 10배

해설

포 팽창비 = $\dfrac{\text{방출 후 포의 체적[L]}}{\text{방출 전 포 수용액의 체적[L]}}$

- 방출 전 포수용액의 체적 = $(850-450)[g] \div 1.15[g/cm^3] = 347.8[cm^3]$
- 방출 후의 포의 체적 = $2,000[mL] = 2,000[cm^3]$

∴ 팽창비배 = $\dfrac{2,000[cm^3]}{347.8[cm^3]} = 5.75 ≒ 6$배

51 인화성 위험물질 500[L]를 하나의 간이탱크저장소에 저장하려고 할 때 필요한 최소 탱크 수는?

① 4개
② 3개
③ 2개
④ 1개

해설

간이저장탱크의 용량은 600[L] 이하이므로 500[L]는 하나의 탱크에 저장이 가능하다.

52 70[℃], 130[mmHg]에서 1[L]의 부피를 차지하며 질량이 대략 0.17[g]인 기체는?(단, 이 기체는 이상기체와 같이 행동한다)

① 수 소
② 헬 륨
③ 질 소
④ 산 소

해설

이상기체 상태방정식을 이용하여 분자량을 구하면

$$PV = nRT = \frac{W}{M}RT \qquad M = \frac{WRT}{PV}$$

여기서, P : 압력(1[atm]) V : 부피[L]
n : 몰수[mol] M : 분자량[g/g-mol]
W : 무게(0.17[g]) R : 기체상수(0.08205[L·atm/g-mol·K])
T : 절대온도(273 + [℃] = 273 + 70 = 343[K])

분자량을 구하면
$$M = \frac{WRT}{PV} = \frac{0.17[\text{g}] \times 0.08205[\text{L·atm/g-mol·K}] \times (273+70)[\text{K}]}{(130/760 \times 1[\text{atm}]) \times 1[\text{L}]} = 27.97 ≒ 28$$

가스의 분자량을 보면

종 류	수 소	헬 륨	질 소	산 소
화학식	H_2	He	N_2	O_2
분자량	2	4	28	32

∴ 이 문제의 정답은 분자량이 28인 질소가 맞다.

53 다음 중 자연발화성 물질 및 금수성 물질이 아닌 것은?

① 알킬리튬
② 알킬알루미늄
③ 금속나트륨
④ 마그네슘

해설

마그네슘(Mg)은 제2류 위험물로서 **가연성 고체**이다.

54 인화성 액체 위험물(이황화탄소는 제외)의 옥외탱크저장소의 방유제 및 간막이 둑에 대한 설명으로 틀린 것은?

① 방유제의 높이는 0.5[m] 이상 3[m] 이하로 하고 방유제 내의 면적은 8만[m²] 이하로 한다.
② 높이가 1[m]를 넘는 방유제 및 간막이 둑의 안팎에는 방유제 내에 출입하기 위한 계단 또는 경사로를 약 50[m]마다 설치한다.
③ 탱크와 방유제 사이의 거리는 지름이 15[m] 이상인 탱크의 경우 탱크 높이의 1/3로 한다.
④ 방유제의 용량은 방유제 안에 설치된 탱크가 하나일 때에는 그 탱크용량의 110[%] 이상, 2기 이상인 때에는 그 탱크 중 용량이 최대인 것의 110[%] 이상으로 한다.

해설
방유제는 탱크의 옆판으로부터 일정거리를 유지할 것(단, 인화점이 200[℃] 이상인 위험물은 제외)
• 지름이 15[m] 미만인 경우 : 탱크 높이의 1/3 이상
• 지름이 15[m] 이상인 경우 : 탱크 높이의 1/2 이상

55 제품공정 분석표용 도식기호 중 운반 공정(Delay)기호는 어느 것인가?

① ○
② ⇨
③ D
④ □

해설
공정분석 기호

기 호	○	⇨	D	▽	□
설 명	작업 또는 가공	운 반	정 체	저 장	검 사

정답 54 ③ 55 ②

56 표준시간을 외경법으로 구하는 수식은?

① 표준시간 = 정미시간 + 여유율
② 표준시간 = 정미시간 × (1 + 여유율)
③ 표준시간 = 정미시간 × $\left(\dfrac{1}{1-여유율}\right)$
④ 표준시간 = 정미시간 × $\left(\dfrac{1}{1+여유율}\right)$

해설
표준시간의 산정
- **외경법**
  - 여유율 = $\dfrac{여유시간}{정미시간}$
  - 표준시간 = 정미시간 + 여유시간
    = 정미시간 + (정미시간 × 여유율)
    = 정미시간 × (1 + 여유율)
- **내경법**
  - 여유율 = $\dfrac{여유시간}{실제근무시간}$ = $\dfrac{여유시간}{정미시간 + 여유시간}$
  - 표준시간 = 정미시간 × $\left(\dfrac{1}{1-여유율}\right)$

57 문제가 되는 결과와 이에 대응하는 원인과의 관계를 알기 쉽게 도표로 나타낸 것은?

① 산포도
② 파레토도
③ 히스토그램
④ 특성요인도

해설
특성요인도 : 문제가 되는 결과와 이에 대응하는 원인과의 관계를 알기 쉽게 도표로 나타낸 것

58 계수 규준형 1회 샘플링검사(KS A 3102)에 대한 설명 중 가장 거리가 먼 내용은?

① 검사에 제출된 로트에 제조공정에 관한 사전정보는 샘플링검사를 적용하는 데 직접적으로 필요하지는 않다.
② 생산자측과 구매자측이 요구하는 품질보호를 동시에 만족시키도록 샘플링검사방식을 선정한다.
③ 파괴검사의 경우와 같이 전수검사가 불가능한 때에는 사용할 수 없다.
④ 1회만의 거래 시에도 사용할 수 있다.

해설
계수 규준형 1회 샘플링검사
- 검사에 제출된 로트의 제조공정에 관한 사전 정보가 없어도 샘플링검사를 적용할 수 있다.
- 생산자 측과 구매자측이 요구하는 품질보호를 동시에 만족시키도록 샘플링검사방식을 선정한다.
- 1회만의 거래 시에도 사용할 수 있다.

59 다음 중 부하와 능력의 조정을 도모하는 것은?

① 진도관리
② 절차계획
③ 공수계획
④ 현품관리

해설
공수계획 : 생산계획량을 완성하는 데 필요한 인원이나 기계의 부하를 결정하여 이를 현재인원 및 기계의 능력과 비교하여 조정하는 것

60 다음 표를 이용하여 비용구배(Cost Slope)를 구하면 얼마인가?

정 상		특 급	
소요시간	소요비용	소요시간	소요비용
5일	40,000원	3일	50,000원

① 3,000원/일
② 4,000원/일
③ 5,000원/일
④ 6,000원/일

해설
비용구배 $= \dfrac{50,000 - 40,000}{5 - 3} = 5,000$원/일

2025년 6월 28일 시행
최근 기출복원문제

01 염소산나트륨에 대한 설명으로 옳은 것은?

① 물, 알코올에 잘 녹지 않는다.
② 철제 용기에 보관해야 한다.
③ 산과 반응하여 유독성의 ClO_2를 발생한다.
④ 비중은 약 0.7로 물보다 가볍다.

해설
염소산나트륨
• 물 성

화학식	분자량	융 점	비 중	분해 온도
$NaClO_3$	106.5	248[℃]	2.49	300[℃]

• 무색, 무취의 결정 또는 분말이다.
• **물, 알코올**, 에테르에는 녹는다.
• 부식성, 조해성이 강하므로 수분과의 접촉을 피한다.
• **염산이나 황산과 반응**하면 **이산화염소(ClO_2)**의 유독가스를 발생한다.

$$2NaClO_3 + 2HCl \rightarrow 3NaCl + 2ClO_2 + H_2O_2$$
$$2NaClO_3 + H_2SO_4 \rightarrow Na_2SO_4 + 2ClO_2 + H_2O_2$$

• **철제용기**는 **부식**되므로 저장용기로는 부적합하다.

02 다음 중 할로젠소화약제에 해당하지 않는 원소는?

① Ar ② Br
③ F   ④ Cl

해설
Ar(아르곤)은 0족 원소로서 불활성기체이다.

정답 1 ③ 2 ①

03 불활성가스소화약제 중 "IG-55"의 성분 및 그 비율을 옳게 나타낸 것은?(단, 용량비 기준이다)

① 질소 : 이산화탄소 = 55 : 45
② 질소 : 이산화탄소 = 50 : 50
③ 질소 : 아르곤 = 55 : 45
④ 질소 : 아르곤 = 50 : 50

해설

불활성가스소화약제의 명명법

• 분류

종류	화학식
IG-01	Ar
IG-100	N_2
IG-55	N_2(50[%]), Ar(50[%])
IG-541	N_2(52[%]), Ar(40[%]), CO_2(8[%])

• 명명법

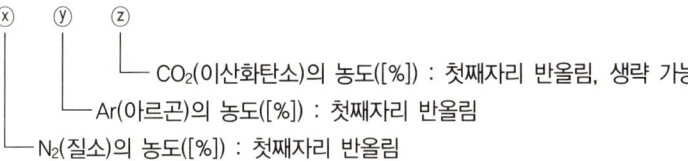

― CO_2(이산화탄소)의 농도([%]) : 첫째자리 반올림, 생략 가능
― Ar(아르곤)의 농도([%]) : 첫째자리 반올림
― N_2(질소)의 농도([%]) : 첫째자리 반올림

04 다음 중 유량을 측정하는 계측기구가 아닌 것은?

① 오리피스미터
② 마노미터
③ 로타미터
④ 벤투리미터

해설

마노미터 : 압력측정장치

05 다음 중 제6류 위험물이 아닌 것은?

① 질산구아니딘
② 질 산
③ 과염소산
④ 과산화수소

해설

질산구아니딘 : 제5류 위험물

> **제6류 위험물** : 질산, 과염소산, 과산화수소, 할로젠간화합물

06 위험물제조소로 사용하는 건축물로서 연면적이 400[m²]일 경우 소요단위는?(단, 외벽이 내화구조이다)

① 2단위　　　　　　　　　　② 4단위
③ 8단위　　　　　　　　　　④ 10단위

해설

소요단위의 산정기준

종 류 \ 구 분	내화구조	내화구조가 아닌 것
제조소 또는 취급소	연면적 100[m²]를 1소요단위	연면적 50[m²]를 1소요단위
저장소	연면적 150[m²]를 1소요단위	연면적 75[m²]를 1소요단위
위험물	지정수량의 10배 : 1소요단위	

∴ 소요단위 = 400[m²] ÷ 100[m²] = 4단위

07 옥내소화전 2개와 옥외소화전 1개를 설치하였다면 수원의 수량은 얼마 이상이 되도록 해야 하는가?(단, 옥내소화전은 가장 많이 설치된 층의 설치개수이다)

① 5.4[m³]　　　　　　　　　② 10.5[m³]
③ 20.3[m³]　　　　　　　　④ 29.1[m³]

해설

수 원
- 옥내소화전의 수원 = 소화전의 수(최대 5개) × 7.8[m³] = 2 × 7.8[m³] = 15.6[m³]
- 옥외소화전의 수원 = 소화전의 수(최대 4개) × 13.5[m³] = 1 × 13.5[m³] = 13.5[m³]

∴ 총 수원의 수량 = 옥내 + 옥외 = 15.6 + 13.5 = 29.1[m³]

08 방호대상물의 표면적이 40[m²]인 곳에 물분무소화설비를 설치하고자 한다. 수원의 수량은 얼마 이상이어야 하는가?

① 4,000[L]
② 8,000[L]
③ 30,000[L]
④ 40,000[L]

해설
수 원
= 방호대상물의 표면적(50[m²] 이하는 50[m²]) × 20[L/min·m²] × 30[min]
= 30,000[L]

09 유체의 유입방향과 유출방향이 같으나 유체가 밸브 내에서 직각 방향으로 꺾이고 밸브의 개폐가 용이하여 유량조절이 쉬운 밸브는?

① 글로브밸브
② 게이트밸브
③ 체크밸브
④ 버터플라이밸브

해설
글로브밸브 : 유체의 유입방향과 유출방향이 같으나 유체가 밸브 내에서 직각 방향으로 꺾이고 밸브의 개폐가 용이하여 유량조절이 쉬운 밸브

10 40[%]의 산소 60[%]의 질소로 구성되어 있는 기체혼합물의 평균분자량은 몇 [g/mol]인가?

① 20.1
② 22.2
③ 26.4
④ 29.6

해설
평균분자량 = (32 × 0.4) + (28 × 0.6) = 29.6

[분자량]	
산소(O_2) : 32, 질소(N_2) : 28	

11 입으로 바람을 불어 촛불을 끄고자 한다. 어떠한 소화작용과 관계가 있는가?

① 질식소화
② 부촉매소화
③ 냉각소화
④ 제거소화

해설
제거소화 : 입으로 바람을 불어 촛불을 끄는 것은 화재현장에서 가연물을 제거하는 것이다.

12 위험물 이동탱크저장소에서 맨홀·주입구 및 안전장치 등이 탱크의 상부에 돌출되어 있는 경우 부속장치의 손상을 방지하기 위해 설치해야 할 것은?

① 불연성 가스 봉입장치
② 통기장치
③ 측면틀, 방호틀
④ 비상조치 레버

해설
이동저장탱크의 부속장치

구 분 장 치	용 도	두 께
방호틀	탱크 전복 시 부속장치(주입구, 맨홀, 안전장치) 보호	2.3[mm]
측면틀	탱크 전복 시 탱크 본체 파손 방지	3.2[mm]
방파판	위험물 운송 중 내부의 위험물의 출렁임, 쏠림 등을 완화하여 차량의 안전 확보	1.6[mm]
칸막이	탱크 전복 시 탱크의 일부가 파손되더라도 전량의 위험물의 누출 방지	3.2[mm]

13 CH_3COCH_3의 성질로 잘못된 것은?

① 무색, 액체로 냄새가 난다.
② 물에 잘 녹고 유기물을 잘 녹인다.
③ 아이오도폼 반응을 한다.
④ 비점이 높아 휘발성이 약하다.

해설
아세톤(CH_3COCH_3)의 성질
• 무색, 투명한 자극성 휘발성이 강한 액체이다.
• 물에 잘 녹으므로 수용성이다.
• 피부에 닿으면 탈지작용을 한다.
• 공기와 장기간 접촉하면 과산화물이 생성되므로 갈색병에 저장해야 한다.
• 아이오도폼 반응을 한다.

14 제1류 위험물 중에서 지정수량이 1,000[kg]인 것은?

① 아염소산염류
② 과망가니즈산염류
③ 질산염류
④ 아이오딘산염류

해설

제1류 위험물의 종류 및 지정수량

유별	성질	품명	위험등급	지정수량
제1류	산화성 고체	아염소산염류, 염소산염류, 과염소산염류, 무기과산화물	I	50[kg]
		브로민산염류, 질산염류, 아이오딘산염류	II	300[kg]
		과망가니즈산염류, 다이크로뮴산염류	III	1,000[kg]
		그 밖에 행정안전부령이 정하는 것 ① 과아이오딘산염류 ② 과아이오딘산 ③ 크로뮴, 납 또는 아이오딘의 산화물 ④ 아질산염류 ⑤ 염소화아이소사이아누르산 ⑥ 퍼옥소이황산염류 ⑦ 퍼옥소붕산염류	II	300[kg] 300[kg] 300[kg] 300[kg] 300[kg] 300[kg] 300[kg]
		⑧ 차아염소산염류	I	50[kg]

15 위험물의 운반에 관한 기준에 의거할 때 운반용기의 재질로 전혀 사용되지 않는 것은?

① 강판
② 수은
③ 양철판
④ 종이

해설

운반용기의 재질
- 강판
- 유리
- 플라스틱
- 합성섬유
- 나무
- 알루미늄판
- 금속판
- 섬유판
- 삼
- 양철판
- 종이
- 고무류
- 짚

16 다음 중 연소와 관계되는 반응은?

① 산화반응
② 환원반응
③ 치환반응
④ 중화반응

해설
연소 : 가연물이 공기 중에서 산소와 반응하여 열과 빛을 동반하는 급격한 **산화반응**

17 다음 중 에터의 일반식은 어느 것인가?

① R-O-R′
② R-CHO
③ R-COOH
④ R-CO-R′

해설
일반식

구분 \ 일반식	R-O-R′	R-CHO	R-COOH	R-CO-R′
명칭	에터	알데하이드	카복실산	케톤
해당물질	다이에틸에터 ($C_2H_5OC_2H_5$)	아세트알데하이드 (CH_3CHO)	초산 (CH_3COOH)	아세톤 (CH_3COCH_3)

18 이동저장탱크의 상부로부터 위험물을 주입할 때에는 위험물의 액 표면이 주입관의 선단을 넘는 높이가 될 때까지 그 주입관 내의 유속을 얼마 이하로 해야 하는가?(단, 휘발유를 저장하던 이동저장탱크에 등유나 경유를 주입하는 경우를 가정한다)

① 0.5[m/s]
② 1[m/s]
③ 1.5[m/s]
④ 2[m/s]

해설
휘발유를 저장하던 이동저장탱크에 등유나 경유를 주입할 때 또는 등유나 경유를 저장하던 이동저장탱크에 휘발유를 주입할 때에는 다음의 기준에 따라 **정전기** 등에 의한 재해를 **방지하기 위한 조치**를 할 것
- 이동저장탱크의 상부로부터 위험물을 주입할 때에는 위험물의 액표면이 주입관의 선단을 넘는 높이가 될 때까지 그 주입관 내의 유속을 **1[m/s] 이하**로 할 것
- 이동저장탱크의 밑부분으로부터 위험물을 주입할 때에는 위험물의 액표면이 주입관의 정상부분을 넘는 높이가 될 때까지 그 주입배관 내의 유속을 **1[m/s] 이하**로 할 것
- 그 밖의 방법에 의한 위험물의 주입은 이동저장탱크에 가연성 증기가 잔류하지 않도록 조치하고 안전한 상태로 있음을 확인한 후에 할 것

19 소방수조에 물을 채워 직경 4[cm]의 파이프를 통해 8[m/s]의 유속으로 흘려 직경 2[cm]의 노즐을 통해 소화할 때 노즐 끝에서의 유속은 얼마인가?

① 16[m/s]
② 24[m/s]
③ 32[m/s]
④ 64[m/s]

해설

$\dfrac{u_2}{u_1} = \left(\dfrac{D_1}{D_2}\right)^2$ 에서

$u_2 = u_1 \times \left(\dfrac{D_1}{D_2}\right)^2 = 8[\text{m/s}] \times \left(\dfrac{4}{2}\right)^2 = 32[\text{m/s}]$

20 위험물제조소의 바닥면적이 60[m²] 이상 90[m²] 미만일 때 급기구의 면적은 몇 [cm²] 이상이어야 하는가?

① 150
② 300
③ 450
④ 600

해설

제조소의 환기설비 급기구는 해당 급기구가 설치된 실의 바닥면적 150[m²]마다 1개 이상으로 하되 급기구의 크기는 800[cm²] 이상으로 할 것. 다만 바닥면적 150[m²] 미만인 경우에는 다음의 크기로 할 것

바닥면적	급기구의 면적
60[m²] 미만	150[cm²] 이상
60[m²] 이상 90[m²] 미만	300[cm²] 이상
90[m²] 이상 120[m²] 미만	450[cm²] 이상
120[m²] 이상 150[m²] 미만	600[cm²] 이상

21 위험물로서 철분에 대한 정의가 옳은 것은?

① 40[μm]의 표준체를 통과하는 것이 50[wt%] 이상인 것
② 53[μm]의 표준체를 통과하는 것이 50[wt%] 이상인 것
③ 60[μm]의 표준체를 통과하는 것이 50[wt%] 이상인 것
④ 150[μm]의 표준체를 통과하는 것이 50[wt%] 이상인 것

해설

철분 : 철의 분말로서 53[μm]의 표준체를 통과하는 것이 50[wt%] 이상인 것(50[wt%] 미만인 것은 제외)

22 자체소방대를 설치해야 하는 위험물제조소의 제4류 위험물은 지정수량의 몇 배 이상인가?

① 3,000배
② 4,000배
③ 5,000배
④ 6,000배

> **해설**
> **지정수량**의 **3,000배 이상**을 취급하는 **제조소**나 **일반취급소**에는 **자체소방대**를 두어야 한다.

23 제3종 분말소화약제 저장용기의 충전비의 범위로 옳은 것은?

① 0.85 이상 1.45 이하
② 1.05 이상 1.75 이하
③ 1.50 이상 2.50 이하
④ 2.50 이상 3.50 이상

> **해설**
> **분말소화약제의 저장용기의 충전비**
>
> | 소화약제의 종별 | 충전비[L/kg]의 범위 |
> |---|---|
> | 제1종 분말 | 0.85 이상 1.45 이하 |
> | 제2종 분말 또는 **제3종 분말** | 1.05 이상 1.75 이하 |
> | 제4종 분말 | 1.50 이상 2.50 이하 |

24 제1종 판매취급소에서 위험물을 배합하는 실의 기준으로 틀린 것은?

① 내화구조로 된 벽을 구획해야 한다.
② 출입구에는 수시로 열 수 있는 자동폐쇄식의 60분+ 방화문 또는 60분 방화문을 설치해야 한다.
③ 출입구에는 바닥으로부터 0.1[m] 이상의 턱을 설치한다.
④ 바닥면적은 6[m^2] 이상 10[m^2] 이하로 한다.

> **해설**
> **제1종 판매취급소**에서 위험물을 **배합**하는 실의 **바닥면적**은 6[m^2] **이상** 15[m^2] **이하**로 한다.

25
알루미늄분의 성질에 대한 설명이다. 거리가 먼 것은?
① 습기가 존재하면 자연발화의 위험성이 있다.
② 화학적 활성이 크다.
③ 눈의 점막, 피부 상처에 유해하다.
④ 환원제에 의해 착화 폭발한다.

해설
알루미늄(제2류 위험물)은 산화제(제1류 위험물)와 혼합하면 가열, 마찰, 충격에 의하여 발화한다.

26
나이트로화합물류 중 분자구조 내에 하이드록시기를 갖는 위험물은?
① 피크르산
② 트라이나이트로톨루엔
③ 트라이나이트로벤젠
④ 테트릴

해설
하이드록시기(-OH)를 갖는 것은 피크르산이다.

종 류	피크르산	트라이나이트로톨루엔	트라이나이트로벤젠	테트릴
구조식	O_2N-C$_6$H$_2$(OH)(NO$_2$)$_2$	O_2N-C$_6$H$_2$(CH$_3$)(NO$_2$)$_2$	O_2N-C$_6$H$_3$(NO$_2$)$_2$	O_2N-C$_6$H$_2$(N(NO$_2$)CH$_3$)(NO$_2$)$_2$

27
마그네슘을 소화할 때 사용하는 소화약제의 적응성에 대한 설명으로 잘못된 것은?
① 건조사에 의한 질식소화는 오히려 폭발적인 반응을 일으키므로 소화 적응성이 없다.
② 물을 주수하면 폭발의 위험이 있으므로 소화 적응성이 없다.
③ 이산화탄소는 연소반응을 일으키며 일산화탄소를 발생하므로 소화 적응성이 없다.
④ 할로젠화합물은 포스겐을 생성하므로 소화 적응성이 없다.

해설
마그네슘의 소화약제 : 마른모래(건조사)

정답 25 ④ 26 ① 27 ①

28 $CH_4 + 2O_2 \rightarrow CO_2 + 2H_2O$인 메테인의 연소반응에서 메테인 1[L]에 대해 필요한 공기 요구량은 몇 [L]인가?(단, 0[℃], 1[atm]이고 공기 중의 산소는 21[%]로 계산한다)

① 2.4
② 9.5
③ 15.3
④ 21.2

해설

메테인의 연소반응식

$CH_4 + 2O_2 \rightarrow CO_2 + 2H_2O$
1[mol]   2[mol]

∴ 메테인과 산소의 비율이 1 : 2이므로 메테인 1[L]와 산소 2[L]가 반응한다.
그러므로 공기의 양 2[L] ÷ 0.21 = 9.52[L]

29 이황화탄소의 저장법으로 맞게 설명된 것은?

① 물을 채운 수조탱크에 저장한다.
② 불소와 혼합하여 저장한다.
③ 알칼리 금속류의 용기에 저장한다.
④ 건조한 곳에 보관한다.

해설

이황화탄소는 물을 채운 수조탱크에 저장한다.

30 위험물제조소 등의 안전거리의 단축기준을 적용함에 있어서 $H \leq pD^2 + a$일 경우 방화상 유효한 담의 높이는 2[m] 이상으로 한다. 여기서 H가 의미하는 것은?

① 제조소 등과 인근 건축물과의 거리
② 인근 건축물 또는 공작물의 높이
③ 제조소 등의 외벽의 높이
④ 제조소 등과 방화상 유효한 담과의 거리

해설
방화상 유효한 담의 높이

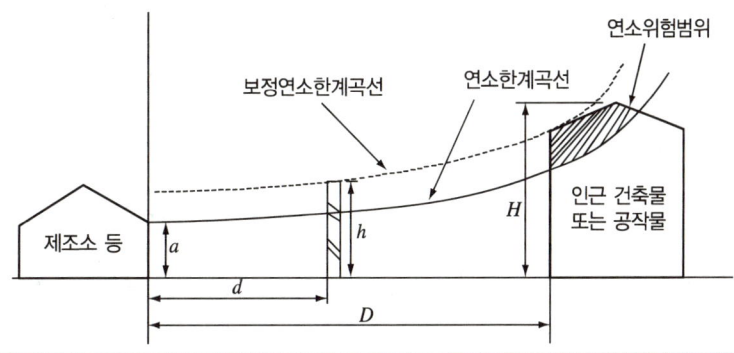

- $H \leq pD^2 + a$인 경우 $h = 2[m]$
- $H > pD^2 + a$인 경우 $h = H - p(D^2 - d^2)[m]$

여기서, D : 제조소 등과 인근 건축물 또는 공작물과의 거리[m]
        H : 인근 건축물 또는 공작물의 높이[m]
        a : 제조소 등의 외벽의 높이[m]
        d : 제조소 등과 방화상 유효한 담과의 거리[m]
        h : 방화상 유효한 담의 높이[m]
        p : 상수

31 다음 중 서로 혼합하여도 폭발 또는 발화 위험성이 없는 것은?

① 황화인과 알루미늄분
② 과산화나트륨과 마그네슘분
③ 염소산나트륨과 황
④ 나이트로셀룰로스와 에탄올

해설
나이트로셀룰로스(NC)는 **물** 또는 **알코올**(에탄올)로 **습면**시켜 저장한다.

32 제조소에서 취급하는 제4류 위험물의 최대수량의 합이 지정수량의 48만배 이상인 사업소의 자체소방대에서 갖추어야 하는 화학소방자동차 대수 및 자체소방대원의 수는?(단, 해당 사업소는 다른 사업소 등과 상호응원에 관한 협정을 체결하고 있지 아니한다)

① 4대, 20인 ② 3대, 15인
③ 2대, 10인 ④ 1대, 5인

해설

자체소방대에 두는 화학소방자동차 및 인원(시행령 별표 8)

사업소의 구분	화학소방자동차	자체소방대원의 수
제조소 또는 일반취급소에서 취급하는 제4류 위험물의 최대수량의 합이 지정수량의 3,000배 이상 12만배 미만인 사업소	1대	5인
제조소 또는 일반취급소에서 취급하는 제4류 위험물의 최대수량의 합이 지정수량의 12만배 이상 24만배 미만인 사업소	2대	10인
제조소 또는 일반취급소에서 취급하는 제4류 위험물의 최대수량의 합이 지정수량의 24만배 이상 48만배 미만인 사업소	3대	15인
제조소 또는 일반취급소에서 취급하는 제4류 위험물의 최대수량의 합이 지정수량의 48만배 이상인 사업소	4대	20인
옥외탱크저장소에 저장하는 제4류 위험물의 최대수량이 지정수량의 50만배 이상인 사업소	2대	10인

33 다음 위험물 중 혼재할 수 없는 위험물은?(단, 지정수량의 $\frac{1}{10}$ 초과의 위험물이다)

① 적린과 경유 ② 칼륨과 등유
③ 아세톤과 나이트로셀룰로스 ④ 과산화칼륨과 자일렌

해설

운반 시 유별을 달리하는 위험물의 혼재기준(시행규칙 별표 19 관련)

위험물의 구분	제1류	제2류	제3류	제4류	제5류	제6류
제1류		×	×	×	×	○
제2류	×		×	○	○	×
제3류	×	×		○	×	×
제4류	×	○	○		○	×
제5류	×	○	×	○		×
제6류	○	×	×	×	×	

[비고] 1. "×"표시는 혼재할 수 없음을 표시한다.
2. "○"표시는 혼재할 수 있음을 표시한다.
3. 이 표는 지정수량의 $\frac{1}{10}$ 이하의 위험물에 대하여는 적용하지 않는다.

∴ 문제에서 보면
 • 적린(제2류)과 경유(제4류)
 • 칼륨(제3류)과 등유(제4류)
 • 아세톤(제4류)과 나이트로셀룰로스(제5류)
 • 과산화칼륨(제1류)과 자일렌(제4류)
 ※ 운반 시 제1류와 제4류 위험물은 혼재가 불가능하다.

34 할로젠화합물소화설비에 사용하는 소화약제 중 할론2402를 가압식 저장용기에 충전할 때 저장용기의 충전비로 옳은 것은?

① 0.67 이상 2.75 이하
② 0.7 이상 1.4 이하
③ 0.9 이상 1.6 이하
④ 0.51 이상 0.67 이하

해설
할로젠화합물 저장용기의 충전비

약제	할론1301	할론1211	할론2402	
충전비	0.9 이상 1.6 이하	0.7 이상 1.4 이하	가압식	0.51 이상 0.67 이하
			축압식	0.67 이상 2.75 이하

35 다음 중 제4류 위험물 제2석유류가 아닌 것은?

① 아크릴산
② 등유
③ 경유
④ 벤젠

해설
벤젠 : 제4류 위험물의 제1석유류(비수용성)

36 나이트로셀룰로스에 대한 설명으로 옳지 않은 것은?

① 셀룰로스를 진한 황산과 질산으로 반응시켜 만들 수 있다.
② 나이트로화합물류의 위험물이다.
③ 질화도가 낮은 것보다 높은 것이 더 위험하다.
④ 수분을 함유하면 위험성이 감소된다.

해설
나이트로셀룰로스는 질산에스터류의 제5류 위험물이다.

정답 34 ④ 35 ④ 36 ②

37 다음 중 아염소산은 어느 것인가?

① HClO
② HClO₂
③ HClO₃
④ HClO₄

해설

위험물의 명칭

종 류	HClO	HClO₂	HClO₃	HClO₄
명 칭	차아염소산	아염소산	염소산	과염소산

38 다음 그림과 같은 원통형 탱크의 내용적은?(단, 그림의 수치 단위는 [m]이다)

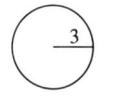
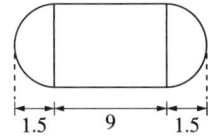

① 약 258[m³]
② 약 282[m³]
③ 약 312[m³]
④ 약 375[m³]

해설

$$\text{내용적} = \pi r^2 \left(l + \frac{l_1 + l_2}{3} \right)$$
$$= 3.14 \times (3)^2 \times \left(9 + \frac{1.5 + 1.5}{3} \right) = 282.6 [\text{m}^3]$$

39 위험물탱크 안전성능시험자가 기술능력, 시설 및 장비 중 중요 변경사항이 있는 때에는 변경한 날로부터 며칠 이내에 변경신고를 해야 하는가?

① 5일 이내
② 15일 이내
③ 25일 이내
④ 30일 이내

해설

탱크 안전성능시험자(탱크시험자)는 등록사항 가운데 중요한 사항을 **변경하는 경우**에는 변경한 날로부터 **30일 이내**에 **시·도지사**에게 **변경 신고**를 해야 한다.

40 메테인 50[%], 에테인 30[%], 프로페인 20[%]의 부피비로 혼합된 가스의 공기 중 폭발하한계 값은? (단, 메테인, 에테인, 프로페인의 폭발하한계는 각각 5[%], 3[%], 2[%]이다)

① 약 1.1[%]
② 약 3.3[%]
③ 약 5.5[%]
④ 약 7.7[%]

해설

혼합가스의 폭발한계

$$L_m = \frac{100}{\dfrac{V_1}{L_1} + \dfrac{V_2}{L_2} + \dfrac{V_3}{L_3} + \cdots}$$

여기서, L_m : 혼합가스의 폭발한계(하한값, 상한값의 [vol%])
$V_1, V_2, V_3, \cdots$: 가연성 가스의 용량[vol%]
$L_1, L_2, L_3, \cdots$: 가연성 가스의 하한값 또는 상한값[vol%]

$$\therefore L_m(\text{하한값}) = \frac{100}{\dfrac{V_1}{L_1} + \dfrac{V_2}{L_2} + \dfrac{V_3}{L_3}} = \frac{100}{\dfrac{50}{5} + \dfrac{30}{3} + \dfrac{20}{2}} = 3.33[\%]$$

41 국소방출방식의 이산화탄소소화설비 중 저압식 저장용기에 설치되는 압력경보장치는 어느 압력 범위에서 작동하는 것으로 설치해야 하는가?

① 2.3[MPa] 이상의 압력과 1.9[MPa] 이하의 압력에서 작동하는 것
② 2.5[MPa] 이상의 압력과 2.0[MPa] 이하의 압력에서 작동하는 것
③ 2.7[MPa] 이상의 압력과 2.3[MPa] 이하의 압력에서 작동하는 것
④ 3.0[MPa] 이상의 압력과 2.5[MPa] 이하의 압력에서 작동하는 것

해설

이산화탄소소화설비의 저압식 저장용기의 설치 기준

- **저압식 저장용기**에는 **액면계** 및 **압력계**를 설치할 것
- 저압식 저장용기에는 **2.3[MPa] 이상**의 압력과 **1.9[MPa] 이하**의 압력에서 **작동**하는 **압력경보장치**를 설치할 것
- 저압식 저장용기에는 용기 내부의 온도를 **−20[℃] 이상 −18[℃] 이하**로 유지할 수 있는 **자동냉동기**를 설치할 것
- 저압식 저장용기에는 **파괴판**을 설치할 것
- 저압식 저장용기에는 **방출밸브**를 설치할 것

42 황화인에 대한 설명으로 틀린 것은?

① 금속분, 과산화물 등과 격리·저장해야 한다.
② 삼황화인(P_4S_3)은 물, 염산, 황산에는 녹는다.
③ 습한 공기 중 분해하여 유독성 기체인 황화수소가 발생한다.
④ 삼황화인은 공기 중 약 100[℃]에서 발화한다.

해설
황화인의 특성
- 가연성 고체로 열에 의해 연소하기 쉽고 경우에 따라 폭발한다.
- 무기과산화물, 과망가니즈산염류, 금속분, 유기물과 혼합하면 가열, 마찰, 충격에 의하여 발화 또는 폭발한다.
- 물과 접촉 시 가수분해하거나 습한 공기 중에서 분해하여 **황화수소(H_2S)**를 발생한다.

$$P_2S_5 + 8H_2O \rightarrow 5H_2S + 3H_3PO_4$$

- 알코올, 알칼리, 유기산, 강산, 아민류와 접촉하면 심하게 반응한다.
- 삼황화인은 이황화탄소(CS_2), 알칼리, 질산에는 녹고, **물, 염소, 염산, 황산에는 녹지 않는다.**
- **삼황화인**은 공기 중 **약 100[℃]에서 발화**하고 마찰에 의해서도 쉽게 연소하며 자연발화 가능성도 있다.

43 다음 중 경보설비는 어느 것인가?

① 자동화재탐지설비
② 옥외소화전설비
③ 유도등설비
④ 제연설비

해설
소방시설의 분류

종 류	자동화재탐지설비	옥외소화전설비	유도등	제연설비
구 분	경보설비	소화설비	피난설비	소화활동설비

※ 소방에서는 유도등이 피난구조설비이다.

44 위험물안전관리법에서 마그네슘은 몇 [mm]의 체를 통과하지 않는 덩어리 상태의 것을 위험물에서 제외하고 있는가?

① 1 ② 2 ③ 3 ④ 4

해설
마그네슘 제외
- 2[mm]의 체를 통과하지 않는 덩어리 상태의 것
- 직경 2[mm] 이상의 막대 모양의 것

45 산소 32[g]과 질소 56[g]을 20[℃]에서 30[L]의 용기에 혼합하였을 때 이 혼합기체의 압력[atm]은? (단, 이상기체로 취급하며 $R = 0.082$[atm·L/mol·K]이다)

① 약 1.4
② 약 2.4
③ 약 3.4
④ 약 4.4

해설

이상기체 상태방정식을 이용하여 압력을 구한다.

$$PV = nRT = \frac{W}{M}RT$$

여기서, P : 압력([atm])
M : 분자량[g/g-mol]
R : 기체상수(0.082[L·atm/g-mol·K])
T : 절대온도(273 + [℃])
V : 부피([L], [m³])
W : 무게
n : mol수 ($n = \dfrac{\text{무게}}{\text{분자량}}$이고, 분자량은 산소 : 32, 질소는 28이다.

∴ 총 몰수 $= \dfrac{32[g]}{32} + \dfrac{56[g]}{28} = 3$[g-mol])

압력을 구하면 $P = \dfrac{nRT}{V} = \dfrac{3 \times 0.082 \times (273 + 20)}{30} = 2.4$[atm]

46 제4류 위험물에 적응성이 있는 소화설비는 다음 중 어느 것인가?

① 포소화설비
② 옥내소화전설비
③ 봉상강화액소화기
④ 옥외소화전설비

해설

제4류 위험물의 소화 : 질식소화(포소화설비, 이산화탄소소화설비, 할로젠화합물소화설비 등)

정답 45 ② 46 ①

47 위험물과 그 보호액으로 적당하지 않은 것은?

① 황린 – 물
② 칼륨 – 석유
③ 나트륨 – 에탄올
④ 이황화탄소(CS_2) – 물

해설
칼륨, 나트륨의 보호액 : 등유, 경유, 유동파라핀 등

나이트로셀룰로스의 보호액 : 물 또는 알코올(에탄올)

48 분자량 78인 어떤 물질 6[g]이 1[atm], 90[℃]에서 차지하는 부피는?(단, 이상기체로 취급하며 R = 0.082[atm·L/g-mol·K]이다)

① 1.29[L]
② 2.29[L]
③ 3.29[L]
④ 4.29[L]

해설
이상기체 상태방정식

$$PV = nRT = \frac{W}{M}RT$$

여기서, P : 압력(1[atm]) V : 부피[L]
n : mol수(무게/분자량) W : 무게(6[g])
M : 분자량(78[g/g-mol]) R : 기체상수(0.08205[L·atm/g-mol·K])
T : 절대온도(273 + [℃] = 273 + 90 = 363[K])

∴ 부피를 구하면 $V = \dfrac{WRT}{PM} = \dfrac{6 \times 0.082 \times (273+90)[K]}{1 \times 78} = 2.29[L]$

49 다음 중 물보다 무거운 물질은?

① 에터
② 아이소프렌
③ 산화프로필렌
④ 이황화탄소

해설
이황화탄소는 비중이 1.26으로 물보다 무겁다.

50 제3종 분말소화약제의 주성분은?

① $NaHCO_3$
② $KHCO_3$
③ $NH_4H_2PO_4$
④ $NaHCO_3 + (NH_2)_2CO$

해설
제3종 분말소화약제: 제일인산암모늄($NH_4H_2PO_4$)

51 옥내저장소에서 메탄올을 수납하는 용기만을 겹쳐 쌓는 경우에 높이는 얼마를 초과할 수 없는가?

① 3[m]   ② 4[m]
③ 5[m]   ④ 6[m]

해설
옥내저장소, 옥외저장소에 저장 시 높이(아래 높이를 초과하지 말 것)
- 기계에 의하여 하역하는 구조로 된 용기만을 겹쳐 쌓는 경우 : 6[m]
- 제4류 위험물 중 제3석유류, 제4석유류, 동식물유류를 수납하는 용기만을 겹쳐 쌓는 경우 : 4[m]
- 그 밖의 경우(특수인화물, 제1석유류, 제2석유류, 알코올류, 타류) : 3[m]

정답 49 ④ 50 ③ 51 ①

52 다음 중 위험물안전관리자의 책무가 아닌 것은?

① 화재 등의 재난이 발생한 경우 응급조치 및 소방관서 등에 대한 연락 업무
② 화재 등의 재해의 방지에 관하여 인접하는 제조소 등과 그 밖의 관련되는 시설의 관계자와 협조체제 유지
③ 위험물의 취급에 관한 일지의 작성·기록
④ 안전관리대행기관에 대하여 필요한 지도·감독

해설

위험물 안전관리자의 책무
- 위험물의 취급작업에 참여하여 해당 작업이 저장 또는 취급에 관한 기술기준과 예방규정에 적합하도록 해당 작업자(해당 작업에 참여하는 위험물취급자격자를 포함한다)에 대하여 지시 및 감독하는 업무
- **화재 등의 재난이 발생**한 경우 **응급조치** 및 **소방관서 등에 대한 연락** 업무
- 위험물시설의 안전을 담당하는 자를 따로 두는 제조소 등의 경우에는 그 담당자에게 다음의 규정에 의한 업무의 지시, 그 밖의 제조소 등의 경우에는 다음의 규정에 의한 업무
  - 제조소 등의 위치·구조 및 설비를 기술기준에 적합하도록 유지하기 위한 점검과 점검상황의 기록·보존
  - 제조소 등의 구조 또는 설비의 이상을 발견한 경우 관계자에 대한 연락 및 응급조치
  - 화재가 발생하거나 화재발생의 위험성이 현저한 경우 소방관서 등에 대한 연락 및 응급조치
  - 제조소 등의 계측장치·제어장치 및 안전장치 등의 적정한 유지·관리
  - 제조소 등의 위치·구조 및 설비에 관한 설계도서 등의 정비·보존 및 제조소 등의 구조 및 설비의 안전에 관한 사무의 관리
- **화재 등의 재해의 방지와 응급조치**에 관하여 **인접하는 제조소 등과 그 밖의 관련되는 시설의 관계자와 협조체제의 유지**
- **위험물의 취급에 관한 일지의 작성·기록**
- 그 밖에 위험물을 수납한 용기를 차량에 적재하는 작업, 위험물설비를 보수하는 작업 등 위험물의 취급과 관련된 작업의 안전에 관하여 필요한 감독의 수행

53 [보기]의 물질이 K_2O_2와 반응하였을 때 주로 생성되는 가스의 종류가 같은 것으로만 나열된 것은?

[보 기]
물, 이산화탄소, 아세트산, 염산

① 물, 이산화탄소
② 물, 이산화탄소, 염산
③ 물, 아세트산
④ 이산화탄소, 아세트산, 염산

해설

K_2O_2의 반응
- 분해 반응식 $2K_2O_2 \rightarrow 2K_2O + O_2 \uparrow$
- **물과의 반응** $2K_2O_2 + 2H_2O \rightarrow 4KOH + O_2 \uparrow$
- **이산화탄소와 반응** $2K_2O_2 + 2CO_2 \rightarrow 2K_2CO_3 + O_2 \uparrow$
- 아세트산과의 반응 $K_2O_2 + 2CH_3COOH \rightarrow 2CH_3COOK + H_2O_2 \uparrow$
                                                     (초산칼륨)   (과산화수소)
- 염산과의 반응 $K_2O_2 + 2HCl \rightarrow 2KCl + H_2O_2 \uparrow$

54 적린에 대한 설명으로 틀린 것은?

① 연소하면 유독성이 심한 백색 연기의 오산화인을 발생한다.
② 물, 에터 등에 녹지 않는다.
③ 염소산염류와 혼합하면 약간의 가열, 충격, 마찰에 의해 폭발한다.
④ 발화점이 낮아 공기 중에서 자연발화하므로 물속에 저장한다.

해설
적린(붉은인)
- 연소하면 유독성이 심한 백색 연기의 오산화인을 발생한다.

$$4P + 5O_2 \rightarrow 2P_2O_5$$

- 물, 알코올, 에터 등에 녹지 않는다.
- 염소산염류와 혼합하면 약간의 가열, 충격, 마찰에 의해 폭발한다.
- 공기 중에 방치하면 자연발화는 않지만 260[℃] 이상 가열하면 발화한다.
- **건조하고 서늘한 냉암소에 저장**한다.

55 다음 중 검사공정에 의한 분류로 해당되지 않는 것은?

① 수입검사
② 구입검사
③ 공정검사
④ 성능검사

해설
검사공정(행해지는 목적)에 의한 분류
- 수입검사
- 구입검사
- 공정검사
- 최종검사
- 출하검사

56 TPM 활동의 기본을 이루는 3정 5S 활동에서 3정에 해당되는 것은?

① 정시간
② 정 돈
③ 정 리
④ 정 량

해설
TPM(Total Production Management, 종합적 생산경영) 활동
- 3정 : 정량, 정품, 정위치
- 5S : 정돈, 정리, 청결, 청소, 생활화

57 축의 완성지름, 철사의 인장강도, 아스피린 순도와 같은 데이터를 관리하는 가장 대표적인 관리도는?

① $\bar{x}$ – R관리도
② nP관리도
③ C관리도
④ U관리도

해설
$\bar{x}$ – R관리도 : 평균치의 변화를 관리하는 $\bar{x}$ 관리도와 편차의 변화를 관리하는 R관리도를 조합한 것으로, 무게, 시간, 길이, 경도, 강도 등의 data를 계량치로 나타내는 공정에 사용한다.

> $\bar{x}$ – R관리도는 축의 완성지름, 철사의 인장강도, 아스피린 순도와 같은 데이터를 관리하는 가장 대표적인 관리도이다.

58 어떤 측정법으로 동일 시료를 무한 횟수로 측정하였을 때 데이터 분포의 평균치와 참값과의 차를 무엇이라 하는가?

① 신뢰성
② 정확성
③ 정밀도
④ 오 차

해설
용어설명
- 오차 : 모집단의 참값과 측정 데이터의 차
- 신뢰성 : 동일 조건에서 검사가 여러번 검사 시 동일한 데이터를 얻을 수 있느냐의 정도
- 정밀도 : data 분포의 폭의 크기
- 정확도(정확성) : 어떤 측정법으로 동일 시료를 무한 횟수 측정하였을 때 데이터 분포의 평균치와 참값과의 차

56 ④ 57 ① 58 ②

59 공정분석 기호 중 ▽는 무엇을 의미하는가?

① 검 사
② 가 공
③ 정 체
④ 저 장

해설
공정분석 기호

기 호	○	⇨	D	▽	□
설 명	작업 또는 가공	운 반	정 체	저 장	검 사

60 생산계획량을 완성하는 데 필요한 인원이나 기계의 부하를 결정하여 이를 현재인원 및 기계의 능력과 비교하여 조정하는 것은?

① 일정계획
② 절차계획
③ 공수계획
④ 진도관리

해설
공수계획 : 생산계획량을 완성하는 데 필요한 인원이나 기계의 부하를 결정하여 이를 현재인원 및 기계의 능력과 비교하여 조정하는 것

교육이란 사람이 학교에서 배운 것을 잊어버린 후에 남은 것을 말한다.

– 알버트 아인슈타인 –

위험물기능장 필기 한권으로 끝내기

개정13판1쇄 발행	2026년 01월 05일 (인쇄 2025년 07월 18일)
초 판 발 행	2013년 01월 07일 (인쇄 2012년 10월 11일)
발 행 인	박영일
책 임 편 집	이해욱
편 저	이덕수
편 집 진 행	윤진영 · 김지은
표지디자인	권은경 · 길전홍선
편집디자인	정경일 · 이현진
발 행 처	(주)시대고시기획
출 판 등 록	제10-1521호
주 소	서울시 마포구 큰우물로 75 [도화동 538 성지 B/D] 9F
전 화	1600-3600
팩 스	02-701-8823
홈 페 이 지	www.sdedu.co.kr
I S B N	979-11-383-9631-8(13570)
정 가	42,000원

※ 저자와의 협의에 의해 인지를 생략합니다.
※ 이 책은 저작권법의 보호를 받는 저작물이므로 동영상 제작 및 무단전재와 배포를 금합니다.
※ 잘못된 책은 구입하신 서점에서 바꾸어 드립니다.

더 이상의 **위험물** 시리즈는 없다!

시대에듀

명쾌하다!
상세한 풀이로 완벽하게 익힐 수 있으니까!

친절하다!
핵심 내용을 쉽게 설명하고 있으니까!

핵심을 뚫는다!
시험 유형에 적합한 문제를 다루니까!

알차다!
꼭 알아야 할 내용을 담고 있으니까!

시대에듀가 신뢰와 책임의 마음으로 수험생 여러분에게 다가갑니다.

BEST 위험물시리즈
최고의 베스트셀러!

위험물기능장 필기
한권으로 끝내기
4×6배판 / 정가 42,000원

위험물기능장 실기
한권으로 끝내기
4×6배판 / 정가 39,000원

위험물기능사 필기+실기
한권으로 끝내기
4×6배판 / 정가 35,000원

※ 도서의 구성 및 이미지와 가격은 변경될 수 있습니다.

| 오랜 실무와 강의 경험을 바탕으로 한 저자의 **노하우** 제시 | 2026년 시험 대비를 위한 **최신 개정 법령 반영** | 핵심을 꿰뚫는 예상문제와 상세한 해설로 **효율적으로 학습** 가능 | 10개년 이상 과년도 + 최근 **기출복원문제 최다** 수록 |

시대에듀 위험물 도서리스트

위험물 기능장

위험물기능장 필기	4×6배판 / 42,000원
위험물기능장 실기	4×6배판 / 39,000원

위험물 산업기사

Win-Q 위험물산업기사 필기	별판 / 27,000원
Win-Q 위험물산업기사 실기	별판 / 28,000원

위험물 기능사

Win-Q 위험물기능사 필기	별판 / 25,000원
Win-Q 위험물기능사 실기	별판 / 25,000원
위험물기능사 필기+실기	4×6배판 / 35,000원

※ 도서의 가격은 변동될 수 있습니다.

시대에듀가 준비한 합격공식 콘텐츠
위험물기능장 필기/실기
동영상 강의 →

합격을 위한 동반자,
시대에듀 동영상 강의와 함께하세요!

유료

www.sdedu.co.kr

수강회원을 위한 특별한 혜택

- 위험물 **기초 화학특강** 제공
- **합격 시 환급 & 불합격 시 연장**
- **최근 + 과년도** 기출특강 제공
- 소방시설관리사 전 강좌 **40% 할인쿠폰** 제공

※ 강의 커리큘럼 및 혜택은 변동될 수 있습니다.